W0283886

E-Book inside.

Mit folgendem persönlichen Code erhalten Sie die E-Book-Ausgabe dieses Buches zum kostenlosen Download.

20182-ww6p5-
6r214-701fq

Registrieren Sie sich unter **www.hanser-fachbuch.de/ebookinside** und nutzen Sie das E-Book auf Ihrem Rechner*, Tablet-PC und E-Book-Reader.

* Systemvoraussetzungen:
Internet-Verbindung und Adobe® Reader®

Gausemeier, Plass

Zukunftsorientierte Unternehmensgestaltung

Jürgen Gausemeier
Christoph Plass

Zukunftsorientierte Unternehmensgestaltung

Strategien, Geschäftsprozesse und IT-Systeme für die Produktion von morgen

2. Auflage

HANSER

Bibliografische Information Der Deutschen Bibliothek:
Die Deutsche Bibliothek verzeichnet diese Publikation in der Deutschen Nationalbibliografie; detaillierte bibliografische Daten sind im Internet über <http://dnb.d-nb.de> abrufbar.

ISBN: 978-3-446-43631-2
E-Book-ISBN: 978-3-446-43842-2

www.hanser-fachbuch.de
Lektorat: Dipl.-Ing. Volker Herzberg
Herstellung: Steffen Jörg
Satz: Kösel, Krugzell
Coverconcept: Marc Müller-Bremer, www.rebranding.de, München
Titelillustration: Atelier Frank Wohlgemuth, Bremen
Coverrealisierung: Stephan Rönigk
Druck und Bindung: FIRMENGRUPPE APPL, aprinta druck GmbH, Wemding
Printed in Germany

Vorwort

„Der flücht'ge Vorsatz ist nicht einzuholen,
es gehe denn die rasche Tat gleich mit.“

– William Shakespeare –

Zukunftsorientierte Unternehmensgestaltung – dieser Begriff findet grundsätzlich Zustimmung, auch wenn der eine oder andere denkt, das sei selbstverständlich. Wir werden erklären, was wir darunter verstehen und was unsere Botschaften sind.

Die Managementliteratur hat einen Hang zum Neuesten. Das ist gut so, weil es praktisch an allen Fronten der Unternehmensführung Handlungsbedarf und eine Nachfrage nach Lösungen gibt. Wenn wir zurückblicken, müssen wir einräumen, dass es immer wieder neue Ansätze der Unternehmensgestaltung gab, die teils enthusiastisch propagiert worden sind, man denke an *Business Process Reengineering, Lean Production, Fraktale Fabrik* und *Agile Manufacturing.* Manchmal wird die Führung eines Unternehmens einfach nur aus einem neuen Blickwinkel betrachtet, wie das für *Total Quality Management* zu beobachten ist. All diese Ansätze und Lehren geben neue Denkanstöße und praktische Handlungskonzepte. Sie ersetzen aber nicht die Essenz der jahrzehntelangen Managementforschung. Es ist immer wieder gut, sich dieses vor Augen zu führen, wenn der nächste neue Zug abfährt.

Wir liefern keine neue Managementlehre, sondern ein ausgewogenes Buch für Praktikerinnen und Praktiker. Unser Anspruch ist, einer Führungspersönlichkeit eine Leitlinie zur Unternehmensgestaltung zu geben und ihr zu verdeutlichen, welche Instrumente in ihrem spezifischen Fall geeignet wären.

Die von uns propagierte Leitlinie zur Unternehmensgestaltung besteht aus vier Ebenen, die idealtypisch top-down zu bearbeiten sind: Vorausschau, Strategien, Geschäftsprozesse und IT-Systeme. Dementsprechend ist auch das vorliegende Buch strukturiert. Wir zeigen, wie sich künftige Geschäftschancen, aber auch Bedrohungen für das etablierte Geschäft aufspüren lassen, wie daraus Schlüsse für die Geschäftsstrategie zu ziehen sind und wie diese zu entwickeln ist, wie davon ausgehend die Geschäftsprozesse zu gestalten sind und last but not least, wie die faszinierenden Möglichkeiten der Informationstechnik zur Unterstützung der Geschäftsprozesse wirkungsvoll genutzt werden können. Auf jeder Ebene stellen wir eine Fülle von Methoden vor und beschreiben deren Einsatz im Kontext konkreter Beratungsprojekte.

Der Fokus liegt auf Unternehmen der Fertigungsindustrie, die komplexe technische Erzeugnisse entwickeln, produzieren und vermarkten. Das vorgestellte Instrumentarium lässt sich auch auf weitere Branchen übertragen. Die von uns ins Auge gefassten Zielgruppen sind zunächst einmal Führungspersönlichkeiten. Das Buch richtet sich auch an Studierende, denen wir deutlich machen wollen, wie Managementlehre, Betriebsorganisation und Informationstechnik zu gut ausbalancierten Unternehmensführungskonzeptionen verknüpft werden können. Damit unterstreichen wir unseren interdisziplinären Ansatz in der Lehre, der in erster Linie angehende Wirtschaftsingenieurinnen und Wirtschaftsingenieure anspricht, aber auch für Studierende anderer Richtungen von Interesse ist, die über den Tellerrand schauen möchten.

So ein relativ aufwändiges Werk zu schaffen, geht kaum ohne Mitstreiter. Ich bin daher sehr froh, einen meiner engsten Weggefährten, Christoph Plass, als Mitautor gewonnen zu haben, der zusammen mit seinen Kollegen der UNITY AG die Praxisrelevanz eingebracht hat. Ferner haben uns eine Reihe von wissenschaftlichen Mitarbeiterinnen und Mitarbeitern Input gegeben. Ihnen allen sei besonders gedankt. Wir stellen diese Personen am Buchende kurz vor.

Meinem Assistenten Niklas Echterhoff oblag das erforderliche straffe Projektmanagement; er war der Dreh- und Angelpunkt auf dem Weg zum fertigen Buch. Großen Dank für diese Spitzenleistung! Niklas Echterhoff hatte sehr fähige Helferinnen, die den Text und die Bilder produziert haben: Kristin Bardehle, Anell Bernard und Alexandra Dutschke. Insbesondere Alexandra Dutschke, meine Sekretärin, hat mit viel Übersicht und Engagement die Texte x-mal bearbeitet. Wenn es eine Auszeichnung für das Erkennen kryptischer Anweisungen zerstreuter Autoren und die Konsistenzsicherung inkonsistenter Beiträge gäbe, würde ihr ohne Frage dieser Preis zustehen. Herzlichen Dank an sie und die weiteren Helferinnen.

Sollten trotz sorgfältiger Redaktionsarbeit und Korrekturlesens Fehler auftauchen, bitte ich schon jetzt dafür um Entschuldigung und um die Freundlichkeit, mir diese mitzuteilen. Ferner sind konstruktive Kritik und Anregungen zur Verbesserung dieser Arbeit sehr willkommen. Wir werden sie bei einer weiteren Auflage gern berücksichtigen.

Wir schreiben im Folgenden in der maskulinen Form, und zwar ausschließlich wegen der einfachen Lesbarkeit. Wenn beispielsweise von Entscheidungsträgern und Managern die Rede ist, meinen wir selbstredend auch Entscheidungsträgerinnen und Managerinnen.

Ich hoffe, liebe Leserinnen und Leser, Sie gewinnen durch unser Buch neue Erkenntnisse und Impulse für die praktische Arbeit.

Paderborn, im September 2013
Jürgen Gausemeier

Inhalt

Autoren

Von links nach rechts: Niklas Echterhoff (Projektmanager des Buches), Christoph Plass und Jürgen Gausemeier

Prof. Dr.-Ing. Jürgen Gausemeier ist Professor für Produktentstehung am Heinz Nixdorf Institut der Universität Paderborn. Er promovierte am Institut für Werkzeugmaschinen und Fertigungstechnik der TU Berlin bei Prof. Spur. In seiner zwölfjährigen Industrietätigkeit war Dr. Gausemeier Entwicklungschef für CAD/CAM-Systeme und zuletzt Leiter des Produktbereiches Prozessleitsysteme bei einem namhaften Schweizer Unternehmen. Herr Gausemeier ist Initiator und Aufsichtsratsvorsitzender des Beratungsunternehmens UNITY AG. Seit 2003 ist er Mitglied von acatech – Deutsche Akademie der Technikwissenschaften und seit 2012 Vizepräsident. 2012 wurde er erneut in den Wissenschaftsrat berufen. Ferner ist er Vorsitzender des Clusterboards des BMBF-Spitzenclusters „Intelligente Technische Systeme Ostwestfalen-Lippe (it's OWL)".

Christoph Plass ist Mitglied des Vorstands der UNITY AG, die er 1995 gemeinsam mit seinem Vorstandskollegen Tomas Pfänder und dem Aufsichtsratsvorsitzenden Prof. Dr.-Ing. Jürgen Gausemeier gründete. Die UNITY AG ist eine Managementberatung für zukunftsorientierte Unternehmensgestaltung. Zu den Kunden zählen 16 der DAX-30-Unternehmen als auch der renommierte Mittelstand. Die UNITY AG ist mit 160 Mitarbeiterinnen und Mitarbeitern an neun Standorten im gesamten deutschsprachigen Raum vertreten und führt weltweit Projekte durch. Christoph Plass studierte Wirtschaftsingenieurwesen mit der Fachrichtung Fertigungstechnik an der Universität Paderborn.

Mit visionärer Kraft zur rechnerintegrierten Produktion

„Ideen sind die neuen Produktivkräfte. Dieser Tatsache ist erst einmal nicht zu widersprechen. Nur Ideen langweilen sich zu Tode, wenn ihre Produzenten nicht in der Lage sind, ihnen Taten folgen zu lassen. Möglichst schnell und professionell."

– Henry Joe Heibutzky –

Zusammenfassung

Industrielle Produktion leistet einen wesentlichen Beitrag zu einem hohen Lebensstandard. Angesichts der Phänomene unserer Zeit, wie Globalisierung, technologischer Wandel und Diskontinuitäten in der Entwicklung von Märkten und Geschäftsumfeldern, stellt sich die Frage nach den entscheidenden Hebeln zur Sicherung des nachhaltigen Unternehmenserfolgs.

Zunächst stellen wir dar, welche Bedeutung die strategische Führung hat. Sie identifiziert frühzeitig die Geschäftschancen von morgen und sorgt dafür, dass diese rechtzeitig und konsequent wahrgenommen werden. Strategische Führung setzt einerseits Erfolg und Liquidität voraus, andererseits steuert sie diese unternehmerischen Kenngrößen vor.

Wir betrachten schwerpunktmäßig Unternehmen der industriellen Produktion – Unternehmen des Maschinen- und Anlagenbaus, der Elektroindustrie, der Automobilindustrie, der Medizintechnik etc. Daher beschreiben wir dieses Handlungsfeld und machen deutlich, dass ein modernes Industrieunternehmen in erster Linie ein hochkomplexes informationsverarbeitendes System ist. In diesem Sinne ergeben sich zwei Hauptgeschäftsprozesse: der Produktentstehungsprozess und der Auftragsabwicklungsprozess.

Informationstechnik (IT) trägt entscheidend zur Effizienz dieser Geschäftsprozesse bei. Der Einsatz von IT-Systemen steht aber am Ende einer gut überlegten Unternehmensführungskonzeption und nicht am Anfang. Das ist eine der wesentlichen Botschaften des von uns propagierten 4-Ebenen-Modells der zukunftsorientierten Unternehmensgestaltung.

Im Fokus stehen produzierende Unternehmen, weil wir möglichst konkret werden wollen. Das 4-Ebenen-Modell und die damit verbundenen Methoden gelten prinzipiell auch für andere Klassen von Unternehmen.

Die Fähigkeit, innovative Industrieerzeugnisse hervorzubringen und auf dem Weltmarkt mit Gewinn zu verkaufen, bestimmt in hohem Maße den Lebensstandard. Auch in der sog. Informationsgesellschaft hat die industrielle Produktion nach wie vor eine Schlüsselstellung; es finden nur weniger Menschen als früher Arbeit in diesem Sektor. Zukunft gestalten heißt daher auch, neue attraktive Erzeugnisse zu entwickeln und zu produzieren. Ein hoher Lebensstandard erfordert offensichtlich adäquate Spitzenleistungen an Kreativität und industrieller Wertschöpfung.

Die industrielle Produktion ist für Deutschland von sehr hoher Bedeutung. Mit etwa 500 Mrd. € erwirtschaftet das verarbeitende Gewerbe etwa ein Fünftel der gesamtwirtschaftlichen Wertschöpfung in Deutschland. Gemessen am Produktionswert der gesamten Wirtschaft entfällt auf die industrielle Produktion mehr als ein Drittel.

Das verarbeitende Gewerbe beruht in hohem Maße auf Wissen: Über 86 Prozent der gesamten Aufwendungen der Wirtschaft für Forschung und Entwicklung in Deutschland werden von den verarbeitenden Betrieben aufgebracht, das dynamische Wachstum der Dienstleistungen (Engineering, Softwareentwicklung, Beratung etc.) wird in erster Linie durch Aufträge an die produzierenden Unternehmen induziert. Forschung und Entwicklung für neue bzw. verbesserte Produkte sind mit Forschung und Entwicklung für Produktionssysteme eng verzahnt. Die außerordentlich hohen Produktivitätssteigerungen in den Kernbereichen der Industrie haben das Wachstum der Dienstleistungen ermöglicht und umgekehrt. Aus volkswirtschaftlicher und wirtschaftspolitischer Sicht ist die Produktionstechnologie eine wesentliche Grundlage des Wohlstands einer modernen, hochentwickelten Gesellschaft [BDI05].

Von jeher war die industrielle Produktion einem Wandel unterworfen. Häufig war dieser so stark, dass der Begriff Revolution verwendet wurde. Bild 1-1 vermittelt einen Überblick über die entsprechende Entwicklung.

- Die **erste industrielle Revolution** beschreibt den Übergang von der reinen Handarbeit zur maschinellen Produktion, die sich ab 1770 zunächst in den Baumwollspinnereien und Webereien Mittelenglands vollzog. Den großen Durchbruch brachte die Vollendung der Dampfmaschine durch James Watt 1782; sie ermöglichte die Bereitstellung von Energie an beliebigen Orten und machte die Menschheit unabhängig von den Kräften der Natur [Geo08].
- Die **zweite industrielle Revolution** charakterisiert eine starke Mechanisierung und Elektrifizierung kombiniert mit einer ausgeprägten Rationalisierung. Dies ermöglichte ein erhebliches Wachstum und damit die Versorgung der entstehenden Massenmärkte. Wesentliche Merkmale der durch Taylor geprägten Rationalisierung dieser Epoche waren die Arbeitsteilung, die Standardisierung, die Präzisionsfertigung sowie die Fließfertigung; Henry Ford wandte diese neue Methodik auf die Produktion des T-Modells an und erzielte damit einen bahnbrechenden Erfolg in der Automobilherstellung. Die Elektrizität förderte stark die Dezentralisierung der mechanischen Systeme.

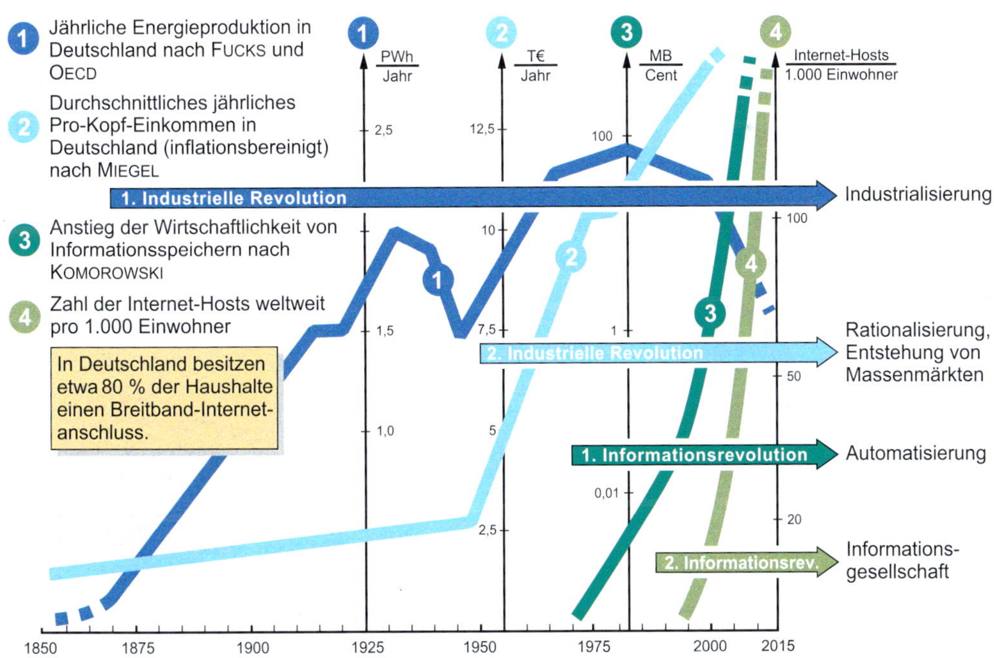

BILD 1-1 Entwicklung der industriellen Produktion nach Warnecke [War93]

- Die **erste Informationsrevolution** (auch: dritte industrielle Revolution) basierte auf der Entwicklung und Verbreitung des Computers bzw. Mikroprozessors. Dies führte zu numerisch gesteuerten Arbeitsmaschinen (NC-Maschinen, Industrierobotern), die wesentlich schneller umgerüstet werden können als konventionell automatisierte mechanische Systeme. Es entstand das Paradigma der flexiblen Automatisierung; die entsprechenden Systeme zeichnen sich durch eine hohe Produktivität und Flexibilität aus.
- Heute befinden wir uns inmitten der **zweiten Informationsrevolution**, in der sich ein Wandel von den nationalen Industriegesellschaften zur globalen Informationsgesellschaft vollzieht. Informations- und Kommunikationstechnik wachsen zusammen und durchdringen alle Lebensbereiche. Produktion wird als komplexes informationsverarbeitendes System verstanden, in dem bereichs- und unternehmensübergreifende Leistungserstellungsprozesse und deren durchgängige Unterstützung durch Informations- und Kommunikationstechnik eine herausragende Rolle spielen. Vor diesem Hintergrund werden Geräte und Systeme unserer realen Umgebung, die durch eingebettete Software gesteuert werden, zunehmend in das weltumspannende Kommunikationsnetz integriert, wofür der Begriff „Internet der Dinge" steht. Reale Welt und virtuelle Welt wachsen offensichtlich zusammen, was durch den Begriff „Cyber-Physical Systems" zum Ausdruck kommt. Im Kontext der industriellen Produktion eröffnet sich eine neue Perspektive, die von vielen als die vierte industrielle Revolution gesehen wird – Industrie 4.0 [KLW11] (siehe Kasten).

Die skizzierte Entwicklung erfüllt viele Menschen mit Sorge, weil sie empfinden, dass die Informationstechnik die Arbeit ausrottet. Andere sehen das Schreckgespenst der „menschenleeren Fabrik". Wir müssen aber einräumen, dass wir froh sind, den Schweißrobotern bei der Arbeit zusehen zu können, statt selbst zu schweißen. Wie dem auch sei, die durch die Informationstechnik entstehenden Automatisierungs- und Rationalisierungspotentiale werden ausgeschöpft, wann immer es wirtschaftlich ist. Oft verspricht man sich von der Informationstechnik zu viel. Das war auch im Zuge der CIM-Euphorie vor zwei Jahrzehnten der Fall. CIM steht für **Computer Integrated Manufacturing**, also Rechnerintegrierte Produktion. Viele Unternehmen haben damals kühne CIM-Strategien erarbeitet, mit denen die Frage beantwortet werden sollte, wie mit geballtem Einsatz von Informationstechnik die Wettbewerbsfähigkeit gestärkt werden könnte. Häufig wurde aus pragmatischen Erwägungen die Wirtschaftlichkeitsrechnung zurückgestellt bzw. mit groben Nutzenannahmen gearbeitet, die mehr Wunsch als Resultat analytischen Denkens waren. Die vielerorts eingeführten komplexen, teuren Applikationssysteme brachten häufig nicht den erhofften bzw. geplanten Nutzen. Die Kostenbudgets wurden aber durchweg erreicht, oft auch wesentlich überschritten. Ernüchterung machte sich breit. Es reifte die Erkenntnis, dass Verfahren der Informationsverarbeitung ihren Nutzen nur dann entfalten können, wenn sie auf wohlstrukturierte Geschäftsabläufe angewandt werden. Der Begriff des Geschäftsprozesses (Business Process) war geboren. Ferner stellte sich heraus, dass gut strukturierte Abläufe nicht nur die Voraussetzung für den wirkungsvollen Einsatz von IT-Verfahren sind, sondern auch für sich genommen einen hohen Nutzen bringen. Die Abläufe in den Unternehmen sind in der Regel historisch gewachsen und weisen somit ein erhebliches Rationalisierungspotential auf. Unter dem Schlagwort Business Process Reengineering wurde daher an vielen Stellen begonnen, das Gewachsene in Frage zu stellen, neue schlanke Prozesse zu definieren und zu implementieren. Die Erfolge sind im Großen und Ganzen zweifellos vorhanden. Dennoch erwies sich, dass schlanke Prozesse allein die Zukunft eines Unternehmens nicht sichern. Business Process Reengineering führt nur dann zu nachhaltigem Erfolg, wenn die Prozesse Konsequenz einer klugen Geschäftsstrategie sind. HAMEL und PRAHALAD stellen dazu in ihrem Buch „Wettlauf um die Zukunft" Folgendes fest [HP95]:

> *„Nur wenige Firmen scheinen sich die Frage gestellt zu haben, welches die Opportunitätskosten jener Hunderten Millionen – oder sogar Milliarden – Dollar sind, die für Reengineering und Umstrukturierung ausgegeben wurden. Was wäre, wenn man all dieses Geld und dieses „überschüssige" intellektuelle Potential dafür eingesetzt hätte, die Märkte von morgen zu schaffen? Die Kosten für eine Umstrukturierung oder ein Reengineering in großem Stil sind alles andere als ein Beweis für die Entschlossenheit oder den Weitblick der Unternehmensführung. Sie sind einfach die Strafe, die ein Unternehmen dafür zahlen muss, dass es sich nicht früh genug auf die Zukunft vorbereitet hat."*

Offensichtlich ist es nicht damit getan, die Probleme von heute zu lösen, weil ein Unternehmen damit nicht zwangsläufig fit für die Zukunft wird. Die Produktion nachhaltig erfolgreich gestalten heißt daher ganz besonders, den Wettbewerb von morgen zu antizipieren und sich dementsprechend auszurichten. Dafür verwenden wir auch den Begriff Strategisches Produktionsmanagement. Im Folgenden gehen wir zunächst auf die Aufgabe und Bedeutung der strategischen Führung ein (Kapitel 1.1). Dann charakterisieren wir in Kapitel 1.2 das Handlungsfeld Produktion. In Kapitel 1.3 stellen wir unser Referenzmodell zur Gestaltung der Produktion vor – das 4-Ebenen-Modell. Die Hauptkapitel 2 bis 5 des vorliegenden Buchs entsprechen den vier Ebenen.

CYBER-PHYSICAL SYSTEMS, SMART FACTORY, INDUSTRIE 4.0

„Eingebettete Systeme aus Elektronik und Software sind maßgebliche Innovationstreiber für Export- und Wachstumsmärkte der deutschen Industrie. [...] Zunehmend werden sie untereinander und via Internet vernetzt. Die physikalische Welt verschmilzt mit der virtuellen Welt, dem Cyberspace. Es entstehen **Cyber-Physical Systems** (CPS), die Teil einer zukünftig global vernetzten Welt sind, in der Produkte, Geräte und Objekte mit eingebetteter Hardware und Software über Anwendungsgrenzen hinweg interagieren. Mithilfe von Sensoren verarbeiten diese Systeme Daten aus der physikalischen Welt und machen sie für netzbasierte Dienste verfügbar, die durch Aktoren direkt auf Vorgänge in der physikalischen Welt einwirken können. Die physikalische Welt wird durch Cyber-Physical Systems mit der virtuellen Welt zu einem Internet der Dinge, Daten und Dienste verknüpft (vgl. Bild).

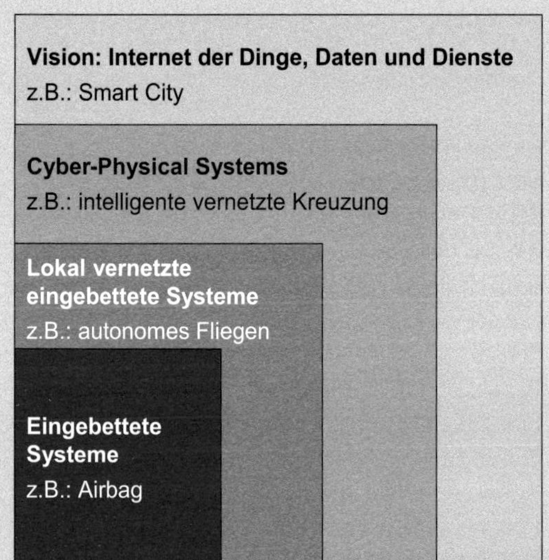

Die Evolution eingebetteter Systeme zum Internet der Dinge, Daten und Dienste [GB12]

Erste Ansätze zu Cyber-Physical Systems gibt es bereits heute [...] - internetbasierte Systeme zur Fernüberwachung autonom arbeitender Produktionssysteme entstehen für die industrielle Produktion, Logistik und das Transportwesen. Ein nächster Schritt geht in die Selbstorganisation: Maschinen regeln ihre Wartungs- und Instandhaltungsstrategie je nach Belastungsgrad autonom und sorgen bei wartungsbedingter Unterbrechung für Ersatzkapazitäten zur Aufrechterhaltung der Produktion. [...]

Auch im Maschinen- und Anlagenbau sowie in der Automatisierungstechnik werden das Potential, aber auch die Herausforderungen von Cyber-Physical Systems deutlich. Die globale Vernetzung der Anlagen und Werke unterschiedlicher Betreiber, untereinander und mit übergreifenden Produktionsplanungs-, Energiemanagement- und Lagersystemen, ermöglicht Energieeinsparungen, höhere Auslastungen und nicht zuletzt eine höhere Flexibilität. [...]
Der Einsatz von Cyber-Physical Systems in Produktionssystemen führt zur **‚Smart Factory'**. Deren Produkte, Ressourcen und Prozesse sind durch Cyber-Physical Systems charakterisiert; durch deren spezifische Eigenschaften bietet sie Vorteile in Bezug auf Qualität, Zeit und Kosten gegenüber klassischen Produktionssystemen. Der Mehrwert von Cyber-Physical Systems für Smart Factories ist vielfältig:

- Optimierung der Produktionsabläufe durch CPS: Die Einheiten einer Smart Factory kennen ihre Einsatzgebiete, Konfigurationsmöglichkeiten sowie Produktionsrahmenbedingungen und kommunizieren eigenständig drahtlos miteinander.
- Optimierte Herstellung eines kundenindividuellen Produkts durch intelligente Zusammenstellung eines idealen Produktionssystems unter Berücksichtigung von Zielgrößen wie Produkteigenschaften, Kosten, Zuverlässigkeit, Lieferzeit, etc.
- Ressourceneffiziente Produktion
- Bedarfsgerechte Anpassung an die menschliche Arbeitskraft - die Maschine folgt dem Takt des Menschen." [Aca11]

„Durch die ‚digitale Veredelung' von Produktionsanlagen und industriellen Erzeugnissen bis hin zu Alltagsprodukten mit integrierten Speicher- und Kommunikationsfähigkeiten, Funksensoren, eingebetteten Aktuatoren und intelligenten Softwaresystemen entsteht eine Brücke zwischen virtueller (‚cyber space') und dinglicher Welt bis hin zur wechselseitigen feingranularen Synchronisation zwischen digitalen Modellen und der physischen Realität. [...]
In diesem Transformationsprozess, der auch als 4. Industrielle Revolution bezeichnet wird, tritt zusätzlich zur noch stärkeren Automatisierung in der Industrie die Entwicklung intelligenter Überwachungs- und autonomer Entscheidungsprozesse neu hinzu, um Unternehmen und ganze Wertschöpfungsnetzwerke in nahezu Echtzeit steuern und optimieren zu können. In der Industrie führt dieser Ansatz zu einem Paradigmenwechsel, bei dem das

entstehende Produkt erstmals eine aktive Rolle übernimmt: Nicht eine zentrale Steuerung, sondern quasi der Rohling für ein Produkt „sagt", in welchen Fertigungsschritten er bearbeitet werden muss. Das entstehende Produkt steuert somit den Produktionsprozess selbst, überwacht über die eingebettete Sensorik die relevanten Umgebungs- und Prozessparameter und löst bei Störungen entsprechende Gegenmaßnahmen aus – es wird gleichzeitig zum Beobachter und zum Akteur." [KLW11]
Um diesen Entwicklungen Rechnung zu tragen, startete die Bundesregierung das Zukunftsprojekt **„Industrie 4.0"**. Der Weg zu diesem Leitbild wird evolutionär verlaufen; die Auswirkungen auf das System industrielle Produktion werden den Charakter einer Revolution aufweisen.

Literatur:

[aca11] Acatech – Deutsche Akademie der Technikwissenschaften (Hrsg.): Cyber-Physical Systems. Innovationsmotor für Mobilität, Gesundheit, Energie und Produktion (acatech POSITION). Springer Verlag, Berlin, 2011
[GB12] Geisberger, E.; Broy, M. (Hrsg.): agendaCPS, Integrierte Forschungsagenda Cyber-Physical Systems (acatech Studie). Springer Verlag, Berlin, 2012
[KLW11] Kagermann, H.; Lukas, W.-D.; Wahlster, W.: Industrie 4.0 – Mit dem Internet der Dinge auf dem Weg zur 4. Industriellen Revolution. In: VDI Nachrichten 13, VDI Verlag, Düsseldorf, 2011

1.1 Mehr denn je kommt es auf die Strategie an

Bis in die 1960er Jahre hinein war es für die meisten Unternehmen einfach, Abnehmer für ihre Produkte zu finden. Der Nachkriegs-Boom und die Entstehung moderner Wohlstandsgesellschaften sorgten für genügend Nachfrage. Die benötigten Ressourcen – vor allem Erdöl als Energieträger und Erdölfolgeprodukte wie Treib- und Kunststoffe – waren billig und standen in ausreichender Menge zur Verfügung.

Mit der ersten großen Nachkriegsrezession und der Ölkrise der 1970er Jahre ging dieses „Zeitalter der Kontinuität" zu Ende. Mit der zunehmenden Unsicherheit veränderte sich auch die Art, wie Unternehmen planen und führen. Es wurde immer schwieriger, unternehmerische Entscheidungen „aus dem Bauch heraus" zu treffen oder zu improvisieren. Infolgedessen verstärkten viele Unternehmen ihre Planung.

Geprägt wird die Planung seit den 1960er Jahren vom ursprünglich militärischen Begriff der „Strategie". Die Wurzeln strategischen Denkens liegen offensichtlich im Militärischen. Die älteste Schrift in diesem Themenbereich ist „Die Kunst des Kriegers" von Sun Tzu, der etwa 400 vor Christus lebte [Tzu88]. Der preußische Generalmajor und Militärtheoretiker Carl von Clausewitz hat die Strategie wie folgt von der Taktik abgegrenzt:

- Die Mittel der Taktik sind die Streitkräfte, ihr Ziel ist der Sieg im Gefecht oder im Einsatz.
- Die Mittel der Strategie sind die Gefechte oder aufeinander folgende Einsätze, ihr Ziel ist der Frieden.

Diese Unterscheidung findet sich auch in den unternehmerischen Führungsgrößen – d. h. den Größen, anhand derer Unternehmen geführt und gesteuert werden. Bis in die 1970er Jahre wurden Unternehmen im Großen und Ganzen über Liquiditäts- und Erfolgsgrößen geführt. Erst mit der strategischen Planung rückten Erfolgspotentiale in den Mittelpunkt des Interesses. Ziel der strategischen Planung ist die vorteilhafte Positionierung des Unternehmens im Wettbewerb von morgen und damit verbunden der nachhaltige Erfolg.

Es kommt also darauf an, Erfolgspotentiale zu erkennen und zu erschließen.

Das Denken in Erfolgspotentialen hat sich in der Praxis noch nicht überall durchgesetzt. Für viele Menschen ist strategische Führung nicht viel mehr als eine langfristige Planung. Erfolgspotentiale gelten als schwer messbar und daher als nicht handhabbar. Weil sich Unternehmen ohne einen Fokus auf Erfolgspotentiale auf Dauer nicht halten können, müssen sie ihr Verständnis für die strategischen Führungsgrößen verbessern. Dabei hilft es ihnen, sich die Entwicklung der Führungsgrößen vor Augen zu führen.

1.1.1 Liquiditätssteuerung

Ein Unternehmen ist ein komplexes sozio-technisches System, das darauf ausgerichtet ist, seine Lebensfähigkeit durch ökonomisches Handeln zu erhalten. Kurzfristig benötigt es dazu **Liquidität**, also Geld – oder wissenschaftlich: die durch Geld oder andere Tauschmittel vertretene Verfügungsmacht über Bedarfsgüter. Damit ist Liquidität die elementare Steuerungs- bzw. Führungsgröße eines Unternehmens. Sie lässt sich in Form von Aktiva (Vermögen) und Passiva (Kapital) messen und über Einnahmen und Ausgaben verändern. Die **Liquiditätssteuerung** ist auch heute noch die Aufgabe der **Finanzplanung**.

Bereits im späten Mittelalter begann mit der Entwicklung der **Buchführung** die Erweiterung des unternehmerischen Führungs- und Steuerungsinstrumentariums. Dadurch wurde es möglich, das Ergebnis des unternehmerischen Handelns in einer Zeitperiode zu erfassen. Ausgedrückt wurden diese Ergebnisse als Erfolg in Form der (positiven) Liquiditätsveränderung und später in Form eines (positiven) Gewinns. Gesteuert wird der Erfolg über Ertrag und Aufwand.

Als in den 1930er Jahren die Grenzen der Buchhaltung deutlich wurden, entstand die **Kosten- und Leistungsrechnung**. Durch die Erfassung der Kosten im Rahmen der Kostenartenrechnung wurde es erstmals möglich, nicht nur die Kosten des gesamten Unternehmens zu messen, sondern die Kosten weiter aufzugliedern. Die ermittelten Kosten wurden einzelnen Kostenstellen zugerechnet, so dass sich deren Wirtschaftlichkeit kontrollieren ließ (Kostenstellenrechnung), oder sie wurden einzelnen Produkten zugerechnet, so dass deren Selbstkosten ermittelt werden konnten (Kostenträgerrechnung). Schon bald zeigte sich, dass auch diese vergangenheitsorientierten Ex-post-Analysen (Ist- und Normalkostenrechnung) als Steuerungsinstrumentarien nicht ausreichten. Es war notwendig, die zukünftigen Entwicklungen gedanklich vorwegzunehmen und an Zielgrößen auszurichten. So entstand die **operative Planung** in Form der Plankostenrechnung, die sich an prognostizierten Werten orientiert.

Das Verhältnis der beiden Steuergrößen Liquidität und Erfolg hat Gälweiler in seinem Konzept der **Vorsteuergrößen** beschrieben. Danach ist die **Erfolgssteuerung** eine organisierte und systematische Vorsteuerung der **Liquiditätssteuerung**. Je größer der Erfolg ist, desto größer ist die Möglichkeit einer Liquiditätserhaltung. Damit kann man den Erfolg auch als „Liquiditätspotential" auffassen. Dennoch reicht es nicht, nur den Erfolg zu steuern. So kann ein stark wachsendes Unternehmen durch die erforderlichen Erweiterungsinvestitionen zahlungsunfähig werden, obwohl es einen hohen Periodenerfolg aufweist. Im Gegensatz dazu können Unternehmen mit negativem Erfolg überleben, solange sie liquide bleiben. Es wird deutlich, dass Liquiditätsplanung und Erfolgsplanung parallel durchgeführt werden müssen.

1.1.2 Erfolgspotentiale als strategische Führungsgröße

Bis in die 1970er Jahre hinein dominierten Verkäufermärkte. Die Unternehmen konnten ihren Erfolg relativ sicher planen, solange sie nur den Marktbedarf analysierten und die Lieferfähigkeit ihrer Produkte sicherstellten. Das änderte sich mit dem Übergang von Verkäufer- zu Käufermärkten. Jetzt bedurfte es zusätzlich einer genauen Kenntnis der Kunden und Mitbewerber. Die zentrale Orientierungsgrundlage einer wettbewerbsorientierten Planung wurde die **Erfahrungskurve**, die 1966 von der Boston Consulting Group erstmals vorgestellt wurde. Danach nehmen die zur Erstellung von Produkten oder Leistungen benötigten Ressourcen je Ausbringungseinheit mit zunehmender Ausbringungsmenge und Erfahrung ab. So entsteht bei jeder Verdoppelung der kumulierten Mengen eines Produkts oder einer Leistung ein Kosteneinsparungspotential von rund 20 – 30 %. Die Marktposition rückte in den Mittelpunkt der Planung, weil mit einem hohen Marktanteil geringere Kosten, eine bessere Wettbewerbsposition und damit letztlich ein höherer Erfolg verbunden waren.

Die traditionelle Erfolgssteuerung – selbst in Form einer Plankostenrechnung – konnte den Anforderungen einer wettbewerbsorientierten Planung nicht genügen. Daher entstand in den 1960er Jahren die **strategische Planung**. Ihre Aufgabe war nicht mehr die bloße Liquiditäts- oder Erfolgsmaximierung, sondern die Schaffung und Erhaltung der besten Voraussetzungen für zukünftige Erfolgsmöglichkeiten. Diese strategische Steuergröße wird als **Erfolgspotential** bezeichnet und von Gälweiler definiert als „Gefüge aller jeweils produkt- und marktspezifischen erfolgsrelevanten Voraussetzungen, die spätestens dann bestehen müssen, wenn es um die Erfolgsrealisierung geht". Er sieht mit der **Erfolgspotentialsteuerung** die dritte Stufe der Unternehmenssteuerung erreicht:

> *„Es kann damit gerechnet werden, dass im Laufe der Zeit das Erfolgspotential im Vergleich zum Erfolg in vielen Fällen zur Hauptführungsgröße wird. Ebenso wie der Erfolg im Laufe der wirtschaftsgeschichtlichen Entwicklung zur vorrangigen und wichtigeren Führungsgröße im Vergleich zur Liquidität geworden ist, obwohl eine Unternehmung nur an fehlender Liquidität zugrunde gehen kann. Der*

es den Unternehmen aber schon an der Bereitschaft, die nicht monetär direkt messbaren Erfolgspotentiale als Führungsgrößen anzuerkennen, geschweige denn die künftigen Erfolgspotentiale. Dies ist unserer Meinung nach ein Fehler, denn ohne Erfolgspotentiale wird der Bestand eines Unternehmens langfristig nicht zu sichern sein.

1.1.4 Berücksichtigung der Stakeholder

Die Entwicklung von der ausschließlich an ökonomischen Zusammenhängen orientierten Betriebswirtschaftslehre zu einer systemorientierten Managementlehre macht deutlich, dass Unternehmen heute in ihrem gesellschaftlichen Umfeld gesehen werden müssen. Die Unternehmen müssen ihr Augenmerk auf viele verschiedene **Anspruchsgruppen** richten, wie sie in Bild 1-4 dargestellt sind. Für diese Gruppen ist durch ein Memorandum des Standford Research Institute (SRI) der Begriff **„Stakeholder"** in die Managementliteratur eingeführt worden. FREEMANN definiert Stakeholder als Gruppen oder Individuen, die ein Unternehmen beeinflussen oder von einem Unternehmen beeinflusst werden [Fre84].

Die Beziehungen zu den Stakeholdern sind aktiv zu gestalten [ML03]; die Interessen der Stakeholder führen daher zu einem mehrdimensionalen Zielsystem eines Unternehmens. Dies bleibt nicht ohne Auswirkungen auf die unternehmerischen Führungsgrößen. Die von GÄLWEILER beschriebene Entwicklung der Erfolgspotentialsteuerung ist eindimensional, da sie ausschließlich auf der Dimension „Geld" basiert. Letztlich werden über Erfolgspotentiale – der Name sagt es bereits – ausschließlich Erfolg und Liquidität gesichert. Das Verständnis des Unternehmens als integraler Teil der Gesellschaft führt zu einem Zielsystem. Die Sicherstellung von Liquidität und (monetärem) Erfolg wird allein nicht ausreichen, die Ansprüche der Stakeholder zu erfüllen. Das Erfolgspotential-Konzept sollte daher erweitert werden.

In einer komplexen Umwelt kann die Lebensfähigkeit eines Unternehmens nur gewährleistet werden, wenn es seinen Anspruchsgruppen (Stakeholdern) mittelfristig Nutzen bringt. Ein großer Nutzen ist sicherlich der finanzielle Erfolg, den das Unternehmen den Kapitaleignern bietet. Aber in der Zukunft zählen ebenso die Arbeitsplätze, die das Unternehmen den Arbeitnehmern sichert, das Steueraufkommen, mit dem es die Kommunen unterstützt, und die Innovationskraft, mit der es zum Wohlstand der Bürger und zukünftiger Generationen beiträgt.

Wir bezeichnen das erweiterte Erfolgspotential-Konzept als **Nutzenpotential-Konzept**. Ausgangspunkt ist dann nicht mehr ausschließlich die Liquidität – sozusagen die monetäre Lebensfähigkeit –, sondern generell die **Lebens**

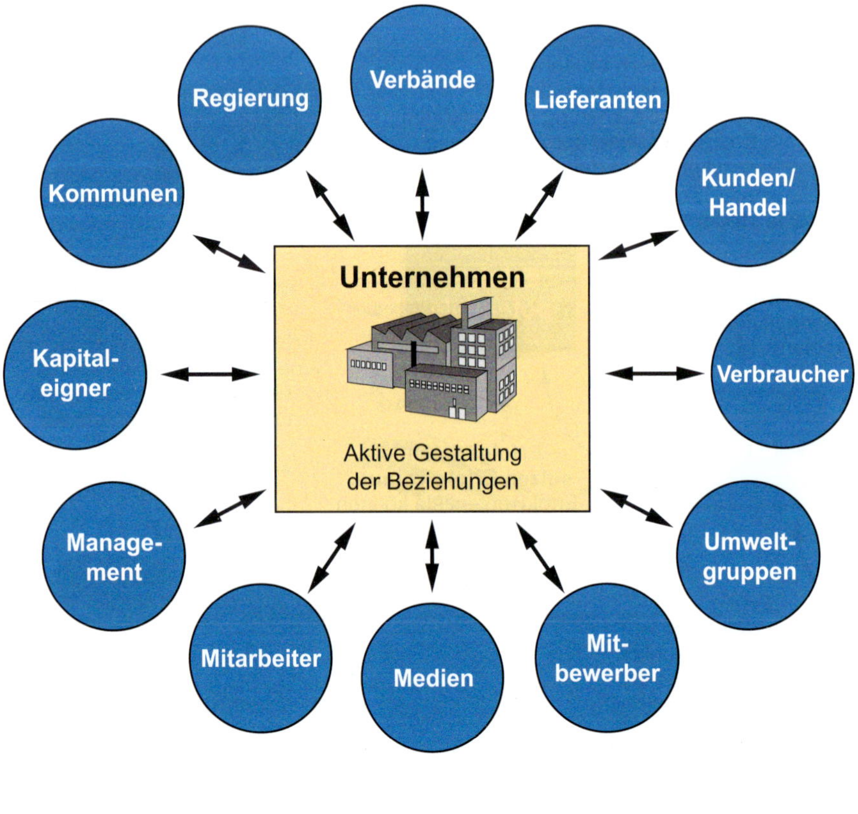

BILD 1-4
Stakeholder (Anspruchsgruppen) eines Unternehmens

fähigkeit eines Unternehmens. Den Skeptikern, die stets an dieser Stelle widersprechen, sei versichert: Es ist selbstverständlich, dass die Liquidität weiterhin als die wichtigste Größe zur Beurteilung der Lebensfähigkeit eines Unternehmens anzusehen ist.

Die bisherige Steuergröße „Erfolg" wird durch den **Nutzen** für die Stakeholder abgelöst. Auch hier bleibt der Nutzen für die Kapitalgeber – gemessen als monetärer Erfolg – eine herausragende Größe. Dennoch spielen andere Aspekte – für Arbeitnehmer der sichere Arbeitsplatz oder für engagierte Umweltgruppen die Umweltverträglichkeit der Produktion – eine immer größere Rolle. Darauf aufbauend kann der Begriff „Erfolgspotential" auch durch **Nutzenpotential** ersetzt werden. Diese Bezeichnung macht deutlich, dass es im strategischen Management vor allem darum geht, über einen längeren Zeitraum für die Stakeholder Nutzen zu stiften. Zwei Beispiele sollen den abstrakten Begriff des Nutzenpotentials konkretisieren:

- Vor gut hundert Jahren herrschte große Skepsis gegenüber „motorisierten Vehikeln" (Bild 1-5). Im Jahre 1889 produzierten 30 amerikanische Hersteller – vorwiegend aus Neuengland – etwa 2500 Autos. Ein Auto kostete damals so viel wie heute ein Flugzeug. Zu dieser Zeit erkannte Henry Ford den latenten Massenbedarf nach tiefpreisigen Automobilen. Inspiriert durch die Rationalisierungslehre von Taylor entwickelte er das berühmte T-Modell, mit dem er dieses Nutzenpotential für eine Reihe von Stakeholdern erschließen konnte. Die folgenden Zahlen unterstreichen diese Erfolgsstory: Die Produktion stieg von 78 440 Kraftwagen in den Jahren 1911 – 1912 auf 785 432 in den Jahren 1916 – 1917. Der Preis für das T-Modell fiel in diesem Zeitraum von 690 Dollar auf 360 Dollar. In sechs Jahren wurde also die Produktion verzehnfacht und der Preis halbiert [Spu79], [Gro97].
- In den 1970er Jahren erkannten die SAP-Gründer den Bedarf nach integrierten Softwaresystemen zur Unterstützung der kaufmännischen Funktionen und des Auftragsabwicklungsprozesses in Unternehmen. Es entstanden SAP R/2 und später SAP R/3. Heute ist SAP das erfolgreichste deutsche Software-Unternehmen und das Produkt SAP R/3 nahezu internationaler Industriestandard.

Beide Beispiele zeigen, dass die energische Ausschöpfung der erkannten Nutzenpotentiale unter der Führung dynamischer Unternehmerpersönlichkeiten ein zentraler Erfolgsfaktor ist. Nutzenpotentiale können nach Pümpin aber auch in anderen Bereichen als im Absatzmarkt entstehen. Ein Beispiel ist die Restrukturierung des Automobilzulieferermarkts in der ersten Hälfte der 1990er Jahre. In seinem Buch „Das Dynamik-Prinzip" gliedert Pümpin die Nutzenpotentiale in zwei Gruppen [Püm92]:

BILD 1-5 Nutzenpotentiale entstehen durch Wandel im Stakeholder-Feld

- **Externe Nutzenpotentiale** liegen außerhalb des Unternehmens. Beispiele hierfür sind neue Absatzmöglichkeiten (Marktpotentiale), Möglichkeiten zur gesteigerten Wertschöpfung auf den Beschaffungsmärkten (Beschaffungspotentiale), Vorteile aus einem hohen Bekanntheits- oder Prestigegrad von Produkten und Marken (Imagegrad) oder Wertsteigerungsmöglichkeiten aus dem Einsatz von Schrittmacher- bzw. Schlüsseltechnologien (Technologiepotentiale).
- **Interne Nutzenpotentiale** liegen demgegenüber im Innern des Unternehmens. Beispiele sind die Möglichkeiten der Neugestaltung innerbetrieblicher Abläufe (Organisationspotential), die Möglichkeiten zur Ausschöpfung eigenen Wissens und Könnens (Know-how-Potential), die Mitarbeiter (Humanpotential) sowie die Möglichkeiten der Unternehmensfinanzierung (Bilanzpotential).

Auch das Nutzenpotential-Konzept lässt sich als integrativer Prozess aus Vorsteuerung und Randbedingungen darstellen (Bild 1-6). Nur wenn es den Unternehmen gelingt, Nutzenpotentiale frühzeitig zu erkennen und zeitgerecht zu erschließen, werden sie den Nutzen ihrer Stakeholder mehren und ihre Lebensfähigkeit sichern können. Eine erfolgreiche - besser: „nutzenbringende" - Unternehmensentwicklung ist nur möglich, wenn Unternehmensführung und strategische Planung frühzeitig Zukunftspotentiale („neue Nutzenpotentiale") identifizieren. Mit ihrer Erschließung werden sie zu Nutzenpotentialen, mit denen sich die Unternehmensentwicklung wirkungsvoll steuern lässt. Eine erfolgreiche Geschäftsstrategie muss daher auf attraktive Nutzenpotentiale ausgerichtet sein.

1.1.5 Zur Rolle der Vision

Der Begriff „Vision" ist bei uns in Deutschland eher negativ belegt. Vielleicht liegt es daran, dass Vision dem Duden nach Traumbild bedeutet; an der gleichen Stelle steht aber auch Zukunftsentwurf; und darum geht es uns. Wir meinen, dass wir in Deutschland das Entwerfen der Zukunft und das Gewinnen von Mitmenschen für Zukunftsentwürfe vernachlässigen. Wir konzentrieren uns auf das Managen des Wandels statt auf die Gestaltung des Wandels. Auch viele Unternehmen betonen ausschließlich das Operative und steigern die Effizienz des etablierten Geschäfts. Das ist sicher wichtig, aber zu wenig, um die Zukunft des Unternehmens zu sichern. Die Beschränkung auf Effizienzerhöhung führt nach HAMEL und PRAHALD zu folgender Stimmung im Unternehmen:

> *„Was die Mitarbeiter täglich zu hören bekommen, ist, dass sie das wertvollste Vermögen der Firma sind, was sie hingegen wissen, ist, dass sie jenes Vermögen sind, auf das die Firma am ehesten verzichten kann."* [HP95]

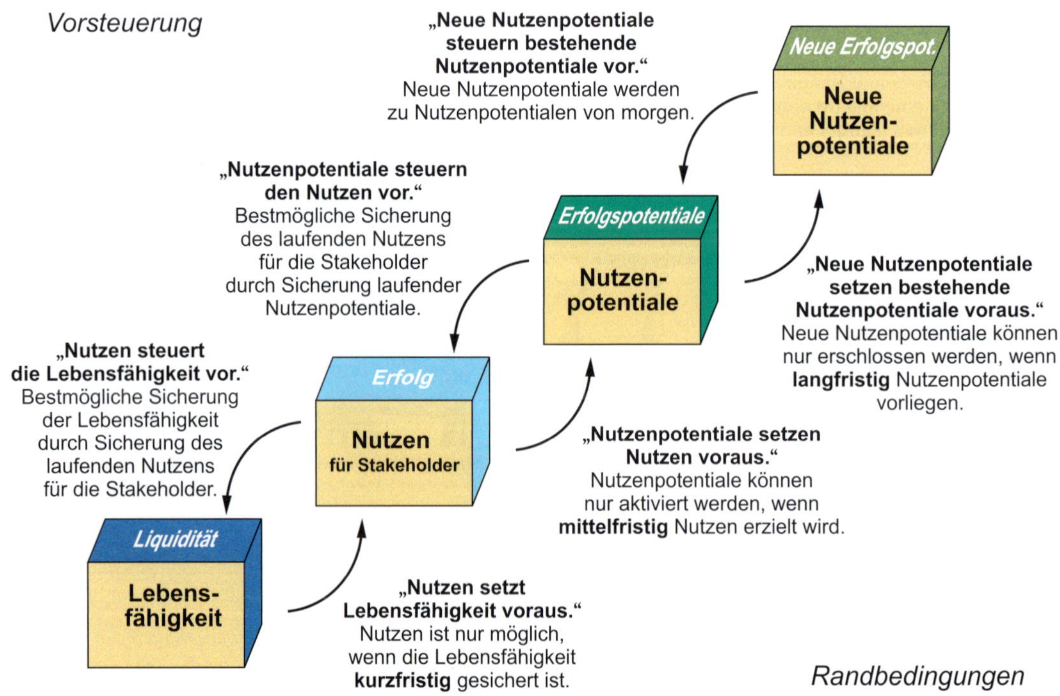

BILD 1-6 Unternehmensführung und -steuerung als integrativer Prozess unter Berücksichtigung der Stakeholder nach GÄLWEILER

Es ist leicht nachvollziehbar, dass in einem derartigen Klima keine Spitzenleistungen gedeihen können, die wir benötigen, um unsere Zukunft erfolgreich zu gestalten. Die starke Betonung auf Effizienzsteigerung geht in der Regel einher mit dem ausgeprägten Festhalten an sog. bewährten Geschäftsmodellen. Das, was heute gut läuft, kann schon morgen ein Auslaufmodell sein, das trotz großem Einsatz kaum noch Gewinn abwirft. HAMEL schreibt dazu:

„Eine Stammesweisheit der Dakota-Indianer lautet: „Wenn du merkst, dass du auf einem toten Pferd sitzt, dann steig lieber ab." Natürlich gibt es noch Alternativen. Sie können die Reiter austauschen. Sie können einen Ausschuss zur Untersuchung des toten Pferdes ins Leben rufen. Sie können Benchmarking darüber betreiben, wie andere Unternehmen tote Pferde reiten. Sie können erklären, dass es billiger ist, ein totes Pferd zu füttern. Sie können mehrere tote Pferde gleichzeitig anschirren. Aber nachdem Sie all diese Dinge versucht haben, bleibt Ihnen schließlich doch nichts anderes übrig, als abzusteigen." [Ham01]

Sie haben sicher Freude an diesem Zitat. Aber nach kurzer Zeit werden Sie nachdenklich, weil Sie in Ihrem Umfeld plötzlich auch „tote Pferde" entdecken. Werden Sie visionär oder nehmen Sie sich zumindest Zeit, anderen, die sich Gedanken über die Gestaltung der Zukunft machen, zuzuhören. Auch eine exzellente Idee benötigt viele Mitstreiter und Machtpromotoren, wenn sie nicht im Gezeter der Bedenkenträger untergehen bzw. der vermeintlich klaren Linie derjenigen zum Opfer fallen soll, die ausschließlich das „kurzfristige Wohl" des Unternehmens im Auge haben.

Strategische Führung heißt: Erfolgspotentiale bzw. Nutzenpotentiale der Zukunft frühzeitig erkennen und rechtzeitig erschließen. Eine unternehmerische Vision drückt ein grundsätzliches Ziel im Sinne des Erschließens eines erkannten Erfolgspotentials aus. Die Strategie beschreibt den Weg zu dieser Vision. Sollen die Menschen in einem Unternehmen für diesen Weg gewonnen werden, so muss die Vision einen Sinn vermitteln – ein Ziel umschreiben, für das es sich einzusetzen lohnt. Diese Sinnvermittlungsfunktion wird besonders deutlich mit dem berühmten Zitat von A. DE SAINT EXUPÉRY:

„Wenn Du ein Schiff bauen willst, schicke nicht die Leute Holz sammeln, verteile nicht die Arbeit und gib keine Befehle, sondern lehre sie statt dessen die Sehnsucht nach dem weiten und endlosen Meer."

Offensichtlich ist es ein wichtiges Bedürfnis der Menschen, einen Sinn in ihrem Wirken zu sehen. Ein Sprichwort lautet: *„Ohne Vision geht der Mensch zugrunde"*. Die Vision richtet die Kräfte einer Gruppe auf ein gemeinsames Ziel. Damit wird einem weiteren wichtigen Bedürfnis der Menschen entsprochen. Das ist das Bedürfnis, in einer erfolgreichen Mannschaft zu spielen, zu den Siegern zu gehören. Die Vision steht im übertragenen Sinne für den Turniersieg. Und welche Mannschaft geht schon in ein Turnier, um nicht den Sieg zu erringen. Eine Organisation, die nicht von einer derartigen Vision getrieben wird, wird kaum erfolgreich sein.

Ein Beispiel dafür, welche Kräfte Visionen freisetzen können, ist das Apollo-Programm. Auslöser für dieses Programm der amerikanischen Regierung in den 1960er Jahren war der sog. „Sputnik-Schock". Die Vorstellung, dass Satelliten der Sowjetunion ihre Bahnen über den USA ziehen und militärische Schläge durchführen könnten, war für die meisten Amerikaner einfach unerträglich. Damit begann ein beispielloser Wettlauf um die Vorherrschaft im All. JOHN F. KENNEDY brachte die Vision auf den Punkt, indem er am 25. Mai 1961 verkündete, „that this Nation should commit itself to achieving the goal, before this decade is out, of landing a man on the moon and returning him safely to earth". Das wurde erreicht. Alle Astronauten kehrten wohlbehalten zur Erde zurück. Selbst im Lichte der heute verfügbaren Technologie wäre das noch eine Spitzenleistung, geschweige denn mit den Möglichkeiten vor vier Jahrzehnten. Für viele ist das Apollo-Programm die technologische Glanzleistung schlechthin. Ohne die Begeisterung und Motivation der Beteiligten sowie den kompromisslosen Siegeswillen der amerikanischen Nation wäre das nicht möglich gewesen. Und nicht zuletzt war es auch die prägnante Formulierung der Vision, die zum Erfolg beigetragen hat; schließlich war es etwas anderes als zu sagen „Lasst uns mal unser Raumfahrt-Programm aufmöbeln".

Ein weiteres Beispiel dafür, dass Visionen sprichwörtlich Berge versetzen können, ist die Erfolgsgeschichte von HEINZ NIXDORF und der Nixdorf Computer AG. Ein wesentlicher Grund für diesen Erfolg lag in dem visionären Geschäftskonzept, die Datenverarbeitung an den Arbeitsplatz zu bringen. Bis dahin dominierten Rechenzentren und Mainframes die betriebliche Datenverarbeitung. Ein weiterer wichtiger Grund war die Führungsstärke von HEINZ NIXDORF, mit der er die Mitarbeiter für die Vision gewann und ihnen das Gefühl vermittelte, zu den Siegern zu gehören [Kem87].

Beide Beispiele zeigen, dass das Vermitteln von Sinn und das Erzeugen von Begeisterung besonders wichtig sind. Es gibt jedoch auch Beispiele für große Vorhaben, die erfolgreich durchgeführt worden sind, obwohl nur wenige Führungspersönlichkeiten die visionäre Kraft und den

HEINZ NIXDORF – PIONIER DER INFORMATIONSTECHNIK

Die deutsche Computerindustrie befand sich noch in den Anfängen, als HEINZ NIXDORF sein *Labor für Impulstechnik* in Essen gründete. Nur mit einer Idee zum Bau eines Elektronikrechners ausgestattet, gewann der Student der Physik das Energieversorgungsunternehmen *RWE* in Essen als ersten Kunden. Dieses stellte ihm einen Vorschuss von 30 000 DM zur Verfügung.

Die ersten Geräte für das RWE arbeiteten bald mit Erfolg, und das junge Unternehmen entwickelte sich schnell zum Zulieferer elektronischer Rechenwerke für bedeutende Büromaschinenhersteller wie die Kölner Wanderer-Werke und die Compagnie des Machines Bull.

HEINZ NIXDORF erkannte sehr früh die Möglichkeiten der Computertechnik, den Bedarf des Mittelstands und der Fachabteilungen nach Computerleistung. Er entwickelte die Vision, den Computer für diese Anwendungssegmente wirtschaftlich zugänglich zu machen. Während die einen auf den Mainframe setzten und andere sich technologisch verzettelten, entsprach NIXDORF der Nutzenerwartung des Mittelstands.

Mit der Entwicklung des frei programmierbaren Kleincomputers *Nixdorf 820* erschloss sich HEINZ NIXDORF 1964 den Markt für Klein- und Mittelbetriebe. Dieses System arbeitete mit Magnetkernspeicher, integrierter Tastatur und einer Schreibmaschine zur Datenausgabe. Das Grundsystem wurde später mit Magnetkonto zur Datenspeicherung, einem Nadeldrucker und einem Modul ausgestattet, das eine Datenübertragung zu übergeordneten Computern ermöglichte.

Der Erfolg des Systems 820 war so groß, dass NIXDORF 1967 mit dem Aufbau eines eigenen Vertriebsnetzes begann. Im April 1968 erwarb HEINZ NIXDORF für 17,5 Mio. DM die *Wanderer-Werke* in Köln, seinen bis dahin größten Kunden. Noch im gleichen Jahr folgte die Umbenennung in Nixdorf Computer AG und die Verlegung des Firmensitzes nach Paderborn. Ein wesentlicher Erfolgsfaktor war, dass NIXDORF technische Neuerungen der Zeit aufnahm und sie umgehend in neue Produkte umsetzte.

Grundsteine für NIXDORFS Erfolg im Bankengeschäft waren ehrgeizige Projekte wie das mit der schwedischen *Scandinaviska Enskilda-Bank.* Schon 1974 ließ sie ihre Filialen mit Hilfe von 1100 Nixdorf-Terminals landesweit vernetzen.

1985 besaß die Nixdorf Computer AG Tochtergesellschaften in 44 Ländern der Erde und erzielte mit 23 000 Mitarbeitern einen Umsatz von vier Mrd. DM. Auf der Höhe seines Erfolgs verstarb HEINZ NIXDORF 1986.

Literatur:

[Kem87] KEMPER, K.: Heinz Nixdorf – Eine deutsche Karriere. verlag moderne industrie, Landsberg, 1987

Weitblick hatten und die Masse anfänglich verständnislos den Kopf geschüttelt hat. Es handelt sich um den Siegeszug der Eisenbahn im 19. Jahrhundert und den Autobahnbau vor gut sieben Jahrzehnten.

Eisenbahn: Als die erste deutsche Eisenbahnstrecke 1835 von Nürnberg nach Fürth gebaut wurde, war es gängige Meinung der Wissenschaft, dass der Mensch eine Geschwindigkeit von mehr als 25 km/h nicht ertragen könne und die Reisenden die Gehirnkrankheit „Delirium Furiosum" bekommen würden. Von der Meinung des Volkes ganz zu schweigen. Nur wenige haben darin einen Sinn gesehen, ein flächendeckendes Eisenbahnnetz aufzubauen. Gleichwohl ist das geschehen, und zwar in einer einmaligen Rasanz. Bereits 1851 gab es einen durchgehenden Schnellzug auf der Strecke Berlin – Köln, der mit 17 Stunden nur noch einen Bruchteil der wochenlangen Reise mit der konventionellen Postkutsche benötigte. 1871 zogen sich 20 000 Kilometer Schienenweg durch das Deutsche Reich. Offenbar reicht die Vorstellungskraft der meisten Menschen nicht aus, Innovationen dieser Größenordnung und deren Auswirkung voll zu erfassen. Diese Vorstellungskraft stellt sich erst allmählich ein, wenn die ersten Schritte vollzogen worden sind und die Sache erlebbar geworden ist. Es scheint sich zu bestätigen, dass Probieren über Studieren geht.

Autobahnen: Die Idee, Autobahnen zu bauen, beruhte auf dem Antizipieren einer damals wahrnehmbaren Entwicklung: Mit der Verwirklichung der Massenproduktion im Automobilbau durch Henry Ford konnte man unschwer vorhersehen, dass es zu einer Massenmotorisierung kommen würde und diese durch das herkömmliche Straßennetz nicht bewältigt werden wird. Diese Erkenntnis war natürlich nicht Allgemeingut. Hätte man die Bevölkerung in den zwanziger Jahren gefragt, ob sie Autobahnen brauche, hätte man wahrscheinlich Gelächter geerntet. Kostete doch ein Auto in Deutschland mehrere Jahresgehälter. Genauso gut könnte man heute den Durchschnittsbürger fragen, ob er für sein Flugzeug, das er demnächst besitzen werde, in der Nähe einen Flugplatz benötige.

Wir bringen diese Beispiele, um zu verdeutlichen, dass Visionen keine Hirngespinste oder Fiktionen sind, sondern in der Regel das Ergebnis phantasievollen Antizipierens und logischen Verknüpfens von in der Gegenwart wahrnehmbaren Entwicklungen. Visionen haben etwas Neues und nach Lichtenberg ist das Neue immer am Rande und somit nicht im Zentrum. Die Masse der Menschen wünscht sich offenbar nicht das, was ihr fehlt, sondern mehr von dem, was sie schon besitzt [Far97]. Gefahren für das Bestehende erkennen die meisten, die Chancen des Neuen nur sehr wenige. So hat das Neue unzählige Gegner und nur wenige Befürworter. Es kann sich nicht durchsetzen, wenn Innovatoren, Meinungsführer und Machtpromotoren nicht zusammenarbeiten. Das scheint der Grund zu sein, warum wir uns so schwer mit dem Ausschöpfen offensichtlicher Erfolgspotentiale wie der Gentechnik, der Energietechnik, der Bahntechnik oder telemedizinischen Assistenzsystemen tun.

In nachhaltig erfolgreichen Unternehmen bilden Innovatoren und Machtpromotoren in der Regel eine Koalition bzw. sind beide Rollen in einer herausragenden Unternehmerpersönlichkeit vereint. Das macht es einfacher als die Gesellschaft für Visionen zu gewinnen, geschweige denn diese dazu zu bringen, Visionen zu verwirklichen. Aber auch in einem Unternehmen gilt, dass zunächst einmal erste Schritte zu vollziehen sind und sich erst allmählich mit den Anfangserfolgen Zuversicht und Begeisterung bei den Mitarbeitern einstellen. Nichts motiviert mehr als der Erfolg. Die Unternehmensführung muss gerade in der Anfangsphase vorangehen. Die Fähigkeit, das überzeugend zu tun, zeichnet erfolgreiche Unternehmerpersönlichkeiten aus. Unternehmerische Erfolge hängen allerdings nicht allein von der gemeinsamen Vision von Innovatoren und Machtpromotoren ab. Ein wesentliches Merkmal erfolgreicher Visionen ist das methodische Vorgehen bei deren Umsetzung. Daher geht es in diesem Buch um beides: Wie Unternehmen Visionen entwickeln und wie sie diese mit Hilfe von Strategien, Prozessen und IT-Systemen umsetzen können.

1.2 Handlungsfeld Produktion

Gegenstand des vorliegenden Buchs sind Strategien und Maßnahmen für produzierende Industrieunternehmen. Bevor wir darauf näher eingehen, liegt es nahe, das Handlungsfeld industrielle Produktion zu beschreiben. Dies ist das Ziel dieses Unterkapitels. Bild 1-7 enthält eine Definition des Begriffes Produktion [Spu79]. Danach gliedert sich die Produktion in die drei Bereiche Energie-, Verfahrens- und Fertigungstechnik auf. Wir adressieren in erster Linie die Fertigungstechnik; die entsprechende Industrie wird im Allgemeinen als Fertigungsindustrie bezeichnet. Dazu zählen Unternehmen des Maschinen- und Anlagenbaus, der Automobil- und Automobilzulieferindustrie, der Medizintechnik etc. Da wir uns aber nicht auf den Fabrikbetrieb beschränken, sondern alle Funktionsbereiche zur Erstellung und Vermarktung eines Erzeugnisses betrachten, verwenden wir den Begriff Produktion.

Im Folgenden beschreiben wir die wesentlichen Funktionsbereiche eines produzierenden Unternehmens und deren Zusammenwirken sowie die zwei Hauptgeschäftsprozesse Produktentstehung und Auftragsabwicklung. Die Ausführungen sind für all diejenigen gedacht, die mit dieser Materie nicht so vertraut sind - also in erster Linie Studierende. Für die meisten Praktiker ist das nichts grundsätzlich Neues; sie werden aber einräumen, dass eine derartige Systematik hilft, die komplexe Materie des Buchs besser zu verstehen. Einige Praktiker werden ihren Betrieb in der folgenden Systematik nicht 1:1 abgebildet sehen. Uns geht es zunächst um eine generische Sicht der industriellen Produktion, die für den überwiegenden Teil der Unternehmen weitestgehend zutrifft. Für eine tiefergehende Strukturierung sei auf die üblichen Klassifikationsschemata und die damit einhergehenden Betriebstypen verwiesen [War93], [Dan03], [WRN09].

Was die zu produzierenden Erzeugnisse angeht, denken wir hauptsächlich an komplexe Produkte der erwähnten Branchen, die heute in der Regel auf dem engen Zusammenwirken von Mechanik, Elektronik, Softwaretechnik und

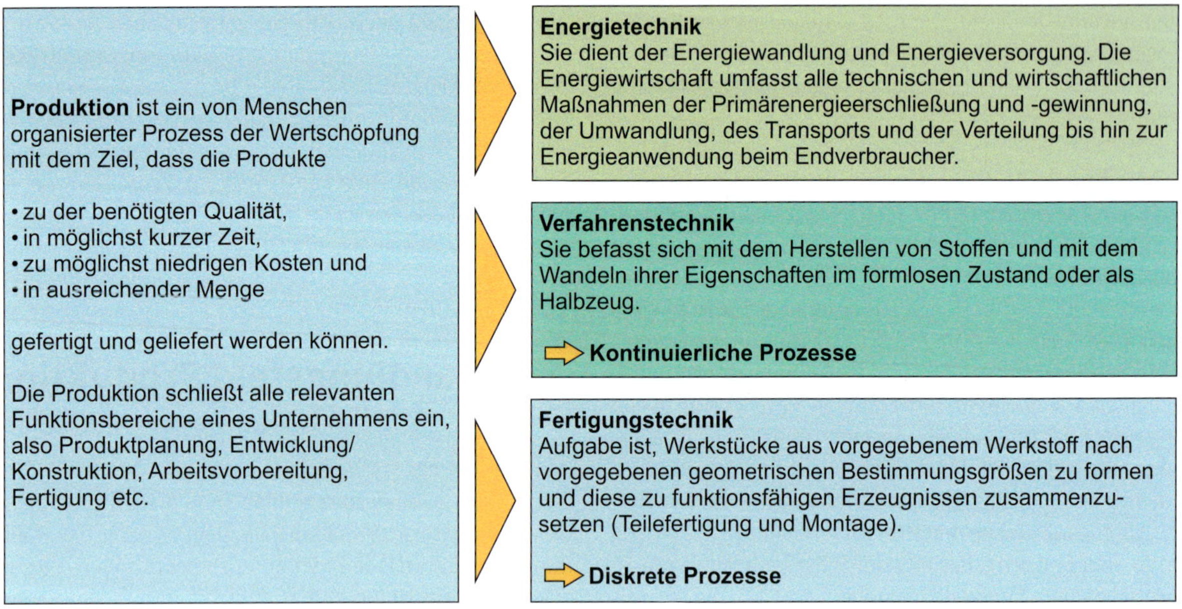

BILD 1-7 Die drei Hauptbereiche der industriellen Produktionstechnik nach Spur

ggf. neuer Werkstoffe beruhen. Dafür hat sich das Kunstwort Mechatronik eingebürgert.

1.2.1 Funktionale Struktur eines produzierenden Unternehmens

Das generische Modell eines produzierenden Industrieunternehmens ist mit seinen wesentlichen Funktionsbereichen in Bild 1-8 dargestellt. Die einzelnen Funktionsbereiche werden im Folgenden kurz charakterisiert.

Produktplanung: Hauptaufgabe dieses Funktionsbereichs ist die Planung neuer Produkte bzw. Produktoptionen. Wesentliche Ergebnisse sind Entwicklungsaufträge und Geschäftspläne. Ein Entwicklungsauftrag besteht aus einer marktorientierten Produktspezifikation (Anforderungskatalog, Pflichtenheft) und Festlegungen über Stückzahlen, Herstellkosten, Entwicklungszeit und -kosten. Mit dem Geschäftsplan soll der Nachweis erbracht werden, dass mit dem neuen Produkt bzw. der Produktoption über die geplante Produktlebensdauer ein attraktiver Return on Investment erzielt werden kann.

Entwicklung/Konstruktion: Wir benutzen bewusst die beiden Begriffe, weil sich hier kein Standard abzeichnet. Häufig wird dieser Bereich auch in Vor- und Serienentwicklung gegliedert. Hauptaufgabe der Entwicklung/Konstruktion ist die Konkretisierung des Produkts inklusive der möglichen Funktionsnachweise. Wesentliche Ergebnisse sind die Bauunterlagen (Zusammenstellungszeichnungen, Fertigungszeichnungen, Stücklisten bzw. die diesen Unterlagen äquivalenten digitalen Modelle).

Arbeitsvorbereitung: Es handelt sich um einen übergeordneten Bereich. Wir halten uns an die Definitionen von AWF/REFA [AR69]. Die Arbeitsvorbereitung (syn. Fertigungsvorbereitung) umfasst alle Maßnahmen einschließlich der Erstellung aller erforderlichen Unterlagen und Fertigungsmittel, die durch Planung, Steuerung und Überwachung für die Fertigung von Erzeugnissen ein Minimum an Aufwand gewährleisten. Sie gliedert sich in die Bereiche Arbeitsplanung (syn. Fertigungsplanung) und Arbeitssteuerung (syn. Produktionsplanung und -steuerung, PPS). Die **Arbeitsplanung** klärt, aus welchem Werkstoff, nach welchen Fertigungsverfahren und mit welchen Fertigungsmitteln ein Teil hergestellt wird. Wesentliches Ergebnis ist der Arbeitsplan, der die Umwandlung des Werkstücks vom Rohzustand zum Fertigungszustand beschreibt. Sinngemäß gelten vorstehende Aussagen auch für die Montage – das Fügen der Teile zu Baugruppen und Erzeugnissen. Die Arbeitsplanung legt also fest, *wie gefertigt wird.* Die **Arbeitssteuerung** umfasst die Planung, Steuerung und Überwachung der Produktionsabläufe von der Angebotsbearbeitung bis zum Versand unter Mengen-, Termin- und Kapazitätsaspekten. Nach der Prüfung, ob die für die Herstellung notwendigen Ressourcen (Material, Betriebsmittel, Personal) verfügbar sind, werden zwei Kategorien von Aufträgen erzeugt: Fertigungsaufträge und Bestellaufträge. Die Fertigungsaufträge werden an die Fertigungssteuerung übergeben, die Bestellaufträge an den

Einkauf. Die Arbeitssteuerung legt also fest, *wann gefertigt wird*.

Vertrieb: Hauptaufgabe ist die Bearbeitung des Markts mit dem Ziel, Kundenaufträge zu gewinnen. Diese werden an die Arbeitssteuerung übergeben. Insbesondere bei erklärungsbedürftigen Erzeugnissen gehört zum Vertrieb ein sog. *Pre Sales Support*. Dieser unterstützt den eigentlichen Vertrieb bei der Beantwortung von komplexen Fachfragen der potentiellen Kunden und bei der Bearbeitung von umfassenden Angeboten. Das **Marketing** im Sinne von Marktkommunikation, Programmpolitik, Entgeltpolitik und Distributionspolitik kann sowohl dem Vertrieb als auch der Produktplanung zugeordnet werden. Daher steht der Begriff über beiden Funktionsbereichen.

Einkauf: Der Einkauf verantwortet die Transaktionen mit dem Warenbeschaffungsmarkt. Insbesondere sorgt er für die zeitgerechte Bereitstellung von Materialien, Halbzeugen und Komponenten, die von Dritten hergestellt werden und zu verbauen sind. Der Einkauf operiert auf der Basis von Bestellaufträgen, die ausgehend von den Kundenaufträgen durch die Arbeitssteuerung erzeugt werden.

Fertigung: Dies ist der eigentliche Fabrikbetrieb. Aufgabe der Fertigung ist es, mit Hilfe der verfügbaren Ressourcen die Informationen aus den vorgelagerten Funktionsbereichen (Entwicklung/Konstruktion, Arbeitsplanung, Arbeitssteuerung/PPS) in Operationen zur Herstellung der Erzeugnisse umzusetzen. Wesentliche Funktionsbereiche der Fertigung sind die Teilefertigung und die Montage. Bild 1-9 enthält die nach DIN 8580 genormten Bezeichnungen der Fertigungsverfahren. Die weiteren Funktionsbereiche der Fertigung sind in Bild 1-8 aufgeführt. Das Geschehen in der Fertigung wird durch die **Fertigungssteuerung** koordiniert. Dazu disponiert die Fertigungssteuerung die von der Arbeitssteuerung erhaltenen Fertigungsaufträge zu den einzelnen Arbeitssystemen (Maschinen, Fertigungszellen, Montageplätze etc.) und organisiert den Materialfluss. Des Weiteren findet eine Steuerung und Überwachung statt; Störungen an den Arbeitssystemen und im Materialfluss sind nach Möglichkeit zu kompensieren. Können die Vorgaben der übergeordneten Arbeitssteuerung nicht eingehalten werden, so muss diese ggf. umplanen; dies führt im Worst Case zu Verschiebungen der mit dem Kunden vereinbarten Liefertermine.

Service: Darunter wird der sog. *Post Sales Support* verstanden. Wichtige Aufgaben sind Installation, Inbetriebnahme, Wartung und Ersatzteilwesen.

Qualitätssicherung: Dies ist eine Querschnittsfunktion mit den klassischen Aufgaben Qualitätsplanung, Qualitätskontrolle und Qualitätslenkung [Pfe01].

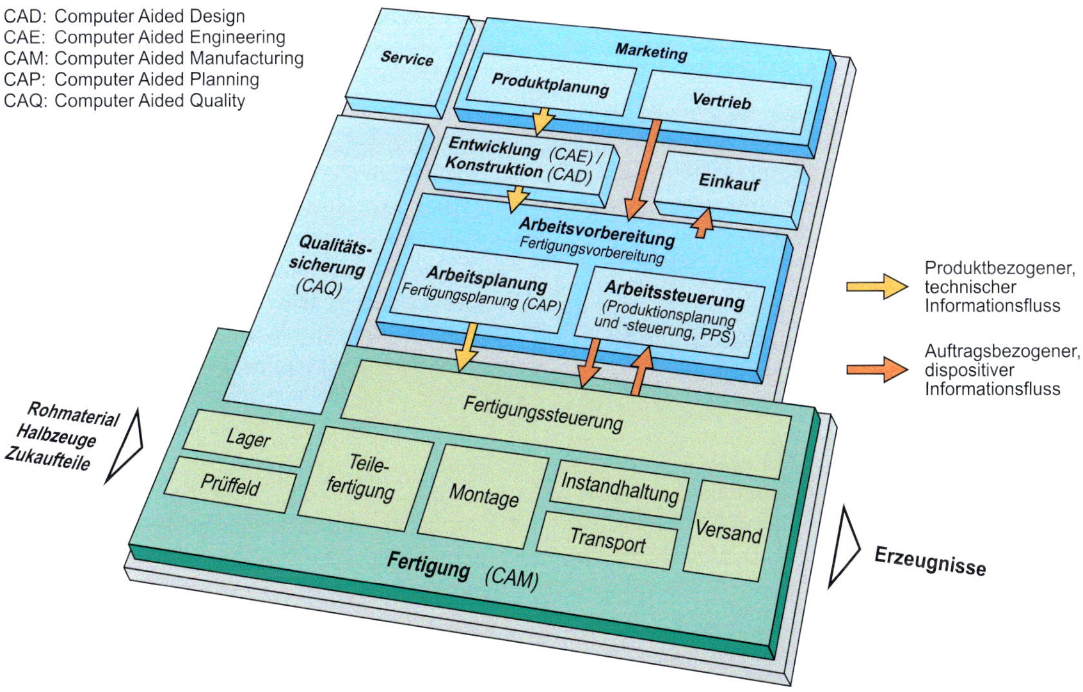

BILD 1-8 Funktionale Struktur eines produzierenden Unternehmens

Produktionsbereich	Fertigungs-verfahren	Erläuterung	Beispiele
Teilefertigung Fertigung von Teilen (Bauteile/Werkstücke) für die Montage oder für die direkte Lieferung an Kunden	Urformen	Fertigen eines festen Körpers aus formlosem Stoff	Gießen, Sintern
	Umformen	Fertigen durch bildsames (plastisches) Ändern der Form eines festen Körpers	Stauchen, Ziehen
	Trennen	Fertigen durch Ändern der Form eines festen Körpers, wobei der Zusammenhalt örtlich aufgehoben wird	Drehen, Bohren
	Beschichten	Aufbringen einer festhaftenden Schicht aus formlosem Stoff auf ein Werkstück	Galvanisieren
	Stoffeigenschaft ändern	Fertigen eines festen Körpers durch Umlagern, Auslagern, Aussondern oder Einbringen von Stoffteilchen	Härten, Nitrieren
Montage Zusammenbau von Teilen und/oder Gruppen zu Erzeugnissen oder zu Gruppen höherer Erzeugnisebenen	Fügen	Zusammenbringen von zwei oder mehr Werkstücken oder von Werkstücken mit formlosem Stoff	Kleben, Schweißen, Schrauben

BILD 1-9
nach DIN 8580 [War90]

Die Aufgaben in den kurz vorgestellten Funktionsbereichen eines Industrieunternehmens werden heute in der Regel durch IT-Systeme unterstützt. Die entsprechenden Abkürzungen (CAD, CAE, CAP etc.) sind in Bild 1-8 aufgeführt. Obwohl Bild 1-8 eine funktionale Sicht repräsentiert, werden doch die drei Hauptprozesse deutlich; es handelt sich um den Produktentstehungsprozess (produktbezogener, technischer Informationsfluss), den Auftragsabwicklungsprozess (auftragsbezogener, dispositiver Informationsfluss) und den eigentlichen Herstellprozess. Diese Prozesssicht wird in Bild 1-10 näher betrachtet. Auch hier sind die IT-Systeme den einzelnen Aufgabenbereichen zugeordnet. Im Hauptkapitel 5 gehen wir auf diese Systeme näher ein. Der Produktentstehungsprozess ist Gegenstand des übernächsten Kapitels 1.2.3, der Auftragsabwicklungsprozess wird in Kapitel 1.2.4 erläutert.

1.2.2 Informationsbeziehungen zwischen den Hauptfunktionsbereichen

Im vorangegangenen Kapitel ist das generische Modell eines produzierenden Industrieunternehmens mit seinen wesentlichen Funktionsbereichen eingeführt worden. Hier erläutern wir die wesentlichen Informationsflüsse zwischen den Funktionsbereichen.

Bevor wir darauf eingehen, wollen wir unser Verständnis des Begriffes Information darlegen. Der Transfer von Information stellt eine zielgerichtete Kommunikation dar. Individuen und Objekte senden und empfangen Signale (Zeichen) als kleinstmögliche Kommunikationseinheit über Kommunikationskanäle. Eine definierte Syntax regelt die Zusammenstellung von Zeichen zu sog. Daten (synonym: Nachrichten). Daten bestehen aus syntaktisch reglementierten Zeichenketten, die von einem Kommunikator (Nachrichtensender) zu einem oder mehreren Rezipienten (Nachrichtenempfängern) übertragen werden können. Durch die Interpretation des Nachrichtenempfängers erhalten die empfangenen Daten eine Bedeutung. Die Daten werden dann zu einer Information, wenn diese zur Verringerung des Kenntnisgefälles zwischen Kommunikator und Rezipient beiträgt, also beim Rezipienten zu eigentlichem Wissen bzw. Wissenserwerb führen [GHK+06]. Der Datentransfer kann dabei aus Sicht des Kommunikators zweckorientiert erfolgen; so kann beispielsweise eine Information eine Aktion oder Reaktion eines Rezipienten starten, ändern oder beenden. Die Organisation und Verarbeitung von Informationen und Wissen ist für ein Unternehmen essentiell. Es gilt kognitive, organisatorische und technische Aspekte zu integrieren. Information nimmt als Produktionsfaktor eine Sonderstellung ein [Dan03]:

- Information und insbesondere Wissen können durch eine entsprechende Nutzung vermehrt werden. Der Wert einer Information für ein Industrieunternehmen hängt dabei von dem Zeitpunkt der Verfügbarkeit und ihrer Verwendung ab. Eine Information nutzt sich in der Regel nicht ab; sie kann ergänzt, verändert, selektiert, aggregiert etc. werden.

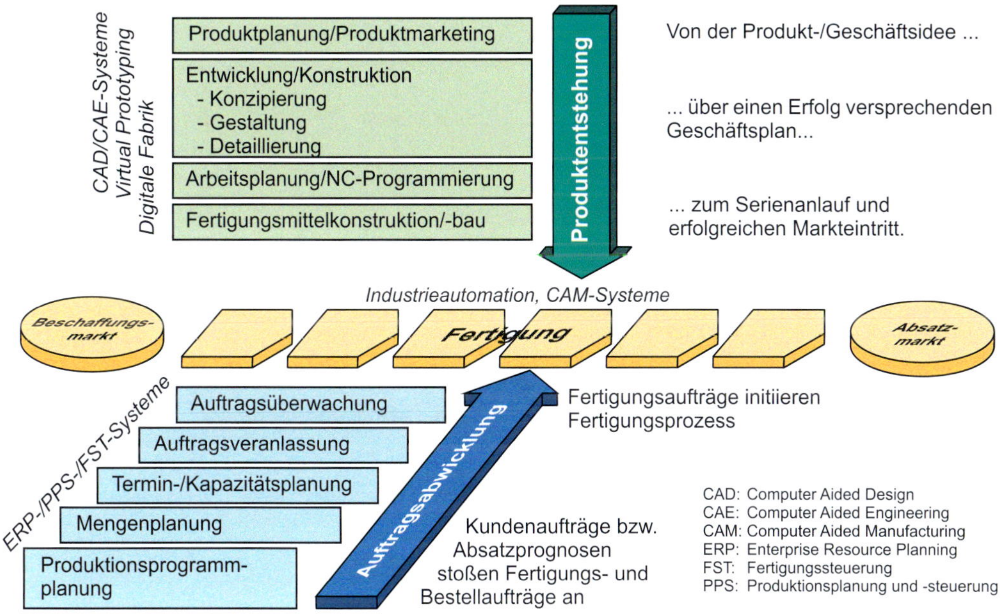

BILD 1-10 Die drei Hauptgeschäftsprozesse (Leistungserstellungsprozesse) im Produktgeschäft

- Information kann andere Produktionsfaktoren beeinflussen. So ist es beispielsweise möglich, dass Informationen eine effizientere Anwendung eines Fertigungsverfahrens ermöglichen. Dieses kann zu einer unmittelbaren Einsparung von Ressourcen führen.
- Information ist übertragbar bzw. transportierbar. Die Information ist nicht auf einen einzelnen Kommunikator beschränkt, sondern kann z.B. durch Sprache oder Schrift an Rezipienten übermittelt werden. Diese werden dann zu potentiellen Kommunikatoren der erhaltenen Information.

Im Unternehmen entstehen an vielen Stellen neue Informationen: im Vertrieb, in der Entwicklung/Konstruktion, in der Arbeitsplanung etc. Diese Funktionsbereiche sind sowohl Kommunikatoren als auch Rezipienten. Die Kenntnis über die Informationen und die Informationssysteme ist die Voraussetzung für die Führung eines Unternehmens im Allgemeinen und für Maßnahmen zur Stärkung der Wettbewerbsfähigkeit im Besonderen. Um die Informationen und die Informationsbeziehungen in einem produzierenden Unternehmen zu erläutern, greifen wir auf das Bild 1-8 zurück. In dieser Struktur heben wir den Funktionsbereich, den wir näher betrachten wollen, hervor und tragen dann die Informationsbeziehungen zu den übrigen Bereichen ein. Das erste Bild dieser Serie ist Bild 1-11. Hier gehen wir vom **Vertrieb** aus.

Vertrieb/Produktplanung: Der Vertrieb erhält die Vertriebsdokumentation. Dazu zählen im wesentlichen Prospekte, Argumentationshilfen, Produktspezifikationen, Preise und Konditionen. Auf der Basis seiner Marktkenntnis stellt der Vertrieb der Produktplanung Informationen über Anforderungen an Produkte, Erfolgsfaktoren/kaufentscheidende Faktoren, Marktvolumen, Marktwachstum, Marktanteil, Chancen und Risiken, Absatzprognosen sowie Reklamationen zur Verfügung.

Vertrieb/Entwicklung: Im Geschäft mit Standardprodukten und bei Vorhandensein einer Produktplanung gibt es keine ausgeprägten Informationsbeziehungen zur Entwicklung/Konstruktion. Der Normalfall in den hier betrachteten Branchen ist aber, dass der Kunde Ergänzungen bzw. Modifikationen des Standardprodukts wünscht. Die entsprechenden Anforderungen werden vom Vertrieb aufgenommen und an die Entwicklung/Konstruktion gegeben. Die von der Entwicklung/Konstruktion erarbeiteten Spezifikationen der Produktergänzungen erhält der Vertrieb, der sie in das Angebot integriert.

Vertrieb/Arbeitssteuerung: Die Arbeitssteuerung erhält vom Vertrieb Informationen über prognostizierte und erteilte Aufträge. Dazu zählen insbesondere Angaben über die Art, die Menge sowie über den Liefertermin des Produkts. Unter Berücksichtigung der verfügbaren Kapazitäten oder des aktuellen Fertigungsstands meldet die Arbeitssteuerung die ermittelten Lieferfristen oder den aktuellen Kundenauftragsfortschritt zurück.

Vertrieb/Versand: Nach der Versandfreigabe des Produkts durch die Fertigung erstellt der Vertrieb einen Versandauftrag. Dieser enthält neben dem Liefertermin und der Lieferanschrift die Verpackungsart und -einheit, die Versandtour sowie das einzusetzende Transportmittel [LES99].

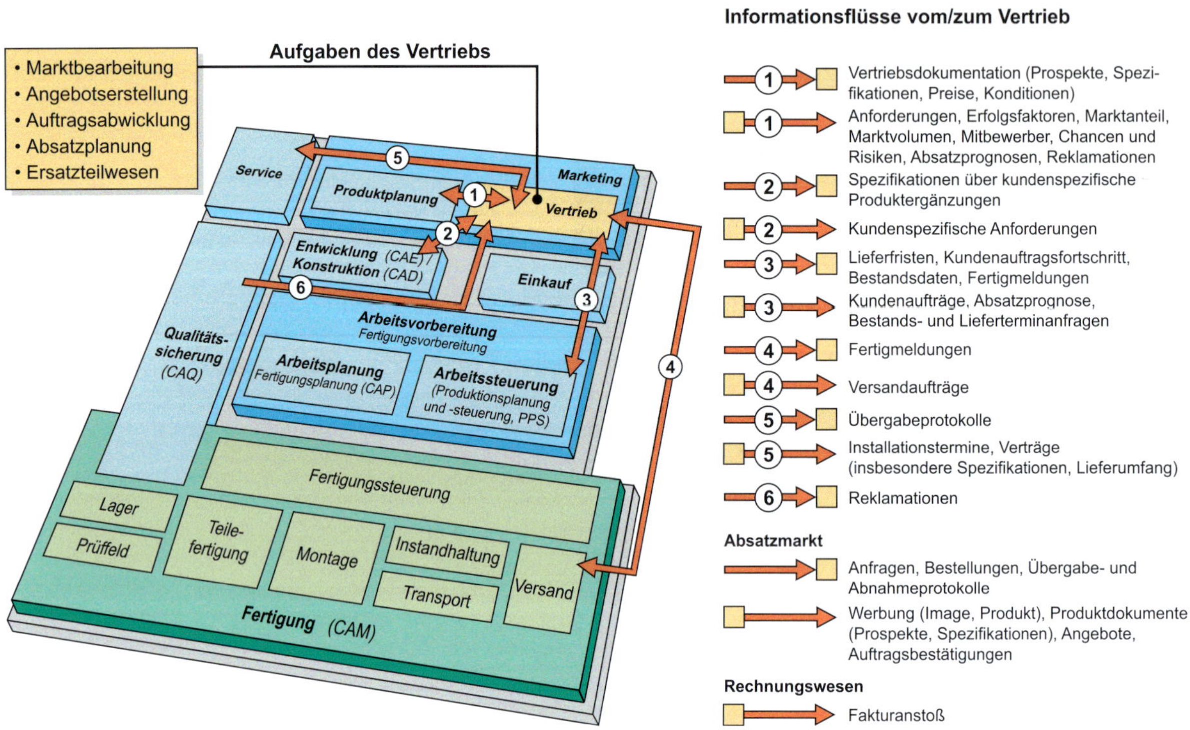

BILD 1-11 Informationsbeziehungen in einem Industrieunternehmen – Vertrieb

Der erfolgte Versand des Produkts wird an den Vertrieb zurückgemeldet.

Vertrieb/Service: Sind im Vertrag mit dem Kunden die Installation, die Inbetriebnahme und weitere Serviceleistungen, z. B. Schulungen, Instandhaltung etc., festgehalten, so werden die entsprechenden Informationen an den Service weitergeleitet. Nach Installation und Inbetriebnahme wird zusammen mit dem Kunden ein Übergabeprotokoll erstellt, das an den Vertrieb geht.

Vertrieb/Qualitätssicherung: Informationen über Reklamationen des Kunden werden von der Qualitätssicherung mit dem Ziel bearbeitet, die Fehlerursache zu lokalisieren. Anschließend wird das weitere Vorgehen mit dem Vertrieb abgestimmt, z. B. die Reparatur oder der Austausch des reklamierten Produkts.

Vertrieb/Absatzmarkt: Der Vertrieb bildet die Schnittstelle zum Absatzmarkt bzw. zum Kunden. Anfragen oder Bestellungen von Kunden sowie Übergabe- und Abnahmeprotokolle gehen beim Vertrieb ein. Primäre Aufgabe des Vertriebs ist die Marktbearbeitung. Wesentliche Informationen, die der Vertrieb im Rahmen der Akquisition weitergibt, sind Produkt- bzw. Leistungsbeschreibungen, Angebote und Auftragsbestätigungen.

Vertrieb/Rechnungswesen: Ist die Lieferung des Produkts an den Kunden erfolgt, kommt es zum Fakturanstoß durch den Vertrieb. Auf der Grundlage der erhaltenen Angaben über Art und Umfang der erbrachten Leistung erstellt das Rechnungswesen eine Rechnung für den Kunden.

Bild 1-12 beschreibt die wesentlichen Informationsbeziehungen aus der Perspektive der **Entwicklung/Konstruktion**. Die Informationsflüsse zwischen Vertrieb und Entwicklung/Konstruktion sind bereits beschrieben worden (vgl. Vertrieb, Bild 1-11); im Folgenden – das gilt auch für die Betrachtung der übrigen Funktionsbereiche – gehen wir nur auf die Informationsbeziehungen ein, die noch nicht beschrieben worden sind.

Entwicklung/Produktplanung: Die Entwicklung/Konstruktion erhält den Entwicklungsauftrag von der Produktplanung. Dazu zählen das Pflichtenheft bzw. der Anforderungskatalog, Herstellkosten- und Entwicklungskostenziele sowie Termine. Die Produktplanung erhält formal als Auftraggeber die Ergebnisse der Entwicklung/Konstruktion (Bauunterlagen bzw. Fertigungsunterlagen etc.). Ferner kommen auch viele Anstöße für neue Produkte aus der Entwicklung/Konstruktion.

Entwicklung/Arbeitsplanung: Die Entwicklung/Konstruktion übergibt die Bau- bzw. Fertigungsunterlagen

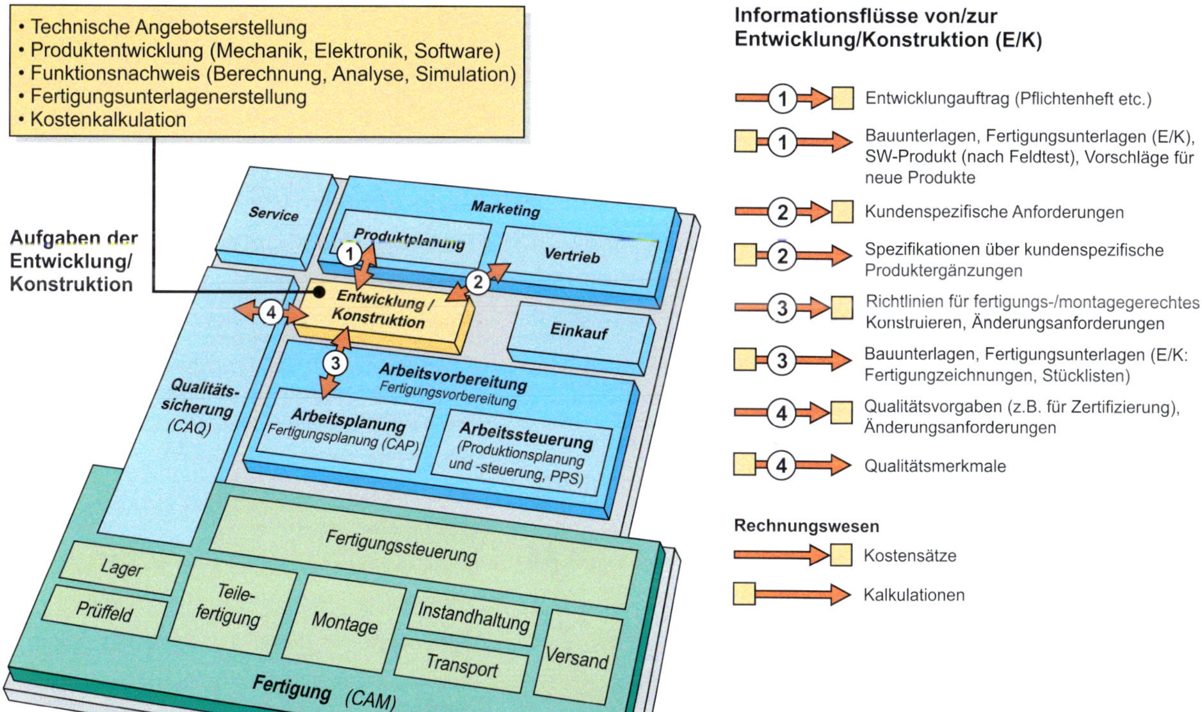

BILD 1-12
Informationsbeziehungen in einem Industrieunternehmen – Entwicklung/Konstruktion

sowie Stücklisten an die Arbeitsplanung. Von der Arbeitsplanung erhält die Entwicklung/Konstruktion Richtlinien für das fertigungs- und montagegerechte Konstruieren. Häufig gibt es von der Arbeitsplanung auch Hinweise zur verbesserten Produktgestaltung im Hinblick auf die vorhandenen Möglichkeiten der Fertigung oder den Einsatz neuer vorteilhafter Fertigungstechnologien. Formal wird das in der Regel über Änderungsanforderungen abgewickelt.

Entwicklung/Qualitätssicherung: Die Entwicklung/Konstruktion legt die Qualitätsmerkmale des Produkts für die Qualitätssicherung fest. Diese können sowohl auf Anforderungen des Kunden als auch auf Anforderungen des Gesetzgebers beruhen. Die Qualitätssicherung richtet an die Entwicklung/Konstruktion konkrete Qualitätsanforderungen, z. B. für die Zertifizierung eines Produkts. Ferner kann es sein, dass die Qualitätssicherung aufgrund der Analyse der eingegangenen Reklamationen Änderungen des Produkts initiiert (Änderungsanforderungen).

Entwicklung/Rechnungswesen: Die Entwicklung/Konstruktion erstellt eine Kalkulation für das zu entwickelnde Produkt. Das Rechnungswesen liefert die entsprechenden Kostensätze und Kalkulationsverfahren.

Bild 1-13 zeigt die Informationsflüsse zwischen der **Arbeitsplanung** und den weiteren Funktionsbereichen in einem Industrieunternehmen. Die Beziehung zwischen der Arbeitsplanung und der Entwicklung/Konstruktion wurde bereits vorgestellt.

Arbeitsplanung/Produktplanung: Die Arbeitsplanung erhält von der Produktplanung formal gesehen die Bau- bzw. Fertigungsunterlagen und die Stücklisten. Auf der Basis des Wissens über Fertigungstechnologien unterbreitet die Arbeitsplanung häufig Vorschläge für Produktverbesserungen.

Arbeitsplanung/Einkauf: Die Fertigung eines neuen Produkts erfordert häufig die Beschaffung neuer Betriebsmittel. Zu diesem Zweck werden die zu beschaffenden Betriebsmittel von der Arbeitsplanung spezifiziert und als Betriebsmittelbestellanforderung an den Einkauf gegeben. Ist die Bestellung erfolgt, so erhält die Arbeitsplanung eine Bestellbestätigung; bei Eingang der Lieferung erhält die Arbeitsplanung eine Wareneingangsbestätigung.

Arbeitsplanung/Arbeitssteuerung: Ausgangspunkt ist häufig die Erteilung eines Arbeitsplanerstellungsauftrags durch die Arbeitssteuerung. Die Arbeitsplanung informiert anschließend die Arbeitssteuerung über den zu nutzenden

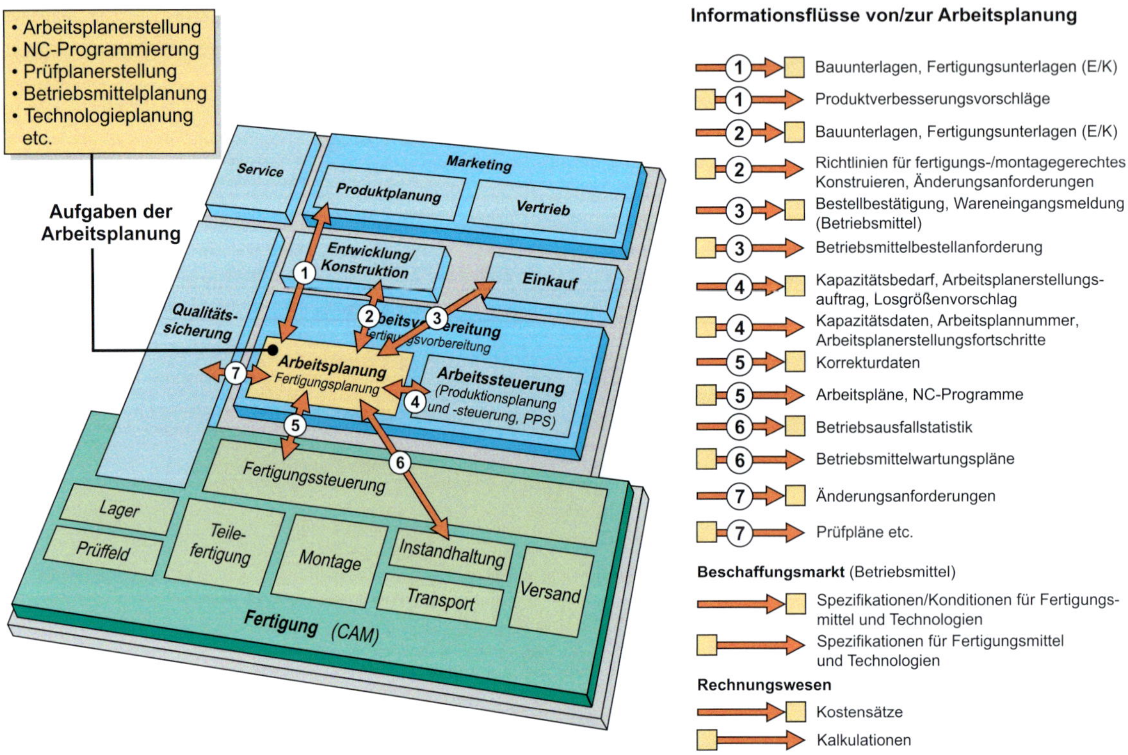

BILD 1-13 Informationsbeziehungen in einem Industrieunternehmen – Arbeitsplanung

Arbeitsplan (Arbeitsplannummer) bzw. während der Arbeitsplanerstellung über den Arbeitsplanerstellungsfortschritt. Ferner meldet die Arbeitsplanung Kapazitätsdaten der verfügbaren Ressourcen. Die Arbeitssteuerung schickt an die Arbeitsplanung den Kapazitätsbedarf und Losgrößenvorschläge.

Arbeitsplanung/Fertigungssteuerung: Die Fertigungssteuerung erhält mit den Arbeitsplänen und den NC-Programmen die wesentlichen Informationen zur Herstellung eines Produkts. Korrekturen in den Arbeitsplänen und NC-Programmen werden von der Fertigung dokumentiert und der Arbeitsplanung mitgeteilt.

Arbeitsplanung/Instandhaltung: Die Instandhaltung erhält die Betriebsmittelwartungspläne mit Angaben über die Wartungsintervalle, die durchzuführenden Tätigkeiten sowie die benötigten Materialien. Die Festlegung der Wartungsintervalle und der Tätigkeiten wird von der Betriebsausfallstatistik bestimmt. Diese enthält u. a. Angaben über Anzahl und Ursachen von Störungen. Die Betriebsmittelausfallstatistik wird oft vom Service erstellt und an die Arbeitsplanung gesandt.

Arbeitsplanung/Qualitätssicherung: Im Rahmen des Qualitätsmanagements werden die Notwendigkeit, der Ablauf und die Häufigkeit von Prüfungen festgelegt. Anschließend werden diese Informationen von der Arbeitsplanung aufgenommen und für die Qualitätssicherung weiter spezifiziert. Die Qualitätssicherung überprüft die Angaben zur Prüfplanung, zur Prüfausführung und zur Prüfdatenauswertung. Fertigungsbezogene Schwachstellen, die beispielsweise zu Kundenreklamationen geführt haben, werden in Form von Änderungsanforderungen an die Arbeitsplanung weitergegeben.

Arbeitsplanung/Beschaffungsmarkt: Für die Beschaffung neuer Betriebsmittel gibt es eine Kommunikation mit dem Beschaffungsmarkt (Hersteller und Lieferanten von Betriebsmitteln, Materialien, Hilfsstiften etc.). Dies erfolgt in Abstimmung mit dem Einkauf.

Arbeitsplanung/Rechnungswesen: Das Rechnungswesen stellt der Arbeitsplanung die Kostensätze und die Kalkulationsverfahren für die Kalkulation der Herstellkosten zur Verfügung. Im Gegenzug erhält das Rechnungswesen von der Arbeitsplanung die Herstellkostenkalkulationen.

Das letzte Bild der Serie beschreibt die wesentlichen Informationsbeziehungen zwischen der **Arbeitssteuerung** und den übrigen Funktionsbereichen (Bild 1-14). Die Wechsel-

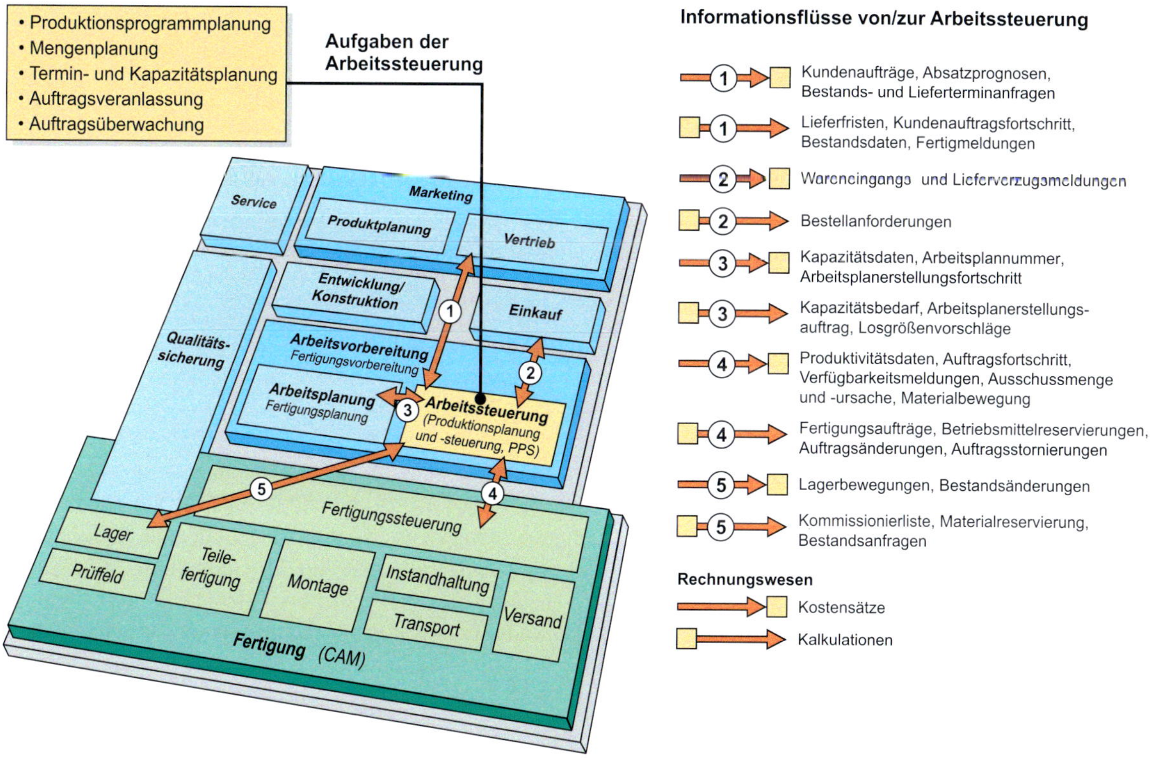

BILD 1-14 Informationsbeziehungen in einem Industrieunternehmen – Arbeitssteuerung

beziehungen zur Arbeitsplanung und zum Vertrieb wurden bereits vorgestellt.

Arbeitssteuerung/Einkauf: Die Arbeitssteuerung ermittelt die wirtschaftliche Bestellmenge des fremdzubeziehenden Materials und generiert eine Bestellanforderung für den Einkauf. Übermittelte Informationen zur Auswahl eines Lieferanten sind die zu beschaffende Menge, die geforderte Qualität und der Liefertermin. Informationen über den Wareneingang oder den Lieferverzug des bestellten Materials werden vom Einkauf an die Arbeitssteuerung zurückgemeldet.

Arbeitssteuerung/Fertigungssteuerung: Die Fertigungssteuerung erhält von der Arbeitssteuerung Fertigungsaufträge. Ferner kann die Arbeitssteuerung auch Betriebsmittel reservieren sowie erteilte Fertigungsaufträge ändern bzw. stornieren. Der aktuelle Stand des Fertigungsauftrags (Produktivitätsdaten, Auftragsfortschritt, Verfügbarkeit der benötigten Ressourcen etc.) wird an die Arbeitssteuerung zurückgemeldet. Dies ermöglicht hier die Umplanung und ggf. das Informieren der Kunden bei Nichteinhalten der Vorgaben durch die Fertigung.

Arbeitssteuerung/Lager: Die Informationsbeziehungen zum Funktionsbereich Lager dienen der Bereitstellung des benötigten Materials in der Teilefertigung oder Montage. Der Informationsaustausch kann dabei durch eine Kommissionierliste oder in Form einer Materialreservierung erfolgen. Die Rückmeldungen aktueller Lagerbewegungen oder Bestandsänderungen werden von der Arbeitssteuerung aufgegriffen und bei der Planung neuer Fertigungsaufträge berücksichtigt.

Arbeitssteuerung/Rechnungswesen: Das Rechnungswesen stellt der Arbeitssteuerung Kostensätze und Kalkulationsverfahren zur Kalkulation der Herstellkosten von Kundenaufträgen bzw. kundenauftragsbezogenen Fertigungssaufträgen bereit. Die Kalkulationen werden an das Rechnungswesen bzw. an den Vertrieb gegeben.

Im Rahmen des skizzierten Informationsmanagements spielt die sog. Geschäftsobjektverwaltung eine wichtige Rolle. Sie umfasst die Verwaltung und Bereitstellung von Stamm- und Bestandsdaten bzw. -objekten. Unter **Stammdaten** (synonym: Stammobjekte) verstehen wir sämtliche auftragsunabhängige Produkt- und Prozessdefinitionen (Geschäftsobjekte), die in einem Zusammenhang mit dem betrachteten Fertigungsauftrag stehen [Sch01]. Die wesentlichen auftragsunabhängigen Geschäftsobjekte sind Artikel, Stücklisten, Kapazitätsplätze, Betriebsmittel und Arbeitspläne. Diese Informationen werden in einem produzierenden Unternehmen überwiegend durch die Funktionsbereiche Entwicklung/Konstruktion und Arbeitsplanung erstellt und von anderen Bereichen genutzt. Bild 1-15 veranschaulicht die Zugriffe auf die Stammdaten seitens der Funktionsbereiche. Die **Bestandsdaten** (synonym: Bestandsobjekte) unterscheiden sich von den Stammdaten durch ihre Auftragsbezogenheit. Unter dem Begriff Bestandsdaten werden daher sämtliche auftragsabhängigen Geschäftsobjekte zusammenfasst. Bestandsdaten enthalten somit Angaben über den Bearbeitungszustand der Aufträge für sämtliche Auftragstypen (Kunden-, Entwicklungs-, Produktionsaufträge etc.) sowie die Lagerbestände und Ressourcen-Transaktionen (Betriebsdaten). Im Gegensatz zu den Stammdaten werden Bestandsdaten in nahezu allen Funktionsbereichen des Unternehmens erzeugt und genutzt.

Die Stammdaten sind im Wesentlichen das Ergebnis der kundenauftragsunabhängigen Produkt- und Prozessentwicklung, ergänzt um Kunden- und Lieferantenangaben. Bei der Bearbeitung eines Auftrags werden die produkt- und prozessbezogenen Daten um die Angaben Termin und Bestellmenge ergänzt. Auf diese Weise kann aus Stammdaten ein Kunden-, Fertigungs- oder Beschaffungsauftrag generiert werden. Es bietet sich an, Stammdaten wegen ihrer Vielfalt zu klassifizieren; die von uns vorgeschlagene Klassifizierung orientiert sich an den Ausführungen von Luczak, Eversheim und Schotten [LES99].

Produktbezogene Stammdaten

Die produktbezogenen Stammdaten beschreiben den Aufbau und die Struktur des betrachteten Produkts. Zu den produktbezogenen Stammdaten zählen auftragsunabhängige Zeichnungen und Modelle des Produkts, wie z. B. CAD-Modelle und Simulationsmodelle sowie Teilestammdaten, Werkstoffdaten und Stücklisten. Die entsprechende Datenstruktur orientiert sich im Wesentlichen an der Produktstruktur.

Die produktbezogenen Stammdaten werden von der Entwicklung/Konstruktion für die übrigen Funktionsbereiche des Industrieunternehmens erstellt und aktualisiert. So nutzt beispielsweise die Arbeitsplanung auftragsunabhängige Stücklisten und CAD-Modelle bei der Planung des Produktionssystems (Arbeitsvorgangs-, Arbeitsmittel- und Fertigungsstättenplanung sowie Produktionslogistik, vgl. auch Kap. 1.2.3). Die Qualitätssicherung greift bei der Festlegung von allgemeinen produktbezogenen Qualitätsmerkmalen, Prüfverfahren und Toleranzen ebenfalls auf die Produktdaten zu.

↓ schreiben
↑ lesen

Stammdaten / Unternehmens-Bereiche	Vertrieb	Produktplanung	Entw./Konstruktion	Arbeitsplanung	Arbeitssteuerung	Qualitätssicherung	Einkauf	Rechnungswesen	Service	F.-Steuerung	Lager	Transport	Teilefertigung	Montage	Prüffeld	Versand	Instandhaltung
Lieferantenstammdaten		↑	↑	↑	↑		↓↑	↑	↑								
Kundenstammdaten	↓↑				↑			↑	↓↑							↑	
Kundenauftragsdaten*	↓↑		↑		↓↑		↑	↑								↑	
Fertigungsauftragsdaten*				↑	↓↑	↑		↑		↑	↑	↑	↑	↑	↑	↑	
Zeichnungen*		↑	↓↑	↑	↑	↑			↑				↑	↑	↑		
Teilestammdaten	↑	↑	↓↑	↑	↑	↑	↑	↑	↑	↑	↑	↑	↑	↑	↑		
Erzeugnisstrukturen/Stücklisten	↑	↑	↓↑	↑	↑	↑		↑	↑		↑			↑		↑	
Montage-/Fertigungsvorschriften		↑	↓↑	↑	↑	↑								↑			
Arbeitspläne*		↑	↑	↓↑	↑	↑							↑	↑			
Werkzeugdaten		↑	↑	↓↑	↑	↑				↑			↑		↑		↓↑
Betriebsmitteldaten			↑	↓↑	↑	↑				↑			↑	↑			↓↑
Werkstoffdaten			↑	↓↑	↑	↑				↑	↑	↑	↑	↑			
Prüfpläne*		↑	↑	↓↑		↓↑				↑			↑	↑	↑		
NC-Programme*		↑		↓↑	↑	↑				↑			↑	↑			
⋮																	

*auftragsneutral

BILD 1-15 Stammdaten und Stammdatenzugriffe

Fertigungsbezogene Stammdaten

Die fertigungsbezogenen Stammdaten beschreiben in einer auftragsunabhängigen Form die Fertigung des Produkts. Die wesentlichen fertigungsbezogenen Stammdaten sind Arbeitspläne, Werkzeugdaten, Betriebsmitteldaten, Montage- und Fertigungsvorschriften sowie Angaben zu NC-Programmen. Im Rahmen der Produktentstehung werden diese Stammdaten von der Arbeitsplanung erstellt und dienen den anderen Funktionsbereichen als Arbeitsgrundlage.

Die Arbeitssteuerung nutzt beispielsweise die auftragsunabhängigen Angaben des Arbeitsplans (Arbeitsvorgangsfolge, Arbeitsvorgangsbeschreibung, Vorgabezeit etc.), um unabhängig von einem tatsächlichen Fertigungsauftrag die benötigten Betriebsmittel, Vorrichtungen und Werkzeuge für die Herstellung des Produkts zu bestimmen. Ferner greifen insbesondere auch die Teilefertigung und die Montage auf diese Stammdaten zu.

Lieferantenbezogene Stammdaten

Die Lieferantenstammdaten eines Unternehmens werden vom Einkauf des Unternehmens erstellt und ggf. aktualisiert. Diese enthalten auftragsunabhängige Angaben über die Lieferantenanschrift, die Ansprechpartner beim Lieferanten sowie lieferantenspezifische Materialien und Einkaufskonditionen (allgemeine Zahlungsbedingungen, Kreditlinien, Lieferzeiten und Qualitätsvereinbarungen).

Kundenbezogene Stammdaten

Die Kundenstammdaten enthalten Daten zu ehemaligen, bestehenden oder potentiellen Geschäftspartnern des Unternehmens. Der Vertrieb und zum Teil auch der Service generieren Kundenstammdaten mit auftragsunabhängigen Informationen. Zu diesen zählen insbesondere die Versandadresse für den Versand, die Rechnungsanschrift für das Rechnungswesen sowie die Ansprechpartner beim Kunden.

1.2.3 Produktentstehungsprozess

Wie eingangs erwähnt handelt es sich bei den Produkten der hier betrachteten Unternehmen oftmals um mechatronische Produkte. Die Leistungsfähigkeit der Produkte des Maschinenbaus und verwandter Branchen wie der Automobilindustrie, der Elektrotechnik und der Medizintechnik beruht auf einer Integration mechanischer, elektronischer und softwaretechnischer Komponenten. Dies stellt neue Anforderungen an das Vorgehen in der Produktentwicklung und Fertigungsplanung. Ferner sind wir zu der Auffassung gelangt, dass der eigentlichen Produktentwicklung die systematische Erarbeitung des Entwicklungsauftrags vorangestellt werden muss. Vor diesem Hintergrund schlagen wir ein neues Vorgehensmodell der Produktentstehung vor, das den Prozess von der Produkt- bzw. Geschäftsidee bis zum Serienanlauf abdeckt und die drei Hauptaufgabenbereiche Strategische Produktplanung, Produktentwicklung und Produktionssystementwicklung umfasst (Bild 1-16). Die Produktionssystementwicklung beinhaltet im Prinzip die Fertigungsplanung bzw. Arbeitsplanung ergänzt um die Materialflussplanung. Unserer Erfahrung nach kann der Produktentstehungsprozess nicht als stringente Folge von Phasen und Meilensteinen verstanden werden. Vielmehr handelt es sich um ein Wechselspiel von Aufgaben, die sich den drei Hauptaufgaben entsprechend in drei Zyklen gliedern lassen.

Erster Zyklus: Strategische Produktplanung

Dieser Zyklus charakterisiert das Vorgehen vom Finden der Erfolgspotentiale der Zukunft bis zur erfolgversprechenden Produktkonzeption – der sog. prinzipiellen Lösung. Er umfasst die Aufgabenbereiche Potentialfindung, Produktfindung, Geschäftsplanung und Produktkonzipierung. Das Ziel der **Potentialfindung** ist das Erkennen der Erfolgspotentiale der Zukunft sowie die Ermittlung entsprechender Handlungsoptionen. Es werden Methoden wie die Szenario-Technik, Delphi-Studien oder Trendanalysen eingesetzt.

Basierend auf den erkannten Erfolgspotentialen befasst sich die **Produktfindung** mit der Suche und der Auswahl neuer Produkt- und Dienstleistungsideen zu deren Erschließung. Wesentliches Hilfsmittel zur Ideenfindung sind Kreativitätstechniken wie das laterale Denken nach De Bono oder TRIZ und Technologie-Roadmaps.

In der **Geschäftsplanung** geht es zunächst um die Geschäftsstrategie, d. h. um die Beantwortung der Frage, welche Marktsegmente wann und wie bearbeitet werden sollen. Auf dieser Grundlage erfolgt die Erarbeitung der Produktstrategie. Diese enthält Aussagen zur Gestaltung des Produktprogramms, zur wirtschaftlichen Bewältigung der vom Markt geforderten Variantenvielfalt, zu eingesetzten Technologien, zur Programmpflege über den Produktlebenszyklus etc. Die Produktstrategie mündet in einen Geschäftsplan, der den Nachweis erbringt, ob mit dem neuen Produkt bzw. mit einer neuen Produktoption ein attraktiver Return on Investment zu erzielen ist. Obwohl aus aufbauorganisatorischer Sicht die Produktkonzipierung wohl kaum der Strategischen Produktplanung zuzuordnen ist, halten wir es für außerordentlich wichtig, die Produktkonzipierung sowie auch die Produktionssystem-

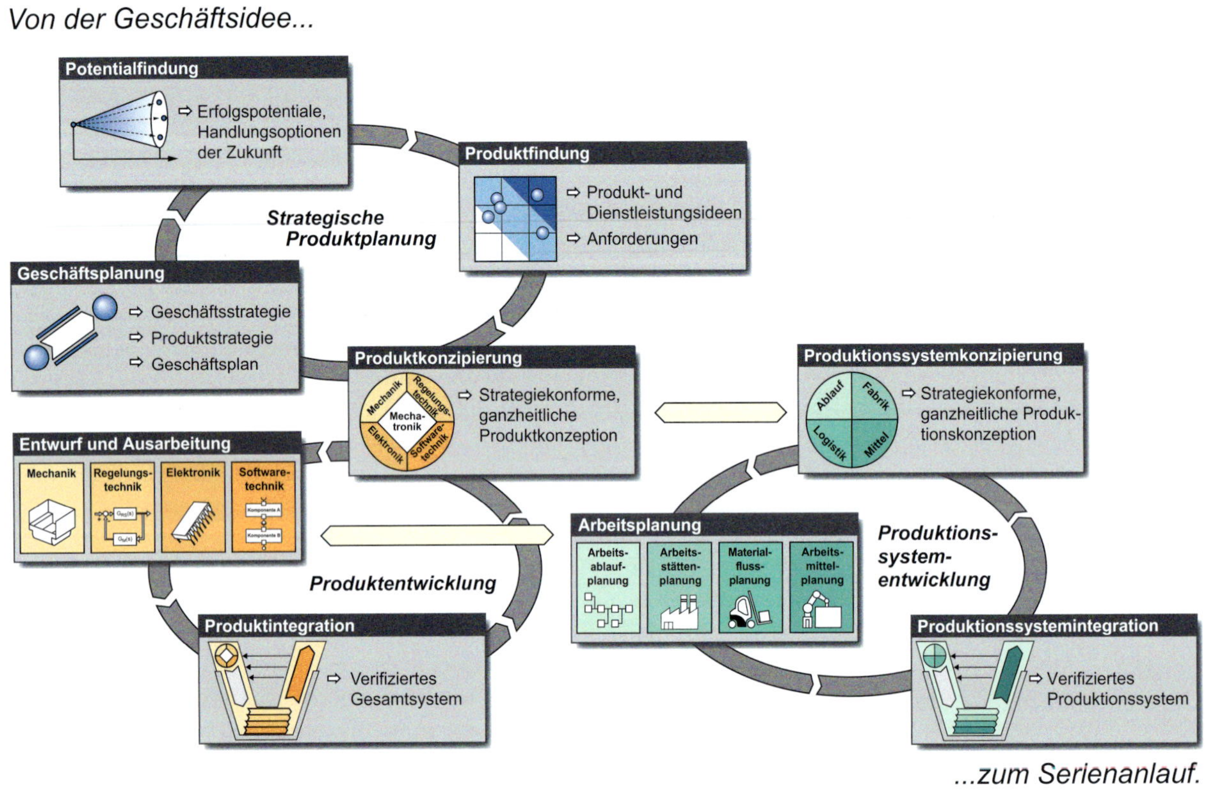

BILD 1-16 3-Zyklen-Modell der Produktentstehung

konzipierung in diesem ersten Zyklus zu integrieren. Das übergeordnete Ziel des ersten Zyklus – eine aus unternehmerischer und technischer Sicht erfolgversprechende Produktkonzeption – erfordert die Zusammenarbeit von Fachleuten aus den Bereichen Produktplanung, Vertrieb, Entwicklung/Konstruktion und Fertigungsplanung/Fertigung. Was wir in der Praxis hingegen oft vorfinden, ist eine mentale Mauer zwischen der Produktplanung und dem Vertrieb auf der einen Seite und den Ingenieuren auf der anderen Seite. Das vorgestellte Zyklenmodell kann entscheidend dazu beitragen, die Grenzen des Bereichsdenkens in den frühen Phasen der Produktentstehung zu überwinden.

Zweiter Zyklus: Produktentwicklung, Virtuelles Produkt

Dieser Zyklus nimmt die Produktkonzeption als Ausgangspunkt und umfasst den fachgebietsspezifischen Entwurf und die entsprechende Ausarbeitung sowie die Integration der Ergebnisse der einzelnen Fachgebiete zu einer Gesamtlösung. Da in der Produktentwicklung die Bildung und Analyse von rechnerinternen Modellen eine wichtige Rolle spielt, hat sich der Begriff Virtuelles Produkt bzw. Virtual Prototyping verbreitet.

Dritter Zyklus: Produktionssystementwicklung, Digitale Fabrik

Den Ausgangspunkt bildet die Konzeption des Produktionssystems, die im Wechselspiel mit der Produktkonzeption zu erarbeiten ist. Die Produktionssystementwicklung hat die vier Fachgebiete Arbeitsablaufplanung, Arbeitsstättenplanung, Arbeitsmittelplanung und Produktionslogistik sowie Materialflussplanung zu behandeln und zu integrieren. Die Begriffe Virtuelle Produktion bzw. Digitale Fabrik drücken aus, dass in diesem Zyklus ebenfalls rechnerinterne Modelle gebildet und analysiert werden – Modelle von den geplanten Produktionssystemen bzw. von Subsystemen des Gesamtsystems wie Fertigungslinien und Arbeitsplätze.

Dem aufmerksamen, fachkundigen Leser wird aufgefallen sein, dass wir die Produktionssystementwicklung konsequent parallel zur und nicht im Anschluss an die Produktentwicklung anordnen. Produkt- und Produktionssystementwicklung sind parallel und eng aufeinander abgestimmt voranzutreiben, um sicherzugehen, dass auch alle Möglichkeiten der Gestaltung eines leistungsfähigen und kostengünstigen Erzeugnisses ausgeschöpft werden. Gerade bei solchen mechatronischen Erzeugnissen, die sich durch eine Integration von Mechanik und Elektronik auf engem Raum auszeichnen, wird bereits das Produktkonzept durch die in Betracht gezogenen Fertigungstechnologien determiniert. In vielen anderen Fällen erfordert ein innovatives Produktkonzept die Entwicklung von neuen Fertigungsprozessketten und Produktionssystemen, weil klassische Lösungen nicht hinreichend sind. Demzufolge sehen wir eine besonders enge Verbindung von Produkt- und Produktionssystementwicklung auf der Stufe der Konzipierung. Im Verlauf der weiteren Konkretisierung besteht ein Abstimmungsbedarf zwischen dem Aufgabenbereich Entwurf und Ausarbeitung auf der Seite der Produktentwicklung und der detaillierten Arbeitsplanung auf der Seite der Produktionssystementwicklung. Die beiden Pfeile in Bild 1-16 sollen das verdeutlichen.

Dem erläuterten Zyklenmodell muss ein leistungsfähiges Datenmanagement unterlegt werden, das die Partialmodelle der Produkt- und Produktionssystementwicklung abbildet und integriert. Dabei sind insbesondere auch die Partialmodelle der Produktentwicklung mit denen der Produktionssystementwicklung zu verknüpfen, um so die Produkt-Produktionssystem-Wechselwirkungen abbilden zu können.

Entwurfsraum als Metapher für die Produktentwicklung

Was für den gesamten Produktentstehungsprozess gilt, gilt auch im Detail für das Entwurfsgeschehen in der Produktentwicklung; auch hier gibt es kein stringentes Phasen-Meilenstein-Vorgehen. Die Komplexität der Erzeugnisse zwingt zu einem iterativen Vorgehen, das durch eine Folge von Entwurfsschritten im sog. Entwurfsraum gekennzeichnet ist. Um dies beispielhaft zu verdeutlichen sei Bild 1-17 herangezogen. Danach wird der **Entwurfsraum** durch drei Dimensionen aufgespannt:

- vom Abstrakten zum Konkreten,
- vom Generellen zum Detail sowie
- durch Sichten bzw. Aspekte (z.B. Struktur, Verhalten, Gestalt bzw. Geometrie nach dem Y-Modell der Mikroelektronik [BGH+96]).

Das Vorgehen beim Entwurf eines mechatronischen Systems ist von einem Wechselspiel aus Synthese- und Analyseschritten geprägt, wobei jeweils verschiedene Entwurfsaspekte (Struktur, Verhalten, Gestalt) betrachtet werden können. Die Wahl von Detaillierungsstufen unterstützt sowohl ein Top-down-Vorgehen (eine Grobstruktur

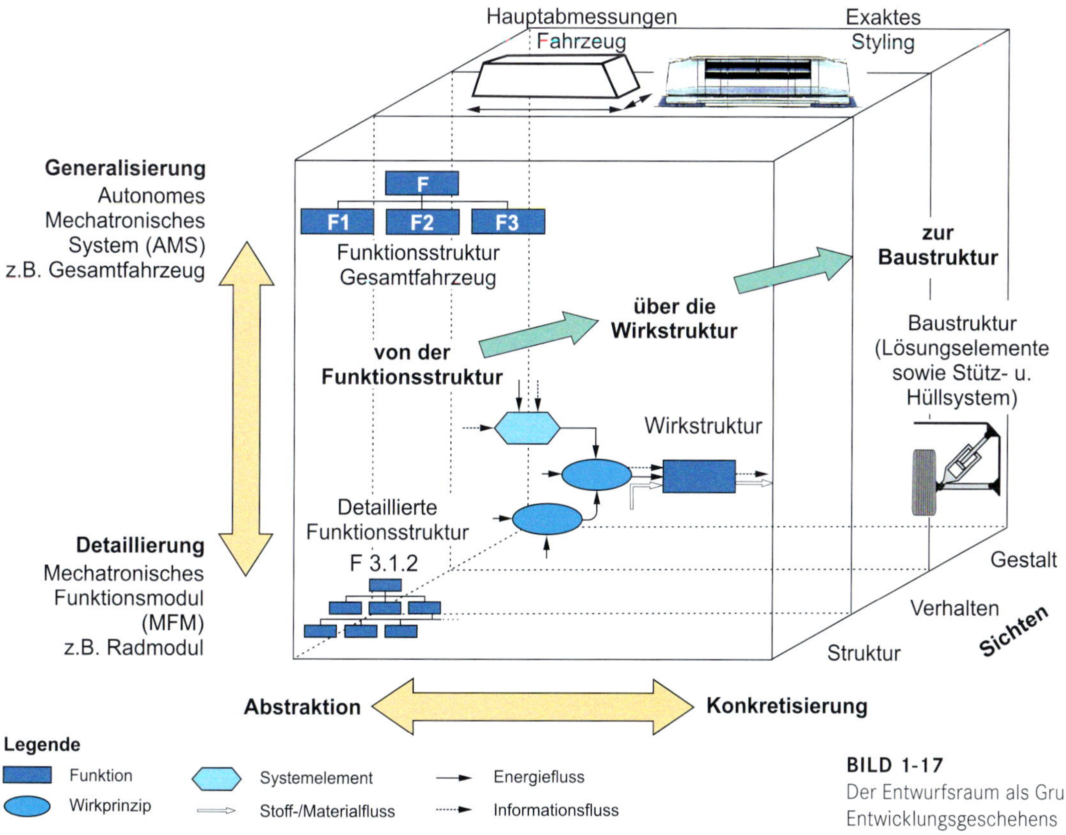

BILD 1-17
Der Entwurfsraum als Grundstruktur des Entwicklungsgeschehens

wird verfeinert) als auch ein Bottom-up-Vorgehen (getrennt entwickelte Baugruppen werden zu einem Gesamtsystem zusammengefügt). Nichtsdestotrotz gibt es ein prinzipielles Vorgehen für alle Arten von Entwicklungsaufgaben: vom Abstrakten zum Konkreten, vom Generellen zum Detail und von der Funktions- zur Baustruktur. Je nach Entwicklungsaufgabe, Randbedingungen und Zielsystem ergeben sich im Entwurfsraum spezifische Verläufe von Entwurfsprozessen (Bild 1-18). Demnach gibt es keine universellen, sondern immer nur fallspezifisch ausgeprägte Entwurfsprozesse.

Planungsraum als Metapher für die Produktionssystementwicklung

Die Metapher des Entwurfsraums verwenden wir auch für die Systematisierung der Produktionssystementwicklung, wobei wir hier die Dimension Generalisierung/Detaillierung durch Planungsebenen konkretisieren (Bild 1-19). Dieses generische Referenzmodell hilft, die Vielfalt der Methoden, Werkzeuge und Spezifikationstechniken im Kontext Digitale Fabrik/Virtuelle Produktion zu ordnen. Folgende Beispiele sollen dies verdeutlichen:

- Abstrakte Spezifikation von Fertigungssystemen, Sicht Struktur: Die Spezifikation der Struktur eines flexiblen Fertigungssystems mit Hilfe der Symbolik nach VDI 3239/40 [BKW89] ist auf der Planungsebene Fertigungssystem (im engeren Sinne) einzustufen. Auf der darunter angeordneten Ebene Arbeitssystem wäre die Beschreibung einer Handhabungsaufgabe mit Hilfe der Symbolik nach VDI 2860 einzuordnen.
- Gestaltorientierte Spezifikation von Fertigungssystemen (Bild 1-20): Dies ist naturgemäß konkret. Auf der Planungsebene Produktionsbetrieb ist das 3D-Modell des Bauwerks dargestellt. Das Modell einer Fertigungszelle, das sowohl die Gestalt abbildet als auch die Simulation ermöglicht (Analyse des Verhaltens), ist auf der Planungsebene Arbeitssystem angesiedelt.
- Abstrakte Spezifikation der Struktur eines überbetrieblichen Systems (Bild 1-21 oben): Dies ist auf der Planungsebene Branchenwertschöpfungssystem/-kette an-

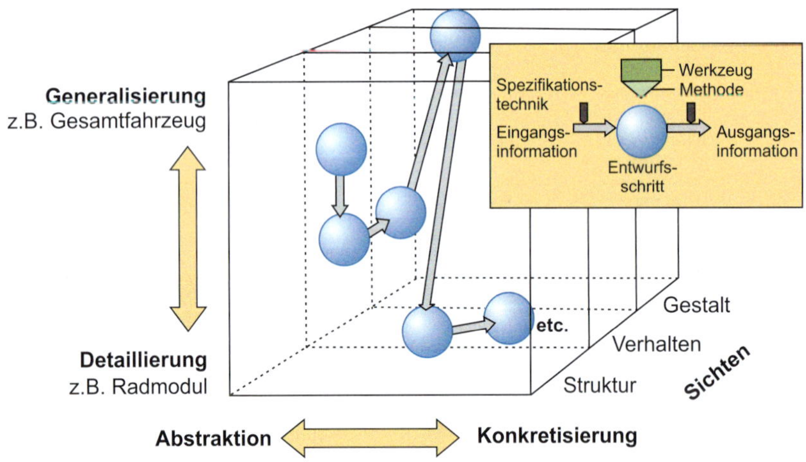

BILD 1-18
Prinzipieller Verlauf eines ausgeprägten Entwurfsprozesses im Entwurfsraum

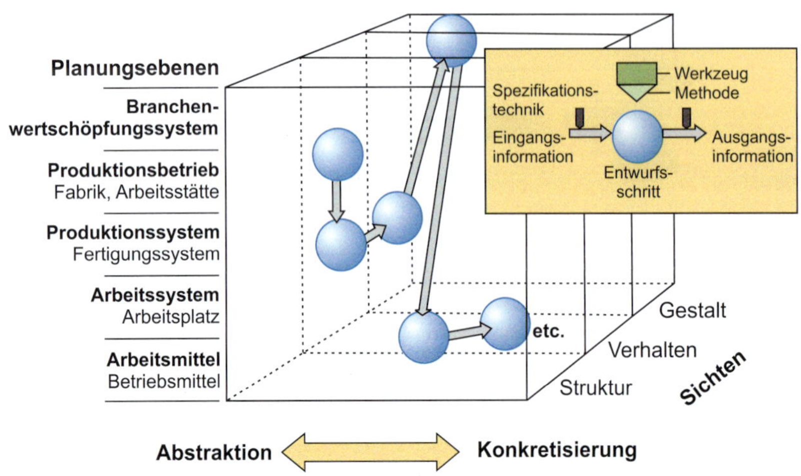

BILD 1-19
Planungsraum der Arbeitsplanung/Fertigungsplanung

Außen- und Innenansicht (Rahmenfertigung) des virtuellen Modellunternehmens „Cyberbikes“

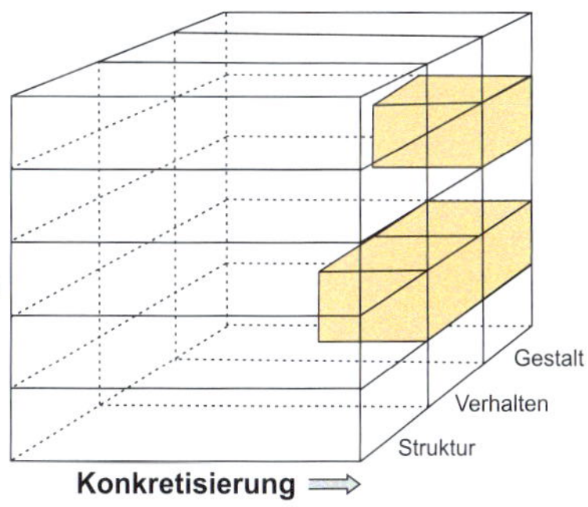

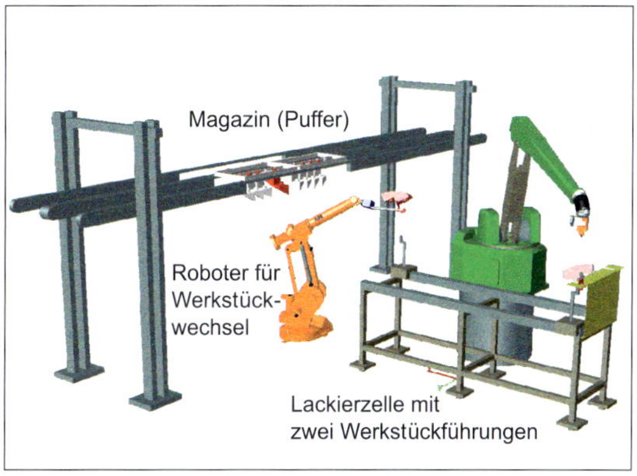

Fertigungszellensimulation, System eMWorkplace, Fa. Tecnomatix

BILD 1-20
Beispiele für die konkrete Beschreibung von Fertigungssystemen, Sicht Gestalt bzw. Sichten Gestalt und Verhalten

zuordnen. Zur Beschreibung des Sachverhaltes bietet sich die Spezifikationstechnik von DANGELMAIER an [Dan99].

- Spezifikation von Struktur und Verhalten eines Fertigungssystems (Bild 1-21 unten): Die Struktur wird mit Hilfe einer anschaulichen Graphik relativ konkret im Sinne eines Wirkschemas beschrieben. Das entsprechende Verhalten wird mit einem Petri-Netz konkret und insbesondere analysierbar beschrieben [Dan99].

Fachgebiete der Produktentwicklung

Die hier ins Auge gefassten mechatronischen Erzeugnisse beruhen auf dem engen Zusammenwirken von vorderhand vier Fachgebieten: 1) Mechanik bzw. konventioneller Maschinenbau, 2) Elektronik, 3) Softwaretechnik und 4) im Fall von Mehrkörpersystemen mit kontrolliertem Bewegungsverhalten Regelungstechnik. Im Folgenden charakterisieren wir diese Fachgebiete kurz und verweisen auf die in diesen Fachgebieten etablierten bzw. von uns als typisch angesehenen Entwicklungsmethodiken, die auch in unserer Denkweise des 3-Zyklen-Modells im Hauptaufgabenbereich Entwurf und Ausarbeitung in den jeweiligen Fachgebieten parallel angewandt werden. Selbstredend gibt es darüber hinaus noch weitere ggf. in Frage kommende Fachgebiete wie Hydraulik mit ihren spezifischen Methodiken.

1) Mechanik

Wir orientieren uns an der Konstruktionslehre nach PAHL/BEITZ mit den drei Hauptphasen Konzipieren, Entwerfen und Ausarbeiten [PBF+07]. Ziel des Konzipierens ist die sog. prinzipielle Lösung. Die propagierten Ansätze haben ein hohes Maß an Allgemeingültigkeit und dienen daher als Basis für das fachgebietsübergreifende Konzipieren im Rahmen des 3-Zyklen-Modells. In der Phase Entwerfen steht die Festlegung der Gestalt der Bauteile und ihres Bauzusammenhangs im Vordergrund. In der Ausarbeitung werden die Fertigungszeichnungen bzw. die detaillierten 3D-Modelle für die Fertigung sowie die Stücklisten erstellt.

2) Elektronik

Die Vorgehensweise beim Entwurf elektronischer Schaltungen kann anhand des sog. Y-Diagramms nach GAJSKI beschrieben werden [BGH+96]. Es unterscheidet gemäß eines Sichtenkonzepts die drei Entwurfssichten Verhalten,

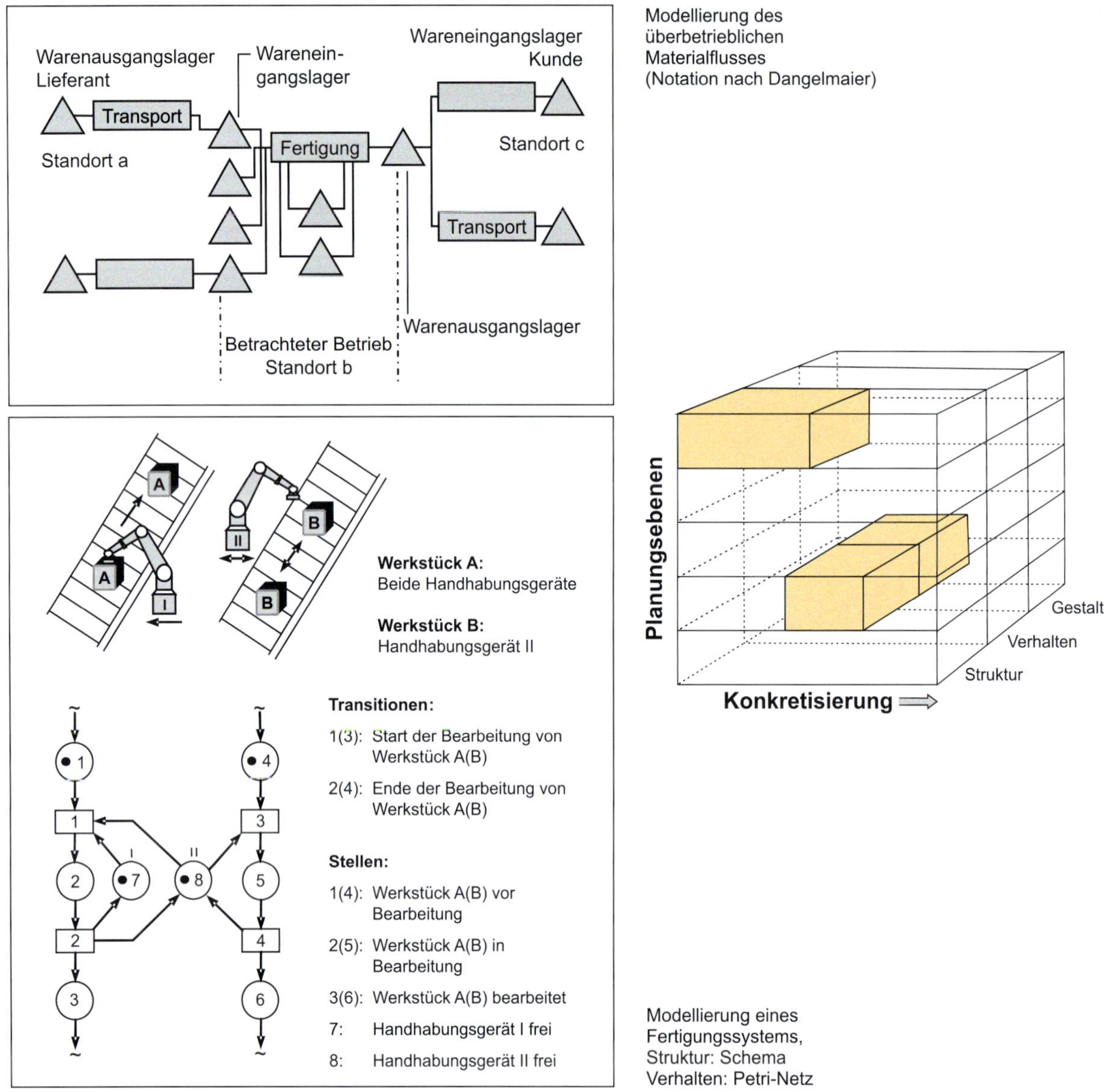

BILD 1-21 Modellierungsbeispiele der Fertigungsplanung [Dan99]

Struktur und Geometrie, welche jeweils eine Achse im Y-Diagramm darstellen, sowie verschiedene Abstraktionsebenen. Nach der Spezifikation der Entwurfsaufgabe erfolgt die Verhaltenssynthese, bei der zunächst das Ein- und Ausgangsverhalten der elektronischen Schaltung modelliert wird. Im Rahmen der Struktursynthese werden Funktionseinheiten ausgewählt, die das Verhalten der Schaltung realisieren. Die Funktionseinheiten werden in der Layoutsynthese auf geometrische Grundmuster (Maskenlayout) abgebildet, welche zur Fertigung der Schaltung benötigt werden. Analog zu den Entwurfstätigkeiten werden überprüfende Tätigkeiten (Abstraktionsschritte und Analyseschritte zum Abgleich der Sichten) durchgeführt. Zur Fertigung der realen Schaltung kommen physikalische und chemische Verfahren (Ätzen, Belichten, Dotieren usw.) zum Einsatz [Hil06]. Um anschließend die entwickelte Schaltung in ein technisches System zu integrieren, wird diese mit Hilfe der Verfahren der Aufbau- und Verbindungstechnik mit dem Schaltungsträger (Platine) verbunden. Hierbei wird beispielsweise die gefertigte elektronische Schaltung zunächst mit einem Gehäuse versehen. Anschließend erfolgt die Bestückung der Platine mit den entsprechenden elektronischen Bauelementen.

3) Softwaretechnik

In der Softwaretechnik existiert eine Reihe von Vorgehensmodellen zur Softwareentwicklung [Kle09]. Zu den bekanntesten zählen das V-Modell und der Rational Unified Process (RUP). Der Prozess der Softwareentwicklung gliedert sich in der Regel in die Phasen Anforderungsanalyse, Design, Implementation, Integration und Test. Ziel der Anforderungsanalyse ist das Pflichtenheft, in dem die Anforderungen an das System definiert und analysiert werden. In der Design-Phase werden die statische Softwarearchitektur (Module und Schnittstellen) sowie das vollständige Verhalten der Software festgelegt und erstellt. Bei der Implementation wird der Quellcode der Software generiert und programmiert. Die Integration umfasst das Zusammenführen der einzelnen Komponenten zu einem Produkt. Die anschließende Test-Phase besteht in der Regel aus α-Test (Test durch Entwickler), β-Test (Test durch Pilotanwender) sowie den damit verbundenen Verbesserungsmaßnahmen. Für die Modellierung eines Softwaresystems besteht mit der UML (Unified Modeling Language) ein weit verbreiteter Standard [Bal08]. Sie unterstützt den Softwareentwickler insbesondere in den Phasen Anforderungsanalyse und Design [Oec09]. Beispielsweise werden die Anforderungen der Software auf Basis eines Anwendungsfalldiagramms (Use-Case-Model) analysiert oder das Verhalten der Software mit Hilfe eines Aktivitätsdiagramms beschrieben. Durch den Einsatz der UML wird ein gemeinsames Systemverständnis gefördert, welches als Basis für die Kommunikation und Kooperation der beteiligten Softwareentwickler dient.

4) Regelungstechnik

Die Regelungstechnik ist die Wissenschaft der selbsttätigen gezielten Beeinflussung dynamischer Systeme [Föl08]. Sie steht in enger Wechselwirkung mit dem zu entwickelnden mechanischen Grundsystem, welches im dynamischen Verhalten zu beeinflussen ist. Der Lösungsweg zum Bewältigen von Regelungsaufgaben besteht aus sieben aufeinander folgenden Schritten: Formulierung der Regelungsaufgabe, Auswahl der zu regelnden Größe, Auswahl der Stellgröße, Modellierung der Regelstrecke, Reglerentwurf, Analyse des Verhaltens des geschlossenen Regelkreises und die Realisierung des Reglers [Lun08]. Bei diesem Vorgehen stellt der Reglerentwurf den wichtigsten Schritt bei der Lösung der Regelungsaufgabe dar. Hier wird sichergestellt, dass die Anforderungen bzgl. der Stabilität, der Genauigkeit und des dynamischen Verhaltens des Reglers erfüllt werden.

Fachgebiete der Produktionssystementwicklung

Das Pendant zum Hauptaufgabenbereich Entwurf und Ausarbeitung auf der Seite der Produktentwicklung ist die Arbeitsplanung im Rahmen der Produktionssystementwicklung. Auch hier sehen wir vorrangig vier Fachgebiete, die parallel jeweils aus ihrer spezifischen Sicht das Produktionssystem konkretisieren. Es handelt sich um 1) die Arbeitsablaufplanung, 2) die Arbeitsmittelplanung, 3) die Produktionslogistik mit dem Schwerpunkt Materialflussplanung sowie 4) die Arbeitsstättenplanung.

1) Arbeitsablaufplanung

Die Arbeitsablaufplanung definiert den Fertigungsablauf und die Betriebsmittel, die zur Herstellung eines Produkts benötigt werden. Der Planungshorizont der Arbeitsablaufplanung ist eher kurz- bis mittelfristig. Die Aufgaben der Arbeitsablaufplanung sind vielfältig und mit den anderen Aufgabenbereichen der Produktionssystementwicklung eng verknüpft. Wesentliche Ergebnisse der Arbeitsablaufplanung sind die Arbeitspläne und NC-Programme.

Der **Arbeitsplan** ist der zentrale Informationsträger der Fertigungsplanung. Die Erstellung von Arbeitsplänen erfolgt in den meisten Fällen auftragsneutral auf der Basis von Fertigungszeichnungen und Stücklisten für einen vorgegebenen Stückzahl- bzw. Losgrößenbereich. Bild 1-22 zeigt ein Beispiel eines Arbeitsplans. Danach gliedert sich ein Arbeitsplan in die zwei Hauptteile Kopf und Arbeitsvorgangsfolge:

- Der Kopf enthält allgemeine Daten wie Benennung des Teiles, Werkstoff und Stückzahl. Der Werkstoff und die Stückzahl sind besonders wichtig, weil diese Festlegungen einen starken Einfluss auf die Auswahl der Fertigungsverfahren ausüben.
- In der Arbeitsvorgangsfolge ist je Zeile ein Arbeitsvorgang, wie „Rundmaterial auf 340 mm ablängen und zentrieren auf Maschinengruppe 4201", eingetragen. Zu einem Arbeitsvorgang gehören ferner Angaben über die Rüstzeit (t_r) und die Ausführungszeit je Einheit (t_e) sowie ggf. noch Maschineneinstellparameter.

2) Arbeitsmittelplanung

Die Arbeitsmittelplanung befasst sich mit der Planung der Fertigungsmittel (Maschinen, Vorrichtungen, Werkzeuge), die für die Durchführung der Arbeitsvorgänge in einem Fertigungsbetrieb erforderlich sind. Nach Eversheim gliedert sich die Arbeitsmittelplanung in drei Bereiche [Eve97]:

- **Maschinenplanung:** Bei den hier betrachteten Maschinen handelt es sich überwiegend um Werkzeugmaschinen bzw. Produktionsmaschinen. Unter dem Begriff Werkzeugmaschine verstehen wir mehr oder weniger automatisierte Fertigungseinrichtungen, die durch relative Bewegungen zwischen Werkzeug und Werkstück eine vorgegebene Form oder Veränderung am Werkstück

Blatt: 1	Datum: 18.03.05 Bearbeiter: W. Müller	Auftrags-Nr: 47110815	ARBEITSPLAN
Stückzahl: 2	Bereich: 1-20	Benennung: Antriebswelle	Zeichnungs-Nr: 170-0542
Werkstoff: St 50	Rohform und -abmessung: Rundmaterial 60mm	Rohgew: 7,6 kg	Fertiggew: 4,6 kg

AVG Nr.	Arbeitsvorgangs-beschreibung	Kosten-stelle	Masch.-gruppe	Fertigungs-hilfsmittel	Lohn-gruppe	t_r [min]	t_e [min]
10	Rundmaterial auf 345 mm Länge sägen	300	4101	-	04	30	10,0
20	Rundmaterial auf 340 mm ablängen und zentrieren	340	4201	1201/1231/ 1233	06	30	2,0
30	Welle komplett drehen	360	4313	1201/1231/ 1233	08	30	2,6
40	Gewindelöcher bohren und Gewinde M6x20 schneiden	350	4407	1201/1231/ 1233	07	20	5,2
50	Passfedernut fräsen	400	4751	3104	09	45	4,7
60	Lagersitze schleifen	510	4908	-	07	20	6,7
70	Fertigteilkontrolle	900	9002	-	-	10	3,8

t_e = Zeit je Einheit
t_r = Rüstzeit

BILD 1-22
Beispiel eines Arbeitsplans

erzeugen. Bei der Maschinenplanung werden neben sog. technologischen Kriterien weitere Einflussfaktoren wie z.B. die zu fertigende Losgröße oder die Arbeitsvorgangsfolge (Prozessfolge) berücksichtigt. Die technologischen Kriterien wie Arbeitsraummaße, Leistungsdaten, Maschinenfähigkeiten sowie Einsatzschwerpunkte der Maschine geben an, ob das betreffende Werkstück unter Berücksichtigung der geplanten Arbeitsvorgangsfolge auf der Maschine bearbeitet werden kann. Zu diesem Zweck werden aus der Werkstückbeschreibung (Fertigungszeichnung, CAD-Modell) und der ermittelten Arbeitsvorgangsfolge die Anforderungen an die Maschine formuliert, die in einem weiteren Schritt mit den technologischen Kriterien der Maschine abgeglichen werden.

- **Vorrichtungsplanung:** Dies umfasst die Planung und Auswahl der Vorrichtungen, die nicht an der Maschine vorhanden sind. Unter einer Vorrichtung verstehen wir ein Fertigungsmittel, das an ein Werkstück gebunden ist und unmittelbar in Beziehung zum Arbeitsvorgang steht [DIN 6300]. Vorrichtungen dienen dazu, Werkzeuge bzw. Werkstücke zu positionieren, zu halten oder zu spannen und ggf. ein oder mehrere Werkzeuge bzw. Werkstücke zu führen. Vorrichtungen lassen sich in Standard- und Sondervorrichtungen unterscheiden.
- **Werkzeugplanung:** Hier geht es um die Ermittlung der Werkzeuge und der damit verbundenen Angaben über Werkzeugtyp, Werkzeuggröße, Schneidstoff etc. Dies erfolgt auf der Basis der Werkstückgeometrie, der Stückzahl und der technologischen Restriktionen (z.B. Oberflächengüte, Werkstoff, Arbeitsvorgangsfolge). Bei der Werkzeugplanung wird analog zur Vorrichtungsplanung zwischen Standard- und Sonderwerkzeugen unterschieden. Eine detaillierte Klassifikation der Werkzeuge ermöglicht die VDI-Richtlinie 3320.

3) Produktionslogistik, Materialflussplanung

Die Produktionslogistik umfasst die Planung des gesamten Materialflusses in einem Fertigungsbetrieb vom Wareneingang bis zum Versand sowie der damit verbundenen Ausrüstung inkl. der Erstellung der Steuerungssoftware. Dementsprechend ergeben sich vier Hauptaufgaben:

- **Erstellung der Logistikkonzeption:** Diese leitet sich aus der Strategie des Unternehmens ab und trifft Aussagen zu den Logistikzielen, der Logistikstrategie, der Logistikorganisation, den Logistikprozessen und den logistischen Gestaltungsmitteln.
- **Projektierung des Materialflusssystems:** Ein Materialfluss umfasst nach VDI 3300 die Verkettung aller Vorgänge beim Gewinnen, beim Be- und Verarbeiten sowie bei der Verteilung von stofflichen Gütern innerhalb festgelegter Bereiche. Der Materialfluss lässt sich anhand des Kriteriums „Bereich des Materialflusses" in vier Stufen unterteilen [Dan99]:
  - Der **Materialfluss 1. Stufe** umfasst die Transporte in der Branchenwertschöpfungskette; aus Sicht eines Fertigungsbetriebs wäre das der Materialfluss von den Lieferanten über den Fertigungsbetrieb zu den Kunden.
  - Der **Materialfluss 2. Stufe** betrachtet den Materialfluss in einem Fertigungsbetrieb auf der obersten Stufe, d.h. zwischen den Hauptbereichen (z.B. Waren-

eingang, Teilefertigung, Galvanik, Vormontage, Endmontage).
  - Der **Materialfluss 3. Stufe** enthält Materialflussbewegungen zwischen den Abteilungen eines Betriebsbereichs sowie die Bewegungen innerhalb dieser Abteilungen. Dazu zählen beispielsweise die Materialflüsse zwischen Arbeitsplätzen, Maschinengruppen, Lagern etc.
  - Der **Materialfluss 4. Stufe** umfasst die Materialbewegungen an einzelnen Arbeitsplätzen.

  Im Kontext Produktentstehung sind die Stufen 2, 3 und 4 relevant. Die Gestaltung der 1. Stufe ist Gegenstand der eigentlichen Logistik, die sich in Beschaffungs-, Produktions- und Distributionslogistik gliedert.
- **Projektierung der Handhabungssysteme:** Die Projektierung der Handhabungssysteme umfasst die Klassifikation der Handhabungsaufgaben (z. B. Ordnen, Weitergeben, Spannen) und der Handhabungsmittel (z. B. Bunker, Magazine). Der Vorgang Handhaben beschreibt die Bewegungsvorgänge beim Einleiten oder Beenden von Vorgängen der Fertigung, des Transportierens und des Lagerns [VDI 3300].
- **Projektierung der Lagersysteme:** Ein Lager (bzw. Pufferlager) dient der Stabilisierung des Materialflusses zwischen zwei Fertigungssystemen, bei denen der Ausstoß des ersten Systems zeitlich nicht an den Bedarf des zweiten Systems angepasst ist [Dan99]. Ein zu planendes Lagersystem kann nach der Lageraufgabe, dem Lagergut (Stückgut, Schüttgut und Flüssiggut) und dem Lagerprinzip (prinzipielle Lösungsmöglichkeit eines Lagersystems) klassifiziert werden.

4) Arbeitsstättenplanung

Im Rahmen der Arbeitsstättenplanung ist die bauliche Struktur des Fertigungsbetriebs auf das Fertigungssystem und den damit verbundenen Materialfluss abzustimmen [WRN09]. Insbesondere ist den Fertigungsmitteln und den Komponenten des Materialflusssystems ein Standort in den Gebäuden zuzuordnen [Dan99]. Die Planung der innerbetrieblichen Strukturen lässt sich unterteilen in die Bebauungsplanung und die Anordnungsplanung. Der Planungsprozess erfolgt dabei interdisziplinär – so wird der Fertigungsplaner beispielsweise von Architekten, Bauingenieuren und Arbeitspsychologen unterstützt [WRN09]. Angesichts des turbulenten Umfelds der industriellen Produktion stellt die Wandlungsfähigkeit der Fabrik einen sehr aktuellen Aspekt dar [WNK+05]. Im Folgenden charakterisieren wir vier Hauptaufgaben der Arbeitsstättenplanung:

- **Bebauungsplanung (Gebäude):** Die wesentlichen Aufgaben der Bebauungsplanung sind die Ermittlung des Flächenbedarfs, der Funktionszusammenhänge und des Gebäudetyps sowie die Anordnung der Gebäude auf dem Grundstück und die Bestimmung der funktionalen und baulichen Organisationsprinzipien. Das Ergebnis ist der Bebauungsplan. Dieser gewährleistet die material- und informationsgerechte Anordnung der einzelnen Funktionseinheiten eines Betriebes unter Berücksichtigung der vorhandenen Restriktionen (Bauvorschriften, Geländeeigenschaften etc.). Die Gebäudeplanung ist ein Teil der Bebauungsplanung und legt die Gebäudestruktur fest [Dan99].
- **Anordnungsplanung:** Diese konkretisiert die innerbetriebliche Struktur des Produktionssystems sowie die Beziehungen zwischen den einzelnen Funktionsbereichen. Die wesentlichen Planungsvorgaben bzw. -restriktionen resultieren aus Entscheidungen der Bebauungsplanung und der Arbeitsablaufplanung. In der einschlägigen Fachliteratur wird ein systematisches Durchlaufen folgender Schritte vorgeschlagen: ideales Funktionsschema, flächenmaßstäbliches Funktionsschema, Anordnungsplan ohne Berücksichtigung von Flächeninhalten, idealer Anordnungsplan und realer Anordnungsplan [Dan99].
- **Planung der Produktionslinien:** Hier geht es um die Planung komplexer Fertigungssysteme wie z. B. flexible Fertigungssysteme und flexible Fertigungslinien. Diese Systeme bestehen aus mehreren Arbeitssystemen (z. B. flexible Fertigungszellen, Industrieroboterzellen und Handarbeitsplätze), die über ein automatisiertes Materialflusssystem und ein übergeordnetes Leitsystem miteinander verknüpft sind. Diese Komponenten sowie die ggf. vorzusehenden Pufferlager sind auszuwählen, zu dimensionieren und zu integrieren.
- **Gestaltung der Arbeitsplätze:** Hier geht es um das Festlegen der Arbeitsplatzfläche, die Anordnung von Betriebsmitteln, Transport- und Lagereinrichtungen, die Sicherstellung der Energie-, Material- und Werkzeugversorgung, die Vermeidung gesundheitsschädlicher Einflüsse sowie die Planung der Beleuchtung und Klimatisierung [Eve97]. Diese Aufgaben basieren auf den Vorgaben der Bebauungs- und Anordnungsplanung. Neben der Berücksichtigung dieser Vorgaben müssen Aspekte der Ergonomie, der Arbeitspsychologie und der Betriebsorganisation berücksichtigt werden.

1.2.4 Auftragsabwicklungsprozess

Der Auftragsabwicklungsprozess umfasst die Planung und Steuerung sämtlicher Prozesse von der Angebotserstellung über die Herstellung bis zur Distribution und Fakturierung eines Produkts. Dieser Aufgabenkomplex wird als **Produktionsplanung und -steuerung (PPS)** bezeichnet. Parallel zu diesem Begriff hat sich auch der Begriff **Enterprise Resource Planning (ERP)** verbreitet. ERP umfasst analog zu PPS Prozesse, Methoden und Techniken zur effektiven Planung und Steuerung aller Ressourcen, die zur Beschaffung, zur Herstellung, zum Vertrieb und zur Abwicklung von Kundenaufträgen in einem Produktions-, Handels- oder einem Dienstleistungsunternehmen nötig sind. Wir verwenden den Begriff PPS und die damit verbundene Sichtweise auf den Auftragsabwicklungsprozess.

Die Produktionsplanung und -steuerung nimmt eine zentrale Rolle für die wirtschaftliche Leistungserstellung ein und bildet ein traditionelles Einsatzgebiet der Informationstechnik. Entsprechende PPS-Systeme weisen im Allgemeinen die in Bild 1-23 angegebene Funktionalität auf: Die Produktionsplanung umfasst die Produktionsprogrammplanung, Mengenplanung, Termin- und Kapazitätsplanung. Zur Produktionssteuerung zählen die Bereiche Auftragsveranlassung und Auftragsüberwachung. Im Folgenden charakterisieren wir diese fünf Aufgabenbereiche kurz:

- **Produktionsprogrammplanung:** Diese legt unter Berücksichtigung der Produktionskapazität fest, welche Erzeugnisse in einer bestimmten Periode hergestellt werden sollen. Sowohl für End- als auch Zwischenprodukte wird das Mengengerüst terminiert und mit dem gesamten Produktionsprogramm abgestimmt. Der dabei entstehende Primärbedarf stützt sich in erster Linie auf Marktdaten und lässt sich danach unterscheiden, ob es sich um einen konkreten Kundenauftrag oder eine kundenanonyme Prognose des Absatzes der nächsten Planungsperiode handelt. Somit umfasst die Produktionsprogrammplanung sowohl die Prognoserechnung für die Erzeugnisse, Gruppen und Einzelteile als auch die Grobplanung der Kundenauftragsabwicklung im Sinne einer Vorlaufsteuerung.
- **Mengenplanung:** In der Mengenplanung wird aus dem Produktionsprogramm mit Hilfe der Stücklisten der Materialbedarf (Bedarf an Baugruppen, Teilen, Werkstoffen etc.) ermittelt. Dabei werden die in der Produktionsprogrammplanung festgestellten Primärbedarfe mit Hilfe der im System hinterlegten Stücklisten oder durch mathematisch statistische Verfahren aufgelöst (Sekundärbedarf). Aus dem somit ermittelten Bruttobedarf wird unter Berücksichtigung der verfügbaren Bestände an Erzeugnissen, Gruppen und Einzelteilen, aber auch an Roh-, Betriebs- und Hilfsstoffen der Nettobedarf ermittelt und die Materialdisposition angestoßen. Diese umfasst die Beschaffungsrechnung einschließlich der Bestellrechnung und Lieferantenauswahl sowie die verbrauchsgesteuerte Bedarfsermittlung und Bestandsführung.
- **Termin- und Kapazitätsplanung:** Sie bestimmt mit Hilfe der Arbeitspläne den Kapazitätsbedarf an Personen

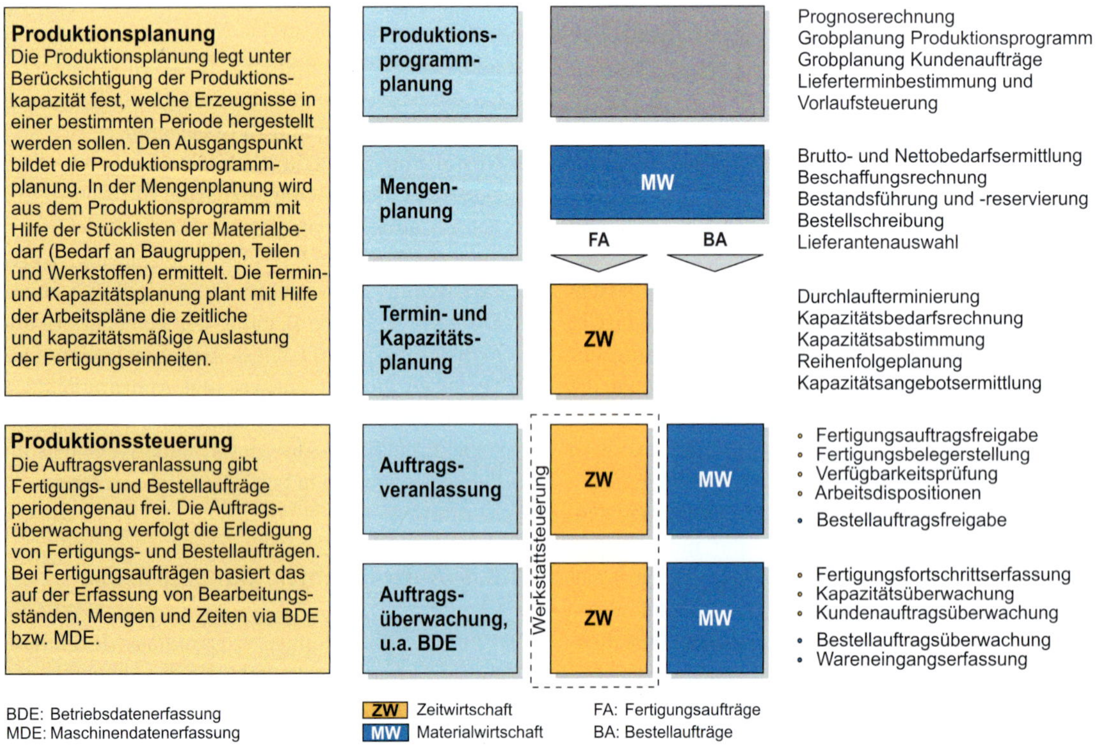

BILD 1-23 Funktionsgliederung der Produktionsplanung und -steuerung (PPS) nach FIR, RWTH Aachen [Hac89], [LES99]

und Betriebsmitteln. Die Hauptaufgabe der Termin- und Kapazitätsplanung ist der Abgleich der zeitbezogenen vorhandenen Kapazitäten mit dem geplanten Kapazitätsbedarf zur Auftragserfüllung. Diese umfasst eine Kapazitätsbedarfsrechnung, eine Kapazitätsangebotsermittlung und deren Abstimmung miteinander. Die Fertigungsaufträge werden entsprechend ihrer grundsätzlichen Reihenfolge eingeplant und gemäß ihres Durchlaufs terminiert. Bekannte Prinzipien hierfür sind die Rückwärtsterminierung (fester Endtermin), die Vorwärtsterminierung (fester Starttermin) und die Mittelpunktsterminierung (am Engpass ausgerichtet).

- **Auftragsveranlassung:** Aufgabe der Auftragsveranlassung ist das kurzfristige Durchsetzen von periodengenauen Fertigungs- und Bestellaufträgen. Es werden die Fertigungs- und Beschaffungsaufträge freigegeben und die entsprechenden Fertigungs- und Beschaffungsbelege erstellt. Voraussetzung hierfür ist die Verfügbarkeit der benötigten Kapazitäten und Ressourcen. Die Planungsphase wird verlassen und die operative Steuerung der Aufträge veranlasst. Die Einlastung der Fertigungsaufträge auf die einzelnen Betriebsmittel kann sich dabei auf die ursprüngliche Reihenfolgeplanung auswirken. Durch Simulation, Prioritätsregeln oder Freigabeprinzipien wie die belastungsorientierte Auftragsfreigabe wird die Reihenfolge an den einzelnen Betriebsmitteln optimiert [Dan03], [Wie97].
- **Auftragsüberwachung:** Sie überwacht die Durchführung der freigegebenen Fertigungs- und Bestellaufträge. Für die Fertigungsaufträge erfolgt die Überwachung auf der Basis der Rückmeldungen via Betriebs- bzw. Maschinendatenerfassung (BDE, MDE) ggf. aus der unterlagerten Fertigungssteuerung. Ferner ist diesem Funktionsbereich die Bestellauftragsüberwachung und Wareneingangserfassung zugeordnet.

Die Mengenplanung sowie die Auftragsveranlassung und -überwachung von Bestellaufträgen bilden die sog. **Materialwirtschaft.** Das Ziel der klassischen Materialwirtschaft besteht in der Versorgung des Unternehmens mit Gütern und Materialien. Dabei ist neben einer ökonomischen Aufgabenkomponente (Minimierung der Beschaffungs- und Lagerkosten) eine technische zu berücksichtigen. Die technische Aufgabe besteht in der termingerechten Bereitstellung der erforderlichen Art, Menge und Qualität von Gütern und Materialien bei der Leistungserstellung. Daraus resultiert ein Zielkonflikt zwischen einer hohen Materialverfügbarkeit und einer geringen Kapitalbindung [Eve96].

Die Termin- und Kapazitätsplanung sowie die Auftragsveranlassung und -überwachung der Fertigungsaufträge werden häufig als **Zeitwirtschaft** bezeichnet. Als dritter Begriff hat sich die **Werkstattsteuerung** eingebürgert. Wie in Bild 1-23 angedeutet ist darunter die Veranlassung und Überwachung von Fertigungsaufträgen zu verstehen. Im Prinzip ergibt sich hier ein fließender Übergang zur Fertigungssteuerung; diese bildet einen herstellprozessnahen Regelkreis, der von der Produktionssteuerung überlagert wird (Bild 1-24). Die Begriffe Fertigungssteuerung und Werkstattfertigung werden häufig synonym verwendet. Wir bevorzugen den Begriff **Fertigungssteuerung.** Im Gegensatz zur übergeordneten Produktionssteuerung steuert und überwacht diese den Herstellprozess im Detail. Ein sehr wichtiges Merkmal der Fertigungssteuerung ist, dass Störungen im Herstellprozess zu kompensieren sind. Wenn dies nicht möglich ist, wird die Produktionssteuerung angesprochen, die auf ihrer Ebene geeignete Schritte durchführen muss – z.B. die Ermittlung und Weitergabe eines neuen Liefertermins.

Erst wenn das PPS-System die Planung, Steuerung und Überwachung der Produktionsabläufe nach Mengen- und Kapazitätsgesichtspunkten gewährleistet, wird die eigentliche Fertigungssteuerung angestoßen. Die Fertigungssteuerung übernimmt die Fertigungsaufträge vom PPS-System und ordnet sie den einzelnen Fertigungseinrichtungen (Fertigungszelle, Montagezelle usw.) zu. Die Steuerung und Überwachung der Fertigungseinrichtungen erfolgt häufig über Fertigungsleitstände. Das PPS-System und das Fertigungssteuerungssystem sind über Schnittstellen gekoppelt, über die der Status oder die Fertigstellung eines Fertigungsauftrags an das PPS-System zurückgemeldet werden können. Grundsätzlich sind die Funktionen eines Fertigungssteuerungssystems mit den Funktionen der Termin- und Kapazitätsplanung vergleichbar. Es ermöglicht jedoch eine wesentlich detailliertere Planung und Steuerung des Fertigungsgeschehens vor Ort und bietet den verantwortlichen Meistern eine Entscheidungsunterstützung und Eingriffsmöglichkeiten in den Fertigungsprozess.

Über den **Fertigungsleitstand** werden die einzelnen Fertigungseinrichtungen mit Steuerinformationen versorgt. Die Funktion Direct Numerical Control (DNC) verwaltet NC-Programme und führt sie den einzelnen Fertigungseinrichtungen zu. Das manuelle, halbautomatische und vollautomatische Erfassen von Betriebsdaten (Auftragsfortschritt, Produktionsdaten usw.) wird durch Systeme der Maschinendatenerfassung (MDE) bzw. der Betriebsdatenerfassung (BDE) durchgeführt. Dadurch erhält das Fertigungssteuerungssystem stets aktuelle Daten über den Herstellprozess und dessen Prozesszustand. Diese werden ggf. verdichtet, an das PPS-System zurückgemeldet und ausgewertet.

Produktionsplanung und -steuerung sowie Werkstattsteuerung bzw. Fertigungssteuerung bewegen sich auf-

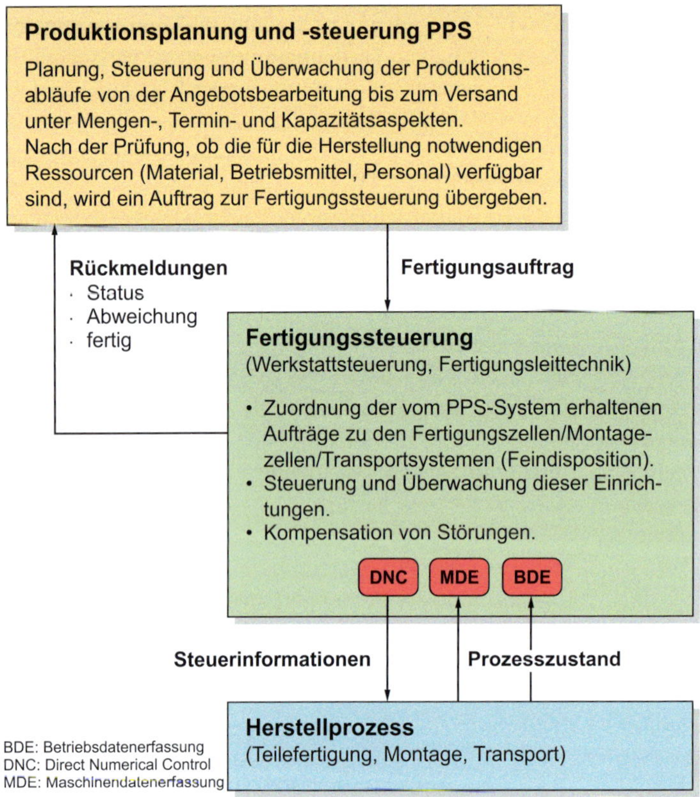

BILD 1-24
Hierarchie der Informationsverarbeitung bei der Auftragsabwicklung (Produktgeschäft)

einander zu. Während PPS fertigungsprozessnäher wird, übernehmen dezentrale Werkstattsteuerungssysteme immer häufiger auch klassische PPS-Funktionen. Dadurch wird betriebliches Wissen stärker einbezogen, was zu realitätsnäheren Planungen führt und die Reaktionsfähigkeit auf sich ändernde Gegebenheiten erhöht.

Zur Strukturierung der sehr komplexen Informationsverarbeitung in Industrieunternehmen wurde in den 1980er Jahren die Hierarchie der sog. Leitebenen eingeführt (Bild 1-25).

- **Betriebsleitebene (BLE):** In der Betriebsleitebene ist die PPS angesiedelt. Unter Berücksichtigung von Kapazitäten und Terminen werden auf lange Sicht hin die Fertigungsaufträge geplant und die Fertigung der Produkte veranlasst. Die BLE erhält Rückmeldungen von der unterlagerten Ebene. Häufig werden dieser Ebene auch die übrigen IT-Systeme, die in der Entwicklung/Konstruktion, Arbeitsplanung und Verwaltung eingesetzt werden, zugeordnet.
- **Fertigungsleitebene (FLE):** Dieser Ebene ist die Fertigungssteuerung zugeordnet. Das Fertigungssystem bzw. Fertigungsleitsystem koordiniert die Ausführung der Aufträge, die vom PPS-System übergeben werden. Über den Fertigungsleitstand sind dem Benutzer eine Überwachung und ein Eingreifen in den Produktionsablauf möglich.
- **Prozessleitebene (PLE):** In Fertigungsbetrieben mit verfahrenstechnischen Prozessen bzw. quasikontinuierlichen Prozessen wie in Spinnereien und Webereien, wird der Fertigungsbereich in Maschinengruppen bzw. Prozessstufen aufgeteilt. Ein Prozessleitsystem steuert und überwacht einen derartigen Bereich. In solchen Strukturen ist zudem die Materialflusssteuerung dieser Ebene zugeordnet.
- **Maschinenleitebene (MLE):** Die Steuerung und Überwachung einzelner Fertigungseinrichtungen ist Gegenstand dieser Ebene. Somit gehören insbesondere CNC-Steuerungen von Maschinen und Industrierobotern zur Maschinenleitebene.

Allgemein gilt, dass eine Ebene nur mit der nächst höheren bzw. tieferen Ebene kommuniziert. Für die Funktionalität der Produktionsplanung und -steuerung sind die Daten aus den Maschinensteuerungen nicht relevant. Sie werden durch die zwischengelagerten Ebenen ausgewertet und aufbereitet weitergegeben, sofern sie nicht von Belang sind. Von Belang wäre z. B. ein längerer Maschinenausfall, der auf den unteren Ebenen nicht kompensiert werden kann. Als Computer-Aided- Manufacturing (CAM)-Systeme werden in diesem Kontext die Systeme bezeichnet, die den drei

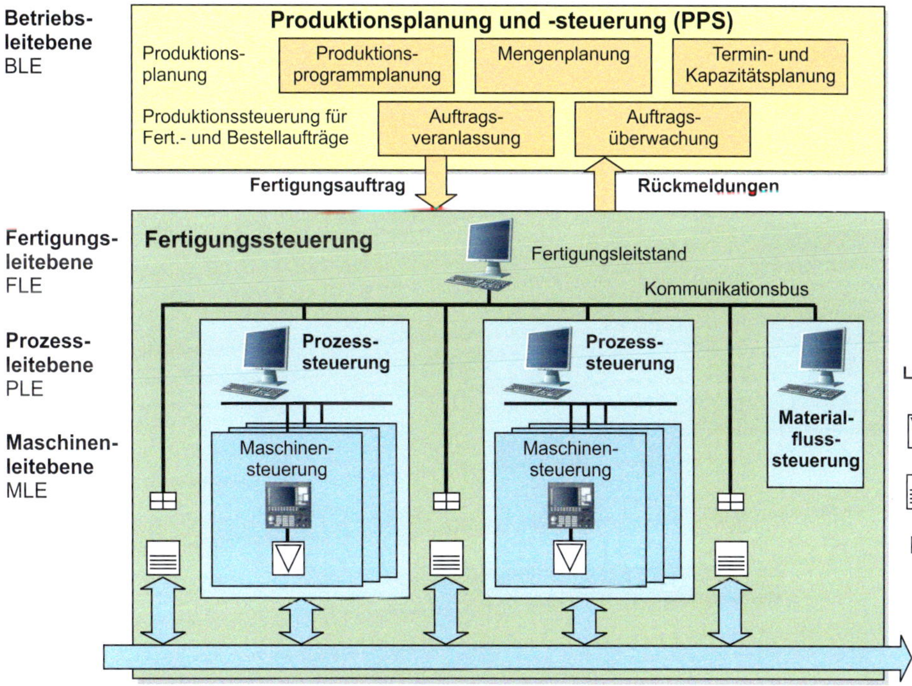

BILD 1-25 Hierarchie der Leitebenen in der industriellen Produktion

unteren Ebenen zuzuordnen sind. CAM beinhaltet also die **Fertigungssteuerung** und darunter liegende Subsysteme.

Die Strukturierung der Informationsverarbeitung in hierarchische Leitebenen basiert auf dem Paradigma der zentralen Automation. In jüngster Zeit setzt sich das neue Paradigma der „dezentralen intelligenten Automation" durch, d. h. die Komponenten einer Fabrik mit Maschinen, Industrierobotern, Materialflusssteuerungen und Leitsystemen bis hin zu PPS-Systemen sowie auch untergeordnete Komponenten wie ein Shuttle oder die Weiche eines Materialflusssystems bilden Knoten, die quasi gleichberechtigt kommunizieren. Diese Knoten werden auch als „intelligent" bezeichnet, weil deren Software Ziele und Strategien verfolgt [Ger97].

1.3 Das 4-Ebenen-Modell zur Gestaltung der Produktion von morgen

Zur nachhaltigen Sicherung der Wettbewerbsfähigkeit eines Unternehmens bieten sich viele Möglichkeiten an. So ist es ganz natürlich, dass im Laufe der Zeit immer wieder neue Ansätze auftauchen und teils enthusiastisch propagiert werden. Beispiele für solche Ansätze sind *Business Process Reengineering, Lean Production, Fraktale Fabrik* und *Agile Manufacturing*. Manchmal wird die Führung eines Industrieunternehmens einfach nur aus einem anderen Blickwinkel betrachtet, wie das für *Total Quality Management* zu beobachten ist. Nachdem man sich längere Zeit mit einem dieser Ansätze intensiv befasst hat, wird klar, dass davon zwar wichtige und auch neue Impulse ausgehen und in vielen Teilbereichen der Unternehmensführung auch ausgezeichnete Resultate erzielt werden, aber damit die bis dahin etablierten Ansätze nicht vollständig ersetzt werden. Häufig ergibt sich auch eine gewisse Ernüchterung, da die mit einem neuen Ansatz verknüpften Erwartungen einfach zu hoch angesetzt waren. Ganz besonders trifft dies für Computer Integrated Manufacturing (CIM) zu – wir hatten das eingangs schon kurz geschildert. Aber welche Lehren können wir aus derartigen Erkenntnissen ziehen?

Wir haben sehr viele Strategieprojekte durchgeführt und erkannt, dass sich die nachhaltig erfolgreiche Gestaltung eines Unternehmens auf ein einfaches und plausibles Grundmuster zurückführen lässt. Es handelt sich um das **4-Ebenen-Modell**. Nach Bild 1-26 weist es die Betrachtungsebenen *Vorausschau, Strategien, Prozesse* und *Systeme* auf. Erleben Sie nicht auch häufig, dass im Zusammenhang mit komplexen Aufgabenstellungen aneinander vorbei-

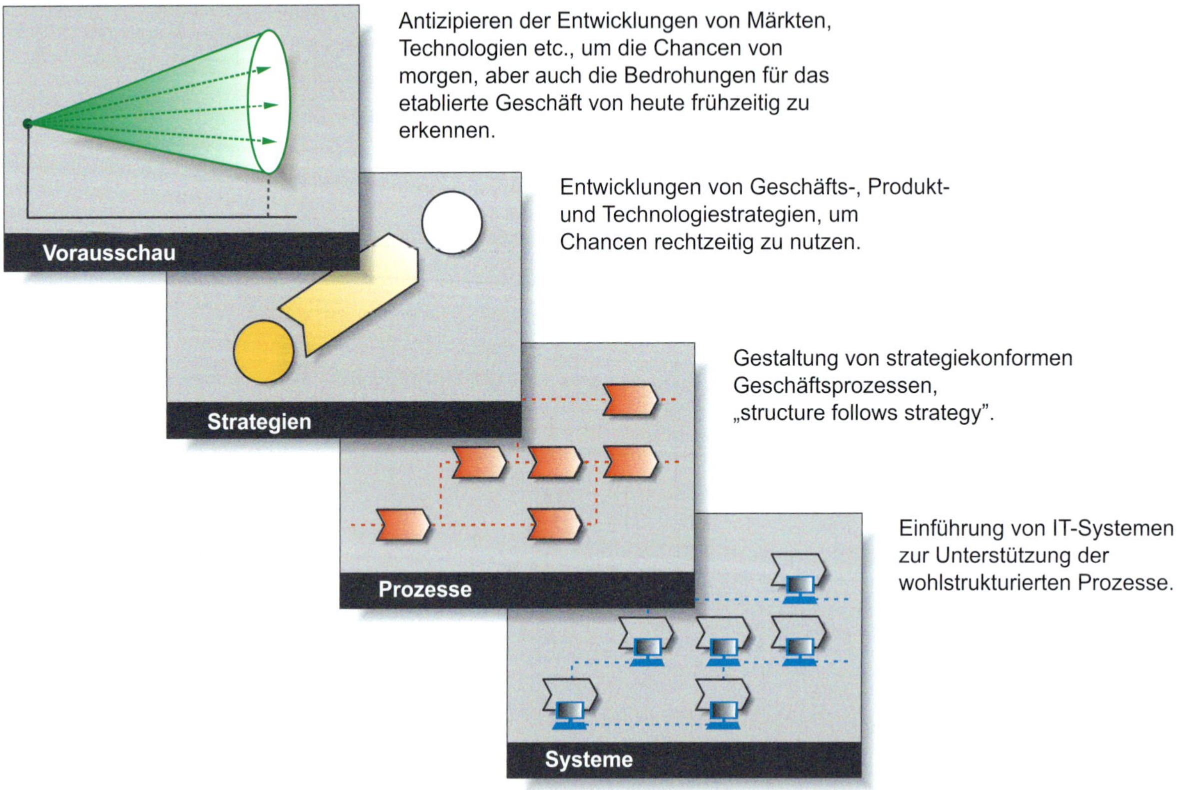

BILD 1-26 Das 4-Ebenen-Modell zur zukunftsorientierten Unternehmensgestaltung

geredet wird, weil sich die Akteure gedanklich auf unterschiedlichen Ebenen bewegen? Das ist ein Grund, warum wir das Modell eingeführt haben. Ein weiterer Grund ist, dass die kollektive Lösung komplexer Aufgaben einen übergeordneten Plan benötigt. Dieser sollte sich an den vier Ebenen orientieren und diese von oben nach unten bearbeiten. Im Folgenden werden die vier Ebenen kurz erläutert; nach ihnen ist das vorliegende Buch strukturiert.

Vorausschau: Auf dieser Ebene der Unternehmensführung geht es um das systematische Ausleuchten des Zukunftsraums mit dem Ziel, künftige Chancen (Erfolgs- bzw. Nutzenpotentiale) aufzuspüren und auch Bedrohungen für das etablierte Geschäft von heute zu erkennen. Das Symbol dafür ist der sog. Szenario-Trichter, in dem sich die künftigen Möglichkeiten aufspannen [Rei91]. Wir verwenden auf dieser Ebene die Szenario-Technik, die von uns aufgegriffen und wesentlich weiterentwickelt worden ist. Es bieten sich aber auch alternative Methoden der Vorausschau wie die Delphi-Methode und die Trendanalyse an. Die zentrale Frage, die auf dieser Ebene zu beantworten ist, lautet: Welche Chancen und Bedrohungen zeichnen sich ab? Ein Management-Team ist sicher gut beraten, sich von Zeit zu Zeit damit zu befassen und eine gemeinsame Sicht auf die Zukunft zu bilden. Dies ist neben der üblichen Analyse der Ausgangssituation (Stärken-Schwächen-Analyse, Marktanalyse, Wettbewerbsanalyse etc.) eine wesentliche Grundlage für die Strategieentwicklung. Wir gehen im Hauptkapitel 2 auf die Methoden der Vorausschau-Ebene ein.

Strategien: Auf dieser Ebene werden primär Unternehmens- und Geschäftsstrategien entwickelt – also der Kurs des Unternehmens bestimmt. Das erfolgt auf der Basis der Erkenntnisse, die auf der Vorausschau-Ebene gewonnen wurden. Eine Strategie weist neben der Kursbestimmung in Form eines Leitbildes u. a. Schlüsselfähigkeiten, konkrete Marktleistungs- und Geschäftsziele sowie Konsequenzen und Maßnahmen für die einzelnen Handlungsbereiche des Unternehmens auf. Damit ergibt sich eine fundierte Vorgabe für die folgenden Ebenen getreu CHANDLERS Motto „structure follows strategy". Als Symbol für Strategie verwenden wir den in Bild 1-27 angedeuteten Pfeil [PG88]. Er steht für den Weg ausgehend von der heutigen Situation des Unternehmens zu einer gedachten Situation in der Zukunft – der Vision. Das wesentliche an diesem Symbol sind die „Leitplanken" rechts und links des Wegs, die dafür sorgen, dass die Kräfte des Unternehmens, ausgedrückt in Zielen und Maßnahmen, immer wieder gebündelt und auf die Verwirklichung der Vision konzentriert werden. Die Strategie-Ebene ist Gegenstand des Hauptkapitels 3.

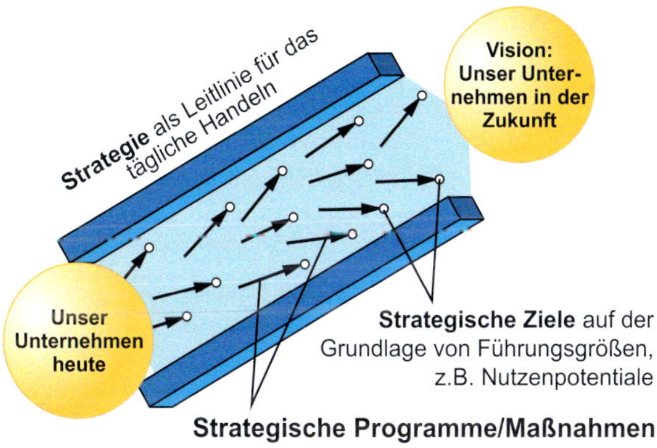

BILD 1-27 Strategie – der Weg zur Vision

Prozesse: Gut strukturierte Geschäftsprozesse sind die wesentliche Voraussetzung für die effiziente Leistungserstellung. Auf der Prozess-Ebene sind die Geschäftsprozesse – synonym auch Leistungserstellungsprozesse – entsprechend den Vorgaben aus der Strategie zu gestalten. Dazu sind die Mitarbeiter intensiv einzubeziehen, weil diese die Prozesse sowohl verstehen als auch akzeptieren sollten. Ferner liegt es auch nahe, auf der Prozess-Ebene die Aufbauorganisation zu überprüfen, weil die Abbildung der Prozesse auf die Aufbauorganisation zur Ablauforganisation führt. So lässt sich vermeiden, dass schlanke Prozesse wegen einer aufwändigen Aufbauorganisation am Ende dann doch eine wenig effiziente Ablauforganisation ergeben. Im Hauptkapitel 4 befassen wir uns mit dieser Ebene.

Systeme: Hier steht die Planung und Einführung von IT-Systemen im Vordergrund. Zu den IT-Systemen gehören Hardwaresysteme, Basissysteme wie Betriebssysteme, Datenbanksysteme und Kommunikationssysteme sowie Anwendersoftwaresysteme zur Unterstützung der Aufgaben in den Hauptgeschäftsprozessen, beispielsweise CAE-Systeme für Produktentwicklungsprozesse und PPS-Systeme für Auftragsabwicklungsprozesse. Punkte von besonderer Bedeutung auf dieser Ebene sind die enge Verzahnung von Geschäftserfordernissen und IT-Möglichkeiten, was durch den Begriff „Business IT Alignment" zum Ausdruck kommt, und damit verbunden ein neues Paradigma der Gestaltung der IT in einem Unternehmen, die sog. „Service-Orientierung". Die System-Ebene und die damit verbundenen Gestaltungsmöglichkeiten werden im Hauptkapitel 5 des Buchs behandelt.

Wir haben uns eingangs nicht gerade positiv über das Leitbild Rechnerintegrierte Produktion (resp. Computer Integrated Manufacturing) geäußert. Aus der Erläuterung des 4-Ebenen-Modells wird deutlich, dass die Einführung und Nutzung von IT-Systemen am Ende einer gut überlegten Handlungskette stehen muss und nicht am Anfang. Das ist genau der Punkt, „das Pferd darf nicht von hinten aufgezäumt werden". In diesem Sinne können klassische Konzepte wie die Rechnerintegrierte Produktion, aber auch aktuell diskutierte Konzepte wie Cyber-Physical Systems/ Industrie 4.0 den wesentlichen Schub auf dem Weg in eine erfolgreiche Zukunft bringen.

Literatur zum Kapitel 1

[AR69] AWF/REFA (Hrsg.): Handbuch der Arbeitsvorbereitung. Beuth Verlag, Berlin, 1969

[Bal08] Balzert, H.: Lehrbuch der Softwaretechnik – Softwaremanagement. Spektrum Akademischer Verlag, Heidelberg, 2.Auflage, 2008

[BDI05] BDI – Bundesverband der Deutschen Industrie e.V. (Hrsg.): Intelligenter Produzieren – 32 Thesen zur Forschung für die Zukunft der industriellen Produktion. November 2005

[BGH+96] Bleck, A.; Goedecke, M.; Huss, M.; Waldschmidt, K.: Praktikum des VLSI-Entwurfs. B. G. Teubner, Stuttgart, 1996

[BKW89] Baumgartner, H.; Knischewski, K.; Wieding, H.: Produktionsautomatisierung und Automatisierungssysteme. Verlag der Siemens-Aktiengesellschaft, Berlin, 1989

[Dan99] Dangelmeier, W.: Fertigungsplanung. Springer Verlag, Berlin, 1999

[Dan03] Dangelmeier, W.: Produktion und Information – System und Modell. Springer Verlag, Berlin, 2003

[DIN6300] DIN 6300: Vorrichtungen für formändernde Fertigungsverfahren – Benennungen und deren Abkürzungen. Beuth Verlag, Berlin, 1970

[DIN8580] DIN 8580: Fertigungsverfahren – Begriffe, Einleitung. Beuth Verlag, Berlin, 2003

[Eve96] Eversheim, W.: Organisation in der Produktionstechnik – Grundlagen. Springer Verlag, Band 1, Berlin, 3. Auflage, 1996

[Eve97] Eversheim, W.: Organisation in der Produktionstechnik – Arbeitsvorbereitung. Springer Verlag, Band 3, Berlin, 3. Auflage, 1997

[Far97] Farson, R.: Die meisten Probleme sind keine – So überstehen Sie den unberechenbaren Management-Wahnsinn. Ueberreuther, Wien, 1997

[Föl08] Föllinger, O.: Regelungstechnik: Einführung in die Methoden und ihre Anwendung. Hüthig Verlag, Heidelberg, 10. Auflage, 2008

[Fre84] Freemann, R. E.: Strategic Management – A Stakeholder Approach. Pitmann, Marshfield, 1984

[Gäl90] Gälweiler, A.: Strategische Unternehmensführung. Campus, Frankfurt/Main, 2. Aufl., zusammengest., bearb. und ergänzt von Markus Schwaninger, 1990

[GEK01] Gausemeier, J.; Ebbesmeyer, P.; Kallmeyer, F.: Produktinnovation – Strategische Planung und Entwicklung der Produkte von morgen. Carl Hanser Verlag, München, 2001

[Geo08] GEO EPOCHE: Die industrielle Revolution. Gruner + Jahr, Hamburg, 2008

[Ger97] GERDES, K.-H.: Architekturkonzeption für Fertigungssysteme der flexibel automatisierten Fertigung. Dissertation Fachbereich für Maschinenbau, Universität Paderborn. HNI-Verlagsschriftenreihe, Band 24, Paderborn, 1997

[GHK+06] GAUSEMEIER, J.; HAHN, A.; KESPOHL, H. D.; SEIFERT, L.: Vernetzte Produktentwicklung. Carl Hanser Verlag, München, 2006

[GPW09] GAUSEMEIER, J.; PLASS, C.; WENZELMANN, C.: Zukunftsorientierte Unternehmensgestaltung – Strategien, Geschäftsprozesse und IT-Systeme für die Produktion von morgen. Carl Hanser Verlag, München, 2009

[Gro97] GROSS, D.: Die größten Erfolgsstories aller Zeiten – Mitreißende Unternehmensgeschichten aus dem Land der unbegrenzten Möglichkeiten. verlag moderne industrie, Landsberg, 1997

[Hac89] HACKSTEIN, R.: Produktionsplanung und -steuerung. VDI-Verlag, Düsseldorf, 2. Auflage, 1989

[Ham01] HAMEL, G.: Das revolutionäre Unternehmen. Econ, München, 2001

[Hil06] HILLERINGMANN, U: Mikrosystemtechnik: Prozessschritte, Technologien, Anwendungen. B. G. Teubner, Stuttgart, 2006

[HP95] HAMEL, G.; PRAHALAD, C. K.: Wettlauf um die Zukunft – Wie sie mit bahnenbrechenden Strategien die Kontrolle über ihre Branche gewinnen und die Märkte von morgen schaffen. Ueberreuther, Wien, 1995

[Kem87] KEMPER, K.: Heinz Nixdorf – Eine deutsche Karriere. Verlag moderne Industrie, Landsberg, 1987

[Kle09] KLEUKER, S.: Grundkurs Software-Engineering mit UML. Vieweg + Teubner, Wiesbaden, 2009

[KLW11] KAGERMANN, H.; LUKAS, W.-D.; WAHLSTER, W.: Industrie 4.0 – Mit dem Internet der Dinge auf dem Weg zur 4. Industriellen Revolution. In: VDI Nachrichten 13, VDI Verlag, Düsseldorf, 2011

[LES99] LUCZAK, H.; EVERSHEIM, W. (HRSG.); SCHOTTEN, M: Produktionsplanung und -steuerung – Grundlagen, Gestaltung und Konzepte. Springer Verlag, Berlin, 2 Auflage, 1999

[Lun08] LUNZE, J.: Regelungstechnik 1 – Systemtheoretische Grundlagen, Analyse und Entwurf einschleifiger Regelungen. Springer Verlag, Berlin, 7. Auflage, 2008

[Man88] MANN, R.: Das ganzheitliche Unternehmen – Die Umsetzung des neuen Denkens in die Praxis zur Sicherung von Gewinn und Überlebensfähigkeit. Scherz, Bern, 1988

[ML03] MÜLLER-STEWENS, G.; LECHNER, C.: Strategisches Management – Wie strategische Initiativen zum Wandel führen. Schäffer-Poeschel Verlag, Stuttgart, 2. Auflage, 2003

[Oes09] OESTEREICH, B.: Analyse und Design mit UML 2.3. Oldenbourg Wissenschaftsverlag, München, 9. Auflage, 2009

[PBF+07] PAHL, G.; BEITZ, W.; FELDHUSEN, J.; GROTE, K.-H.: Konstruktionslehre – Grundlagen erfolgreicher Produktentwicklung. Methoden und Anwendung. Springer Verlag, Berlin, 7. Auflage, 2007

[Pfe01] PFEIFER, T.: Qualitätsmanagement – Strategien, Methoden, Techniken. Carl Hanser Verlag, München, 2001

[PG88] PÜMPIN, C.; GEILINGER, U. W.: Strategische Führung – Aufbau strategischer Erfolgspositionen in der Unternehmenspraxis. In: Die Orientierung 88, 1988

[Püm92] PÜMPIN, C.: Das Dynamik-Prinzip – Zukunftsorientierungen für Unternehmen und Manager. Econ, München, 1992

[Rei91] REIBNITZ, U.: Szenario-Technik – Instrumente für die unternehmerische und persönliche Erfolgsplanung. Gabler, Wiesbaden, 1991

[Sch01] SCHÖNSLEBEN, P.: Integrales Informationsmanagement – Informationssysteme für Geschäftsprozesse – Management, Modellierung, Lebenszyklus und Technologie. Springer Verlag, Berlin, 2. Auflage, 2001

[SK97] SPUR, G.; KRAUSE, F.-L.: Das virtuelle Produkt. Carl Hanser Verlag, München, 1997

[Spu79] SPUR, G.: Produktionstechnik im Wandel. Carl Hanser Verlag, München, 1979

[Tzu88] TZU, S.: The Art of War. Oxford University Press, New York, 1971. (Deutsche Version: Sunzi, Die Kunst des Kriegers. Droemer Knaur, München, 1988)

[VDI2860] VDI 2860: Montage- und Handhabungstechnik – Handhabungsfunktionen, Handhabungseinrichtungen – Begriffe, Definitionen, Symbole. Beuth Verlag, Berlin, 1990

[VDI3239] VDI 3239: Sinnbilder für Zubringerfunktionen. Beuth Verlag, Berlin, 1996

[VDI3240] VDI 3240: Zubringeeinrichtungen. Beuth Verlag, Berlin, 1971

[VDI3300] VDI 3300: Materialfluss-Untersuchungen. Beuth Verlag, Berlin, 1973

[VDI3320] VDI 3320: Werkzeugnummerung – Werkzeugordnung. Beuth Verlag, Berlin, 1978

[War90] WARNECKE, H.-J.: Einführung in die Fertigungstechnik. B. G. Teubner, Stuttgart, 1990

[War93] WARNECKE, H.-J.: Der Produktionsbetrieb. Springer Verlag, Berlin, 1993

[Wie97] WIENDAHL, H.-P.: Fertigungsregelung – Logistische Beherrschung von Fertigungsabläufen auf Basis des Trichtermodells. Carl Hanser Verlag, München, 1997

[WNK+05] WIENDAHL, H.-P.; NOFEN, D.; KLUSSMANN, J. H.; BREITENBACH, F.: Planung modularer Fabriken. Carl Hanser Verlag, München, 2005

[WRN09] WIENDAHL, H.-P.; H.-P.; REICHARDT, J.; NYHUIS, P.: Handbuch Fabrikplanung – Konzepte, Gestaltung und Umsetzung wandlungsfähiger Produktionsstätten. Carl Hanser Verlag, München, 2009

[ZM04] ZÄH, M. F.; MÜLLER, S.: Referenzmodelle für die Virtuelle Produktion. In: Industrie Management 1, GITO-Verlag, Berlin, 2004

Vorausschau – Mögliche Zukünfte vorausdenken

„Haben Sie keine Angst vor der Zukunft – sie beginnt erst morgen."
- Zarko Petan -

Zusammenfassung

Wer Zukunftsentwürfe erstellen will, muss Vorstellungen von der Zukunft haben. Weder die Auffassung, dass sich die Dinge so weiterentwickeln werden, wie wir es gewohnt sind, noch Prophezeiungen und Voraussagen helfen da weiter. Worauf es ankommt, ist das Vorausdenken der Zukunft. In diesem Kapitel stellen wir die Methoden und Werkzeuge dafür vor. Ziel ist, ein nachvollziehbares Bild von der Wettbewerbsarena von morgen zu gewinnen und darin künftige Erfolgspotentiale, aber auch Bedrohungen für das etablierte Geschäft von heute zu erkennen.

Im Vordergrund steht die Szenario-Technik. Ein Szenario ist ein Zukunftsbild, das auf einer in sich schlüssigen Kombination von denkbaren Entwicklungen (Projektionen) einzelner Einflussfaktoren beruht. Die herausragende Stärke der Szenario-Technik ist, dass je Einflussfaktor mehrere mögliche Entwicklungen ins Kalkül gezogen werden können. Auf der Basis der sehr großen Anzahl von uns durchgeführter Szenario-Projekte haben wir festgestellt, dass viele Einflussfaktoren und Projektionen immer wieder auftauchen. Diese stellen wir in einer Informationsbasis bereit, die von uns regelmäßig aktualisiert wird. Zusammen mit dem Software-Tool Scenario-Software (www.scenario-software.de) reduziert das den Aufwand zur Szenario-Erstellung auf ein Minimum.

Neben der Szenario-Technik stellen wir noch weitere Methoden der Vorausschau vor. Es handelt sich um die Delphi-Methode, die Trendanalyse, die strategische Frühaufklärung, die Bibliometrie und das Information Retrieval. Teils werden diese alternativ zur Szenario-Technik, teils in Kombination mit ihr wirkungsvoll eingesetzt.

Die vielen Beispiele unterstreichen die Mächtigkeit und hohe Praxisrelevanz des Methodenrepertoires. Das frühzeitige Erkennen der Optionen von morgen ist offensichtlich möglich. Insbesondere die Szenario-Technik ist das probate Mittel, einem Team von Führungspersönlichkeiten zu einer gemeinsamen Sicht auf die Zukunft zu verhelfen – systematisch, nachvollziehbar und effizient.

Strategische Führung beruht auf Vorstellungen von der Zukunft. Diese lässt sich seriöserweise nicht vorhersehen. Veränderungen von Märkten und Geschäftsumfeldern, die durch die technologische Entwicklung, veränderte Kundenanforderungen, Verhalten der Wettbewerber, die Gesetzgebung etc. bestimmt werden, sind nicht ohne weiteres prognostizierbar. Kein Wunder, dass gerade in den mittelständisch geprägten Unternehmen der hier betrachteten Industrien eine gewisse Abneigung besteht, sich mit der Zukunft auseinanderzusetzen:

„Wir brauchen keine Vorhersagen!" – Viele Unternehmen leben von den Erfolgen der Vergangenheit oder sind vollständig vom Tagesgeschäft getrieben. Ihre Führungskräfte befassen sich nicht mit der Zukunft. Sie gehen fälschlicherweise von einem stabilen Unternehmensumfeld aus und übersehen dabei, dass sich das Umfeld verändert. Wenn der „Shake Out" voll im Gange ist, wird als Entschuldigung genannt, dass es die sog. „Schwachen Signale" waren, die man eigentlich nicht sehen konnte, weil sie eben so schwach waren. In Wirklichkeit waren die Signale gar nicht so schwach; sie haben stark und eindeutig auf tiefgreifende Veränderungen des Geschäftsumfelds hingewiesen; nur wollte man sie nicht sehen. Von daher haben wir den Begriff „Schwache Signale" als Unwort eingestuft, weil damit mehr eine Entschuldigung verbunden ist, denn die Bereitschaft, sich mit offensichtlichen Veränderungen rechtzeitig auseinanderzusetzen.

„Alles kann passieren!" – Nicht wenige sehen in der Zukunft ein offenes Spiel, auf das sich vorzubereiten wegen der Komplexität gar nicht sinnvoll ist. „Alles Chaostheorie!" hört man sie sagen. Aber nehmen sie bei bewölktem Himmel nicht auch einen Regenschirm mit? Häufig steckt hinter einer solchen Einstellung lediglich die Absicht, sich der anstrengenden Auseinandersetzung mit der Zukunft zu entziehen.

„Die Zukunft ist ähnlich wie die Gegenwart" – Nicht selten erfolgt der Blick in die Zukunft nach dem Motto „größer, höher, schneller". Hier ist die Zukunft im Prinzip so wie die Gegenwart. Die Geschichte hat allerdings gezeigt, dass solche Extrapolationen nur selten eingetreten sind. Zukünftige Entwicklungen werden immer wieder durch „Diskontinuitäten" entscheidend beeinflusst.

„Panik!" – Häufig wird ein Problem so lange ignoriert, bis es zu einer handfesten Krise ausgewachsen ist. Erst dann wird aufgeregt ein ganzes Bündel von Maßnahmen ergriffen. Ein solcher Ansatz setzt allerdings voraus, dass nach Ausbruch der Krise genügend Zeit bleibt, um die entsprechenden Maßnahmen durchzuführen. Selbst wenn das Turn-Around-Management gelingt, so bleibt in der Regel ein Großteil der Arbeitsplätze auf der Strecke.

„Fragen wir jemand anders!" – In der Antike zogen die Menschen zum Orakel, wenn sie ihr zukünftiges Handeln absichern wollten. Heute suchen einige Unternehmen einen ähnlichen Rat bei Trendforschern. Aber die Anzahl der Fehlprognosen steigt. Selbst berühmte Persönlichkeiten, die sicher ihr Geschäft verstanden haben, haben sich mit ihren Einschätzungen der Zukunft gründlich geirrt (vgl. Bild 2-1). Andere Unternehmen wenden sich Hilfe suchend an ihre Kunden. Auch dies hilft nicht weiter, denn Kunden zeichnen sich oft durch einen notorischen Mangel an Weitblick und Phantasie aus. Die klassische Marktforschung bringt heute kaum noch neue erfolgreiche Produkte hervor.

Eine systematische Auseinandersetzung mit der Zukunft setzt demgegenüber auf fünf Prämissen auf:

1. Die Zukunft ist anders als die Vergangenheit – daher brauchen wir eine konsequente Auseinandersetzung mit zukünftigen Entwicklungsmöglichkeiten.
2. Veränderungen sind wahrnehmbar; die entsprechenden Indikatoren werden in der Praxis aber gern ignoriert.
3. Zukünftige Entwicklungen sind keine Fortschreibungen aktueller Trends, sondern können erheblich von Diskontinuitäten beeinflusst werden.

Lord Kelvin *Mathematiker und Erfinder* 1897	„Das Radio hat absolut keine Zukunft."
Wilbur Wright *Zusammen mit seinem Bruder der wohl wichtigste Flugpionier* 1901	„Der Mensch wird es in den nächsten fünfzig Jahren nicht schaffen, sich mit einem *Metallflugzeug* in die Luft zu erheben."
Daimler Motoren Gesellschaft *Marktforschungsstudie* 1901	„Die weltweite Nachfrage nach Kraftfahrzeugen wird eine Million nicht überschreiten – allein schon aus Mangel an verfügbaren Chauffeuren."
Albert Einstein *Entdecker der Relativitätstheorie* 1932	„Es gibt nicht das geringste Anzeichen, dass wir jemals Atomenergie entwickeln können."
Thomas J. Watson *Vorstandsvorsitzender von IBM* 1943	„Ich glaube, auf dem Weltmarkt besteht Bedarf für fünf Computer, nicht mehr."
Vannevor Bush *Amerikanischer Oberkommandierender* 1945	„Ich wünschte, die Amerikaner würden endlich aufhören, von dem Hirngespinst interkontinentaler Raketen zu reden."
Lee de Forest *Erfinder der Vakuumröhre* 1957	„Trotz aller Fortschritte wird es der Mensch nie dahinbringen, den Mond zu erreichen."
Battelle-Institut 1965	„Die letzten Autobusse werden 1990 aus dem Stadtverkehr verschwinden."
Business Week 1968	„Es wird der japanischen Automobilindustrie nicht gelingen, einen nennenswerten Marktanteil in den USA zu erreichen."
Ken Olsen *Vorstandsvorsitzender von DEC* 1977	„Ich sehe keinen Grund, warum einzelne Individuen ihren eigenen Computer haben sollten."
Jimmy Carter *Ehemaliger US-Präsident* 1988	„Gorbatschow wird noch eine Reihe von Jahren, vielleicht sogar bis zur Jahrtausendwende, Generalsekretär der KPdSU bleiben."

BILD 2-1 Auch die, die es eigentlich wissen mussten, haben sich gründlich geirrt

4. Eine Vorausschau zukünftiger Entwicklungen ist notwendig, weil der Handlungsspielraum mit fortschreitender Zeit immer stärker eingeengt wird und der Aufwand für wirkungsvolle Maßnahmen steigt.
5. Die Auseinandersetzung mit der Zukunft ist nachvollziehbare Denkarbeit.

Im Folgenden stellen wir eine Reihe von bewährten Methoden vor, um fundierte Vorstellungen von der Zukunft zu gewinnen und somit die Chancen für das Geschäft von morgen, aber auch die Bedrohungen für das etablierte Geschäft von heute frühzeitig zu erkennen. Den Schwerpunkt bildet die Szenario-Technik, von der SONTHEIMER gesagt hat:

> *„Es handelt sich weniger um das Vorhersagen als um das Vorausdenken der Zukunft."* [Son70]

2.1 Szenario-Technik

Wir befassen uns seit über einem Jahrzehnt intensiv mit der Szenario-Technik. Lassen Sie uns aus der großen Anzahl der Projekte zwei typische Projekte kurz erläutern, um die Mächtigkeit dieser Technik zu unterstreichen. Es sind zwei Projekte, die wir Mitte der 1990er Jahre durchgeführt haben. Der damalige Zukunftshorizont ist inzwischen Vergangenheit bzw. Gegenwart; jeweils ein Szenario der entwickelten Szenarien ist eingetreten. Nun zu den zwei Projekten:

„Die Zukunft des Geldausgabeautomaten": Anlass für das Projekt war 1995 die Beobachtung von zwei wichtigen Trends, die das Geschäft mit Geldausgabeautomaten hätten beeinträchtigen können: 1) Zunahme des bargeldlosen Zahlungsverkehrs und 2) Verbreitung von Teleshopping. Diese beiden Entwicklungen ließen auf den ersten Blick Zweifel aufkommen, ob es eine gute Idee sei, künftig ein Geschäft mit Geldausgabeautomaten zu führen. Die Szenario-Technik erlaubte es, viele Einflussfaktoren und nicht nur die beiden genannten ins Kalkül zu ziehen. Heraus kam, dass es im Jahr 2005 (das war der Zukunftshorizont) nach wie vor attraktiv ist, das Geschäft zu betreiben. Allerdings werden an das Produkt und die damit verbundene Marktleistung geänderte und neue Anforderungen gestellt.

„Neue Wege zur Produktentwicklung": Ziel dieser Studie war eine strategisch begründete Leitlinie zur Steigerung der Innovationskraft in Deutschland. Basis dafür bildeten Globalszenarien, die die möglichen Positionen des Wirtschaftsstandorts Deutschland im globalen Wettbewerb charakterisieren. Von den drei Szenarien *A) Deutschland als „erfolgreicher Mitläufer" im globalen Informationszeitalter; B) Deutschland als „Key Player" im globalen Informationszeitalter; C) Deutschland als „Verlierer" im globalen Informationszeitalter* tritt offensichtlich das Szenario A im Großen und Ganzen ein [BK98].

2.1.1 Grundlagen der Szenario-Technik

Die Anwendung der Szenario-Technik in der strategischen Führung unterscheidet sich deutlich von der traditionellen Planung. Das „Denken in Szenarien" basiert auf zwei Grundprinzipien (Bild 2-2):

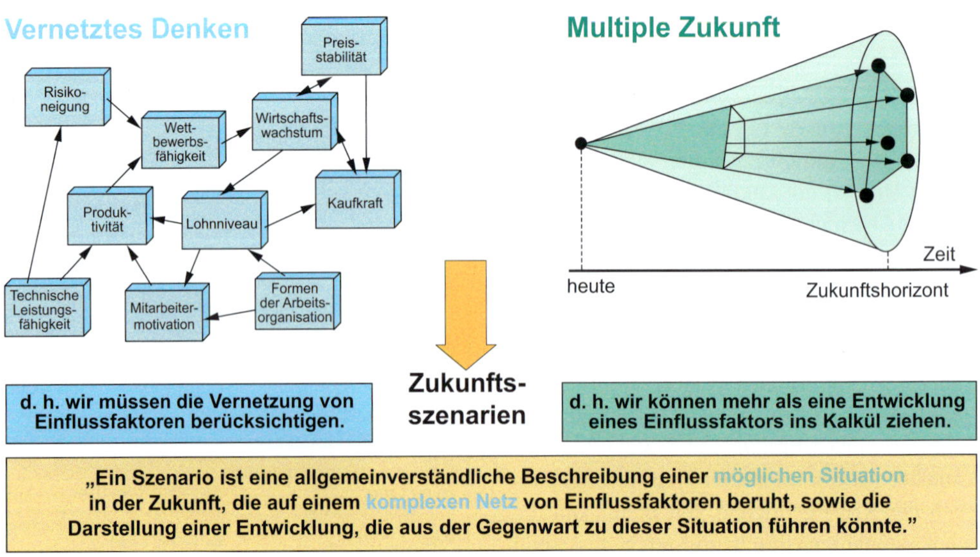

BILD 2-2 Grundlagen der Szenario-Technik: Vernetztes Denken und multiple Zukunft

- Die Zukunft wird in *komplexen* Bildern beschrieben. Es reicht nicht mehr aus, den Untersuchungsgegenstand (z. B. das Unternehmensumfeld) durch einige voneinander unabhängige Einflussfaktoren zu beschreiben; wir haben es in der Regel mit komplexen Systemen zu tun, die ein **vernetztes Denken** erfordern.
- Es gibt *mehrere* Möglichkeiten, wie sich die Zukunft entwickeln könnte. Damit wird der Erkenntnis Rechnung getragen, dass die Zukunft nicht exakt prognostizierbar ist. Wir sprechen hier von einer **multiplen Zukunft.**

2.1.1.1 Multiple Zukunft

Bis in die 1960er Jahre hinein operierte die Mehrzahl der Unternehmen in einem Verkäufermarkt. Aufgrund des Nachfrageüberhangs war es relativ einfach, Abnehmer für die Erzeugnisse zu finden. Dementsprechend war der Blick dieser Unternehmen in die Zukunft „eindimensional" auf Wachstum gerichtet. Angesichts der weitgehend bekannten Zukunft hatte das prognostische Instrumentarium in den Unternehmen keinen hohen Stellenwert und war nur wenig ausgeprägt. Die ersten Systeme der systematischen Vorausschau („Planung") entstanden in den 1930er Jahren. Geus beschreibt deren Stellung innerhalb der Unternehmen so:

> *„Als ich zum ersten Mal mit ‚Planung' in Berührung kam – als Student nach dem Zweiten Weltkrieg – wurde die Aufgabe der Komplexitätsreduktion von Spezialisten gehandhabt. Um 1940 hatten viele Unternehmen begonnen, das Geschäft des Blicks in die Zukunft an die ‚Backroom Boys' in die Planungsabteilung zu delegieren. So konnten die pragmatischen Macher mit dem eigentlichen Geschäft fortfahren, ohne dass sie sich Gedanken über mögliche Entwicklungen machen mussten. Unternehmensführung wurde aufgeteilt in diejenigen, die planen, und diejenigen, die etwas unternehmen."* [Geu97]

Erst mit der deutlich steigenden Anzahl von Fehlprognosen begannen einige Unternehmen, sich von der Vorstellung einer prognostizierbaren Zukunft zu verabschieden und stattdessen alternative Entwicklungsmöglichkeiten von Einflussfaktoren ins Kalkül zu ziehen. Flechtheim, ein Pionier der Zukunftsforschung in Deutschland, verwendet daher den zunächst ungewohnten Begriff der „Zukünfte".

> *„Die Zukunft ist niemals eindeutig festgelegt; ... Deshalb hat die Pluralform ‚Zukünfte' ihre Berechtigung. Vieles mag unwiederbringlich verloren und in der Zukunft nicht mehr möglich sein, aber noch können wir zwischen verschiedenen Zukünften wählen. Und wir sollten auf jene Zukunft hinarbeiten, die uns ... ein lebenswertes Leben ermöglicht."* [Fle87]

Diese Vorstellung einer **multiplen Zukunft** – so einleuchtend und selbstverständlich wie sie uns vorkommt – wird immer noch in vielen Planungsprozessen ignoriert. In sog. Langfrist-Plänen werden aktuelle Trends fortgeschrieben. Je nach Interessenlage wird die Zukunft rosarot oder schwarz gesehen. Zukünftige Entwicklungen lassen sich aber immer weniger genau vorhersagen. Dies erschwert die Unternehmensführung – trotzdem müssen wir uns darauf einstellen. Der Denkweise einer multiplen Zukunft folgt auch *acatech – Deutsche Akademie der Technikwissenschaften.* In neun Leitlinien für die ordnungsgemäße Erstellung von Zukunftsentwürfen hebt die Akademie besonders die Relevanz der Entwicklung verschiedener Zukunftsvorstellungen hervor [aca12].

Offensichtlich hat das Grundprinzip der multiplen Zukunft eine große Bedeutung: Wir werden dadurch ermuntert, das Undenkbare zu denken und die Grenzen des gewohnten Denkens zu überwinden. Zurückblickend lässt sich feststellen, dass oft nicht das vermeintlich Wahrscheinliche, sondern das Undenkbare Realität geworden ist, weil die Menschen dazu neigen, das, was sie erlebt haben, auf die Zukunft zu projizieren. Somit unterbleibt, sich mental auf mögliche Veränderungen vorzubereiten. Die Folge ist, dass man von plötzlich einsetzenden Entwicklungen überrumpelt wird. Wer nicht überrumpelt werden will, muss mental auf mögliche Veränderungen vorbereitet sein; das sorgt im Veränderungsfall für kurze geistige Rüstzeiten.

Es gibt aber noch ein weiteres wichtiges Argument für das Prinzip der multiplen Zukunft. Lassen Sie uns das am Beispiel des Einflussfaktors Benzinpreis, der in vielen Szenario-Projekten vorkommt, erläutern. Zunächst einmal sei festgestellt, dass es ein nahezu hoffnungsloses Unterfangen ist, in einem Strategieteam Konsens über den Benzinpreis beispielsweise im Jahr 2020 zu erzielen. Die einen werden 2,40 € nennen. Das ist die vermeintlich wahrscheinliche, wünschenswerte Entwicklung. Andere halten einen Preis von 3,00 € für realistisch. Dieser Preis war mal Teil des politischen Programms einer früheren Bundesregierung und braucht daher ebenfalls nicht näher begründet zu werden. Nur einige wenige werden einen exorbitant hoch erscheinenden Benzinpreis z. B. von 15 € in die Diskussion bringen. Logischerweise müsste dies begründet werden, was einem mit offenen Augen durch die Welt gehenden Menschen nicht schwer fallen dürfte. Diese Entwicklung ist zugegebenermaßen unwahrscheinlich und sicher nicht wünschenswert – aber sie ist denkbar. Und darauf kommt es an. Wenn es beispielsweise unsere Aufgabe wäre, auf der Basis von Szenarien, die auch die Entwicklung des Benzinpreises beinhalten, eine intelligente Logistikkonzeption für das Jahr 2020 zu erarbeiten, so dürften wir spüren, wie beim Lesen des einen Szenarios mit dem Benzinpreis von 15 € neue Gehirnwindungen durchblutet werden und wir würden uns fragen: Wie gestalten wir die Logistik in einer derartigen Welt? Die Folge wäre höchstwahrscheinlich eine innovative Konzeption, weil dieses Szenario eine Provokation darstellt und Provokationen Kreativität erzeugen. Wir kämen aber kaum auf eine besonders innovative Lösung, wenn wir nur mit bekannten Entwicklungen von Einflussfaktoren arbeiten würden. Möglicherweise funktioniert die auf der provokativen extremen Entwicklung basierende Logistikkonzeption auch, wenn der Benzinpreis sich so moderat entwickelt, wie wir alle hoffen - umso besser. Auch dann hätte es sich gelohnt, das „Undenkbare" zu denken.

2.1.1.2 Vernetztes Denken

Angesichts einer Vielzahl von gesellschaftlichen und ökologischen Problemen wie Arbeitslosigkeit, Luft- und Bodenverschmutzung oder Datenmissbrauch setzt sich nach einer langen Ära des kontinuierlichen Wachstums die Erkenntnis durch, dass die Entwicklung eines Unternehmens nicht mehr getrennt von der Entwicklung der Städte, der Umwelt, der Technik oder der Gesellschaft betrachtet werden kann. Alle diese Systeme sind nur Untersysteme eines einzigen Gesamtsystems.

> *„Das Verhalten eines Systems kann nur verstanden werden, wenn es gedanklich in Verbindung mit seiner Umwelt, als Teil eines umfassenderen Systems gesehen wird."* [UP91]

Das Gesamtsystem aus einem Unternehmen und seiner Umwelt wird - viel stärker als das Unternehmen allein - von zwei Entwicklungen geprägt:

- Die **Vielfalt** der unternehmerischen Tätigkeit hat sich durch neue Produktions- und Kommunikationstechnologien, heterogenere Produktionsprogramme, zunehmende politische Regelungen sowie die gestiegenen Ansprüche von Gesellschaft, Kunden und Mitarbeitern stetig erhöht.
- Hinzu kommt, dass sich die **Dynamik** der Änderungsprozesse in der Unternehmensumwelt ständig erhöht. Beispielsweise verkürzen sich die Produktzyklen. Ferner wird der zunehmende Wandel durch das starke Anwachsen des Wissens begleitet. Wir können heute davon ausgehen, dass sich das Wissen der Menschheit etwa alle fünf Jahre verdoppeln wird.

Dieses Zusammentreffen von Vielfalt und Dynamik wird als **Komplexität** bezeichnet. DÖRNER hat in seinem Buch „Die Logik des Misslingens" eindrucksvoll aufgezeigt, dass der Mensch nur sehr begrenzt in der Lage ist, komplexe Zusammenhänge zu erfassen und adäquat zu handeln [Dör92]. Mit der Zunahme von Komplexität versagen auch die Managementansätze, die auf einer getrennten Betrachtung einzelner Bereiche beruhen. Die Unternehmen sind daher darauf angewiesen, die Vernetzung zwischen vielen Einflussfaktoren zu berücksichtigen. Wir sprechen hier von vernetztem Denken.

2.1.1.3 Szenarien in der strategischen Führung

Ein Szenario ist eine allgemeinverständliche und nachvollziehbare Beschreibung einer möglichen Situation in der Zukunft, die auf einem komplexen Netz von Einflussfaktoren beruht. Der Blick in die Zukunft kann durch einen Trichter symbolisiert werden [Rei91] (Bild 2-3). Dieser Blick führt zu mehreren Szenarien, weil basierend auf dem Grundprinzip der multiplen Zukunft in der Regel mehrere Entwicklungsmöglichkeiten je Einflussfaktor ins Kalkül gezogen werden.

Die Nutzung von Szenarien in der strategischen Führung bezeichnen wir als Szenario-Management. Szenario-Management geht also über die eigentliche Szenario-Erstellung hinaus [GFS96]. Wesentliches Ziel ist es, Chancen

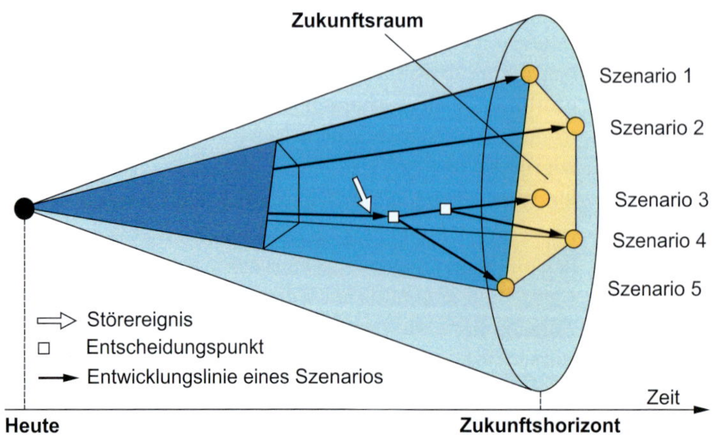

BILD 2-3
Szenario-Trichter

bzw. Erfolgspotentiale und Gefahren zu erkennen und dementsprechend strategische Entscheidungen zu unterstützen. Die zu unterstützenden Entscheidungen beziehen sich immer auf einen bestimmten Gegenstand – beispielsweise ein Unternehmen oder eine Geschäftseinheit (Welche Schlüsselfähigkeiten sollen wir aufbauen?, Wo greifen wir an?, Mit welchen Partnern arbeiten wir zusammen? etc.), ein Produkt (Wie sollen wir das Produkt „Werkzeugmaschine" gestalten?) oder eine Technologie (Welchen Lösungsansatz sollen wir wählen?). Diesen Gegenstand eines Szenario-Projekts bezeichnen wir als **Gestaltungsfeld.** Es beschreibt das, was gestaltet werden soll.

Szenarien beschreiben in der Regel die Entwicklungsmöglichkeiten eines speziellen Betrachtungsbereichs, den wir als **Szenariofeld** bezeichnen. Das Szenariofeld beschreibt das, was durch die erstellten Szenarien erklärt werden soll. In Relation zum Gestaltungsfeld werden drei typische Szenariofelder unterschieden (Bild 2-4):

- Ein Szenariofeld kann ausschließlich externe, nicht lenkbare Umfeldgrößen enthalten. Beispielsweise könnte ein Hersteller von Werkzeugmaschinen beabsichtigen, mit solchen **Umfeldszenarien** die möglichen Marktentwicklungen der nächsten zehn Jahre vorauszudenken und aus den Szenarien Rückschlüsse auf die erforderliche Funktionalität von Werkzeugmaschinen zu ziehen.
- Ein Szenariofeld kann ausschließlich interne Lenkungsgrößen enthalten. Diese – z.B. „Produktmerkmale der Werkzeugmaschine" – sind zugleich Teil des Gestaltungsfelds, so dass wir beim Vorliegen eines solchen Szenariofelds von Gestaltungsfeld-Szenarien sprechen. Mit solchen **Gestaltungsfeld-Szenarien** können z.B. konsistente Produktkonzepte erarbeitet werden. Wir wenden diese Technik auch für das Entwickeln von Strategievarianten an (vgl. Kapitel 3.3.5).
- Ein Szenariofeld kann sowohl externe Umfeldgrößen als auch interne Lenkungsgrößen enthalten. In diesem Fall bildet das Szenariofeld das gesamte System aus Gestaltungsfeld und Umfeld ab, so dass wir von System-Szenarien sprechen. **System-Szenarien** enthalten also gleichermaßen Rahmenbedingungen und Handlungsoptionen.

Die am häufigsten genutzte Form sind Umfeldszenarien. Da der wesentliche Teil des Umfelds in der Regel der Markt ist, bezeichnen wir diese Szenarien auch als Markt- und Umfeldszenarien. Derartige Szenarien stehen im Fokus der folgenden Betrachtungen.

BILD 2-4
Gestaltungsfeld und mögliche Szenariofelder eines Szenario-Projekts

2.1.1.4 Phasen des Szenario-Managements

Das Szenario-Management erfolgt nach einem **Phasenmodell** in fünf Phasen, wie sie in Bild 2-5 dargestellt sind. Die Phasen 2 bis 4 werden zusätzlich mit Hilfe von Bild 2-6 und Bild 2-7 anschaulich visualisiert. Diese beiden Bilder sind von links nach rechts zu lesen.

- Die **Szenario-Vorbereitung** (Phase 1) umfasst die Feststellung der Projektzielsetzung und der Projektorganisation sowie die Definition und Analyse des Gestaltungsfelds.
- Mit der **Szenariofeld-Analyse** (Phase 2) beginnt die Szenario-Erstellung. Hier wird das Szenariofeld durch Einflussfaktoren beschrieben. Die Schlüsselfaktoren ergeben sich aus der Analyse der Vernetzung und der Relevanz der Einflussfaktoren.
- Die **Projektions-Entwicklung** (Phase 3) bildet den Kern des Szenario-Managements. Hier werden alternative Entwicklungsmöglichkeiten (sog. Zukunftsprojektionen) der zuvor festgelegten Schlüsselfaktoren erarbeitet.
- In der **Szenario-Bildung** (Phase 4) werden aus den Zukunftsprojektionen mehrere Szenarien generiert. Dies erfolgt auf der Grundlage der paarweisen Bewertung der Konsistenz von Zukunftsprojektionen. Im Prinzip ist ein Szenario eine in sich konsistente Kombination von Zukunftsprojektionen; ein Szenario besteht also aus solchen Zukunftsprojektionen, die gut zusammenpassen.
- Im **Szenario-Transfer** (Phase 5) werden die Auswirkungen der Szenarien auf das Gestaltungsfeld untersucht und im Lichte der alternativen Entwicklungsmöglichkeiten Aussagen für strategische Entscheidungen erarbeitet bzw. Strategien entwickelt.

Mit dem Phasenmodell des Szenario-Managements liegt eine leistungsfähige Methodik zur Erstellung von Szenarien und deren Anwendung in Bereichen wie der Unternehmensführung, dem Technologiemanagement und der Produktplanung vor. Nachfolgend gehen wir auf diese Phasen im Einzelnen ein. Zur Veranschaulichung dient uns dabei das Szenario-Projekt „Werkzeugmaschine 20XX – Initiative für die Werkzeugmaschine von morgen", das im Rahmen des BMBF-Programms „Forschung für die Produktion von morgen" (Projektträger Forschungszentrum Karlsruhe, Bereich Produktion und Fertigungstechnologie) durchgeführt worden ist. Die Szenarien beschreiben Märkte und Geschäftsumfelder der heimischen Werkzeugmaschinenhersteller.

2.1.2 Szenario-Vorbereitung

Zunächst werden die Ziele des Szenario-Projekts bestimmt. Typische Fragen sind: Was soll mit der Erstellung und Anwendung der Szenarien erreicht werden?, Welche Entscheidungen sollen unterstützt werden?, Welche Art von Strategie wollen wir erarbeiten? Die Ziele eines Szenarioprojekts beziehen sich auf das Gestaltungsfeld, das hier klar zu umreißen und analysieren ist. Im Folgenden werden typische Gestaltungsfelder genannt:

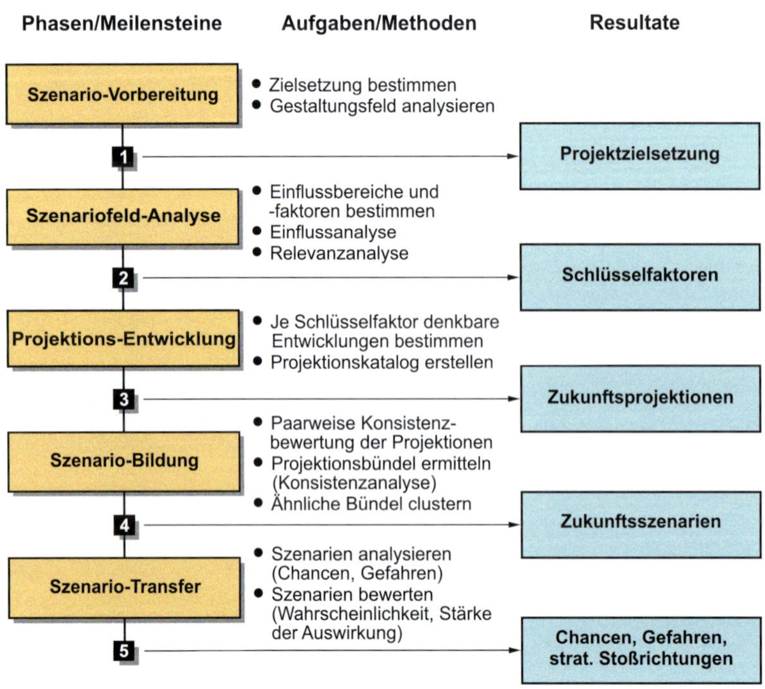

BILD 2-5
Phasenmodell des Szenario-Managements

- **Unternehmen:** Hier geht es um die strategische Weiterentwicklung eines Unternehmens, Geschäftsbereichs oder dergleichen. Teilbereiche des Gestaltungsfelds sind Produktentwicklung, Fertigung, Vertrieb, Personalentwicklung etc.
- **Produkte:** Die Frage lautet hier, durch welche Merkmale sich ein künftiges Produkt auszeichnen soll. Wir betrachten hier also einen Teilbereich eines Unternehmens. Analog könnten auf dieser Hierarchiestufe auch die Fertigung, der Vertrieb etc. betrachtet werden.
- **Branchen:** Häufig befassen sich mehrere Unternehmen einer Branche mit der gleichen Fragestellung. Es liegt

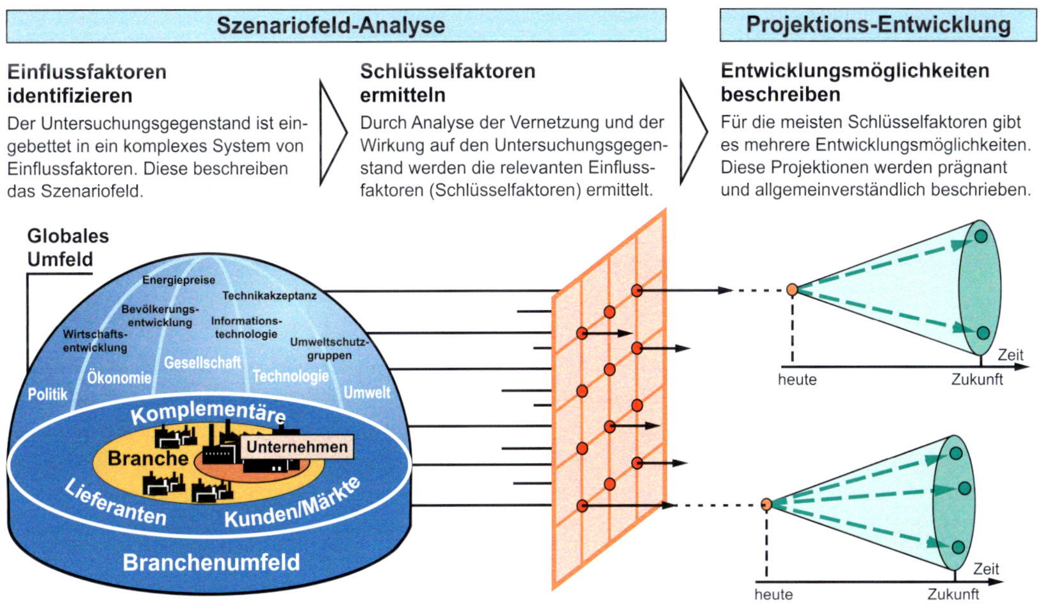

BILD 2-6 Szenario-Erstellung (Teil 1 von 2): Vom Szenariofeld zu den Zukunftsprojektionen

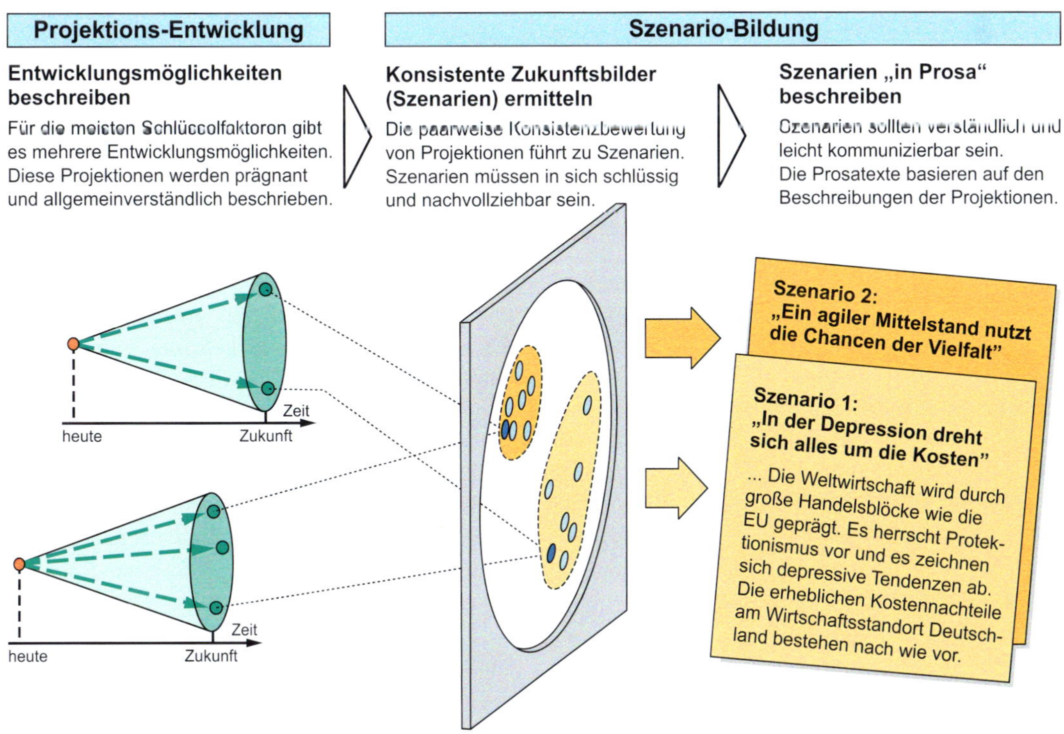

BILD 2-7 Szenario-Erstellung (Teil 2 von 2): Von den Zukunftsprojektionen zu den Szenarien

daher nahe, für diese Gruppe Empfehlungen zur Gestaltung der Zukunft zu erarbeiten. Vier Beispiele sollen das verdeutlichen:

1) Die Zukunft der deutschen Pumpenindustrie: Hier ging es am Ende um die Identifikation und die Priorisierung der Themen für die vorwettbewerbliche Gemeinschaftsforschung.
2) Die Zukunft der Telemedizin: Grundsätzliches Ziel dieses Vorhabens war, die Erfolgspotentiale der Telemedizin zu erkennen und Wege aufzuzeigen, diese mit neuen Produkten und Geschäftsmodellen zu erschließen.
3) Herausforderungen der Zukunft für die deutsche Verpackungsmaschinenindustrie: Hier stand u. a. die Frage im Vordergrund, wie der Offensive der italienischen Verpackungsmaschinenhersteller auf dem Weltmarkt begegnet werden kann und welche Maßnahmen auf Verbandsebene zu ergreifen sind.
4) Die Zukunft der Möbelwirtschaft – E-Business: Zentrale Frage war hier, welche Perspektiven sich durch die Verbreitung von E-Business für die primär mittelständischen Möbelhersteller eröffnen.

Derartige Szenario-Projekte haben den beteiligten Unternehmen mit relativ geringem Aufwand viele gute Erkenntnisse gebracht und in den Unternehmen den Prozess der Strategieentwicklung initiiert.

- **Technologien:** Auch hier sind es meistens mehrere Unternehmen, die sich gemeinsam ein Bild von den Gestaltungsmöglichkeiten auf einem bedeutenden Technologiefeld machen wollen. Dazu zwei Beispiele:
  1) Zukünftige Produktionstechnologien im KFZ-Leichtbau: Hier ging es im Prinzip um die Entscheidungsunterstützung für den Einsatz von derartigen Technologien. Eine Zukunftsbetrachtung des Leichtbaus bot sich hier besonders an, da mit dem Leichtbau erhebliche Investitionen in Produktionsanlagen verbunden sind.
  2) Die Zukunft der additiven Fertigungsverfahren: Ziel des Vorhabens war es, zukünftige Chancen und Risiken für den Einsatz additiver Fertigungsverfahren aufzuzeigen. Dazu wurden Entwicklungen Erfolg versprechender Anwenderindustrien antizipiert und Ideen für zukünftige Anwendungen entwickelt.
- **Globale Gestaltungsfelder:** Auf dieser sehr hohen Hierarchieebene geht es um Fragen nach der Gestaltung der Mobilität von morgen, der Zukunft einer Wirtschaftsregion, der Innovationskraft der produzierenden Industrie etc.

Ein weiterer Schritt der Szenario-Vorbereitung ist die **Gestaltungsfeldanalyse.** Hier wird das Gestaltungsfeld in seiner gegenwärtigen Situation charakterisiert. Dazu verwenden wir die üblichen Methoden wie die Marktleistung-Marktsegmente-Matrix, das integrierte Markt-Technologie-Portfolio, das Erfolgsfaktoren-Portfolio etc. (vgl. Kapitel 3.2). Die Analyse ergibt die Herausforderungen aus heutiger Sicht. Eine solche Ist-Analyse ist aber auch eine Voraussetzung für die Strategieentwicklung, weil die Strategie den Weg von der heutigen Situation zur Erschließung der Erfolgspotentiale von morgen aufzeigen soll.

2.1.3 Szenariofeld-Analyse

Es ist das Ziel dieser Phase, die für die Entwicklung des Szenariofelds relevanten bzw. besonders charakteristischen Einflussfaktoren – die sog. Schlüsselfaktoren – zu identifizieren. In unseren Projekten hat sich ein mehrstufiges Vorgehen zur Bestimmung der Einflussfaktoren bewährt. Zunächst wird das Szenariofeld in **Einflussbereiche** aufgeteilt. Wie links in Bild 2-6 angedeutet, handelt es sich um Bereiche, die den Untersuchungsgegenstand direkt umgeben (Branche, Markt, Lieferanten etc.), und Bereiche des globalen Umfelds (Politik, Ökonomie, Gesellschaft, Technologie etc.). Aus diesen Einflussbereichen ermitteln wir Einflussfaktoren. Dafür verwenden wir Checklisten, die aufgrund der vielen von uns durchgeführten Szenario-Projekte ständig erweitert und aktualisiert werden. Häufig ermitteln wir auch neue spezifische Einflussfaktoren mit Hilfe von Experteninterviews. Als Ergebnis liegt für ein Projekt ein Katalog von etwa hundert Einflussfaktoren vor.

Unsere Erfahrung zeigt, dass insbesondere für ähnlich gelagerte Aufgabenstellungen ein erheblicher Teil der Einflussfaktoren gleich ist. Ganz besonders trifft dies für die Faktoren des globalen Umfelds zu. Daher liegt es nahe, einmal recherchierte Einflussfaktoren in einer unternehmensweiten oder – im Sinne von vorwettbewerblicher Zusammenarbeit – branchenweiten Informationsbasis abzulegen und regelmäßig aktuell zu halten. Zum Ende von Kapitel 2.1.5.5 gehen wir auf den Aufbau und die Verwendung einer solchen Informationsbasis näher ein.

Die identifizierten Einflussfaktoren weisen eine leicht verständliche Kurzbezeichnung auf. Außerdem wird jeder Einflussfaktor prägnant und allgemeinverständlich in Form einer Definition beschrieben. Im Folgenden wird ein Beispiel für den Einflussfaktor „Attraktivität des Standorts Deutschland" gegeben:

Kurzbezeichnung: *Attraktivität des Standorts Deutschland*

Definition: Die Attraktivität des Standorts Deutschland wird durch das Wachstum des Bruttosozialprodukts/Brut-

toinlandprodukts und durch die Wirtschaftspolitik bestimmt. Die Wirtschaftspolitik bildet dabei den Rahmen in Form von Art und Umfang staatlicher Eingriffe zur Erreichung wirtschaftspolitischer Ziele: Wachstum, Vollbeschäftigung, Währungsstabilität, Außenhandelsgleichgewicht. Diese Faktoren beschreiben die Attraktivität des Wirtschaftsstandorts Deutschlands.

Identifikation von Schlüsselfaktoren

Aus der relativ großen Anzahl von Einflussfaktoren sind diejenigen zu ermitteln, die das Szenariofeld besonders prägen und einen besonders hohen Einfluss auf den Untersuchungsgegenstand ausüben. Diese Einflussfaktoren nennen wir **Schlüsselfaktoren**. In der Regel sind das etwa zwanzig. Das sind immer noch wesentlich mehr als wir normalerweise ins Kalkül ziehen, wenn wir Strategieentscheidungen zu treffen haben.

Um zu den Schlüsselfaktoren zu kommen, sind vier Abschnitte zu durchlaufen: Zunächst werden in der **direkten Einflussanalyse** die direkten Beziehungen zwischen den Einflussfaktoren betrachtet. Anschließend werden durch die **indirekte Einflussanalyse** auch indirekte Beziehungen zwischen den Einflussfaktoren einbezogen. Mit der **Relevanzanalyse** wird die Bedeutung der Einflussfaktoren für das Gestaltungsfeld ermittelt. Abschließend erfolgt die **Auswahl** mit Hilfe des sog. System-Grids.

Direkte Einflussanalyse

Bei der direkten Einflussanalyse werden die direkten Beziehungen bzw. Beeinflussungen zwischen den Einflussfaktoren erfasst. Dazu dient eine **Einflussmatrix**, wie sie 1973 von Dupperin und Godet entwickelt wurde [DG73]. In dieser Matrix werden die Einflussfaktoren gegenübergestellt (Bild 2-8). Je **Einflussfaktoren-Paar** wird bewertet, wie stark oder wie schnell sich der eine Einflussfaktor durch die direkte Einwirkung des anderen verändert – und umgekehrt. Die Bewertung der Einflüsse erfolgt anhand der in Bild 2-8 oben links angegebenen vierstufigen Skala. Bei der Bewertung ist besonderes Augenmerk darauf zu legen, nur direkte Einflüsse der Einflussfaktoren aufeinander zu betrachten. Die indirekten Einflüsse werden im nächsten Schritt behandelt.

Einflussmatrix
Fragestellung:
„Wie stark beeinflusst der Einflussfaktor i (Zeile) den Einflussfaktor j (Spalte)?"

Bewertungsmaßstab:
0 = keinen Einfluss
1 = schwacher Einfluss
2 = mittlerer Einfluss
3 = starker Einfluss

Einflussfaktoren	Nr.	Globalisierung	Entwicklung der Weltwirtschaft	Attraktivität des Standorts D.	Image des Produktionsstandorts D.	Finanzierungsmöglichkeiten für WZM	Innovationsfähigkeit	Nutzung der I&K-Technik	Allgemeine Technologiebeurteilung	Forschungs- und Bildungspolitik	Virtuelle Produktentstehung	Softwaretechnik	Kommunikation Mensch u. Maschine	Substitution von Werkzeugen	Aktivsumme
	Nr.	1	2	3	4	5	6	7	8	9	59	60	61	62	
Globalisierung	1		3	2	2	1	2	2	0	1	0	2	1	2	51
Entwicklung der Weltwirtschaft	2	3		3	2	1	0	1	0	1	0	0	0	0	34
Attraktivität des Standorts Deutschland	3	2	2		3	3	3	2	1	3	2	1	0	2	49
Image des Produktionsstandorts Deutschland	4	2	2	3		3	2	1	1	2	1	1	0	1	42
Finanzierungsmöglichkeiten für WZM	5	1	0	3	2		3	0	0	0	0	0	0	0	26
Innovationsfähigkeit	6	2	0	2	3	0		3	3	2	1	1	0	2	43
Nutzung der I&K-Technik	7	0	1	3	1	0	3		3	1	3	3	3	0	39
Allgemeine Technologiebeurteilung	8	2	2	2	1	0	3	2		1	3	2	2	0	28
Forschungs- und Bildungspolitik	9	0	0	1	2	0	2	0	0		1	1	0	0	23
Virtuelle Produktentstehung	59	0	1	3	1	0	3	3	1	0		3	1	1	37
Softwaretechnik	60	2	2	2	1	0	3	2	1	1	2		3	1	32
Kommunikation von Mensch und Maschine	61	0	1	2	1	0	3	2	1	0	0	0		0	31
Substitution von Werkzeugen	62	0	0	1	2	0	2	0	0	0	0	0	1		32
Passivsumme		35	27	55	51	18	67	41	28	17	22	18	16	30	

Beispiel
3 = Die Innovationsfähigkeit (Zeile 6) beeinflusst das Image des Produktionsstandorts Deutschland (Spalte 4) stark.

Aktivsumme
Wie stark beeinflusst ein Einflussfaktor die anderen Faktoren?

Passivsumme
Wie stark wird ein Einflussfaktor von anderen Faktoren beeinflusst?

BILD 2-8 Einflussmatrix mit direkten Bewertungen

Aus der vollständig ausgefüllten Einflussmatrix können vier Kennwerte abgeleitet werden, die bereits erste Hinweise geben, welche Einflussfaktoren als Schlüsselfaktoren in Frage kommen:

- Die **Aktivsumme** (AS) eines Einflussfaktors ist die Zeilensumme aller Beziehungswerte. Sie zeigt die Stärke an, mit der der Einflussfaktor direkt auf alle anderen Einflussfaktoren wirkt.
- Die **Passivsumme** (PS) eines Einflussfaktors ergibt sich aus der Spaltensumme. Sie ist ein Maß dafür, wie stark der jeweilige Einflussfaktor direkt durch alle übrigen Einflussfaktoren beeinflusst wird.
- Die Division der Aktiv- durch die Passivsumme liefert den **Impuls-Index** (IPI). Er ist ein Maß für die direkten Einflüsse, die von einem Einflussfaktor ausgehen, ohne dass der Einflussfaktor dadurch Veränderungen erfährt. Der Begriff Impuls ist hier im physikalischen Sinne als Anstoß oder Antrieb definiert. Die Einflussfaktoren mit den größten Quotienten werden daher als impulsive Größen; diejenigen mit den niedrigsten Quotienten als reaktive Größen bezeichnet.
- Der **Dynamik-Index** (DI) errechnet sich durch die Multiplikation von Aktiv- und Passivsumme. Er ist ein Maß für die direkte Einbindung des Einflussfaktors in das Gesamtsystem bzw. dessen Einfluss auf das Verhalten des Gesamtsystems. Ein hoher DI bedeutet, dass dieser Einflussfaktor sehr stark im System vernetzt ist. Die Einflussfaktoren mit dem größten Dynamik-Index werden als dynamische Größen (auch: ambivalente Größen), die Einflussfaktoren mit dem niedrigsten DI als puffernde Größen (auch: träge Größen) bezeichnet.

Bei der Erstellung von System-Szenarien werden in einem Szenario-Projekt Lenkungs- und Umfeldfaktoren betrachtet. Auf Grund dieser Unterscheidung kann in diesem Fall ein weiterer Kennwert ermittelt werden:

- Die **Wirkungssumme** (WS) eines Einflussfaktors ergibt sich aus der Zeilensumme bezogen auf die Spalten der Lenkungsfaktoren. Sie gibt an, wie stark ein Einflussfaktor direkt auf das Gestaltungsfeld wirkt.

Indirekte Einflussanalyse

Bisher wurden nur direkte Beziehungen der Einflussfaktoren betrachtet. Das reicht aber nicht aus, weil sich die Faktoren über mehrere Stufen beeinflussen, wie in Bild 2-9 beispielhaft angedeutet.

So beeinflusst die *Innovationsfähigkeit* im direkten Vergleich die *Finanzierungsmöglichkeiten für Werkzeugmaschinen* nicht. Über zwei Stationen des vernetzten Systems erfolgt aber doch eine Beeinflussung, weil die *Innovations-*

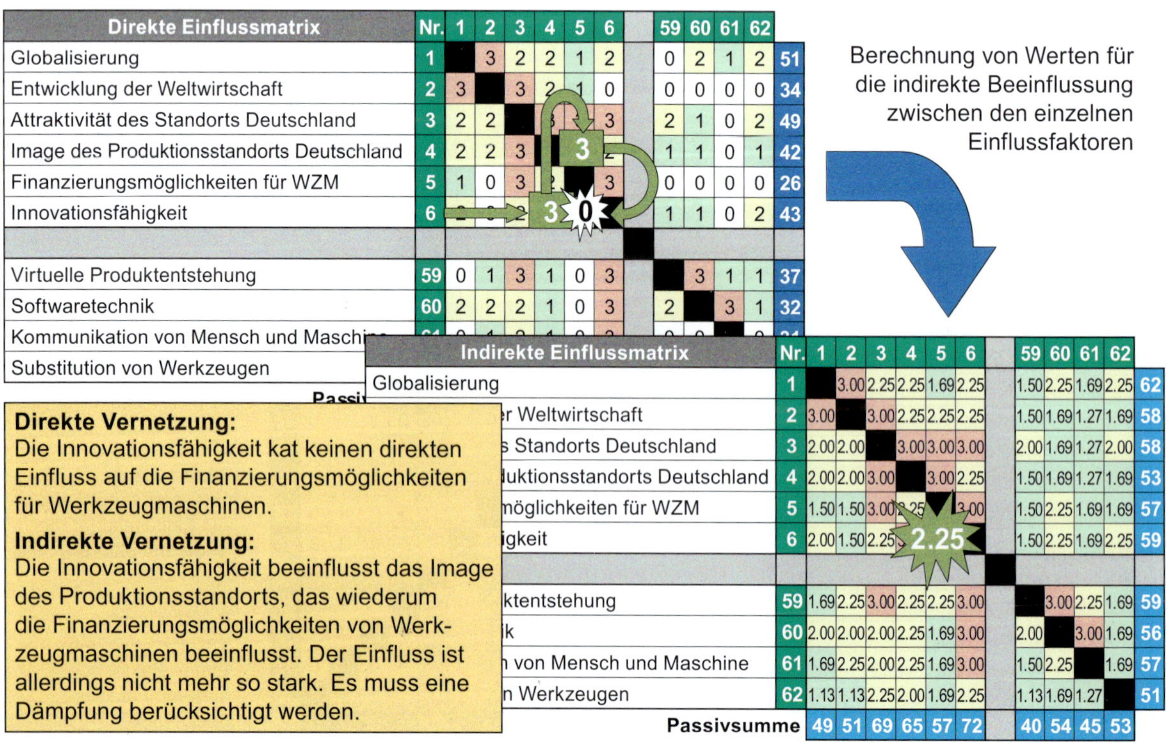

BILD 2-9 Berücksichtigung indirekter Einflüsse in der Einflussmatrix

fähigkeit Einfluss auf das *Image des Produktionsstandorts* ausübt und das *Image des Produktionsstandorts* wiederum die *Finanzierungsmöglichkeiten* von *Werkzeugmaschinen* beeinflusst. Dabei ist zu beachten, dass dieser Einfluss nicht mehr so stark wie eine direkte Beziehung ist. Es muss eine Dämpfung berücksichtigt werden.

Mit diesem Beispiel wollen wir verdeutlichen, wie komplex die Beziehungen in einem vernetzten System sind. Es ist nahezu unmöglich, das Wirkungsgefüge eines derartig vernetzten Systems vollständig zu erfassen. Daher werden mit Hilfe der *Scenario-Software* die indirekten Beeinflussungen mit einer Einflussmatrix identifiziert und in die Analyse einbezogen (Eine Erläuterung der *Scenario-Software* liefern wir in einem Kasten in Kapitel 2.1.6.1). Als Ergebnis erhalten wir modifizierte Kennwerte (Aktivsumme, Passivsumme, Dynamik-Index etc.), die jetzt neben den direkten auch die indirekten Beeinflussungen berücksichtigen.

Wir haben gute Erfahrungen damit gemacht, im Rahmen der indirekten Einflussanalyse zusätzlich diejenigen Einflussfaktoren-Paare zu ermitteln, über die besonders viele indirekte Beziehungen wirken. Deren direkte Beziehungen sind noch einmal gesondert zu überprüfen.

Relevanzanalyse

Die vorgestellte umfassende Einflussanalyse liefert Aussagen über das systemische Verhalten der Einflussfaktoren; sie sagt aber noch nichts über die Stärke der Wirkung der Einflussfaktoren auf den Untersuchungsgegenstand aus. Dazu dient die in Bild 2-10 dargestellte Relevanzanalyse [Gri04].

Die Relevanzanalyse beruht auf dem paarweisen Vergleich der Einflussfaktoren in einer Relevanzmatrix. Dabei steht die Beantwortung der Frage im Vordergrund: „Ist der Einflussfaktor i in der Zeile wichtiger für den Untersuchungsgegenstand als der Einflussfaktor j in der Spalte?" Zugunsten einer einfachen Handhabbarkeit wird lediglich eine binäre Bewertung vorgenommen (0 = nein/1= ja) [PB03]. Aus den Bewertungen in der Relevanzmatrix wird je Einflussfaktor die Zeilensumme, die sog. Relevanzsumme,

Relevanzmatrix

Fragestellung:
„Ist Einflussfaktor i (Zeile) wichtiger als Einflussfaktor j (Spalte)?"

Bewertungsmaßstab:
0 = i ist **un**wichtiger als j
1 = i ist wichtiger als j

Einflussfaktoren	Nr.	Globalisierung 1	Entwicklung der Weltwirtschaft 2	Attraktivität des Standorts D. 3	Image des Produktionsstandorts D. 4	Finanzierungsmöglichkeiten für WZM 5	Innovationsfähigkeit 6	Nutzung der I&K-Technik 7	Allgemeine Technologiebeurteilung 8	Forschungs- und Bildungspolitik 9		Virtuelle Produktentstehung 59	Softwaretechnik 60	Kommunikation Mensch u. Maschine 61	Substitution von Werkzeugen 62	Relevanzsumme
Globalisierung	1		1	0	0	1	0	0	1	1		0	0	1	0	9
Entwicklung der Weltwirtschaft	2	0		0	0	1	0	0	0	1		0	0	1	0	13
Attraktivität des Standorts Deutschland	3	1	1		1	1	0	0	1	1		0	0	0	0	16
Image des Produktionsstandorts Deutschland	4	1	1	0		1	0	0	0	0		0	0	1	0	15
Finanzierungsmöglichkeiten für WZM	5	0	0	0	0		0	0	0	0		0	0	1	0	10
Innovationsfähigkeit	6	1	1	1	1	1		1	1	1		1	1	1	1	36
Nutzung der I&K-Technik	7	1	1	1	1	1	0		1	1		1	1	1	0	22
Allgemeine Technologiebeurteilung	8	0	1	0	1	1	0	0		0		0	0	0	0	14
Forschungs- und Bildungspolitik	9	0	0	0	1	1	0	0	1			0	0	0	0	12
Virtuelle Produktentstehung	59	1	1	1	1	1	0	0	1	1			1	1	1	31
Softwaretechnik	60	1	1	1	1	1	0	0	1	1		0		0	0	21
Kommunikation von Mensch und Maschine	61	0	0	1	0	0	0	0	1	1		0	1		0	7
Substitution von Werkzeugen	62	1	1	1	1	1	0	1	1	1		0	1	1		25

Bei der Relevanzanalyse handelt es sich um einen paarweisen Vergleich. Bewertet wird nur **eine** Richtung, die zweite Richtung wird automatisch mit der Invertierung der ersten Bewertung erstellt.

Relevanzsumme
Wie bedeutend ist ein Einflussfaktor für das Gestaltungsfeld?

BILD 2-10 Relevanzanalyse mit der Relevanzmatrix

gebildet. Daraus wird als wichtiger Kennwert die Rangfolge der Einflussfaktoren hinsichtlich ihrer Wichtigkeit für das Gestaltungsfeld abgeleitet.

Auswahl der Schlüsselfaktoren

Die mit Einfluss- und Relevanzanalyse ermittelten charakteristischen Größen (Aktivsumme, Passivsumme, Relevanzsumme etc.) werden in einem Diagramm - dem sog. System-Grid - dargestellt, auf dessen Grundlage diejenigen Einflussfaktoren ausgewählt werden, die die Zukunft des Untersuchungsgegenstands am stärksten prägen. Das sind die Schlüsselfaktoren.

In dem System-Grid wird die Aktivsumme der Schlüsselfaktoren über deren Passivsumme aufgetragen, und zwar unter Berücksichtigung der indirekten Beeinflussungen. In unseren Projekten hat es sich bewährt, beide Achsen nach Rängen zu skalieren (Bild 2-11). Das ermöglicht eine übersichtliche und klare Darstellung. Die Kugeldurchmesser repräsentieren das Ergebnis der Relevanzanalyse. Je größer der Durchmesser, desto höher ist der Einfluss auf den Untersuchungsgegenstand.

Zur Identifikation der Schlüsselfaktoren ist das System-Grid nach fallender Aktivsumme von oben nach unten (bei besonders dynamischen und kurzfristigen Szenarien auch nach fallendem Dynamik-Index diagonal von rechts oben nach links unten) zu scannen. Die Schlüsselfaktoren sind die Einflussfaktoren, die einen großen Kugeldurchmesser (also eine hohe Relevanz für den Untersuchungsgegenstand) und eine möglichst hohe Positionierung (also eine starke Aktivität im vernetzten System der Einflussfaktoren) aufweisen.

Ein zusätzliches Hilfsmittel zur Analyse komplexer Systeme ist der Vergleich der direkten und indirekten Kennwerte anhand der Verschiebung in einem Aktiv-Passiv-Grid (Bild 2-12). Durch diese Analyse können versteckte Schlüsselfaktoren - sog. „hidden driver" - identifiziert werden. Das sind Einflussfaktoren, deren indirekte Bewertungen deutlich höher als die zugehörigen direkten Bewertungen liegen. Es ist zu entscheiden, ob diese Einflussfaktoren als Schlüsselfaktoren geeignet sind. In Bild 2-12 ist beispielsweise der Einflussfaktor „Branchenstandards" als „hidden driver" identifiziert worden. Obwohl die absolute Position nach indirekter Vernetzung nur im Mittelfeld liegt, ist die relative Steigerung zur direkten Position so groß, dass dieser Faktor nachträglich als Schlüsselfaktor ergänzt wurde.

In der Regel werden so aus einer Menge von etwa 100 Einflussfaktoren etwa 20 Schlüsselfaktoren bestimmt. Grundsätzlich ist die Auswahl der Schlüsselfaktoren ein gruppendynamischer Prozess, der durch das vorgestellte Verfahren

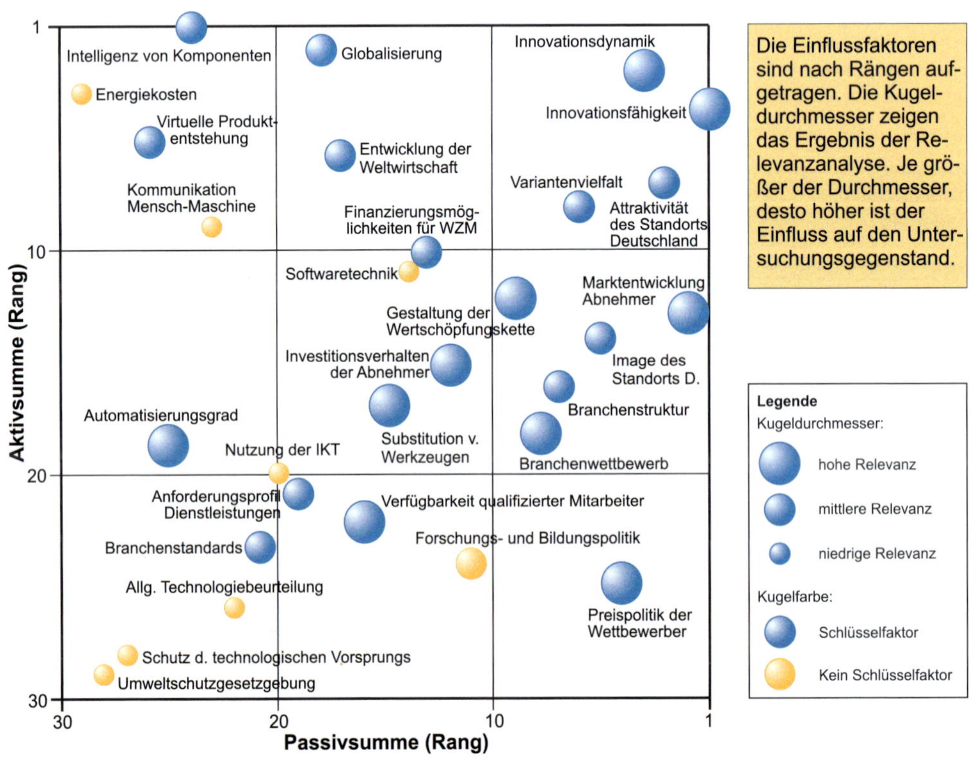

BILD 2-11 Aktiv-Passiv-Grid zur Identifikation der Schlüsselfaktoren

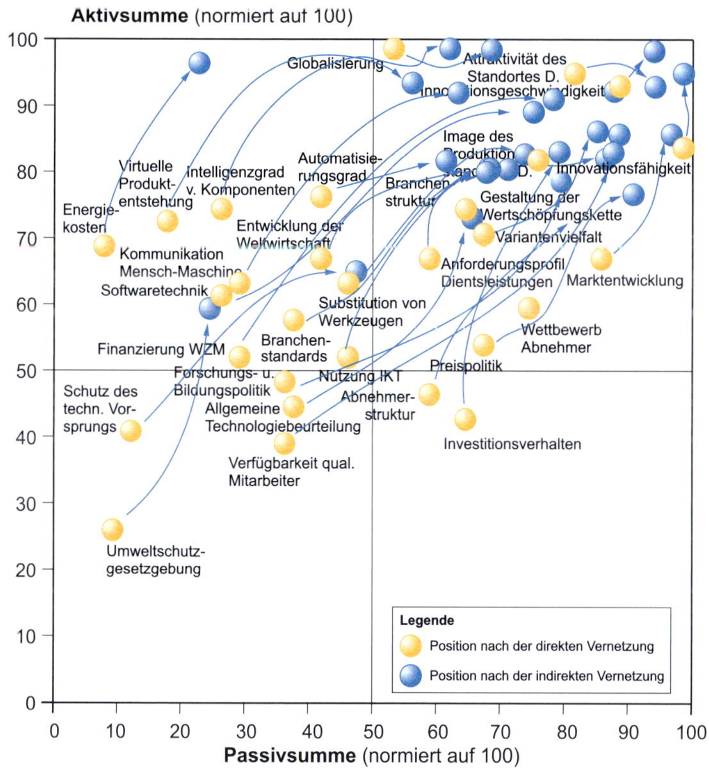

BILD 2-12
Vergleich der direkten und indirekten Bewertungen in einem System-Grid zur Identifikation der „hidden driver"

unterstützt wird. Es ist letztlich entscheidend, dass die Schlüsselfaktoren die Aufgabenstellung hinreichend repräsentieren. Der folgende Kasten zeigt die Schlüsselfaktoren eines konkreten Projekts und deren Zuordnung zu Einflussbereichen.

Aufbereitung der Schlüsselfaktoren

Die ausgewählten Schlüsselfaktoren müssen für die weitere Verarbeitung aufbereitet werden. Neben der Definition wird für jeden Schlüsselfaktor eine fundierte und präzise Beschreibung der gegenwärtigen Situation erstellt. Diese Beschreibung basiert auf Indikatoren. Das sind im Zeitverlauf messbare Größen, die direkt erhoben werden und eine Einschätzung der Entwicklung des zugehörigen Faktors erlauben. Diese Indikatoren können zu einem späteren Zeitpunkt auch für das Prämissen-Controlling verwendet werden, in dessen Rahmen die Frage zu beantworten ist, ob die der Strategie zugrunde liegenden Annahmen (ausgedrückt durch das gewählte Markt- und Umfeldszenario) nach wie vor noch gelten. Alle Angaben sind mit Quellen zu versehen, um die Nachvollziehbarkeit für nicht direkt Beteiligte sicherzustellen. Auch hier liegt es nahe, die so aufbereiteten Schlüsselfaktoren in einer Wissensbasis abzulegen und regelmäßig zu aktualisieren. Der Kasten auf Seite 57 enthält ein Beispiel eines präzise beschriebenen Schlüsselfaktors.

2.1.4 Projektions-Entwicklung

Mit der Projektions-Entwicklung erfolgt der eigentliche „Blick in die Zukunft". Für jeden Schlüsselfaktor werden mehrere Entwicklungsmöglichkeiten beschrieben. Dazu ist es erforderlich, den Zeithorizont festzulegen. Viele Praktiker neigen dazu, einen zu kurzen Zeithorizont zu wählen. Ein Zukunftshorizont von fünf Jahren ist jedoch in vielen Projekten erheblich zu kurz – im Normalfall wählen wir etwa zehn Jahre. Bei sehr dynamischen Geschäften wie im Bereich der Informationstechnik oder der Telekommunikation kann hingegen ein näherer Zeithorizont ratsam sein, vor allem dann, wenn die Szenarien Hinweise für die Produktplanung geben sollen.

Die Erarbeitung von alternativen Zukunftsbildern je Schlüsselfaktor ist der entscheidende Schritt der Szenario-Technik, weil damit die Bausteine für die späteren Szenarien geschaffen werden. Davon hängen die Aussagekraft und die Qualität der Szenarien und damit letztlich der Erfolg des gesamten Szenario-Projekts ab. In der Regel ist es sinnvoll, sowohl aus heutiger Sicht plausible als auch extreme, aber vorstellbare Entwicklungen in Betracht zu ziehen. Letzteres stimuliert später in der Strategieentwicklung die Kreativität. In Kapitel 2.1.1.1 „Multiple Zukunft" sind wir darauf schon näher eingegangen. Um zu geeigneten Zukunftsprojektionen zu gelangen, sind je Schlüsselfaktor drei Schritte vorzunehmen.

DIE ZUKUNFT DER WERKZEUGMASCHINE 2020 – SCHLÜSSELFAKTOREN MIT SICHT AUF VERSCHIEDENE MARKTSEGMENTE

In Bild 1 sind die 19 Schlüsselfaktoren mit ihrer Zuordnung zu den Einflussbereichen wiedergegeben. Dabei geht es um das Geschäft mit Werkzeugmaschinen für den Zielmarkt „Automobil- und Automobilzulieferindustrie."
Bild 2 enthält auf den ersten Blick die gleichen Informationen. Da es hier um den Zielmarkt „Werkzeug- und Formenbau" geht, gibt es aber eine Reihe von neuen Schlüsselfaktoren. Zur Schnittmenge gehören die Schlüsselfaktoren *Entwicklung von Weltwirtschaft und Welthandel, Attraktivität des Standorts Deutschland, Image des Produktionsstandorts Deutschland, Innovationsfähigkeit, Branchenstruktur der WZM-Hersteller, Funktionswerkstoffe in WZM, Intelligenzgrad von Komponenten, Standards in der WZM-Branche, Durchgängigkeit der virtuellen Produktentstehung, Automatisierungsgrad.*

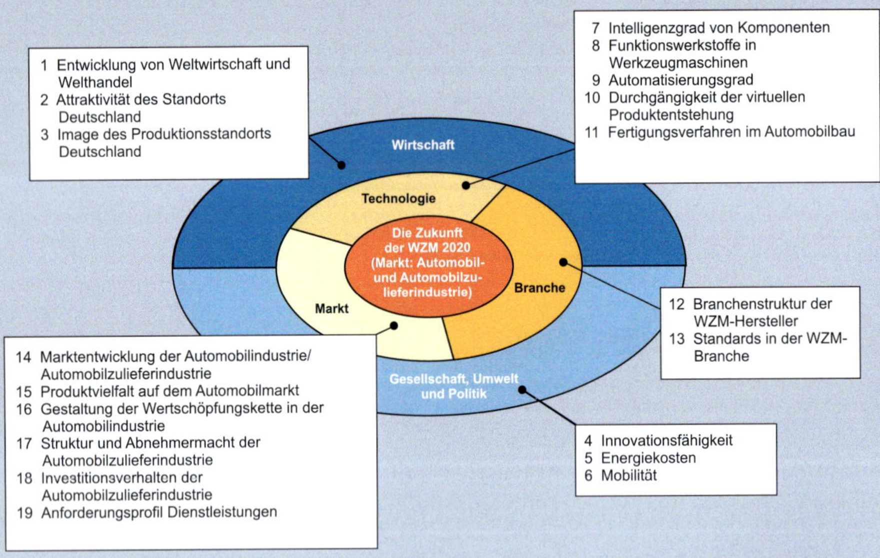

BILD 1: Einflussbereiche und Schlüsselfaktoren für den Markt „Automobil- und Automobilzulieferindustrie"

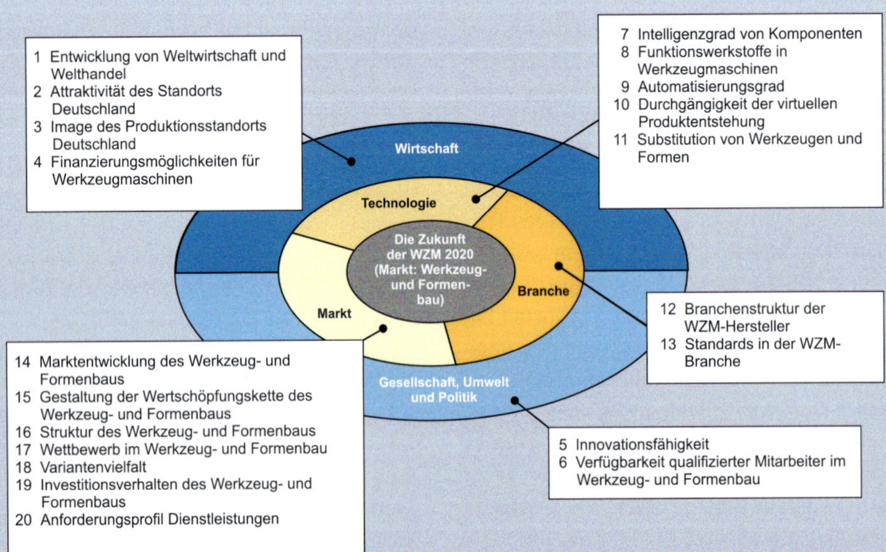

BILD 2: Einflussbereiche und Schlüsselfaktoren für den Markt „Werkzeug- und Formenbau"

BESCHREIBUNG DES SCHLÜSSELFAKTORS: „ATTRAKTIVITÄT DES STANDORTS DEUTSCHLAND"

Definition: Die Attraktivität des Standorts Deutschland wird durch das Wachstum des Bruttosozialprodukts/Bruttoinlandprodukts und durch die Wirtschaftspolitik bestimmt. Die Wirtschaftspolitik bildet dabei den Rahmen in Form von Art und Umfang staatlicher Eingriffe zur Erreichung wirtschaftspolitischer Ziele: Wachstum, Vollbeschäftigung, Währungsstabilität, Außenhandelsgleichgewicht.

Ist-Situation: Deutschland ist für Investoren attraktiv. Deutschland verfügt über eine hohe Innovationsfähigkeit, eine erstklassige Forschungslandschaft und gut ausgebildete Fachkräfte. Das haben auch ausländische Investoren erkannt. Für sie ist Deutschland im Jahr 2012 - gleich hinter den BRIC-Staaten und den USA - einer der weltweit attraktivsten Standorte für Investitionen. Im europäischen Vergleich liegt Deutschland damit an erster Stelle vor Frankreich und Großbritannien [EY12].

Die Attraktivität des Standorts Deutschland zeigt sich auch in den ausländischen Direktinvestitionen (FDI). Im Jahr 2011 haben ausländische Unternehmen in den Standort Deutschland im Vorjahresvergleich zwar geringfügig weniger investiert, gegenüber 2008 ist jedoch eine deutliche Erholung zu erkennen. Die Kapitalzuflüsse nach Deutschland betrugen 2011 ca. 40,4 Mrd. US-$ und damit das Fünffache des Werts von 2008 [UN12].

Dieser Erfolg basiert insbesondere auf dem guten technischen Niveau in Deutschland - Deutschland wird als Hightech-Standort wahrgenommen. Insbesondere die Forschungs- und Innovationskapazitäten werden als herausragendes Merkmal identifiziert. Außerdem wird das Qualifikationsniveau der Arbeitskräfte sowie die Infrastruktur positiv bewertet. Darüber hinaus ist ein Großteil der befragten Unternehmen der Ansicht, dass Deutschland eine für ausländische Investoren interessante Politik umsetzt. Weniger positiv werden allerdings die Flexibilität des Arbeitsrechts und die Unternehmensbesteuerung beurteilt [EY12].

Nach einem Rückgang der gesamtwirtschaftlichen Entwicklung im Zuge der Finanzkrise hat sich Deutschland wieder erholt. Das Bruttoinlandsprodukt (BIP) ist 2011 im Vergleich zum Vorjahr um 3,8 % auf etwa 2.571 Mrd. € gestiegen [Sta12a].

Die Inflationsrate lag in Deutschland im Jahr 2011 bei 2,3 % und damit 1,1 Prozentpunkte über der Teuerungsrate von 2010 [Sta12b].

Indikatoren: Ausländische Direktinvestitionen, Inflationsrate, Bruttoinlandsprodukt.

Quellen:

[EY12] Ernst & Young AG: Standort Deutschland 2012 - Deutschland und Europa im Urteil internationaler Manager, 2012

[Sta12a] Statistisches Bundesamt Deutschland (Hrsg.): Volkswirtschaftliche Gesamtberechnung - Inlandsproduktberechnung. Statistisches Bundesamt, Wiesbaden, 2012

[Sta12b] Statistisches Bundesamt Deutschland (Hrsg.): Preise - Verbraucherpreisindizes für Deutschland - Jahresbericht. Statistisches Bundesamt, Wiesbaden, 2012

[UN12] United Nations Conference On Trade And Development (UNCTAD): World Investment Report 2012 - Towards a new Generation of Investment Policies United Nations Publication, United Nations, New York, 2012

Ermittlung möglicher Zukunftsprojektionen (Schritt 1): Ähnlich wie bei der Ermittlung von Einflussfaktoren sind auch in diesem Schritt gleichzeitig analytische und kreative Fähigkeiten gefragt: Auf analytischem Weg lassen sich Zukunftsprojektionen von Schlüsselfaktoren mit quantitativ messbaren Merkmalen erfassen. Dazu zählen beispielsweise die Bevölkerungs- oder Marktentwicklungsgrößen. Andere Schlüsselfaktoren lassen sich besser qualitativ beschreiben. Das Verfahren bei der Ermittlung möglicher Zukunftsprojektionen kann nicht exakt vorgegeben werden. Es gibt aber einige grundsätzliche Hinweise:

- **Entwicklung fortschreiben oder simulieren:** Ist die bisherige Entwicklung eines Schlüsselfaktors bekannt, so kann sie „in die Zukunft" fortgeschrieben werden. Eine solche Extrapolation oder geradlinige Projektion basiert auf der Entwicklung eines Merkmals oder mehrerer Merkmale, während äußere Einflüsse bewusst außer Acht gelassen werden. So kann die Entwicklung der Weltbevölkerung anhand von Faktoren wie Geburten und Sterberaten, Schwangerschaftsabbrüchen und Krankheiten fortgeschrieben bzw. simuliert werden.
- **Entwicklungen und ihre Merkmale überzeichnen:** Vor allem Extremprojektionen können ermittelt werden,

indem die Entwicklung des Schlüsselfaktors bzw. einzelner seiner Merkmale überzeichnet wird. Ein Beispiel hierfür ist die Projektion „Cocooning" des Schlüsselfaktors „Freizeitverhalten", mit dem POPCORN und MARIGOLD die zunehmende Individualisierung der Gesellschaft und den Rückzug der Menschen in ihre Privatsphäre mit einem „Einspinnen in einen Kokon" vergleichen und so überzeichnen [PM99].

- **Entwicklungen bewusst beschleunigen:** Auch die Beschleunigung gegenwärtiger Entwicklungen kann zu interessanten Zukunftsprojektionen führen. Dieses Vorgehen wird häufig bei technischen Schlüsselfaktoren angewendet. So entstand die Projektion „Telepräsente Kommunikation in virtuellen Welten", mit der eine mögliche Entwicklung der Kommunikationsqualität beschrieben wird, indem die derzeit zu beobachtende Entwicklung von Technologien wie Virtual Reality beschleunigt wird.
- **Umfeldentwicklungen bewusst einbeziehen:** Eine weitere Variante zur Ermittlung möglicher Zukunftsprojektionen ist die bewusste Einbeziehung anderer Einflussfaktoren bzw. weiterer Umfeldparameter. Insbesondere für Schlüsselfaktoren mit hohen Passivwerten können Projektionen gefunden werden, indem die Wirkungen anderer Einflussfaktoren auf diesen Schlüsselfaktor überprüft werden.
- **Zukunftsprojektionen aus Prozessen ermitteln:** Häufig können Entwicklungsmöglichkeiten eines Schlüsselfaktors an aktuell laufenden Prozessen und damit verbundenen Weichenstellungen festgemacht werden. Beispielsweise hängt die Entwicklung des Strompreises von der Energiewende ab, und die Entwicklung des deutschen Kommunikationsmarkts wurde maßgeblich vom Zeitpunkt der Abschaffung des Sprachdienst- und Netzmonopols beeinflusst.

Auswahl von Zukunftsprojektionen (Schritt 2): In den meisten Fällen ergeben sich je Schlüsselfaktor eine Reihe von Zukunftsprojektionen. Viele davon ähneln sich. Aus der Menge möglicher Zukunftsprojektionen sind geeignete Projektionen auszuwählen, mit denen die wirklich charakteristischen Entwicklungsmöglichkeiten beschrieben werden. Dabei ist es besonders wichtig, auf die Trennschärfe der Zukunftsprojektionen zu achten, so dass jede eine eigenständige Entwicklungsmöglichkeit darstellt. Oft enthält eine Projektion auch mehrere Aspekte. Das ist mit äußerster Vorsicht zu behandeln, weil damit unterschiedliche Sichten auf die Projektion gefördert werden, was später bei der paarweisen Bewertung der Konsistenz von Projektionen zu unterschiedlichen Beurteilungen führen kann - je nachdem welcher Aspekt im Vordergrund steht. Andererseits kann so die Aussagekraft einer Projektion erhöht werden. Um mit solchen Situationen in der Diskussion der Projektionen geschickt umzugehen, empfehlen wir, die verschiedenen Aspekte als Achsen eines Portfolios zu verwenden, wie das in Bild 2-13 dargestellt ist. Mit Hilfe der daraus resultierenden Matrix lassen sich die Projektionen treffend formulieren. In der Regel verbleiben zwischen zwei und vier Zukunftsprojektionen je Schlüsselfaktor. In seltenen Fällen gibt es nur eine plausible Entwicklungsmöglichkeit. Solche eindeutigen Entwicklungen werden zurückgestellt und später jedem der berechneten Szenarien direkt zugeordnet.

Formulierung und Begründung der Zukunftsprojektionen (Schritt 3): Im Anschluss an die Auswahl der Zukunftsprojektionen müssen diese so formuliert und begründet werden, dass sie auch von Unbeteiligten leicht und schnell verstanden werden. Daher sollte eine Zukunftsprojektion zunächst eine prägnante Kurzbezeichnung erhalten. Neben der besseren Handhabbarkeit der

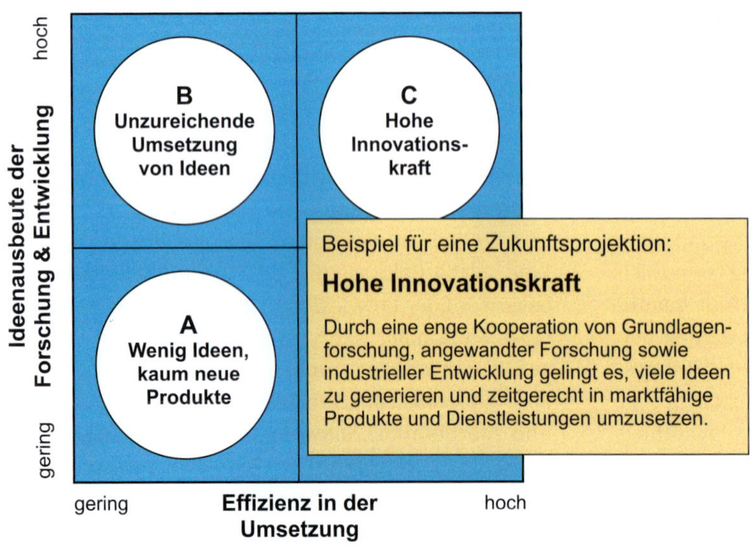

BILD 2-13
Portfoliounterstützte Ermittlung von Zukunftsprojektionen

Projektionen in einem Projekt haben prägnante Kurzbezeichnungen den Vorteil, dass sie bei den Anwendern Interesse wecken und in Diskussionen schnell übernommen werden. Neben einer Kurzbezeichnung bedarf es einer ausführlichen Beschreibung und Begründung der Zukunftsprojektionen (siehe Kästen). Auf diese Textbausteine wird später zurückgegriffen, um die Szenarien zu schreiben. Generell gilt: Je mehr die Projektion vom vermeintlich Wahrscheinlichen abweicht, je provokativer sie ist, umso wichtiger ist eine Begründung. Ein Benzinpreis von 3,00 €

BEISPIELE FÜR ZUKUNFTSPROJEKTIONEN ZU SCHLÜSSELFAKTOREN AUS DEM GLOBALEN UMFELD

Schlüsselfaktor: **Attraktivität des Standorts Deutschland**

- A **Weiterhin Nachteile:** Hohe Arbeitslosigkeit und die ungünstige Alterspyramide lassen keinen Spielraum zur Reduktion der Lohnnebenkosten und der Unternehmensbesteuerung. Die standortimmanenten Kostennachteile bleiben erhalten. Deutschland fällt im internationalen Vergleich zurück.
- B **Partielle Verbesserung der Situation:** Zur Sicherung der Leistungsfähigkeit des Standorts Deutschland werden vielschichtige Anstrengungen unternommen. Hinzu kommt eine Harmonisierung der Sozialgesetzgebung und der Unternehmensbesteuerung in der EU. Beide Entwicklungen führen zu einer Verbesserung der preislichen Wettbewerbsfähigkeit im Vergleich zu den übrigen Ländern der EU. Deutschland schafft es, den Anschluss an die anderen Industriestaaten (G8) zu halten. Zu den Standortkosten von Schwellenländern in Südostasien und Osteuropa klafft aber nach wie vor eine große Lücke.
- C **Gravierende Verbesserung der Situation:** Zur Steigerung der Leistungsfähigkeit des Standorts Deutschland sind umfangreiche Änderungen in der Besteuerung und in der Lohnpolitik vorgenommen worden. Diese Entwicklung hat zur Stärkung der Position der deutschen Unternehmen im globalen Wettbewerb geführt. Ferner kommt dieser Entwicklung zugute, dass die Niedriglohnländer zunehmend unter Kostendruck geraten - die Kostenvorteile dieser Länder werden geringer.

Schlüsselfaktor: **Image des Produktionsstandorts Deutschland**

- A **Deutschland als High-Tech-Standort:** Durch vorbildliche Betriebsorganisation und intelligenten Technologieeinsatz ist die Produktionstechnik in Deutschland führend. Als Produktionsstandort gilt Deutschland als erste Adresse. Mit Anerkennung wird registriert, dass auch in einem Hochkostenland wirtschaftlich produziert werden kann. Produkte aus Deutschland genießen überall in der Welt höchstes Ansehen.
- B **Der Produktionsstandort Deutschland hat wieder an Boden gewonnen:** Der Produktionsstandort Deutschland wird neu entdeckt. Nach Jahren der Abwanderung aus Deutschland setzt sich die Einsicht durch, dass die vom Markt geforderte Produktqualität in Niedriglohnländern nicht erreicht werden kann. Die Produktivität in Deutschland übersteigt die der ausländischen Standorte um das Maß, wie die deutschen über den ausländischen Lohnkosten liegen. Ferner bieten die enge Verflechtung der deutschen Wirtschaft, die gute Infrastruktur und das klare Rechtssystem weitere Vorteile. Dadurch können immer wieder Produktivitäts- und Lohnkostenunterschiede vertreten werden.
- C **Produktionsstandort unter vielen:** Spitzenproduktionstechnik ist überall anzutreffen, weil die global tätigen Unternehmen in die günstigsten Produktionstandorte investieren. Deshalb konnte die Erosion des Produktionsstandorts Deutschland nicht aufgehalten werden. Bei der Vermarktung von Produkten spielt die Bezeichnung „Made in Germany“ keine Rolle. Stattdessen etablieren sich markenbezogene Produktkennzeichnungen. Markennamen stehen für Qualität - unabhängig vom Produktionsstandort.

Schlüsselfaktor: **Innovationsfähigkeit**

- A **Wenig Ideen, kaum neue Produkte:** Der Rückgang der Forschungs- und Entwicklungsaktivitäten (F & E-Aktivitäten) an Hochschulen, in Forschungseinrichtungen und in der Wirtschaft reduziert die Innovationskraft erheblich. Auch die Innovationsgeschwindigkeit ist stark verringert. Kooperationsdefizite im Innovationspfad und mangelnde Risikobereitschaft führen dazu, dass von den wenigen Ideen viele nicht schnell genug in neue, vermarktbare Produkte einfließen. Es ist schwierig, mit neuen Produkten einen Return on Investment (ROI) zu erzielen. Die Entwicklungsdynamik hat sich erheblich abgekühlt.

B Unzureichende Umsetzung von Ideen: Es werden zwar viele innovative Ideen durch Forschung und Entwicklung gefunden – durch die geringe Risikobereitschaft der Unternehmen und mangelndes Kooperationsverhalten werden diese jedoch nur unzureichend oder zu langsam in marktfähige Produkte und Dienstleistungen umgesetzt. Die Innovationsgeschwindigkeit deutscher Unternehmen ist im Vergleich zu ausländischen Konkurrenten eher gering. Die meisten Forschungsergebnisse gelangen nicht auf den Markt, viele davon aber ins Ausland.

C Hohe Innovationskraft: Durch eine enge Kooperation von Grundlagenforschung, angewandter Forschung sowie industrieller Entwicklung gelingt es, viele Ideen zu generieren. Es entsteht ein Forschungs- und Entwicklungswettlauf, so dass es gelingt, die Ideen zeitgerecht in marktfähige Produkte und Dienstleistungen umzusetzen. Treiber dieser Entwicklung sind eine neue Kultur der Zusammenarbeit von Wirtschaft und Hochschulen sowie die Risikobereitschaft der Unternehmen, in neue Technologien und Produkte zu investieren. Die Eintrittsbarrieren sind durch den ständigen Wandel eher gering. Für kleine und flexible Anbieter ergibt sich hieraus die Möglichkeit, in den Branchenwettbewerb einzusteigen. Deutsche Unternehmen erwirtschaften einen überdurchschnittlich hohen Anteil ihres Umsatzes mit neuen oder neu gestalteten Produkten.

BEISPIELE FÜR ZUKUNFTSPROJEKTIONEN ZU SCHLÜSSELFAKTOREN AUS DEM BRANCHENUMFELD

Schlüsselfaktor: **Automatisierungsgrad**

A Dynamische Entwicklung der Automatisierung: Der rasante technologische Fortschritt ermöglicht einen hohen Automatisierungsgrad. Modularisierung und Standardisierung haben in Verbindung mit erheblichen Skalenvorteilen der großen Anbieter von Automatisierungskomponenten und Subsystemen dazu geführt, dass Automatisierung kostengünstig zu haben ist. Automatisierte Fabriken sind überall auf der Welt der Standard.

B Symbiose von Mensch und Automatisierung: Trotz des dynamischen technologischen Fortschritts konnte der Automatisierungsgrad im Großen und Ganzen nicht gesteigert werden. Die Gründe dafür liegen unter anderem in der mangelnden Wirtschaftlichkeit und in der Zurückhaltung der Anwender aufgrund der schwer beherrschbaren Komplexität von hochautomatisierten Anlagen. Ferner gibt es nach wie vor im Organisationsbereich erhebliche Rationalisierungs- und Qualitätsverbesserungspotentiale. Organisationskonzeptionen wie Gruppenarbeit und Fertigungssegmentierung haben den gleichen Stellenwert wie Automatisierung. Der Mensch ist im Produktionsprozess nach wie vor der entscheidende Erfolgsfaktor. Die führenden Produktionsbetriebe sind vor allem dort anzutreffen, wo auch das Qualifikationsniveau hoch ist.

Schlüsselfaktor: **Anforderungsprofil Dienstleistungen**

A Betreiber beherrschen das Gesamtsystem: Der Dienstleistungsbedarf ist bei den Betreibern von automatisierten Fertigungsanlagen hoch. Der Bedarf wird hauptsächlich von firmeninternen Teams gedeckt. Die Beherrschung des Gesamtsystems wird von den Betreibern als eine ihrer Schlüsselkompetenzen gesehen. Die Hersteller von Fertigungsanlagen und deren Lieferanten reduzieren daher ihr Leistungsspektrum weitestgehend auf die Herstellung und Vermarktung von Fertigungsanlagen.

B Alles aus einer Hand: Der Dienstleistungsbedarf ist bei den Betreibern von automatisierten Fertigungsanlagen hoch. Der Kunde verlangt nicht nur die Bereitstellung der Fertigungsanlage, sondern auch die Gesamtlösung aus einer Hand. Die Betreiber beschränken sich bewusst auf ihr Core-Business, da Spezialisten die benötigten Dienstleistungen in der Regel günstiger und besser abdecken. Das Leistungsspektrum der Fertigungsanlagenhersteller und deren Lieferanten ist daher stark erweitert. Die Hersteller und deren Lieferanten haben sich zu starken Partnern des Kunden entwickelt und übernehmen auch Dienstleistungen, die über die eigentliche Betreibung der Fertigungsanlage hinausgehen. Oft wird der Betrieb der Anlage in die Verantwortung des Herstellers gegeben.

C Betreiber halten das Heft in der Hand: Der Dienstleistungsbedarf ist bei den Betreibern von automatisierten Fertigungsanlagen hoch. Sie decken den Bedarf durch firmeninterne Teams als auch durch externe Lieferanten ab. Entscheidend für die „Make-or-Buy"-Entscheidung ist die Kompetenz der Dienstleistungsanbieter. Einigen Herstellern und deren Lieferanten ist es gelungen, durch technologische Fortschritte und/oder ein breit gefächertes Dienstleistungsangebot eine Spitzenstellung zu erreichen; andere sind austauschbar geworden und haben den Kontakt zum Endkunden verloren.

D Dienstleistung spielt keine Rolle: Es besteht kein Dienstleistungsbedarf bei den Betreibern von automatisierten Fertigungsanlagen, da die Fertigungsanlagen selbsterklärend und weitestgehend störungsfrei sind. Die Hersteller von Fertigungsanlagen und deren Lieferanten reduzieren daher ihr Leistungsspektrum auf die Herstellung und Vermarktung von Fertigungsanlagen.

Schlüsselfaktor: **Softwaretechnik**

A Professionalisierung der Softwareentwicklung: Software bestimmt die Funktionalität und den Kundennutzen entscheidend. Ein erheblicher Teil der Wertschöpfung entfällt auf die Software. Softwareentwicklungsstandards (Entwicklungsmethoden, Entwicklungsumgebungen und QS-Verfahren) haben sich durchgesetzt. Es gibt ein außerordentlich großes Angebot an hochwertigen Softwarebausteinen. Über Kommunikationsnetze werden Softwarebausteine für jedweden Zweck zur Verfügung gestellt. Die Hersteller von Software können sich auf die Entwicklung; die Systemarchitektur und die Integration der Softwarebausteine konzentrieren. Selbst komplexe Softwaresysteme entstehen schnell, kostengünstig und mit hoher Qualität.

B Software-Inflation: Software bestimmt die Funktionalität und den Kundennutzen entscheidend. Ein beträchtlicher Teil der Wertschöpfung entfällt auf Software. De-facto-Standards und proprietäre Entwicklungsumgebungen erlauben es fast „Jedermann", Software zu erstellen. Das Angebot ist nahezu unüberschaubar; die Qualität ist aber eher gering. Software erhält das Image einer billigen Massenware. Dadurch ist es schwer, den Kunden zu überzeugen, für Software einen hohen Preis zu zahlen. Den Herstellern von Software-Systemen bleibt nichts anderes übrig, als die Kosten für die Entwicklung über den Systempreis und Dienstleistungserträge zu subventionieren.

C Software nach wie vor „Sorgenkind": Software bestimmt die Funktionalität und den Kundennutzen entscheidend. Ein erheblicher Teil der Wertschöpfung entfällt auf Software. Software ist aber nach wie vor mehr das Werk von individuellen „Künstlern", als das Resultat eines transparenten, reproduzierbaren Prozesses. Standardisierte Bausteine sind die Ausnahme. Es kommt immer wieder zu Parallelentwicklungen. Sehr hohe Entwicklungskosten beeinträchtigen den Geschäftserfolg. ■

im Jahr 2020 erfordert keine Begründung, jeder kann das nachvollziehen. Ein Benzinpreis von 15 € wäre auf den ersten Blick äußerst unwahrscheinlich, aber möglich, wenn einige Entwicklungen wie eine prosperierende Wirtschaft in Asien und extrem ansteigende Schadstoffemissionen Realität würden. Logischerweise müsste eine derartige Projektion sehr sorgfältig und nachvollziehbar begründet werden.

Das besonders Reizvolle an der Szenario-Technik ist, dass sich das Szenario-Team zunächst einmal voll auf die Ermittlung von denkbaren Entwicklungen je Schlüsselfaktor konzentrieren kann, ohne sich auf die Wahrscheinlichkeit des Eintretens dieser Entwicklungen festlegen zu müssen und ohne sich Gedanken über „vernünftige" Kombinationen dieser Entwicklungen zu Szenarien machen zu müssen. Erfahrungsgemäß fördert gerade diese offensichtliche „Zwanglosigkeit" die kreative, offene Diskussion. Natürlich ist jedes Teammitglied neugierig, welche Kombinationen von Projektionen am Ende zu Szenarien führen. Die Antwort darauf liefert das nächste Kapitel.

2.1.5 Szenario-Bildung

Ein Szenario ist im Prinzip eine Kombination von Zukunftsprojektionen, die gut zusammenpassen. Entscheidend für die Glaubwürdigkeit von Zukunftsbildern ist die Konsistenz, d. h. die Widerspruchsfreiheit der einzelnen Projektionen zueinander. So ist ein Zukunftsbild beispielsweise unglaubwürdig, wenn es neben drastisch steigendem Benzinpreis einen Anstieg der individuellen Mobilität beschreibt. Solche Widersprüche werden als Inkonsistenzen bezeichnet. Demgegenüber erscheint die Verbindung von Benzinpreisanstieg und Mobilitätsrückgang konsistent. Weitere Beispiele für Konsistenzen sind steigende Umweltschutz-Auflagen und Intensivierung der F&E-Tätigkeit der Industrie. Zukunftsbilder mit solchen

Kombinationen sind in sich schlüssig. Die Bewertung der Konsistenz je Projektionspaar erfolgt durch die Mitglieder des Szenario-Projektteams. Dies ist neben der Projektionsermittlung der zweite wesentliche Schritt der Szenario-Bildung. Alle weiteren Schritte, auf die im Folgenden eingegangen wird, werden von der *Scenario-Software* automatisch erledigt (siehe Kasten in Kapitel 2.1.6.1).

2.1.5.1 Paarweise Konsistenzbewertung

Um in sich konsistente Zukunftsbilder zu erhalten, müssen zunächst die einzelnen Projektionspaare auf ihre Verträglichkeit hin überprüft werden. Diese paarweise Konsistenzbewertung erfolgt in einer Konsistenzmatrix, wie sie in Bild 2-14 dargestellt ist. Es sind nur auf einer Seite der Matrix Konsistenzwerte anzugeben, da es sich – im Gegensatz zur Einflussanalyse – nicht um gerichtete Beziehungen handelt. Zur Bewertung der Konsistenz verwenden wir die folgende Skala:

1 = totale Inkonsistenz, d. h. die beiden Projektionen schließen einander aus und können nicht zusammen in einem glaubwürdigen Szenario vorkommen.
2 = partielle Inkonsistenz, d. h. die beiden Projektionen widersprechen einander. Ihr gemeinsames Auftreten beeinträchtigt die Glaubwürdigkeit eines Szenarios.
3 = neutral oder unabhängig voneinander, d. h. die beiden Projektionen beeinflussen einander nicht und auch ihr gemeinsames Auftreten beeinflusst die Glaubwürdigkeit eines Szenarios nicht.
4 = gegenseitiges Begünstigen, d. h. die beiden Projektionen können gut in einem Szenario vorkommen.
5 = sehr starke gegenseitige Unterstützung, d. h. aufgrund des Eintretens der einen Projektion kann auch mit dem Eintreten der anderen Projektion gerechnet werden.

Die Konsistenzbewertung der einzelnen Projektionspaare basiert wie bei der Einflussanalyse auch auf den subjektiven Einschätzungen der an der Erstellung beteiligten Personen. Insbesondere bei größeren Szenario-Projekten werden daher mehrere Konsistenzmatrizen ausgefüllt. Die Abweichungen, die sich aus den verschiedenen Bewertungen ergeben, erlauben Rückschlüsse auf Verständnisprobleme oder unterschiedliche Einschätzungen zukünftiger Entwicklungen. Die Diskussionen, die mit einer Synchronisierung der verschiedenen Konsistenzmatrizen verbunden sind, stellen für sich schon eine Wertschöpfung eines Szenario-Projekts dar.

2.1.5.2 Konsistenzanalyse

Auf der Basis der ausgefüllten Konsistenzmatrix werden die Projektionsbündel gebildet. Ein **Projektionsbündel** ist eine Kette von Projektionen, wobei genau eine Projektion je Schlüsselfaktor auftritt. Somit weist ein Projektionsbündel so viele Projektionen auf wie Schlüsselfaktoren

Konsistenzmatrix
Fragestellung: „Wie verträgt sich Zukunftsprojektion i (Zeile) mit Zukunftsprojektion j (Spalte)?“
Bewertungskala:
1 = totale Inkonsistenz
2 = partielle Inkonsistenz
3 = neutral oder voneinander unabhängig
4 = gegenseitiges Begünstigen
5 = starke gegenseitige Unterstützung

		Projektionen	Prosperierender Handel	Blockbildung	Protektionismus	Weiter Nachteile	Partielle Verbesserung	Gravierende Verbesserung	High-Tech-Standort	Gewinnt an Boden	Einer unter vielen	Wenig Ideen, kaum neue Prod.	Unzureichende Umsetzung	Hohe Innovationskraft	Nur Produktgeschäft	Alles aus einer Hand	OEM dominieren
Schlüsselfaktor	**Projektionen**	**Nr.**	**1A**	**1B**	**1C**	**2A**	**2B**	**2C**	**3A**	**3B**	**3C**	**4A**	**4B**	**4C**	**19A**	**19B**	**19C**
Entwicklung von Weltwirtschaft und Welthandel	Prosperierender Handel	1A															
	Blockbildung	1B															
	Protektionismus	1C															
Attraktivität des Standorts Deutschland	Weiter Nachteile	2A	3	4	4												
	Partielle Verbesserung	2B	3	4	2												
	Gravierende Verbesserung	2C	4	2	2												
Image des Produktionsstandorts Deutschland	High-Tech-Standort	3A	4	2	2	1	4	5									
	Gewinnt an Boden	3B	3	3	2	2	5	3									
	Einer unter vielen	3C	3	4	4	5	3	1									
Innovationsfähigkeit	Wenig Ideen, kaum neue Prod.	4A	3	4	4	4	2	1	1	2	4						
	Unzureichende Umsetzung	4B	3	4	3	4	5	2	2	3	4						
	Hohe Innovationskraft	4C	4	2	2	2	4	5	5	5	2						
Anforderungsprofil Dienstleistungen	Nur Produktgeschäft	19A	3	3	3	2	3	4	3	3	3	4	4	3			
	Alles aus einer Hand	19B	3	3	3	4	3	2	3	3	3	2	2	3			
	OEM dominieren	19C	3	3	3	2	5	2	3	3	3	3	3	3			

Die Wahrnehmung des Standorts Deutschland als High-Tech-Produktionsstandort und die Erzielung von Kostenvorteilen begünstigen sich stark. Daher können sie gut in einem Szenario vorkommen.

Dass der Standort Deutschland bei fortwährenden Kostennachteilen als High-Tech-Produktionsstandort wahrgenommen wird, ist inkonsistent.

1	4	5
2	5	3
5	3	1

BILD 2-14 Konsistenzmatrix, paarweise Bewertung der Konsistenz von Zukunftsprojektionen

existieren. Nach den Regeln der Kombinatorik ergeben sich schon bei 20 Schlüsselfaktoren mit je 2 bis 3 Projektionen einige Millionen Projektionsbündel. Daher ist eine Projektionsbündel-Reduktion erforderlich. Dies erfolgt durch die bereits erwähnte *Scenario-Software*. Mit diesem Tool wird zunächst eine Bündelreduktion vorgenommen, indem inkonsistente Bündel – sie enthalten mindestens eine Kombination, die mit „1“ bewertet wurde – ausgeschlossen werden, weil „1“ bedeutet, dass diese Kombination von zwei Projektionen nicht auftreten kann. Daneben werden mit der Konsistenzanalyse für jedes Projektionsbündel drei Kennwerte ermittelt und in einem vorläufigen Projektionsbündel-Katalog zusammengefasst:

- Der Konsistenzwert, auch **Bündelkonsistenz**, ist die Summe der Konsistenzbewertungen aller Paare in dem Bündel. Daraus wird die Rangfolge der Bündel nach fallendem Konsistenzwert für den Projektionsbündel-Katalog abgeleitet.
- Der **durchschnittliche Konsistenzwert** entsteht aus der Division des Konsistenzwerts durch die Anzahl der Projektionspaare im Bündel. Er wird zum Vergleich mehrerer Szenario-Projekte herangezogen. Je größer der Wert ist, desto höher ist die Prägnanz der Szenarien.
- Die **Anzahl partieller Inkonsistenzen** gibt Aufschluss über die Glaubwürdigkeit eines Projektionsbündels. Je weniger partielle Inkonsistenzen ein Bündel enthält, desto glaubwürdiger ist es.

In den meisten Fällen enthält der vorläufige Projektionsbündel-Katalog immer noch zu viele Projektionsbündel. Viele dieser Bündel haben nur einen geringen Konsistenzwert oder weisen eine große Anzahl partieller Inkonsistenzen auf. Damit solche qualitativ minderwertigen Zukunftsbilder die Aussagekraft der Szenarien nicht beeinträchtigen, wird die Anzahl der Projektionsbündel anhand der Kennwerte weiter reduziert.

Als besonders robust hat sich dabei die Reduktion durch vollständiges Scanning erwiesen. Hier ist der vorläufige Projektionsbündel-Katalog nach fallendem Konsistenzwert sortiert. Zunächst werden die drei höchstkonsistentesten Bündel mit der Projektion 1A herausgesucht und in den endgültigen Projektionsbündel-Katalog geschrieben. An-

PRINZIP DER CLUSTERANALYSE

Die Clusteranalyse ist ein statistisches Datenanalyseverfahren, bei dem einzelne Objekte gemäß ihrer Ähnlichkeit zu Clustern (deutsch: Klumpen) zusammengefasst werden. Das grundsätzliche Ziel bei der Clusteranalyse ist das Auffinden einer empirischen Klassifikation, für die gilt: a) die Cluster sind jeweils in sich möglichst homogen, b) die Cluster sind zueinander möglichst heterogen.

Es existiert eine Vielzahl von Clusterverfahren, die sich nach der Methode, wie die Objekte den Clustern zugeordnet werden, unterscheiden lassen. Nachfolgend wird exemplarisch das Nearest-Neighbour-Verfahren[1] herausgegriffen und am Beispiel der Bildung von Unternehmensklassen erläutert (Bild 1). Den grundsätzlichen Ablauf zeigt das Bild. Die zu klassifizierenden Objekte sind in dem gewählten Beispiel Gießereiunternehmen, die sich über eine große Bandbreite verteilen.

1. Merkmale und Ausprägungen festlegen: Für die Unternehmensklassenbildung ist die Fertigungstiefe ein mögliches Merkmal, zugehörige Ausprägungen sind beispielsweise Einzelfertigung, Kleinserienfertigung und Großserienfertigung. In der sog. Rohdaten-Matrix werden die Ausprägungen der Objekte hinsichtlich der Merkmale aufgezeichnet.
2. Distanzen zwischen den Objekten berechnen: Hier werden aus der Rohdaten-Matrix Distanzen zwischen den einzelnen Objekten berechnet. Die Distanz zweier Objekte ist umso größer, je unähnlicher sie sich sind. Die Distanzen werden durch ein Proximitätsmaß, beispielsweise die Quadrierte Euklidische Distanz, ausgedrückt.
3. Objekte zu Clustern zusammenfassen: Die beiden Objekte, die die geringste Distanz zueinander aufweisen, werden zusammengefasst.
4. Distanzen neu berechnen: Für die in Schritt 3 entstandenen Gruppen müssen neue Distanzen errechnet werden. Dazu wird beim Nearest-Neighbour-Verfahren aus den alten Distanzen der in der Gruppe zusammengefassten Objekte zu einem dritten Objekt die kleinste ausgewählt[2]. Dieser Vorgang wird so lange wiederholt, bis alle Objekte in einer Gruppe zusammengefasst sind. Bei jedem Durchlauf wird die Distanz der beiden zusammengefassten Objekte festgehalten und als Maß für den Informationsverlust herangezogen.
5. Anzahl der Cluster bestimmen: Hier ist eine geeignete Anzahl von Clustern zu ermitteln. Als Abbruchkriterium wird der Informationsverlust

verwendet, der durch jede Zusammenfassung entsteht. Die ideale Anzahl von Clustern ist dann erreicht, wenn der Informationsverlust bei der vorherigen Zusammenfassung nur wenig gestiegen ist und durch eine weitere Zusammenfassung stark zunehmen würde.

Ein entscheidender Vorteil der Clusteranalyse liegt darin, gleichzeitig alle vorliegenden Eigenschaften zur Gruppenbildung heranzuziehen. Durch die große Anzahl existierender Clusterverfahren ist die Verarbeitung unterschiedlichster Daten möglich. Andererseits ist die Auswahl des richtigen Clusterverfahrens für die jeweiligen Daten ein Hauptefolgskriterium bei der Durchführung der Clusteranalyse.

Literatur:

[BPW10] Bacher, J.; Pöge, A.; Wenzig, K.: Clusteranalyse – Anwendungsorientierte Einführung in Klassifikationsverfahren. Oldenbourg Verlag, München, 2010

[BEP+03] Backhaus, K.; Erichson, B.; Plinke, W.; Weiber, R.: Multivariate Analysemethoden – eine anwendungsorientierte Einführung. Springer Verlag, Berlin, 2003

[1] Das Nearest-Neighbour-Verfahren ist auch unter den Bezeichnungen „Nächster Nachbar“ und „Single-Linkage“ bekannt.

[2] Bei dem Complete-Linkage-Verfahren wird beispielsweise die größte der beiden Distanzen verwendet.

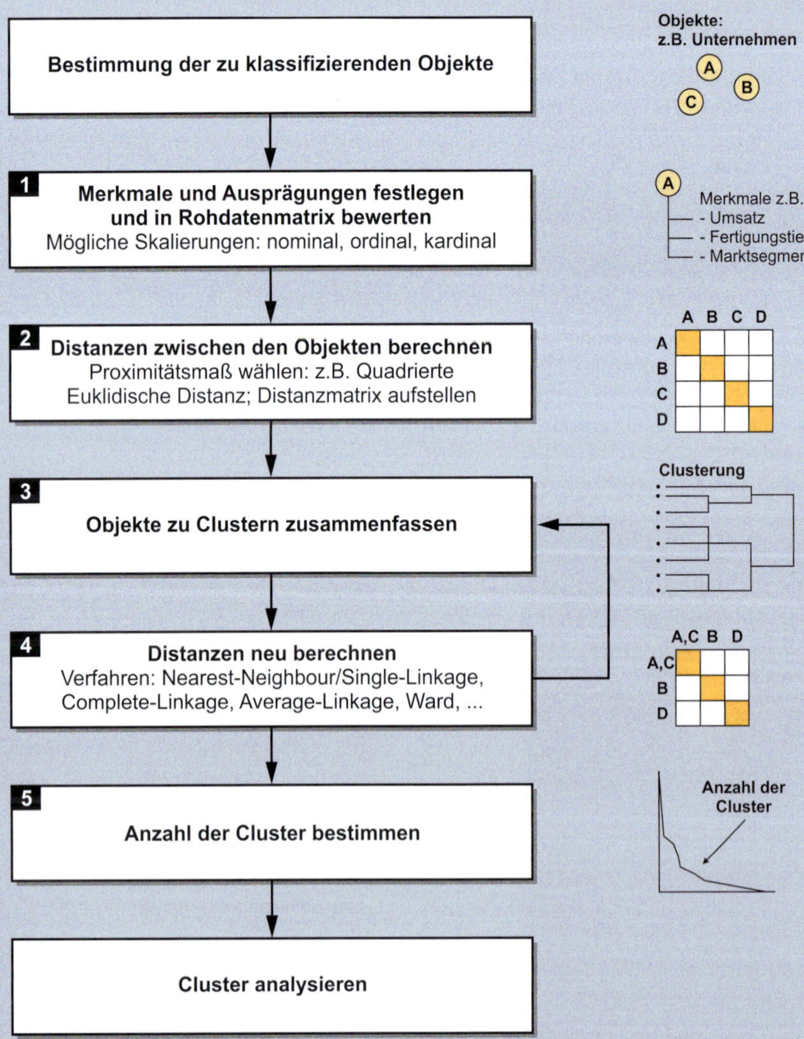

BILD 1: Vorgehen bei der Clusteranalyse

schließend werden die drei höchstkonsistentesten Bündel mit der Projektion 1B in den endgültigen Projektionsbündel-Katalog übernommen. Dieses Verfahren wird bis zur letzten Projektion fortgesetzt.

Als Ergebnis der Projektionsbündel-Reduktion ergibt sich ein Projektionsbündel-Katalog. Dieser enthält in der Regel etwa hundert hochkonsistente Projektionsbündel. Im Prinzip ist jedes dieser Bündel ein Szenario. Allerdings sind viele dieser Bündel sehr ähnlich. Auf dieser Gegebenheit beruht die folgende Rohszenarien-Bildung.

2.1.5.3 Rohszenarien-Bildung

Die vorliegenden etwa hundert hochkonsistenten Projektionsbündel werden entsprechend ihrer Ähnlichkeit zusammengefasst, so dass Gruppen (Cluster) von Projektionsbündeln entstehen. Diese Gruppen bezeichnen wir als **Rohszenarien** und beschreiben sie später in Prosa. Die Rohszenarien-Bildung erfolgt mit Hilfe der Clusteranalyse. Die **Clusteranalyse** ist ein Verfahren, bei dem einzelne Objekte entsprechend ihrer Ähnlichkeit zu Clustern (deutsch: Klumpen) zusammengefasst werden. Dabei soll erreicht werden, dass die Cluster in sich möglichst homogen und untereinander heterogen sind (vgl. grauer Kasten). Bei der Rohszenarien-Bildung bedeutet dies, dass die Projektionsbündel innerhalb eines Rohszenarios möglichst ähnlich und die Rohszenarien selbst bzw. die Projektionsbündel unterschiedlicher Rohszenarien möglichst verschieden sein sollen.

Eine besondere Bedeutung kommt der Partitionsfestlegung zu. Mit ihr wird über die Anzahl und Struktur der Rohszenarien entschieden: Mit jeder Zusammenfassung steigt der Informationsverlust; andererseits muss eine handhabbare Anzahl von Rohszenarien gefunden werden. Dabei hilft das Scree-Diagramm, in dem der Informationsverlust über der Anzahl der Rohszenarien aufgetragen wird. Die *Scenario-Software* erzeugt dieses Diagramm (Bild 2-15). Das Scree-Diagramm weist in der Regel einen charakteristischen Knick, den sog. „Ellbogen-Punkt“, auf. An dieser Stelle würde der Informationsverlust mit einer weiteren Zusammenfassung stark ansteigen, während er im Vergleich zur vorherigen Zusammenfassung nur gering gestiegen ist. Aus diesem Punkt ergibt sich die geeignete Anzahl von Rohszenarien. Im vorliegenden Beispiel sind das drei Partitionen.

Durch die Festlegung der Partition ist die Rohszenario-Bildung abgeschlossen und die Umrisse der späteren Szenarien werden erkennbar.

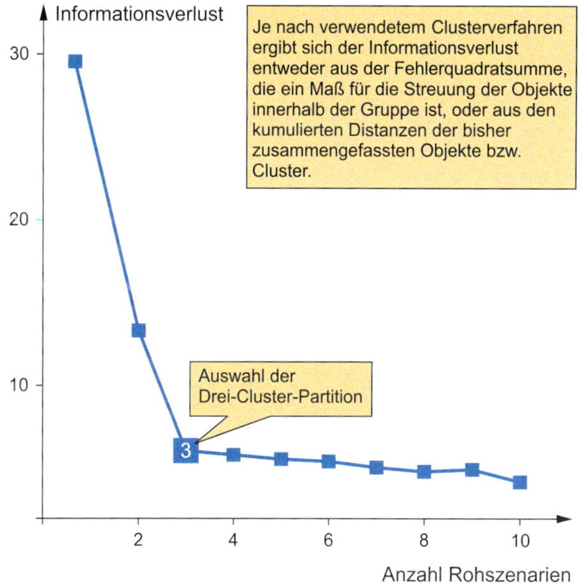

BILD 2-15 Partitionsfestlegung mit einem Scree-Diagramm in der Scenario-Software

2.1.5.4 Zukunftsraum-Mapping

Das sog. Zukunftsraum-Mapping visualisiert die Ergebnisse der Clusteranalyse. Hier werden die verschiedenen Projektionsbündel in einer Hilfsebene dargestellt, so dass die Rohszenario-Bildung überprüft werden kann. Es entsteht eine „Landkarte der Zukunft“. Bevorzugtes Instrument des Zukunftsraum-Mappings ist die **Multidimensionale Skalierung (MDS).** Sie liefert für jedes Projektionsbündel zwei Koordinatenwerte, so dass die Projektionsbündel auf einer Ebene positioniert werden können. Dabei werden die Projektionsbündel so positioniert, dass ähnliche Bündel möglichst dicht beieinander und unähnliche Bündel möglichst weit voneinander entfernt liegen. In einer derartigen Graphik zeigen sich Rohszenarien als „Bündel-Gruppen“ (Bild 2-16).

Eine weitere Form der visuellen Aufbereitung ist die Darstellung von Hauptunterscheidungsmerkmalen. In Bild 2-17 ist das am Beispiel von Szenarien für die automatisierte Fertigung dargestellt. Unter Hauptunterscheidungsmerkmalen werden grundlegende Unterschiede zwischen Szenarien verstanden, die sich durch Pfeile in einem Zukunftsraum-Mapping darstellen lassen. Damit lassen sich die Zusammenhänge und Unterschiede zwischen den Szenarien im mehrdimensionalen Raum – im Prinzip ist jeder Schlüsselfaktor eine Dimension – erklären. Die Pfeile repräsentieren ausgewählte Schlüsselfaktoren, deren Projektionen an den Pfeilspitzen stehen – beispielsweise „Professionalisierung der Softwareentwicklung“ am Schlüsselfaktor „Software-Technik“. Danach sind die Szenarien 1 und 2 durch diese Professionalisierung der Software-

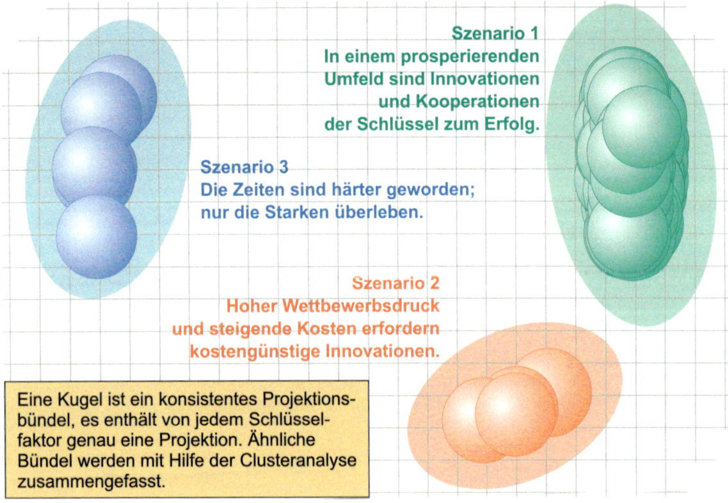

BILD 2-16
Visualisierung der Szenarien auf der Basis der Multidimensionalen Skalierung (MDS)

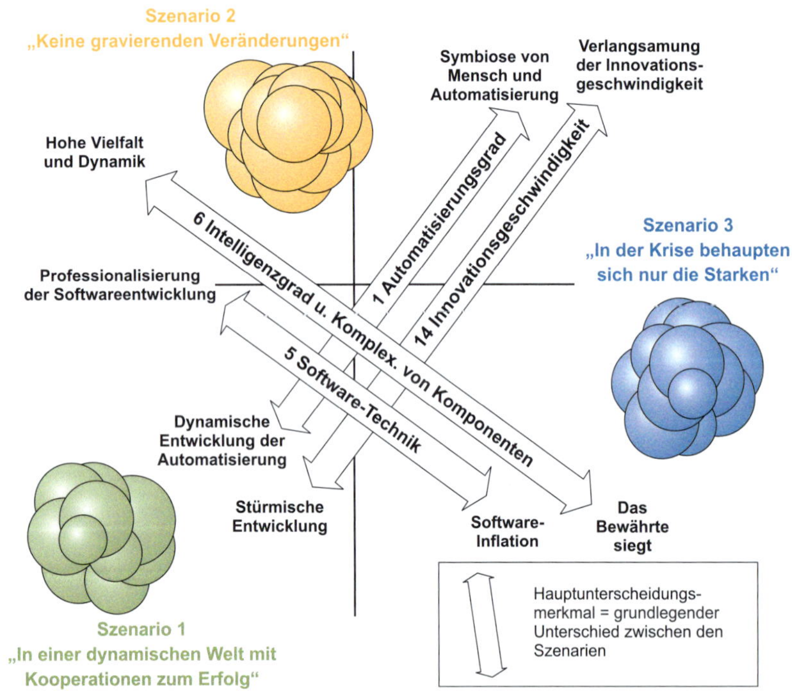

BILD 2-17
Hauptunterscheidungsmerkmale im Zukunftsraum-Mapping, Szenariofeld „Automatisierte Fertigung"

entwicklung gekennzeichnet. Szenario 3 weist eine „Software-Inflation" auf. Analog dazu kommt hinsichtlich des Schlüsselfaktors „Innovationsgeschwindigkeit" in den Szenarien 2 und 3 die Projektion „Verlangsamung der Innovationsgeschwindigkeit" und im Szenario 1 die Projektion „Stürmische Entwicklung" vor.

2.1.5.5 Szenario-Beschreibung

Ziel dieses letzten Schritts der Szenario-Bildung ist zunächst die Erstellung der Prosa-Texte der ermittelten Rohszenarien. Dazu greifen wir auf die sog. Ausprägungsliste gemäß Bild 2-18 zurück, die von der *Scenario-Software* automatisch generiert wird. Die Liste enthält die Schlüsselfaktoren mit ihren Projektionen und Angaben über die Häufigkeit des Auftretens der Projektionen in den Szenarien. Aus dieser Verteilung ergibt sich ferner eine Charakterisierung der Projektionen bezüglich eines Szenarios:

- **Eindeutige Ausprägungen** eines Szenarios sind Zukunftsprojektionen, die in mindestens Dreiviertel aller Projektionsbündel des Rohszenarios vorkommen. Beispiele hierfür sind in Szenario 1 die Projektionen 1A, 2C, 3A, 4C, 19B.

- **Dominante Ausprägungen** eines Szenarios sind Zukunftsprojektionen, die zwar in weniger als Dreiviertel der Bündel eines Szenarios vorkommen, die das Szenario aber dominieren, weil sie in keinem anderen Rohszenario als Ausprägung vorkommen oder weil eine augenfällige Ungleichverteilung zwischen den mehrdeutigen Projektionen eines Schlüsselfaktors vorliegt, die eine Bevorzugung dieser Projektion rechtfertigt. Dies ist beispielsweise bei der Projektion 1B „Blockbildung" in Szenario 3 der Fall.

PRINZIP DER MULTIDIMENSIONALEN SKALIERUNG

Mit der Multidimensionalen Skalierung (MDS) ist es möglich, subjektive Empfindungen der Ähnlichkeiten von Objekten in einem zweidimensionalen Wahrnehmungsraum darzustellen. Dazu werden multidimensionale Anordnungen so auf eine Ebene projiziert, dass ähnliche Objekte nah zusammen und unähnliche weit entfernt voneinander liegen. Zur Erläuterung des Vorgehens greifen wir das in der einschlägigen Literatur häufig verwendete Beispiel der Berechnung einer MDS aus der Entfernungstabelle von Städten auf.

Ausgangspunkt der multidimensionalen Skalierung ist eine Distanzmatrix. Liegt keine Distanzmatrix der Objekte vor, sondern eine Rohdatenmatrix, in der die Objekte hinsichtlich ihrer Merkmale charakterisiert sind, wird daraus eine Distanzmatrix erzeugt (vgl. Clusteranalyse). Für das Beispiel mit zehn Städten liegt in Form der Entfernungstabelle nach Straßenkilometern (Bild 1) bereits eine Distanzmatrix vor. Häufig liegen nur Rangdaten der Distanzen vor, die durch Befragungen ermittelt wurden. Auch diese Informationen können für die multidimensionale Skalierung verwendet werden. In Bild 1 sind die Rangwerte der Distanzen berechnet worden und jeweils in Klammern angegeben.

Aus den paarweisen Distanzen der Distanzmatrix wird die relative Lage der Objekte zueinander erzeugt. Dieses Vorgehen erläutern wir am Beispiel der drei Städte Basel, Frankfurt und Berlin (Bild 2): Die beiden Objekte mit der größten Distanz, hier Basel und Berlin, werden willkürlich im Raum positioniert, lediglich ihr Abstand steht fest. Für das dritte Objekt, die Stadt Frankfurt, liegen zwei Angaben vor. Frankfurt liegt auf einem Radius von 337 Kilometern entfernt von Basel und auf einem Radius von 555 Kilometern entfernt von Berlin. Die beiden Schnittpunkte der Radien sind mögliche Lagepunkte der Stadt Frankfurt. Daran zeigt sich, dass die MDS nicht in der Lage ist, die absoluten Positionen der Objekte zu visualisieren, sondern nur relative. Einer von beiden Punkten muss ausgewählt werden.

	Basel	Berlin	Frankfurt	Hamburg	Hannover	Kassel	Köln	München	Nürnberg	Stuttgart
Basel										
Berlin	874 (45)									
Frankfurt	337 (17)	555 (34)								
Hamburg	820 (44)	294 (14)	495 (30)							
Hannover	677 (42)	282 (12)	352 (18)	154 (1)						
Kassel	517 (32)	378 (21)	193 (5)	307 (15)	164 (2)					
Köln	496 (31)	569 (35)	189 (4)	422 (24)	287 (13)	243 (10)				
München	438 (27)	584 (37)	400 (22)	782 (43)	639 (40)	482 (29)	578 (36)			
Nürnberg	437 (25)	437 (25)	228 (9)	609 (38)	466 (28)	309 (16)	405 (23)	167 (3)		
Stuttgart	268 (11)	634 (39)	217 (7)	668 (41)	526 (33)	366 (19)	376 (20)	220 (8)	207 (6)	

BILD 1: Entfernungen zwischen zehn Städten in Kilometern. Die Zahlen in Klammern geben die Rangwerte der Entfernungen an (1: geringste Entfernung) [BEP+03]

Alle anderen Objekte werden durch analoges Vorgehen im Betrachtungsraum positioniert. So entsteht für die zehn Städte eine Konfiguration wie in Bild 3 dargestellt. Die Konfiguration entspricht in ihrer Ausrichtung nicht dem erwarteten Bild, sondern ist um den Konfigurationsmittelpunkt verdreht. Diese Tatsache spielt auch bei der Reproduzierbarkeit der MDS eine entscheidende Rolle. So können aus den gleichen Eingangsdaten Konfigurationen erzeugt werden, die auf den ersten Blick unterschiedliche Ergebnisse liefern. Sie lassen sich aber durch Spiegelung, Rotation, Translation und gleichmäßige Streckung, die nicht ergebnisverändernd sind, ineinander überführen. Im Regelfall ist außerdem im Vorfeld keine Konfiguration bekannt, die reproduziert werden soll, wie in dem Beispiel der Entfernungen der Städte. Die Dimensionen haben keine inhaltliche Bedeutung, es kann ihnen jedoch eine zugeordnet werden. Diese Zuweisung von Bedeutungen zu den Dimensionen kann bspw. intuitiv durch den Ersteller oder durch Anpassung der Eigenschaftsvektoren, das sog. „property fitting (PROFIT)", geschehen.

Literatur:

[BEP+03] Backhaus, K.; Erichson, B.; Plinke, W.; Weiber, R.: Multivariate Analysemethoden – eine anwendungsorientierte Einführung. Springer Verlag, Berlin, 2003

[DS79] Dichtl, E.; Schobert, R.: Mehrdimensionale Skalierung – methodische Grundlagen und betriebswirtschaftliche Anwendungen. Verlag Franz Vahlen, München, 1979

[GT82] Green, P. E.; Tull, D. S.: Methoden und Techniken der Marketingforschung. Schäffer-Poeschel Verlag, Stuttgart, 1982

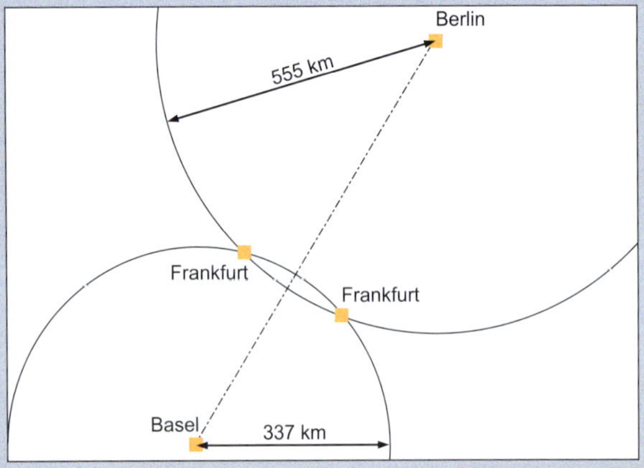

BILD 2:
Positionierung von drei Städten [BEP+03]

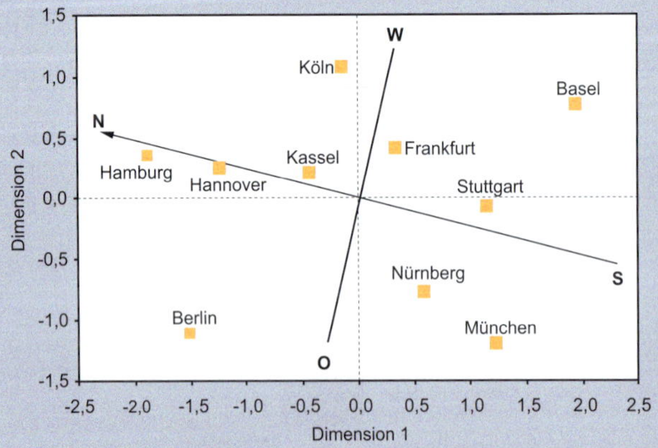

BILD 3:
Durch MDS gewonnene Konfiguration von zehn Städten (mit eingelegten Himmelsrichtungen) [BEP+03]

- **Alternative Ausprägungen** sind Zukunftsprojektionen, die in mehr als einem Viertel der Projektionsbündel vorkommen und die keine eindeutigen oder dominanten Ausprägungen sind. Sie drücken im Allgemeinen aus, dass mehrere Zukunftsprojektionen eines Schlüsselfaktors in einem Szenario auftreten.

Alle anderen Projektionen werden vernachlässigt.

Schlüsselfaktoren		Projektionen	Szenario 1	Szenario 2	Szenario 3
SF 1: **Entwicklung von Weltwirtschaft und Welthandel**	A	Prosperierender Handel	**97**	**100**	0
	B	Blockbildung	2	0	**70**
	C	Protektionismus	1	0	30
SF 2: **Attraktivität des Standorts Deutschland**	A	Weiter Nachteile	0	0	**100**
	B	Partielle Verbesserung	5	**100**	0
	C	Gravierende Verbesserung	**95**	0	0
SF 3: **Image des Produktionsstandorts Deutschland**	A	High-Tech-Standort	**95**	0	0
	B	Gewinnt an Boden	5	**100**	0
	C	Einer unter vielen	0	0	**100**
SF 4: **Innovationsfähigkeit**	A	Wenig Ideen, kaum neue Prod.	0	0	50
	B	Unzureichende Umsetzung	0	**67**	50
	C	Hohe Innovationskraft	**100**	33	0
SF 19: **Anforderungsprofil Dienstleistungen**	A	Nur Produktgeschäft	5	0	**100**
	B	Alles aus einer Hand	**95**	0	0
	C	OEM dominieren	0	**100**	0

97 – in 97 % der Projektionsbündel des Szenarios kommt diese Projektion vor.
eindeutige Ausprägung; dominante Ausprägung; alternative Ausprägung; Projektion tritt nicht auf

BILD 2-18 Ausprägungsliste der drei Szenarien

Für die Beschreibung der Szenarien wird auf die Textbausteine zurückgegriffen, die im Zuge der Bildung der Zukunftsprojektionen formuliert worden sind. Diese Textbausteine sind entsprechend der Ausprägungsliste zu verknüpfen. Die Textbausteine sind vom Szenario-Autor in eine logische Reihenfolge zu bringen; ggf. sind auch Überleitungen zu formulieren, um den Gesamttext flüssig zu gestalten. Für die logische Reihenfolge gilt, dass in der Regel mit der Entwicklung des globalen Umfelds begonnen wird und mit der Beschreibung der Entwicklung derjenigen Einflussbereiche abgeschlossen wird, die den Untersuchungsgegenstand unmittelbar umgeben (z.B. Branche bzw. Markt im Fall von Unternehmen).

An dieser Stelle wird auch deutlich, dass die Szenarien keine frei erfundenen Wunschbilder sind, sondern auf den prägnant beschriebenen Entwicklungsmöglichkeiten der Schlüsselfaktoren beruhen, über die von den Mitgliedern des Szenario-Teams Konsens erzielt wurde, bevor die Rohszenarien ermittelt wurden. Die folgenden Kästen vermitteln einen Einblick in die Aussagekraft der entwickelten Szenarien. Dies erfolgt wieder am Beispiel des Projekts *„Werkzeugmaschine 20XX – Initiative für die Werkzeugmaschine von morgen"*.

Der Prosa-Text eines Szenarios hat je nach Umfang der einzelnen Projektionen eine Länge von bis zu zehn Seiten (Annahme: 20 Schlüsselfaktoren mit je einer Projektion, à ½ Seite). Obwohl der Text gut strukturiert und auch selektiv lesbar ist, fällt es doch denjenigen, die nicht am Szenarioprojekt beteiligt waren, schwer, den Inhalt auf Anhieb zu erfassen. Daher wenden wir noch zwei weitere Formen der Szenario-Dokumentation an: das Management Summary (vgl. Kasten) und die bildliche Darstellung. Letztere beruht auf dem Prinzip, dass wir jede Projektion mit einem treffenden Bild versehen. So gesehen enthält ein Projektionskatalog nicht nur die Textbausteine je Projektion, sondern auch jeweils ein Bild. Statt der Textbausteine kombinieren wir die Bilder zu einer plakativen Collage (vgl. Kasten).

2.1.6 Szenario-Transfer

Die erstellten Szenarien weiten den Blick für mögliche zukünftige Entwicklungen. Sie bilden daher eine fundierte Grundlage für die Erarbeitung von Strategien. Die Nutzung der Szenarien im strategischen Führungsprozess bezeichnen wir als **Szenario-Transfer**. Der Szenario-Transfer umfasst die Analyse der Szenarien; diese ist wichtig, um Hinweise auf die Erfolgspotentiale von morgen, aber auch für mögliche Bedrohungen des etablierten Geschäfts von heute zu erhalten. Darauf wird im Folgenden eingegangen.

BILD 2-19
Auswahl des Referenzszenarios

SZENARIO 1: „IN EINEM PROSPERIERENDEN UMFELD SIND INNOVATIONEN UND KOOPERATIONEN DER SCHLÜSSEL ZUM ERFOLG."

Management Summary

Wirtschaft: Die Globalisierung ist weit fortgeschritten; bisher noch reglementierte Märkte öffnen sich der Markwirtschaft; in den wichtigsten Regionen der Welt wächst das Bruttosozialprodukt jährlich um mehrere Prozent. Umfangreiche Änderungen in Besteuerung und Lohnpolitik stärken die Position deutscher Unternehmen im globalen Wettbewerb. Die Produktionstechnik in Deutschland ist führend; es wird wirtschaftlich produziert.

Gesellschaft, Umwelt und Politik: Innovationsfähigkeit und -dynamik sind hoch; viele Ideen werden in marktfähige Produkte und Dienstleistungen umgesetzt. Treiber dieser Entwicklung ist eine neue Kultur der Zusammenarbeit zwischen Wirtschaft und Hochschulen. Alternative Energien gleichen die Verknappung der Ölreserven aus; Energie ist eher günstig. Der Drang zur Mobilität ist ungebrochen; aber auch neue Ansätze wie virtuelle Büros und Telearbeit gewinnen an Bedeutung.

Technologie: Die Informationstechnik durchdringt Produkte und Leistungserstellungsprozesse. Der Einsatz neuer Werkstoffe in der WZM-Herstellung eröffnet neue Möglichkeiten; mechatronische und adaptronische Baugruppen bestimmen die Funktionalität der Werkzeugmaschinen. Der Automatisierungsgrad ist hoch; die Abstimmung moderner Werkzeugmaschinen auf leistungsfähige CAD/CAM-Systeme ist zu einem entscheidenden Erfolgsfaktor geworden. Neue Fertigungsverfahren im Automobilbau substituieren häufig die spanende Fertigung.

Branche: Die Branche der WZM-Hersteller ist mittelständisch geprägt. Viele Unternehmen gehen Allianzen ein, um erkannte Chancen zu nutzen. Die WZM-Hersteller pflegen einen engen Kontakt zu ihren Abnehmern.

Markt: Die Weltautomobilkonjunktur boomt; individuelle und schnell wechselnde Anforderungen an das Automobil haben zu einer hohen Vielfalt geführt. Für die Fertigung sind schnell umrüstbare bzw. austauschbare Werkzeugmaschinen gefragt. Die OEM und ihre Zulieferer kooperieren partnerschaftlich. Ein ebenso gutes Verhältnis pflegen die Zulieferer zu den WZM-Herstellern. Lebenszykluskosten und Service sind entscheidend; langjährige Zusammenarbeit spielt eine wesentliche Rolle. Der Dienstleistungsbedarf der Betreiber der Fertigungsanlagen ist hoch, gefragt ist die Gesamtlösung aus einer Hand.

FLUGZEUGFERTIGUNG 2020

Bildliche Darstellung von Szenarien

In dem Projekt „Die Zukunft der additiven Fertigungsverfahren: Flugzeugfertigung 2020“ wurden mit verschiedenen namhaften Unternehmen wie bspw. Boeing, Siemens und Evonik Markt-, Umfeld- und Technologieszenarien für die Flugzeugfertigung der Zukunft entwickelt. Additive Fertigung ist die schichtweise Erstellung eines Bauteils auf Basis eines elektronischen Datensatzes, der in der Regel aus einem 3D-CAD-Modell abgeleitet wird. Im Unterschied zu abtragenden Fertigungsverfahren wie z. B. dem Fräsen entstehen Bauteile bei der additiven Fertigung durch die Zugabe von Material. Additive Fertigung ermöglicht die Herstellung von Bauteilen, die mit konventionellen Fertigungstechnologien nicht ohne Weiteres herzustellen sind.
Wurden in der Vergangenheit beispielsweise Flugzeuge des Herstellers Boeing aus zahlreichen Einzelteilen in den Werken von Boeing zusammengesetzt, werden heute wesentliche Teile des neuen Modells 787 „Dreamliner“ weitgehend bei Zulieferern hergestellt. Dies führt zu Veränderungen in der Branchenwertschöpfungskette, der Intensität der Kooperationen zwischen OEMs wie Boeing und Zulieferern etc. Die erstellten Szenarien für die Flugzeugfertigung im Jahre 2020 ermöglichen, solche Entwicklungen vorauszudenken.
Die Szenarien wurden mit Hilfe von Collagen visualisiert. Bild 1 zeigt beispielsweise das Szenario „Individualisierung von Flugzeugen forciert additive Fertigung“. Jedes Teilbild der Collage repräsentiert eine Projektion eines Schlüsselfaktors. Da sich die Mitglieder des Szenarioteams mit den Projektionen, sowohl als Prosatext als auch mit charakterisierenden Teilbildern, ausführlich befasst haben, fällt es ihnen leicht, den Inhalt der Collage zu erfassen.

Quelle:

GAUSEMEIER, J.; ECHTERHOFF, N.; KOKOSCHKA, M.; WALL, M.: Thinking ahead the Future of Additive Manufacturing – Future Applications, Study, 2012

BILD 1: Bildliche Darstellung von Szenarien am Beispiel des Szenarios „Individualisierung von Flugzeugen forciert additive Fertigung“ Fotolia: Acies, mark yuill, Scanrail, RRF, Xaver Klaußner, corepics, Vladimir Vydrin, Jeanette Dietl, LobsteR, Alexander Raths, Thomas Sztanek, T. Michel, FotoEdhar, Coka, Michael Nivelet; The Boeing Company (BoeingImages.de): BBJ Winglet, Fuselage and Left Engine, Composite Materials Fabrication, BBJ Passenger Cabin, Dreamliner Lighting Concept; Stratasys Inc.; ISO/IEC; ASTM; DIN Deutsches Institut für Normung e.V.

IT-UNTERSTÜTZUNG BEI DER SZENARIO-ERSTELLUNG

Die Erstellung von Szenarien ist sehr zeit- und rechenintensiv. Zudem entfällt erheblicher Aufwand auf die Recherche von Informationen - sei es zur Ermittlung von Einflussfaktoren, Indikatoren oder Zukunftsprojektionen. Durch den Einsatz von Software-Lösungen kann der Aufwand für ein Szenario-Projekt erheblich reduziert werden.

Auf dem Markt existiert eine Reihe von Software-Lösungen, die den Anwender bei der Szenario-Erstellung systematisch unterstützen. Hierzu zählen bspw. Inka3 [Ges12-ol], Scenario-Wizard [Wei11], Szeno-Plan [Sin12-ol] etc. Das von uns entwickelte Software-Werkzeug ist die ***Scenario-Software***. Sie zeichnet sich insbesondere durch ihre intuitive Handhabung sowie die Anbindung an eine Informationsbasis aus.

In der **Informationsbasis** ist für jeden Einflussfaktor ein Steckbrief abgelegt. Dieser enthält im Wesentlichen eine Definition und eine prägnante Beschreibung der heutigen Situation. Die zugehörigen Indikatoren werden ebenfalls in der Informationsbasis bereitgestellt. Sie sind mit dem Faktor verknüpft und können unter dem jeweiligen Link direkt aufgerufen werden. Ferner enthält ein Einflussfaktorensteckbrief die Zukunftsprojektionen des Einflussfaktors. Die einzelnen Projektionen sind mit einem prägnanten Text beschrieben und mit einem Bild charakterisiert. Die Texte bilden die Basis für die Beschreibung der Szenarien in Prosa; die Bilder werden für die Erstellung von Collagen verwendet. Zusätzlich zu den Einflussfaktoren werden in der Informationsbasis auch die paarweisen Bewertungen der Einflussmatrix und der Konsistenzmatrix abgelegt.

Im Folgenden erläutern wir die wesentlichen Funktionen der *Scenario-Software* entsprechend der Phasen der Szenario-Erstellung.

Szenariofeld-Analyse: In einem ersten Schritt werden aus der Informationsbasis die Einflussfaktoren ausgewählt, die für ein konkretes Szenario-Projekt relevant sind. Diese Auswahl wird um Faktoren ergänzt, die für die spezifische Fragestellung des Projekts erforderlich sind. Für diese Zusammenstellung müssen dann die Einfluss- und die Relevanzanalyse durchgeführt werden. Einflussanalyse: Für Faktoren, die unverändert übernommen werden, sind die Bewertungen der Einflüsse untereinander in der Informationsbasis hinterlegt; sie werden über die Schnittstelle in die *Scenario-Software* importiert. Die fehlenden Einflussbewertungen für neu hinzugefügte Faktoren sind über die Benutzungsoberfläche der *Scenario-Software* einzugeben. Relevanzanalyse: Die entsprechende Matrix wird ebenfalls automatisch erzeugt; die Bewertungen sind für alle Einflussfaktoren vorzunehmen, da sich die Bewertungen auf den Untersuchungsgegenstand beziehen. Basierend auf der Einfluss- und Relevanzanalyse wird von der *Scenario-Software* automatisch das System-Grid (Diagramm) erzeugt, aus dem die Kenngrößen der Einflussanalyse und der Relevanzanalyse, wie Aktiv-, Passiv- und Relevanzsumme, abzulesen sind. Die Einflussfaktoren lassen sich normiert oder nach Rängen, mit oder ohne indirekte Einflüsse im System-Grid darstellen.

Projektions-Entwicklung: Für die aus der Informationsbasis ausgewählten Schlüsselfaktoren können die vorhandenen Beschreibungen sowie die hinterlegten Zukunftsprojektionen genutzt, aber auch modifiziert werden. Die spezifischen neuen Faktoren und Zukunftsprojektionen sind zu beschreiben. Die Ergebnisse dieser Arbeitsschritte können in Form eines sog. Projektionskatalogs und als Datei zur weiteren Bearbeitung in der *Scenario-Software* ausgegeben werden.

Szenario-Bildung: Es folgt die Kombination der Zukunftsprojektionen zu in sich schlüssigen Szenarien. Hierzu wird die Konsistenzanalyse verwendet. Wie bei der Einfluss- und Relevanzanalyse wird die Konsistenzmatrix für die Faktoren in der *Scenario-Software* aus der Informationsbasis vorbefüllt. Vorhandene Bewertungen können überprüft, geändert oder einfach übernommen werden. Die verbleibenden Bewertungen sind vom Anwender vorzunehmen. Ein besonderes Leistungsmerkmal der *Scenario-Software* ist, dass die Konsistenzmatrix von Mehreren ausgefüllt werden kann. Anschließend werden von der *Scenario-Software* automatisch Unterschiede in der Bewertung angezeigt. Diese können anschließend im Rahmen des Projektteams diskutiert werden, bis ein Konsens gefunden wird. Diese Funktion kann auch bei der Einfluss- und Relevanzanalyse genutzt werden.

Basierend auf der Konsistenzmatrix werden mittels eines Branch-and-Bound-Algorithmus hochkonsistente Projektionsbündel ermittelt. Diese werden anschließend durch eine Clusteranalyse zu Rohszenarien zusammengefasst. Ferner wird eine Ausprägungsliste erzeugt, aus der hervorgeht, welche Projektionen in welcher Häufigkeit in welchem Szenario auftreten. Die Rohszenarien werden später auf der Basis der Beschreibungen der Zukunftsprojektionen in Prosa beschrieben. Mit Hilfe der multidimensionalen Skalierung können die Rohszenarien visualisiert werden (Zukunftsraum-Mapping).

Quellen:

[Ges12-ol] Geschka & Partner Unternehmensberatung (Hrsg.): Inka3. Unter: http://www.geschka.de/index.php?id=szenariosoftware, 07.11.2012

[Sin12-ol] SINUS Software und Consulting GmbH (Hrsg.): Szeno-Plan. Unter: http://www.sinus-online.com/szeno-plan-top.html, 07.11.2012

[Wei11] Weimer-Jehle, W.: ScenarioWizard Basic 3.42 - Qualitative System- und Szenarioanalyse mit der Cross-Impact Bilanzanalyse. Interdisziplinärer Forschungsschwerpunkt Risiko und Nachhaltige Technikentwicklung (ZIRIUS) der Universität Stuttgart, 2011

Bei der fokussierten Strategieentwicklung ist es sehr wichtig, die entsprechende Strategie und insbesondere die getroffenen Annahmen über das Umfeld regelmäßig zu überprüfen. Wir bezeichnen das als **Prämissen-Controlling**. Ausgesprochen naiv wäre es, die erarbeitete Strategie „in Kunstharz einzugießen, an die Wand zu hängen und lange Zeit danach zu arbeiten, ohne die Veränderungen des Umfelds im Auge zu behalten".

Das Prämissen-Controlling basiert auf den Indikatoren. Für den Schlüsselfaktor „Innovationsfähigkeit" ist beispielsweise die „Innovationsintensität", also der Anteil des Umsatzes, der in Forschung und Entwicklung investiert wird, ein Indikator. Diese Kennwerte sind regelmäßig zu erheben. Selbstredend sind nicht alle Indikatoren gleich relevant. So sind beispielsweise die Indikatoren, deren Ausprägungen auf die Szenarien im oberen Bereich des Portfolios deuten, besonders relevant, da das einen fundamentalen Wandel für das etablierte Geschäft bedeuten würde. Auf das Prämissen-Controlling gehen wir in Kapitel 3.5.3 detailliert ein.

2.1.6.2 Chancen-Gefahren-Matrix

Nach Wack dienen Szenarien zur Entdeckung von bisher unbekannten strategischen Optionen und zur Absicherung gegenüber Gefahren [Wac86]. Aus den Szenarien ergeben sich in der Regel eine Vielzahl von Chancen und Gefahren für das Gestaltungsfeld. Diese unterscheiden sich allerdings hinsichtlich ihrer Bedeutung für das Gestaltungsfeld, ihrer Eintrittswahrscheinlichkeit sowie der zu ihrer Handhabung notwendigen Reaktionszeit. Analog zu der Bewertung der Szenarien im vorangegangenen Kapitel werden im Rahmen einer Chancen- und Gefahren-Bewertung die ermittelten Auswirkungen hinsichtlich zweier Dimensionen analysiert:

- **Bedeutung der Chancen/Gefahren für das Gestaltungsfeld:** Darunter wird die Intensität der Einwirkung auf das Gestaltungsfeld verstanden.
- **Eintrittswahrscheinlichkeit:** Darunter wird die Wahrscheinlichkeit dafür verstanden, dass die der Chance bzw. der Gefahr zugrunde liegende Umfeldentwicklung wirklich eintritt.

Mit Hilfe dieser zwei Dimensionen lässt sich eine **Chancen-Gefahren-Matrix** aufspannen, aus der sich vier typische Formen von Handlungsoptionen ergeben (Bild 2-20):

- *Heiße Eisen sofort anpacken:* Entsprechende Chancen müssen energisch genutzt und Gefahren konsequent umgangen werden. Notwendig sind hier in der Regel eine sofortige präventive Planung und entsprechende Handlungen.
- *Auf plötzliche Veränderungen vorbereitet sein:* Dies ist das typische Einsatzfeld für die strategische Frühaufklärung. Notwendig ist hier die Erarbeitung von Krisenplänen, auf die im Fall des Eintretens unsicherer Ereignisse zurückgegriffen werden kann. Dazu zählen auch reaktive Planungen für das Auftreten unerwarteter Chancen, z. B. durch technologische Durchbrüche.
- *Erfolgspotentiale „am Rande" nutzen:* Sehr wahrscheinliche Chancen und Gefahren mit einer geringen Wirkung auf das Gestaltungsfeld können in die laufende Planung eingebunden werden.
- *Keine Ressourcen unnötig binden:* Chancen und Gefahren mit einer geringen Eintrittswahrscheinlichkeit und geringen Auswirkungen auf das Gestaltungsfeld sollten Ressourcen nicht unnötig binden.

2.1.6.3 Auswirkungsanalyse

Eine Auswirkungsanalyse, d. h. die systematische Analyse der Auswirkungen der Szenarien auf das Gestaltungsfeld

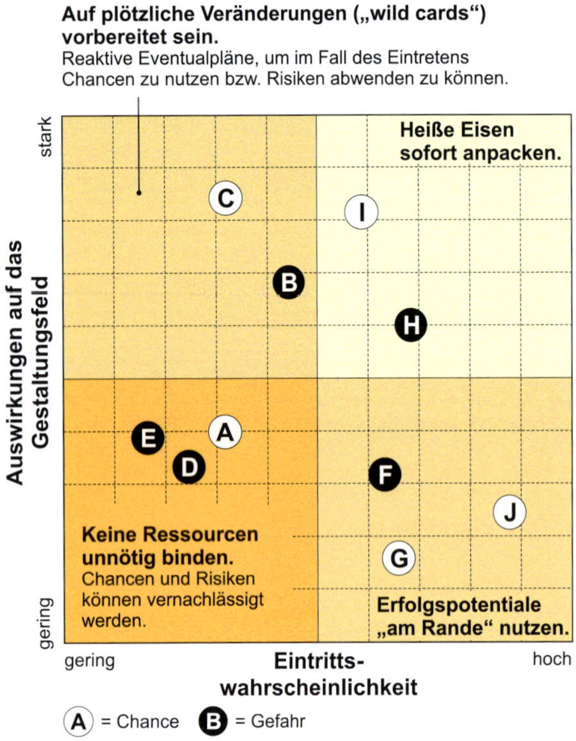

BILD 2-20 Chancen-Gefahren-Matrix

ist insbesondere bei Markt- und Umfeldszenarien sinnvoll. Ein wichtiges Instrument der Auswirkungsanalyse ist die **Auswirkungsmatrix**. Darin werden die Folgen der erstellten Szenarien für das Gestaltungsfeld systematisch analysiert (Bild 2-21).

Die Zeilen der Matrix enthalten die Handlungsbereiche des Gestaltungsfelds. Die Spalten geben die verschiedenen Szenarien wieder. In einem einzelnen Feld der Auswirkungsmatrix werden die Auswirkungen eines bestimmten Szenarios auf einen bestimmten Handlungsbereich untersucht. Dabei wird jeweils die Frage gestellt: „Wie wirkt sich das Szenario auf diesen Bereich aus?"

Um die Auswirkungen der Szenarien auf das Gestaltungsfeld möglichst weitreichend zu erfassen, müssen sich die Anwender intensiv in das betreffende Szenario „hineindenken". Weder die gegenwärtige Ausgangssituation noch die wahrscheinlichste oder die gewünschte Zukunft sollten diesen wichtigen Prozess beeinträchtigen. Als hilfreich hat es sich erwiesen, dass ein Mitglied des Projektteams in die Rolle eines **„Szenario-Anwalts"** schlüpfen zu lassen. Dieser greift immer dann in die Diskussion ein, wenn die anderen Team-Mitglieder Ansichten äußern, die sich nicht mit dem gerade behandelten Szenario vertragen.

Mit Hilfe der Auswirkungsmatrix lassen sich bezogen auf die Szenarien Stoßrichtungen für ein strategisches Agieren bestimmen. Bild 2-22 gibt ein Beispiel einer weiteren Technik für die Ermittlung der strategischen Stoßrichtung ausgehend von einem Szenario. Im Prinzip bespricht das Strategie-Team das jeweilige Szenario (links im Bild) und

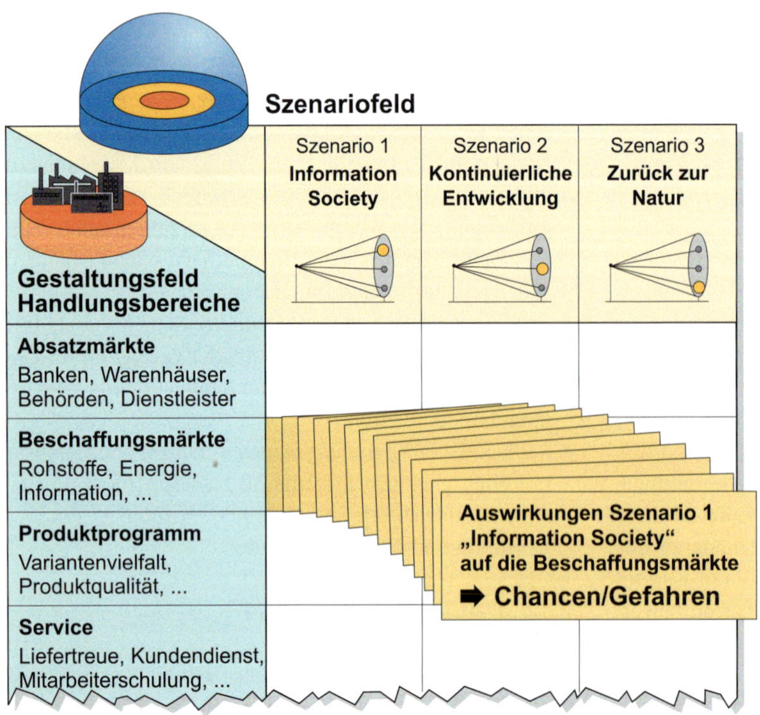

BILD 2-21
Auswirkungsmatrix, Bestimmung von Auswirkungen auf Handlungsbereiche des Gestaltungsfelds

Das Szenario 1 in Kürze:

- Florierende freie Marktwirtschaft.
- Angleichung der Standortkosten in Europa; nach wie vor erhebliche Kostennachteile zu Osteuropa und den Schwellenländern.
- Hohe Bedeutung von Ökologie weltweit; Energie- und Rohstoffkosten steigen kontinuierlich.
- Rasanter technologischer Fortschritt reduziert die Eintrittsbarrieren; neue Mitbewerber tauchen auf.
- Vielfältige Verpackungen sollen den Endkunden ansprechen; Wachstum von 5% p.a. bei verpackten Gütern.
- Vielfalt bei Maschinenabnehmern und Handel führt zu einem innovationsgetriebenen Wachstum, teils auch durch den zunehmenden Stellenwert von Umweltschutz.
- Flexible und hochautomatisierte Anlagen von zuverlässigen, kompetenten Partnern sind gefragt.
- Es kommt auf Agilität und Innovationskraft an.
- Kundenspezifische Lösungen werden zunehmend aus Standardmodulen gebildet.

Chancen/Erfolgspotentiale

- Hoher Bedarf an innovativen Lösungen (Verpackungsaufgaben und -prozesse.)
- Profilierung über High-Tech und Ressourceneffizienz.
- Partnerschaft ist gefragt.

Bedrohungen

- Automatisierungskompetenz erforderlich.
- Zunahme der Variantenvielfalt.
- Neue Mitbewerber tauchen auf.
- Stärkere Regulierung durch strengere Umweltschutzauflagen.

Strategische Stoßrichtung

➡ Angriff mit einem überlegenen Preis/Leistungsverhältnis aus der Technologieführerposition.

BILD 2-22 Vereinfachtes Beispiel für die Analyse eines Szenarios (Beispielprojekt „Herausforderungen der Zukunft für die deutsche Verpackungsmaschinenindustrie“)

erkennt dann die Chancen und die Bedrohungen. Daraus resultiert in der Regel eine Stoßrichtung für eine Strategie. Ferner sei auf den folgenden Kasten verwiesen, der ein Beispiel enthält, das verdeutlicht, wie aus Szenarien Schlüsse für die Auswahl von Fertigungstechnologien gezogen werden können.

2.1.7 Zukunftsszenarien in der Retrospektive

„Die weisesten Propheten äußern sich erst hinterher“ sagte Fourth Earl of Oxford, Horace Walpole. Insofern sind wir nicht besonders weise, weil wir seit Jahren die Vorausschau mit Hilfe von Zukunftsszenarien propagieren. Sicher, damit lehnt man sich aus dem Fenster, aber es führt daran kein Weg vorbei, hat man den Anspruch, Chancen für die Geschäfte von morgen, aber auch Bedrohungen für das etablierte Geschäft von heute früher als die Mitbewerber zu erkennen und daraus entsprechende Schlüsse zu ziehen.

Wir werden häufig gefragt, ob einige unserer Szenario-Projekte den ursprünglichen Zeithorizont inzwischen erreicht haben und wir demzufolge etwas über die Qualität unseres Vorausdenkens sagen können. Das ist tatsächlich der Fall, da wir seit gut fünfzehn Jahren Szenario-Projekte durchführen. Wir haben dies zum Anlass genommen, 19 solcher Szenario-Projekte auf den Prüfstand zu stellen. Jeweils ein Szenario eines solchen Szenario-Projekts müsste der heutigen Wirklichkeit entsprechen. Um es vorwegzunehmen: Es ist im Großen und Ganzen so. Die überprüften Szenario-Projekte gliedern sich in die drei Kategorien Geschäftsfeld, Technologie und Branche:

Geschäftsfeld: Zweck dieser Kategorie ist das Gewinnen von zukunftsrelevanten Informationen zur Erschließung eines neuen Geschäftsfelds, also die Beantwortung von Fragen der Art: Wie entwickelt sich ein bestimmter Markt? Welche Marktleistung wird morgen gefordert? Wie sollte die Marktleistung erbracht und vermarket werden? Was wären mögliche Geschäftsmodelle? In diese Kategorie fallen sieben Projekte. Nachfolgend zwei Beispiele mit den entsprechenden Fragestellungen:

- Logistik/Kurier, Express, Paket (KEP): Wie entwickelt sich der Markt und welche Produktionsmittel des Schienenverkehrs könnten prinzipiell eingesetzt werden?
- Gefahrenmanagementsysteme: Wird es einen Markt für hochwertige Gefahrenmanagementsysteme (Brand, Intrusion) im Bereich Eigenheime geben und wenn ja, wie müsste die Architektur dieser Systeme aussehen?

Technologie: Hier geht es in der Regel um die Abschätzung der Zukunftsaussichten einer Technologie. Typische Fragen sind: Lassen sich die heute vorherrschenden Barrieren überwinden? Wie sieht es mit der künftigen Akzeptanz aus? Welche neuen Player treten in der Branchenwertschöpfungskette auf den Plan? In diese Kategorie fallen drei Projekte. Dazu die folgenden Beispiele:

- Molded Interconnect Devices (MID): Ist zu erwarten, dass die heute anzutreffenden Barrieren zur Verbreitung dieser Technologie überwunden werden können? Könnte es erhebliche Veränderungen in der Branchenwertschöpfungskette geben?
- Leichtbau im Automobil: Was sind die Technologiepotentiale, Innovationsfelder und Erfolgsfaktoren der Zukunft im KFZ-Leichtbau? Welche Technologien sollten vorrangig weiterverfolgt werden?

DIE ZUKUNFT EINER DEUTSCHEN MASCHINENBAUBRANCHE – MIT SZENARIEN ZU KONKRETEN FORSCHUNGSKOOPERATIONEN

Die untersuchte mittelständisch geprägte Maschinenbaubranche hat in den letzten Jahrzehnten eine führende Stellung auf dem Weltmarkt erlangt. Wesentlich für den Erfolg waren und sind neben anderen Kriterien die hervorragende Produktqualität und die technologische Führerschaft. Diese Position wird durch ausländische Wettbewerber, die in Bezug auf Qualität und Technologie bei häufig günstigeren Produktpreisen mehr und mehr aufschließen, zunehmend angegriffen. Hinzu kommen die standortimmanenten Kostennachteile in Deutschland als weiterer negativer Einflussfaktor.

Nahe liegende Ratschläge für diese Situation waren, die Kosten zu senken, die Fertigung ins Ausland zu verlagern und neue Auslandsmärkte zu erschließen. Es war die Frage zu beantworten: Kann der standortimmanente Kostennachteil durch verstärkte Innovationsanstrengungen kompensiert werden? Und wenn ja, welche Maßnahmen der vorwettbewerblichen Gemeinschaftsforschung der Branche bieten sich an?

Es wurden Einflussfaktoren aus Bereichen wie Markt, Technologie, Lieferanten und Umfeld betrachtet. Aus diesen Bereichen wurden 20 Schlüsselfaktoren bestimmt und dafür Zukunftsprojektionen ermittelt. Auf diesem Weg entstanden vier Branchenszenarien (Zukunftsraum-Mapping, siehe Bild).

Szenario 1: **„Begegnungen der Internationalisierung durch Allianzen"** beschreibt eine Entwicklung, bei der eine mittelständisch geprägte Branche sich mit technisch anspruchsvollen Produkten einem möglichen Konzentrationsprozess durch Allianzenbildung entgegenstellt.

Szenario 2: **„Preisgünstige High-Tech-Produkte für globale Märkte"** zeigt eine Entwicklung auf, bei der die deutschen Unternehmen mit technisch hochwertigen und preislich attraktiven Produkten den ausländischen Billiganbietern trotzen. Durch die große Bedeutung der Stückkosten haben in diesem Szenario die Konzentrationsprozesse zugenommen.

Szenario 3: **„Spezialisten in traditionellen Märkten"** beschreibt ein Zukunftsbild, in dem eine mittelständisch geprägte Branche mit technisch anspruchsvollen Produkten die vielfältigen Anforderungen der Kunden bedient. Das entspricht im Wesentlichen der gegenwärtigen Situation.

Szenario 4: **„Einfache Produkte in globalen Märkten"** bietet für viele deutsche Unternehmen schlechte Perspektiven. Hier dominieren große internationale Konzerne mit Skalenvorteilen. Bei weitgehend standardisierten Produkten ist der Preis das wesentliche Verkaufsargument.

Zur Entwicklung einer Strategie für diese Szenarien muss zunächst beachtet werden, inwieweit das Eintreten der Szenarien von den deutschen Unternehmen der Branche beeinflusst werden kann. In diesem Fall kann das Produktangebot („High-Tech"/„Low Cost") durch intensiven Kundenkontakt und in geringerem Maße auch das Kaufverhalten der Kunden beeinflusst werden. Ebenso kann einem möglichen Konzentrationsprozess durch die Bildung von Allianzen entgegengewirkt werden. Auf der anderen Seite können die Marktentwicklung und viele Kundenwünsche nur wenig bis gar nicht beeinflusst werden.

Für die geschilderte Situation sind zwei Strategien sinnvoll (Bild 1). Eine **fokussierte Strategie** auf Szenario 4 ist für wenige international wachsende Konzerne mit einer guten Kostenstruktur attraktiv. Die Strategie ermöglicht Wachstum in globalen Märkten und zusätzlich Marktanteilsgewinne zu Lasten der kleineren Unternehmen. Wesentliche Konsequenz aus dieser Strategie wäre die Ablösung der deutschen Exportorientierung zugunsten einer Verlagerung von Wertschöpfung in attraktive Märkte.

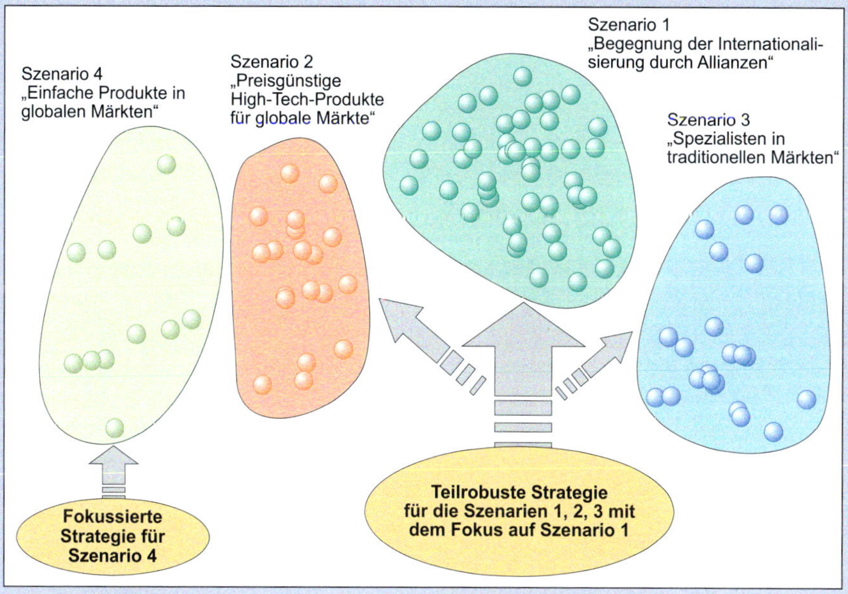

BILD 1: Szenarien als Basis strategischer Stoßrichtungen

Für den überwiegenden Teil der deutschen mittelständischen Unternehmen in der betrachteten Branche liegt jedoch eine andere Strategie nahe. Hier wird eine **teilrobuste Strategie** für die Szenarien 1, 2, 3 mit dem Fokus auf Szenario 1 empfohlen. Schwerpunkt ist hier die Zusammenarbeit innerhalb der Branche, um künftige Herausforderungen gemeinsam zu bewältigen und gleichzeitig die Agilität einer mittelständisch geprägten Branche zu erhalten. Die Allianzenbildung muss insbesondere dazu beitragen, die technologische Spitzenposition auszubauen und gemeinsam Skalen- und Synergieeffekte zu realisieren. Eine solche Strategie ist auch für das Szenario 2 geeignet, wobei hier aufgrund des starken Preiswettbewerbs gemeinsame Anstrengungen zur Kostensenkung im Vordergrund stehen. Auch für Szenario 3 ist diese Strategie geeignet, hierbei haben gemeinsame Anstrengungen im Bereich der Forschung eine höhere Bedeutung.

Die gewählte teilrobuste Strategie weist das Leitbild **„Zukunftssicherung durch Technologieführerschaft und Dienstleistungskompetenz"** auf. Es beschreibt eine zukünftige Situation, in der die deutschen Unternehmen die Technologieführerschaft weiter ausgebaut haben und durch umfangreiche Beratungs- und Serviceleistungen einen Wettbewerbsvorsprung erlangt haben. Zur Erreichung dieses Leitbilds sind die Kräfte auf den Ausbau von drei **Kernfähigkeiten** zu richten.

Technologieführerschaft: Die deutschen Unternehmen müssen sich im internationalen Wettbewerb durch technologisch hochwertige, am Kundennutzen orientierte Erzeugnisse differenzieren. Von entscheidender Bedeutung ist die verstärkte Integration moderner Informationstechnik in die Erzeugnisse, um zusätzlichen Kundennutzen zu erzeugen.

Dienstleistungskompetenz: Die deutschen Unternehmen müssen ihre Dienstleistungskompetenz im Pre-Sales- und After-Sales-Bereich erheblich ausbauen. Wesentliche Bedeutung hat dabei die Beratung der Kunden, um den zusätzlichen Kundennutzen der High-Tech-Produkte zu verdeutlichen.

Strategische Kooperation: Das Erschließen der Erfolgspotentiale der Zukunft erfordert in den meisten Fällen Allianzen, weil das einzelne Unternehmen in der Regel nicht die Kompetenzen und Ressourcen hat, dies allein schnell genug zu tun. Dabei sind Kooperationen im Rahmen der Forschung, der Beschaffung und Fertigung sowie der weltweiten Vermarktung von hoher Bedeutung.

Die entwickelte Branchenstrategie weist ferner ein Bündel von Konsequenzen und Maßnahmen sowie eine Rangliste von Forschungsthemen auf.

DIE ZUKUNFT DES LEICHTBAUS IN DER AUTOMOBILINDUSTRIE

Schon aufgrund der Ressourceneffizienz gewinnt der Leichtbau stark an Bedeutung. Es ist offensichtlich, dass Leichtbau neue Produktionskonzeptionen und -strukturen erfordert, die mit erheblichen Investitionen verbunden sind. Da es eine große Anzahl von Leichtbautechnologien gibt, ist es notwendig, die Entscheidung für einzusetzende Technologien und Technologiekombinationen gründlich vorzubereiten. Daraus resultierte die Aufgabenstellung für das Szenario-Projekt, die aus drei Punkten bestand:

- Systematische Analyse der Produktionstechnologien im Kfz-Leichtbau.
- Erarbeitung konsistenter Szenarien für den Kfz-Leichtbau und seine Umfelder.
- Entscheidungsunterstützung bei der Auswahl geeigneter Umsetzungsprojekte für neue Technologien im Kfz-Leichtbau.

Das gewählte Vorgehen zur Bearbeitung dieser Aufgabenstellung ist in Bild 1 dargestellt; es gliedert sich in vier Phasen, die der Reihe nach zu bearbeiten waren.

1 Markt- und Umfeldszenarien

Diese charakterisieren die Gesellschaft, deren Anforderungen an Verkehrssysteme und die Stellung des Automobils. Konkret wurden fünf Szenarien erarbeitet: 1) Traditionelle mobile Gesellschaft, 2) „Intelligente" mobile Gesellschaft, 3) Starre Konzepte – Mobilitätskrise, 4) Mobilität und Verkehrsaufkommen gehen zurück, 5) Mobilitätswettbewerb Schiene/Straße. Aus diesen Szenarien resultiert der „Market Pull".

2 Technologieszenarien/Fahrzeugkonzeptionen

Diese Szenarien enthalten ausschließlich Faktoren zur Gestaltung von Fahrzeugkonzeptionen; es handelt sich um sog. Gestaltungsfeld-Szenarien. In Bild 2 werden das Fahrzeugszenario 2 „Großes, teures Leichtbaufahrzeug" , die neunzehn Schlüsselfaktoren (Gestaltungsgrößen) mit den Ausprägungen für diese Konzeption sowie ein erläuternder Text gezeigt. Des Weiteren wurden folgende Fahrzeugszenarien entwickelt: 1) Konventionelles Leichtbau-Massenfahrzeug, 3) Teures High-End Hybrid-Fahrzeug, 4) Ultra-leichtes High-Tech Hybrid-Fahrzeug, 5) Spartanisches, ultra-leichtes Fahrzeug und 6) Kleines, billiges Fahrzeug. Diese Konzeptionen verdeutlichen die Möglichkeiten der Leichtbautechnologie. Damit ergibt sich der „Technology Push".

3 Abgleich Markt- und Umfeldszenarien und Fahrzeugkonzeptionen

Die vorstehenden Konzepte sagen noch nichts über ihre Akzeptanz im Markt von morgen aus. Daher werden zunächst in einer Matrix die Fahrzeugkonzeptionen in den einzelnen Markt- und Umfeldszenarien bewertet (Bild 3). Die Bewertungsskala reicht von „Totale Inkonsistenz", d. h. das Fahrzeugkonzept entspricht in keiner Weise den Marktanforderungen, bis „sehr hohe Konsistenz", d. h. ein derartiges Fahrzeug hat in diesem Markt exzellente Chancen.

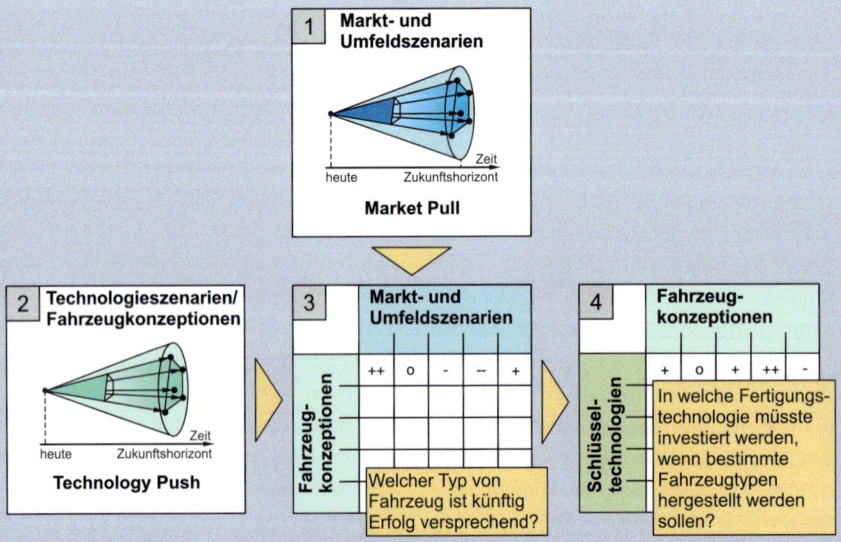

BILD 1: Vorgehen zur Bearbeitung des Projekts „Die Zukunft des Leichtbaus in der Automobilindustrie"

4 Abgleich Fahrzeugkonzeptionen und Schlüsseltechnologien

Voraussetzung für diesen Schritt ist die Ermittlung von Schlüsseltechnologien des Kfz-Leichtbaus. Aus der großen Anzahl wurden nach bestimmten Kriterien zehn Leichtbautechnologien identifiziert, die ein besonders hohes Erfolgspotential aufweisen. Die Frage ist nun, „Welche Schlüsseltechnologien sind für welche Fahrzeugkonzeption relevant?“

Bild 4 zeigt die entsprechende Bewertung. Für die endgültige Entscheidung über die Gestaltung der Produktion sind natürlich die umzusetzenden Fahrzeugkonzeptionen auszuwählen und dafür ist wiederum das wahrscheinliche Markt- und Umfeldszenario zu bestimmen.

Ausprägungsliste Szenario II

1	Aggregate	**Mischbauweise**
2	Antriebskonzepte	**Große Motoren**
3	Außenhaut	**Aluminium**
4	Energiespeicher	**Konventionell**
5	Fahrwerk	**Höherfeste Stähle**
6	Gewichtsersparnis	**Gering (< 10 %)**
7	Innenausstattung	**Spezifische Ausstattung**
8	IT-Ausstattung	**IT-g. Sicherheit** (+Motormgmt.)
9	Kosten	**Teurer als konv. Auto**
10	Lebensdauer	**Etwas längere Lebensdauer**
11	Reparaturfähigkeit	**Übliche Reparaturfähigkeit**
12	Sicherheit	**Höhere Sicherheit als heute**
13	Standardisierung	**Baukastensystem**
14	Stückzahlen	**Nische/Kleinst-Serie**
15	Tragstruktur	**Modulbauweise** (+ Spaceframe)
16	Verarbeitungsqual.	**Übliche, hohe Qualität**
17	Verscheibung	**Polymere (+ Verbund)**
18	Wohlempfinden	**Höher als heute**
19	Zuladung/Größe	**Konventionelle Größe**

Szenario II:

Großes, teures Leichtbau-Fahrzeug

Konventionelles Fahrzeug (Größe, Motor, Energiespeicher) mit spezifischer Ausstattung für Marktnischen. Gehobene Ausstattung und vielfältiger IT-Einsatz sichern hohes Wohlempfinden. Ein Baukastensystem ermöglicht unterschiedliche Varianten auf Basis eines Grundmodells. Neben der Modulbauweise kommt auch eine Spaceframe-Tragstruktur in Betracht.

Gewichtsersparnis: Gering (< 10 %)

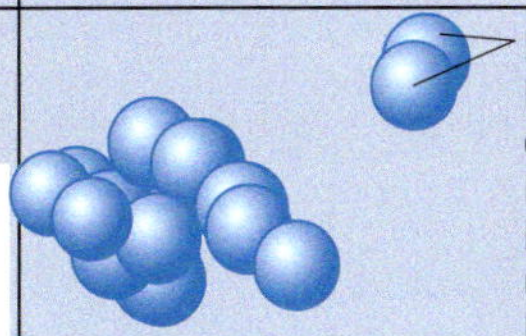

Diese Gruppe von Projektionsbündeln beschreibt eine zusätzliche Variante dieses Fahrzeugs. Hier gelingt es, die Kosten für das Fahrzeug im üblichen Rahmen zu halten. Dazu können Einsparungen an den Sicherheitsstandards und der Verzicht auf Polymere-Verscheibung beitragen.

BILD 2: Beispiel für ein Fahrzeug-Szenario (die Tabelle enthält die Gestaltungsgrößen und die für dieses Szenario gültigen Ausprägungen)

Fahrzeugszenario \ Umfeldszenario	Szenario I **Traditionelle mobile Gesellschaft**	Szenario II **Intelligente mobile Gesellschaft**	Szenario III **Starre Konzepte, Mobilitätskrise**	Szenario IV **Mobilität und Verkehrsaufkommen gehen zurück**	Szenario V **Mobilitätswettbewerb Schiene-Straße**
Szenario I **Konventionelles Massenfahrzeug**	+	−	−	+	−
Szenario II **Großes, teures Leichtbaufzg.**	+	+	−	○	+
Szenario III **Teures High-End Hybrid-Fahrzeug**	−	+	○	○	+
Szenario IV **Ultra-leichtes High-End-Fzg.**	○	+	−	+	+
Szenario V **Spartanisches Ultra-leicht-Fzg.**	○	− −	−	+	− −
Szenario VI **Kleines billiges Fahrzeug**	○	○	−	+	+

+ + Sehr hohe Konsistenz   − − Totale Inkonsistenz

BILD 3: Gegenüberstellung von Fahrzeugsszenarien (Fahrzeugkonzeptionen) und Markt- und Umfeldszenarien

Szenariofeld / Gestaltungsfeld – Schlüsseltechnologien	Szenario I Konvent. Massen-fahrzeug	Szenario II Großes, teures LB-Fahrzeug	Szenario III Teures High-End Hybrid-Fz.	Szenario IV Ultra-leicht. High-End Hybrid-Fzg.	Szenario V Spartan. ultra-leicht. Fahrzeug	Szenario VI Kleines billiges Fahrzeug
Thixo-Technologie	○	+	−	− −	○	+
Faserverbund-technologien	− −	○	+	+ +	+	−
Textile Technologien	− −	○	+	+ +	+	−
Innenhochdruckumf.	+	+	+	−	○	+
Patchworks	+	+ +	−	−	−	○
Dünngußverfahren Außenhautteile	+	+ +	○	−	− −	+
Tailored Blanks mit nichtlinearen Schweißn.	+ +	+	○	−	−	+
Metallschaumverarbeit.	−	+	+	+	+	○
Magnetumformen	−	+	○	○	○	+
Fügen Mischbauweise	+ +	+	+	+	+ +	+ +

+ + Sehr hohe Konsistenz − − Totale Inkonsistenz

BILD 4: Gegenüberstellung Fahrzeugkonzeptionen und Schlüsseltechnologien

Branche: Ausgangspunkt ist in der Regel das Interesse einer Branche wie der Antriebstechnik oder der industriellen Bildverarbeitung, sich gemeinsam mit den Zukunftsaussichten zu befassen und daraus für das eigene Unternehmen individuell Schlüsse zur Weiterentwicklung der Geschäftsstrategie zu ziehen. Das läuft auf Fragen folgender Art hinaus: Wie entwickeln sich die Märkte? Entstehen neue Märkte? Bietet es sich an, im Bereich Service zu kooperieren? Was sind die Themen, die im Rahmen von vorwettbewerblicher Gemeinschaftsforschung bearbeitet werden könnten? Wie entwickeln sich Wettbewerber-Cluster im Ausland? In diese Kategorie fallen acht Projekte, darunter auch die folgenden zwei Beispiele:

- Verpackungsmaschinen: Wie entwickeln sich die Märkte und Wettbewerb-Cluster im Ausland? Was wären strategische Stoßrichtungen für die heimischen Anbieter, um sich im globalen Wettbewerb weiterhin zu behaupten?
- E-Business Möbelwirtschaft: Wie wird die Informations- und Kommunikationstechnik Marketing, Verkauf und Kundendienst verändern? Wird es dadurch Veränderungen in den Machtverhältnissen in der Branchenwertschöpfungskette bis zum Endkunden geben?

Ferner haben wir 1996 ein Projekt mit dem Ziel durchgeführt, dic Rolle von Produktinnovationen für Deutschland im Jahr 2010 auszuleuchten.

- Neue Wege zur Produktentwicklung: Was sind denkbare Situationen am Wirtschaftsstandort Deutschland und welche Konsequenzen wären in den Bereichen Produktentwicklung zu ziehen, um eine erstrebenswerte Situation Wirklichkeit werden zu lassen?

Die genannten Kategorien repräsentieren Gestaltungsfelder, die beinhalten, was auf Basis der Szenarien gestaltet werden soll. Im Fall des Gestaltungsfelds Geschäftsfeld würde das in eine Geschäftsfeldstrategie münden, im Fall von Technologie in eine Technologie- bzw. Produktstrategie und im Fall von Branche in eine Branchenstrategie bzw. in Empfehlungen zur Gestaltung der Verbandsarbeit, der Gemeinschaftsforschung u. ä. Die Frage ist nun, ob jeweils ein Szenario eines Szenario-Projekts der heutigen Wirklichkeit entspricht. Dafür haben wir die Szenario-Projekte wie folgt qualifiziert:

- **Das als wahrscheinlich eingestufte Szenario (Referenzszenario) ist eingetreten:** Wir haben seinerzeit ein Zukunftsbild entworfen, das exakt der heutigen Situation entspricht. Das Szenario ist hochgradig konsistent.

Das, was wir damals an Entwicklungen wahrnehmen konnten, hatte uns dazu bewogen, auf eben dieses Szenario zu setzen. Offensichtlich gab es auf dem Weg zur Gegenwart keine wesentlichen Änderungen. Andernfalls hätte ein anderes Szenario eintreten müssen, das entsprechende Änderungen enthält. Diese Qualifikation gilt für 12 von 19 Szenario-Projekten.

- **Ein anderes Szenario ist eingetreten:** Das, was wir damals als in sich konsistentes und auch als sehr wahrscheinliches Zukunftsbild einstuften, ist nicht eingetreten. Auf den ersten Blick erscheint das negativ, aber es unterstreicht die Stärke der Szenario-Technik. Der Anspruch ist nicht, die Zukunft vorauszusagen, sondern alternative Zukünfte vorauszudenken. Neben den aus damaliger Sicht wahrscheinlichen Szenarien haben wir weitere ebenfalls in sich schlüssige Szenarien entwickelt, obwohl seinerzeit kaum etwas darauf hindeutete, dass ein derartiges Szenario Wirklichkeit werden würde. Diese Qualifikation trifft für 4 von 19 Szenario-Projekten zu. Das Entscheidende ist in diesen Fällen, dass die Strategen im Zuge eines Prämissen-Controllings erkannt haben, dass ein anderes als das als wahrscheinlich eingestufte Szenario eintritt und ihre Strategie dementsprechend angepasst haben.
- **Kein Szenario ist eingetreten:** In 3 von 19 Szenario-Projekten lagen wir daneben. Das ist unerfreulich und erinnert an ein Zitat von Friedrich Dürrenmatt: „Je planmäßiger die Menschen vorgehen, desto wirksamer vermag sie der Zufall zu treffen." Aber in aller Regel sind es nicht die „undenkbaren" Ereignisse wie der Zusammenbruch des ehemaligen Ostblocks, die dazu führen, dass man später neben den Schuhen steht, sondern handwerkliche Mängel bei der Szenario-Erstellung.

Insgesamt gesehen ist das Ergebnis sehr erfreulich. Die Szenario-Technik ist offensichtlich ein sehr leistungsfähiges Werkzeug, die Zukunft vorauszudenken, und keineswegs eine Kaffeesatzleserei. Dennoch stört es uns, dass wir uns in drei Fällen getäuscht haben. Eine genauere Analyse zeigt, dass die Gründe im Wesentlichen in drei Bereichen liegen: 1) Es fehlt an Phantasie, 2) die paarweise Bewertung der Konsistenz von Zukunftsprojektionen erfolgt fehlerhaft, 3) die Zukunftsprojektionen sind unklar formuliert und somit interpretierbar.

Es fehlt an Phantasie

Bei einigen Schlüsselfaktoren hatten wir Entwicklungen, die eingetreten sind, schlicht nicht auf dem Schirm – sei es aus Nachlässigkeit oder aus mangelnder Phantasie und der damit verbundenen Haltung, dass die Zukunft aus einer Fortschreibung dessen besteht, was wir bisher erlebt haben. Zur ersten Kategorie – Nachlässigkeit: In einem Szenario-Projekt ging es um die Zukunftsaussichten der noch jungen Branche Mikrosystemtechnik. Anhand von zwei Schlüsselfaktoren wollen wir verdeutlichen, was wir vergessen hatten, ins Kalkül zu ziehen: Der Schlüsselfaktor „Investitionsbereitschaft" weist u. a. die zwei Projektionen (A) „Strategische Investitionen" und (B) „Von außen bestimmte Investitionen" auf. Die folgenden Textpassagen aus den Projektionen sollen diese denkbaren Situationen verdeutlichen:

Zu A: „Neben kurzfristigen Produktivitätssteigerungen spielen Investitionen in das Geschäft von morgen eine große Rolle. Die Motivation ergibt sich aus der Vorausschau der Entwicklung von Märkten und Technologien und der damit verbundenen Aussicht auf einen attraktiven Return on Investment."

Zu B: „Die Hersteller von Mikrosystemen entscheiden über ihre Investitionen nicht frei. Technologietrends, gesetzliche Verordnungen sowie mächtige Kunden geben vor, was zu tun ist. Die Hauptabnehmer locken mit großen Aufträgen und haben klare Vorstellungen über die Gestaltung der Produktionsprozesse. Sie schaffen es, ihre Produktionsrisiken auf die Zulieferer zu verlagern. Viele Hersteller von Kunststoffteilen bzw. Systemen sind in eine starke Abhängigkeit von den Abnehmern geraten."

Der zweite beispielhaft herangezogene Schlüsselfaktor „Automatisierungsgrad" hat neben anderen Projektionen die Projektion (A) „Automatisierung erfordert Kompetenz und Kapital." Die entsprechende Beschreibung lautet: „Das Angebot an Automatisierungsausrüstung ist sehr umfangreich. Es reicht von Sensoren über Informationsverarbeitungssysteme bis hin zu hochautomatisierten Maschinen und Anlagen. Insbesondere Software ermöglicht Maschinen und Anlagen mit inhärenter Teilintelligenz. Diese Beiträge zu einer spezifischen Lösung zu integrieren, erfordert ein umfassendes Engineering, das entweder von den Herstellern der Präzisionsteile oder von externen Systemlieferanten geleistet wird. Beides ist mit erheblichen Kosten verbunden. Diejenigen Unternehmen, die mit spezifischen Lösungen einen hohen Automatisierungsgrad erzielt haben, haben einen erheblichen Wettbewerbsvorteil, der durch die hohen Barrieren von längerer Dauer ist."

In beiden Fällen geht es um Kapital, das selbstredend verfügbar sein muss, damit diese drei Projektionen auch Wirklichkeit werden können. Wir hatten die Verfügbarkeit von Kapital angenommen und nicht in unsere Überlegungen einbezogen, dass die Kapitaldecke der Unternehmen zu dünn sein könnte bzw. Investoren sich sehr zurückhalten. Das ist die heutige Realität und somit sind wir auch nicht überrascht, dass in diesem Projekt keines der drei Szenarien eingetreten ist. Aus damaliger Sicht war es ein Stück weit mangelnde Phantasie bzw. Naivität, die uns bewogen hatte die ausreichende Verfügbarkeit von Kapital anzunehmen sofern die Geschäftsaussichten gut aussehen. Die jüngste Zeit zeigt, dass selbst gute Geschäftsaussichten oft nicht hinreichend sind, einen Investor zu motivieren.

Auf einer höheren Ebene der phantasievollen Vorausschau sind die sog. Trendbruchereignisse einzuordnen – in der Szenario-Technik bezeichnen wir diese auch als Wild Cards. Es handelt sich um denkbare Ereignisse in der Zukunft, die zwar sehr unwahrscheinlich sind, aber einen sehr hohen Einfluss auf das Szenariofeld und die daraus abgeleitete Geschäftsstrategie haben, sofern sie eintreten. Die jüngste Finanzkrise ist so ein Ereignis. Wir konnten uns vor gut zehn Jahren nicht vorstellen, dass sich die Geschehnisse der Weltwirtschaftskrise des 20. Jahrhunderts wiederholen könnten und das internationale Finanzsystem an den Rand des Abgrunds geraten würde.

Mitte der 90er Jahre haben wir ein Szenario-Projekt für ein großes Energieversorgungsunternehmen durchgeführt, in dem es um die Zukunft der dezentralen Stromerzeugung und die entsprechenden Konsequenzen für dieses Unternehmen ging. Wild Cards waren hier u. a.: Verstaatlichung der Netze, starke Widerstände gegen Überlandleitungen, kabellose Stromversorgung und Supraleitung bei Zimmertemperatur. Heute würden wir allenfalls nur noch die beiden letztgenannten Entwicklungen als Wild Cards bezeichnen. Aber auch hier gibt es seriöse Quellen, die unterstreichen, dass derart gravierende Veränderungen möglich sind, wenngleich sie aus heutiger Sicht noch sehr unwahrscheinlich wirken. Wie dem auch sei, ein Szenarioteam ist gut beraten, sich auch mit derartigen Entwicklungen auseinanderzusetzen.

Es ist darüber hinaus festzuhalten, dass das Energieversorgungsunternehmen kurze Zeit nachdem die Zukunftsszenarien und eine daraus abgeleitete Strategie vorlagen, in Schwierigkeiten kam und übernommen wurde; dies geschah, obwohl das Referenz-Szenario eingetreten war. Was war passiert? Die Szenarien hatten einen Zeithorizont von 2020. Kurzfristigere Veränderungen schloss man aus, da man es gewohnt war, dass Veränderungen in diesem Geschäft erst in Jahrzehnten und nicht schon in wenigen Jahren eintraten. Innerhalb weniger Jahre traten jedoch die Veränderungen, die man erst für 2020 erwartete, ein. Das Unternehmen war aber weder mental strategisch noch operativ in der Lage, den erforderlichen Wandel zu vollziehen. Auch das lag hauptsächlich am Mangel an Phantasie, weil die Beteiligten sich nicht vorstellen konnten, dass seit längerem diskutierte Veränderungen so rasant eintreten würden.

Die Konsistenz von Zukunftsprojektionen wird falsch bewertet

Zukunftsszenarien beruhen auf der paarweisen Beurteilung der Konsistenz der Zukunftsprojektionen der Schlüsselfaktoren. Ein übliches Szenarioprojekt umfasst etwa 20 Schlüsselfaktoren. Wenn es je Schlüsselfaktor drei Zukunftsprojektionen gibt, führt das zu seiner Konsistenzmatrix mit etwa 1500 Bewertungsstellen (60 Zeilen × 60 Spalten, abzüglich Diagonale). Kein Wunder, dass es bei der Bewertung, ob nun die eine Projektion mit der anderen gut oder gar nicht zusammenpasst, aufgrund nachlassender Konzentration zu Fehlbewertungen kommt. Dazu ein Beispiel aus dem Szenario-Projekt „Die Zukunft der Mikrosystemtechnik“: Hier hat es eine falsche Bewertung gegeben; später ist eine weitere Person zu einer völlig anderen, aber richtigen Bewertung gekommen. Es geht um die zwei Schlüsselfaktoren (1) Branchenstruktur (Projektionen: (1A) Konzentration, (1B) Mittelständische Einzelkämpfer und (1C) Unternehmensverbünde) und (3) Leistungsangebote (Projektionen: (3A) Konzentration auf das Kerngeschäft, (3B) Vorwärtsintegration und (3C) Generalunternehmer). Während die eine Person die Kombination von (1A) mit (3A) als total inkonsistent bewertete, sah die andere diese Kombination als sehr konsistent an. Aus der Beschreibung der Projektion (1A) geht hervor, dass die Konzentration bei den verbleibenden Unternehmen der Branche tendenziell zu einer Verbreiterung des Leistungsangebots führt. Daher ist es eher unwahrscheinlich, dass sich die Unternehmen in ein und demselben Szenario in das Kerngeschäft zurückziehen. Die Kombination (1A) mit (3A) ist also als inkonsistent zu bewerten. Offenbar hat sich die Person, die ursprünglich die Bewertung vornahm, angesichts des Begriffs Konzentration, der in (1A) und (3A) vorkommt, dazu verleiten lassen, beide Entwicklungen als gut zueinander passend zu beurteilen.

Projektionen sind unklar formuliert

Die Zukunftsprojektionen bilden die Bausteine für die Zukunftsszenarien; im Grunde genommen sind die Szenarien nichts anderes, als die Kombination gut zusammenpassender Projektionen. Die Aussagekraft eines mehrseitigen Szenario-Textes wird also durch die Güte der Projektionstexte bestimmt. An dieser Stelle sei ein Hinweis gegeben, der die Attraktivität der Szenario-Technik unterstreicht: Die Projektionen werden je Schlüsselfaktor in der Regel von einem Team als denkbare Entwicklungen formuliert, unabhängig davon, ob sie der Eine oder Andere für wahrscheinlich oder eher unwahrscheinlich hält, und ohne zu wissen, in welchen Kombinationen sie in den späteren Szenarien erscheinen (konsistente Kombinationen der Projektionen ergeben sich aus der Konsistenzanalyse). Mängel in der Strukturierung und Formulierung der Projektionstexte sind die häufigste Ursache für schlechte Szenarien. Die Autoren der Projektionstexte müssen es beherrschen, einen komplexen Sachverhalt allgemeinverständlich auf den Punkt zu bringen und ihn auch lebendig zu formulieren. Gute Hinweise für attraktive Texte gibt Schneider in seinem Buch „Deutsch!“ [Schn07]. Ziel muss es sein, die Leser der Szenarien zu fesseln und zum Nachdenken zu bringen. Es soll sich der Autor quälen und nicht der Leser der Szenarienbeschreibungen. Oft adressieren diffuse Texte mehrere Aspekte, sodass den Projektionen die eindeutige Stoßrichtung verloren geht. Bei der paarweisen Bewertung der Konsistenz führt das zu Problemen, weil die Bewerter mal den einen und mal den anderen Aspekt im Vordergrund sehen. Dazu das vereinfachte Beispiel aus Bild 2-23. In den beiden Projektionen (1B) und (5B) werden jeweils zwei Aspekte genannt. Je nachdem, welche Aspektkombination gedanklich im Vordergrund steht, kommen Bewerter zu unterschiedlichen Bewertungen. Im vorliegenden Fall bewertet der eine die Projektionen (1B) und (5B) als konsistent (4) und der andere als inkonsistent (2).

In einem eng gefassten Kontext kann es sinnvoll sein, mehrere Aspekte zu adressieren. Das sei am Beispiel des Schlüsselfaktors Innovationskraft erläutert. Hier adressieren wir zwei Aspekte: 1) Anzahl Ideen aus Forschung und 2) Umsetzung der Ideen (vgl. auch Bild 2-13). Beide Aspekte können die Ausprägungen gering und hoch aufweisen. Durch Kombination dieser Ausprägungen ergeben sich die sinnvollen Projektionen (A) Wenige Ideen, kaum neue Produkte, (B) Unzureichende Umsetzung von Ideen und (C) Viele Ideen, hohe Umsetzungsrate (Kombination (D) „Wenige Ideen, geringe Umsetzungsrate“ wird als irrelevant erachtet). Wenn es sich wie in diesem Beispiel anbietet, zwei Aspekte in Kombination zu betrachten, verwenden wir als Diskussionsgrundlage bei der Projektionsermittlung eine Portfoliodarstellung, bei der die Achsen die zwei Aspekte wiedergeben.

Resümee

Die „abgelaufenen“ Szenarien unterstreichen die Leistungsfähigkeit der Szenario-Technik zum Vorausdenken der Zukunft. Die Szenarien helfen, die Grenzen des gewohnten Denkens zu überwinden und neue Ansätze für erfolgreiche Geschäfts- und Produktstrategien zu finden. Allerdings kommt es auf das „gewusst wie“ an. Dazu haben wir eine Reihe von Hinweisen und Beispielen gegeben. Als Quintessenz schlagen wir zehn Regeln vor (vgl. Kasten). Diese adressieren zwei Bereiche: die Bestimmung der Schlüsselfaktoren, die den Gegenstand des Szenario-Projekts klar umreißen, und die Projektionen, die je Schlüsselfaktor

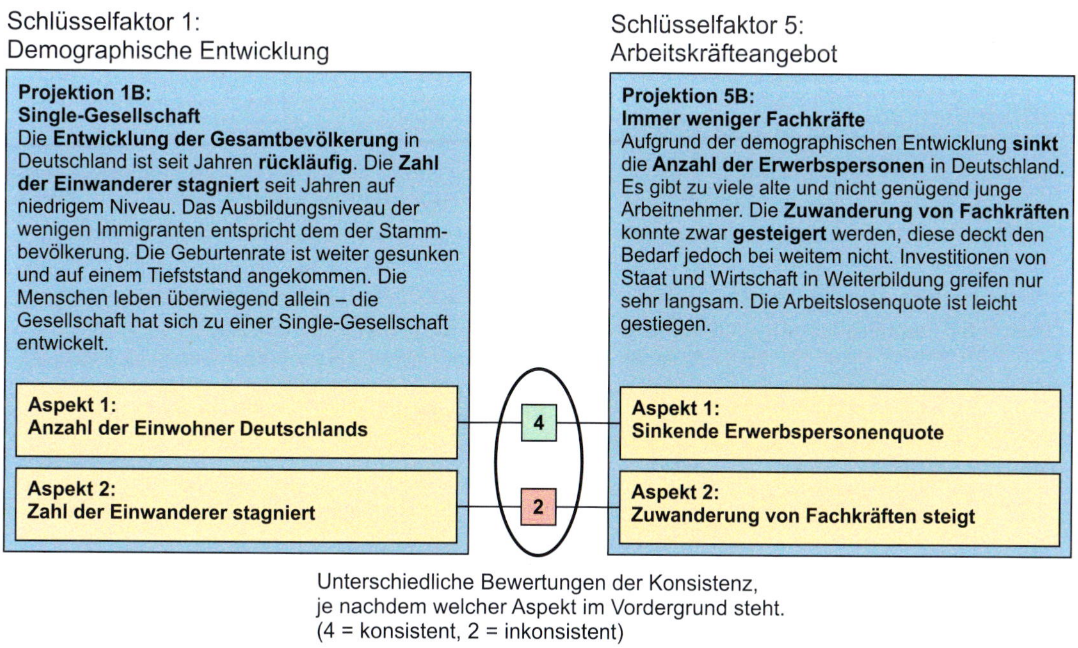

BILD 2-23 Unscharfe, mehrdimensionale Projektionen führen zu Schwierigkeiten bei der paarweisen Konsistenzbewertung

CHECKLISTE FÜR EIN ERFOLGREICHES SZENARIO-PROJEKT

Aus den gewonnenen Erfahrungen leiten wir Regeln für die Szenario-Erstellung und die Durchführung von Szenario-Projekten ab. Im Prinzip kommt es auf die Wahl der Schlüsselfaktoren und die Qualität der Formulierungen der Projektionen der Schlüsselfaktoren an. Die Schlüsselfaktoren und ihre Projektionen sind im sog. Projektionskatalog dokumentiert, der die entscheidende Arbeitsgrundlage eines Szenario-Projekts ist.

Regeln für die Schlüsselfaktoren

1) 20 Schlüsselfaktoren sind genug.
Jeder Schlüsselfaktor ist ein Aspekt, den man sich gut merken muss, will man nicht Gefahr laufen, am Ende des Textes eines Szenarios vergessen zu haben, was vorn adressiert worden ist. Hier stellt sich die Frage, was zu tun ist, wenn die Sache nun mal wesentlich mehr als 20 Aspekte aufweist. Für derartige Fälle bietet sich das Prinzip der Hierarchisierung an. Dazu erstellen wir Szenarien für einen Einflussbereich wie globales Umfeld, der in der Regel durch zehn Schlüsselfaktoren beschrieben ist. Diese Szenarien wären auf der nächst höheren Aggregationsstufe Projektionen eines Schlüsselfaktors mit dem Titel „Globales Umfeld".

2) Die Schlüsselfaktoren müssen genügend Substanz hinsichtlich der Fragestellung des Szenario-Projekts aufweisen.
Der erläuterte Kunstgriff der Verdichtung von Teilszenarien zu Projektionen bietet sich insbesondere dann an, wenn eine genügend große Anzahl von Schlüsselfaktoren für den eigentlichen Kern der Fragestellung berücksichtigt werden soll. Häufig stellen wir fest, dass das globale Umfeld über die Hälfte der empfohlenen 20 Schlüsselfaktoren in Anspruch nimmt. Wenn nun die Aufgabenstellung lautet, die Zukunft der Mikrosystemtechnik oder die Zukunft von Vakuumpumpen auszuleuchten, dürfte klar werden, dass die verbleibenden Schlüsselfaktoren höchstwahrscheinlich zu wenig Substanz liefern, um zu wirklich aussagekräftigen Szenarien im Sinne derartiger Aufgabenstellungen zu gelangen.

3) Ein Schlüsselfaktor ist zu definieren und in seiner heutigen Ausprägung präzis zu beschreiben.
Ein Schlüsselfaktor beschreibt einen wesentlichen Aspekt eines Szenario-Projekts. Daher ist es notwendig, diesen Aspekt ggf. unter Hinweis auf Quellen präzis zu umreißen. Da je Schlüsselfaktor Zukunftsprojektionen zu erarbeiten sind, ist es angebracht, die gegenwärtige Ausgangssituation klar zu beschreiben.

Regeln für die Projektionen

4) Denkbare Projektionen ermitteln und auch versuchen, das „Undenkbare" zu denken.
Im Zusammenhang mit der Kreation von Projektionen ist häufig zu beobachten, dass es an der Bereitschaft mangelt, die Bahnen des gewohnten Denkens zu verlassen. Oft ist es auch Phantasielosigkeit, die dazu führt, das bereits Erlebte fortschreiben zu wollen. Daher ist es außerordentlich wichtig, sog. Querdenker und Impulsgeber zu beteiligen. Phantasielose Zeitgenossen, die sich in der Gegenwart behaglich eingerichtet haben, werden wohl kaum eine packende Projektion liefern. Im Gegenteil, sie bremsen die visionären Denker aus.

5) Projektionen, die vom üblichen Denken abweichen, gut erläutern und begründen.
Je weiter die Projektionen von dem entfernt sind, was wir aufgrund unserer Erfahrungen in die Zukunft projizieren und je unwahrscheinlicher sie erscheinen, umso notweniger ist es, diese Entwicklungen zu erläutern und zu begründen. Für die Akzeptanz der späteren Szenarien ist es unerlässlich, im Team und auch im Management Konsens darüber zu erzielen, dass es sich bei den Projektionen um denkbare Entwicklungen handelt. Die Frage der Wahrscheinlichkeit des Eintretens der Projektionen spielt an dieser Stelle keine Rolle.

6) Genügend Expertise einbeziehen.
Bei manchen Schlüsselfaktoren fehlt es dem Team am Wissen, den Status Quo und insbesondere die denkbaren Entwicklungen umfassend zu beschreiben. Der gesunde Menschenverstand reicht dann nicht aus. Das gilt in der Regel für neue Technologien und neue Anwendungsfelder. Hier bietet es sich an, externe Expertise zur Entwicklung der Projektionen einzuholen. Selbstredend ist hier kritisch zu prüfen, ob die Experten das voraussagen, was in der jeweiligen Community gerade en vogue ist, oder eine differenzierte Betrachtung des Zukunftsraums vorgenommen wird, die auch bislang wenig beachtete Perspektiven verdeutlicht.

7) Projektionen trennscharf formulieren.
In den meisten Fällen ergeben sich je Schlüsselfaktor eine Reihe von Zukunftsprojektionen. Viele davon

ähneln sich. Aus der Menge möglicher Zukunftsprojektionen sind geeignete Projektionen auszuwählen, mit denen die wirklich charakteristischen Entwicklungsmöglichkeiten beschrieben werden. Dabei ist es besonders wichtig, auf die Trennschärfe der Zukunftsprojektionen zu achten, so dass jede eine eigenständige Entwicklungsmöglichkeit darstellt.

8) Mehrdeutige Projektionen unbedingt vermeiden. Unterschiedliche Aspekte in einer Projektion führen häufig zu Mehrdeutigkeiten, was in der späteren Konsistenzbewertung zu Problemen führt.

9) Projektionen prägnant, allgemeinverständlich und lebendig formulieren.
Sich an SCHNEIDER zu halten, ist gerade für uns Ingenieure sicher ein guter Weg: „Die Satzbauregeln der deutschen Grammatik begünstigen das Rührei, aber sie erzwingen es nicht. Die Aufgabe für jeden, der gelesen und verstanden werden möchte, heißt daher: sich an ein paar schlichte Grundeinsichten halten – vor allem diese.

1. Mit Hauptsätzen kommt man überraschend weit, sie sind die erste Wahl.
2. Angehängte Nebensätze sind die häufigsten und die die am ehesten willkommenen, leider mit etlichen Ausnahmen; also: zweite Wahl.
3. Vorangestellte Nebensätze können gut sein, wenn sie kurz sind – dritte Wahl.

Nicht zur Wahl dagegen stehen für jeden der transparente, elegante Sätze formen will: Eingeschobene Nebensätze und vorangestellte Attribute.“ [Schn07]

10) Paarweise Konsistenzbewertung sorgfältig vornehmen.
Selbst wenn die Projektionen perfekt formuliert sind, kommt es oft aufgrund von mangelnder Konzentration zu Fehleinschätzungen. Daher sollte jede Bewertung unabhängig voneinander von zwei Personen vorgenommen werden. Das Software-Tool zeigt dann all die Stellen der Matrix an, die nicht gleich bewertet wurden. Hier muss ein Dritter abschließend eine korrekte Bewertung angeben. Noch eine Bemerkung zum Schmunzeln: Wird überwiegend die Bewertung „3“ vergeben (d. h. die Projektionen schließen sich weder aus noch begünstigen sie sich), dann haken Sie das Szenario-Projekt ab. Nicht für jede Aufgabenstellung ist Szenario-Technik das probate Mittel.

[Schn07] SCHNEIDER, W.: Deutsch! Das Handbuch für attraktive Texte. Rowohlt Taschenbuch-Verlag, Reinbek bei Hamburg, 2007

denkbare Entwicklungen beschreiben. Die Anwendung dieser Regeln gepaart mit etwas Erfahrung führt zu fundierten und aussagekräftigen Zukunftsszenarien, die gute Hinweise für künftige Chancen geben, aber auch Bedrohungen für das heute etablierte Geschäft aufzeigen. Das Entscheidende ist nun, dass die eigentlichen Adressaten der Szenarien, die Mitglieder der Unternehmensleitung, sich diese Erkenntnisse zu Eigen machen und das Szenario-Projekt nicht als eine interessante Übung der Planer abgehakt wird. Daher die abschließende Regel, die über allem steht und an dieser Stelle erläutert wird: „Die Adressaten einbeziehen“.

In der Regel werden die Szenarien dem Topmanagement vorgestellt. Häufig hatten wir da das Gefühl, dass sich die Adressaten nicht vom operativen Geschäft lösen konnten und sich überrumpelt vorkamen. Daher halten wir es für außerordentlich wichtig, die Mitglieder der Unternehmensleitung einige Zeit vor Vorstellung der Szenarien mit dem Projektionskatalog vertraut zu machen und ihnen die Gelegenheit zu geben, die Projektionen zu diskutieren und ggf. auch zu modifizieren. Wir haben es nie erlebt, dass sich das Topmanagement bei der Durchsprache des Projektionskatalogs langweilte. Das Gegenteil war der Fall; die Damen und Herren empfanden es als ihre zentrale Aufgabe, sich mit Einflüssen auf ihr Geschäft von morgen auseinanderzusetzen.

Die Szenario-Technik ist offensichtlich ein mächtiges Denkwerkzeug für Führungspersönlichkeiten. Allerdings befassen sich viele von ihnen zu wenig mit der Zukunft. Das operative Geschäft erfordert höchste Aufmerksamkeit und nichts ist leichter auf den nächsten Tag zu verschieben als konzeptionelles Arbeiten für die Gestaltung des künftigen Geschäfts. Bei all den Vorteilen, die ein systematisches Vorausdenken der Zukunft bringt, ist unserer Erfahrung nach ein positiver Effekt besonders zu unterstreichen: Die Szenario-Technik unterstützt ein Kollektiv von Führungspersönlichkeiten, sich systematisch, umfassend und nachvollziehbar mit den Zukunftsaussichten zu befassen und zu einer gemeinsamen Sicht auf die Möglichkeiten zur Gestaltung des Geschäfts von morgen zu kommen.

Frage:
Welche Bedeutung haben die folgenden Einsatzbereiche für Pumpen im Jahr 2020?

Pumpen als Turbine	5,6
Pumpen in der Wasserstoffwirtschaft	7,5
Pumpen in der Erdwärmegewinnung	4,3
Reinigung von Flüssen, Seen, Meeren und Abwasser	6,8
Dezentrale Wasserversorgung mit Nutzung der Solarenergie oder solarunabhängiger Antriebe	5,4

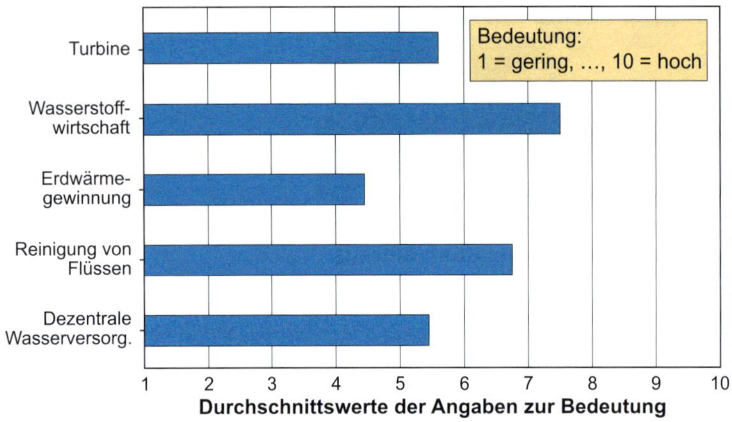

BILD 2-26
Delphi-Methode – Beispiel einer Frage und einer Auswertung

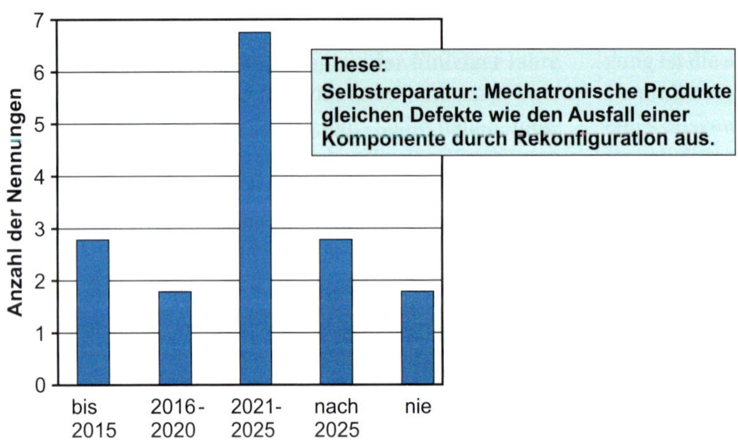

BILD 2-27
Delphi-Methode – Beispiel einer These und einer Auswertung

Resümee

Die Delphi-Methode ist eine sehr bewährte Methode, die Meinung einer größeren Anzahl von Experten relativ kostengünstig und schnell zu ermitteln und zu konsolidieren. Entscheidend für den Erfolg ist die Qualität der Fragen und Thesen. Eine wichtige Rolle spielt ferner die Bereitschaft der Befragten, den Fragebogen zu beantworten. Maßgebend dafür sind wiederum die Qualität der Fragen und Thesen, aber auch die Beziehungen zwischen den Experten auf der einen Seite und denjenigen, die die Befragung durchführen auf der anderen Seite. Der gravierende Nachteil ist darin zu sehen, dass eine Experten-Community dazu neigt „im eigenen Saft zu schmoren“, also das wiederzugeben, was eben derzeit die geltende Meinung ist, und es somit nicht wirklich zu grundlegend neuen Erkenntnissen kommt. Abhilfe schafft hier das bewusste Einbeziehen von „Querdenkern“, deren Meinung häufig nachdenklich stimmt. Selbstredend müssen deren Äußerungen explizit und anonym in der Auswertung der ersten Runde enthalten sein.

2.2.2 Trendanalyse

Die Schnelllebigkeit der heutigen Zeit und die rasante technologische Entwicklung führen zu einer zunehmende Verunsicherung der Menschen. Dinge, die *„früher insti-*

tutionell, hierarchisch, sauber zugeordnet, schwarz und weiß eingeteilt werden konnten" [Hor98], verwischen sich heute zunehmend. Die starke Unsicherheit der Menschen im Umgang mit der Zukunft erfordert es, zukünftige Entwicklungen abschätzen zu können. Die Trendforschung und -analyse setzen hier an, komplexe gesellschaftliche Zusammenhänge zu analysieren und mögliche Auswirkungen aufzudecken. Für uns spielen dabei besonders Entwicklungen eine Rolle, die die Geschäftstätigkeit von Unternehmen beeinflussen.

Ein Trend ist demnach eine mögliche Entwicklung in der Zukunft, die aufgrund einer hohen Wahrscheinlichkeit als relevant für die künftige Geschäftstätigkeit angesehen wird. Trends können zunächst als Bedrohung empfunden werden. Sie erzeugen ein Gefühl des Ausgeliefertseins und führen uns vor Augen, dass wir ein Teil eines komplexen Ganzen sind und nicht autonom und unbeeinflusst agieren können [Hor98].

Die Aufgabe der Trendforschung ist, Prognosen zu treffen, um eben dieser Unsicherheit entgegenzuwirken. Dabei wird eine Einschätzung über die Dynamik von Trends gemacht – Wie stark und wie schnell wird ein Trend eintreffen? Wie groß ist die Gruppe der Betroffenen eines Trends? Wird nur ein kleiner, marginaler Teil von Personen erreicht oder betrifft der Trend die gesamte Bevölkerung? Darüber hinaus sollten Trends eine gewisse zeitliche Gültigkeit vorweisen und quantifiziert werden. Im zeitlichen Verlauf lassen sich Trends daher nachvollziehen, überprüfen und fortschreiben bzw. abwandeln [Hor98]. Horx schlägt die folgende Kategorisierung von Trends vor:

Megatrends sind Trends mit einer Halbwertszeit von mehr als zehn Jahren. Diese Trends sind soziographischen oder technologischen Ursprungs und haben Einfluss auf die Gesellschaft. Naisbitt und Aburdene verstehen unter Megatrends breit angelegte soziale, wirtschaftliche, politische und technologische Veränderungen. Diese bilden sich langsam und dauern nach Eintreten lange an. Die Megatrends von Naisbitt und Aburdene beziehen sich auf die gesellschaftliche Gesamtheit [NA92]. Ein Beispiel für einen Megatrend ist die fortschreitende Urbanisierung: Der Wandel zur Wissensgesellschaft bewirkt eine weitere Verdichtung des urbanen Gebiets; Städte werden zum Knotenpunkt von Wissen. [Hor12].

ZUKÜNFTIGE HERAUSFORDERUNGEN FÜR DIE DEUTSCHE WERKZEUGMASCHINENINDUSTRIE – ERGEBNISSE EINER DELPHI-STUDIE

Die deutsche Werkzeugmaschinenindustrie hat sich in der Vergangenheit im internationalen Wettbewerb gut behauptet, wenn sie ihren Kunden innovative Problemlösungen bieten konnte. Dazu ist es mithin notwendig, die (zukünftigen) Fertigungsanforderungen der Kunden zu erkennen und entsprechende Technologien zu entwickeln.

Die Delphi-Befragung ist eng mit der Entwicklung von Referenzszenarien für die deutsche Werkzeugmaschinenindustrie gekoppelt (vgl. BMBF-Verbundprojekt „WZM 20XX – Initiative für die Werkzeugmaschine von morgen", Rahmenprogramm „Forschung für die Produktion von morgen"). Für die wichtigsten Zukunftsprojektionen wurden aussagekräftige Thesen entwickelt, zu denen Experten aus Hersteller- und Anwenderfirmen Stellung beziehen sollten. Analog zu den entwickelten Markt- und Umfeldszenarien wurden die Anwenderbranchen „Automobilzulieferer" und „Werkzeug- und Formenbau" ausgewählt, die beide für den deutschen Werkzeugmaschinenbau eine hohe Bedeutung haben und aufgrund ihrer Produktionscharakteristika unterschiedliche Anforderungen stellen. Insgesamt wurden 64 Thesen aus den Bereichen Wirtschaft (W), Technologie (T), Markt/Branche Automobilzulieferer (A) sowie Markt/Branche Werkzeug- und Formenbau (WF) abgefragt. Bild 1 zeigt eine Seite (Bereich Technologie) des 11-seitigen Fragebogens. Die einzelnen Felder, die von den Befragten zu markieren waren, enthalten schon die Auswertung.

Bild 2 gibt einen Überblick über die Top 12 der Thesen mit den höchsten Wahrscheinlichkeiten, die von den Firmenexperten im Mittel auf mehr als 50 % eingestuft wurden. Die Thesen sind danach strukturiert, ob sie sich eindeutig als Chance oder Risiko für den deutschen Werkzeugmaschinenbau einordnen lassen oder ob diese Zuordnung zunächst offen bleiben muss. Im Bild repräsentiert die linke Wand des „Häuschens" jeweils das untere Quartil (25 % der Experten erwarten bis zu diesem Zeitpunkt eine Verwirklichung), die Spitze den Median (50 %-Perzentil) und die rechte Wand das obere Quartil (75 %-Perzentil) der Experteneinschätzungen zum Eintrittszeitpunkt.

Fraunhofer Institut Systemtechnik und Innovationsforschung ISI – 20XX WZM Technologie	Ihre Fachkenntnis zu der These			Wahrscheinlichkeit des Eintretens					Zeitpunkt des Eintretens					Bedeutung für *Ihre* Branche				Ausgangsposition des deutschen Werkzeugmaschinenbaus			
	hoch	mittel	gering	0 % (nie)	1-24 %	25-50 %	51-75 %	75-100 %	2010-2015	2016-2020	2021-2025	nach 2025	nie	hoch	mittel	gering	keine	excellent	gut gewappnet	schlecht gewappnet	unvorbereitet
1. Fertigungssysteme, in denen einfache Maschinenmodule schnell zu verschiedenen komplexen Systemen angeordnet werden können, finden breite Anwendung (plug and produce).	19	32	8											62	26	7	2	8	66	21	0
2. 90 % der Stillstandzeiten von Werkzeugmaschinen im produktiven Einsatz sind auf Störungen der Informations- und Kommunikationstechnik und der Software zurückzuführen.	18	34	7											38	16	4	1	5	40	13	0
3. Die Integration verschiedener Fertigungsprozesse wie spanende Bearbeitung und Beschichtung in einer einzige Maschine führt dazu, dass viele Produkte komplett mit einer einzigen Maschine hergestellt werden (Fabrik in der Maschine).	18	32	10											24	23	8	5	2	32	22	3
4. Die Produktlebenszyklen bei Werkzeugmaschinen sind so kurz, dass der erzielte ROI (Return on Investment) für die notwenige Entwicklung in Deutschland nicht mehr ausreicht.	14	33	12											27	20	7	4	2	33	19	3
5. Durch den allgemeinen Einsatz von endkonturnahen Fertigungsverfahren (near net shape) wird der Einsatz von Werkzeugmaschinen auf die Endbearbeitung (Schnitttiefe unter 1 mm) beschränkt.	21	23	15											30	18	4	5	1	46	8	2
6. 30 % aller Werkzeugmaschinen sind mit Funktionen zur Selbstüberwachung, Fehlervorhersage und Teleservice ausgestattet.	25	32	3											40	17	2	1	8	45	6	0
7. CNC-Programme werden automatisch von CAD-Systemen generiert, ohne dass ein Testen der Programme an der Maschine noch notwendig ist.	20	37	3											31	22	7	0	3	48	8	0

BILD 1: Auszug aus dem Delphi-Fragebogen (Bereich Technologie) sowie die entsprechende Auswertung

Es zeigt sich, dass vier der sechs wahrscheinlichsten Chancen für die deutsche Werkzeugmaschinenindustrie aus technologischen Entwicklungen entspringen. Nach Ansicht der befragten Experten ist es bereits in absehbarer Zukunft sehr wahrscheinlich, dass 30 % der Werkzeugmaschinen mit Funktionen zur Selbstüberwachung, Fehlervorhersage und Teleservice ausgestattet sein werden (Median 2015, d. h. 50 % der Experten erwarten bis zu diesem Zeitpunkt eine Verwirklichung). Auch die breite Anwendung von „plug and produce"-Fertigungssystemen (d. h. einfache Maschinenmodule können schnell zu komplexen Systemen angeordnet werden) sowie von Mikro-Elektromechanischen Systemen als aktive Komponenten (z. B. aktive Werkstückspannsysteme) wird mit jeweils 55 % im Durchschnitt als sehr wahrscheinlich eingeschätzt und innerhalb von 10 Jahren erwartet (Median 2016 bis 2020). Den Experten zufolge besitzen deutsche Werkzeugmaschinenhersteller die technologische Kompetenz, um von diesen Entwicklungen profitieren zu können.

Auch die als wahrscheinlich eingeschätzte These, dass künftig Prozessinnovationen aufgrund immer kürzer werdender Produktlebenszyklen der eigentliche Innovationsengpass sind und in diese ebenso viel investiert wird wie in Produktinnovationen, stellt für die Werkzeugmaschinenindustrie als Fertigungsausrüster und damit „Prozessinnovationslieferanten" eine Chance dar. Die hohe Zustimmung zur These unterstreicht die künftige Bedeutung technischer und organisatorischer Prozessinnovationen, die gleichberechtigt wie Produktinnovationen geplant und gestaltet werden sollten. Chancen für den Werkzeugmaschinenbau bieten zudem die Marktentwicklungen im Automobilbereich hin zur kundenindividuellen Fahrzeugproduktion sowie im Werkzeugbau zu einer deutlich erhöhten Nachfrage nach spanabhebenden Werkzeugen. Eine erhöhte Nachfrage nach flexibleren bzw. allgemein nach Werkzeugmaschinen mit deutscher Technologiekompetenz erscheint vor diesem Hintergrund wahrscheinlich.

Von den als besonders wahrscheinlich eingeschätzten Entwicklungen lassen sich zwei eindeutig als Risiken charakterisieren. Beiden ist gemein, dass ihr Eintreten bereits in den nächsten fünf Jahren erwartet wird (Median 2010 bis 2015). Zum einen schätzen die Experten, dass zukünftig das Beziehungsmanagement durchaus der wesentliche Verkaufsfaktor für Werkzeugmaschinen sein könnte, da objektive Leistungsmerkmale bei allen Wettbewerbern nahezu

Bereich & Nr.	These	Mittlere Wahrscheinlichkeit (%)	Zeitpunkt des Eintretens: 2010-2015	2016-2020	2021-2025	nach 2025	nie
Chancen							
T 6	30 % der Werkzeugmaschinen sind mit Funktionen zur Selbstüberwachung, Fehlervorhersage und Teleservice ausgestattet.	75,1					
T 1	„plug and produce"-Fertigungssysteme finden breite Anwendung.	55,4					
T 11	Mikro-Elektromechanische Systeme (z.B. Aktuatoren) finden als aktive Komponenten breite Anwendung (z.B. aktive Werkstückspannsysteme).	55,2					
A 11	50 % der verkauften Autos werden auf individuellen Kundenwunsch gefertigt.	52,1					
T 10	Aufgrund kurzer Produktlebenszyklen wird in Prozessinnovationen ebensoviel investiert wie in Produktinnovationen.	51,3					
WF 8	Der weltweite Bedarf für Spanwerkzeuge hat sich durch Hart-, Trocken- und High-Speed-Bearbeitung um 1/3 erhöht.	51,3					
Risiken							
W 20	Beziehungsmanagement ist der wesentliche Verkaufsfaktor für WZM, da objektive Leistungen/ Qualität bei allen Wettbewerbern nahezu gleich ist.	55,4					
T 2	90 % der Stillstandzeiten von Werkzeugmaschinen sind auf Störungen von IuK-Technik und Software zurückzuführen.	47,5					
Chance oder Risiko?							
W 14	Alle Werkzeugmaschinenhersteller bieten in großem Umfang Finanzierungsmodelle für Käufer an (Leasing, etc).	66,2					
A 8	Automobilzulieferer treffen Kaufentscheidungen für Werkzeugmaschinen ausschließlich auf Basis der Gesamtlebenszykluskosten.	55,6					
A 5	Internetkataloge erlauben die Zusammenstellung individueller Autos aus modularen Baukästen.	51,6					
A 4	Hybride Antriebe und Antriebe mit nicht fossilen Brennstoffen erreichen einen Anteil von 30 % bei mobilen Anwendungen.	51,2					

BILD 2:
Top 12 der Thesen mit den höchsten Wahrscheinlichkeiten („Häuschen" stellen 25%-, 50%- und 75%-Quartile der Zeitpunkteinschätzungen dar)

gleich sind. Eine solche Entwicklung stellt eine ernsthafte Gefahr für den weiteren Exporterfolg der deutschen Werkzeugmaschinenindustrie dar, da dieser sich auf technologisch herausragende Produkte und nicht auf enge Beziehungen und kurze Wege zur globalen Kundschaft stützt. Ein zweiter Risikofaktor droht von Seiten der Softwarebeherrschung, sollte sie zukünftig zusammen mit der IuK-Technik tatsächlich für 90 % der Stillstandzeiten von Werkzeugmaschinen verantwortlich sein. Die Beherrschung von Elektronik- und Softwarekompetenz ist vor diesem Hintergrund ein Schlüsselfaktor für die zukünftige Technologieentwicklung. Werkzeugmaschinenhersteller müssen kritisch reflektieren, was sie in diesen Bereichen im Hause halten müssen und was sie an externe Spezialisten vergeben können.

Vier der zwölf wahrscheinlichsten Thesen lassen sich nicht eindeutig danach einordnen, ob sie eher Chancen oder Risiken für den deutschen Werkzeugmaschinenbau darstellen. Hier hilft es, diese Thesen in einem Portfolio mit den zwei Dimensionen Ausgangsposition der deutschen Werkzeugmaschinenindustrie und Wahrscheinlichkeit zu positionieren. Das Ergebnis dieser Portfolio-Betrachtung zeigt Bild 3. Demnach lassen sich die Thesen vier Feldern zuordnen.

Die Anlage des vorliegenden Delphi-Ansatzes lässt es zu, nach Angaben von Werkzeugmaschinenherstellern und Anwendern von Werkzeugen zu differenzieren. Dadurch können Unterschiede in den Einschätzungen sichtbar gemacht werden und z. B. sehr optimistische Herstellererwartungen mit eher pessimistischen Anwenderangaben kontrastiert werden. Insgesamt weichen nur bei einzelnen Thesen die Einschätzungen voneinander ab (siehe Bild 4).

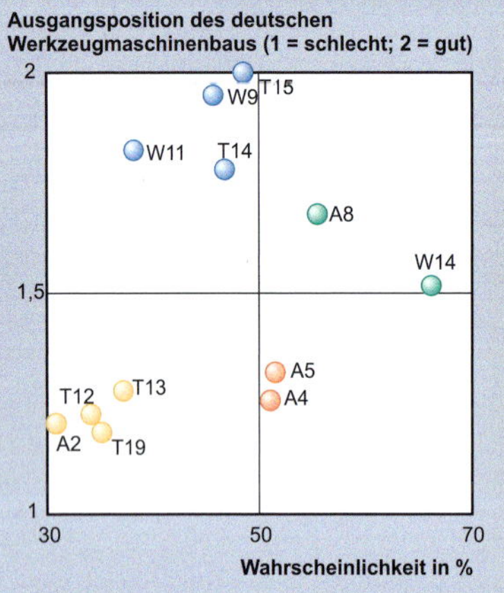

A2	80 % des Umsatzes der Werkzeugmaschinenhersteller mit der Automobilzulieferindustrie beruhen auf Dienstleistungen.
A4	Hybride Antriebe und Antriebe mit nicht fossilen Brennstoffen erreichen einen Anteil von 30 % bei mobilen Anwendungen.
A5	Internetkataloge erlauben die Zusammenstellung individueller Autos aus modularen Baukästen.
A8	Automobilzulieferer treffen Kaufentscheidungen für Werkzeugmaschinen auf Basis der Gesamtlebenszykluskosten.
T12	Internetkataloge erlauben die Zusammenstellung individueller Werkzeugmaschinen aus Baukästen.
T13	80 % der industriellen Ausrüstungen werden nicht gekauft, sondern pro gefertigtem Produkt bezahlt („pay on production").
T14	Methoden zur integrierten Selbstkalibrierung und Selbstoptimierung des thermischen und dynamischen Verhaltens sind in 40 % aller Maschinen enthalten.
T15	30 % der Maschinen, die in einer Fabrik arbeiten, sind in flexible Fertigungssysteme integriert.
T19	Kleine Tisch-Werkzeugmaschinen („table tops") sind aufgrund der Miniaturisierung in der Industrie eingeführt.
W9	Zur Erhöhung der Flexibilität wird auch an Hochlohnstandorten nur ein mittlerer Automatisierungsrad realisiert.
W11	80 % der Produktinnovation deutscher Unternehmen entstehen durch Zusammenarbeit mit externen F&E-Einrichtungen.
W14	Alle WZM-Hersteller bieten in großem Umfang Finanzierungsmodelle für Käufer an (Leasing etc.).

BILD 3: Portfolio von Wahrscheinlichkeit der Thesen und Ausgangsposition des deutschen Werkzeugmaschinenbaus

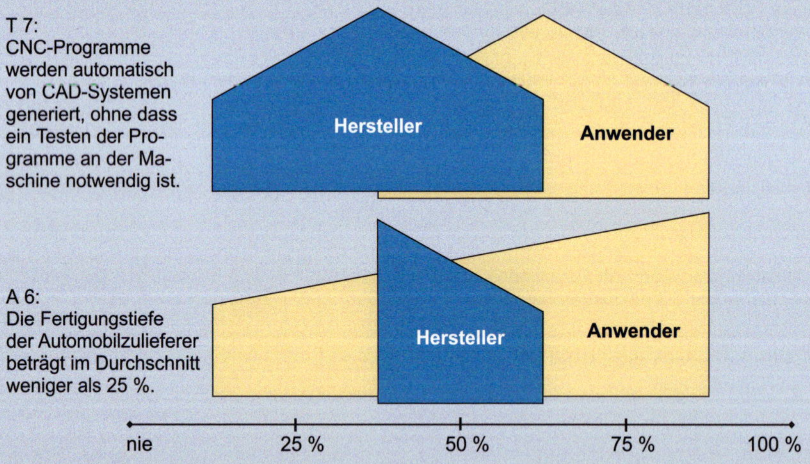

BILD 4: Die unterschiedliche Wahrscheinlichkeitseinschätzungen von Werkzeugmaschinenherstellern und -anwendern

Quellen:

Newsletter Nr. 3, Verbundprojekt „WZM 20XX – Initiative für die Werkzeugmaschine von morgen", BMBF-Rahmenprogramm „Forschung für die Produktion von morgen". Projektträger: Forschungszentrum Karlsruhe, Produktion und Fertigungstechnologien. Projektpartner: Fraunhofer ISI, Heinz Nixdorf Institut, Verein Deutscher Werkzeugmaschinenfabriken e. V. (VDW)

[GK08] Gausemeier, J.; Kinkel, S.: Strategische Technologieplanung mit Zukunftsszenarien – Methoden, Hilfsmittel, Beispiele. VDMA-Verlag, Frankfurt, 2008

Beispiele für Megatrends

„Individualisierung“: Die Zahl klassischer Biografien hat deutlich abgenommen; Brüche, Umwege und Neuanfänge gehören zum Großteil der Lebensläufe dazu. Durch die zunehmende Freiheit und den daraus resultierenden Entscheidungsdruck verändern sich Werte.

„Female Shift“: Die traditionellen Geschlechterrollen lösen sich auf. Es finden im Berufs- und Privatleben von Männern und Frauen massive Umbrüche statt. Während Frauen verstärkt nach einer beruflichen Verwirklichung streben, zieht es Männer zurück zur Familie. Es entstehen neue Beziehungs- und Familienmodelle abseits der alten Vater-Mutter-Kind-Konstellation.

„Silver Society“: Auf der ganzen Welt werden die Menschen immer älter. Die traditionelle Altersrolle „Senioren“ existiert allerdings nur noch selten. Ältere Menschen engagieren sich in der Gesellschaft; sie nehmen ein Ehrenamt an, betätigen sich im Erwerbsleben oder beginnen ein Universitätsstudium.

„Neues Lernen“: Durch die zunehmende Digitalisierung und Vernetzung der Gesellschaft steht die Bildung vor einer Wissensexplosion. Der Zugang zur immer größer werdenden Wissensmenge wird durch digitale Medien immer leichter. Zudem wird der „War for Talents“ weiter zunehmen. Bildung ist der Schlüssel zu Wohlstand und Beschäftigung.

„New Work“: Die Gesellschaft wandelt sich zunehmend von einer Industrie- zur Wissensgesellschaft. Unternehmensstrukturen und Arbeitsräume verändern sich: Service-, Informations- und Kreativarbeiter sind von steigender Bedeutung. Zudem hat Work-Life-Balance einen hohen Stellenwert in der Gesellschaft. Eine Abgrenzung zwischen Berufs- und Privatleben wird allerdings immer schwieriger.

„Gesundheit“: Das Gesundheitsbewusstsein der Bevölkerung nimmt stetig zu. Die Medizin wandelt sich vom spezialisierten Reparaturbetrieb in einen gewaltigen Sektor im Dienste des Gesundheitskonsumenten. Das Gesundheitsbewusstsein beeinflusst alle Lebensbereiche; unter dem Schlagwort „Corporate Health“ auch die Arbeitswelt.

„Neo-Ökologie“: Der Umweltschutz erfährt in der Bevölkerung einen hohen Stellenwert. Nachhaltigkeit und Effizienz durchdringen alle Bereiche, von der Finanzwirtschaft über den Städtebau bis zum moralischen Konsum. Während dies früher eine Einstellung elitärer Minderheiten war, wird Bio jetzt zum Mainstream.

„Konnektivität“: Die Organisation der Menschheit in Netzwerken hat stark zugenommen: Menschen und Maschinen kommunizieren über das „Internet der Dinge“. Zudem öffnen sich Unternehmen und administrative Strukturen zunehmend nach außen. Die Forderung nach Transparenz wird vorangetrieben.

„Globalisierung“: Das System der ersten, zweiten und dritte Weltländer hat sich aufgelöst. Ehemalige Schwellenländer haben sich zu Wirtschaftsgiganten entwickelt. Während die Nationalität immer mehr an Bedeutung verliert, werden Regionen immer wichtiger. Der Trend geht zur Glokalisierung.

„Urbanisierung“: Derzeit leben mehr Menschen in der Stadt als auf dem Land. Der Wandel zur Wissensgesellschaft bewirkt eine weitere Verdichtung des urbanen Gebiets. Städte werden zum Knotenpunkt von Wissen.

„Mobilität“: Mobilität wird zum entscheidenden Erfolgsfaktor in der globalen Wirtschaft, aber auch im privaten Leben. Nur durch eine hohe Mobilität werden die Menschen gute Jobs bekommen und ihre Lebensqualität steigern können. Die Vorstellung von Mobilität sowie das Mobilitätsverhalten ändern sich allerdings durch die Diskussionen um Ressourcenknappheit und Nachhaltigkeit.

Quelle:

[Hor12] Horx, M.: Megatrend Dokumentation 2013 – Statistiken und Prognosen für die Wirtschaft von morgen, Zukunftsinstitut GmbH, Kelkheim, 2012

Konsumententrends beeinflussen das Kaufverhalten der Menschen und Marketing- und Produktkonzeptionen. Ein wichtiger Trend ist hier beispielsweise die Entwicklung „Zurück zu Altbewährtem“.

Branchentrends sind Ableitungen von Megatrends und Konsumententrends, die das Geschäft von morgen einer Branche stark beeinflussen. Ein Beispiel ist der Leichtbau in der Fahrzeugtechnik, der aus dem Megatrend der Verknappung der Energieträger und dem Konsumententrend des zunehmenden Umweltbewusstseins resultiert.

Popcorn und Marigold verstehen unter einem Trend Entwicklungen, die langlebig und über verschiedene Märk-

TRENDRADAR AM BEISPIEL DES PROJEKTS „DIE ZUKUNFT DER TELEMEDIZIN“

Telemedizinische Ansätze haben in den letzten Jahren stark an Bedeutung gewonnen. Mit Hilfe von telemedizinischen Assistenzsystemen können bspw. Diabetes-Patienten ihre Blutzucker-Werte von zu Hause aus aufnehmen, verfolgen und an ihren behandelnden Arzt versenden. Falls erforderlich, kann dieser den Patienten kontaktieren und eine Therapieänderung vornehmen. Der Einsatz von Telemedizin wird durch Trends, wie die Überalterung der Gesellschaft oder die zunehmende Durchdringung aller Lebensbereiche mit Informations- und Kommunikationstechnologie stark bestimmt. Mit Hilfe einer Trendanalyse haben wir Anforderungen an zukünftige telemedizinische Assistenzsysteme abgeleitet. In Expertenbefragungen und Literaturrecherchen wurden heute wahrnehmbare Entwicklungen rund um die Telemedizin identifiziert und bewertet. Um die Ergebnisse der Trendanalyse leichter erfassen zu können, wurden die Trends in Form eines Trend-Radars zusammengefasst. Mit Hilfe des Trend-Radars können verschiedenen Dimensionen eines Trends in einer einzigen Graphik visualisiert werden. Bild 1 zeigt beispielhaft einen Trend-Radar mit besonders deskriptiven Entwicklungen aus dem Themenfeld der Telemedizin.

Ein Trend-Radar ist zunächst in unterschiedliche, den Betrachtungsgegenstand umgebende Bereiche einzuteilen. Der im Bild gezeigte Radar untergliedert sich beispielsweise in die Bereiche Politik, Gesellschaft und Technologie. Jede Marke im Trendradar repräsentiert einen Trend. Je größer der Durchmesser, desto größer ist das Marktpotential, das aus dem jeweiligen Trend abgeleitet werden kann. Die Farbe einer Marke spiegelt die Auswirkung des Trends auf die Telemedizin wider – eine rote Marke bedeutet beispielsweise, dass dieser Trend einen fundamentalen Wandel bewirken würde. Die dritte Dimension wird durch die Positionierung der Marken dokumentiert – je weiter sich eine Marke im Zentrum des Radars befindet, desto wahrscheinlicher ist die Eintrittswahrscheinlichkeit. Somit sind alle zentral gelegenen roten Trends mit einem großen Durchmesser besonders zu berücksichtigen.

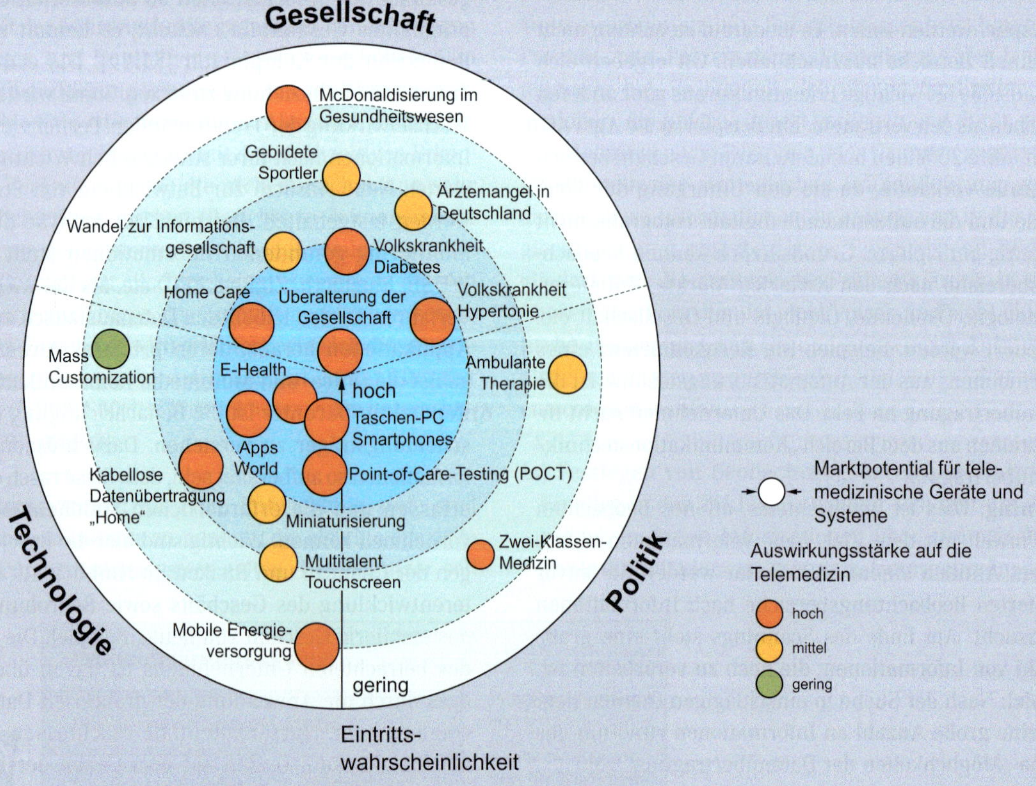

BILD 1: Beispielhafter Trendradar für die Telemedizin

identifizierten Trends empfiehlt sich der Abbruch des aktuellen Zyklus der strategischen Frühaufklärung, um Ressourcen nicht unnötig zu binden. Sind die Trends hingegen relevant und liegen genügend fundierte Informationen vor, drängen sich Maßnahmen auf. Beispiel: Die Unternehmensleitung vereinbart als erste Maßnahme eine Machbarkeitsstudie, um die Potentiale der drahtlosen Datenübertragung im Feld besser abschätzen zu können.

1b) **Überprüfung von Beobachtungsbereichen:** Am Ende des Zyklus stellt sich häufig die Frage, ob man auch wirklich in den richtigen Bereichen gesucht hat. Selbst wenn klar ist, wofür man Informationen sucht, kann es sein, dass andere Beobachtungsbereiche wichtige Informationen liefern können. So bietet es sich im Fall der Suche nach Informationen über Fußgängerschutz im Automobilbau an, auch in Bereichen wie Gesetzgebung, Mobilität und Unfallchirurgie zu suchen. Beispiel: Im Fall der Datenübertragung in der Industrieautomatisierung könnten weitere Beobachtungsbereiche die Medizinelektronik und Gefahrenmanagementsysteme (u. a. Brandmeldeanlagen) sein, weil es hier auf sichere Datenübertragung ankommt und entsprechende Lösungen zu erwarten sind.

Bisher wurde die strategische Frühaufklärung im Kontext des Aufspürens von Trends betrachtet, die als Input für die Strategieentwicklung dienen. Allerdings können auch schon bestehende Strategien mit Hilfe der strategischen Frühaufklärung auf ihre Sinnhaftigkeit überprüft werden. Denn Veränderungen deuten häufig auch darauf hin, dass eine eingeschlagene Strategie bald obsolet wird. Das läuft auf ein Prämissen-Controlling hinaus, auf das wir im Kapitel 3.5.3 näher eingehen. Die strategische Frühaufklärung kann die Szenario-Technik ergänzen, indem Informationen zu Indikatoren und zu neuen Projektionen gewonnen werden. Insbesondere kann die Frühaufklärung helfen, die Indikatoren zu überwachen und so Hinweise für das Eintreten bzw. Nichteintreten desjenigen Szenarios geben, auf dem die Strategie eines Unternehmens beruht.

Resümee

Strategische Frühaufklärung ist eine ganzheitliche Konzeption zum Umgang mit den Chancen und Risiken der Zukunft. Dazu werden Informationen, die oft in unstrukturierter und qualitativer Art vorliegen, erfasst, gefiltert, formatiert und interpretiert. Allerdings ist diese Konzeption in einem Unternehmen zu implementieren, da es keine unmittelbar einsetzbaren Lösungen gibt. Die im Folgenden beschriebenen Methoden der Bibliometrie und des Information Retrieval sind für den Aufbau einer strategischen Frühaufklärung von hoher Bedeutung – nicht zuletzt deshalb, weil diese Methoden durch einsetzbare Software-Werkzeuge unterstützt werden.

2.2.4 Bibliometrie

Wissen wird unter anderem durch Publikationen repräsentiert. Publikationen sind elementarer Bestandteil wissenschaftlicher Tätigkeit. Sie verkörpern das Ergebnis der Forschungsanstrengungen und sind Ausdruck der Reputation von Wissenschaftlern. Allerdings ist die Anzahl der Publikationen in den vergangenen Jahrzehnten extrem gestiegen, nicht von ungefähr gibt es den Begriff Wissensexplosion. Nach dem BROCKHAUS existieren gegenwärtig 200 000 bis 300 000 periodisch erscheinende wissenschaftliche Zeitschriften; Mitte des 19. Jahrhunderts waren es 1000. Täglich erscheinen rund 30 000 Fachveröffentlichungen aus Naturwissenschaft und Technik; 1950 waren es 2000. Der derzeit 22 Millionen Patente umfassende World Patents Index verzeichnet etwa 2 Millionen neue Patente pro Jahr. Selbst in einer eher eng begrenzten Domäne wie der Mechatronik ist die Anzahl der Publikationen so hoch, dass diese von einigen wenigen Personen nicht mehr gelesen werden können. Gezielt Wissen aus der großen Informationsmenge zu ziehen ist fast unmöglich. Daher sind Verfahren notwendig, welche die Informationsmenge derart strukturieren, dass die gewonnenen Informationen den Blick auf den Kern des gewünschten Wissens lenken. Die Verfahren der Bibliometrie können hier helfen.

Bibliometrie ist die quantitative Untersuchung von Publikationen mittels mathematischer und statistischer Verfahren [Raa03]. Die Grundlage bilden quantitativ und objektiv nachvollziehbare Messgrößen wie Publikations- und Zitationsmaße [LS04]. Die bibliometrischen Verfahren werden in eindimensionale und zweidimensionale Verfahren unterteilt.

- **Eindimensionale Verfahren:** Diese Verfahren basieren auf einem einfachen Auszählen von bibliographischen Elementen, wie zum Beispiel der Anzahl der Publikationen pro Autor oder pro Institution, um Hinweise auf die Publikationsintensität von Forschungsstellen etc. zu gewinnen. Zu diesen Verfahren gehören die Publikations- und Zitationsanalyse. Derartige Verfahren betrachten die Publikation als Ganzes; der eigentliche Inhalt wird nicht berücksichtigt [Löf08].
- **Zweidimensionale Verfahren:** Mit diesen Verfahren wird das gemeinsame Auftreten von bibliographischen Elementen untersucht. Zu den zweidimensionalen Verfahren gehören die Co-Zitations-Analyse und die Co-Wort-

Analyse [KS98]. Mit diesen Verfahren lassen sich sowohl Textinhalte als auch inhaltliche Zusammenhänge zwischen Texten betrachten. Sie dienen unter anderem dazu, die Struktur und die zeitliche Dynamik der Forschungslandschaft zu verdeutlichen. Beispielhafte Fragestellungen sind: Welche Technologie wird zunehmend in einem bestimmten Anwendungskontext genannt? Welche Institutionen befassen sich intensiv mit welchen Technologien?

Eindimensionale Verfahren

Das Auszählen von Publikationen unter quantitativen Gesichtspunkten ist Gegenstand der **Publikationsanalyse.** Ziel ist es, die Aktivität von Autoren, Institutionen, Ländern etc. beurteilen zu können [SSW+89]. Sie beruht auf der Annahme, dass Wissenschaftler, die etwas Wichtiges zu sagen haben, ihre Erkenntnisse in Fachzeitschriften und Büchern veröffentlichen.

Publikationsanalysen werden häufig angewendet, um die Bedeutung von Schlüsselpersonen bzw. Schlüsselinstitutionen in einem Wissenschaftsgebiet zu identifizieren. Eine weitere Anwendung der Publikationsanalyse ist die Analyse des Publikationsaufkommens bezüglich eines Fachbegriffs. So kann festgestellt werden, wann ein Fachbegriff zum ersten Mal aufgetreten ist und wie sich seine Verwendung zeitlich entwickelt hat. Auf diese Weise lassen sich Trends ableiten. Im Rahmen einer von uns durchgeführten Untersuchung wurde die Bedeutung der Technologie MID (Molded Interconnect Devices) untersucht. Die Technologie MID integriert sowohl mechanische als auch elektronische Funktionen in einem Bauteil. Sie bietet die Vorteile der Miniaturisierung, Reduzierung der Teilezahl und Erhöhung der räumlichen Gestaltungsfreiheit. Ziel der Untersuchung war es, den Reifegrad der Technologie MID zu ermitteln und wann diese Technologie zum ersten Mal diskutiert wurde.

Bibliometrische Kennzahlen sind heute bei zahlreichen Evaluationen von Bedeutung. Bei der Verwendung von Publikationsmaßen gilt es jedoch, handwerkliche Fehler zu vermeiden. Dazu gehören ein ausreichend langer Untersuchungszeitraum sowie eine zusätzliche Qualitätsgewichtung der Publikationen. So werden zum Beispiel kurze Artikel geringer gewichtet als lange, oder es wird berücksichtigt, dass Artikel mehrfach publiziert werden [LS04].

Unter dem Begriff Zitationen sind zitierte Publikationen zu verstehen. Diese werden im Rahmen der Zitationsanalyse ausgezählt. Die Grundannahme der **Zitationsanalyse** ist, dass wichtige Literatur häufiger zitiert wird als weniger wichtige. Werden Zitationen zur Anzahl der Publikationen in Beziehung gesetzt, so lassen sich Zitationsraten (= Anzahl der Zitationen pro Publikation) für einzelne Autoren, für Forschungsgruppen, für Institutionen etc. bilden [WW84]. Hier ist das Ziel, die Wirkung eines Autors etc. zu messen. Sie kann als Maß für die Bedeutung einer Quelle oder eines Autors interpretiert werden. Nach VAN RAAN lassen sich Zitationen wie Stimmen in einer Wahl interpretieren und sind somit eine Art Qualitätsurteil [Raa03].

Eine weitere mögliche Anwendung der Zitationsanalyse ist die Untersuchung des Wissenstransfers zwischen verschiedenen Disziplinen. Durch Auszählen der disziplinenübergreifenden Zitationen kann festgestellt werden, inwieweit die Arbeitsergebnisse einer Disziplin eine Breitenwirkung entfalten. Für eine solche Untersuchung wird angenommen, dass Zitationen ein Anzeichen der Relevanz früherer Arbeiten für die heutige Forschung sind [RLB+02].

Bei der Zitationsanalyse müssen wie bei der Publikationsanalyse die unterschiedlichen Publikations- und Zitationsgewohnheiten in den verschiedenen Disziplinen berücksichtigt werden.

Zweidimensionale Verfahren

Die **Co-Zitations-Analyse** untersucht das gemeinsame Auftreten von Zitationen. Sie legt folgende Annahme zugrunde: Je häufiger zwei Veröffentlichungen zusammen im Literaturverzeichnis dritter Publikationen aufgeführt werden, und somit zusammen co-zitiert werden, desto wahrscheinlicher ist auch ihre inhaltliche (kognitive) Nähe [WS02].

Die Co-Zitations-Analyse beruht allein auf der Auswertung der Ströme formaler Kommunikation (Publikationen und Zitationen) und ist damit unabhängig von bestehenden Klassifikationsschemata, disziplinären Zuordnungen und subjektiven Sichtweisen einzelner Experten. Es werden lediglich die durch die publizierenden Forscher selbst realisierten kognitiven Bezüge genutzt, um aktuelle Forschungsfronten zu identifizieren und ihre Relationen zueinander darzustellen [WS02].

Das exponentielle Wachstum von Wissen in den letzten Jahrzehnten hat zu einer immer größer werdenden Innendifferenzierung und Spezialisierung geführt. Dabei entstehen neue Spezialgebiete häufig gerade an den Grenzen der großen etablierten Disziplinen bzw. im Spannungsfeld mehrerer Disziplinen. Durch die Co-Zitations-Analyse können Forschungsfronten auch über die Grenzen von Disziplinen hinweg erkannt werden.

Die **Co-Wort-Analyse** ist der Co-Zitations-Analyse in Vorgehensweise und Zielsetzung sehr ähnlich. Der Unterschied besteht darin, dass bei der Co-Wort-Analyse nicht das gemeinsame Auftreten von Zitationen, sondern von Schlagwörtern auf eine Beziehung zwischen Publikationen hinweist. Dazu werden die Inhalte von Dokumenten auf ebendiese Schlagwörter verdichtet. Schlagwörter können Fachausdrücke, Produktnamen, Autoren etc. repräsentieren. Eine Möglichkeit der Darstellung der Ergebnisse sind sog. Wissenslandkarten.

Bild 2-32 zeigt eine **Wissenslandkarte:** Die Kugeln stellen die Schlagwörter dar, deren Durchmesser ein Maß für die absolute Häufigkeit der Nennung sind. Die Linienstärke einer Verbindung zwischen zwei Schlagwörtern steht für die relative Co-Häufigkeit, also die Häufigkeit des gemeinsamen Auftretens. Des Weiteren werden Schlagwörter, die einem ähnlichen oder gleichen Themengebiet angehören nah zusammen dargestellt. Mit Hilfe indirekter Distanzmaße wird die Position der Schlagwörter unter Beachtung der Relation zweier Schlagwörter zueinander als auch zu allen anderen Schlagwörtern ermittelt. Dadurch lassen sich interdisziplinäre Beziehungen leichter erkennen. Diese Darstellungsweise ermöglicht es, auf Basis regelmäßiger Analysen Trends zu erkennen, die durch Extrapolation auch Vorhersagen zulassen. So kann beispielsweise verdeutlicht werden, ob sich Schlagwörter im Laufe der Zeit einander annähern oder voneinander entfernen. Zudem können Schlagwörter identifiziert werden, die neu aufkommen [Raa03].

In dem Beispiel wird das Schlagwort Augmented Reality (AR) mit einer großen Kugel dargestellt. Das bedeutet, dass AR relativ häufig in den Publikationen genannt wird. Die verhältnismäßig breite Verbindungslinie zum Schlagwort Automobilindustrie zeigt an, dass die beiden Begriffe häufig zusammen in den analysierten Publikationen vorkommen. AR spielt also als Technologie in der Automobilindustrie eine besondere Rolle. Das Schlagwort VR (Virtual Reality) liegt sehr nah an dem Begriff AR. Ihre Nähe deutet auf eine große Ähnlichkeit hin.

Da in der zugrunde liegenden Datenbasis vielfältige Beziehungen bestehen, geben die Wissenslandkarten auch mehr Informationen wieder, als in Bild 2-32 dargestellt. Beispielsweise existieren Beziehungen zwischen Schlagwörtern, Publikationen und Autoren. Es besteht die Möglichkeit Schlagwörter, die von einem bestimmten Autor propagiert werden, in einer Farbe zu markieren.

Wir sehen einen besonderen Nutzen in der Co-Wort-Analyse. Dieser liegt im Erkennen von Technologie-Trends und der Bewertung von Entwicklungen ausgewählter Technologien. Daher gehen wir im Folgenden etwas näher auf die

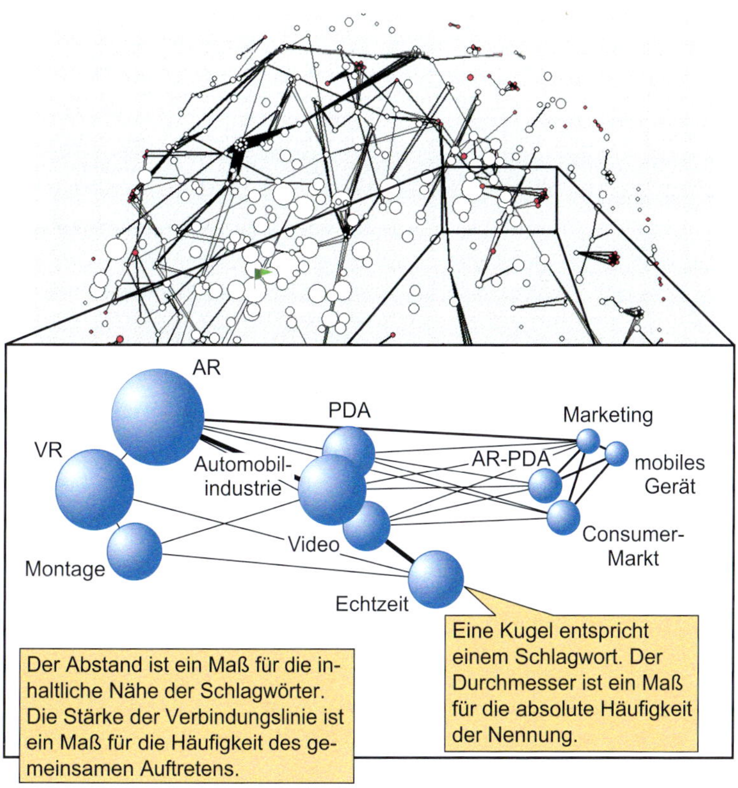

BILD 2-32
Beispiel (Auszug) einer Wissenslandkarte nach BibTechMon (Austrian Research Centers, Seibersdorf)

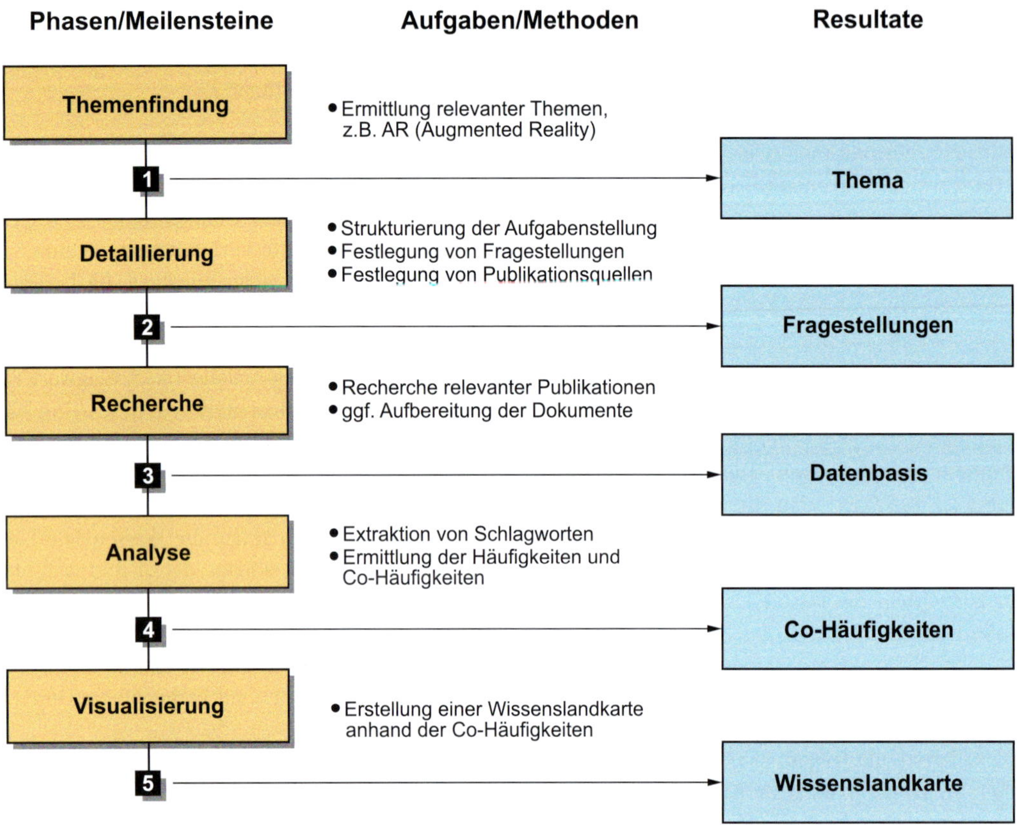

BILD 2-33 Vorgehen bei der Anwendung der Co-Wort-Analyse

Anwendung der Co-Wort-Analyse ein. Dies erfolgt anhand des in Bild 2-33 dargestellten Vorgehensmodells.

1. Themenfindung: In der ersten Phase wird zunächst festgelegt, zu welchem Thema eine Co-Wort-Analyse durchgeführt werden soll. Das kann zum Beispiel ein Technologiefeld wie AR oder MID sein.
2. Detaillierung: Durch die Strukturierung der Aufgabenstellung werden die zu beantwortenden Fragestellungen festgelegt. Mögliche Fragestellungen sind zum Beispiel: Wer sind die Schlüsselpersonen/Schlüsselinstitutionen auf dem Gebiet AR und womit beschäftigen sich diese im Einzelnen? Welche Technologien im Bereich AR sind weit verbreitet und welche sind auf dem Vormarsch? Abhängig von den Fragestellungen wird die zu recherchierende Datenbasis identifiziert.
3. Recherche: Die relevanten Publikationen werden gesammelt. Als Quelle können hier Literaturdatenbanken dienen. Unter Umständen sind die recherchierten Publikationen noch in ein einheitliches Format zu bringen, um sie maschinell auswerten zu können.
4. Analyse: Aus den Publikationen werden die Schlagwörter extrahiert und vereinheitlicht. So sind beispielweise Substantive auf den Nominativ Singular zurückzuführen. Das kann mit Hilfe von linguistischen Algorithmen geschehen. Alternativ können die Schlagwörter auch von Experten vergeben werden. Dies birgt aber die Gefahr, dass gerade neue Begriffe nicht in die Analyse einbezogen werden – es wird nach Bekanntem gesucht. Anschließend werden die Häufigkeiten bzw. die Co-Häufigkeiten in der zugrunde liegenden Datenbasis berechnet.
5. Visualisierung: Die Ergebnisse der Analyse werden mit Hilfe von Wissenslandkarten dargestellt, wie sie beispielhaft in Bild 2-32 gezeigt ist.

Es bietet sich an, die Co-Wort-Analyse periodisch, z. B. jährlich, durchzuführen. Dadurch lässt sich die zeitliche Dynamik eines Wissensgebiets gut erkennen.

Resümee

Allein durch Lesen gezielt Wissen aus einer extrem großen Informationsmenge von Publikationen zu ziehen, ist fast unmöglich. Maschinelle Verfahren helfen hier weiter. Durch die regelmäßige Anwendung der vorgestellten Verfahren, insbesondere der zweidimensionalen bibliometrischen Verfahren, lassen sich wertvolle Hinweise auf Trends und

Veränderungen gewinnen. Besonders geeignet erscheint uns die regelmäßige Auswertung von Publikationen der Grundlagenforschung und angewandten Forschung (dazu zählen insbesondere auch Dissertationen), weil dadurch ein guter Beitrag für die strategische Frühaufklärung geleistet werden kann. Als Nachteil ist der relativ hohe Aufwand für die Aufbereitung der zu analysierenden Informationsmenge zu nennen.

2.2.5 Information Retrieval

Offensichtlich mangelt es uns nicht an Informationen; paradoxerweise sind wir aber nicht gut informiert. Das Problem liegt nicht mehr im Zugang zu Informationen; es liegt in der unstrukturierten Ablage. Eine Konsequenz daraus ist, dass das Extrahieren von relevanten Informationen aus einem großen Informationspool mehr Zeit in Anspruch nehmen kann, als deren Analyse. Es fehlt die nötige Transparenz, um relevante Informationen gezielt in internen und externen Quellen zu identifizieren. Informationen sind aber nur dann wertvoll für ein Unternehmen, wenn sie auf Abruf zur Verfügung stehen. Verfahren des Information Retrieval setzen hier an. Sie leisten die Suche von Informationen aus einer großen unstrukturierten Menge; das deckt sich mit dem Scanning im Prozess der strategischen Frühaufklärung. Zum Beispiel können anhand von im Internet gesammelten Daten automatisiert Marktanalysen erstellt werden, indem die relevanten Informationen erkannt, extrahiert und verdichtet werden [SMG+05].

Der Prozess des Information Retrievals gliedert sich in zwei Bereiche: zum einen in das **Extrahieren** der relevanten beschreibenden Features der Dokumente und zum anderen in das **Berechnen von Ähnlichkeitsmaßen**, um ähnliche Dokumente und eine Übereinstimmung mit einem Interessensprofil zu identifizieren [BLN04].

Bild 2-34 verdeutlicht die Funktionsweise eines Information Retrieval-Systems. Dargestellt sind die Phasen für die Dokumentensuche (Nachfragerseite N1 - N5) sowie parallel dazu für die Dokumentenbereitstellung (Anbieterseite A1 - A4). Beide Prozesse sind zeitlich voneinander unabhängig. Es ist jedoch zu beachten, dass vor der Suche zunächst Dokumente eingestellt und indiziert werden müssen. Das bedeutet, dass als erstes die relevanten, beschreibenden Merkmale der Dokumente (das sind in der Regel die Schlagwörter eines Dokumentes) extrahiert werden müssen. Die indizierten Dokumente werden in sog. Indexdateien sortiert und referenziert. Die Indexdateien beschreiben damit den zur Verfügung stehenden Informationspool. Der Suchende gibt dann eine Anfrage Q in das IR-System ein. Abhängig von der Strukturierung der Dokumente beziehen sich Anfragen auf bestimmte Merkmale (z. B. Metadaten wie Autor, Titel, Erscheinungsdatum) oder erlauben eine generelle Volltextsuche. Hierbei werden die eingegebenen Suchworte oft mittels boolescher Logik (AND, OR, NOT etc.) verknüpft. Die rechnerinterne Darstellung der Anfrage wird dann mit den Dokumentenindizes der Indexdateien verglichen. Es wird somit ein Ähnlichkeitsmaß zwischen Anfrage und Dokumenten berechnet. Je nach Retrieval-Modell werden dann entsprechende Verweise auf Dokumente aus den Indexdateien je nach Grad der Übereinstimmung (Matching) dem Suchenden als Liste geordnet angezeigt.

Es existiert eine Vielzahl von Retrieval-Verfahren, welche auch als Matching-Verfahren bezeichnet werden. Belkin und Croft unterscheiden **exaktes** (Boolsches Retrievalmodell) und **partielles Matching** (z. B. Vektorraummodell, Probabilistisches Retrievalmodell). Während bei ersterem eine 100%ige Übereinstimmung von Anfrage und Ergebnis notwendig und somit auch kein Sortieren der Dokumente gemäß ihrer Relevanz zur Suchanfrage möglich ist, führen beim partiellen Matching auch vage Anfragen zu einem Ergebnis [BC87].

Das hier beschriebene Vorgehen des Information Retrieval wird von heutigen Suchmaschinen im Internet oder für die Suchfunktion von Dokumentendatenbanken verwendet. Die Informationsbeschaffung in der Vorausschau ist eine immer wiederkehrende Aufgabe. Insofern spielen IR-Verfahren für die Sekundärquellenrecherche eine wichtige Rolle. In den letzten Jahren haben sich viele Dienste und Geschäftsmodelle entwickelt, die eine gezielte Vorfilterung von Informationsdokumenten anbieten, z. B. Trend-, Patent- oder Statistikdatenbanken. Deren Einsatz verkürzt mitunter die Suchphase erheblich bzw. erhöht die Qualität des zu erstellenden Informationspools. Die Hauptaufgabe des Information Retrieval in der strategischen Frühaufklärung liegt aber nicht in der Recherche nach relevanten Dokumenten, sondern in dem Gewinnen neuer Erkenntnisse über die Entwicklung einzelner Faktoren. Hierzu bedarf es des Einsatzes weiterer Verfahren und Methoden wie nachfolgend beschrieben.

Resümee

Die extreme Vermehrung von digitalen Dokumenten in Informationsinfrastrukturen wie dem Internet führt zur Forderung nach Werkzeugen zur „möglichst" intelligenten Suche nach Dokumenten. Information-Retrieval hat vor diesem Hintergrund eine sehr hohe Bedeutung. Mit dessen Hilfe kann effizient nach Informationen recherchiert werden, wobei automatisch zwischen relevanten und irrelevanten Dokumenten unterschieden werden kann. Dem

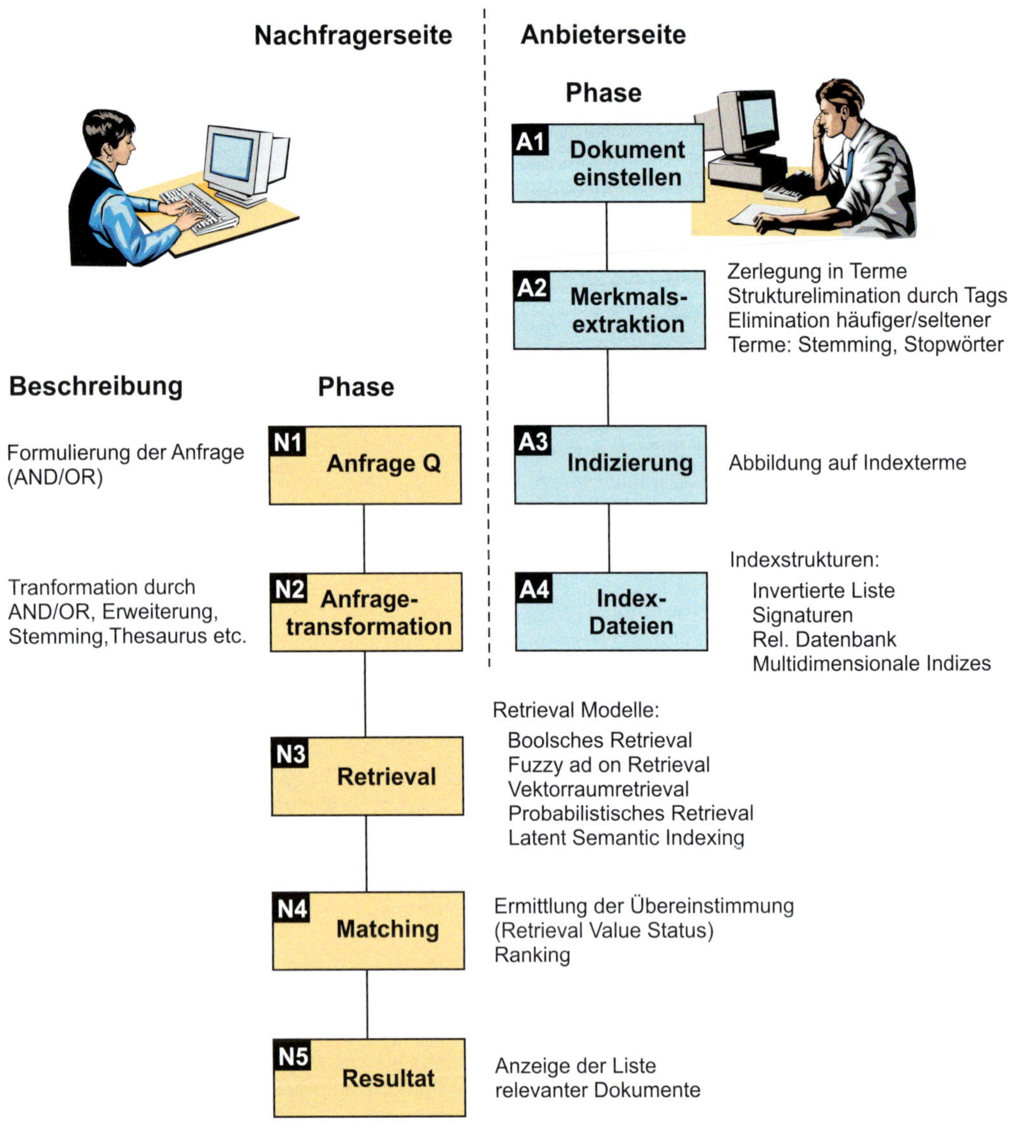

BILD 2-34 Funktionsweise eines Information Retrieval-Systems nach Kespohl [Kes03]

Benutzer werden somit nur die Dokumente angezeigt, die seinen Interessen entsprechen. Das bedeutet, dass er gezielt Informationen über Marktentwicklungen und Technologien zur Verfügung gestellt bekommt.

2.2.6 Kombinierte Anwendung der Methoden im Informationsbeschaffungsprozess

Technologien spielen bei den meisten der von uns adressierten Unternehmen eine wichtige Rolle. Um fundierte strategische Entscheidungen treffen zu können, reicht es aber nicht aus, allgemeine Informationen über eine ins Auge gefasste Technologie wie beispielsweise die Brennstoffzelle, magnetisierbare Kunststoffe etc. zu sammeln. Gefragt sind präzisere Informationen, die den Leistungsstand und die Perspektiven einer Technologie umfassend charakterisieren. Dafür verwenden wir Technologieindikatoren. Beispiele für solche Indikatoren sind Investitionen in Forschung und Entwicklung, Barrieren für die Verbreitung, Investitionen in Fertigungsanlagen, Umsatz in ausgewählten Anwendungsbereichen etc. Im Folgenden erläutern wir kurz, wie diese Art von Informationen beschafft werden können [Cha08]. Dazu kommen die bereits vorgestellten Methoden in Kombination zum Einsatz. In Bild 2-35 ist der gesamte Prozess zur Beschaffung der Informationen über eine Technologie wiedergegeben. Der Prozess besteht aus vier Phasen.

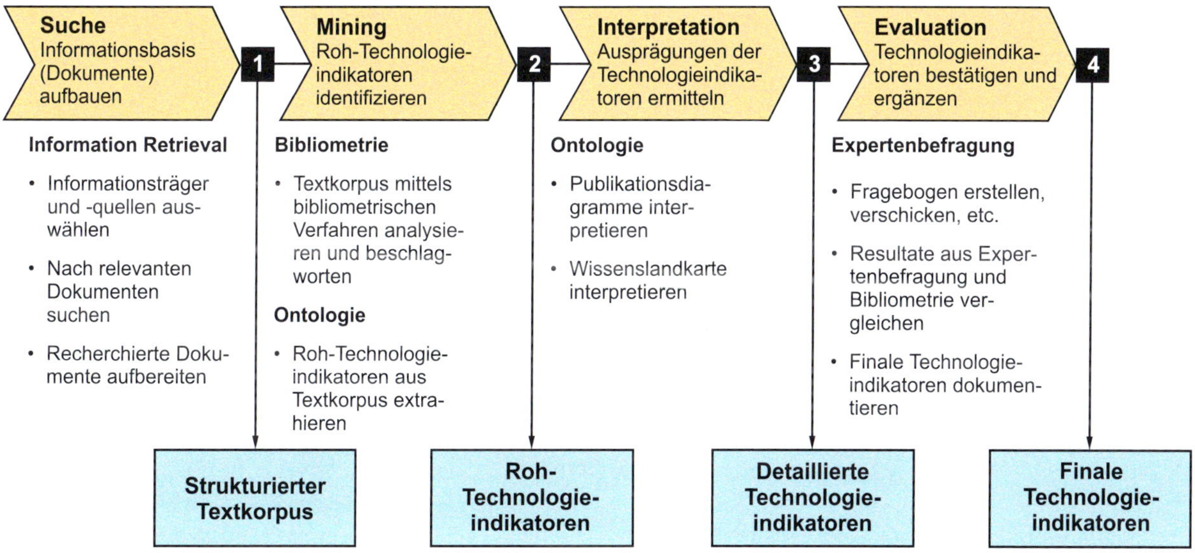

BILD 2-35 Entwicklung von Technologieindikatoren in der strategischen Frühaufklärung nach CHANG [Cha08]

1. **Suche:** Mittels Information Retrieval wird in dieser Phase eine Informationsbasis aufgebaut. In dieser werden zu einer ausgewählten Technologie relevante Dokumente gesammelt. Im ersten Schritt wird der Suchbereich gemäß der Untersuchungsziele eingegrenzt. Hierunter ist zum einen die Auswahl geeigneter Publikationsformen zu verstehen. So liefern bspw. Patente mehr Informationen über technologische Entwicklungen; Presseartikel hingegen oft mehr Informationen über Marktentwicklungen. Zum anderen gilt es geeignete Informationsquellen auszuwählen (z.B. Datenbanken, Data-Warehouses etc.). Die Auswahlkriterien sind hierbei Sprache, Region, Publikationsform und Technologiedomäne. Im zweiten Schritt werden die Dokumente recherchiert. Hierzu sind Suchbegriffe zu definieren, die die Zieltechnologie kurz beschreiben. Diese Suchbegriffe werden mittels booleschen Operatoren zu Suchanfragen kombiniert, welche auf die Informationsquellen angewendet werden. Die hierbei gefundenen Dokumente werden in einem abschließenden dritten Schritt derart aufbereitet, dass Informationen maschinell extrahiert werden können. Dazu sind die unterschiedlichen Dateiformate zu vereinheitlichen sowie Bilder, Grafiken und Literaturreferenzen zu entfernen. Des Weiteren werden die Dokumente mit „Tags" (ID-Nummer, Titel, Autor, Region, Inhalt, Quelle etc.) versehen. Das Ergebnis dieser Phase ist eine Menge von aufbereiteten Dokumenten – der sog. Textkorpus. Dieser ist die Grundlage für die folgenden Analysen.
2. **Mining:** Hierunter ist die Anwendung von statistischen und mathematischen Methoden zur Ermittlung von Kernelementen einer großen Informationsbasis zu verstehen. Mit Hilfe der bibliometrischen Analyse und einer domänenspezifischen Ontologie werden auf Grundlage des Textkorpus sog. Roh-Technologieindikatoren identifiziert. Im Rahmen der bibliometrischen Analyse werden sowohl die Publikationsanalyse als auch die Co-Wort-Analyse durchgeführt. Mit der Publikationsanalyse wird der Textkorpus nach Kriterien wie Autor, Institution etc. ausgezählt. Bei der sich anschließenden Co-Wort-Analyse werden für die Schlüsselworte des Textkorpus die Texthäufigkeit (Anzahl der Nennungen eines Schlüsselworts), die Co-Häufigkeit (Anzahl der gemeinsamen Nennungen zweier Schlüsselworte) etc. berechnet. Die Ergebnisse der bibliometrischen Analyse werden für die Positionierung der Schlüsselworte auf der Wissenslandkarte verwendet (vgl. Bild 2-32). Es folgt der Abgleich der Schlüsselworte mit Begriffen und Synonymen aus einer formalen und hierarchischen Beschreibung eines Wissensgebiets, einer sog. domänenspezifischen Ontologie. Hierbei werden übereinstimmende Schlüsselworte extrahiert und als Roh-Technologieindikatoren definiert. Am Ende dieser Phase liegt eine Liste von Roh-Technologieindikatoren vor, die jeweils durch Titel und eine kurze Definition beschrieben sind.
3. **Interpretation:** Die konkreten Ausprägungen der Technologieindikatoren werden durch die Interpretation der Ergebnisse aus der Publikationsanalyse und der Wissenslandkarte ermittelt. Die Interpretation der Publikationsanalyse liefert Informationen wie Anzahl an Publikationen über die Zeit, Zuordnung von Publikationen zu Regionen etc. Die Interpretation der Wissenslandkarte erfolgt in drei Schritten. Im ersten Schritt sind die Roh-Technologieindikatoren zusammen mit häufig gemeinsam genannten Schlüsselworten zu betrachten.

Der Fokus liegt hierbei auf den Relationen zwischen den Begriffen: Die Linienstärke der Verbindung zwischen zwei Begriffen beschreibt die Häufigkeit der gemeinsamen Nennungen, der Abstand zwischen zwei Begriffen reflektiert ihre Inhaltsähnlichkeit etc. Das durch die domänenspezifische Ontologie abgebildete Informationsnetzwerk wird im Folgenden genutzt, um die identifizierten Relationen semantisch korrekt zu interpretieren und in präzise Formulierungen zu transformieren. Am Beispiel der Wissenslandkarte aus Kapitel 2.2.4 (vgl. Bild 2-32) bedeutet dies: Augmented Reality kommt bei der Montage in der Automobilindustrie zum Einsatz. Im zweiten Schritt werden dynamische Änderungen analysiert. Dabei wird der gesamte betrachtete Zeitraum unterteilt. Für jeden Zeitabschnitt gibt es eine entsprechende Wissenslandkarte. Diese können miteinander verglichen werden. So lassen sich Unterschiede bzw. zeitliche Änderungen erkennen sowie Aussagen darüber treffen, welche Schlüsselworte bspw. an Bedeutung gewinnen oder welche neu erscheinen. Im dritten Schritt werden Schlüsselworte analysiert, die sich am Rand der Wissenslandkarte befinden. Solche Randbegriffe weisen in der Regel wenige Verknüpfungen zu anderen Schlüsselworten auf, können jedoch neu entstehende Forschungsfronten aufzeigen. Die in den drei Schritten ermittelten Informationen und Erkenntnisse werden gesammelt und als Ausprägungen den Roh-Technologieindikatoren zugeordnet, wodurch diese zu detaillierten Technologieindikatoren werden.

4. **Evaluation:** Mit Hilfe einer Delphi-Befragung bzw. anderer Befragungstechniken wird die Meinung von Experten zu den Technologieindikatoren und ihren Ausprägungen eingeholt, um diese zu bestätigen und zu ergänzen. Die Meinung der Experten wird gesammelt und aufbereitet. Die Ergebnisse der Expertenbefragung werden mit denen der bibliometrischen Analyse verglichen. Durch die Expertenbefragung können Ausprägungen ermittelt werden, die durch die Analyse der Dokumente nicht identifiziert werden konnten. Das Ergebnis dieses Schritts sind die finalen Technologieindikatoren mit zugehörigen Ausprägungen.

Das geschilderte Vorgehen ist selbstredend auf andere Einflussbereiche wie Märkte, Marktsegmente, Branchen, Wirtschaftpolitik etc. anwendbar. Im Prinzip geht es jeweils um das Gleiche: Zu einem Einflussfaktor fundierte Informationen über die derzeitige Situation und die denkbaren Entwicklungen effizient zu gewinnen.

Literatur zum Kapitel 2

[aca12] ACATECH – DEUTSCHE AKADEMIE DER TECHNIKWISSENSCHAFTEN (Hrsg.): Technikzukünfte – Vorausdenken – Erstellen – Bewerten (acatech IMPULS), Springer Verlag, Berlin, 2012

[Ans76] ANSOFF, H.-I.: Managing Surprise as Discontinuity – Strategic Responses to Weak Signals. In: Zeitschrift für betriebswirtschaftliche Forschung (ZfbF) 28, 1976

[BK98] BERLINER KREIS – Wissenschaftliches Forum für Produktentwicklung e. V. (Hrsg.): Kurzbericht über die Untersuchung „Neue Wege zur Produktentwicklung". 2. Auflage, 1998

[BC87] BELKIN, N. J.; CROFT, W. B.: Retrieval Techniques. In: Annual Review of Science and Technology 22, Elsevier, Amsterdam, 1987

[BEP+03] BACKHAUS, K.; ERICHSON, B.; PLINKE, W.; WEIBER, R.: Multivariate Analysemethoden – eine anwendungsorientierte Einführung. Springer Verlag, Berlin, 2003

[BG05] BRUESEKE, U.; GAUSEMEIER, J.: Employment of Bibliometric Analysis in the Strategic Early-Warning. In: 1st IFIP TC5 Working Conference on Computer Aided Innovation, 14./15. November, Ulm, 2005

[BLN04] BADE, K.; DE LUCA, E. W.; NÜRNBERGER, A.: Multimedia Retrieval – Fundamental Techniques and Principles of Adaptivity. In: Künstliche Intelligenz 4, arendtap Verlag, Berlin, 2004

[BPW10] BACHER, J.; PÖGE, A.; WENZIG, K.: Clusteranalyse – Anwendungsorientierte Einführung in Klassifikationsverfahren. Oldenbourg-Verlag, München, 2010

[Cha08] CHANG, H.: A Methodology for the Identification of Technology Indicators. Dissertation, Fakultät für Maschinenbau, Universität Paderborn, HNI-Verlagsschriftenreihe, Band 233, Paderborn, 2008

[DG73] DUPPERIN, J. C.; GODET, M.: Méthode de hiérachisation des élémentes d'un système – Rapport Economique du CEA. R-45-41, Paris, 1973

[Dör92] DÖRNER, D.: Die Logik des Misslingens – Strategisches Denken in komplexen Situationen. Rowohlt, Reinbeck bei Hamburg, 1992

[DS79] DICHTL, E.; SCHOBERT, R.: Mehrdimensionale Skalierung – methodische Grundlagen und betriebswirtschaftliche Anwendungen. Verlag Franz Vahlen, München, 1979

[EY12] ERNST & YOUNG AG: Standort Deutschland 2012 – Deutschland und Europa im Urteil internationaler Manager. 2012

[Fle87] FLECHTHEIM, O. K.: Ist die Zukunft noch zu retten? Hofmann und Campe, Hamburg, 1987

[Ges12-ol] GESCHKA & PARTNER UNTERNEHMENSBERATUNG (Hrsg.): Inka3. Unter: http://www.geschka.de/index.php?id=szenariosoftware, 07.11.2012

[GFS96] GAUSEMEIER, J.; FINK, A.; SCHLAKE, O.: Szenario-Management – Planen und Führen mit Szenarien. Carl Hanser Verlag, München, 2. bearb. Aufl., 1996

[Geu97] GEUS, A. DE: The Living Company - Habits for Survival in an Turbulant Business Environment. Harvard Business School Press, Boston, 1997

[Gri04] GRIENITZ, V.: Technologieszenarien - Eine Methodik zur Erstellung von Technologieszenarien für die strategische Technologieplanung. Dissertation, Fakultät für Maschinenbau, Universität Paderborn, HNI-Verlagsschriftenreihe, Band 151, Paderborn 2004

[GT82] GREEN, P. E.; TULL, D. S.: Methoden und Techniken der Marketingforschung. Schäffer-Poeschel Verlag, Stuttgart, 1982

[Häd02] HÄDER, M.: Delphi-Befragungen. Westdeutscher Verlag, Wiesbaden, 2002

[Här02] HÄRTEL, W.: Issueorientierte Frühaufklärung. Dissertation, Fakultät für Maschinenbau, Universität Paderborn, HNI-Verlagsschriftenreihe, Band 114, Paderborn, 2002

[Hor98] HORX, M.: Trendbüro - Megatrends für die späten neunziger Jahre. Trendbuch 2. Econ Executive Verlags GmbH, Düsseldorf, 3. Auflage, 1998

[KB07] KOTLER, P.; BLIEMEL, F.: Marketing-Management - Analyse, Planung, Umsetzung und Steuerung. Schäffer-Poeschel Verlag, Stuttgart, 12. Auflage, 2007

[Kes03] KESPOHL, H. D.: Dynamisches Matching - ein agentenbasiertes Verfahren zur Unterstützung des Kooperativen Produktengineering durch Wissens- und Technologietransfer. Dissertation, Fakultät für Maschinenbau, Universität Paderborn, HNI-Verlagsschriftenreihe, Band 120, Paderborn, 2003

[KH99] KLOPP, M.; HARTMANN, M.: Das Fledermaus Prinzip - Strategische Früherkennung für Unternehmen. Log-X Verlag, Stuttgart, 1999

[KM93] KRYSTEK, U.; MÜLLER-STEWENS, G.: Frühaufklärung für Unternehmen. Schäffer-Poeschel Verlag, Stuttgart, 1993

[KS98] KOPSCA, A.; SCHIEBEL, E.: Science and Technology Mapping - A New Iteration Model for Representing Multidimensional Relationships. In: Journal of the American Society for Information Science 49, American Society for Information Science, 1998

[Lie96] LIEBL, F.: Strategische Frühaufklärung. Trends - Issues - Stakeholders. Oldenbourg Verlag, München, 1996

[Löf08] LÖFLER, U.: Wissenschaft als kommunikativer Prozess: Die Rolle der Bibliometrie, ihre Möglichkeiten und Grenzen. In: Osnabrücker Arbeitspapiere zum Hochschul- und Wissenschaftsmanagement 13, Osnabrück, 2008

[LS04] LITZENBERGER, T.; STERNBERG, R.: Leuchttürme oder Lichterkette. In: Forschung und Lehre 11, 2004

[ML03] MÜLLER-STEWENS, G; LECHNER, C.: Strategisches Management - Wie strategische Initiativen zum Wandel führen. Schäffer-Poeschel Verlag, Stuttgart, 2. Auflage, 2003

[NA92] NAISBITT, J.; ABURDENE, P.: Megatrends 2000. Econ Taschenbuchverlag, München, 2. Auflage, 1992

[PB03] PAHL, G.; BEITZ, W.: Konstruktionslehre - Methoden und Anwendung. Springer Verlag, Berlin, 5. Auflage, 2003

[PM99] POPCORN, F; MARIGOLD, L.: Clicking - Der neue Popcorn-Report. Wilhelm Heyne Verlag, München, 1999

[Raa03] RAAN, A. F. J. VAN: The use of bibliometric analysis in research performance assessment and monitoring of interdisciplinary scientific developments. In: Technologiefolgenabschätzung - Theorie und Praxis 1, 2003

[Rei91] REIBNITZ, U. VON: Szenario-Technik - Instrumente für die unternehmerische und persönliche Erfolgsplanung. Gabler, Wiesbaden, 1991

[RLB+02] RINIA, E. J.; LEEUWEN, T. N. VAN; BRUINS, E. E. W.; VUREN, H. G. VAN; RAAN, A. VAN: Measuring knowledge transfer between fields of science. In: Scientometrics 3/54, Kluwer Academic Publishers, Dordrecht, 2002

[RW78] RAUCH, W.; WERSIG, G.: Delphi-Prognose in Information und Dokumentation. Verlag Dokumentation Saur KG, München, 1978

[RW89] RAFFÈE, H.; WIEDEMANN, K.: Strategisches Marketing. Schäffer-Poeschel Verlag, Stuttgart, 2. Auflage, 1989

[Schn07] SCHNEIDER, W.: Deutsch! Das Handbuch für attraktive Texte. Rowohlt Taschenbuch-Verlag, Reinbek bei Hamburg, 2007

[Sin12-ol] SINUS SOFTWARE UND CONSULTING GMBH (Hrsg.): Szeno-Plan. Unter: http://www.sinus-online.com/szeno-plan-top.html, 07.11.2012

[SMG+05] STEIN, B.; MEYER ZU EISSEN, S.; GRAEFE, G.; WISSBROCK, F.: Automating Market Forecast Summarization from Internet Data. 4th International Conference on the WWW/Internet, October 19th - 22nd, Lisbon, 2005

[Son70] SONTHEIMER, K.: Voraussage als Ziel und Problem moderner Sozialwissenschaft. In: Klages, H.: Möglichkeiten und Grenzen der Zukunftsforschung. Herder, Freiburg, 1970

[Sta12a] STATISTISCHES BUNDESAMT DEUTSCHLAND (Hrsg.): Volkswirtschaftliche Gesamtberechnung - Inlandsproduktberechnung. Statistisches Bundesamt, Wiesbaden, 2012

[Sta12b] STATISTISCHES BUNDESAMT DEUTSCHLAND (Hrsg.): Preise - Verbraucherpreisindizes für Deutschland - Jahresbericht. Statistisches Bundesamt, Wiesbaden, 2012

[SSW+89] SEHRINGER, R.; STRATE, J.; WEINGART, P.; WINTERHAGER, M.: Der Stand der schweizerischen Grundlagenforschung im internationalen Vergleich - Wissenschaftsindikatoren auf der Grundlage bibliometrischer Daten. In: Schweizerischer Wissenschaftsrat/Schweizerischer Nationalfonds zur Förderung der wissenschaftlichen Forschung (Hrsg.): Wissenschaftspolitik. Beiheft 44, Bern, 1989

[UN12] UNITED NATIONS CONFERENCE ON TRADE AND DEVELOPMENT (UNCTAD): World Investment Report 2012 - Towards a new Generation of Investment Policies. United Nations Publication, United Nations, New York, 2012

[UP91] ULRICH, H.; PROBST, G.: Anleitung zum ganzheitlichen Denken und Handeln - Ein Brevier für Führungskräfte. Haup, Bern, 3. Auflage, 1991

2

[Wac86] WACK, P.: Unbekannte Gewässer voraus – Ein managementorientiertes Planungsinstrument für eine ungewisse Zukunft. In: Harvard Manager 2, 1986

[Wei11] WEIMER-JEHLE, W.: ScenarioWizard Basic 3.42 – Qualitative System- und Szenarioanalyse mit der Cross-Impact Bilanzanalyse. Interdisziplinärer Forschungsschwerpunkt Risiko und Nachhaltige Technikentwicklung (ZIRIUS) der Universität Stuttgart, 2011

[WS02] WINTERHAGER, M.; SCHWECHHEIMER, H.: Schweizerische Präsenz an internationalen Forschungsfronten 1999. Cest-Publikationsreihe 8, Center for Science and Technology Studies, Bern, 2002

[WW84] WEINGART, P.; WINTERHAGER, M.: Die Vermessung der Forschung – Theorie und Praxis der Wissenschaftsindikatoren. Campus, Frankfurt/Main, 1984

Strategien – Wege in eine erfolgreiche Zukunft

„Far better to dare mighty things, to win glorious triumphs, even though checkered by failure, than to take rank with those spirits who neither enjoy much nor suffer much, because they live in the grey twilight that knows not victory, nor defeat."

– Theodore Roosevelt, 1899 –

Zusammenfassung

Strategische Führung gilt als Königsdisziplin unter den Aufgaben eines Managers. Eigenartigerweise steht sie aber nur selten ganz oben auf der Agenda einer Geschäftsleitungssitzung. Das Operative ist naturgemäß dringender; und wenn nach einer Neuausrichtung gerufen wird, dann ist oft zunächst einmal Sanierung angesagt. Strategien entwickeln und umsetzen ist also leichter gesagt als getan.

Die Forschung auf dem Gebiet der strategischen Führung ist noch jung, gleichwohl hat sie eine Fülle von Schulen und Methoden hervorgebracht, sodass es dem Praktiker nicht einfach gemacht wird, die richtigen Instrumente zu finden. Es sieht auch so aus, dass die moderne Managementliteratur eine starke Tendenz zum Neuesten hat. Oft ist aber nicht das Neue, sondern das signifikante Alte wirklich relevant. Wir erfinden keine neue Schule der strategischen Führung, sondern wir stellen dar, welche Methoden die Strategielehre bietet und wie diese für einzelne Unternehmen zu wirkungsvollen Handlungskonzeptionen zu verknüpfen sind.

Wir orientieren uns an den vier Phasen der strategischen Führung: Analyse der Ausgangssituation, Ermittlung von Strategieoptionen, Strategieentwicklung und Strategieumsetzung. Eine Strategie besteht aus einem Zukunftsentwurf im Sinne einer unternehmerischen Vision und einer Beschreibung des Wegs, den Zukunftsentwurf zu verwirklichen. Es reicht nicht, die Strategie entsprechend des Handlungsbedarfs aus heutiger Sicht zu formulieren; sie muss auch Antworten auf die sich abzeichnenden Herausforderungen der Zukunft geben. Letzteres hat uns dazu bewogen, die Vorausschau der eigentlichen strategischen Führung voranzustellen.

Die vielen Beispiele sollen unsere Erfahrung unterstreichen, dass sich Strategieentwicklung und -umsetzung mit einem Minimum an Aufwand in den Unternehmensführungsprozess integrieren lassen – man muss es nur wollen.

Die Wurzeln des Begriffs **„Strategie"** finden sich in der Kombination der griechischen Begriffe „stratos" (= Heer) und „agein" (= führen). Strategisches Denken wird daher vielfach mit antiken Heerführern wie ALEXANDER, HANNIBAL und CAESAR in Verbindung gebracht und als „Feldherrenkunst" bezeichnet.

Ausgehend von der Spieltheorie JOHANN VON NEUMANNS und OSKAR MORGENSTERNS wurde der Strategiebegriff zunächst in die anglo-amerikanische Managementlehre eingebracht. CHANDLERS „Strategy and Structure" sowie ANSOFFS „Corporate Strategy" gelten als Wegbereiter der strategischen Führung [Cha62], [Ans65]. MANN grenzt die **strategische Führung** in fünf Punkten von der traditionellen, operativen Führung ab [Man88]:

- Der erste Unterschied ist die **Fristigkeit:** Während die bisherige Jahres-, Mittelfrist- und Langfrist-Planung jeweils einen begrenzten Horizont hatte, löste sich die strategische Planung von einem festen Zeithorizont.
- Der zweite Unterschied ist die **Dimension:** Während die bisherige Planung grundsätzlich eindimensional war (Dimension „Geld"), ist die strategische Planung offen für weitere Dimensionen.
- Der dritte Unterschied liegt in der **Umfeldbetrachtung:** Während sich die bisherige Planung vor allem an unternehmensinternen Daten orientiert, bezieht die strategische Planung das Unternehmensumfeld ein. Die Planer versuchen, das Unternehmen aus der Sicht des Unternehmensumfelds zu sehen.
- Der vierte Unterschied ist die **Zwanglosigkeit:** Während Entscheidungen im operativen Tagesgeschäft oftmals zwangsläufig getroffen werden müssen, können strategische Entscheidungen jederzeit vertagt oder durch operative Entscheidungen ersetzt werden.
- Der fünfte Unterschied ist die **Zielsetzung:** Während die operative Planung ergebnisorientiert ist und eine Gewinnmaximierung anstrebt, können die Ergebnisse der strategischen Planung nicht so einfach „gemessen" werden. Sie ergeben sich vielmehr aus der Erfüllung eines mehrdimensionalen Zielsystems, wozu zunächst lediglich die Lebensfähigkeit des Unternehmens gewährleistet sein muss.

In diesem Hauptkapitel wollen wir die strategische Führung im Kontext der industriellen Produktion behandeln. Das beginnt mit der Analyse der Ausgangssituation und der Erarbeitung von Handlungsoptionen, geht über die Strategieentwicklung und die Strategieumsetzung und schließt ab mit der Gestaltung des entsprechenden Führungsprozesses. Doch zunächst geben wir einen kurzen Überblick über die strategische Führung.

3.1 Strategische Führung im Überblick

Wir orientieren uns an dem sog. **St. Galler Management-Konzept** [Ble99]. Wie in Bild 3-1 dargestellt, gliedert sich das Konzept in neun Felder, die durch drei Ebenen (horizontale Sicht) und drei Aspekte (vertikale Sicht) gebildet werden. Die horizontale Sicht weist die Ebenen des normativen, strategischen und operativen Managements auf, die sich wie folgt charakterisieren lassen:

- *Normativ, d.h. begründend:* Der Fokus liegt auf der Sicherstellung der Lebens- und Entwicklungsfähigkeit des Unternehmens. Dies wird erreicht, wenn die Stakeholder (Anspruchsgruppen) erkennen, dass das Unternehmen für sie einen Nutzen stiftet, und in diesem Sinne konstruktiv handeln. Zentraler Aspekt auf dieser Ebene sind die Nutzenpotentiale.
- *Strategisch, d.h. ausrichtend:* Auf dieser Ebene geht es um die Entwicklung der Bedingungen für das Erreichen einer vorteilhaften Positionierung im Wettbewerb von morgen. Steuergrößen sind die strategischen Erfolgspotentiale und die strategischen Erfolgspositionen. Strategische Erfolgspotentiale sind die Vorsteuergrößen für operative Größen wie Erfolg und Liquidität (vgl. Kapitel 1.1) Unter dem Begriff strategische Erfolgsposition ist vereinfacht ausgedrückt eine erfolgsentscheidende Fähigkeit zu verstehen. Nach PÜMPIN handelt es sich um eine „durch den Aufbau von wichtigen und dominierenden Fähigkeiten bewusst geschaffene Voraussetzung, die es dem Unternehmen ermöglicht, im Vergleich zur Konkurrenz langfristig überdurchschnittliche Ergebnisse zu erzielen" [Püm83].
- *Operativ, d.h. vollziehend:* Hier handelt es sich um eine konzeptgeleitete Lenkung der Unternehmensentwicklung, und zwar nach Maßgabe der Vorgaben der beiden übergeordneten Ebenen. Die wesentlichen Einflussgrößen sind Ressourcen und operative Fähigkeiten.

Der Weg über die Ebenen von oben nach unten entspricht einer Konkretisierung der Unternehmensführung; umgekehrt geht es um das Begründen und Legitimieren des Handelns. Die vertikale Sicht besteht aus den drei Aspekten Strukturen, Aktivitäten und Verhalten. Sie verdeutlichen das Spannungsfeld zwischen konzeptionell-gestalterischem Wollen und Verwirklichung des Angestrebten durch die Konkretisierung von Normen zu Programmen, die wiederum in konkrete Vorgaben für operative Aktivitäten transformiert werden müssen. Die Aktivitäten zielen auf das Erkennen und Ausschöpfen von Erfolgspotentialen bzw. Nutzenpotentialen ab.

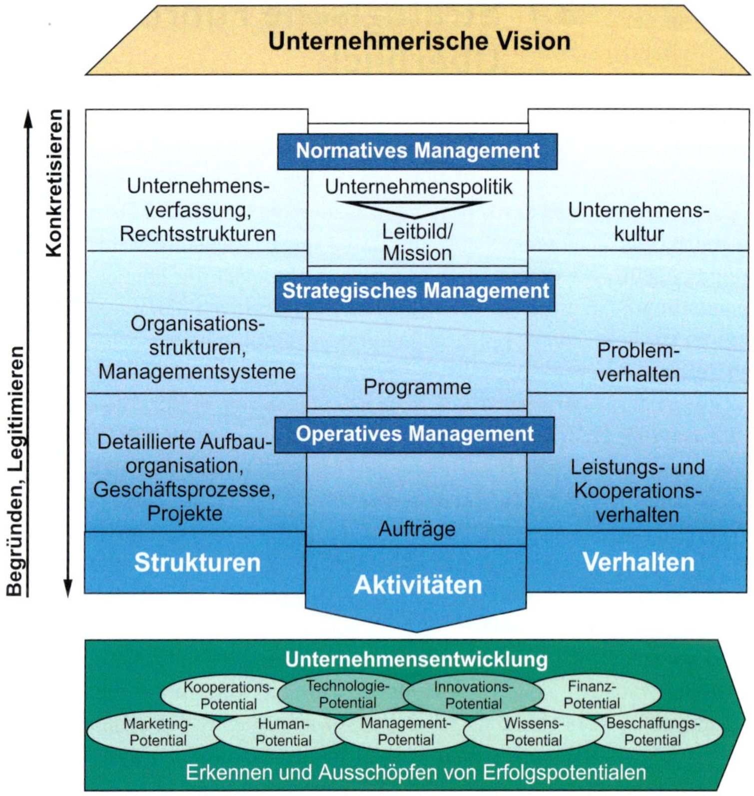

BILD 3-1
St. Galler Management-Konzept; das Konzept Integriertes Management nach Bleicher

Strategien auf verschiedenen Ebenen

- Aus der vielfältigen Strukturierung von Unternehmen resultiert die Notwendigkeit, den Prozess der strategischen Führung auf mehreren Ebenen zu betrachten. Wir unterscheiden nach Bild 3-2 drei Arten von Strategien: Unternehmensstrategien (corporate strategies), Geschäftsstrategien (business strategies) und Substrategien (functional strategies). Selbstredend gibt es die volle Ausprägung dieser generischen Struktur nur bei größeren Unternehmen, die mehrere Geschäftsfelder haben. Beispiele für Geschäftsfelder sind „Handhabungstechnik für die Automobilindustrie" und „Verpackungsanlagen für die pharmazeutische Industrie". Beispiele für Substrategien sind Marketingstrategie, Produktstrategie, Fertigungsstrategie, Personalentwicklungsstrategie etc. Auf den ersten Blick wirkt das wie ein Top-Down-Ansatz; in der Realität der strategischen Führung handelt es sich aber um einen Kreislauf:
- Im Rahmen der **Unternehmensstrategie** wird eine zukunftsorientierte Geschäftsstruktur des Unternehmens erarbeitet – d.h. es wird im Grundsatz festgelegt, mit welchen Marktleistungen welche Märkte bearbeitet werden sollen und wie die Balance von möglichst eigenständigen Geschäftseinheiten und Synergien durch unternehmensweites Agieren aussieht.
- Im Rahmen der **Geschäftsstrategien** werden diese strategischen Ausrichtungen konkretisiert. Die Konsequenzen in einer Geschäftsstrategie drücken aus, was in welchen Handlungsbereichen bzw. Funktionsbereichen grundsätzlich geschehen muss, um die im Leitbild enthaltene Zielsetzung zu erreichen, die strategischen Erfolgspositionen aufzubauen sowie die Marktleistung zu erbringen und zu vermarkten.
- Im Rahmen der **Substrategien** wird festgelegt, wie in den einzelnen Handlungs- bzw. Funktionsbereichen eines strategischen Geschäftsfelds (SGF) vorzugehen ist, um die entsprechenden Ziele zu erreichen.

Dieses Modell der Strategieebenen und ihrer Wechselwirkung deckt zwei Typen von Unternehmen ab:

- Bei **zentralistischen Unternehmen** bildet die Unternehmensstrategie den Ausgangspunkt des strategischen Führungsprozesses. Im Mittelpunkt steht hier ein klares Unternehmensleitbild, an dem sich alle Geschäftstätigkeiten sowie die Auswahl der strategischen Geschäftsfelder orientieren.
- Bei dezentralen und **stark diversifizierten Unternehmen** bilden die Geschäftsstrategien den Ausgangspunkt des strategischen Führungsprozesses. In der Folge entstehen je Geschäftsfeld eine Reihe von Substrategien für

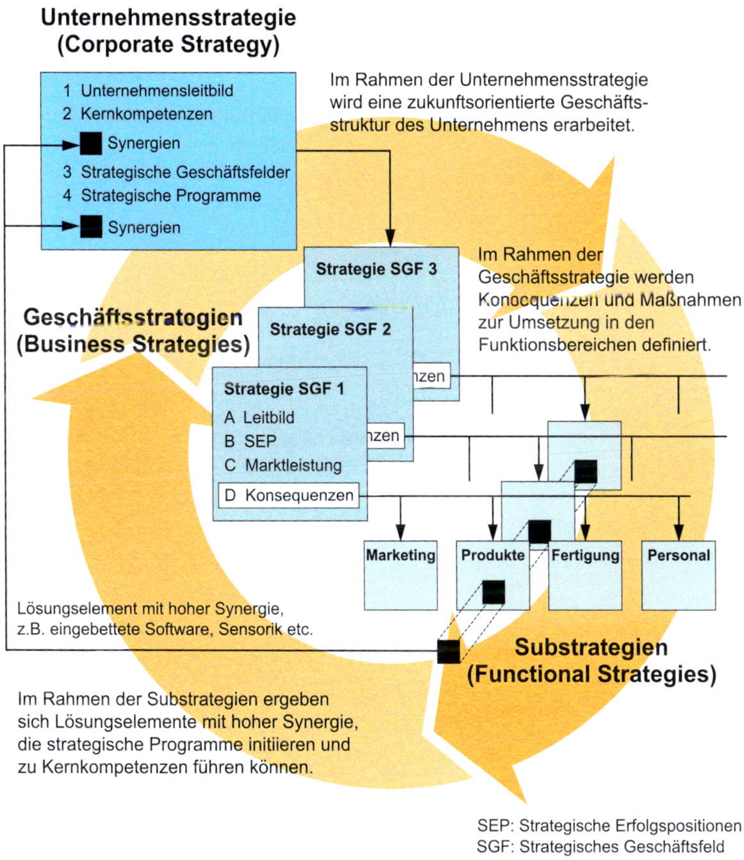

BILD 3-2
Strategieebenen und das Wechselspiel der entsprechenden Strategien

einzelne Handlungsbereiche wie Produkte, Informationstechnik oder Fertigung. Häufig ergeben sich für einen Handlungsbereich über mehrere Geschäftsfelder hinweg gleiche bzw. ähnliche Konzeptionen. Beispiele dafür sind das Produktdatenmanagement im Bereich Informationstechnik, neue Formen der Gruppenarbeit im Bereich Fertigung oder eingebettete Software und Sensorik im Bereich der Produkte. Es liegt nahe, die Konzeptionen als Lösungselemente mit hoher Synergie zu betrachten und sie daher aus dem SGF herauszuziehen und unternehmensweit voranzutreiben. Hier könnten sie als Basis für den Aufbau von unternehmensweiten Kernkompetenzen dienen. Auch wenn den Geschäftseinheiten durch eine Konzentration der Kräfte ein Stück Autonomie und Flexibilität verloren geht, liegt der Vorteil auf der Hand: Die Synergien ermöglichen Einsparungen und konzertierte Aktivitäten wie ein unternehmensweites Produktdatenmanagement und schaffen mehr Flexibilität für Umorganisationen. Die Strategie des Gesamtunternehmens ergibt sich hier also in Wechselwirkung mit den Geschäftsstrategien und den SGF-spezifischen Substrategien.

Phasenmodell der strategischen Führung

Der Prozess der strategischen Führung vollzieht sich in fünf Phasen, wobei jede Phase mit einer grundsätzlichen Frage verknüpft ist, die zu beantworten ist (Bild 3-3):

1. **Analyse:** Wo stehen wir und welche Handlungsmöglichkeiten haben wir heute? Zunächst ist es notwendig festzustellen, wo man selbst – als Unternehmen, Geschäfts- oder Funktionsbereich – derzeit steht. Diese Analysephase lässt sich in eine (interne) Unternehmensanalyse und eine (externe) Markt- und Wettbewerbsanalyse gliedern. Als Ergebnis liefert diese Charakterisierung der Ausgangssituation die gegenwärtigen Stärken und Schwächen des Unternehmens im Wettbewerb und die aktuellen Ansatzpunkte, die Position im Wettbewerb aus heutiger Sicht zu verbessern.
2. **Ermittlung von Strategieoptionen:** Welche Möglichkeiten haben wir in der Zukunft? Der Blick in die Zukunft ist wichtig, weil die Lösung der aktuellen Probleme nicht zwangsläufig dazu beiträgt, die Herausforderungen der Zukunft zu bewältigen. Zur Ausleuchtung des Zukunftsraums verwenden wir vor allem Szenarien, wie sie in Kapitel 2 bereits ausführlich beschrieben wurden.

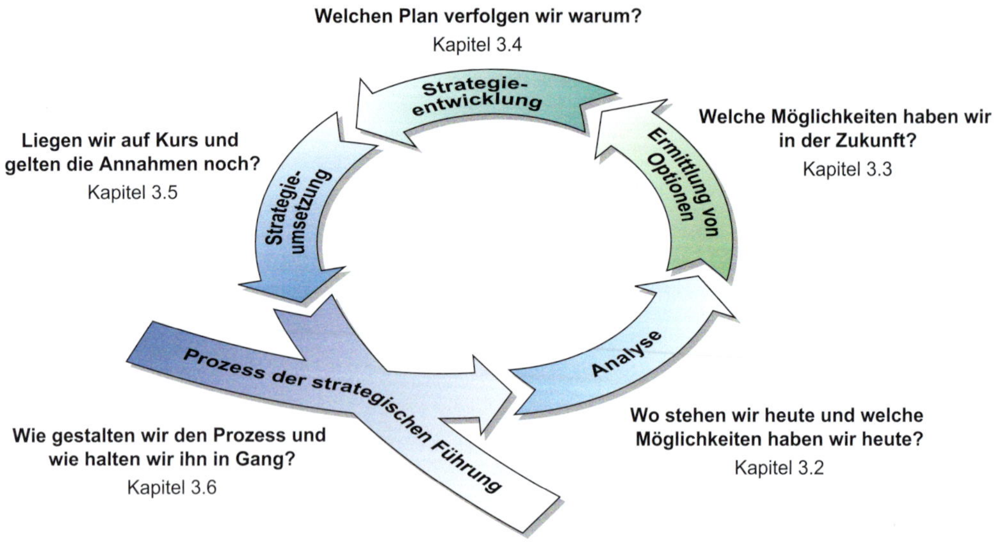

BILD 3-3 Die Phasen der strategischen Führung und die damit verbundenen Schlüsselfragen

Dieser systematische Blick in die Zukunft umfasst sowohl die Zukunft des Unternehmens (Lenkungsszenarien) als auch die Zukunft des Unternehmensumfelds (Umfeldszenarien). Aus den Szenarien ergeben sich jeweils Chancen, Gefahren und strategische Stoßrichtungen. Diese führen unter Beachtung der Erkenntnisse der Analysephase zu Strategieoptionen.

3. **Strategieentwicklung:** Welchen Plan verfolgen wir warum? Hier erfolgen die Entwicklung der unternehmerischen Vision und die Beschreibung des Wegs, diese zu verwirklichen. Die unternehmerische Vision umfasst
   - eine grundsätzliche Zieldefinition in Form eines Leitbilds,
   - die Festlegung der wichtigsten Fähigkeiten in Form von strategischen Kompetenzen bzw. strategischen Erfolgspositionen sowie
   - die strategische Positionierung durch Festlegung der Produkt-Markt-Kombinationen in der Wettbewerbsarena sowie der darin auszuführenden Wettbewerbsstrategien.

   Aus allen drei Elementen der unternehmerischen Vision ergeben sich wiederum Handlungsoptionen, die die Möglichkeiten beschreiben, wie das Unternehmen sein grundsätzliches Ziel erreichen könnte. Mit der Auswahl und Zusammenstellung geeigneter Handlungsoptionen entstehen strategische Programme sowie Konsequenzen und Maßnahmen, die die Strategie komplettieren.
4. **Strategieumsetzung:** Liegen wir auf Kurs und gelten die Annahmen noch? Dies ist „die vergessene Phase", denn die Vernachlässigung der Umsetzung hat die strategische Führung häufig in Misskredit gebracht. Es geht hier
   - um die konsequente Umsetzung der in der Strategie formulierten Maßnahmen und damit verbunden um die Kontrolle des Erfolgs der entwickelten Strategien (strategisches Controlling bzw. Umsetzungs-Controlling) sowie
   - um ein regelmäßiges Umfeld-Monitoring im Sinne eines Prämissen-Controllings.
5. **Gestaltung des Prozesses der strategischen Führung:** Wie halten wir diesen Prozess in Gang? Damit ist gemeint, die strategische Führung als kontinuierlichen Prozess im Sinne einer Vorsteuerung der operativen Führung aufzufassen. Dies umfasst folgende Aspekte:
   - Motivation und Koordination der am strategischen Führungsprozess beteiligten Personen. KOTTER spricht hier vom Aufbau einer Führungskoalition [Kot97].
   - Erzeugen von Agilität. MILBERG definiert Agilität als Flexibilität erweitert um die Dimension „Zeit" [Mil97]. Agilität drückt also die Fähigkeit zur schnellen Veränderung bzw. Anpassung aus. Voraussetzung dafür ist das Vorausdenken der Zukunft und damit die entsprechende mentale Einstellung. Diese Grundeinstellung lässt sich treffend mit dem englischen Begriff „responsiveness" umschreiben. Strategisches Controlling und Umfeld-Monitoring unterstützen die Erzeugung und den Erhalt von Agilität.
   - Verdeutlichung der Notwendigkeit strategischen Planens und damit verbundener Veränderungen innerhalb der Organisation.

3.2 Analyse: Charakterisierung der Ausgangssituation

Der Prozess der strategischen Führung beginnt mit der Phase „Analyse". Diese betrifft das Unternehmen und das Umfeld des Unternehmens (Markt, Wettbewerb etc.). Es geht um die Beantwortung der Schlüsselfrage: Wo steht das Unternehmen heute und welche Möglichkeiten bestehen aus heutiger Sicht? Im Folgenden stellen wir eine Reihe von Methoden vor, mit denen wir besonders gute Erfahrungen gesammelt haben. Es handelt sich um

- Methoden zur Strukturierung des Geschäfts,
- Marktportfolios,
- das integrierte Markt- und Technologie-Portfolio,
- die Stärken-Schwächen-Analyse,
- die Kompetenz-Analyse,
- die SPACE-Analyse,
- Methoden zur Analyse der Unternehmenskultur und
- die Stakeholder-Analyse.

3.2.1 Strukturierung des Geschäfts

Der Titel lässt vermuten, dass das Geschäft eines Unternehmens zunächst einmal präzise zu strukturieren ist. Dem ist in den meisten Fällen so. Andererseits soll das nicht heißen, dass ein Unternehmen sein Geschäft überhaupt nicht strukturiert hat. Die Wahrheit liegt wie häufig in der Mitte. Jedenfalls fehlt es in der Regel an einer klaren Struktur und vor allem an Zahlen, aus denen man die Position des Unternehmens im Wettbewerb präzise bestimmen und entsprechende Schlüsse ziehen kann. Dazu muss erst einmal eine klare Struktur in die Geschäftstätigkeit gebracht werden. Vorrangiges Ziel ist die Identifikation von Geschäftsschwerpunkten, sog. Hauptgeschäftsfeldern.

Identifikation von Hauptgeschäftsfeldern

Dafür verwenden wir die in Bild 3-4 dargestellte Matrix, die die zwei Achsen Marktleistung (Produkte und Dienstleistungen) und Marktsegmente aufweist. Wir bezeichnen diese Matrix daher als **Marktleistung-Marktsegmente-Matrix**.

Marktleistungssegmentierung: D.h. zunächst ist die gesamte Marktleistung zu gliedern. Die entsprechende Struktur schlägt sich in den Zeilen der Matrix nieder. Nachfolgend ein Beispiel für eine hierarchische Struktur der Produkte eines Herstellers für Lichttechnik:

1 Scheinwerfer
 1.1 High-End-Scheinwerfer
 1.2 Low-End-Scheinwerfer
 1.3 Zusatz-Scheinwerfer

2 Außenleuchten
 2.1 High-End
 2.2 Low-End

3 Innenleuchten
 3.1 Einzel-Innenleuchten …

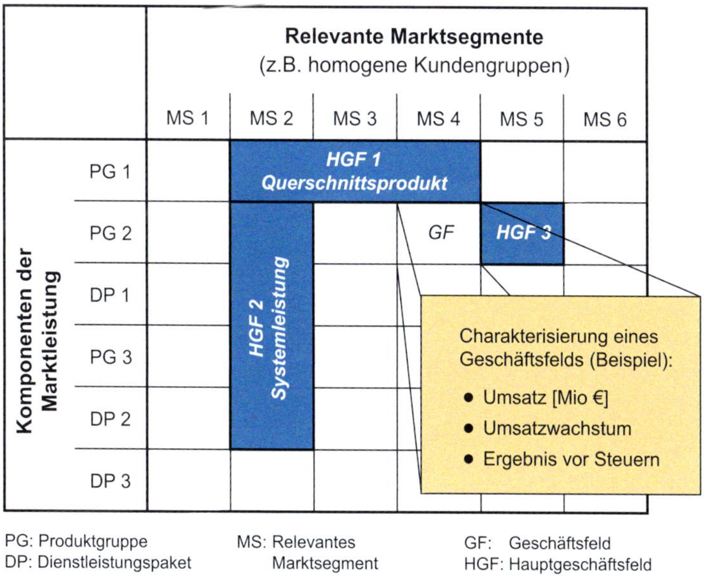

BILD 3-4
Marktleistung-Marktsegmente-Matrix (Prinzip)

Marktsegmentierung: Hier sind die Absatzmärkte zu strukturieren. Nach PORTER kann sich das an drei Merkmalen orientieren [Por99]:

- **Abnehmertyp:** Beispiele dafür sind Industrieunternehmen und private Konsumenten. Ein Abnehmertyp wird durch weitere Merkmale bestimmt, wie im Fall des Industrieunternehmens durch strategische Ausrichtung (Differenzierung, Kostenführung etc.), Hersteller von Originalgeräten vs. Anwender, Größe, Eigentumsverhältnisse etc.
- **Vertriebskanäle:** Beispiel dafür sind Direktvertrieb, Vertrieb über Vertretungen, Vertrieb über Systemhäuser (Lösungsanbieter), Vertrieb über das Internet etc.
- **Geographische Standorte der Abnehmer:** Die geographischen Standorte der Kunden können nach Städten, Postleitzahlgebieten, Regionen, Ländern, Ländergruppen etc. definiert sein.

Eine weitere Systematik der Marktsegmentierung schlägt BACKHAUS vor, die in Bild 3-5 wiedergegeben ist [Bac07]. Diese Systematik verwendet den Begriff **Buying Center**. Darunter sei eine kaufentscheidende Gruppe von Personen in einem Unternehmen verstanden.

Nach der Festlegung der Marktleistungskomponenten sowie der strategisch relevanten Marksegmente wird die Marktleistung-Marktsegmente-Matrix aufgebaut. Ein belegtes Feld in der Matrix wird als **Geschäftsfeld** bezeichnet. Ein Geschäftsfeld kann u. a. durch drei Merkmale charakterisiert werden (vgl. Bild 3-4 und Bild 3-6):

- **Umsatz:** Der Umsatz eines Geschäftsfelds kann durch einen Balken in der dritten Dimension hervorgehoben werden. Dadurch lassen sich Geschäftsfelder mit hohen Umsätzen besser erkennen. Zusätzlich wird der Umsatz in der oberen linken Ecke des Geschäftsfelds genannt.
- **Umsatzwachstum:** In der unteren rechten Ecke eines Geschäftsfelds wird dessen Wachstum verzeichnet.
- **Ergebnis vor Steuern:** In der unteren linken Ecke findet sich der prozentuale Gewinn vor Steuern. Dementsprechend werden die Matrixfelder farblich markiert.

Unter Verwendung dieser Matrix werden **Hauptgeschäftsfelder** (HGF) identifiziert. Darunter werden verwandte Gruppen von Geschäftsfeldern verstanden, für deren Bildung drei Kriterien herangezogen werden können:

- *Eigenständige Marktaufgaben:* Ein HGF ist hinsichtlich seiner Marktleistungen und Marktsegmente weitgehend unabhängig von anderen Geschäftsfeldern.
- *Anteil am Unternehmensergebnis:* Ein HGF hat in der Gegenwart maßgeblichen Anteil am Ergebnis des Unternehmens.

Erfassung der Merkmale	Merkmale der Nachfrageorganisation: allgemeine Merkmale	Merkmale der Nachfrageorganisation: kaufspezifische Merkmale
direkt beobachtbar	***organisationsbezogene Merkmale*** Unternehmensgröße, Organisationsstruktur, Standort, Betriebsform, Finanzrestriktionen u.a. ***Buying Center-bezogene Merkmale*** demographische und sozioökonomische Merkmale der Buying-Center-Mitglieder (z.B. Ausbildung, Beruf, Alter, Stellung im Unternehmen)	***organisationsbezogene Merkmale*** Abnahmemenge bzw. -häufigkeit, Anwendungsbereich der nachgefragten Leistung, Neu-/Wiederholungskauf, Marken-/Lieferantentreue, Verwenderbranche/Letztverwendersektor ***Buying Center-bezogene Merkmale*** Größe und Struktur des Buying Centers
indirekt beobachtbar/abgeleitet	***organisationsbezogene Merkmale*** Unternehmensphilosophie, Zielsystem des Unternehmens ***Buying Center-bezogene Merkmale*** Persönlichkeitsmerkmale der Buying-Center-Mitglieder (z.B. Know-how, Risikoneigung, Entscheidungsfreudigkeit, Selbstvertrauen, Life-Style der Buying-Center-Mitglieder)	***organisationsbezogene Merkmale*** organisatorische Beschaffungsregeln ***Buying Center-bezogene Merkmale*** Kaufmotive, individuelle Zielsysteme, Anforderungsprofile, Entscheidungsregeln der Kaufbeteiligten, Kaufbedeutung in der Einschätzung der Kaufbeteiligten, Einstellungen/Erwartungen gegenüber Produkt/Lieferanten, Präferenzen

BILD 3-5
Marktsegmentierungskriterien für das Investitionsgütergeschäft nach BACKHAUS

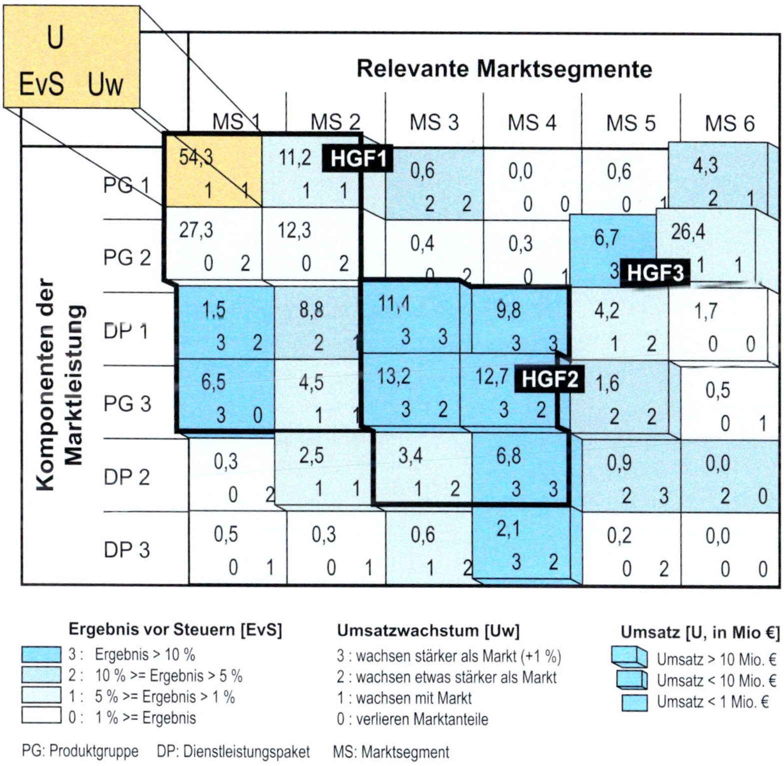

BILD 3-6
Beispiel einer Marktleistung-Marktsegmente-Matrix

- *Relative Unabhängigkeit der strategischen Entscheidungen:* Für die in einem HGF zusammengefassten Geschäftsaktivitäten gelten weitgehend die gleichen Erfolgsfaktoren. Die Marktleistung-Marktsegmente-Matrix, wie in Bild 3-6 beispielhaft dargestellt, hilft **Segmentierungslücken** („segmentation gaps") zu erkennen. Darunter werden Marktsegmente verstanden, die mit den gegenwärtigen Produkten nicht oder nur in geringem Umfang bedient werden. Aus der Identifikation von Segmentierungslücken können sich bereits Hinweise für Handlungsoptionen ergeben.

Das Beispiel in Bild 3-6 zeigt, dass die Marktleistung-Marktsegmente-Matrix eine kompakte, gut strukturierte und leicht fassbare Darstellung des heutigen Geschäfts eines Unternehmens liefert. Damit ergibt sich aber auch die Gelegenheit, das Selbstverständnis der häufig „historisch gewachsenen" Geschäftsfelder zu überprüfen. Levitt beschreibt am Beispiel der Eisenbahnen eine Fehldefinition eines Geschäftsfelds und die daraus resultierenden Folgen:

„Es war nicht die Nachfrage nach Passagier- und Frachttransport, die zurückging und so das Wachstum der Eisenbahn begrenzte. Das Passagier- und Frachtaufkommen wuchs vielmehr. Die Eisenbahnen sind heute in Schwierigkeiten, nicht weil diese Nachfrage durch andere befriedigt wurde (Autos, Lastwagen, Flugzeuge, sogar Telefone), sondern weil die Eisenbahnen die veränderten Bedürfnisse selbst nicht erfüllten. Sie ließen sich die Nachfrage wegnehmen, weil sie ihren relevanten Markt als den Markt für Eisenbahnen definiert hatten, anstatt sich als Transportunternehmen zu verstehen. Der Grund für die Fehldefinition des relevanten Markts lag darin, dass sie schienenorientiert, anstatt transportorientiert waren. Sie waren produktorientiert, anstatt kundenorientiert zu sein." [Lev60]

Die Marktleistung-Marktsegmente-Matrix zeigt in Verbindung mit der ABC-Analyse (siehe Kasten) häufig eine gewisse Verzettelung der Geschäftstätigkeit. Ursache dafür ist in der Regel ein opportunistischer, undifferenzierter Vertrieb, der nicht das verkauft, was vorhanden ist, sondern allzu bereitwillig auf Kundenwünsche eingeht und so unnötig Varianten generiert und das Produktprogramm aufbläht.

ABC-ANALYSE

Die ABC-Analyse ist ein Verfahren zur wertmäßigen Klassifizierung von Entscheidungsobjekten (z. B. Produkten). Das Verfahren wird angewendet, wenn aus einer größeren Menge von Objekten Unwichtiges von Wichtigem zu trennen ist. Sind beispielsweise aus einer vorgegebenen Menge von Produkten die umsatzstärksten zu identifizieren, so ist folgendes Vorgehen zu wählen:

- Sortieren der Produkte nach abnehmendem Umsatzanteil.
- Berechnen der kumulierten Umsatzanteile in absoluten oder relativen Größen.
- Darstellen der Ergebnisse in einem Diagramm wie im Folgenden beispielhaft dargestellt.

Daraus ergibt sich die prinzipielle Klassifizierung in A-, B- und C-Produkte.

- Klasse A: Diese Produkte erzielen zusammen 75 % des Gesamtumsatzes. Produkte der Klasse A stellen die „Stars" des Unternehmens dar; sie sichern in der Regel die Existenz des Unternehmens.
- Klasse B: Diese Produkte erzielen einen signifikanten Umsatz. Weitere Analysen müssen zeigen, ob sich diese Produkte positiv auf den Geschäftsgang auswirken.
- Klasse C: Der große Rest trägt nur marginal zum Gesamtumsatz bei. Abgesehen von neuen Produkten, die gerade in den Markt eingeführt werden, ist hier der Hebel für die Programmbereinigung anzusetzen. Unserer Erfahrung nach führt die Streichung einer großen Anzahl von Produkten dieser Klasse zu einem leichten Rückgang des Umsatzes und einer starken Steigung des Gewinns. Gleichwohl gibt es sehr häufig erhebliche Widerstände des Vertriebs gegen die überfällige Programmbereinigung.

Literatur:

[Bur02] BURGHARDT, M.: Projektmanagement - Leitfaden für die Planung, Überwachung und Steuerung von Entwicklungsprojekten. Publicis Corporate Publishing, Erlangen, 6. Auflage, 2002

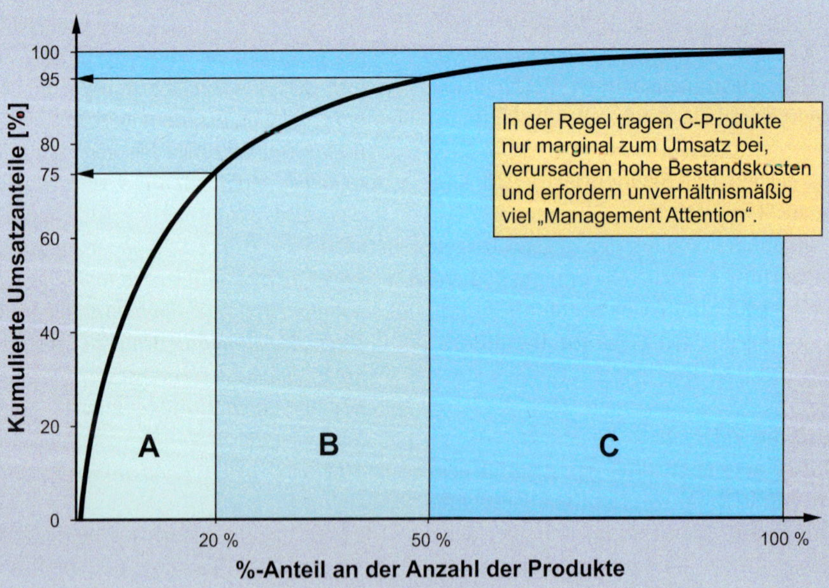

BILD 1: ABC-Analyse für ein Produktspektrum (Prinzipielle Darstellung)

Identifikation von Hauptgeschäftsregionen

Die zunehmende Freizügigkeit von Waren und Kapital erlaubt es Unternehmen, eine Vielzahl geographischer Märkte zu bedienen. Dabei treffen sie auf unterschiedliche Marktbedingungen, denen sie nicht mit einer einheitlichen Strategie begegnen können. Folglich entsteht die Notwendigkeit zur Identifikation von **Hauptgeschäftsregionen**. Ein wichtiges Instrument zu deren Festlegung ist die **Marktleistung-Regionen-Matrix**. Darin ergeben sich die strategisch relevanten Marktsegmente ausschließlich aus den Absatzregionen. Die Geschäftsfelder werden durch den Umsatz und den Marktanteil charakterisiert.

Besonders aufschlussreich ist es, den produktspezifischen Marktanteil in einer Region mit dem Gesamtmarktanteil des Unternehmens zu vergleichen. Diese Information lässt sich in der Matrix farblich unterstützen. Daraus ergeben sich die regionalen Stärken und Schwächen. Liegt der regionale Marktanteil bei einer Produktgruppe um mehr als 33 % unter dem Marktanteil des Unternehmens, so wird von einer **regionalen Schwäche** gesprochen. Regionale Schwächen lassen sich ebenfalls als Segmentierungslücken auffassen.

Ein weiteres Hilfsmittel zur Festlegung von Hauptgeschäftsregionen ist das **Regionen-Mapping**. Dabei werden die einzelnen Regionen anhand von verschiedenen Kriterien (Marktanteil der Produkte, Umsatz, Bedeutung von Wettbewerbsfaktoren etc.) verglichen und mit Hilfe multivariater Verfahren (Clusteranalyse, Multidimensionale Skalierung etc.) gegliedert oder graphisch angeordnet. Bild 3-7 zeigt ein solches Regionen-Mapping für ein mittelständisches Unternehmen der Elektroindustrie. Aus diesem Mapping ergeben sich vier Hauptgeschäftsregionen:

- Nord- und Mitteleuropa als traditionelles Kerngeschäft mit hohem Marktanteil und einer weitgehend zufriedenstellenden Positionierung im Wettbewerb;
- Süd-Europa als ebenfalls starke Geschäftsregion, die allerdings aufgrund der starken Stellung des Großhandels mit einer Reihe spezifischer Probleme konfrontiert ist;
- der anglo-amerikanische Markt, auf dem das Unternehmen aufgrund unterschiedlicher Standards und der starken Fokussierung der Kunden auf niedrige Marktpreise eher schwach ist sowie
- die globalen Märkte, die vor allem durch überdurchschnittliches Marktwachstum gekennzeichnet sind.

Angesichts der zunehmenden Internationalisierung vieler Geschäftsaktivitäten – insbesondere auch von kleinen und mittleren Unternehmen – gewinnen solche Analysen an Bedeutung. Es liegt auch nahe, dass gerade die mittelständisch geprägten Unternehmen des Maschinenbaus, die einen sehr hohen Exportanteil haben, in Marketingfragen kooperieren. Dafür gibt es gute Gründe:

- Die Strategiekompetenz ist in den Unternehmen oft nicht ausreichend vorhanden; man könnte ein Stück weit voneinander lernen.
- Das mühsame Beschaffen, Aufbereiten und vor allem regelmäßige Aktualisieren von Marktdaten könnte effizienter gestaltet werden.
- Der Marktauftritt könnte in den einzelnen geographischen Hauptmärkten konzertiert erfolgen.

Aber um dieses Nutzenpotential ausschöpfen zu können, müsste die vielmals im Mittelstand anzutreffende Kooperationsphobie überwunden werden. Das Beispiel im Kasten zeigt, dass es möglich und sinnvoll ist, auch in Marketingfragen zu kooperieren.

Identifikation von Anforderungssegmenten

Insbesondere große Unternehmen praktizieren in Ergänzung zur Produkt- und Marktsegmentierung die Segmentierung nach Kundenanforderungen bzw. Kundenbedürf-

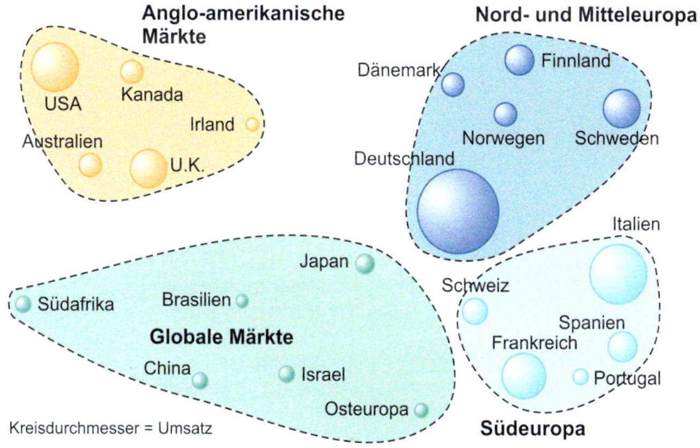

BILD 3-7
Regionen-Mapping mit vier Hauptgeschäftsregionen

nissen. Dazu werden zunächst die Anforderungen der Kunden detailliert erfasst. Mit Hilfe statistischer Verfahren werden dann Kundengruppen mit ähnlichen Bedürfnissen bzw. Anforderungen – sog. **Anforderungssegmente** – ermittelt. Jedes Anforderungssegment verfügt über ein spezifisches **Anforderungsprofil** (d.h. die das Segment definierenden charakteristischen Bedürfnisse) sowie spezifische Eigenschaften (z.B. das durchschnittliche Alter der Kunden, ihre Kaufkraft, ihre Konsumgewohnheiten etc.).

Die verschiedenen Anforderungssegmente können in einem **Anforderungs-Mapping** visualisiert werden. Bild 3-8 zeigt exemplarisch ein solches Mapping für den europäischen PKW-Markt. Im Rahmen dieser Analyse zeigt sich beispielsweise, dass in einigen Anforderungssegmenten Kunden zusammengefasst werden, die zwar Fahrzeuge aus verschiedenen Produktgruppen präferieren, damit aber ähnliche Bedürfnisse befriedigen.

Interessant ist im Rahmen der Anforderungssegmentierung eine Analyse der Produkte und Dienstleistungen nach Umsatz und Marktanteil. Dazu wird ein **Marktleistungs-Portfolio** eingesetzt, das sich aus zwei Dimensionen ergibt (Bild 3-9):

- Auf der **Abszisse** wird der Umsatzanteil des betrachteten Anforderungssegments am Gesamtumsatz der jeweiligen Marktleistung aufgetragen. Produkte, die vornehmlich in diesem Segment verkauft werden, sind demnach in der rechten Hälfte des Portfolios angeordnet.
- Auf der **Ordinate** wird der Marktanteil der eigenen und fremden Produkte in dem spezifischen Anforderungssegment aufgetragen. Marktleistungen, die die Bedürfnisse in diesem Segment nachhaltig befriedigen, finden sich also im oberen Teil des Portfolios.

Im Marktleistungs-Portfolio ergeben sich drei charakteristische Bereiche:

- **Global Leader** sind Marktleistungen, die in dem betrachteten Anforderungssegment eine führende Position einnehmen, obwohl sie den größten Teil ihres Umsatzes in anderen Segmenten machen. Häufig werden Global Leader in *neuen* Anforderungssegmenten identifiziert. In einem solchen Segment bestehen oftmals Möglichkeiten der Ausrichtung einer eigenen Marktleistung an den spezifischen Bedürfnissen der entsprechenden (neu entstandenen) Kundengruppe. Ein Beispiel ist der *Espace,* mit dem Renault in den 1980er Jahren das An-

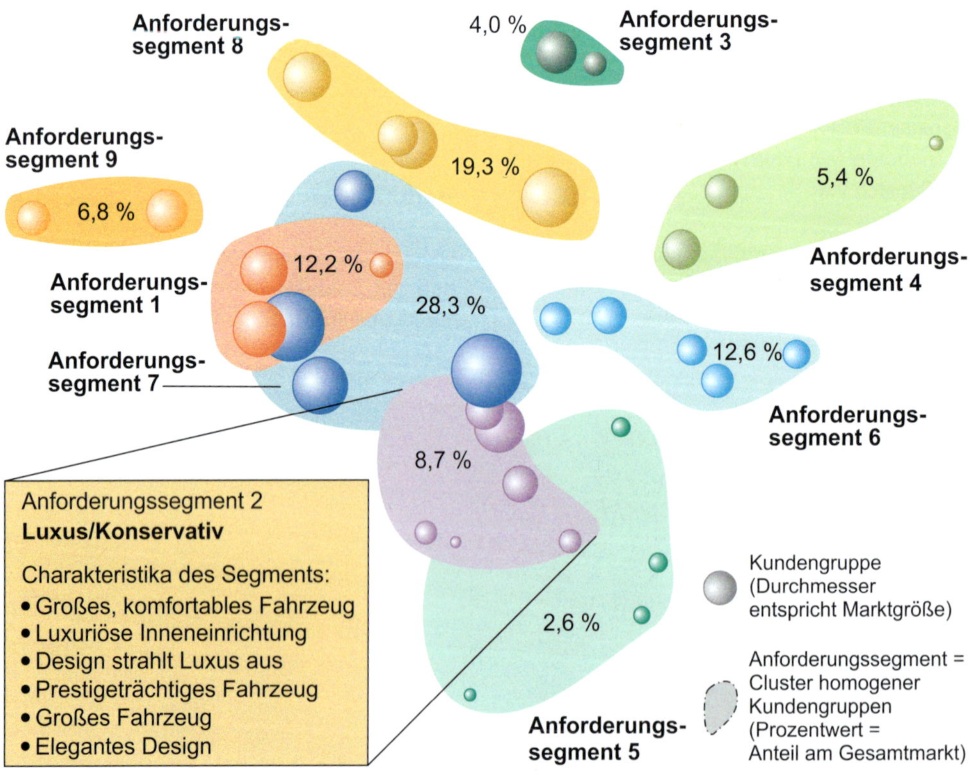

BILD 3-8 Entwicklung von Anforderungssegmenten für den europäischen Automobilmarkt (vereinfachte Darstellung)

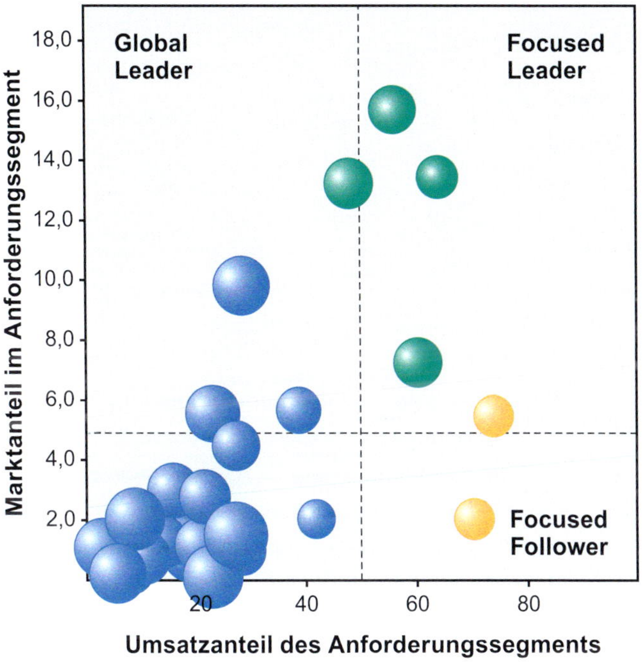

Global Leader
sind Produkte oder Dienstleistungen, die in dem betrachteten Anforderungssegment eine führende Position einnehmen, obwohl sie den größten Teil ihres Umsatzes in anderen Segmenten machen.

Focused Leader
sind Produkte oder Dienstleistungen, die in dem betrachteten Anforderungssegment eine führende Position einnehmen und gleichzeitig den größten Teil ihres Umsatzes in diesem Segment machen.

Focused Follower
sind Produkte oder Dienstleistungen, die in dem betrachteten Anforderungssegment keine führende Position einnehmen, aber gleichzeitig den größten Teil ihres Umsatzes in diesem Segment machen.

BILD 3-9 Marktleistungs-Portfolio für ein spezifisches Anforderungssegment

forderungssegment der Großraumlimousinen als Global Leader übernommen hat.

- **Focused Leader** sind Marktleistungen, die in dem betrachteten Segment eine führende Position einnehmen und gleichzeitig den größten Teil ihres Umsatzes in diesem Segment machen. Häufig „besitzen" solche Marktleistungen das betrachtete Anforderungssegment und können nur über globale Strategien, eine weitere Spezifizierung oder im Rahmen von Bedürfnisveränderungen angegriffen werden. Ein Beispiel sind die japanischen Anbieter im Segment preisgünstiger Geländewagen.
- **Focused Follower** sind Marktleistungen, die in dem betrachteten Segment keine führende Position einnehmen, aber gleichzeitig den größten Teil ihres Umsatzes in diesem Segment machen. Hier zeigt erst eine weitergehende Segmentierung, ob diese Produkte noch spezifischere Kundenbedürfnisse befriedigen oder ob diese Produkte eine leicht angreifbare Position innehaben.

HERAUSFORDERUNGEN DER ZUKUNFT FÜR DIE DEUTSCHE VERPACKUNGSMASCHINENINDUSTRIE

Die deutsche Verpackungsmaschinenbranche ist Weltmarktführer für Lösungen rund um die Verpackungsaufgabe. Diese herausragende Stellung beruht vor allem auf dem hohen Stand des Wissens um Verpackungsprozesse, dem breiten und differenzierten Angebot an Verpackungstechnik und der exzellenten maschinenbaulichen Qualität. Diese Position wird von ausländischen Mitbewerbern, allen voran italienische Hersteller, attackiert. Vor diesem Hintergrund waren in einer Untersuchung folgende Fragen zu beantworten:

1. Wo stehen wir heute?
2. Wie entwickeln sich die Märkte und der Wettbewerb bis ins Jahr 2015?
3. Welche Handlungsoptionen ergeben sich?
4. Welche Maßnahmen auf Branchenebene bieten sich an?

Im Folgenden werden zwei Aspekte im Zusammenhang mit der ersten Frage vorgestellt.

Geschäftsstruktur der Branche

Die deutsche Verpackungsmaschinenindustrie ist eine sehr heterogene, mittelständisch geprägte Branche. Über 80 % der erfassten Unternehmen erzielen einen Umsatz von weniger als 25 Mio €. Ebenfalls 80 % beschäftigen weniger als 500 Mitarbeiter. Bild 1 zeigt eine Strukturierung des Geschäfts nach den zwei Achsen Marktsegmente und Verpackungsfunktionen.

Verpackungsfunktionen \ Marktsegmente	Food					Pharma	Non-Food (Konsum)		Non-Food (Industrie)			
	Molkereiprodukte	Getränke	Süßwaren	Tabak	Sonst. Nahrungs-/Genussmittel	Pharma-Produkte	Hygieneartikel, z.B. Windeln	Kosmetik, Haushaltschemie	Sonst. Chemie, Baustoffe	Druckerzeugnisse, Papier	Sonst. Non-Food-Produkte	Summe
Primärverpackung flüssig/pastös in formstabile Packmittel	2,8	10,3			0,5	2,5		0,5	0,7		0,19	17,49
Primärverpackung flüssig/pastös in flexible Packmittel	0,6	0,2	0,05		0,4	0,2	0,04	0,3	0,05			1,84
Primärverpackung Schüttgüter in formstabile Packmittel					1,7	0,8			0,05		0,01	2,56
Primärverpackung Schüttgüter in flexible Packmittel	0,1		1,0	0,02	3,9	0,6		0,5	14,5		1,1	21,72
Primärverpackung von Stückgütern/stückigen Produkten	1,7		5,0	0,38	4,3	2,9	0,04	1,0	1,4	0,3	1,1	18,12
Sammel- oder Transportverpackung, Packsaal-Automat	0,4	0,4	0,6	0,2	1,2	0,7	0,02	0,7	0,5	1,1	0,9	6,72
Sonstige*	0,7	18,8	0,05	0,1	3,6	2,9	0,8	0,1	3,4	0,1	1,0	31,55
Summe	6,3	29,7	6,7	0,7	15,6	10,6	0,9	3,1	20,6	1,5	4,3	100

niedrig – hoch: Die Farbskala verdeutlicht den Anteil des Umsatzes, der auf ein einzelnes Hauptgeschäftsfeld entfällt.

Alle Angaben in Prozent 100 % entsprechen dem Umsatz der befragten Unternehmen

*: im Bereich „Sonstige" sind die folgenden Verpackungsfunktionen subsumiert: Palettierung, Depalettierung, Palettensicherung, Defolierung, Etikettiermaschine, Verpackungsausstattung, Komponenten/Software, Blechpackungsherstellungsmaschinen.

BILD 1: Marktsegmente-Verpackungsfunktionen-Matrix

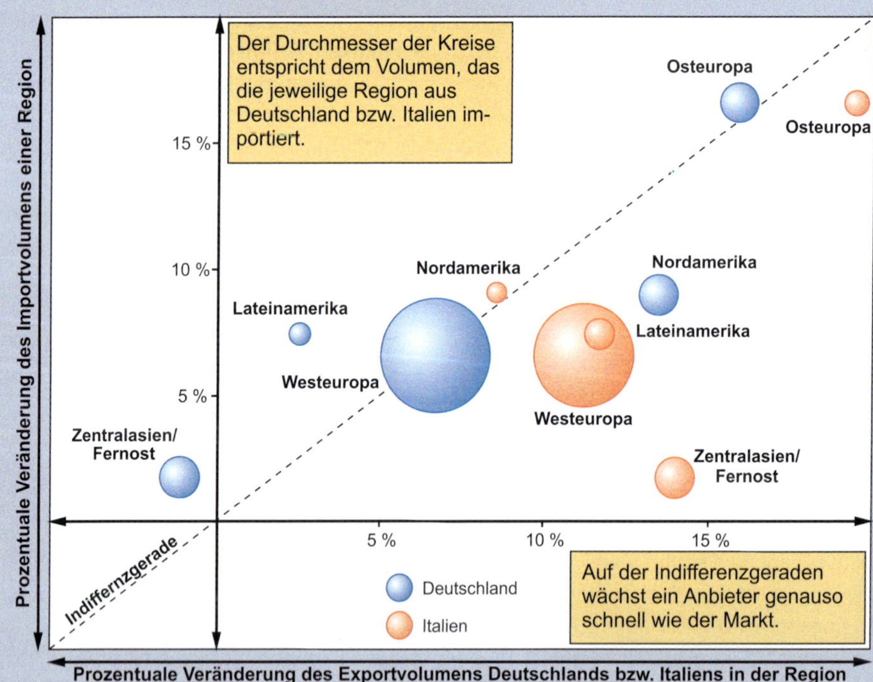

BILD 2: Deutsche und italienische Hersteller im direkten Vergleich bezogen auf Regionen

Der Vergleich mit den italienischen Wettbewerbern

Bild 2 setzt die regionale Entwicklung der deutschen Verpackungsmaschinenhersteller mit der der italienischen Hersteller ins Verhältnis. Auf der Senkrechten ist die prozentuale Veränderung des Importvolumens einer Region aufgetragen, auf der Waagerechten die prozentuale Veränderung des aus Deutschland bzw. Italien stammenden Exportvolumens in die jeweilige Region.

Die italienischen Verpackungsmaschinenhersteller haben im Export zu Beginn der 1990er Jahre stärker zugelegt als die deutschen. Diese Entwicklung konnte seit 1998 umgekehrt werden. Dies resultiert z. T. aus dem Verlust des währungsbedingten Preisvorteils der italienischen Anbieter und einer strikteren Umsetzung und Kontrolle harmonisierter EU-Richtlinien.

Verteilt auf die geographischen Regionen ist festzustellen, dass die Trendwende in West-, Mittel- und und Osteuropa sowie in Nordamerika geschafft worden ist. In Lateinamerika haben die Italiener die Nase vorn, aber hier holen die Deutschen auf. In Zentralasien/Fernost liegen die Italiener vorn.

Die deutschen Hersteller haben in den Jahren 1995 bis 1998 die Chancen des Markts im Großen und Ganzen wahrgenommen. Die Italiener haben bis auf in Nordamerika aber stärker zugelegt, und zwar primär auf Kosten Dritter, wie z. B. Japan, Niederlande und Taiwan.

Literatur:

[VDMA00] VDMA Fachverband Nahrungsmittelmaschinen und Verpackungsmaschinen (Hrsg.): Herausforderungen der Zukunft für die deutsche Verpackungsmaschinenindustrie. Eine Untersuchung der UNITY AG. Frankfurt, 2000

3.2.2 Marktportfolios

Marktportfolios haben in der strategischen Unternehmensführung weite Verbreitung gefunden. Der Grundgedanke von Portfolios ist es, Untersuchungsobjekte (Unternehmen, strategische Geschäftseinheiten, Produktgruppen, Produkte etc.) nach mehreren Kriterien zu beurteilen und in einem Feld, das durch zwei Dimensionen aufgespannt wird, zu positionieren. In der Regel werden die Kriterien, die von außen gegeben sind und vom Unternehmen nicht beeinflusst werden können, auf der senkrechten Achse zusammengefasst. Die Kriterien, die die Leistungsfähigkeit des Unternehmens kennzeichnen, gehen in die waagerechte Dimension ein. Häufig drücken die Durchmesser der Objekte Kennwerte wie z. B. Umsatz oder absoluten Marktanteil aus. Aus der Position der Objekte im Portfolio können Stärken und Schwächen abgelesen sowie Handlungsempfehlungen abgeleitet werden. Es existiert eine Vielzahl verschiedener Portfolio-Ansätze, aus denen wir die wichtigsten herausgreifen:

- Marktwachstum-Marktanteil-Portfolio der Boston Consulting Group,
- Marktattraktivität-Wettbewerbsposition-Matrix nach McKinsey,
- Marktanteil-Umsatzentwicklung-Diagramm nach Lewis,
- Lebenszyklusphase-Wettbewerbsstellung-Portfolio nach Arthur D. Little.

Marktwachstum-Marktanteil-Portfolio der Boston Consulting Group (BCG)

Das ist der „Pionier" unter den vielen Portfolios. Es eignet sich zur Darstellung der Wettbewerbsposition von Produkten, Produktgruppen, strategischen Geschäftsfeldern u. ä., wobei lediglich zwei Kriterien betrachtet werden (Bild 3-10):

- Die Ordinate drückt das **Marktwachstum** aus, und zwar für den Markt, der mit dem betrachteten Produkt erreichbar ist.
- Auf der Abszisse wird der **relative Marktanteil** angegeben. Ein relativer Marktanteil von 0,3 bedeutet, dass das Produkt zurzeit über 30 % des Marktanteils des Haupt-Konkurrenzprodukts verfügt. Entsprechend der Erfahrungskurve ist ein hoher relativer Marktanteil erstrebenswert, weil dadurch Skalenvorteile entstehen.

Die vier Felder des Portfolios beschreiben Kategorien; für jede Kategorie wird eine **Normstrategie** vorgeschlagen. Eine Normstrategie ist eine allgemeine Handlungsempfehlung für das Untersuchungsobjekt.

- **Fragezeichen** sind Geschäftseinheiten mit einem niedrigen Marktanteil an stark wachsenden Märkten. Ein Ausbau solcher „Sorgenkinder" erfordert in der Regel erhebliche Finanzmittel. Kann oder will ein Unternehmen diese nicht aufbringen, so bleibt nur der Rückzug. Typisch für solche Geschäftsfelder bzw. Produkte sind

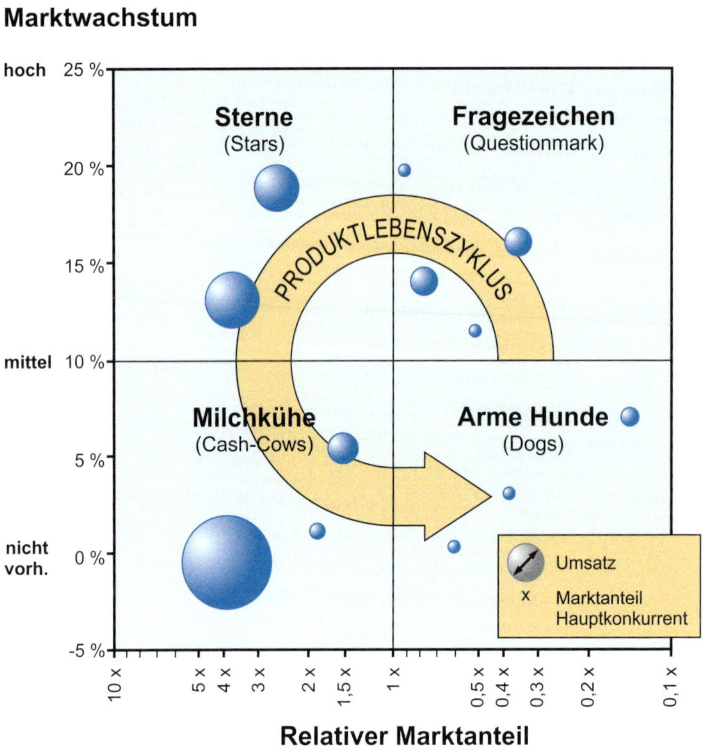

BILD 3-10
Marktwachstum-Marktanteil-Portfolio der BOSTON CONSULTING GROUP [Hed77]

solche aus dem Hightech-Bereich (Bio-Technik, Nano-Technik etc.). Aber auch der Internet-Boom hat viele sog. Fragezeichen hervorgebracht. Sie lösen erhebliche Wachstumsfantasien aus und führen zu einem hohen Börsenwert, haben aber noch nie richtig Gewinn abgeworfen. Es ist offensichtlich, dass gerade hier eine nüchterne Bewertung des erreichten Stands und der Zukunftsaussichten gefragt ist.
Normstrategie: Selektiv vorgehen.

- **Sterne** sind Geschäftseinheiten mit hohem Marktanteil in stark wachsenden Märkten. Sie beanspruchen in der Regel etwa gleich viel Finanzmittel wie sie aufgrund ihrer starken Position im Wettbewerb generieren.
  Normstrategie: Fördern, investieren.
  Mit dem Rückgang der Marktwachstumsrate werden Sterne zu Milchkühen.
- **Milchkühe** erzeugen in reifen Märkten bei einem hohen relativen Marktanteil einen hohen positiven Cashflow. Dieser könnte beispielsweise für die Entwicklung der Fragezeichen eingesetzt werden.
  Normstrategie: Position halten, ernten.
- **Arme Hunde** sind Geschäftseinheiten mit geringem Marktanteil in tendenziell stagnierenden Märkten. Sie erzeugen wenig Cashflow und haben auch kaum positive Zukunftsaussichten.
  Normstrategie: Desinvestieren, liquidieren.

Insgesamt sollte ein Unternehmen ein ausbalanciertes Portfolio von Geschäftseinheiten haben, das insbesondere ein Cash-Gleichgewicht aufweist. Hauptkritikpunkt an dieser sehr bekannten Portfolio-Analyse ist, dass die Bewertung einer Geschäftseinheit o. ä. auf nur zwei Dimen sionen zurückgeführt wird und damit nicht differenziert genug sei.

Marktattraktivität-Wettbewerbsposition-Matrix nach McKINSEY

Die Marktattraktivität-Wettbewerbsposition-Matrix ermöglicht eine differenzierte Analyse von Geschäftseinheiten. Sie wurde von dem Beratungsunternehmen McKINSEY in Zusammenarbeit mit GENERAL ELECTRIC entwickelt [HM91]. Die zwei Dimensionen der Matrix beruhen jeweils auf mehreren Kriterien (Bild 3-11):

- **Marktattraktivität:** Hier gehen die von außen gegebenen Größen wie Marktvolumen, Marktentwicklung (Wachstum, Stagnation, Rückgang) und Marktqualität (Rentabilität der Branche, Reifegrad des Markts etc.) ein.
- **Relative Wettbewerbsposition:** Diese Dimension gliedert sich in Kriterien wie Marktanteil, Umsatzentwicklung, F&E-Potential, Produktionspotential und Mitarbeiterqualität. Diese Kriterien drücken die Stärke des Unternehmens im Wettbewerb aus. Die Bewertung erfolgt relativ zu den führenden Wettbewerbern.

Marktattraktivität	schlechter als die Hauptkonkurrenten	Relative Wettbewerbsposition	besser als die Hauptkonkurrenten
hoch	**Selektives Vorgehen** Spezialisierung Nischen suchen Akquisitionen erwägen	**Selektives Wachstum** Potential für Marktführung durch Segmentierung abschätzen Schwächen identifizieren Stärken aufbauen	**Investitionen und Wachstum** Wachsen Marktführerschaft anstreben Investitionen maximieren
mittel	**Ernten** Spezialisierung Nischen suchen Rückzug erwägen	**Selektives Vorgehen** Wachstumsbereiche identifizieren Spezialisierung Selektiv investieren	**Selektives Wachstum** Wachstumsbereiche identifizieren Stark investieren Position halten
gering	**Ernten** Rückzug planen Desinvestieren	**Ernten** SGE „aussaugen" Investitionen minimieren Desinvestitionen vorbereiten	**Selektives Vorgehen** Gesamtposition halten Cashflow anstreben Investitionen nur zur Instandhaltung

Marktattraktivität

- Marktvolumen und Marktentwicklung
- Marktqualität
  - Rentabilität der Branche
  - Stellung im Markt-Lebenszyklus
  - Spielraum für die Preispolitik
- Energie- und Rohstoffversorgung
  - Störungsanfälligkeit
  - Existenz von Alternativen
- Umfeldsituation
  - Konjunkturabhängigkeit
  - Inflationsauswirkungen
  - Risiko staatlicher Eingriffe
- etc.

Relative Wettbewerbsposition

- Relative Marktposition
  - Marktanteil
  - Umsatzentwicklung
  - Marketingpotential
- Relatives Produktionspotential
  - Prozesswirtschaftlichkeit
  - Umweltbelastung
- Relatives F&E-Potential
  - Innovationspotential
  - Stand der Forschung
- Relative Mitarbeiterqualität
- Relative Qualität der Systeme und Strukturen
- etc.

Der Übersichtlichkeit wegen wird auf das beispielhafte Eintragen von Geschäftseinheiten verzichtet.
(SGE: Strategische Geschäftseinheit)

BILD 3-11 Beispiel einer Marktattraktivität-Wettbewerbsposition-Matrix [ML03]

Die genannten Kriterien stellen Beispiele dar. Für ein spezifisches Unternehmen sind die Kriterien endgültig festzulegen und zu gewichten. Die Bewertung der Geschäftseinheiten erfolgt mit Hilfe der Nutzwertanalysen, die wir im Zusammenhang mit dem integrierten Markt- und Technologieportfolio zeigen (vgl. Kapitel 3.2.3). Die in Bild 3-11 wiedergegebene Matrix besteht aus neun Feldern mit den jeweiligen Normstrategien. Im Gegensatz zu dem eben vorgestellten Portfolio ergibt sich hier ein weitaus differenzierteres Bild an Handlungsmöglichkeiten.

Marktanteil-Umsatzentwicklung-Diagramm nach Lewis

Im BCG-Portfolio wird lediglich die gegenwärtige Situation dargestellt. Das Marktanteil-Umsatzentwicklung-Diagramm nach Lewis bietet hingegen eine Möglichkeit, die bisherige Entwicklung der Untersuchungsobjekte – z. B. der Geschäftseinheiten – sichtbar zu machen (Bild 3-12). Dazu wird zunächst ein relevanter zeitlicher Rahmen festgelegt – z. B. die vergangenen fünf Jahre.

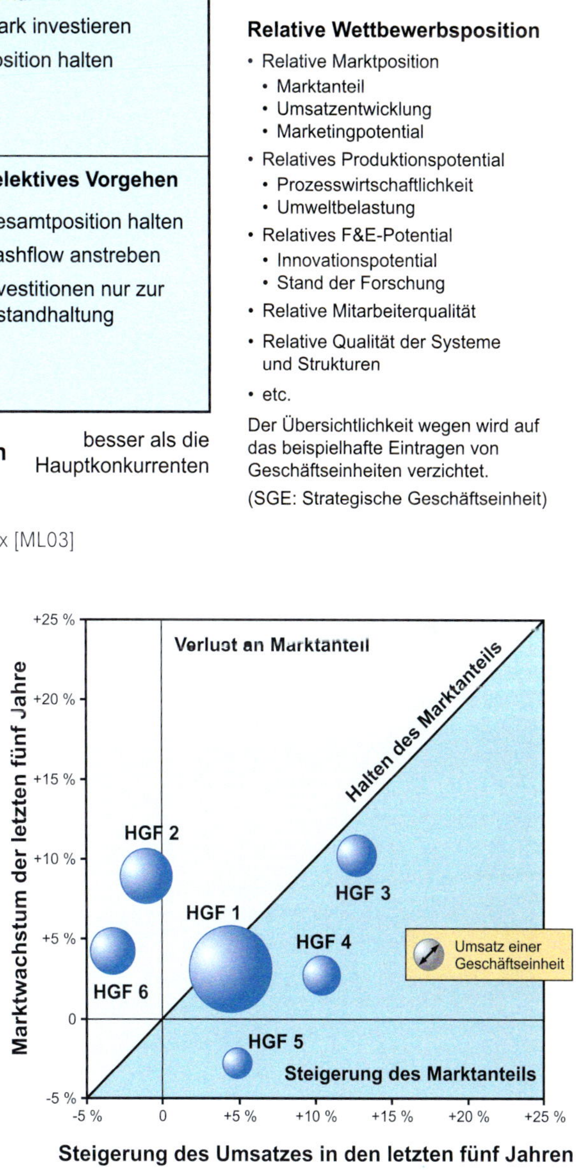

BILD 3-12 Marktanteil-Umsatzentwicklung-Diagramm nach Lewis

Die Position jeder einzelnen Geschäftseinheit wird wiederum in zwei Dimensionen aufgetragen:

- **Marktwachstum:** Hier wird die Marktwachstumsrate in der relevanten Zeit - z. B. in den letzten fünf Jahren - verzeichnet.
- **Umsatzentwicklung:** Hier wird die Umsatzsteigerung der Geschäftseinheit in derselben Zeitspanne aufgetragen.

Auf der Diagonalen liegende Geschäftseinheiten sind genauso schnell gewachsen wie die Branche, während Geschäftseinheiten unterhalb der Diagonalen Marktanteile gewonnen und Geschäftseinheiten oberhalb der Diagonalen Marktanteile verloren haben. Folglich kann aus dem Marktanteil-Umsatzentwicklung-Diagramm ein Trend der Entwicklung von Geschäftseinheiten abgelesen werden.

Lebenszyklusphase-Wettbewerbsstellung-Portfolio nach ARTHUR D. LITTLE

Das Portfolio der Unternehmensberatung ARTHUR D. LITTLE ähnelt dem bereits vorgestellten Marktwachstum-Marktanteil-Portfolio, zeichnet sich aber durch eine explizite Berücksichtigung des Lebenszyklus eines Geschäfts (Entstehung, Wachstum etc.) aus. Bild 3-13 zeigt das entsprechende Portfolio.

- Auf der Senkrechten wird die Position der Geschäftseinheit in Bezug auf den **Lebenszyklus** angegeben. Dies korreliert in der Regel mit der Marktentwicklung (Wachstum, Stagnation, Rückgang).
- Die **Wettbewerbsposition** charakterisiert die gegenwärtige Stellung im Wettbewerb. Es werden keine konkreten Marktanteile angegeben, sondern lediglich Kategorien von „dominant" (hier wird der Markt beherrscht) bis „schwach" (hier besteht kaum Aussicht, den ohnehin marginalen Marktanteil zu erhöhen).

In der 4×5-Matrix ergeben sich Felder, die teils über Matrix-Zellen hinausgehen. Diesen Feldern sind wie üblich Normstrategien zugeordnet, die in Bild 3-13 kurz genannt sind.

Resümee zu Marktportfolios

Häufig treffen wir gerade bei jungen unerfahrenen Leuten in den Stabsstellen der großen Unternehmen auf eine gewisse Portfolio-Gläubigkeit. Wer schon mal selbst ein Geschäft geführt hat, weiß, dass die Portfolio-Analyse Vor- und Nachteile hat. Der herausragende Vorteil ist, dass mehrere Geschäftseinheiten transparent und nachvollziehbar unter Berücksichtigung mehrerer Kriterien gegenüber gestellt werden. Der Nachteil ist, dass versucht wird, die Wirklichkeit auf wenige Kriterien abzubilden. Bei der BCG-Matrix sind das nur zwei; bei anderen mehr, was manchmal aber auf eine Scheinobjektivierung hinausläuft. Vor diesem Hintergrund wäre es schon sehr naiv, eine unternehmerische Entscheidung allein auf Basis einer Portfolio-Analyse zu fällen. Eine gut gemachte Portfolio-Analyse liefert

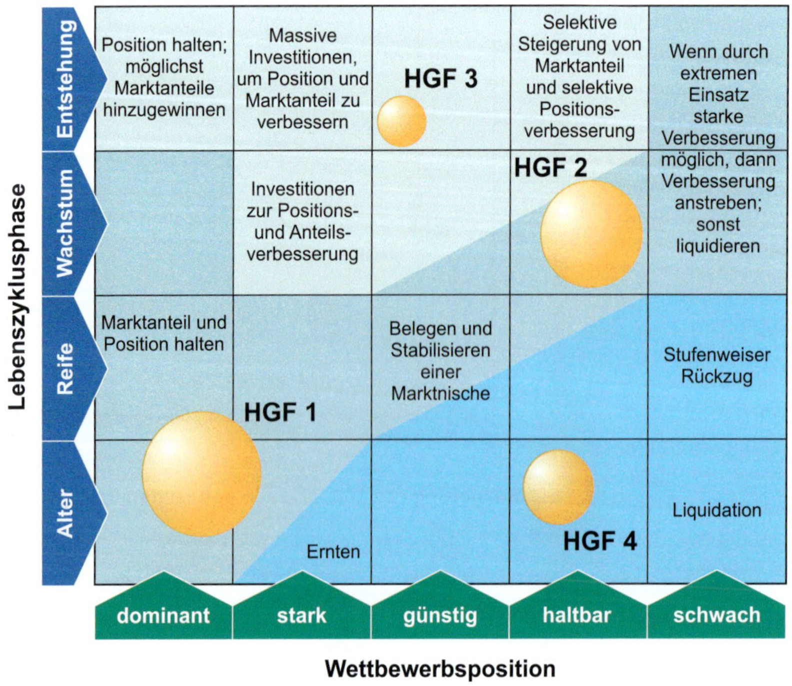

BILD 3-13
Lebenszyklusphase-Wettbewerbsstellung-Portfolio nach ARTHUR D. LITTLE

wichtige Erkenntnisse, aber keinen Automatismus für eine unternehmerische Entscheidung.

3.2.3 Integriertes Markt-Technologie-Portfolio

In den von uns betrachteten Branchen spielt der Einsatz von Technologie in Erzeugnissen und in Leistungserstellungsprozessen in der Regel eine wichtige Rolle. Es reicht daher nicht aus, primär Marktgrößen zu betrachten, um ein realistisches Bild von der Position eines Produkts oder eines Geschäftsbereichs im Wettbewerb zu gewinnen. Das integrierte Markt-Technologie-Portfolio nach McKinsey verknüpft die markt- und die technologieorientierte Bewertung einer Geschäftseinheit [FW78], [Kru82]. Wir wenden diese Art der Portfolio-Analyse sehr häufig an, weshalb wir sie im Folgenden etwas ausführlicher erläutern.

Zunächst werden das Markt- und das Technologieportfolio getrennt erstellt. Das **Marktportfolio** verdeutlicht die marktmäßige Positionierung der zu bewertenden Geschäftseinheit. Zur Ermittlung der beiden Dimensionen Marktattraktivität und Wettbewerbsstärke werden ausschließlich marktrelevante Merkmale herangezogen (Bild 3-14).

Marktattraktivität Kriterien/Bewertung	Gew. (%)	**Produkt A** Bew.	B x G	**Produkt B** Bew.	B x G	**Produkt C** Bew.	B x G
1. Marktvolumen 3 = hoch (> 500 Mio €) 2 = mittel (> 100 Mio €) 1 = klein (> 50 Mio €) 0 = sehr klein	30	2	**0,6**	1	**0,3**	1	**0,3**
2. Marktentwicklung 3 = Wachstum (> 10 %) 2 = Wachstum (> 1 %) 1 = Stagnation (> 0 %) 0 = Rückgang (< 0 %)	50	1	**0,5**	3	**1,5**	1	**0,5**
3. Wettbewerbsintensität 3 = einige kleinere Mitbewerber 2 = einige gleichwertige Mitb. 1 = viele starke Mitbewerber 0 = ruinös	20	1	**0,2**	3	**0,6**	0	**0,0**
	100		1,3		2,4		0,8

Wettbewerbsstärke Kriterien/Bewertung	Gew. (%)	**Produkt A** Bew.	B x G	**Produkt B** Bew.	B x G	**Produkt C** Bew.	B x G
1. Marktanteil 3 = gehören zur Spitzengruppe 2 = signifikant 1 = unter ferner liefen 0 = vernachlässigbar	40	3	**1,2**	1	**0,4**	2	**0,8**
2. Umsatzentwicklung 3 = wächst stärker als Markt 2 = wächst etwas stärker 1 = wächst mit Markt 0 = verlieren Marktanteile	30	3	**0,9**	0	**0,0**	2	**0,6**
3. Differenzierungsstärke 3 = hoch 2 = mittel 1 = gering 0 = nicht vorhanden	10	3	**0,3**	2	**0,2**	1	**0,1**
4. Profitabilität (Gewinn vor Steuern) 3 = hoch (> 10 %) 2 = mittel (> 5 %) 1 = gering (> 0 %) 0 = Verlust	20	2	**0,4**	1	**0,2**	0	**0,0**
	100		2,8		0,8		1,5

BILD 3-14
Ermittlung der Marktattraktivität und der Wettbewerbsstärke (Die Skalierung der Werte, beispielsweise für das Marktvolumen, sowie die Festlegung der Gewichte sind projektspezifisch vorzunehmen.)

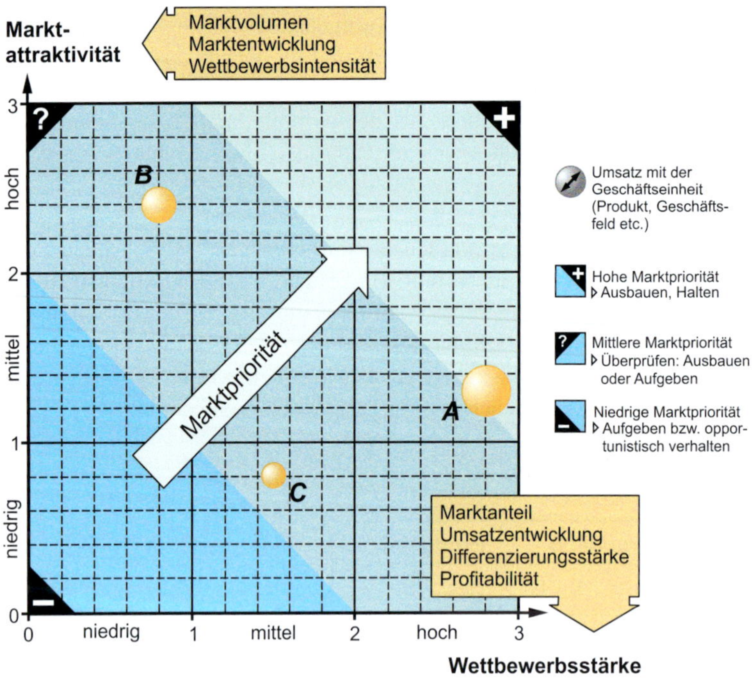

BILD 3-15
Ermittlung der Marktpriorität von Geschäftseinheiten (Produkte, Geschäftsbereiche) in einem Marktportfolio

- Die **Marktattraktivität** ergibt sich aus Größen wie dem Marktvolumen, der Marktentwicklung (Wachstum, Stagnation, Rückgang) sowie der Wettbewerbsintensität.
- Die **Wettbewerbsstärke** ergibt sich aus dem Marktanteil, der Umsatzentwicklung, der Differenzierungsstärke und der Profitabilität.

Entsprechend der Positionierung ergibt sich eine niedrige, mittlere oder hohe Marktpriorität (Bild 3-15). So weist das Produkt B zwar eine mittlere Marktpriorität aber eine hohe Marktattraktivität auf. Dies könnte der Hoffnungsträger sein. Bei Produkt A handelt es sich um ein Produkt, mit dem sich das Unternehmen eine starke Stellung erarbeitet hat. Die Marktattraktivität ist eher gering, weil der Markt stagniert und ein Verdrängungswettbewerb herrscht.

Analog zum Marktportfolio wird im **Technologieportfolio** die Positionierung der Geschäftseinheit aus Technologiesicht vorgenommen. Bild 3-16 zeigt beispielhaft, wie die Werte für die beiden Dimensionen Technologieattraktivität und relative Technologieposition bestimmt werden.

- Mit der **Technologieattraktivität** wird die technologische Situation eines Produkts bewertet. Sie ergibt sich vor allem aus der Position der mit dem Produkt verbundenen Technologien auf der S-Kurve (siehe Kasten). Schlüssel- und Schrittmachertechnologien weisen aufgrund ihrer großen Zukunftspotentiale die größte Technologieattraktivität auf. Daneben werden Eintrittsbarrieren hinsichtlich des Know-hows, der Erfahrung und der Herstellprozesse in die Technologieattraktivität einbezogen.
- Die **relative Technologieposition** beschreibt die Stärke der Forschung und Entwicklung des Unternehmens bzw. der Geschäftseinheit in diesem Technologiebereich.

Aus der Positionierung der Produkte im Technologieportfolio ergibt sich eine niedrige, mittlere oder hohe Technologiepriorität (Bild 3-17). So verfügt das exemplarisch gezeigte Produkt B über eine relativ hohe Technologiepriorität, was aus Technologiesicht einen Ausbau bzw. ein Halten nahe legt.

Die Kombination der marktmäßigen und technologischen Positionen der Produkte erfolgt in einem integrierten Markt-Technologie-Portfolio (Bild 3-18). Darin werden als Ordinate die ermittelten Marktprioritäten und als Abszisse die ermittelten Technologieprioritäten aufgetragen. Mit den beispielhaft aufgeführten Produkten lässt sich der Vorteil dieser kombinierten Portfolio-Analyse unterstreichen: Bei einer ausschließlich marktmäßigen Betrachtung besteht die Gefahr, dass das Produkt B aufgegeben wird. Die zusätzliche Bewertung aus Technologiesicht zeigt aber, dass aufgrund der Technologieführerschaft gute Voraussetzungen gegeben sind, dieses Geschäft zum Erfolg zu führen. Für das Produkt C weist das Portfolio auf eine mittlere Wettbewerbsposition hin, die beispielsweise über Joint Ventures gestärkt werden könnte.

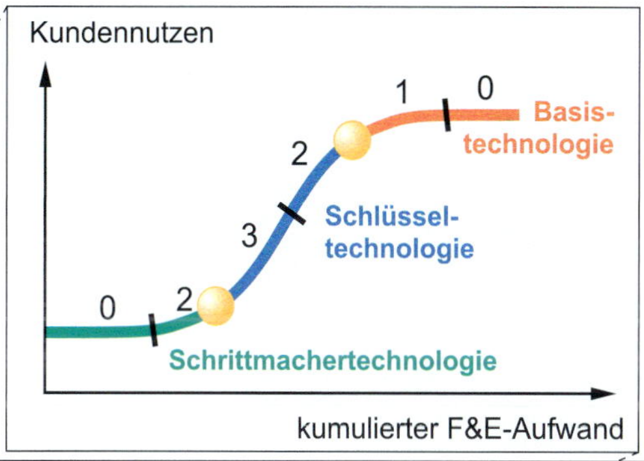

Technologieattraktivität Kriterien/Bewertung	Gew. (%)	**Produkt A**		**Produkt B**		**Produkt C**	
		Bew.	B x G	Bew.	B x G	Bew.	B x G
1. Position auf S-Kurve 3 = neue Schlüsseltechn. 2 = Schrittm./verbr. Schlüsselt. 1 = Basistechnologie 0 = ausgereifte Basistechn.	70	1	**0,7**	2	**1,4**	2	**1,4**
2. Eintrittsbarrieren[1] 3 = hoch 2 = mittel 1 = niedrig 0 = praktisch nicht vorhanden	30	2	**0,6**	3	**0,9**	1	**0,3**
	100		**1,3**		**2,3**		**1,7**

relative Technologieposition Kriterien/Bewertung	Gew. (%)	**Produkt A**		**Produkt B**		**Produkt C**	
		Bew.	B x G	Bew.	B x G	Bew.	B x G
1. Ressourcenstärke[2] 3 = hoch 2 = mittel 1 = niedrig 0 = praktisch keine R.	50	1	**0,5**	3	**1,5**	1	**0,5**
2. Umsetzungsstärke 3 = sind i.d.R. die Schnellsten 2 = wie die führenden Mitbew. 1 = langsam 0 = häufiges Scheitern	50	3	**1,5**	3	**1,5**	1	**0,5**
	100		**2,0**		**3,0**		**1,0**

1) Eintrittsbarrieren bzgl. Know-how, langjähriger Erfahrung, Herstellprozesse
2) Ressourcenstärke: Know-how, Mittel, Personal

BILD 3-16
Ermittlung der Technologieattraktivität und der relativen Technologieposition

Das integrierte Markt-Technologie-Portfolio in Bild 3-19 weist zusätzlich auf zwei besondere Gefahren hin:

- Besteht bei sehr hoher Technologiepriorität eine geringe Marktpriorität, so besteht die Gefahr, dass die bestehende Technologieführerschaft nicht in Markterfolg umgesetzt werden kann.
- Besteht bei sehr hoher Marktpriorität eine ausgesprochen geringe Technologiepriorität, so besteht die Gefahr, dass das Unternehmen die Chancen attraktiver Märkte nicht wahrnehmen kann.

Eine wesentliche Ergänzung erfährt das integrierte Markt-Technologie-Portfolio durch die Einbeziehung der Lebenszyklusphase, in der sich der betrachtete Markt befindet (Entstehungs- bzw. frühe Wachstumsphase oder späte Wachstums- bzw. Reifephase) [Hom96]. So ist der Bereich der eigenen Technologieentwicklung bzw. der technologischen Führerschaft bei reiferen Märkten wesentlich kleiner als bei Märkten in der Entstehungsphase (Bild 3-19).

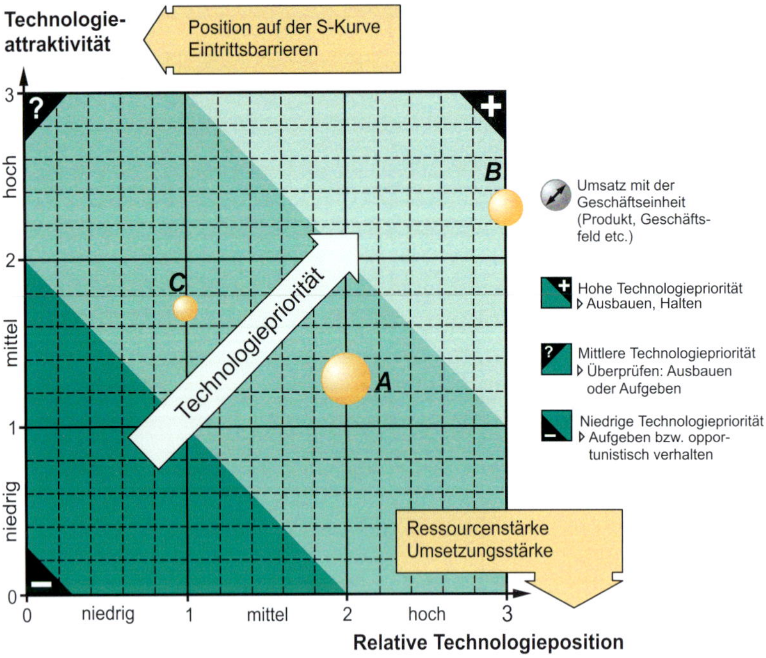

BILD 3-17
Ermittlung der Technologiepriorität von Geschäftseinheiten (Produkte, Geschäftsbereiche) in einem Technologieportfolio

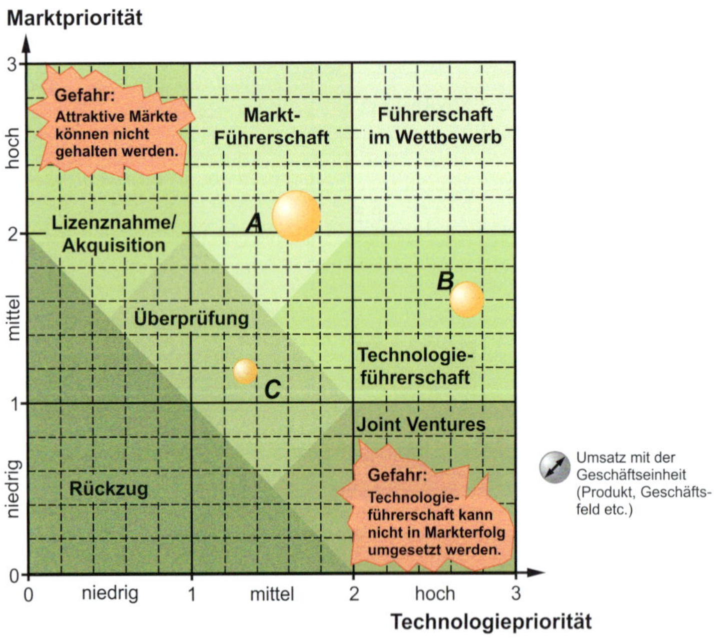

BILD 3-18
Beispiel für ein integriertes Markt-Technologie-Portfolio

TECHNOLOGIELEBENSZYKLUS-MODELLE

Das S-Kurven-Konzept (Substitutionspotential-Konzept)

Die Entwicklung von Technologien kann am Modell des Technologielebenszyklus in Phasen gegliedert werden [SLS11]. Für das strategische Technologiemanagement ist vor allem das in den 1980er Jahren von McKinsey entwickelte Substitutionspotential-Konzept von Interesse; es bildet auch die Basis für die Bewertung der Technologieattraktivität im Technologieportfolio. Die Bezeichnung S-Kurven-Konzept hat sich verbreitet, weil die Leistungsfähigkeit einer Technologie aufgetragen über den kumulierten F & E-

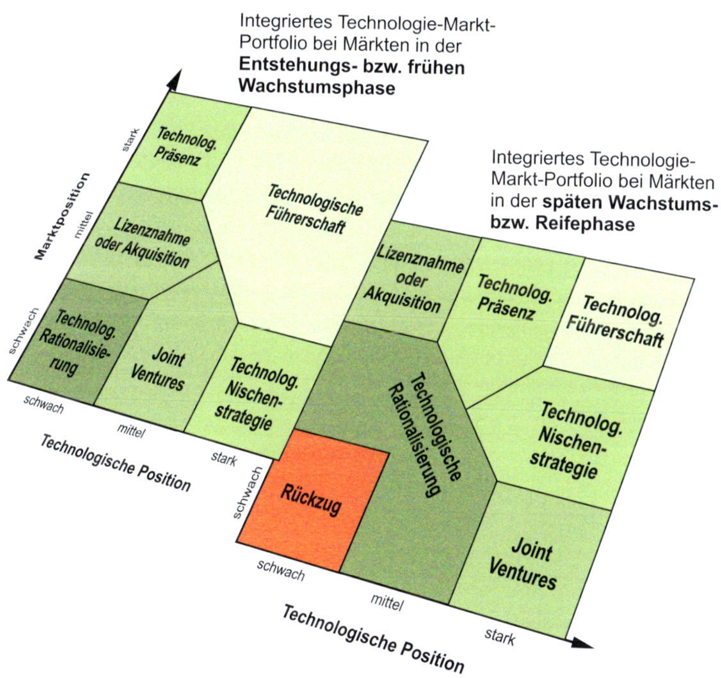

BILD 3-19
Integrierte Markt-Technologie-Portfolios in verschiedenen Phasen des Markt-Lebenszyklus nach HOMBURG

Aufwand einen S-förmigen Verlauf hat (Bild 1). Die Graphik zeigt, dass sich die Leistungsfähigkeit reifer Basistechnologien durch zusätzliche F&E-Investitionen nicht mehr signifikant erhöhen lässt. Daher ist hier der Wechsel zu einer alternativen **Substitutionstechnologie** in Erwägung zu ziehen [Bul94], [SLS11].

In Bild 1 ist der idealtypische Fall dargestellt. Danach führt der Wechsel auf die neue Technologie sofort zu einer Steigerung des Nutzens. Häufig ist es jedoch so, dass die neue Technologie ein wesentlich höheres Nutzenpotential bietet, aber noch eine lange Durststrecke zu durchlaufen ist, bis der Einsatz der neuen Technologie tatsächlich zu signifikanten Wettbewerbsvorteilen führt. Die in Bild 1 angedeuteten drei Beispiele sollen das Prinzip der S-Kurve verdeutlichen. Beispielsweise ist der Wechsel von der Glühlampe auf die Fluoreszenzlampe schon vor Jahrzehnten vollzogen worden. Gleiches gilt im Prinzip für das Telefon. Für die Bahntechnik ist eine Übergangsphase festzustellen, d. h. es existieren Erzeugnisse mit der alten und der neuen Technologie.

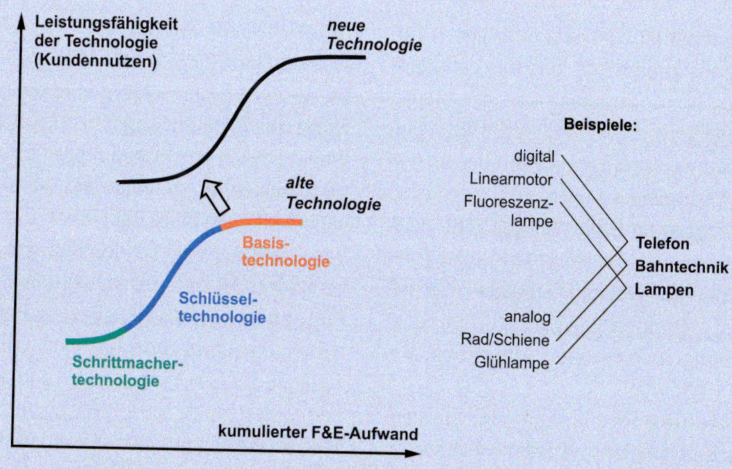

BILD 1: S-Kurve der Technologieentwicklung nach McKINSEY

3.2.6 SPACE-Analyse

Eine sehr interessante Methode zur Analyse der Position eines Unternehmens bzw. eines Geschäftsfelds im Wettbewerb sowie der daraus resultierenden strategischen Stoßrichtungen ist die SPACE-Analyse (Strategic Position and Action Evaluation) nach ROWE, MASON und DICKEL [RMD85]. Bezogen auf vier Merkmale wird zunächst die Position des Unternehmens ermittelt.

1) **Marktattraktivität:** Diese ergibt sich aus den klassischen Kriterien Marktvolumen und Marktwachstum sowie aus weiteren Kriterien wie Marktrentabilität und Investitionsintensität.
2) **Marktstabilität:** In dieses Merkmal gehen Kriterien wie Wettbewerbsintensität, Intensität des Preiskampfes, Markteintrittsbarrieren, Nachfrageschwankungen und weitere Risiken ein. Im Grunde genommen charakterisiert dieses Merkmal ebenfalls die Attraktivität des Markts. In Hinblick auf die Ermittlung von strategischen Stoßrichtungen ist es aber sinnvoll, dieses Merkmal separat auszuweisen.
3) **Wettbewerbsstärke:** Zu diesem Merkmal zählen die Kriterien Preise, Produktqualität etc. und zwar relativ zu den Mitbewerbern. Damit wird die Stärke des Unternehmens in der Wettbewerbsarena angegeben.
4) **Finanzielle Position:** Auch dieses Merkmal drückt die Stärke des Unternehmens im Wettbewerb aus, aber insbesondere die Fähigkeit, für strategisches Agieren die erforderlichen Mittel einsetzen zu können. In das Merkmal gehen ein: Umsatz, Rentabilität, Liquidität, Verschuldungsgrad etc.

Die Positionen des Unternehmens in den vier Merkmalen werden auf vier entsprechende Achsen eines Koordinatensystems markiert und durch Linien verbunden (Bild 3-26). Der Schwerpunkt der aufgespannten Fläche weist auf eine der im Folgenden beschriebenen vier strategischen Stoßrichtungen hin. Dies ist die eigentliche Stärke der SPACE-

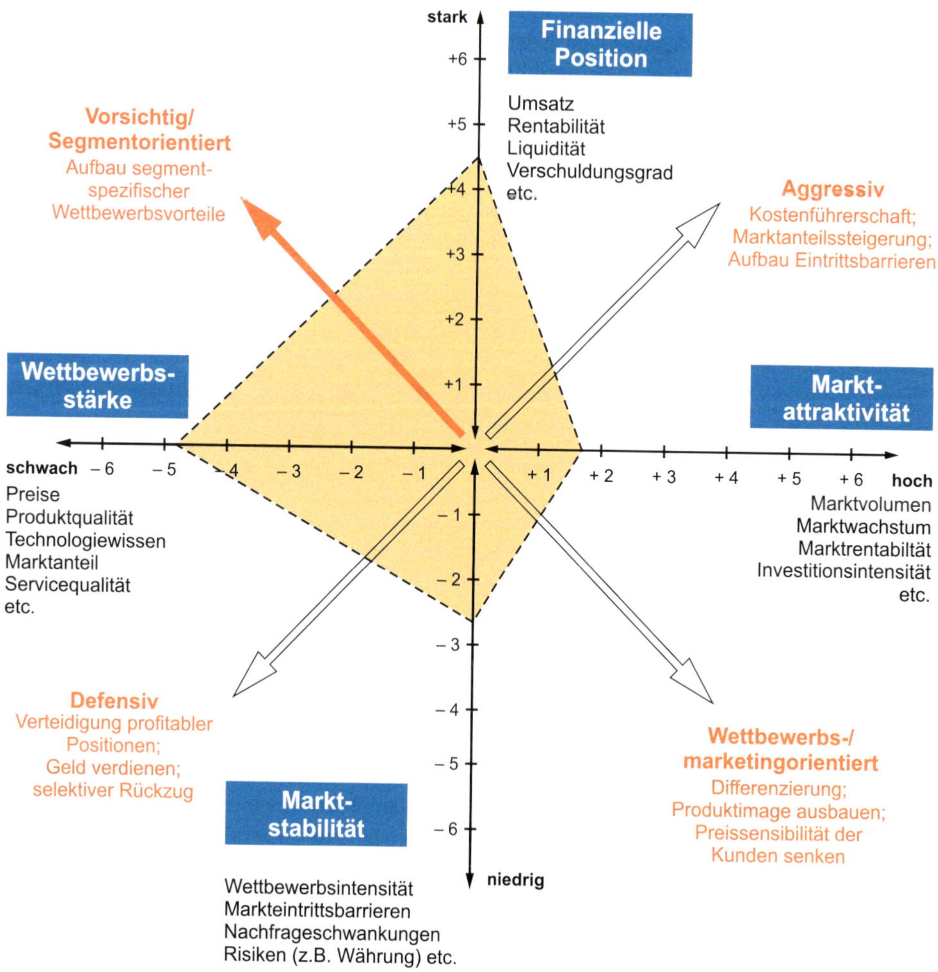

BILD 3-26 Mehrdimensionales SPACE-Portfolio nach HOMBURG und KROHMER [HK03]

Analyse und erklärt die Wahl der vier geschilderten Merkmale.

- **Vorsichtige, segmentorientierte Stoßrichtung:** Ziel ist hier der Aufbau segmentspezifischer Wettbewerbsvorteile. Sie eignet sich für Unternehmen, die auf weniger attraktiven, aber dafür stabilen Märkten agieren und eine schwache Wettbewerbsposition aufweisen. Handlungsoptionen sind beispielsweise die Reduktion der Produktpalette und eine fokussierte Produktentwicklung.
- **Aggressive Stoßrichtung:** Ziele der aggressiven Strategie sind die Kostenführerschaft zu erlangen, Marktanteile zu steigern und den Aufbau von Eintrittsbarrieren voranzutreiben. Dadurch kann eine dominierende Stellung im Wettbewerb eingenommen werden, existierende Konkurrenten können verdrängt und potentielle abgeschreckt werden. Diese Stoßrichtung wird für Unternehmen empfohlen, die auf einem attraktiven, stabilen Markt eine gute Wettbewerbsposition eingenommen haben und finanziell gut ausgestattet sind. Handlungsoptionen sind beispielsweise Akquisition verstärken, vertikale Integration, gezielte Produktinnovationen, Ausbau von Standortvorteilen und intensive Kostenkontrolle.
- **Wettbewerbs-/marketingorientierte Stoßrichtung:** Das Ziel dieser Strategie ist es, das Unternehmen weiter von den Wettbewerbern zu differenzieren, das Produktimage auszubauen und die Preissensibilität der Kunden zu senken. Sie eignet sich vor allem für Unternehmen, die finanziell eher schwach aufgestellt sind und auf einem attraktiven, aber stark umkämpften Markt eine gute Wettbewerbsposition eingenommen haben. Handlungsoptionen hier sind beispielsweise Erhöhung der Produktqualität, Produktvarianten und Eingehen von Kooperationen zur Verbesserung der finanziellen Situation.
- **Defensive Stoßrichtung:** Ziele der defensiven Strategie sind die Verteidigung profitabler Positionen sowie der selektive Rückzug aus unprofitablen Marktsegmenten. Sie bietet sich für eher schlecht positionierte Unternehmen an. Die Handlungsoptionen bestehen beispielsweise darin, Produkte mit marginaler Rendite aufzugeben, Kosten aggressiv zu reduzieren, Kapazitäten abzubauen und die Investitionen zurückzufahren.

Tabelle 3-2 enthält zusammengefasst die Charakteristika der genannten vier Stoßrichtungen sowie die jeweiligen Maßnahmen. Die SPACE-Analyse eignet sich auch sehr gut für die Wettbewerbsanalyse, indem auch einzelne Wettbewerber in das Diagramm gemäß Bild 3-26 eingetragen werden und daraus resultierend Stärken-Schwächen-Profile in Bezug auf das eigene Unternehmen ermittelt werden.

TABELLE 3-2 Charakteristika der Stoßrichtungen der SPACE-Analyse und entsprechende Standardmaßnahmen

Strategische Stoßrichtung	Charakteristika, Zielsetzung	Standardmaßnahmen
Vorsichtig/ Segmentorientiert	Aufbau segmentspezifischer Wettbewerbsvorteile	• Identifikation attraktiver Marktsegmente • Beschränkung auf Segmente • Neue Produktvarianten für Marktsegmente • F&E konzentrieren • Produktprogramm abspecken
Aggressiv	Kostenführerschaft; Marktanteilssteigerung; Aufbau von Eintrittsbarrieren	• Akquisition verstärken • Vertikale Integration • Gezielte Produktinnovation • Standortvorteile ausbauen • Intensive Kostenkontrolle
Wettbewerbs-/ Marketingorientiert	Differenzierung; Produktimage ausbauen; Preissensibilität der Kunden senken	• Marketingaktivitäten intensivieren • Produktverbesserung/ -variation • Qualitätsimage ausbauen • Verbesserung der finanziellen Situation durch Kooperation • Vertrieb stärken
Defensiv	Verteidigung profitabler Positionen; Geld verdienen; selektiver Rückzug	• Produkte mit marginaler Rendite aufgeben • Kosten aggressiv reduzieren • Kapazitäten abbauen • Investitionen minimieren • Bei profitablen Produkten Position halten

Resümee

Die SPACE-Analyse ist ein mächtiges Werkzeug zur Identifikation der Position einer Geschäftseinheit im Wettbewerb und zur Ermittlung einer geeigneten Stoßrichtung zur Weiterentwicklung. Vorteil ist ferner, dass auch die möglichen Stoßrichtungen der Wettbewerber deutlich werden, sofern man sich die Mühe macht, diese Analyse auch auf die Wettbewerber anzuwenden. Nachteil der SPACE-Analyse ist – wie immer bei mächtigen Verfahren – der hohe Aufwand.

3.2.7 Unternehmenskultur-Analyse

Unternehmensführung ist eng mit der Unternehmenskultur verbunden [Ulr01]. Strategische Führung heißt in der Regel auch eine bewusste Gestaltung und Weiterentwicklung der Unternehmenskultur. Unter **Unternehmenskultur** verstehen wir nach Pümpin

„die Gesamtheit von Normen, Wertvorstellungen und Denkhaltungen, die das Verhalten der Mitarbeiter aller Stufen

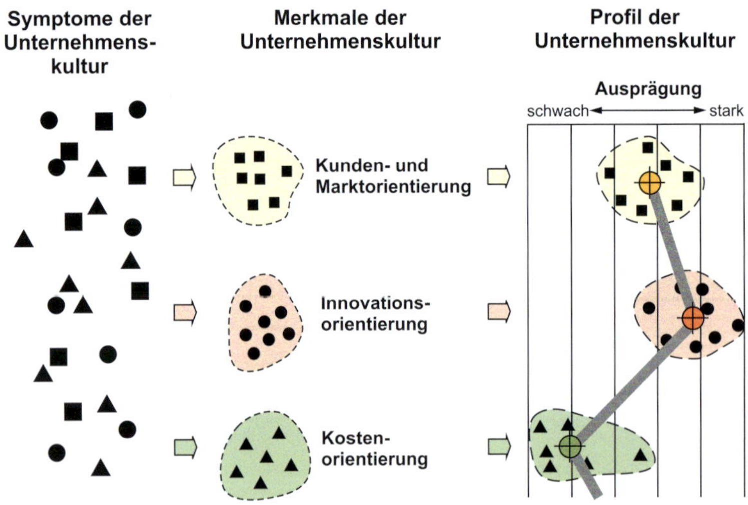

BILD 3-27
Prinzip der Erstellung eines Unternehmenskultur-Profils nach PÜMPIN

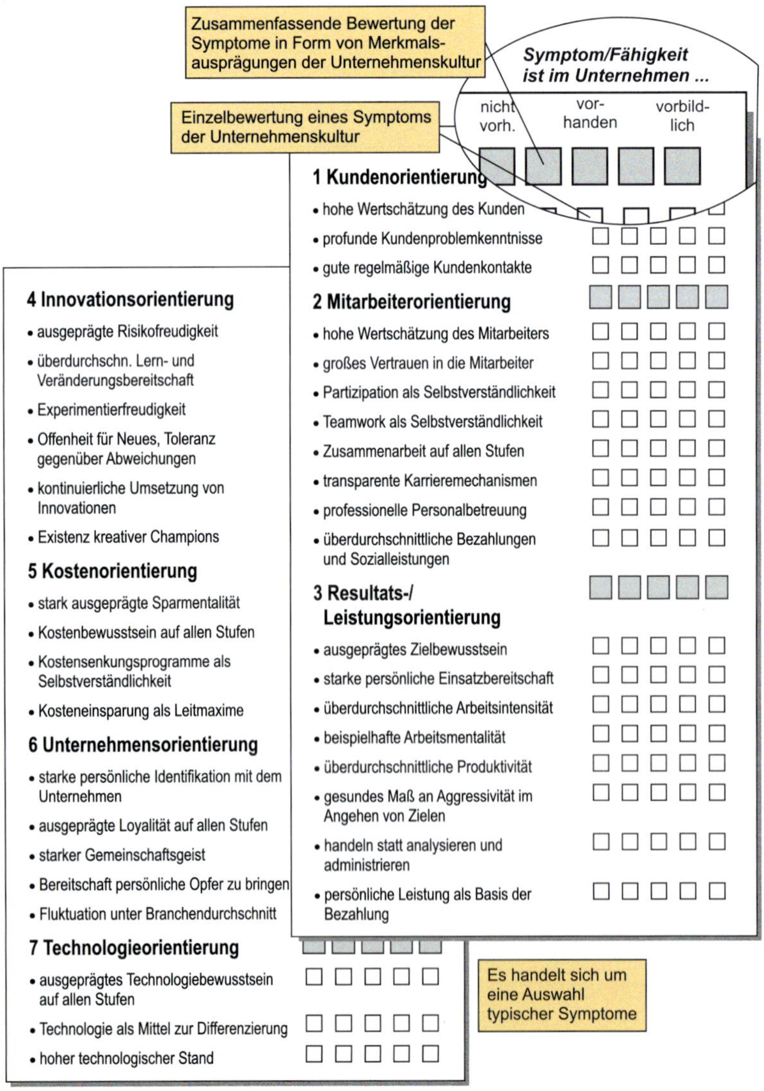

BILD 3-28
Checkliste zur Ermittlung der Unternehmenskultur in Anlehnung an PÜMPIN

und somit das Erscheinungsbild eines Unternehmens prägen“ [PKW85].

Damit wird deutlich, dass die Analyse der Ausgangssituation in Hinblick auf die Entwicklung einer Geschäftsstrategie auch eine Analyse der Unternehmenskultur umfassen muss. Im Folgenden stellen wir einige Ansätze und Verfahren vor, die zu einem Bild von der existierenden Unternehmenskultur beitragen können. Es handelt sich um

- das Unternehmenskultur-Profil nach PÜMPIN,
- die Analyse des Innovationsverhaltens und
- die Mitarbeiterbefragung.

Unternehmenskultur-Profil

Ein Unternehmenskultur-Profil drückt bezogen auf eine Reihe von Merkmalen die Unternehmenskultur aus. Typische Merkmale sind Kundenorientierung, Mitarbeiterorientierung, Resultats- und Leistungsorientierung, Innovationsorientierung, Kostenorientierung, Unternehmensorientierung und Technologieorientierung. Bild 3-27 verdeutlicht das von PÜMPIN vorgeschlagene prinzipielle Vorgehen, um zu Unternehmenskultur beschreibenden Merkmalen und deren Ausprägungen zu gelangen [PKW85].

Zunächst werden einzelne Symptome der Unternehmenskultur mit ihren Ausprägungen aufgenommen, z. B. regelmäßige Kundenkontakte und hohe Akzeptanz der Unternehmensstrategie bei den Mitarbeitern. Anschließend werden eng miteinander verbundene Symptome zu Merkmalen der Unternehmenskultur zusammengefasst (Bild 3-27, Mitte). So kennzeichnen regelmäßige Kundenkontakte beispielsweise das Merkmal „Kunden- und Marktorientierung“, während eine stark ausgeprägte Spar-Mentalität zum Merkmal „Kostenorientierung“ gehört. Die in Bild 3-28 dargestellte Checkliste zeigt die zu sieben Merkmalen gebündelten Symptome der Unternehmenskultur. Diese Checklisten sind in der Regel unternehmensspezifisch anzupassen.

In einem weiteren Schritt werden Ausprägungen der sieben Merkmale zu einem Profil verbunden, das die gegenwärtige Unternehmenskultur charakterisiert. So zeigt Bild 3-29 exemplarisch das Ist-Kulturprofil eines eher ingenieurgetriebenen Unternehmens, dessen Position im Wettbewerb offenbar gefährdet ist. Einen etwas einfacheren Ansatz beschreiben HAMEL und PRAHALAD in dem Klassiker „Wettlauf um die Zukunft“ [HP95], der in dem folgenden Kasten kurz vorgestellt wird.

Analyse des Innovationsverhaltens

Der Erfolg eines Unternehmens hängt entscheidend davon ab, wie es heute mit neuen Möglichkeiten umgeht bzw. wie es in der Zukunft mit neuen Möglichkeiten umgehen möchte. Daher sollte eine Strategieentwicklung vorbereitende Charakterisierung der Ausgangssituation auch eine Analyse der gegenwärtigen Innovationsfähigkeit des Unternehmens umfassen [SWA+06].

Das Innovationsverhalten und die Innovationsfähigkeit werden durch die Innovationskultur geprägt, die im Prinzip ein Teil der Unternehmenskultur ist [VB99]. Die Innova-

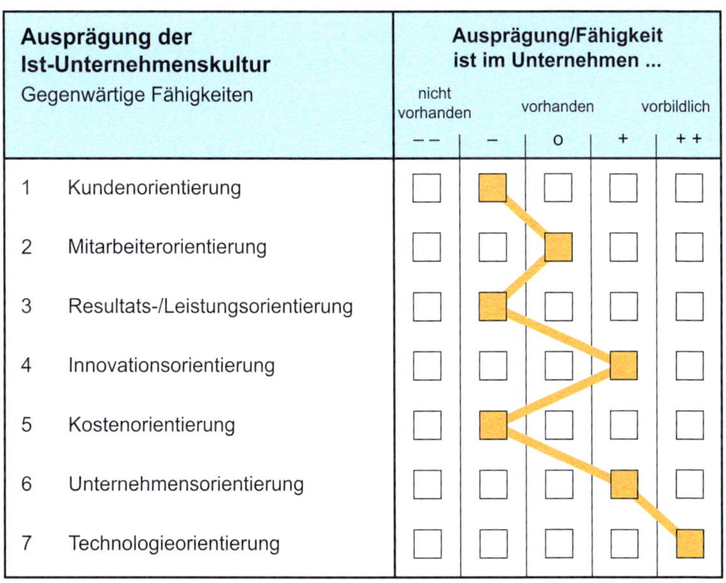

BILD 3-29
Beispiel eines Ist-Unternehmenskultur-Profils

DER WETTLAUF UM DIE ZUKUNFT – EINSTUFUNG DES UNTERNEHMENS

Hamel und Prahalad stellen in ihrem Bestseller „Wettlauf um die Zukunft" sieben einfache Fragen, deren Antworten einen deutlichen Hinweis auf die Zukunftsfähigkeit eines Unternehmens geben können.

Literatur:

[HP95] Hamel, G.; Prahalad, C. K.: Wettlauf um die Zukunft – Wie Sie mit bahnbrechenden Strategien die Kontrolle über ihre Branche gewinnen und die Märkte von morgen schaffen. Ueberreuther, Wien, 1995

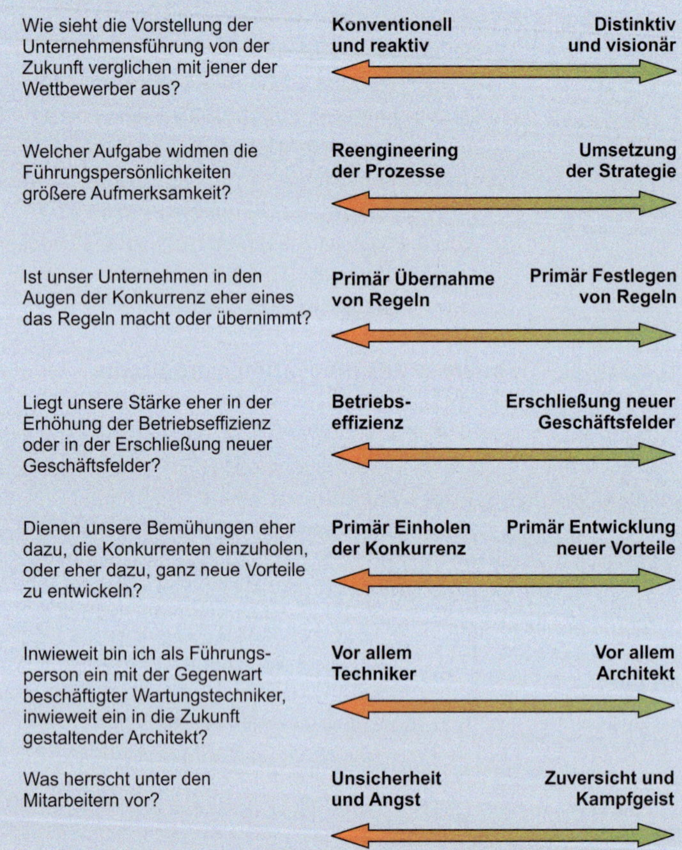

BILD 1: Fragen zur Zukunftsfähigkeit eines Unternehmens

tionskultur ist im Rahmen eines Innovationsmanagements nicht unmittelbar gestaltbar, gleichwohl ist es gut zu wissen, welche Innovationskultur vorherrscht. Spätestens bei der Entwicklung einer Geschäftsstrategie ist zu überprüfen, ob die vorherrschende Innovationskultur bzw. Unternehmenskultur die erfolgreiche Umsetzung der Strategie unterstützt bzw. behindert. Darauf gehen wir in Kapitel 3.4.5 noch ein.

Ein bewährtes Instrument zur Ermittlung des Innovationsverhaltens ist das Innovationsportfolio. Die Entwicklung eines Innovationsportfolios beginnt mit der Bewertung der **Geschäftsinnovation**. Diese ergibt sich aus der Produktinnovation („Wie innovativ ist das Unternehmen bei der Produktentwicklung und Produktschaffung?") und der Marktinnovation („Wie innovativ ist das Unternehmen bei der Marktentwicklung und Marktschaffung?"). Zur Bewertung der Produkt- und Marktinnovation eines Unternehmens können spezielle Fragenkataloge eingesetzt werden. Produkt- und Marktinnovation werden anschließend in einem **Portfolio zur Darstellung der Innovationsfähigkeit** verzeichnet (Bild 3-30).

Daraus lässt sich ein Kennwert für die Geschäftsinnovation des Unternehmens ableiten. Dabei wird eine signifikant höhere Produktinnovation als **Produktorientierung** und eine signifikant höhere Marktinnovation als **Marktorientierung** bezeichnet. Erst eine gleichermaßen hohe Produkt-

und Marktinnovation führt zu einer hohen Geschäftsinnovation.

Neben der strategischen Geschäftsinnovation ist die Innovation maßgeblich von der zumeist operativen **Prozessinnovation** („Wie innovativ ist das Unternehmen bei der Gestaltung seiner Geschäftsprozesse?") abhängig. Aus Geschäfts- und Prozessinnovation lässt sich dann ein **Innovationsportfolio** erzeugen, in dem fünf charakteristische und durch Persönlichkeitstypen beschriebene Felder unterschieden werden können (Bild 3-31).

- Der **Visionär** verfügt zwar über strategische Stärken (= hohe Geschäftsinnovation), hat aber Mängel in der operativen Umsetzung der neuen Strategien.
- Der **Manager** hat demgegenüber erhebliche Stärken in der Umsetzung – es fehlt ihm allerdings an strategischer Durchschlagskraft.

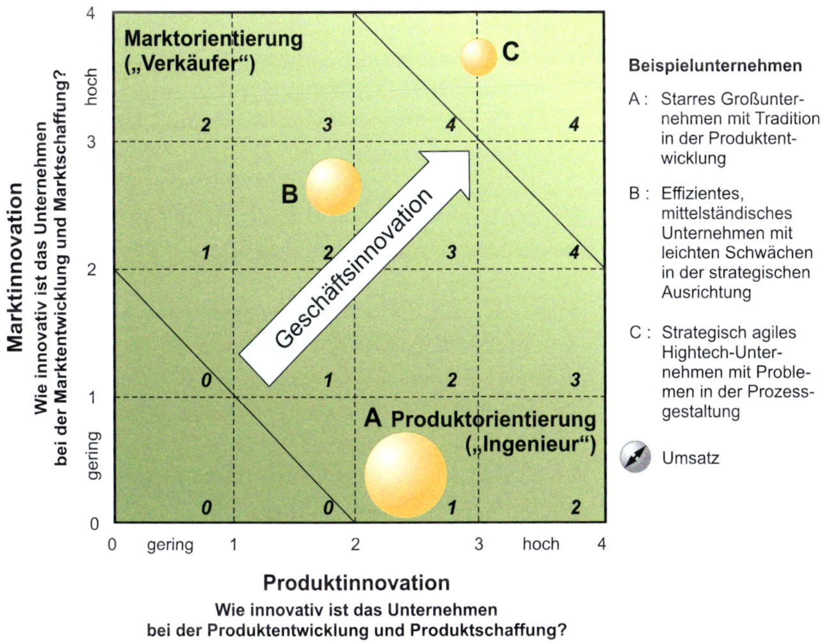

BILD 3-30
Portfolio zur Darstellung der Innovationsfähigkeit (Geschäftsinnovation)

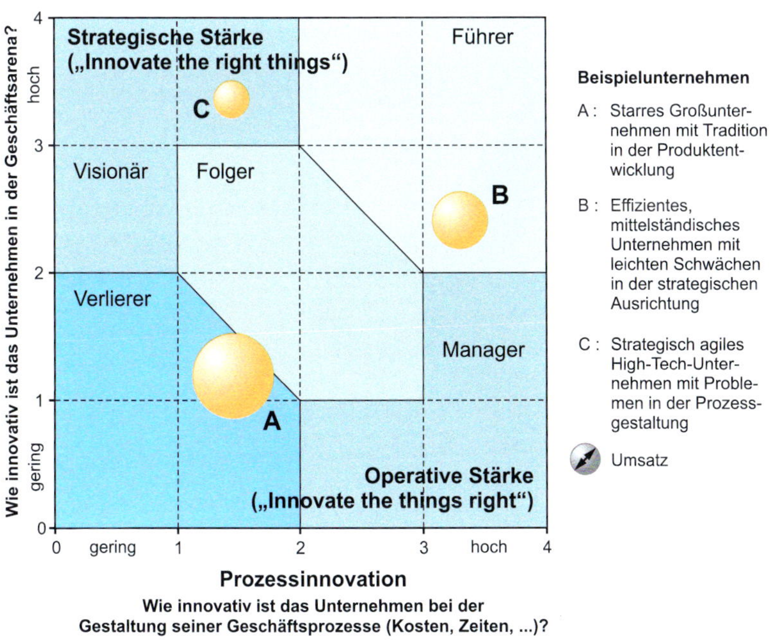

BILD 3-31
Beispiel eines Innovations-Portfolios

- Der **Führer** ist der Idealtypus, denn hier treffen eine hohe Geschäftsinnovation und eine hohe Prozessinnovation aufeinander. Unternehmen dieses Typus identifizieren Erfolgspotentiale frühzeitig und erschließen sie zeitgerecht.
- Der **Folger** verfügt über eine mittlere Geschäfts- und Prozessinnovation. Aufgrund der zunehmenden Änderungsgeschwindigkeit ist er immer mehr gefährdet.
- Den **Verlierer** kennzeichnet eine insgesamt geringe Innovationsfähigkeit, da er weder über eine hohe Geschäfts- noch Prozessinnovation verfügt.

Mitarbeiterbefragung

Wohl kaum ein Instrument liefert ein so umfassendes Bild über die vorherrschende Unternehmenskultur wie eine gut durchdachte und systematisch durchgeführte Mitarbeiterbefragung. Die gewonnenen Informationen stellen eine gute Basis für die positive Weiterentwicklung des Unternehmens dar. Die Mitarbeiterbefragung ist als Prozess aufzufassen, der aus drei Hauptabschnitten besteht [TZ85] (siehe nächste Seite):

- Mitarbeiterbefragung als Diagnoseinstrument zur Analyse von Schwachstellen,
- Organisationsentwicklung, d. h. Planung und Durchführung von Verbesserungsmaßnahmen,
- Evaluation, d. h. Erfolgskontrolle, in der Regel durch eine erneute Mitarbeiterbefragung.

Im Zentrum der Mitarbeiterbefragung steht die Ermittlung der Zufriedenheit der Mitarbeiter (Bild 3-32). Basierend auf den Überlegungen von Herzberg wurde deutlich,

> *„... dass man sowohl Tier als auch Mensch ist und als solche zwei komplett verschiedene Bedürfnis-Kategorien ausweist. Das Tier in uns strebt nach Überleben und der Vermeidung von Schmerzen bzw. Unbehagen, die von der Umgebung herrühren. Der Mensch in uns hat dagegen das Bedürfnis nach psychologischer Weiterentwicklung. Dementsprechend gibt es auch zwei Kategorien von Faktoren, die das menschliche Verhalten determinieren. Extrinsische Faktoren, die mit der Schmerzverhütung zu tun haben, nenne ich Hygiene-Faktoren. ... Intrinsische Faktoren, die auf die Kategorie der Psycho-Weiterentwicklung entfallen, nenne ich Motivatoren."* [Her87]

Bei der Untersuchung der Arbeitszufriedenheit im Unternehmen sollten daher sowohl die Hygiene-Faktoren (diese betreffen die Arbeitsbedingungen) als auch die Motivatoren (diese betreffen die Arbeitsinhalte) untersucht werden. Bei Mitarbeiterbefragungen verwenden wir beispielsweise einen Fragebogen, wie er in Bild 3-33 dargestellt ist. Darin werden die einzelnen Fragen den Kategorien Situation am Arbeitsplatz, Zusammenarbeit mit Vorgesetzten, Arbeitsklima und Perspektiven zugeordnet. Wichtig ist, dass die Befragten nach jedem Abschnitt die Gelegenheit erhalten, Vorschläge zur Verbesserung der Situation zu unterbreiten.

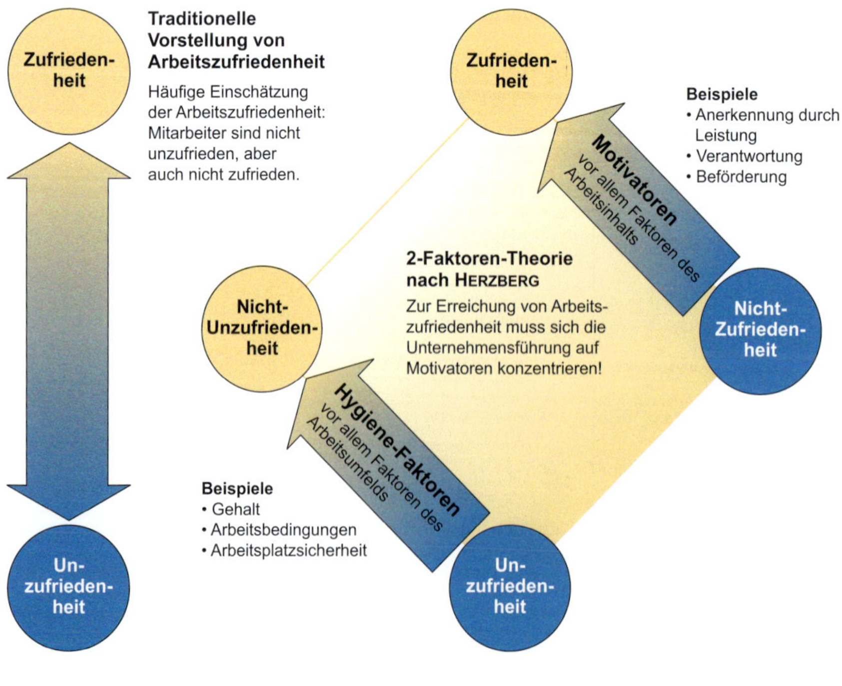

BILD 3-32
2-Faktoren-Theorie der Arbeitszufriedenheit nach Herzberg

Befragung der Mitarbeiterinnen und Mitarbeiter

Allgemeine Angaben

Ich arbeite in der Fertigung/Produktion:	*ja* ☐	*nein* ☐
Mir sind Personen unterstellt:	*ja* ☐	*nein* ☐

1 Situation am Arbeitsplatz

		überhaupt nicht		*es geht*		*sehr gut*
1.1	Gefällt Ihnen Ihre Arbeit?	☐	☐	☐	☐	☐
		überhaupt nicht		*meistens*		*ja immer*
1.2	Können Sie bei Ihrer Arbeit Ihr Wissen und Können einsetzen?	☐	☐	☐	☐	☐
		viel zu hoch		*angemessen*		*zu gering*
1.3	Wie empfinden Sie Ihre Arbeitsbelastung?	☐	☐	☐	☐	☐
		völlig unzufrieden		*es geht*		*sehr zufrieden*
1.4	Wie zufrieden sind Sie mit den äußeren Bedingungen an Ihrem Arbeitsplatz?	☐	☐	☐	☐	☐

Was müsste getan werden, damit Ihre Situation an Ihrem Arbeitsplatz weiter verbessert wird?
Bitte Vorschläge machen:

2 Zusammenarbeit mit Vorgesetzten

2.1 Wie beurteilen Sie das fachliche Können Ihres Vorgesetzten?

2.2 Erhalten Sie von Ihrem Vorgesetzten klare Aufträge?

2.3 Werden Sie von Ihrem Vorgesetzten über Ihre Aufgaben ausreichend informiert?

2.4 Wie verhält sich Ihr Vorgesetzter, wenn Sie Verbesserungsvorschläge machen?

2.5 Werden gute Leistungen von Ihrem Vorgesetzten anerkannt?

2.6 Übt Ihr Vorgesetzter konstruktive Kritik, wenn Ihre Leistungen nicht den Erwartungen entsprechen?

2.7 Setzt sich Ihr Vorgesetzter für Sie ein und gibt er Ihnen ausreichend Unterstützung?

3 Arbeitsklima

3.1 Fühlen Sie sich über das Wesentliche im Unternehmen gut informiert?

3.2 Glauben Sie, dass Ihre Arbeit leistungsgerecht bezahlt wird?

3.3 Arbeiten Sie gern mit Ihren Kollegen/innen zusammen?

3.4 Würden Sie einem Freund empfehlen, in Ihrem Unternehmen anzufangen?

4 Perspektiven

4.1 Glauben Sie, dass sich das Unternehmen weiter gut entwickeln wird?

4.2 Halten Sie Ihren Arbeitsplatz für sicher?

4.3 Glauben Sie, dass Sie Aussichten haben, im Unternehmen weiterzukommen?

BILD 3-33
Fragebogen (Auszug) für die Mitarbeiterbefragung

Die Befragung und die Auswertungen erfolgen anonym. Bild 3-34 zeigt beispielhaft eine mögliche Auswertung. In der Regel vergleichen wir die Ergebnisse mit dem Durchschnitt aller bisher befragten Unternehmen oder mit den Ergebnissen der letztjährigen Befragung. Letzteres ist sehr wichtig, wenn deutlich gemacht werden soll, dass die in der Vergangenheit eingeleiteten Verbesserungsmaßnahmen auch Wirkung zeigen.

Des Weiteren lassen sich aufgrund der Angaben im Kopf des Fragebogens vier Gruppen bilden: (1) Führungskräfte in der Fertigung, (2) einfache Arbeitskräfte in der Fertigung, (3) Führungskräfte im Bürobereich und (4) einfache Arbeitskräfte im Bürobereich. Dadurch ergeben sich in der Regel weitere wichtige Hinweise auf Schwächen in der Unternehmenskultur.

Resümee

Häufig kommt die Unternehmenskultur-Analyse zu kurz. Zu Unrecht, weil die Ursache für Erfolg bzw. Misserfolg häufig im Verhalten der Menschen in Organisationen zu finden ist. Ein klares, umfassendes Bild von der Unternehmenskultur zu haben ist die Voraussetzung für die Entwicklung einer Erfolg versprechenden Strategie. Eine Strategie kann nur dann umgesetzt werden, wenn sie mit dem Selbstverständnis, den Denkhaltungen und den Praktiken der Zusammenarbeit der Mitarbeiter im Unternehmen im Einklang steht. Die vorgestellten Instrumente sind einfach zu handhaben. Die Mitarbeiterbefragung ist eine Maßnahme, die regelmäßig durchgeführt werden sollte, insbesondere um den Erfolg von Maßnahmen, die sich aus zurückliegenden Befragungen ergaben, sichtbar zu machen.

1 Situation am Arbeitsplatz

1.1 Gefällt Ihnen Ihre Arbeit?

1.2 Können Sie bei Ihrer Arbeit Ihr Wissen und Können einsetzen?

2 Zusammenarbeit mit Vorgesetzten

2.1 Wie beurteilen Sie das fachliche Können Ihres Vorgesetzten?

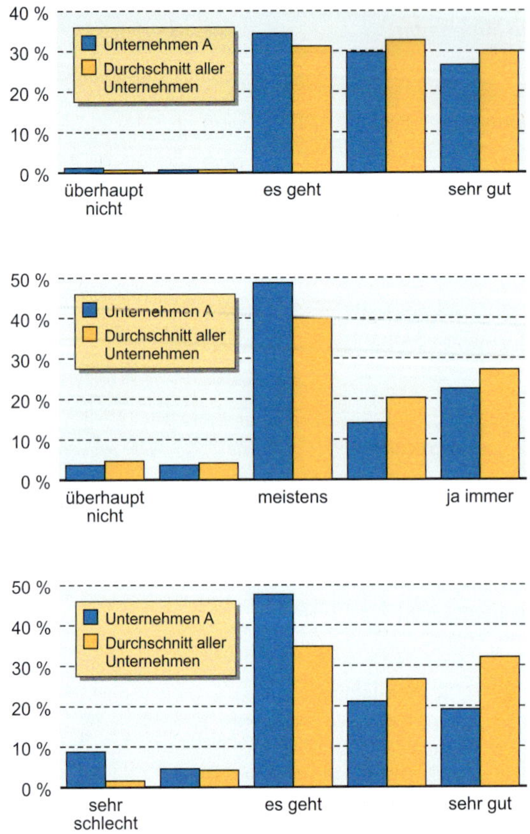

BILD 3-34
Beispiel für die Auswertung einer Mitarbeiterbefragung

3.2.8 Stakeholder-Analyse

Im Rahmen der Strategieentwicklung wird das eigene Unternehmen zunehmend als offenes System in einem gesellschaftlichen Umfeld gesehen. Daher versuchen Unternehmen, in ihrer Strategie verschiedenen Anspruchsgruppen - z.B. Kapitaleignern, Arbeitnehmern und Umweltgruppen - gerecht zu werden. Für diese Anspruchsgruppen ist 1963 durch ein Memorandum des *Stanford Research Institute* (SRI) der Begriff **„Stakeholder"** in die Managementliteratur eingeführt worden. Freeman definiert Stakeholder als Gruppen oder Individuen, die ein Unternehmen beeinflussen oder von einem Unternehmen beeinflusst werden. Für die Stakeholder-Analyse bietet sich eine Methodik an, die sich an das Vorgehen von Freeman anlehnt [Fre84]. Sie besteht aus sechs Schritten:

Entwicklung eines Stakeholder-Felds (Schritt 1)

In diesem Schritt sind die gegenwärtigen Stakeholder eines Unternehmens zu ermitteln. Dieser Vorgang wird auch als Stakeholder-Scanning bezeichnet. Eine sinnvolle Form des Stakeholder-Scannings ist die Verbindung mit der Ermittlung von Einflussfaktoren im Rahmen der Szenario-Erstellung. In diesem Fall wird für jeden internen bzw. externen Einflussfaktor gefragt, welche Stakeholder die Entwicklungsmöglichkeiten dieses Faktors beeinflussen.

Kategorisierung der Stakeholder (Schritt 2)

Die Stakeholder werden zunächst näherungsweise kategorisiert. Dafür bietet sich folgende hierarchische Struktur an:

- **Interne Stakeholder:** Darunter werden Personen oder Gruppen verstanden, die integraler Bestandteil des Unternehmens sind. Dazu gehören die *Arbeitnehmer*, die *Kapitaleigner* und die *Führungskräfte*.
- **Ökonomiebezogene Stakeholder:** Darunter werden Personen oder Gruppen verstanden, die primär durch geschäftliche Interaktion mit dem Unternehmen verbunden sind. Dazu gehören *Kunden*, *Lieferanten*, *Konkurrenten* oder *Partnerunternehmen*.
- **Direkte globale Stakeholder:** Darunter fallen Personen oder Gruppen, die über direkte nicht-ökonomische Interaktion mit dem Unternehmen verbunden sind. Dazu zählen die *Kommunen*, die *Verbraucherverbände* oder *Umweltschutzgruppen*.
- **Indirekte globale Stakeholder:** Dieses sind Personen oder Gruppen, die lediglich über indirekte nicht-öko-

nomische Interaktion mit dem Unternehmen verbunden sind. Dazu zählen bspw. *Interessenverbände* oder die *Anwohner im Bereich von Fabrikationsanlagen*.

Zudem ist im Rahmen der Entwicklung des Stakeholder-Felds festzulegen, bis zu welchem Level die Stakeholder betrachtet werden sollen. Während **allgemeine Stakeholder** Klassen von Anspruchsgruppen darstellen (Wettbewerber, Kunden, Gewerkschaften etc.), beschreiben **spezifische Stakeholder** konkrete Gruppen – beispielsweise die stärksten Wettbewerber oder eine neue, homogene Kundengruppe.

Stakeholder-Mapping (Schritt 3)

Die Entwicklung des Stakeholder-Felds mündet in eine **Stakeholder-Map**. Darunter wird eine graphische Darstellung der Beziehungen der Stakeholder zum Unternehmen verstanden. Das erleichtert die Identifikation weiterer Stakeholder und erhöht das Verständnis für die Beziehungen zwischen den zuvor identifizierten Stakeholdern.

Ein Ansatz zur Verbesserung des Verständnisses vom Stakeholder-Feld ist das **Stakeholder-Radar**, das auf einer Idee Slywotzkys beruht. Dieser beschreibt die Notwendigkeit, dass sich Unternehmen von der Fokussierung auf die eigene Branche („Tunnelblick") lösen und stattdessen eine 360°-Sicht auf das Unternehmensumfeld aufbauen („Radarsicht"). Der dabei beschriebene Radarschirm lässt sich modifizieren und mit der traditionellen Stakeholder-Map kombinieren. In Bild 3-35 wird der Stakeholder-Radar durch vier konzentrische Ringe aufgebaut, die die vier Stakeholder-Kategorien darstellen. So enthält der innere Ring beispielsweise die Aktionäre und Mitarbeiter als interne Stakeholder. Außerdem werden im Stakeholder-Radar allgemeine und spezifische Stakeholder unterschieden.

Bewertung der Stakeholder (Schritt 4)

Als relevante Kennwerte für die Bewertung der Stakeholder ergeben sich deren **Ziele**, deren **Macht** und deren **Risiko** im Fall einer Interaktion (Einsatz). Betrachtet werden dabei sowohl die Positionierung (Ziele, Macht, Risiko) des Unternehmens gegenüber dem Stakeholder als auch die Positionierung der Stakeholder gegenüber dem Unternehmen (vgl. Bild 3-36).

Ziele (Konflikt- bzw. Kooperationspotential): Die verschiedenen Stakeholder eines Unternehmens verfolgen unterschiedliche Ziele, die sich ergänzen bzw. einander widersprechen können. Die Beziehung zwischen den Zielen der einzelnen Stakeholder und den Zielen des Unternehmens wird anhand von vier Input-Werten ermittelt:

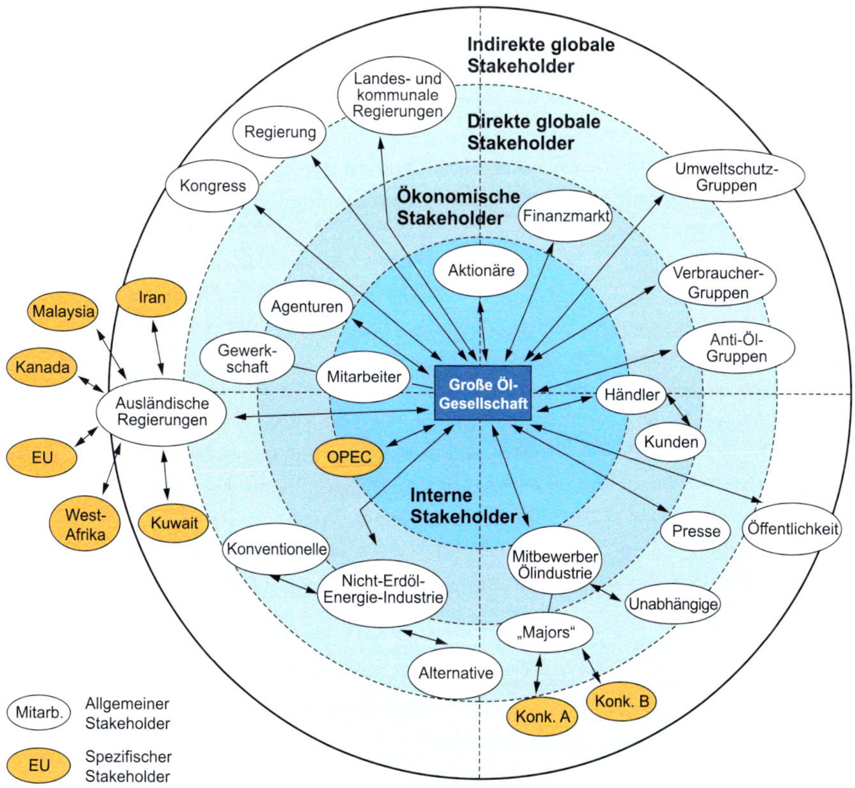

BILD 3-35
Stakeholder-Radar

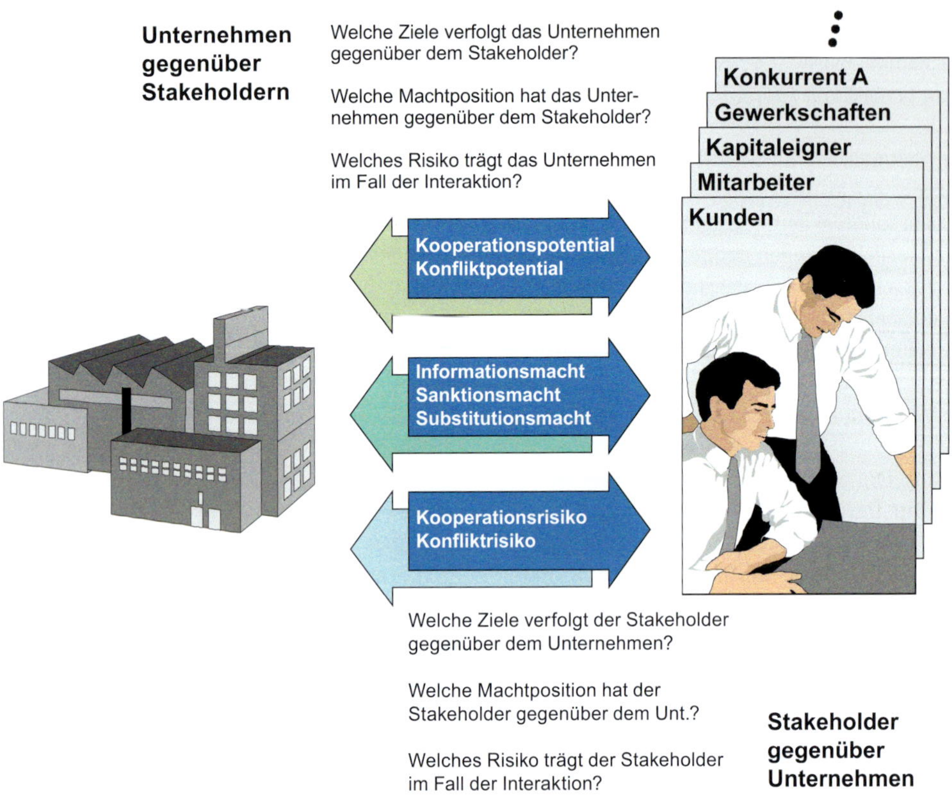

BILD 3-36 Kennwerte für das Verhältnis zwischen Unternehmen und Stakeholdern

- Kooperationspotential des Unternehmens,
- Konfliktpotential des Unternehmens,
- Kooperationspotential des Stakeholders,
- Konfliktpotential des Stakeholders.

Aus diesen Input-Werten lassen sich Kennwerte wie das allgemeine Kooperations- bzw. Konfliktpotential ermitteln. Mit dem **Zielniveau** des Unternehmens wird ausgedrückt, ob das Zielsystem des Unternehmens eher zu einer Kooperation oder zu einem Konflikt mit dem Stakeholder tendiert. Entsprechend lässt sich auch ein Zielniveau des Stakeholders ermitteln. Als zusammenfassender Kennwert für die Zielbeziehung zwischen Unternehmen und Stakeholder wird ein Zielniveau ermittelt, das die grundsätzliche Tendenz zur Kooperation bzw. zum Konflikt beschreibt.

Macht: Da Personen und Interessensgruppen in vielen Fällen über divergierende Ziele verfügen, ist zur Durchsetzung der eigenen Ziele Macht erforderlich. Nach Weinert und Brown lassen sich unterschiedliche Erscheinungsformen von Macht unterscheiden [WB86]:

Potentielle Macht beschreibt das Potential zur Einflussnahme. Hier wird die vorhandene Macht weder angesprochen noch eingesetzt. Wird mit einem Machteinsatz gedroht, handelt es sich um *angekündigte Macht*. Wenn ein Stakeholder zusätzlich seine Ressourcen zum Machteinsatz bereitmacht, wird von *aktivierter Macht* gesprochen. Konkret ausgeübte Macht wird als *eingesetzte Macht* bezeichnet.

Zur Ermittlung der Macht eines Unternehmens in Bezug zu einem Stakeholder werden drei Machtkomponenten unterschieden, die individuell gewichtet werden können:

- Informationsmacht: Darunter wird die Möglichkeit verstanden, dass ein Unternehmen (Stakeholder) über Informationen verfügt, auf die der Stakeholder (das Unternehmen) angewiesen ist, um seine Ziele zu erreichen.
- Sanktionsmacht: Darunter wird die Möglichkeit verstanden, dass ein Unternehmen (Stakeholder) durch Belohnung oder Bestrafung den Stakeholder (das Unternehmen) in seinen Handlungen beeinflussen kann.
- Substitutionsmacht: Darunter wird die Möglichkeit verstanden, dass ein Unternehmen (Stakeholder) die Beziehung zu einem Stakeholder (zum Unternehmen) abbrechen kann.

Die Machtkomponenten des Unternehmens bzw. eines Stakeholders werden anhand einer Skala von +5 (übermächtige Position) bis +1 (keine Machtposition) bewertet. Auf der Basis der drei Machtkomponenten werden die

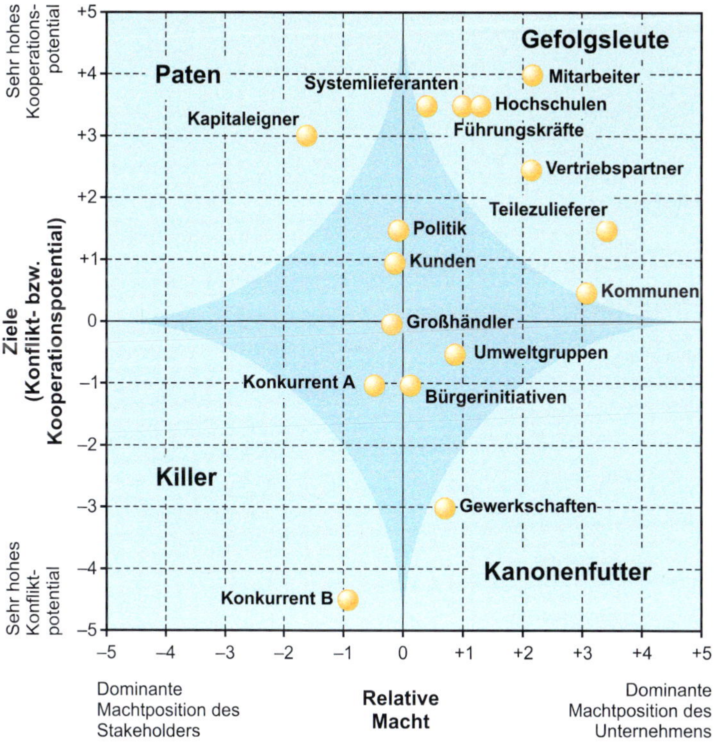

BILD 3-37
Ziele-Macht-Portfolio

absolute Macht des Unternehmens (in Bezug auf einen Stakeholder) sowie die absolute Macht des Stakeholders (in Bezug auf das Unternehmen) ermittelt. Als relevanter Kennwert für die Macht des Unternehmens in Beziehung zu einem Stakeholder ergibt sich die **relative Macht**. Hier reicht das Spektrum von +5 (absolut dominante Machtposition des Unternehmens) bis zu −5 (absolut dominante Machtposition des Stakeholders).

Risiken: Ein weiteres Maß für den Einsatz („stake") der Stakeholder in Bezug auf das Unternehmen sind Risiken. Darunter wird das verstanden, was ein Stakeholder in einer Auseinandersetzung verlieren könnte. Die Bewertung der Risiken erfolgt anhand vierer Input-Werten:

- Kooperationsrisiko des Unternehmens,
- Konfliktrisiko des Unternehmens,
- Kooperationsrisiko des Stakeholders,
- Konfliktrisiko des Stakeholders.

Erstellung eines Ziele-Macht-Portfolios (Schritt 5)

Die Ziele und die Macht des Unternehmens bzw. der Stakeholder sind statische Größen – d. h. sie bestehen unabhängig von einer möglichen Interaktion. Durch die gemeinsame Betrachtung des Zielniveaus und der relativen Macht in einem Portfolio wird es möglich, die grundsätzliche Beziehung zwischen Unternehmen und Stakeholdern zu charakterisieren. Es werden vier charakteristische Gruppen von Stakeholdern unterschieden (Bild 3-37):

- **Gefolgsleute:** Es besteht ein signifikantes Kooperationspotential, das vom Unternehmen aufgrund seiner dominanten Machtposition ausgeschöpft werden könnte. Die entsprechenden Stakeholder werden als „Gefolgsleute" bezeichnet.
- **Paten:** Verfügt ein Stakeholder bei einem hohen Kooperationspotential über eine dominante Machtposition, so wird er als „Pate" charakterisiert, weil er einen erheblichen Einfluss auf die Kooperation ausüben kann.
- **Kanonenfutter:** Besteht ein erhebliches Konfliktpotential gegenüber einem schwachen Stakeholder, so wird dieser als „Kanonenfutter" charakterisiert.
- **Killer:** Verfügt ein Stakeholder mit einem hohen Konfliktpotential über eine dominante Machtposition, wird er als „Killer" eingestuft.

Erstellung eines Motivations-Portfolios (Schritt 6)

Durch die Einbeziehung der Risiken lassen sich mögliche Interaktionen zwischen Unternehmen und Stakeholdern bewerten. Durch eine Kombination von Kooperations-/Konfliktpotential und Kooperations-/Konfliktrisiko werden unternehmens- bzw. stakeholderspezifische Kooperations- und Konfliktneigungen ermittelt, die durch den Kennwert **Motivation** (= Interaktionsneigung) zusammengefasst

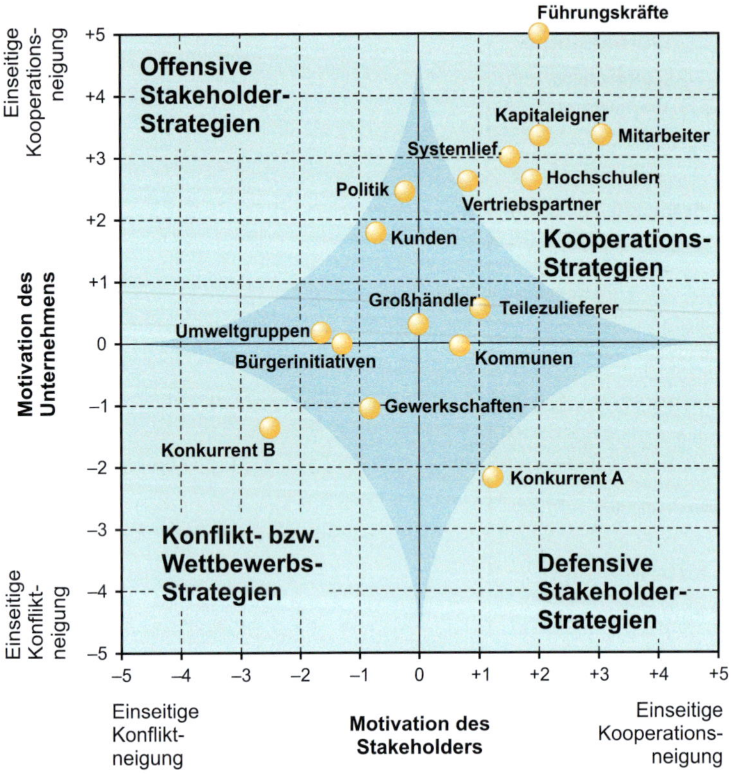

BILD 3-38
Motivations-Portfolio

werden. Die Motivation gibt an, ob und auf welche Art das Unternehmen bzw. der Stakeholder in Bezug zueinander aktiv werden möchten. Die Motivation des Unternehmens und seiner Stakeholder lässt sich in einem **Motivations-Portfolio** visualisieren (Bild 3-38). Darin können vier charakteristische Bereiche unterschieden werden, für die sich spezielle strategische Handlungsoptionen anbieten:

- **Kooperationsstrategien:** Hier verfügen Unternehmen und Stakeholder über eine dominante Kooperationsneigung, so dass sich Handlungsoptionen anbieten, die zur Ausschöpfung der Kooperationspotentiale beitragen.
- **Offensive Stakeholder-Strategien:** Hier muss es das Ziel des Unternehmens sein, die Stakeholder im Rahmen einer Offensiv-Strategie von der Notwendigkeit einer Kooperation zu überzeugen bzw. sie von einem Konflikt abzubringen.
- **Defensive Stakeholder-Strategien:** Hier ist das Unternehmen mit kooperationswilligen Stakeholdern konfrontiert, obwohl es selbst eine solche Kooperation nicht wünscht. Insofern hängt das weitere Verhalten von der relativen Macht ab: Im Falle einer dominanten Position kann es sinnvoll sein, dem Stakeholder „einen Konflikt aufzuzwingen“. Verfügt der Stakeholder allerdings über eine dominante Position, so ist es sinnvoll zu versuchen, eine Kooperation so weit wie möglich entsprechend den eigenen Vorstellungen zu gestalten.
- **Konflikt- oder Wettbewerbsstrategien:** Hier verfügen Unternehmen und Stakeholder über eine dominante Konfliktneigung, so dass sich Handlungsoptionen anbieten, die zur Vorbereitung oder Durchführung von Konflikten dienen.

3.3 Ermittlung von Strategieoptionen

Aus der im Hauptkapitel 2 vorgestellten Vorausschau und der im vorangegangenen Kapitel 3.2 beschriebenen Analyse der Ausgangssituation ergeben sich Stoßrichtungen für ein strategisches Agieren. Diese zu erkennen und die richtige auszuwählen ist leichter gesagt als getan. Ferner gewinnt die Strategieentwicklung an Qualität, wenn es gelingt, mehrere Strategievarianten zu erarbeiten und dann die beste Variante auszuwählen. Dies bestätigen auch FRITZ und EFFENBERGER nach einer Untersuchung von 84 Strategieberatungsprojekten [FE98]. Danach sind weniger erfolgreiche Strategieprojekte vor allem dadurch gekennzeichnet, dass keine Strategiealternativen entwickelt wurden, sondern von vornherein nur eine strategische Stoßrichtung verfolgt wurde. In der Regel ist man angesichts der überwältigenden Fülle an Informationen aus der Analyse und Vorausschau froh, überhaupt eine plausibel erscheinende Stoßrichtung gefunden zu haben. Zeitdruck oder gedankliche Trägheit führen dazu, dass es bei der einen, in der Regel vertrauten Stoßrichtung bleibt. Um dies zu vermeiden, ist es gut, mit den klassischen Optionen für Strategien vertraut zu sein und Verfahren zu kennen, die uns diskursiv über mehrere Strategieoptionen zu einer besonders gut geeigneten Strategie führen. Im Folgenden erläutern wir die klassischen Ansätze zur Ermittlung von strategischen Stoßrichtungen sowie das von uns entwickelte Verfahren VITOSTRA zur systematischen Herleitung von Strategieoptionen.

3.3.1 Strategieoptionen im Überblick

Wir verstehen unter Strategieoptionen idealtypische Handlungsmuster der strategischen Führung. Im Folgenden stellen wir die klassischen Optionen kurz vor. Gemäß Bild 3-39 unterscheiden wir:

- **Geschäftsoptionen,** die die Möglichkeiten der grundsätzlichen Positionierung des Unternehmens beschreiben,
- **Marktleistungsoptionen**, die die Möglichkeiten der Gestaltung von Produkten und Dienstleistungen sowie des damit verbundenen Marktauftritts charakterisieren,
- **Marktoptionen**, die die Auswahl der Wettbewerbsarena betreffen,
- **Kompetenzoptionen**, die die Möglichkeiten der internen Ressourcenzuteilung aus strategischer Sicht beschreiben, sowie
- **Verhaltensoptionen**, die die Möglichkeiten des Verhaltens im Wettbewerb näher darstellen.

3.3.1.1 Geschäftsoptionen

Geschäftsoptionen beschreiben die grundsätzlichen Möglichkeiten eines Unternehmens zur Positionierung im Wettbewerb. In diesem Zusammenhang stellen wir zwei Instrumente vor:

- Ein bewährtes Hilfsmittel der strategischen Positionierung ist die von ANSOFF entwickelte Produkt-Markt-Matrix, die eine Kategorisierung der Geschäftsaktivitäten aus Produkt- und Marktsicht vornimmt.
- Die Positionierungsoptionen nach PORTER betonen, dass Unternehmen bei der Positionierung einen Schwerpunkt

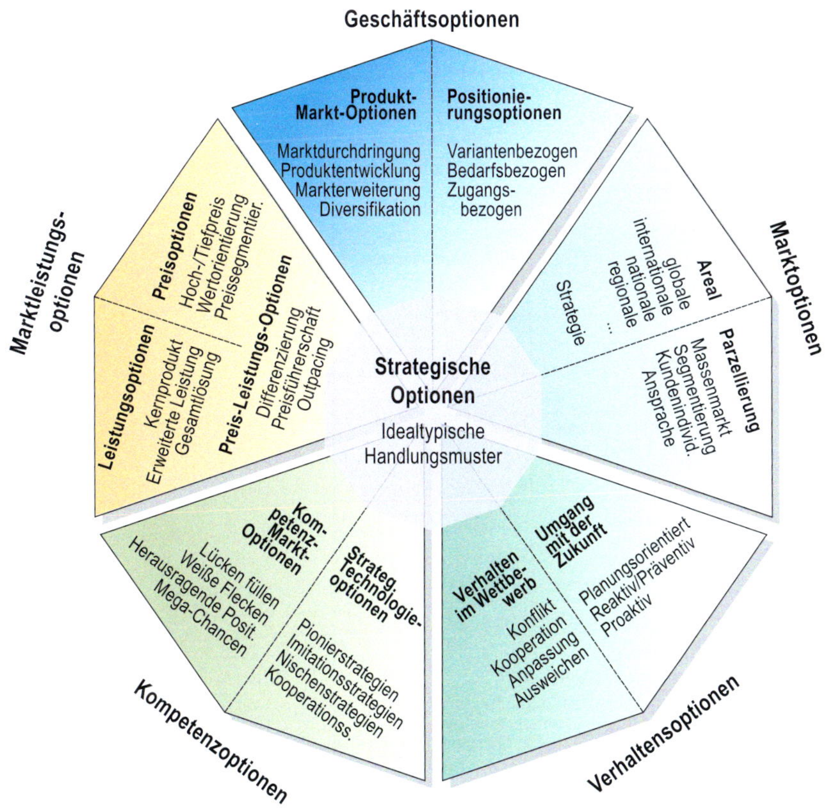

BILD 3-39
Standardoptionen der strategischen Führung

setzen müssen, der entweder varianten- (produkt-), bedarfs- (markt-) oder zugangsbezogen sein kann.

Produkt-Markt-Matrix

Die von ANSOFF entwickelte Produkt-Markt-Matrix setzt alte und neue Produkte (Marktleistungen) mit alten und neuen Märkten in Verbindung. Daraus ergeben sich zunächst vier Geschäftsoptionen (Bild 3-40):

- **Marktdurchdringung:** Hier wird versucht, den bekannten Markt mit den vorhandenen Marktleistungen auszuschöpfen. Übliche Ansätze sind, bei den Kunden eine erhöhte Kaufrate zu erreichen, Kunden der Konkurrenz sowie Neukunden zu gewinnen.
- **Marktentwicklung:** Hier wird mit der vorhandenen Marktleistung ein bisher nicht erschlossener Markt bearbeitet. Dieses kann durch geographische Ausweitung oder Erschließung neuer Käuferschichten erfolgen.
- **Produktentwicklung:** Hier werden Lücken im bekannten Markt erschlossen, indem
  - neue Produkteigenschaften für bekannte Produkte entwickelt werden,
  - verschiedene Varianten eines Produkts entwickelt werden oder
  - neue Produkte entwickelt werden, die bisher nicht im Produktprogramm des Unternehmens standen, ggf. aber von den Wettbewerbern angeboten werden.
- **Diversifikation:** Bei der Diversifikation werden neue Märkte mit neuen Produkten bearbeitet. Dabei werden zunächst drei Formen unterschieden:
  - *Konzentrische Diversifikation:* Hier werden modifizierte Produkte auf bekannten bzw. neuen Märkten angeboten.
  - *Horizontale Diversifikation:* Hier sind modifizierte bzw. neue Produkte für alte Kunden (bekannter Markt) interessant.
  - *Konglomerate Diversifikation:* Hier handelt es sich um den Fall, dass bisher nicht bedienten Kundengruppen neue Marktleistungen angeboten werden sollen.

Diese traditionelle Matrix lässt sich um zukünftige Märkte und Marktleistungen erweitern, so dass sich weitere strategische Optionen ergeben (Bild 3-40):

- **Marktfindung:** Hier soll mit den vorhandenen oder modifizierten Marktleistungen ein künftiger Markt identifiziert und bearbeitet werden.
- **Produktfindung:** Diese Option beschreibt die Möglichkeit, auf bereits bedienten oder bekannten Märkten völlig neue Marktleistungen anzubieten, die es bisher in dieser Form nicht gibt.
- **Zukünftige Diversifikation:** Hier werden völlig neue Marktleistungen den bisher nicht bedienten Kundengruppen angeboten oder bisher nicht erstellte Marktleistungen völlig neuen Kundengruppen angeboten.

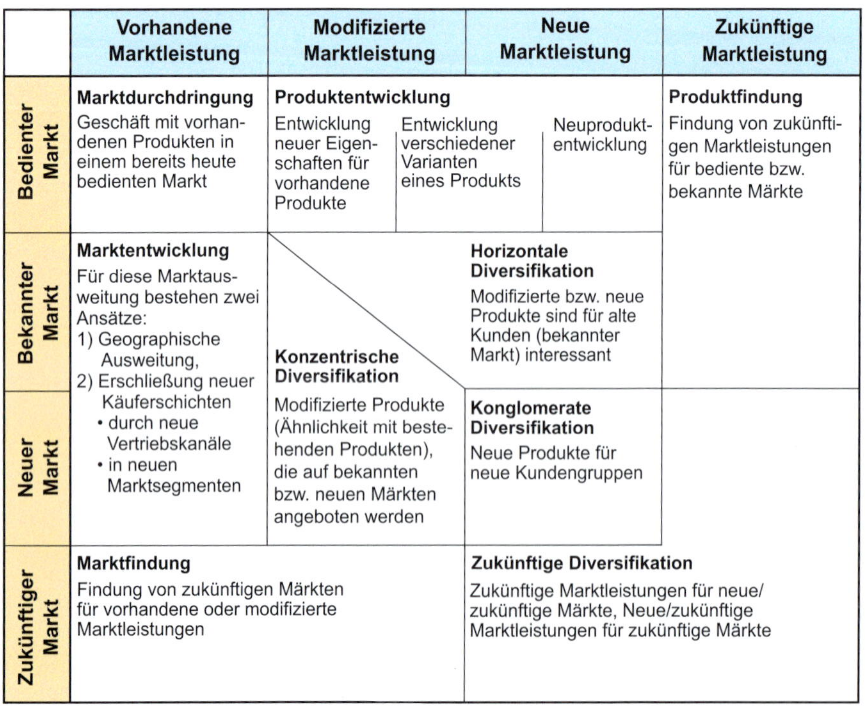

BILD 3-40
Erweiterte Produkt-Markt-Matrix

In der Matrix steigt das Risiko von links oben („Schuster bleib bei deinen Leisten") nach rechts unten („Aufbruch zu neuen Ufern"). Das ist der Grund, warum Unternehmen in schwierigen Zeiten eher dazu neigen, sich auf das sog. Kerngeschäft zu konzentrieren. Die Kehrseite der Medaille ist, dass sie so u. U. die Entwicklung der Geschäfte von morgen verpassen. Der unter dem Titel „Blue-Ocean-Strategie" bekannt gewordene rekonstruktivistische Ansatz vermittelt sehr überzeugend, dass es jenseits bekannter Strukturen der Wettbewerbsarena faszinierende Möglich-

BLUE-OCEAN-STRATEGIE

„Viele Manager glauben, die Strategie für ihr Unternehmen hänge allein vom wirtschaftlichen Umfeld ab. Doch es geht auch umgekehrt. Führungskräfte können gerade in schwierigen Zeiten mit dem richtigen strategischen Konzept neue Märkte schaffen, die sie allein beherrschen." [KM05]

Die klassische Strategieentwicklung beruht im Allgemeinen auf einer Analyse der Wettbewerbsarena. Die entsprechende Struktur wird als gegeben betrachtet und das Unternehmen versucht sich in dieser Struktur strategisch vorteilhaft zu positionieren. Dies ist der klassische Strategieansatz, der als **strukturalistischer Ansatz** bezeichnet wird.

Gleichwohl gibt es Beispiele, dass es Unternehmen gelingt, neue Märkte zu schaffen, die Spielregeln des Wettbewerbs neu zu schreiben und letztlich die Struktur der Wettbewerbsarena zu prägen. Der in diesem Kontext geprägte Begriff bringt zum Ausdruck, dass der weite „Ocean" neue Geschäftschancen in sich birgt. Diese zu erschließen ist in bestimmten Fällen Erfolg versprechender als sich im Korsett der etablierten Märkte zu behaupten. Dieser Ansatz wird als der **rekonstruktivistische Ansatz** bezeichnet. Wie in Bild 1 angedeutet, beruht die Blue-Ocean-Strategie auf einer Umkehrung des klassischen Ansatzes, nach dem die Struktur der Wettbewerbsarena die Strategieoptionen bestimmt [KM05].

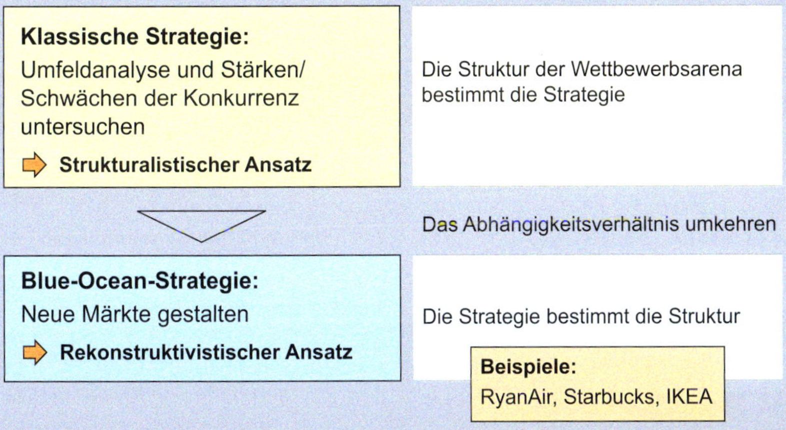

BILD 1: Klassische Strategie und Blue-Ocean-Strategie

Ob ein strukturalistischer oder rekonstruktivistischer Ansatz empfehlenswert ist, hängt sowohl vom strukturellen Umfeld der heute bedienten Märkte als auch von den Ressourcen und Fähigkeiten eines Unternehmens ab. In jedem Fall aber erfordert die Erschaffung eines neuen Markts Innovationskraft. Bild 2 (auf Seite 158) gibt eine Entscheidungshilfe: Der rekonstruktivistische Ansatz ist z. B. geeignet, wenn sich die Konkurrenten in den bisher bedienten Märkten gut platziert haben und die eigenen Fähigkeiten nicht ausreichen, um eine attraktive Position zu beziehen. Es versteht sich von selbst, dass es wenig Erfolg versprechend ist, die eigenen Ressourcen in ein Geschäft zu investieren, dessen strukturelles Umfeld schwierig ist.

Literatur:

[KM05] Kim, W. C.; Mauborgne, R.: Der blaue Ozean als Strategie – Wie man neue Märkte schafft, wo es keine Konkurrenz gibt. Carl Hanser Verlag, München, 2005

[KM09] Kim, W. C.; Mauborgne, R.: Die Blue Ocean-Strategie als Krisenhelfer. Harvard Business Manager, November 2009

Strukturalistischer Ansatz

Externe Bedingungen sind vorgegeben; Unternehmen können nur versuchen diese Bedingungen zu ihrem Vorteil zu nutzen:

- Das strukturelle Umfeld ist attraktiv und das Unternehmen kann sich mit den nötigen Ressourcen und Fähigkeiten eine gute Marktposition erarbeiten.
- Das strukturelle Umfeld ist nicht ideal, aber das Unternehmen kann dank seiner Ressourcen und Fähigkeiten die Konkurrenz übertrumpfen.

Unternehmenskultur:

- Manager und Mitarbeiter verteidigen lieber strategische Positionen, als sich mit Innovationen auf unbekanntes Terrain zu begeben.

Rekonstruktivistischer Ansatz

Unternehmen schaffen neue Märkte mit neuen Spielregeln; die Strategie führt zu Strukturänderungen:

- Das strukturelle Umfeld ist attraktiv, aber die Wettbewerber sind gut etabliert und dem Unternehmen fehlt es an den nötigen Ressourcen und Fähigkeiten, um sich gegen die Konkurrenz durchzusetzen.
- Das strukturelle Umfeld ist schwierig und wirkt dem Erfolg entgegen, ganz gleich welche Ressourcen und Fähigkeiten ein Unternehmen mitbringt.

Unternehmenskultur:

- Das Unternehmen ist innovationsorientiert und bereit, neue Chancen zu suchen und zu nutzen

BILD 2: Entscheidungshilfe für die Wahl des Strategieansatzes [KM09]

keiten zur Schaffung neuer Marktleistungen und Märke gibt [KM09]. Die Beispiele reichen von HENRY FORDS Modell T bis hin zum fulminanten Einstieg von Apple in den Markt mit Smart Phones (vgl. Kasten).

Positionierungsoptionen nach PORTER

Während mit der Produkt-Markt-Matrix die Produkt-Markt-Kombinationen untersucht werden, unterscheidet PORTER mit drei **Positionierungsoptionen** die Gewichtung zwischen Produkt-, Markt- oder Zugangsorientierung [Por97]:

- Bei der *variantenbezogenen Positionierung* geht es nach PORTER um die Wahl von „Produkt- und Servicevarianten“. Diese bestehen aus spezifizierten Komponenten der Marktleistung (Produkte, Dienstleistungspakete). Eine Möglichkeit einer derartigen Positionierung ist eine Querschnittsleistung, die mehreren strategisch relevanten Marktsegmenten angeboten wird. Hier handelt es sich um eine Markterweiterung.
- Die *bedarfsbezogene Positionierung* basiert demgegenüber auf dem Bestreben, „die meisten oder alle Bedürfnisse einer bestimmten Kundengruppe zu befriedigen“. Daher dominieren Systemleistungen; es handelt sich um programmerweiternde Geschäftsfelder.
- Die *zugangsbezogene Positionierung* charakterisiert die Vertriebskanäle. Beispiele für Vertriebskanäle sind Direktvertrieb, Versandhandel, Systemhäuser etc.

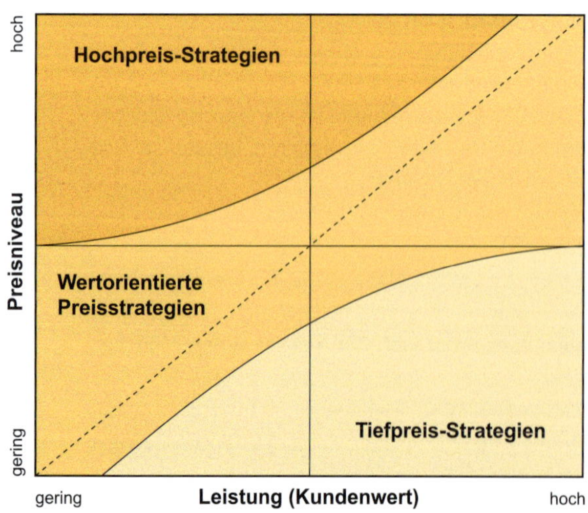

BILD 3-41 Grundlegende Preisoptionen

3.3.1.2 Marktleistungsoptionen

Unter Marktleistungsoptionen verstehen wir Möglichkeiten der Gestaltung von Produkten und Dienstleistungen sowie mögliche Formen des Marktauftritts. Unterscheiden lassen sich zunächst Preisoptionen, Leistungsoptionen und als deren Verbindung Preis-Leistungs-Optionen.

Preisoptionen

Vor allem in der Konsumgüterindustrie sowie im Dienstleistungsbereich spielen Preisoptionen als Instrumente des Wettbewerbs eine große Rolle. DE KARE-SILVER unterscheidet gemäß Bild 3-41 vier Preisoptionen [Kar97]:

- **Tiefpreis-Strategien** sind der traditionelle Ansatz, da hier von einem rational entscheidenden Kunden ausgegangen wird.
- **Hochpreis-Strategien** spielen eine immer größere Rolle. Hier sprechen die Unternehmen bestimmte Kunden

durch ein hohes Preisniveau an, wobei dieses Preisniveau mit einem tendenziell schlechteren Preis-Leistungs-Verhältnis verbunden ist.

- **Wertorientierte Preisstrategien** heben hervor, dass die Preise der angebotenen Marktleistungen möglichst genau dem Kundenwert entsprechen.
- **Preissegmentierung** beschreibt als vierte Option das Bestreben, für unterschiedliche Kundengruppen differenzierte Preise für eine weitgehend identische Marktleistung durchzusetzen.

Leistungsoptionen

Angesichts der grundsätzlichen Verschiedenartigkeit von Produkten und Dienstleistungen ist eine in der Praxis verwertbare Beschreibung von Leistungsoptionen kaum möglich. Allenfalls die Unterscheidung von Marktleistungen anhand der **„Value Proposition"** – d. h. dem Wertschöpfungsangebot für den Kunden – kann in konkreten Projekten von Nutzen sein. In Anlehnung an Wayland und Cole werden drei Leistungsoptionen unterschieden [WC97]:

Die meisten Unternehmen beginnen mit einer **Kernleistung** bzw.vor allem einem Kernprodukt (Bild 3-42). Mit der Zeit führen Wettbewerbsveränderungen sowie das entstehende Branchenwissen bei vielen Unternehmen zu einer Erweiterung der Marktleistung. Diese erfolgt oftmals entlang der Branchenwertschöpfungskette, was auch als vertikale Diversifikation bezeichnet wird. Wenn die Erweiterung der Marktleistung in Richtung Integration der Aufgaben des Abnehmers des Kernprodukts geht, handelt es sich um eine Vorwärtsintegration. Produziert man zusätzlich das, was bisher von Zulieferunternehmen bezogen wurde, so handelt es sich um eine Rückwärtsintegration.

Bei der Vorwärtsintegration sind es häufig Dienstleistungen wie Engineering, die eng mit dem Kernprodukt verbunden sind. In diesem Zusammenhang gewinnt der Ansatz der **hybriden Leistungsbündel** an Bedeutung, mit dem sich ein Unternehmen im Wettbewerb vorteilhaft positionieren kann (siehe Kasten). Wayland und Cole betonen, dass eine Erweiterung der Marktleistung mit zwei Dingen verbunden sein muss – einem konkreten Nutzenzuwachs sowie einem Grund, um die bisherige Position zu verlassen. So lässt sich ein schlechtes Kernprodukt kaum dadurch retten, dass es in eine erweiterte Marktleistung integriert wird.

Die extreme Option ist die **Gesamtleistung**. Hier wird dem Kunden alles aus einer Hand geboten, was aber nicht zwangsläufig heißt, dass rückwärts in der Wertschöpfungskette alles selbst produziert werden muss. Im Markt findet das nur dann Akzeptanz, wenn die Kunden dadurch erhebliche Vorteile haben, weil als Nachteil dieses „Bundlings" die Gefahr der Abhängigkeit vom Lieferanten mit hohen Folgekosten gesehen wird.

Preis-Leistungs-Optionen nach Porter

Nach Porter basieren die langfristigen Erfolge eines Unternehmens auf zwei Grundtypen von Wettbewerbsvorteilen:

> *„Langfristig gesehen beruhen überdurchschnittliche Leistungen auf Wettbewerbsvorteilen, die sich behaupten lassen. Zwar mag ein Unternehmen im Vergleich zu seinen Konkurrenten unzählige Stärken und Schwächen haben, doch es gibt zwei Grundtypen von Wettbewerbsvorteilen, über die ein Unternehmen verfügen kann: niedrige Kosten oder Differenzierung. Letzten Endes sind Stärken und Schwächen eines Unternehmens eine Funktion dessen, wie sie niedrige Kosten oder Differenzierung beeinflussen."* [Por92]

Wir sind der Auffassung, dass diese in der Management-Literatur häufig zitierten strategischen Optionen in der Praxis häufig missverstanden werden. Kostenführerschaft bzw. hohe Effizienz ist ein Grundsatz, um im Wettbewerb nachhaltig erfolgreich zu sein – und weniger eine strategische Option. Es ist in jedem Fall vernünftig, kontinuierlich an der Steigerung der Effizienz zu arbeiten. Das gilt im Prinzip für alle Unternehmen und alle Geschäfte.

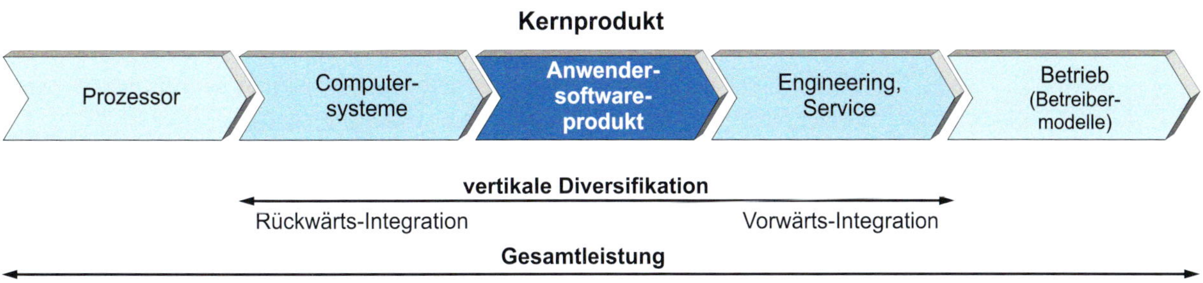

BILD 3-42 Leistungsoptionen in der Branchenwertschöpfungskette

Es ist daher sinnvoll, von den strategischen Optionen der Preisführerschaft und der Leistungsführerschaft zu sprechen:

- Die **Option der Preisführerschaft** entspricht in den meisten Fällen der von PORTER sowie TREACY und WIERSEMA beschriebenen *Kostenführerschaft*. Darunter wird verstanden, dass ein Unternehmen eine bestehende Marktleistung kostengünstiger als seine Konkurrenten herstellen kann und über eine marktorientierte Preisgestaltung Wettbewerbsvorteile erlangt. Hier können neben Tiefpreis-Strategien auch alternative Preisoptionen verfolgt werden.
- **Die Option der Leistungsführerschaft** entspricht weitgehend der von PORTER beschriebenen Differenzierung. Hier erlangt ein Unternehmen dadurch Wettbewerbsvorteile, dass es eine Marktleistung anbietet, die in diesem Umfang von seinen Konkurrenten nicht angeboten wird. TREACY und WIERSEMA unterscheiden hier die *Produktführerschaft*, bei der bestehende Leistungsgrenzen überschritten werden, sowie die *Kundenpartnerschaft*, bei der Produkte und Dienstleistungen auf besondere Anforderungen zugeschnitten werden.

Die von PORTER zusätzlich vorgeschlagenen **Fokussierungsstrategien** werden hier nicht weiter betrachtet, da sie lediglich eine weitere Detaillierung im Rahmen der zukunftsorientierten Segmentierung beschreiben. Dafür spricht auch, dass PORTER die Fokussierungsstrategien wiederum nach Kosten- und Differenzierungsschwerpunkt unterscheidet. Ein Kunde, der grundsätzlich sowohl nach niedrigen Preisen als auch nach hoher Leistung strebt, trifft seine Kaufentscheidung anhand einer individuellen **Preis-Leistungs-Relation**. In Zeiten dynamischen Wettbewerbs reicht es daher häufig nicht aus, einseitig auf Produkt- oder Leistungsführerschaft zu setzen. Daher werden diese beiden extremen Handlungskonzepte um die Outpacing-Strategien ergänzt, mit denen versucht wird, die Strategie an die sich verändernden Wettbewerbsbedingungen anzupassen und längerfristig niedrige Preise und Differenzierung zu erreichen [Kle87]. Es werden drei Formen von **Outpacing-Strategien** unterschieden (Bild 3-43):

- **Leistungsorientierte Outpacing-Strategien:** Vor allem in jungen Märkten erfolgt zunächst eine Differenzierung, die zumeist von der Etablierung von Branchenstandards und dem Aufbau von Markteintrittsbarrieren unterstützt

HYBRIDE LEISTUNGSBÜNDEL

Insbesondere im Maschinen- und Anlagenbau ist festzustellen, dass die Hersteller von anspruchsvollen Erzeugnissen zunehmend Betreiber-, Instandhaltungs- oder Optimierungsleistungen anbieten. Diese werden in der Regel als Add-on zur Sachleistung angeboten und häufig individuell gestaltet. Dies führt zu einer großen Vielfalt. Hinzu kommt, dass mangelnde Standardisierung und Rationalisierung der Leistungserstellung und Leistungserbringung hohe Kosten verursachen. Oft werden auch die wirklichen Kundenbedürfnisse im Kern nicht erkannt. Die Folge ist eine mangelnde Zahlungsbereitschaft der Kunden und damit ein Verlust im Dienstleistungsgeschäft.

Vor diesem Hintergrund hat sich die Forschungsdisziplin **Service Engineering** zum Ziel gesetzt, die Entwicklung von Dienstleistungen mit Methoden und Werkzeugen zu unterstützen [BS03]. Darüber hinaus ist es notwendig, neue Leistungsangebote sowohl zur optimalen Erfüllung des Kundennutzens als auch zur Ausschöpfung der Erlöspotentiale auf Anbieterseite durch innovative Geschäftsmodelle, wie zum Beispiel Betreibermodelle, Pay-on-production etc. zu entwickeln.

Daraus ergibt sich ein Paradigmenwechsel in der Dienstleistungsentwicklung und -erbringung, der durch den Begriff **hybrides Leistungsbündel** charakterisiert wird. Ein hybrides Leistungsbündel ermöglicht durch eine integrierte Planung, Entwicklung, Erbringung und Nutzung von Sach- und Dienstleistungen die optimale Gestaltung der Marktleistung, was also deutlich mehr ist als die Ergänzung einer Sach- mit einer Dienstleistung. Dies eröffnet neue Perspektiven insbesondere für den Maschinen- und Anlagenbau. Im Folgenden wird anhand der Arbeiten von MEIER, UHLMANN ET AL. auf diese Thematik näher eingegangen [MU12].

Im Bild 1 werden Leistungsbündel in einer Typologisierung von Sach- und Dienstleistungen positioniert. Es wird deutlich, dass es fließende Übergänge von materieller zu immaterieller und von autonomer zu integrativer Leistung gibt. Die Erweiterung des von ENGELHARDT geprägten Begriffs der Leistungsbündel (d.h. der Verbund aus Sach- und Dienstleistungen) um das Attribut „hybrid“ verdeutlicht die Möglichkeit der Substitution von Sach- und Dienstleistungsanteilen innerhalb eines hybriden Leistungsbündels in Abhängigkeit von dem zugrunde liegenden Geschäftsmodell.

Durch die Integration der Sach- und Dienstleistungsanteile verbunden mit der Möglichkeit, die Grenzen zwischen Sach- und Dienstleistungen variabel zu gestalten, können hybride Leistungsbündel in besonders hohem Maße die Kundenanforderungen erfüllen. So reicht die Bandbreite der Leistung von der reinen Sachleistung, bei der der Kunde alle nach dem Kauf auftretenden Aufgaben (Werterhaltung, Mitarbeiterschulung, Prozessoptimierung etc.) selbst durchführt, bis hin zu komplexen Betreibermodellen, in deren Rahmen der Kunde lediglich für den erzielten Nutzen (z. B. eine lackierte Karosserie) zahlt. Bild 2 verdeutlicht dieses breite Spektrum an Leistungen und insbesondere die Ausprägungen von hybriden Leistungsbündeln.

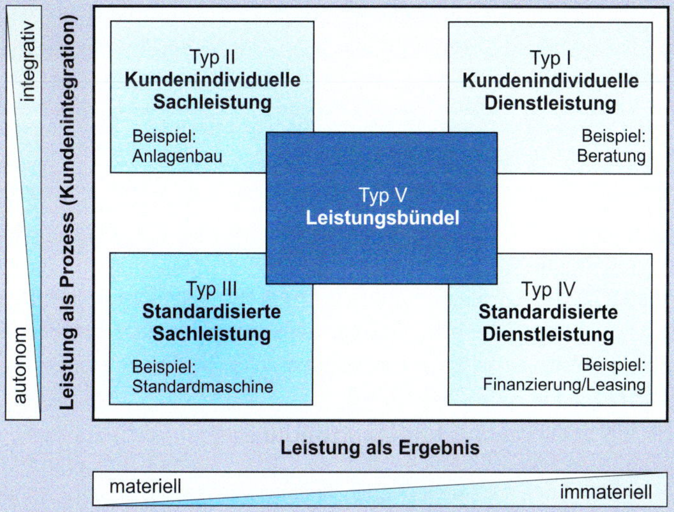

BILD 1:
Typologisierung von Leistungsbündeln nach Engelhardt [EKR93]

Ein funktionsorientiertes Geschäftsmodell umfasst zum Beispiel einen Wartungsvertrag, um die Funktionsfähigkeit über einen vereinbarten Zeitraum sicherzustellen. Bei einem nutzungsorientierten Geschäftsmodell wird zusätzlich eine Verfügbarkeit garantiert, durch die der Ausrüster erstmalig Geschäftsprozesse des Kunden eigenverantwortlich übernimmt und dadurch einen Teil des Produktionsrisikos trägt. Er verantwortet somit alle Prozesse, die die Verfügbarkeit sichern, wie etwa Wartung oder vorbeugende Instandhaltung. Bei einem ergebnisorientierten Geschäftsmodell geht die Verantwortung für das Produktionsergebnis auf den Ausrüster über, da die Kunden nur nach fehlerfrei produzierten Teilen abrechnen.

Durch die konsequente Ausrichtung des Leistungsangebots am jeweiligen Kundennutzen übernimmt der Anbieter zunehmend Aufgaben, die zuvor durch die Kunden ausgeführt wurden. Somit ändert sich das Kunden-Lieferanten-Verhältnis von einer Anbieter-Käufer-Beziehung zu einer engen Kooperation [CC04].

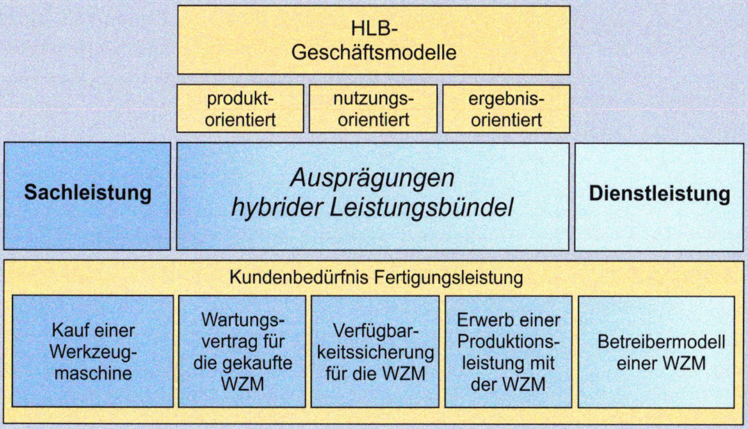

BILD 2:
Das Spektrum der Marktleistung und Ausprägungen hybrider Leistungsbündel [MUK05]

Literatur:

[BS03] Bullinger, H.-J.; Scheer, A.-W.: Service-Engineering - Entwicklung und Gestaltung innovativer Dienstleistungen. In: Bullinger, H.-J. (Hrsg.): Service-Engineering - Entwicklung und Gestaltung innovativer Dienstleistungen. Springer Verlag, Berlin, 2003

[CC04] Cunha, P.F.; Caldeira Duarte, J.A.: Development of a Productive Service Module Based on a Life Cycle Perspective of Maintenance Issues. In: Annals of the CIRP 1/53, 2004

[EKR93] Engelhardt, H.W.; Kleinaltenkamp, M.; Reckenfelderbäumer, M.: Leistungsbündel als Absatzobjekte - Ein Ansatz zur Überwindung der Dichotomie von Sach- und Dienstleistungen. In: Zeitschrift für betriebswirtschaftliche Forschung 45, 1993

[MU12] Meier, H.; Uhlmann, E. (Hrsg.): Integrierte industrielle Sach- und Dienstleistungen - Vermarktung, Entwicklung und Erbringung hybrider Leistungsbündel. Springer Verlag, Berlin, 2012

[MUK05] Meier, H.; Uhlmann, E.; Kortmann, D.: Hybride Leistungsbündel - Nutzenorientiertes Produktverständnis durch interferierende Sach- und Dienstleistungen. In: wt Werkstofftechnik online, 7/95, 2005

wird. Mit zunehmender Wettbewerbsintensität auf den Massenmärkten werden dann Rationalisierungs- und Kostendegressionspotentiale erschlossen [Moo95].

- **Preisorientierte Outpacing-Strategien:** Insbesondere in bestehenden Märkten ergibt sich als Wettbewerbsoption der Einstieg über eine aggressive Preisstrategie mit anschließendem Übergang zu produkt- und qualitätsorientierter Innovation.
- **Dynamische Outpacing-Strategien:** Bei den dynamischen Outpacing-Strategien erfolgt keine eindeutige Festlegung auf Kosten oder Differenzierung, sondern eine kontinuierliche Anpassung an die Marktgegebenheiten.

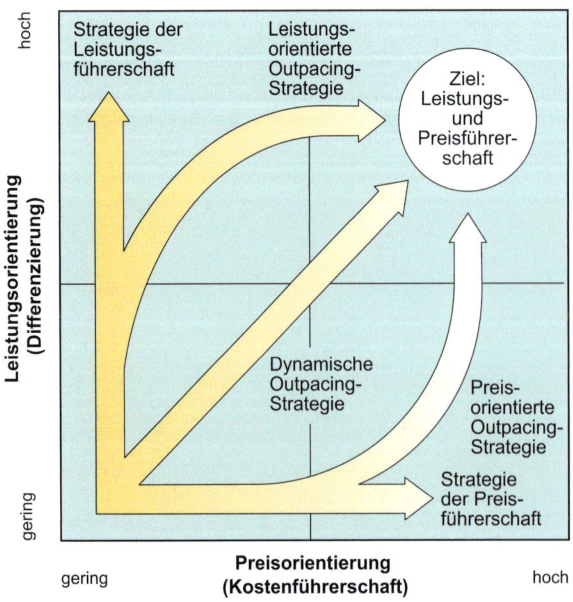

BILD 3-43 Outpacing-Strategien

Im Prinzip handelt es sich bei diesem Ansatz um Strategiewechsel (Strategy-Shifts), die in der Praxis auch Probleme aufweisen [BS07]. Diese sind die Wahl des Zeitpunkts, die fehlende Zwangsläufigkeit und die Risiken, die mit einem Strategiewechsel verbunden sind.

3.3.1.3 Marktoptionen

Marktoptionen beruhen auf Erfolg versprechenden Kombinationen der Ausprägungen von marktbeschreibenden Merkmalen. Im Kontext der hier vorgestellten Marktoptionen sind typische marktbeschreibende Merkmale Arealoptionen und Parzellierungsoptionen.

- Die **Arealoptionen** nehmen eine geographische Marktdifferenzierung vor. Becker unterscheidet hier zwischen *lokalen, regionalen, überregionalen, nationalen, multinationalen, internationalen* und *Weltmarkt-Strategien* [Bec92].
- Bei den **Parzellierungsoptionen** geht es um die Art bzw. den Grad der Differenzierung bei der Marktstimulierung. Wayland und Cole beschreiben diesen Schritt als Entwicklung des geeigneten Kunden-Portfolios. Als mögliche Optionen beschreiben sie eine *Massenmarktstrategie*, eine *Segmentierungsstrategie* sowie eine *kundenindividuelle Marktstimulierung.*

In Bild 3-44 sind diese beiden Optionen in einer **Areal-Parzellierungs-Matrix** zusammengefasst. Darin sind zunächst drei maßgebliche Marktentwicklungen gekennzeichnet:

- **Globalisierung:** Darunter verstehen wir die zunehmende regionale Ausweitung der Marktaktivitäten von Unternehmen bis zu einem Punkt, an dem diese weltweit agieren.

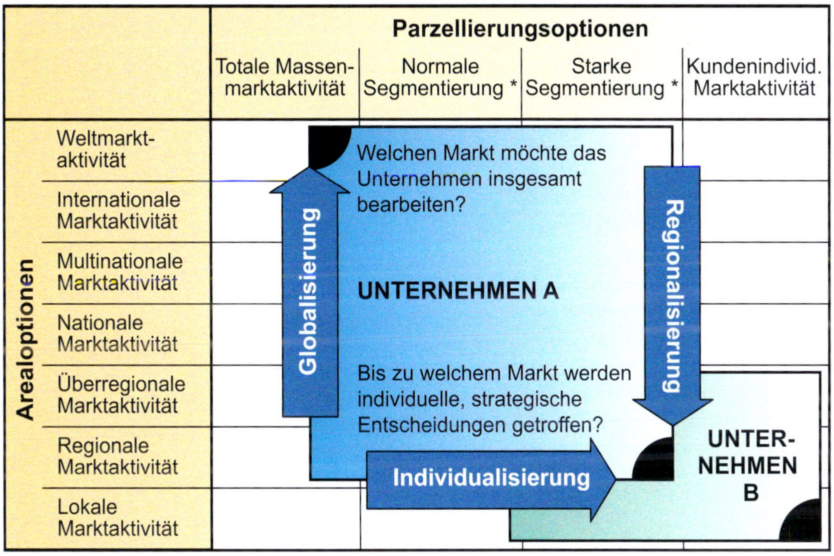

* Normale Segmentierung: Unternehmen unterscheidet einige Kundengruppen (< 10) nach wenigen Kriterien; Starke Segmentierung: Unternehmen unterscheidet viele Kundengruppen (≥10) nach multivariater Analyse

BILD 3-44
Areal-Parzellierungs-Matrix

- **Individualisierung:** Darunter verstehen wir die stetige Verkleinerung von Zielgruppen unternehmerischer Marktaktivitäten. KOTLER ET AL. beschreiben diese Entwicklung von der Fokussierung auf große Segmente zur gezielten Bearbeitung spezifischer Nischen als „in Marktnischen nach Chancen fischen“ [KKB07].
- **Regionalisierung:** Verbunden mit der zunehmenden Segmentierung existiert auch ein der Globalisierung entgegenlaufender Trend zur Regionalisierung – d. h. zur Verkleinerung der Zielgruppen auf regionaler Ebene.

Wie die zwei Beispiele in Bild 3-44 zeigen, kann die Geschäftsaktivität eines Unternehmens in der Areal-Parzellierungs-Matrix durch eine rechteckige Fläche dargestellt werden. Die obere linke Ecke charakterisiert die strategische Marktperspektive. Die obere Kante des Rechtecks beschreibt, auf welcher Globalisierungsstufe sich das Unternehmen befindet. Die linke Kante drückt aus, in welcher Breite dieser Zielmarkt bearbeitet wird. Die rechte Kante kennzeichnet den Grad der Marktsegmentierung – d. h. die kleinste vom Unternehmen im Wettbewerb betrachtete Zielgruppe. Die untere Kante kennzeichnet den Grad der regionalen Segmentierung oder Regionalisierung der Marktaktivitäten – d. h. die kleinste im Wettbewerb adressierte Zielregion.

Die Komplexität der Marktbearbeitung ist umso höher, je größer das unternehmensspezifische Rechteck in der Areal-Parzellierungs-Matrix ist: Je höher das Rechteck, desto größer ist die Koordinierungsaufgabe zwischen den regionalen Einheiten. Je breiter das Rechteck, desto größer ist der Koordinierungsaufwand zwischen den Geschäftsfeldern.

3.3.1.4 Kompetenzoptionen

Im Rahmen der Kompetenzoptionen werden Möglichkeiten der internen Ressourcenzuteilung aus strategischer Sicht beschrieben. Dazu zählen vor allem die Kompetenz-Markt-Matrix sowie die strategischen Technologieoptionen (Technologiestrategien).

Kompetenz-Markt-Optionen

Ähnlich der Produkt-Markt-Matrix lassen sich die verschiedenen Handlungsoptionen in einer **Kompetenz-Markt-Matrix** darstellen, wie sie in ähnlicher Form von HAMEL und PRAHALAD vorgeschlagen wird (Bild 3-45). Kompetenzen führen zu strategischen Erfolgspositionen (SEP), weshalb diese hier synonym zu Kompetenzen genannt werden. Es ergeben sich vier spezifische Stoßrichtungen:

- **Lücken füllen:** Ein Unternehmen sollte sich überlegen, welche Möglichkeiten es gibt, den Anwendungsbereich bestehender strategischer Kompetenzen so zu erweitern, dass seine Position in den bestehenden Geschäftsfeldern gestärkt wird.
- **Weiße Flecken:** Darüber hinaus müssen die Unternehmen Chancen ermitteln, durch die mit Hilfe der bestehenden Kompetenzen neue Märkte erschlossen oder neue Märkte geschaffen werden können. Als Beispiel ist insbesondere der iPod von Apple genannt. Bei der Entwicklung wurden Kernkompetenzen aus den Bereichen Audioqualität, Design und Miniaturisierung in einem neuen Produkt kombiniert. Ergänzt wurde das Produkt durch den Aufbau des Apple iTunes Music

	Bestehende Kernkompetenzen (gegenwärtige SEP)	Neue Kernkompetenzen (zukünftige SEP)
Bekannter Markt	**Lücken füllen** Können wir unsere Position auf den bestehenden Märkten verbessern, indem wir unsere bestehenden SEP besser nutzen und ausschöpfen? *Beispiel: Kombination der SEP „Kundennähe" und „CAE-Prozess" durch eine gezielte Betonung der frühen Phasen des Entwicklungsprozesses.*	**Herausragende Position** Welche neuen Kernkompetenzen (zukünftige SEP) müssen wir aufbauen, um unsere Exklusivposition in unseren derzeitigen Märkten zu schützen und auszubauen? *Beispiel: Erforschung der elektronischen Bildverarbeitung durch die großen Foto-Unternehmen.*
Neuer Markt	**Weiße Flecken** Welche neuen Märkte könnten wir erschließen oder schaffen, indem wir unsere bestehenden SEP in kreativer Weise neu einsetzen oder anders kombinieren? *Beispiel: Entwicklung des iPhone durch Apple als Kombination der SEP „Design" und „Usability".*	**Mega-Chancen** Welche neuen Kernkompetenzen (zukünftige SEP) müssten wir ausbauen, um an den Märkten der Zukunft teilnehmen zu können? Mega-Chancen enthalten zugleich die größten Risiken. *Beispiel: Aufbau einer japanischen Luftfahrt-Industrie.*

SEP: Strategische Erfolgsposition

BILD 3-45
Kompetenz-Markt-Matrix nach HAMEL und PRAHALAD

Store, der es zulässt Musik aus dem Internet zu laden. Auf diese Weise wurde ein neuer Markt geschaffen. Als weiteres Beispiel ist in Bild 3-45 Apples iPhone angegeben.

- **Herausragende Position:** Andererseits ist es auch notwendig, dass die Unternehmen feststellen, mit welchen zukünftigen Kompetenzen ihre Position in den heutigen Geschäftsfeldern gefestigt werden kann. Viele IT-Anbieter versuchen beispielsweise durch den Aufbau von Kompetenzen im Consulting-Bereich ihre Positionen abzusichern. Häufig werden in diesem Prozess alte Kompetenzen durch zukünftige ersetzt. So erforschen die großen Energiekonzerne wie Shell oder BP längst die Entwicklung und Produktion effizienter Solarzellen, weil diese Form der Energieerzeugung über kurz oder lang die fossilen Brennstoffe ablösen wird.
- **Mega-Chancen:** Darunter werden Chancen verstanden, die sich aus dem Aufbau zukünftiger Kompetenzen in neuen Geschäftsfeldern ergeben. HAMEL und PRAHALAD nennen als Beispiel die japanische Luftfahrt-Industrie und zeigen, dass entsprechende Strategien mit besonders hohem Risiko verbunden sind.

Strategische Technologieoptionen (Technologiestrategien)

Ein besonders wichtiges Bündel von Kompetenzen - insbesondere für Industrieunternehmen - ist der Umgang mit Technologien. Nach BULLINGER ergeben sich vier **Technologiestrategien** (Bild 3-46):

- Unternehmen können versuchen, im Rahmen von **Pionierstrategien** technologische Innovationen am Markt durchzusetzen. Dabei können sie sich auf Schrittmachertechnologien konzentrieren (Technologiepioniere) oder eine neue Technologie frühzeitig aufgreifen und konsequent ausbeuten (Technologieausbeuter).
- Unternehmen können durch **Imitationsstrategien** versuchen, die Risiken neuer Technologien zu senken und Pionierkosten einzusparen. Sie können gezielt Technologieführer verfolgen und ihre Produkte verbessern („Kreative Nachahmung") oder aber Marktführer an ihren Schwachstellen angreifen („Unternehmerisches Judo").
- Viele Unternehmen besetzen gezielt wettbewerbsarme **Nischen**, um unauffällig Gewinne zu erzielen. Solche Nischen können vollständig besetzt werden oder durch Spezialkönnen bzw. spezielles Marktwissen abgesichert werden. SIMON beschreibt in seinem Buch „Wettbewerbsstrategien für Sieger" („Hidden Champions") sehr eindrucksvoll, dass es gerade vielen deutschen Unternehmen gelungen ist, sich mit dieser Grundstrategie eine führende Stellung auf dem Weltmarkt zu erobern [Sim96].
- In Form von **Kooperationsstrategien** können Unternehmen über Lizenzen, Allianzen oder die Zusammenarbeit mit jungen Hightech-Unternehmen ihr technologisches Know-how verbessern. Angesichts des zunehmenden technologischen Wandels, sich verkürzender Innovationszyklen und des globalen Wettbewerbs wird eine derartige Grundstrategie in vielen Fällen

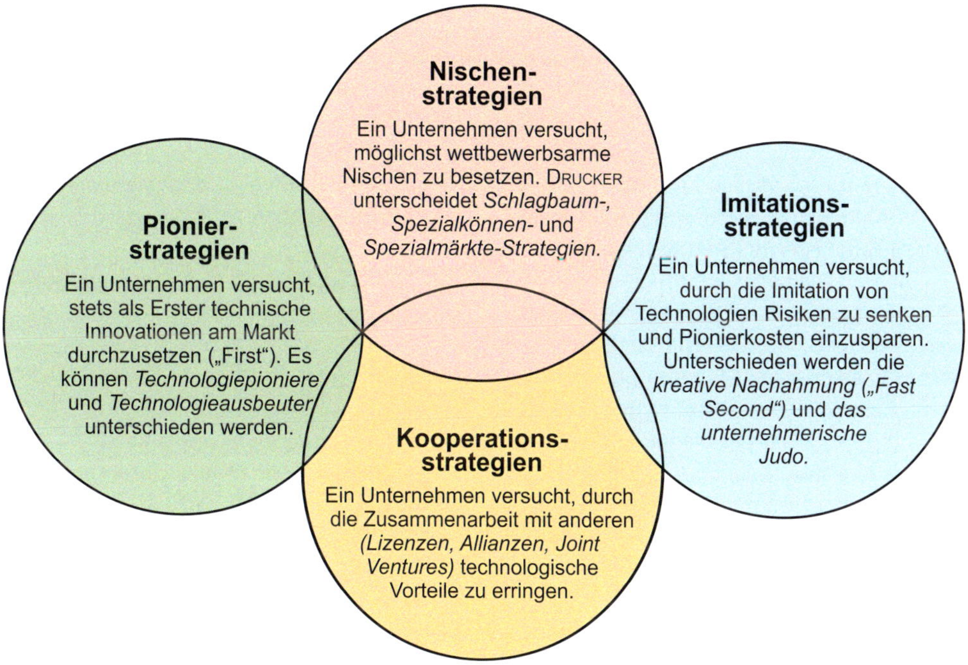

BILD 3-46 Strategische Technologieoptionen nach BULLINGER [Bul94]

unumgänglich sein. Selbst Großunternehmen werden häufig nicht die Kompetenzen und Ressourcen schnell genug mobilisieren können, um eine entstehende Chance zeitgerecht zu nutzen. Allianzen zu bilden und zu nutzen wird eine der entscheidenden Fähigkeiten sein, die kleine und große Unternehmen aufweisen müssen.

Gerade beim Umgang mit Technologie sind das „Timing" und insbesondere die Wahl des Markteintrittszeitpunkts wichtig. Daraus ergeben sich die drei klassischen Optionen Pionier (First-to-market), Früher-Folger (Early-to-market, Fast-Follower) und Später-Folger (Late-to-market). Auf den ersten Blick bietet sich in vielen Fällen eine Pionier-Strategie an. Die Vor- und Nachteile werden in der Literatur ausführlich diskutiert [BS07], [Bul94], vgl. auch Tabelle 3-3.

Es gibt nahezu unzählige Beispiele für misslungene und gelungene **Pionierstrategien**, vgl. auch [KN89]. Ein berühmtes positives Beispiel ist das Unternehmen AGIE, das das in der ehemaligen Sowjetunion erfundene Prinzip der Funkenerosion aufgegriffen hat und auf dieser Basis Weltmarktführer für Funkenerosionsmaschinen wurde. Eine weitere Success-Story hat das Unternehmen TRUMPF geschrieben, das die Lasertechnologie für die Fertigungsindustrie nutzbar gemacht hat und heute nicht nur Weltmarktführer für Laserschneidmaschinen sondern auch für Laser-Aggregate ist. Diese werden von Dritten, beispielsweise in der Medizintechnik, eingesetzt [Tru09].

Die **„Früher-Folger"-Strategie** – auch als „Fast-Follower"-Strategie bezeichnet – baut darauf, dass der Markt vom Pionier reif gemacht worden ist. Sie erfordert einen hohen Mitteleinsatz, um am Pionier vorbeizuziehen und in kurzer Zeit einen hohen Anteil des reifen Markts zu erobern. Das wohl bekannteste Beispiel ist der Eintritt von IBM in den PC-Markt Anfang der 1980er Jahre. Innerhalb weniger Jahre hat IBM den Pionier Apple abgehängt und über 50 % Marktanteil gewonnen. Die Marktstellung war so stark, dass Mitbewerber „IBM-kompatibel" sein mussten (d. h. ihr PC musste sich verhalten wie ein IBM-PC), um überhaupt eine Chance zu haben.

TABELLE 3-3 Pro und Contra der Pionier-Strategie nach BACKHAUS

Pro:	Contra:
+ am Anfang kein direkter Konkurrenzeinfluss + Imagevorteile + preispolitische Spielräume + Chancen zur Etablierung eines dominanten Designs + Entwicklung eines produkttechnologischen Industriestandards + Vorsprung auf der Erfahrungskurve ermöglicht langfristige Kostenvorteile + Aufbau von Markt-Know-how + Aufbau von Kunden- und Lieferantenkontakten + Hohe Motivation des Personals	- Ungewissheit über ökonomische und technologische Marktentwicklung - Gefahr von Technologiesprüngen - hohe F&E-Aufwendungen - Nutzen der Markterschließung kommt auch den „Followers" zugute - Überzeugungsaufwand beim Kunden (Missionar-Effekt)

In vielen Geschäften ist die Innovationskraft ein entscheidender Erfolgsfaktor. In diesen Fällen ist die „Fast-Follower"-Strategie problematisch, weil sich auf diese Weise die Menschen im Produktinnovationsprozess nur schwer motivieren, geschweige denn begeistern lassen. Spitzenleistungen erfordern extreme Anstrengungen, die nur aufgebracht werden, wenn Begeisterung herrscht. Wie soll bei einer Entwicklungsmannschaft Begeisterung aufkommen, wenn die Unternehmensleitung die Parole ausgibt, erst mal zu schauen, was die Innovativen tun und das dann rasch nachzuvollziehen? Ferner zeigt auch die Erfahrung, dass es leichter gesagt als getan ist, schnell zu folgen. Das gelingt eigentlich nur dann, wenn die Mannschaft durch ständige Vorausschau mental auf Veränderungen und rasante technologische Entwicklungen eingestellt ist. Und wenn dem so ist, dann sollte sie eigentlich nichts davon abhalten, zu agieren statt zu reagieren. Die **„Später-Folger"-Strategie** versucht, Nutzen aus einem bereits weit entwickelten Markt zu ziehen. Dies kann eigentlich nur dann funktionieren, wenn sich das Unternehmen auf eine Nische konzentriert, die bei anderen noch keine Beachtung gefunden hat, und dort innerhalb kürzester Zeit Marktführer wird oder das Prinzip des unternehmerischen Judos Anwendung findet. Unternehmerisches Judo heißt, die Schwächen der etablierten Anbieter zu erkennen und sie dort anzugreifen. Etablierte Anbieter sind häufig träge, teils auch arrogant. Ein Angriff, der konsequent Kundenorientierung und Dienstleistung einsetzt, ist in solchen Fällen Erfolg versprechend. Die Schlagkraft beider Ansätze wird natürlich verstärkt, wenn partielle Innovationen im Produkt und in den Leistungserstellungsprozessen hinzukommen. Unternehmerisches Judo setzt primär auf Prozess- und Verhaltensinnovationen, eine Nischenstrategie mehr auf Produktinnovationen.

Kompetenzoptionen auf Basis einer Technology Roadmap

Ein verbreitetes Instrument Technologiekompetenz zu planen ist die **Technology Roadmap** bzw. der **Technologiekalender**. Gemeint ist damit ein Plan, aus dem hervorgeht, wann welche Technologie für welche Marktleistung einzusetzen ist [Eve03], [WB02]. Bild 3-47 zeigt in stark vereinfachter Form eine Technology Roadmap, wie sie sich in unseren Industrieprojekten bewährt hat.

In der Waagerechten sind die für das Unternehmen relevanten Technologien aufgeführt. Dabei ist auf der Zeitachse angegeben, wann die jeweilige Technologie reif für den Einsatz in einem Serienprodukt ist. In der Regel wirken einige Technologien zusammen, um eine Anwendung, die Nutzen stiften soll, zu realisieren. Im Bild sind beispielhaft vier Anwendungen der elektrischen Verbindungstechnik wiedergegeben. Die Erstellung solcher Roadmaps muss rechnerunterstützt erfolgen, weil die hohe Anzahl der zu

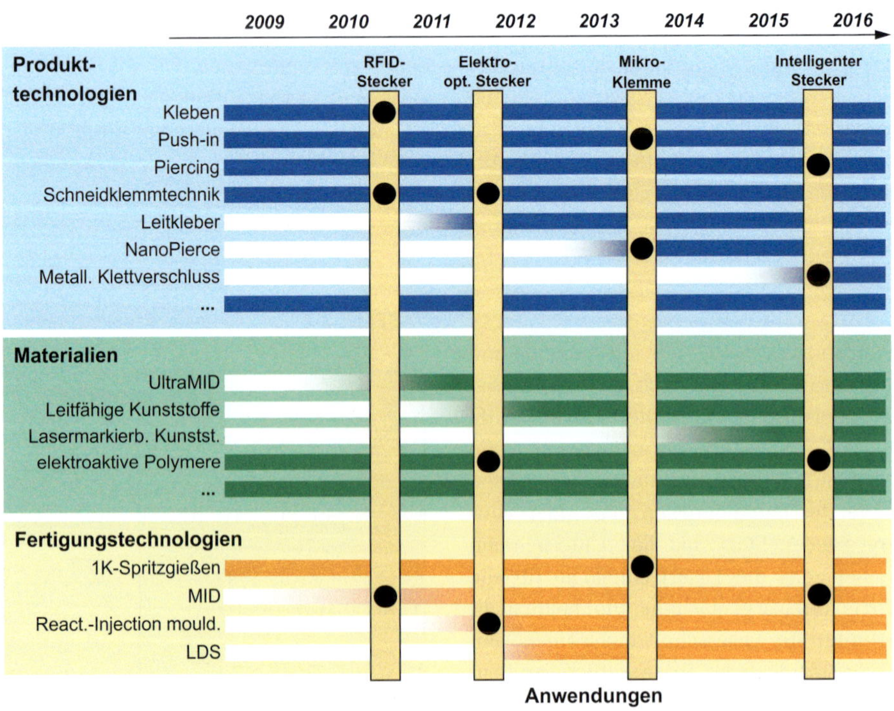

BILD 3-47 Beispiel einer Technology Roadmap (stark vereinfacht)

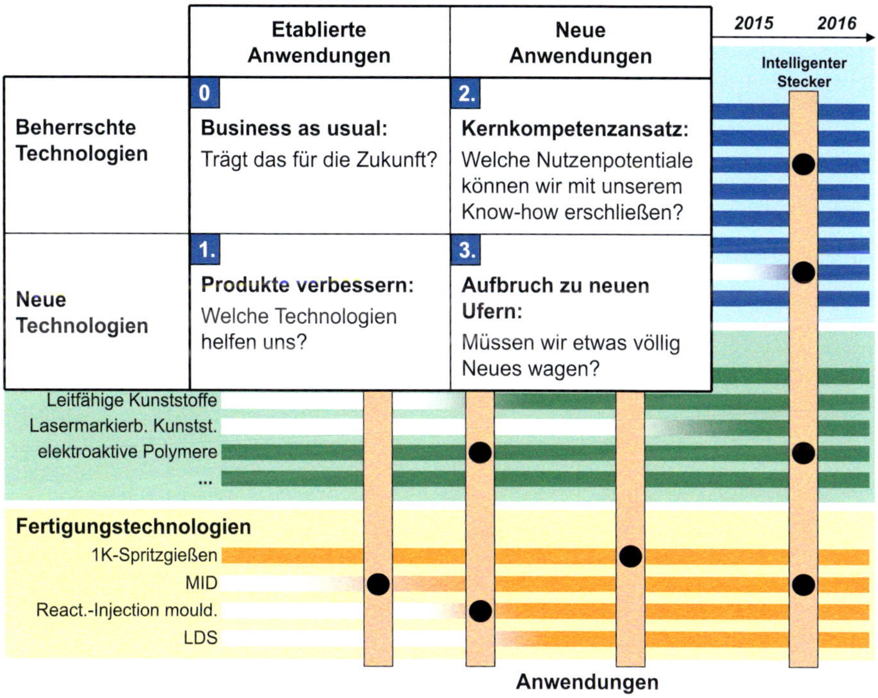

BILD 3-48
Die Optionen zur technologiebezogenen Weiterentwicklung des Geschäfts

betrachtenden Technologien – das können mehr als hundert sein – und die häufig auch hohe Anzahl von Anwendungen in einer manuell zu erstellenden Graphik nicht mehr zu handhaben ist. Bei einem derartigen Mengengerüst drängt sich auch eine Klassifizierung von Handlungsoptionen auf der Basis der Technology Roadmap auf. Eine Klassifizierung, die sich an die Produkt-Markt-Matrix von ANSOFF [Ans65] anlehnt, ist in Bild 3-48 dargestellt. Danach wäre zunächst festzustellen, ob das aktuell betriebene Geschäft **(Business as usual)** noch trägt oder Geschäftsinnovationen erforderlich sind. Wenn Geschäftsinnovationen notwendig sind, dann ergeben sich die drei folgenden Klassen von technologieorientierten Handlungsoptionen, die in der angegebenen Reihenfolge zu überprüfen wären, weil die Unsicherheit des Erfolgs dementsprechend zunimmt.

1. **Produkte verbessern:** Hier geht es um die Beantwortung der Frage, welche Technologien, die von dem Unternehmen noch nicht beherrscht werden, das Preis-Leistungs-Verhältnis der bestehenden Erzeugnisse verbessern können.
2. **Kernkompetenzansatz:** Die von dem Unternehmen beherrschten Technologien stellen häufig Kompetenzen dar, die von Dritten nicht ohne weiteres aufgebaut werden können. Hier stellt sich die Frage: Welche neuen Anwendungsfelder können wir auf der Basis der vorhandenen Kompetenzen erschließen, um Kundennutzen zu stiften bzw. Bedürfnisse zu befriedigen?
3. **Aufbruch zu neuen Ufern:** Hier geht es um den Aufbau eines völlig neuen Geschäfts; sowohl die Technologien als auch die Kunden sind neu. Selbstredend ist das mit dem höchsten Risiko verbunden und kommt daher in der Regel nur dann in Frage, wenn die zwei vorher genannten Optionen keine Ansätze für die Weiterentwicklung des Geschäfts liefern.

Um in dieser Weise planen zu können, ist es notwendig Technologien und Anwendungen in einer Datenbank entsprechend der Matrix zu klassifizieren. Diese Datenbank steht im Zentrum der von uns verfolgten Konzeption der Technologieplanung [GHK+06].

3.3.1.5 Verhaltensoptionen

Hier werden strategische Optionen dargestellt, die sich aus dem Verhalten eines Unternehmens ergeben können. Dabei sind vor allem das Wettbewerbsverhalten und der Umgang mit zukünftigen Entwicklungsmöglichkeiten von Interesse.

Optionen für das Verhalten im Wettbewerb

Das Verhalten eines Unternehmens im Wettbewerb kann nach Bild 3-49 auf zwei Dimensionen beruhen [Mef00]:

- **Verhalten gegenüber Wettbewerbern:** Ein Unternehmen kann *wettbewerbsvermeidend* agieren. Dies bedeutet, dass es sein Verhalten reaktiv an die Aktivitäten seiner

Innovationsfähigkeit (Strategische Technologieoptionen)	Verhalten gegenüber Wettbewerbern: Wettbewerbsvermeidendes Verhalten	Verhalten gegenüber Wettbewerbern: Wettbewerbsstellendes Verhalten
Innovatives Verhalten Pionierstrategie	***Ausweichen*** Ausweichstrategien sind dadurch gekennzeichnet, dass das Unternehmen versucht, dem Wettbewerb durch besonders innovatives Verhalten zu entgehen.	***Konflikt*** Konfliktstrategien werden häufig in militärischen Kategorien beschrieben: • Direktangriff auf HGF oder Kernprodukte des Gegners • Umzingelung: Aufweichung der Position des Gegners von mehreren Seiten; • Flankenangriff: Schwache und ungeschützte Stellen das Gegners gezielt angreifen.
Imitatives Verhalten Folgerstrategie	***Anpassung*** Anpassungsstrategien zielen auf die Erhaltung der einmal realisierten strategischen Position ab. Das Unternehmen stimmt sein Verhalten auf das der Mitbewerber ab. Das defensive Verhalten wird solange beibehalten, bis ein Mitbewerber gegen Regeln des Wettbewerbs verstößt.	***Kooperation*** Kooperationsstrategien werden von Unternehmen verfolgt, ... • die keinen Wettbewerbsvorteil haben und auch nicht die Ressourcen für eine Auseinandersetzung im Wettbewerb; • die aus einer Kooperation einen größeren Vorteil als aus einem Konflikt oder einem neutralen Verhalten erwarten.

HGF: Hauptgeschäftsfeld

BILD 3-49 Verhaltensoptionen im Wettbewerb nach MEFFERT

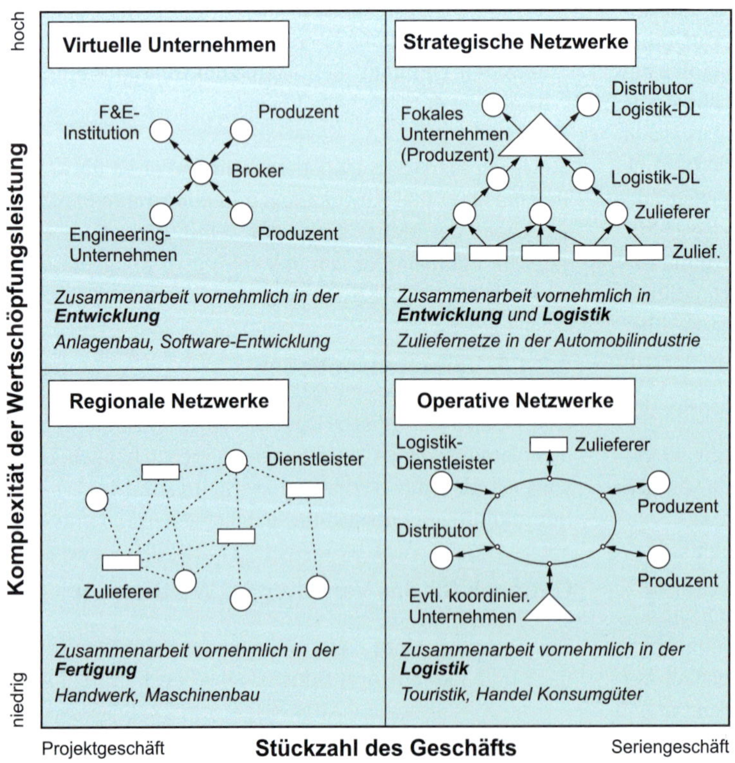

BILD 3-50 Typen von Unternehmensnetzen

Mitbewerber anpasst. Im Gegensatz dazu können Unternehmen im Rahmen *wettbewerbsstellenden* Verhaltens bereits auf „schwache Signale" reagieren und frühzeitig mögliche Vorgehensweisen planen.

- **Innovationsfähigkeit:** Das Verhalten im Wettbewerb wird zudem maßgeblich von der Innovationsfähigkeit des Unternehmens geprägt. Hier wird zwischen *innovativem, Entrepreneur-orientiertem Verhalten* (siehe auch Pionierstrategien) sowie *imitativem* oder *konservativem Verhalten* (siehe auch Folgerstrategien) unterschieden.

Die Kombination der Ausprägungen dieser beiden Dimensionen führt zu vier typischen Formen von Verhaltensoptionen: Konflikt, Kooperation, Anpassung und Ausweichen. Daraus lassen sich gemäß Bild 3-49 vier Grundstrategien im Kontext Verhalten ableiten: Konfliktstrategie, Kooperationsstrategie, Anpassungsstrategie und Ausweichstrategie. Eine besondere Bedeutung wird in der Zukunft den Kooperationsstrategien zukommen, die über die Konfliktvermeidung hinausgehen und eine gemeinsame Ausschöpfung von Nutzenpotentialen im Rahmen von **Unternehmensnetzen** vorsehen. Eine Typologie von Netzen produzierender Unternehmen zeigt Bild 3-50. Diese Typologie orientiert sich an der Stückzahl des Geschäfts und der Komplexität der zu erstellenden Leistung [Dan96], [Pfo04]:

- **Strategische Netzwerke** werden durch ein Unternehmen, häufig ein Endprodukthersteller (Original Equipment Manufacturer – OEM) oder ein Handelsunternehmen, strategisch geführt. Dieses Unternehmen bestimmt in erheblichem Umfang die Organisation des Netzwerks, während die übrigen Partner eng an dieses Unternehmen gebunden sind. Ein Beispiel sind die Zulieferernetze der Automobilindustrie.
- **Virtuelle Unternehmen:** Hier arbeiten unabhängige Unternehmen auf der Basis eines gemeinsamen Geschäftsverständnisses für einen relativ kurzen Zeitraum projektähnlich zusammen. Dabei weisen die Projektpartner individuelle Schlüsselfähigkeiten auf, die synergetisch kombiniert werden. Beispiele sind sowohl Lowtech-Industrien mit sehr kurzen Produktzyklen (Bekleidung), Hightech-Industrien (Elektronik) oder Branchen mit einer hochentwickelten IT-Infrastruktur (Medien).
- **Regionale Netzwerke** basieren auf einer räumlichen Nähe der dem Netzwerk angehörenden, hoch spezialisierten kleinen und mittelständischen Unternehmen. Eine wichtige Fähigkeit dieser Unternehmen ist ihre hohe Flexibilität. Diese Kooperationsform ist häufig in Regionen mit einer stimulierenden Atmosphäre und guten Beziehungen der Unternehmerpersönlichkeiten wie in Norditalien anzutreffen.
- **Operative Netzwerke** haben den Zweck, dass die Unternehmen kurzfristig auf Produktions- und Logistikkapazitäten der Partner zugreifen können. Dabei werden relativ standardisierte Transaktionen abgewickelt. Ein Beispiel hierfür ist die Nutzung eines gemeinsamen Vertriebsnetzes und der damit verbundenen Transportkapazitäten.

Angesichts der zunehmenden Bedeutung und Verbreitung von Allianzen im Produktentstehungsprozess stellt sich auch die Frage nach Optionen zur Wahrnehmung der Innovationsfunktion in Unternehmen. Wir sind der Auffassung, dass das eine zentrale Aufgabe des Top-Managements ist. Dafür bieten sich zwei Optionen an [HS11]:

1. **Bewusste Übernahme der Innovationen Dritter:** Darunter fallen der *Innovationseinkauf* (Kauf von neuen Technologien für Produkt- und Prozessinnovationen), die *Lizenznahme*, die *Akquisition* und *Beteiligung* sowie die *Imitation*. Imitation ist negativ belegt, aber eine gut nachvollziehbare Option. Schließlich geht es am Ende darum, Geld zu verdienen. Abgesehen davon kommt es im Prozess der Imitation in der Regel zu partiellen Innovationen bzw. setzen Imitationen wieder Innovationen in Gang.
   „Innovation zieht Imitation nach sich, und Imitation treibt zu neuen Innovationen." [Alb90]
2. **Ausgliederung der Innovationsfunktion:** Hierunter ist die Kooperation mit Partnern, z.B. mit Hochschulinstituten zu verstehen. Darunter fallen die drei Varianten Auftragsforschung, Gemeinschaftsforschung und Verbundprojekte. Einige Fachgemeinschaften des VDMA wie die Fachgemeinschaft Pumpen betreiben beispielsweise sehr intensiv Gemeinschaftsforschung. Diese bietet gerade in dieser mittelständisch strukturierten Branche erhebliche Vorteile für alle Teilnehmer. Gleichwohl gilt es trotz des offensichtlichen Nutzens immer wieder die im Mittelstand weit verbreitete Kooperationsangst zu überwinden. Verbundprojekte werden in der Regel durch die Forschungsförderungsprogramme der öffentlichen Hand stimuliert und bis zu 50 % gefördert. Die Förderung hat zum Ziel, eine notwendige Innovation, die von den beteiligten Unternehmen nicht aus eigener Kraft vorangetrieben werden kann, zu ermöglichen. Sowohl bei den Projekten der Gemeinschaftsforschung als auch bei den Verbundprojekten sind in der Regel einschlägige Institute der Universitäten und anderer Forschungsorganisationen beteiligt.

Optionen für den Umgang mit der Zukunft

Der Umgang mit zukünftigen Entwicklungsmöglichkeiten spielt im Rahmen der strategischen Führung eine entscheidende Rolle. MAKRIDAKIS beschreibt drei grundsätzliche Möglichkeiten für den Umgang mit zukünftigen Entwicklungen [Mak90]:

- **Planungsorientierter Ansatz:** Hier basieren die Planungen bzw. Strategien auf der Überlegung, dass sich bestimmte Umweltveränderungen vorhersehen lassen. Daher brauchen Planer nicht auf die Veränderungen zu warten, sondern können heute bereits entsprechende Entscheidungen treffen. Entsprechende Handlungsoptionen basieren entweder auf Trends oder auf einem fokussierten Szenario.
- **Reagierender und präventiver Ansatz:** Hier akzeptieren die Unternehmen die Ungewissheit zukünftiger Umfeldentwicklungen und reagieren mit ihren Planungen und Strategien auf alternative Entwicklungsmöglichkeiten. Im Mittelpunkt reaktiver Strategien stehen die Robustheit und die Flexibilität der Strategien.
- **Proaktiver Ansatz:** Auch diese Handlungsoptionen bauen auf der Erkenntnis auf, dass sich die meisten Umfeldentwicklungen nicht exakt voraussagen lassen – sie fassen diese unsichere Zukunft allerdings nicht als Randbedingung auf, sondern versuchen, durch eigenes Handeln die Umfeldentwicklungen positiv zu beeinflussen.

Resümee zu Kapitel 3.3.1

Die vorgenommene Strukturierung von Optionen der strategischen Führung verschafft den Entscheidungsträgern einen guten Überblick, welche generischen Möglichkeiten grundsätzlich bestehen, und gibt Hinweise, an welchen Stellen des betrachteten Geschäfts Entscheidungen anstehen. Selbstredend sind die grundsätzlich in Frage kommenden Optionen auf das spezifische Geschäft zu projizieren und weiter zu detaillieren. Da die beiden folgenden Kapitel weitere Gliederungen von Optionen darstellen, gilt dieses Resümee auch dort.

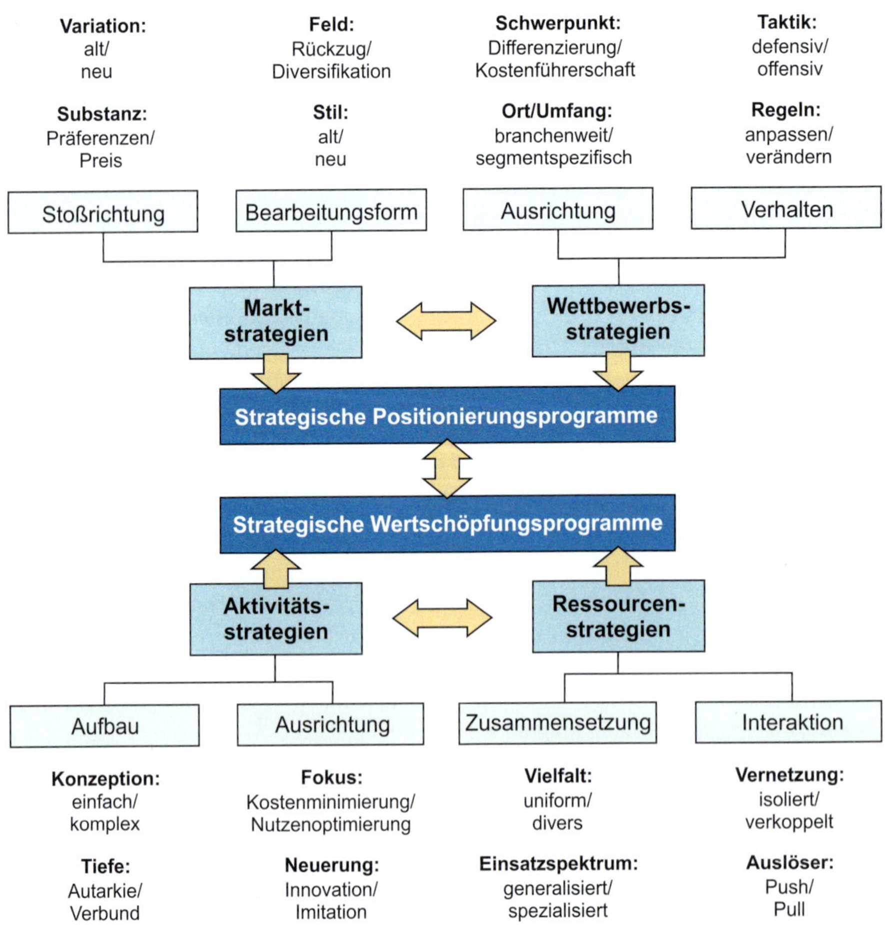

BILD 3-51 Strukturierung von Handlungsoptionen der strategischen Führung nach MÜLLER-STEWENS und LECHNER [ML03]

Offensichtlich gibt es mehr als genügend Möglichkeiten zur Gestaltung der Unternehmenszukunft. Man muss sie nur zu nutzen wissen. Allein die Kosten zu senken dürfte wohl kaum reichen, die Zukunft eines Unternehmens zu sichern.

3.3.2 Strategieoptionen nach MÜLLER-STEWENS und LECHNER

Die hier beschriebene Strukturierung von Strategieoptionen steht im Prinzip orthogonal zur Struktur des vorangegangenen Kapitels. MÜLLER-STEWENS und LECHNER gliedern die Optionen für eine Strategie in Entscheidungen über die Positionierung gegenüber Kunden und Konkurrenten (Positionierungsprogramme) und über die individuelle Wertschöpfung (Wertschöpfungsprogramme). Die Positionierung erfolgt über Wettbewerbsstrategien und Marktstrategien; die Ausprägung der Wertschöpfung über Aktivitätsstrategien und Ressourcenstrategien (Bild 3-51). Zur Gestaltung der einzelnen Strategien stehen dem Unternehmen verschiedene Handlungsoptionen zur Verfügung, die im Folgenden erläutert werden:

- **Handlungsoptionen zur Gestaltung der Marktstrategie:** Eine Marktstrategie hat die Aufgabe, die Stellung gegenüber den einzelnen Marktsegmenten bzw. Zielgruppen festzulegen. Handlungsoptionen bestehen bezüglich der **Variation** der Marktstrategie (*Beibehalten* oder *Umpositionieren*), der **Substanz** der Marktstrategie (Welcher Nutzen soll geboten werden? Konzentration auf subjektiv wahrgenommene Leistungsmerkmale in einer *Präferenzstrategie* oder *Fokussierung auf den Preis*), des **Felds** der Marktstrategie (Welche Marktsegmente und Zielgruppen sollen bearbeitet werden und welche nicht?) und des **Stils** der Marktstrategie (Mit welchen Mitteln des Marketing-Mix soll der Markt bearbeitet werden?).
- **Handlungsoptionen zur Gestaltung der Wettbewerbsstrategie:** Im Vordergrund steht die Positionierung gegenüber der Konkurrenz. Handlungsoptionen bestehen hinsichtlich des angestrebten Vorteils gegenüber der Konkurrenz (**Schwerpunktsetzung** auf *Differenzierung* oder *Kostenführerschaft*), des **Orts** des Wettbewerbs (*branchenweit* oder *Fokussierung auf ein Segment*), der gewählten **Taktiken der Konfrontation** (*offensive* Strategien: Frontalangriff, Flankenangriff, Umgehungsstrategie oder Guerilla-Attacken; oder *defensive* Strategien: Festungsstrategie, Flankenabsicherung, Konfrontationsstrategie oder Rückzug) und des Akzeptierens der **Regeln** im Wettbewerb (sich an bestehende Regeln *anpassen* oder die Regeln *verändern*).
- **Handlungsoptionen zur Gestaltung der Aktivitätsstrategie:** Mit einem Bündel von Aktivitäten ist Wert für den Kunden zu erzeugen und die Positionierung abzusichern. Handlungsoptionen bestehen hinsichtlich der **Konzeption** des Wertschöpfungsmodells (*einfacher Aufbau* mit Konzentration auf wenige, klar definierte Aktivitäten oder *komplexer Aufbau*), der Gestaltung der **Wertschöpfungstiefe** (*autarke* Durchführung der Aktivitäten oder Durchführung im *Verbund*), des **Fokus** bzw. den Handlungsmaximen, an denen sich die Aktivitäten ausrichten sollen (*Kostenminimierung oder Nutzenoptimierung*) oder des **Neuerungsverhaltens** (*Imitation* erfolgreicher Wertschöpfungsmodelle, der Entwurf neuer Wertschöpfungsmodelle durch *Innovation*).
- **Handlungsoptionen zur Gestaltung der Ressourcenstrategie:** Ressourcen haben einen wesentlichen Einfluss auf die Gestaltungsmöglichkeit der Aktivitäten. Grundsätzliche Handlungsoptionen bestehen bezüglich der Zusammensetzung der Ressourcen (erwünschte **Vielfalt** der verschiedenen Ressourcen und Breite des möglichen **Einsatzspektrums**) und der Interaktion zwischen den Ressourcen (Gestaltung des **Vernetzungsgrads** zwischen den Ressourcen und Festlegung des **Auslösers** für die Bereitstellung der Ressourcen).

3.3.3 Strategische Stoßrichtungen im Innovationswürfel

Das im Folgenden beschriebene Verfahren wurde im Rahmen des Verbundprojekts „Strategische Produkt- und Prozessplanung (SPP)“ entwickelt [GLS04]. Motivation für das Projekt war die Erkenntnis, dass die strategische Planung von Produkten und Fertigungssystemen gerade in den mittelständischen Unternehmen des Maschinen- und Anlagenbaus häufig zu kurz kommt. Eine Ursache liegt in der großen Vielfalt an Methoden und dem fehlenden Wissen, welche Methoden für eine spezifische Aufgabe der strategischen Planung relevant sind und wie die strategische Planung in den Unternehmensführungsprozess einzubetten ist. Daraus resultierte die Zielsetzung, ein Verfahren zu entwickeln und in sechs repräsentativen Mitgliedsfirmen des VDMA einzuführen, das einem mittelständischen Unternehmen genau die Methoden und Werkzeuge anbietet, die in der jeweils spezifischen Situation geeignet sind.

Den Ausgangspunkt für das Verfahren bildet der sog. Innovationswürfel, in den verschiedene Stoßrichtungen zur Strategieentwicklung einzuordnen sind (Bild 3-52). Die strategischen Stoßrichtungen werden anhand der Dimensionen Markt, Produkt und Technologie unterschieden. Charakteristisch für die Ausprägung einer oder mehrerer Dimensionen ist der jeweilige Innovationsgrad. Insgesamt ergeben sich acht Segmente in dem Innovationswürfel, von

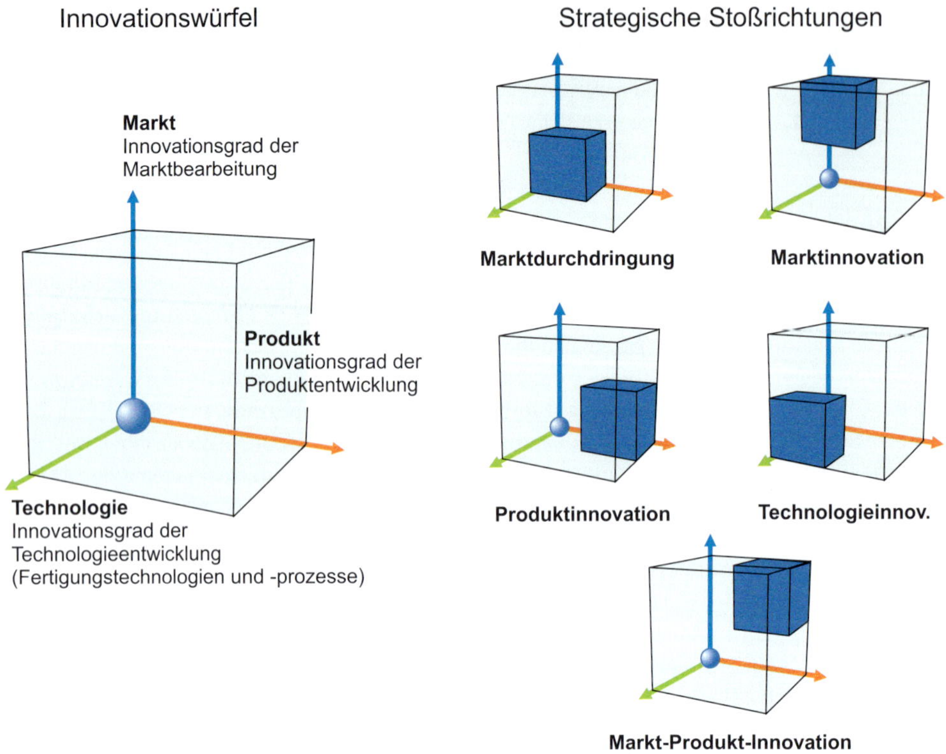

BILD 3-52 Innovationswürfel zur Einordnung strategischer Stoßrichtungen

denen sich im Projekt SPP fünf strategische Stoßrichtungen als relevant erwiesen haben.

- **Marktdurchdringung:** Vorhandene Marktpotentiale ausschöpfen. In bisher bedienten Märkten sollen mit der vorhandenen Marktleistung und den Fertigungstechnologien die Erfolgspotentiale der bearbeiteten Märkte konsequent ausgeschöpft werden.
- **Marktinnovation:** Neue Märkte erschließen. Die vorhandene Marktleistung (bestehende Produkte inkl. Fertigungstechnologien) soll auf neue Anwendungen und Märkte übertragen werden.
- **Produktinnovation:** Neue Produkte entwickeln. Ziel ist die Entwicklung eines neuen Produkts oder einer neuen Produkttechnologie für einen vom Unternehmen bereits bedienten Markt. Dies soll mit den bestehenden Kompetenzen der Fertigung erreicht werden.
- **Technologieinnovation:** Neue Fertigungstechnologien und -prozesse entwickeln. Weiterentwicklung von Kernkompetenzen auf dem Gebiet der Fertigung; rechtzeitiges Erkennen und Erschließen von Substitutionstechnologien.
- **Markt-Produkt-Innovation:** Vorhandene Fertigungskompetenzen in Innovationen umsetzen. Das entspricht der Diversifikation, wobei aber bewusst auf die Fähigkeiten der Fertigung aufgebaut wird.

Aufbauend auf dem Innovationswürfel wurde ein Verfahren entwickelt, das am Ende einen Leitfaden in Form eines Prozessmodells zur Verfügung stellt. Die einzelnen Prozessschritte werden durch Methoden unterstützt, die für die spezifische Aufgabe des Unternehmens besonders geeignet sind und die ggf. an die Anforderungen des Unternehmens angepasst worden sind. Gemäß Bild 3-53 besteht das Verfahren aus drei Schritten.

1. **Kurzanalyse der Unternehmenssituation:** Ziel dieses Schritts ist die Auswahl einer strategischen Stoßrichtung auf der Grundlage einer kurzen Analyse der Unternehmenssituation. Es wird ein Überblick über die derzeitige Stellung des Unternehmens im Wettbewerb erstellt. Auf der Basis von Checklisten werden systematisch die Bereiche Markt, Produkt und Technologie analysiert. Nachfolgend wird anhand eines Entscheidungsbaumes die Einordnung in den Innovationswürfel vorgenommen und so eine strategische Stoßrichtung bestimmt.
2. **Ermittlung eines generischen Leitfadens:** Dies basiert auf dem Konzept, dass jeder Stoßrichtung ein allgemeingültiger Leitfaden in Form eines Prozessmodells zugeordnet ist. Dementsprechend erfolgt hier der Aufruf des generischen Leitfadens zur Realisierung der ausgewählten Stoßrichtung. Dieser gibt die durchzuführenden Prozessschritte und die notwendigen Informationen zur systematischen Bearbeitung einer Stoßrichtung vor. Den

DAS INTERNET-PORTAL „INNOVATIONS-WISSEN.DE“ – INSTRUMENTARIUM FÜR DIE STRATEGISCHE PLANUNG

Im Rahmen des Verbundprojekts „Strategische Produkt- und Prozessplanung“ (SPP), BMBF-Rahmenprogramm „Forschung für die Produktion von morgen“, entstanden Leitfäden und eine Methodensammlung zur strategischen Planung, die zur Stärkung der Strategiekompetenz und Innovationskraft speziell im mittelständisch geprägten Maschinenbau beitragen können [GLS04]. Das erarbeitete Instrumentarium wurde in sechs repräsentativen Mitgliedsfirmen des VDMA erfolgreich erprobt. Seit 2006 ist dieses Instrumentarium in Form des Internet-Fachportals www.innovations-wissen.de öffentlich zugänglich. Das Portal wird von der SPP GmbH, einer Ausgründung aus dem Heinz Nixdorf Institut, betrieben. Die folgenden Screenshots vermitteln einen Eindruck von der Arbeitsweise des Portals.

Bild 1 zeigt eine Seite im Zusammenhang mit dem Innovationswürfel. Auf dieser Basis wird eine Einordnung des Unternehmens vorgenommen und dementsprechend der grundsätzliche Handlungsbedarf für die strategische Weiterentwicklung in Form von strategischen Stoßrichtungen identifiziert. Aus der Stoßrichtung ergibt sich ein generischer Leitfaden, der sich weiter untergliedern lässt. In Bild 2 ist der generische Leitfaden für den Aufgabenbereich Potentialfindung für die Stoßrichtung Produktinnovation dargestellt. Wie auf Bild 2 angedeutet, gibt es innerhalb der Stoßrichtung Produktinnovation neben dem Aufgabenbereich Potentialfindung noch die Aufgabenbereiche Produktfindung, Produktkonzipierung und Geschäftsplanung. Dem vorgeschlagenen Leitfaden sind je Prozessschritt Methoden zugeordnet, die der Anwender näher ansehen und auswählen kann.

Bild 3 zeigt eine Seite zur Erläuterung des integrierten Markt-Technologie-Portfolios. Neben einer allgemeinen prägnanten Beschreibung der Methode erhält der Anwender auf Wunsch die Hilfsmittel zur Anwendung der Methoden wie Excel-Vorlagen, Checklisten und ggf. auch Software-Tools. Durch die Auswahl entsprechender Methoden zur Bearbeitung der Prozessschritte wird der Leitfaden unternehmens- bzw. projektspezifisch konfiguriert. Der Anwender hat im Anschluss die Möglichkeit, die fertig gestellte Konfiguration in dem personalisierten Bereich „My Innovation“ zu speichern. Damit erhält der Anwender sein spezifisches Instrumentarium zum Bearbeiten einer Aufgabe der strategischen Planung.

Literatur:

[GLS04] Gausemeier, J.; Lindemann, U.; Schuh, G. (Hrsg.): Planung der Produkte und Fertigungssysteme für die Märkte von morgen. VDMA-Verlag, Frankfurt am Main, 2004

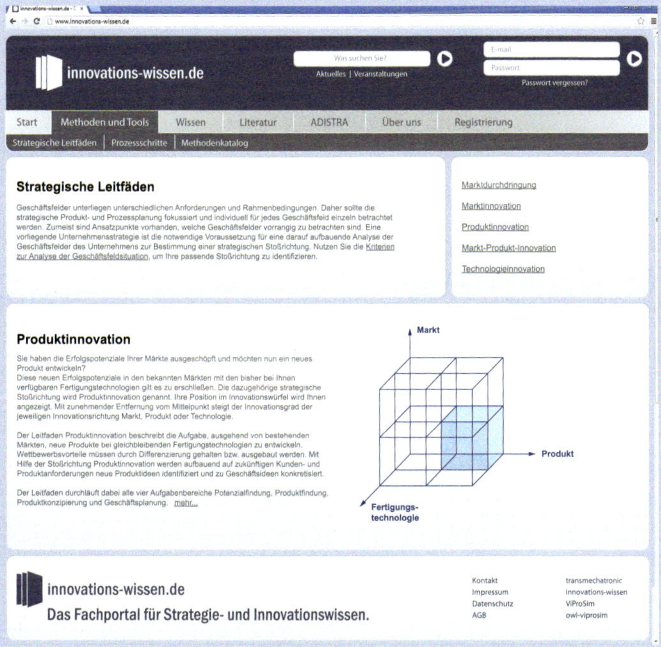

BILD 1:
Identifikation der strategischen Stoßrichtung

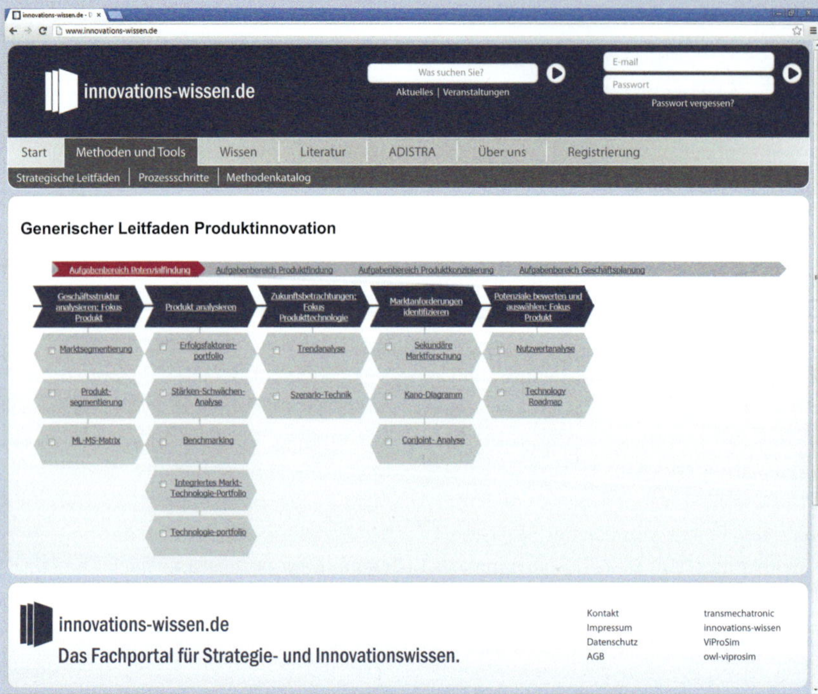

BILD 2: Generischer Leitfaden Produktinnovation im Aufgabenbereich Potentialfindung

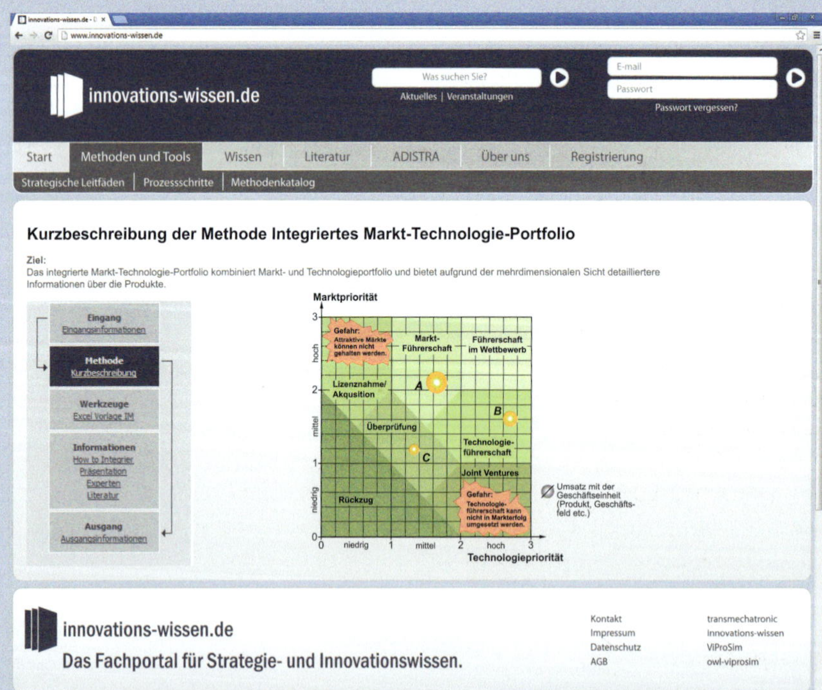

BILD 3: Beispiel für die Darstellung einer Methode (Integriertes Markt-Technologie-Portfolio)

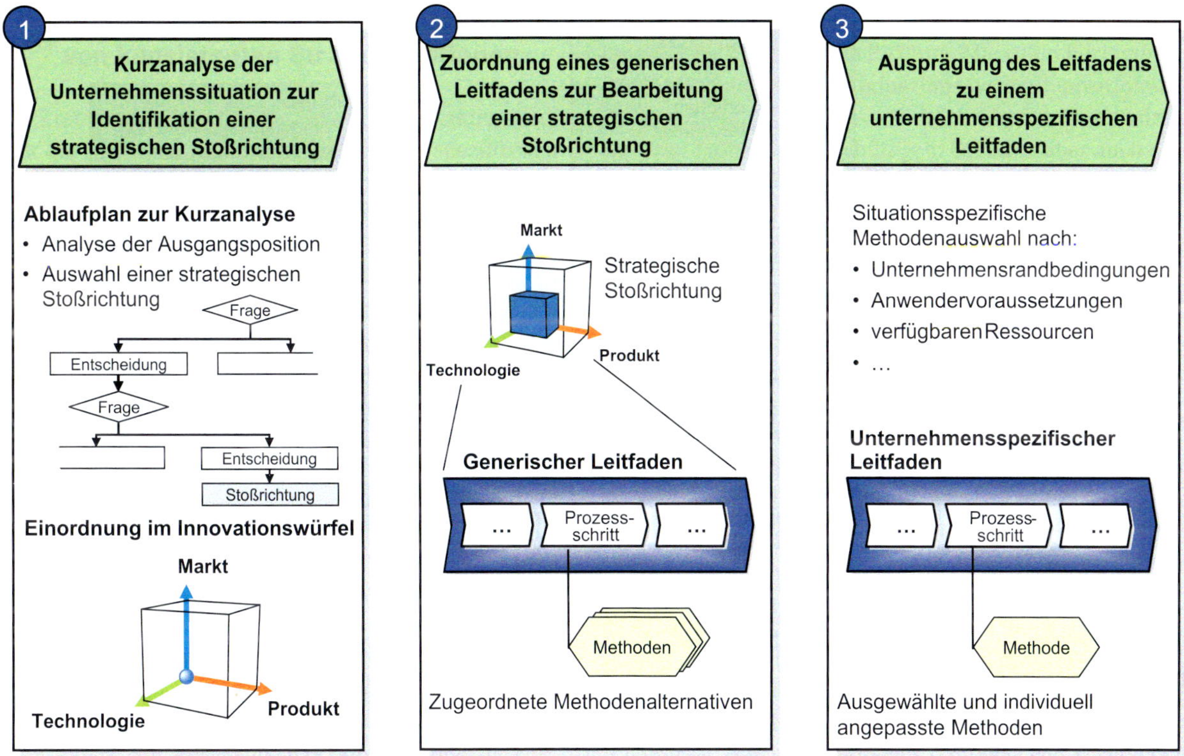

BILD 3-53 Schritte zur Ermittlung eines unternehmensspezifischen Leitfadens

einzelnen Prozessschritten sind prinzipiell geeignete Methoden zugeordnet, die die Ausführung eines Prozessschritts unterstützen können.

3. **Ausprägung eines unternehmensspezifischen Leitfadens:** Ziel des dritten Schritts ist die Anpassung des generischen Leitfadens an die Gegebenheiten des einzelnen Unternehmens. Je Prozessschritt wird eine für die spezifische Aufgabe am besten geeignete Methode ausgewählt und ggf. an die Einsatzbedingungen angepasst. Das Resultat ist ein unternehmensspezifischer Leitfaden für die strategische Planung entsprechend der strategischen Stoßrichtung.

Das skizzierte Instrumentarium wird stetig weiterentwickelt und ist über das Internet-Fachportal „innovations-wissen.de" anwendbar (siehe Kasten).

3.3.4 Innovationsstoßrichtungen in der industriellen Produktion

Strategien, die auf Innovationen beruhen, führen zu Wachstum und Beschäftigung. Das klassische Innovationsverständnis hat primär F&E-getriebene Produktinnovationen im Fokus. Entsprechend der vom Fraunhofer ISI regelmäßig in Deutschland durchgeführten Produktionsinnovationserhebung in Betrieben der Metall- und Elektrogüterindustrie sowie in Betrieben der chemischen und kunststoffverarbeitenden Industrie gibt es wie erwartet eine Korrelation von F&E-Anstrengungen und Wachstum. Daneben gibt es offensichtlich noch weitere, sehr überzeugende Wachstumschancen in anderen Innovationspfaden [KLW04].

Diese Erkenntnis ist nicht grundlegend neu. Schon die Produkt-Markt-Matrix nach Ansoff vermittelt ein differenziertes Bild von strategischen Stoßrichtungen für Wachstum (vgl. auch erweiterte Produkt-Markt-Matrix in Kapitel 3.3.1.1), da der Markt als weitere Dimension betrachtet wird. Wir haben als dritte Dimension im vorangegangenen Kapitel 3.3.3 die Fertigungstechnologie eingeführt und sind so zu dem sog. Innovationswürfel mit entsprechend differenzierten Stoßrichtungen gekommen. Die Ergebnisse aus der Erhebung des Fraunhofer ISI eröffnen weitere interessante Perspektiven für ein strategisches Agieren. Neben einer auf F&E setzenden Innovationsstrategie, die primär auf Produkte abzielt, gibt es noch drei weitere Stoßrichtungen für Wachstum und Beschäftigung. Diese insgesamt vier Innovationspfade resultieren aus dem in Bild 3-54 dargestellten Portfolio, das durch zwei Achsen aufgespannt wird.

Im Folgenden beschreiben wir anhand eines Beispiels die fünf Phasen. Es handelt sich um ein Unternehmen, das durch Kunststoff-Tiefziehen hochwertige Transportbehälter herstellt.

Phase 1: Geschäftsdefinition

In der präzisen Definition des Geschäfts wird beschrieben, in welchem Bereich sich ein Unternehmen positionieren kann und welche Unternehmen als Konkurrenten angesehen werden. Daraus ergibt sich die Wettbewerbsarena. Auf dieser Basis lassen sich diejenigen Hebel bestimmen, die einem Unternehmen zur Gestaltung des Geschäfts zur Verfügung stehen. Für jede dieser strategischen Variablen bieten sich in der Regel alternative Handlungsoptionen an. Bezüglich der Fertigungstiefe kann sich ein Unternehmen zum Beispiel für eine hohe oder für eine geringe Fertigungstiefe entscheiden.

Strategische Variablen findet ein Unternehmen beispielsweise in den drei Suchbereichen „Was“, „Wer“ und „Wie“, die nach Markides die Antworten für die Entwicklung einer Geschäftsstrategie liefern. Eine Strategie definiert, was für Produkte und Dienstleistungen das Unternehmen anbietet, wer die Kunden bzw. Marktsegmente sind, die das Unternehmen mit seiner Marktleistung anspricht, und wie es die Kundenbedürfnisse befriedigt (Bild 3-56).

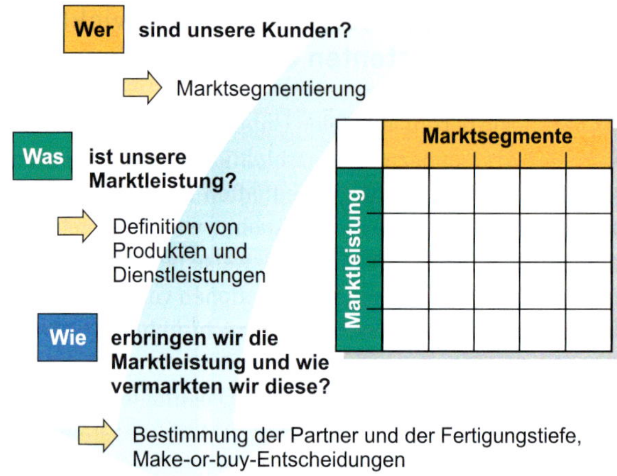

BILD 3-56 Eine Strategie ist eine spezielle Ausprägung der drei Bereiche „Was“, „Wer“ und „Wie“ (nach Markides)

Tabelle 3-4 zeigt Beispiele möglicher Geschäftsdefinitionen für das betrachtete Unternehmen. Die Beispiele verdeutlichen, dass die Geschäftsdefinition einen entscheidenden Einfluss auf die späteren Ergebnisse hat.

TABELLE 3-4 Beispiele für Geschäftsdefinitionen

Einschränkung der Freiheitsgrade				Beispiele	
	„Was“	**„Wer“**	**„Wie“**	**Geschäftsdefinition**	**Mögliche strategische Variable**
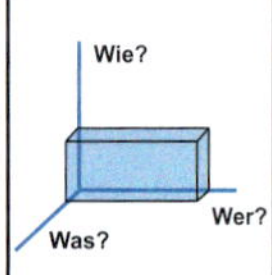	Mehrwegbehälter		Tiefziehen	„Wir sind ein Hersteller von tiefgezogenen Behältern.“	Werkstoffe, Distributionskanäle, Kundenbranche, ...
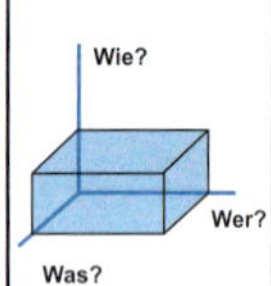			Tiefziehen	„Wir sind ein Tiefziehspezialist.“	Produkte, Kunden, ...
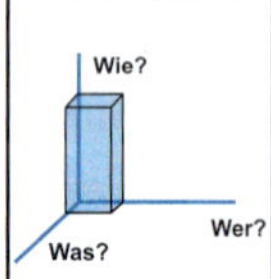	Verpackungslösungen	Fluggesellschaften		„Wir bieten Verpackungslösungen für Fluggesellschaften an.“	Produkte, Fertigungsverfahren, Fertigungstiefe, ...
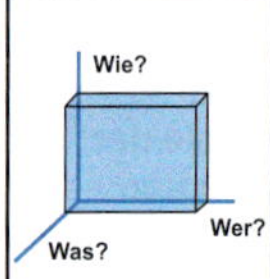	Mehrwegbehälter			„Wir sind ein Anbieter von Mehrwegbehältern.“	Angebotene Behältertypen, Distributionskanäle, Fertigungsverfahren, ...

Schränkt das Unternehmen die Freiheitsgrade für die Ermittlung möglicher Positionierungen ein, weil es das Produktprogramm und das Fertigungsverfahren nicht ändern will, könnte die Geschäftsdefinition „Wir sind ein Hersteller von tiefgezogenen Behältern" lauten. Damit werden potentielle Variablen zu Konstanten. Strategiealternativen würden lediglich Variablen wie die Wahl der Distributionskanäle, die Konzentration auf bestimmte Marktsegmente und die verarbeiteten Kunststoffe beinhalten.

Erfolgt die Einschränkung der Freiheitsgrade nur auf das angewandte Fertigungsverfahren, so können über eine Änderung des Produktprogramms andere strategische Handlungsoptionen bei der Ermittlung von Strategiealternativen mit einbezogen werden. Zum Beispiel wäre eine strategische Positionierung denkbar, in der neben dem Produktgeschäft mit Behältern auch tiefgezogene Komponenten für den Automobilbau angeboten werden und folglich eine Konzentration auf die Kernkompetenz „Tiefziehen" inklusive „Werkzeugbau" impliziert würde. Eine Geschäftsdefinition könnte in diesem Fall lauten „Wir sind ein Tiefziehspezialist".

Die Geschäftsdefinition „Wir bieten Verpackungslösungen für Fluggesellschaften an" sucht nach Möglichkeiten, wie sich das Unternehmen in diesem Marksegment positionieren kann, nämlich beispielsweise über das Angebot zusätzlicher Produkte oder einer um Dienstleistungen ergänzten Marktleistung. Handlungsoptionen ergäben sich zum Beispiel in den Bereichen Zusammensetzung des Produktprogramms, Fertigungsverfahren und Fertigungstiefe.

Für das folgende Beispiel wird die Geschäftsdefinition „Wir sind ein Anbieter von Mehrwegbehältern" gewählt. Strategiealternativen beinhalten beispielsweise Aussagen zum Produktprogramm, den Distributionskanälen und den Fertigungsverfahren.

Eine enge Geschäftsdefinition führt zu Strategiealternativen, die tendenziell vom Unternehmen leichter umgesetzt werden können, aber weniger innovativ sind. Eine weite Geschäftsdefinition führt in der Regel zu innovativeren Strategiealternativen, deren Erfolgspotential aber schwerer abgeschätzt werden kann und deren Umsetzung eine stärkere Änderung des bisherigen Geschäfts bedeuten würde, also mit einer höheren Ungewissheit und einem größeren Risiko einhergeht.

Aufgrund des steigenden Risikos bei zunehmenden Freiheitsgraden der Geschäftsdefinition wird das folgende Vorgehen empfohlen: In einer schrittweisen Entfernung vom Status quo wird zunächst mit einer engen Geschäftsdefinition die Methode durchlaufen. Werden keine Strategiealternativen mit ausreichend hohem Erfolgspotential gefunden, ist die Methode mit größeren Freiheitsgraden bei der Geschäftsdefinition erneut zu durchlaufen.

Phase 2: Analyse strategischer Optionen

Hier erfolgt die systematische Ermittlung der strategischen Variablen – also der Hebel, die einem Unternehmen zur Verfügung stehen, um sich strategisch zu positionieren. Ferner werden je Variable mögliche Ausprägungen bestimmt – das sind quasi die möglichen Einstellungen der einzelnen Hebel. Die strategischen Variablen und Ausprägungen sind gleichzusetzen mit den Schlüsselfaktoren und Projektionen in der Szenario-Technik (vgl. Kapitel 2.1.3 und 2.1.4). Die strukturierte Suche erfolgt in den drei Bereichen „Wer" (Wer sind die Kunden, die mit den Marktleistungen angesprochen werden?), „Was" (Was für Marktleistungen können angeboten werden?) und „Wie" (Wie kann die Befriedigung der Kundenbedürfnisse erfolgen?).

Dies ist der kreative Teil der Strategieermittlung. Ideen für strategische Variablen und deren Ausprägungen ergeben sich in der Regel schon bei der strategischen Analyse (vgl. Kapitel 3.2) und der Vorausschau (vgl. Kapitel 2). Dabei sind insbesondere solche Ausprägungen aufzudecken, die neuartig sind und noch von keinem Konkurrenten in dieser Form gewählt wurden.

Ermittlung der strategischen Variablen im Bereich „Wer"

Die strategische Entscheidung, die ein Unternehmen im Bereich „Wer" treffen muss, bezieht sich auf die Frage, welche Marktsegmente angesprochen werden sollen. Marktsegmente innerhalb des relevanten Markts, der durch die Geschäftsdefinition bestimmt wird, sind keine feststehenden, objektiven Gegebenheiten, sondern werden im Rahmen einer Marktsegmentierung subjektiv gebildet. Dort erfolgt die Aufteilung des Gesamtmarkts nach bestimmten Kriterien in Kundengruppen, die hinsichtlich ihres Kaufverhaltens bzw. hinsichtlich kaufverhaltensrelevanter Merkmale in sich möglichst ähnlich und untereinander möglichst unterschiedlich sind [Bac03].

Da die Marktsegmente sich aus bestimmten Ausprägungen von Kriterien, die das Kaufverhalten bestimmen, zusammensetzen, ist es aber sinnvoll, diese Kriterien direkt als Quellen für strategische Handlungsoptionen, also als strategische Variablen, zu wählen. Durch die Betrachtung der Marktsegmente, differenziert in ihre bestimmenden Kriterien, ist die Bewertung der Konsistenz zu den anderen strategischen Handlungsoptionen in der Regel wesentlich besser möglich als bei einer Betrachtung der Marktsegmente als Ganzes. Zudem können auch Kriterien berücksichtigt werden, die bei einer ursprünglichen Marktsegmentierung keine Rolle gespielt haben. Tabelle 3-5 zeigt mögliche Kriterien für eine Marktsegmentierung. Wir verwenden eine möglichst grobe Unterteilung, um die Übersichtlichkeit zu gewährleisten. Es wird kein Anspruch auf Vollständigkeit erhoben; die Beispiele sollen lediglich dazu anregen, mögliche strategische Variablen zu finden. Weitere Kriterien und Übersichten finden sich in der einschlägigen Literatur [Hor88], [FO00], [HK03]. Besondere Bedeutung haben die nutzenbezogenen Kriterien und dabei insbesondere die Anforderungen hinsichtlich der Funktionen, die die Marktleistung erfüllen muss. Sie bieten in der Regel gute Ansätze zur Bestimmung der strategischen Variablen.

Bei den nutzenbezogenen Kriterien wird für das Behälter-Beispiel die wichtige strategische Entscheidungsmöglichkeit identifiziert, welche Funktion, die ein Behälter beim Kunden erfüllen muss, im Mittelpunkt stehen soll. Die Funktion hat einen wesentlichen Einfluss auf die geforderten Produkteigenschaften. Grundsätzlich existieren die folgenden möglichen Kundenanforderungen an die Funktion eines Behälters:

- **Schützen:** Die Behälter müssen empfindliche Güter gegen mögliche Einflüsse von außen schützen. Hierbei kann man die Funktion „Schützen" hinsichtlich der Einflüsse weiter unterteilen: z. B. Schützen vor Stößen, Schützen vor Schwingungen, Schützen vor Temperaturdifferenzen oder Schützen vor Feuchtigkeit.
- **Präsentieren:** Die Behälter haben eine wesentliche Funktion bei der Präsentation der Güter. Hierbei spielt das Design des Behälters eine entscheidende Rolle.
- **Handhaben:** Der Behälter hat eine wesentliche Funktion bei der Nutzung bzw. bei der Logistik der Güter, z. B. 19-Zoll-Behälter, die darauf ausgelegt sind, elektronische Geräte im Behälter aufzunehmen und im Behälter zu nutzen, oder Behälter, die den Transport unterstützen.
- **Aufnehmen, Lagern, Transportieren:** Güter aufnehmen ist ein Beispiel für eine solche Funktion des Behälters (z. B. Werkzeugkoffer).

Als weitere wichtige Variablen im Bereich der nutzenbezogenen Kriterien für eine Marktsegmentierung wurden die Lieferzeit, der Preis und die Berücksichtigung der Individualität identifiziert. In einer Strategie kann das betrachtete Unternehmen die folgenden Entscheidungen treffen: Liegt der Fokus auf Kunden, die Produkte sofort ab Lager nachfragen, oder auf Kunden, für die eine kurze Lieferzeit nicht entscheidend ist? Sollen hauptsächlich Kunden angesprochen werden, die Niedrigpreisprodukte nachfragen, oder Kunden, für die der Preis zweitrangiges Kaufkriterium ist? Erfolgt eine Konzentration auf Kunden, die individuelle Problemlösungen benötigen oder auf Kunden, die Standardlösungen nachfragen? Die Handlungsoptionen bezüglich der Individualität werden mit der strategischen Variable „Standardisierung des Produktprogramms" im Bereich „Was" aufgenommen.

TABELLE 3-5 Kriterien für eine Marktsegmentierung als Quelle für strategische Variablen im Bereich „Wer"

Nutzenbezogene Kriterien	Organisationale Kriterien	Kriterien des Kaufverhaltens
Erfüllung bestimmter Funktionen beim Kunden	Geographische Kriterien	Wahl des Vertriebsweges
Qualität	Unternehmensgröße	Bestellmenge
Lieferzeit	Branche	Auftragshäufigkeit
Liefertreue	Branche des Endabnehmers	Lieferantentreue
Preis	Unternehmensalter	Kaufzeitpunkt
Image	Unternehmensziele	Bedeutung der Kaufentscheidung
Individualität	Beschaffungsorganisation	Entscheidungsträger
		Einkaufsverhalten

Strategische Variablen, wie bspw. die geographische Marktwahl oder die Unternehmensgröße, resultieren aus den organisatorischen Kriterien und spielen für das betrachtete Unternehmen nur eine untergeordnete Rolle. Auch in der Fokussierung auf bestimmte Abnehmerbranchen werden keine Differenzierungs- oder Kostenvorteile vermutet, da die Kundenanforderungen nicht branchenspezifisch sind.

Aus den Kriterien, die das Kaufverhalten beschreiben, wurde die Bestellmenge als Quelle für eine strategische Variable gewählt. Die weiteren Kriterien in diesem Bereich sind in der betrachteten Branche keine Quellen für Wettbewerbsvorteile. Eine Fokussierung auf Kunden, die sich hinsichtlich dieser Kriterien unterscheiden, stellt keine strategische Handlungsoption dar.

Tabelle 3-6 zeigt die im Behälter-Beispiel identifizierten strategischen Variablen und alternativen Ausprägungen aus dem Bereich „Wer".

Ermittlung der strategischen Variablen im Bereich „Was"

Für die systematische Suche nach strategischen Variablen im Bereich der angebotenen Marktleistung sind die möglichen Produkte und Dienstleistungen, die ein Unternehmen innerhalb der festgelegten Geschäftsdefinition am Markt anbieten kann, zu strukturieren (Produktstrukturierung). Hierfür werden grundsätzlich mögliche Produktmerkmale ermittelt, mit denen die Kundenanforderungen befriedigt werden können. Hieraus lassen sich dann in Anlehnung an die Methode QFD (Quality Function Deployment) pro-

TABELLE 3-6 Strategische Variablen im Bereich „Wer“ für das Behälter-Beispiel

Strategische Variable	Alternative Ausprägungen
Fokus auf bestimmte Funktionen	A Schützen B Präsentieren C Handhaben D Aufnehmen (keine besondere Anforderung)
Lieferzeit	A Lieferung sofort ab Lager B Lieferzeiten < 3 Wochen C Lieferzeiten > 3 Wochen
Preis	A Niedrigpreispolitik B Hochpreispolitik
Bestellmenge	A Fokussierung auf Kunden mit geringen Bestellmengen (Stückzahl 1-10) B Fokussierung auf Kunden mit geringen Bestellmengen (Stückzahl 10-100) C Fokussierung auf Kunden mit großen Bestellmengen (Stückzahl > 100) D Keine Fokussierung; Lieferung aller gewünschten Stückzahlen

duktspezifische Variablen ableiten [Ehr03], [GEK01]. Aus diesem Grund ist es sinnvoll, zunächst die strategischen Variablen im Bereich „Wer“ zu ermitteln, da hier die möglichen Kundenanforderungen innerhalb der Geschäftsdefinition untersucht werden. Zur Ermittlung möglicher Produkteigenschaften erfolgt gemäß Bild 3-57 die Gliederung eines Produkts in die drei Bereiche Produktkern, Produktäußeres und Dienstleistungen [For89], [DNL96].

Der Produktkern umfasst die Hauptmaterialien, technische Grundfunktionen und Leistungscharakteristika; das Produktäußere die „Verpackung“ des Produktkerns (wie z.B. Größe, Farbe oder Design) und die Dienstleistungen alle immateriellen Produktbestandteile und das materielle Vermarktungsobjekt (wie z.B. Montage, Reparatur oder Beratung). Einen guten Ansatz für die weitere Charakterisierung des Produkts bietet das Kano-Modell [KST+84], [GEK01]. Danach wird das Produkt durch Schwellen-, Leistungs- und Begeisterungsattribute charakterisiert. Leistungs- und Begeisterungsattribute bilden die Grundlage für die Bestimmung von treffenden strategischen Variablen.

Zusätzlich zu den Produkteigenschaften lassen sich allgemeine Variablen identifizieren, die das Produktprogramm eines Unternehmens insgesamt charakterisieren, wie zum Beispiel die Breite der angebotenen Produktpalette, die Anzahl angebotener Varianten oder die Standardisierung des Produktprogramms. Zur Ermittlung der strategischen Variablen, die die angebotene Marktleistung im Fallbeispiel „Behälter“ betreffen, werden die Produktmerkmale bestimmt, die die oben genannten Kundenfunktionen „Schützen“, „Präsentieren“, „Handhaben“ und „Aufnehmen, Lagern und Transportieren“ am stärksten beeinflussen. Den größten Einfluss haben die Außenhaut (Behältertyp) und die Inneneinrichtung des Behälters. Die Eigenschaften der Außenhaut werden durch den Werkstoff und das Fertigungsverfahren determiniert. Hierüber erfolgt die Produktstrukturierung in die folgenden Behältertypen: spritzgegossene Behälter aus Duroplasten, blasgeformte Behälter aus Thermoplasten, tiefgezogene Behälter aus Thermoplasten, Behälter aus Metall, Behälter aus glasfaserverstärktem Kunststoff und Behälter in Plattenbauweise (Kunststoffplatten oder Holzplatten). Das betrachtete Unternehmen muss die strategische Entscheidung treffen, welche Behältertypen es anbietet und welche nicht. Eine weitere strategische Variable ist die angebotene Inneneinrichtung. Mögliche Ausprägungen sind: ausschließlich leere Behälter, Behälter mit standardisierten Inneneinrichtungen oder Behälter mit speziell nach Kundenbedürfnissen angefertigten Inneneinrichtungen.

Im Bereich „ergänzende Dienstleistungen“ bieten sich z.B. folgende Optionen an: Entweder es wird ausgeschlossen, dass Ersatzteile geliefert werden, es können Ersatzteile bestellt werden oder die Reparatur der Behälter wird angeboten.

Die weiteren Handlungsoptionen betreffen das Produktprogramm im Ganzen. Eine strategische Entscheidungsmöglichkeit besteht bezüglich der Standardisierung dieses Produktprogramms. Handlungsoptionen bewegen sich im Spektrum zwischen dem ausschließlichen Angebot an

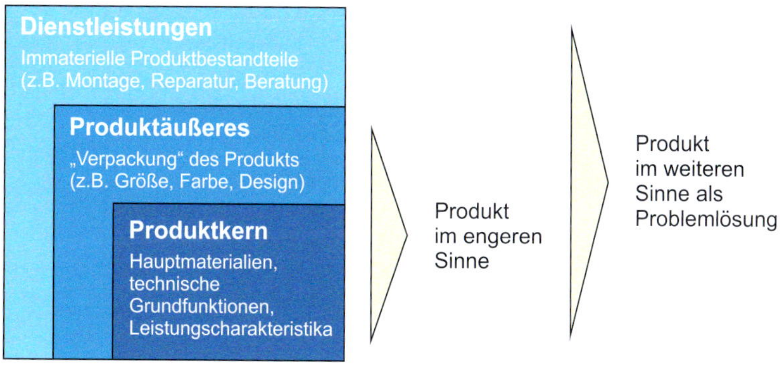

BILD 3-57
Gliederung eines Produkts zur Ermittlung möglicher Produkteigenschaften nach Forschner [For89]

vordefinierten Standardprodukten und dem ausschließlichen Verkauf von Behältern, die jeweils individuell nach Kundenwunsch gefertigt werden. Die Anzahl der angebotenen Varianten ist ebenfalls eine strategische Variable. Tabelle 3-7 fasst die strategischen Variablen und Ausprägungen des Beispiels zusammen.

Ermittlung der strategischen Variablen im Bereich „Wie"

Die Suche nach strategischen Variablen im Bereich „Wie" orientiert sich in der Regel an der Wertschöpfungskette und den damit verbundenen Funktionsbereichen eines Unternehmens. Bild 3-58 zeigt die klassische Wertkette nach PORTER sowie entsprechende Anhaltspunkte für strategische Variablen.

Für die Produktion von Behältern sind strategische Entscheidungen hinsichtlich der Fertigungstiefe und der Fertigungsart zu treffen. Die Ausprägungen reichen von einer möglichst umfassenden Eigenfertigung der Behälter über die Zusammenarbeit mit Systemlieferanten bis hin zur Aufgabe der eigenen Fertigung. Darüber hinaus können bei der eigenen Fertigung Aussagen über die Fertigungsart getroffen werden: Soll die Fertigung auf Einzel- und Kleinserienfertigung, auf Serienfertigung oder auf Massenfertigung eingerichtet werden? Falls die Strategie verfolgt wird, keine eigene Fertigung zu betreiben, spielt dieser Punkt selbstredend keine Rolle. Aus dem Bereich Marketing und Vertrieb ist die Wahl des Distributionswegs eine strategische Entscheidung. Mögliche Alternativen sind dabei der Verkauf der Behälter über anonyme Vertriebswege ohne Kundenkontakt (z. B. Vertrieb über das Internet), Distribu-

TABELLE 3-7 Strategische Variablen im Bereich „Was" für das Behälter-Beispiel

Strategische Variable	Alternative Ausprägungen
Angebotener Behältertyp	**A** Spritzgegossene Behälter **B** Blasgeformte Behälter **C** Tiefgezogene Behälter **D** Behälter aus Metall **E** GfK-Behälter **F** Behälter in Plattenbauweise
Inneneinrichtung	**A** Verkauf leerer Behälter **B** Standardisierte Inneneinrichtung **C** Individuelle Inneneinrichtung
Standardisierung des Produktprogramms	**A** Nur Standardbehälter **B** Standardbehälter und Spezialanfertigungen **C** Nur Spezialanfertigungen
Angebotene Varianten innerhalb einer Produktfamilie	**A** Keine bis wenige Varianten (< 10) **B** Viele Varianten (10-50) **C** Sehr viele Varianten (> 50)
Ersatzteilversorgung	**A** Keine **B** Lieferung von Ersatzteilen **C** Neuausstattung und Reparatur von Behältern

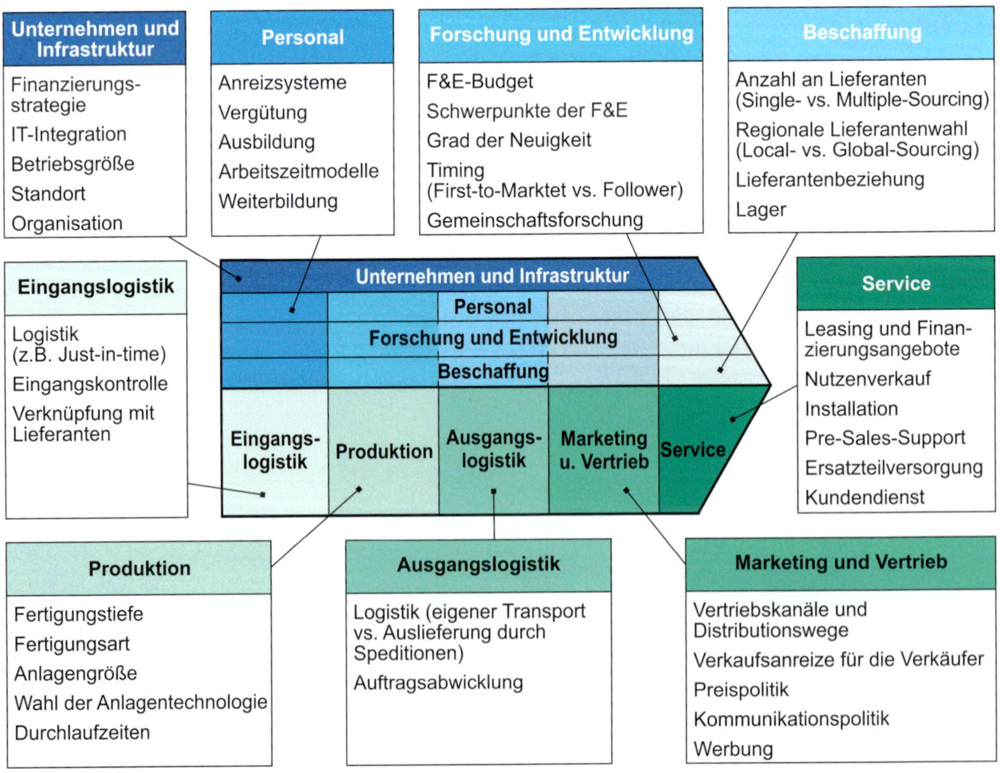

BILD 3-58 Quellen für die strategischen Variablen im Bereich „Wie"

tion der Behälter über eine eigene Vertriebsorganisation oder über selbstständige Händler.

Die Variable Pre-Sales-Support aus dem Bereich Service bildet unterschiedliche Möglichkeiten der Kaufberatung ab (keine Beratung, telefonische Beratung oder Beratung vor Ort). Bild 3-59 zeigt beispielhaft einige strategische Variablen aus dem Bereich „Wie". Ferner wird noch einmal verdeutlicht, dass die Variablen den Schlüsselfaktoren und die Ausprägungen den Projektionen der Szenario-Technik entsprechen.

Alle in Phase 2 ermittelten Ausprägungen sind präzise zu beschreiben, und zwar aus folgenden zwei Gründen:

1. Die anschließende paarweise Bewertung der Konsistenz von Ausprägungen ist nur möglich, wenn alle Beteiligten ein klares Bild von den Ausprägungen haben.
2. Es muss möglich sein, den monetären und zeitlichen Aufwand eines Wechsels der Ausprägung je Variable – wenn auch grob – zu quantifizieren, z. B. was es an Zeit und Geld kostet, um die Fertigungstiefe von C nach A oder von B nach C zu verändern. Dies ist wichtig für die spätere Bewertung der Strategievarianten, die auf den Ausprägungen beruhen. Wir kommen darauf noch zurück.

Phase 3: Konsistenzanalyse

Die Konsistenzanalyse liefert diejenigen Kombinationen von Ausprägungen der strategischen Variablen, die in einer Geschäftsstrategie gut zusammenpassen. Voraussetzung dafür ist die paarweise Bewertung der Ausprägungen der in Bild 3-60 wiedergegebenen Konsistenzmatrix. Die Bewertung erfolgt auf einer Skala von 1 bis 5:

1 = **totale Inkonsistenz:** Die beiden strategischen Handlungsoptionen schließen sich aus und können in einer Strategie nicht gemeinsam durchgeführt werden.
2 = **partielle Inkonsistenz:** Die beiden strategischen Handlungsoptionen widersprechen sich teilweise bzw. behindern sich. Die gemeinsame Durchführung in einer Strategie führt zu Reibungsverlusten und ist daher nicht empfehlenswert.
3 = **neutral oder abhängig von der Ausprägung weiterer Variablen:** Die beiden Handlungsoptionen stehen in keinem unmittelbaren Wirkzusammenhang.
4 = **gegenseitige Begünstigung:** Die beiden strategischen Handlungsoptionen verstärken bzw. ergänzen sich. Die gemeinsame Durchführung in einer Strategie ist sinnvoll.
5 = **starke gegenseitige Unterstützung:** Die beiden strategischen Handlungsoptionen verstärken bzw. ergänzen sich stark oder bedingen sich sogar. Die gemeinsame Durchführung in einer Strategie ist deshalb anzustreben.

Die Auswertung der Konsistenzmatrix erfolgt mit dem in Kapitel 2.1.5.2 beschriebenen Algorithmus: Es werden konsistente Kombinationen von Ausprägungen ermittelt (wobei von jeder strategischen Variablen eine Ausprägung in der Kombination auftritt) und anschließend mit der Methode Clusteranalyse zusammengefasst. Die besten Ergebnisse werden dabei erreicht, wenn die Distanzberechnung über ein quadriertes euklidisches Distanzmaß erfolgt und das Ward-Verfahren als Fusionierungsalgorithmus eingesetzt wird. Als Ergebnis liegen Strategievarianten vor. Die Berechnung der Strategievarianten kann mit der Scenario-Software der UNITY AG durchgeführt werden (http://www.scenario-software.de).

Strategische Variable	Alternative Ausprägungen
Fertigungstiefe	A Möglichst hoher Eigenfertigungsanteil B Mittlerer Eigenfertigungsanteil/Systemlieferanten C Geringer bis kein Eigenfertigungsanteil
Fertigungsart	A Keine eigene Fertigung B Einzelfertigung C Serienfertigung D Massenfertigung
Distributionsweg	A Anonymer Vertrieb (z.B. Internet) B Direktvertrieb C Direktvertrieb und Vertretungen D Vertretungen
Pre-Sales-Support	A Keine Beratung B Telefonische Beratung C Beratung vor Ort

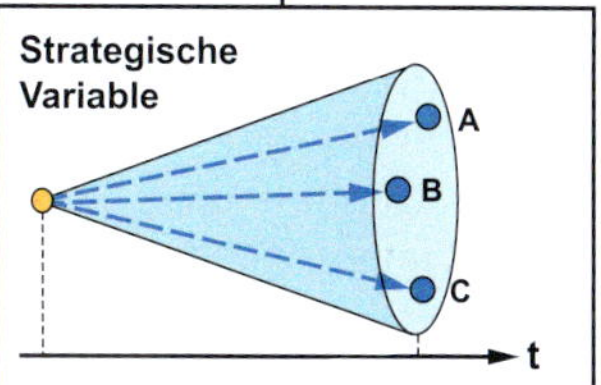

Die Ausprägungen entsprechen den Projektionen der Szenario-Technik. Sie sind präzise zu beschreiben und ggf. zu begründen.

BILD 3-59
Strategische Variablen im Bereich „Wie" (Auswahl)

Konsistenzmatrix
Fragestellung:
Wie konsistent sind die strategischen Handlungsoptionen X (Zeile) und Y (Spalte) in einer gemeinsamen Strategie?

Strat.Variable	Ausprägung	Nr	1A Schützen	1B Präsentieren	1C Handhaben	1D Aufnehmen	2A Sofort, ab Lager	2B Lieferzeit bis ca. 3 Wochen	2C Lieferzeit nicht entscheidend	12A Anonymer Vertrieb	12B Direktvertrieb	12C Direktvertrieb u. Vertretungen	12D Vertretungen	13A Keine Beratung	13B Telefonische Beratung	13C Vor-Ort-Beratung
Fokus auf bestimmte Funktionen	Schützen	1A														
	Präsentieren	1B														
	Handhaben	1C														
	Aufnehmen	1D														
Lieferzeit	Sofort, ab Lager	2A	3	3	3	4										
	Lieferzeit bis ca. 3 Wochen	2B	4	4	4	3										
	Lieferzeit nicht entscheidend	2C	4	4	4	3										
Distribution	Anonymer Vertrieb	12A	3	3	2	5	5	4	3							
	Direktvertrieb	12B	4	4	5	4	4	4	5							
	Direktvertrieb u. Vertretungen	12C	4	4	4	4	4	4	4							
	Vertretungen	12D	4	4	4	4	4	4	4							
Pre-Sales-Support	Keine Beratung	13A	4	4	4	4	5	4	3	5	4	4	5			
	Telefonische Beratung	13B	5	5	5	4	4	4	4	3	4	4	3			
	Vor-Ort-Beratung	13C	5	5	5	4	3	4	5	1	5	3	2			
Ersatzteilversorgung	Keine	14A	3	3	3	3	3	3	3	5	4	4	4	5	3	3
	Lieferung von Ersatzteilen	14B	3	3	3	3	3	3	3	4	4	4	4	4	5	4
	Neuausstattung u. Reparatur	14C	3	3	3	3	3	3	3	2	5	4	3	2	4	5

Bewertungsmaßstab:
1 = totale Inkonsistenz
2 = partielle Inkonsistenz
3 = neutral
4 = partielle Konsistenz
5 = hohe Konsistenz

Beispiele

5 – „Keine Beratung" und „anonymer Vertrieb" unterstützen sich in einer gemeinsamen Strategie.

1 – „Vor Ort Beratung" ist im Zusammenhang mit „anonymer Vertrieb" inkonsistent.

BILD 3-60 Beispiel einer Konsistenzmatrix

Für das gewählte Beispiel ist das Ergebnis der Clusteranalyse mit Hilfe der multidimensionalen Skalierung (MDS) in Bild 3-61 dargestellt. Ein Punkt repräsentiert eine hochkonsistente Kombination von Ausprägungen.

Ähnliche Kombinationen haben die gleiche Farbe. Jedes Cluster steht also für eine Gruppe von gleichartigen Strategievarianten. Der Einfachheit halber werden im Folgenden – insbesondere in Bild 3-65 – die Schwerpunkte der Cluster visualisiert. Wir bezeichnen diese Strategievarianten auch als ideale Strategien, weil nichts dafür spricht, etwas anderes zu tun als durch die neun Varianten vorgeschlagen. Etwas anderes wäre zumindest partiell inkonsistent.

Welche Ausprägungen in welchem Cluster, d. h. in welcher Strategie, enthalten sind, geht aus der Ausprägungsliste hervor (Bild 3-62). In der Regel wird diese Liste spaltenweise gelesen. Geht man beispielsweise die Spalte I durch, so ist zu erkennen, dass diese Strategie die Ausprägungen 1D, 2A, 3A, 9A/9C etc. aufweist. Die Zahl 100 in einem Matrixfeld bedeutet, dass in 100 % der Kombinationen dieses Clusters diese Ausprägung auftritt. Treten bei einer Variablen mehrere Ausprägungen auf (vgl. Spalte I 9A und 9C), so bedeutet das, dass eine konsistente Strategievariante sowohl mit der einen als auch der anderen Ausprägung möglich ist.

Die von der Konsistenzanalyse gelieferten Strategievarianten stellen hochkonsistente Handlungsmuster dar. Ob sie für das betrachtete Unternehmen zu empfehlen sind, kann hier noch nicht gesagt werden. Dazu ist es notwendig, die Positionen der Mitbewerber bezogen auf diese Handlungsmuster zu betrachten. Dazu dient die folgende Branchenanalyse.

Phase 4: Branchenanalyse

Mit Hilfe der Branchenanalyse sollen, insbesondere im Hinblick auf die sich anschließende Bewertung der Strategievarianten, die folgenden Fragestellungen beantwortet werden:

- Welche Strategie verfolgt das betrachtete Unternehmen und welche Strategien verfolgen die Wettbewerber?
- Ist die verfolgte Strategie konsistent, d. h. wird bereits eine der ermittelten Strategievarianten – eine ideale Strategie – verfolgt? Falls nein: Welche Kombinationen von strategischen Entscheidungen haben dazu geführt, dass die verfolgte Strategie nicht ideal ist?
- An welchen Stellen unterscheidet sich die Strategie jeweils von den einzelnen idealen Strategien?
- Wie groß ist der finanzielle und zeitliche Aufwand für den Wechsel von der momentan verfolgten Strategie zu einer der idealen Strategien?

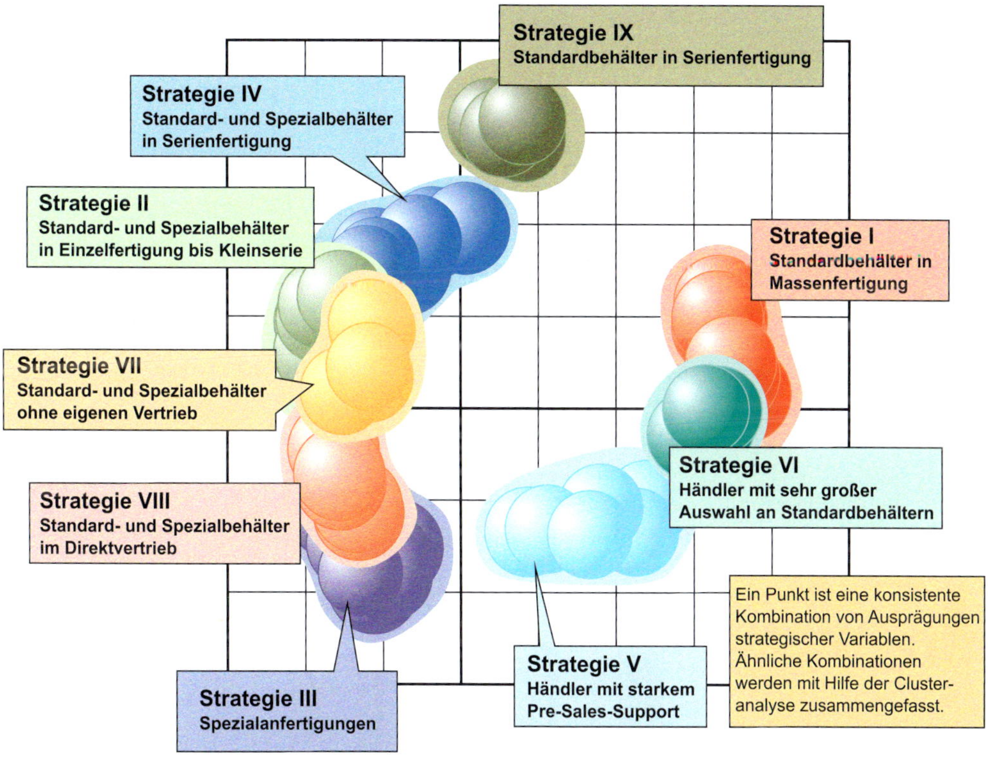

BILD 3-61 Darstellung von Strategievarianten mittels einer multidimensionalen Skalierung

			Strategievarianten								
Strat.Variable	**Ausprägung**	**Nr**	**I**	**II**	**III**	**IV**	**V**	**VI**	**VII**	**VIII**	**IX**
Fokus auf bestimmte Funktionen	Schützen	1A	0	60	0	40	38	0	60	44	44
	Präsentieren	1B	0	10	0	40	25	0	10	13	44
	Handhaben	1C	0	30	100	20	4	0	30	44	13
	Aufnehmen	1D	100	0	0	0	33	100	0	0	0
Lieferzeit	Sofort, ab Lager	2A	100	0	0	0	0	100	0	0	0
	Lieferzeit bis ca. 3 Wochen	2B	0	90	14	100	0	0	100	0	100
	Lieferzeit nicht entscheidend	2C	0	10	86	0	100	0	0	100	0
Preis	Niedrigpreispolitik	3A	100	0	0	50	25	100	0	0	25
	Hochpreispolitik	3B	0	100	100	50	75	0	100	100	75
Fertigungstiefe	Hoher Eigenfertigungsanteil	9A	25	25	95	0	0	0	60	80	0
	Mittlerer Eigenfertigungsanteil	9B	8	75	5	100	0	0	40	20	100
	Geringer bis kein Anteil	9C	67	0	0	0	100	100	0	0	0
Fertigungsart	Keine eigene Fertigung	10A	0	0	0	0	100	100	0	0	0
	Einzel-, Kleinserienfertigung	10B	0	100	100	13	0	0	100	100	0
	Serienfertigung	10C	0	0	0	88	0	0	0	0	100
	Massenfertigung	10D	100	0	0	0	0	0	0	0	0
Größe des Unternehmens	Großes Unternehmen	11A	100	10	5	50	100	100	0	0	50
	Mittleres Unternehmen	11B	0	55	43	44	0	0	40	40	50
	Kleines Unternehmen	11C	0	35	52	6	0	0	60	60	0
Distribution	Anonymer Vertrieb	12A	92	0	0	0	0	100	0	0	0
	Direktvertrieb	12B	0	80	95	100	100	0	0	100	0
	Direktvertrieb u. Vertretungen	12C	0	20	5	0	0	0	0	0	100
	Vertretungen	12D	8	0	0	0	0	0	100	0	0
Pre-Sales-Support	Keine Beratung	13A	100	0	0	0	0	100	0	0	0
	Telefonische Beratung	13B	0	25	10	0	0	0	0	0	100
	Vor Ort Beratung	13C	0	75	90	100	100	0	100	100	0
Ersatzteilversorgung	Keine	14A	75	0	0	0	33	100	0	0	0
	Lieferung von Ersatzteilen	14B	25	10	0	0	0	0	0	0	100
	Neuausstattung u. Reparatur	14C	0	90	100	100	67	0	100	100	0

100 – In 100 % der Kombinationen (Ausprägungsbündel) dieses Clusters kommt diese Ausprägung vor.

BILD 3-62 Ermittelte Strategievarianten in Form einer Ausprägungsliste

- Wie sind die Konkurrenten positioniert? Welche Unternehmen verfolgen eine ähnliche Strategie und sind damit die Hauptkonkurrenten für das Unternehmen?
- Existieren unter den Varianten einzigartige Strategien, die bisher noch von keinem Unternehmen verfolgt werden?

Hierfür sind zunächst die momentan verfolgten Strategien der Wettbewerber sowie die Strategie des betrachteten Unternehmens anhand der strategischen Variablen zu charakterisieren. Für jeden Wettbewerber und das betrachtete Unternehmen wird bestimmt, wie die einzelnen strategischen Variablen in deren Strategien ausgeprägt sind. Bild 3-63 zeigt tabellarisch diese momentan verfolgten Strategien als Ausprägungen der strategischen Variablen sowie weitere Informationen über die Unternehmen. Für jede strategische Variable wird je Unternehmen bewertet, welche Ausprägungen aktuell verfolgt werden. Die Bewertung erfolgt prozentual. In Bild 3-63 hat das betrachtete Unternehmen beispielsweise einen hohen Eigenfertigungsanteil, diese Ausprägung ist demnach mit 100 % zu bewerten. Der Eigenfertigungsanteil ist ein Beispiel für eine strategische Variable mit einander ausschließenden Ausprägungen; bei der Bewertung ist eine Ausprägung mit 100 zu bewerten, alle anderen Ausprägungen dieser Variable mit Null. Bei Variablen mit einander nicht ausschließenden Ausprägungen, wie beispielsweise der „Fokussierung auf eine bestimmte Funktion", sind die Ausprägungen entsprechend ihrem Anteil am Gesamtumsatz zu bewerten. Dabei ist darauf zu achten, in Summe je Unternehmen je strategischer Variable immer 100 % zu vergeben.

Zunächst wird überprüft, ob die verfolgte Strategie des betrachteten Unternehmens bereits mit einer der ermittelten konsistenten Strategievarianten übereinstimmt. Falls dies der Fall ist, ist zwar sichergestellt, dass die bisherige

Allgemeine Informationen			Betrachtetes Unternehmen	Konkurrent 1	Konkurrent 2	Konkurrent 3	Konkurrent 4	Konkurrent 5	Konkurrent 6	Konkurrent xx
Name des Unternehmens										
Umsatz	1 : gering (< 2 Mio. €) 2 : mittel (2 - 5 Mio. €) 3 : hoch (5 - 10 Mio. €) 4 : sehr hoch (> 10 Mio. €)		2	2	2	1	2	4	2	1
Umsatz-entwicklung (Durchschnittliche Entwicklung in den letzten drei Jahren)	-- : stark fallend (< -10 %) - : fallend (-10 % bis -2 %) o : stabil (-2 % bis +2 %) + : steigend (+2 % bis +10 %) ++: stark steigend (> 10 %)		+	+	o	-	+	++	+	+
Strat.Variable	**Ausprägung**	**Nr**	**U**	**K1**	**K2**	**K3**	**K4**	**K5**	**K6**	**Kxx**
Fokus auf bestimmte Funktionen	Schützen	1A	75	40	30	90	10	10	100	50
	Präsentieren	1B	0	50	70	0	90	60	0	0
	Handhaben	1C	25	10	0	10	0	0	0	50
	Aufnehmen	1D	0	0	0	0	0	30	0	0
Lieferzeit	Sofort, ab Lager	2A	0	0	0	0	0	0	0	0
	Lieferzeit bis ca. 3 Wochen	2B	100	100	100	100	100	100	0	0
	Lieferzeit nicht entscheidend	2C	0	0	0	0	0	0	100	100
Preis	Niedrigpreispolitik	3A	0	0	0	0	100	100	0	0
	Hochpreispolitik	3B	100	100	100	100	0	0	100	100
Fertigungstiefe	Hoher Eigenfertigungsanteil	9A	100	0	0	0	100	100	100	100
	Mittlerer Eigenfertigungsanteil	9B	0	0	0	0	0	0	0	0
	Geringer bis kein Anteil	9C	0	100	100	100	0	0	0	0
Fertigungsart	Keine eigene Fertigung	10A	0	100	100	100	0	0	0	0
	Einzel-, Kleinserienfertigung	10B	100	0	0	0	0	0	100	100
	Serienfertigung	10C	0	0	0	0	100	100	0	0
	Massenfertigung	10D	0	0	0	0	0	0	0	0
Größe des Unternehmens	Großes Unternehmen	11A	0	0	0	0	0	100	0	0
	Mittleres Unternehmen	11B	100	100	100	0	100	0	100	0
	Kleines Unternehmen	11C	0	0	0	100	0	0	0	100
Distribution	Anonymer Vertrieb	12A	0	0	0	0	0	0	0	0
	Direktvertrieb	12B	0	100	100	100	0	0	100	100
	Direktvertrieb u. Vertretungen	12C	100	0	0	0	100	100	0	0
	Vertretungen	12D	0	0	0	0	0	0	0	0
Pre-Sales-Support	Keine Beratung	13A	0	0	0	0	0	0	0	0
	Telefonische Beratung	13B	80	20	70	100	90	60	0	100
	Vor Ort Beratung	13C	20	80	30	0	10	40	100	0
Ersatzteil-versorgung	Keine	14A	0	0	90	100	0	0	0	0
	Lieferung von Ersatzteilen	14B	0	0	0	0	100	0	0	0
	Neuausstattung u. Reparatur	14C	100	100	10	0	0	100	100	100

100 — Das Unternehmen verfolgt zu 100 % diese Ausprägung in der derzeitigen Strategie.

BILD 3-63
Gegenwärtig verfolgte Strategien des betrachteten Unternehmens und der Konkurrenz

Positionierung im Wettbewerb konsistent ist, es bleibt aber die Frage offen, ob nicht andere Strategievarianten existieren, die ein höheres Erfolgspotential besitzen. Falls die bisher verfolgte Strategie des betrachteten Unternehmens nicht mit einer ermittelten konsistenten Strategievariante übereinstimmt, wird sie auf Inkonsistenzen überprüft. Dafür werden in der ausgefüllten Konsistenzmatrix diejenigen Zeilen und Spalten gelöscht, die Ausprägungen enthalten, die das Unternehmen in seiner gegenwärtigen Strategie nicht verfolgt. Anschließend sind unmittelbar die inkonsistenten Kombinationen ersichtlich. Sie erklären, warum die bisher verfolgte Strategie nicht optimal ist.

Für die Bewertung der einzelnen Strategievarianten sind zwei Fragen zu beantworten: Wie schwierig ist es für das betrachtete Unternehmen, von der derzeitig verfolgten Strategie zu einer idealen Strategie zu wechseln? Und wie weit sind die Konkurrenten von den idealen Strategien entfernt? Die Antwort auf die zweite Frage ist wichtig, um die Attraktivität einer Strategievariante abzuschätzen. Denn je weniger Konkurrenten eine Idealstrategie momentan verfolgen und je schwieriger es für sie ist, diese zu erreichen, desto attraktiver ist diese für das betrachtete Unternehmen. Die momentane Positionierung der Wettbewerber und deren Entfernung zu einer Idealstrategie geben Hinweise auf das zukünftige Verhalten der Wettbewerber in der Wettbewerbsarena.

Die Schwierigkeit für ein Unternehmen, von einer Strategie zu einer anderen zu wechseln, hängt davon ab, welche Ausprägungen der strategischen Variablen sich unterscheiden und somit von einem Unternehmen zu ändern sind. Zur Bestimmung des Aufwands für einen Strategiewechsel muss für jede strategische Variable der Aufwand abgeschätzt werden, der erforderlich ist, um von der aktuellen Ausprägung zu einer anderen zu gelangen. Kosten entstehen beispielsweise durch die Anschaffung neuer Maschinen, Mitarbeiterschulungen, Erfüllung gesetzlicher oder vom Kunden geforderter Vorschriften, Umstrukturierung der Fertigung, Lizenzkosten, Produktentwicklungskosten etc. Je höher die Kosten sind, desto schwieriger ist es für ein Unternehmen, die Strategie zu erreichen. Die Kosten können auch die Finanzierungsmöglichkeiten des Unternehmens überschreiten, so dass die Strategie gar nicht erreicht werden kann.

Des Weiteren ist die Zeit zu berücksichtigen, die für den Wechsel benötigt wird: Je mehr Zeit der Wechsel in Anspruch nimmt, desto problematischer gestaltet sich in der Regel der organisatorische Wandel und desto höher ist das Risiko. Beispiele für zeitintensive Vorgänge sind der Aufbau von Know-how (z. B. für die Erschließung neuer Marktsegmente, für den Aufbau neuer Unternehmensfunktionen oder für die Beherrschung neuer Fertigungsverfahren), das Schaffen eines Markennamens, die organisatorische Umstrukturierung etc.

Bild 3-64 zeigt beispielhaft die Bewertung des Aufwands für den Wechsel zu anderen Handlungsoptionen der strategischen Variablen „Standardisierung des Produktprogramms". Da es im Allgemeinen einen Unterschied macht, ob der Wechsel von einer Ausprägung A zu einer Ausprägung B stattfindet, oder ob er umgekehrt von der Ausprägung B zur Ausprägung A stattfindet, handelt es sich im Vergleich zur Konsistenzmatrix um eine gerichtete Bewertung: Bis auf die Diagonale wird die komplette Matrix ausgefüllt. Selbstredend sind die Beurteilungsmerkmale Kosten und Zeit fallspezifisch zu skalieren. Voraussetzung dafür ist die präzise Beschreibung der Ausprägungen, worauf wir unter Phase 2 schon hingewiesen haben.

Über die Bewertungen des Aufwands für den Wechsel zwischen den Ausprägungen jeder strategischen Variablen lässt sich eine Kennzahl für den Aufwand eines Strategiewechsels berechnen. Die Ergebnisse der geschilderten Branchenanalyse werden mit Hilfe einer multidimensionalen Skalierung dargestellt (Bild 3-65). Dabei werden die

Strat. Variable	Ausprägung	Nr	6A	6B	6C	6D
Standardisierung des Produkt-programms	Nur Standardprodukte	6A		2	3	4
	Standardprodukte mit individuellen Extras	6B	1		3	4
	Standardprodukte und Spezialprodukte	6C	1	1		2
	Nur Spezialprodukte	6D	3	3	2	

Fragestellung:
Wie hoch ist der zeitliche und finanzielle Aufwand für den Wechsel von der Ausprägung x (Zeile) zur Ausprägung y (Spalte)?

Wenn bisher nur Spezialprodukte gefertigt wurden, ist der zeitliche und finanzielle Aufwand hoch, um in Zukunft nur Standardprodukte mit individuellen Extras herzustellen.

Bewertungsmaßstab:
1 = kaum Aufwand
2 = geringer Aufwand
3 = hoher Aufwand
4 = sehr hoher Aufwand

BILD 3-64
Bewertung des Aufwands für den Wechsel zu einer anderen Ausprägung einer strategischen Variablen (Ausprägungswechsel-Matrix)

Strategie-Bereiche	*Aufbau einer* ***Unternehmensstrategie***	*Aufbau einer* ***Geschäftsstrategie***
	Unternehmerische Vision	
Leitbild	**Unternehmensleitbild** Ein Unternehmensleitbild ergibt sich aus mehreren Elementen: · Motivation und Mission · Ziele, Grundwerte · Nutzenversprechen für Stakeholder	**Geschäftsleitbild** Ein Geschäftsleitbild umfasst die Beschreibung der möglichen und wünschenswerten Zukunft eines strategischen Geschäftsfelds bzw. einer entspr. Unternehmenseinheit.
Strategische Kompetenzen	**Kernkompetenzen** sind ein unternehmensweit zu pflegendes Bündel von Fähigkeiten und Technologien, das die Grundlage für zukünftige Produkt-Markt-Aktivitäten darstellt.	**Strategische Erfolgspositionen (SEP)** sind Schlüsselfähigkeiten zur Verwirklichung der Geschäftsvision.
Strategische Position	**Strategische Geschäftsfelder (SGF)** sind Kombinationen aus Marktleistungen und Marktsegmenten, in denen das Unternehmen in der Zukunft nachhaltigen Erfolg anstrebt.	**Produkte und Märkte** Eine Geschäftsstrategie umfasst eine detaillierte Beschreibung der zukünftigen Komponenten der Marktleistung, der Marktsegmente, der Vertriebskanäle und der Ziele.
Strategie-umsetzung	**Strategische Programme** sind gebündelte Maßnahmen, die geschäftsfeldübergreifend zu realisieren sind; z.B. eine unternehmensweite IT-Infrastruktur.	**Konsequenzen und Maßnahmen** dienen der Umsetzung der Geschäftsstrategie in den Funktions- und Handlungsbereichen.
Strategie-konforme Kultur	**Strategiekonforme Unternehmenskultur** umfasst Normen und Wertvorstellungen, die das Unternehmen prägen und zur Umsetzung der Unternehmensstrategie beitragen.	**Strategiekonforme Kultur des Geschäftsbereichs** umfasst Normen und Wertvorstellungen, die zum Erfolg des Geschäftsbereichs beitragen.

BILD 3-67 Aufbau von Unternehmens- und Geschäftsstrategien

- **Leitbilder:** Auf der Unternehmensebene wird ein Unternehmensleitbild entwickelt, das die grundsätzliche Richtung des Unternehmens vorgibt. Eine Geschäftsstrategie beginnt mit einem Geschäftsleitbild. Auch im Rahmen funktionaler Strategien werden Leitbilder entworfen – beispielsweise könnte das Leitbild der Informationstechnik-Strategie eines Unternehmens grundlegende Aussagen zum Selbstverständnis des entsprechenden Funktionsbereichs OI (Organisation und Informationstechnik) sowie zur konsequenten Verwendung von Standardsoftware enthalten.
- **Strategische Kompetenzen:** Auf der Unternehmensebene werden Kernkompetenzen ermittelt bzw. entwickelt, die zur Sicherung der Zukunft des Unternehmens notwendig sind. Auf der Geschäftsebene ordnen wir entsprechend dem Modell Pümpins die strategischen Erfolgspositionen (SEP) ein.
- **Strategische Position:** In diesem Bereich geht es darum, die Positionierung innerhalb der Wettbewerbsarena zu beschreiben – d. h. vor allem zukünftige Produkt-Markt-Kombinationen. Auf der Unternehmensebene umfasst dies die Strukturierung des Gesamtgeschäfts in strategische Geschäftsfelder, während auf der Geschäftsebene konkrete Marktleistungen und Marktsegmente sowie entsprechende Kombinationen beschrieben werden. Wichtig sind hier konkrete Ziele wie beispielsweise Umsatz oder Marktanteil für die betrachteten Geschäftsfelder.
- **Programme, Konsequenzen und Maßnahmen:** Dieser Bereich bildet die Schnittstelle zur Strategieumsetzung. Auf der Geschäftsebene werden Konsequenzen und Maßnahmen beschrieben. Auf der Unternehmensebene handelt es sich um konzertierte Aktionen zur Weiterentwicklung des Unternehmens, die oft als strategische Programme bezeichnet werden. Auf der Geschäftsebene gehen Konsequenzen und Maßnahmen in Funktionalstrategien der einzelnen Funktionsbereiche auf.
- **Strategiekonforme Unternehmenskultur:** Hier wird die für die Strategieumsetzung erforderliche Unternehmenskultur charakterisiert. Da es in der Regel Diskrepanzen zwischen der vorherrschenden und der erforderlichen Unternehmenskultur gibt, werden in diesem

GRUNDSÄTZE DER STRATEGISCHEN FÜHRUNG

In der strategischen Führung sind Grundsätze zu beachten [Püm83]. Diese Grundsätze mögen vielen zunächst als Binsenweisheiten erscheinen. Die Erfahrung lehrt aber, dass der Misserfolg vieler Unternehmen seine Ursache gerade im Verstoß gegen diese trivial erscheinenden Grundsätze hatte.

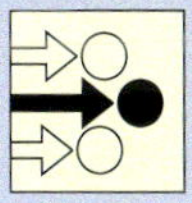

Differenzierung: Damit ist gemeint, dass sich die Marktleistung des Unternehmens in einigen wichtigen Punkten von denen der Mitbewerbern unterscheidet und sich an diesen Unterschieden eine überzeugende Verkaufsargumentation festmachen lässt. Häufig fällt es schwer, sich allein durch Produktmerkmale zu differenzieren, weil die Branche die gleichen Basissysteme einsetzt – z. B. Mikroprozessoren in BDE-Terminals – bzw. Neuigkeiten rasch nachvollzogen werden können. Viele Unternehmen versuchen daher, sich durch ergänzenden Dienstleistungen zu differenzieren. Hier ist das Differenzierungspotential groß und die einfache Nachvollziehbarkeit nicht möglich, weil die Dienstleistungen in der Regel mit Innovationen der Unternehmenskultur verknüpft sind. Ein Beispiel für die Differenzierung mit einer ergänzenden Dienstleistung ist der Teleservice für Produkte des Maschinenbaus.

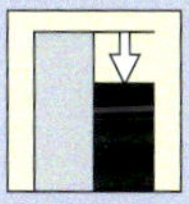

Effizienz: Darunter ist die Effizienz der Leistungserstellung zu verstehen. Häufig wird die Kostenführerschaft, die ein Zeichen hoher Effizienz ist, als Grundstrategie bezeichnet. Wir sind der Auffassung, dass die Kostenführerschaft bzw. hohe Effizienz ein Grundsatz ist, um im Wettbewerb nachhaltig erfolgreich zu sein und weniger Ausdruck einer Strategie ist. Es ist einfach in jedem Fall vernünftig, ständig an der Steigerung der Effizienz zu arbeiten. Dies gilt im Prinzip für alle Unternehmen und alle Geschäfte.

Timing: Der Zeitpunkt, zu dem ein Produkt am Markt eingeführt wird, ist von entscheidender Bedeutung. Die meisten Erfolgsgeschichten handeln von Pionieren – also Unternehmen, die als erste in den Markt eintreten. Ein sehr bekanntes Beispiel ist die Firma TRUMPF, die die Lasertechnologie für die Blechbearbeitung erschloss. Das klassische negative Beispiel ist XEROX. Bereits 1961 führte XEROX eine sog. LDX-Maschine vor, mit der Kopien über weite Entfernungen gesandt werden konnten. Einen großen Markt für diese Erfindung gab es damals noch nicht. Erst in der zweiten Hälfte der 1980er Jahre änderten sich die Marktbedingungen: Die Fernmeldetechnik hatte sich entschieden verbessert, Faxgeräte ließen sich zu niedrigen Kosten herstellen und die Zerschlagung von AT&T führte in den USA zu einem Rückgang der Fernsprechgebühren. Der Markt für Faxgeräte boomte urplötzlich – und die Erfinder von XEROX standen angesichts der japanischen Konkurrenz im Abseits.

Konzentration der Kräfte: Gegen diesen Grundsatz wird unserer Erfahrung nach besonders häufig verstoßen. Oft brechen Unternehmen verbal zu neuen Ufern auf; führen gleichzeitig aber alte Produktfamilien weiter und geben andere nicht auf. Die Folge ist Verzettelung und die Stabilisierung ihrer Leistungsfähigkeit auf mittelmäßigem Niveau. Der harte Wettbewerb erfordert aber Spitzenleistungen, die sich in der Regel nur erreichen lassen, wenn die Kräfte auf das Wesentliche konzentriert werden. Viele Unternehmen haben dies erkannt und ziehen sich konsequent auf das „Core Business" (Kerngeschäft) zurück.

Auf Stärken aufbauen: Der neue Ansatz der strategischen Führung geht von sog. Kernkompetenzen aus und entspricht damit im Prinzip diesem Grundsatz. Die Frage ist also: In welchen Bereichen hat das Unternehmen über Jahre hinweg außerordentlich hoch entwickelte Fähigkeiten aufgebaut und welche Geschäftsfelder könnten mit diesen Fähigkeiten erfolgreich bearbeitet werden?

Synergiepotentiale ausnutzen: In der Regel erhofft man sich beim Kauf bzw. bei der Fusion von Unternehmen Synergiepotentiale. Häufig werden diese Potentiale überbewertet, sei es, dass die Unternehmenskulturen zu unterschiedlich sind oder die akquirierten Aktivitäten zu optimistisch beurteilt werden. Die Erfahrung zeigt, dass es zum einen sehr schwierig ist, Synergiepotentiale sicher zu erkennen, und zum anderen die Ausschöpfung dieser Potentiale mit kostspieligen und zeitintensiven Anpassungsanstrengungen verbunden ist. Gleichwohl gibt es in vielen Bereichen wie der Forschung, im Verkauf, der Distributionslogistik und dem Kundendienst solche Potentiale.

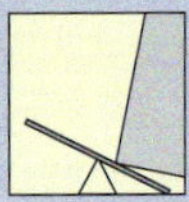

Umweltchancen ausnutzen: Im Prinzip geht es hier um die ständige Beobachtung des Umfelds der Geschäftstätigkeit. Ziel ist, gravierende Einflüsse auf das etablierte Geschäft, die beispielsweise zu Substitutionseffekten führen könnten, frühzeitig zu erkennen und dementsprechend agieren zu können. Mit der Szenario-Technik haben wir dafür eine leistungsfähige Methodik vorgestellt.

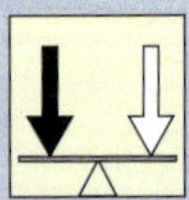

Gleichgewicht von Ressourcen und Zielen: Die Erkenntnis, dass mit den zur Verfügung stehenden Ressourcen ein ehrgeiziges Ziel nicht erreicht werden kann, ist eine der Hauptursachen für Demotivation. Extreme Überforderung verursacht also Demotivation. Andererseits schafft Unterforderung wider Erwarten nicht Wohlbefinden und Zufriedenheit, sondern aggressive Langeweile. Offensichtlich spornen ehrgeizige Ziele und zunächst als Überforderung empfundene Aufgaben zu Spitzenleistungen an. VON CUBE drückt dies mit dem Titel seines Buchs „Fordern statt Verwöhnen" unseres Erachtens sehr treffend aus.

Unité de doctrine: Auf den ersten Blick drückt dieser Begriff Gemeinschaftsgeist aus. Damit verbunden ist jedoch auch die Fähigkeit der Führungspersonen, mit visionärer Kraft die Richtung zu weisen und die Menschen in einer Leistungsorganisation für diese Richtung zu gewinnen.

Literatur:

[Püm83] PÜMPIN, C.: Management strategischer Erfolgspositionen - Das SEP-Konzept als Grundlage wirkungsvoller Unternehmensführung. Haupt, Bern, 2. Auflage, 1983

[Cub88] CUBE, F. VON: Fordern statt verwöhnen - Die Erkenntnisse der Verhaltensbiologie in Erziehung und Führung. Piper, München, 1988

Bereich auch die Maßnahmen beschrieben, die von der Ist- zur Soll-Unternehmenskultur führen.

Die ersten drei Strategiebereiche - Leitbild, strategische Kompetenzen und strategische Position - bilden die **unternehmerische Vision**. Das skizzierte Modell (siehe Bild 3-68) unterstreicht, dass die Strategieentwicklung sowohl den „Market-based-view" als auch den „Resource-based-view" vereint: Unternehmen können einerseits von externen Möglichkeiten ausgehen und sich fragen, welche strategischen Kompetenzen sie zur Besetzung dieser Position benötigen (oberer Pfeil). Andererseits können sie bei der Strategieentwicklung auch mit bestehenden strategischen Kompetenzen beginnen und sich fragen, welche strategische Position sie basierend auf den eigenen Fähigkeiten besetzen sollten (unterer Pfeil). Letztlich erweist sich strategische Führung als ein iterativer Prozess, in dem der in Bild 3-68 beschriebene Kreislauf ständig neu durchlaufen wird.

Nach unserer Erfahrung aus einer Vielzahl von Strategieentwicklungen lässt sich aber kein Patentrezept für den

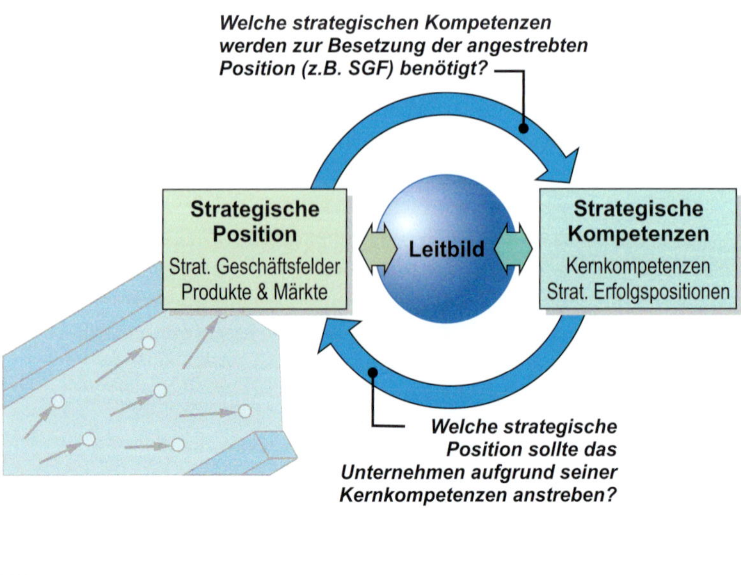

BILD 3-68
Unternehmerische Vision als Verbindung aus Leitbild sowie strategischen Kompetenzen und Positionen

Einstieg in einen Strategieentwicklungsprozess formulieren. Es gibt Unternehmen mit eindeutigem Kompetenzprofil, die mit einer Marktpositionierung starten sollten. Andere Unternehmen müssen sich zunächst über ihre eigenen Kompetenzen klar werden, ehe sie eine Marktpositionierung vornehmen. In beiden Fällen benötigen sie aber eine Vorstellung von der grundsätzlich angestrebten Zukunft - eben ein visionäres Leitbild.

Bevor auf die einzelnen Strategieelemente im Detail eingegangen wird, sei noch auf die **Grundsätze der strategischen Führung hingewiesen**, die, wie die Bezeichnung vermuten lässt, zu beachten sind. Diese sind in dem Kasten ausführlich kommentiert.

3.4.1 Leitbilder - Ziele, für die es lohnt, sich einzusetzen

Ein Leitbild orientiert sich logischerweise an der obersten Zielsetzung eines Unternehmens. Sie ist Gegenstand der Unternehmenspolitik. Früher war das unternehmerische Oberziel allein die Gewinnmaximierung. Durch hohe Gewinne wurde ein Unternehmen für potentielle Kapitalgeber attraktiv und erhielt so die Möglichkeit, seine Beziehungen zu Kunden, Lieferanten und Arbeitnehmern zu verbessern. Alternative Zielsetzungen wie Selbstständigkeit, Wachstum oder Erfolgspotentiale waren lediglich Mittel der Gewinnmaximierung. Diese eindimensionale Sicht des Unternehmenszwecks reicht heute nicht mehr aus. So haben Collins und Porras in einer Langzeitstudie herausgefunden, dass Gewinnmaximierung für langfristig erfolgreiche Unternehmen nicht das oberste Ziel ist.

> „*Profitability is a necessary condition for existence and a means to more important ends, but it is not the end in itself for many of the visionar companies. Profit is like oxygen, food, water and blood for the body; they are not the point of life, but without them, there is no life.*“ [CP94]

Daher wird in der behaviouristischen Theorie die Gewinnmaximierung durch ein **mehrdimensionales Zielsystem** abgelöst, das soziale, politische, ökonomische und ökologische Zielsetzungen verbindet. Für Unternehmen bedeutet dies, dass sie mehr über ihren eigenen Zweck und die damit verbundenen, teilweise miteinander konkurrierenden Zielsetzungen nachdenken müssen. Auch Mitarbeiter fordern immer stärker eine Vision, für die es sich einzusetzen lohnt. Daher kommt der Entwicklung, Kommunikation und Umsetzung von **Leitbildern** eine große Bedeutung zu.

Trotz der Bedeutung, die erstrebenswerten Leitbildern allgemein zugestanden wird, konzentrieren sich viele strategische Planer auf eine möglichst lückenlose Analyse der Ausgangssituation. Häufig sind sog. „Strategien“ nicht viel mehr als Anleitungen, wie die Probleme von heute zu lösen sind; sie sind Ergebnisse von „Maschinisten“, die die Zukunft als kontinuierliche Fortschreibung dessen sehen, was sie erlebt haben. Der Grund ist vor allem darin zu sehen, dass eine Vision noch immer „als eine geheim-

Ein Leitbild ist ...

- ... **vorstellbar**. Es vermittelt eine Vorstellung davon, wie die Zukunft aussehen könnte.
- ... **wünschenswert.** Es beschreibt eine zukünftige Situation, die den relevanten Stakeholdern langfristig Nutzen bringt.
- ... **fassbar.** Es umfasst realistische, grundsätzlich erreichbare Ziele.
- ... **fokussiert.** Es ist deutlich genug, um bei der Entscheidungsfindung Hilfestellung zu geben.
- ... **flexibel.** Es ist allgemein genug, um bei sich ändernden Rahmenbedingungen individuelle Initiativen und alternative Reaktionen zu zulassen.
- ... **kommunizierbar.** Es ist einfach zu kommunizieren und kann innerhalb von fünf Minuten überzeugend erklärt werden.

„Organisationen müssen ihren Kurs nach dem Licht der Sterne bestimmen und nicht nach den Lichtern jedes vorbeifahrenden Schiffes.“
Omar Bradley

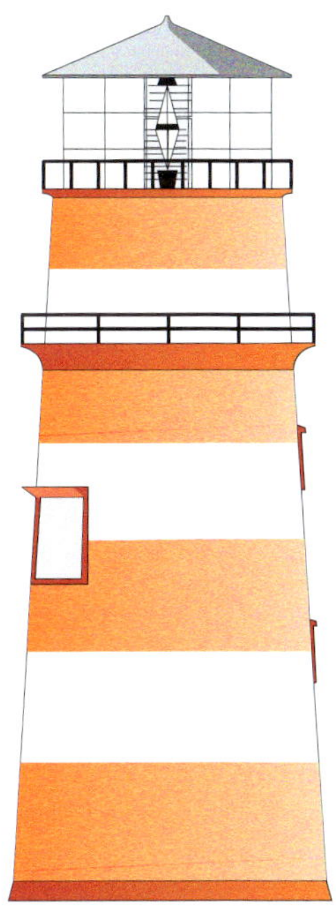

BILD 3-69
Anforderungen an visionäre Leitbilder nach Kotter

nisvolle, unkontrollierbare Kraft“ [Sen06] gilt, für deren Erstellung es keine Formeln gibt. Daher sind **Kreativität** und **Vorstellungskraft** unverzichtbare Bestandteile visionärer Führung.

> *„Natürlich beschäftigen wir uns schon heute in allen Unternehmen mit einer langfristigen Planung und auch mit langfristigen Marktentwicklungen, und insofern ist Vision nichts Neues, aber wir bewegen uns dabei – das ist Wirklichkeit in vielen Unternehmen – noch zu stark in den Strukturen unserer heutigen Organisation. Daher holt uns häufig die Realität wieder ein, und daher müssen wir den Mut haben, mit einem ‚Radar durch die Wolken zu schauen‘, uns also von den Strukturen der Gegenwart lösen, um die Umrisse neuer Gebilde zu erahnen.“* [Oet94]

Eine solche Loslösung von gegenwartszentrierten Strukturen kann aber nicht erfolgen, indem neue Planungsrituale eingeführt werden. HAMEL und PRAHALAD betonen, dass aus den Jahresplanungen großer Unternehmen nur sehr selten visionäre Strategien hervorgehen. Dies ist nicht verwunderlich, denn der Ausgangspunkt für die Strategie des nächsten Jahres ist fast immer die Strategie des vorangegangenen Jahres. Daher verstehen wir unter Leitbildern auch nicht die kleinen, alltäglichen Ziele, sondern „die großen Entwürfe, die das Blut in Wallung bringen“. COLLINS und PORRAS haben hierfür den Begriff der **großen, verwegenen und brenzligen Ziele** (Beehags = „Big Hairy Audacious Goals“) geprägt. Insofern sehen wir in einem Leitbild ein konkretes Zukunftsbild, nahe genug, um die Realisierbarkeit noch zu sehen, aber schon fern genug, um die Begeisterung der Organisation für eine neue Wirklichkeit zu erwecken. In Anlehnung an eine Darstellung von KOTTER weisen visionäre Leitbilder die in Bild 3-69 wiedergegebenen Eigenschaften auf [Kot97].

Aufbau von Leitbildern

Leitbilder sind dann besonders gut, wenn sie die „ureigene Seele“ des Unternehmens beschreiben. Daher unterscheiden sich die von Unternehmen formulierten Leitbilder stark voneinander. Während General Electric mit drei Worten auskam („Boundaryless … Speed … Stretch“), formulieren andere Unternehmen eine sehr viel umfangreichere Zielvorstellung. Wir verstehen ein Leitbild als den Kern der unternehmerischen Vision, d. h. es wird durch strategische Kompetenzen und eine strategische Position – die wir auch als Ziele verstehen – ergänzt bzw. konkretisiert (vgl. Bild 3-68). Dabei sind die Übergänge fließend, so dass in einem Leitbild immer wieder auch Aussagen zu strategischen Kompetenzen bzw. strategischen Positionen vorkommen. Insbesondere in diversifizierten Unternehmen bedarf es wohlfundierter Leitbilder, um auf der Unternehmensebene eine Basis für die Integration der verschiedenen Geschäftsaktivitäten zu schaffen. Daher bestehen insbesondere Unternehmensleitbilder aus mehreren Elementen, die in unterschiedlicher Form ausgeprägt und kombiniert werden können (Bild 3-70).

Motivation

In einem Leitbild wird der konstante und zu bewahrende Zweck des Unternehmens beschrieben. Dieses Selbstverständnis kann sich in einem mehrdimensionalen Zielsystem auf die Nutzenmehrung bei verschiedenen Stake-

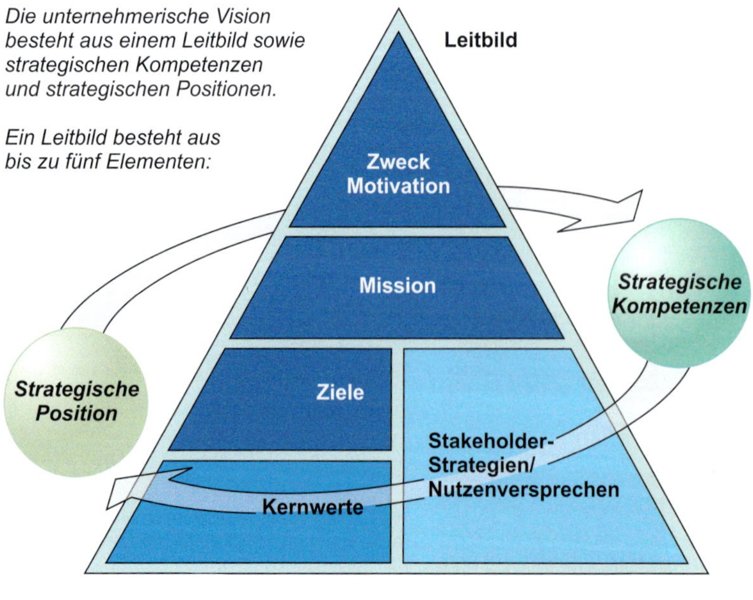

BILD 3-70
Prinzipieller Aufbau von Leitbildern

holdern beziehen oder auf einen zentralen Stakeholder ausgerichtet werden. Die folgenden Beispiele zeigen eine solche „monistische Zielausrichtung" auf einen zentralen Stakeholder [JK95]:

- **Kapitaleigner:** Hier stehen die Kapitaleigner im Mittelpunkt: „The first goal for Worthington Industries is to earn money for its shareholders and increase the value of their investment". Dies entspricht dem Shareholder-Value-Ansatz.
- **Kunden:** Goodyear sieht beispielsweise seinen Zweck in der Bereitstellung von Produkten und Dienstleistungen zur Befriedigung von Kundenbedürfnissen.
- **Gesellschaft:** Merck formuliert in seinem Leitbild als vornehmliche Aufgabe den Schutz der Gesellschaft durch Medikamente.

Diese eher einseitigen Ausrichtungen werden nicht der Gegebenheit gerecht, dass ein Unternehmen Teil eines komplexen Systems ist und einem Gefüge von Werten entsprechen muss. Unternehmen, die wachsen und nachhaltig erfolgreich sein wollen, müssen nach Sprenger in drei Bereichen überdurchschnittliche Ergebnisse bringen: Ökonomische Wohlfahrt, Legitimität und kollektive Identität [Spr05]:

- **Ökonomische Wohlfahrt** bedeutet Daseinsvorsorge, was über das reine Gewinnstreben hinausgeht und weitere Möglichkeiten des wirtschaftlichen Überlebens einschließt. Dazu zählen Geldnachfluss vom Kapitalmarkt, Subventionen und Querfinanzierungen in einer Unternehmensgruppe. Von Bedeutung sind auch die Gewinnerwartungen der Stakeholder. Naturgemäß sind diese seitens der Belegschaft und der Gewerkschaften geringer als die der Kapitalgeber. Es soll logischerweise nicht die herausragende Bedeutung des Gewinns in Frage gestellt werden, aber doch darauf hingewiesen werden, dass Höhe und Zeitpunkt des Gewinns Gestaltungsgrößen sind und eine einseitige Fokussierung auf den Gewinn, geschweige denn auf den kurzfristigen Gewinn, nicht ausreicht, ein Unternehmen erfolgreich zu führen.
- **Legitimität:** Das Erreichen strategischer und operativer Ziele allein ist nicht ausreichend, um die Menschen im Unternehmen und im Umfeld des Unternehmens dauerhaft zu gewinnen. Die klassischen Führungsinstrumente wie z. B. die Strategie geben Antworten auf das „Was", aber nicht auf das „Warum". Die Menschen haben das Bedürfnis, einen Sinn in ihrem Wirken zu sehen und nur dann sind sie bereit, sich dauerhaft stark zu engagieren. Der Daseinszweck eines Unternehmens muss deutlich erkennbar sein und die Zustimmung der Menschen finden. Legitimität – also die Zustimmung der Menschen zum Daseinszweck des Unternehmens – wird erreicht, indem neben dem Gewinn auch weitere Ziele wie Umweltschutz, Arbeitssicherheit, Offenheit und Verlässlichkeit verfolgt und erreicht werden.
- **Kollektive Identität**, also das Zusammengehörigkeitsgefühl, entspricht im Prinzip auch dem Grundsatz „Unité de Doctrine/Gemeinschaftsgeist" (vgl. Kasten „Grundsätze der strategischen Führung"). Offenbar fällt es den Managern leichter zu formulieren, was das Unternehmen nicht ist, als überzeugend zu vermitteln, wofür das Unternehmen steht. Gerade dann, wenn Unternehmen temporär Allianzen bilden, die Leistungserstellung geographisch stark verteilt erfolgt, häufiger als früher Unternehmensteile abgestoßen und neue hinzugewonnen werden und die Loyalität der Mitarbeiter zum Unternehmen vom Management vielerorts zu wenig geschätzt wird, gerät die Erzeugung des Zusammengehörigkeitsgefühls zur zentralen Führungsaufgabe – Technokraten und rationale Macher geben hier eine schlechte Figur ab; das ist die Aufgabe von Führungspersönlichkeiten, die andere Menschen für eine gemeinsame Sache gewinnen und selbstredend dafür sorgen, dass ehrgeizige Ziele auch erreicht werden.

Die Unternehmensleitung muss eine Balance zwischen den übergeordneten Zielen aus diesen drei Bereichen finden und diese im Leitbild prägnant und allgemein verständlich artikulieren.

Mission

Die Mission beschreibt, wie das Unternehmen sein formuliertes Selbstverständnis in ein konkretes Geschäft umsetzt. Daher weist die Mission häufig bereits Elemente einer strategischen Position – d. h. Beschreibungen von Marktleistungen und Märkten – auf.

Ziele

Ein drittes Element, das viele Unternehmen in ihre Leitbilder aufnehmen, sind konkrete strategische Ziele. Darunter fallen vor allem angestrebte Positionen im Markt sowie interne Zielgrößen wie Gewinn, Umsatzwachstum oder Umsatzverteilung auf Marktleistungen oder Regionen.

Nutzenversprechen

Viele Leitbilder konkretisieren die angestrebte Beziehung zwischen Unternehmen und einzelnen Stakeholdern (Kunden, Mitarbeitern, Kapitaleignern) durch die Formulierung des Nutzens, den das Unternehmen den Stakeholdern anbietet. Dieses Nutzenversprechen („Value Proposition") wird vor allem eingesetzt, um ein Unternehmen bereits im Rahmen der Leitbild-Entwicklung eng an den Bedürfnissen

BEISPIEL FÜR EIN UNTERNEHMENSLEITBILD (AUSZUG) – ERFOLGREICHES START-UP-UNTERNEHMEN

Motivation und Zweck

Wir haben ... gegründet, um unsere Zukunft selbst zu gestalten. Dazu gehören insbesondere attraktive Arbeitsplätze, die uns und unseren Angehörigen Sicherheit bieten.

Der Zweck unserer Unternehmung wird durch die drei Gesichtspunkte Profitabilität & Daseinsvorsorge, Legitimität und Identität bestimmt, die es gilt, immer wieder auszubalancieren.

- **Profitabilität & Daseinsvorsorge:** Wir sind eine Unternehmung, die Gewinn erzielen muss. Der Gewinn ist die Luft zum Atmen; aber wir leben nicht um zu atmen, sondern wir atmen um zu leben.
- **Legitimität:** Nach außen bringen wir unsere Kunden voran und verstehen uns als konstruktiver Teil einer hoch entwickelten, freiheitlichen Gesellschaft. Nach innen ermöglichen wir unseren Mitarbeiterinnen und Mitarbeitern ein hohes Maß an kontinuierlicher persönlicher Entwicklung: intellektuell, beruflich und finanziell.
- **Identität:** Wir sind eine Veranstaltung von Menschen für Menschen in einer Solidargemeinschaft mit einer gleichen Sicht auf die grundlegenden Aspekte unserer Unternehmung. Wir lernen aus dem Erlebten, pflegen die Tradition, das Gemeinschaftsgefühl und Freundschaften. Gleichwohl respektieren wir individuelles Denken und Handeln und achten unser Umfeld.

Mission

Aus dem Wandel resultieren hohe Anforderungen an Industrieunternehmen, denen sich das Management stellen muss. Unsere Kunden suchen einen zuverlässigen Partner, der ihnen dabei hilft. Wir sind dieser Partner. Wir entwickeln mit unseren Kunden zukunftsorientierte Unternehmensführungskonzeptionen und helfen ihnen, diese umzusetzen. Mit uns erreichen unsere Kunden schneller und wirtschaftlicher ihre Ziele. Wir machen unsere Kunden erfolgreicher.

Messbare Ziele

Wir wollen in fünf Jahren folgende messbare Ziele erreicht haben:

- Jährliches Umsatzwachstum von 10 %
- Mindestens fünf neue, regelmäßige Kunden pro Jahr
- Senkung der Reklamationsquote um 20 % bezogen auf das aktuelle Geschäftsjahr

der Kunden auszurichten. Während Treacy und Wiersema von Nutzenstrategien sprechen [TW95], bevorzugen wir den Begriff der Stakeholder-Strategien, da hier letztlich Wege beschrieben werden, wie das Unternehmen mit einzelnen Stakeholdern umzugehen gedenkt.

Grundwerte

Ein weiteres Element eines Leitbilds sind die Grund- oder Kernwerte. Sie werden auch als „Policies“ oder „Practicies“ bezeichnet und beschreiben die Grundsätze des Handels im Unternehmen und charakterisieren die Unternehmenskultur. Wir gehen darauf noch näher in Kapitel 3.4.5 ein. Die Grundwerte weisen häufig enge Beziehungen zu den strategischen Kompetenzen eines Unternehmens auf und werden bewusst oder unbewusst durch die Führungspersönlichkeiten geprägt. Pitcher unterscheidet in ihrem Buch „Das Führungsdrama“ drei Typen von obersten Führungskräften: Künstler, Handwerker und Technokraten. Sie beschreibt authentisch und packend, wie eine visionäre Führungspersönlichkeit, der sog. Künstler, ein Spitzenunternehmen aufbaut, seine Nachfolger als brave Handwerker ihr Bestes geben, um das Unternehmen im Sinne ihres großartigen Vorgängers fortzuführen, und schließlich in der dritten Generation die Technokraten mit kaltblütiger Objektivität und professionellem Management das Unternehmen ruinieren [Pit98]. Man benötigt nicht viel Phantasie, um sich vorzustellen, welche Grundwerte sich in dem einen und anderen Fall herausbilden und den Weg für den Erfolg ebnen oder in den Misserfolg führen.

Entwicklung von Leitbildern

In Praxis und Wissenschaft werden immer wieder zwei Ansätze zur Entwicklung von Leitbildern beschrieben [Ble99]: Leitbilder können von charismatischen **Führungspersönlichkeiten** individuell entwickelt werden oder aus einem gruppendynamischen Prozess von Führungskräften und weiteren „Vordenkern“ im Unternehmen hervorgehen. Große Führungspersönlichkeiten, die quasi allein den Kurs des Unternehmens bestimmen, waren z. B. Henry Ford, Max Grundig und Heinz Nixdorf. Solche charismatischen Führer entwickeln nicht nur Zukunftsentwürfe, sondern sind in besonderer Weise fähig, die

Mitarbeiter für eine Vision zu gewinnen. Persönlichkeiten dieses Kalibers sind rar; schon deshalb kann im Allgemeinen deren Existenz nicht die Grundlage des Erfolgs vieler Unternehmen sein. So haben COLLINS und PORRAS in ihrer Untersuchung nachgewiesen, dass charismatische Führungspersönlichkeiten keine Voraussetzung für Unternehmenserfolg sind:

„Eine charismatische Führungspersönlichkeit ist absolut keine Voraussetzung für visionäre Unternehmen – in Wirklichkeit können sie der langfristigen Unternehmensentwicklung sogar abträglich sein. Einige der wirkungsvollsten Führer in der Geschichte visionärer Unternehmen schreckten vor diesem Gedanken eher zurück und verstanden sich als Architekten ihrer Organisation.“ [CP97]

In diesem Sinne rückt der zweite Ansatz der Visionsentwicklung in den Vordergrund. Hier entstehen Leitbilder als Ergebnis eines **kollektiven, kreativen Prozesses**. Dieses Modell beinhaltet keinen Verzicht auf visionäre Führungspersönlichkeiten, sondern eine Ergänzung. Dabei kommt der Unternehmensführung die Aufgabe zu, die vielen visionären Persönlichkeiten in den verschiedenen Bereichen und Funktionen des Unternehmens so zu stimulieren und zu konzertieren, dass diese eine gemeinsame Vision entwickeln. Das Ergebnis ist ein Leitbild, für das sich die Führungskräfte, Mitarbeiter und weiteren Anspruchsgruppen engagieren. Dies ist vor allem notwendig, weil ein großer Teil der Mitarbeiter heute vielerorts im Zustand der formellen oder gar widerstrebenden Einwilligung verharrt.

Da ein Leitbild die langfristige Zielrichtung eines Unternehmens beschreibt, sollte es auch über einen längeren Zeitraum die Unternehmensentwicklung bestimmen und nicht jedes Jahr verändert werden. Dennoch müssen Unternehmen auf das **„We've-arrived“-Syndrom** achten. Unternehmen, die seit längerem ein Leitbild verfolgen und damit sehr erfolgreich sind, neigen zur Selbstgefälligkeit und Arroganz; sie verlieren den klaren Blick auf Veränderungen der Geschäftsarena bzw. unterlassen es, aus wahrnehmbaren Veränderungen Schlüsse zu ziehen. Auch in diesen Fällen ist es wichtig, rechtzeitig neue „große, verwegene und brenzlige Ziele“ zu bestimmen, das Unternehmen darauf auszurichten und die Kräfte dafür zu mobilisieren.

3.4.2 Strategische Kompetenzen – Schlüsselfähigkeiten der Zukunft

Eine Strategie muss das Wesentliche auf den Punkt bringen und leicht kommunizierbar sein. Daher sollte auch klar beschrieben sein, auf welche Fähigkeiten es ankommt, um die im Leitbild beschriebene Zielsetzung zu erreichen. Diese Fähigkeiten werden als **strategische Kompetenzen** bezeichnet. Dabei handelt es sich gemäß PÜMPIN um eine „durch den Aufbau von wichtigen und dominierenden Fähigkeiten bewusst geschaffene Voraussetzung, die es dieser Unternehmung erlaubt, im Vergleich zur Konkurrenz langfristig überdurchschnittliche Ergebnisse zu erzielen“ [Püm83].

Einen Meilenstein in der Behandlung strategischer Kompetenzen stellt das von HAMEL und PRAHALAD entwickelte Konzept der **Kernkompetenzen** dar. Danach ist es die Aufgabe der Unternehmensführung, das langfristige Bestehen des Unternehmens durch den Aufbau und die sorgfältige Pflege von Kernkompetenzen zu sichern:

„Kernkompetenzen sind eine Quelle zukünftiger Produktentwicklungen. Sie sind die ‚Wurzeln' der Wettbewerbsfähigkeit, während die einzelnen Produkte und Dienstleistungen die ‚Früchte' dieser Wettbewerbsfähigkeit darstellen. Die Unternehmensführungen kämpfen nicht nur darum, die Positionen ihrer Firmen auf den bestehenden Märkten zu sichern, sondern ihre Aufgabe besteht auch darin, ihre Unternehmen auf neuen Märkten in Erfolg versprechende Positionen zu manövrieren. Das bedeutet, dass jede Unternehmensspitze, die es versäumt, sich dem Aufbau und der Pflege von Kernkompetenzen zu verschreiben, unbewusst die Zukunft des Unternehmens aufs Spiel setzt.“ [HP95]

Nach HAMEL und PRAHALAD besteht eine Kompetenz nicht in einer bestimmten Einzelfähigkeit oder Einzeltechnologie, sondern in einem Bündel von Fähigkeiten und Technologien. Ein solches Bündel muss drei Voraussetzungen erfüllen, um als Kernkompetenz gelten zu können:

- **Kundennutzen:** Eine Kernkompetenz muss einen überdurchschnittlichen Beitrag zu dem vom Kunden wahrgenommenen Wert leisten – d. h. sie muss das Unternehmen in die Lage versetzen, ihren Kunden wesentlichen Nutzen anzubieten.
- **Abhebung von der Konkurrenz:** Um als Kernkompetenz gelten zu können, muss eine Fähigkeit im Wettbewerb einzigartig sein.
- **Ausbaufähigkeit:** Eine Kernkompetenz muss „die Türen zu den Märkten von morgen öffnen“. Folglich ist sie nicht lediglich eine bedeutsame Stärke in der Gegenwart,

sondern auch in der Zukunft für den Erfolg des Unternehmens relevant.

Angesichts der sowohl in der Literatur als auch in der Praxis vorhandenen begrifflichen Vielfalt schlagen wir folgende Einordnung vor: Wir verstehen unter **Kernkompetenzen** die strategischen Kompetenzen auf der Unternehmensebene. Auf der Geschäftsebene sprechen wir im Sinne PÜMPINS von **Strategischen Erfolgspositionen (SEP)**. Da wir uns primär mit Geschäftsstrategien befassen, gehen wir im Folgenden auf das Management strategischer Erfolgspositionen ein [Püm83].

In den meisten Unternehmen betonen die einzelnen Funktionsbereiche unterschiedliche Fähigkeiten (Bild 3-71): Der Vertrieb kultiviert beispielsweise die Erfüllung der Kundenwünsche „quasi um jeden Preis"; die Entwicklung/Konstruktion favorisiert ein neues, avantgardistisches und erklärungsbedürftiges Produkt; die Arbeitsvorbereitung strebt hohe Losgrößen an; die Fertigung/Montage ist stolz darauf, alle gängigen Fertigungstechnologien vorzuhalten und die Flexibilität eines Prototypenbaus bieten zu können. Das von PÜMPIN entwickelte „Management Strategischer Erfolgspositionen" ist demgegenüber ein besonders plausibles Prinzip der strategischen Unternehmensführung. Danach sind alle Unternehmensaktivitäten im Sinne einer **Fokussierung** konsequent auf den Aufbau bzw. Ausbau der als erfolgsentscheidend erkannten Fähigkeiten zu richten (Bild 3-71). Dies erfordert vom Management Überzeugungskraft und Durchsetzungsstärke, da die einzelnen Funktionsbereiche in der Regel zunächst an ihren historisch gewachsenen Stoßrichtungen festhalten. Management Strategischer Erfolgspositionen heißt also, den Wandel von der bereichsorientierten Suboptimierung zur Fokussierung auf die wirklich entscheidenden Fähigkeiten zu vollziehen. Entsprechende Beispiele sind im folgenden Kasten beschrieben.

Die Entwicklung strategischer Kompetenzen ist zunächst ein kreativer Prozess, der von den an der Strategieentwicklung beteiligten Führungspersönlichkeiten Weitblick und Vorstellungen über ein Leitbild erfordert. Daneben gibt es aber ein Hilfsmittel, wie sich strategische Kompetenzen aufspüren lassen. Dazu greifen wir auf das Erfolgsfaktoren-Portfolio zurück, wie es in Bild 3-22 dargestellt wird. Bild 3-72 zeigt links das gegenwärtige Erfolgsfaktoren-Portfolio und rechts daneben das **zukünftige Erfolgsfaktoren-Portfolio**. In diesem beziehen sich die Bedeutung der Erfolgsfaktoren und ihre relative Stärke auf einen zuvor definierten Zeitpunkt in der Zukunft. Wir halten diese Zukunftsbetrachtung für sehr wichtig, weil die Erfolgsfaktoren von heute nicht zwangsläufig die von morgen sein müssen. Erfolgsfaktoren rechts oben in Bild 3-72 bilden die Basis für strategische Erfolgspositionen. Die Einordnung der Erfolgsfaktoren im **zukünftigen Portfolio** ergibt sich in Verbindung mit Markt- und Umfeldszenarien, die die Entwicklungsmöglichkeiten der Wettbewerbsarena beschreiben. Daher ergeben sich je Erfolgsfaktor mehrere Positionen. Im Einzelnen lässt sich das wie folgt kommentieren:

- Die Lieferzeit ist als strategische Erfolgsposition bei beiden Szenarien geeignet, wenn die relative Stärke gehalten werden kann.
- Die Qualität ist nur im Szenario B als strategische Erfolgsposition geeignet. Im Szenario A ist das nicht der

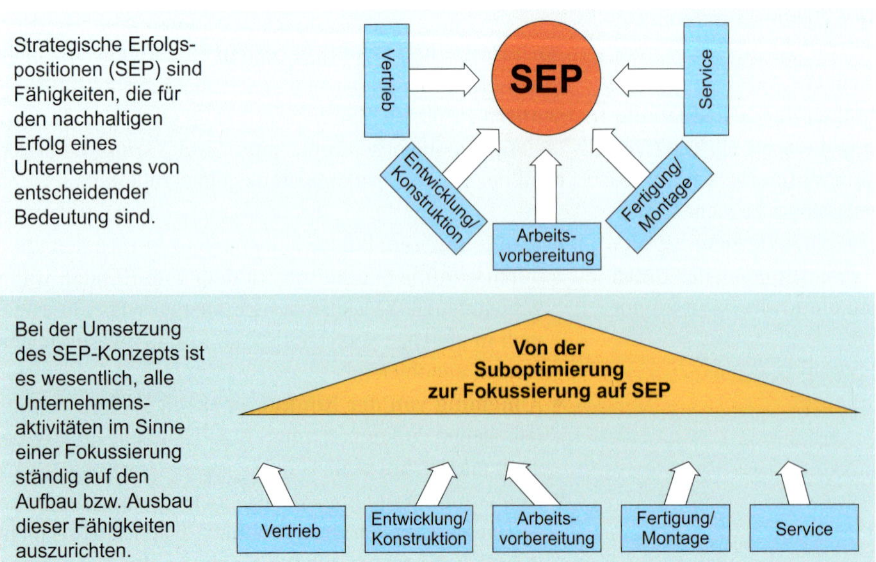

BILD 3-71
Prinzip des Managements strategischer Erfolgspositionen (SEP)

BEISPIELE FÜR STRATEGISCHE ERFOLGSPOSITIONEN IM ZUSAMMENHANG MIT DER ENTWICKLUNG VON GESCHÄFTSSTRATEGIEN

Beispiel 1: Geschäftsstrategie eines Unternehmens der Automatisierungstechnik/ Interfacetechnik

Problemlösungskompetenz (SEP 1): Unsere Kunden wollen aus der Informations- und Kommunikationstechnik Nutzen ziehen. Angesichts der raschen Entwicklung dieser Technik und der hohen Komplexität der Automatisierungsaufgaben benötigen sie einen Partner, der ihnen attraktive Lösungsmöglichkeiten aufzeigt und ihnen hilft, diese effizient umzusetzen. Unser Vorteil ist, dass wir so den Preisverfall bei Hard- und Softwarekomponenten ein Stück weit kompensieren können.
Schnelligkeit (SEP 2): Die besonders dynamische Entwicklung der Informations- und Kommunikationstechnik prägt entscheidend das Automatisierungsgeschäft. Wir müssen uns auf Innovationszyklen einstellen, die im Bereich von wenigen Jahren liegen. Vor diesem Hintergrund muss es uns gelingen, erkannte Chancen für neue Produkte rasch zu nutzen. Nur der Schnellste kann sicher sein, dass er einen hohen Return-on-Investment erhält.

Beispiel 2: Geschäftsstrategie eines Unternehmens, das Komponenten der Verbindungstechnik entwickelt, produziert und weltweit vermarktet

Kostenführerschaft in den Herstellkosten (SEP 1): Produkt- und Fertigungstechnologien sind in unserer Hand. Wir beherrschen diese Technologien. Aus dieser Position heraus gestalten wir die Entwicklungs- und Herstellprozesse, um die Kostenführerschaft zu erzielen. Dies sichert uns im Stammgeschäft den erforderlichen Handlungsspielraum.
Weltweites Vertriebs- und Servicenetz (SEP 2): Unsere Vertriebs- und Kundendienstorganisation ist in den relevanten geographischen Marktgebieten vor Ort präsent. Wir sprechen die Sprache der Kunden und reagieren schnell.
Zuverlässiger Partner (SEP 3): Die Qualität unserer Produkte und Dienstleistungen entspricht den hohen Anforderungen unserer Kunden. Wir halten Zusagen strikt ein, dazu zählt insbesondere eine vorbildliche Liefertreue. Unsere Produkt- und Programmpolitik bietet Kontinuität.

Beispiel 3: Geschäftsstrategie eines Herstellers von Spezialmöbeln

Führung durch Innovation (SEP 1): Durch kontinuierliche Innovation setzen wir die Maßstäbe in umfassender Produktqualität (Funktionalität, Design, Haltbarkeit, Umweltschutz). In Markt und Branche gelten wir als Unternehmen, das durch diese Stärke immer wieder zusätzlichen Kundennutzen schafft. Wir sehen den Wandel als Herausforderung und nicht als Bedrohung. Pioniergeist und Vorwärtsdrang dominieren bei uns über Bedenkentragen und Stillstand.
Kompetenter Direktvertrieb (SEP 2): Wir sind in der Nähe der Kunden. Durch diese Nähe, die Professionalität in Akquisition und Auftragsabwicklung sowie durch intensive Betreuung der Kundenbasis erreichen wir eine hohe Kundenbindung. Eine besondere Stärke im Marktauftritt unseres Vertriebs ist die hohe Identifikation mit unserem Unternehmen und unserem Leistungsangebot.

Beispiel 4: Geschäftsstrategie eines Unternehmens, das mikroelektronische Produkte entwickelt und fertigt

„Key-Player"-Image (SEP 1): In unseren Märkten sind wir die erste Adresse. Wir gelten als innovativ und umsetzungsstark. Das erfordert selbstredend gute Leistungen, aber auch die Fähigkeit, diese Botschaft zu vermitteln. Professionalität im Marktauftritt und Qualität der Marktleistung sind dafür die Grundlage.
Nutzenorientierte Systemlösungen (SEP 2): Wir sprechen die Sprache unserer Kunden und gewinnen mit attraktiven Lösungsvorschlägen Vertrauen und Anerkennung. Das erfordert von uns integratives Denken, mit dem wir unterschiedliche Technologien wie Mikroelektronik, Informationsverarbeitung und Feinmechanik verknüpfen und in die spezifischen Erzeugnisse unserer Kunden optimal einbetten. Damit helfen wir unseren Kunden, erfolgreich zu sein.
Zielorientierte effiziente Zusammenarbeit (SEP 3): Was wir für unsere Kunden tun und uns Geld bringt, tun wir schnell. Dies gilt besonders für die Umsetzung von Ideen zu Lösungsvorschlägen und zu Produkten. Das erfordert eine enge Zusammenarbeit, die sich am zufriedenen Kunden orientiert und konsequent klar strukturierten Leistungserstellungsprozessen folgt. So gelingt es uns, die scheinbar widersprüchlichen Zielsetzungen Schnelligkeit, attraktive Preise und hohe Qualität in Einklang zu bringen.

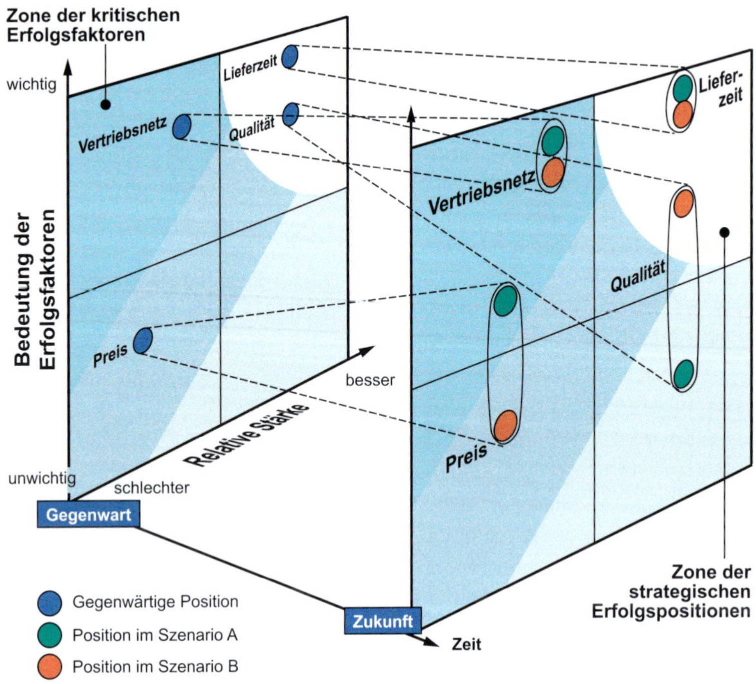

BILD 3-72
Gegenwärtiges und zukünftiges Erfolgsfaktoren-Portfolio

Fall; in der entsprechenden Wettbewerbsarena wird hohe Qualität schlicht vorausgesetzt und ist somit für eine Differenzierung im Wettbewerb ungeeignet.

- Hinsichtlich der Bedeutung des Vertriebsnetzes stellt sich die Frage, ob das Unternehmen in diesem Bereich eine Stärke aufbauen kann. Da daran kaum ein Weg vorbeiführt, würde sich der Erfolgsfaktor Vertriebsnetz auch als strategische Erfolgsposition anbieten.
- Der Erfolgsfaktor Preis hat eine mittlere Bedeutung und kommt daher als strategische Erfolgsposition nicht in Betracht. Es ist aber offensichtlich, dass das Unternehmen im Fall des Szenarios A seine Position wesentlich verbessern muss, um aus der Zone der kritischen Erfolgsfaktoren herauszukommen.

3.4.3 Strategische Positionierung – Märkte und Marktleistung

Während in einem Leitbild die grundsätzlichen Ziele umrissen werden, umfasst die strategische Positionierung die Festlegung der **Wettbewerbsarena** in Form von strategischen Geschäftsfeldern sowie die Entwicklung einer Wettbewerbsstrategie zur Ermittlung und Ausschöpfung von Wettbewerbsvorteilen innerhalb dieser Produkt-Markt-Kombinationen.

Entwicklung strategischer Geschäftsfelder (SGF)

Zur Ermittlung strategischer Geschäftsfelder wird auf die Marktleistung-Marktsegmente-Matrix zurückgegriffen (vgl. Bild 3-4). Strategische Geschäftsfelder sind Geschäftsfelder oder Cluster von Geschäftsfeldern, in denen das Unternehmen in der Zukunft nachhaltigen Erfolg erzielen kann. Um strategische Geschäftsfelder identifizieren zu können, wird daher die bestehende Marktleistung-Marktsegmente-Matrix um die potentiellen zusätzlichen Marktleistungen sowie die potentiellen zusätzlichen Marktsegmente ergänzt (Bild 3-73). Diese können beispielsweise mit Hilfe einer Auswirkungsanalyse der Zukunftsszenarien abgeleitet werden. In der erweiterten Marktleistung-Marktsegmente-Matrix ergeben sich vier Arten von zukünftigen Geschäftsfeldern:

- **Traditionelle Geschäftsfelder** sind Geschäftsfelder, in denen bisherige Marktsegmente mit bisherigen Marktleistungen bedient werden. Entsprechend der Produkt-Markt-Matrix geht es in diesen Geschäftsfeldern um eine Marktdurchdringung.
- **Markterweiternde Geschäftsfelder** sind Geschäftsfelder, in denen mit bisherigen Marktleistungen neue Marktsegmente bedient werden. Strategische Stoßrichtungen sind Marktentwicklung, Marktfindung und ggf. konzentrische Diversifikation.
- **Programmerweiternde Geschäftsfelder** sind Geschäftsfelder, in denen bisherige Marktsegmente mit neuen Marktleistungen bedient werden. Strategische Stoßrich-

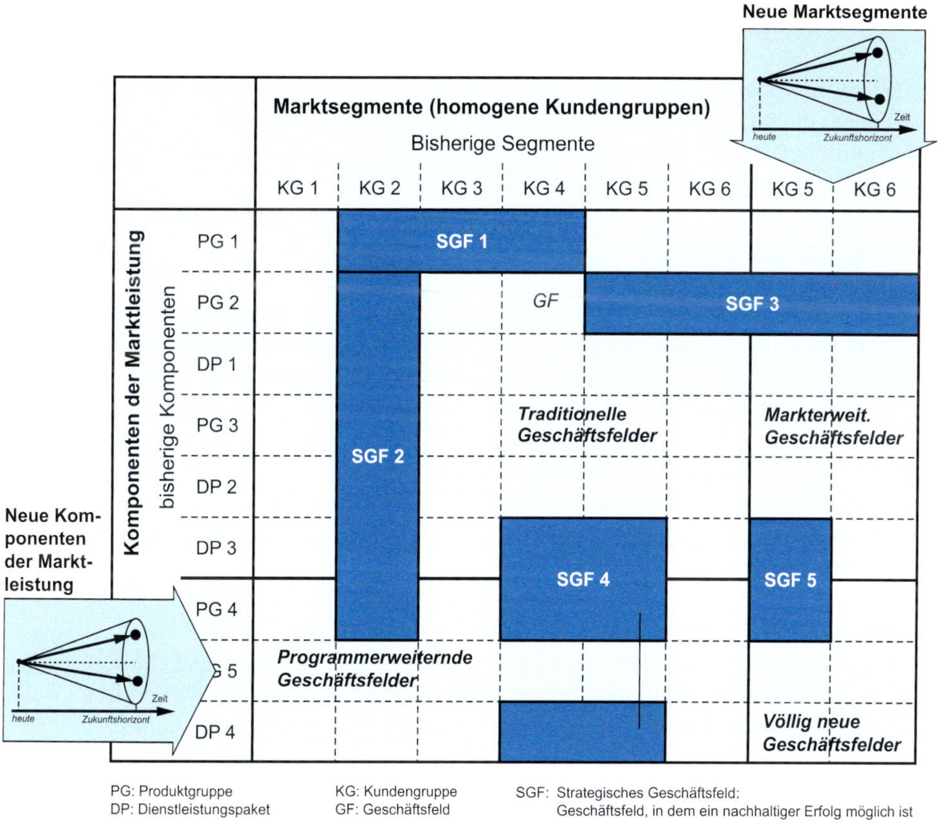

BILD 3-73 Erweiterte Marktleistung-Marktsegmente-Matrix

tungen sind Produktentwicklung, Produktfindung und horizontale Diversifikation.

- **Völlig neue Geschäftsfelder** sind Geschäftsfelder, in denen neue Marktsegmente mit neuen Marktleistungen bedient werden. Hier handelt es sich um eine konglomerate bzw. eine zukünftige Diversifikation.

Anschließend werden den identifizierten Geschäftsfeldern Ziele zugewiesen. Im Wesentlichen sind das Umsatz und Gewinn. Es bietet sich aber auch an, die Geschäftsfelder mit zukunftsorientierten Kennwerten wie Marktattraktivität (Marktgröße, Marktwachstum, Wettbewerbsintensität etc.) bzw. Geschäftspotential (Umsatzmöglichkeiten, Gewinnmöglichkeiten etc.) weiter zu charakterisieren.

Im Rahmen unserer Strategieberatungen haben wir festgestellt, dass vielen Führungspersönlichkeiten eine solche **zukunftsorientierte Segmentierung** schwer fällt. Sie neigen dazu, alle Geschäftsfelder abdecken zu wollen – und sei es dadurch, dass sie die erweiterte Matrix mit sehr vielen oder sehr großen SGF füllen. Wir stehen hier auf dem Standpunkt, dass in der Regel eine Fokussierung auf die wirklich Erfolg versprechenden SGF notwendig ist, u.a. um dem Grundsatz der Konzentration der Kräfte zu entsprechen.

Das zentrale Problem ist aber nach wie vor die eigentliche Marktsegmentierung. In der Regel wird der Markt nach Kundentypen aufgeteilt. Typische Merkmale bei Geschäftskunden sind Größe des Unternehmens, Art der Erzeugnisse, verarbeitete Werkstoffe etc. Verbraucher werden nach Alter, Kaufkraft, Lebensform etc. eingeteilt. Damit werden aber noch nicht die Anforderungen der Kunden an die Marktleistung exakt definiert. Die Folge ist, dass den einzelnen Marktsegmenten Produkte zugeordnet werden, ohne exakt zu wissen, was das eigentliche Kundenproblem ist. Der renommierte Harvard-Marketingprofessor Theodore Levitt pflegte seinen Studenten zu sagen:

> *„Die Menschen wollen keine 50 Millimeter großen Bohrer, sie wollen 50 Millimeter große Löcher in den Wänden".*

Offensichtlich wollen die Kunden keine Produkte kaufen, sondern Aufgaben lösen. Statt nach den üblichen Merkmalen Kundengruppen zu bilden, ist es wichtig, die Kunden zu beobachten und ein tiefes Verständnis für die Abläufe und die damit verbundenen Probleme bzw. die Nutzenpotentiale zu entwickeln. Dann ist der Nutzen zu verdeutlichen, weil die Kunden klare Aussagen erwarten, wie ein Produkt ihnen helfen kann und was es konkret bringt [CCH06].

Die Ausrichtung auf strategische Geschäftsfelder kann über die Kanalisierung von Unternehmensaktivitäten hinaus zu einer entsprechenden Gestaltung der Aufbauorganisation des Unternehmens führen. Diese Bildung von **strategischen Geschäftseinheiten (SGE)** wird auch als „Innensegmentierung" bezeichnet.

Entwicklung von Wettbewerbsstrategien

Eng verbunden mit der Festlegung der Wettbewerbsarena ist die Strategie, mit der das Unternehmen in dieser Arena erfolgreich agieren möchte. Die geeigneten Wettbewerbsstrategien können auf diskursive Art bestimmt werden. Basis dafür sind die in Kapitel 3.3 vorgestellten strategischen Handlungsoptionen. Ferner ist hier auch festzulegen, inwieweit in den einzelnen Handlungsbereichen Produkte, Vertrieb/Marketing, Fertigung etc. eine Konkretisierung auf der Stufe der Substrategien (vgl. Bild 3-2) erfolgen muss.

Ein wichtiger Bestandteil von Wettbewerbsstrategien ist die Planung des Umgangs mit potentiellen Wettbewerbern. Dazu sind zunächst die in der anvisierten Wettbewerbsarena relevanten Erfolgsfaktoren zu identifizieren. Anschließend kann die eigene Position bezüglich dieser Erfolgsfaktoren mit der Position der wichtigsten Wettbewerber verglichen werden (Bild 3-74). Eine besondere Rolle spielt dabei häufig die vom Unternehmen bzw. den Wettbewerbern angestrebte Preisregion. Daraus können sich auch Ansätze für die Gestaltung der Wettbewerbsstrategie ergeben.

Im Idealfall wäre je strategischem Geschäftsfeld die Strategie gut strukturiert und nachvollziehbar zu beschreiben. Da dies relativ aufwändig ist und auch jährlich im Vorfeld der Budgetierung zu aktualisieren ist, hat sich die Dokumentation der Strategie nach einem 4-seitigen Schema bewährt (vgl. Bild 3-75 und Bild 3-76). Dieses Schema repräsentiert die Argumentationslinie ausgehend von der Charakterisierung der Marktleistung bis zur Entscheidung der Unternehmensleitung für den Eintritt in dieses Geschäft bzw. für die Fortsetzung dieses Geschäfts. Den Abschluss bildet die Auflistung der Maßnahmen, die im positiven Fall mit hoher Priorität durchzuführen wären. Auf den Punkt „Maßnahmen" gehen wir im folgenden Unterkapitel noch näher ein.

Im Kontext der strategischen Positionierung wird in jüngster Zeit der Begriff **Geschäftsmodell** (Business Model) intensiv diskutiert. Dabei handelt es sich um einen ganzheitlichen Ansatz zur Beschreibung einer Erfolg versprechenden Geschäftsaktivität (s. Kasten).

3.4.4 Konsequenzen und Maßnahmen

Wenn die unternehmerische Vision Wirklichkeit werden soll und insbesondere die darin enthaltenen konkreten Ziele erreicht werden sollen, sind Konsequenzen zu ziehen und Maßnahmen durchzuführen. **Konsequenzen** beschreiben, was in welchen Handlungsbereichen grundsätzlich geschehen muss. **Maßnahmen** sind konkrete Aktivitäten, die aus den Konsequenzen resultieren. Sie haben einen Anfang und ein Ende und insbesondere einen Verantwortlichen. Die Maßnahmen sind Gegenstand der operativen Führung und des Strategie-Controllings (Umsetzungs-Controllings).

Handlungsbereiche für Konsequenzen sind zunächst die üblichen Funktionsbereiche wie Marketing/Vertrieb, Entwicklung/Konstruktion, Fertigung, Einkauf etc. Orthogonal dazu bieten sich aber auch Handlungsbereiche wie Produkte, Personalentwicklung, Finanzierung etc. an. In der Regel wird eine Konsequenz durch mehrere Maßnahmen

Anbieter	Preisregion			Stellung bei den Erfolgsfaktoren			
	Unten	Mitte	Oben	Produktqualität	Vertriebsorganisation	Pre-Sales-Support	Programmbreite
Mitbewerber A	■			o	o	-	o
Mitbewerber B	■	■		-	o	+	o
Mitbewerber C	■	■		o	+	+	++
Mitbewerber D	■	■		o	o	o	++
Mitbewerber E			■	+	+	o	-
Mitbewerber F		■	■	++	+	++	++
Eigenes Unternehmen		■	■	+	-	o	o

++ herausragend, + gut, o branchenüblich, - schwach, -- sehr schwach

BILD 3-74
SGF-spezifische Wettbewerber-Analyse

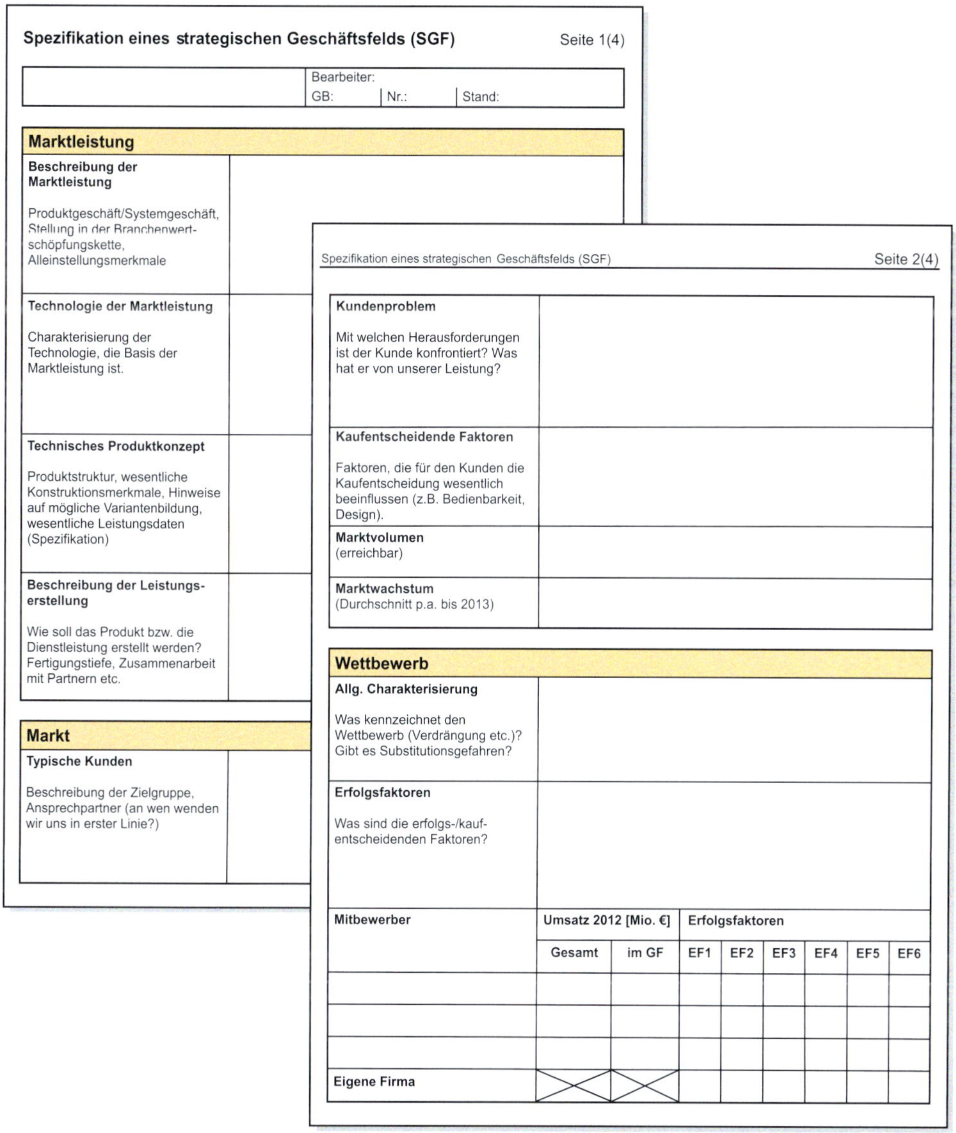

BILD 3-75 Schema zur Dokumentation einer Geschäftsfeldstrategie (Seite 1 und 2 von 4)

konkretisiert. Der folgende Kasten enthält einige Beispiele. Häufig sind die Konsequenzen so weitreichend, dass einige wenige überschaubare Maßnahmen nicht ausreichen, um ihnen gerecht zu werden. In diesen Fällen bilden die Konsequenzen die Anknüpfungspunkte für die sog. Substrategien, wie wir in Bild 3-2 visualisiert haben. D.h. beispielsweise, dass eine Konsequenz im Handlungsbereich Produkte zu einer Produktstrategie führt, die Fragen der folgenden Art zu beantworten hat: Wie kann die vom Markt geforderte Variantenvielfalt wirtschaftlich bewältigt werden? Oder: Welche Optionen bzw. Programmerneuerungen bieten wir im Produktlebenszyklus, um das Produkt attraktiv zu halten? Die Antwort auf die erste Frage könnte ein Plattformkonzept sein. Eine mögliche Antwort auf die zweite Frage könnte die Einführung einer neuen Motorengeneration sein. Produktstrategische Festlegungen haben natürlich Auswirkungen auf die weiteren Substrategien wie die Fertigungsstrategie und die Einkaufsstrategie. Dementsprechend sind die Substrategien in der Regel vernetzt.

Ermittlung von Maßnahmen

Wesentliche Elemente des Weiterentwicklungsprozesses sind die **Maßnahmen**. Sie verdeutlichen, an welchen Stellen konkret die Hebel anzusetzen sind. Bei der Entwicklung von Maßnahmen kommt es weniger auf die Anzahl der Maßnahmen, sondern mehr auf deren strategischen Charakter an, d.h. auf deren Beitrag zur Verwirklichung der Strategie. Nach unserer Erfahrung ist die Ermittlung

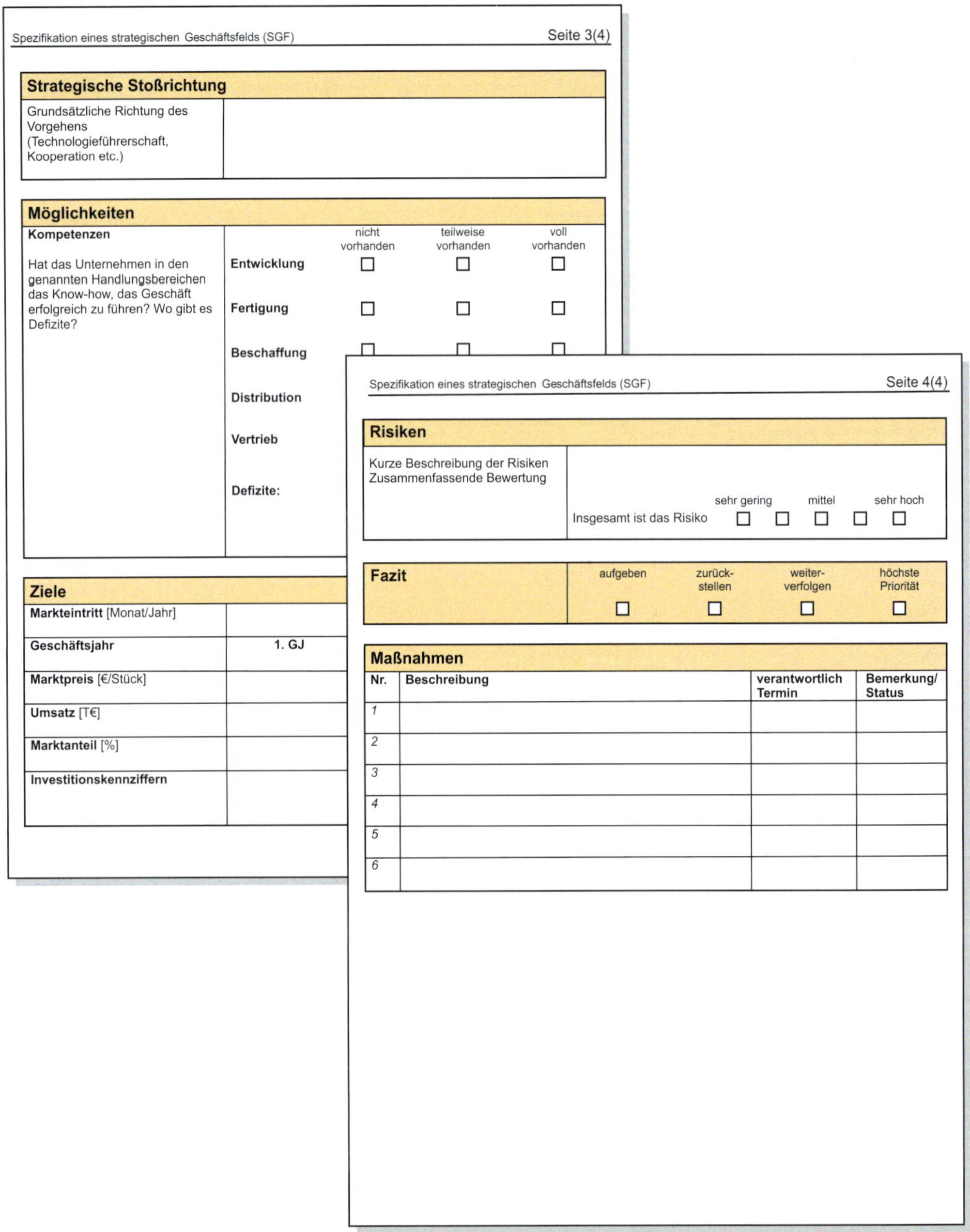

Spezifikation eines strategischen Geschäftsfelds (SGF) Seite 3(4)

Strategische Stoßrichtung

Grundsätzliche Richtung des Vorgehens (Technologieführerschaft, Kooperation etc.)	

Möglichkeiten

Kompetenzen		nicht vorhanden	teilweise vorhanden	voll vorhanden
Hat das Unternehmen in den genannten Handlungsbereichen das Know-how, das Geschäft erfolgreich zu führen? Wo gibt es Defizite?	Entwicklung	☐	☐	☐
	Fertigung	☐	☐	☐
	Beschaffung	☐	☐	☐
	Distribution			
	Vertrieb			
	Defizite:			

Ziele

Markteintritt [Monat/Jahr]	
Geschäftsjahr	1. GJ
Marktpreis [€/Stück]	
Umsatz [T€]	
Marktanteil [%]	
Investitionskennziffern	

Spezifikation eines strategischen Geschäftsfelds (SGF) Seite 4(4)

Risiken

Kurze Beschreibung der Risiken Zusammenfassende Bewertung	sehr gering ☐ ☐ mittel ☐ ☐ sehr hoch ☐ Insgesamt ist das Risiko

Fazit	aufgeben	zurückstellen	weiterverfolgen	höchste Priorität
	☐	☐	☐	☐

Maßnahmen

Nr.	Beschreibung	verantwortlich Termin	Bemerkung/ Status
1			
2			
3			
4			
5			
6			

BILD 3-76 Schema zur Dokumentation einer Geschäftsfeldstrategie (Seite 3 und 4 von 4)

von Maßnahmen für den Moderator eines Strategieprozesses eine kritische Phase. Gelingt es ihm nicht, zwischen operativen und strategischen Maßnahmen mit einer großen Hebelwirkung zu differenzieren und lässt er sich auf einen zu umfangreichen Maßnahmenkatalog ein, so wächst die Gefahr, dass die wirklich strategierelevanten Maßnahmen in der Masse untergehen und der Veränderungsprozess erst gar nicht in Gang kommt. Abgesehen von den negativen Auswirkungen auf die Unternehmenszukunft ist eine weitere negative Konsequenz zu beachten: Unter einer stockenden Strategieumsetzung leidet die Glaubwürdigkeit des Managements – was für sich allein schon katastrophal ist.

Entscheidend für den Erfolg der Strategieumsetzung sind die Haltung und das Handeln der Führungspersönlichkeiten. Sie müssen die Brücke zwischen der Strategie und dem operativen Tagesgeschäft schlagen sowie die Strategieumsetzung überzeugend praktizieren. Es bietet sich daher an, dass Mitglieder des Managements persönlich

GESCHÄFTSMODELL – EIN GANZHEITLICHER ANSATZ ZUR SICHERUNG DES UNTERNEHMENSERFOLGS

Mit dem vielfach propagierten Wandel von der Industriegesellschaft zur Informationsgesellschaft, aber insbesondere im Zuge der Verbreitung des Internets und der damit verbundenen Entstehung des E-Commerce, entstand in den 1990er Jahren der Begriff Geschäftsmodell. Die Unternehmen erkannten, dass es jenseits der bislang üblichen Vermarktung von Sachleistungen eine Reihe von Möglichkeiten zur vorteilhaften Positionierung im Wettbewerb und der Erzielung von Gewinn gibt, die auf geschickt gewählten Kombinationen von Sach- und Dienstleistungen beruhen. Im Vordergrund steht der jeweilige Kundennutzen. So basiert beispielsweise das Flottenmanagement der Firma Hilti auf der Erkenntnis, dass Bauunternehmer kein Geld durch das Besitzen von Werkzeugen verdienen, sondern durch das effiziente Abwickeln von Projekten mit den richtigen Werkzeugen [JCK08]. Nespresso, Gilette oder Hewlett & Packard haben ihre Gewinnformel auf das langfristige Verdienen mit Verbrauchsmaterialien angepasst, während das Basisgerät zu einem sehr niedrigen Preis angeboten wird.

Besondere Bedeutung hat in der Geschäftsmodelldiskussion der Ansatz von Osterwalder und Pigneur erlangt. Sie identifizieren insgesamt neun Komponenten eines Geschäftsmodells, die zur sog. Business Model Canvas zusammengesetzt bzw. zu den Partialmodellen Kundenmodell, Wertschöpfungsmodell und Finanzmodell aggregiert werden [OP10]. Die Geschäftsmodellkomponenten im Einzelnen sind gemäß Bild 1:

- **Nutzenversprechen:** Dieser zentrale Baustein beschreibt die angebotene Marktleistung zur Lösung eines Kundenproblems. Die Problemlösung und die Art und Weise, wie sie umgesetzt wird, ist maßgeblich für den Nutzen des Kunden.
- **Kundensegmente:** Dieser Baustein gibt einen Überblick über die bedienten Kundengruppen. Ihnen kann häufig ein spezifischer Nutzen zugeordnet werden.
- **Distributionskanäle:** Darunter wird beschrieben, wie ein Unternehmen das Nutzenversprechen gegenüber seinen Kunden einlöst und wie z. B. Produkte und Dienstleistungen zur Verfügung gestellt werden.
- **Kundenbeziehungen:** Sie charakterisieren, wie ein Unternehmen mit seinen Kunden in Kontakt tritt und eine Beziehung zu ihnen pflegt. Kundensegmente, Distributionskanäle und Kundenbeziehungen ergeben das **Kundenmodell**.
- **Schlüsselressourcen:** Diese sind erforderlich, um das Nutzenversprechen rentabel zu erfüllen. Beispiele für Ressourcen sind Technologien, Anlagen, Mitarbeiter etc.
- **Schlüsselaktivitäten:** Darunter werden die wichtigsten Tätigkeiten erfasst, die ein Unternehmen zur Wertschöpfung und Differenzierung ausübt.
- **Schlüsselpartner:** Dieser Baustein beschreibt das Netz an Lieferanten, Partnern und weiteren Stakeholdern, die zur Realisierung des Geschäftsmodells erforderlich sind. Schlüsselressourcen, Schlüsselaktivitäten und Schlüsselpartner bilden das **Wertschöpfungsmodell**.
- **Kostenmodell:** Hier werden die wesentlichen Kostenpositionen aufgelistet, die beim Betrieb des Geschäftsmodells anfallen.
- **Ertragsmodell:** Dieses steht den Kostenpositionen gegenüber und gibt einen Überblick über die wesentlichen Ertragspositionen, die ein Unternehmen generieren kann. Kosten- und Ertragsmodell bilden zusammen das **Finanzmodell**: Dieses enthält die Gewinnformel und ermöglicht Aussagen über die Wirtschaftlichkeit der Geschäftsaktivität.

Die Business Model Canvas dient neben der Dokumentation von Geschäftsmodellen dazu, das Verständnis für die gesamte Geschäftslogik zu schärfen. Warum ein Geschäft erfolgreich ist oder eben nicht, hängt von der Kombination aus wertschöpfungsseitigen, marktseitigen und finanziellen Aspekten ab. So kann die Darstellung dazu benutzt werden, das bestehende Geschäftsmodell aufzunehmen und den Status Quo zu überprüfen. Immer wieder machen wir dabei die Erfahrung, dass diese ganzheitliche Sicht auf ein Geschäft völlig neue Blickwinkel ermöglicht und zu neuen Erfolg versprechenden Geschäftsoptionen führt.

Literatur:

[JCK08] Johnson, M. W.; Christensen, C. M.; Kagermann, H.: Reinventing Your Business Model. In: Harvard Business Review 12, 2008

[OP10] Osterwalder, A; Pigneur Y.: Business Model Generation – A Handbook for Visionaries, Game Changers, and Challengers. John Wiley & Sons, New Jersey, 2010

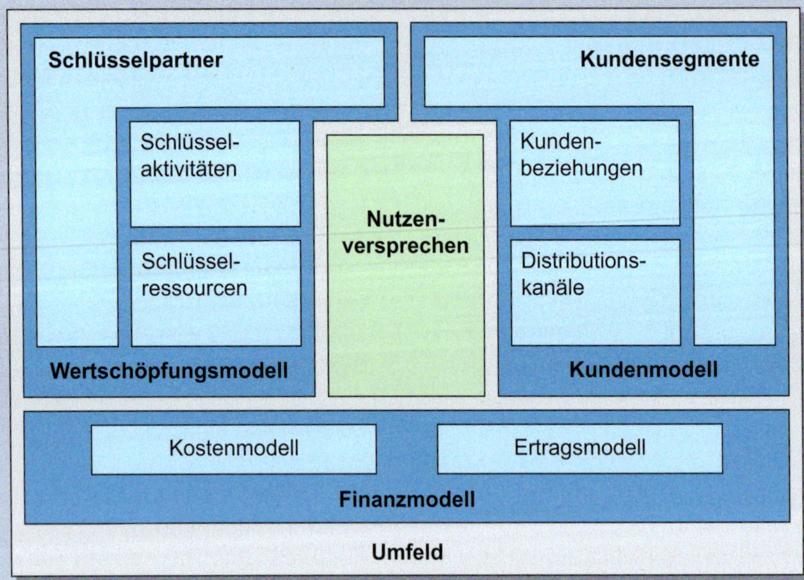

BILD 1: Business Model Canvas [OP10]

die Verantwortung für einzelne Maßnahmen übernehmen und dies im Unternehmen auch deutlich kommuniziert wird. Stattdessen ist es immer wieder zu beobachten, dass eine strategierelevante Maßnahme als existenzentscheidend für das Unternehmen dargestellt wird, aber die Verantwortung für diese Maßnahme einer subalternen Person ohne jegliche Macht übertragen wird. Das Top-Management hält sich hier offenbar zurück. Entweder ist es nicht risikobereit oder es glaubt selbst nicht richtig an den Erfolg der Strategie. Wie dem auch sei, die Signalwirkung auf die Mitarbeiter braucht nicht näher kommentiert zu werden.

Im Prinzip sind Maßnahmen Projekte. Umfangreichere Maßnahmen werden daher dem im Unternehmen üblichen Projektmanagement unterworfen.

Bewertung und Priorisierung von Maßnahmen

Eine häufig anzutreffende Schwierigkeit im Rahmen der Strategieentwicklung ist die Bewertung und Priorisierung entwickelter Maßnahmen. Daher kann es sinnvoll sein, den Prozess der Maßnahmenpriorisierung zu systematisieren. Dabei werden für die einzelnen Maßnahmen drei Kennwerte ermittelt:

- **Zielerreichung:** Dieser Wert gibt an, in welchem Umfang die Maßnahme zur Realisierung der Unternehmensziele beitragen würde. Die Bewertung kann anhand einer Skala von 5 bis 1 erfolgen (5 = sehr hohe Zielerreichung; 1 = geringe Zielerreichung).
- **Fristigkeit:** Innerhalb welcher Zeit lässt sich die Handlungsoption realisieren? Hier wird eine auf das spezifische Unternehmen angepasste Skala verwendet, die grundsätzlich von lang- bis kurzfristiger Realisierbarkeit reicht.
- **Ressourcen:** Dieser Kennwert beschreibt die Höhe der zur Realisierung der Handlungsoption notwendigen Ressourcen. Auch hier ist eine spezifische Anpassung notwendig.

Aus den Dimensionen Zielerreichung und Fristigkeit wird anschließend ein Zielerreichungs-Fristigkeits-Portfolio aufgespannt (Bild 3-77). In dem Portfolio ergeben sich vier charakteristische Bereiche:

- *Sofort die Initiative ergreifen:* Entsprechende Handlungsoptionen können kurz- bis mittelfristig erheblich zur Zielerreichung beitragen. Bei geringem Ressourcenbedarf sind entsprechende Maßnahmen ohne großen organisatorischen Aufwand zu starten. Bei größerem Ressourcenbedarf sind kurzfristige Sonderaktivitäten einzuleiten.
- *Nutzenpotentiale systematisch erschließen:* Hier liegen erhebliche Nutzenpotentiale vor, die sich allerdings nur längerfristig erschließen lassen. Bei geringem Ressourcenbedarf ist zu klären, wie sich entsprechende Aktivitäten absichern lassen, so dass eine Nachahmung

KONSEQUENZEN UND MASSNAHMEN (BEISPIELE)

Im Folgenden geben wir Beispiele für die Formulierungen von Konsequenzen und Maßnahmen. Dabei sind jeweils einer Konsequenz einige konkrete Maßnahmen zugeordnet.

Proaktives Produktmarketing entwickeln: Wir müssen energisch darauf hinwirken, dass die von uns erstellte Marktleistung auch verkauft wird. Es reicht nicht aus, diese den Gruppenunternehmen lediglich „bereitzustellen".

Maßnahme 1: Gremienarbeit intensivieren [L. Katthaus, laufend]
Zunächst sind Gremien auf nationaler, europäischer und internationaler Ebene zu identifizieren, die für unser Geschäft relevante Arbeit leisten. Wir sollten uns in den Gremien engagieren und auch Verantwortung übernehmen. Uns interessieren Resultate, die wir im Verkaufsprozess wirkungsvoll nutzen können. Vor diesem Hintergrund ist auch die derzeitige Gremienarbeit kritisch zu überprüfen.

Maßnahme 2: Produktprogramm „Atlanta" forcieren [C. Hohle, September 2014]
Auf der Basis der guten Resonanz der Markteinführung ist die offensichtliche Chance zu nutzen, sich im höherwertigen Bereich zu etablieren. Als nächstes wäre zu erledigen:

- Kundenbefragung (Handel) durchführen, um ein exaktes Bild über Stärken und Schwächen zu erhalten.
- CD-Rom erstellen

Fertigung restrukturieren: Die nach dem Werkstattprinzip organisierte Fertigung verursacht zu hohe Bestandskosten. Ferner streuen die Durchlaufzeiten zu stark und die Liefertreue ist mangelhaft. Eine Restrukturierung ist im Kontext der neuen Geschäftspolitik auf europäischer Ebene durchzuführen.

Maßnahme 3: Produktspektrum definieren [F. Mayr, November 2014]
Es liegt ein erstes Konzept vor, aus dem hervorgeht, welcher europäische Standort welche Produkte herstellen soll. Auf dieser Basis ist zu vereinbaren, welche Produkte künftig am Standort x gefertigt werden sollen.

Maßnahme 4: ABC-Analyse [F. Mayr, November 2014]
Diese ist zusammen mit dem Vertrieb Deutschland sowie den Landesgesellschaften zu erledigen. Ferner ist eine Programmbereinigung vorzunehmen.

Maßnahme 5: Neue Fertigungskonzeption entwickeln [R. Kaiser, März 2015]
Basis dafür ist die ABC-Analyse. Für die A-Produkte ist die Fertigung nach dem Fließprinzip zu organisieren. Der Rest ist nach dem Werkstattprinzip zu behandeln. Dabei ist zu überprüfen, ob es sinnvoll ist, neue CNC-Maschinen einzusetzen.

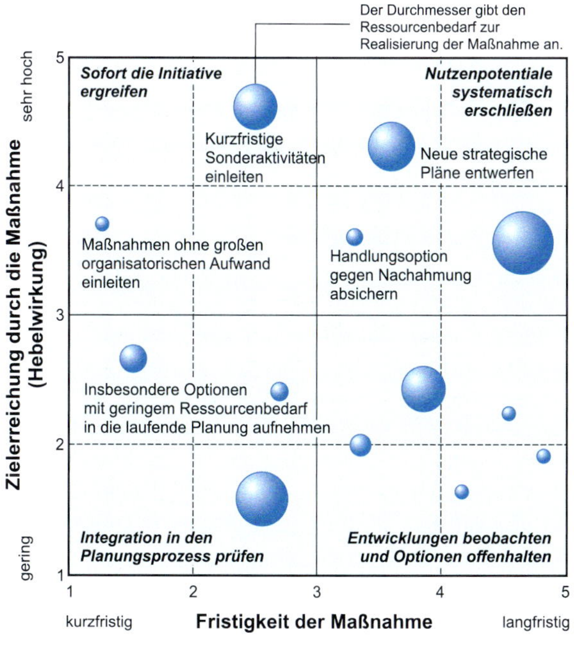

BILD 3-77
Priorisierung von Maßnahmen mit dem Zielerreichungs-Fristigkeits-Portfolio

BEISPIEL FÜR EIN VORGEHEN ZUR STRATEGIEENTWICKLUNG

Das vorliegende Buch enthält einen allgemeinen Ordnungsrahmen für die zukunftsorientierte Unternehmensgestaltung und in Kapitel 3 ein generisches Modell zur strategischen Führung. Wird man nun mit der Aufgabe konfrontiert, für ein existierendes Unternehmen eine Geschäftsstrategie zu erarbeiten, so sind der Ordnungsrahmen konkret auszufüllen und das Vorgehensmodell auszuprägen. Dazu gehört auch, dass aus der großen Anzahl der vorgestellten Methoden diejenigen zum Einsatz kommen, die für diesen spezifischen Fall besonders geeignet sind. So entsteht ein fallspezifisches Vorgehensmodell, das wir häufig in der folgenden Weise plakativ darstellen (Bild 1).

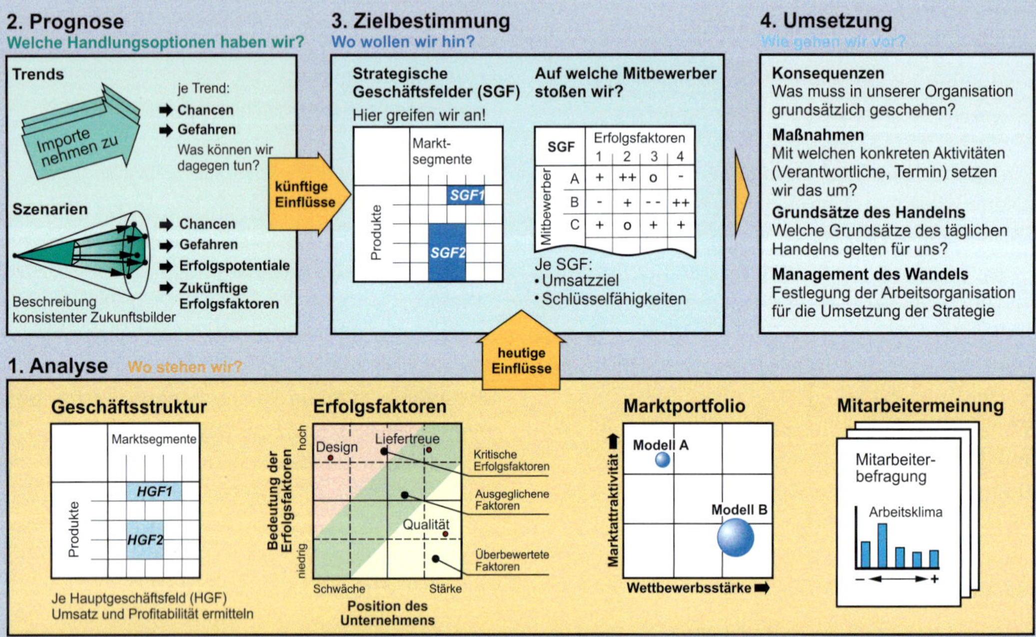

BILD 1: Vorgehen Strategieentwicklung (Fallbeispiel)

erschwert wird. Maßnahmen mit einem großen Ressourcenbedarf sind in die strategische Unternehmensplanung zu integrieren.

- *Integration in den Planungsprozess prüfen:* In diesem Feld liegen Maßnahmen, die sich zwar kurzfristig realisieren lassen, die aber gleichzeitig nicht entscheidend zur Zielerreichung beitragen. Solche Maßnahmen sind am ehesten dann von Interesse, wenn sie keine großen Ressourcen benötigen und sich in den bestehenden Planungsprozess integrieren lassen.
- *Entwicklungen beobachten und Optionen offen halten:* Maßnahmen, die selbst langfristig nur eine geringe Zielerreichung versprechen, sind für die laufende Planung - insbesondere bei hohem Ressourcenbedarf - nicht relevant. Häufig werden jedoch die in den Maßnahmen enthaltenen Möglichkeiten erst später erkannt. Daher ist es sinnvoll, die Entwicklung der den Maßnahmen zugrunde liegenden Chancen und Gefahren zu beobachten und sich ggf. Optionen offen zu halten.

Strategische Programme

Auf der Unternehmensebene werden anstelle von Konsequenzen und Maßnahmen häufig **strategische Programme** formuliert. Sie sollen der erforderlichen Weiterentwicklung des gesamten Unternehmens Schubkraft verleihen. Ein Beispiel wäre ein Programm, das den Aufbau von Softwarekompetenz in einem Maschinenbau-Unternehmen zum Ziel hat, weil die Unternehmensführung erkannt hat, dass künftig ein erheblicher Teil des Kundennutzens und der Wertschöpfung durch Software erreicht werden wird.

Strategische Programme setzen häufig auch Standards in den Prozessen, wie das im Zusammenhang mit der Einführung von SAP R/3 oder einem standortübergreifenden Produktdatenmanagement der Fall ist. Damit erhöhen die Unternehmen nicht nur die Effizienz, sondern stärken auch die Fähigkeit, standortübergreifend zu kooperieren.

Die genannten Beispiele zeigen, dass solche Programme sehr viel Zeit, Geld und Aufmerksamkeit durch das Management kosten. Allein mit Effizienzerhöhung im operativen Geschäft lässt sich das oft nicht rechtfertigen. Dahinter steckt in der Regel eine Vision, die eine sehr Erfolg versprechende Positionierung im Wettbewerb von morgen beschreibt.

3.4.5 Strategiekonforme Weiterentwicklung der Unternehmenskultur

Eine Unternehmens- bzw. Geschäftsstrategie kann nicht losgelöst von der Unternehmenskultur entwickelt werden. Jede spezifische Strategie erfordert eine spezifische Unternehmenskultur. Diese für die Umsetzung einer Strategie optimale Unternehmenskultur wird als **Soll-Unternehmenskultur** bezeichnet. Bestehen zwischen der vorherrschenden Ist-Unternehmenskultur und der für die Strategieumsetzung erforderlichen Soll-Unternehmenskultur erhebliche Diskrepanzen, so wird die Strategie mit Sicherheit scheitern. In einer derartigen Situation wäre das Unternehmen gut beraten, eine andere Strategie zu wählen.

Maßnahmen zur Überwindung von Unternehmenskultur-Defiziten

In der Regel decken sich Ist- und Soll-Unternehmenskultur nicht vollständig. In einigen Merkmalen liegt Übereinstimmung vor, in anderen Merkmalen gibt es Diskrepanzen. In solch typischen Situationen stellt sich im Rahmen der Strategieentwicklung die Aufgabe, Maßnahmen zur Überwindung dieser Diskrepanzen – d.h. zur Weiterentwicklung der Unternehmenskultur – zu definieren. Diese Maßnahmen ergänzen den bereits erstellten Maßnahmenkatalog. Bild 3-78 verdeutlicht dieses Vorgehen.

Ausgangspunkt Strategie: Die umzusetzende Strategie weist in der Regel die im Bild wiedergegebene Struktur bestehend aus den Punkten A bis E auf. Auf den Punkt E „Grundsätze des Handelns“ gehen wir unmittelbar nach diesem Abschnitt ein.

Ermittlung der Soll-Unternehmenskultur: Diese erfolgt mit Hilfe der bereits in Kapitel 3.2.7 vorgestellten Checkliste (vgl. Bild 3-28). Während bei der Ermittlung der Ist-Unternehmenskultur nach den derzeit vorhandenen Aus-

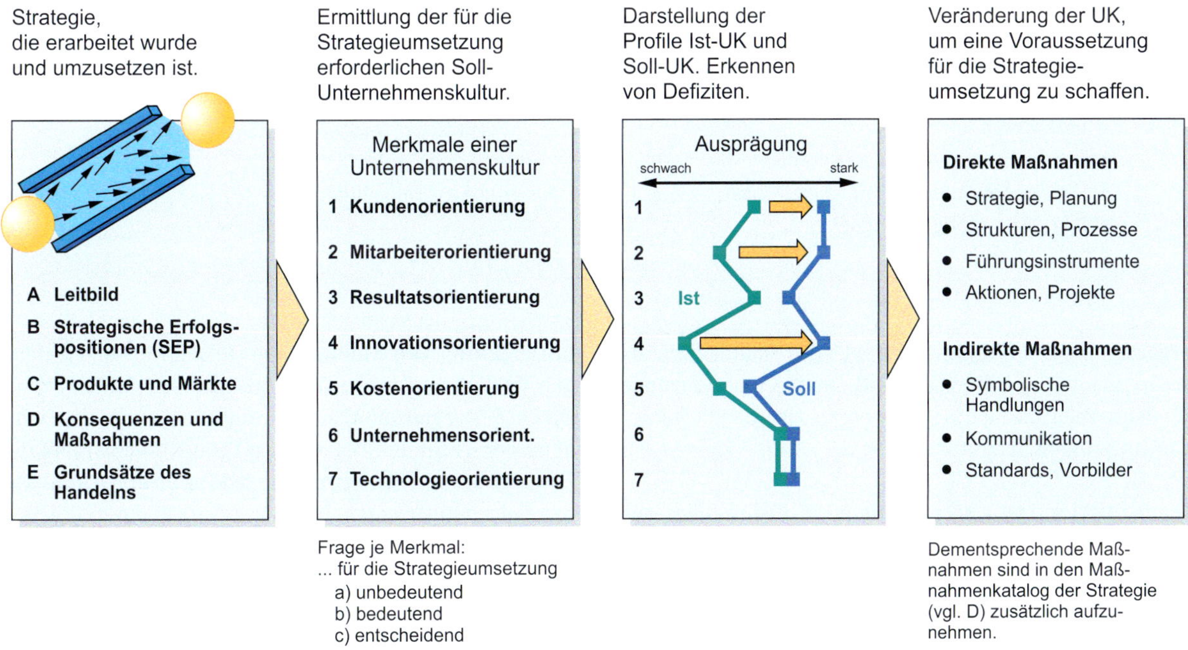

BILD 3-78 Vorgehen zur Identifikation von Maßnahmen zur strategiekonformen Weiterentwicklung der Unternehmenskultur nach Pümpin, Kobi und Wüthrich [PKW85]

UNTERNEHMENSKULTURPRÄGENDE GRUNDSÄTZE (BEISPIELE)

Die folgende Aufstellung enthält eine Reihe von uns bekannten Grundsätzen. Diese sind nach fünf Gesichtspunkten strukturiert:

Der Kunde

- Jeder Kunde ist ein Referenzkunde.
- Wesentlich ist, was unsere Kunden von uns halten, und nicht, was wir von uns halten.
- Auf eine Frage erhält ein Kunde innerhalb von 48 Stunden eine konstruktive Antwort.
- Unser Kunde findet leichter einen neuen Auftragnehmer als wir einen neuen Kunden.
- Unser Kunde stört uns nicht bei der Arbeit, er gibt sie uns.
- Vor dem Verdienen kommt das Dienen.
- Der Kunde kommt zuerst.

Die Mitarbeiter

- Hohe Qualifikation und Leistungsbereitschaft unserer Mitarbeiter sind die wichtigsten Voraussetzungen zur Weiterentwicklung und Zukunftssicherung unseres Unternehmens.
- Wir haben nur Erfolg, wenn unsere Mitarbeiter erfolgreich sind.
- Wir sind Unternehmer.

Unser Verhalten

- Wir arbeiten in einer Atmosphäre des gegenseitigen Vertrauens und Wohlwollens.
- Stillstand ist Rückschritt.
- Das Beste oder gar nichts.
- Jeder trägt zum Gewinn bei.
- Wir lösen Probleme und reden nicht nur darüber.
- Die Zusammenarbeit bringt uns voran.
- Alles wird stetig verbessert.

Die Information

- Mit klarer Information schaffen wir Vertrauen und Verständnis.
- Wir informieren uns.

Der Gewinn

- Ein angemessener Gewinn ist das wesentliche Unternehmensziel.
- Gewinn ist keine Größe von morgen. Wir benötigen ihn heute als Voraussetzung zur nachhaltigen Sicherung der Existenz des Unternehmens.
- Der Gewinn sichert unsere Zukunft.

In der Praxis verwenden wir etwa fünf solcher Grundsätze, mehr würden das Anliegen überfrachten. Jeder der Grundsätze wäre prägnant zu erläutern. Im Folgenden werden drei Beispiele gegeben:

Der Kunde kommt zuerst: Der Kunde zahlt unsere Gehälter. Was wir für ihn leisten, muss seine Anerkennung finden; dann ist er auch bereit, dafür zu zahlen, uns wieder einen Auftrag zu geben und uns weiterzuempfehlen. Unsere Leistung vor Ort muss in den Augen des Kunden den Tagessatz uneingeschränkt rechtfertigen.

Jeder trägt zum Gewinn bei: Der Gewinn ist keine Größe von morgen. Wir brauchen ihn heute. Er entsteht, wenn wir mehr Geld einnehmen als ausgeben. Jeder hat an seinem Arbeitsplatz entsprechende Einflussmöglichkeiten, beispielsweise Verschwendung zu unterbinden und durch gute Leistung die Zahlungsbereitschaft der Kunden zu erhöhen. Was liegt näher, als sich darüber bewusst zu werden und dementsprechend zu handeln?

Wir informieren uns: Mit präziser Information schaffen wir Klarheit und Vertrauen. Informieren ist eine Bring- und Holschuld.

prägungen der Merkmale gefragt wird, lautet hier die Frage, inwieweit diese Merkmale für die umzusetzende Strategie relevant sind. Daraus ergibt sich das Profil der Soll-Unternehmenskultur.

Identifikation von Unternehmenskulturdefiziten: Aus der Gegenüberstellung von Ist- und Soll-Unternehmenskultur ergeben sich Diskrepanzen, d. h. die relativ geringe Ausprägung in diesen Merkmalen erschwert die Umsetzung der Strategie bzw. macht ein Scheitern der Strategieumsetzung sehr wahrscheinlich. Die erkannten Defizite sind durch Maßnahmen zu überwinden.

Entwicklung von Maßnahmen: Pümpin et al. gliedern die Maßnahmen in direkte und indirekte Maßnahmen. **Direkte Maßnahmen** tragen unmittelbar zur Überwindung der erkannten Defizite bei. Beispielsweise wäre die Einführung des Personalführungsinstrumentes „Führen mit Zielvereinbarungen" eine direkte Maßnahme zur Überwindung eines Defizits im Bereich Mitarbeiterorientierung. Im Prinzip entsprechen diese Maßnahmen der Art der Maßnahmen, die im vorangegangenen Kapitel erläutert worden sind. Daher sind es in der Regel auch die direkten Maßnahmen, die dem bereits vorhandenen Katalog hinzugefügt werden. **Indirekte Maßnahmen** stehen für Verhaltensweisen – in erster Linie der Chefs – und „ungeschriebene Gesetze", die mittelbar zur Weiterentwicklung der Unternehmenskultur beitragen, aber gleichwohl eine hohe Hebelwirkung aufweisen. Beispiele für indirekte Maßnahmen sind die offene Tür des Chefs, der separate runde Besprechungstisch im Chef-Büro, die aktive Kommunikation von guten Leistungen, der Vorrang des Gespräches vor schriftlichen internen Mitteilungen im Falle eines Problems etc.

Während die direkten Maßnahmen in den Maßnahmenplan zur Strategieumsetzung aufgenommen werden und im Prinzip wie Projekte behandelt werden, finden die indirekten Maßnahmen ihren Niederschlag in den Grundsätzen des Handelns. Darauf gehen wir im Folgenden kurz ein.

Grundsätze des Handelns

Die Grundsätze des Handelns sollen die Unternehmenskultur charakterisieren und prägen. Vielerorts ist es üblich, diese offensiv zu kommunizieren, indem beispielsweise entsprechende Poster aufgehängt werden. Das Entscheidende ist, dass diese Grundsätze auch gelebt werden. Wenn das nicht so ist, dann sind sie nicht das Papier wert, auf dem sie stehen. In solchen Fällen ist es klüger, sich keine Grundsätze zu geben, weil nicht gelebte Grundsätze zu Sarkasmus herausfordern und somit kontraproduktiv sind. Dazu ein Beispiel: Der Grundsatz „Bei uns steht der Mensch im Mittelpunkt" provoziert in solchen Situationen todsicher „... und damit jedem im Wege". Abgesehen davon erscheint uns dieser Grundsatz eine Spur zu hehr. Besser kommen Grundsätze an, die gewünschte Verhaltensweisen treffend beschreiben und nicht zu weit von der Realität entfernt sind. Der folgende Kasten enthält eine Sammlung dementsprechender Grundsätze.

Die Frage an dieser Stelle ist: Wie kommt man im Rahmen der Strategieentwicklung zu geeigneten Grundsätzen? Dazu schlagen wir fünf Schritte vor:

1. Zunächst werden mögliche Grundsätze des Handelns identifiziert. Dazu sind Checklisten eine Hilfe. Es liegt selbstredend nahe, weitere Grundsätze zu kreieren, die der spezifischen Situation gerecht werden.
2. Anschließend werden die identifizierten Grundsätze hinsichtlich ihrer Bedeutung für die Strategieumsetzung bewertet. Außerdem wird angegeben, inwieweit die Grundsätze das heutige Handeln bestimmen.
3. Die ermittelten und bewerteten Grundsätze werden in ein Portfolio eingetragen, das drei Bereiche aufweist (Bild 3-79).

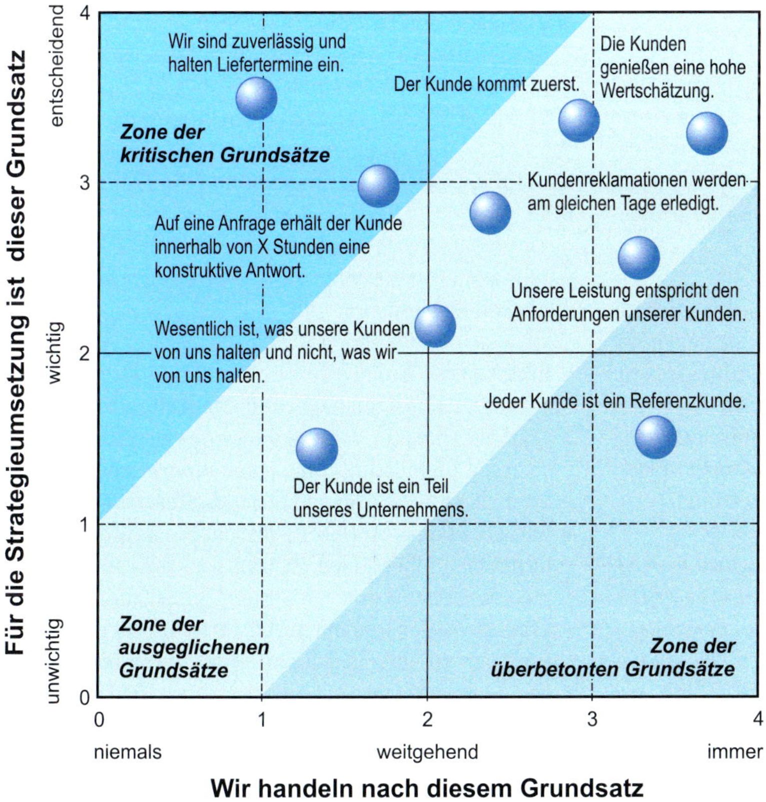

BILD 3-79
Portfolio zur Einstufung der Grundsätze des Handelns und zur Ermittlung von Maßnahmen zur Kompensation von Defiziten

- *Kritische Grundsätze:* Für Grundsätze in diesem Bereich ergibt sich hinsichtlich der Strategieumsetzung Handlungsbedarf. Die gilt beispielsweise für den Grundsatz „Wir sind zuverlässig". Dies könnte an der mangelnden Liefertreue liegen.
- *Ausgeglichene Grundsätze:* Hier entspricht das gegenwärtige Handeln den Notwendigkeiten der Strategieumsetzung.
- *Überbetonte Grundsätze:* Hier herrschen Einstellungen vor, die in dieser Ausprägung für die Strategieumsetzung nicht notwendig sind. Möglicherweise werden dadurch Ressourcen fehlgeleitet.

4. In diesem Schritt werden die relevanten Grundsätze ausgewählt. Wesentliches Kriterium ist die Bedeutung für die Strategieumsetzung. Wir empfehlen, etwa fünf zu bestimmen.
5. Hier ist zu überprüfen, ob Maßnahmen erforderlich sind, mit deren Hilfe ausgewählte Grundsätze gefestigt werden und mehr Gewicht erhalten, sodass diese zu ausgeglichenen Grundsätzen werden. Dies würde beispielsweise für den Grundsatz der Zuverlässigkeit gelten. Damit verbunden wären Maßnahmen zur Erhöhung der Liefertreue.

3.5 Strategieumsetzung

Die vierte Phase der strategischen Führung - die Strategieumsetzung - ist am schwierigsten. Nach einer Umfrage des Magazins „Fortune" haben sich mehr als 90 % aller amerikanischen Unternehmen als unfähig erwiesen, eine formulierte Strategie auch auszuführen. Die Gründe für das Scheitern sind fast immer die gleichen:

- **Operative Verzettelung:** Das operative Tagesgeschäft erhält Vorrang vor den Maßnahmen der Strategieumsetzung. Infolgedessen werden für die strategischen Maßnahmen zu wenig Ressourcen eingesetzt. Ferner schenkt das Management der Strategieumsetzung zu wenig Aufmerksamkeit. Häufig mangelt es auch an der Konsequenz und Professionalität der Umsetzung.

  „Strategy Operationalization Stage ... is where most of the models become very detailed ..., almost as if the planning process suddenly passed through the strategy formulation neck of a wind tunnel to accelerate into the seemingly open space of implementation. In fact, the reality of strategy making would seem to be exactly the opposite: formulation should be the open-ended, divergent process (in which imagination can flourish in the creation of new strategies), while implementation should be the closed-ended, convergent one (in which these given strategies are subjected to the constraints of operationalization)." [Min94]

- **Mangelnde Identifikation mit der Vision:** Der Unternehmensführung gelingt es nicht, „den Funken des Aufbruchs zu übertragen". Insbesondere das mittlere Management identifiziert sich nicht kompromisslos mit den strategischen Maßnahmen. Dies ist der „Lehmschicht-Effekt", d. h. diese Schicht transformiert nicht die Vision der Unternehmensführung und verfolgt statt dessen wie gewohnt diverse Partialinteressen.
- **Vision und Strategie werden nicht operationalisiert:** Ein weiteres Problem der Strategieumsetzung ist die fehlende Verbindung zwischen der unternehmerischen Vision einerseits und den Zielvorgaben der einzelnen Funktionsbereiche.

3.5.1 Operationalisierung der Strategie

Die Operationalisierung entspricht dem in der angloamerikanischen Managementliteratur verwendeten Begriff der „strategy implementation", die einen Prozess beschreibt, wie die entwickelte Strategie in aktionsfähige Aufgaben umgewandelt wird und wie sichergestellt wird, dass diese Aufgaben so durchgeführt werden, dass die Strategie wie geplant wirkt. Zur erfolgreichen, nachhaltigen Operationalisierung der Strategie ist das Unternehmen bzw. der jeweilige Geschäftsbereich gemäß der in der Strategie verankerten strategischen Programme bzw. Konsequenzen und Maßnahmen weiterzuentwickeln. Dies umfasst die Umsetzungsplanung und die Transformation (Bild 3-80).

Im Einzelnen beinhaltet die **Umsetzungsplanung** die folgenden Elemente:

- **Programme, Konsequenzen und Maßnahmen:** Überzeugende Konsequenzen und Maßnahmen bzw. Programme sind die Voraussetzung für die Strategieumsetzung und damit quasi das Bindeglied zwischen Strategieentwicklung und Strategieumsetzung.
- **Master Plan of Action:** Insbesondere in größeren Unternehmen gibt es eine Vielzahl von Informationen im Zusammenhang mit der Strategieumsetzung und den Transformationsprojekten. Das erfordert eine Verdichtung, die zu einer plakativen Darstellung führt - dem sog. Master Plan of Action (Bild 3-81). Die Darstellung eignet sich als zentrales Kommunikationsinstrument im Rahmen der Umsetzungsplanung und Transformation über alle Führungsebenen hinweg.

- **Projekt-Setup:** Hier werden die wesentlichen im Master Plan of Action dargestellten Aktivitäten als Projekte definiert. Zu dem Projekt-Setup gehören die Planung der Projektziele, der Projektstruktur, der Projekttermine und -meilensteine, die Ressourcen- und Budgetplanung sowie das Aufsetzen der Projektorganisation mit einem Projektmanagement Office. Ferner wird die Reporting- und Steuerungssystematik definiert. Die regelmäßige Kommunikation des Status und der Zwischenergebnisse des Projekts in die Organisation stellt einen wichtigen Erfolgsfaktor für die Transformation dar. Daher sind auch Maßnahmen für das Projektmarketing zu planen. Dieses

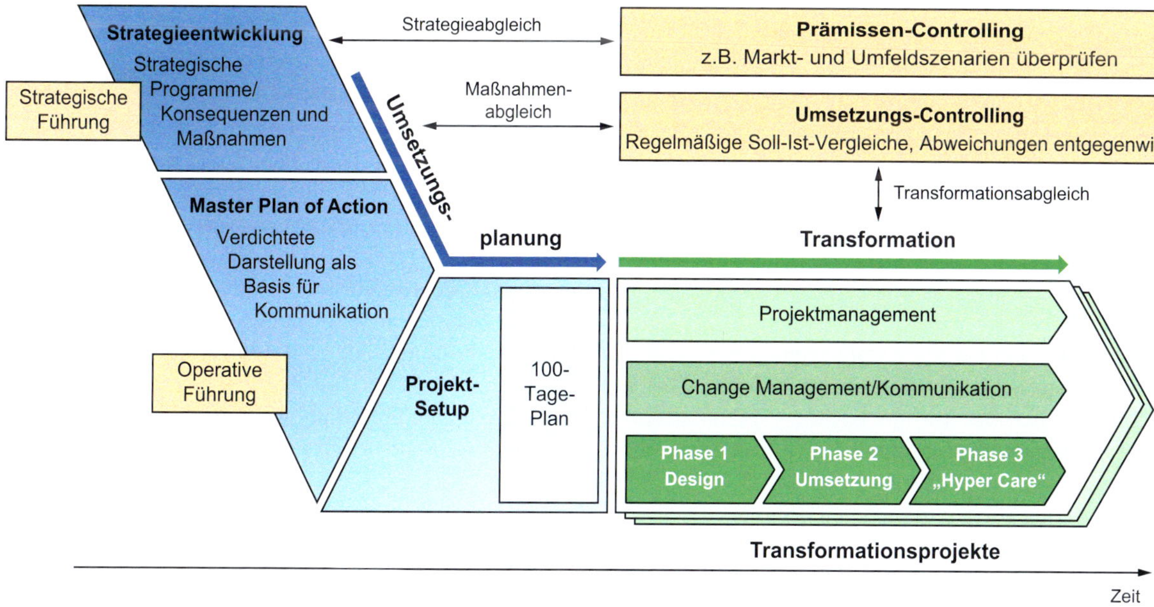

BILD 3-80 Aspekte der Strategie-Implementierung

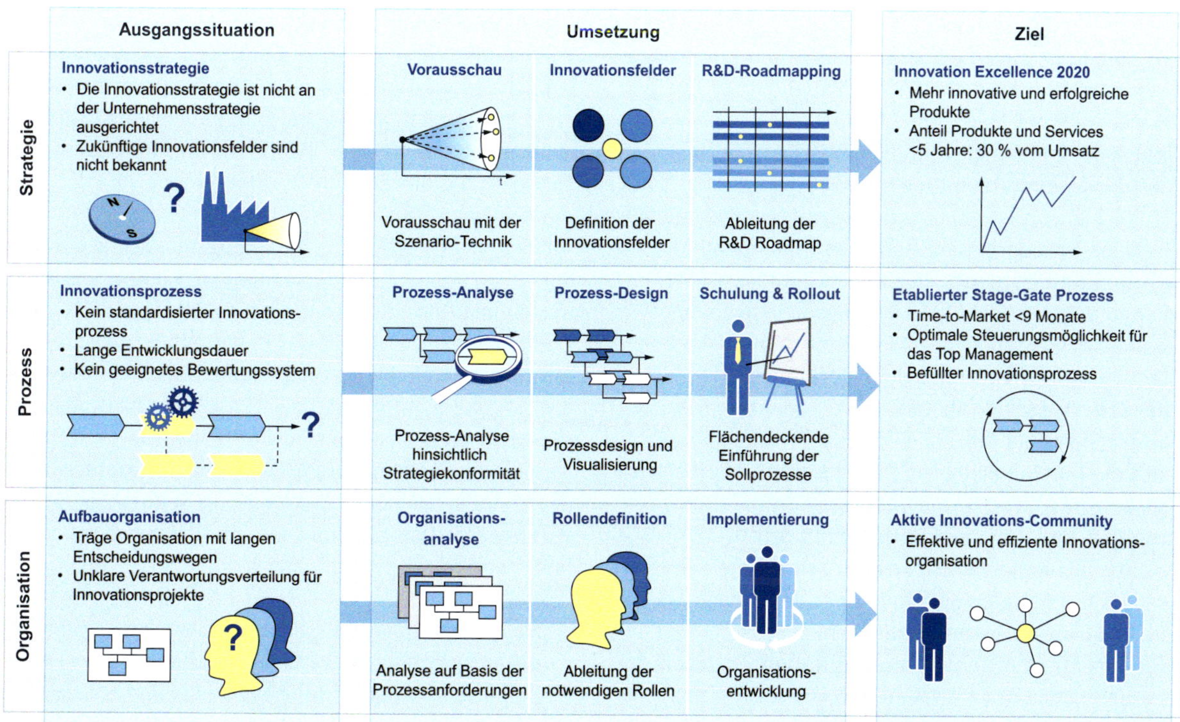

BILD 3-81 Beispiel Master Plan of Action (Handlungsbereich Produktinnovation)

umfasst alle Tätigkeiten zur Darstellung bzw. „Bewerbung" eines Projekts für relevante Stakeholder, wie nicht unmittelbar beteiligte Mitarbeiter, Kunden und Lieferanten. Ferner empfiehlt es sich, einen **100-Tage-Plan** zu erarbeiten, der vorgibt, welche Maßnahmen mit welcher Umsetzungs- und Wirksamkeitsstufe - auch Härtegrad genannt - im Rahmen der ersten 100 Tage zu realisieren sind. Die Struktur ist an die Handlungsbereiche des Master Plan of Action angelehnt.

Nach der Umsetzungsplanung schließt sich die **Transformation** zur Erreichung des Zielzustands an (vgl. Master Plan of Action). Die entsprechenden Transformationsprojekte umfassen die Phasen Design, Umsetzung und „Hyper Care" sowie begleitend das Projektmanagement und das Change Management bzw. die Kommunikationsaktivitäten.

- **Design:** Hier werden die Fachkonzepte erstellt. Zum Design gehören sowohl betriebsorganisatorische als auch technische Aspekte. Auf der Basis der Fachkonzepte bietet es sich an, mit einzelnen Führungskräften Zielvereinbarungen abzuschließen und sie so in die Umsetzungsverantwortung zu nehmen.
- **Umsetzung:** Hier werden die Fachkonzepte umgesetzt. In Hinblick auf die Fertigstellung werden Multiplikatoren und weitere involvierte Projektmitarbeiter anhand von Trainingsunterlagen und Handlungsanleitungen geschult. Die Umsetzung geht bis zum Fertigstellungstermin (Go-Life-Termin).
- **„Hyper Care":** Der Begriff bezeichnet ursprünglich die post-operative Nachsorge eines Patienten. Er hat sich mittlerweile im Management von Transformationsprojekten in Konzernstrukturen etabliert und bezieht sich auf die Unterstützung nach der Fertigstellung. Über einen kontinuierlichen Verbesserungsprozess (KVP) wird die Transformation stabilisiert und optimiert.
- **Projektmanagement:** Hier finden die klassischen, im Rahmen des Projekt-Setup definierten Instrumente Anwendung. Es werden die im Projektverlauf produzierten Ergebnisse auf Vollständigkeit, Termintreue, Verständlichkeit, Aussagekraft und Wirksamkeit geprüft. Bei besonders komplexen und kritischen Projekten empfiehlt sich die Durchführung von **Projektaudits**. Hierbei wird zusätzlich geprüft, ob die etablierten Projektprozesse von den Projektmitarbeitern auch gelebt werden. Mit Hilfe eines Projektaudits werden schnell die Schwachstellen des Projekts aufgezeigt, um das Projekt wieder in die Erfolgsspur zurückzuführen.
- **Change Management/Kommunikation:** Es liegt in der Natur des Menschen, Veränderungen zunächst mit Skepsis zu beurteilen. Sie bedeuten Unsicherheit über die Zukunft und werden eher als Gefahr und Risiko eingeschätzt. Die Betroffenen sind daher frühzeitig auf die anstehenden Veränderungen durch klare Information vorzubereiten („Change Communication"). Ein Veränderungsmanagement in diesem Sinn kann auch Informations- und Schulungsmaßnahmen beinhalten. Von zentraler Bedeutung sind das Engagement und die Vorbildwirkung des Top-Managements. Sie sollten zeigen, dass die Veränderungen von zentraler Bedeutung und „Chefsache" sind.

Begleitend zu den Transformationsprojekten finden das übergeordnete **Umsetzungs-Controlling** und **Prämissen-Controlling** der Strategie statt. Das **Umsetzungs-Controlling** hat die Aufgabe, die Umsetzung der Maßnahmen der Geschäftsstrategie bzw. Programme der Unternehmensstrategie sicherzustellen. Dazu werden regelmäßig Soll-Ist-Vergleiche durchgeführt und ggf. Abweichungen entgegengewirkt. Eine sehr geeignete Grundlage für das Umsetzungs-Controlling ist die Balanced Scorecard nach Kaplan und Norton. Mit dem **Prämissen-Controlling** wird regelmäßig überprüft, ob die Annahmen, auf denen die Strategie beruht, nach wie vor gelten.

3.5.2 Umsetzungs-Controlling – Mit der Balanced Scorecard mehrdimensional führen

Die zu ziehenden Konsequenzen und umzusetzenden Maßnahmen betreffen viele Funktions- und Handlungsbereiche eines Unternehmens. Die damit verbundenen Ziele lassen sich vorderhand nicht allein durch Finanzkennzahlen ausdrücken. Daher ist ein Führungssystem gefordert, das alle relevanten Dimensionen abbildet.

Auf der Suche nach neuen Steuerungsmöglichkeiten führten 1990 zwölf Unternehmen unter der Leitung des Nolan Norton Institute - des Forschungszweigs der KPMG - eine Untersuchung mit dem Titel „Performance Measurement in Unternehmen der Zukunft" durch. Das Ziel dieses von Kaplan und Norton geleiteten Projekts war es, die existierenden, von Finanzkennzahlen dominierten Controlling-Ansätze durch ein umfangreicheres, an den Erfordernissen der strategischen Führung orientiertes Kennzahlen-System zu ersetzen. Das Ergebnis war die Balanced Scorecard (auch: ausgewogener Berichtsbogen) [KN97], [HG98].

„Stellen Sie sich den ausgewogenen Berichtsbogen wie die Instrumententafel im Cockpit eines Flugzeugs vor. Für die komplizierte Aufgabe des Navigierens und Steuerns benötigen die Piloten detaillierte Daten über zahlreiche Umstände des Flugs. Sie müssen informiert sein über

Treibstoff, Geschwindigkeit, Höhe, Luftdruck, Flugziel und andere Messwerte, die insgesamt ihr derzeitiges und erwartetes Umfeld beschreiben. Sich nur auf ein einziges Instrument zu verlassen kann da verhängnisvoll sein. Auch die Steuerung eines Unternehmens ist heute ähnlich kompliziert. Sie fordert von den Managern, dass sie im gleichen Moment die Leistungen auf ganz unterschiedlichen Feldern überblicken.“ [KN92]

Die Balanced Scorecard (BSC) weist die in Bild 3-82 wiedergegebenen vier Perspektiven auf. Jeder dieser Perspektiven sind strategische Ziele, entsprechende Messgrößen, operative Ziele und durchzuführende Aktivitäten – diese entsprechen den Maßnahmen – zugeordnet. Im Folgenden charakterisieren wir kurz diese vier Perspektiven:

- **Finanzielle Perspektive:** Dieser eher traditionelle Blickwinkel verdeutlicht, inwieweit die Unternehmens- oder Geschäftsstrategie das Betriebsergebnis und den Wert des Unternehmens verbessert. Typische Kennzahlen sind Cashflow und Aktienkurs.
- **Kundenperspektive:** Diese Perspektive zeigt, wie das Unternehmen vom Markt und dem Kunden wahrgenommen wird. Beispiele für Kennzahlen sind Kundenzufriedenheit, Marktanteil etc. KAPLAN und NORTON betonen, dass zu dieser Perspektive auch Kennzahlen gehören, die das Wertangebot des Unternehmens betreffen. Dazu zählen Eigenschaften der Marktleistung, Image, Reputation etc.
- **Interne Geschäftsprozesse:** Hier geht es um die Geschäfts- bzw. Leistungserstellungsprozesse des Unternehmens, die zur Marktleistung und zur Erfüllung von Kundenbedürfnissen/-anforderungen führen. Traditionelle Performance-Measurement-Systeme überwachen hier bestehende Prozesse anhand von Qualitäts-, Ausbeute-, Durchlauf- und Zykluszeitkennzahlen. KAPLAN und NORTON betonen, dass es bei einer Balanced Scorecard darum geht, zunächst die kritischen Prozesse zu identifizieren und diese in die BSC zu integrieren. Dazu gehören auch Kennzahlen für den Innovationsprozess, d. h. insbesondere für Forschung und Entwicklung. Solche Kennzahlen sind beispielsweise der Prozentsatz des Umsatzes aus neuen Produkten oder die Zeitspanne bis zur Entwicklung der nächsten Produktgeneration.
- **Lernen und Entwicklung:** Hier liegt der Fokus auf der Förderung einer lernenden und wachsenden Organisation. Aktivitäten und Ergebnisse der Lern- und Entwicklungsperspektive sind die treibenden Kräfte für gute Ergebnisse in den drei übrigen Perspektiven. Im Einzelnen geht es um die Erschließung von Mitarbeiter-

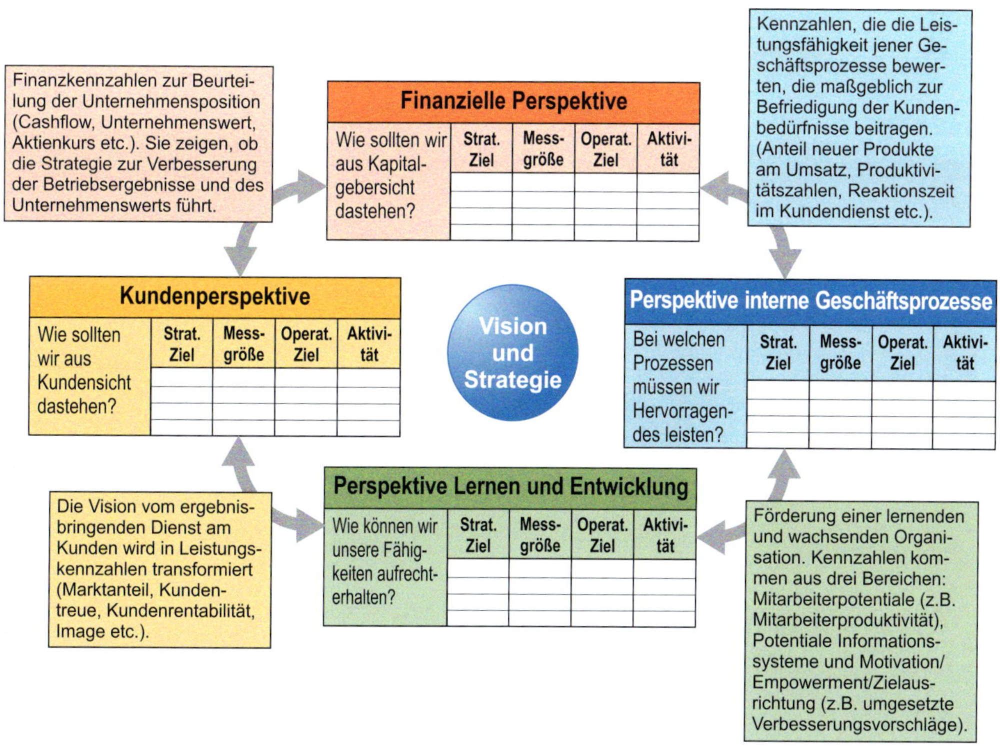

BILD 3-82 Prinzipieller Aufbau der Balanced Scorecard

potentialen, von Potentialen der Informationssysteme und um den Komplex Motivation, Empowerment und Zielausrichtung. Typische Kennzahlen sind Mitarbeiterzufriedenheit und -produktivität, Online-Zugriff auf kundenbezogene Informationen, umgesetzte Verbesserungsvorschläge etc.

Bild 3-83 bringt die Beziehung zwischen unserem Strategieverständnis, dessen Sinnbild der Pfeil von einer heutigen Situation zu einer unternehmerischen Vision ist, und der Balanced Scorecard zum Ausdruck.

In Bild 3-84 sind beispielhaft strategische Ziele, Messgrößen, operative Ziele und Aktivitäten für die vier Perspektiven aufgeführt. Die Aktivitäten entsprechen den Maßnahmen, die wir in Kapitel 3.4.4 erläutert haben.

Die Einführung einer Balanced Scorecard ist in der Regel selbst ein strategisches Programm, für das KAPLAN und NORTON vier Schritte vorschlagen [KN97]:

Definition der Kennzahlenarchitektur (Schritt 1): Am Anfang ist festzulegen, für welche organisatorische Einheit eine BSC angemessen ist. In der Regel ist dies eine Geschäftseinheit mit integrierten Funktionen. Nach der Entscheidung für die Startebene sind die Beziehungen zwischen den einzelnen Geschäftseinheiten sowie dem Unternehmen näher zu untersuchen.

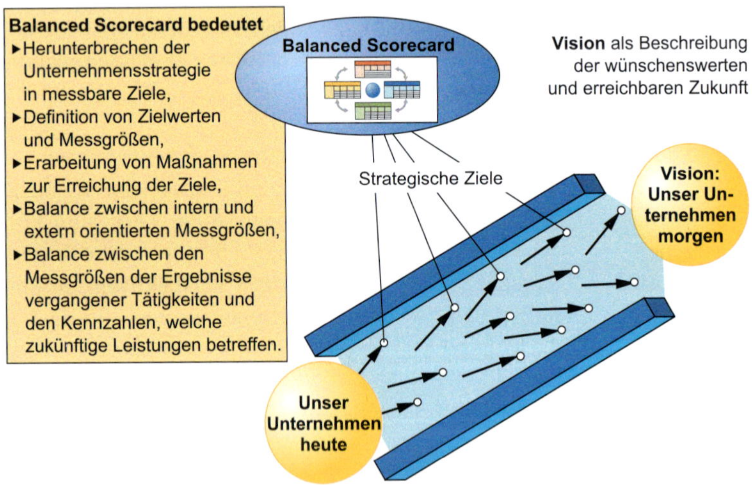

BILD 3-83
Charakterisierung der Balanced Scorecard und Bezug zur Strategie

	Strategische Ziele	Messgrößen	Operat. Ziele	Aktivitäten
Finanzen	CFROI deutlich steigern	CFROI	18 %	In den folgenden Perspektiven
	Konkurrenzfähige Kostenstruktur aufbauen	% Gesamtkosten vom Umsatz % Vertriebs- und Verwaltungskosten	80 % 7 %	In den folgenden Perspektiven
	Internationales Wachstum vorantreiben	Gesamtumsatz Umsatz nicht EU/USA	1 Mrd. € 450 Mio. €	Marktstudie Mittel-Ost-Europa Task Force"Pazific"
Kunden	Affordable but good: Einfachgeräte positionieren	Marktanteil im Massensegment Bewertungsindex Händler	12 % 75 Indexpunkte	Marketingoffensive Einrichtung Händlerforum
	Excellenz in copying im Hochpreissegment	Marktanteil im Hochpreissegment Imagewerte Zielkunde	16 % 88 Indexpunkte	Designstudie Überarbeitung Marketingmaterial
	Funktionssicherheit erhöh.	Anzahl Störfälle	-45 %	Technikumstellung RCP
	Kundenbetreuung aktiver gestalten	Wiederverkaufsquote Besuche/Zielkunde	75 % 2 p.a.	Key Account Management Vertriebsmeeting
Prozesse	Produkte standardisieren	Gleichteilkosten in Relation zu den gesamten Materialkosten	65 %	Benchmarking mit Hyoto Baukastenanalyse
	Synergien nutzen	Personalkosten in % vom Umsatz Synergiebericht	8,5 % kein Zielwert	Synergieleitfaden erarbeiten Synergiezirkel initiieren
	Fertigungstiefe an Kernkompetenzen anpassen	Kerntechnologiequote	80 %	Definition der Kernkompetenzen Anpassung Fertigungslayout
Lernen/Entwicklung	Entwicklungskompetenz steigern	Assessmentwerte (durch F&E, Vertrieb, Produktion, Management)	80 Indexpunkte	Rekrutierungsoffensive Partnerschaft mit Uni
	Neue Medien nutzen	Bestellvorgänge über Internet	+125 %	Neugestaltung Webauftritt
	Mitarbeitermotivation erhöhen	Austritte von Key Employees Mitarbeiterbefragungswerte	3 % 85 Indexpunkte	Einführung Mitarbeiterbefragung Feedbacksystem überarbeiten

BILD 3-84 Balanced Scorecard: Die vier Perspektiven am Beispiel eines Herstellers von Kopierern [HP00]

Ermittlung strategischer Ziele (Schritt 2): Ausgehend von der unternehmerischen Vision werden im zweiten Schritt für jede der vier Perspektiven strategische Ziele ermittelt. Dabei sollte die Frage gestellt werden: „Wenn die unternehmerische Vision Erfolg hat, wie werden dann die Leistung für Aktionäre und Kunden, die interne Prozessperspektive sowie die Entwicklungsperspektive aussehen?"

Auswahl und Gestaltung von Kennzahlen (Schritt 3): Jetzt werden die einzelnen strategischen Ziele aufbereitet. Dabei berücksichtigen KAPLAN und NORTON vier Aspekte [KN97]:

1) Verbale Beschreibung der strategischen Ziele;
2) Identifizierung der Kennzahl oder Kennzahlen, die die Absicht des strategischen Ziels am besten zum Ausdruck bringen;
3) Identifizierung der Quellen notwendiger Information für jede Kennzahl und der Maßnahmen, die notwendig werden könnten, um diese Informationen verfügbar zu machen;
4) Identifizierung der Hauptverbindungen und Beeinflussungen zwischen den Kennzahlen innerhalb einer Perspektive sowie zwischen den einzelnen Perspektiven.

Wichtig ist im Rahmen einer BSC die Unterscheidung zwischen **Kernergebnissen** (Spätindikatoren), die vornehmlich das Unternehmen in seinem gegenwärtigen Zustand beschreiben, und **Leistungstreibern**, die im Sinne von Frühindikatoren Auskunft darüber geben, wie sich das Unternehmen in der Zukunft verändern könnte.

Erstellung eines Umsetzungsplans (Schritt 4): Nach Verabschiedung eines Kennzahlen-Systems ist festzulegen, wie deren Handhabung durch informationstechnische Systeme unterstützt werden sollte. Häufig steht am Ende der Umsetzung ein völlig neues Informationssystem für Führungskräfte.

> *„In den letzten Jahren, in denen wir Erfahrung mit BSC-Programmen gesammelt haben, waren wir von der Wirkung und der Allgemeingültigkeit des Konzepts positiv überrascht. Was als Suche nach einer Verbesserung von Performance-Measurement-Systemen begonnen hatte, hat sich zu einem Ansatz entwickelt, der Führungskräften hilft, ihr vielleicht größtes Problem zu lösen: eine Strategie … umzusetzen."* [KN97]

3.5.3 Prämissen-Controlling

Im Kontext der Strategieumsetzung sind Prämissen Annahmen, die der Strategie zugrunde liegen. Dabei handelt es sich um Randbedingungen, Voraussetzungen und Zusatzfaktoren, die in der Regel nicht oder nur mittelbar von einem Unternehmen beeinflusst werden können. Sie sind regelmäßig zu überwachen. Änderungen in den Planungsprämissen können nicht nur zu Änderungen von Zielen und Maßnahmen führen, sondern auch eine Überarbeitung oder Neuausrichtung der Strategie erforderlich machen.

Wenn z. B. ein Hersteller von Pumpen seine Strategie auf der Prämisse aufbaut, dass eine Drehzahlregelbarkeit die Zahlungsbereitschaft der Kunden um etwa zwanzig Prozent zum heutigen Kaufpreis erhöht, dann gilt es, dies regelmäßig zu überprüfen. Stellt sich heraus, dass diese Prämisse nicht mehr gültig ist, muss die Geschäftsstrategie überdacht werden, weil die Rentabilität des geplanten Geschäfts gefährdet ist.

Prämissen müssen kontrollierbar sein. Daher ist es notwendig, Prämissen mit Indikatoren zu verbinden, die konkrete Aussagen über die Gültigkeit zulassen [Lan94]. So könnten im oben genannten Beispiel des Pumpenherstellers regelmäßig durchgeführte Kundenbefragungen quantitative Werte für Indikatoren liefern.

Da wir als wesentliche Grundlage für die Strategieentwicklung **Markt- und Umfeldszenarien** verwenden, liegt es nahe, im Rahmen des Prämissen-Controllings zunächst einmal zu prüfen, ob das Szenario, auf dem die Strategie beruht, auch tatsächlich eintritt. Natürlich kann man das pragmatisch erledigen, indem man von Zeit zu Zeit „aus dem Fenster schaut" und sich fragt, ob das, was man an aktuellen Markt- und Umfeldentwicklungen beobachten kann, auf dieses oder jenes Szenario hindeutet. Wir praktizieren das systematischer [Bin06], [Sto05]. Die Basis dafür bilden Indikatoren, mit denen wir Einflussfaktoren und ihre denkbaren Entwicklungen (Projektionen) quantitativ und messbar beschreiben. Diese werden in die Wissensbasis zur Szenario-Erstellung aufgenommen. Da die Beschreibung und die regelmäßige Messung der Indikatoren aufwändig ist, haben wir uns zunächst auf Einflussfaktoren aus dem globalen Umfeld konzentriert. Derartige Einflussfaktoren werden praktisch in jedem Szenario-Projekt verwendet, sodass sich der Aufwand lohnt. Ein Beispiel für einen globalen Einflussfaktor ist die „Innovationsfähigkeit"; Indikatoren, die diesen Einflussfaktor konkretisieren, sind „Anteil der Umsätze durch neue Produkte" und „Innovationsintensität" (Verhältnis zwischen den gesamten Innovationsaufwendungen und dem Gesamtumsatz aller Unternehmen). Ein weiteres Beispiel ist der Einflussfaktor „Image des Produktionsstandorts Deutschland". Dazu gehören folgende Indikatoren:

- Anzahl Patentanmeldungen in Deutschland,
- Foreign Direct Investments (FDI-Inflows),

- Foreign Direct Investments – FDI-Confidence-Index,
- Growth Competitiveness Index,
- Lohnstückkosten,
- Steuerquote,
- Bruttoinlandsprodukt etc.

Jeder dieser Indikatoren wird in der Wissensbasis in der in Bild 3-85 dargestellten Form dokumentiert und regelmäßig aktualisiert. Im Rahmen der Projektions-Entwicklung (vgl. auch Kapitel 2.1.4) werden den Wertbereichen dieser Indikatoren die Projektionen zugeordnet. Dies ist am Beispiel des Einflussfaktors „Image des Produktionsstandorts Deutschland“ für den Indikator „Bruttoinlandsprodukt“ wiedergegeben (Bild 3-86).

Unter der Voraussetzung, dass die Indikatoren regelmäßig aktualisiert werden, kann im Rahmen des Prämissen-Controllings relativ einfach überprüft werden, ob das der Strategie zugrunde liegende Markt- und Umfeldszenario eintritt. Falls dies nicht bestätigt werden kann, ist dasjenige Szenario als Grundlage für die Korrektur der Strategie zu verwenden, auf das die Indikatoren zeigen. Im Prinzip reichen einige wenige Indikatoren, um das relevante Markt- und Umfeldszenario zu identifizieren, da ein

Definition

Der **FDI-Confidence-Index** wird jährlich von der Unternehmensberatung A. T. Kearney ermittelt und drückt die Zufriedenheit der weltweit größten Investoren bzgl. der Zielorte ihrer Direktinvestitionen aus. Die Ermittlung erfolgt über eine Befragung der 1.000 größten transnationalen Unternehmen. Unter anderem wird auch Deutschland als Zielort ausländischer Direktinvestitionen bewertet [ATK13-ol].

Einflussfaktor

Image des Produktionsstandorts Deutschland

Verifikation

Eindeutigkeit: Das Vertrauen der Anleger in einen bestimmten Standort ist ein eindeutiger Indikator für die Investitionstätigkeit an einem bestimmten Standort. Eine gute Vertrauensbasis hat dabei einen starken Einfluss auf das Image eines Standorts.

Frühzeitigkeit: Ein gesteigertes Anlegervertrauen in einen bestimmten Standort antizipiert zusätzliche zukünftige Investitionen.

Reliabilität: Die Methode zur Indexberechnung wird nicht publiziert. Auf Grund der hohen Akzeptanz des Indexes wird allerdings eine hohe Reliabilität angenommen.

Verfügbarkeit: Die Daten werden von der Unternehmensberatung A. T. Kearney erhoben und auf der Website veröffentlicht.

Validität

"FDI is a major source of process technology and learning ..." [WB08]

"Foreign direct investment (FDI) is a key element in this rapidly evolving international economic integration, also referred to as globalisation." [OECD08]

"... foreign direct investments by transnational corporations is an engine of the economic globalisation process. The nature of the globalisation process cannot been understood without understanding the growth patterns and characteristics of foreign direct investments." [Ric03]

Datenreihen

Jahre	2007	2008	2009	2010	2011	2012
Index für Deutschland (0 = geringes Vertrauen, 3 = großes Vertrauen)	1,70	n/a	n/a	1,43	n/a	1,52
Veränderung zu Vorperiode	32,2 %	n/a	n/a	-15,9 %	n/a	6,3 %
Rangfolge im int. Vergleich	10	n/a	n/a	5	n/a	5

Organisation

Bearbeiter: Felix Reymann Stand: 11. Mai 2013

Überarbeitung: ☒ jährlich ☐ 1/2 jährlich ☐ 1/4 jährlich ☐ monatlich

Quellen

[ATK13-ol] A. T. Kearney: Deutschland/Central Group. Unter: http://www.atkearney.de, 2013

[WB08] The World Bank: Global Economic Prospects - Technology Diffusion in the Developing World. The World Bank, Washington DC, 2008

[OECD08] OECD: OECD Benchmark Definition of Foreign Direct Investment. 4th Edition, Paris, April 2008

[RIC03] Ricupero, R., Generalsekretär der UNCTAD (United Nations Conference on Trade and Development, Welthandels- und Entwicklungskonferenz der Vereinten Nationen)

BILD 3-85
Exemplarische Darstellung eines Indikatoren-Steckbriefs am Beispiel „Foreign Direct Investments – FDI-Confidence-Index“

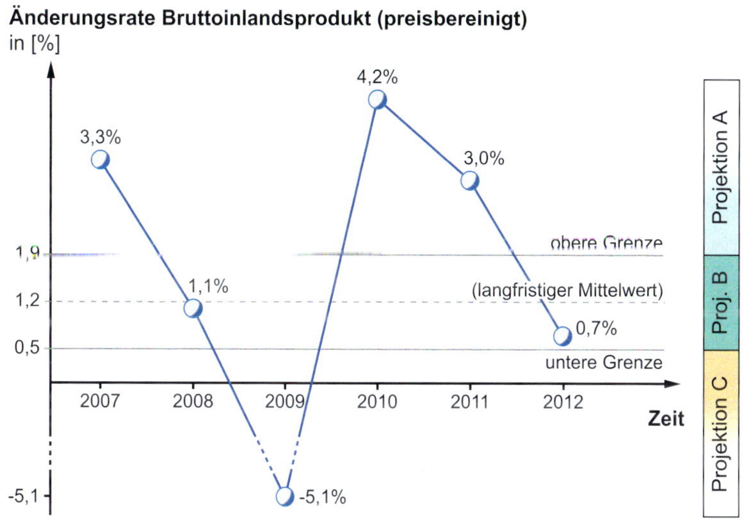

Image des Produktionsstandorts Deutschland

Definition: Wahrnehmung des Produktionsstandorts Deutschland durch ausländische Investoren, die in Betracht ziehen, in Deutschland zu investieren bzw. auf der Suche nach leistungsfähigen Betriebsorganisations- und Industrieautomatisierungsverfahren sind.

Projektion A: Deutschland als High-Tech-Standort
Durch vorbildliche Betriebsorganisation und intelligenten Technologieeinsatz ist die Produktionstechnik in Deutschland führend. Als Produktionsstandort gilt Deutschland als erste Adresse. Mit Anerkennung wird registriert, dass auch in einem Hochkostenland wirtschaftlich produziert werden kann. Produkte aus Deutschland genießen überall in der Welt höchstes Ansehen.

Projektion B: Der Produktionsstandort Deutschland hat wieder an Boden gewonnen
Der Produktionsstandort Deutschland wird neu entdeckt. Nach Jahren der Abwanderung aus Deutschland setzt sich die Einsicht durch, dass die vom Markt geforderte Produktqualität in Niedriglohnländern nicht erreicht werden kann. Die Produktivität in Deutschland übersteigt die der ausländischen Standorte um das Maß, wie die deutschen über den ausländischen Lohnkosten liegen. Ferner bieten die enge Verflechtung der deutschen Wirtschaft, die gute Infrastruktur und das klare Rechtssystem weitere Vorteile. Dadurch können immer wieder Produktivitäts- und Lohnkostenunterschiede vertreten werden.

Projektion C: Produktionsstandort unter vielen
Spitzenproduktionstechnik ist überall anzutreffen, weil die global tätigen Unternehmen dort investieren, wo es insgesamt gesehen am günstigsten ist. Deshalb konnte die Erosion des Produktionsstandorts Deutschland nicht aufgehalten werden. Bei der Vermarktung von Produkten spielt die Bezeichnung „Made in Germany“ keine Rolle. Stattdessen etablieren sich markenbezogene Produktkennzeichnungen. Markennamen stehen für Qualität unabhängig vom Produktionsstandort.

BILD 3-86
Änderungsraten des Indikators „Bruttoinlandsprodukt“ und Zuordnung zu Projektionen des Einflussfaktors „Image des Produktionsstandorts Deutschland“

Szenario ein konsistentes Cluster von Projektionen ist. Wenn einige Indikatoren auf das eine Szenario deuten und weitere Indikatoren auf die anderen Szenarien, dann ist die Konsistenz der Szenarien in Frage zu stellen. In diesem Fall sind die Szenarien von Grund auf zu überarbeiten, weil sie nicht mehr als Basis für Strategieüberlegungen taugen. Aber auch das wäre eine wichtige Erkenntnis im Rahmen der Strategieumsetzung.

Wie kann es nun dazu kommen, dass die Indikatoren nicht alle auf ein Szenario zeigen? In den meisten Fällen liegt es an der mangelhaften Qualität der Szenarien und hier insbesondere an der paarweisen Bewertung der Konsistenz von Projektionen. Ein seltener – aber besonders schwerwiegender – Grund kann sein, dass in der Konsistenzbewertung das gemeinsame Auftreten von zwei Projektionen in einem Szenario (z. B. hoher Benzinpreis und stark gestiegene Mobilität) ausgeschlossen wurde. In der Zwischenzeit ist es aber zu grundlegenden Innovationen gekommen, die diesen Widerspruch überwinden. Ein Beispiel wäre der Durchbruch der Brennstoffzelle als Antrieb für Autos; der Benzinpreis hätte seine Bedeutung für die Mobilität verloren.

Ein weiterer interessanter Ansatz für das Prämissen-

Controlling ergibt sich aus der Anwendung des Verfahrens **VITOSTRA** (vgl. Kapitel 3.3.5). Mit diesem Verfahren erfassen wir auch die Positionen der Mitbewerber in der Wettbewerbsarena und stellen diese mit Hilfe der multidimensionalen Skalierung graphisch dar. Wenn nun im Rahmen der regelmäßigen Wettbewerbsbeobachtung die Positionen der Mitbewerber aktualisiert werden, dann ergeben sich ggf. Bewegungsrichtungen. Diese deuten beispielsweise darauf hin, dass ein Mitbewerber eine strategische Gruppe verlässt und eine andere anstrebt, d. h. er ist dabei, seine Wettbewerbsstrategie grundlegend zu verändern. In einem Fall unserer Strategiepraxis war so gut zu erkennen, dass ein Mitbewerber im Begriff war, die angestammte Position des Massenherstellers zu verlassen und die des Premiumanbieters zu erobern. Selbstredend ergeben sich daraus wertvolle Informationen für die Überprüfung der eigenen Strategie im Rahmen des Prämissen-Controllings. Dies unterstreicht, dass Prämissen-Controlling insbesondere auf der periodischen Beobachtung des Wettbewerbs beruhen sollte. Die regelmäßige Überprüfung der Markt- und Umfeldszenarien deckt das grundsätzlich ab, weil „Umfeld" auch die Mitbewerber erfasst. Das skizzierte Modell der Wettbewerbsbeobachtung mittels VITOSTRA vermag aber weitere wichtige Informationen über die Bewegungen der Mitbewerber in der Wettbewerbsarena zu liefern.

3.6 Gestaltung des strategischen Führungsprozesses

Während es in den zuvor beschriebenen vier Phasen darum ging, den erstmaligen oder weitgehend eigenständigen Zyklus der strategischen Führung aufzuzeigen (Welche Strategie sollte ein Unternehmen entwickeln?), behandelt die Gestaltung der strategischen Führungsprozesse die Frage, wie ein Unternehmen die strategische Führung als kontinuierlichen Prozess praktizieren sollte. Offensichtlich ist das leichter gesagt als getan. Nach Mankins und Steele wird in den meisten Unternehmen viel geplant, aber wenig entschieden.

> *„… wir haben den Verdacht, dass die wenigen Entscheidungen in diesen Unternehmen nicht wegen, sondern trotz der strategischen Planung zustande gekommen sind. Das traditionelle Planungsmodell ist derart lästig und so wenig auf die Zeitpunkte abgestimmt, zu denen Führungskräfte Entscheidungen treffen wollen und müssen, dass Top-Manager dem Prozess allzu oft ausweichen, wenn sie ihre wichtigsten Weichenstellungen vornehmen … . Nur 11 % der von uns befragten Manager sind dann auch davon überzeugt, dass die strategische Planung den Aufwand lohnt."* [MS06]

Kaplan und Norton decken eine Reihe von Defiziten auf dem Gebiet der Strategieumsetzung auf, die auch unseren Erfahrungen entsprechen und die vorgenannte mangelnde Integration des Prozesses der strategischen Führung in den „normalen" Führungsprozess bestätigen [KN06]:

- Die Führungskräfte stellen die Strategie nicht übereinstimmend dar. Offenbar gelingt es selbst der Top-Ebene nicht, eine klare einheitliche Sicht über den Kurs des Unternehmens zu erzeugen und zu vermitteln.
- Eine große Mehrheit der Führungskräfte verbringt weniger als eine Stunde pro Monat mit Strategiebesprechungen.
- 95 % der Mitarbeiter verstehen die Strategie nicht.
- 60 % der Unternehmen stimmen Budgets nicht auf die Strategie ab.
- 70 % des mittleren Managements erhalten Gehaltszulagen ohne Bezug zu Zielen der Strategie.

Kein Wunder, dass Strategien nicht umgesetzt werden und der Prozess der strategischen Führung mehr als jährliches Ritual gesehen wird, das eigentlich nicht viel bringt. Die meisten Leser werden hier den Kopf schütteln, weil sie wissen, dass es so nicht gehen kann. Aber wenn sie ehrlich sind, müssen sie einräumen, dass es in ihren Unternehmen wohl etwas anders ist, aber auch nicht viel besser.

Selbstredend ist strategische Führung in einem mittelständischen Unternehmen anders zu praktizieren als in einem multinationalen Konzern. Schon deshalb lässt sich an dieser Stelle kein einfaches, leicht zu übertragendes Modell beschreiben, nach dem der Prozess der strategischen Führung gestaltet werden kann. Es gibt aber einige Aspekte, die wertvolle Hinweise geben.

Ein Aspekt ist die **„prozessuale Gerechtigkeit"** („Fair Process"). Nach Kim und Mauborgne führt die Berücksichtigung von drei Grundsätzen zur „prozessualen Gerechtigkeit" [KM98]. **Engagement** bedeutet, die einzelnen Mitarbeiter in die sie betreffenden Entscheidungen einzubeziehen. **Erklärung** meint, dass jeder Mitarbeiter verstehen muss, warum Entscheidungen getroffen werden. **Klarheit über Erwartungen** heißt, dass die Unternehmensführung ihre Erwartungen an die einzelnen Mitarbeiter klar artikuliert, sobald dazu eine Entscheidung gefallen ist. Wir greifen diese Grundsätze auf und stellen nachfolgend fünf Aspekte der Gestaltung des Prozesses der strategischen Führung vor (Bild 3-87):

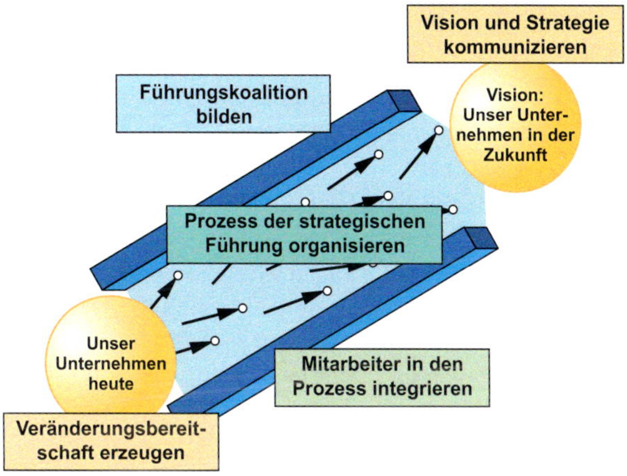

BILD 3-87 Fünf Aspekte zur erfolgreichen Gestaltung des Prozesses der strategischen Führung

1) **Prozess der strategischen Führung organisieren:** Im Zentrum steht zunächst die Ablauforganisation des strategischen Führungsprozesses – d. h. die Festlegung der einzelnen Prozessschritte sowie der sinnvollen Aufbauorganisation.
2) **Vision und Strategie kommunizieren:** Viele Prozesse der strategischen Führung scheitern daran, dass die entwickelten Vision und Strategie nicht richtig oder nicht in ausreichendem Maße kommuniziert werden. Daher sollte frühzeitig ein Augenmerk auf diesen Aspekt gelegt werden.
3) **Veränderungsbereitschaft erzeugen:** Zu Beginn sollte die Notwendigkeit, sich Veränderungen zu stellen, verdeutlicht werden.
4) **Führungskoalition bilden:** Eng verbunden mit der Organisation des strategischen Führungsprozesses ist die Auswahl der Personen, die diesen Prozess führen und vorantreiben sollen.
5) **Mitarbeiter in den Führungsprozess integrieren:** Es ist keine Frage, dass dies essentiell ist. Es gilt allerdings einen gut ausbalancierten Mittelweg zwischen einer „Verordnung der Strategie von oben" und nie endenden Diskussionen, die an Selbsterfahrungsgruppen erinnern, zu finden.

3.6.1 Prozess der strategischen Führung organisieren

Intelligente Strategien und präzise Maßnahmenpläne reichen häufig nicht aus, erfolgreich strategisch zu führen. Der Prozess der strategischen Führung ist im Wechselspiel mit der operativen Führung zu sehen und kontinuierlich voranzutreiben. In der Literatur werden eine Vielzahl verschiedener Modelle beschrieben, die jeweils einen idealtypischen Prozess abbilden. Ein häufig angeführtes Modell ist das in Bild 3-88 dargestellte Verfahren der Unternehmensplanung nach Hax und Majluf [HM91]; es deckt die drei von uns propagierten Strategieebenen ab (vgl. Bild 3-2). Es handelt sich um ein generisches Modell, das auf die spezifischen Gegebenheiten eines Unternehmens abzustimmen ist.

Die organisatorische Gestaltung des Prozesses der strategischen Führung hängt eng mit der Frage zusammen, ob

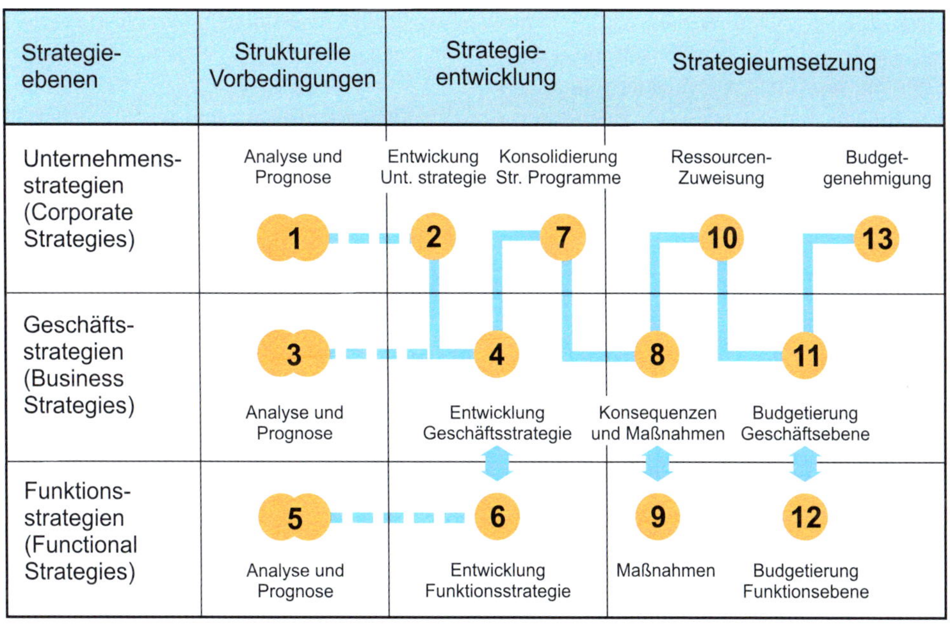

BILD 3-88 Idealtypisches Verfahren der strategischen Planung nach Hax und Majluf

dieser Prozess auf Geschäftsbereichs- oder auf Unternehmensebene angestoßen bzw. vorangetrieben wird. Dementsprechend gibt es zwei Ansätze:

- **Geschäftsnaher Ansatz:** Hier konzentriert sich die strategische Unternehmensführung zunächst auf die Entwicklung von Geschäftsstrategien sowie damit in Wechselwirkung stehenden Funktionsstrategien. Anschließend werden die Geschäftsstrategien zur Unternehmensstrategie zusammengefasst, wobei insbesondere auch nach Synergien aus den Funktionsstrategien gesucht wird.
- **Zentralistischer Ansatz:** Insbesondere in stark diversifizierten Großunternehmen führt oft die Unternehmenszentrale Regie, was die Selbstständigkeit der strategischen Geschäftseinheiten einschränkt. FORTELLE ET AL. sehen hier drei Vorteile:

1) Die Zentrale ist besser geeignet, die langfristige, strategische Führung zu gewährleisten.
2) Sie ist besser in der Lage, das Gleichgewicht zwischen dem Fokus auf etablierte Geschäftsfelder und dem Wachstum durch Entwicklung neuer Geschäftsfelder zu halten.
3) Sie kann den potentiellen Wert einer Akquisition besser beurteilen [FLL91].

Wir sind der Auffassung, dass beide Ansätze Vor- und Nachteile haben und daher die Vorteile beider Ansätze genutzt werden sollten. In diese Richtung geht auch das von KAPLAN und NORTON vorgeschlagene Konzept **Strategiebüro** [KN06]. Die Grundüberlegung ist, dass in vielen Unternehmen Planung und Umsetzung der Strategie nicht zusammenpassen. Eine kleine Einheit - das sog. Strategiebüro (Office of Strategy Management) - soll diese Kluft überbrücken. Der Titel lässt den Verdacht aufkommen, hier handele es sich um eine Top-Down-Lösung. Dies ist nicht beabsichtigt. Das Strategiebüro ist eine kompetente Arbeitsgruppe für Ideen, die in die regelmäßig stattfindenden Strategiesitzungen der Entscheidungsträger einfließen. Die besten Ideen und Konzepte werden aufgegriffen. Das Strategiebüro arbeitet zu und dient insbesondere als Katalysator für die Implementierung der Strategie. Im Folgenden werden die Hauptaufgaben eines Strategiebüros kurz charakterisiert.

- Einführung und Management der Balanced Scorecard: Dazu zählt beispielsweise die Überführung der Elemente der Strategie in die Balanced Scorecard.
- Abstimmung innerhalb des Unternehmens: Hier geht es primär um die Herstellung der Konsistenz der Strategien auf den verschiedenen Ebenen.
- Strategieüberprüfung: Dieser Aufgabenkomplex beruht auf der Erkenntnis, dass Führungspersonen erschreckend wenig Zeit verwenden, die Umsetzung der Strategie zu überprüfen und bei Soll-Ist-Abweichungen gezielt gegenzusteuern. Das Strategiebüro soll hier Unterstützung geben.
- Strategieentwicklung: Dafür liefert das Strategiebüro Analysen (z. B. Wettbewerbsanalysen), Markt- und Umfeldszenarien und Ideen für strategische Stoßrichtungen - also Informationen, deren Beschaffung für all jene aufwändig ist, die im operativen Geschäft stark engagiert sind, und denen es an der Routine für die Generierung solcher Informationen fehlt.
- Strategiekommunikation: Vorrangiges Ziel ist, die Mitarbeiter über Intention, Ziele und Maßnahmen zu informieren und sie für die Strategie zu gewinnen.

Das Konzept des Strategiebüros ist offensichtlich geeignet, den Prozess der strategischen Führung im Sinne eines kontinuierlich stattfindenden Prozesses auf Unternehmensleitungsebene fest zu etablieren. Oft bleibt es bei dem jährlich stattfindenden Ritual der Strategietagung, was dazu führt, dass es eine erhebliche Diskrepanz zwischen den formellen Planungsstrukturen und der Art, wie Entscheidungen tatsächlich gefällt werden, gibt. Ein sehr interessantes Konzept, diese Diskrepanz zu überwinden, schlagen MANKINS und STEELE vor [MS06]. Sie propagieren eine fortlaufende entscheidungsorientierte Planung, die die Entscheidungsfreude des Managements fördert und am Ende die Qualität und Wirksamkeit der strategischen Führung wesentlich zu steigern vermag (Bild 3-89). Den Ausgangspunkt dieses Konzepts bildet die jährliche Aktualisierung der Strategie, in deren Rahmen die Prämissen und die unternehmerische Vision bestätigt bzw. geändert werden und Prioritäten für die Entwicklung des Geschäfts festgelegt werden.

Die Kernidee des Konzepts ist, dass sich das Management über das Jahr verteilt mit Themen auseinandersetzt, die für die strategische Entwicklung des Unternehmens von hoher Bedeutung sind. Diese Themen werden von speziellen Teams sorgfältig aufbereitet, sodass das Management in jeweils zwei Sitzungen zu fundierten Entscheidungen kommt. In der ersten Sitzung wird Konsens über die Fakten erzielt, daraus Schlüsse gezogen und Alternativen zur Verfolgung des Themas erarbeitet. In der zweiten Sitzung werden die Alternativen bewertet und das weitere Vorgehen im Sinne eines strategischen Plans festgelegt. Unmittelbar danach wird die Budget- und Investitionsplanung des betroffenen Bereichs aktualisiert. Strategische Planung und Investitions- und Budgetplanung sind also miteinander verzahnt. Nachdem ein Thema in dieser Weise behandelt und erledigt worden ist, wird das nächste aufgegriffen.

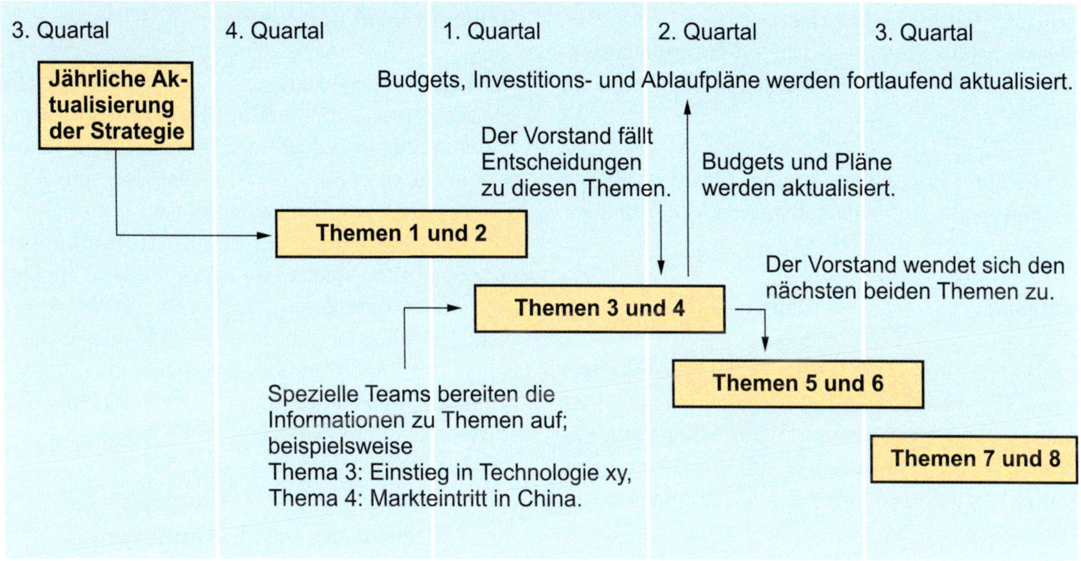

BILD 3-89 Konzept der fortlaufenden entscheidungsorientierten strategischen Planung nach MANKINS und STEELE [MS06].

Die Vorteile dieses Konzepts liegen auf der Hand: Das Management setzt sich intensiv und zeitnah mit bedeutenden Fragen der Unternehmensentwicklung auseinander. Entscheidungen werden sorgfältig vorbereitet und konsequent umgesetzt.

Unabhängig davon, welcher Organisationsansatz gewählt wird, ist die Ablauforganisation der strategischen Führung präzise zu beschreiben. Die entsprechenden Methoden und Werkzeuge stellen wir im Hauptkapitel 4 vor.

3.6.2 Kommunikation von Vision und Strategie

Eine immer wieder gestellte Frage lautet: „Sollen wir die Strategie geheim halten?" PÜMPIN vertritt dazu eine eindeutige Position:

„Eine breite Information der Mitarbeiter führt zwangsläufig dazu, dass die neue Strategie für die Konkurrenten transparent wird. Damit wird es für sie leichter, Gegenmaßnahmen zu ergreifen. Die Frage erhebt sich, ob die Information der Mitarbeiter oder die Geheimhaltung wichtiger ist. Die Antwort ist eindeutig: Nur wenn die Mitarbeiter über die Strategie informiert sind, können sie bei deren Umsetzung sinngerecht mitwirken. Eine wirkungsvolle Strategieimplementierung bedingt zwangsläufig eine offene Information. Strategiepapiere, die aus Geheimhaltungsgründen in den Tresoren des Topmanagements aufbewahrt werden, sind a priori zum Scheitern verurteilt." [PG88]

Die Gefahr der Nachahmung einer Strategie durch die Konkurrenten wird umso geringer, je mehr strategische Variablen (vgl. Kapitel 3.3.5) kreativ kombiniert werden und je stärker die entsprechenden Handlungen in der Unternehmenskultur verwurzelt sind. Daher halten wir die Angst vor Nachahmung in den meisten Fällen für etwas übertrieben.

Die Kommunikation einer Unternehmens- oder Geschäftsstrategie ist ein schwieriger Prozess. KOTTER beschreibt drei „ineffiziente Kommunikationsmuster", die die Strategieumsetzung in der Praxis häufig behindern oder sogar verhindern [Kot97]:

1) **Zu geringe Kommunikation:** Hier verwenden die an der Strategieentwicklung beteiligten Personen lediglich einen geringen Teil ihrer unternehmensinternen Kommunikation zur Kommunikation der Strategie. Ein möglicher Grund ist die Abschottung gegenüber Mitbewerbern. Dabei bleibt die Strategie allerdings auch den meisten Mitarbeitern verschlossen.
2) **Einseitige Kommunikation:** Hier verwendet die Unternehmensführung zwar sehr viel Zeit auf die Kommunikation der Strategie – die angesprochenen Führungskräfte der mittleren Ebenen sind aber nicht bereit, die Strategie in der Organisation weiterzutragen. Hier können Kontrollinstrumente, aber vor allem ein waches Auge des Topmanagements für Abhilfe sorgen.
3) **Verhalten widerspricht der Strategie:** Hier erfolgt zwar eine vielfältige Kommunikation von Entscheidungsträgern, doch deren Verhalten bzw. das Verhalten anderer Führungskräfte im Unternehmen wider-

spricht der Strategie und blockiert so deren Umsetzung. In diesem Fall ist großes Gewicht auf die strategiekonformen Grundsätze des Verhaltens und Handelns zu legen.

Im Rahmen der Kommunikation einer Strategie werden eine Vielzahl von Instrumenten eingesetzt, von denen wir lediglich zwei nennen wollen:

Strategiekonforme Corporate Identity

Corporate Identity ist die strategisch geplante und operativ eingesetzte Selbstdarstellung und Verhaltensweise eines Unternehmens nach innen und außen (Bild 3-90). Sie basiert auf der „Unternehmenspersönlichkeit" (Corporate Personality), d. h. der Geschichte des Unternehmens, seiner gegenwärtigen Situation sowie der unternehmerischen Vision. Die Dynamik der Corporate Identity ist fortschreitend und verändert sich, ohne dass sie als Ganzheit auseinanderbricht. Dies aufzubauen und zu steuern, ist die Aufgabe des Unternehmensverhaltens (Corporate Attitude), dies sichtbar zu machen ist die Aufgabe des Unternehmenserscheinungsbilds (Corporate Design) und dies zu kommunizieren ist die Aufgabe der Unternehmenskommunikation (Corporate Communication).

Während Corporate Identity das Selbstbild des Unternehmens bezeichnet, beschreibt das Corporate Image das Fremdbild. Corporate Image steht für die Wahrnehmung des Unternehmens in seinem Umfeld, das im Wesentlichen aus den externen Stakeholdern besteht. Corporate Identity und Corporate Image sollten strategiekonform sein, d. h. die Umsetzung der Strategie bestmöglich fördern.

Hauszeitschrift und Intranet

Nach unserer Erfahrung sind Hauszeitschrift und Intranet ein geeignetes Mittel, um Strategien zu kommunizieren. Kommunikation bedeutet jedoch nicht, lediglich die Strategien „zu veröffentlichen", sondern sie in ein entsprechendes Umfeld einzubetten. Für ein Unternehmen, das vor einer Verlagerung des Geschäftsschwerpunkts steht, bedeutet dies beispielsweise, durch fundierte Hintergrundinformation zu erläutern, warum eine solche Verlagerung unausweichlich ist. Eine zunehmende Bedeutung kommt hier den Intranets zu, mit denen sich Inhalte der strategischen Unternehmensentwicklung wirkungsvoll und effizient kommunizieren lassen.

3.6.3 Erzeugung von Veränderungsbereitschaft

Eine Voraussetzung erfolgreicher Führung ist die Bereitschaft, traditionelle Verhaltensweisen in Frage zu stellen. Besteht innerhalb eines Unternehmens ein hohes Maß an Zufriedenheit oder gar Selbstherrlichkeit, so führt dies häufig zu einer eingeschränkten Veränderungsbereitschaft. In diesem Fall ist die Voraussetzung für eine erfolgreiche strategische Führung nicht gegeben. Daher schlagen wir vor, die Veränderungsbereitschaft in vier Schritten zu verbessern [KB96]:

Veränderungsbereitschaft analysieren (Schritt 1): Die Unbeweglichkeit von Unternehmen kann verschiedene Gründe haben (Bild 3-91). Daher sollten Unternehmen zunächst ihre Veränderungsbereitschaft und ihre Inno-

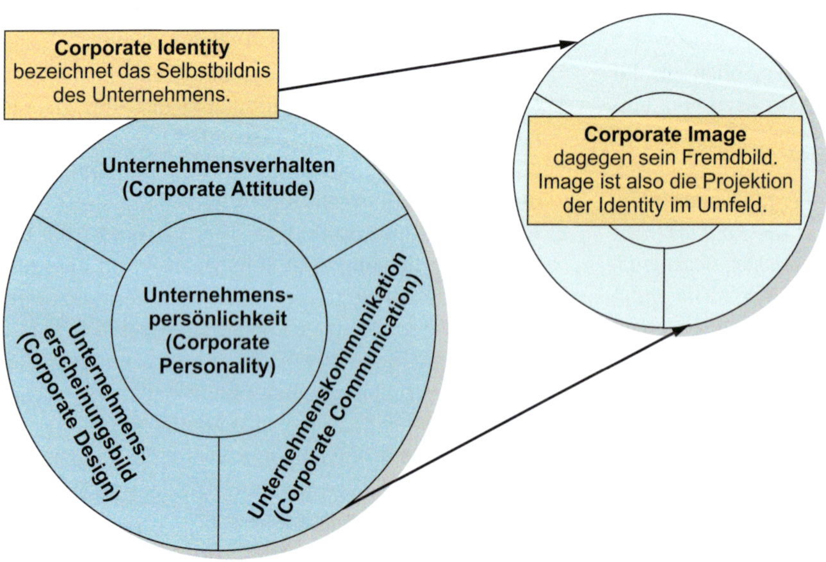

BILD 3-90
Corporate Identity und Corporate Image

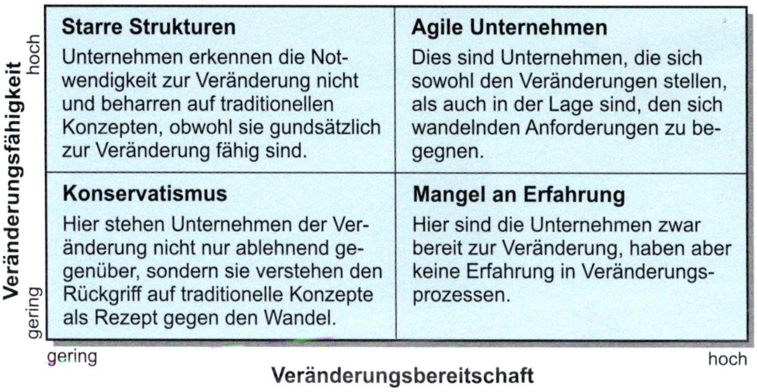

BILD 3-91
Klassifizierung der Beweglichkeit von Unternehmen nach GLASS [Gla96]

vationsfähigkeit untersuchen. Die strategische Führung verfügt über eine Reihe von Instrumenten wie beispielsweise das Innovationsportfolio und Unternehmenskultur-Profile.

Eine veränderungsverständige Kultur entwickeln (Schritt 2): Hier geht es um die Unternehmenskultur, die Veränderungen möglich macht, und damit eng verknüpft um die Entwicklung eines vertrauensvollen Verhältnisses zwischen Mitarbeitern und Führungskräften.

> *„Gute Gärtner bearbeiten die Erde, bevor sie pflanzen. Sie graben sie um, düngen und gießen sie. Dann erst sind sie bereit, zu pflanzen. Es ist dasselbe, wenn man Veränderung in einer Organisation erreichen will. Man muss zuerst den Boden bearbeiten, ehe der Wandel Wurzeln schlagen kann. Leider verzichten viele Unternehmen auf diese Vorarbeit. Oder sie starten damit, nachdem sie die Folgen angekündigt haben. Das ist aber genau verkehrt herum – mit nicht selten verheerenden Resultaten."* [KB96]

Widerstand in Veränderungsbereitschaft verwandeln (Schritt 3): Nur sehr wenige Menschen und Organisationen sind aus ihrem Inneren heraus sofort veränderungsbereit. Fast alle sehen in Veränderungen zunächst Bedrohungen – und bei (zu) vielen führt dies zu Widerstand gegen die Veränderung. MACHIAVELLI hat dies bereits 1513 prägnant beschrieben:

> *„Man muss sich nämlich darüber im Klaren sein, dass es kein schwierigeres Wagnis, keinen zweifelhafteren Erfolg und keinen gefährlicheren Versuch gibt, als … eine neue Ordnung einzuführen; denn jeder Neuerer hat alle die zu Feinden, die von der alten Ordnung Vorteile hatten und er hat in denen nur laue Verteidiger, die sich von der neuen Ordnung Vorteile erhoffen. Diese Lauheit kommt zum Teil von der Furcht vor den Gegnern, … teils von dem Misstrauen der Menschen, die wirkliches Zutrauen zu den neuen Verhältnissen erst haben, wenn sie von deren Dauerhaftigkeit überzeugt worden sind. Daher kommt es, dass die Feinde der neuen Ordnung diese bei jeder Gelegenheit mit aller Leidenschaft angreifen und die anderen sie nur schwach verteidigen."*

Es gibt aber eine Reihe von Möglichkeiten, Widerstand in Veränderungsbereitschaft zu verwandeln (vgl. Kasten). Nicht vergessen sollte man allerdings die Formen von Widerstand, die nicht sofort sichtbar werden. GLASS hat sie in sehr prägnanter Form zusammengetragen [Gla96] (Bild 3-92).

Menschen zu Veränderung motivieren (Schritt 4): Im letzten Schritt ist es notwendig, dem Veränderungsprozess eine Eigendynamik zu verleihen. Dies bedeutet, dass jetzt zunächst das Positive im Wandel gesehen und kommuniziert werden sollte, weil erste Erfolge motivieren und Zuversicht erzeugen.

3.6.4 Bildung einer Führungskoalition

Der Erfolg strategischer Führungsprozesse hängt stark von der Auswahl und dem Zusammenwirken der beteiligten Personen ab. KOTTER spricht von einer **Führungskoalition** und nennt vier Hauptcharakteristika für eine effiziente Gruppe:

- **Autorität:** „Sind genügend Schlüsselmitspieler an Bord – besonders die wichtigsten Linienmanager, damit der Fortschritt nicht einfach blockiert werden kann?
- **Sachkenntnis:** Sind die wichtigsten Fähigkeiten vertreten, sodass sachverständige, intelligente Entscheidungen getroffen werden?
- **Glaubwürdigkeit:** Setzt sich die Gruppe aus genügend Leuten mit einer guten Reputation innerhalb der Firma zusammen, sodass ihre Entscheidungen von anderen ernst genommen werden?
- **Führung:** Verfügt die Gruppe über genügend hochrangige anerkannte Führungspersönlichkeiten, die den Veränderungsprozess lenken können?" [Kot97]

BILD 3-92
Persönliche Widerstandstaktiken nach Glass [Gla96]

Ein weiterer Erfolgsfaktor strategischer Führungsprozesse ist die Integration verschiedener Sichtweisen. Zunächst hat die strategische Führung zwei Gesichter, denen die Unternehmen durch zwei Arten von Planern gerecht werden. Sie ergänzen einander:

- Die **analytischen Planer** entsprechen dem herkömmlichen Bild des Planers. Ihre Aufgabe ist es, Ordnung in die Organisation zu bringen und konkrete Pläne zum strategischen Agieren zu erstellen. Diese Planer bezeichnet Mintzberg auch als „Rechtshänder-Planer“ [Min94].
- Daneben gibt es die **kreativen Planer.** Sie arbeiten mit schnellen und ungenauen Plänen. Ihr Ziel ist es, andere zum strategischen Denken anzuregen. Diese werden „Linkshänder-Planer“ genannt.

Die analytischen und kreativen Planer finden sich auch in einem einfachen Modell, das der Stanford-Professor Harold J. Leavitt bereits 1983 vorgestellt hat. Er beschreibt die strategische Führung als einen Prozess, der auf den drei Fähigkeiten Entdecken, Analysieren und Realisieren aufbaut. Die meisten Führungspersönlichkeiten nennen – wenn sie gefragt werden – eine dieser Fähigkeiten als ihre Hauptneigung. Der Prozess der strategischen Führung erfordert alle drei Fähigkeiten. Da Einzelpersonen diese Fähigkeiten sicher nicht vollständig abdecken, liegt es nahe, Führungsteams so zu formieren, dass diese drei Fähigkeiten darin enthalten sind.

Der Myers-Briggs-Typenindikator (MBTI)

Ein weiteres, mächtiges Instrument zur Beurteilung einer Führungskoalition ist der Myers-Briggs-Typenindikator (MBTI) [BB95]. Er basiert auf den „Psychologischen Typen“ des Schweizer Arztes und Psychoanalytikers Carl Gustav Jung sowie den bereits in den 1920er Jahren begonnenen eigenen Untersuchungen der Amerikanerin Katherine Briggs und ihrer Tochter Isabel Briggs Myers. Die Durchführung des MBTIs führt zu vier verschiedenen Kennwerten:

- **Außenorientierung (E) – Innenorientierung (I):** Extrovertierte Personen orientieren sich vorwiegend an der Umwelt und tendieren dazu, Wahrnehmung und Beurteilung auf Menschen und Gegenständliches zu richten. Introvertierte Personen nehmen demgegenüber vorwiegend Impulse der eigenen Innenwelt auf und richten ihre Wahrnehmung und Beurteilung auf geistige Objekte und Ideen.

WIE SIE VERÄNDERUNGSBEREITSCHAFT ERZEUGEN KÖNNEN

Das Bewahrer-Spiel: Dies ist ein einfacher Ansatz, mit dem einer Gruppe die Notwendigkeit von Veränderungen verdeutlicht werden kann. Dabei wird gemeinsam darüber nachgedacht, was unternommen werden müsste, „damit alles so bleibt, wie es ist". Dabei wird schnell deutlich, dass „gerade wer das Bewahrenswerte bewahren will, das verändern muss, was der Erneuerung bedarf" (Willy Brandt).

Das Extrapolations-Spiel: Hier werden gegenwärtige Trends grob in die Zukunft fortgeschrieben. Damit lässt sich aufzeigen, wie außergewöhnlich die Einflüsse auf das Unternehmen wären bzw. was passieren könnte, wenn das Unternehmen sein Verhalten nicht ändern würde [Nan92].

Das Vergangenheits-Spiel: Häufig fragen wir die Beteiligten an einem Strategieprozess zunächst, welche Entwicklungen der letzten Jahre ihr Geschäft am stärksten beeinflusst haben. Diese sehr vielfältigen Aspekte werden gesammelt und kurz anhand ihrer Bedeutung für den Unternehmenserfolg sortiert. Für die vier wichtigsten Einflüsse der letzten Jahre fragen wir anschließend, was das Unternehmen anders gemacht hätte, wenn es nur ein Jahr früher vom Eintreten dieser Entwicklungen erfahren hätte. In der Regel ist dies der Zeitpunkt, an dem eine Vielzahl von Hinweisen gegeben werden. Jetzt ist es aber ein Leichtes, eine Brücke in die Zukunft zu schlagen und zu verdeutlichen, wie wichtig es ist, schon heute über mögliche Entwicklungen und Veränderungen in der Zukunft nachzudenken.

Die Vergangenheit lebendig machen: Werden die Strategien von einem sehr heterogenen Personenkreis – beispielsweise im Rahmen von Zukunftskonferenzen – entwickelt, so kann mit einem Rückblick auf die Unternehmensentwicklung begonnen werden. Dieser Rückblick ist wichtig, weil er Gemeinschaftsgefühl aufbaut und die Voraussetzung für einen konstruktiven Dialog schafft. Außerdem haben viele zukünftige Entwicklungen ihren Ausgangspunkt in der Vergangenheit.

„There can be no viable future that does not have its roots somewhere in the past. New futures will not spring into being without sharing some of the continuities that people value in their lives and their previous work. … Strategy development cannot be detached from a system's culture and history." [EP96]

Literatur:

[Nan92] Nanus, B.: Visionary Leadership. Jossey-Bass, San Francisco, 1992

[EP96] Emery, M.; Purser, R. E.: The Search Conference – A Powerful Method for Planning Organizational Change and Community Action. Jossey-Bass, San Francisco, 1996

- **Sinnlich Wahrnehmen (S) – Intuitiv Wahrnehmen (N):** Beim sinnlichen Wahrnehmen werden konkrete Faktoren und Ereignisse durch einen oder mehrere der fünf Sinne registriert. Bei der weniger auffälligen intuitiven Wahrnehmung werden demgegenüber Bedeutungen, Beziehungen und/oder Möglichkeiten erfasst, die außerhalb der bewussten Wahrnehmung liegen.
- **Analytisch Beurteilen (T) – Gefühlsmäßig Beurteilen (F):** Beim analytischen Beurteilen entscheidet eine Person weitgehend unabhängig von subjektiv-gefühlsmäßigen Überlegungen, während beim gefühlsmäßigen Beurteilen gerade persönliche oder soziale Wertvorstellungen eine große Rolle spielen.
- **Beurteilung (J) – Wahrnehmung (P):** Dieser Kennwert weist darauf hin, wie eine Person mit der Außenwelt umgeht. Dabei können Wahrnehmungs- oder Beurteilungsprozesse dominieren.

Beim MBTI wird davon ausgegangen, dass eine Person jeweils einen Pol dieser vier Kennwerte präferiert. Diese Präferenzen werden über einen Bogen mit 90 Fragen ermittelt. Eine Person ordnet sich so einem von 16 Persönlichkeitstypen zu, die in Bild 3-93 dargestellt sind. So beschreibt beispielsweise „ENTJ" eine Person mit außenorientierter und urteilender Einstellung, intuitiver Wahrnehmung und analytischer Beurteilung. Der Myers-Briggs-Typenindikator lässt sich dazu einsetzen, die Zusammensetzung einer Führungskoalition zu untersuchen und beim Auftreten von Schwerpunkten oder Lücken die personelle Zusammensetzung zu verändern.

Das INSIGHTS MDI®-Verfahren

Die Ziele einer INSIGHTS-MDI (Management Developing Instruments) Analyse sind stets individuelle Selbsterkenntnis und ein verständnisvolleres Miteinander. Gegenseitiges Verstehen, Kooperation und Vertrauen sollen durch den Einsatz des Instruments nachhaltig gesteigert werden. Darüber hinaus geht es um das individuelle Weiterkommen, um berufliche Entwicklung und das Erkennen

		Typen mit sinnlicher Wahrnehmung		Typen mit intuitiver Wahrnehmung	
		und analytischer Beurteilung	und gefühlsmäßiger Beurteilung	und gefühlsmäßiger Beurteilung	und analytischer Beurteilung
Innenorientierte	mit urteilender Einstellung	**ISTJ** Ernsthaft, konzentriert, ruhig, gründlich, praktisch, sachlich, logisch, realistisch und zuverlässig. Achten auf gute Organisation. Übernehmen Verantwortung. Entscheiden, was getan werden muss und tun es. Lassen sich weder von Protesten noch Ablenkungen davon abbringen.	**ISFJ** Ruhig, freundlich, verantwortungsbewusst und gewissenhaft. Arbeiten engagiert, um ihren Verpflichtungen nachzukommen. Persönliche Beziehungen sind ihnen wichtig. Geduldig, wenn es um Details und Routine geht.	**INFJ** Erfolgreich durch Ausdauer, Originalität und den Wunsch, alles zu tun, was von ihnen verlangt wird. Für ihre Arbeit geben sie ihr Bestes. Kümmern sich um Belange anderer. Prinzipientreue und klare Überzeugungen.	**INTJ** Originelle Denker mit großem Antrieb, wenn es um ihre eigenen Ideen und Ziele geht. Auf Gebieten, die ihnen liegen, können sie gut organisieren und etwas durchführen. Skeptisch, kritisch, unabhängig, entschlossen, oft stur.
	mit wahrnehmender Einstellung	**ISTP** Kühle Beobachter, ruhig, zurückhaltend, analysieren ihre Umgebung mit zurückhaltender Neugier und äußern sich spontan mit originellem Humor. Interesse an Ursache-Wirkungs-Beziehungen, verausgaben sich nur soweit wie notwendig.	**ISFP** Zurückhaltend, unauffällig, freundlich, sensibel, bescheiden im Urteil über eigene Fähigkeiten, scheuen Auseinandersetzungen, drängen sich mit ihrer Meinung nicht auf, lassen sich durch äußere Umstände nicht drängen.	**INFP** Enthusiastisch und loyal, sprechen davon aber erst, wenn sie einen gut kennen. Legen großen Wert auf Weiterbildung, Ideen und eigene Projekte. Nehmen sich oft zuviel vor, bringen es aber zu Ende. Freundlich, aber manchmal in sich selbst versunken.	**INTP** Ruhig, zurückhaltend, schneiden bei Examen gut ab. Logisch bis zum Punkt der Haarspalterei. Interessieren sich hauptsächlich für Ideen. Keine Freude an unverbindlichem Geplauder. Scharf abgegrenzte Interessen.
Außenorientierte	mit wahrnehmender Einstellung	**ESTP** Sachlich, „Eile mit Weile", sorglos, sind zufrieden mit dem, was gerade da ist. Mögen mechanische Geräte und Sport. Manchmal zu direkt und unsensibel. Mögen keine langen Erklärungen.	**ESFP** Aufgeschlossen, umgänglich, entgegenkommend, freundlich, begeistern sich, wenn etwas los ist. Mögen Sport und basteln gern. Wissen, wann und wo etwas los ist und sind sofort mit von der Partie. Verfügen über gesunden Menschenverstand.	**ENFP** Begeisterungsfähig, hochgradig motiviert, geistreich, phantasievoll. Kommen in einer schwierigen Situation schnell mit einer Lösung und helfen gern jedem bei der Problemlösung. Verlassen sich oft auf ihr Improvisationstalent statt sich vorzubereiten.	**ENTP** Schnell, geistreich, gut auf vielen Gebieten, wirken stimulierend auf andere, wach und offen, nehmen aus Spaß auch mal die Gegenposition eines Arguments ein. Geschickt bei der Lösung von schwierigen Problemen, teilweise zu nachlässig.
	mit urteilender Einstellung	**ESTJ** Praktisch, realistisch, sachlich, natürliches Talent für Geschäft oder für Technik. Nicht interessiert an Dingen ohne unmittelbare Nutzanwendung, können sich aber hineinfinden, wenn nötig. Finden Gefallen an Organisation.	**ESFJ** Warmherzig, redselig, beliebt; gewissenhaft, geborene Teamer, aktive Mitglieder im Ausschuss oder Verein. Tun stets etwas Nettes für andere. Arbeiten am besten, wenn man sie ermutigt und lobt. Kein Interesse an abstrakten Gedanken.	**ENFJ** Zugänglich und verantwortungsbewusst. Versuchen, die persönlichen Gefühle der anderen zu berücksichtigen. Können in Diskussionen mit Umsicht und Takt leiten, sind beliebt, kein Interesse an abstrakten, technischen Sachverhalten.	**ENTJ** Herzlich, offen, können gut lernen, Führertypen, sehr gut im analytischen Denken und wenn es auf intelligente Argumentation oder kluge Rede ankommt. Sind gut informiert und pflegen ihren Wissensstand. Manchmal zu selbstsicher.

BILD 3-93 16 Persönlichkeitstypen nach MYERS-BRIGGS

und Verwirklichen der eigenen Potentiale. Im Vordergrund steht das Beziehungsmanagement als Schlüssel zum Teamerfolg. Das Verfahren wird vielfältig eingesetzt, überwiegend zu folgenden Zwecken:

- *Potentialerkennung:* Selbsterkenntnis, Bewusstwerdung über eigene Verhaltensstrategien, Entwicklung neuer Verhaltensoptionen, Talentförderung;
- *Führung/Leadership:* Individuelles Beziehungsmanagement für Führungskräfte, Entwicklung eines situations- und personengerechten Führungsstils, Steigerung der Effektivität und Effizienz des Führungsverhaltens;
- *Personalauswahl und -entwicklung:* Potentialerkennung, Erstellung von Anforderungsprofilen, Situationsbestimmung, Entwicklung von maßgeschneiderten Trainings- und Coachingmaßnahmen, Bildungscontrolling;
- *Teamentwicklung:* harmonisches, zielgerichtetes Miteinander, sinnvolle Aufgabenverteilung, optimale Teamzusammensetzung.

Die INSIGHTS-Methode basiert wie MBTI auf den Erkenntnissen von JUNG. Er ging davon aus, dass die menschliche Persönlichkeit im Wesentlichen durch die zwei Dimensionen „Introversion versus Extraversion" und „Denken versus Fühlen" zu beschreiben ist [Jac71], [Spr50].

INSIGHTS MDI® analysiert und erklärt menschliche Verhaltens- und Wertepräferenzen sowie Kompetenzen. Es wird untersucht, was wir tun, wie wir etwas tun und warum wir es tun. Die Methode beruht auf der Annahme, dass Menschen in bestimmte Persönlichkeitstypen eingeteilt werden können. Es lassen sich Gemeinsamkeiten im Verhalten von Menschen feststellen, die sich klar vom Verhalten anderer abheben. In einem gewissen Rahmen kann man daher menschliche Verhaltensweisen verallgemeinern und sie bestimmten Typen zuordnen. Sinn dieser Einteilung ist, ein deutlicheres Bild von der Bandbreite menschlichen Verhaltens zu gewinnen. Je mehr man über die Ziele, Motive und Ängste von sich selbst und vom Gesprächspartner weiß, desto besser versteht man sich und kann aufeinander eingehen.

Die INSIGHTS-Methode erzeugt keine „Verlierer", sondern zeigt konkrete, handlungsorientierte Wege zur Ausschöpfung des eigenen Potentials auf. Persönliche Präferenzen und Kompetenzen werden immer in Bezug zum Umfeld gesetzt, um den Praxistransfer zu erleichtern.

Die Messung der Verhaltenseigenschaften der einzelnen Typen orientiert sich an zwei **Verhaltensstilen**:

- *Basis-Stil:* Unser natürliches Verhalten.
- *Adaptierter Stil:* Unser berufliches Rollenverhalten, das wir mit der Zeit aufgrund unseres Umfelds entwickelt haben.

Neben den Verhaltensstilen werden die **Persönlichkeitstypen** in vier Dimensionen eingeteilt. Die vier Quadranten der Persönlichkeitstypen werden mit jeweils einer bestimmten Farbe unterlegt. Jede Farbe entspricht einem Persönlichkeitstyp und beschreibt ein Verhaltensmuster, wie wir mit Herausforderungen, Menschen, Strukturen und Regeln umgehen:

- **Der Rote:** Der extrovertierte Denker ist ein dominanter Macher. Er besticht durch seine fordernde Entschlossenheit, arbeitet zielgerichtet und sachorientiert. Auf andere kann seine Willensstärke aggressiv und herrisch wirken. Seine antreibende und dominante Art wirkt möglicherweise anmaßend und intolerant.
- **Der Gelbe:** Der extrovertierte Fühler ist ein Entertainer. Mit seiner Redegewandtheit begeistert er andere schnell für seine Vorhaben. Er ist umgänglich, überzeugend und offen. Andere empfinden den Gelben unter Umständen als „Schwätzer", der bisweilen voreilige und hektische Entscheidungen trifft.
- **Der Grüne:** Der introvertierte Fühler ist ein zuverlässiger Beziehungstyp. Durch Geduld und Mitgefühl bestärkt er andere und unterstützt sie in ihren Plänen. Seine vertrauensvolle Art kommt bei den meisten Menschen gut an. Doch er ist auch schnell beleidigt und bremst sich und andere durch seine Sturheit und Fügsamkeit manchmal aus.
- **Der Blaue:** Der introvertierte Denker ist ein gewissenhafter Analytiker. Seine Stärken sind Vorsicht und Präzision. Er hinterfragt die Dinge bis ins Detail und hält sich an Bewährtes. Entscheidungen trifft er nur nach gründlichem Abwägen. Das Misstrauen Neuem gegenüber macht ihn unflexibel. Auf Andere wirkt er möglicherweise steif und reserviert.

Diese vier Grundtypen kommen in der Realität nur selten isoliert vor. Jeder Mensch hat Anteile aller vier Farben in sich. Doch bei den meisten Menschen sind zwei Farben besonders stark ausgeprägt. Um dieser Tatsache besser gerecht zu werden und um das komplexe Verhalten des Menschen differenzierter abbilden zu können, wurde das Modell weiterentwickelt. Aufbauend auf den vier Jung'schen Funktionstypen ergeben sich daraus die acht INSIGHTS-Typen (Bild 3-94). Ihre Benennung leitet sich von den Berufsrollen ab, die bestimmte Eigenschaften verkörpern.

Der Erfolg einer INSIGHTS-Analyse beruht auf der Akzeptanz der Anwender. Darum sind die INSIGHTS-Fragebögen leicht verständlich formuliert, enthalten keine psychologischen Fachbegriffe und keine Fragen, die in die Intimsphäre reichen. Das Ausfüllen dauert etwa 15 Minuten. Die Auswertung besteht aus einem verständlichen Report. Neben der detaillierten Analyse enthält er eine Fülle von Hinweisen und Tipps für die Praxis.

3.6.5 Integration der Mitarbeiter in den Führungsprozess

Strategische Führung muss viele Probleme überwinden, um am Ende die gewünschte Wirkung zu erzielen. Da gibt es beispielsweise die Situation, dass ein Großteil der Mitarbeiter die Strategie nicht versteht. Häufig wird die Strategie wohl verstanden, aber der Bauch sagt, dass die eingeleiteten Veränderungen nichts Gutes verheißen. Wie dem auch sei, dies kann nur überwunden werden, indem die Mitarbeiter in den Prozess der strategischen Führung eingebunden werden. Hamel spricht in diesem Zusammenhang von einer „Demokratisierung des Planungsprozesses" [Ham97]. Das Schlagwort erscheint uns etwas missverständlich; Tatsache ist aber, dass man gut beraten ist, auf die Expertise der Mitarbeiter zurückzugreifen und den Prozess für die Mitarbeiter transparent und nachvollziehbar zu gestalten.

„Today's gurus of strategy urge companies to democratize the process – once the sole province of a company's most senior officers – by handing strategic planning over to teams of line and staff managers from different disciplines. Fre-

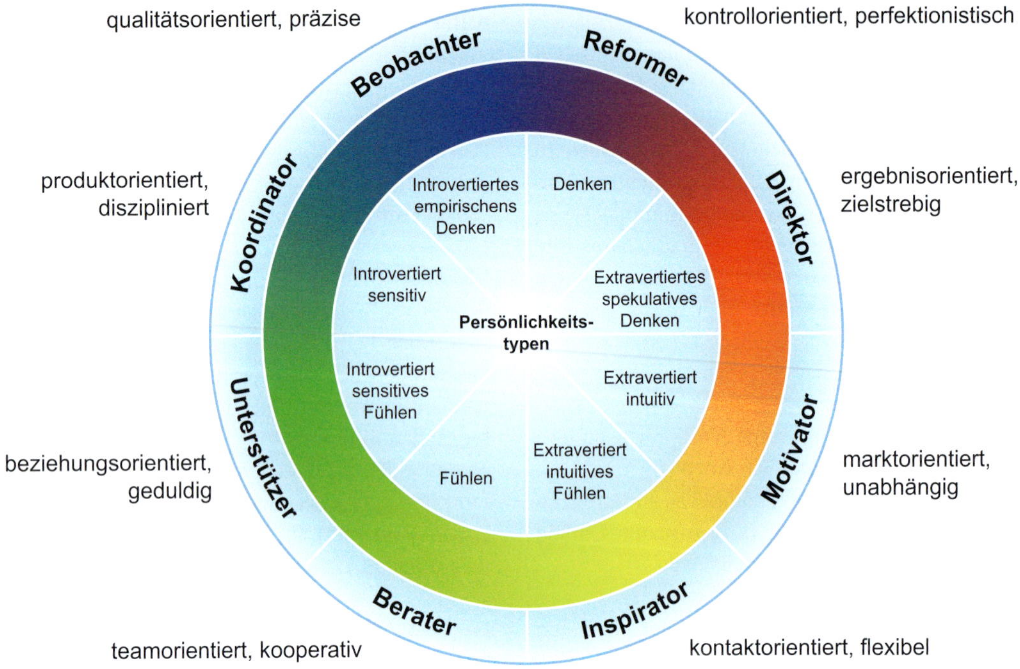

BILD 3-94 Persönlichkeitstypen der INSIGHTS-Methode und ihre wesentlichen Charakteristika

quently, these teams include junior staffers, handpicked for their ability to think creatively, and near-retirement old-timers willing to tell it like it is. And to keep the planning process close to the realities of markets, today's strategists say it should also include interaction with key customers and suppliers. That openness alone marks a revolution in strategic planning, which was always among the most sacrosanct and clandestine of corporate activities." [Byr96]

Der Vorteil einer angemessenen Beteiligung einer größeren Gruppe von Personen aus der Organisation liegt auf der Hand:

- Die Strategieentwicklung basiert auf einer wesentlich größeren Expertise, aber vor allem auf einer Expertise, die der Wirklichkeit entspricht und nicht dem Weltbild einiger weniger. Häufig kam uns als externen Beratern zu Ohren, dass das, was wir erfasst und gut aufbereitet hatten, schon einmal gesagt worden ist: „Man hört aber nicht auf uns!"
- Die Frustration vieler Mitarbeiter, nicht gefragt zu werden, obwohl sie einen guten Input geben können, wird vermieden.
- Die Beteiligung am Strategieentwicklungsprozess führt zu einer Identifikation mit dem erforderlichen Veränderungsprozess und damit letztlich zur erforderlichen Umsetzungsstärke.

Andererseits darf die Partizipation der Mitarbeiter nicht den Charakter einer Selbsterfahrungsgruppe annehmen oder – salopp ausgedrückt – zu einer „Quatschbude" degenerieren. Nachdem alle Fakten und Meinungen auf dem Tisch liegen, muss entschieden und umgesetzt werden. Das erfordert von allen Beteiligten Disziplin und Engagement. Die Mitarbeiter werden in dieser Phase dabei sein, wenn sie spüren, dass es dem Management ernst ist und es sich an die Spitze der Bewegung setzt. Die Kapitäne gehören in schwierigen Zeiten auf die Brücke. Was heißt das nun konkret?

Bereits in Kapitel 3.4.4 haben wir betont, wie wichtig es ist, dass Top-Führungskräfte persönlich die Verantwortung für die Umsetzung von bedeutenden Maßnahmen der Strategie übernehmen. Dies muss für die Mitarbeiter sichtbar sein. Ferner ist zu kommunizieren, dass diese Führungskräfte von Zeit zu Zeit über den Stand der Umsetzung der Maßnahmen berichten werden. Selbstredend muss das dann auch geschehen. Wenn in diesem Sinne vorgegangen wird, dann gewinnen die Mitarbeiter den folgenden Eindruck:

- Dem Top-Management ist das außerordentlich wichtig.
- Einzelne Führungskräfte übernehmen persönlich Verantwortung und gehen bewusst das Risiko eines Fehlschlags ein.
- Die persönlichen Commitments der Führungskräfte werden durch die Ankündigung, über den Stand der Umsetzung zu berichten, verstärkt.

- Das Top-Management schafft durch die regelmäßigen Statusberichte eine Plattform zur zielgerichteten Diskussion und zur Generierung von Impulsen für die Weiterentwicklung der Strategie.

Dies entspricht der „prozessualen Gerechtigkeit", die zu Beginn dieses Kapitels angesprochen wurde. Die skizzierte Praktik ergibt eine positive Eigendynamik im Prozess der strategischen Führung, die bald die Mitarbeiter erfasst und sie dazu bringt, sich für die notwendigen Veränderungen zu öffnen und sich am Ende dafür aus Überzeugung zu engagieren. Die Partizipation der Mitarbeiter kann durch die sog. Großgruppen-Moderation sehr wirksam unterstützt werden (vgl. Kasten).

GROSSGRUPPEN-MODERATION ZUR FÖRDERUNG VON VERÄNDERUNGSPROZESSEN

Verfahren der Großgruppen-Moderation basieren auf der Erkenntnis, dass diejenigen im Vorteil sind, die am konsequentesten die Potentiale ihrer Mitarbeiter für Problemlösen, Lernen, Innovationen und Wandel aktivieren. Die Großgruppen-Moderation erfordert bestimmte Methoden, wie die Methode *World Café*, aber insbesondere in der Unternehmenskultur verankerte Haltungen, wie beispielsweise persönliche Wertschätzung und das Vertrauen in die kollektive Intelligenz einer Gruppe.

Das Potential, das in mittelgroßen (bis zu ca. 20 Teilnehmern) und großen Meetings (bis zu mehreren tausend Teilnehmern) steckt, wird noch viel zu wenig genutzt. Einerseits fehlt das Know-how, wie man mit Gruppen dieser Größe interaktiv auf eine lebendige, inspirierende und ergebnisreiche Weise arbeiten kann. Nicht zuletzt existiert eine diffuse Angst, die entstehenden Dynamiken nicht steuern bzw. beherrschen zu können.

Solche Bedenken erweisen sich als unzutreffend, wenn die richtigen Methoden zum Einsatz kommen und die Moderation stimmt. Nicht nur die Ergebnisse entsprechen dann den hohen Erwartungen, sondern auch das intensive Engagement der Beteiligten ist beeindruckend. Diese Effekte wirken nachhaltig, wenn der angestoßene Prozess wach gehalten und fortgeführt wird. Letzteres ist die Voraussetzung dafür, dass die Mitarbeiter sich ernst genommen fühlen und eine einmalige Veranstaltung nicht als Alibi-Event verstehen.

World Café

Eine sehr bekannte Methode der Großgruppen-Moderation ist das *World Café*. Von den US-amerikanischen Unternehmensberatern Brown und Isaacs wurde diese Methode für Gruppengrößen von 12 bis 2000 Teilnehmern entwickelt.

Den Ausgangspunkt bildet die Erkenntnis, dass oftmals eine gute Frage besser ist, als eine gute Antwort. *„Wenn die gute Frage besser ist, als eine gute Antwort, warum investieren wir nicht mehr Zeit und Energie darin, gute Fragen zu formulieren. Ein Grund dafür könnte darin liegen, dass unsere westliche Kultur eher nach den ‚richtigen Antworten' sucht, anstatt die ‚richtigen Fragen' zu entdecken."* [BIV+02]

Die Grundidee

Vorbild sind die informellen Gespräche in der Kaffeepause, in denen es häufig um die brennenden Themen in einem Unternehmen geht. Die entsprechenden Fragen werden in Kleingruppen erörtert, die Ergebnisse zurück ins Plenum gespielt.

Die Arbeit in Kleingruppen

Nachdem eine im Vorfeld vorbereitete Frage im Plenum bekannt gegeben wird, bilden sich an Tischen Kleingruppen von 3–6 Personen. Der Gastgeber (Host) des Tisches notiert Ideen, Bemerkungen etc. zur Beantwortung der Fragen. Nach etwa 20 Minuten wechseln die Tischteilnehmer zu anderen Tischen. Der Gastgeber bleibt, er fasst die bisherigen Resultate zusammen und ermuntert die neue Runde zur Diskussion. Nach etwa vier Runden ist die Arbeit in den Kleingruppen beendet und die Gastgeber der Tische breiten sich für die Präsentation der Ergebnisse im Plenum vor.

Der Transfer ins Plenum

Zu Beginn können die Gastgeber über die wesentlichen Ideen und besondere Meinungen berichten. Auch die Teilnehmer haben Gelegenheit, sich zu äußern. Für den leicht fassbaren Transfer der Ergebnisse der Kleingruppen bieten sich eine Reihe von Maßnahmen an, wie Poster, Ideen-Clustering, Story Boards etc.

Literatur:

[BIV+02] Brown, J.; Isaacs, D.; Vogt, E.; Margulie, N.: Strategic Questioning – Engaging Peoples Best Thinking. In: The Systems Thinker 9/13, 2002

Literatur zum Kapitel 3

[Alb90] Albach, H. (Hrsg.): Innovation als Fetisch und Notwendigkeit. In: Innovationsmanagement – Theorie und Praxis im Kulturvergleich. Gabler, Wiesbaden, 1990

[Ans65] Ansoff, I.: Corporate strategy – an analytical approach to business policy for growth and expansions. Wiley, New York, 1965

[Bac03] Backhaus, K.: Industriegütermarketing. Verlag Vahlen, München, 7. Auflage, 2003

[Bac07] Backhaus, K.: Industriegütermarketing. Verlag Vahlen, München, 8. Auflage, 2007

[Bät04] Bätzel, D.: Methode zur Ermittlung und Bewertung von Strategievarianten im Kontext Fertigungstechnik. Dissertation, Fakultät für Maschinenbau, Universität Paderborn, HNI-Verlagsschriftenreihe, Band 141, Paderborn, 2004

[BB95] Bents, R.; Blank, R.: Typisch Mensch – Einführung in die Typentheorie. Beltz Test, Göttingen, 2., überarbeitete und erweiterte Auflage, 1995

[Bec92] Becker, J.: Marketing-Konzeption – Grundlagen des strategischen Marketing-Managements. Verlag Vahlen, München, 4. Auflage, 1992

[Ber06] Berger, T.: Methode zur Entwicklung und Bewertung innovativer Technologiestrategien. Dissertation, Fakultät für Maschinenbau, Universität Paderborn, HNI-Verlagsschriftenreihe, Band 176, Paderborn, 2006

[Bin06] Binger, V.: Konzeption eines wissensbasierten Instruments für die strategische Vorausschau im Kontext der Szenariotechnik. Dissertation, Fakultät für Maschinenbau, Universität Paderborn, HNI-Verlagsschriftenreihe, Band 184, Paderborn, 2006

[Ble99] Bleicher, K.: Das Konzept Integriertes Management – Visionen, Missionen, Programme. Campus Verlag, Frankfurt/Main, 6. Auflage, 1999

[BS07] Backhaus, K.; Schneider, H.: Strategisches Marketing. Schäffer-Poeschel Verlag, Stuttgart, 2007

[Bul94] Bullinger, H.-J.: Einführung in das Technologiemanagement – Modelle, Methoden, Praxisbeispiele. B. G. Teubner, Stuttgart, 1994

[Byr96] Byrne, J. A.: Strategic Planning – After a decade of gritty downsizing, Big Thinkers are back in corporate vogue. In: Business Week 26/8, 1996

[CCH06] Christensen, C. M; Cook, S.; Hall, T.: Wünsche erfüllen statt Produkte verkaufen. In: Harvard Business Manager 3/06, 2006

[Cha62] Chandler, A.: Strategy and structure. MIT-Press, Cambridge, 1962

[CP94] Collins, J. C.; Porras, J. I.: Built to last – Successful habits of visionary companies. Harper, New York, 1994

[CP97] Collins, J. C.; Porras, J. I.: Immer erfolgreich – die Strategien der Topunternehmen. Deutsche Verlags-Anstalt, Stuttgart, 1997

[Dan96] Dangelmaier, W. (Hrsg.): Vision Logistik – Logistik wandelbarer Produktionsnetze zur Auflösung ökonomischer-ökologischer Zielkonflikte. Forschungszentrum Karlsruhe, Wissenschaftliche Berichte FZKA-PFT 181, 1996

[DNL96] Dechamps, J.-P.; Nayak, P. R.; Little, A. D.: Produktführerschaft – Wachstum und Gewinne durch offensive Produktstrategien. Campus, Frankfurt, 1996

[Ehr03] Ehrlenspiel, K.: Integrierte Produktentwicklung – Denkabläufe, Methodeneinsatz, Prozesse. Carl Hanser Verlag, München, 2. Auflage, 2003

[Eve03] Eversheim, W. (Hrsg.): Innovationsmanagement für technische Produkte. Springer Verlag, Berlin, 2003

[FE98] Fritz, W.; Effenberger, J.: Strategische Unternehmensberatung – Verlauf und Erfolg von Projekten der Strategieberatung. In: Die Betriebswirtschaft 1/58,1998

[FLL91] Fortelle, G. de la; Lee, J.; Lewis, T. G.: Plädoyer für die Zentrale. In: Perspektiven. Boston Consulting Group, München, 1991

[FO00] Freter, H.; Obermeier, O.: Marktsegmentierung. In: Herrmann, A.; Homburg, C. (Hrsg.): Marktforschung – Methoden, Anwendungen, Praxisbeispiele. Gabler, Wiesbaden, 2. Auflage, 2000

[For89] Forschner, G.: Investitionsgüter-Marketing mit funktionellen Dienstleistungen – Die Gestaltung immaterieller Produktbestandteile im Leistungsangebot industrieller Unternehmen. Duncker & Humboldt, Berlin, 1989

[Fre84] Freemann, R. E.: Strategic Management – A Stakeholder Approach. Pitman, Marshfield, 1984

[FW78] Foster, R. N.; Wood, P. M.: Linking R&D to Strategy. In: McKinsey & Company (Hrsg.): Strategic Leadership, 1978

[GEK01] Gausemeier, J.; Ebbesmeyer, P.; Kallmeyer, F.: Produktinnovation – Strategische Planung und Entwicklung der Produkte von morgen. Carl Hanser Verlag, München, 2001

[GHK+06] Gausemeier, J.; Hahn, A.; Kespohl, H. D.; Seifert, L.: Vernetzte Produktentwicklung. Carl Hanser Verlag, München, 2006

[Gla96] Glass, N.: Management Masterclass – A Practical Guide to the New Realities of Business. Nicholas Brealey, London, 1996

[GLS04] Gausemeier,, J.; Lindemann, U.; Schuh, G. (Hrsg.): Planung der Produkte und Fertigungssysteme für die Märkte von morgen. VDMA-Verlag, Frankfurt/Main, 2004

[Ham97] Hamel, G.: Strategy as Revolution. In: Brown, John Seely (Hrsg.): Seeing differently – insights on innovation. Harvard Business Review, Boston, 1997

[Hed77] Hedley, B.: Strategy and the business portfolio. In: Long Range Planning 1/10, 1977

[Her87] Herzberg, F.: One more time – how do you motivate employees? In: Harvard Business Review, Jan./Febr. 1968 (wiederveröffentlicht in: Harvard Business Review, Sept./Oct. 1987 mit retrospektivem Kommentar vom Autor)

[Hin96] Hinterhuber, H. H.: Strategische Unternehmensführung: 1. Strategisches Denken: Vision, Unternehmenspolitik, Strategie. De Gruyter, Berlin, 6. neu bearbeitete und erweiterte Auflage, 1996

[HG98] HORVATH, P.; GLEICH, P.: Die Balanced Scorecard in der produzierenden Industrie. In: ZWF Zeitschrift für wirtschaftlichen Fabrikbetrieb 93, 1998

[HK03] HOMBURG, C.; KROHMER, H.: Marketingmanagement - Strategie, Instrumente, Umsetzung, Unternehmensführung. Gabler, Wiesbaden, 2003

[HM91] HAX, A. C.; MAJLUF, N. S.: Strategisches Management - ein integratives Konzept aus dem MIT. Campus, Frankfurt/Main, 1991

[Hom96] HOMBURG, C.: Modelle zur Unterstützung strategischer Technologieentscheidungen. Arbeitspapier der wissenschaftlichen Hochschule für Unternehmensführung. Otto-Beisheim-Hochschule, Vallendar, 1996

[Hor88] HORST, B.: Ein mehrdimensionaler Ansatz zur Segmentierung von Investitionsgütermärkten. Centaurus-Verlags-Gesellschaft, Köln, 1988

[HP95] HAMEL, G.; PRAHALAD, C. K.: Wettlauf um die Zukunft - Wie sie mit bahnenbrechenden Strategien die Kontrolle über ihre Branche gewinnen und die Märkte von morgen schaffen. Ueberreuther, Wien, 1995

[HP00] HORVATH & PARTNER (HRSG.): Balanced Scorecard umsetzen. 2. überarbeitete Auflage, Schäffer-Poeschel Verlag, Stuttgart, 2000

[HS11] HAUSCHILDT, J.; SALOMO, S.: Innovationsmanagement. Franz Vahlen, München, 2011

[Jac71] JACOBI, J.: Die Psychologie von C. G. Jung: Eine Einführung in das Gesamtwerk. Fischer Verlag, Frankfurt/Main, 1971

[JK95] JONES, P; KAHANER, L.: Say it and live it - The 50 Corporate Mission Statements that hit the mark. Currency and Doubleday, New York, 1995

[Kar97] KARE-SILVER, M. DE: Strategy in crisis: why business urgently needs a completly new approach. Macmillan Business, Basingstoke, 1997

[KB96] KRIEGEL, R.; BRANDT, D.: Sacred Cows Make The Best Burgers. Developing Change-Ready People and Organizations. Warner Books, New York, 1996

[KH97] KRÜGER, W.; HOMP, C.: Kernkompetenz-Management - Steigerung von Flexibilität und Schlagkraft im Wettbewerb. Gabler Verlag, Wiesbaden, 1997

[KKB07] KOTLER, P.; KELLER, K. L.; BLIEMEL, F.: Marketing-Management - Strategien für wertschaffendes Handeln. Pearson Studium, München, 12. Auflage, 2007

[Kle87] KLEINALTENKAMP, M.: Die Dynamisierung strategischer Marketing-Konzepte: Eine kritische Würdigung des „Outpacing Strategy"-Ansatzes von GILBERT und STREBEL. In: Zeitschrift für betriebswirtschaftliche Forschung 1/39, 1987

[KLW04] KINKEL, S.; LAY, G.; WENGEL, J.: Innovation: Mehr als Forschung und Entwicklung - Wachstumschancen auf anderen Innovationspfaden. In: Fraunhofer ISI (Hrsg.): PI-Mitteilung 33, Karlsruhe, 2004

[KM09] KIM, W. C.; MAUBORGNE, R.: Die Blue-Ocean-Strategie als Krisenhelfer. In: Harvard Business Manager 11, 2009

[KM98] KIM, W. C.; MAUBORGNE, R.: Warum rücksichtsvolle Chefs erfolgreicher sind. In: Harvard Business Manager 1, 1998

[KN89] KETTERINGHAM, J. M.; NAYAK, P. R.: Senkrechtstarter - Große Produktideen und ihre Durchsetzung. Econ, Düsseldorf, 1989

[KN92] KAPLAN, R. S.; NORTON, D. P.: The Balanced Scorecard - Measures that Drive Performance. In: Harvard Business Review 1/70, 1992

[KN97] KAPLAN, R. S.; NORTON, D. P.: Balanced Scorecard. Aus dem Amerikanischen übersetzt von Horváth, P.; Kuhn-Würfel, B.; Vogelgruber, C., Schäffer-Poeschel Verlag, Stuttgart, 1997

[KN06] KAPLAN, R. S.; NORTON, D. P.: Strategien (endlich) umsetzen. In: Harvard Business Manager 1, 2006

[Kot97] KOTTER, J. P.: Chaos Wandel Führung - Leading Change. Econ, Düsseldorf, 1997

[Kru82] KRUBASIK, E. G.: Strategische Waffe. In: Wirtschaftswoche 25/36, 1982

[KST+84] KANO, N.; SERAKU, N.; TAKAHASHI, F.; TSUJI, S.: Attractive Quality and Must be Quality. In: Quality Journal 2/14, 1984

[Lan94] LANGGUTH, H.: Strategisches Controlling. Verlag Wissenschaft & Praxis Dr. Bräuner, Ludwigsburg, 1994

[Lev60] LEVITT, T.: Marketing Myopia. In: HBR 7/8, 1960

[Mak90] MAKRIDAKIS, S.: Forecasting, planning, and strategy for the 21st century. Free Press, New York, 1990

[Man88] MANN, R.: Das ganzheitliche Unternehmen - Die Umsetzung des neuen Denkens in der Praxis zur Sicherung von Gewinn und Lebensfähigkeit. Scherz, Bern, 1988

[Mar02] MARKIDES, C.: So wird Ihr Unternehmen einzigartig - Ein Praxisleitfaden für professionelle Strategieentwicklung. Campus, Frankfurt/Main, 2002

[Mef00] MEFFERT, H.: Marketing, Grundlagen marktorientierter Unternehmensführung - Konzepte, Instrumente, Praxisbeispiele. Gabler, Wiesbaden, 9. Auflage, 2000

[Mil97] MILBERG, J.: Mit Schwung zum Aufschwung, Münchener Kolloquium 1997. Produktion - eine treibende Kraft für unsere Volkswirtschaft. Verlag Moderne Industrie, München, 1997

[Min94] MINTZBERG, H.: The Rise and Fall of Strategic Planning. Free Press, New York 1994

[ML03] MÜLLER-STEWENS, G.; LECHNER, C.: Strategisches Management - Wie strategische Initiativen zum Wandel führen. Schäffer-Poeschel Verlag, Stuttgart, 2. Auflage, 2003

[Moo95] MOORE, G. A.: Inside The Tornado - Marketing Strategies from Silicon Valley's Cutting Edge. HarperCollins, New York, 1995[MS06] MANKINS, M. C.; STEELE, R.: Konzentrierter planen, besser entscheiden. Harvard Business Manager, April 2006

3

[Oet94] Oetinger, B. von (Hrsg.): Das Boston-Consulting-Group-Strategie-Buch. Die wichtigsten Management-Konzepte für den Praktiker. Econ, Düsseldorf, 3. Auflage, 1994

[Pfo04] Pfohl, H.-C.: Logistikmanagement. Konzeption und Funktionen. Springer Verlag, Berlin, 2. Auflage, 2004

[PG88] Pümpin, C.; Geilinger, U.W.: Strategische Führung, Aufbau strategischer Erfolgspositionen in der Unternehmenspraxis. In: Die Orientierung 88, 1988

[Pit98] Pitcher, P.: Das Führungsdrama – Künstler, Handwerker und Technokraten im Management. Klett-Cotta, Stuttgart, 1998

[PKW85] Pümpin, C.; Koni, J.-M.; Wüthrich, M. A.: Unternehmenskultur – Basis strategischer Profilierung erfolgreicher Unternehmen. In: Die Orientierung 85, 1985

[Por92] Porter, M. E.: Wettbewerbsvorteile – Spitzenleistungen erreichen und behaupten = (Competitive advantage), Campus, Frankfurt/Main, 3. Auflage, 1992

[Por97] Porter, M. E.: Nur Strategie sichert auf Dauer hohe Erträge. In: Harvard Business Manager 3, 1997

[Por99] Porter, M. E.: Wettbewerbsstrategie, Methoden zur Analyse von Branchen und Konkurrenten. Campus, Frankfurt/Main, 10. Auflage, 1999

[Püm83] Pümpin, C.: Management strategischer Erfolgspositionen – Das SEP-Konzept als Grundlage wirkungsvoller Unternehmensführung. Haupt, Bern, 2. Auflage, 1983

[RMD85] Rowe, A. J.; Mason, R. O.; Dickel, K. E.: Strategic management and business policy – a methodological approach. Addison-Wesley, München, 2. Auflage, 1985

[Sen06] Senge, P. M.: Die fünfte Disziplin – Kunst und Praxis der lernenden Organisation. Aus dem Amerikanischen von Maren Klostermann, 10. Auflage, Klett-Cotta, Stuttgart, 2006

[Sim96] Simon, H.: Die heimlichen Gewinner C Die Erfolgsstrategien unbekannter Weltmarktführer. Campus, Frankfurt/Main, 1996

[Spr50] Spranger, E.: Lebensformen – Geisteswissenschaftliche Psychologie und Ethik der Persönlichkeit. Max Niemeyer Verlag, 1950

[Spr05] Sprenger, R.: Die drei Disziplinen gesunden Wachstums. In: Harvard Business Manager 3, 2005

[Sto05] Stollt, G.: Wissensbasis für die Erstellung von Markt- und Umfeldszenarien für die Werkzeugmaschinenindustrie. In: Gausemeier, J. (Hrsg.): Vorausschau und Technologieplanung. HNI-Verlagsschriftenreihe, Band 178, Paderborn, 2005

[SWA+06] Spath, D.; Wagner, K.; Aslanidis, S.; Bannert, M.; Rogowski, T.; Paukert, M.; Ardilio, A.: Die Innovationsfähigkeit des Unternehmens gezielt steigern. In: Bullinger, H.-J. (Hrsg.): Fokus Innovation. Carl Hanser Verlag, München, 2006

[Tru09] Trumpf (Hrsg.): Erfolgsgeschichte: 50 Jahre Laser – eine Technologie verändert die Welt. In: Laser Community – Das Laser Magazin von Trumpf 2, 2009

[TW95] Treacy, M.; Wiersema, F.: Marktführerschaft – Wege zur Spitze. Campus, Frankfurt/Main, 1995

[TZ85] Töpfer, A.; Zander, E. (Hrsg.): Mitarbeiter-Befragungen. Campus, Frankfurt/Main, 1985

[Ulr01] Ulrich, P.: Integrative Wirtschaftsethik – Grundlagen einer lebensdienlichen Ökonomie. Paul Haupt Verlag AG, Bern, 3. Auflage, 2001

[VB99] Vahs, D.; Burmester, R.: Innovationsmanagement – Von der Produktidee zur erfolgreichen Vermarktung. Schäffer-Poeschel Verlag, Stuttgart, 1999

[WB86] Weinert, E.; Brown, A.: Stakeholder analysis for effective issues management. In: Planning Review 3/14, 1986

[WB02] Westkämper, E.; Balve, P.: Technologiemanagement in produzierenden Unternehmen. In: Bullinger, H.-J.; Warnecke, H.-J.; Westkämper, E. (Hrsg.): Neue Organisationsformen in Unternehmen. Springer Verlag, Berlin, 2002

[WC97] Wayland, R. E.; Cole, P. M.: Customer connections – new strategies for growth. Harvard Business School Press, Boston, 1997

[WSH+11] Wellensiek, M.; Schuh, G.; Hacker, P. A.; Saxler, J.: Technologiefrüherkennung. In: Schuh, G.; Klappert, S. (Hrsg.): Technologiemanagement. Handbuch Produktion und Management 2. Springer Verlag, Berlin, 2. Auflage, 2011

Prozesse – Gestaltung der Leistungserstellung

„Alles sollte so einfach wie möglich gemacht werden, aber nicht einfacher.“

– Albert Einstein –

Zusammenfassung

Geschäftsprozesse beschreiben das „eigentliche Leben“ eines Unternehmens; sie ziehen sich im Sinne einer Ablauforganisation durch mehrere Funktionsbereiche und führen am Ende zu dem, worauf es ankommt – zufriedene Kunden und Gewinn. Erst vor gut einem Jahrzehnt wurde die Bedeutung von Geschäftsprozessen voll erkannt. Seitdem stehen Themen wie Prozessgestaltung und Business Process Reengineering ganz oben auf der Agenda der Unternehmensleitungen.

Wir sehen diesen Aufgabenkomplex aus zwei Blickwinkeln: Zum einen macht es in den meisten Fällen Sinn, mehr oder weniger historisch gewachsene Abläufe kritisch anzuschauen und zu restrukturieren. Hier liegen erhebliche Nutzenpotentiale. Zum anderen wissen wir, dass die Perfektionierung der Abläufe des Geschäfts von heute noch lange keine Gewähr dafür ist, auch künftig erfolgreich zu sein. Geschäftsprozesse müssen sich daher auch aus der Geschäftsstrategie begründen.

Mit diesem Kapitel liefern wir die Instrumente für die Gestaltung der Geschäftsprozesse. Zunächst ist die Frage zu beantworten, wie Geschäftsprozesse modelliert werden können. Dafür stellen wir die gängigen Methoden dar und schildern dann ausführlich die von uns entwickelte Methode OMEGA.

Den Schwerpunkt bildet das Verfahren zur Verbesserung von Geschäftsprozessen. Der Ausgangspunkt dafür ist eine gewachsene Ablauforganisation. Klar strukturierte Schritte zeigen, wie die derzeitige Situation ist, wo die zu erschließenden Nutzenpotentiale liegen, wie die künftige Ablauforganisation aussehen sollte und wie der Wandel zu vollziehen ist.

Wir betrachten eine Ablauforganisation differenziert nach der Art des Geschäfts und nach dem Reifegrad, d. h. nach dem Grad der Leistungsfähigkeit. Je nachdem wie fit eine Ablauforganisation ist, sind spezifische Verbesserungsmaßnahmen durchzuführen. Dies ist Gegenstand des Reifegradmanagements.

Der Zweck von Unternehmen ist, Leistungen zu erbringen, die die Bedürfnisse bzw. Anforderungen von Kunden erfüllen, und deren Vermarktung den wirtschaftlichen Erfolg des Unternehmens sichert. Bei den Leistungen kann es sich um Sach- und Dienstleistungen handeln. Wir betrachten primär Sachleistungen, also Erzeugnisse der Fertigungsindustrie. Derartige Leistungen sind Ergebnisse von Prozessen. Ein Prozess besteht aus Aktivitäten, die aus einem definierten Input ein definiertes Ergebnis erzeugen. Ein produzierendes Unternehmen weist hunderte von Prozessen auf, die ausgehend von den drei Hauptgeschäftsprozessen – Produktentstehungsprozess, Auftragsabwicklungsprozess und Herstellprozess (vgl. Bild 1-10) – hierarchisch gegliedert sind. Da die Prozesse ein Geschäft ermöglichen, werden sie als Geschäftsprozesse bezeichnet.

„*Ein Geschäftsprozess besteht aus der funktions- und organisationsüberschreitenden Verknüpfung wertschöpfender Aktivitäten, die von Kunden erwartete Leistungen erzeugen und die aus der Geschäftsstrategie abgeleiteten Prozessziele umsetzen. Geschäftsprozesse ermöglichen es, die strukturbedingte Zerstückelung der Prozessketten in Funktionsorganisationen zu überwinden und die Aktivitäten eines Unternehmens auf die Erfüllung von Kundenanforderungen und die Erreichung der Geschäftsziele auszurichten.*“ [SchS10]

Das klingt plausibel. Allerdings rückt diese Sichtweise erst in jüngster Zeit in das Bewusstsein der Führungskräfte und Mitarbeiter, obwohl wir auf zweihundert Jahre Industrialisierung zurückblicken.

4.1 Von der Funktions- zur Prozessorientierung

In einer Zeit, in der handwerkliche Werkstattfertigung vorherrschte, galten die Theorien von Frederik Taylor und Adam Smith als Revolution. Taylors Ausführungen zur Aufgabenteilung am Beispiel der Fertigung von Stecknadeln sind längst legendär. Im Kern propagierte er eine Zerlegung des gesamten Leistungserstellungsprozesses in dispositive sowie produktive Arbeitsschritte. Die einzelnen Arbeitsschritte sollten so lange in Teilschritte zergliedert und delegiert werden, bis keine sinnvolle Aufteilung mehr möglich ist. Die Gestaltung der Leistungserstellungsprozesse erfolgt bei diesem Vorgehen, welches durch hohe funktionale Arbeitsteilung und Spezialisierung geprägt ist, „Top-down“. In der funktionalen Arbeitsteilung liegt auch der Begriff der „Funktionsorientierung“ begründet.

Die Anwendung der neuen Rationalisierungslehre mit dem Kernelement der Arbeitsteilung, insbesondere durch Henry Ford bei der Produktion des „Modell-T“ – auch bekannt als Ford Thin-Lizzy –, hat der industriellen Produktion entscheidende Impulse gegeben. Dadurch konnte der potentielle Massenbedarf an günstigen Erzeugnissen befriedigt werden. Ohne diese Rationalisierungslehre wäre der Aufschwung der Industrienationen kaum möglich gewesen.

In unserer heutigen komplexen Welt stößt dieser Ansatz der konsequenten Arbeitsteilung an seine Grenzen. Die hohe funktionale Spezialisierung führt zu einem hohen Koordinationsaufwand. Ferner lassen sich die Wechselwirkungen zwischen den Handlungen der Arbeitspersonen und dem Markterfolg kaum verdeutlichen. Die Mitarbeiter erledigen gehorsam aber unmotiviert monotone Arbeiten, wie Charlie Chaplin in seinem Film „Modern Times“ treffend karikierte; ihr Anteil am Markterfolg durch zufriedene Kunden bleibt ihnen verborgen. Fehlerkontrolle erfolgt in einem solchen System durch hierarchische Überwachung. Gute Leistungen von Einzelnen werden kaum sichtbar und auch nicht honoriert. Darüber hinaus kann der hohe Koordinationsbedarf nur bei Massenproduktion mit geringer Variantenvielfalt wirtschaftlich gerechtfertigt werden.

4.1.1 Kundenorientierung erfordert wohlstrukturierte Geschäftsprozesse

In den letzten Jahrzehnten ist ein ausgesprochener Wandel von Verkäufermärkten zu Käufermärkten zu verzeichnen, der sich auf absehbare Zeit fortsetzen wird. Die Kunden müssen gewonnen werden und das wirtschaftliche Erfüllen der Kundenwünsche wird zu einem herausragenden Erfolgsfaktor. Die bewährten Methoden der Arbeitsteilung, die in einer Zeit der durch Verkäufermärkte geprägten Massenproduktion entstanden sind, greifen nicht mehr. So führt die steigende Variantenvielfalt bei gegebener Arbeitsteilung zu einem höheren Organisationsaufwand. Verstärkt wird diese Entwicklung häufig durch zunehmende Produktkomplexität. Dies zusammen führt zur Notwendigkeit, den Grad der Arbeitsteilung zu reduzieren (Bild 4-1). Unter diesen Gesichtspunkten kommt es weniger auf die Zerlegung der Arbeit in elementare Schritte an, sondern mehr auf die durchgängige Gestaltung der Gesamtabläufe. Die heutige Situation weit vorausdenkend beschäftigte sich bereits in den dreißiger Jahren Nordsieck mit der Trennung von Aufbau- und Ablauforganisation [Nor34].

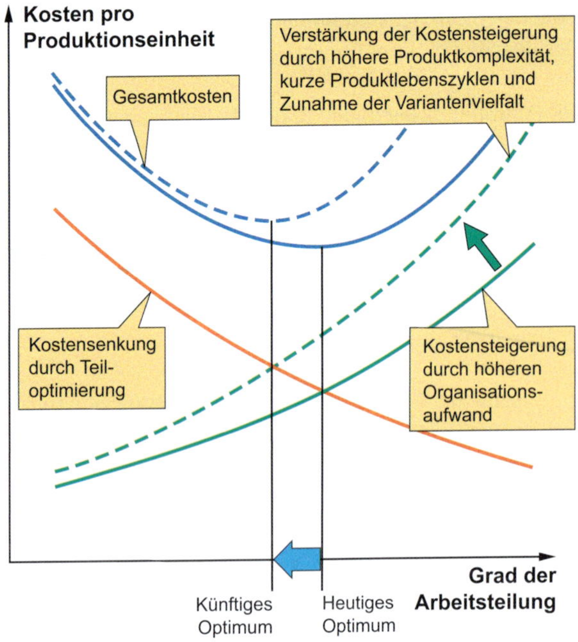

BILD 4-1 Verschiebung des kostenoptimalen Grads der Arbeitsteilung nach Picot et al. [PRW98]

„Die Annahme und Planung besonderer Gliedaufgaben ist nur dort gerechtfertigt, wo der Prozess durch die Bildung von Abschnitten nur relativ gering gestört wird, d. h. wo die wenigsten Prozess- und Ablaufbeziehungen zerschnitten werden. Denn es versteht sich von selbst, dass alle diese abgeteilten Gliedaufgaben, die späterhin relativ selbstständigen Dienststellen übertragen werden, den Prozess selbst auseinandertrennen, wodurch das Bedürfnis nachträglicher Wiederherstellung der wechselseitigen Beziehungen durch Koordination entsteht. Dabei gilt der Satz, dass die organisatorische Koordination im Betrieb umso schwieriger wird, je weniger das Prinzip der Prozessgliederung beachtet worden ist.“ [Nor68]

Während als Ergebnis der funktionsorientierten Ausrichtung des Unternehmens die Aufbauorganisation im Vordergrund steht, ist die Prozessorganisation Ergebnis einer Prozessorientierung. Letztendlich beschreiben sowohl die Aufbau- als auch die Prozessorganisation die Arbeitsweise eines Unternehmens – jedoch aus unterschiedlichen Blickwinkeln. Die **Aufbauorganisation** ist die vertikale Sicht auf das Unternehmen, mit der die hierarchische Gliederung der Stellen und die Weisungsbefugnisse festgelegt werden. Die **Prozessorganisation** dagegen ist die horizontale Sicht, bei der das Unternehmen nach der Leistungserstellung gegliedert wird. Die **Ablauforganisation** ergibt sich durch die Abbildung der Prozess- auf die Aufbauorganisation und entspricht damit der Zuordnung der Leistungserstellungsprozesse (Geschäftsprozesse) zu den aufbauorganisatorischen Funktionseinheiten.

Die Aufgliederung von Arbeiten in kleine Arbeitselemente und deren Zuordnung zu ausführenden Stellen lässt wenig Raum für die Gestaltung durchgängiger Prozessketten und effizienter Ablauforganisationen. Die Reihenfolge müsste demnach umgekehrt werden: Zunächst sollten die Geschäftsprozesse optimiert und dann eine funktionale Gliederung des Unternehmens erarbeitet werden. Dadurch kann erreicht werden, dass die Prozesse einen möglichst einfachen Weg durch die Aufbauorganisation nehmen und das Unternehmen insgesamt eine einfache Ablauforganisation erhält. Der Paradigmenwechsel von der Funktionsorientierung hin zu einer Betonung der Geschäftsprozesse ist in Bild 4-2 dargestellt: Im ersten Fall prägen Arbeitsteilung und eine komplexe Aufbauorganisation das Denken und Handeln der Arbeitspersonen. Die Geschäftsprozesse stehen im Bewusstsein der Arbeitspersonen im Hintergrund und prägen nicht ihr Verhalten. Die Folgen sind lange Durchlaufzeiten und eine geringe Qualität der Resultate. Im zweiten Fall ist den Arbeitspersonen bewusst, dass es auf das Endergebnis eines Prozesses ankommt, das die Anerkennung des Kunden finden muss und dessen Zahlungsbereitschaft erzeugt. Entscheidend ist hier eine neue Kultur der zielgerichteten Zusammenarbeit über Abteilungsgrenzen hinweg. Diese drückt sich u. a. darin aus, dass zu bestimmten Meilensteinen diejenigen Personen zusammenkommen, die a) mit ihrer Erfahrung dazu beitragen können, geeignete weitere Schritte für die Leistungserstellung festzulegen bzw. Verbesserungen zu initiieren und b) mit der Umsetzung dieser Schritte befasst sind und sich damit identifizieren sollten. Die Resultate der Prozessorientierung sprechen für sich: kürzere Durchlaufzeiten, höhere Qualität und niedrigere Kosten. Natürlich ist auch hier eine funktionale Gliederung des Unternehmens notwendig. Sie ist immer notwendig, wenn ein größeres Kollektiv von Menschen zielgerichtet über einen längeren Zeitraum Leistungen erbringen soll. Allerdings ist die Aufbauorganisation als Grundordnung und nicht als Selbstzweck zu sehen.

Oft werden wir in diesem Zusammenhang mit der Forderung nach „flachen Hierarchien“ konfrontiert. Die Anzahl der Hierarchiestufen ergibt sich aus der Summe der Arbeitspersonen eines Unternehmens und der sog. Führungsspanne, also der Anzahl der Arbeitspersonen, die von einer Führungsperson sinnvoll geführt werden kann. Die Hierarchiestufen ohne Beachtung der Führungsspanne zu reduzieren, erscheint uns unqualifiziert und populistisch. Wie bereits angedeutet, liegt das Problem vieler Unternehmen weniger in der Aufbauorganisation, sondern im Bereich der Unternehmenskultur. Die Hinwendung der Menschen in einer Organisation zu den Leistungserstellungsprozessen, an deren Ende zufriedene interne oder externe Kunden stehen, ist in erster Linie eine Frage der Unternehmens-

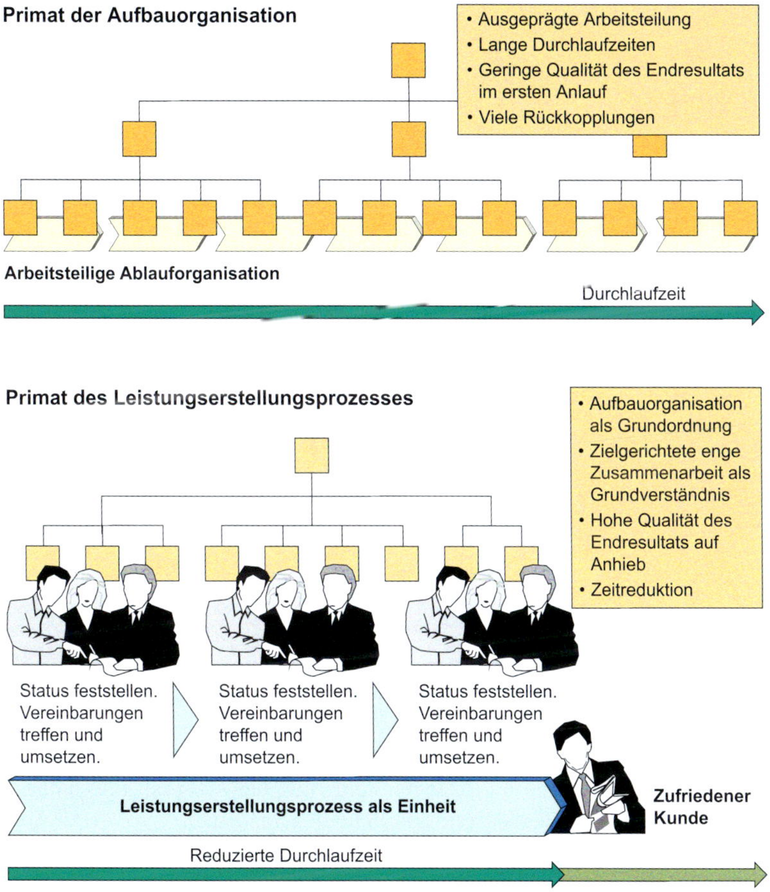

BILD 4-2
Von der Funktions- zur Prozessorientierung

kultur. Verbesserungen primär durch Veränderung der Aufbauorganisation erzielen zu wollen, ist daher der falsche Weg. Solche „Umorganisationen" haben nur geringe Auswirkungen auf die Leistungsfähigkeit des Unternehmens. Und wenn, dann meistens negative, weil die Mitarbeiter das oft als Aktionismus empfinden. Umorganisation ist häufig ein Ausdruck von Ratlosigkeit und Unvermögen, Menschen für eine gemeinsame Sache zu mobilisieren. Es zeigt sich, dass Umorganisieren die Leistungsfähigkeit eines Unternehmens nicht entscheidend erhöhen kann, wenn auf der anderen Seite die Unternehmenskultur erhebliche Defizite aufweist. Umgekehrt können erfolgreiche Unternehmen aufbauorganisatorisch fast beliebig strukturiert sein, wenn eine Unternehmenskultur gegeben ist, die durch Leistungswillen, Zielstrebigkeit, Innovationsvermögen und Kooperationsfähigkeit geprägt ist.

Diese Ausführungen sollen allerdings nicht den Anschein erwecken, das „Allheilmittel" sei allein in der prozessorientierten Aufstellung der Unternehmen zu finden. Die Wahrheit liegt wie so oft in der Mitte. Der Übergang zwischen funktions- und prozessorientierter Organisation ist fließend; je nach den speziellen Belangen der betrachteten Prozesskette wird die eine oder andere Struktur stärker betont (siehe Bild 4-3). Allen diesen Strukturen sollte jedoch gemein sein, Aufbauorganisation und Abläufe im Wechselspiel zu gestalten und so zu einer erfolgversprechenden Ablauforganisation zu gelangen.

4.1.2 Prozessorientierte Managementansätze

Die Einsicht, anstelle der Funktionsorientierung die Prozessorientierung als Organisationsprinzip stärker zu betonen, um den Erfolg des Unternehmens zu sichern, verlangt den Einsatz neuer, prozessorientierter Managementansätze. Diese müssen dem Paradigmenwechsel und der mehrdimensionalen Zielsetzung, den Leistungserstellungsprozess hinsichtlich Zeit, Qualität und Kosten zu optimieren, gerecht werden. Traditionelle Managementansätze wie z. B. Gemeinkostenwertanalyse, Simultaneous Engineering, Zeitmanagement, Qualitätskostenmanagement, Zielkostenmanagement, Variantenmanagement, Informationsmanagement, Customer-Service-Improvement etc. werden diesen Anforderungen nicht voll gerecht – sie betrachten jeweils spezifische Aspekte.

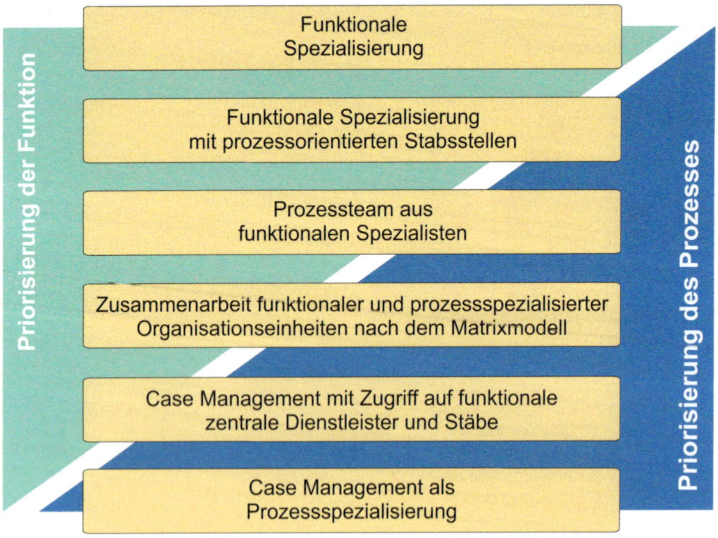

BILD 4-3
Priorisierung der Funktionen bzw. des Prozesses bei der Spezialisierung von Organisationseinheiten [NF95]

Prozessorientierte Managementansätze lassen sich hinsichtlich der Breite und der Tiefe der Veränderungen, die sie im Unternehmen bewirken, unterscheiden. Die Breite drückt aus, wie viele Bereiche eines Unternehmens betroffen sind. So können sich Veränderungen auf einen Prozess in einem Funktionsbereich, eine Prozesskette oder das gesamte Unternehmen beziehen. Die Tiefe bestimmt die Vielschichtigkeit bzw. den Grad der Veränderungen.

Aus dieser Betrachtung ergeben sich zwei Extrempositionen prozessorientierter Managementansätze: der ganzheitliche, radikale Ansatz des „Business Process Reengineering“ und der lokal fokussierte, schrittweise Ansatz des „Kaizen“. Eine Mittelposition nimmt das „evolutionäre Reengineering“ ein. Bild 4-4 stellt diese Positionierungen dar. Im Prinzip haben alle diese Ansätze ihren Ursprung in Japan (siehe Kasten).

Kaizen steht für einen ständigen Verbesserungsprozess unter Einbeziehung der Mitarbeiter [Ima94]. Ins Deutsche übersetzt trägt der Managementansatz den Titel KVP (kontinuierlicher Verbesserungsprozess). Wesentliche Merkmale von Kaizen/KVP sind

- die permanente Steigerung der Prozessleistung durch Verbesserungen in kleinen Schritten,
- die Orientierung an den Anforderungen der internen und externen Kunden sowie
- die Nutzung der Fähigkeiten aller Mitarbeiter zur Lösung festgestellter Probleme.

Die funktionale Struktur des Unternehmens bleibt bei diesem Vorgehen im Prinzip unverändert. Aus ihr definieren sich die Schnittstellen für die internen Kunden-Lieferanten-Beziehungen.

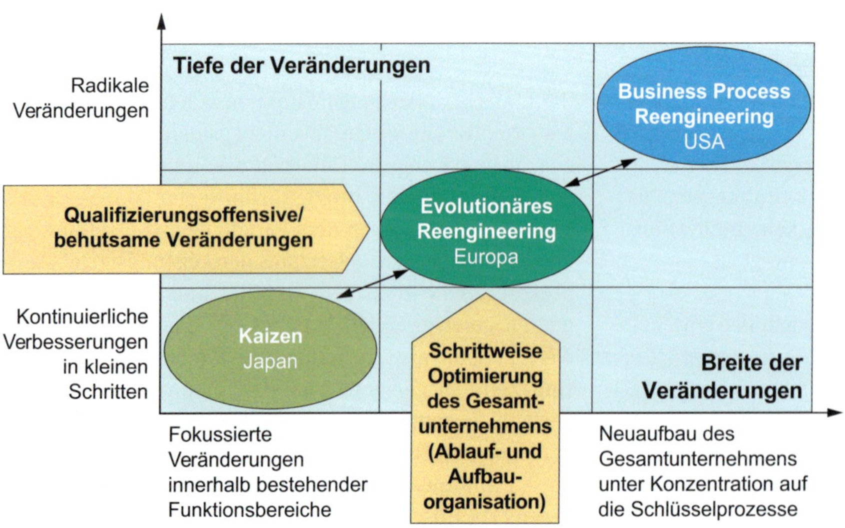

BILD 4-4
Einordnung der Restrukturierungsansätze bezüglich der Kulturkreise nach SERVATIUS [Ser94]

Business Process Reengineering (BPR) ist ein sehr konsequenter Ansatz, der insbesondere durch die Veröffentlichungen von HAMMER und CHAMPY bekannt wurde [HC93], [HC94]. Danach lassen sich „Verbesserungen um Größenordnungen" in Unternehmen nur durch vollständiges Überwinden der gewachsenen Strukturen erreichen. Es wird ein völliger Neubeginn durch Neuplanung der gesamten Leistungserstellungsprozesse angestrebt. Diese Vorgehensweise ist durch den geringen Einfluss der Gewerkschaften und den geringen Kündigungsschutz in den USA leicht durchsetzbar. Reengineering-Projekte gleichen deshalb nicht selten einem Niederreißen der vorhandenen Strukturen mit einem anschließenden Neuaufbau „auf der grünen Wiese", wobei man sich auf die Schlüsselprozesse konzentriert. Auch wenn das wohl kaum auf hiesige Verhältnisse übertragbar ist, kann es doch hilfreich sein, sich die Frage zu stellen: „Wie würden wir die Ablauforganisation gestalten, wenn wir auf der grünen Wiese neu beginnen könnten?" In vielen Fällen wird dadurch erstmals bewusst, wie weit man sich im Laufe der Zeit von einfachen, schlanken Lösungen entfernt hat. Das dürfte zunächst nachdenklich machen und den notwendigen Veränderungsprozess stimulieren.

JAPANISCHE EINFLÜSSE DES PROZESS-MANAGEMENTS

Die Erfolge der japanischen Betriebsorganisation und insbesondere des „Toyota-Produktionssystems" beruhen auf Basismethoden wie „Kaikaku" und „Kaizen" [Ima94].

Unter **Kaikaku** (Innovation) wird die sprunghafte Verbesserung eines Prozesses verstanden. Dieser Ansatz ist im amerikanischen mit Business Process Reengineering und im europäischen Sprachgebrauch als Geschäftsprozessoptimierung übersetzt worden. Diesem Ansatz liegt der Gedanke zugrunde, dass „grundsätzlich neue Lösungen zu Wettbewerbsvorteilen führen". Dies fand über die Veröffentlichung von HAMMER und CHAMPY seinen Weg in den amerikanischen Wirtschaftsraum, um über ein radikales Neudesign der Abläufe Verbesserungen um Größenordnungen zu erzielen [HC93]. Später wurde dieser Ansatz gemäß europäischer Rahmenbedingungen zum sog. evolutionären Reengineering weiterentwickelt [Ser94].

Kaizen: Dieser Ansatz ist von dem Japaner OHNO entwickelt und in der Praxis eingesetzt worden. Als Erfinder des Toyota-Produktionssystems entwickelte er auch die logistischen Basismethoden „Kanban" und „Just-in-time" in den Jahren 1950 bis 1980. „Kaizen" setzt sich zusammen aus „kai" (bedeutet „Veränderung") und „zen" (bedeutet „gut" bzw. „noch zu verbessern").

Dieser Begriff kann also als Veränderung zum Besseren bzw. als kontinuierliche Verbesserung verstanden werden.

Standardisierung: Ungeregelte Prozesse weisen hohe Schwankungen der Ergebnisse gegenüber den Soll-Werten auf. Die kontinuierliche Messung der Ergebnisse und die damit verbundene Regelung der Prozesse reduzieren die Schwankungen sukzessive und ergeben beherrschte Prozesse. Dies wird als Standardisierung bezeichnet.

In der Praxis werden diese drei Ansätze selbstredend situationsadäquat eingesetzt. Das Bild zeigt die kombinierte Wirkung der drei Ansätze. Danach wäre ein Unternehmen zunächst einmal mit radikalen Neuerungen „auf Kurs zu bringen" (Kaikaku), dann wären die neuen Prozesse zu stabilisieren (Standardisierung) und schließlich zu perfektionieren (Kaizen).

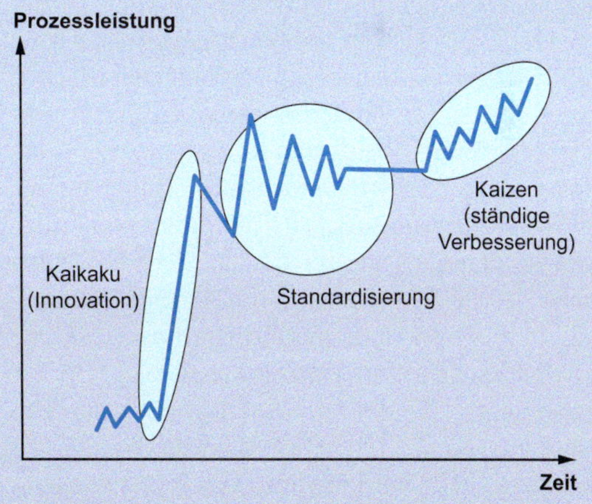

Die kombinierte Wirkung der Basismethoden des Prozessmanagements

Literatur:

[HC93] HAMMER, M.; CHAMPY, J.: Reengineering the corporation. Nicolas Brealy Publishing Ltd., London, 1993

[Ima94] IMAI, M.: Kaizen – Der Schlüssel zum Erfolg der Japaner im Wettbewerb. Ullstein, München, 1994

[Ser94] SERVATIUS, H.-G.: Reengineering-Programme erfolgreich umsetzen. Schäffer-Poeschl, Stuttgart, 1994

Beide Ansätze, sowohl BPR als auch Kaizen/KVP, werden der europäischen Kultur nicht voll gerecht: Das radikale Vorgehen ist kaum konform mit den gesetzlichen und tarifpartnerschaftlichen Rahmenbedingungen; die kontinuierlichen Verbesserungen bewirken nicht den oft notwendigen Bruch mit den gewachsenen Strukturen. In Europa und insbesondere in Deutschland hat sich daher ein Ansatz verbreitet, der treffend mit dem Begriff **evolutionäres Reengineering** umschrieben wird [Ser94]. Darin werden jeweils Teile der beiden vorgestellten Ansätze miteinander kombiniert. Aufbau- und Prozessorganisation werden dabei in Frage gestellt und, wo notwendig, optimiert und den veränderten Rahmenbedingungen angepasst, aber nicht eliminiert und anschließend völlig neu geplant. Das evolutionäre Reengineering fordert ebenso wie das BPR radikale Verbesserungen, die jedoch auf Basis des Status quo sukzessive eingeführt werden. Dies äußert sich in Unternehmen z. B. in Qualifizierungsoffensiven und Umstrukturierungen unter Ausnutzung der natürlichen Fluktuation als Möglichkeit des Wandels, um eine sozialverträgliche Veränderung zu erzielen.

Die Erfahrungen mit Kaizen sind durchweg sehr gut, wenn die betreffenden Unternehmen sich nicht gerade in einer Schieflage befanden, die rasches und mit gravierenden Schnitten verbundenes Handeln erforderte. Die Resultate von BPR sind bisher kontrovers diskutiert worden. Es gibt unzählige Erfolgsgeschichten, aber auch viel Ernüchterung [Lin96]. Der Misserfolg basiert zunächst auf dem falschen Verständnis dessen, was durch das Verbesserungsprojekt erreicht werden kann. Ferner fehlt es an konkreten nachvollziehbaren Handlungsempfehlungen. Darüber hinaus werden Restrukturierungsprojekte häufig als reine Kostensenkungsprogramme missverstanden. Sicherlich sollen im Rahmen der Restrukturierung von der Funktionsorientierung zur Prozessorientierung auch die Kosten gesenkt werden - insbesondere im Verwaltungsbereich. Primär geht es aber darum, die Wettbewerbsfähigkeit zu stärken, und das bedeutet oft, die Schnelligkeit und die Qualität zu erhöhen. Selbstredend führt das mittelbar auch zu Kostensenkungen, weil perfektionierte Prozesse auch weniger Kosten verursachen.

Obwohl sich die dargestellten prozessorientierten Managementansätze unterscheiden, so streben sie alle einen Veränderungsprozess im Unternehmen an, der auf das Denken und Handeln in Prozessen zielt und somit Veränderungen bis in die Unternehmenskultur erfordert. Derartige Veränderungen benötigen eine Orientierung; das im Folgenden beschriebene Leitbild der lernenden Organisation kann dazu dienen. Die eigentliche Handlungskonzeption für das evolutionäre Reengineering beschreiben wir in Kapitel 4.3. Da sich dieser Begriff in Deutschland in der Praxis nicht durchgesetzt hat und auch dieser Ansatz als Business Process Reengineering bezeichnet wird, verwenden wir im Folgenden für systematische Prozessverbesserungen den Begriff Business Process Reengineering (BPR).

4.1.3 Vom Veränderungsmanagement zum Leitbild Lernende Organisation

Menschen neigen dazu, an Bewährtem und Gewohntem festzuhalten - zumindest so lange, bis sie vom Nutzen einer Neuerung überzeugt sind. Insofern ist es also völlig normal, wenn Veränderungen in Teilen der Belegschaft eine gewisse Verunsicherung und sogar Widerstände hervorrufen. Teils gibt es dafür gute Gründe, wie sich abzeichnende Kapazitätsengpässe und unklarer Nutzen. Teils aber auch Gründe, die nicht offen ausgesprochen werden, wie Macht- und Einflussverlust, Versagensängste, Rivalitäten, Seilschaften und Entfall von liebgewonnenen Freiräumen. Es ist die Aufgabe des Veränderungsmanagements, alle Hürden auf dem Weg zum Veränderungserfolg, seien sie nun artikuliert oder nicht artikuliert, zu erkennen und adäquat zu überwinden. Dafür geben wir eine Reihe von Hinweisen, die aus unserer Beratungspraxis stammen. Bevor wir darauf kommen, stellen wir vier **Grundsätze** des Veränderungsmanagements vor:

1) **Kundenorientiert verändern - den Wandel werthaltig gestalten.** Veränderungen müssen die Kundenzufriedenheit und die Produktivität erhöhen. Dies leuchtet auch den Arbeitnehmern ein, weil sie wissen, dass ihr Gehalt vom Kunden kommt und Daseinsvorsorge durch Produktivität die Arbeitsplätze sichert.
2) **Qualität sichern - den Wandel tragfähig machen.** Eine hohe Qualität muss selbstverständlich sein, auch im Prozess der Veränderung. Qualitätseinbußen haben zur Folge, dass erst die Aufträge ausbleiben und dann die Arbeitsplätze verloren gehen.
3) **Umsetzung treiben - den Wandel verwirklichen.** Es sind Maßnahmen präzis zu formulieren, zu vereinbaren und konsequent umzusetzen. Entscheidend für den Umsetzungserfolg sind personifizierte Verantwortung für jede einzelne Maßnahme und regelmäßige Fortschrittskontrollen durch die Unternehmensleitung. Erfolgreich durchgeführte Maßnahmen sind zu kommunizieren, denn nichts motiviert mehr als der Erfolg.
4) **Unternehmen befähigen - den Wandel nachhaltig gestalten.** Veränderungsprozesse können nur von innen heraus funktionieren. Die Befähigung der Mitarbeiter, die Veränderungsproesse durchzuführen und die neuen Abläufe zu leben, ist unumgänglich. Wie in der Therapie kann der Therapeut nur Reflexionen und Anstöße geben.

Ohne die Einsicht des Betroffenen und den eigenen Willen zur Veränderung, ist niemand therapiefähig. Dies gilt ebenso für Organisationen. Externe Berater können hier Erfahrungen und Anstöße einbringen, sich verändern und neue Prozesse leben müssen allerdings die Mitarbeiter des Unternehmens.

Im Verlauf des Veränderungsprozesses werden Höhen und Tiefen durchschritten, die sich durch unterschiedliche Leistungsgrade charakterisieren lassen. Ist der Wandel angestoßen, so ist in den meisten Fällen erst ein Abfall der Leistungsfähigkeit zu erkennen. Die Abkehr von eingefahrenen Abläufen und die Hilflosigkeit, mit dem Neuen umzugehen, lässt die Leistungsfähigkeit im Unternehmen sinken. Im Unternehmen gibt es diejenigen, die motiviert und veränderungsbereit sind, allerdings auch diejenigen, die Widerstand leisten und an dem Alten und Vorhandenem festhalten. Das Projektteam schafft durchaus diverse Bewegungen und Teilerfolge, dennoch gibt es weitere Leistungseinbrüche und die Widerstände im Unternehmen steigen. Dieses Auf und Ab muss beherrscht werden. Daher ist es bei größeren Vorhaben angebracht die Position des Veränderungsmanagers einzurichten, der dafür sorgt, dass die Veränderungen durchgeführt werden und die Organisation sich von alt nach neu wandelt.

Akzeptanz in der Breite ist in aller Regel umso eher zu erreichen, je glaubwürdiger die Führungskräfte bis hin zur Unternehmensleitung den Willen zur Veränderung nicht nur kommunizieren, sondern sich auch engagieren und Verantwortung übernehmen. Die folgenden Hinweise sollten den Führungskräften eine **Leitlinie für die Gestaltung des Veränderungsprozesses** geben:

1) Erarbeiten des verbindlichen Commitments der Leitung zur Veränderung auf Basis
   a) eines tragfähigen Konsenses bezogen auf den Handlungsbedarf und
   b) einer ausgewogenen Berücksichtigung der unterschiedlichen Interessen in der Formulierung klarer Ziele.
2) Sicherstellen der Akzeptanz in den betroffenen Organisationseinheiten durch
   a) Abstimmung der Veränderungsgeschwindigkeit auf die jeweils vorhandene Umsetzungsbereitschaft und -fähigkeit der Organisation und das
   b) bewusste Schaffen von frühzeitigen Erfolgserlebnissen („low hanging fruits").
3) Optimale Nutzung der formellen und informellen Netzwerke zur Stabilisierung bzw. Beschleunigung des Veränderungsprozesses durch
   a) Aufzeigen des kritischen Pfads zur Überzeugung der Meinungsmacher und
   b) Befähigen insbesondere der untersten Führungsebene zur eigenverantwortlichen Dialogführung mit den betroffenen Mitarbeitern.
4) Sicherstellen der Geschlossenheit aller Schlüsselpersonen über den Projektverlauf hinweg durch
   a) angemessene Einbindung in die Entscheidungen je nach Grad der Betroffenheit,
   b) Sicherstellen der zur konsequenten Umsetzung erforderlichen Motivationslagen und
   c) Konkretisieren der erforderlichen Form der Zusammenarbeit der Beteiligten.
5) Sicherstellen der effektiven Steuerung des Gesamtvorhabens durch
   a) Identifizieren der wesentlichen Teilziele des Veränderungsprozesses und Erarbeiten der jeweiligen kritischen Pfade für deren Erreichen sowie
   b) Aufbau eines Frühwarnsystems zur kontinuierlichen Feinjustierung im Hinblick auf den jeweils maximal möglichen Fortschritt.
6) Maximieren der zur Veränderung einsetzbaren Ressourcen durch
   a) Ermitteln des realistisch durchführbaren Projektportfolios mit maximalem Return on Investment und
   b) optimale Ausstattung der Projekte in Abhängigkeit der zur Verfügung stehenden Projektmitarbeiter.

Flankierend dazu sind die übrigen Stakeholder in geeigneter Weise einzubinden und eine entsprechende Kommunikationspolitik zu praktizieren, die mit klaren Informationen und Dialogbereitschaft Vertrauen und Verständnis fördert.

Für viele Unternehmen ist ein Veränderungsprozess ein singuläres, wenngleich tiefgreifendes Ereignis, das auch die Unternehmenskultur positiv beeinflusst. Damit reift auch die Erkenntnis, dass die erwiesene Veränderungsfähigkeit das Potential zu einer strategischen Erfolgsposition in der Wettbewerbsarena von morgen hat [WRN09].

Lernende Organisation

In einem Umfeld, das sich ständig ändert, kann ein Unternehmen nur dann auf Dauer existieren, wenn es sich ebenfalls ständig anpasst und weiterentwickelt. Dazu sind spezifische Einstellungen und Fähigkeiten erforderlich, was durch das Leitbild der lernenden Organisation zum Ausdruck kommt. Eine lernende Organisation ist weniger eine Frage der Organisationsstruktur, sondern mehr eine Ausprägung einer Unternehmenskultur. Nach Senge bedarf es zum Aufbau einer lernenden Organisation fünf Disziplinen [Sen06]:

1) Denken in Systemen
2) Individuelle Reife

3) Mentale Modelle
4) Gemeinsame Visionen
5) Lernen im Team

Das **Denken in Systemen** basiert auf der Systemtheorie und Kybernetik und betrachtet die Welt, ein Unternehmen oder bestimmte Problemstellungen als ganzheitliches System. In einem solchen System lassen sich typische Wirkungsketten und Verhaltensmuster beobachten. Für die lernende Organisation bedeutet dies, dass sich anhand bestimmter Kriterien Verhaltensmuster identifizieren und ihre Wirkung auf das System (das Unternehmen) voraussagen lassen. Das Denken in Systemen unterstützt in hohem Maße die Entwicklung einer Prozesssicht.

Individuelle Reife drückt die Wahrnehmung des Einzelnen aus. Die lernende Organisation kann nur erfolgreich sein, wenn sich der Mensch in all seiner Eigenart akzeptiert und lernt, dies in Veränderungsprozessen zielgerichtet zu nutzen. Dabei nutzt jeder Mensch **mentale Modelle**, das heißt implizite und explizite Grundannahmen, um die Welt um sich herum zu erklären. Das Aufdecken und Bearbeiten solcher Modelle ist der Inhalt der dritten Disziplin.

Veränderungsprozesse laufen umso erfolgreicher ab, je mehr es gelingt, eine **gemeinsame Vision** aufzubauen, die eine starke emotionale Bindung des einzelnen Mitarbeiters in dem Prozess erzeugt (vgl. auch Kapitel 1.1.5). Mit Hilfe der gemeinsamen Vision kennt und trägt jeder seine Aufgabe und Rolle auf dem Weg zum gemeinsamen Ziel.

Das **Lernen im Team** macht aus einer Gruppe von Mitarbeitern mehr als eine simple Arbeitsgruppe. Erfolgreiche Teamarbeit entsteht vor allem dann, wenn die unterschiedlichen Fähigkeiten jedes einzelnen Teammitglieds zur Problemlösung eingesetzt werden und so eine höherwertige Lösung entsteht. Über das Lernen im Team erfährt jeder Einzelne eine Wertschätzung des Teams und fühlt eine innere Verbundenheit zur Arbeit des Teams.

Eine lernende Organisation lässt sich in der praktischen Umsetzung durch folgende Charakteristika beschreiben:

- Klar formulierte und positionierte gemeinsame Werte und Visionen.
- Anerkennung der individuellen Person und deren Beitrag für die Organisation.
- Unternehmenskultur, die Offenheit und Vertrauen fördert.
- Starke Ziel- und Kundenorientierung.
- Arbeiten in interdisziplinären und bereichsübergreifenden Teams.
- Kontinuierliche Reaktion auf Veränderungen durch antizipatives Verhalten.
- Hohe Veränderungsbereitschaft - Freude an der Veränderung.
- Jeder trägt seinen Teil zum Unternehmenserfolg bei.

In der betrieblichen Praxis ist es wichtig, die Umsetzung der lernenden Organisation individuell nach den Spezifika des jeweiligen Unternehmens zu gestalten. Die lernende Organisation ist weder eine einmalige Installation noch ein Allheilmittel bei organisatorischen Problemen innerhalb von Unternehmen. Sie ist vor allem dann erfolgreich, wenn sie als permanente Kultur der Veränderung verstanden wird, die einerseits starke Auswirkungen auf jeden Einzelnen hat und andererseits auf die gesamte Organisation wirkt.

Der Weg zur lernenden Organisation

Begreift man das Ausmaß und den Einfluss der Unternehmenskultur, so wird deutlich, dass sich eine derart tiefgreifende Organisationsentwicklung nur basierend auf einer ganzheitlichen Handlungskonzeption vollziehen lässt, die die folgenden fünf Phasen aufweist:

1. Analyse der Ausgangssituation,
2. Dokumentation,
3. Kommunikation,
4. Kooperation und
5. Effektkontrolle.

Bild 4-5 zeigt den Aufbau dieser Handlungskonzeption; Hauptanliegen ist die Verhaltensänderung der Mitarbeiter. Sie verhalten sich vor dem Hintergrund ihrer persönlichen Wahrnehmung und Beurteilung der Realität und vor dem Hintergrund ihrer persönlichen Ziele, Werte und Interessen logisch. Erst durch die Veränderung dieser individuellen Gegebenheiten durch Kommunikation, Überzeugung und zielgerichtete Maßnahmen ist es möglich, Verhalten und somit die Unternehmenskultur weiterzuentwickeln. Im Folgenden gehen wir kurz auf die einzelnen Phasen ein.

Analyse der Ausgangssituation: Die Analyse umfasst die Ablauforganisation und insbesondere die „Logik“ der Unternehmenskultur. Der Fokus liegt auf den Wirkzusammenhängen zwischen Unternehmenskultur, Wettbewerb und Markt. Ausgehend von der erfassten Ist-Ablauforganisation und den Wirkzusammenhängen wird die Soll-Ablauforganisation entwickelt. Als Ergebnis werden Handlungsbedarfe und Ziele formuliert, die die **Erfolgspotentiale** beschreiben.

Dokumentation: Zunächst werden die Kommunikationsstrukturen neu definiert, die sich aus den entwickelten Soll-Prozessen ergeben. Im Zentrum steht die Erarbeitung

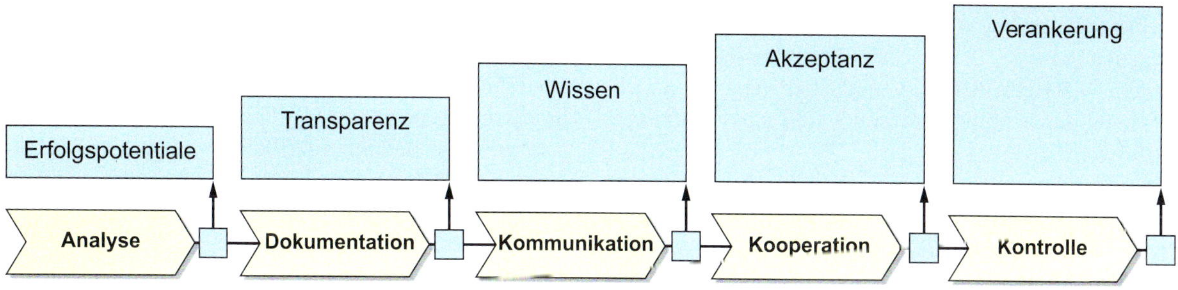

BILD 4-5 Schritte zur lernenden Organisation

eines Organisationshandbuchs, mit dem die erforderlichen Veränderungen vor dem Hintergrund der Soll-Ablauforganisation nachvollziehbar dokumentiert werden. Das erzeugt **Transparenz** für alle Beteiligten.

Kommunikation: Hier geht es primär um die systematische Kommunikation der notwendigen Veränderungen im Sinne eines Dialogs mit den Beteiligten. Diese „Change-Kommunikation" verfolgt vier Ziele:

- Die Gründe verstärken, die für die Übernahme der neuen Gewohnheiten sprechen (Überzeugungen).
- Die Nachteile vergrößern, die es hat, wenn jemand die neuen Gewohnheiten nicht annimmt (Ausreißer einfangen).
- Die Gründe beseitigen oder abschwächen, welche für die Beibehaltung der bisherigen Gewohnheiten sprechen (Entwöhnung).
- Die Nachteile beseitigen oder reduzieren, die es hat, wenn man von den bisherigen Gewohnheiten abweicht (Effizienzsteigerung).

Durch eine mutige und direkte Kommunikation zwischen Management und Mitarbeitern erhält jeder mehr **Wissen**. Denn Wissen wird nur dann mehr, wenn man es mit anderen teilt.

Kooperation: Nur durch Kooperation zwischen allen Bereichen und Beteiligten können neue Konzepte und Veränderungen wie die Einführung eines neuen komplexen Softwaresystems erfolgreich umgesetzt werden. Aufbauend auf dem durch Dokumentation und Kommunikation manifestierten Wissen sollte den Mitarbeitern die Gelegenheit gegeben werden, das Neue gemeinsam zu explorieren. So entsteht **Akzeptanz**, ohne dass die Veränderungsprojekte im Sande verlaufen.

Effektkontrolle: Veränderungen sollten nicht nur spürbar, sondern auch messbar sein. Die angestrebten Effektkontrollen liefern zuverlässige Aussagen über die **Verankerung** der Veränderungen in der Organisation. Sie geben häufig wieder neue Hinweise für weiteren Handlungsbedarf und schließen somit den Kreis des kontinuierlichen Verbesserungsprozesses.

An dieser Stelle haben wir die Instrumente zur Gestaltung des Wandels nur angedeutet. In den folgenden Kapiteln gehen wir näher auf sie ein.

4.2 Methoden zur Geschäftsprozessmodellierung

Ein Geschäfts- bzw. Leistungserstellungsprozess ist zunächst einmal ein abstrakter organisatorischer Sachverhalt, der von den Menschen, die damit zu tun haben, naturgemäß selektiv wahrgenommen wird. Um sich konstruktiv und gründlich mit den Prozessen befassen zu können, sind diese zu beschreiben, und zwar in einer standardisierten Form, die wenig Spielraum für Interpretationen lässt. Dies ist Aufgabe der Geschäftsprozessmodellierung. Zweck der Modellbildung ist die Vereinfachung der komplexen Realität mit der Konzentration auf die für den Anwendungsbereich wesentlichen Inhalte. Die Methoden zur Geschäftsprozessmodellierung gestatten die Bildung von Modellen der Prozess- und Ablauforganisation sowie die anschauliche graphische Darstellung und Analyse dieser Modelle. Inhalte dieser Modelle sind die Prozesse, die daran beteiligten Personen bzw. Abteilungen (Organisationseinheiten der Aufbauorganisation), die eingesetzten technischen Ressourcen, wie Daten- und Materialspeicher, sowie die ausgetauschten Informationen und materiellen Objekte. Geschäftsprozessmodelle bilden die Basis für die Arbeit der Personen, die die Prozesse optimieren sollen. Diese Arbeit ist gekennzeichnet durch das Erzeugen des gemeinsamen Verständnisses der bestehenden Prozesse, das Erkennen von Schwachstellen und Verbesserungspotentialen, das Definieren neuer Prozesse und das Entwickeln von Maßnahmen zur Implementierung der neuen Prozesse. Die Geschäftsprozessmodellierung ist also ein wichtiges Planungs- und Führungsinstrument, wobei sie immer Mittel zum Zweck und nie Selbstzweck sein sollte.

Die Möglichkeiten der Modellierung von Leistungserstellungsprozessen lassen sich in dem in Bild 4-6 wiedergegebenen Ordnungsschema darstellen. Danach reicht das Spektrum der Modellbildung von groben, nicht formalen Darstellungen mittels anschaulicher Grafiken, die geeignet sind, das Grundverständnis einer Ablauforganisation zu erzeugen, bis zu detaillierten formalen Spezifikationen der Prozesse, die notwendig sind, um Produktdaten- bzw. Workflowmanagementsysteme zu implementieren. Zur Geschäftsprozessmodellierung sind Spezifikationstechniken (-methoden) notwendig. Je nach Zweck der angestrebten Modelle unterscheiden wir Techniken zur nicht formalen (semantischen), semiformalen und formalen Spezifikation von Modellen.

Die Darstellung der Funktionsbereiche und der groben Informationsflüsse eines Industriebetriebs wäre ein **nicht formales Modell** (Bild 4-7). Eine definierte einheitliche Festlegung von Konstrukten und Modellierungsregeln existiert hier nicht. Solche Modelle sind Ausdruck der Gedanken des Autors; sie können aber von Dritten beliebig interpretiert werden, weil eben Konstrukte und Regeln nicht definiert sind und die Graphiken erst mit ergänzenden mündlichen Erläuterungen voll zu erfassen sind.

Semiformale Modelle basieren auf einem vorgegebenen Satz von grafischen Konstrukten und unterliegen bei der Modellerstellung Regeln zur Anordnung und Verwendung dieser Konstrukte. Anwendung finden diese Modelle in fast allen Projekten zur Optimierung der Leistungserstellungsprozesse, bei denen die Ablauforganisation innerhalb einer vorgegebenen Detaillierungstiefe vollständig und für alle Projektbeteiligten nachvollziehbar und weitgehend interpretationsfrei dargestellt werden soll. Die graphischen Konstrukte führen zu Darstellungen, die eine anschauliche und definierte Grundlage für die Diskussion und die Weiterentwicklung der Prozesse bilden. Andererseits sind die Graphiken oft nicht so formalisiert, dass sie unmittelbar durch ein IT-System interpretiert werden könnten, wie das beispielsweise bei einem konzeptionellen Datenmodell gegeben ist. Eine Reihe von Prozessmodellierungstechniken beruht inzwischen auf einem sog. Metamodell, das die präzise rechnerinterne Repräsentation des modellierten Sachverhalts sowie spätere Analysen ermöglicht. Die Diagramme mit den graphischen Konstrukten sind Präsentationen des modellierten Sachverhalts, die sich aus dem rechnerinternen Modell ableiten. Insofern gibt es einen fließenden Übergang von der semiformalen zur formalen Modellierung.

Die Abbildung von Geschäftsprozessen in PDM- oder Workflowmanagement-Systemen erfordert **formale Modelle**. Diese sind so präzise und interpretationsfrei, dass sie unmittelbar zur Steuerung von Aktionen – z. B. Freigabeabläufe, Vorgangsbearbeitung etc. – verwendet werden können. Der Aufwand der Modellerstellung ist im Vergleich zur semiformalen oder nicht formalen Darstellung sehr hoch. Außerdem sind fundierte Kenntnisse der Spezifikationssprache, die im Prinzip einer Programmiersprache ähnelt, notwendig.

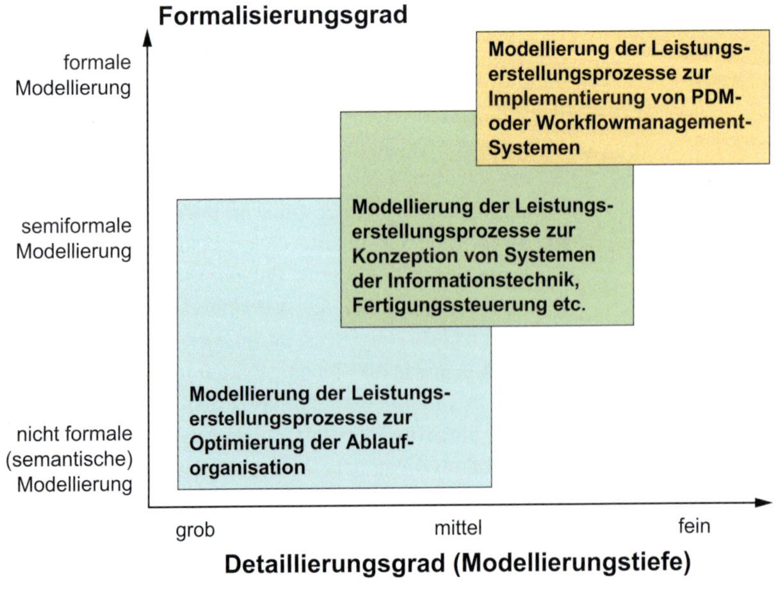

BILD 4-6
Grundsätzliche Möglichkeiten der Modellierung von Leistungserstellungsprozessen

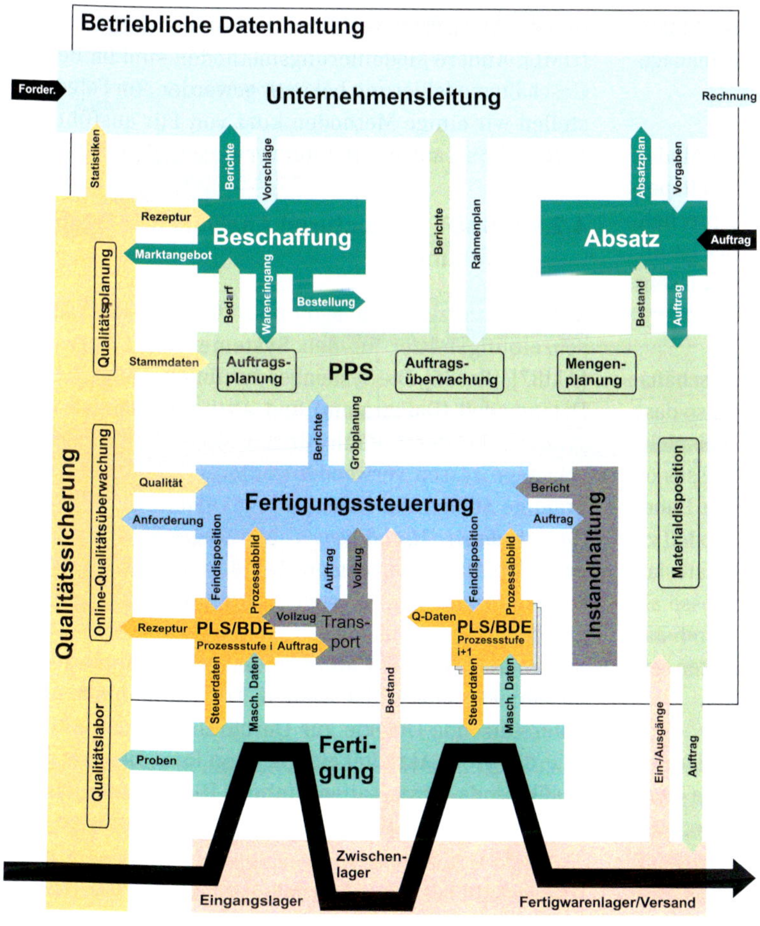

BILD 4-7
Beispiel eines nicht formalen Modells der Informationsverarbeitung in einem Industrieunternehmen (Spinnereibetrieb)

Entsprechend der Aufgabenstellung ist am Anfang einer Geschäftsprozessgestaltung zu entscheiden, welche Methode und welches Werkzeug die Anforderungen am besten erfüllt. Die Anforderungsvarianz erstreckt sich von der reinen Visualisierung über Analyse und Optimierung bis hin zum kontinuierlichen Management von Prozessen einschließlich integriertem Workflow. Die entsprechenden Ansätze werden im Folgenden kurz charakterisiert.

Geschäftsprozessvisualisierung dient der graphischen Darstellung der Prozesse. Die entsprechenden Tools liefern Flussdiagramme, Netzdiagramme u. ä.

Geschäftsprozessanalyse dient der systematischen Untersuchung von Prozessen, um Schwachstellen und Verbesserungspotentiale zu identifizieren. Häufig werden auch Kennzahlen geliefert, die eine Leistungsmessung ermöglichen.

Geschäftsprozessoptimierung meint die Verbesserung bestehender Prozesse durch Eliminierung von Schwachstellen. Als Basis dienen die Visualisierung und Analyse der bestehenden Prozesse.

Geschäftsprozessmanagement umfasst die operative Planung, Steuerung und Kontrolle der Geschäftsprozesse zur effizienten Leistungserstellung eines Unternehmens. Es handelt sich dabei nicht um einen einmaligen Vorgang, sondern eine ständige Aufgabe.

Workflowmanagement meint die Ausführung von Arbeitsabläufen mit Hilfe von IT-Systemen und kann als technische Umsetzung des Geschäftsprozessmanagements verstanden werden.

Angesichts dieser Vielfalt an Möglichkeiten wird deutlich, dass zunächst Klarheit über die Aufgabenstellung gewonnen werden muss, bevor es an die Auswahl und Einführung einer Methode und des entsprechenden Werkzeugs geht. Für die Formulierung eines Anforderungskatalogs können wir folgende Hinweise geben.

Generische Modellierungstechnik: Die Methoden und Werkzeuge müssen generisch, das heißt anwendungsneutral, und auf vielschichtige Problemstellungen übertragbar sein. Sie müssen die zur Komplexitätsreduzierung notwendigen Mechanismen wie Abstraktion, Hierarchi-

Kennzahlen

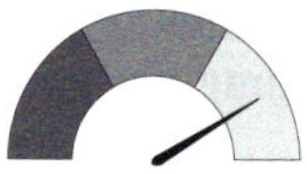

Kennzahlen dienen dem Controlling und der Steuerung von Geschäftsprozessen. Das Symbol gibt den Hinweis auf eine im Prozess genutzte Kennzahl zur Messung der Leistungsfähigkeit bzw. der Ergebnisse eines Prozesses. Kennzahlen sind eindeutig mit einem Namen oder einer Formel zu kennzeichnen. Das Symbol wird auf der rechten oberen Ecke des Symbols einer Organisationseinheit (Rahmen) platziert (vgl. Bild 4-14).

Beispiele: Reifegrad des in Entwicklung befindlichen Produkts, Anzahl erteilter Patente

Meilensteine

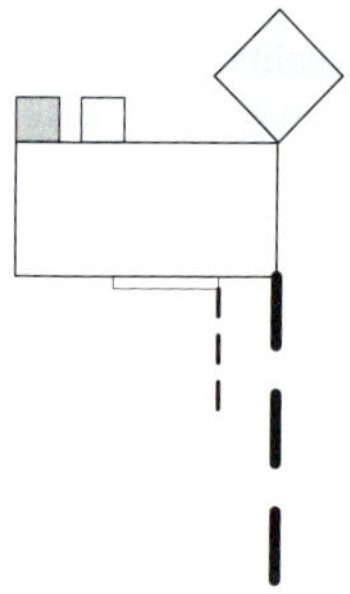

Meilensteine kennzeichnen Zwischenergebnisse und Entscheidungspunkte im Prozess- bzw. Projektablauf. Um einen Meilenstein zu erreichen und die nachfolgenden Prozessschritte freizugeben, müssen definierte Ergebnisse vorliegen bzw. Ziele erreicht sein. Meilensteine werden in der Regel als Messpunkte zur Erreichung von Gesamtprozesszielen genutzt. Meilensteine erhalten einen Identifikator. An einem Meilenstein sind die Personen anzugeben, die an der Abnahme- bzw. Freigabeentscheidung beteiligt sind

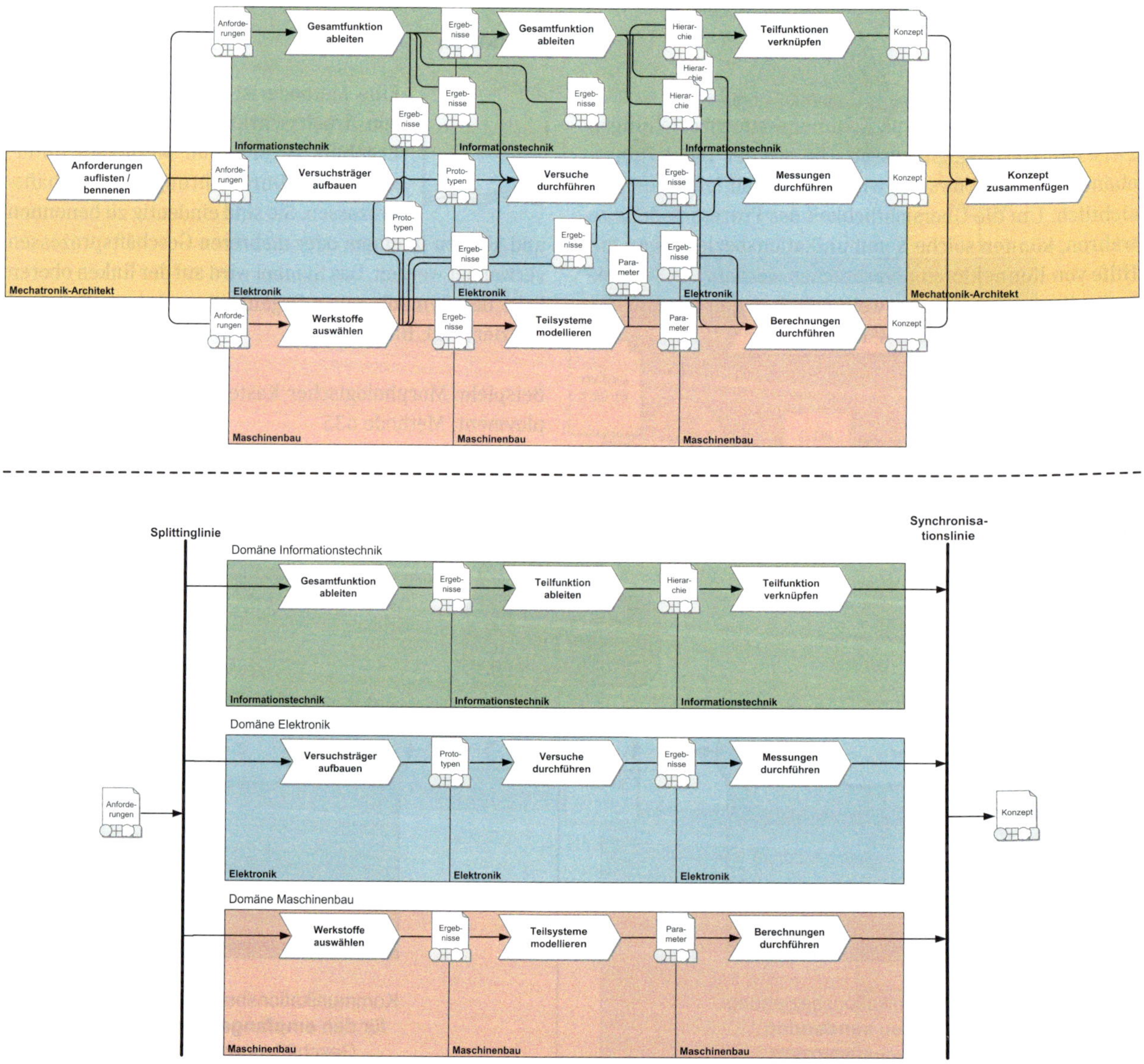

BILD 4-18 Nutzung von Abgrenzungen zur Verbesserung der Übersichtlichkeit und Lesbarkeit von Prozessen (oben: Modellierung ohne Abgrenzungen, unten: Modellierung desselben Prozesses mit Abgrenzungen)

(kleines Quadrat). Der Entscheider ist hervorzuheben (kleines dunkles Quadrat).

Beispiele: Festlegung Lastenheft, Freigabe Serienentwicklung

Abgrenzungen (Splitting- und Synchronisationslinien)

Insbesondere die Produktentstehung ist durch eine starke Vernetzung der einzelnen Prozesse gekennzeichnet. Das gilt besonders für mechatronische Erzeugnisse. Beispielsweise sind hier Produktkonzipierung und Fertigungsplanung in engem Wechselspiel voranzutreiben. Die Darstellung aller Kommunikationsbeziehungen führt oft dazu, dass das Modell der Ablauforganisation unübersichtlich und schwer lesbar wird. Abgrenzungen dienen dazu, die Modellierung von vernetzter Zusammenarbeit zwischen verschiedenen Domänen oder Organisationseinheiten zu vereinfachen.

Bei der Darstellung vernetzter Zusammenarbeit mit Splitting und Synchronisation müssen nicht mehr alle Kommunikationsbeziehungen modelliert werden, sondern nur diejenigen zwischen den Prozessen der einzelnen Domänen. Abgrenzungen implizieren, dass innerhalb der Splitting- und Synchronisationslinien sämtliche Geschäftsprozesse untereinander verkettet sind. Die Notation von Abgrenzungen ist in Bild 4-18 abgebildet – im oberen Teil ohne, im unteren Teil mit Nutzung von Abgrenzungen. Abgrenzungen können durch einen Namen gekennzeichnet werden.

4.2.2.2 Modellierungsrichtlinien

Die Anwendung der vorgestellten Konstrukte zur Geschäftsprozessmodellierung unterliegt einigen einfachen Modellierungsrichtlinien, die im Folgenden erläutert werden. Diese erleichtern die Modellierung und sorgen für die Verständlichkeit und Übersichtlichkeit der Geschäftsprozessmodelle.

Anordnung der Konstrukte bezogen auf einen Geschäftsprozess

Zunächst soll die Anordnung und Verknüpfung der Konstrukte erläutert werden (Bild 4-19). Der Geschäftsprozess wird in der oberen Hälfte seiner ausführenden Organisationseinheit platziert. Dem Geschäftsprozess kann in Ergänzung zu seiner Bezeichnung ein Identifikator zugeordnet werden. Dieser wird oberhalb des Geschäftsprozesses notiert. Der Name der Organisationseinheit steht innerhalb des Rahmens unten links. Die technischen Ressourcen (Betriebsmittel, IT-System, Papierspeicher, Materialspeicher) sind entlang des unteren Rands der Organisationseinheit zu platzieren. Der Raum unterhalb der Organisationseinheit kann für ergänzende Definitionen, Kommentare, Erläuterungen und Beschreibungen genutzt werden.

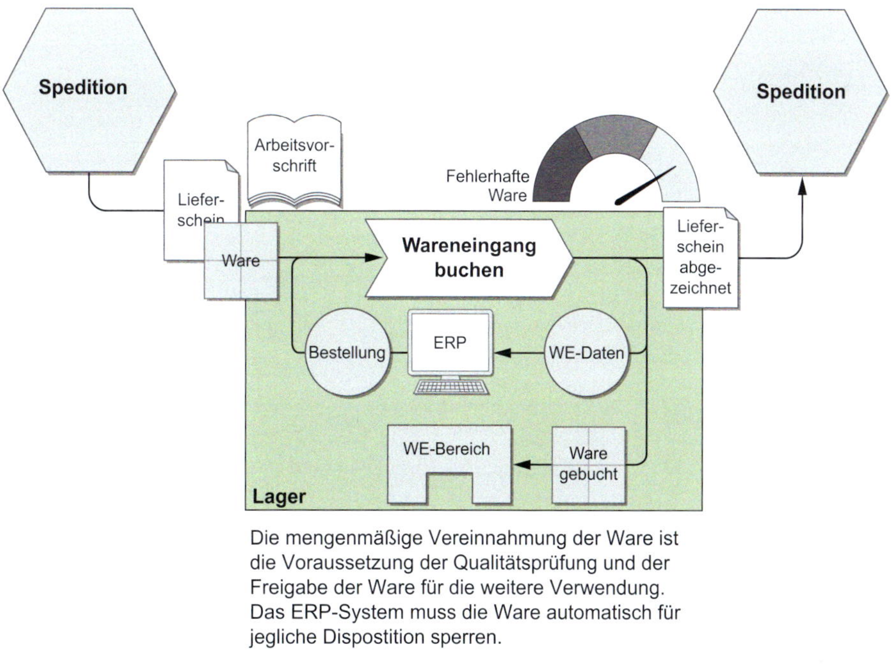

BILD 4-19 Anordnung und Verknüpfung der Konstrukte der Methode OMEGA bezogen auf einen einzelnen Prozess

Die Verknüpfung zwischen Geschäftsprozessen, externen Objekten und technischen Ressourcen erfolgt durch die direkten und indirekten Kommunikationsbeziehungen, die als Pfeile dargestellt werden. Auf den Kommunikationsbeziehungen werden die Bearbeitungsobjekte (mündliche Information, IT-Objekt, Papierobjekt, Materialobjekt, Informationsgruppe) angeordnet, die im Geschäftsprozess bearbeitet werden (Input-Objekte) bzw. aus ihm als Ergebnis hervorgehen (Output Objekte). Bearbeitungsobjekte durchlaufen einen Geschäftsprozess immer von links nach rechts - entsprechend gelangen Input-Objekte von links in den Geschäftsprozess und Output-Objekte verlassen ihn rechts.

Detaillierungsgrad, Hierarchisierung und Aggregation von Geschäftsprozessmodellen

Für die Erstellung von Geschäftsprozessmodellen ist ein der Problemstellung angemessener Detaillierungsgrad (Modellierungstiefe) zu wählen. Unterschiede in der Modellierungstiefe innerhalb eines Modells (eines Prozessplots) sollten unbedingt vermieden werden. Die Wahl des Detaillierungsgrads hängt von der Komplexität des jeweiligen Untersuchungsbereichs und der Zielsetzung des Projekts ab. Der Detaillierungsgrad eines Geschäftsprozessmodells kann variiert werden, indem - ausgehend von einer bisherigen Modellierungsebene - die Modell-Elemente aggregiert oder detailliert werden. Aggregierte Geschäftsprozessmodelle bieten den Vorteil einer geringeren Komplexität und geben, zum Beispiel in der Startphase eines Projekts, einen schnellen Überblick über die Ablauforganisation. Detaillierte Geschäftsprozessmodelle hingegen ermöglichen, Kernpunkte der Ablauforganisation näher zu betrachten.

Die Aggregations- und Dekompositionsmöglichkeiten der Methode OMEGA sollen ausschnittweise anhand einer Aggregation von Geschäftsprozessen auf Abteilungsebene zu einem Hauptgeschäftsprozess auf Hauptabteilungsebene verdeutlicht werden (Bild 4-20). Folgende Regeln sind bei der Dekomposition eines übergeordneten Modells zu beachten: Die Organisationseinheiten der Geschäftsprozesse und des zugehörigen Hauptgeschäftsprozesses werden in einer einheitlichen Farbe modelliert. Die Input- und Output-Objekte des Grobmodells müssen Input- und Output-Objekte der detaillierten Prozesskette sein. Sind also „Fertigungsunterlagen" das Ergebnis des Geschäftsprozesses „Entwicklung durchführen", müssen die „Fertigungsunterlagen" auch aus den detaillierten Prozessen als Output-Objekt modelliert werden. Im Rückschluss sind durch die Aggregation die Kommunikationsbeziehungen zwischen den einzelnen Teilen der Prozesskette eines Hauptgeschäftsprozesses nicht mehr ersichtlich. So wird z. B. die Weiterleitung des Papierobjekts „Projektplan" von

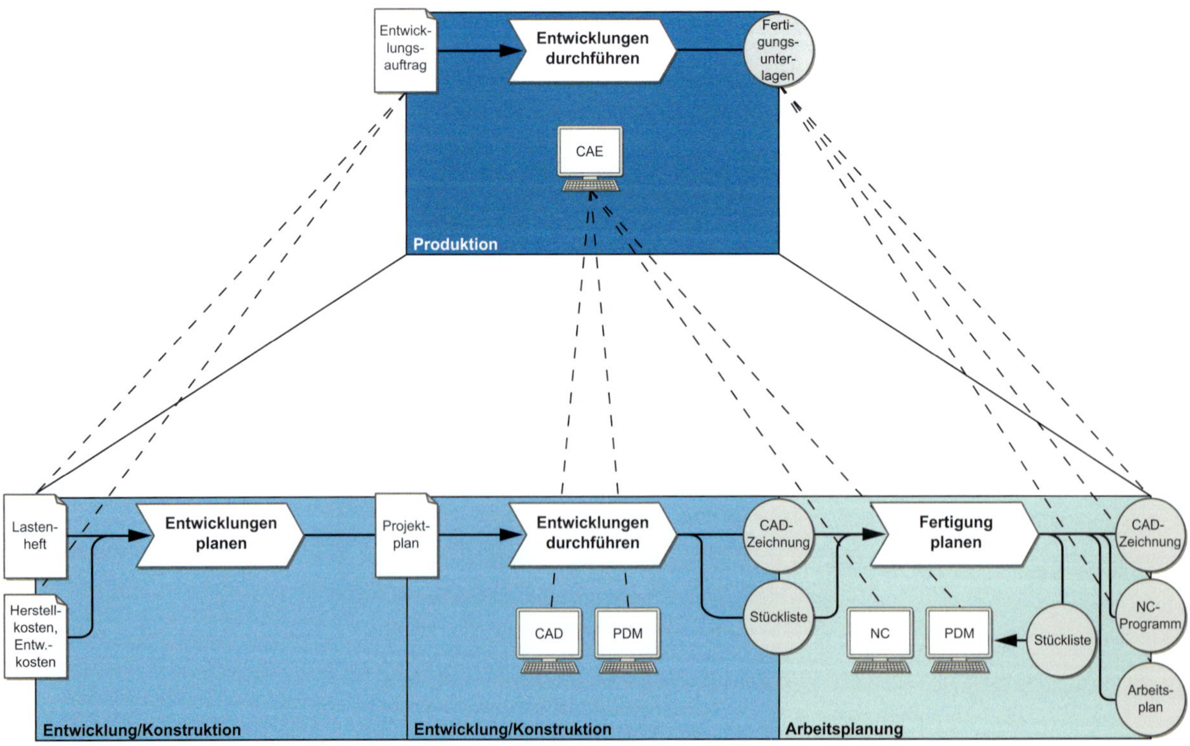

BILD 4-20 Aggregation mehrerer Geschäftsprozesse zu einem Hauptgeschäftsprozess

„Entwicklung planen“ zu „Entwicklung durchführen“ in dem Hauptgeschäftsprozess nicht modelliert. Bearbeitungsobjekte, die die detaillierte Prozesskette verlassen, müssen auch im aggregierten Modell dargestellt werden.

Als Input- bzw. Output-Objekte für einen Hauptgeschäftsprozess werden die Bearbeitungsobjekte des ersten bzw. letzten Geschäftsprozesses aggregiert. Alle weiteren Informationsobjekte, die innerhalb des Modells auf unteren Ebenen vorhanden sind, treten auf Hauptabteilungsebenen nicht mehr auf. Für die Aggregation der Bearbeitungsobjekte gelten die Regeln, dass gleichartige Objekte aggregiert werden können (bspw. mehrere Papierobjekte zu einem Papierobjekt) und ungleichartige nicht aggregiert werden können (bspw. Informationsobjekt zu einem Materialobjekt). Darüber hinaus ist die Aggregation von ungleichartigen Objekten zu einer Informationsgruppe möglich.

Auch gleichartige Ressourcen werden sinnvoll zusammengefasst. Die IT-Systeme „CAD“ und „NC“ lassen sich beispielsweise zum IT-System „CAE“ aggregieren. Papierspeicher lassen sich ebenfalls hierarchisch gliedern. So kann ein Archiv in detaillierte Ebenen, in Regale, Fächer etc. spezifiziert werden. Die Aggregation unterschiedlicher Arten von technischen Ressourcen (bspw. Papierspeicher und IT-System) ist unzulässig.

Anordnung von Geschäftsprozessen

Um ein Geschäftsprozessmodell zu erhalten, ist es zunächst notwendig, die Geschäftsprozesse selbst zu erzeugen und diese nach ihren Reihenfolgebeziehungen anzuordnen. Auf diese Weise wird der prinzipielle Ablauf der Leistungserstellung modelliert. Die für die Geschäftsprozesse notwendigen Input- und Output-Objekte – d. h. die Bearbeitungsobjekte – werden im nächsten Schritt angeordnet. Daraus ergeben sich die notwendigen technischen Ressourcen für die einzelnen Geschäftsprozesse.

Die Geschäftsprozesse werden im Geschäftsprozessmodell entsprechend ihrer Reihenfolgebeziehungen modelliert. Parallele Geschäftsprozesse sind untereinander anzuordnen, sequentielle Prozesse werden horizontal von links nach rechts dargestellt. Logische Abhängigkeiten zwischen Geschäftsprozessen sind in der Regel mit Hilfe der Konstrukte für Entscheidungen (vgl. Bild 4-16) zu modellieren.

Werden Geschäftsprozesse wiederholt durchgeführt, so werden sie nicht mehrfach dargestellt, da ein Geschäftsprozess nur einmal in einem Modell vorhanden sein darf. Die Rückkopplung wird über Kommunikationsbeziehungen abgebildet (vgl. Bild 4-21). Im Gegensatz zu Entscheidungen betreffen Iterationen nicht die Festlegung des weiteren Prozessverlaufs, sondern bilden lediglich die Wiederholung einer kurzen Prozesssequenz ab. Rücksprünge von mehr als drei Geschäftsprozessen sind mit Hilfe von Konnektoren zu modellieren (vgl. Bild 4-17).

4.2.2.3 Beispiele modellierter Geschäftsprozesse

Im Folgenden zeigen wir die Anwendung der Methode OMEGA zur Darstellung von Geschäftsprozessen an zwei relativ einfachen Beispielen: Innovationsprozess (Bild 4-22) und Testmanagementprozess (Bild 4-23). Die Prozessschritte werden nicht im Einzelnen erläutert, es wird aber auf die wesentlichen Aspekte kurz hingewiesen.

Der **Innovationsprozess** ist ein klassischer Phasen-Meilenstein-Prozess mit vier Phasen und entsprechenden Meilensteinen. Außerdem wird zwischen Aktivitäten innerhalb und außerhalb des Unternehmens unterschieden.

Die erste Phase ist die „Ideenfindung“. Darunter fallen die Dokumentation der bei den Mitarbeitern vorhandenen Ideen und das Scouting auf den drei Ebenen Technologie,

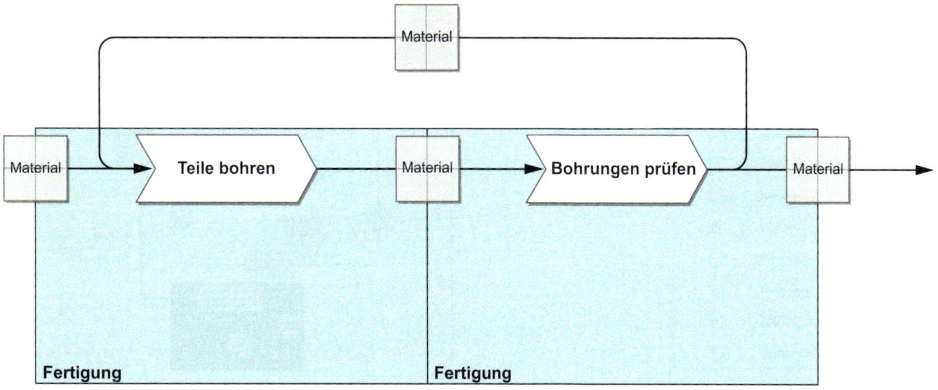

BILD 4-21 Iteration über weniger als drei Prozessschritte

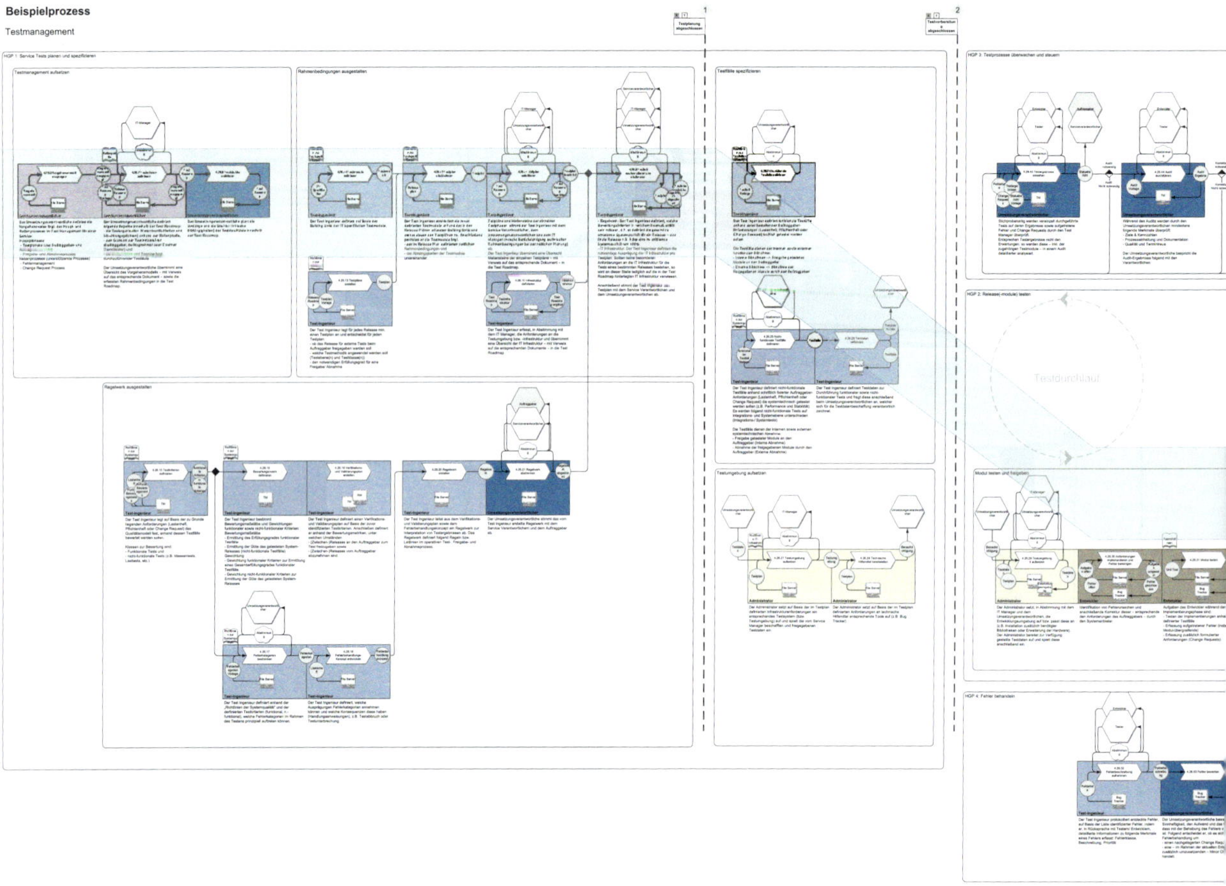

BILD 4-23 Anwendungsbeispiel OMEGA – Testmanagement

Markt und Kunden. Zum Markt-Scouting werden diverse Methoden zur Unterstützung vorgeschlagen. Eine wichtige Kennzahl für das Technologie-Scouting ist das F&E-Soll. Diese Kennzahl gibt an, wie viele Ideen in den Innovationsprozess eingebracht werden sollen. Die Ideenfindung wird in allen einzelnen Bereichen durch eine Innovations-Datenbank unterstützt, in der alle Ideen abgelegt werden. Die Ideenfindung mündet in den Meilenstein „Ideensammlung".

Die zweite Phase ist die „Ideenauswahl". Diese beginnt mit der Aufnahme detaillierterer Anforderungen der Kunden. Diese fließen zusammen mit den durch den Kunden-Scout und das Innovations-Office vorzunehmenden Bewertungen der Innovationsideen in den Innovationsreport 1 ein, mit dem alle Ideen einheitlich und vergleichbar dokumentiert werden. Der Innovationsreport 1 bildet die Grundlage für die erste Entscheidung des Innovations-Management-Gremiums, ob die Idee weiter verfolgt wird. Akzeptierte Ideen gehen in die nächste Phase über. Abgelehnte Ideen werden zusammen mit den Ablehnungsgründen abgelegt. Das Innovations-Office kontrolliert regelmäßig die Rahmenbedingungen, die für die Ablehnungsgründe verantwortlich sind. Sollten sich diese Rahmenbedingungen irgendwann ändern und die Ablehnungsgründe ggf. wegfallen, werden die dadurch abgelehnten Ideen erneut in den Prozess eingebracht (Konnektor 1). Wichtige Kennzahlen in dieser Phase sind die „Anzahl innovativer Ideen pro Monat" sowie „der Anteil an akzeptierten Ideen". Die Phase mündet in den Meilenstein „Technologieakzeptanz erfolgt".

In der Phase „Machbarkeit" geht es darum, alle technologischen Voraussetzungen abzusichern und entsprechende Voruntersuchungen durchzuführen, um ein Innovationsprojekt anstoßen zu können. Dazu werden bestehende Studien gesichtet oder neue Technologiestudien durchgeführt. Diese umfassen sowohl technische Machbarkeitsaspekte als auch erste Wirtschaftlichkeitsüberlegungen. Das Innovations-Management-Gremium entscheidet auf der Basis der vorliegenden Machbarkeitsanalysen und weiterer Informationen hinsichtlich der Kundenanforderungen etc. über die Weiterverfolgung der Ideen. Auch hier werden abgelehnte Ideen zusammen mit den Ablehnungs-

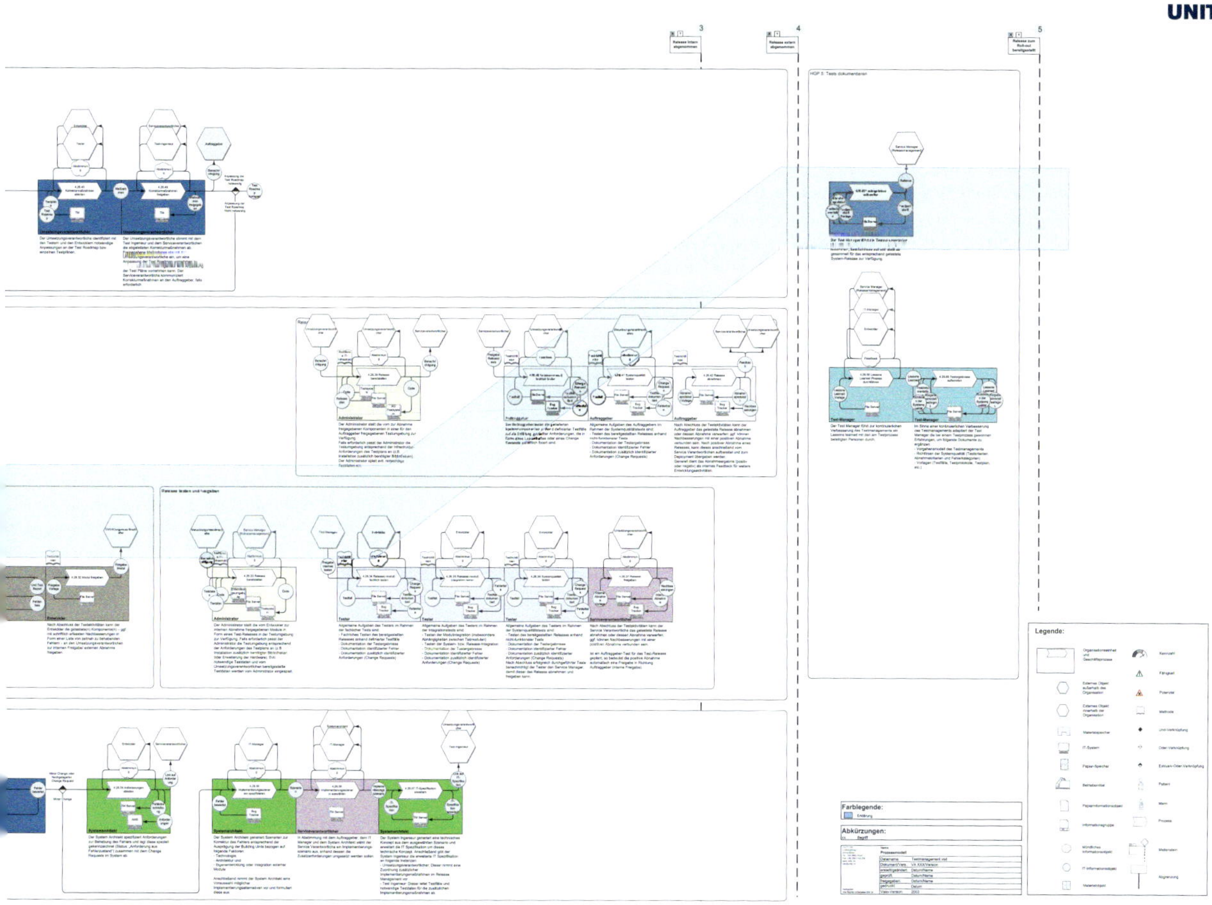

gründen systematisch abgelegt und ggf. später erneut an entsprechenden Stellen in den Prozess eingebracht. Die akzeptierten Ideen erreichen den nächsten Meilenstein, die „Projektfreigabe".

Die vierte und letzte Phase ist die „Realisierung". Diese umfasst die gesamte Vorentwicklung der Innovation bis zur „Entwicklungsfreigabe", die gleichzeitig der abschließende Meilenstein dieses Innovationsprozesses ist. Auf der Basis weiterer vom Kunden-Scout zu liefernder Informationen zu den Anforderungen der Kunden und in direkter Abstimmung mit dem Kunden werden in mehreren Schleifen die technischen Lösungsmöglichkeiten untersucht. Das Innovations-Management-Gremium entscheidet letztendlich darüber, ob der Entwicklungsauftrag erteilt wird oder das Projekt zurückgestellt wird. An den Meilenstein „Entwicklungsfreigabe" schließt sich der Entwicklungsprozess an, der mit dem Entwicklungsauftrag beginnt und bis zum erfolgreichen Serienanlauf geht.

Der **Testmanagementprozess** bildet den Ablauf eines für die Produktentwicklung typischen V-Modells ab und liefert wichtige Erkenntnisse für den Erfüllungsgrad der an das Produkt gestellten Anforderungen. Er gliedert sich in fünf Teilprozesse, die das Vorgehen von der Planung über die Durchführung bis zur Dokumentation von Tests beschreiben.

Im ersten Teilprozess „Testplanung" geht es darum, ein mit dem Gesamtentwicklungsprozess abgestimmtes Vorgehen zur Validierung der Anforderungen zu entwerfen. Klare Regeln und Leitlinien in der Planung ermöglichen der Organisation wiederholbare und plausible Resultate zu erzeugen. Die Resultate werden zu vordefinierten Zeitpunkten in den Gesamtentwicklungsprozess zurückgereicht. Es werden u. a. Test- und Bewertungskriterien definiert, mögliche Fehlerausprägungen und deren Abstellmaßnahmen erarbeitet und die nötige Infrastruktur geplant. Anschließend erfolgt die Feststellung von Testfällen. Dies geschieht auf Basis von funktionalen Anforderungen (Lastenheft) und nicht-funktionalen Anforderungen (Zusatzanforderungen auf systematische Testung z. B. Performance und Stabilität). Parallel werden die Testumgebungen aufgesetzt und bereitgestellt.

Der zweite Teilprozess „Release" bildet den Kern des Testmanagements. Hier werden Systemelemente, Module sowie das Gesamtsystem getestet und durch die Verantwortlichen freigegeben. Die Testdurchläufe bauen sukzessive aufeinander auf. Auf diesem Weg kann durch Modulintegration die Qualität des Gesamtsystems getestet werden. Unzureichende Testergebnisse führen zu Iterationen in der Entwicklung und einer Verbesserung des Produkts.

Im dritten Teilprozess „Teststeuerung" erfolgt die Überwachung der Testdurchläufe. In diesem HGP werden Testergebnisse systematisch geprüft und bei Abweichungen einem Audit unterzogen. Korrekturmaßnahmen werden abgeleitet und offiziell freigegeben.

Im vierten Teilprozess „Fehlerbehebung" werden entdeckte Fehler im Testobjekt aufgenommen und hinsichtlich ihrer Auswirkungen bewertet. Anschließend erfolgt eine Überführung in einen offiziellen Änderungsauftrag sowie die Dokumentation. Größere Änderungen können neue Implementierungskonzepte erfordern, die spezifiziert, entschieden und in den Prozess eingegliedert werden müssen.

Die Tätigkeiten in den Teilprozessen „Release", „Teststeuerung" und „Fehlerbehebung" laufen parallel ab und werden durch Meilensteine begrenzt, zu denen Freigaben sowohl intern als auch extern erfolgen. Je nach Entwicklungsfortschritt kann diese Phase mehrfach durchlaufen werden.

Im abschließenden fünften Teilprozess „Testdokumentation" werden die Testergebnisse zusammengefasst, dokumentiert und bereitgestellt. Verbesserungspotentiale für den gesamten Prozessablauf des Testmanagements werden in Erfahrungsaustauschgruppen identifiziert und zur Einsteuerung in die Organisation aufbereitet. Erst danach werden die Entwicklungsergebnisse freigegeben. Dieser Meilenstein schließt das gesamte Testmanagement ab.

4.2.2.4 Moderationstechniken

Geschäftsprozessmodelle werden in der Regel im Rahmen von Workshops mit Vertretern aus den involvierten Bereichen erarbeitet. In Einzelfällen können auch Interviews genutzt werden. Diese dienen vor allem der Verifizierung von Unstimmigkeiten und zum nachfolgenden Review. Zur Unterstützung der Moderation der Workshops und Interviews zur Prozessaufnahme sind auf der Basis unserer langjährigen Erfahrung drei Varianten von Hilfsmitteln entstanden:

- OMEGAworkshopSet,
- OMEGAkombiCard,
- OMEGAkomPakt.

Diese genügen bestimmten Workshop- bzw. Interviewkonstellationen und bieten spezifische Vor- und Nachteile. Dabei spielen auch persönliche Vorlieben der Moderatoren eine Rolle. Im Folgenden werden daher die drei Varianten vorgestellt und Hinweise für die Verwendung bei der Moderation gegeben. Letztendlich führt jede Variante zu einem in *Microsoft Visio* visualisierten Geschäftsprozessmodell.

OMEGAworkshopSet

Das *OMEGAworkshopSet* besteht im Prinzip aus größeren Papierkarten der vorgestellten Konstrukte von OMEGA. Mit diesen Karten wird der Prozessablauf auf Wandtapeten („Brown-Paper") Schritt für Schritt modelliert. Diese Variante ist besonders für Workshops mit großer Teilnehmerzahl geeignet. Die Modellierung sollte wenn möglich von den Teilnehmern des Workshops selbst vorgenommen werden. Ein Moderator koordiniert und moderiert die Teilnehmer und kontrolliert gleichzeitig die inhaltliche Konsistenz der modellierten Schritte. Ein Assistent digitalisiert die Ergebnisse parallel in *Microsoft Visio* und klärt dabei Verständnisfragen direkt vor Ort. So werden Ungereimtheiten bei der späteren Visualisierung vermieden. Optional arbeitet ein zusätzlicher externer Fachexperte inhaltlich mit und entlastet so den Moderator bei der Kontrolle der inhaltlichen Konsistenz. Bild 4-24 zeigt eine mit *OMEGAworkshopSet* modellierte „Prozess-Tapete" sowie einen Ausschnitt des daraus resultierenden Prozessmodells nach der Visualisierung in *Microsoft Visio*.

In der Regel hat die Verwendung des *OMEGAworkshop-Sets* eine stimulierende Wirkung auf die Teilnehmer des Workshops, vor allem, wenn es sich um eine große Runde handelt. In Diskussionen wird ein einheitliches Verständnis der bestehenden Prozesse erzeugt und dokumentiert. Dabei wird auch die Identifikation bestehender Schwachstellen gefördert; diese lassen sich dann häufig einzelnen Prozessschritten zuordnen. Die starke Interaktion der Teilnehmer sowie die daraus resultierende Integration der Teilnehmer in den Modellierungsprozess erhöhen die Akzeptanz der Ergebnisse und die Chancen der späteren Umsetzung von Prozessverbesserungen erheblich.

Diese Variante der Modellierung mit OMEGA erfordert jedoch ein eingespieltes Beraterteam mit besonderer Kompetenz im Bereich der Moderation. Besonders für den Moderator selbst ist ein ständiger Spagat zwischen den Rollen „Moderator" und „Fachexperte" notwendig, der sich auch durch die Unterstützung von einem zusätzlichen Fachexperten nur teilweise aufheben lässt.

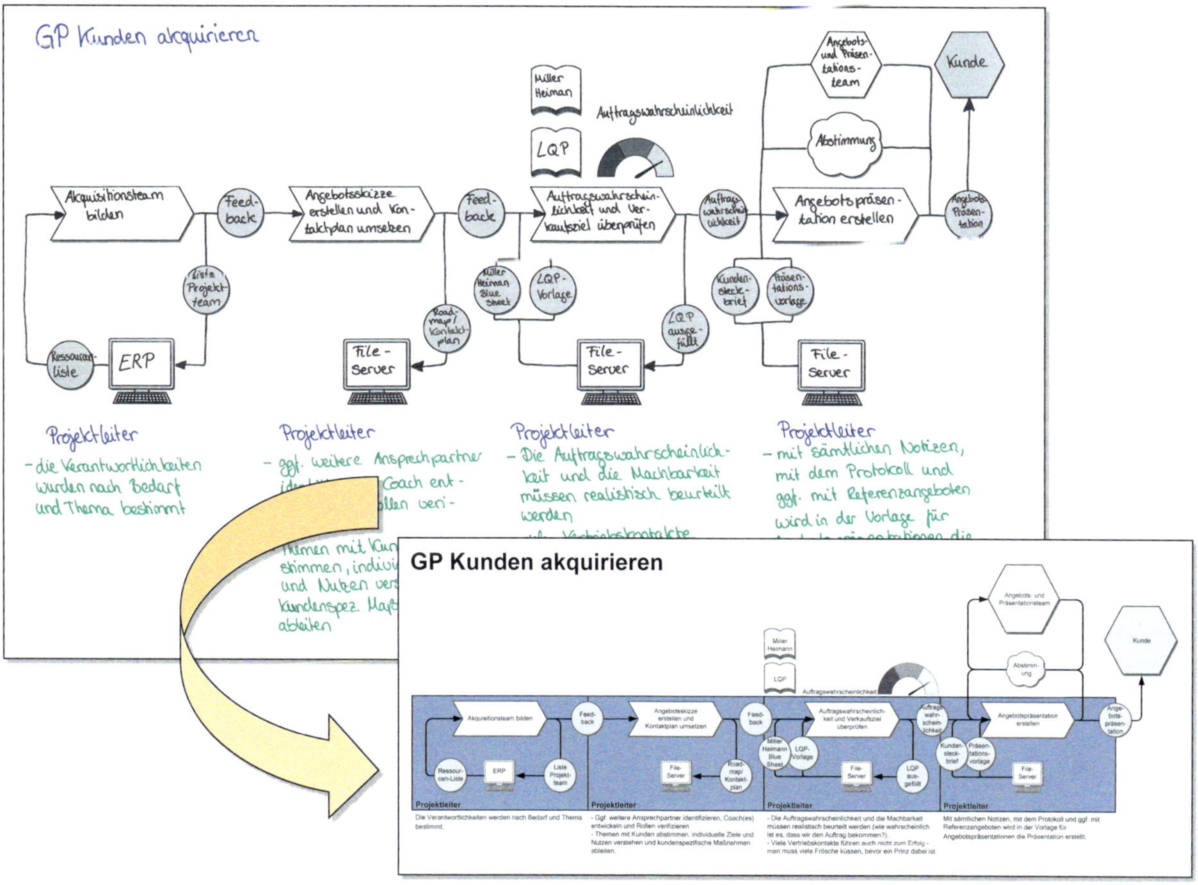

BILD 4-24 Mit OMEGAworkshopSet modellierte „Prozess-Tapete" und Ausschnitt des daraus resultierenden Prozessmodells nach der Visualisierung in Microsoft Visio

Bei der Verwendung des *OMEGAworkshopSets* sind wichtige Informationen immer präsent, der Gesamtprozess lässt sich schnell und schwerpunktmäßig erfassen. Dafür sind selbstverständlich große freie Wandflächen im Raum notwendig. Ein Sprung zu früheren Prozessschritten ist jederzeit leicht möglich und sehr gut von allen Workshop-Teilnehmern nachvollziehbar. Darüber hinaus lässt sich die erarbeitete „Prozess-Tapete" komplett archivieren und für die Klärung späterer Rückfragen wieder hervorholen.

OMEGAkombiCard

Die *OMEGAkombiCard* ist eine Prozesskarte in der Größe herkömmlicher Moderationskarten (Bild 4-25). Diese enthalten in sechs Feldern alle wesentlichen Konstrukte der Methode OMEGA. Für jeden Prozessschritt wird genau eine *OMEGAkombiCard* verwendet. Alle zusätzlich benötigten Informationen zu dem jeweiligen Prozessschritt werden direkt auf der Karte festgehalten. Die Karten werden vom Moderator oder von den interviewten Personen selbst

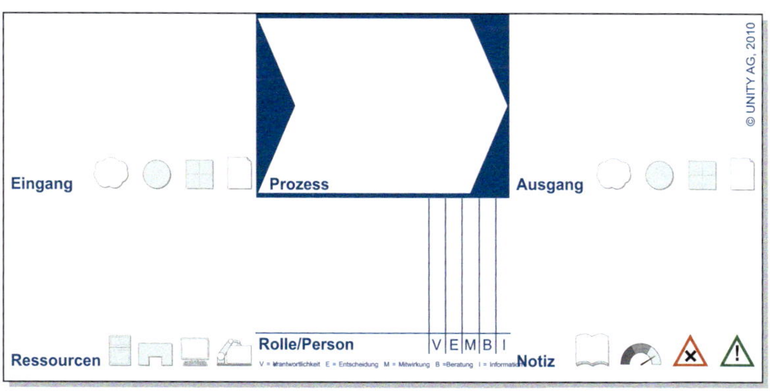

BILD 4-25
Die OMEGAkombiCard

ausgefüllt und entsprechend ihrer Sequenz und Parallelität an einer Pinnwand fixiert.

Die *OMEGAkombiCard* eignet sich besonders gut für Interviews oder Workshops mit nur sehr wenigen Personen. Geführte Einzelinterviews, die mit der *OMEGAkombiCard* dokumentiert werden, können anschließend leicht zu einem Gesamtprozess konsolidiert werden. Dabei besteht allerdings die Gefahr, dass die Teilnehmer die Übersicht verlieren, da sie nicht aktiv in diesen Konsolidierungsprozess eingebunden sind.

Für die Durchführung der Prozessaufnahme sind lediglich die Karten selbst sowie eine Pinnwand nötig. Ein Moderator kann diese Variante gut alleine anwenden, ein Assistent wird nicht zwingend benötigt. Die *OMEGAkombiCard* ist somit eine schnelle und schlanke Variante der Modellierung mit OMEGA. Sie lässt sich insbesondere für erste Modellierungsschritte im Sinne eines Top-Down-Vorgehens einsetzen, da nur eine begrenzte Detaillierung möglich ist. Der Spielraum für zusätzliche Informationen auf der Karte ist begrenzt und einzelne Informationen können nur geändert werden, indem die gesamte Karte neu ausgefüllt wird.

Inhaltlich sind durch die Verwendung einer Pinnwand auch bei dieser Variante wichtige Informationen immer präsent und der Gesamtprozess lässt sich schnell und schwerpunktmäßig erfassen. Auch Rücksprünge lassen sich wieder leicht nachvollziehen. Schwachstellen können einfach identifiziert und gezielt einzelnen Prozessschritten zugeordnet werden.

OMEGAkomPakt

Die Variante *OMEGAkomPakt* besteht aus Prozesskärtchen in der Größe von Visitenkarten (Bild 4-26). Die Karten werden vom Moderator oder den Interviewten selbst ausgefüllt und entsprechend ihrer Sequenz und Parallelität auf einem Tisch positioniert. Als Unterlage dient „Brown-Paper“ oder Flipchart-Papier. Die Karten werden zunächst frei gelegt und erst dann auf der Unterlage fixiert, wenn alles modelliert ist - es ist also jederzeit möglich, ähnlich einem Puzzle, die Karten zu verschieben.

OMEGAkomPakt ist am besten für Workshops mit wenigen Personen geeignet. Maximal fünf Personen können sinnvoll gleichzeitig an einem Prozessmodell arbeiten. Größere Workshops können selbstredend in mehrere parallel arbeitende Teams aufgeteilt werden. Dabei arbeiten die Teilnehmer eigenständig und werden so gut in die Modellierung integriert. Der Workshopleiter füllt ausschließlich die Rolle des Moderators aus. Das Review der Prozessmodelle erfolgt parallel zur Modellierung selbst durch Diskussionen der Teilnehmer und entsprechende Neupositionierung oder Ergänzung der Karten vor der Fixierung. Gleichzeitig fördert diese Variante das Prozessverständnis der einzelnen Teilnehmer und die Teamentwicklung.

Auch bei Verwendung von *OMEGAkomPakt* sind wichtige Informationen immer präsent sowie schnell und schwerpunktmäßig zu erfassen. Auch Rückschritte sind jederzeit einfach möglich und sogar explizit gewünscht. Die Zuordnung von Schwachstellen zu den Prozessschritten ist auch hier eindeutig möglich. Allerdings ist die Variante durch die geringe Kartengröße nicht für die Verwendung auf Pinnwänden geeignet. Bei Anforderungen an einen unterschiedlichen Detaillierungsgrad kann *OMEGAkomPakt* jedoch gut mit der Variante *OMEGAkombiCard* kombiniert angewendet werden.

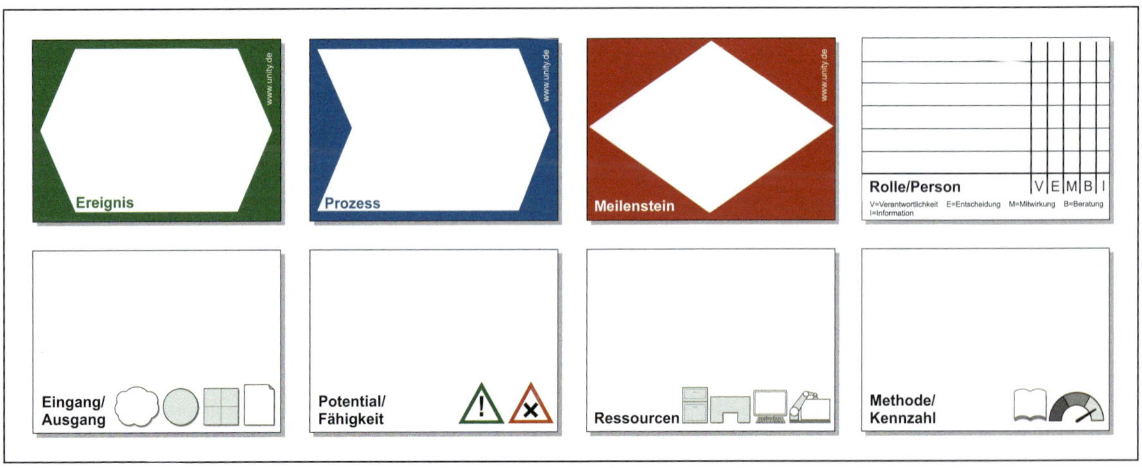

BILD 4-26 Einzelkarten der Variante OMEGAkomPakt

Fazit

Es ist je nach Anwendungsfall zu entscheiden, welches Hilfsmittel am besten geeignet ist. Grundsätzlich ist das *OMEGAworkshopSet* für Workshops mit größeren Gruppen zu empfehlen. Die besondere Stärke liegt in der stringenten Darstellung des Prozesses, die schon stark der finalen Darstellung in *Microsoft Visio* ähnelt. Dabei ist zu bedenken, dass genügend Fläche für die „Prozess-Tapeten" vorhanden sein muss und ein Workshop-Team von mindestens zwei, besser drei Personen notwendig ist. *OMEGAkombiCard* ist besonders gut für Einzelinterviews und kleine moderierte Workshops geeignet. Die Karten können problemlos in der Jackett-Tasche mitgeführt und bei Bedarf zu Hilfe genommen werden. Die Informationsmenge, die auf den Karten untergebracht werden kann, ist jedoch begrenzt. Die Variante *OMEGAkomPakt* schließlich spielt ihre Stärken vor allem dann aus, wenn es darum geht, sich in kleinen Teams über Prozessabläufe klar zu werden, dabei die Prozessmodelle zu erstellen und diese gleichzeitig auch zu reflektieren. Der teambildende Charakter ist bei dieser Variante besonders stark ausgeprägt. Die einfache Kombination von *OMEGAkomPakt* mit *OMEGAkombiCard* eröffnet weitere Möglichkeiten, vor allem, wenn es um die Modellierung unterschiedlicher Detaillierungsgrade geht.

4.2.2.5 OMEGA Process Modeller

Der *OMEGA Process Modeller* (OPM) ist ein graphisch interaktives IT-Werkzeug zum effizienten Erzeugen, Analysieren und Optimieren von Geschäftsprozessmodellen. Er basiert auf der Methode OMEGA und erweitert die graphischen Funktionen einer semiformalen Zeichenoberfläche durch eine Datenbank, welche die Prozessmodelle enthält. Der OPM unterstützt die gängigen Austauschformate der etablierten Office-Anwendungen und ermöglicht auf diese Weise den Transfer von Prozessinformationen. So lassen sich z. B. Prozesshandbücher und Lastenhefte automatisch ausleiten. Ferner ist der OPM ein Multi-Notations-Modeller, d. h. er bildet neben der Notation OMEGA auch die Notationen eEPK (erweiterte ereignisorientierte Prozessketten) und BPMN (Business Process Modelling Notation) in der jeweils aktuellen Version ab.

Die Benutzungsoberfläche der Modellierungsumgebung ist gemäß Bild 4-27 in mehrere Bereiche unterteilt: Der Hauptbereich (Bild 4-27 mittig) enthält die sog. *Zeichenblatt-Oberfläche*. Ferner befindet sich in diesem Fenster die *Shape-Palette*. Ein Shape ist ein mit Eigenschaften belegtes Konstrukt, das per „Drag-and-Drop" auf das Zeichenblatt gezogen wird. Die Palette enthält alle OMEGA-Konstrukte. Über *Bearbeitungsmasken* können zusätzliche Informationen wie Kommentare, Prozesszeiten und -kosten hinterlegt werden. Bei der Modellierung eines Geschäftsprozesses erzeugt der OPM im Hintergrund ein Prozessmodell. Der *Systemexplorer* (Bild 4-27 links) zeigt alle relevanten Daten des Modells in einer Baumstruktur und ermöglicht auf diese Weise eine einfache Navigation über die verschiedenen Hierarchieebenen des Modells. Über das *Eigenschaftsfenster* kann die Funktionalität der Bearbeitungsmaske erweitert werden. Neben der Modifizierung der Informationen, die den Konstrukten zugeordnet sind, dient das Eigenschaftsfenster insbesondere der Darstellung dieser Informationen. Ferner bietet es den Modellierern die Möglichkeit, das Layout ausgewählter Konstrukte anzupassen. In weiteren Fenstern (Bild 4-27 rechts) bietet der OPM die Notationen eEPK und BPMN zur Geschäftsprozessmodellierung mit einer vergleichbaren Funktionalität an.

Modellierte und in der Organisation verfügbare Prozessmodelle sind die Voraussetzung für die Realisierung einer

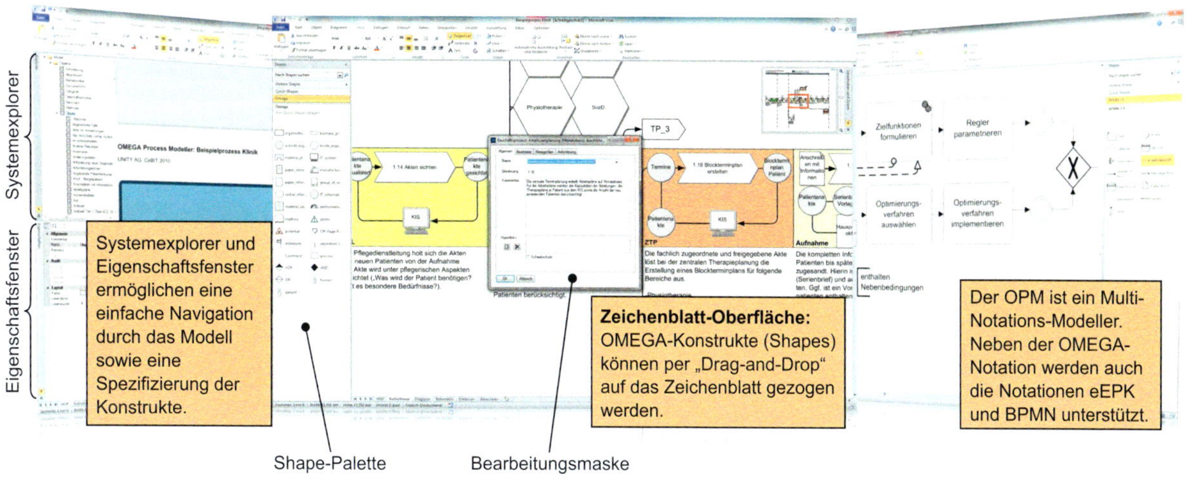

BILD 4-27 Benutzungsoberfläche des OMEGA Process Modeller

Prozessorganisation. Insbesondere der Zugang zu Prozessinformationen für die involvierten Mitarbeiter entscheidet über den Erfolg eines Reorganisationsprojekts. Informationen, die Prozesse charakterisieren, sind u. a. Vorgangsbeschreibungen, Verantwortlichkeiten, Eingangs- und Ausgangsinformationen. Prozessinformationen sollten in einem **unternehmensweiten Informationsportal** zentral zur Verfügung gestellt werden. Hieraus resultieren folgende Vorteile:

- Eine Portallösung bietet den involvierten Mitarbeitern individualisierte Sichten. Über Zugriffsrechte können Administratoren die Prozessinformationen bedarfsgerecht bereitstellen (Bild 4-28 mittig).
- In einer Bibliothek können prozessrelevante Dokumente, Methoden und Vorschriften wie Vorgehensbeschreibungen, Best Practices und Expertenlisten zentral zur Verfügung gestellt werden (Bild 4-28 links).
- Eine Portallösung konsolidiert verteilte Informationen unterschiedlicher Informationsmanagementsysteme (wie ERP, PDM etc.). Über die Prozessmodelle wird dem Anwender der direkte Zugriff auf diese Systeme ermöglicht. In speziellen Ansichten können Kennzahlen zur Planung, Steuerung und Kontrolle der Geschäftsprozesse dargestellt werden (Bild 4-28 rechts).

Eine Integration des OPM in *Microsoft SharePoint* führt zu einem derartigen Prozessportal. Neben den genannten Vorteilen ermöglicht die Erweiterung des OPM die Bereitstellung von Prozessmodulen: Neue Prozesse können aus bewährten Bausteinen aufgebaut und anwendungsspezifisch modifiziert werden. Flexible Anpassungen von Prozessparametern, wie Ressourcen und Kapazitäten, ermöglichen eine Skalierung der Prozesse. Ferner kann so die Übertragung von Prozessen auf andere Standorte und Kooperationspartner unterstützt werden.

4.3 Verbesserung von Geschäftsprozessen – Business Process Reengineering (BPR)

Von den eingangs erläuterten prozessorientierten Managementansätzen propagieren wir das sog. evolutionäre Reengineering. Das entsprechende Vorgehensmodell ist in Bild 4-29 wiedergegeben. Dementsprechend gestaltet sich ein Reorganisationsprojekt wie folgt.

In der Definitionsphase ist der Projektauftrag festzulegen. In der Vorbereitungsphase muss das konkrete Vorgehen erarbeitet und abgestimmt werden. Es bietet sich an, diese Phase mit einer Projektvereinbarung abzuschließen. Diese ist über den Projektverlauf regelmäßig zu überprüfen und ggf. zu aktualisieren. Die Ist-Aufnahme liefert die Beschreibung des Status quo der Ablauforganisation, die im folgenden Schritt näher analysiert wird. Daraus ergibt sich der Handlungsbedarf für die Reorganisation. Die Soll-Konzeptionierung führt zur neuen Ablauforganisation, die im Rahmen der Pilotierung in einem abgegrenzten Bereich einzuführen und zu erproben ist. Wenn dies erfolgreich durchgeführt ist, kommt das sog. Roll-out, d. h. die neue Ablauforganisation ist flächendeckend einzuführen.

4.3.1 Definition

Ziel dieser Phase ist der Projektauftrag. Für dessen Erstellung sind die folgenden Aspekte zu beachten:

- Zielkonformität: Die Ziele der Prozessverbesserungen müssen konform mit den strategischen Zielen der Orga-

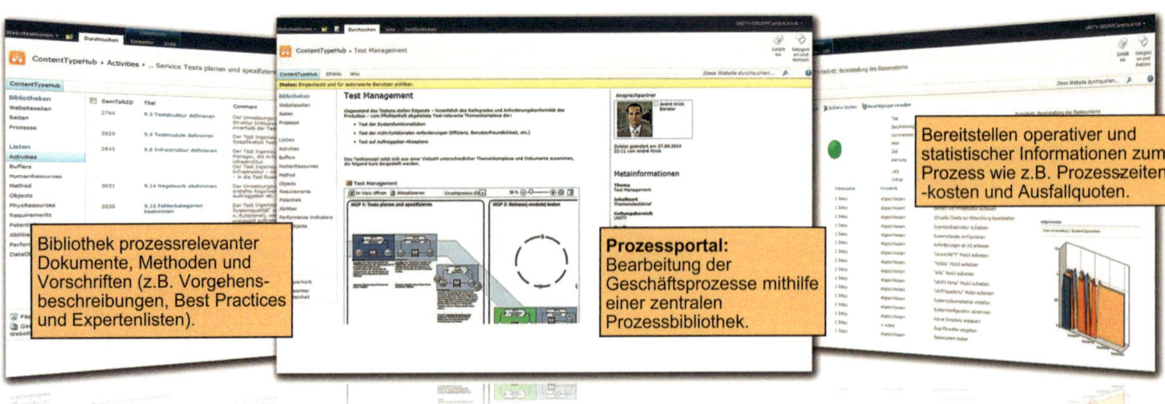

BILD 4-28 Prozessportal aus der Integration des *OMEGA Process Modeller* in *Microsoft SharePoint*

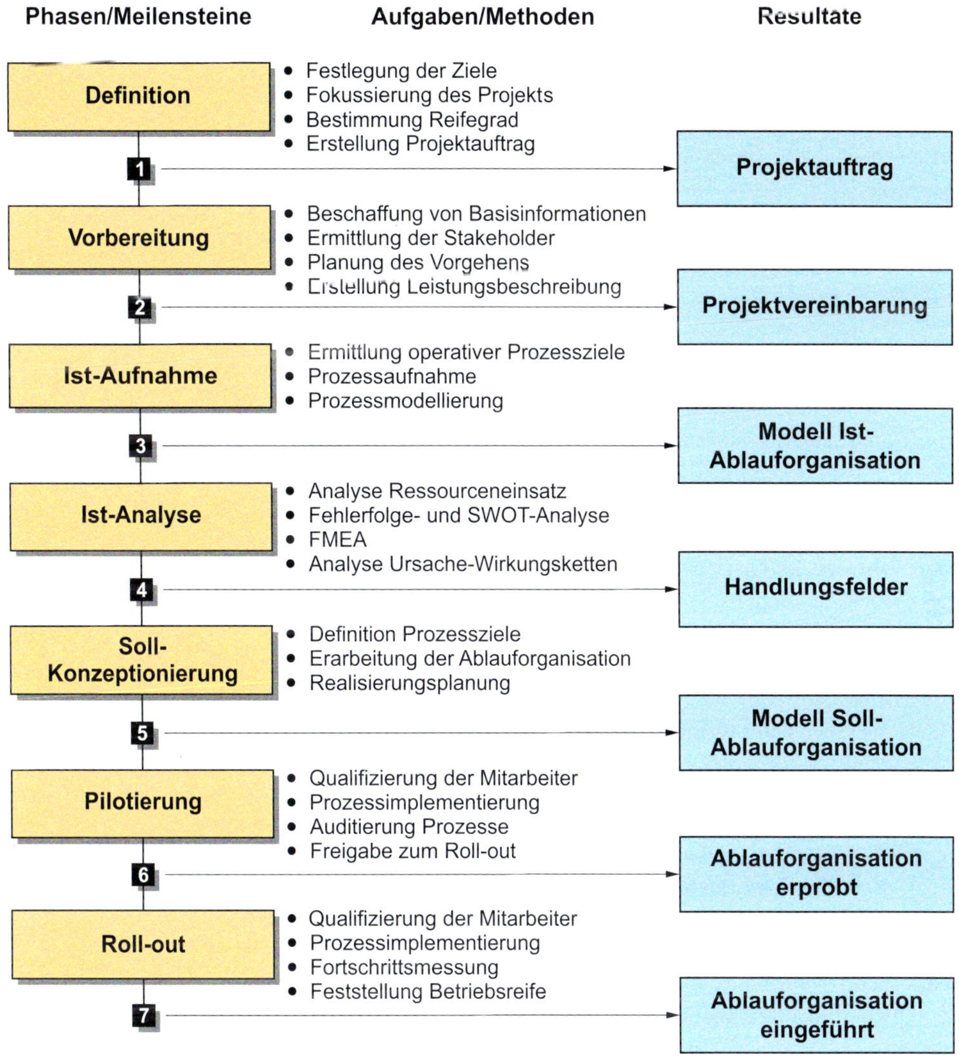

BILD 4-29 Vorgehensmodell Business Process Reengineering (Ansatz evolutionäres Reengineering)

nisation (Unternehmen, Geschäftsbereich, Business Unit u. ä.) sein; eine geeignete Basis dafür bildet die Balanced Scorecard (vgl. Kapitel 3.5.2: Umsetzungs-Controlling – Mit der Balanced Scorecard mehrdimensional führen).

- Fokussierung: Das BPR-Projekt muss eine große Hebelwirkung bezogen auf die erwarteten Ergebnisse haben. Somit gilt es auch zu prüfen, mit welcher Prozesskomplexität das zu bildende Projektteam konfrontiert werden wird.
- Reifegrad der Organisation: Ein BPR-Projekt setzt eine gewisse Qualität der Organisation voraus. In einer Organisation, in der eine Art Chaos herrscht, müsste erst einmal Ordnung geschaffen werden, bevor an ein evolutionäres BPR gedacht werden kann.

Im Folgenden gehen wir auf den zweiten und dritten Aspekt näher ein.

Fokussierung des Projekts

Ziel der Fokussierung des Projekts ist die Konzentration der Kräfte auf die Prozesse und Themen, die einen hohen Zielerreichungsbeitrag leisten können und eine hohe Erfolgswahrscheinlichkeit aufweisen. Das Vorgehen ist in Bild 4-30 verdeutlicht.

Ausgehend von den Eingangsgrößen Projektziele und dem Ordnungsschema der Prozesse erfolgt die Ermittlung der Hebelwirkung. Die Komplexitätsanalyse ermöglicht die Bewertung der Komplexitätstreiber je Prozess und lässt somit einen Rückschluss auf zu erwartende Aufwände zur Prozessoptimierung zu. Die Projektfokussierung fasst die Ergebnisse zusammen und ermöglicht die Ausrichtung des Projekts auf vielversprechende Prozesse und Themen.

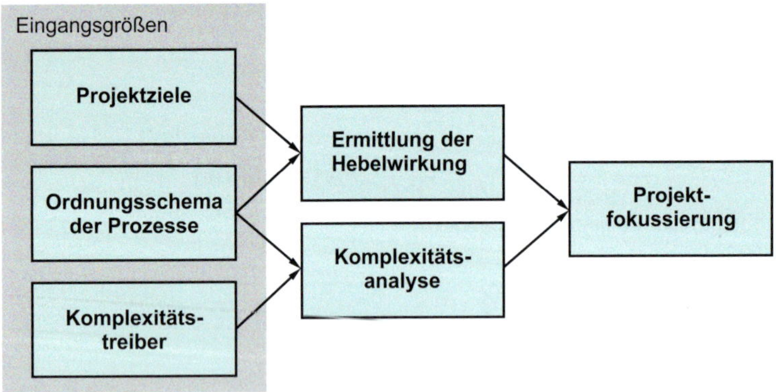

BILD 4-30
Vorgehen zur Projektfokussierung

Ermittlung der Hebelwirkung

Hier sind die Prozesse zu ermitteln, die die größte Wirkung für das BPR-Projekt haben. Die Kriterien zur Auswahl der entsprechenden Prozesse leiten sich aus dem Projektauftrag ab. Diese Kriterien können sein:

- der prozentuale Anteil an der Durchlaufzeit,
- der prozentuale Anteil an Qualitätsproblemen,
- der prozentuale Anteil an den Prozesskosten,
- die Anzahl der Terminverzüge oder
- die Wirkung auf die Herstellkosten.

Zur Ermittlung der Hebelwirkung ist von einem Ordnungsschema der Prozesse auszugehen. Der Kasten enthält einige Beispiele für Ordnungsschemata. Selbstredend muss ein Unternehmen seine Prozesswelt den Spezifika des Geschäfts entsprechend festlegen. Dazu können die in der Literatur beschriebenen Referenzschemata eine Hilfe geben. Das für ein Unternehmen definierte Schema ermöglicht die schnelle und effiziente Zuordnung der sachlichen Ziele bzw. angestrebten Veränderungen zu den Abläufen. Damit kann grundsätzlich abgegrenzt werden, wer die Betroffenen der geplanten Veränderungen voraussichtlich sein werden. Vorrang hat die Zuordnung der Ziele bzw. geplanten Veränderungen zu den Prozessen – erst wenn dieses nicht möglich ist, ist die Zuordnung zu Stellen der Aufbauorganisation zu betrachten.

Eine Befragung im Rahmen eines methodisch geführten Workshops, an der besonders fachkundige Mitglieder der Organisation teilnehmen sollten, fördert die Meinungsbildung einerseits und klärt die Stoßrichtung des Projekts im Spannungsfeld unterschiedlicher Interessen andererseits. Häufig erfolgt die Bestimmung der einzelnen Hebelwirkungen zum Teil auch intuitiv. Die Gegenüberstellung der Prozesse und der geplanten Projektziele erfolgt, wie in Bild 4-31 gezeigt, in Form einer Wirkungsmatrix. An den

Fragestellung:
Welche Hebelwirkung hat der Einsatz eines Prozesses (Zeile) auf ein Projektziel (Spalte)?

Bewertung
0 = keine
1 = gering
2 = mittel
3 = hoch

Prozesse	Projektziele Nr.	Umsatzsteigerung Z1	Kostenreduktion Z2	Zeitreduktion Z3	Qualitätssteigerung Z4	Erhöhung Kundenbindung Z5	Reduktion Kapitalbindung Z6	Flexibilisierung Liefertermine Z7	Reduktion Diff. Plan-Ist-Kosten Z8	Hebelwirkung	Hebelwirkung normiert
Angebot erstellen	P1					1		3		4	0,86
Angebot verfolgen	P2	3						1	3	4	0,86
Auftrag abwickeln	P3	0	1	3		3			3	11	2,36
Produkte fertigen	P4		3	3	1		3			14	3,00
Produkte liefern	P5				2	3	3			6	1,29
Produkte entwickeln	P6	3	3							9	1,93
Arbeitssysteme entwickeln	P7		3							6	1,29

Der Prozess **Produkte fertigen** (Zeile) hat eine hohe Hebelwirkung auf das Projektziel **Kostenreduktion** (Spalte)

BILD 4-31
Ermittlung der Hebelwirkung der Prozesse hinsichtlich der Projektziele

ORDNUNGSSCHEMATA FÜR GESCHÄFTSPROZESSE

Mit dem Aufkommen des Business Process Reegineering sind eine Reihe von Referenzschemata bekannt geworden, die Erklärungsmuster für Prozessorganisationen liefern. Je nach Art des Geschäfts (kundenauftragsanonyme Produktion, kundenauftragsbezogene Produktion, reines Projektgeschäft etc.) gibt es unterschiedliche Schemata. Im Folgenden werden einige kurz vorgestellt.

Das in Bild 1 wiedergegebene Schema listet die relevanten Hauptgeschäftsprozesse auf und gibt je Prozess die Eingangs- und Ausgangsinformationen an. Eine weitere Art der Strukturierung der Prozessorganisation ergibt sich aus der Unterscheidung in primäre und sekundäre Geschäftsprozesse, wie in Bild 2 dargestellt.

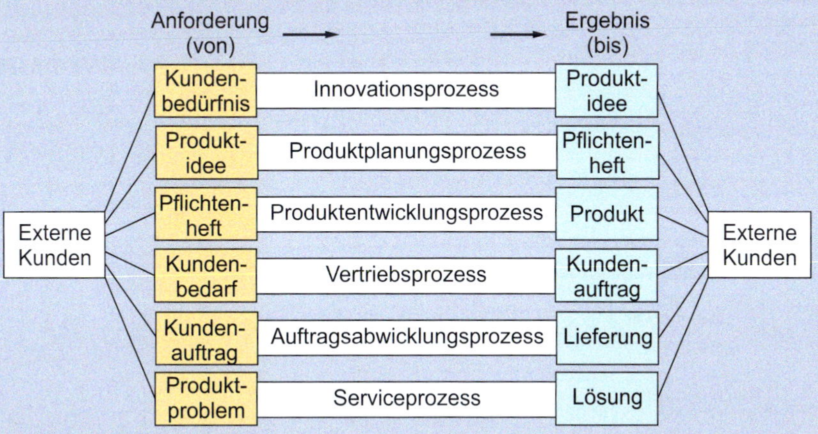

BILD 1: Referenzschema nach Schmelzer/Sesselmann, Beginn und Ende von Hauptgeschäftsprozessen

Das in Bild 3 wiedergegebene Referenzschema bildet die Prozesse für die Herstellung von technisch anspruchsvollen Massenerzeugnissen in Losgröße 1 auf oberster Stufe ab. Der Automobilbau fällt in diese Kategorie.

Das Schema in Bild 4 orientiert sich an den Aktivitäten eines Unternehmens (z. B. entwickle, beschaffe etc.) und nimmt eine Unterscheidung in Kernprozesse, unterstützende Prozesse und Managementprozesse vor. Die Kernprozesse dienen der unmittelbaren Leistungserstellung; die unterstützenden Prozesse befähigen zur Leistungserstellung; die Managementprozesse repräsentieren die Aktivitäten zur Führung der Organisation.

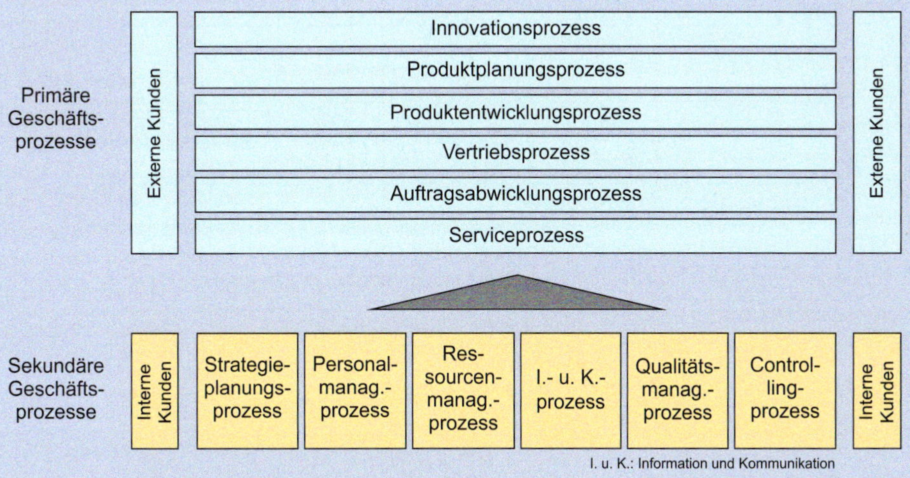

BILD 2: Primäre und sekundäre Geschäftsprozesse [SchS10]

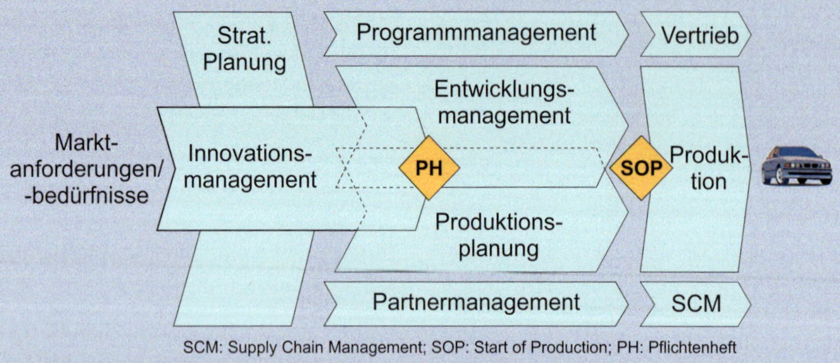

BILD 3: Beispiel für ein Ordnungsschema (Massenproduktion in Losgröße 1, z. B. Automobilbau)

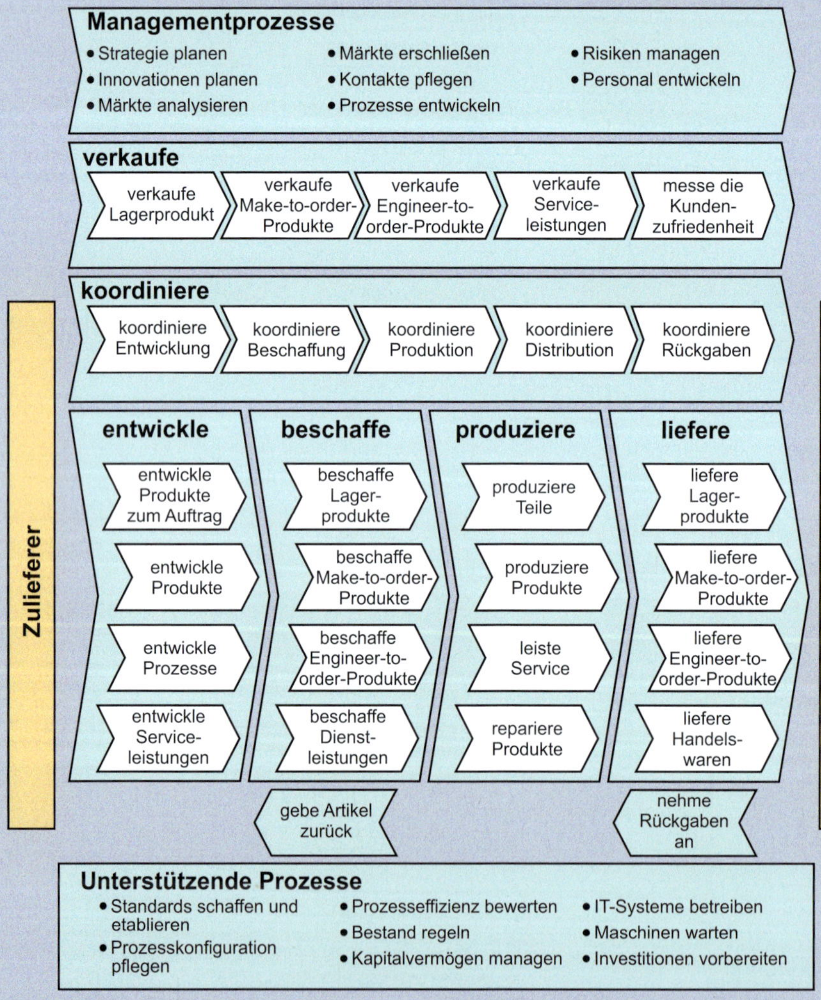

BILD 4: Ordnungsschema für Prozesse in Anlehnung an SCOR [SCC10]

Während im Maschinen- und Anlagenbau zur Lieferung komplexer Produkte auch während der Auftragsabwicklung Entwicklungsleistungen erbracht werden, ist dies bei einer Lieferung vom Lager (bspw. der Lieferung von Normzylindern) nicht erforderlich.

An einer Wertschöpfungskette sind in der Regel mehrere Unternehmen und ggf. mehrere Standorte eines Unternehmens beteiligt. Wertschöpfungsketten können über ihre Einheiten und logistischen Verbindungen charakterisiert werden. In Bild 5 sind Wertschöpfungsketten aus dem Bereich Maschinen- und Anlagenbau dargestellt. Im oberen Teil ist eine Lieferkette zur Herstellung von Produkten und im unteren die Lieferkette für die Lieferung von Produkten im Sinne von Handelsware modelliert. Der Fokus dieser Darstellung liegt auf dem Materialfluss, nicht auf dem Werte- oder Informationsfluss.

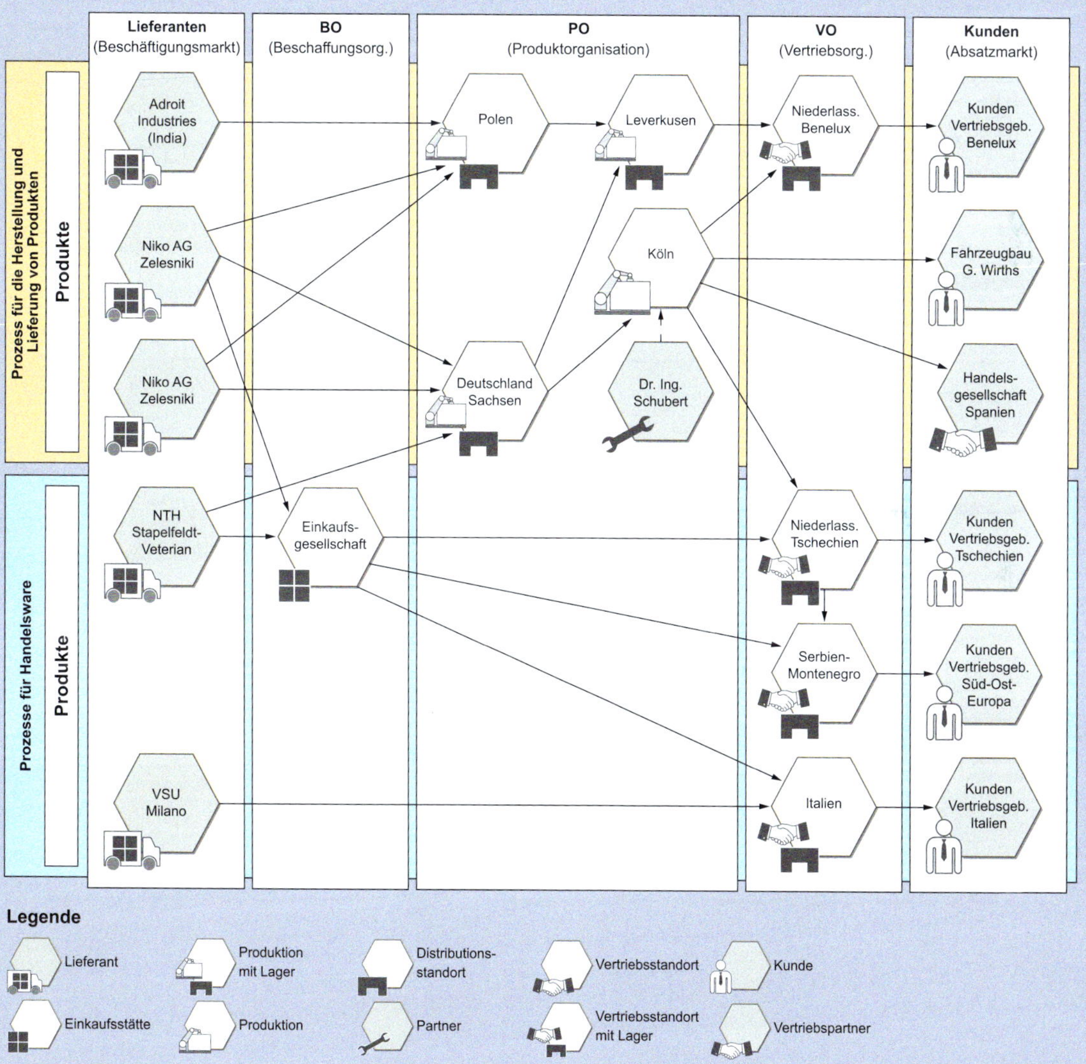

BILD 5: Wertschöpfungsketten (Lieferketten)

Die Prozesse einer Einheit werden in einem Ordnungsschema (Prozesslandkarte) dargestellt. In Bild 6 ist ein Ordnungsschema eines Unternehmens zur Lieferung von Infrastruktur für die Verkehrstechnik dargestellt.

Literatur:

[SCC10] Supply Chain Council: Supply-Chain Operations Reference Model Version 10.0 Overview. Brüssel, 2010

[SchS10] Schmelzer, H. J.; Sesselmann, W.: Geschäftsprozessmanagement in der Praxis. 7. Auflage. Carl Hanser Verlag, München, Wien, 2010

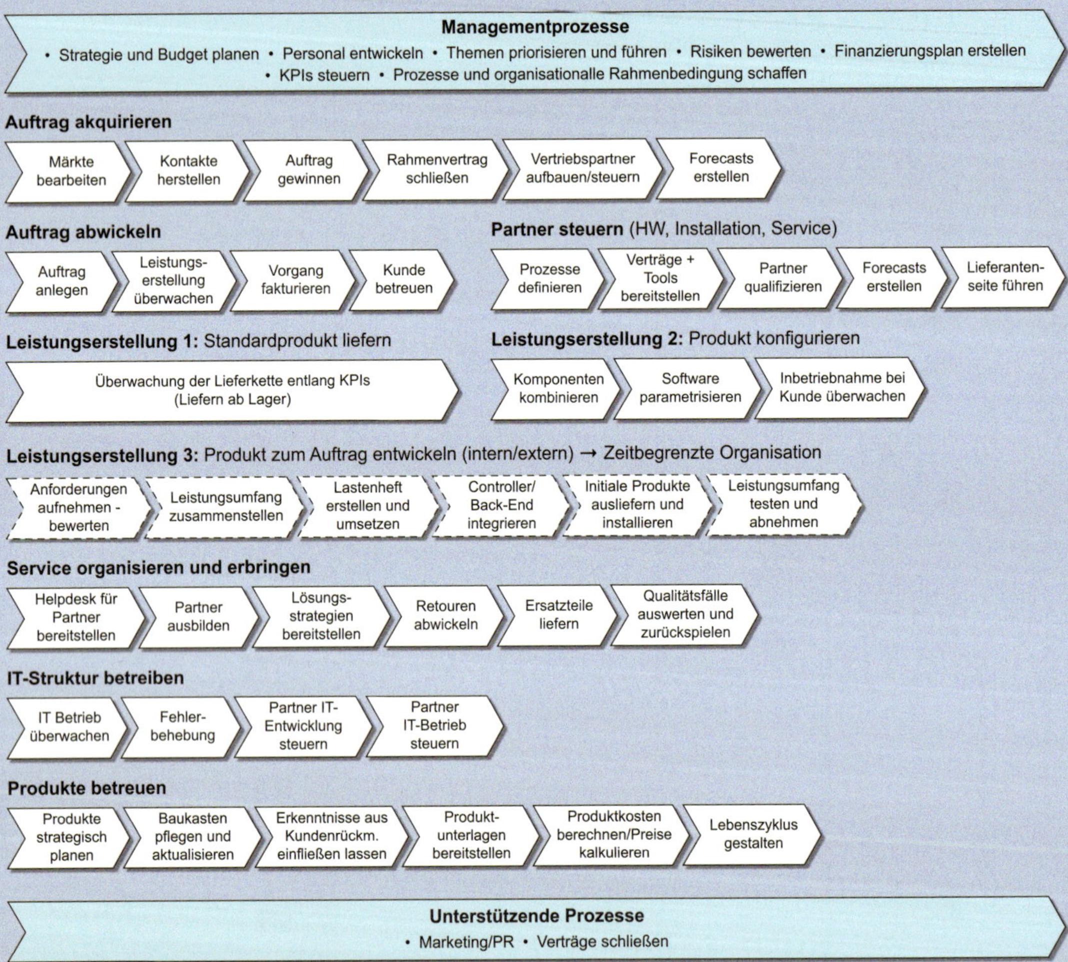

BILD 6: Beispiel für ein Ordnungsschema strukturiert in Managementprozesse, Kernprozesse und unterstützende Prozesse

Schnittpunkten Prozess/Projektziel wird bewertet, wie hoch der Einfluss des Prozesses auf das geplante Projektziel ist. Anhand der Zeilensumme kann so ermittelt werden, welche Hebelwirkung der Prozess grundsätzlich auf die geplanten Ergebnisse hat.

Mit diesem Vorgehen kann vorderhand ein erstes gutes Ergebnis erzielt werden, das auch die Akzeptanz der Organisation findet. Zusätzlich sind weitere Aspekte zu berücksichtigen:

- „Marketing-Effekt": Welche Prozessveränderung hat die größte Außenwirkung – zu anderen Bereichen innerhalb eines Unternehmens, zum Markt, zu den Lieferanten etc. Ersteres ist insbesondere dann zu berücksichtigen, wenn die Mobilisierung der Organisation hohe Priorität hat.

- Höchste Dringlichkeit: Gibt es eine kritische Geschäftssituation, die sofort gelöst werden muss?
- Komplexester Fall: Wenn diese Herausforderung bewältigt ist, ist alles weitere „Routine".
- Einfachster Fall: Der bietet sich an, wenn ein einfacher Einstieg in das BPR-Projekt ratsam ist und das Team möglichst schnell zu Erfolgserlebnissen kommen soll, die zu mehr Zuversicht führen sollen.

Komplexitätsanalyse

Je höher die Komplexität eines Prozesses ist, desto anspruchsvoller und aufwändiger ist seine Optimierung. Eine erste grobe Komplexitätsanalyse gibt Aufschluss über den zu erwartenden Aufwand, um den Prozess zu verbessern. Sie geht davon aus, dass eine Basiskomplexität existiert, die sich aus der strategischen Positionierung des Unternehmens ergibt [GU06]. Die Komplexität wird durch Komplexitätstreiber bestimmt. Diese resultieren aus Suchfeldern wie Personal, Unternehmenskultur, Strategie, Logistik, Methoden, Produkte, Produktionsverfahren und betriebswirtschaftliche Situation. Wie die Komplexitätstreiber bewertet werden, ist beispielhaft für den Auftragsabwicklungsprozess im Schema in Bild 4-32 dargestellt. Im Prinzip ist je angenommenem Komplexitätstreiber zu ermitteln,

- ob er auf den Prozess wirkt und wenn ja, ob diese Wirkung beherrscht wird,
- wie sich seine Wirkung auf den Prozess im Laufe der Zeit entwickeln wird (fallend, konstant, steigend) und
- ob seine Wirkung auf den Prozess beeinflussbar ist.

Das Beispiel zeigt, dass bei dem zugrunde liegenden Prozess die Produkte, das Personal und die Methoden wichtige Komplexitätstreiber sind. Das arithmetische Mittel der je Komplexitätstreiber ermittelten Bewertungen ergibt die Komplexitätskennzahl, die eine erste tendenzielle Aussage zur Komplexität und damit zum erwarteten Aufwand der Prozessgestaltungsaufgabe im Quervergleich mit weiteren Geschäftsprozessen liefert.

Priorisierung der Prozesse

Eine erste Einstufung der Geschäftsprozesse im Hinblick auf das BPR-Projekt ergibt sich aus dem Portfolio gemäß Bild 4-33, welches durch die Hebelwirkung auf das Projektziel und die Komplexität der Prozessgestaltungsaufgabe aufgespannt wird. Es bietet sich an, zunächst die Prozesse mit einer hohen Hebelwirkung und geringer Komplexität zu restrukturieren.

Bestimmung Reifegrad der Organisation

Sog. Reifegradmodelle sind ein sehr probates Mittel, den Leistungsstand einer Organisation zu bestimmen und darauf bezogen adäquate Verbesserungsmaßnahmen einzuleiten. Darauf gehen wir in Kapitel 4.4 näher ein. Zur Entscheidung, ob ein BPR-Projekt das beste Mittel zur Weiterentwicklung einer Organisation ist, nutzen wir unser **Modell der Organisationsqualität**. Dieses ermöglicht die Einordnung einer Organisation oder Teilbereiche einer Organisation nach Qualitäts-Level (Level 0: „außer Kontrolle" bis Level 4: „exzellent"). Level 4 repräsentiert die lernende Organisation (siehe auch das Leitbild der lernen-

Komplexitätstreiber im Auftragsabwicklungsprozess	**Wirkung auf Prozess** 0 = keine, 1 = beherrscht, 2 = kaum beherrscht	**Erwartete Entwicklung** 0,5 = fallend, 1 = konstant, 2 = steigend	**Beeinflussbar** 1 = ja, 2 = nein	**Einfluss auf Komplexität der Prozessverbesserung**
Personal	2	2	1	4
Kultur	1	1	1	1
Strategie	1	1		1
Logistik	1	0,5	1	0,5
Methoden	2	2	1	4
Produktionsverfahren	1	1	1	1
Produkte	2	2	2	8
Betriebsw. Situation	1	1	1	1
...				
			Komplexitätskennzahl:	***2,56***

Produkt der Bewertungen der Komplexitätstreiber in einer Zeile.

Quotient der Summe der Bewertungen und der Anzahl der Komplexitätstreiber.

BILD 4-32
Ermittlung der Komplexitätstreiber für den Auftragsabwicklungsprozess

GEWICHTUNG VON GESCHÄFTSPROZESSEN

SCHMELZER/SESSELMANN schlagen eine Reihe von Hilfsmitteln vor, Geschäftsprozesse mit Hinblick auf Business Process Reengineering-Projekte zu priorisieren [SchS10].

In einem Geschäftsprozess-Portfolio werden die Geschäftsprozesse gemäß ihrer Wirkung auf Kundennutzen und Unternehmenserfolg platziert (Bild 1). Das Portfolio weist die vier Felder A bis D auf.

Die Geschäftsprozesse mit der höchsten Priorität befinden sich in Feld B. Sie werden auch als Schlüssel- oder Kernprozesse bezeichnet. Bei einem zu niedrigen Leistungsniveau wird insbesondere für solche Prozesse eine Neugestaltung im Sinne des Business Process Reengineering notwendig.

In den Feldern A und C finden sich vorrangig sekundäre Geschäftsprozesse. Sie sind zwar für den Unternehmenserfolg notwendig, tragen aber nicht direkt zur Steigerung des Kundennutzens bei. Bei Teilprozessen in Feld C sollte auch über ein Outsourcing nachgedacht werden.

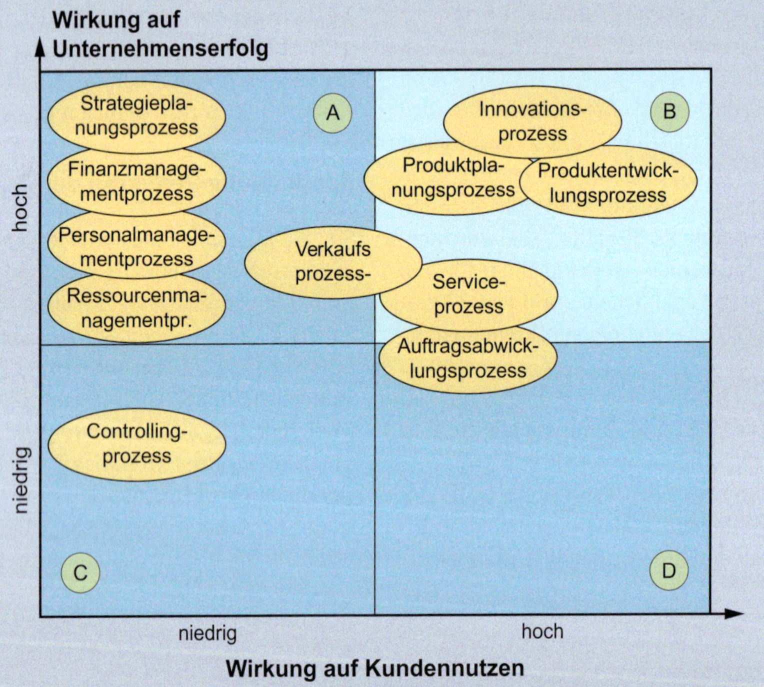

BILD 1: Geschäftsprozess-Portfolio [SchS10]

Ein weiteres Hilfsmittel zur Gewichtung von Geschäftsprozessen ist die Geschäftsprozess-Erfolgsfaktoren (GPE)-Matrix (Bild 2). Ausgangspunkt ist die Überlegung, dass die Geschäftsprozesse die Erfolgsfaktoren wie Qualität, Zeit oder Innovation eines Geschäfts beeinflussen. Mit Hilfe der GPE-Matrix wird aus dem Einfluss der Geschäftsprozesse auf die Erfolgsfaktoren das Gewicht der einzelnen Geschäftsprozesse abgeleitet.

Das Ergebnis wird schließlich in einem Geschäftsprozess-Portfolio visualisiert (Bild 3). Daraus ergibt sich Handlungsbedarf für den Produktentwicklungs- und den Produktplanungsprozess. Diese sind wie der Auftragsabwicklungsprozess wettbewerbsentscheidend für das Unternehmen, weisen aber Schwächen im Vergleich zur Konkurrenz auf.

Literatur:

[SchS10] SCHMELZER, H. J.; SESSELMANN, W.: Geschäftsprozessmanagement in der Praxis. 7. Auflage. Carl Hanser Verlag, München, Wien, 2010

Erfolgsfaktoren	Gewicht EF	Geschäftsprozesse (Einflussgrad 1-5)											
		Innovations-prozess		Produkt-planungs-prozess		Produkt-entwick-lungs-prozess		Vertriebs-prozess		Auftrags-abwick-lungs-prozess		Service-prozess	
		Einfluss	GxE	Einfluss	GxE	Einfluss	GxE	Einfluss	GxE	Einfluss	GxE	Einfluss	GxE
Leistungsangebot	5	2	10	1	5	1	5	5	25	5	25	4	20
Produktqualität	8	1	8	5	40	2	16	1	8	3	24	5	40
Preis/Leistung	5	3	15	5	25	2	10	4	20	3	15	5	25
Flexibilität	7	4	28	4	28	5	35	3	21	3	21	4	28
Innovation	9	2	18	1	9	1	9	4	36	5	45	3	27
Service	6	1	6	1	6	5	30	2	12	3	18	2	12
Durchlaufzeiten	7	3	21	5	35	4	28	2	14	4	28	5	35
Summe GP		**106**		**148**		**133**		**136**		**176**		**187**	
Rang		**6**		**3**		**5**		**4**		**2**		**1**	

GP = Geschäftsprozess EF = Erfolgsfaktor

BILD 2: Geschäftsprozess-Erfolgsfaktoren-Matrix [SchS10]

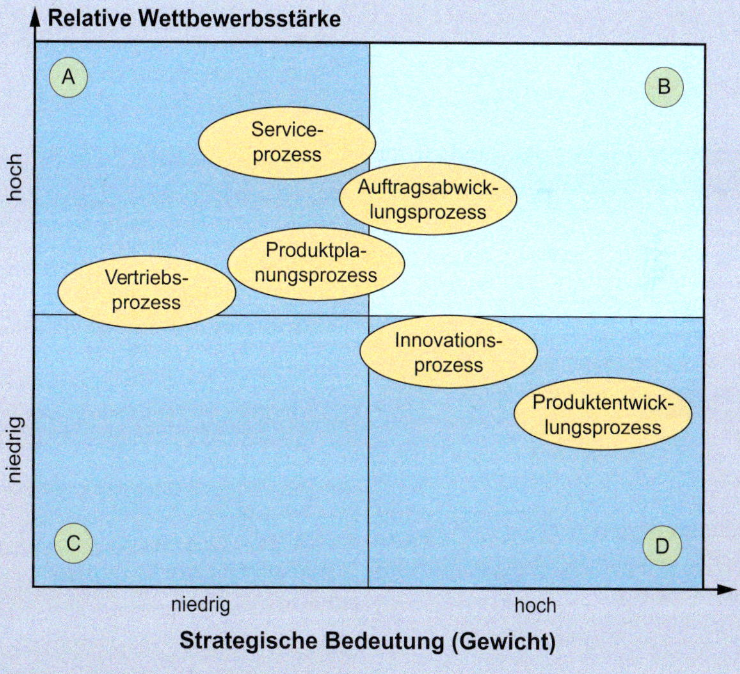

BILD 3: Geschäftsprozess-Portfolio [SchS10]

den Organisation in Abschnitt 4.1.3). Jeder Level ist durch seine Indikatoren bzgl. Infrastruktur, Mitarbeiter, Ergebnisqualität der Prozesse, Unternehmenskultur, Ergebnisqualität der Organisation und Kundenorientierung bestimmt. Die Aussagen zum Stand der Unternehmenskultur beruhen auf der Unternehmenskultur-Analyse (vgl. Kapitel 3.2.7). In Bild 4-34 ist das Modell der Organisationsqualität dargestellt. Es weist je Level einige Ausprägungen von Indikatoren sowie einige typische Maßnahmen, um den nächst höheren Level zu erreichen, auf.

Es sind die folgenden Level zu unterscheiden:

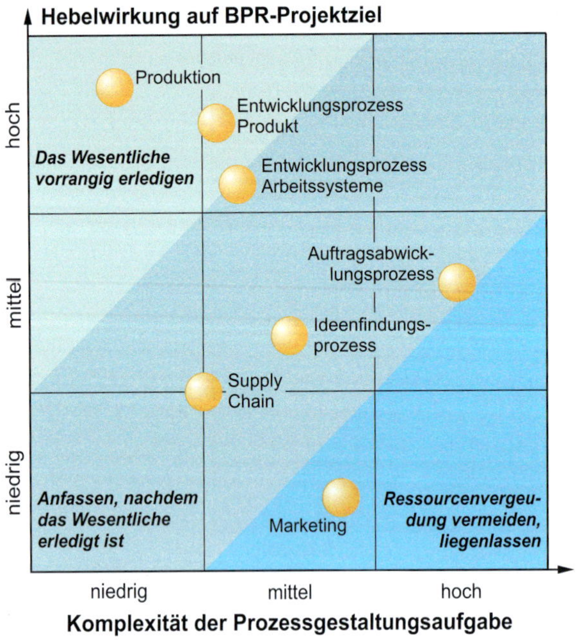

BILD 4-33 Portfolio zur Priorisierung der Prozesse

- Level 0, außer Kontrolle: Bei existenzbedrohenden Ergebnissen und nicht vorhandenem Kundenvertrauen befindet sich die Organisation in einem äußerst kritischen Zustand.
- Level 1, kritisch: Bei schlechten Ergebnissen und miserablem Kundenvertrauen befindet sich die Organisation in einem schlechten Zustand. IT-Systeme werden zum Teil genutzt; es existieren vielfältige Nebenorganisationen.
- Level 2, durchschnittlich: Bei tendenziell positiven Ergebnissen und geringem Kundenvertrauen wird eine Organisation betrieben, die Ziele hat und diese verfolgt. Mitarbeiter sind organisiert, die Infrastruktur ist in einem akzeptablen Zustand.
- Level 3, gut: Bei hohem Kundenvertrauen erwirtschaftet die Organisation gute Ergebnisse. Alle Prozesse sind definiert und werden gelebt. Die Prozessziele werden verfolgt und erreicht. Die Mitglieder der Organisation sind stolz auf ihre Ergebnisse und ihre Organisation. Die Infrastruktur der Organisation ist in einem sehr guten Zustand.
- Level 4, exzellent: Bei sehr hohem Kundenvertrauen und hervorragenden Ergebnissen ist die Organisation in der Lage, Verbesserungspotentiale kontinuierlich zu iden-

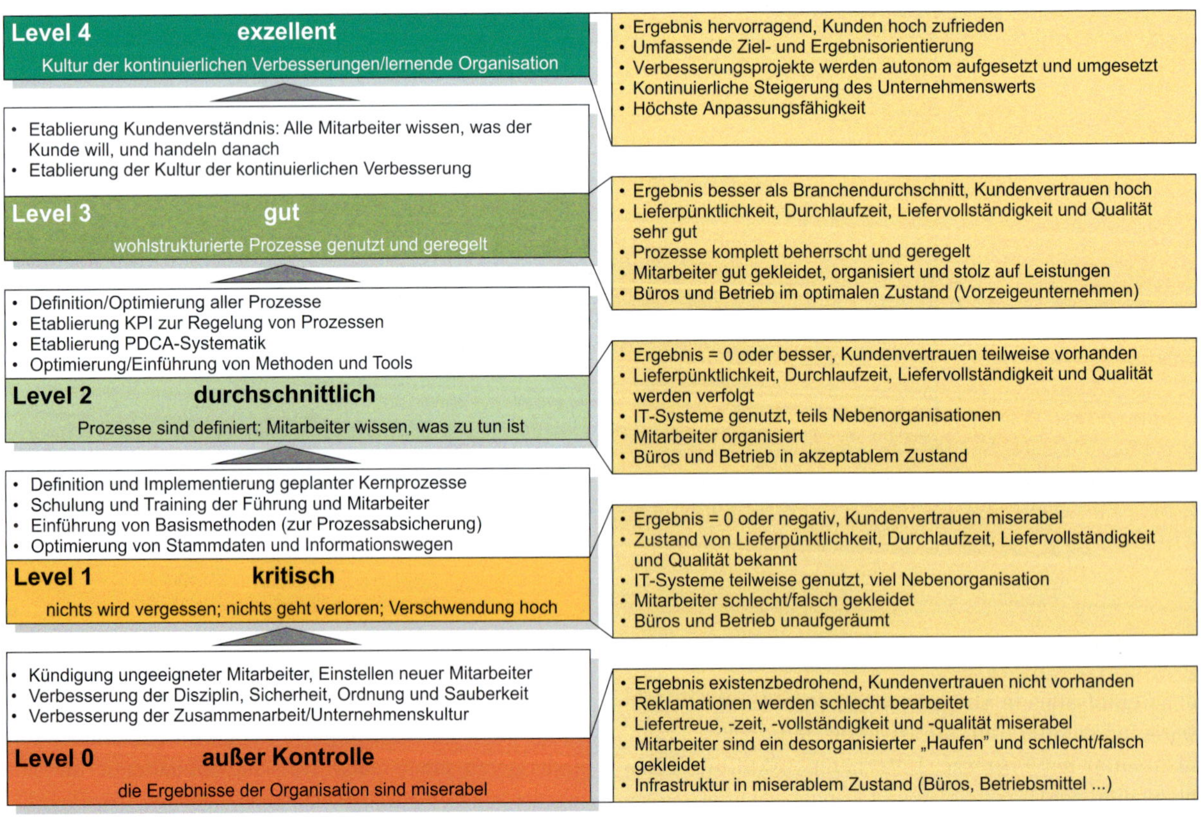

KPI: Key Performance Indicator; PDCA: Plan Do Check Act

BILD 4-34 Modell der Organisationsqualität

tifizieren und auszuschöpfen. Der Wert der Organisation wird beständig gesteigert; die Zukunft der Organisation ist geplant. Kontinuierliches Lernen, die Freude am gemeinsamen Erfolg, zielorientierte effektive Zusammenarbeit und beste Umgangsformen prägen das Selbstverständnis der Mitglieder der Organisation.

Ein BPR-Projekt setzt mindestens Level 1 „kritisch" voraus. Befindet sich eine Organisation auf Level 1, so sind die Kernprozesse in Ordnung zu bringen, die Qualifizierung der Mitarbeiter und Basismethoden wie Statistische Prozesskontrolle einzuführen. Befindet sich eine Organisation auf Level 3, so ist davon auszugehen, dass die Prozesse weitestgehend in Ordnung sind. Nur grundlegende Veränderungen der Rahmenbedingungen der Organisation würden hier ein BPR-Projekt erforderlich machen. An dieser Stelle gehen wir von der Annahme aus, dass die Organisationsqualität Level 1 oder Level 2 hat.

Erstellung Projektauftrag

Mit dem Projektauftrag an den benannten Projektleiter wird das Projekt präzis spezifiziert. Bei einer komplexen Aufgabenstellung bietet es sich häufig an, die Ist-Aufnahme und -Analyse in Form eines Vorprojekts durchzuführen und erst anschließend die eigentliche bindende Projektvereinbarung abzuschließen. Aus der Projektvereinbarung ergibt sich die Referenz, an der nachfolgend der Projektfortschritt zu messen ist. Der Projektauftrag hat folgende Inhalte:

- Ziele des Projekts: Hier sind die erwarteten Resultate, insbesondere die erwarteten quantitativen Ergebnisse der Geschäftsprozessverbesserungen zu definieren.
- Hauptstoßrichtungen: Hier ist zu charakterisieren, in welche grundsätzliche Richtung die Maßnahmen gehen sollen, sowohl bezogen auf die zu optimierenden Prozesse als auch auf die zu optimierenden bzw. neu bereitzustellenden Ressourcen (Maschinen, Personal, Produktionssysteme, IT-Systeme etc.).
- Vorgehensmodell: Hier handelt es sich um eine Systematik der Projektabwicklung, die für das spezifische Projekt auszuprägen ist. Sie legt fest, was in welcher Reihenfolge grundsätzlich zu tun ist, welche Ergebnisse an welchen Meilensteinen vorliegen müssen und wer welche Entscheidungen zu treffen hat. Als Grundlage für die Erstellung eines Vorgehensmodells kann die Vorlage in Bild 4-29 dienen.
- Zeit- und Kapazitätsplanung: Hier sind der zeitliche Verlauf des Projekts und die erforderlichen Ressourcen (im Wesentlichen Personal) zu planen. Dies orientiert sich in der Regel an den Schritten des Vorgehensmodells.

Am Ende der nächsten Phase „Vorbereitung" des BPR-Projekts muss auf Basis des Projektauftrags die Projektvereinbarung zwischen dem Auftraggeber des Projekts und der das Projekt durchführenden Stelle abgeschlossen werden.

4.3.2 Vorbereitung

Ziel dieser Phase ist die zwischen Projektleitung und Auftraggeber abzuschließende Projektvereinbarung. Für die Ist-Aufnahme und Ist-Analyse ist die Vereinbarung sehr konkret, die Planungen für die weiteren Phasen sind im hohen Maße abhängig von den Analyseergebnissen. Um zu einer Projektvereinbarung zu kommen, sind folgende Aufgaben zu erledigen:

- Beschaffung Basisinformationen: Dazu zählen beispielsweise Organigramm, bereits dokumentierte Prozesse, Richtlinien, Systematiken der Leistungserstellung etc.
- Ermittlung der Stakeholder: Um einen ersten Eindruck von der zu erwartenden Veränderungserkenntnis, -bereitschaft und -fähigkeit zu erhalten, sind die verschiedenen Anspruchsgruppen des BPR-Projekts zu identifizieren und einzuordnen.
- Planung des Vorgehens: Das BPR-Projekt muss insbesondere für die Phasen Ist-Aufnahme und Ist-Analyse eine detaillierte Vorgehensweise erarbeiten.

Ermittlung der Stakeholder

Die von einem BPR-Projekt betroffenen Stakeholder, also Personengruppen, die ein Interesse an dem Projekt haben bzw. von diesem betroffen sind, sind zu erfassen und hinsichtlich ihrer Ziele und Macht zu klassifizieren (vgl. auch Kapitel 3.2.8 „Stakeholder-Analyse"). Es gilt, engagierte und qualifizierte Mitarbeiter für das Team zu gewinnen sowie Entscheider und weitere Betroffene in das Projekt adäquat einzubinden. Es ist anzustreben, dass die Stakeholder das Projekt bis zur Übergabe an die Linienorganisation fördern und gestalten. Prinzipiell werden die Stakeholder in einem ersten Ansatz wie folgt klassifiziert:

- Opfer: Diese sind von signifikanten Veränderungen betroffen, ohne selbst Einfluss auf das Projekt nehmen zu können.
- Feinde: Diese beurteilen die Veränderungen als nachteilig. Sie sehen ihre Stellung gefährdet und keine erstrebenswerten Perspektiven. Diese Stakeholder werden versuchen, Einfluss auf das Projekt zu nehmen.
- Betroffene: Diese Personen werden von den Veränderun-

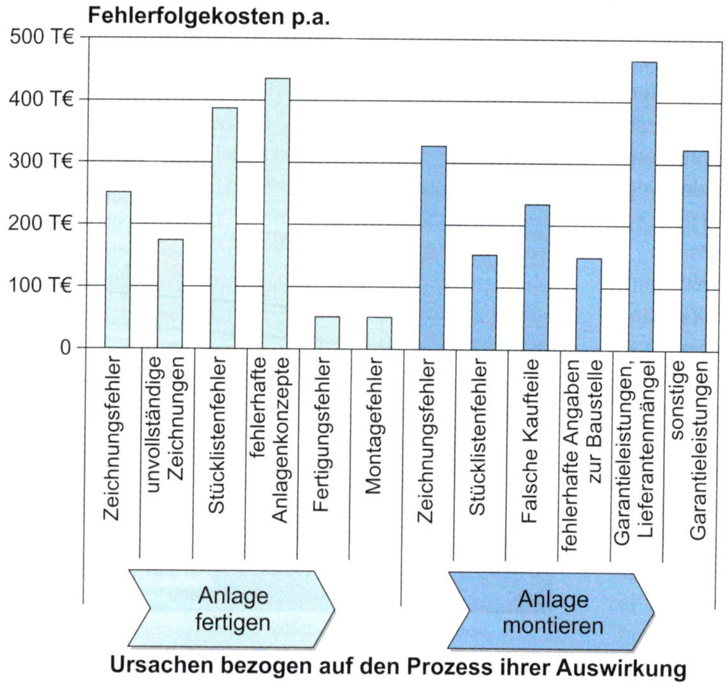

BILD 4-37
Fehlerfolgekosten des Entwicklungsprozesses in Fertigung und Montage

ergibt sich das Haupthandlungsfeld, gefolgt von Stücklistenfehlern, die ca. 18 % der Fehlerfolgekosten verursachen.

SWOT-Analyse

SWOT steht für Strengths, Weaknesses, Opportunities und Threats (Stärken, Schwächen, Chancen und Gefahren). Die SWOT-Analyse verknüpft die Sicht auf das interne Leistungsvermögen mit der Sicht auf das Geschäftsumfeld. Aus interner Sicht werden Aussagen zu Stärken und Schwächen getroffen. Das externe Geschäftsumfeld drückt sich in Chancen und Gefahren aus. Ein Beispiel für eine SWOT-Analyse ist in Bild 4-38 wiedergegeben. Daraus wird deutlich, dass sich eine 2 × 2-Matrix ergibt, in deren Felder die Handlungsoptionen eingetragen werden.

- Chancen/Stärken-Ansatz: Welche unserer Stärken passen zu welchen Chancen? Wie können wir unsere Stärken einsetzen, um unsere Chancen besser zu realisieren?
- Gefahren/Stärken-Ansatz: Welchen Gefahren können wir mit welchen Stärken begegnen? Wie müssen wir welche Stärken einsetzen, um den Eintritt bestimmter Gefahren abzuwenden?
- Chancen/Schwächen-Ansatz: Wo können aus unseren Schwächen Chancen entstehen? Wie können wir unsere Schwächen zu Stärken entwickeln?
- Gefahren/Schwächen-Ansatz: Wo befinden sich unsere Schwächen? Wie können wir uns vor Schaden schützen? Wie stelle ich sicher, dass Wettbewerber diese Schwäche nicht nutzen können?

Durch die Beantwortung dieser Fragen ergeben sich die Handlungsoptionen. Bei der SWOT-Analyse gemäß Bild 4-38 hat sich die Unternehmung dafür entschieden, die Bestandskunden in verbesserter Form zu entwickeln und ein neues ERP-System einzuführen. Parallel dazu sind mittels Wertanalysen die Herstellkosten für einzelne Baureihen gesenkt worden.

Fehlermöglichkeits- und Einflussanalyse (FMEA)

Die FMEA ist eine Analysemethode, um zu (möglichen) Fehlern die jeweiligen Ursachen und Auswirkungen sowie entsprechende Handlungskonzepte zur Prävention zu ermitteln. Die FMEA fokussiert also auf die vorsorgende Fehlerverhütung anstelle einer nachfolgenden Fehlerermittlung und Behebung der Folgen. Heute wird die FMEA bevorzugt in den frühen Phasen der Produktentstehung zur Fehlervermeidung eingesetzt [QS9000]. Im Rahmen unserer Prozessanalysen nutzen wir die P2I-FMEA [JU07]. Sie ermöglicht die vergleichende Analyse der Dimensionen Projekt, Prozess und IT-System. Ausgehend von den Potentialen aus der Ist-Aufnahme sind die Ursachen und Fehlerfolgen zu ermitteln und in einem Formblatt gemäß Tabelle 4-3 einzutragen. Die Spalten sind wie folgt auszufüllen:

- Fehlertyp: Hier sind ausgehend von den Verbesserungspotentialen aus der Ist-Aufnahme die Fehler zu erfassen. Alle Abweichungen vom gewünschten Verhalten sind Fehler.

Interna SWOT / **Umfeld SWOT**	**Stärken/Strenghts**	**Schwächen/Weaknesses**
	• Beherrschte Abwicklung - ähnliche Prozesse mit hoher Wiederholhäufigkeit • Umfassende Fähigkeiten, Prozesssicherheit herzustellen • Umfassende Fähigkeiten, Ideen zu Innovationen zu entwickeln	• Komplexitätsgrenze für Produkt und Produktionsprozess weitgehend erreicht • Hohe Aufwände zur Fertigungssteuerung aufgrund unzureichender IT-Systeme • Wenig Fähigkeiten, neue Kunden zu gewinnen
Chancen/Opportunities • Gute Etablierung bei Bestandskunden • Ausweitung des Lieferumfangs bei Bestandskunden ohne dass es der Wettbewerb merkt	**Chancen/Stärken-Ansatz** • Mit bekannten Produkten/Technologien bei (bekannten) Kunden wachsen • Mit neuen Technologien bei (bekannten) Kunden wachsen	**Chancen/Schwächen-Ansatz** • Aufbrechen der zwingend linearen Abwicklungsform um komplexere Produkte fertigen zu können • Entwicklung einer Neukunden-Akquisition
Gefahren/Threats • 40 % der Verkaufsprodukte sind am Ende ihres Lebenszyklus • Produkte sind unter Preisdruck • Produktionstechnologien ermöglichen nicht die künftig geforderten Qualitäten	**Gefahren/Stärken-Ansatz** • Kostenoptimierung für etablierte Produkte mit hoher Prozessfähigkeit • Identifikation und Etablierung neuer Produktionstechnologien	**Gefahren/Schwächen-Ansatz** • Reduktion Abwicklungsaufwände/ Gemeinkosten zur Auftrags- und Fertigungssteuerung • Einführung neuer Systeme

BILD 4-38 Beispiel für eine SWOT-Analyse

TABELLE 4-3 Auszug aus einer P2I-FMEA für die Sicht Prozess [JU07] – Beispielprozess „Kundenauftrag beliefern"

Fehler					Auswertung			
Fehlertyp	**Fehlerwirkung**	**Fehlerursache**	**Fehlerprävention**	**Fehlerentdeckung**	**B**	**A**	**E**	**RPZ**
Ware aus dem Zentrallager ist nicht bedarfsgerecht verfügbar	Lieferung durch die lokale Vertriebsorganisation (100 % höhere Prozesskosten)	Prozessimplementierung nicht zeitgerecht	Projektüberwachung durch Programm-Management	Meilensteine werden nicht erreicht	5	7	2	70
	Zentrallager ist unfähig, den Kunden termingerecht aus dem Zentrallager zu beliefern (Fehlerfolgeaufwände, nicht genutzte Kapazität, ...)	Material-Management des Zentrallagers fehlerhaft	Schulung der Mitarbeiter	Verfügbarkeit des Materials nicht wie erwartet	5	4	8	160
		Material aus Zentrallager nicht verfügbar	Verbesserung der SAP- und Planungsparameter		5	4	8	160
		Fabriken befüllen das Zentrallager nicht	Starke Motivation durch das Management	Kein Material aus Fabriken verfügbar, verspätete Lieferungen zu Kundenaufträgen	6	7	8	336
		Prozesszeit/ Lieferzeit zum Versandort ist zu lang	Optimierung der Lager-Logistik/ wir müssen es tun	Liefertreue ist schlecht	6	7	1	42
		Spediteur arbeitet nicht termingerecht		Kundenbeschwerden	5	5	8	200
		Lieferung wurde nicht ordnungsgemäß durchgeführt	Siehe Kapitel Transfer dieser FMEA	Fehlbestände im Lager	7	5	2	70

B: Bedeutung (1 - 10)
A: Auftretenswahrscheinlichkeit (1 - 10)
E: Entdeckungswahrscheinlichkeit (1 - 10)
RPZ: Risikoprioritätszahl (B x A x E)

- Fehlerwirkung: Hier sind die Konsequenzen des Fehlertypes zu verdeutlichen; der (potentielle) Schaden für die Organisation ist herauszustellen.
- Fehlerursache: Bezogen auf einen Fehlertyp und seine Wirkungen sind die (möglichen) Ursachen einzutragen.
- Fehlerprävention: Für jede Ursache ist eine Maßnahme bzw. sind mehrere Maßnahmen in der Organisation zur Vorbeugung zu ermitteln.
- Fehlerentdeckung: Die Möglichkeiten und Methoden zur Entdeckung eines Fehlers sind zu dokumentieren.

Nach Abschluss der Analyse erfolgt die Bewertung anhand der Kriterien Bedeutung (B), Auftretenswahrscheinlichkeit (A) und Entdeckungswahrscheinlichkeit (E). Die Risikoprioritätszahl (RPZ) zeigt den Handlungsbedarf. Sie ergibt sich als Multiplikation der jeweiligen Bewertungen. Je höher die Risikoprioritätszahl, desto stärker der Handlungsbedarf.

Analyse der Ursache-Wirkungsketten

Die in der Ist-Aufnahme erfassten Verbesserungspotentiale lassen sich durch sog. Deskriptoren beschreiben. Beispiele für Deskriptoren sind Lagerkapazität, Höhe der Lagerbestände, taktische Planungsrichtlinien der Fertigungssteuerung, Struktur des Maschinenparks, Ausschussquote, Rüstzeiten, Personalkosten etc. Schon bei dieser willkürlichen Aufzählung entsteht zu Recht der Eindruck, dass diese Faktoren Teil eines vernetzten Systems sind und dementsprechend Unterschiede in ihrem systemischen Verhalten bestehen. Ziel der im Folgenden beschriebenen Analyse ist es, von den sichtbaren Auswirkungen (Symptomen) auf deren Ursachen zu schließen [Lew00]. Nachhaltige Verbesserungen lassen sich nur durch die Behebung der Ursachen erzielen. Die Behandlung der Symptome dagegen führt meist nicht zu den erwünschten Effizienzsteigerungen und kann im Extremfall sogar weitere Effizienzeinbußen mit sich bringen. Ein einfaches Beispiel soll dies verdeutlichen:

In einem Unternehmen wurden hohe Bestände in allen Produktionsstufen festgestellt. Die Umschlaghäufigkeit dieser Bestände ist aufgrund der Variantenvielfalt sehr gering. Ohne den weiteren Ursachen der hohen Bestände auf den Grund zu gehen, wurde beschlossen, die Lagerflächen zu verkleinern. Die Fertigungssteuerung wurde angehalten, nur noch kundenauftragsbezogene Lose aufzulegen. Nach einiger Zeit stellte man eine starke Zunahme der Rüstkosten sowie häufige Terminverzögerungen aufgrund nicht rechtzeitig fertig gestellter Produkte fest. Die Reduktion der Lagerflächen und die kundenauftragsbezogenen Lose haben das Symptom hoher Lagerbestände beseitigt. Die Ursachen wurden dadurch jedoch nicht behoben.

Bevor also Maßnahmen zur Beseitigung von Schwachstellen ergriffen werden, sind daher die Ursache-Wirkungsketten zu analysieren. Eine einfache Ursache-Wirkungskette für das beschriebene Beispiel zeigt Bild 4-39. Die Deskriptoren „Höhe der Lagerbestände", „Taktische Planungsrichtlinien" und „Maschinenpark" bzw. die diesen zugeordneten Schwachstellen können drei Kategorien zugeordnet werden:

- **Ursachen:** Die Behebung von Schwachstellen in dieser Kategorie kann zu nachhaltigen Verbesserungen führen. Die entsprechenden Deskriptoren werden daher als **Gestaltungsvariablen** bezeichnet, weil durch sie auf die Organisation eingewirkt werden kann. Ursache für die hohen Lagerbestände ist in unserem Beispiel der auf Massenproduktion ausgerichtete Maschinenpark. Gestaltungsvariable ist daher der Deskriptor „Maschinenpark".
- **Auswirkungen:** An den Deskriptoren dieser Kategorie lassen sich Optimierungsziele festmachen bzw. Verbesserungen ablesen. Sie werden daher als **Zielfaktoren** bezeichnet. Die hohen Lagerbestände auf allen Produktionsstufen sind die Auswirkungen im oben beschriebenen Beispiel. Der Deskriptor „Höhe der Lagerbestände" ist der entsprechende Zielfaktor.
- **Koppler:** In der Kategorie der Koppler liegen die Elemente der Ursache-Wirkungskette, die die Ursachen mit den Auswirkungen koppeln. Koppelnde Schwachstellen sind selbst nicht Ursache, ziehen aber weitere Schwachstellen nach sich. Auch Koppler eignen sich daher nicht, um nachhaltige Verbesserungen im Unternehmen zu erzielen. In unserem Beispiel sind die „Taktischen Planungsrichtlinien" das koppelnde Element. So werden die großen Losgrößen durch den Maschinenpark bedingt. Diese wiederum verursachen die hohen Lagerbestände.

Die Methode zur Ermittlung der Ursache-Wirkungsketten ist die Ursache-Wirkungsmatrix (Bild 4-40). Sie entspricht in ihrem Aufbau einer Einflussmatrix, wie wir sie in der Szenario-Technik vorgestellt haben (vgl. Kapitel 2.1.3). Die Bewertung der Ursache-Wirkungsbeziehung erfolgt jeweils zwischen zwei Deskriptoren anhand der Frage: „Führt eine Schwachstelle, die Deskriptor A zugeordnet ist, zu einer Schwachstelle, die Deskriptor B zugeordnet ist?". Als Bewertungsmaßstab wird der folgende verwendet:

3 = starke Ursache-Wirkungsbeziehung: Schwachstellen, die Deskriptor A zugeordnet sind, führen zwangsläufig zu Schwachstellen des Deskriptors B.

2 = mittlere Ursache-Wirkungsbeziehung: Schwachstellen, die Deskriptor A zugeordnet sind, führen häufig oder

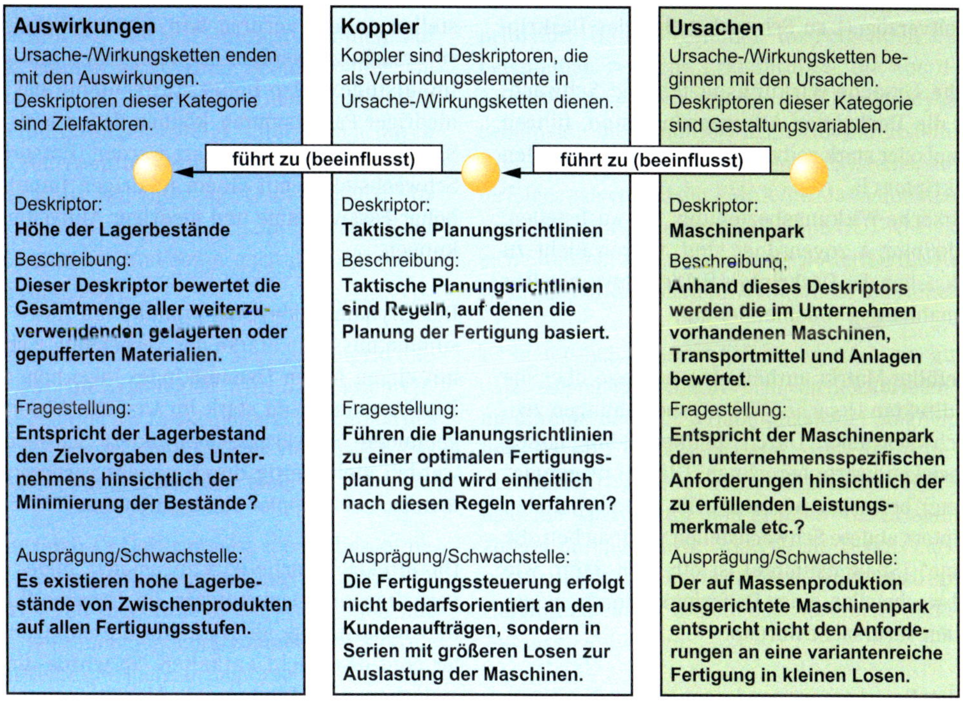

BILD 4-39 Beispiel für eine einfache Ursache-Wirkungskette

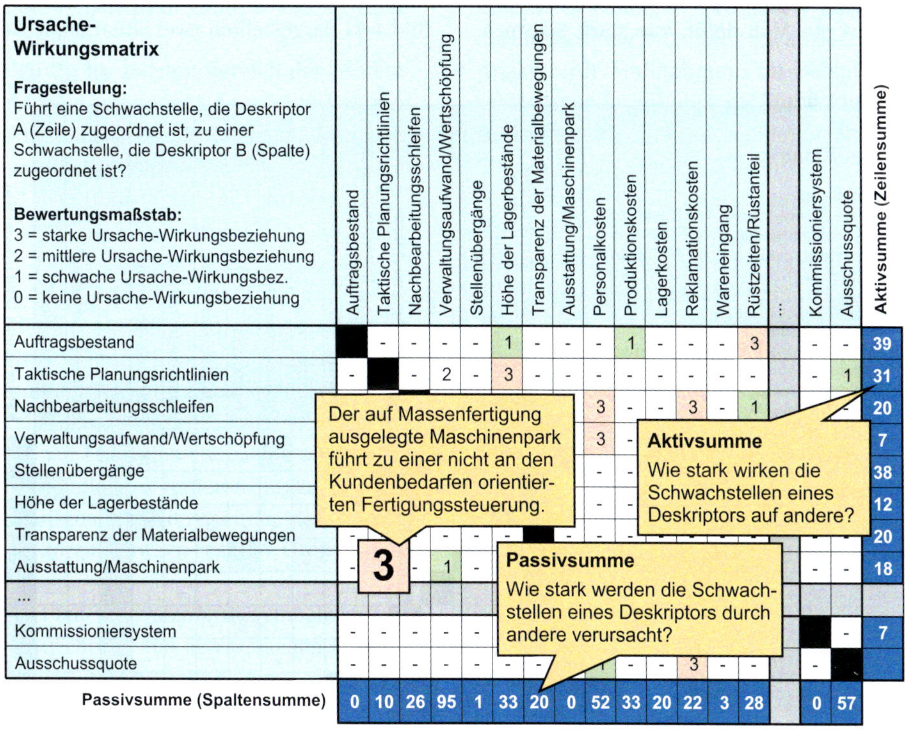

BILD 4-40 Beispiel für eine Ursache-Wirkungsmatrix: Zeilen und Spalten beinhalten deskriptorenbezogene Schwachstellen

paarweisen Vergleichs (siehe Relevanzmatrix Bild 2-10) die Rangreihe der Prozesse in Bezug auf ihren Beitrag auf die zu erbringende Leistung zu ermitteln.

In diesem Zusammenhang stellt sich auch die Frage, ob es sinnvoll ist, Prozesse auszulagern bzw. Prozesse in jedem Fall selbst zu betreiben, weil sie für das Unternehmen von entscheidender Bedeutung sind. Um diese Frage zu beantworten, bieten sich das „Make-or-buy“-Portfolio und Prüffragen folgender Art an:

- Ist der Prozess wichtig für die Zufriedenheit des Kunden und ggf. auch weiterer relevanter Stakeholder?
- Wie ist das systemische Verhalten des Prozesses? Wie stark wirkt er auf das Gefüge der Prozesse?
- Bestehen gesetzliche Auflagen? etc.

Das „Make-or-buy“-Portfolio ist in Bild 4-45 wiedergegeben. Die zwei Hauptkriterien, die jeweils eine Reihe von Unterkriterien umfassen können, sind „Beitrag für den Wettbewerbsvorteil“ und „Leistungsfähigkeit im Vergleich zu externen Anbietern“. In das Portfolio sind beispielhaft einige Prozesse aus einem konkreten BPR-Projekt eingetragen. Es wird deutlich, dass es einige Prozesse gibt, die an Externe übertragen werden sollten, weil sie offensichtlich nicht entscheidend sind und externe Anbieter in der Lage sind, diese Leistungen günstiger zu erbringen. Es handelt sich um die vier Prozesse in Bild 4-45. Eine Einschätzung „Improve“ bedeutet, dass dieser Prozess unbedingt zu verbessern ist; „Sell“ heißt, dass diese Art von Leistungen u. U. auch extern angeboten werden könnte, um zusätzlichen Ertrag zu erzielen. Selbstredend sind das nur grobe Entscheidungshilfen. Um sicherzugehen, sind viele weitere Überlegungen ins Kalkül zu ziehen, beispielsweise der Grad der Abhängigkeit, in den sich das Unternehmen begibt; die Gefahr, dass Wissen zu Mitbewerbern gelangt; die Antizipation der künftigen Bedeutung von Wettbewerbsfaktoren etc.

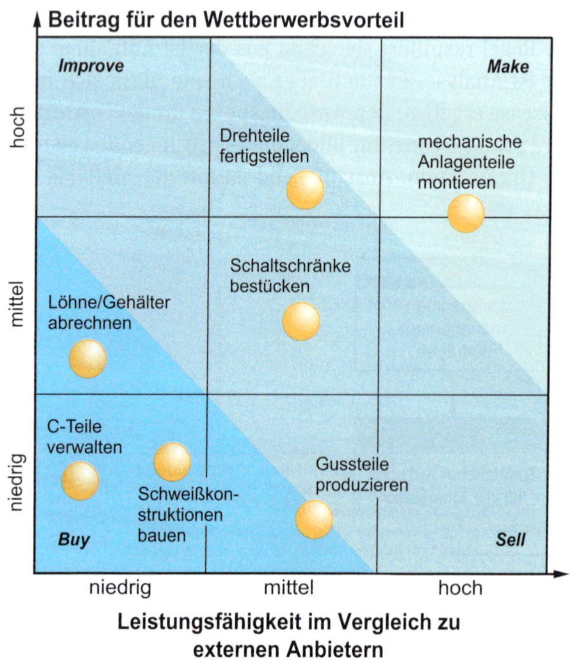

BILD 4-45 „Make-or-buy“-Portfolio

Wenn nun klar ist, welches die relevanten Prozesse sind, ist je Prozess ein Steckbrief anzulegen. Dieser weist, wie im Beispiel in Bild 4-46 dargestellt, drei Hauptinformationen auf: Prozessziel, Geschäftsregeln und „Key Performance Indicators (KPI)“. Die Geschäftsregeln sollten durch die KPI messbar gemacht werden. Für die Geschäftsregel „Alle Angebote haben einen Deckungsbeitrag bezogen auf die Herstellkosten von mindestens 20 %“ wird beispielsweise der KPI „Summe Angebote mit Deckungsbeitrag kleiner 20 %“ herangezogen.

Ferner ist zu überprüfen, wie die Prozessziele auf die übergeordneten Unternehmensziele wirken. Die entsprechende Wirkungsanalyse ist in Bild 4-47 beispielhaft dargestellt. Dabei wird jeweils bewertet, ob und wie stark die Unternehmensziele durch die Prozessziele unterstützt werden. Die Zielorientierung (letzte Spalte) ergibt sich aus der normierten Durchschnittsbewertung je Prozessziel, d. h. die durchschnittliche Bewertung je Prozessziel wird durch die Summe aller durchschnittlichen Bewertungen dividiert. Der Unterstützungsgrad (letzte Zeile) berechnet sich analog.

Prinzipiell weisen die Beziehungen zwischen Prozessen und aufbauorganisatorischen Bereichen die Kardinalität des Typs m : n auf, d. h. ein Prozess erstreckt sich über mehrere Bereiche und ein Bereich ist an mehreren Prozessen beteiligt. Dies führt zu vernetzten Zielsystemen, wie in Bild 4-48 angedeutet. Das vernetzte Zielsystem, von dem die beiden Bereiche Produktionsgesellschaft und Verkaufsorganisation betroffen sind, umfasst die folgenden Ziele:

- Kapazität: Die Produktionsgesellschaft ist aufgefordert, für ihre Ressourcen dynamisch Kapazität bereitzustellen, um Auftragsschwankungen von ± 15 % kostenneutral und leistungsneutral abzufedern.
- „Intelligenter“ Lagerbestand: Die Produktionsgesellschaft ist aufgefordert, für definierte „Montiere zum Auftrag“-Produkte und „Produziere zum Auftrag“-Produkte Lagerbestände verfügbar zu halten. Damit kann sie die vereinbarte Lieferleistung realisieren.
- Liefertreue: Die Produktionsgesellschaft muss all ihre

Prozessziel

Definiertes Produktportfolio verkaufen:
Hoher Auftragseingang

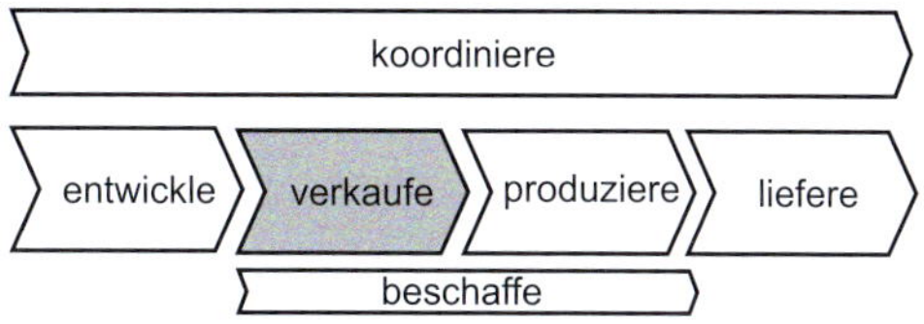

Geschäftsregeln

- Alle Angebote ab der Mindestsumme 1.500 € werden verfolgt.
- Alle Angebote haben einen Deckungsbeitrag bezogen auf die Herstellkosten von mindestens 20 %.
- Alle Angebote mit großen Artikelmengen (ab 10 Verkaufsprodukten) werden gesondert geprüft, um die Herstellbarkeit in der zugesagten Durchlaufzeit sicherstellen zu können.
- Für alle Angebote älter als 4 Tage ist das Entscheidungsdatum des Kunden im System verfügbar.
- Für alle Angebote ist 14 Tage vor Entscheidungsdatum des Kunden die Auftragswahrscheinlichkeit im System gepflegt.
- Durch hohe Qualität der Angebote (und Aufträge) wird die Termintreue und Wiederbeschaffungszeit (WBZ) kontinuierlich verbessert.

Key Performance Indicators (KPI)

- $\text{Verfolgungsquote} = \dfrac{\Sigma \text{ verfolgte Angebote} > 1.500\ €}{\Sigma \text{ Angebote} > 1.500\ €}$
- $\text{Angebotsrentabilität} = \dfrac{\Sigma \text{ Angebote mit DB} > 20\ \%}{\Sigma \text{ Angebote}}$
- $\text{Plangerechte WBZ} = \dfrac{\Sigma \text{ Lieferungen} < \text{Plan WBZ}}{\Sigma \text{ Lieferungen}}$
- …

Prozessverantwortlicher

Kurt Schneider

BILD 4-46 Prozesssteckbrief zum Hauptgeschäftsprozess „Auftrag akquirieren"

Wirkungsanalyse

Fragestellung:
Wie stark unterstützt das Prozessziel (Zeile) das Unternehmensziel (Spalte)?

Bewertungsmaßstab:
-1 = geringer, negativer Einfluss
-2 = kontraproduktiv
-3 = im hohen Maße kontraproduktiv

1 = geringe Unterstützung
2 = mittlere Unterstützung
3 = hohe Unterstützung

		Unternehmensziele									
Prozesse	**Prozessziele**	Umsatzsteigerung	Kostenreduktion	Zeitreduktion/kurze Durchlaufzeiten	Margensteigerung	Auslastung mit Standardprodukten	Einhaltung Liefertermine	Flexibilisierung Liefertermine	Reduktion Differenz Plan-Ist-Kosten	durchschnittliche Bewertung	**Zielorientierung [%]**
Auftrag akquirieren	hoher Anteil gepflegter Stammdaten	-1	-1		2	2	3			1	**3,70**
	hohe Angebotserfolgsquote	3					3		2	2,67	**9,87**
	hohe Anzahl Angebote/Mitarbeiter	3								3	**11,11**
	geringe Prozesszeit zur Angebotserstellung			3			2			2,5	**9,26**
	hoher Anteil angebotener Standardprodukte			3		3		3	3	3	**11,11**
	hoher Anteil angebotener Serviceleistungen				3					3	**11,11**
Produkt produzieren	hoher Anteil gepflegter Artikelstammdaten		-1	3				3	1	1,5	**5,55**
	hohe Lieferpünktlichkeit Standardprodukte	3	3		2		3		3	2,8	**10,37**
	geringer Auftragsrückstand	2	3	3						2,67	**9,87**
	kurze Antwortzeiten in der Fertigung		-2	3						0,5	**1,85**
	Wiederbeschaffungszeit nach Vereinbarung		3			3	3			3	**11,11**
	geringer Lagerbestand	-2	-2	-2	1		-2	-2	1	-1,43	**-5,29**
	geringer Auftragsrückstand aufgrund fehlender Kaufteile	2	3	3			3	3		2,8	**10,37**
	durchschnittliche Bewertung	1,43	0,75	2,29	…,0	…,67	…,14	…,75	…6		
	Unterstützungsgrad [%]	**9,77**	**5,13**	**15,63**	[illegible]	[illegible]	[illegible]	[illegible]	[illegible]		

Der **Unterstützungsgrad [%]** ergibt sich aus dem Quotienten der durchschnittlichen Bewertung je Unternehmensziel und der Summe aller durchschnittlichen Bewertungen.

Das Ziel „geringer Lagerbestand" ist bezogen auf die Unternehmensziele im hohen Maße kontraproduktiv.

BILD 4-47 Wirkungsanalyse zur Verifizierung der Prozessziele

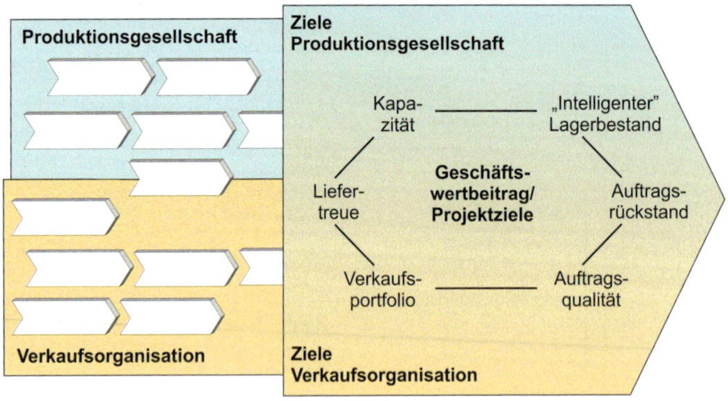

BILD 4-48
Vernetztes Zielsystem der Bereiche Produktionsgesellschaft und Verkaufsorganisation

Lieferungen zu einem hohen Prozentsatz pünktlich bereitstellen. Die Verkaufsorganisation muss sicherstellen, dass ihre Aufträge an die Produktionsgesellschaft gleichermaßen zeitgerecht bereitgestellt werden. Über die Vereinbarung der Lieferzeiten/Liefertermine mit ihren Kunden hat die Verkaufsorganisation maßgeblichen Einfluss auf die Einhaltung der zugesagten Liefertermine.

- Auftragsrückstand: Die Produktionsgesellschaft muss durch eine intelligente Logistik und hohe Liefertreue den Auftragsrückstand gering halten. Die Verkaufsorganisation kann über gut geklärte Aufträge die ungeplanten Koordinationsaufwände zu Aufträgen gering halten.
- Verkaufsportfolio: Über den vermehrten Verkauf von Standardprodukten kann die Verkaufsorganisation Einfluss auf die Liefertreue nehmen. Je weiter ein verkauftes Produkt vom Standardliefersortiment entfernt ist, desto fehleranfälliger ist der Prozess zur Erstellung und Lieferung des Produkts.
- Auftragsqualität: Sind nach Auftragseingang noch umfangreiche Klärungen erforderlich, so sind häufig Verzögerungen die Folge. Damit hat die Verkaufsorganisation maßgeblichen Einfluss auf Abwicklungsaufwände und Liefertreue.

Im Zentrum der Ziele muss der Geschäftswertbeitrag stehen: Der von dem BPR-Projekt zu liefernde Nutzen für das Unternehmen. Wenn die einzelnen Bereiche die Erkenntnis gewinnen, dass die vereinbarten Ziele nicht nur zum eigenen, sondern zum gegenseitigen Nutzen sind, werden sie für das Ganze sensibilisiert; dies verstärkt unserer Erfahrung nach die positive Einstellung zum BPR-Projekt.

Erarbeitung der Ablauforganisation

Die Ablauforganisation ergibt sich aus der Abbildung der Prozesse auf die Aufbauorganisation, d. h. den Prozessen bzw. Teilprozessen werden die aufbauorganisatorischen

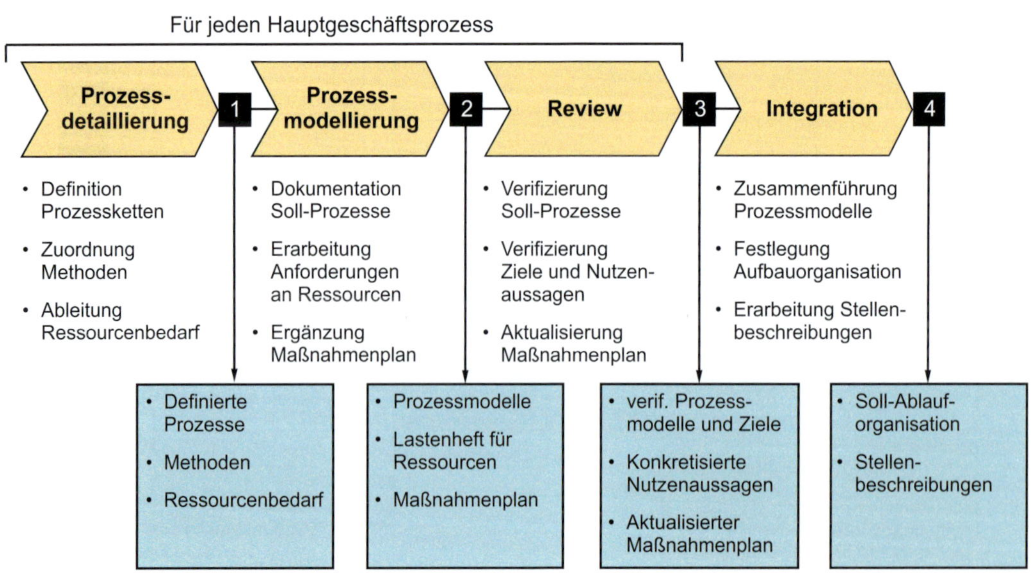

BILD 4-49 Vorgehen zur Erarbeitung der Soll-Ablauforganisation

KEY PERFORMANCE INDICATOR (KPI)

KPIs quantifizieren Leistung und Qualität von Prozessen. Ein KPI ist in der Regel eine relative Kennzahl, die auf Bezugsgrößen normiert ist. KPI dienen dem Monitoring, d.h. durch kontinuierliche Beobachtung werden Veränderungen über die Zeit erfasst. Ein KPI kann auch eine Kennzahl sein, die durch Aggregation mehrerer Kennzahlen auf untergeordneter Systemebene entsteht. Beispiele für KPI für den Prozess „Bedarf decken" sind:

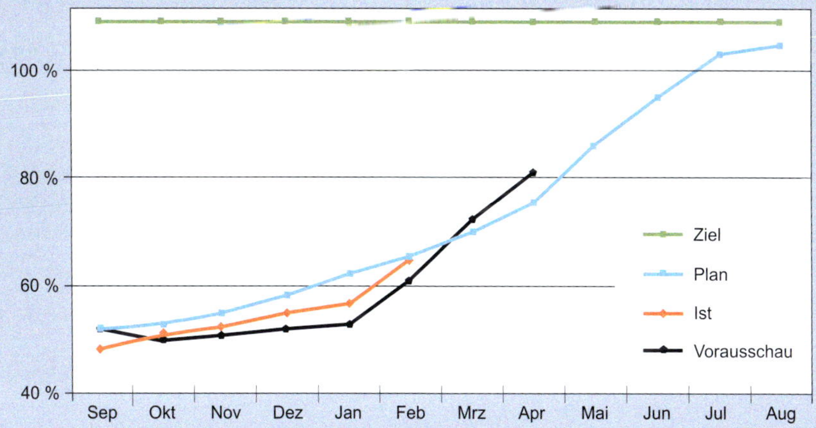

	Sep	Okt	Nov	Dez	Jan	Feb	Mrz	Apr	Mai	Jun	Jul	Aug
Ziel	110	110	110	110	110	110	110	110	110	110	110	110
Plan	52	53	55	58	63	66	71	77	86	96	103	105
Ist	49	51	53	55	57	65						
Vorausschau	52	50	51	52	53	61	73	81				

Alle Angaben in %

Beispiel für den KPI „Produktivität"

$$\text{Lieferpünktlichkeit} = \frac{\text{Summe pünktlicher Lieferungen}}{\text{Summe Lieferungen}}$$

$$\text{Lieferperformance} = \frac{\text{Summe Bestellpostitionen mit hinterlegter WBZ}}{\text{Summe Bestellpositionen abweichend von WBZ}}$$

WBZ = Wiederbeschaffungszeit

Die umfassende Beschreibung eines KPI besteht aus einem Definitions- und einem Erfassungsteil, einer Bewertung je Periode und einem daraus abgeleiteten Resümee mit ggf. einzuleitenden Maßnahmen.

Definitionsteil

Durch eine eindeutige Beschreibung des KPI werden zukünftige Diskussionen vermieden: Der KPI „Produktivität" ist durch das Verhältnis zwischen Ist-Leistung und Soll-Leistung definiert. Er beschreibt somit die Fähigkeit der Produktion, besser oder schlechter als geplant zu arbeiten.

$$\text{Produktivität} = \frac{\text{Ist-Leistung}}{\text{Soll-Leistung}}$$

Geplante Verbesserung (Soll-Wert): Erhöhung der Produktivität um 50 %-Punkte innerhalb von 10 Monaten.

Erfassungsteil

Im Erfassungsteil erfolgt die Ermittlung und Bewertung des KPI je Periode (vgl. Bild). Hieraus lassen sich Bewertungen und Maßnahmen ableiten.

Bewertung je Periode (hier für Februar)

- Wir sind 1%-Punkt hinter der Planung.
- Die Vorausschau ist nicht präzise; das Produktionsmanagement ist noch nicht stabil.

Resümee

Die Abweichung von der Planung hat sich im Vergleich zum Vormonat verringert; wir sind wieder auf Kurs. Es ist keine weitere Maßnahme erforderlich.

KONTINUIERLICHE VERBESSERUNG DER ABLAUFORGANISATION

Soll-Prozesse weisen auch nach erfolgreicher Implementation ein Verbesserungspotential auf, das durch das Prinzip der kontinuierlichen Verbesserung (KVP bzw. KAIZEN) erschlossen werden kann. Dazu dient die sog. PDCA-Systematik nach Deming [Dem86], [Kir88]:

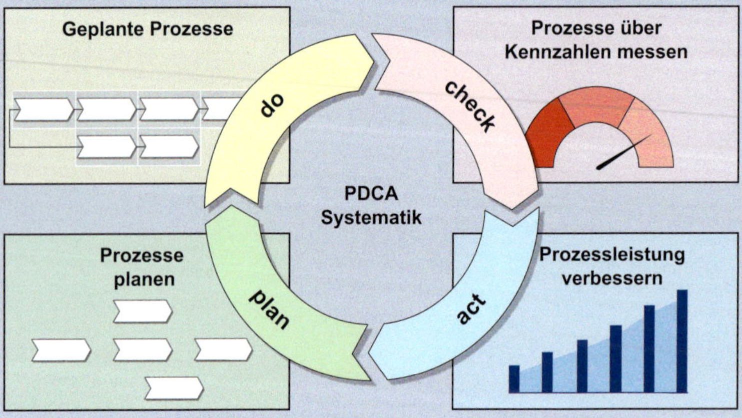

PDCA-Systematik

Plan: Die Planungskomponente selbst muss dem Prozess zugeordnet sein - die im Prozess involvierten Mitarbeiter müssen ihre Tätigkeiten und ihren Prozess planen dürfen und können.
Do: Die Ausführung muss den planenden Mitarbeitern zugeordnet sein - die im Prozess involvierten Mitarbeiter müssen mit den Konsequenzen ihrer Planung konfrontiert sein.
Check: Die Messung der Prozessergebnisse und der Prozesseffizienz muss dem Prozess zugeordnet sein - die im Prozess involvierten Mitarbeiter müssen von ihrer Prozessfähigkeit und der Qualität ihrer Prozessergebnisse wissen.
Act: Die autonome Optimierung (bei Abweichungen von der Planung) muss dem Prozess zugeordnet sein - die im Prozess involvierten Mitarbeiter müssen die Fähigkeit und die Rechte haben, den Prozess selbstständig zu verbessern.

In diesem Zusammenhang liegt es auch nahe, die Abbildung der Prozesse auf die Aufbauorganisation zu überprüfen, weil anzustreben ist, dass ein Prozess im Idealfall von einem aufbauorganisatorischen Bereich verantwortet wird. Da Änderungen der Aufbauorganisation naturgemäß sehr heikel sind, ist es am Ende Aufgabe der Unternehmensleitung, sich damit zu befassen und entsprechende Entscheidungen zu treffen.

Literatur:

[Dem86] Deming, W. E.: Out of the Crisis. MIT Press, Cambridge, 1986

[Kir88] Kirstein, H.: Ständige Verbesserung als Schlüssel für Produktivität durch Qualität. In: Qualität und Zuverlässigkeit, Carl Hanser Verlag, 33, 1988, S. 677-683

Stellen zugeordnet, die für den jeweiligen Prozess bzw. Teilprozess zuständig sind.

Die Erarbeitung der Ablauforganisation erfolgt nach der im Bild 4-49 dargestellten Vorgehenssystematik. Danach sind zunächst für jeden Hauptgeschäftsprozess die Schritte Prozessdetaillierung, Prozessmodellierung und Review zu durchlaufen. In der abschließenden Integration sind die einzelnen Hauptgeschäftsprozesse zusammenzuführen und auf die Aufbauorganisation abzubilden. Damit wäre ein Initialzustand erreicht, der in der Regel noch Potential für kontinuierliche Verbesserungen aufweist. Wie dieses Potential erschlossen werden kann, wird im folgenden Kasten erläutert.

Prozessdetaillierung

Im Prinzip ist hier zu erarbeiten, wie die definierten Ziele der Hauptgeschäftsprozesse erreicht werden können. Dazu führen wir in der Regel je Hauptgeschäftsprozess einen mehrtägigen Workshop durch. Die damit verbundenen Arbeitstechniken sind in Kapitel 4.2.2 beschrieben. Besonderes Gewicht legen wir auf die Identifikation von Methoden, die einzelne Prozesse unterstützen können, und die Zuordnung dieser Methoden zu den Prozessen. Beispiele dafür sind der Einsatz der Szenario-Technik im Produktplanungsprozess, die Fehlerbaum-Analyse und Quality Function Deployment im Produktentwicklungsprozess, Statistical Process Control (SPC) im Herstellprozess etc. Die Methodenkompetenz ist ein herausragender Erfolgsfaktor erfolgreicher Organisationen.

Aus den definierten Prozessen ist ferner der Bedarf an Ressourcen (Betriebsmittel, Räume, IT-Systeme etc.) abzuleiten. Dieser Bedarf wird in Form von Basisanforderungen dokumentiert. Abschließend sollte sich das BPR-Team folgende Fragen stellen, um sicher zu gehen, auch alle Aspekte beachtet zu haben:

- Erreichen wir so die Ziele?
- Haben wir die Verbesserungspotentiale aus der Ist-Analyse erschlossen?
- Warum funktionierte der alte Prozess nicht?
- Warum werden wir mit dem neuen Prozess erfolgreich sein?
- Mit welchen Maßnahmen vollziehen wir den Übergang von der Ist-Situation zum Soll-Prozess?
- Mit welchen Sofortmaßnahmen können wir Wirkung erzielen und Sicherheit gewinnen, dass wir auf dem richtigen Weg sind?

Zum Abschluss eines jeden Hauptgeschäftsprozesses ist ein Monitoring-Prozess festzulegen. Dieser ermöglicht, dass die erforderlichen Kennzahlen (KPI) aus dem Prozesssteckbrief regelmäßig erhoben werden und die Zielerreichung des Prozesses regelmäßig überprüft wird.

Prozessmodellierung

Ziele dieses Arbeitsschritts sind ein vollständiges Prozessmodell des betrachteten Hauptgeschäftsprozesses, ein Maßnahmenplan für die Implementierung des Modells und präzise Anforderungen an die unterstützenden Ressourcen. Das Prozessmodell ist mit einer Modellierungsmethode zu erstellen (vgl. Kapitel 4.2). Die Maßnahmen sind mit der Liste der Verbesserungspotentiale (vgl. Kapitel 4.3.3, Ist-Aufnahme) und den Steckbriefen für die prioritären Handlungsfelder (vgl. Kapitel 4.3.4, Ist-Analyse) abzustimmen, um die Konsistenz des Maßnahmengefüges sicherzustellen.

Die im vorangegangenen Schritt ermittelten Basisanforderungen an die Ressourcen sind in Lastenheften zu detaillieren. Dies ist einerseits ein Beitrag für die Investitions- und Kostenplanung, andererseits erforderlich für die Bereitstellung der Ressourcen selbst. In Bild 4-50 ist die Dokumentation der Prozessanforderungen für ein PLM-System auszugsweise dargestellt.

Derartige Anforderungen beziehen sich in der Regel auf Prozesse bzw. Teilprozesse eines Hauptgeschäftsprozesses. Das Lastenheft wird im weiteren Projektfortschritt zusammen mit Anbietern in ein Pflichtenheft überführt (vgl. auch Kapitel 5.5). Es bildet die eigentliche Basis für die Entwicklung und Bereitstellung der technischen Ressourcen. Abschließend ist der Prozesssteckbrief gemäß Bild 4-46 zu detaillieren. Der Prozesssteckbrief ist der Kern der Prozessdokumentation und die Grundlage für die Erstellung der Schulungsunterlagen.

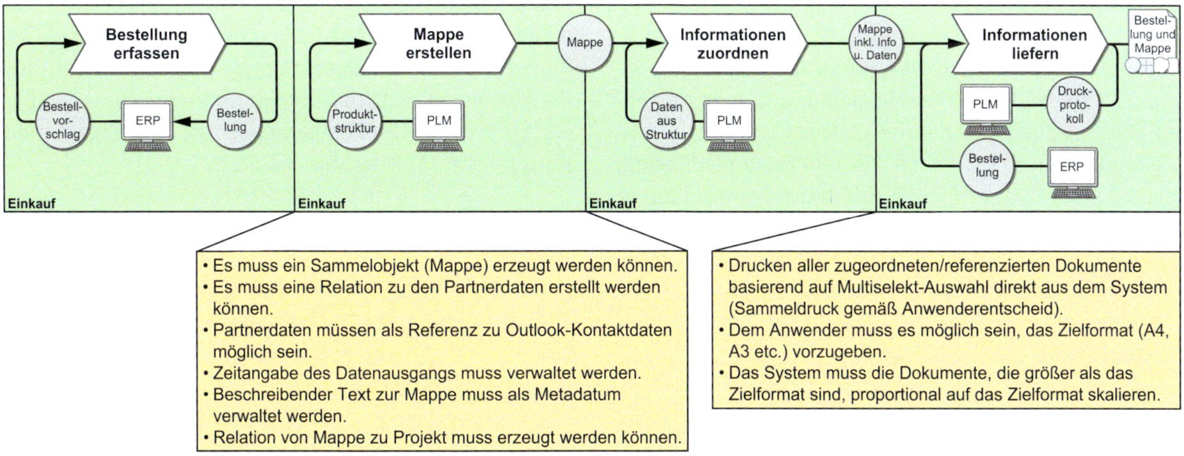

BILD 4-50 Prozessanforderungen (Auszug) an ein PLM-System

Review

Ziel des Reviews ist die Verifizierung des definierten Hauptgeschäftsprozesses. Folgende Themen sind zu diskutieren:

- Maßnahmenfortschritt: Welche Maßnahmen sind umgesetzt worden? Was ist erreicht worden? Dies gilt besonders für die in der Ist-Aufnahme veranlassten Sofortmaßnahmen.
- Zielkonsistenz: Erreichen wir mit diesem Prozess die vereinbarten Ziele? Stellt sich der geplante Nutzen ein?
- Prozessorganisation: Was haben wir nicht beachtet, welche Punkte sind offen?

Die Verantwortlichen für die Maßnahmen und Sofortmaßnahmen stellen ihre Ergebnisse zur Diskussion. Dadurch erhält das Team auch einen Eindruck von seiner Veränderungskraft, was die Motivation erheblich steigern kann. Zur Verifizierung der Prozessorganisation ist der erarbeitete Prozess möglichst auf einem Blatt mit allen Wirkungsketten als Ausdruck verfügbar zu machen. Ausgehend von den Prozesszielen ist zu prüfen, ob der definierte Soll-Prozess die Zielerreichung konsequent unterstützt und die geeigneten Messpunkte und Messgrößen vorhanden sind. Typische messbare Ziele sind Reduktion der Prozesskosten und der Durchlaufzeiten, Erhöhung der Liefertreue etc. Die am Ende der Ist-Analyse getroffenen Aussagen zum Nutzen des BPR-Projekts sind zu überprüfen und zu erhärten. Ferner ist der Maßnahmenplan zu überprüfen und ggf. zu ergänzen. Wichtig ist, dass es zu jeder Maßnahme einen Verantwortlichen gibt, der sich mit seiner Maßnahme hochgradig identifiziert und auch über die erforderlichen Ressourcen und Kompetenzen verfügt.

Integration

In diesem Schritt sind die erarbeiteten Hauptgeschäftsprozesse zur Soll-Prozessorganisation zusammenzuführen, die Aufbauorganisation festzulegen und die Stellenbeschreibungen zu erarbeiten. Bei der Zusammenführung der Hauptgeschäftsprozesse müssen folgende Punkte sichergestellt werden:

- die Widerspruchsfreiheit und Redundanzfreiheit der Hauptgeschäftsprozesse untereinander,
- die Vollständigkeit der Prozesse hinsichtlich der zu erbringenden Marktleistung des Unternehmens,
- die Zielkonsistenz der Prozesse und
- die Messbarkeit der Leistung und Ergebnisse der Prozesse.

Das Ausarbeiten der Aufbauorganisation erfolgt Bottom-up, das heißt auf Basis der detaillierten Soll-Geschäftsprozessmodelle. Sämtlichen Geschäftsprozessen bzw. Prozessschritten werden nun ausführende Organisationseinheiten zugeordnet. Auf detailliertem Level sind dies meist Abteilungen oder Teams. Je mehr sich die neue Prozessorganisation von der bisherigen unterscheidet, desto mehr sollte darauf geachtet werden, neue Bezeichnungen für die Einheiten der Aufbauorganisation zu finden. Ein Festhalten an alten Strukturen und Begriffen bremst die Einführung der neuen Ablauforganisation.

Neben den Organisationseinheiten ist auch die Führungsstruktur festzulegen. Diese prägt ganz entscheidend die Effizienz der Geschäftsprozesse. Ein Prozess, der sich durch mehrere Abteilungen zieht und über mehrere Hierarchiestufen wechselt, ist eher ein Hindernislauf als ein anzustrebender schlanker Prozess. Um zu einer effizienten Ablauforganisation zu gelangen, sollte der Denkanstoß vom Prozess kommen, d. h. es wäre die Frage zu beantworten: Wie sollten wir uns aufbauorganisatorisch aufstellen, um diesen Prozess einfach abwickeln zu können? Für viele Unternehmen ist das eine neue Denkweise, weil man gewohnt ist, zunächst die Aufbauorganisation festzulegen und dann davon auszugehen, dass die Prozesse schon funktionieren werden, weil ja eigentlich jeder weiß, was er zu tun hat.

Als Planungshilfsmittel zur Gestaltung der Ablauforganisation dient die in Bild 4-51 dargestellte **Ablauforganisationsmatrix**. Darin kann der Weg der Prozesse durch die Aufbauorganisation nachvollzogen werden. Indikator für eine effiziente Ablauforganisation mit wenigen Stellenübergängen (Bearbeiterwechseln) ist die Stellenübergangszahl, die für jede Prozesskette ermittelt werden kann. Die Stellenübergangszahl ist die Summe der Bewertungen der einzelnen Stellenübergänge zwischen jeweils zwei Prozessschritten einer Prozesskette. Stellenübergänge innerhalb einer Abteilung werden mit einem Punkt, Stellenübergänge über Abteilungsgrenzen hinweg mit zwei Punkten und Stellenübergänge zu Stabsstellen mit drei Punkten bewertet. In unserem stark vereinfachten Beispiel ergibt sich eine Stellenübergangszahl von fünf für die Prozesskette „Auftrag abwickeln".

Realisierungsplanung

Der Übergang von der Ist-Ablauforganisation zur Soll-Ablauforganisation ist der kritische Teil eines BPR-Projekts und muss daher besonders sorgfältig geplant werden. Dies umfasst die Sicherstellung der Messbarkeit der Aktionen, die Strukturplanung des Projekts, die Zeit- und Kostenplanung, die Liquiditätsplanung und die Verantwortungsplanung.

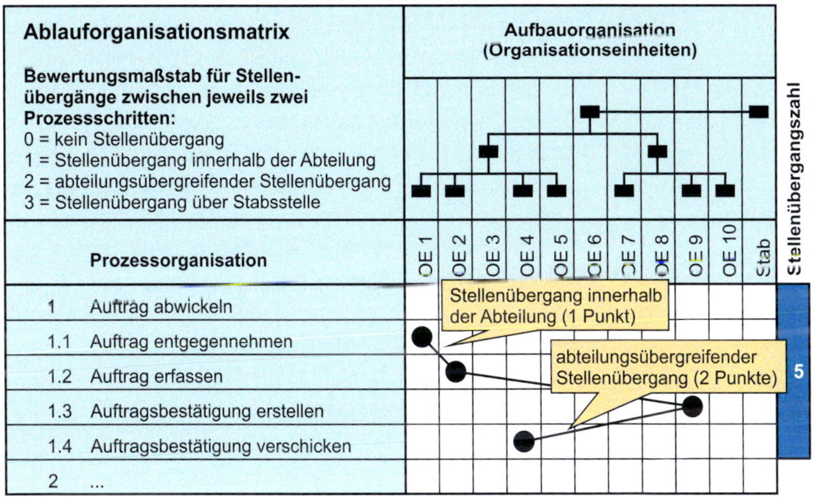

BILD 4-51
Visualisierung der Ablauforganisation

Sicherstellung der Messbarkeit

Je Hauptgeschäftsprozess existieren KPIs. Diese sind über alle Hauptgeschäftsprozesse zusammenzufassen und als Grundlage der operativen Führung aufzubereiten. Es ist anzustreben, dass diese Kennzahlen zur Messung der Prozesserfolge identisch mit den Kennzahlen zur Messung des Erfolgs des BPR-Projekts sind. Ferner ist darauf zu achten, dass die KPIs ausbalanciert sind, d. h. die Verfolgung der Prozessziele einzelner Hauptgeschäftsprozesse sollte positiv auf die Leistung des gesamten Gestaltungsbereichs wirken. Um die große Anzahl der KPIs effizient zu verarbeiten und ggf. auch Simulationen zu ermöglichen, bietet sich der Einsatz eines Management-Informationssystems (MIS) an.

Strukturplanung des Projekts

Es handelt sich hier um die im Projektmanagement übliche Projektstrukturplanung [Bur02]. Im Kontext von BPR-Projekten empfehlen wir folgende Grundstruktur:

- Teilprojekte zur Prozessentwicklung: Ziel dieser Teilprojekte ist es, Soll-Prozesse zu entwickeln, zu pilotieren, einzuführen und den Geschäftsnutzen zusammen mit der Linienorganisation (wertschöpfende Bereiche der Aufbauorganisation) zu erreichen.
- Querschnittsprojekte zur Bereitstellung von Ressourcen: Häufig setzen in komplexen BPR-Projekten mehrere Teilprojekte zur Prozessentwicklung die gleichen Ressourcen bzw. Funktionsbereiche voraus. Hier liegt es nahe, diese Ressourcen in separaten Teilprojekten zu entwickeln. Beispiele dafür sind Fertigungssysteme, Logistikzentren, IT-Systeme etc.
- Querschnittsprojekte zur Mitarbeiterentwicklung: BPR-Projekte haben für die Unternehmen in der Regel einmaligen Charakter. Die Mitarbeiter können daher nicht auf Erfahrungen zurückgreifen, geschweige denn, dass sie eine gewisse Routine haben. Umso wichtiger ist daher die zweckorientierte Schulung. Diese umfasst in erster Linie BPR-Methoden und die Vermittlung von Sozialkompetenz zur Bewältigung der vielfältigen Aufgaben eines Reorganisationsprojekts.

Zeit- und Kostenplanung

Aufgabe der Zeitplanung ist, die aus der Strukturplanung resultierenden Teilprojekte und Arbeitspakete in eine zeitliche Reihenfolge zu bringen. Das erfolgt mit Hilfe eines Gantt-Diagramms bzw. bei komplexen Vorhaben mit Hilfe der Netzplantechnik. In der Kostenplanung werden den Teilprojekten und Arbeitspaketen Plankosten zugeordnet. Mit der Zeit- und Kostenplanung ist die wesentliche Grundlage geschaffen für regelmäßige Soll-Ist-Vergleiche von Terminen und Kosten im Zuge der Projektdurchführung.

Liquiditätsplanung

Mit Hilfe der Liquiditätsplanung wird der Bedarf an liquiden Mitteln für die Phasen der Pilotierung, dem Roll-out und einer definierten Zeit der Optimierung nach dem Roll-out ermittelt. Zielsetzung ist es, i. d. R. auf Monats- oder Quartalsbasis die Liquiditätsüber- bzw. -unterdeckungen zu antizipieren. Hiermit erfolgt eine notwendige Vorbereitung zur Steuerung der finanziellen Mittel, um potentielle Zahlungsengpässe bei hohem Liquiditätsbedarf zu vermeiden.

Zur Ermittlung des Finanzmittelbedarfs sind zunächst sämtliche Investitionsauszahlungen für die Systemeinführung in den entsprechenden Auszahlungsperioden zu

BEISPIEL: PROJEKTSTRUKTUR OPTIMIERUNG ÄNDERUNGSMANAGEMENT

Zur Optimierung des Änderungsmanagements bei einem Serienproduzenten hat sich die im Bild wiedergegebene Projektorganisation bewährt.
Die Teilprojekte 1, 2 und 3 dienen der Entwicklung und Implementierung der Soll-Ablauforganisation. Sie verantworten die Zielerreichung und den Rol. Ferner definieren diese Teilprojekte die erforderlichen Leistungen der Querschnittsprojekte 1, 2 und 3 und nehmen diese bei Lieferung ab. Das Querschnittsprojekt PLM-Entwicklung realisiert die Funktionalität gemäß dem vereinbarten Pflichtenheft. Danach übernimmt das Querschnittsprojekt Systembetrieb die Betreuung des Einsatzes des PLM-Systems. Das Querschnittsprojekt Mitarbeiterentwicklung ist im ersten Schritt für die Qualifizierung der Mitarbeiter der Projektorganisation zuständig, später für die Schulung und das Training der Mitarbeiter für das Änderungsmanagement auf Basis des PLM-Systems. Das Stakeholder-Management stimmt laufend die Aktivitäten der Projekte mit den Anforderungen der Organisation ab.

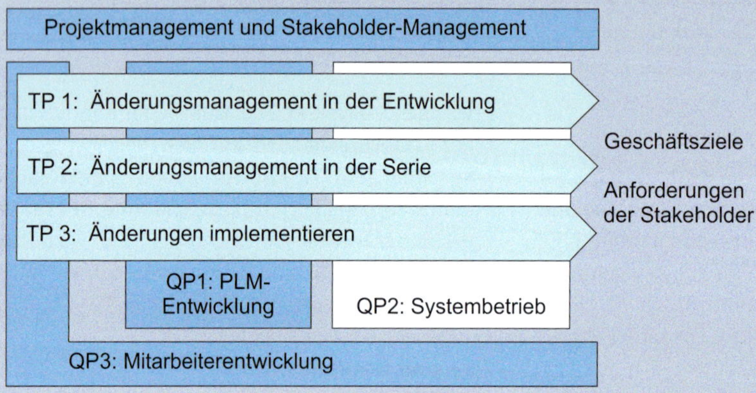

Projektstruktur zur Optimierung des Änderungsmanagements

berücksichtigen. Weiterhin sind alle Liquiditätsabflüsse in die Berechnung mit einzubeziehen, welche durch laufende Kosten für Wartung, Pflege, Nachbesserungen etc. des Systems voraussichtlich entstehen werden. Neben diesen Positionen sind zusätzlich Veränderungen bei den bestehenden Kosten, insbesondere geplante Einsparpotentiale, zu quantifizieren. Vornehmlich nach Beendigung der Systemeinführung wird mit beachtlichen Kosteneinsparungen durch effizientere Abläufe kalkuliert. Hierbei kann es sich um direkte oder mittelbare Einsparungen handeln. Letztere ergeben sich ohne direkte Einflussnahme. Nur in wenigen Fällen sind direkte Kosteneinsparungen und damit reduzierte Liquiditätsabflüsse bereits in der Phase des Roll-outs erreichbar. Es kann vorkommen, dass den Kosteneinsparungen zunächst Kostensteigerungen durch temporäre Mehraufwände vorhergehen. Beispielhaft können Personalkostensteigerungen durch Überstundenzahlungen angeführt werden, da die anfängliche Unsicherheit der Systembedienung die Ablaufgeschwindigkeit reduziert. Indirekte Kosteneinsparungen treten meist erst in der Phase der Optimierung auf. Bild 4-52 zeigt ein Beispiel. Danach beläuft sich die kumulierte Liquiditätsüberdeckung nach Ablauf von dreieinhalb Jahren auf 2,8 Mio. €.

Die Liquiditätsabflüsse sind während und nach Ablauf eines Vorhabens relativ leicht auf Basis der umfassenden Strukturplanung zu ermitteln; die Einsparungen und damit die Nutzenplanung gehen jedoch mit erhöhter Planungsunsicherheit einher. Ausgehend von dem zu aktivierenden Potential sind die Maßnahmen zu beschreiben, welche den Nutzen stiften. Der Nutzen und auch die mittelbaren Einspareffekte müssen als eingesparte Auszahlungen quantifiziert werden, beispielsweise unter Zuhilfenahme von Durchlaufzeiten [Tage, Wochen, Monate oder Prozent], Qualitätsverbesserungen [Prozent oder €/Zeiteinheit] oder Kostenreduktionen [€/Zeiteinheit].

Verantwortungsplanung

Die Verantwortung zur Entwicklung und Implementierung der Soll-Ablauforganisation verteilt sich auf die temporäre BPR-Projektorganisation und die statische Linienorganisation (Aufbauorganisation, Geschäftsorganisation). Die Linienorganisation ist verantwortlich für das Erreichen der Geschäftsziele und ist Kunde für die Projektergebnisse. Ferner ist die Linienorganisation verantwortlich für die Implementierung der Soll-Ablauforganisation.

Teilprojekte	2013		2014				2015				2016				Kosten, Invest.
	Q3	Q4	Q1	Q2	Q3	Q4	Q1	Q2	Q3	Q4	Q1	Q2	Q3	Q4	
Projektmanagement															-1.156
Integration Materialwirtschaft															-1.445
Integration Mechanikentwicklung															-1.060
Integration Elektronikentwicklung															-482
Integration Softwareentwicklung															1.340
Systemintegration															-1.638
Optimierung Produktionssteuerung															-1.156
Optimierung Montage															-1.253
Optimierung IT															-96
Liquiditätsabflüsse															
Investitionen	-185	-210	-250	-976	-1.498	-850	-593	-187	0	0	0	0	0	0	-4.749
Laufende Kosten	0	-60	-365	-522	-640	-787	-673	-530	-418	-312	-250	-180	-100	-50	-4.887
Liquiditätseinsparungen															
Kosteneinsparungen [1]	0	0	0	0	-223	-473	-240	243	520	945	1.368	2.309	3.482	3.975	11.906
Mittelbare Einspareffekte	0	0	0	0	0	0	0	0	0	10	50	70	130	290	550
Liquiditätsüber- (+) / -unterdeckung (-)	**-185**	**-270**	**-605**	**-1.498**	**-2.361**	**-2.110**	**-1.506**	**-474**	**102**	**643**	**1.168**	**2.199**	**3.512**	**4.215**	**2.820**

Projektzeit
Pflege, Optimierung nach Roll-out

[1] Negative Kosteneinsparungen stellen anfängliche Kostensteigerungen dar.

BILD 4-52 Beispiel für die Liquiditätsplanung eines BPR-Projekts [in T€]

Demgegenüber ist es Aufgabe der BPR-Projektorganisation, die Soll-Ablauforganisation zu erarbeiten sowie den Roll-out vorzubereiten und zu unterstützen. Dies umfasst insbesondere die Spezifikation der Ressourcen und des Systems der KPI. In diesem Sinne sind die Zuständigkeiten festzulegen und die verantwortlichen Personen zu bestimmen.

4.3.6 Pilotierung

Ziel der Pilotierung ist die Umsetzung und Erprobung der Soll-Ablauforganisation in einem leicht zu beherrschenden Bereich: der Pilotorganisation. Im Einzelnen soll unter realen Bedingungen Folgendes getan werden:

- Erprobung und Optimierung der Soll-Ablauforganisation in der Praxis,
- Erprobung der neuen bzw. optimierten Ressourcen,
- Förderung der Fähigkeiten des Projektteams für den Roll-out und
- Optimierung der Roll-out-Planung.

Unserer Erfahrung nach gibt es zwei Punkte, die die Pilotierung sehr begünstigen:

- Die Bereitschaft der Führung der Pilotorganisation, Vorreiter im Unternehmen zu sein und als erste von der Reorganisation zu profitieren.
- Die Beteiligung von Exponenten der Pilotorganisation am BPR-Projekt und daraus resultierend eine hohe Motivation, die neuen Prozesse „scharf zu schalten".

Im Folgenden schildern wir die wesentlichen Aktivitäten der Pilotierung, von der Initialisierung – dem sog. Set-up – bis zur Freigabe des Roll-out.

Set-up

Unter dem Set-up wird das Aufsetzen der Pilotierung in der Pilotorganisation verstanden. In diesem Zusammenhang sind eine Reihe von Punkten zu klären:

- Die Zusammenarbeit zwischen Projektteam und Pilotorganisation.
- Die Nominierung von Personen aus der Pilotorganisation, die im Projektteam mitarbeiten sollen.
- Die bereichsbezogene Festlegung der Ziele und der angestrebten Verbesserungen sowie der entsprechenden KPIs.
- Der Arbeitsplan im Detail.

Derartige Klärungen sind u. a. deswegen wichtig, weil das BPR-Projektteam und die Pilotorganisation in der Re-

Die nachfolgende **Qualifizierung** entspricht derjenigen der Pilotierung, d. h. es werden Prozessschulungen, Fachschulungen und Verhaltenstrainings durchgeführt.

Das **Coaching** an den Arbeitsplätzen sollte vorzugsweise von den Mitarbeitern der Pilotorganisation durchgeführt werden. Diese sind am besten in der Lage, die neuen Prozesse anschaulich zu vermitteln und insbesondere im täglichen Geschäft zu demonstrieren, dass es jetzt besser geht. Des Weiteren ist im Coaching darauf zu achten, dass die Mitarbeiter unter dem Druck des Tagesgeschäfts nicht in die alten, gut vertrauten Abläufe zurückfallen.

Sind die neuen Prozesse grundsätzlich implementiert, ist über das **1. Audit** der Implementierungsgrad zu bestimmen. Zeitgleich erfolgt die Ermittlung der Ist-Werte zu den KPI. Im Review 1 ist der Status des Roll-outs festzustellen. Dazu sind die folgenden fünf Kernaussagen zu treffen:

1. Grad der Mitarbeiterqualifizierung: Wie hoch ist der Anteil geschulter Mitarbeiter?
2. Grad der Prozessimplementierung: Zu wieviel Prozent ist der Prozess implementiert?
3. Fortschritt nach KPI: Zu wieviel Prozent ist die vereinbarte Verbesserung eingetreten?
4. Liquiditätsplanung: Zu welchem Anteil sind die finanziellen Ergebnisse des Projekts erreicht?
5. Fortschritt der Maßnahmenumsetzung: Wie weit ist man mit der Umsetzung der vereinbarten Maßnahmen? Ist das nachhaltig? Welche Probleme treten auf? Wie leistungsstark ist das lokale Projektteam?

Die Ergebnisse des Review 1 sind die Basis für die nachfolgende **Verbesserung**. Sind die Verbesserungen realisiert, erfolgt das **2. Audit.** Jetzt sollte ein Implementierungsgrad der Prozesse von 80 % erzielt sein. Im nachfolgenden Review 2 wird der Roll-out-Fortschritt mit den gleichen fünf Kernaussagen wie im Review 1 bewertet.

Follow-up

Im Follow-up sind in erster Linie die Kennzahlen zu beobachten, die die Wirksamkeit der neuen Ablauforganisation belegen und Hinweise für die Nachhaltigkeit der Verbesserungen geben. Es ist davon auszugehen, dass sich die Ablauforganisation nach ihrer Implementierung einschwingen muss und eine gewisse Zeit vergeht, bis die gewünschten Resultate zu verzeichnen sind. Wird beispielsweise ein Terminierungsverfahren für die Produktionsplanung verändert, so müssen in der Regel erst alle „alt" terminierten Fertigungsaufträge abgewickelt sein, bevor die Auswirkungen der neuen Terminierung sichtbar werden. Entsprechen aber die vereinbarten Kennzahlen nach einer Einschwingzeit nicht der Vorausschau, so müssen vom BPR-Projekt Korrekturmaßnahmen eingeleitet werden.

Messung des Fortschritts

Die Fortschritte lokaler Roll-out-Projekte müssen gemessen werden. Die Messergebnisse dienen zum einen den lokalen Reviews zur Bewertung des jeweiligen Roll-out-Fortschritts, zum anderem dem BPR-Projekt zur Führung des gesamten Roll-outs. Den Roll-out-Fortschritt stellen wir plakativ mit fünf Feldern dar (Bild 4-56). Die Werte 1 - 4 entsprechen den im 1. Audit zu treffenden, gleichnamigen Kernaussagen (vgl. vorstehender Absatz Prozessimplementierung). Der 5. Wert „Betriebsreife" repräsentiert das Resümee. Im Folgenden werden diese fünf Werte charakterisiert. Der in Bild 4-56 angedeutete Pfeil deutet den typischen Verlauf des Roll-out-Fortschritts an, der logischerweise mit der Mitarbeiterqualifizierung beginnt und sich schließlich in der Liquiditätsplanung äußert.

1. **Grad der Mitarbeiterqualifizierung:** Dieser Wert ergibt sich aus der Anzahl der geschulten Mitarbeiter im Verhältnis zu der Anzahl der Mitarbeiter, die grundsätzlich zur Schulung vorgesehen sind. Basis sind die Feedback-Bögen zu einzelnen Qualifizierungen.
2. **Grad der Prozessimplementierung:** Dieser Wert wird über Audits gemessen (vgl. Kapitel 4.3.6). Der Durchschnitt der Ergebnisse je Hauptgeschäftsprozess ergibt die Kennzahl.
3. **Fortschritt nach KPI:** Basis sind die Kennzahlen für die einzelnen Prozesse. Es bietet sich an, diese Kennzahlen in Form eines internen Wettbewerbs regelmäßig gegenüberzustellen. In der Tabelle 4-4 sind beispielhaft für einen Prozess die Zahlen für die Werke der Länder Deutschland und Polen dokumentiert. Für jeden Roll-out ist der Fortschritt auf der Grundlage der KPIs in das jeweilige 5-Felder-Modell zu übernehmen.
4. **Liquiditätsplanung:** Hier wird die monetäre Zielerreichung in Prozent angegeben. Die Liquiditätsplanung eines Roll-out-Projekts gibt Aufschluss über die Wirtschaftlichkeit und den Finanzbedarf des jeweiligen Projekts. Sie resultiert aus der Verankerung der Roll-out-Projekte in der Gewinn- und Verlustrechnung des jeweiligen Organisationsbereichs. Dazu ist es erforderlich, dass der Geschäftswertbeitrag eines Roll-out-Projekts als zusätzlicher Ertrag bzw. zusätzlicher Aufwand in der Gewinn- und Verlustrechnung berücksichtigt wird. Es muss unterschieden werden zwischen der Roll-out-Periode, in welcher die Effekte noch nicht voll auftreten, und den Effekten während der Pflege- bzw. Optimierungsphase.
5. **Betriebsreife Soll-Ablauforganisation:** Voraussetzung

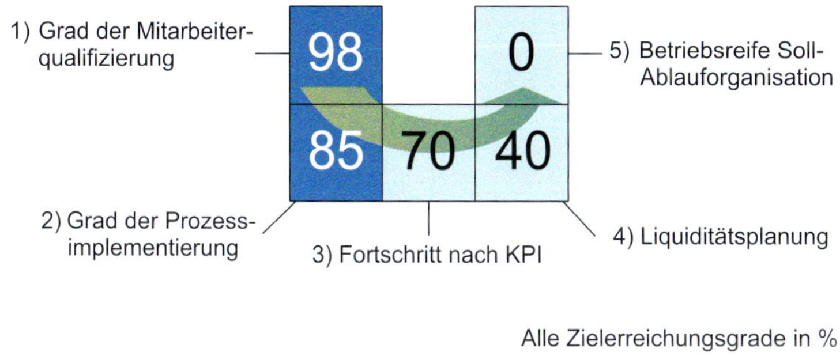

BILD 4-56
5-Felder-Modell zur Qualifizierung der Betriebsreife der Soll-Ablauforganisation

TABELLE 4-4 Beispiel für den Vergleich zweier Werke eines Unternehmens nach KPIs

Prozess Leistung verkaufen	Gew. [%]	**Deutschland** Ziel	Aktuell	geplante Verbesserung	Durchschnitt Vorjahr	Grad Zielerreichung	**Polen** Ziel	Aktuell	geplante Verbesserung	Durchschnitt Vorjahr	Grad Zielerreichung
KPI 1.1 Angebotserfolgsquote [% monatlich]	30	20	17,3	4	16	33 %	18	17,3	6	12	88 %
KPI 1.2 Anzahl Angebote [Stück/Monat]	10	1461	1392	311	1150	78 %	820	722	148	672	34 %
KPI 1.3 Anzahl Angebote/Mitarbeiter [Stück/Monat]	10	15	13,7	7	8,5	80 %	15	13,7	11	4	88 %
KPI 1.4 Prozesszeit [durchschn. Anzahl Tage/Monat]	5	3	4,2	-2,3	5,3	48 %	3	4,2	-1,2	4,2	0 %
KPI 1.5 Pünktlichkeit Angebote [% monatlich]	10	80	61	30	50	37 %	80	65	26	54	42 %
KPI 1.6 Anteil Standardprodukte [% monatlich]	10	90	71	40	50	53 %	70	55	40	30	63 %
KPI 1.7 Liefertreue Produkte [% monatlich]	25	95	78	40	55	58 %	95	60	55	40	36 %
	100			**Fortschritt nach KPI**		**52,7 %**			**Fortschritt nach KPI**		**61,03 %**

für die Feststellung der Reife der Soll-Ablauforganisation für den Produktivbetrieb ist, dass die vier vorangehenden Werte bei mindestens 80 % liegen.

Auf der Grundlage des 5-Felder-Modells erzeugen wir eine sog. **Kennzahlenkarte**, die den Stand der lokalen Roll-out-Projekte im Quervergleich darstellt (Tabelle 4-5) und als gut zu handhabendes Führungsinstrument dient. In dem Beispiel werden in drei Werken vier Hauptgeschäftsprozesse in Betrieb genommen. Der Prozess „Produkt konstruieren" ist in diesem Projekt der Prozess mit der größten Hebelwirkung auf die zu erzielenden Ergebnisse; er geht zu 50 % in den „Fortschritt des Roll-outs" ein. In den Schnittpunkten Hauptgeschäftsprozess – Land werden jeweils die fünf Kennzahlen eingetragen. Für den Prozess „Produkt konstruieren" weist Polen den größten Roll-out-Fortschritt aus.

Abschluss des BPR-Projekts

Mit der Feststellung der Betriebsreife in allen Bereichen des Roll-outs hat das BPR-Projekt sein Ziel erreicht; es kann aufgelöst werden. Die Verantwortung für die Abläufe und Ressourcen obliegt nun endgültig den jeweiligen Bereichen. Aus der Soll-Ablauforganisation ist eine Ist-Ablauforganisation geworden. Mögliche Verbesserungen und Weiterentwicklungen sind Sache der Bereiche.

4.4 Reifegradmanagement der Ablauforganisation

Kernpunkte einer Verbesserung von Geschäftsprozessen sind eine objektive Bewertung der Leistungsfähigkeit und ein Konzept zur schrittweisen Ertüchtigung. Reifegradmodelle zielen auf diese Punkte ab; sie ermöglichen eine weitgehend objektive Leistungsbewertung und eine davon ausgehende systematische Leistungssteigerung. Basierend auf der Annahme, dass die Organisationsentwicklung bewährten Mustern folgt, führt das Reifegrad-

TABELLE 4-5 Roll-out-Kennzahlenkarte zur Ermittlung des Roll-out-Fortschritts (beispielhafter Auszug)

Prozesse	Gew. [%]	Deutschland	Polen	Frankreich
Leistungen verkaufen	20	84 / 70 50 30 — 47	81 0 / 65 33 20 — 40	0
Produkt konstruieren	50	82 / 75 33 12 — 40	70 / 60 70 40 — 48	94 / 85 86 75 — 68
Produkt herstellen	10	0	90 / 20 40 — 30	76 / 55 23 13 — 33
Bedarf decken	20	0	75 / 34 45 — 31	30 / 10 5 — 9
	100	29,4	41,2	39,1

Der **Fortschritt des Roll-outs [%]** je Land ergibt sich aus dem Durchschnitt der gewichteten Zielerreichungsgrade.

Der **Zielerreichungsgrad [%]** ist der Durchschnitt der fünf Werte des 5-Felder-Modells.

management Unternehmen schrittweise zu höherer Leistungsfähigkeit.

Der Ursprung des Reifegradmanagements liegt in den 1970er Jahren. Bereits 1973 beschreiben Gibson und Nolan ein vierstufiges Modell für das Management der elektronischen Datenverarbeitung. Häufig gilt jedoch das Quality Management Maturity Grid (QMMG) von Crosby aus dem Jahre 1979 als erstes Reifegradmodell. Es ist im Themenbereich Qualitätsmanagement angesiedelt und beschreibt in fünf Stufen die Fähigkeit eines Unternehmens, Produktqualität zu erzielen [Cro79]:

1. **Unsicherheit:** Wir wissen nicht, warum wir Probleme mit der Produktqualität haben.
2. **Erwachen:** Ist es wirklich nötig, immer Probleme mit der Produktqualität zu haben?
3. **Erkenntnis:** Mit Managementunterstützung und Qualitätssteigerungen erkennen und lösen wir unsere Qualitätsprobleme.
4. **Verständnis:** Die Vermeidung von Qualitätsmängeln ist fester Bestandteil unserer Arbeit.
5. **Sicherheit:** Wir wissen, warum wir keine Probleme mit der Produktqualität haben.

Trotz der Jahrzehnte alten Historie und einer beträchtlichen Anzahl verfügbarer Reifegradmodelle findet erst in den letzten Jahren eine intensive wissenschaftliche Auseinandersetzung mit dem Komplex Reifegradmanagement statt [AST05], [BKP09], [Chr09]. Zum besseren Verständnis des Reifegradmanagements sind folgende Begriffe von Bedeutung:

Reife ist ein Zustand der Vollständigkeit, Vollkommenheit und Verfügbarkeit [SW89].

Reifegrade definieren für verschiedene Leistungsstufen die Eigenschaften eines Objekts (bspw. Prozess, Organisation, Produkt, Arbeitsperson etc.).

Reifegradmodelle sind Referenzmodelle; sie beschreiben die Zusammenhänge zwischen den Reifegraden und somit die Entwicklung eines Objekts von geringer zu hoher Reife.

Im Rahmen des Reifegradmanagements werden **Reifegradwerkzeuge und -methoden** (bspw. Vorgehensmodelle, Checklisten, Maßnahmen, Software etc.) eingesetzt, die dabei unterstützen, Objekte zu geeigneter Reife zu führen.

Reifegradmodelle fokussieren auf ein definiertes Themengebiet wie Softwareentwicklung, sie unterscheiden sich jedoch im Umfang der Betrachtung. Zur Beschreibung und Systematisierung des gewählten Themengebiets arbeiten Reifegradmodelle mit **Handlungsfeldern** wie Mensch, Organisation und Technik. Sie stellen sicher, dass alle relevanten Facetten des Untersuchungsbereichs berücksichtigt werden.

Für jedes Handlungsfeld wird die Leistung des Unternehmens mit Hilfe von **Handlungselementen** gemessen. Sie sind Stellhebel des Handlungsfelds, die einen hohen Einfluss auf den Untersuchungsbereich haben. Sie dienen der Ermittlung der Reifegrade und spielen eine wichtige Rolle bei der Planung und Umsetzung von Verbesserungsmaßnahmen. Beispiele für Handlungselemente sind der Einsatz von CAD-Systemen oder die Teamorganisation.

Die Ermittlung des Reifegrads erfolgt in **Assessments**. Hierbei werden die Handlungselemente gegen den Referenzrahmen des Reifegradmodells bewertet. Dies geschieht mit Hilfe von Fragebögen und Checklisten sowie Regeln zu deren Anwendung. Das Assessment liefert so eine Zustandsaufnahme der betrachteten Handlungsfelder. Die Assessments werden entweder als Selbstbewertung in Eigenregie oder durch externe Assessoren durchgeführt [BKP09].

Diese Begriffe umfassen in Teilen sowohl das Produkt- als auch das Prozessreifegradmanagement. Produktreifegradmanagement wird bspw. im Projektmanagement zur Messung des Projektfortschritts eingesetzt. So kann der Entwicklungsfortschritt eines Produkts mit sog. Quality Gates überwacht und kommuniziert werden. Das Prozessreifegradmanagement betrifft die Ablauforganisation. Diese Kategorie ist Gegenstand des vorliegenden Kapitels.

Wesentlicher Treiber ist hier das IT-Management, auf das wir in Kapitel 5.4 noch eingehen werden. Im Folgenden behandeln wir vier Modelle, die im Kontext des Prozessmanagements aus unserer Sicht von besonderem Interesse sind. Damit ist kein Anspruch auf Vollständigkeit verbunden, jedoch wurde die Auswahl so getroffen, dass sie ein möglichst breites Spektrum verschiedener Ansätze abdeckt. Es handelt sich um **CMMI** vom CMMI Institute, das **EFQM Excellence Modell** der European Foundation for Quality Management (EFQM), **PEMM** von Hammer und das von uns propagierte Verfahren **VPS-Benchmark** mit Fokus auf Produktentwicklungsprozesse.

4.4.1 Capability Maturity Model Integration – CMMI

CMMI hat seinen Ursprung im Software Capability Maturity Model (Software CMM, häufig auch nur CMM). Das Software CMM war eine Methoden- und Werkzeugsammlung mit dem Ziel, die Effizienz von Softwareentwicklungsprozessen zu bewerten und strukturiert zu verbessern. Das Modell wurde in den 1980er Jahren auf Initiative des US-Verteidigungsministeriums vom Software Engineering Institute (SEI) entwickelt. Im Laufe der Zeit entwickelten sich verschiedene Derivate, wie das Systems Engineering CMM und das Integrated Product Development CMM. Um einer weiteren Zerfaserung entgegenzuwirken, wurde im Jahr 2000 das CMMI veröffentlicht, welches alle Derivate in einem domänenübergreifenden Modell vereint. Heute bildet das CMMI eine Familie von Referenzmodellen, welche vom CMMI Institute weiterentwickelt werden. In der aktuellen Version 1.3 des CMMI von 2010 werden drei Derivate unterschieden [SEI10a], [SEI10b], [SEI10c]:

- CMMI for Development (CMMI-DEV): Dieses Derivat dient der Beurteilung und Verbesserung der Effizienz von Produktentwicklungsprozessen.
- CMMI for Acquisition (CMMI-ACQ): Dieses adressiert die Leistungsbewertung und -steigerung von Organisationen, die im großen Umfang Systeme, Hardware oder Software zukaufen. Der Fokus liegt auf der Optimierung des Beschaffungsprozesses.
- CMMI for Services (CMMI-SVC): Dieses Derivat eignet sich für Organisationen, deren Kerngeschäft Dienstleistungen sind. Im Vordergrund stehen die Entwicklung und Bereitstellung sowie das Management von Dienstleistungen.

Die Struktur aller drei Derivate ist identisch. Sie unterscheiden sich in der inhaltlichen Ausprägung. In den folgenden Ausführungen beziehen wir uns auf das CMMI-DEV.

Aufbau von CMMI

Alle CMMI-Derivate gehen von einer Reihe fest definierter Prozessgebiete aus, die den bereits erläuterten Handlungsfeldern entsprechen. CMMI-DEV unterscheidet 22 Prozessgebiete (Tabelle 4-6), die thematisch in vier Kategorien unterteilt sind.

Jedem Prozessgebiet sind eine Reihe von Zielen und Praktiken zugeordnet. Letztere sind vergleichbar mit den zuvor erläuterten Handlungselementen. Den Zusammenhang von Prozessgebieten, Zielen und Praktiken zeigt Bild 4-57.

Zur Verbesserung eines Prozessgebiets sind die Ziele zu erreichen. Dazu müssen die einem Ziel zugeordneten Praktiken angewendet und etabliert werden. Grundsätzlich wird zwischen spezifischen und generischen Zielen sowie entsprechenden Praktiken unterschieden [SEI10a]:

Spezifische Ziele: Jedem Prozessgebiet sind mehrere spezifische Ziele zugeordnet. Spezifisch meint, dass diese Ziele ausschließlich für ein Prozessgebiet gelten. Sie entsprechen den inhaltlichen Aufgaben eins Prozessgebiets und sind Indikatoren für dessen Leistungsfähigkeit. Ein Beispiel für ein spezifisches Ziel des Prozessgebiets „Projektplanung" ist „Schätzungen sind etabliert".

Spezifische Praktiken: Jedem spezifischen Ziel sind zwischen zwei und sieben spezifische Praktiken zugeordnet. Eine spezifische Praktik beschreibt eine Aktivität, ie als wichtig angesehen wird, um das zugehörige spezifische Ziel und damit die inhaltlichen Aufgaben zu erfüllen. Um das Ziel „Schätzungen sind etabliert" zu erreichen, werden u.a. die Praktiken „Projektphasen

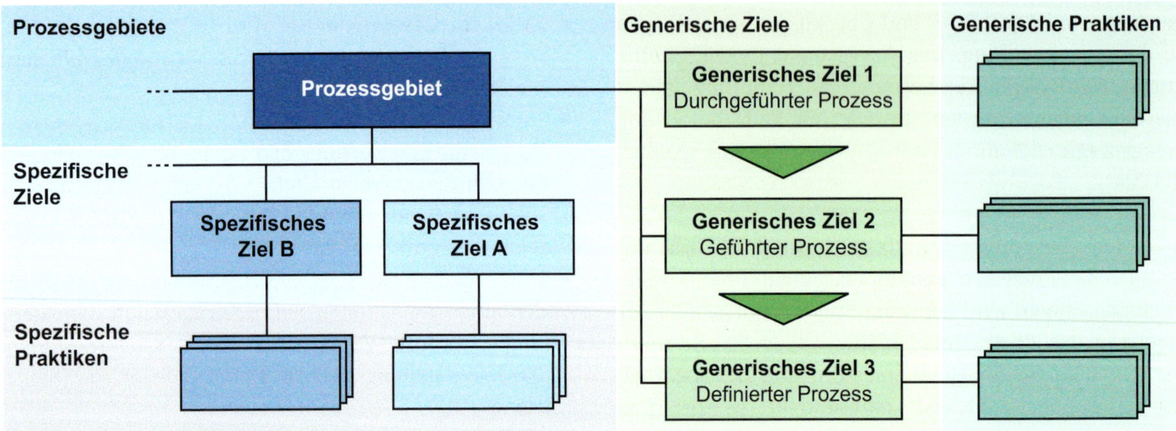

BILD 4-57 Struktur von CMMI

TABELLE 4-6 22 Prozessgebiete von CMMI for Development

Kategorie	Prozessgebiet	Kürzel
Prozess-management	Organisationsweite Prozessausrichtung	OPF
	Organisationsweite Prozessentwicklung	OPD
	Organisationsweite Aus- und Weiterbildung	OT
	Organisationsweite Prozessleistung	OPP
	Organisationsweites Leistungsmanagement	OPM
Projekt-management	Projektplanung	PP
	Projektverfolgung und -steuerung	PMC
	Zulieferungsmanagement	SAM
	Fortgeschrittenes Projektmanagement	IPM
	Risikomanagement	RSKM
	Quantitatives Projektmanagement	QPM
Ingenieur-disziplinen	Anforderungsmanagement	REQM
	Anforderungsentwicklung	RD
	Technische Umsetzung	TS
	Produktintegration	PI
	Verifizierung	VER
	Validierung	VAL
Unterstützung	Konfigurationsmanagement	CM
	Prozess- und Produkt-Qualitätssicherung	PPQA
	Messung und Analyse	MA
	Entscheidungsfindung	DAR
	Ursachenanalyse und -beseitigung	CAR

definieren“ und „Aufwand und Kosten schätzen“ vorgegeben.

Generische Ziele: Die Erfüllung der spezifischen Ziele und Praktiken führt bereits zu einer Prozessverbesserung. Um sicherzustellen, dass diese Arbeitsweisen Teil der täglichen Arbeit sind und auch unter Termin- und Kostendruck Bestand haben, müssen die Prozesse institutionalisiert werden. Ein Indikator für den Grad der Institutionalisierung der Prozesse eines Prozessgebiets sind die generischen Ziele. Diese sind für alle Prozessgebiete gleich.

Es werden drei generische Ziele unterschieden:

- Generisches Ziel 1: Durchgeführter Prozess
- Generisches Ziel 2: Geführter Prozess
- Generisches Ziel 3: Definierter Prozess

Anders als die spezifischen Ziele bauen die generischen Ziele aufeinander auf. So kann das Ziel „Definierter Prozess“ erst dann erreicht werden, wenn der Prozess bereits als „geführt“ gilt.

Generische Praktiken: Diese beschreiben Tätigkeiten, die zur Institutionalisierung der mit einem Prozessgebiet verknüpften Prozesse beitragen. Ein generisches Ziel gilt als erreicht, wenn die vorgegebenen generischen Praktiken etabliert sind. Um bspw. das generische Ziel „geführter Prozess“ zu erreichen, müssen organisationsweite Leitlinien zur Planung und Durchführung der Arbeitsabläufe etabliert werden. Dies entspricht der generischen Praktik „organisationsweite Leitlinien etablieren“.

Leistungsbewertung und -steigerung

CMMI ermöglicht zwei unterschiedliche Herangehensweisen zur Leistungsbewertung von Prozessen: eine kontinuierliche Bewertung anhand von Fähigkeitsgraden (Capability Level) und eine stufenweise Bewertung mit Hilfe von Reifegraden (Maturity Level). Einzelne Prozessgebiete werden mittels Fähigkeitsgraden bewertet; die Bewertung der Organisation als Ganzes erfolgt anhand eines Reifegrads. Beide Darstellungsarten sind gleichwertig und ineinander überführbar. Welche der beiden Darstellungsarten gewählt wird, hängt von unterschiedlichen

Faktoren ab. Sollen z. B. Prozessgebiete gezielt verbessert werden, bietet sich die Bewertung mittels Fähigkeitsgraden an; einen unternehmensübergreifenden Vergleich erlaubt hingegen die Bewertung anhand von Reifegraden.

Bei der **kontinuierlichen Bewertung** wird jedes Prozessgebiet getrennt betrachtet und anhand eines **Fähigkeitsgrads** bewertet. Diese Darstellungsart wird häufig verwendet, wenn die Prozessgebiete, die verbessert werden sollen, bekannt sind bzw. ineffiziente Prozessgebiete bereits identifiziert wurden. Die kontinuierliche Bewertung arbeitet mit vier Fähigkeitsgraden. Für den Übergang von einem Fähigkeitsgrad zum nächsten ist neben der Erfüllung der spezifischen Ziele insbesondere die Institutionalisierung der Prozesse erforderlich. Entscheidend ist somit das Erreichen der generischen Ziele für das Prozessgebiet.

Fähigkeitsgrad 0 - unvollständig: Ein oder mehrere spezifische Ziele des Prozessgebiets werden nicht erreicht.

Fähigkeitsgrad 1 - durchgeführt: Alle spezifischen Ziele des Prozessgebiets sind erfüllt, somit ist das generische Ziel „durchgeführter Prozess“ erreicht. Obwohl Fähigkeitsgrad 1 eine wichtige Verbesserung gegenüber Fähigkeitsgrad 0 bedeutet, können diese Verbesserungen mit der Zeit verloren gehen, da sie nicht institutionalisiert sind.

Fähigkeitsgrad 2 - geführt: Ein geführter Prozess wird in Einklang mit den Unternehmensrichtlinien geplant und durchgeführt. Das generische Ziel „Geführter Prozess“ ist erreicht.

Fähigkeitsgrad 3 - definiert: Ein definierter Prozess beruht auf organisationsweiten Standardprozessen, die sich anhand der jeweiligen Bedürfnisse ausgestalten lassen. Alle Prozesse sind konsistent definiert und werden angewendet. Das generische Ziel „Definierter Prozess“ ist erreicht.

Das Ergebnis der kontinuierlichen Bewertung wird in einem Fähigkeitsgradprofil dargestellt (Bild 4-58).

Im Beispiel wurden sechs Prozessgebiete zur Verbesserung ausgewählt. Bei der Auswahl bestehen beträchtliche Freiheiten, obwohl es aufgrund von Abhängigkeiten zwischen den Prozessgebieten einige Einschränkungen gibt [SEI10a]. Für jedes der betrachteten Prozessgebiete wird der Fähigkeitsgrad in einem Balkenprofil dargestellt. Die Prozesse des Prozessgebiets Technische Umsetzung sind bereits institutionalisiert und entsprechen somit dem Fähigkeitsgrad 3. Im Risikomanagement werden hingegen lediglich die spezifischen Ziele erreicht. Es handelt sich um einen „durchgeführten Prozess“. Die Institutionalisierung in Form standardisierter Prozesse steht noch aus.

Zusätzlich zum ermittelten Fähigkeitsgrad wird in Bild 4-58 ein Soll-Fähigkeitsgradprofil dargestellt. Dieses kann entweder unternehmensindividuell definiert werden oder einer durch CMMI vorgegebenen Systematik folgen. Für die unternehmensindividuelle Definition ist der Nutzen einzelner Prozessgebiete mit den Zielen und Rahmenbedingungen des Unternehmens abzugleichen. Hierzu sind eine genaue Kenntnis der Prozessgebiete sowie Erfahrungswerte erforderlich. Die durch das Soll-Profil ausgedrückte Priorisierung sollte daher stets durch externe Experten unterstützt werden. Alternativ besteht die Möglichkeit, das Soll-Profil an einer durch CMMI vorgegebenen Systematik zu orientieren. Diese wird durch die stufenweise Bewertung in Form von Reifegraden vorgegeben.

Bei der **stufenweisen Bewertung** wird ein **Reifegrad** für die gesamte Organisation ermittelt; die Fähigkeitsgrade der einzelnen Prozessgebiete werden nicht explizit dargestellt. Diese Darstellungsart wird häufig dann gewählt, wenn eine sukzessive Verbesserung aller Prozessgebiete angestrebt wird. Um einen bestimmten Reifegrad zu erreichen, ist die Erfüllung eines durch CMMI definierten Soll-Fähigkeitsprofils erforderlich. Dazu sind die Prozessgebiete gemäß Tabelle 4-7 in vier Sets unterteilt, denen Reifegrade zugeordnet sind. Für jeden Reifegrad ist definiert, welchen Fähigkeitsgrad die Prozessgebiete der zugeordneten Sets aufweisen müssen. Dem Reifegrad 1 ist

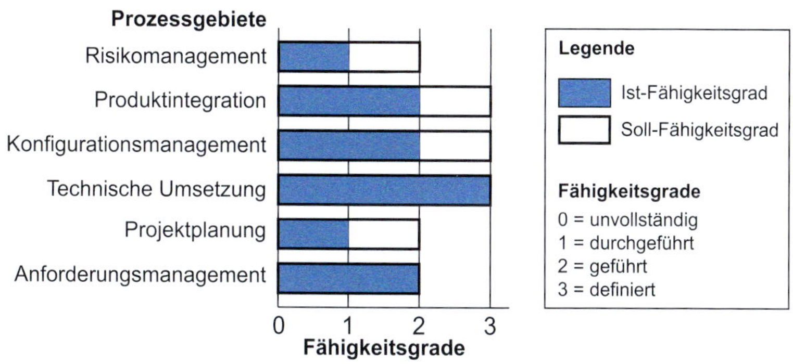

BILD 4-58
Darstellung des Ist- und Soll-Profils bei der kontinuierlichen Bewertung mit Fähigkeitsgraden

kein Set zugeordnet, dieser entspricht dem ungeordneten Ursprungszustand.

Ein Reifegrad wird erreicht, wenn alle Prozessgebiete der zugeordneten Sets den definierten Fähigkeitsgrad aufweisen. So wird bspw. der Reifegrad 3 erreicht, wenn alle Prozessgebiete des ersten und zweiten Sets den Fähigkeitsgrad 3 aufweisen. Der Reifegrad der stufenweisen Bewertung ist somit ein Indiz dafür, welche Sets von Prozessgebieten die Organisation bereits erfolgreich implementiert hat. Zusätzlich deutet der Reifegrad auf den Grad der Institutionalisierung der Prozesse hin. Es werden folgende fünf Reifegrade unterschieden:

Der **Reifegrad 1 – initial** stellt einen rudimentären Ausgangszustand einer Organisation dar. Prozesse werden meist ad hoc und teils chaotisch in einer sich ständig ändernden Prozessumgebung durchgeführt. Der Erfolg hängt stark von den Kompetenzen einzelner Mitarbeiter und nicht von institutionalisierten Prozessen ab. Reifegrad 1 ist nicht in Tabelle 4-7 dargestellt.

Der **Reifegrad 2 – geführt** wird an Organisationen vergeben, die die Prozessgebiete des ersten Sets im Sinne eines „geführten Prozesses“ (Fähigkeitsgrad 2) institutionalisiert haben. Die Prozesse werden geplant und nach Richtlinien ausgeführt. Qualifizierte Mitarbeiter, die über ausreichende Ressourcen verfügen, produzieren ein erwartetes Ergebnis. Ein ähnliches Projekt kann erfolgreich wiederholt werden.

Der **Reifegrad 3 – definiert** kennzeichnet Organisationen, die die Prozessgebiete des ersten und zweiten Sets im Sinne eines „definierten Prozesses“ (Fähigkeitsgrad 3) ausführen. Die Prozesse einer Organisation mit dem Reifegrad 3 sind somit verwaltet und standardisiert.

TABELLE 4-7 Nach Reifegraden aufgeteilte Prozessgebiete (Sets) der stufenweisen Darstellung nach CMMI

Prozessgebiet	Fähigkeitsgrade 0	1	2	3
Anforderungsmanagement				
Projektplanung				
Projektverfolgung und -steuerung				
Zulieferungsmanagement				
Messung und Analyse				
Prozess- und Produkt-Qualitätssicherung				
Konfigurationsmanagement		Reifegrad 2		
Anforderungsentwicklung				
Technische Umsetzung				
Produktintegration				
Verifizierung				
Validierung				
Organisationsweite Prozessausrichtung				
Organisationsweite Prozessentwicklung				
Organisationsweite Aus- und Weiterbildung				
Fortgeschrittenes Projektmanagement				
Risikomanagement				
Entscheidungsfindung			Reifegrad 3	
Organisationsweite Prozessleistung				
Quantitatives Projektmanagement			Reifegrad 4	
Organisationsweites Leistungsmanagement				
Ursachenanalyse und -beseitigung				Reifegrad 5

Für den **Reifegrad 4 – quantitativ geführt** müssen analog zu Reifegrad 3 die Prozessgebiete des ersten, zweiten und dritten Sets im Sinne eines „definierten Prozesses" (Fähigkeitsgrad 3) institutionalisiert sein. Die durch das dritte Set hinzukommenden Prozessgebiete stellen sicher, dass die Qualität und Effizienz von Prozessen mittels Kennzahlen erfasst und bewertet wird. Statistische Methoden unterstützen die Auswertung der Kennzahlen und erlauben Leistungsprognosen.

Den **Reifegrad 5 – prozessoptimierend** erhält eine Organisation, wenn für alle 22 Prozessgebiete der Fähigkeitsgrad 3 erreicht ist. Die Prozessgebiete des vierten Sets stellen sicher, dass die Prozesse von innovativen und kontinuierlichen Verbesserungen geprägt sind. Auch hierfür bilden quantitative Kenngrößen die Basis. Es besteht ein Verständnis über die Streuung von Kennzahlen. Projektübergreifend werden Daten gesammelt und ausgewertet, um Verbesserungspotentiale zu identifizieren.

Die kontinuierliche Darstellung mittels Fähigkeitsgraden und die stufenweise Darstellung mittels Reifegraden ergänzen sich. Fähigkeitsgrade charakterisieren die Verbesserung einer Organisation bezogen auf ausgewählte Prozessgebiete; Reifegrade die Verbesserung bezogen auf definierte Sets an Prozessgebieten.

Der mittels der stufenweisen Bewertung ermittelte Reifegrad ermöglicht einen Vergleich mit anderen Unternehmen. Hierzu werden die Reifegrade der überprüften Unternehmen auf dem Internetportal des CMMI Institute veröffentlicht. Um die Vergleichbarkeit solcher Leistungsbewertungen sicherzustellen, werden Bewertungsrandbedingungen für das CMMI (engl. Appraisal Requirements for CMMI – ARC) vorgegeben. Es wird nach Leistungsbewertungen der Klassen A, B und C unterschieden. Die methodische Formalisierung einer Leistungsbewertung nimmt von A nach C ab. Leistungsbewertungen müssen von autorisierten Personen durchgeführt werden; eine Liste sog. „Lead Appraiser" findet sich auf den Internetseiten des CMMI Institute. Im deutschsprachigen Raum hat sich das „German Lead Appraiser and Instructor Board (CLIB)" etabliert. Die Ziele dieser Gruppe sind vielfältig und reichen von der Öffentlichkeitsarbeit im Bereich CMMI bis hin zur Einbringung von Änderungsanforderungen an das CMMI Institute.

Resümee

Das Capability Maturity Model Integration (CMMI) ist weltweit sehr verbreitet. Es umfasst einen Katalog mit sog. Zielen und Praktiken zur effizienten Gestaltung von Geschäftsprozessen. Ferner bietet das Modell eine umfangreiche Sammlung an Methoden und Werkzeugen, die eine strukturierte Leistungsbewertung und Leistungssteigerung der Organisation ermöglichen. Je nach Zielsetzung erfolgt diese Bewertung in Form von Fähigkeitsgraden oder Reifegraden. CMMI geht grundsätzlich davon aus, dass höhere Reife- bzw. Fähigkeitsgrade eine Verbesserung darstellen. Generell gilt, dass die höchsten Entwicklungsgrade erstrebenswert sind. Die Festlegung, welcher Fähigkeits- bzw. Reifegrad angestrebt werden sollte, bleibt in der Regel dem Unternehmen überlassen. CMMI gibt keine Systematik zur unternehmensadäquaten Definition von Zielfähigkeits- und Zielreifegrad vor, bei der Ziele und Rahmenbedingungen des Unternehmens berücksichtigt werden. Auf Grund der Komplexität des Modells erfordert die Leistungsbewertung und -steigerung mit CMMI umfassende Schulungen des Personals und das Mitwirken aller Unternehmensbereiche. Nach unseren Erfahrungen ist eine vollständige Implementierung von CMMI nur langfristig erreichbar (Zeitbedarf > 12 Monate, abhängig von der Unternehmensgröße).

AutomotiveSPICE

SPICE (Software Process Improvement and Capability Determination) ist ein internationaler Standard zur reifegradbasierten Leistungsbewertung und Leistungssteigerung von Prozessen mit Schwerpunkt Softwareentwicklung. SPICE ähnelt CMMI. Das Modell wurde an die Anforderungen unterschiedlicher Branchen angepasst. Es existieren deshalb zahlreiche Varianten des Modells, z. B. für die Automobilindustrie (AutomotiveSPICE), Raumfahrt (SPICE4Space) oder die Medizintechnik (MediSPICE). Vor allem das AutomotiveSPICE weist in Europa eine starke Verbreitung auf. So empfiehlt es bspw. der Verband der Automobilindustrie (VDA) seinen Mitgliedern. Der Zweck ist die Bewertung der Leistungsfähigkeit der Entwicklungsprozesse von Steuergerätelieferanten in der Automobilindustrie.

AutomotiveSPICE definiert in der Version 4.5 von 2010 insgesamt 31 Prozessgebiete. Diese teilen sich auf die drei Kategorien „primäre Prozesse im Lebenszyklus", „unterstützende Prozesse im Lebenszyklus" und „organisatorische Prozesse im Lebenszyklus" auf. Ähnlich zu CMMI werden für jedes Prozessgebiet Praktiken, Ressourcen und Arbeitsprodukte definiert, die es zu erreichen gilt. AutomotiveSPICE unterscheidet sechs Reifegrade: unvollständig, durchgeführt, gesteuert, etabliert, vorhersagbar und optimierend. Die Reifegrade können je Unternehmen oder Prozessgebiet ermittelt werden. Im Vergleich zu SPICE weist CMMI eine höhere Detaillierung in der Beschreibung und eine höhere Formalisierung in den Assessments auf [SchS10], [VDA10a], [VDA10b].

4.4.2 EFQM Excellence Modell

Das EFQM Excellence Modell wurde von der European Foundation for Quality Management (EFQM) entwickelt. Das Modell bietet Unternehmen einen Orientierungsrahmen für die Umsetzung des Total-Quality-Managements (TQM). Das TQM als ganzheitliche Qualitätsmanagementmethode rückt die Qualität in den Mittelpunkt, um so die Kundenzufriedenheit sicherzustellen. Das EFQM Excellence Modell ermöglicht Unternehmen, die eigenen Stärken und Schwächen im TQM zu erkennen und den Geschäftserfolg nachhaltig zu verbessern [Alb08], [HF11]. Das EFQM Excellence Modell besteht aus drei Komponenten [EFQM12]:

- Die **Grundkonzepte der Exzellenz** umfassen acht Grundprinzipien, auf denen nachhaltige Exzellenz für jede Form von Organisation beruht. Sie dienen dem Management als Leitlinie. Beispiele für diese Grundprinzipien sind „Nutzen für Kunden schaffen", „die Zukunft nachhaltig gestalten" und „Kreativität und Innovation fördern".
- Das **Kriterienmodell** bildet die Bewertungsbasis für die Organisation und hilft die Ursachen-Wirkungs-Zusammenhänge zwischen den Aktivitäten und den Ergebnissen der Organisation zu verstehen. Das Kriterienmodell spiegelt die Grundstruktur des EFQM Excellence Modells wider.
- Die **RADAR-Logik** stellt eine strukturierte Vorgehensweise für die Leistungsbewertung der Organisation dar.

Aufbau des Modells

Das **Kriterienmodell** bildet die Grundstruktur des EFQM Excellence Modells. Im Sinne von Handlungsfeldern werden gemäß Bild 4-59 neun gewichtete Kriterien unterschieden: fünf Befähiger-Kriterien und vier Ergebnis-Kriterien. Die unterschiedliche Gewichtung der Kriterien repräsentiert deren Wichtigkeit.

Befähiger werden auch als Potentialfaktoren bezeichnet und beinhalten Vorgehensweisen und Prozesse, die die Grundlage für hervorragende Unternehmensergebnisse schaffen. Sie beschreiben, wie eine Organisation zur Erreichung besserer Ergebnisse vorgehen sollte. Folgende Befähiger definiert das EFQM Excellence Modell [EFQM12]:

- **Führung:** Als übergeordneter Aspekt legt diese die Ausrichtung des Unternehmens fest. Visionen, Missionen, Werte und Grundsätze werden definiert.
- **Mitarbeiter:** Diese sind die wichtigste Ressource einer Organisation. Das gesamte Potential der Mitarbeiter muss entwickelt und entfaltet werden. Fairness und Chancengleichheit werden aktiv gefördert, Mitarbeiter werden eingebunden und zum Handeln ermächtigt.
- **Strategie:** Diese müssen auf die Interessensgruppen ausgerichtet sein. Ziele, Pläne und Prozesse werden zur Entfaltung der Strategie entwickelt und umgesetzt.
- **Partnerschaften und Ressourcen:** Planung und Management von Partnerschaften und Ressourcen sind notwendig, um die Politik und Strategie zu unterstützen und effektive Prozesse zu schaffen.

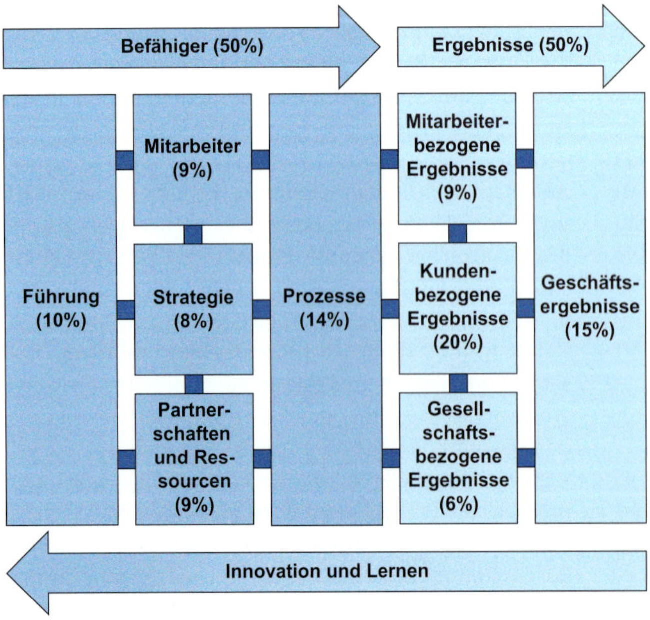

BILD 4-59
Kriterienmodell des EFQM Excellence Modells

- **Prozesse:** Gut gestaltete Prozesse helfen, Kunden und weitere Interessensgruppen zufrieden zu stellen und die Wertschöpfung für diese zu steigern.

Ergebnisse ermöglichen das Messen des Erfolgs einer Organisation. Sie beschreiben, was ein Unternehmen mit Hilfe der Befähiger erreicht hat. Das EFQM Excellence Modell definiert vier Ergebnis-Kriterien [EFQM12]:

- **Mitarbeiterbezogene Ergebnisse:** Mitarbeiterzufriedenheit (u. a. Krankenstand) wirkt sich auf die Kundenzufriedenheit aus. Daher sind mitarbeiterbezogene Ergebnisse von besonderer Bedeutung.
- **Kundenbezogene Ergebnisse:** Kundenzufriedenheit wird als der größte Hebel zur Erreichung der Unternehmensziele angesehen. Die Messung der Kundenzufriedenheit gelingt z. B. mit Hilfe von Kundenbefragungen.
- **Gesellschaftsbezogene Ergebnisse:** Hinsichtlich gesellschaftlicher Interessen muss der Nachweis gelingen, in welcher Form die Organisation die Erwartungen und Bedürfnisse der weiteren Stakeholder, z. B. Öffentlichkeit, Politik und Umweltschutzgruppen, erfüllt.
- **Geschäftsergebnisse:** Diese liefern den Nachweis, in wie weit die Organisation die finanziellen und nicht finanziellen Ziele erreicht. Wirtschaftliche Ergebnisse (Umsatz, Marktanteil etc.) stehen im Fokus.

Alle Befähiger und Ergebnisse werden durch weitere **Teilkriterien** (Handlungselemente) konkretisiert. Insgesamt werden 32 Teilkriterien untersucht. Für den Befähiger „Strategie" werden beispielsweise vier Teilkriterien definiert [EFQM12]:

- Die Strategie beruht auf dem Verständnis der Bedürfnisse und Erwartungen der Stakeholder.
- Die Strategie beruht auf dem Verständnis der eigenen Leistungen und Fähigkeiten.
- Die Strategie und unterstützende Leitlinien werden entwickelt, überprüft und aktualisiert.
- Die Strategie und unterstützende Leitlinien werden kommuniziert und umgesetzt; dies wird überwacht.

Leistungsbewertung und -steigerung

Ausgehend von den Kriterien und den zugehörigen Teilkriterien erfolgt die Leistungsbewertung. Grundlage der Leistungsbewertung mittels des EFQM Excellence Modells ist ein Punktesystem, in dem eine Organisation zwischen 0 und 1000 Punkte erreichen kann. Die Berechnung der Punktzahl basiert auf einem festgelegten Bewertungsschema, in dem die Befähiger- und Ergebnis-Kriterien zu gleichen Teilen mit je 500 maximal erreichbaren Punkten einfließen. Die einzelnen Kriterien werden jedoch unterschiedlich stark gewichtet. Zum Beispiel wird das Ergebnis-Kriterium „Kundenbezogene Ergebnisse" mit 20 % und somit maximal 200 Punkten bewertet, das Erfolgskriterium „Gesellschaftsbezogene Ergebnisse" hingegen nur mit maximal 60 Punkten (6 %) (vgl. Bild 4-59).

Zur Ermittlung der Gesamtpunktzahl einer Organisation muss die Punktzahl für jedes Teilkriterium bestimmt werden. Zur strukturierten und nachvollziehbaren Bewertung hat die EFQM die RADAR-Logik entwickelt. RADAR steht für Results (Ergebnisse), Approach (Vorgehen), Deployment (Umsetzung), Assessment (Bewertung) und Refinement (Verbesserung). Sie stellt sicher, dass alle 32 Teilkriterien nach dem gleichen Schema bewertet werden. Dafür wird eine Bewertungsmatrix bereitgestellt, die sich für die Teilkriterien der Befähiger und die der Ergebnisse unterscheidet. Tabelle 4-8 zeigt die Bewertungsmatrix für die Teilkriterien der Befähiger.

Die Matrix gliedert sich in Bewertungsaspekte und dazugehörige Attribute mit einer kurzen Erklärung. Für die Bewertung der Befähiger-Teilkriterien sind die drei Bewertungsaspekte Vorgehen, Umsetzung sowie Bewertung und Verbesserung relevant. Für die Ergebnis-Kriterien werden Relevanz sowie Nutzen und Leistung analysiert. Jedes Attribut wird hinsichtlich der in der Organisation vorhandenen Nachweise bewertet. Dies reicht von nicht vorhandenen Nachweisen (0 %) bis hin zu umfassenden und vorbildlichen Nachweisen (100 %). Aus der Bewertung der einzelnen Attribute können die Gesamtbewertung des Teilkriteriums und somit die zugehörige Punktzahl bestimmt werden. Ausgehend von der Bewertung aller Teilkriterien und den vorgegebenen Gewichtungen je Teilkriterium und Kriterium wird die Gesamtpunktzahl für die Organisation berechnet. Das EFQM Excellence Modell geht grundsätzlich davon aus, dass eine möglichst hohe Punktzahl erstrebenswert ist. Es gilt die Auffassung, dass sich jedes Unternehmen durch die Erreichung von höheren Punktzahlen bei Befähigern und Ergebnissen verbessern kann [EFQM12]. Die Gesamtpunktzahl kann zum Benchmarking mit anderen Organisationen oder zur Bewerbung für den EFQM Excellence Award genutzt werden. Zur Durchführung der Bewertung bieten sich dem Unternehmen drei Möglichkeiten: Fragebogen, Workshop und Bewerbungssimulation [HF11].

Fragebogen: Dieser dient der Selbstbewertung und sollte als Einstieg genutzt werden. Hierzu empfiehlt es sich, auf bestehende Fragebögen zurückzugreifen, die bspw. über die EFQM bezogen werden können. Nach Auswertung der Fragebögen werden erste Verbesserungspotentiale sichtbar.

TABELLE 4-8 Bewertungsmatrix der RADAR-Logik für die Teilkriterien der Befähiger nach [EFQM12]

Attribut	Erklärung	Nachweise				
		keine 0%	vereinzelt 25%	vorhanden 50%	klar 75%	vorbildlich 100%
Vorgehen						
fundiert	Das Vorgehen ist klar begründet und basiert auf den Bedürfnissen der relevanten Interessengruppen und auf Prozessen.					
integriert	Das Vorgehen unterstützt die Strategie und ist mit anderen relevanten Vorgehen verzahnt.					
Umsetzung						
eingeführt	Das Vorgehen wird in relevanten Bereichen rasch eingeführt.					
angemessen	Die Ausführung ist sinnvoll und eröffnet die Möglichkeit zur Anpassung und organisatorischer Veränderung.					
Bewertung und Verbesserung						
Messung	Die Effektivität und Effizienz des Vorgehens und dessen Umsetzung werden in geeigneter Weise gemessen.					
Lernen und Kreativität	Lernen und Kreativität werden genutzt, um Möglichkeiten für Verbesserungen und Innovationen zu erschließen.					
Verbesserung und Innovation	Die Ergebnisse aus Messung, Lernen und Kreativität werden genutzt, um Möglichkeiten für Verbesserungen und Innovationen zu bewerten, zu priorisieren und einzuführen.					
	Gesamtbewertung des Befähigers					

Workshop: Hierfür müssen die Teilnehmer eine Schulung besuchen und in einer gezielten Datenerhebung relevante Informationen über die Organisation sammeln und verdichten. Im Workshop erfolgt anschließend die Bewertung der Organisation unter Berücksichtigung der RADAR-Logik.

Bewerbungssimulation: Dies ist die qualitativ aussagekräftigste Möglichkeit zur Bewertung, zugleich jedoch die Aufwändigste. Es wird eine Bewerbung auf einen Qualitätspreis simuliert. Hierzu werden die Befähiger und Ergebnisse im Unternehmen sowohl durch interne als auch externe Assessoren analysiert und durch das Unternehmen in einer fiktiven Bewerbungsbroschüre beschrieben. Diese Möglichkeit bietet sich dann an, wenn tatsächlich eine Bewerbung um den EFQM Excellence Award vorgesehen ist.

Resümee

Das EFQM Excellence Modell bietet einen Orientierungsrahmen für die Umsetzung des Total-Quality-Managements (TQM) und unterstützt bei der Schaffung von Rahmenbedingungen zur Steigerung der betrieblichen Exzellenz. Es baut auf der Unterscheidung von Befähigern und Ergebnissen auf. Die Befähiger umfassen Vorgehensweisen und Prozesse, die die Grundlage für hervorragende Unternehmensergebnisse schaffen. Befähiger und Ergebnisse sind Gegenstand der Leistungsbewertung. Die Leistungsbewertung erfolgt durch ein Punktesystem, das den Vergleich mit anderen Unternehmen ermöglicht. Ähnlich wie bei CMMI handelt es sich beim EFQM-Excellence-Modell um ein sehr umfangreiches Reifegradmodell, dessen Anwendung mit einem erheblichen Aufwand für die Organisation verbunden ist. Zwar ist eine erste Selbstbewertung mit Hilfe von Fragebögen möglich, für eine offizielle Zertifizierung sind jedoch externe Assessoren und eine ausgiebige

Vorbereitung notwendig. Dass sich das EFQM-Excellence-Modell dennoch zu einem Erfolgsmodell entwickelt hat, bestätigt eine Studie des Fraunhofer Instituts für System- und Innovationsforschung [LSJ09]. Befragt wurden in dieser Studie 1663 Unternehmen, von denen gut 40 % EFQM nutzen. Diese Betriebe schneiden in der Qualität ihrer Produkte, in ihrer Flexibilität und auch in der Innovationsleistung besser ab.

4.4.3 Process and Enterprise Maturity Model – PEMM

Das PEM-Modell wurde von der Unternehmensberatung HAMMER AND COMPANY mit Sitz in Cambridge, Massachusetts entwickelt [Ham07]. Es ist ein Werkzeug, das Unternehmen bei der Verbesserung ihrer Geschäftsprozesse unterstützt. Hierbei wird bewusst das Unternehmen als Ganzes betrachtet und kein Fokus auf spezifische Themen, wie den Softwareentwicklungsprozess, gelegt.

Die Leistungsbewertung wird durch zwei Tabellen unterstützt, die im Rahmen von Diskussionen, Befragungen und Workshops ausgefüllt werden. Aus den Tabellen können die Reifegrade des Unternehmens direkt abgelesen werden. Zusätzlich geben die Tabellen Aufschluss darüber, in welchen Bereichen Schwachstellen sind. Diese können im Rahmen der Leistungssteigerung durch individuelle Maßnahmen behoben werden.

Aufbau von PEMM

Das PEM-Modell unterscheidet neun Handlungsfelder, die den zwei Gruppen „Prozessdeterminanten" und „Unternehmenskompetenzen" zugeordnet sind. Prozessdeterminanten und Unternehmenskompetenzen werden getrennt voneinander in zwei Tabellen behandelt.

Prozessdeterminanten bestimmen, wie gut ein Prozess über einen längeren Zeitraum hinweg funktionieren kann. Je stärker die Prozessdeterminanten ausgeprägt sind, umso leistungsfähiger und robuster ist der Prozess. Nach der Erfahrung von HAMMER bilden folgende fünf Prozessdeterminanten die Grundvoraussetzung für gut funktionierende Prozesse:

- Prozessdesign: Ist der Prozess umfassend dokumentiert? Ist verständlich beschrieben, wie der Prozess ausgeführt werden soll?
- Mitarbeiter: Ist das nötige Wissen bei den Mitarbeitern, die den Prozess ausführen, vorhanden? Sind die Mitarbeiter qualifiziert?
- Verantwortung: Ist eine Führungskraft für den Prozess und das Prozessergebnis verantwortlich? Hat die Führungskraft ausreichende Befugnisse?
- Infrastruktur: Wird der Prozess von den Informations- und Managementsystemen hinreichend unterstützt?
- Kennzahlen: Existieren im Unternehmen geeignete quantitative Kenngrößen, um das Prozessergebnis zu bewerten?

Zwischen diesen Prozessdeterminanten bestehen starke Interdependenzen. Eine schwache Führungsperson kann z. B. kein exzellentes Prozessdesign implementieren, unzureichend geschultes Personal wird den Prozess nicht strukturiert ausführen etc. Nachhaltige und leistungsfähige Prozesse können nur erreicht werden, wenn keine der Determinanten besonders schwach ausgeprägt ist.

Unternehmenskompetenzen bilden die Voraussetzung für das Entstehen von leistungsfähigen Prozessen, d. h. ein Unternehmen muss über Kompetenzen in verschiedenen Bereichen verfügen, um leistungsfähige Prozesse zu schaffen. Das PEM-Modell definiert folgende vier Kompetenzbereiche:

- Leadership: Werden die Prozessveränderungen durch das Topmanagement unterstützt?
- Unternehmenskultur: Wie groß ist die Bereitschaft für Veränderungen? Wie ausgeprägt ist die Fähigkeit zum Teamwork?
- Erfahrungen: Welche Fähigkeiten und Erfahrungen bezüglich der Neugestaltung von Prozessen sind im Unternehmen vorhanden?
- Steuerung: Welche Systeme und Strukturen existieren im Unternehmen, die das Management von Veränderungen unterstützen?

Sowohl den Prozessdeterminanten als auch den Unternehmenskompetenzen sind je zwei bis vier **Merkmale** (Handlungselemente) zugeordnet. Diese haben den Vorteil, dass sie sich in jedem Unternehmen relativ leicht identifizieren lassen. Der Kompetenzbereich „Leadership" wird beispielsweise anhand der Merkmale Bewusstsein, Abstimmung, Verhalten und Führungsstil definiert:

- Bewusstsein: Betrachtet das Top-Management seine Arbeit aus Prozesssicht und versteht Prozessmanagement als Managementmethode?
- Abstimmung: Übernehmen Personen aller Unternehmensteile Führungsrollen bei Prozessprojekten?
- Verhalten: Engagiert sich das Top-Management bei Prozessinitiativen?
- Führungsstil: Wurden Weisungsbefugnisse an die Prozesseigner und die Ausführenden delegiert?

Das PEM-Modell arbeitet mit je vier **Reifegraden** für die Prozessdeterminanten (Process Maturity P-1 bis P-4) und vier Reifegraden für die Unternehmenskompetenzen (Enterprise Maturity E-1 bis E-4). P-1 bzw. E-1 definiert die niedrigste Entwicklungsstufe, P-4 bzw. E-4 entsprechend die höchste Entwicklungsstufe. Um den Reifegrad einer Prozessdeterminanten oder Unternehmenskompetenz zu bestimmen, sind für jedes Merkmal vier Entwicklungsstufen anhand eines kurzen Textes formuliert. Jede Entwicklungsstufe entspricht einem Reifegrad. Eine Übersicht der Merkmale und deren Entwicklungsstufen liefert Tabelle 4-9.

Eine Unternehmenskompetenz hat dann den Reifegrad E-1 erreicht, wenn alle Merkmale dieser Unternehmenskompetenz mindestens die erste Entwicklungsstufe erreicht haben. Oder anders ausgedrückt: Eine Unternehmenskompetenz hat immer den Reifegrad, den das am geringsten entwickelte Merkmal dieser Unternehmenskompetenz hat. Niedrige Entwicklungsstufen eines Merkmals lassen sich nicht durch besonders hoch entwickelte Merkmale kompensieren. Die Reifegrade der Prozessdeterminanten werden im Prinzip analog zu den Reifegraden der Unternehmenskompetenzen bestimmt. Eine Besonderheit ist, dass die Unternehmenskompetenzen die Prozessdeterminanten dominieren. Das PEM-Modell geht davon aus, dass die Grundvoraussetzung für erfolgreiche Prozesse gut ausgebildete Unternehmenskompetenzen sind. Eine Prozessdeterminante kann deshalb maximal den Reifegrad des am höchsten entwickelten Reifegrads der Unternehmenskompetenzen annehmen. Die Prozessdeterminanten werden durch die Unternehmenskompetenzen quasi „gedeckelt".

Leistungsbewertung und -steigerung

Das PEM-Modell erfordert zur Anwendung weder autorisierte Personen noch ausgesprochene Experten. Es wird sogar explizit gefordert, dass die Beschäftigten eines Unternehmens selbst die Leistungsbewertung durchführen, da dadurch das Vertrauen in die Ergebnisse gesteigert wird.

> *„Nach einer kurzen Einführung können selbst Mitarbeiter, die keinerlei Erfahrung mit Prozessen mitbringen, die beiden Tabellen erstellen und auswerten. [...] Die subjektiven Einschätzungen der Mitarbeiter fließen in die Bewertung eines Prozesses oder eines Unternehmens mit ein. Und je stärker sie an der Konzipierung neuer Prozesse beteiligt sind, desto stärker werden sie sich für die Veränderungen einsetzten." [Ham07]*

Die Leistungsbewertung durch unterschiedliche Hierarchieebenen führt häufig zur Aufdeckung unterschiedlicher Sichtweisen. Üblicherweise fällt die Einschätzung des Managements wesentlich positiver aus als die der Mit-

TABELLE 4-9 Ausschnitt der Tabelle zur Bestimmung des Leistungsstands der Unternehmenskompetenzen. Die Tabelle wurde exemplarisch ausgefüllt (Farbmarkierungen rechts)

Unternehmenskompetenzen									
	Merkmale	Entwicklungsstufen				Bewertungen			
		E-1	E-2	E-3	E-4	E-1	E-2	E-3	E-4
Leadership	Bewusstsein	Das Top-Management erkennt die Notwendigkeit, die betriebliche Leistung zu verbessern, ist sich der Bedeutung und der Möglichkeiten von Geschäftsprozessen jedoch nur in eingeschränktem Maße bewusst.	Mindestens ein Manager der Unternehmensleitung verfügt über tiefergehendes Wissen darüber, wie Geschäftsprozesse funktionieren, wie sie zur Leistungssteigerung des Unternehmens beitragen können und wie sie umgesetzt werden.	Das Top-Management ist prozessorientiert und hat eine Vision für die weitere Entwicklung des Unternehmens und der Prozesse.	Das Top-Management betrachtet auch die eigene Arbeit aus Prozesssicht und sieht Prozessmanagement nicht als Projekt, sondern als Managementmethode.				
	Abstimmung	Die Führung des Prozessprogramms ist im mittleren Management angesiedelt.	Ein Manager der oberen Führungsebene hat die Führung und die Verantwortung für das Prozessprogramm übernommen.	Das Top-Management ist sich über die Prozessinitiative weitgehend einig. Es wird von vielen Leuten aus dem Unternehmen unterstützt.	Personen in allen Unternehmensteilen begeistern sich für die Veränderung und übernehmen Führungsrollen bei Prozessprojekten.				
	Verhalten	Ein Manager der oberen Führungsebene unterstützt die Veränderung und ist bereit, das Projekt zu sponsern.	Ein Manager der oberen Führungsebene hat offizielle Leistungsziele gesteckt und ist bereit, Ressourcen bereitzustellen, tief greifende Änderungen vorzunehmen und Hindernisse aus dem Weg zu räumen, um die Ziele zu erreichen.	Das Top-Management agiert als Team, managt das Unternehmen prozessorientiert und engagiert sich in Prozessinitiativen.	Das Top-Management hat seine eigenen Aufgaben als Prozess definiert, richtet die strategische Planung auf Prozesse aus und entwickelt Geschäftschancen auf Basis von Hochleistungsprozessen.				
	Führungsstil	Das Top-Management ist von einem stark hierarchischen Führungsstil zu einem offeneren, auf Zusammenarbeit basierenden Führungsstil übergegangen.	Der für die Prozessveränderung verantwortliche Top-Manager setzt sich leidenschaftlich für notwendige Veränderungen ein und sieht Prozesse als Schlüsselwerkzeug für Veränderungen.	Das Führungsteam hat die Kontrolle und die entsprechenden Weisungsbefugnisse an die Prozesseigner und die Ausführenden delegiert.	Das Top-Management führt das Unternehmen mit Vision und Einfluss statt mit Anweisungen und Überwachung.				
Unternehmenskultur	Teamwork	Teamwork findet nur gelegentlich bei einzelnen Projekten statt und ist nicht die Regel.	Das Unternehmen setzt regelmäßig abteilungsübergreifende Projektteams ein, um Verbesserungen zu erzielen.	Teamwork ist bei den Mitarbeitern, die die Prozesse ausführen, an der Tagesordnung und wird auch häufig von Managern praktiziert.	Teamwork mit Kunden und Lieferanten ist an der Tagesordnung.				

Aussage trifft zu mehr als 80 % | Wahrheitsgehalt der Aussage liegt zwischen 20 % und 80 % | Aussage trifft zu weniger als 20 % zu

arbeiterinnen und Mitarbeiter. Diese Diskrepanz kann als erstes Arbeitsergebnis verstanden werden und sollte genutzt werden, um die Kommunikation im Unternehmen zu fördern.

Im Rahmen der Leistungsbewertung wird der Reifegrad der Prozessdeterminanten bzw. Unternehmenskompetenzen festgestellt. Die Tabellen verfügen zu diesem Zweck auf der rechten Seite über vier Spalten, in denen farbliche Markierungen eingetragen werden können. Die Farben rot, gelb und grün geben eine Aussage darüber, ob der jeweilige Reifegrad erreicht wurde oder nicht (siehe Tabelle 4-9). Über die Farbmarkierungen lässt sich der Reifegrad der Prozessdeterminanten bzw. Unternehmenskompetenzen feststellen. Eine Entwicklungsstufe eines Merkmals gilt nur dann als erreicht, wenn die Aussage überwiegend zutrifft (Wahrheitsgehalt der Aussage mehr als 80 %, Farbmarkierung: grün). Die Merkmale der Unternehmenskompetenzen in Tabelle 4-9 wurden beispielhaft bewertet.

Ausgehend von der Leistungsbewertung sind individuelle Maßnahmen zur Leistungssteigerung abzuleiten. Hierbei geht das PEM-Modell grundsätzlich davon aus, dass höhere Entwicklungsstufen eines Merkmals, respektive ein höherer Reifegrad einer Prozessdeterminante oder Unternehmenskompetenz eine Verbesserung für das Unternehmen darstellt. Die höchsten Reifegrade gelten als erstrebenswert. Welcher Reifegrad angestrebt wird, bleibt dem Unternehmen überlassen. Dabei ist ein ausgewogenes, d. h. homogenes Profil erstrebenswert.

Die Auswertung einer Leistungsbewertung deckt Schwachstellen gezielt auf. Im Beispiel aus Tabelle 4-9 herrscht offensichtlich ein Defizit bei der Unternehmenskompetenz Leadership. Die Leistungsbewertung hat ergeben, dass insbesondere die Abstimmung mit oberen Führungsebenen nur unzureichend durchgeführt wird. Das Unternehmen kann nun gezielt darauf hinarbeiten, die Leistung in diesem Bereich zu verbessern. Um die Leistungssteigerung zu beobachten, sollte die Leistungsbewertung in angemessenen Zeitabständen kontinuierlich wiederholt werden.

Resümee

Das PEM-Modell unterstützt sehr pragmatisch die Verbesserung der Prozessorganisation. Die durch das Modell definierten Prozessdeterminanten und Unternehmenskompetenzen sind so gewählt, dass das Unternehmen mit all seinen Prozessen Bestandteil der Betrachtung ist. Es kann leicht auf jede Art von Organisation übertragen und mit relativ geringem Aufwand angewendet werden. Zur Durchführung wird kein intensiv geschultes Personal benötigt; die Reifegrade lassen sich in einigen Tagen ermitteln.

4.4.4 VPS-Benchmark

Das Verfahren VPS-Benchmark richtet sich an kleine und mittlere Unternehmen des Maschinen- und Anlagenbaus sowie verwandter Branchen, die komplexe technische Systeme entwickeln. Es unterstützt diese Unternehmen, die Nutzenpotentiale von Virtual Prototyping und Simulation (VPS) zu erkennen und zu erschließen. Der Begriff Virtual Prototyping und Simulation fasst die Techniken zusammen, die es ermöglichen, auf der Basis von digitalen Modellen des in Entwicklung befindlichen Produkts Funktionsnachweise zu erbringen (mehr dazu in Kapitel 5.3). Die Funktionalität des VPS-Benchmark ist in Bild 4-60 dargestellt.

Im Rahmen der **Leistungsbewertung** werden strukturierte Interviews zu den Themengebieten Entwicklungsmanagement, Konstruktion, Datenmanagement, Weiterverwendung und Produktanalysen geführt. Für jedes der Themengebiete wird ein **Reifegrad** ermittelt. Auf Basis der **Klassifikation** des Unternehmens nach Unternehmenskennzahlen (z. B. Anzahl der Entwickler), Produktkennzahlen (z. B. Anzahl Bauteile) und Unternehmensumfeld (z. B. Wettbewerbssituation) werden eine Unternehmensklasse und für jedes Themengebiet ein unternehmensadäquater **Zielreifegrad** bestimmt. Ausgehend vom Vergleich der aktuellen Reifegrade und der Zielreifegrade wird das Unternehmen unterstützt, eine Roadmap zur unternehmensspezifischen **Leistungssteigerung** zu erarbeiten. Hierzu wird dem Unternehmen ein Aufwand-Nutzen-Portfolio mit konkreten Maßnahmen zur Verfügung gestellt. Bereits durchgeführte Analysen werden in einer Datenbank gespeichert. Dies erlaubt einen anonymisierten

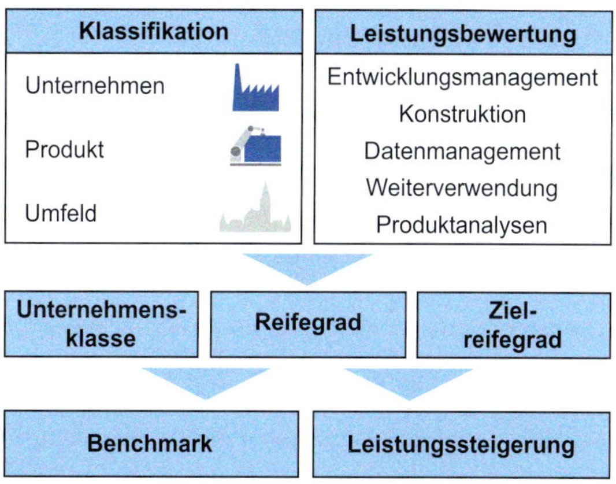

BILD 4-60 Funktionalität des Verfahrens VPS-Benchmark

LEISTUNGSSTUFEN VON HANDLUNGSELEMENTEN AM BEISPIEL „ENTWICKLUNGSSYSTEMATIK“

Eine Entwicklungssystematik ist eine planmäßige Vorgehensweise zur Bearbeitung einer Entwicklungsaufgabe. Sie legt fest, was durch wen in welcher Reihenfolge zu tun ist, welche Meilensteine existieren, welche Resultate an diesen vorzuliegen haben und wer an den Meilensteinen die Entscheidung zur Freigabe der nächsten Schritte trifft. Ferner enthält eine Entwicklungssystematik Aussagen zu einzusetzenden Methoden, Werkzeugen, Metriken, Techniken der Ergebnisdokumentation etc.

LEISTUNGSSTUFE A: LERNENDE ORGANISATION

Die Entwicklungssystematik ist nicht nur präzise dokumentiert und uneingeschränkt akzeptiert, sondern wird kontinuierlich weiterentwickelt. Es herrscht eine klare Orientierung auf den Nutzen für den Kunden (Auftraggeber) vor. Dabei werden, wenn angebracht, auch Vereinfachungen vorgenommen, so dass der Gefahr des Entstehens eines Bürokratie-Monsters entgegengewirkt wird. Transparenz sowie Konfliktlösungs- und Kooperationsbereitschaft kennzeichnen den Umgang miteinander.

LEISTUNGSSTUFE B: GUT DOKUMENTIERTES UND GELEBTES VORGEHENSMODELL

Die Entwicklungsprozesse sind detailliert festgelegt. Es ist klar definiert, wer was zu liefern hat und wer an welchen Meilensteinen zu entscheiden hat. Es herrscht Transparenz über Aufgaben und Entscheidungsstrukturen. Die definierten Abläufe werden konsequent eingehalten. Ausnahmen gibt es nicht. Entwicklungsergebnisse werden konsequent dokumentiert und aktualisiert.

LEISTUNGSSTUFE C: RUDIMENTÄRES VORGEHENSMODELL

Der prinzipielle Ablauf der Entwicklung und die Entscheidungspunkte sind festgelegt. Es ist bekannt, wer entscheidet. In der Regel wird dieses Vorgehen jedoch nicht konsequent eingehalten. Der Dokumentation der Entwicklung und der Ergebnisse kommt keine besondere Bedeutung zu. Wichtig ist nur das Ergebnis, nicht der Weg dorthin.

LEISTUNGSSTUFE D: KEIN SYSTEMATISCHES VORGEHEN

Der Entwicklungsablauf des Unternehmens ist nicht definiert. Die Entwicklung erfolgt unsystematisch und teils chaotisch. Es mangelt an Transparenz der Arbeit. Verantwortlichkeiten sind nicht geregelt, es existieren keine klaren Entscheidungsstrukturen.

Benchmark mit anderen Unternehmen der selben Klasse. Die Entwicklung des Reifegradmodells erfolgte im Rahmen eines Forschungsprojekts [Ben13].

Aufbau des VPS-Benchmark

Der Aufbau des Modells gliedert sich in die drei Pfade Leistungsbewertung, Zieldefinition und Leistungssteigerung (Bild 4-61). Der linke Pfad beschreibt die Leistungsbewertung; die entsprechenden Elemente orientieren sich am typischen Aufbau von Reifegradmodellen.

- **Themengebiete** gliedern den Betrachtungsgegenstand entsprechend eines Handlungsfelds in übergeordnete Aufgabenkomplexe. Sie fassen stark zusammengehörige Aspekte des Untersuchungsbereichs zusammen. Beispiele für Themengebiete im Rahmen von VPS sind Datenmanagement und Produktanalysen.
- **Handlungselemente** dienen der Leistungserfassung. Ein Themengebiet kann beliebig viele Handlungselemente aufweisen, welche als Fragen formuliert sind. Ein Beispiel für ein Handlungselement aus dem Themengebiet Datenmanagement ist die Verwaltung von Produktdaten: „Wie verwalten Sie Ihre Produktdaten?“.
- **Leistungsstufen** sind vordefinierte Spezifikationen zu den Handlungselementen, die konkrete Leistungsstände ausdrücken. Beispiel Verwaltung von Produktdaten: Die Ablage der Daten erfolgt ohne klare Vorschriften und unsystematisch in Ordnerstrukturen; dies ergibt eine niedrige Leistungsstufe. Die Verwaltung der Daten in einem PDM-System hingegen ermöglicht eine systematische Ablage; das Unternehmen hat hier einen höheren Leistungsstand. Im folgenden Kasten wird am Beispiel des Handlungselements „Entwicklungssystematik“ beschrieben, wie Leistungsstufen präzise formuliert werden.

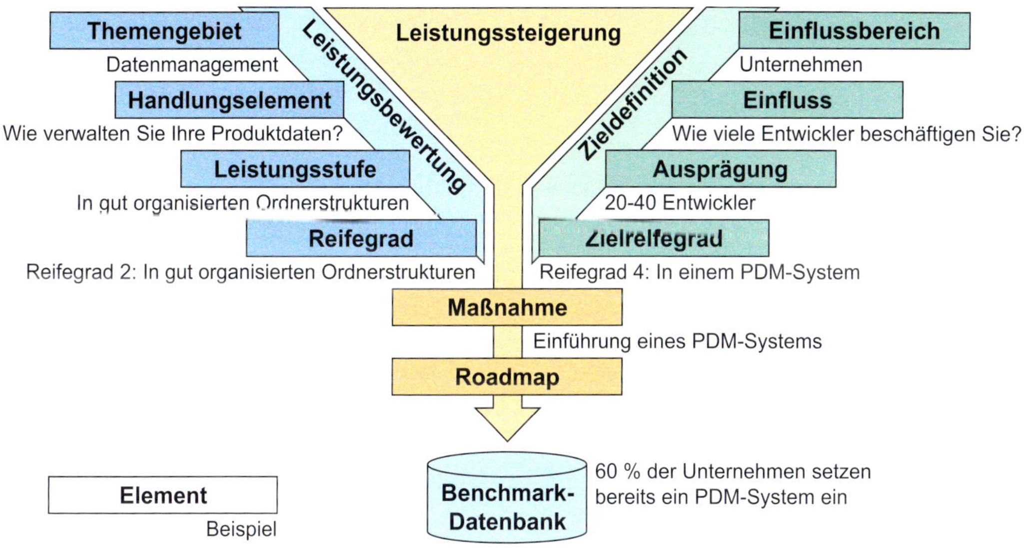

BILD 4-61 Struktur des Verfahrens VPS-Benchmark mit den drei Pfaden Leistungsbewertung, Zieldefinition und Leistungssteigerung

- Alle Leistungsstufen weisen einen **Reifegrad** auf. So kann die Leistung eines Unternehmens für das entsprechende Handlungselement ausgedrückt werden. Die Reifegrade aller Handlungselemente geben Aufschluss darüber, wie leistungsstark das Unternehmen im dazugehörigen Themengebiet ist.

Neben der Ermittlung der derzeitigen Leistungsstufen sollen unternehmensadäquate Zielleistungsstufen empfohlen werden. So ist der Einsatz eines PDM-Systems zur Verwaltung der Produktdaten nicht notwendigerweise eine adäquate Ausprägung für ein Unternehmen. Bei einem kleinen Unternehmen mit nur wenigen Entwicklern und kurzen Kommunikationswegen würde ggf. schon die Verwaltung der Produktdaten in gut organisierten Ordnerstrukturen mit klaren Vorschriften ausreichen. Die vom Unternehmen anzustrebende Leistungsstufe unterliegt verschiedenen Einflüssen, wie der Anzahl der Entwickler, den Eigenschaften des Produkts etc. Ausgehend von diesen Einflüssen erfolgt die Zieldefinition. Die Elemente zur Zieldefinition sind im rechten Pfad in Bild 4-61 dargestellt.

- **Einflussbereiche** sind das Äquivalent zu den Themengebieten der Leistungsbewertung. Sie stellen sicher, dass alle relevanten Aspekte berücksichtigt werden, die einen Einfluss auf die Zieldefinition haben. Beispiele für Einflussbereiche im Rahmen von VPS sind Produkt, Unternehmen und Umfeld.
- **Einflüsse** wirken sich auf die Handlungselemente und die anzustrebende Leistungsstufe des Unternehmens aus. Sie werden ebenfalls als Fragen formuliert. Ein Beispiel von Einflüssen im Rahmen von VPS ist die Anzahl der Entwickler: „Wie viele Entwickler beschäftigen Sie?“ Hierdurch wird z. B. die Verwaltung der Produktdaten beeinflusst.
- **Ausprägungen** sind vordefinierte Spezifikationen für die Einflüsse. Im Beispiel in Bild 4-61 hat das Unternehmen zwischen 20 und 40 Entwickler. Auf Basis der Einflüsse und Ausprägungen wird die vom Unternehmen anzustrebende Leistungsstufe ermittelt.
- Jeder Leistungsstufe ist ein Reifegrad zugeordnet. Somit entspricht der Reifegrad der anzustrebenden Leistungsstufe dem **Zielreifegrad** für das jeweilige Handlungselement. Im Beispiel wird der Einsatz eines PDM-Systems zur Optimierung des Produktdatenmanagements und damit der Reifegrad 4 empfohlen.

Je größer der Unterschied zwischen Ist-Reifegrad und Zielreifegrad, desto größer ist der Handlungsbedarf für das Unternehmen. Die Frage ist nun, wie dem Handlungsbedarf begegnet werden kann. Hierzu werden gemäß Bild 4-61 Maßnahmen und eine Roadmap als Elemente der Leistungssteigerung eingesetzt.

- Aus dem Vergleich zwischen derzeitiger Leistungsstufe und anzustrebender Leistungsstufe lassen sich konkrete **Maßnahmen** ableiten. Im angeführten Beispiel ist das die Einführung eines PDM-Systems.
- In der Regel wird eine Vielzahl solcher Maßnahmen ermittelt. Diese sind als **Roadmap** auf der Zeitachse einzuordnen.

Alle Daten und Ergebnisse werden in einer Benchmark-Datenbank gespeichert. Die Datenbank ermöglicht einen Vergleich mit anderen Unternehmen. Bei ausreichend umfangreicher Datenbasis sind Aussagen wie „60 % der vergleichbaren Unternehmen setzen bereits ein PDM-System ein“ möglich.

Leistungsbewertung und -steigerung

Die Anwendung des VPS-Benchmark erfolgt im Rahmen von Workshops, die sich an den Phasen Vorbereitung, Durchführung, Auswertung und Leistungssteigerung orientieren.

Vorbereitung: Die Wahl der im Rahmen des VPS-Benchmark zu behandelnden Themengebiete ist dem Anwender überlassen. Abhängig von den Themengebieten ist ein Workshop-Team zusammenzustellen. Hierbei empfiehlt es sich, sowohl Führungs- als auch Fachpersonal zu berücksichtigen. Diskrepanzen in den verschiedenen Vorstellungen von der Leistungsfähigkeit des Unternehmens werden so erkannt und diskutiert.

Durchführung: Je nach Auswahl der Themengebiete werden im Rahmen der Durchführung bis zu 200 Handlungselemente behandelt. Diese sind in Form von Fragen formuliert. Im Folgenden geben wir einige Beispiele für Fragen zu ausgewählten Themengebieten.

Fragen zum Themengebiet Datenmanagement:

- Liegen Richtlinien zur Verwaltung der Daten vor?
- Wie werden allgemeine entwicklungsbezogene Dokumente, wie Protokolle, Skizzen, Präsentationen, Studien etc. verwaltet?
- Ist eine Strategie zur Wiederverwendung von Konstruktionsdaten vorhanden?

Fragen zum Themengebiet Produktanalysen:

- Wie ist die Einstellung der oberen Führungsebenen zum Thema Simulation?
- Wann werden Simulationen im Produktentwicklungsprozess durchgeführt?
- Wie werden Simulationsmodelle validiert?

Zu allen Fragen sind Antworten vorgegeben, die mögliche Leistungsstände eines Unternehmens widerspiegeln; sie entsprechen den Leistungsstufen. Im Rahmen der Diskussion legt sich das Workshop-Team auf die Antworten fest, die den derzeitigen Leistungsstand treffend wiedergeben. Mit Hilfe eines Software-Werkzeugs werden die Antworten während des Workshops dokumentiert.

Auswertung: Durch die Werkzeugunterstützung liegen Reifegrade, Zielreifegrade und Maßnahmen zur Leistungssteigerung unmittelbar nach Beantwortung aller Fragen vor. Sie werden in Form eines umfangreichen Ergebnisprotokolls dokumentiert. Teil dieses Ergebnisprotokolls ist ein Leistungsprofil, wie es in Bild 4-62 dargestellt ist.

Das Leistungsprofil spiegelt die aktuelle sowie die anzustrebende Leistungsfähigkeit des Unternehmens wider. Die Diskrepanz zum unternehmensadäquaten Zielreifegrad entspricht dem Handlungsbedarf des Unternehmens. Die Vergleichsdaten zeigen die Leistungsfähigkeit des Unternehmens im Vergleich zu anderen Unternehmen. Hierbei kann gewählt werden, welche Unternehmensklassen in den Vergleich einfließen sollen. Die Reifegrade weisen vier Stufen auf.

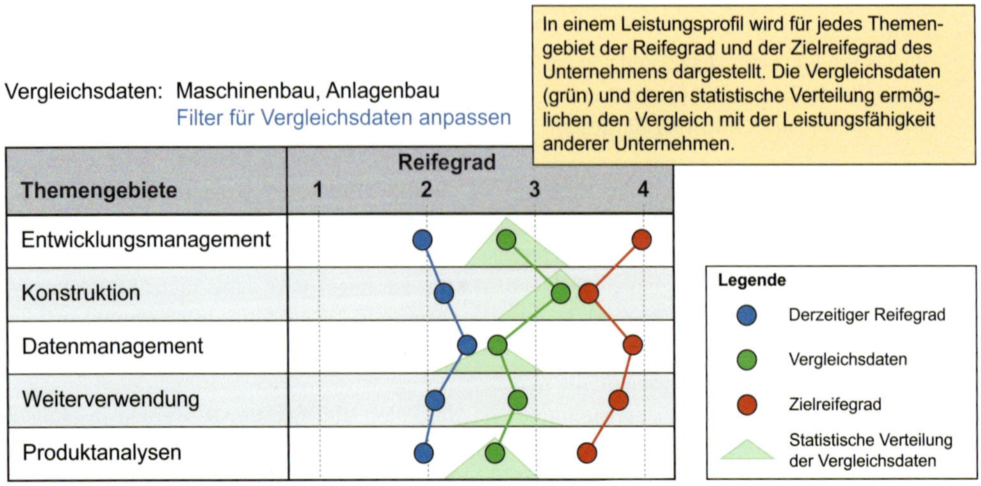

BILD 4-62 Reifegraddarstellung des Verfahrens VPS-Benchmark

- **Reifegrad 1 – Konfusion:** Es gibt keine definierten Prozesse, Vorgehensmodelle; VPS-Systeme werden personenbezogen sporadisch eingesetzt; die Entwickler arbeiten kaum zusammen und stimmen sich nicht ab.
- **Reifegrad 2 – Kommunikation:** Die Prozesse, Vorgehensmodelle sind definiert; für ausgewählte Aufgaben werden VPS-Systeme konsequent eingesetzt; die Entwickler arbeiten zusammen und stimmen sich beim Auftreten von Problemen ab.
- **Reifegrad 3 – Koordination:** Die Prozesse, Vorgehensmodelle sind wohlstrukturiert, gut dokumentiert und werden akzeptiert; VPS-Systeme werden zu Verfahrensketten integriert; die Entwickler orientieren sich an den Prozessen, sie arbeiten dementsprechend zusammen und stimmen sich ab.
- **Reifegrad 4 – Kollaboration:** Die Prozesse, Vorgehensmodelle sind wohlstrukturiert, gut dokumentiert und werden akzeptiert; die Nutzenpotentiale von VPS werden optimal ausgeschöpft; die Zusammenarbeit der Entwickler orientiert sich an den Prinzipien des Systems Engineering und dem Leitbild der lernenden Organisation.

Leistungssteigerung: In der Regel ist eine Vielzahl von Maßnahmen erforderlich, um in allen Themengebieten den anzustrebenden Leistungsstand zu erreichen. Da es schon aus Gründen des Bedarfs an Personalkapazität nicht angebracht ist, alle Maßnahmen gleichzeitig umzusetzen, müssen unter Berücksichtigung des Aufwand-/Nutzenverhältnisses sinnvolle Schritte zur Leistungssteigerung definiert werden. Hierfür gibt das in Bild 4-63 wiedergegebene Aufwand-Nutzen-Portfolio Unterstützung.

Die identifizierten Maßnahmen werden in einer Maßnahmenliste aufgeführt. Für die Anordnung im Portfolio wurden je Maßnahme Aufwand und Nutzen bewertet. Der Aufwand ergibt sich aus den Investitions- und Personalkosten zur Umsetzung der Maßnahme; der Nutzen aus einer monetären Bewertung der Zeit- und Kosteneinsparung sowie der Qualitätssteigerung. Bei der Planung der Umsetzungsreihenfolge sind darüber hinaus Abhängigkeiten der Maßnahmen untereinander zu beachten. Ergebnis ist eine Roadmap bzw. ein Maßnahmenkalender, aus dem hervorgeht, wann welche Maßnahmen umzusetzen sind.

Resümee

Der VPS-Benchmark unterstützt Unternehmen, die Nutzenpotentiale von Virtual Prototyping und Simulation (VPS) zu erkennen und zu erschließen. Mittels eines umfangreichen Fragenkatalogs erfolgt die Klassifikation und Leistungsbewertung des Unternehmens. Durch die Klassifikation wird ein unternehmensadäquater Zielreifegrad ermittelt. Ausgehend von der Ermittlung des Zielreifegrads und der Leistungsbewertung werden gezielt Verbesserungsmaßnahmen empfohlen. Die Durchführung des VPS-Benchmark ist auf die Anforderungen des Mittelstands zugeschnitten und wird durch ein Software-Werkzeug unterstützt. Dieses ermöglicht eine schnelle Durchführung ohne langwierige Einarbeitung und liefert eine umfangreiche Ergebnisdokumentation. Je nach Auswahl der Themengebiete können schon innerhalb eines Workshops zentrale Schwachstellen identifiziert werden, die es zu verbessern gilt.

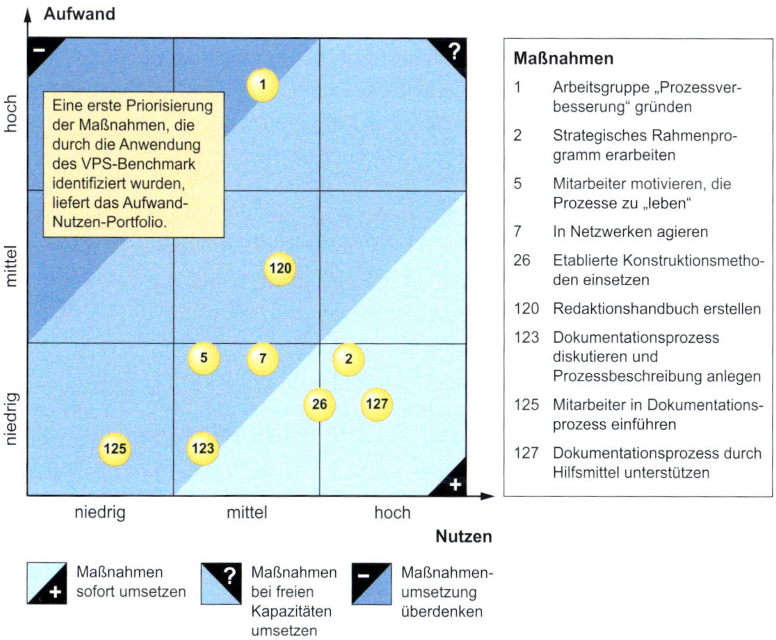

BILD 4-63
Aufwand-Nutzen-Portfolio des Verfahrens VPS-Benchmark

Literatur zum Kapitel 4

[Akt87] Aktas, A. Z.: Structured Analysis and Design of Information Systems. Prentice Hall, Englewood Cliffs, NJ, 1987

[Alb08] Albrecht, D.: Management von Stakeholderbeziehungen mit dem EFQM-Modell. Untersuchung im Rahmen der Erarbeitung einer Nachhaltigkeitsstrategie der ABB Deutschland. Centre for Sustainability Management, Lüneburg, 2008

[AST05] Ahlemann, F.; Schroeder, C.; Teuteberg, F.: Kompetenz- und Reifegradmodelle für das Projektmanagement – Grundlagen, Vergleich und Einsatz. In: ISPRI-Arbeitsbericht 01/05, Forschungszentrum für Informationssysteme in Projekt- und Innovationsnetzwerken, Universität Osnabrück, 2005

[Bau96] Baumgarten, B.: Petri-Netze – Grundlagen und Anwendungen. Spektrum Akademischer Verlag, Heidelberg, 1996

[Ben13] Bensiek, T.: Systematik zur reifegradbasierten Leistungsbewertung und -steigerung von Geschäftsprozessen im Mittelstand. Dissertation, Fakultät für Maschinenbau, Universität Paderborn, HNI-Verlagsschriftenreihe, Band 312, Paderborn, 2013

[BKP09] Becker, J.; Knackstedt, R.; Pöppelbuss, J.: Dokumentationsqualität von Reifegradmodellentwicklungen. Westfälische Wilhelms-Universität Münster, Institut für Wirtschaftsinformatik, 2009

[Boo07] Booch, G.: Object-Oriented Analysis and Design with Applications. 3nd Edition, Addison-Wesley, Upper Saddle River, NJ, 2007

[BS01] Bullinger, H.-J.; Schreiner, P. (Hrsg.): Business Process Management Tools – Eine evaluierende Marktstudie über aktuelle Werkzeuge. Fraunhofer IRB Verlag, Stuttgart, 2001

[Bur02] Burghardt, M.: Projektmanagement. 6. Auflage, Publicis Corporate Publishing, Erlangen, 2002

[Chr09] Christiansen, S. K.: Methode zur Klassifikation und Entwicklung reifegradbasierter Leistungsbewertungs- und Leistungssteigerungsmodelle. Dissertation, Fakultät für Maschinenbau, Universität Paderborn, HNI-Verlagsschriftenreihe, Band 264, Paderborn, 2009

[Cro79] Crosby, P. B.: Quality is Free – The art of making quality certain. Signet, 1979

[DG73] Dupperin, J. C.; Godet, M.: Méthode de hiérachisation des élémentes d'un système – Rapport Economique du CEA. R-45-41, Paris, 1973

[EFQM12] European Foundation for Quality Management (EFQM) (Hrsg.): EFQM Excellence Modell, Version 2013, Oktober 2012, www.efqm.org

[Fah95] Fahrwinkel, U.: Methode zur Modellierung und Analyse von Geschäftsprozessen zur Unterstützung des Business Process Reengineering. Dissertation, Fachbereich für Wirtschaftswissenschaften, Universität-Gesamthochschule Paderborn, HNI-Verlagsschriftenreihe, Band 1, Paderborn, 1995

[Gad01] Gadatsch, A.: Management von Geschäftsprozessen – Methoden und Werkzeuge für die IT-Praxis. Vieweg Verlag, Wiesbaden, 2001

[Gad12] Gadatsch, A.: Grundkurs-Geschäftsprozessmanagement – Methoden und Werkzeuge für die IT-Praxis. Springer-Vieweg Verlag, Wiesbaden, 2012

[GU06] Greitemeyer, J.; Ulrich, T.: Komplexitätsmanagement für den Mittelstand. Scope 4/2006, Hoppenstedt, Darmstadt

[Ham07] Hammer, M.: Der große Prozess-Check. In: Harvard Business Manager, Mai 2007

[HC93] Hammer, M.; Champy, J.: Reengineering the Corporation. Nicolas Brealy Publishing Ltd., London, 1993

[HC94] Hammer, M.; Champy, J.: Business Reegineering – Eine Radikalkur für das Unternehmen. Campus, Frankfurt/Main, 1994

[HF11] Hermann, J.; Fritz, H.: Qualitätsmanagement – Lehrbuch für Studium und Praxis . Carl Hanser Verlag, München, 2011

[Ima94] Imai, M.: Kaizen – Der Schlüssel zum Erfolg der Japaner im Wettbewerb. Ullstein, München, 1994

[Jac95] Jacobson, I.: Object-Oriented Software Engineering – A Use Case Driven Approach. 4th Edition, Addison-Wesley, Reading, MA, 1995

[JBR99] Jacobson, I.; Booch, G.; Rumbaugh, J.: The Unified Software Development Process. Addison-Wesley, Reading, MA, 1999

[Jen81] Jensen, K.: Coloured Petri Nets and the Invariant Method. Theoretical Computer Science 14, North-Holland, 1981, 317–336

[JU07] Janssen, H.; Ulrich, T.: Risikomanagement für Prozessinnovationen. In: MQ – Management und Qualität, Ausgabe 4/2007, TÜV Media AG, Köln, 2007

[KA10] Krause, H.-U.; Arora, D.: Controlling-Kennzahlen. Oldenbourg, München, 2. Auflage, 2010

[Lew00] Lewandowski, A.: Methode zur Gestaltung von Leistungserstellungsprozessen in Industrieunternehmen. Dissertation, Fakultät für Maschinenbau, Universität Paderborn. HNI-Verlagsschriftenreihe, Band 68, Paderborn, 2000

[Lin96] Linder, F. A.: Traurige Bilanz. In: Manager Magazin, August 1996, S. 110–113

[LSJ09] Lay, G.; Schat, H.-D.; Jäger, A.: Mit EFQM zu betrieblicher Exzellenz. Verbreitung, Ausgestaltung und Effekte des Qualitätsmanagementmodells der European Foundation for Quality Management. Fraunhofer ISI, PI-Mittelung Nr. 49, 2009

[NF95] Nippa, M.; Franck, E.: Prozessorganisation – Eine Bewertung der neuen Ansätze aus Sicht der Organisationslehre. In: Nippa, M.; Picot, A.: Prozessmanagement und Reengineering – Die Praxis im deutschsprachigen Raum. Campus-Verlag, 1995

[Nor34] Nordsieck, F.: Grundlagen der Organisationslehre. C. E. Poeschel Verlag, Stuttgart, 1934

[Nor68] Nordsieck, F.: Betriebsorganisation – Betriebsaufbau und Betriebsablauf. Poeschel, Stuttgart, 1968

[Oes09] Oestereich, B.: Objektorientierte Softwareentwicklung – Analyse und Design mit UML 2.3. 9. Auflage, Oldenbourg Verlag, München, 2005

[OMG11] Object Management Group (OMG): Business Process Model and Notation (BPMN), Version 2.0. Unter: www.omg.org, 28. November 2012

[OWS+03] Oestereich, B.; Weiss, C.; Schröder, C.; Weilkiens, T.; Lenhard, A.: Objektorientierte Geschäftsprozessmodellierung mit der UML. dpunkt.verlag, Heidelberg, 2003

[PRW98] Picot, A.; Reichwald. R.; Wigand, R. T.: Die grenzenlose Unternehmung. Gabler, Wiesbaden, 1998 [QS9000] QS 9000: FMEA – Fehler-Möglichkeits- und -Einfluss-Analyse. 3. Auflage, Carwin Ltd., 2001

[PSR12] Perridon, L.; Steiner, M.; Rathgeber, A.: Finanzwirtschaft der Unternehmung. Vahlen, München, 16. Auflage, 2012

[QS9000] QS 9000: FMEA – Fehler-Möglichkeits- und -Einfluss-Analyse. 3. Auflage, Carwin Ltd., 2001

[RBP+91] Rumbaugh, J.; Blaha, M.; Premerlani, W.; Eddy, F.; Lorensen, W.: Object-Oriented Modeling and Design. Prentice Hall, Englewood Cliffs, New Jersey, 1991

[Red06] Redenius, A.: Verfahren zur Planung von Entwicklungsprozessen für fortgeschrittene mechatronische Systeme. Dissertation, Fakultät für Maschinenbau, Universität Paderborn, HNI-Verlagsschriftenreihe, Band 194, Paderborn, 2006

[Ros85] Ross, D. T.: Applications and Extensions of SADT.IEEE Computer 18, 4/1985, S. 25–34

[RQ12] Rupp, C.; Queins, S.: UML 2 glasklar - Praxiswissen für die UML-Modellierung. 4. Auflage, Carl Hanser Verlag, München, 2012

[Sch01] Scheer, A. W.: ARIS – Modellierungsmethoden, Metamodelle, Anwendungen. 4. Auflage, Springer Verlag, Berlin, 2001

[SchS10] Schmelzer, H. J.; Sesselmann, W.: Geschäftsprozessmanagement in der Praxis. 7. Auflage, Carl Hanser Verlag, München, Wien, 2010

[SEI10a] Software Engineering Institute (Hrsg.): CMMI for Development, Version 1.3. Carnegie Mellon University, 2010

[SEI10b] Software Engineering Institute (Hrsg.): CMMI for Acquisition, Version 1.3. Carnegie Mellon University, 2010

[SEI10c] Software Engineering Institute (Hrsg.): CMMI for Services, Version 1.3. Carnegie Mellon University, 2010

[Ser94] Servatius, H.-G.: Reengineering-Programme erfolgreich umsetzen. Schäffer-Poeschel, Stuttgart, 1994

[Sen06] Senge, P. M.: Die fünfte Disziplin – Kunst und Praxis der lernenden Organisation. 10. Auflage, Klett-Cotta, Stuttgart, 2006

[Spe01] Speck, M. C.: Geschäftsprozessorientierte Datenmodellierung – Ein Referenz-Vorgehensmodell zur fachkonzeptionellen Modellierung von Informationsstrukturen. Logos Verlag, Berlin, 2001

[SW89] Simpson, J.; Weiner, E.: The Oxford English Dictionary. Clarendon Press, Oxford, 1989

[VDA10a] Verband der Automobilindustrie e. V. (VDA): Automotive SPICE® Process Reference Model (PRM), www.automotivespice.com, Version v4.5, 10. Mai 2010

[VDA10b] Verband der Automobilindustrie e. V. (VDA): Automotive SPICE® Process Assessment Model (PAM), www.automotivespice.com, Version v4.5, 10. Mai 2010

[WRN09] Wiendahl, H.-P., Reichardt, J.; Nyhuis, P.: Handbuch Fabrikplanung - Konzept, Gestaltung und Umsetzung wandlungsfähiger Produktionsstätten. Carl Hanser Verlag, München, Wien, 2009

Systeme – Nutzung der Informationstechnik

„Technik ist Mittel zum Zweck, nicht Selbstzweck.“
– Carl Friedrich von Weizsäcker –

Zusammenfassung

Ein Unternehmen ist ein hochkomplexes informationsverarbeitendes System. Nichts liegt daher näher, als mit Informationstechnik (IT) die Abläufe zu unterstützen. Aus den Megatrends Cloud Computing, Mobile Computing, Social Media und Big Data ergeben sich dafür faszinierende Perspektiven.

Um dem Leser zu vermitteln, was heutige IT-Systeme leisten, schildern wir zunächst das breite Spektrum der IT-Systeme aus Anwendersicht. Dies umfasst die IT-Systeme für die beiden Hauptgeschäftsprozesse Produktentstehung (Virtual Prototyping, Digitale Fabrik) und Auftragsabwicklung (Enterprise Resource Planning/Produktionsplanung und -steuerung, Customer Relationship Management, Supply Chain Management) sowie die Themen Product Lifecycle Management und Industrieautomatisierung.

Unter IT-Management zeigen wir, wie die Funktion Chief Information Officer (CIO) konkret auszugestalten ist, und zwar mit Blick auf die zwei Hauptaufgaben: dem technischen Betrieb der IT-Systeme als Dienstleister und die Verwirklichung des sog. Business-Alignments. In diesem Kontext erläutern wir Rahmenwerke für die Gestaltung des IT-Managements (ITIL, CobiT etc.) und die generischen Prozesse des IT-Managements vom Anforderungsmanagement über das Störungs- und Problemmanagement bis zum Partnermanagement.

Abschließend gehen wir ausführlich auf die Einführung von IT-Systemen ein. Wir stellen eine Systematik vor, die in klaren Schritten von der Aufgaben- und Anforderungsanalyse über die Systemauswahl bis zum Roll-out zeigt, wie ein komplexes IT-Einführungsprojekt erfolgreich durchgeführt werden kann.

Es muss nicht mehr sein, dass ein Unternehmen unter den IT-Kosten ächzt und IT etwas Undurchschaubares ist. Es gibt in jeder Hinsicht beste Möglichkeiten, IT aufgabengerecht, effektiv, transparent und hocheffizient einzusetzen. IT-Management gibt dafür die Leitlinie und die Instrumente.

Schon seit Jahrzehnten prägen Informations- und Kommunikationstechnik die Prozesse der Wirtschaft und insbesondere die Leistungserstellung produzierender Unternehmen. Angesichts des Zusammenwachsens von Informations- und Kommunikationstechnik verwenden wir im Folgenden der Einfachheit halber den Begriff Informationstechnik (IT). Von Beginn an äußerte sich die hohe Bedeutung der Informationstechnik durch eigene Funktionsbereiche in den Aufbauorganisationen.

Ganz früher, besonders zu Zeiten der Rechenzentren und des Batch-Betriebs, war es die geheimnisvolle EDV-Abteilung. Später, mit der Entdeckung der Geschäftsprozesse und der Erkenntnis, dass wirkungsvoller IT-Einsatz wohlstrukturierte Prozesse erfordert, bemächtigten sich vielerorts die EDV-Abteilungen der Prozessgestaltung, was sich in der Abteilungsbezeichnung niederschlug. Von nun an sprach man von OI, d.h. Organisation und Informationsverarbeitung. Aufgehängt war das in der Regel beim obersten Kaufmann des Unternehmens.

Kein Wunder, dass das bei selbstbewussten Technikchefs und Fertigungsleitern auf wenig Gegenliebe stieß. In der Konsequenz entstanden in den meisten Unternehmen neben der zentralen OI in den Fachbereichen eigene dedizierte IT-Abteilungen, technische Rechenzentren u.ä. Begünstigt wurde diese Entwicklung durch die Verbreitung der Abteilungsrechner in den 80er Jahren und in der Folge auch durch die Verbreitung von Workstations und Personalcomputern. Das führte zu Konflikten zwischen der zentralen OI und den IT-Abteilungen der Bereiche, die auch weidlich ausgelebt wurden. Typisch ist beispielsweise die Frage, wer das Sagen bei der Einführung eines Produktdatenmanagement (PDM)-Systems hat. Das ist eigentlich nur für diejenigen eine wichtige Frage, die primär Bereichspolitik betreiben; die Frage, wie IT genutzt werden kann, um die Wettbewerbsposition eines Unternehmens zu verbessern, wird so wohl kaum beantwortet. So konnte es nicht weitergehen.

Der Chief Information Officer (CIO) kam ins Spiel. Er sollte das IT-Geschehen zum Wohle des Unternehmens konzertieren; damit er die Macht hatte, wurde diese Funktion auf Unternehmensleitungsebene angesiedelt. Der kaufmännische Leiter, der Technikchef etc. bekamen also einen Kollegen. Der skizzierte Konflikt wurde damit aber nicht grundlegend gelöst. So verwundert es denn auch nicht, dass der CIO vielerorts de facto wieder ins zweite Glied gerückt ist. Offensichtlich kann die Frage, wie intensiv sich die Unternehmensleitung bis in den Aufsichtsrat hinein mit IT-Fragen befassen soll, nicht allgemeingültig beantwortet werden. Der Grund ist, dass der Grad, wie IT das Geschäft eines Unternehmens prägt, sehr unterschiedlich ist. Der folgende Kasten soll das verdeutlichen. Die für uns zentrale Frage ist, wie IT-Systeme und das damit verbundene Geschehen mit der Strategie und den Leistungserstellungsprozessen eines Unternehmens gut verzahnt werden können. Dieser Frage wollen wir uns zuwenden. Vorher wollen wir mit einer Schilderung der vier IT-Megatrends die Phantasie für die künftigen Möglichkeiten der IT anregen. Anschließend geben wir einen leicht verständlichen Überblick über die facettenreiche Welt der Anwendungssysteme. Im Kapitel IT-Management schildern wir, wie die IT in einem Unternehmen strategisch begründet zu gestalten ist. Abschließend beschreiben wir, was in welcher Reihenfolge wie zu tun ist, um ein IT-System erfolgreich einzuführen.

CHEFSACHE IT – DER NOTWENDIGE DIALOG AUF UNTERNEHMENSLEITUNGSEBENE

Die IT hat sich längst vom reinen Rationalisierungsinstrument zum möglichen Business-Enabler gemausert. Dass die Rolle des CIOs und damit der IT in den Unternehmen weiterhin so unterschiedlich wahrgenommen wird, hat häufig eine ähnliche Ursache. Es fehlt der **Management-Dialog!**
Das Top-Management und der CIO müssen in einen permanenten Dialog auf Augenhöhe eintreten, in dem eine gemeinsame Sprache gesprochen wird. Der CIO muss seine technische Perspektive in eine Geschäftsperspektive wandeln und gleichzeitig benötigt das Management eine Grundaffinität zu den IT-Themen. Ohne dieses Grundverständnis ist ein Dialog auf Augenhöhe nicht möglich. Diese Dialogfähigkeit hängt aber entscheidend von der Rolle der Informationstechnik für das Geschäft ab. Nolan und McFarlan schlagen die im Bild wiedergegebene Matrix des IT-Einflusses vor, um die Rolle der IT für das Unternehmen zu verdeutlichen und zu Fragen zu führen, mit denen sich die Unternehmensleitung intensiv befassen sollte [NM06]. Aus dieser Matrix resultieren vier Modi, denen sich Unternehmen zuordnen lassen. Ferner werden zwei Warten charakterisiert, aus denen Unternehmen das Thema IT betrachten:

- In der **defensiven Warte** ist IT schlicht Mittel zum Zweck im operativen Geschäft. Hier geht es in erster Linie um die Zuverlässigkeit und Effizienz der Systeme. Der Dialog wird eher in der reinen

IT-Betriebsdisziplin durchgeführt. IT ist Mittel zum Zweck, um das Geschäft möglichst effizient zu betreiben.

- In der **offensiven Warte** wird IT als strategischer Hebel betrachtet. Häufig betreten solche Unternehmen auf dem IT-Gebiet Neuland und gehen hohe Risiken ein. Selbstredend müssen die implementierten Systeme am Ende auch hier zuverlässig laufen und effizient sein. Zentraler Gegenstand des konstruktiven Dialogs von IT und Top-Management ist der Abgleich von strategischen Geschäftsanforderungen und IT-Innovationen.

Im Folgenden charakterisieren wir kurz die vier Modi nach dem folgenden Bild und nennen je Modus einige typische Fragen, die von NOLAN/MCFARLAN formuliert worden sind.

Supportmodus (defensiv)

Hier ist die IT ein einfaches Werkzeug, das den Mitarbeitern hilft, ihre Arbeit zu erledigen. An die Zuverlässigkeit werden keine besonders hohen Anforderungen gestellt; für die strategische Weiterentwicklung spielt die IT keine signifikante Rolle. Beispiele für typische Fragen an das Top-Management sind:

- Hat sich die strategische Bedeutung unserer IT verändert?
- Was machen unsere derzeitigen und unsere potentiellen Konkurrenten im IT-Bereich?
- Verwenden wir die passende IT-Infrastruktur und die richtigen Anwendungen, um die Entwicklung unseres geistigen Kapitals zu nutzen?

Fabrikmodus (defensiv)

IT prägt hier die Leistungserstellung entscheidend. Das gilt beispielsweise für viele moderne Produktionsbetriebe, aber auch Fluggesellschaften etc. Die Systeme müssen höchsten Anforderungen an die Zuverlässigkeit genügen und hocheffizient sein. Typische Fragen auf Top-Level sind:

- Vgl. Supportmodus sowie
- Hat sich im Bereich Notfallsysteme und Sicherheit etwas verändert, das die langfristige Planung unseres Geschäfts beeinträchtigen könnte?
- Verfolgen wir geeignete Managementziele, um zu vermeiden, dass unsere Hardware, die Software oder die vorhandenen Anwendungen veralten?
- Reichen unsere Schutzmaßnahmen, um Angriffe auf die Funktionstüchtigkeit des Systems und Hacker-Angriffe abzuwehren?
- Drohen Überraschungen, die mit der IT zusammenhängen?

Reorganisationsmodus (offensiv)

Das ist das Business Process Reengineering-Szenario, d. h. das Unternehmen hat sich eine „schlanke" Ablauforganisation erarbeitet und will nun die wohlstrukturierten Geschäftsprozesse durch zeitgemäße Informationstechnik unterstützen. Im Vordergrund steht das Schaffen von Wettbewerbsvorteilen und weniger die hohe Zuverlässigkeit im Alltag. Typische Fragen an das Top-Management sind:

- Vgl. Supportmodus sowie
- Geht unsere strategische IT-Entwicklung so schnell voran wie geplant?
- Tun wir alles, um bei IT-Entwicklungen immer auf dem neuesten Stand zu sein?
- Tun wir alles, um uns vor IT-Risiken zu schützen?
- Überprüfen wir unsere Leistungen regelmäßig darauf, ob wir eine wettbewerbsfähige Kostenstruktur behalten?

Strategischer Modus (offensiv)

Hier geht es um Innovation im wahrsten Sinne des Wortes: neue, oft avantgardistische IT-Lösungen, die einen herausragenden Beitrag zum Unternehmensergebnis leisten. Ein Beispiel ist die Firma Boeing, die vor gut einem Jahrzehnt mit dem Typ 777 voll auf die Karte Digital Mock-up (vgl. Kap. 5.2.1) setzte und damit Vorreiter für einen radikalen Wandel in der Produktentstehung wurde. So spielt auch bei der Boeing 787 die IT wieder eine entscheidende Rolle [NM06]. Selbstredend, dass in diesem Modus IT ein zentrales Thema auf Unternehmensleitungsebene ist. Die typischen Fragen sind die des „Fabrikmodus" **und** des „Reorganisationsmodus".

Literatur:

[NM06] NOLAN, R.; MCFARLAN, F. W.: Wie Sie Ihre IT-Strategie richtig überwachen. Harvard Business Manager, Februar 2006

5

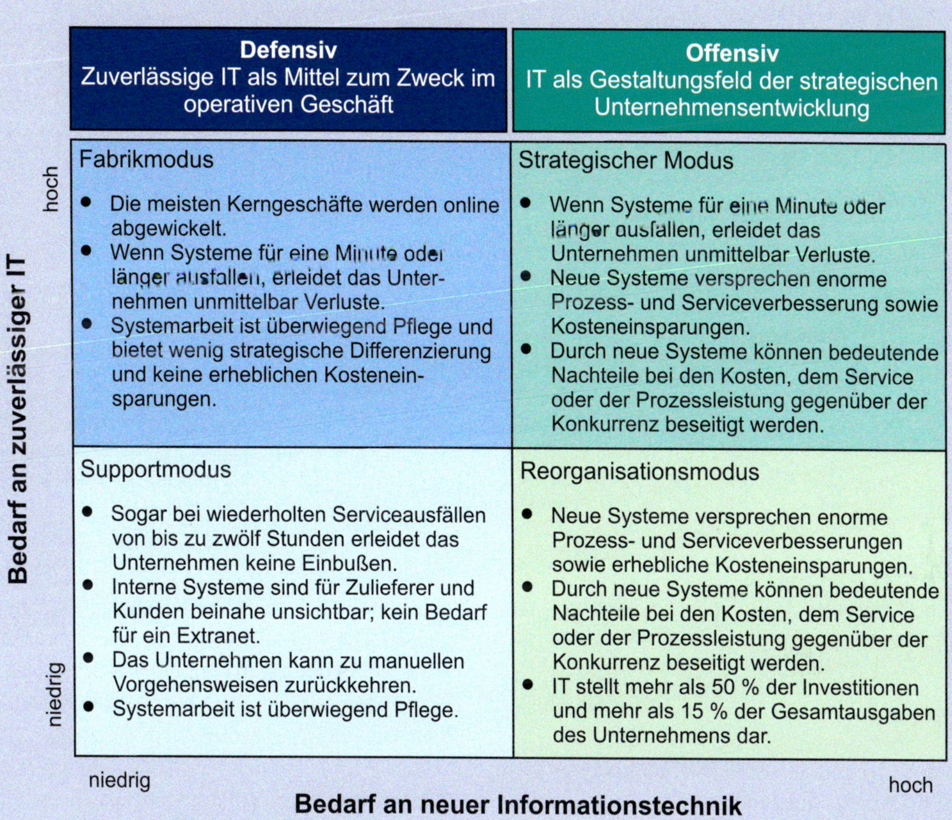

BILD 1: Matrix des IT-Einflusses auf das Geschäft nach NOLAN/MCFARLAN

5.1 IT-Megatrends

Informations- und Kommunikationstechnik haben in den vergangenen Jahrzehnten die Welt gravierend verändert. Angesichts der zu verzeichnenden Entwicklungen auf diesem Technologiefeld deutet alles darauf hin, dass die Veränderungsdynamik weiter anhält. In dem hier betrachteten Sektor der industriellen Produktion spricht man zu Recht von der sich vollziehenden 4. industriellen Revolution. Es ist schon eine gehörige Portion Phantasie notwendig, die längerfristigen Gestaltungsmöglichkeiten der industriellen Produktion und angrenzende Sektoren durch IT in ihren Stoßrichtungen und Umrissen zu erkennen. Die festzustellende Veränderungsdynamik wird besonders durch sog. IT-Megatrends gefördert, die wir im Folgenden charakterisieren wollen. Es handelt sich zunächst um Cloud Computing, Mobile Computing, Social Media und Big Data.

Diese Megatrends sollte man aber nicht isoliert betrachten, da diese, neben weiteren Subtrends, eng verzahnt sind. Sie greifen nicht nur ineinander, sondern sie beeinflussen sich gegenseitig (vgl. Bild 5-1). In Kombination mit weiteren Subtrends, wie Ubiquitous Computing[1], Social Media Analytics[2], Master Data Management[3] etc. ergeben sich komplett neue Aufgabenfelder bzw. Schwerpunkte, mit denen sich eine IT-Organisation rechtzeitig auseinandersetzen sollte. Dem CIO kommt die Funktion des Trend-Scouts zu, der neue Trends, deren gegenseitige Beeinflussungen und deren Weiterentwicklungen fortlaufend zu beobachten hat,

[1] Ubiquitous („Allgegenwärtiges") Computing ist ein Post-Desktop Modell der Mensch-Computer-Interaktion, bei der digitale Informationsverarbeitung in weiten Teilen in Alltagsgegenstände und Alltagspraxen integriert ist [KBG+11-ol].

[2] Social Media Analytics: Über Soziale Medien und Netzwerke wie Xing, Facebook, Twitter u. a. tauschen sich deren Nutzer über diverse Aspekte ihres Lebens aus. Diese Medien besitzen dadurch eine zunehmende Markt- und Meinungsmacht. Eine Analyse dieser Medien deckt Strukturen und Abhängigkeiten zwischen den Nutzern auf und kann zur Markt- und Meinungsanalyse sowie für die Kundenkontaktstrategie herangezogen werden [nach SAS13-ol].

[3] Master Data Management beinhaltet die zentrale Verwaltung und Pflege der Stammdaten eines Unternehmens. Erfolgt die Datenhaltung verteilt über mehrere Server im Unternehmen, umfasst dieses insbesondere auch Abgleich, Bereinigung und Synchronization der Stammdaten.

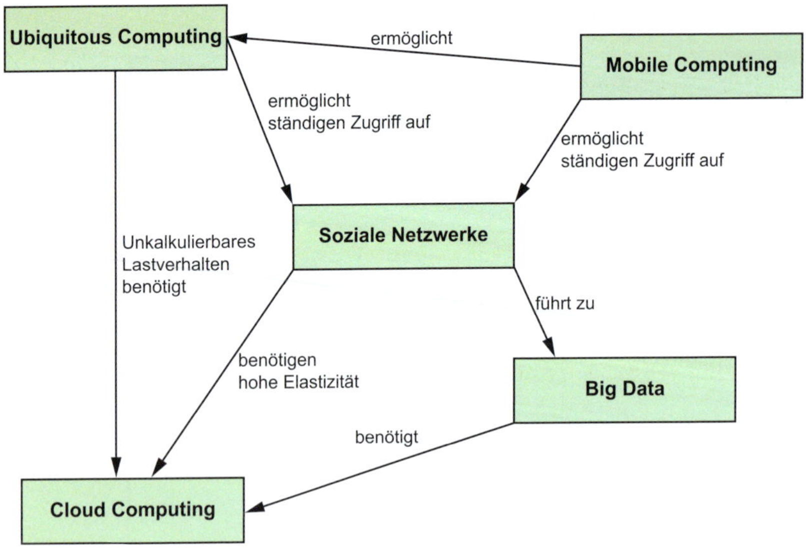

BILD 5-1
Megatrends der IT und deren gegenseitige Verstärkung nach FRIEDRICHSEN/KESPER [FK11-OL]

um temporäre Hypes und Modeerscheinungen von tiefgreifenden Entwicklungen zu unterscheiden.

Cloud Computing

Wir verwenden die Definition von BITKOM (Bundesverband Informationswirtschaft, Telekommunikation und neue Medien e. V.):

> *„Cloud Computing ist eine Form der Bereitstellung von gemeinsam nutzbaren und flexibel skalierbaren IT-Leistungen durch nicht fest zugeordnete IT-Ressourcen über Netze. Idealtypische Merkmale sind die Bereitstellung in Echtzeit als Self Service auf Basis von Internet-Technologien und die Abrechnung nach Nutzung. Damit ermöglicht Cloud Computing den Nutzern eine Umverteilung von Investitions- zu Betriebsaufwand. Die IT-Leistungen können sich auf Anwendungen, Plattformen für Anwendungsentwicklungen und -betrieb sowie die Basisinfrastruktur beziehen."*

Wurde unter Cloud Computing anfangs noch gemeinhin die Virtualisierung von physikalischen Einheiten im Rechenzentrum verstanden und zwischenzeitlich die Lösung aller Probleme in Bezug auf die Beschaffung von IT-Leistungen nachgesagt, hat sich Cloud Computing heute etabliert. Drei Dimensionen sind beim Thema Cloud Computing zu unterscheiden:

Service Modelle: Um Eignung und möglichen Nutzen von Cloud Computing für das eigene Unternehmen zutreffend abschätzen zu können, ist es unerlässlich, sich zunächst über die unterschiedlichen Cloud-Modelle und -Services klar zu werden und zu verstehen, worin die einzelnen Angebote und Modelle sich unterscheiden, vgl. Bild 5-2. Durchgesetzt hat sich in der fachlichen Diskussion eine Einordnung, in der die prinzipiell aus der Cloud beziehbaren Leistungen nach folgenden drei Ebenen strukturiert werden:

- **Infrastructure-as-a-Service (IaaS)** ist ein Geschäftsmodell, das vorsieht, Dienste der Rechnerinfrastruktur (z. B. Rechenleistung) bei Bedarf (on demand) als Cloud-Service anzumieten, anstatt eigene umfangreiche und leistungsfähige Rechnerinfrastruktur zu unterhalten. Die Vorteile sind u. a. eine bessere Skalierbarkeit und größere Flexibilität bei Auslastungsschwankungen.
- **Platform-as-a-Service (PaaS)** stellt neben der Rechnerinfrastruktur zusätzlich Laufzeit- und Entwicklungsumgebungen (Development/Runtime, kurz: Dev't/Runtime), meist für Webanwendungen, in der Cloud zur Verfügung, die mit geringem administrativen Aufwand und ohne die dafür notwendige Rechnerinfrastruktur genutzt werden können. Beispiel hierfür sind die Google App Engine oder Windows Azure.
- **Software-as-a-Service (SaaS)** ist ein Geschäftsmodell, das anstelle der klassischen Software-Lizenz die Nutzung der Software als Dienst zur Verfügung stellt. Ein Beispiel hierfür sind die Google Apps, welche die Dienste der vorherigen Ebenen in Anspruch nehmen und auf Basis der Google App Engine (PaaS-Dienst) auf Servern von Google (IaaS-Dienst) laufen.

Organisations- und Betriebsformen: In den drei Ebenen werden die vielfältigen Services strukturiert, die im Cloud Computing zu beziehen sind. Damit ist allerdings noch keineswegs die Frage beantwortet, wie und über welche Organisationsformen diese virtualisierten Leistungen zur

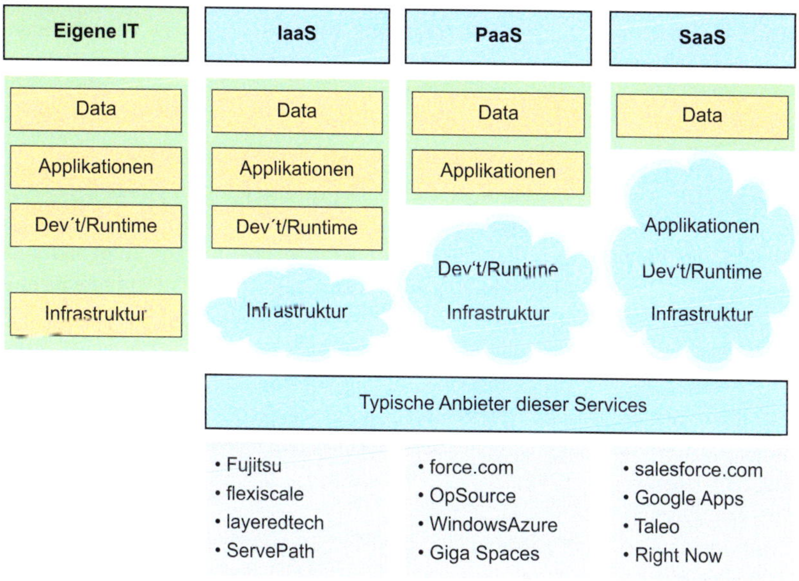

BILD 5-2
Umfang der unterschiedlichen Service Modelle zum Cloud Computing

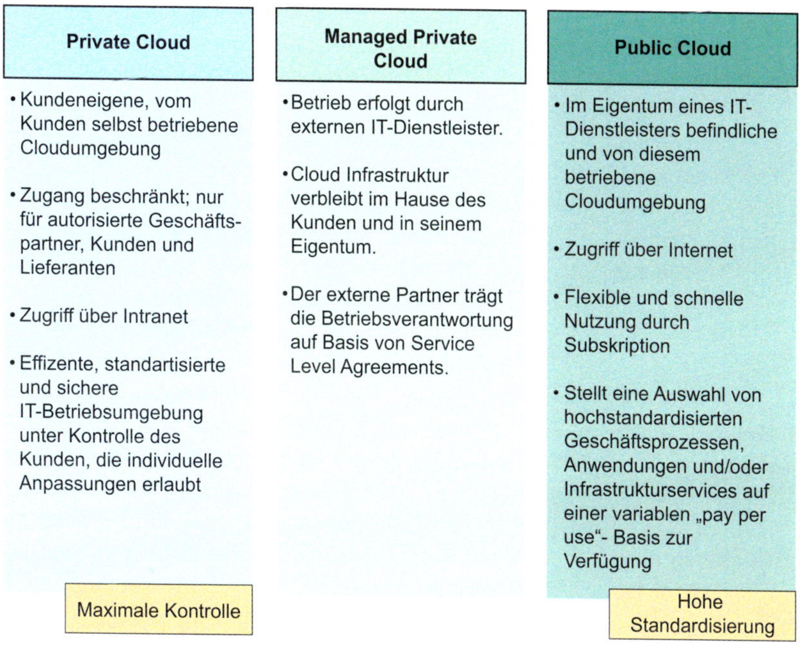

BILD 5-3
Private vs. Public Cloud

Verfügung gestellt und genutzt werden. In der fachlichen Diskussion herrscht im Prinzip Einigkeit darüber, dass typischerweise zwischen den in Bild 5-3 dargestellten Organisationsformen unterschieden werden sollte. Um das Thema Cloud Computing intensiv zu durchdringen und für sich nutzbar zu machen, sei an dieser Stelle auf die Veröffentlichungen der BITKOM verwiesen [BiCC13-ol].

Verflechtungen mit anderen Megatrends: Es bestehen wechselseitige Beziehungen zu den hier vorgestellten Megatrends und darüber hinaus zu weiteren Subtrends. Isoliert betrachtet bietet Cloud Computing eine neue Möglichkeit zur Bereitstellung von Ressourcen und Dienstleistungen. Sprich, es wird als reines Betriebsthema gesehen. Hier sind Aspekte wie „Pay per use", „Kostenreduktion" und „Flexibilität in der Bereitstellung" genannt. Betrachtet man das Thema aber in Verbindung mit den anderen IT-Megatrends, können im Bereich „Big Data" große Datenmengen viel einfacher verwaltet werden oder stark schwankenden Systemlasten aus sozialen Netzwerken über einen Cloud-Service ausgeglichen werden. Es zeigt sich also, dass die Betrachtung der Vernetzung dieser Megatrends sinnvoll ist und zu ggf. weiteren Erkenntnissen führt.

Nach aktuellen Marktstudien kommen schon bis zu 25 % aller Services aus der Cloud. Dieser Trend wird sich fortsetzen.

> *„In den kommenden fünf Jahren könnte Cloud Computing allein in Deutschland mehr als 200 Milliarden Euro wirtschaftlichen Wert und rund 800 000 Jobs schaffen. Allein Großbritannien schätzt, 20 Prozent an IT-Ausgaben durch Cloud Computing sparen zu können."* [WD12-ol]

Mobile Computing

Smartphones, Tablet-PCs und App-Stores haben sich in allen Lebensbereichen verbreitet. Die Endgeräte werden immer leichter und leistungsfähiger. Mit dem Übertragungsdienst LTE[4] gibt es zukünftig keine Bandbreitenprobleme von unterwegs mehr. Die damit einhergehenden Möglichkeiten für das eigene Geschäft haben viele Firmen schon erkannt. Anfangs haben Mitarbeiter einfach ihre privaten Endgeräte mit zur Arbeit gebracht (Bring your own device). Heute nutzen viele Firmen eigene Apps auf den mobilen Endgeräten, um die Prozesse in der Auftragsabwicklung bzw. die Zusammenarbeit mit Kollegen oder Kunden noch effizienter zu gestalten. Dieser Trend ist damit Wegbereiter für soziale Netzwerke. Cloud Computing verstärkt diese Vernetzung durch die Möglichkeit von jedem Ort auf Cloud Services zugreifen zu können. Dadurch lassen sich buchstäblich ganze Arbeitsplätze virtualisieren.

Social Media

Das Internet ist zu einer festen Größe im täglichen Leben geworden. Aus dem reinen Informationsbezug im Netz hat sich ein „Mitmach-Netz" entwickelt [Hil12].

Web 2.0 Technologien wie Blogs, Diskussionsforen oder soziale Netzwerke sind fester Bestandteil im Leben der Menschen. 74 % der Deutschen sind im Schnitt in mindestens einem sozialen Netzwerk angemeldet. Fast 25 % ihrer Onlinezeit verbringen Internetnutzer auf sozialen Plattformen [BiSM12-ol].

Da dies cloud-basiert und meistens über mobile Endgeräte passiert, zeigt sich auch hier die gegenseitige Verstärkung der Megatrends. Mit dieser hohen Durchdringung in der Gesellschaft ist das Thema Social Media auch nicht aus dem Geschäftsleben wegzudenken. Im Geschäftsalltag werden über soziale Plattformen wie z. B. XING oder LinkedIn Partner und Mitarbeiter gesucht. Unternehmen vermarkten ihre Produkte und binden über soziale Interaktion ihre Kunden.

Die Unternehmen sollten diese neue Möglichkeit nutzen, anstatt diese zu ignorieren. Letzteres führt dazu, dass die Netzaktivitäten von Kunden, Mitarbeitern und Marktbegleiter ausgeführt werden und so eine Außendarstellung ohne den lenkenden Einfluss des Unternehmens entsteht. Diese Situation zeigt den Handlungsbedarf für das Management auf. Social Media sollte „Chefsache" sein. Die Rahmenbedingungen sollten durch das Management mitgestaltet und geprägt werden. Folgende Tipps sollten im Umgang mit Social Media beachtet werden [BiSM 12-ol]:

- „Strategie: Prüfen Sie, in welchen Geschäftsbereichen und Handlungsfeldern Social Media Ihrem Unternehmen einen Mehrwert bieten. Beziehen Sie bei der Analyse neben PR, Marketing und HR auch andere Felder, wie die interne Kommunikation und Kollaboration, den Service & Support, die Produktentwicklung etc. ein.
- Ziele: Definieren Sie konkrete, realistische und messbare Ziele, die Sie mit Social Media im jeweiligen Unternehmensbereich erreichen wollen.
- Organisation: Legen Sie fest, wer in Ihrem Unternehmen für Social Media verantwortlich ist und wer die Social Media Aktivitäten steuert. Stellen Sie sicher, dass die entsprechende Person bzw. das Team hierfür auch ausreichend Zeit und die richtigen Ressourcen zur Verfügung hat. Richten Sie ggf. eine zentrale Social Media Arbeitsgruppe ein, um die verschiedenen Aktivitäten im Unternehmen zu koordinieren.
- Aufwand und Budget: Berechnen Sie den finanziellen und personellen Aufwand für Ihre Social Media Aktivitäten genauso gewissenhaft, wie Sie dies auch für andere Projekte tun würden. Denken Sie daran, auch den Aufwand für die Interaktion mit Social Media Nutzern einzukalkulieren.
- Zielgruppe: Finden Sie heraus, wo im Internet Ihre Zielgruppen die meiste Zeit verbringen und auf welchen Social Media Plattformen sie sich vornehmlich aufhalten. Neben den großen sozialen Netzwerken können auch kleinere, spezialisierte Plattformen (z. B. Online-Foren) für Ihr Unternehmen von Bedeutung sein.
- Monitoring: Beobachten Sie systematisch, was in Social Media über Ihr Unternehmen und sein Wettbewerbsumfeld kommuniziert wird. Es gibt neben Marketing und PR zahlreiche Anwendungsmöglichkeiten der mit Social Media Monitoring erhobenen Daten, z. B. Vertrieb, Business Intelligence oder Service und Support.
- Inhalte und Medien-Mix: Machen Sie sich mit den Informationsbedürfnissen Ihrer Zielgruppen vertraut und

[4] Long Term Evolution ist ein Mobilfunkstandard der 4. Generation mit Übertragungsraten von bis zu 300 MBit/s. Das entspricht z. B. mehr als dem 750-fachen des ursprünglichen UMTS-Standards.

bieten Sie ihnen relevante Inhalte an. Stimmen Sie den Inhalt Ihrer Beiträge auf die Besonderheiten der jeweiligen Plattform ab; jede Plattform im Social Web kann eine bestimmte Rolle im Kommunikations-Mix Ihres Unternehmens einnehmen. Integrieren Sie sämtliche Online-Auftritte Ihres Unternehmens so, dass sich ein stimmiges Gesamtbild ergibt.

- Krisenmanagement: Stellen Sie sich auf Irritationen, Kritik und Krisen ein. Über das Internet artikulierte Entrustungsstürme, sogenannte Shitstorms, werden künftig eher die Regel als die Ausnahme sein. Allerdings wird es meistens bei einem Sturm im Wasserglas für Ihr Unternehmen bleiben. Bereiten Sie sich entsprechend vor, indem Sie Prozesse und Strukturen für den Krisenfall vorbereiten.
- Erfolgsmessung: Messen Sie kontinuierlich den Erfolg der Social Media Aktivitäten Ihres Unternehmens anhand des Erreichungsgrads Ihrer definierten Ziele. Legen Sie hierfür aussagekräftige KPIs fest.
- Guidelines: Statten Sie Ihre Mitarbeiter mit Social Media Guidelines aus, damit diese über die Chancen und Risiken von Social Media informiert sind. Verteilen Sie die Guidelines nicht nur, sondern bieten Sie darüber hinaus Informationsveranstaltungen und Schulungen an, um die Akzeptanz der Leitlinien zu erhöhen."

Big Data

Etwa alle zwei Jahre verdoppelt sich die Menge der erzeugten und gespeicherten Daten. So wurden laut Frankfurter Allgemeiner Zeitung 2012 so viel Daten gespeichert, das dafür etwa 60 Milliarden Tablet-Computer notwendig wären [FAZ12]. Kein Mensch kann sich das Volumen von so vielen Computern vorstellen, die Menge reicht offenbar für den Bau der Hälfte der großen Mauer in China. Dieser Trend wird verstärkt durch die zunehmende maschinelle Erzeugung von Daten z.B. durch Social Media Plattformen, über Protokolle von Telekommunikationsverbindungen (CDR) und Web-Zugriffen (Weblogs), automatische Erfassungen von RFID-Lesern, Kameras, Mikrofonen und sonstigen Sensoren. Weitere Beispiele für Big Data gibt es in der Finanzindustrie (Finanz-Transaktionen, Börsendaten), dem Energiesektor (Verbrauchsdaten), Gesundheitswesen (Verschreibungen). Allein der Anstieg der digitalen Kollaboration in Unternehmen produziert enorme Daten.

Big Data bezeichnet vor diesem Hintergrund die Analyse großer Datenmengen aus vielfältigen Quellen in hoher Geschwindigkeit mit dem Ziel, wirtschaftlichen Nutzen zu erzeugen. Klassische Datenbanksysteme bzw. unternehmenseigene Serverumgebungen können diese steigende Flut an Daten nicht mehr oder nur durch kostenintensive Aufstockung verarbeiten. Cloud Computing ermöglicht es, diese Datenmengen zu speichern und zu verarbeiten.

> *„Facebook speichert über 100 Petabyte und verarbeitet täglich über 500 Terabyte an Daten – nahezu in Echtzeit. So werden täglich 2,7 Milliarden Likes verarbeitet, die bei Facebook sowie anderen Webseiten anfallen. Die 955 Millionen Nutzer des Sozialen Netzes teilen täglich 2,5 Milliarden Inhalte und laden 300 Millionen Fotos hoch. 70 000 Anfragen sind zu bearbeiten, die von Nutzern kommen oder automatisch generiert werden."* [NMI12-ol]

Diese mitunter sehr wertvollen Daten (Kundenverhalten, Produktbewertungen etc.) werden in der digitalen Welt als vierter Produktionsfaktor neben Kapital, Arbeitskraft und Rohstoffe angesehen. Hardware und Software treten immer mehr in den Hintergrund. Mit Big Data können die größtenteils unstrukturiert vorliegenden Daten mit entsprechenden Werkzeugen strukturiert und anschließend qualitativ und quantitativ analysiert werden. Mit Hilfe von Cloud Services können nun die Datenmengen „produktiviert" werden, indem sie innerhalb von Entscheidungsprozessen zu werthaltigen Vorlagen führen. Um aus diesen „kostbaren" Datenmengen die wichtigen Informationen herauszufiltern und damit unternehmerische Entscheidungen besser zu stützen, sind folgende vier Merkmale von Big Data zu beachten [BiBD12-ol]:

- Datenmenge (Volume): Der Umfang an Daten nimmt immer mehr zu. Das Datenvolumen muss systemseitig gespeichert und verarbeitet werden können. Neben kommerziellen Tools haben sich auch performante Open-Source Anbieter etabliert, weshalb das Thema auch für mittelständische Unternehmen interessant ist.
- Geschwindigkeit (Velocity): Schnelligkeit erreicht man durch Nutzung von Echtzeitdaten. Die Ableitung notwendiger Maßnahmen oder zu treffender Entscheidungen kann zeitnaher erfolgen.
- Datenvielfalt (Variety): Die Vielfalt an Daten erhöht die Komplexität. Ist das Datenmodell erst einmal transparent, dann können völlig neue Erkenntnisse aus diesen Daten gewonnen werden.
- Analytics: Das umfasst die Methoden zur möglichst automatisierten Erkennung und Nutzung von Mustern, Zusammenhängen und Bedeutungen. Zum Einsatz kommen u.a. statistische Verfahren, Vorhersagemodelle, Optimierungsalgorithmen, Data Mining, Text- und Bildanalytik. Bisherige Datenanalyse-Verfahren werden dadurch erheblich erweitert. Im Vordergrund stehen die Geschwindigkeit der Analyse (Realtime, Near-Realtime) und gleichzeitig die einfache Anwendbarkeit, ein ausschlaggebender Faktor beim Einsatz von analytischen Methoden in vielen Unternehmensbereichen.

5.2 IT im 4-Ebenen-Modell

Informationstechnik und das damit verbundene Management ist für uns integraler Teil einer ganzheitlichen Unternehmensführungskonzeption, die wir durch das 4-Ebenen-Modell ausdrücken (vgl. Bild 1-26). Aus diesem Referenzmodell zur zukunftsorientierten Unternehmensgestaltung ergeben sich folgende Aspekte: Geschäftsstrategie, operatives Geschäft, IT-Strategie und operative IT. Diese charakterisieren wir im Folgenden kurz. Anschließend gehen wir auf das Zusammenwirken dieser Aspekte ein, um zu verdeutlichen, wie die IT in einer Unternehmensführungskonzeption zu verankern ist. Die vier Aspekte und ihr Zusammenwirken sind in Bild 5-4 dargestellt.

Geschäftsstrategie: Sie ist Ergebnis der ersten zwei Ebenen des Referenzmodells (vgl. Kapitel 3.4) und besteht aus einem Leitbild, strategischen Kompetenzen und einer strategischen Position (Produkt-Markt-Kombinationen) sowie aus Konsequenzen und Maßnahmen. Je nachdem, ob es sich um ein einzelnes Geschäftsfeld oder um ein Unternehmen mit mehreren Geschäftsfeldern handelt, wäre das zu differenzieren (vgl. Bild 3-67).

Operatives Geschäft: Hier geht es um die Umsetzung der Vorgaben der Geschäftsstrategie, gesteuert durch jahres- bzw. quartalsbezogene Geschäftspläne. Dies beruht im Wesentlichen auf der Ablauforganisation und den Ressourcen (Personal, Betriebsmittel, IT-Systeme etc.).

IT-Strategie: Sie bringt die technologischen Möglichkeiten mit den Erfordernissen der Geschäftsstrategie in Einklang (IT-Modell). Ferner zählen dazu die sog. systemischen Kompetenzen. Das sind Fähigkeiten der IT, die sich aus den Kompetenzen der Geschäftsstrategie ableiten. Und schließlich gehören dazu Aussagen, wie das Unternehmen die erforderlichen Kompetenzen nachhaltig wirtschaftlich und gesetzeskonform aufrecht erhalten kann. Dazu dient eine IT-Politik, die im Rahmen von Vorgaben (IT-Governance) Festlegungen über Out-Sourcing, Joint Ventures, Softwareentwicklung etc. trifft. In unserer Terminologie ist die IT-Strategie eine Substrategie einer Geschäftsstrategie (vgl. Bild 3-2).

Operative IT: Im Vordergrund steht hier die Leistungserbringung durch die IT. Dazu sind die Handlungsfelder IT-Architektur und IT-Infrastruktur, IT-Prozesse und IT-Ressourcen entsprechend den Vorgaben auszugestalten.

Für den Unternehmenserfolg ist es nun essentiell, die Aspekte des Geschäfts (Business) und der IT aufeinander abzustimmen. Um dies näher zu erläutern, sei das Bild 5-4 herangezogen. Das darin wiedergegebene Zusammenspiel von Business und IT orientiert sich an dem **Strategic Alignment Model** von HENDERSON und VENKATRAMAN [HV99]. Die Abstimmungserfordernisse verdeutlichen, dass weder mit einer außergewöhnlichen Technologie noch mit einem brillanten Geschäftsmodell allein der Unternehmenserfolg zu sichern ist. Stattdessen ist der Erfolg eine Funktion aus der Symbiose von beiden. Die Nachhaltigkeit des Erfolgs wird ständig durch den technologischen Fortschritt und

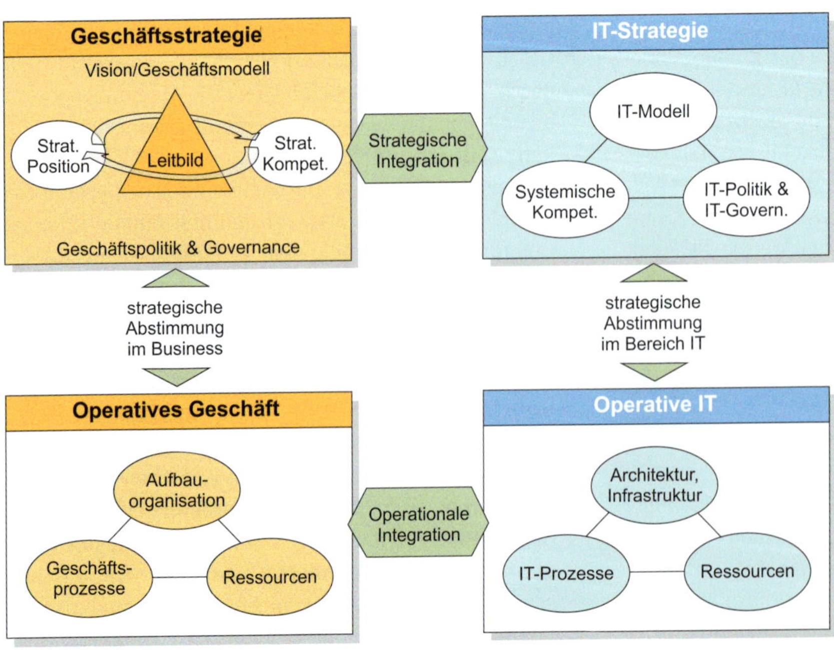

BILD 5-4
Wechselwirkungen und Abstimmungsbedarfe zwischen Geschäft (Business) und IT (nach Strategic Alignment Model)

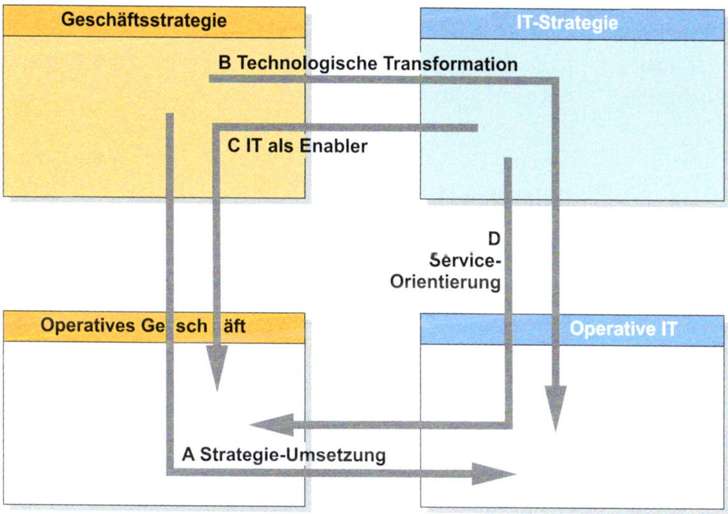

BILD 5-5
Handlungsmuster im „Strategic Alignment Model"

das Handeln der Konkurrenz infrage gestellt. Umso wichtiger ist es daher, IT als wesentliches Handlungsfeld strategischen Agierens auf Geschäftsebene zu begreifen und dies auch als regelmäßigen Prozess zu sehen. Basierend auf einem abstrahierten Schema des Strategic Alignement Models stellen wir im Folgenden die vier Handlungsmuster A bis D für die Zusammenarbeit von Business und IT vor [LLO93] (vgl. Bild 5-5).

A Strategie-Umsetzung

Die klassische und bekannteste Form der Zusammenarbeit zwischen Business und IT geht von einem Geschäftsmodell aus, für dessen Umsetzung laufend bessere operationale Strukturen gesucht werden. Hierzu gehört auch die Automatisierung von Geschäftsprozessen durch den Einsatz von IT-Systemen. Ausgangspunkt für das entsprechende Handlungsmuster sind Entscheidungen der Geschäftsführung über Erfordernisse auf der operativen Ebene zur Erreichung der Vorgaben der Geschäftsstrategie. Sie beauftragt das operative Management mit der Konkretisierung und Umsetzung. Dies betrifft insbesondere die Geschäftsprozesse, die Aufbauorganisation und die Ressourcen sowie die operative IT. Die operative IT hat ihr Leistungsangebot an die Anforderungen des Geschäfts anzupassen bzw. die für sie vorgesehenen Aufgaben zu übernehmen. Typische Beispiele für dieses Handlungsmuster sind

- die Prozessintegration durch ERP-Systeme,
- die Prozesskoordination durch CAD- und PDM-Systeme,
- die Automatisierung von Prozessketten durch Workflow-Systeme,
- die Komplexitätsbewältigung durch Produktkonfigurationssysteme etc.

Die Aufgabe der IT ist strikt funktional in dem Sinne, als sie die Reaktion auf ein Geschäftsmodellerfordernis ist: Die IT unterstützt die Erreichung eines Geschäftsergebnisses, beeinflusst aber nicht das Geschäftsmodell. Wichtigstes Erfolgskriterium ist die Effizienz, die sich beispielsweise in Menge, Zeit oder Kosten messen lässt.

B Technologische Transformation

Auch hier bildet ein existierendes Geschäftsmodell den Ausgangspunkt. Aber im Gegensatz zu A soll die Realisierung stark durch technische Lösungen geprägt und vorangetrieben werden. Aufgabe der IT ist es daher u. a., geeignete Technologien frühzeitig zu identifizieren und rechtzeitig zu operationalisieren [WR04]. Dieser Ansatz impliziert einige Voraussetzungen:

- Der Geschäftsleitung ist bewusst, dass der Erfolg der Geschäftsstrategie vom Einsatz neuer und im Unternehmen noch nicht vorhandener Technologien abhängig ist.
- Die Geschäftsleitung verfügt über hinreichende Informationen über Technologien, um die mit ihrem Einsatz verbundenen Chancen und Risiken abschätzen zu können.
- Der IT-Abteilung wird die Beherrschung der neuen Technologie zugetraut.
- Die Leitlinie der Umsetzung wird im Rahmen der IT-Strategie kommuniziert.

Es ist in erster Linie Aufgabe der IT-Leitung, diese Voraussetzungen zu schaffen bzw. dafür zu sorgen, dass diese entstehen, und schließlich auf der Ebene der operativen IT die Architektur und die Infrastruktur sowie die Prozesse und die Ressourcen aufzubauen. Dieses Handlungsmuster erfordert ein Informationsmanagement, das die Wettbewerbsfähigkeit des Unternehmens durch die Reduktion von Koordinations- und Transaktionskosten auf Basis neuer Prozesse und Produkte sicherstellt. Typische Beispiele dieses Handlungsmusters sind

- in der Produktentwicklung Virtual Prototyping (vgl. Kapitel 5.3.1) und das Management von verteilten Entwicklungsaktivitäten,
- in der Auftragsabwicklung Verfahren zur Unterstützung des Paradigmas Mass Customization oder Tracking und Tracing in logistischen Ketten und
- Teleservice.

Die IT nimmt im Rahmen dieses Handlungsmusters die Rolle des Technologiearchitekten ein; sie operationalisiert auf dem Sektor IT und IT-Einsatz die Vision der Geschäftsführung. Erfolgsfaktoren sind die effektive und effiziente Verwirklichung der angestrebten Technologieführerschaft unter Beachtung der Vorgaben.

C IT als „Enabler"

IT hat immer wieder die Spielregeln für etablierte Geschäfte verändert bzw. obsolet werden lassen und neue Geschäftsmodelle ermöglicht. Dies war beispielsweise mit der Verbreitung des Internets zu beobachten. Die beschriebenen vier Megatrends bieten ein ähnliches Potenzial. Im Rahmen dieses Handlungsmusters ist es Aufgabe der IT-Leitung, aufkommende Technologien zu erkennen, ihr Potential für Geschäftsmodellinnovationen abzuschätzen und Impulse für die Gestaltung des Geschäfts von morgen zu geben. Beispiele für derartige Handlungsmuster sind

- satellitengestützte Navigationssysteme wie Galileo oder das US-amerikanisches System NAVSTAR-GPS mit neuen Produkten (Navigationssysteme) und Dienstleistungen (z. B. Angebot digitalisierter Karten, Stadtpläne etc.),
- die Verschmelzung von Telefonie und IT oder Fernsehen und IT, die zu neuen Geschäftsmodellen führt, z. B. IP-Telefonie und Multimediadienste über das Internet-Protokoll (IPTV) sowie
- das enorme Datenvolumen des Big Data, welches zu neuen Analyse- und Optimierungspotentialen führt, z. B. die Entdeckung von Unregelmäßigkeiten bei Finanz-Transaktionen und Börsendaten, intelligentes Energie- und Verkehrsmanagement oder zielgruppenspezifische Marktforschung.

Im Kontext dieses Handlungsmusters spielt die IT die Rolle eines Katalysators. Sie beeinflusst die Reaktionsgeschwindigkeit der Geschäftsleitung auf technologische Veränderungen, ohne selber direkten Einfluss auf die Gestaltung der Geschäftsmodelle zu nehmen. Die Wirkung dieser Impulse äußert sich in Messgrößen wie Anteil des Umsatzes mit neuen Produkten und Dienstleistungen, Marktanteil etc.

D Service-Orientierung

Insbesondere in Unternehmen mit sog. digitalen Produkten und Diensten, wie Banken, Versicherungen, Online-Handel, kommt es sehr auf die Fähigkeit der IT an, Informationen und Dienste in der vereinbarten Qualität und Quantität zu liefern. Die Abstimmung zwischen Business und IT erfolgt idealtypisch auf Basis von definierten Service Levels. Die Initiative für dieses Handlungsmuster kommt von der IT-Leitung. Diese muss dafür sorgen, dass die von der IT-Organisation erbrachten Dienste in hohem Maße effektiv, effizient und risikoarm sind. Die Eckwerte dafür gibt die Geschäftsleitung im Rahmen der Geschäftsstrategie in Form von Richtlinien der IT-Governance vor. Die Umsetzung erfolgt durch die operative IT, die die Architektur, die Prozesse und die Kompetenzen dafür aufbaut. Dies geht einher mit einem geänderten Selbstverständnis: Nicht der CIO legt fest, was effektiv, effizient und risikoarm ist, sondern der die Dienste in Anspruch nehmende Geschäftsbereich. Diese geänderte Einstellung lässt sich wie folgt charakterisieren:

- Die Geschäftsbereiche sollen Eigner der Dienste werden und diese Rolle nicht – wie in der Vergangenheit vielerorts üblich – an die IT delegieren. Als Eigner der Dienste legen sie die Maßstäbe für Effektivität, Effizienz und Risiko fest und kontrollieren deren Einhaltung regelmäßig.
- Die IT ist im Rahmen der vereinbarten Richtlinien (IT-Governance) autark in der Festlegung der für die Zielerreichung notwendigen Mittel. Sie entscheidet über die erforderliche Architektur und Infrastruktur, strukturiert die IT-Prozesse und sichert durch entsprechende Kompetenzen anforderungsgerechte Dienste.
- Der Service-Verantwortliche erhält damit die Budgethoheit, um den Service wirtschaftlich (effizient), im Hinblick auf den erwarteten Kundennutzen wirkungsvoll (effektiv) und in der gewünschten Leistungsklasse zu beschaffen. Die IT selbst muss sich die Budgets für die von ihr zu erbringenden Leistungen (Architektur und Infrastruktur) beschaffen.

Im Rahmen dieses Handlungsmusters kommt es besonders darauf an, die Investitionsanträge von Business und IT zu bewerten, zu priorisieren und aufeinander abzustimmen. Die IT hat das Selbstverständnis, das Business durch leistungsfähige Dienste erfolgreich zu machen. In vielen Unternehmen wird die Leistung der IT schon allein deshalb nicht wertgeschätzt, weil damit kein (Knappheits-) Preis verbunden ist: Jeder darf Anforderungen an die IT stellen, ob diese ökonomisch einen Sinn ergeben oder nicht. Ein Anforderungsmanagement veranlasst hier zu einem Umdenken, indem u. a. zu belegen ist, dass den Anforderungen und den damit verbundenen Kosten auch ein adäquater Nutzen gegenübersteht. Die IT ist in die Wertschöpfung des Unternehmens eingebunden. Der Ausfall der IT führt daher zu hohen Folgekosten (entgangener Umsatz etc.). Demzufolge wird der Anspruch an die Verfügbarkeit der IT durch unterschiedliche Vereinbarungen festgehalten. Hierzu zählen u. a.

- maximale Ausfallzeiten (gesteuert im Rahmen des Prozesses „Systemmanagement" – „Verfügbarkeits- und Kontinuitätsmanagement"),
- die Festlegung von Dienstleistungen bei Störungen (definiert in den Prozessen „Störungs- und Problemmanagement"),
- Regeln für die Durchführung von Änderungen am System (auf Basis der Prozesse „Changemanagement" und „Releasemanagement") und
- Maßnahmen für den rechtzeitigen Kapazitätsaufbau (im Rahmen des Prozesses „Systemmanagement" – „Kapazitätsmanagement").

MIT ORCHESTRIERUNG ZU WANDLUNGSFÄHIGEN IT-SYSTEMEN

Die Entwicklung von Geschäftsanwendungen zeigt zwei Stoßrichtungen auf:

1) Standardsoftware: Die Abbildung von Geschäftsabläufen und -prozessen wird durch hochentwickelte Standardsoftware zu „Commodity-Prozessen"; es haben sich Referenzprozesse durch hunderte von Einführungsprojekten am Markt etabliert und zu quasi Industriestandards entwickelt. Dies führt auch zu einem monolithischen Systemaufbau.
2) Interoperable Systeme und Technologien: Durch Standards und cloud-basierte Webanwendungen können Systeme mit spezifischen Anforderungen passgenau effizient erstellt werden.

Vor diesem Hintergrund entsteht eine Vielfalt von Technologien und Service- und Softwarebausteinen, die zu orchestrieren ist, um zu leistungsfähigen Geschäftsanwendungen zu kommen.

Die damit einhergehende Wandlungsfähigkeit, im Englischen als „Agility" bezeichnet, ergibt sich aus der Nachfrage nach effizientem und ökonomischem Handeln unter sich ändernden, aber vorhersehbaren Bedingungen [GNP95]. Die vielfältigen Einflüsse auf ein Unternehmen erfordern mehr denn je Wandlungsfähigkeit [WRN09]. Dabei kommt es darauf an, diese Einflussfaktoren zu identifizieren, ihre denkbaren Entwicklungen zu antizipieren und diese zu konsistenten Zukunftsszenarien zu verknüpfen. Dazu dient die Szenario-Technik. So beschreibt Hernández, wie aus Markt- und Umfeldszenarien Schlüsse für die Gestaltung wandlungsfähiger Fabrikstrukturen gezogen werden können [Her02]. Die Wandlungsfähigkeit betrifft die gesamte Unternehmensarchitektur und damit auch die Architektur der Informationsverarbeitung und der entsprechenden Systeme. Gronau schlägt eine Systematik vor, wie Wandlungsfähigkeit von IT-Systemen gestaltet werden kann [Gro08].

Es wird deutlich, dass Wandlungsfähigkeit weit über Flexibilität und auch Anpassungsfähigkeit hinausgeht. „Während die Flexibilität lediglich ein Änderungspotential, das bei Nachfrage aktiviert werden kann, voraussetzt und das Erkennen des Wandels und das Entwickeln brauchbarer Alternativen außerhalb des Systems erfolgt, so wird bei der Anpassungsfähigkeit der Bedarf für eine Änderung schon vom System erkannt, aber die passenden Alternativen noch außerhalb des Systems entwickelt. Bei der Wandlungsfähigkeit selbst werden dann sowohl die Anforderungen vom System erkannt, als auch die Alternativen vom System selbst entwickelt. Wandlungsfähigkeit kann daher als Langzeitziel der Entwicklung von betrieblichen Anwendungssystemen bezeichnet werden." Wandlungsfähigkeit von IT-Systemen wird von einer Reihe von Merkmalen bestimmt. Bild 1 zeigt diese Merkmale und je Merkmal ein typisches Entwicklungsparadigma.

Im Zuge der Auswahl eines IT-Systems ist es wichtig, den Grad der Wandlungsfähigkeit des in Betracht gezogenen Systems zu ermitteln. Dazu schlägt Gronau zwei Dimensionen vor. Die technische Wandlungsfähigkeit ergibt sich aus der Bewertung der in Bild 1 wiedergegebenen Merkmale. Die zweite Dimension ist die geschäftsspezifische Wandlungsfähigkeit; sie ergibt sich aus vier typischen Reorganisationsmustern: 1) Bildung von Subsystemen, 2) Prozessorientierung statt einer Betonung der Aufbauorganisation, 3) kontinuierliche Verbesserung und 4) Auflösung von Betriebs- bzw. Unternehmensgrenzen. Diese zwei Dimensionen spannen gemäß Bild 2 ein Portfolio auf, in das sich IT-Systeme einordnen lassen [Gro08].

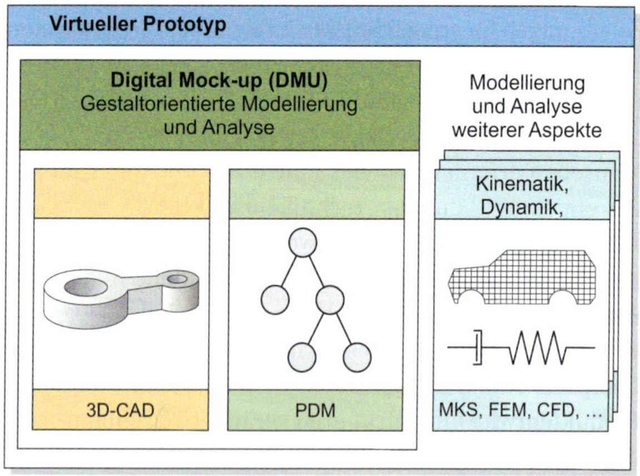

PDM: Produktdatenmanagement
MKS: Mehrkörpersimulation
FEM: Finite Elemente Methode
CFD: Computational Fluid Dynamics

BILD 5-6 Einordnung der Begriffe Digital Mock-up und Virtueller Prototyp

Aspektmodelle abgebildet werden. Es lassen sich verschiedene Arten von Analysen zum Nachweis der Funktionsfähigkeit je nach Aspektmodell durchführen. Dafür hat sich auch der Begriff Virtual Prototyping durchgesetzt; d. h. von dem in Entwicklung befindlichen Produkt werden Aspektmodelle, die einzelne Aspekte beschreiben, gebildet und analysiert. Dies spart Zeit und Geld, weil auf den Bau und den Test von realen Prototypen weitgehend verzichtet werden kann.

5.3.1.1 CAD-Systeme

Ursprünglich stand der Begriff CAD für „Computer Aided Drafting". Der Computereinsatz für die Zeichnungserstellung führte zu erheblichen Zeiteinsparungen insbesondere durch die Verwendung von vordefinierten Bibliotheken für Norm- und Wiederholteile und bei Zeichnungsänderungen. Moderne CAD-Systeme ermöglichen die Beschreibung der Gestalt von Bauteilen. Wie dies konkret erfolgt, sei anhand des Beispiels in Bild 5-7 dargestellt. Es handelt sich um das Kunststoffgehäuse eines Miniaturroboters. Es werden lediglich die wesentlichen Schritte zur Erfassung der Gestalt erläutert. Daneben ist die Gestalt hinsichtlich der Fertigungsrestriktionen zu modifizieren; dazu zählen beispielsweise die Berücksichtigung der Schwindung, der Aushebeschrägen und der Trennebenen. Auf der Basis des erzeugten 3D-Modells des Bauteils lassen sich Größen wie Volumen/Gewicht, Schwerpunkt und Massenträgheitsmoment automatisch berechnen. Ferner bildet das 3D-Modell in diesem Fall auch die Basis für die Simulation des Spritzgießprozesses.

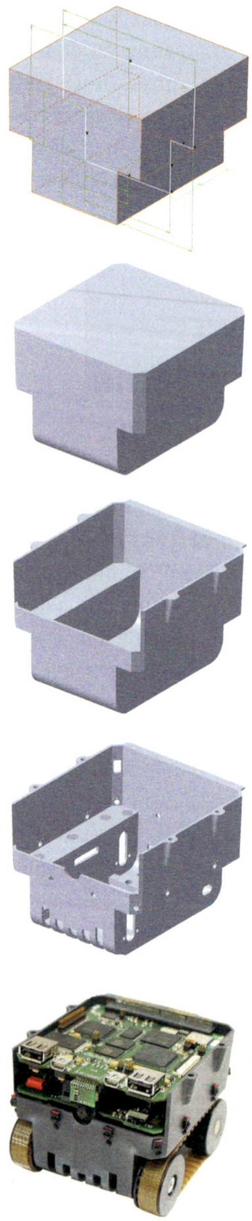

- Erzeugen einer 2D-Kontur in einer gewählten Ebene.
- Erzeugen des Grundkörpers (Profil) durch Verschieben der 2D-Kontur entlang einer Geraden.
- Modifikation von ausgewählten Kanten durch Fasen und Rundungen. Das System erzeugt die entsprechenden neuen Flächen automatisch.
- Subtraktion eines vorher erzeugten Körpers, der den Hohlraum beschreibt, von dem Grundkörper.
- Hinzufügen von vier Zylindern, die später die Befestigungen für den Aufbau aufnehmen.
- Subtraktion weiterer Grundkörper, um Durchbrüche, Bohrungen etc. zu beschreiben.
- In der Technologie MID (Molded Interconnect Devices) realisiertes Gehäuse. In das Gehäuse sind zwölf Infrarotsensoren inkl. Signalverarbeitung integriert.

BILD 5-7 Schrittweises Vorgehen bei der Modellierung eines Robotergehäuses mit einem 3D-CAD-System

Aus der beispielhaft genannten Literatur geht die außerordentlich hohe Leistungsfähigkeit heutiger 3D-CAD-Systeme hervor [Rem07], [Sch08], [Vog09].

5.3.1.2 Digital Mock-up

Mit der zunehmenden Komplexität technischer Systeme haben sich auch die gestaltbezogenen Analysen auf der Basis des Digital Mock-up durchgesetzt. Dies trifft insbesondere dann zu, wenn in einem knapp bemessenen Bauraum eine hohe Bauteildichte erreicht werden muss

BILD 5-8 Digital Mock-up des zweistrahligen Flugzeugs Eclipse 500 (Quelle: Siemens PLM Software, Eclipse Aviation)

[Mar03], [Web03]. Dabei geht es nicht nur um Mechanik, sondern auch um die Objekte anderer Domänen, wie Elektrik/Elektronik, Hydraulik etc. Auch diese Objekte sind am Ende gestaltbehaftet und zu verbauen.

Als Vorreiter für den Einsatz des Digital Mock-up gilt die Flugzeugindustrie. Boing hat Anfang der 1990er Jahre die komplette Entwicklung des Typs 777 auf diese Weise vorangetrieben und die Entwicklungszeit erheblich reduzieren können. Bild 5-8 zeigt eine typische Anwendung. Im Folgenden gehen wir kurz auf einige weitere DMU-typische Anwendungen ein.

Kollisionsuntersuchungen

Insbesondere in komplexen kinematischen Systemen mit volumenbehafteten Objekten ist die rechnerunterstützte Analyse auf Kollision unumgänglich. Untersuchungsgegenstand solcher Analysen sind Bauteilberührungen (Contact), Bauteilüberschneidungen (Clash) und Freigangsverletzungen (Clearance). Letztgenannte sind angebracht, wenn beispielsweise nachzuweisen ist, dass ein Bauteil einen Mindestabstand zu einem heißen Abgaskrümmer nicht unterschreitet. Bild 5-9 zeigt den Nachweis der Kollisionsfreiheit eines Querträgers auf dem Prüfstand. Hier ist das Resultat negativ; der Querträger kollidiert in der Bewegung mit dem Rahmen des Prüfstands. Dies wird farblich angezeigt.

Bauraum- und Montageanalysen

Bauraumanalysen verfolgen das Ziel, den zur Verfügung stehenden Bauraum optimal auszunutzen. In der Regel müssen aus Montage- oder Sicherheitsgründen Mindestabstände zwischen Bauteilen bzw. Baugruppen eingehalten werden.

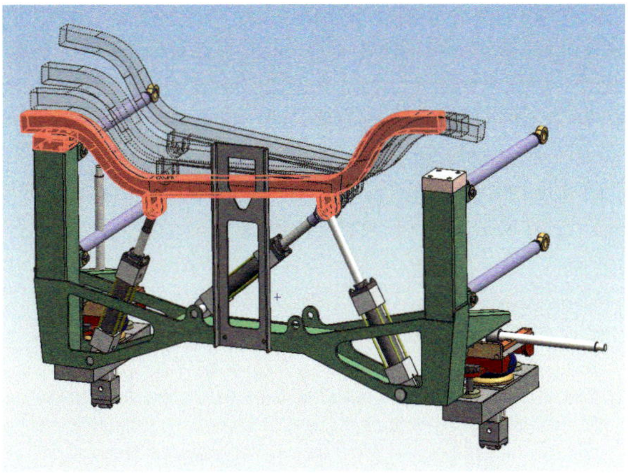

BILD 5-9 Kollisionsuntersuchung auf einem Prüfstand

Um den Ein- und Ausbau zu gewährleisten, werden Montage- und Demontageanalysen durchgeführt. Mit Hilfe des Digital Mock-up kann beispielsweise untersucht werden, ob ein Behälter für die Kühlflüssigkeit im Motorraum montierbar ist. Während der Montagesimulation dürfen keine Durchdringungen des Behälters mit den umgebenden Bauteilen auftreten. Darüber hinaus ist eine Erreichbarkeit des Montageorts im Motorraum mit den Betriebsmitteln und Werkzeugen erforderlich. Auch ergonomische Gesichtspunkte sind zu beachten, da der Werker das Bauteil während des Montageprozesses handhaben muss. Um dies zu berücksichtigen, lässt sich ein Mindestabstand zu anderen Bauteilen definieren. Das System ermittelt automatisch mögliche Montagepfade. Anschließend kann ein Translationsvolumen generiert werden, das den benötigten Montageraum definiert. Es lässt sich als Platzhalter in die Baugruppe implementieren, um den benötigten Bauraum freizuhalten bzw. zu markieren.

Ferner lassen sich auf dieser Basis mit Hilfe von Animationen sehr anschauliche Schulungsunterlagen für die Montage- und Demontage erstellen. In einer Animation kann der Anwender die einzelnen Montage- und Demontageschritte verfolgen. Bild 5-10 zeigt die Montagevorgänge eines hydraulischen Lenkaggregats.

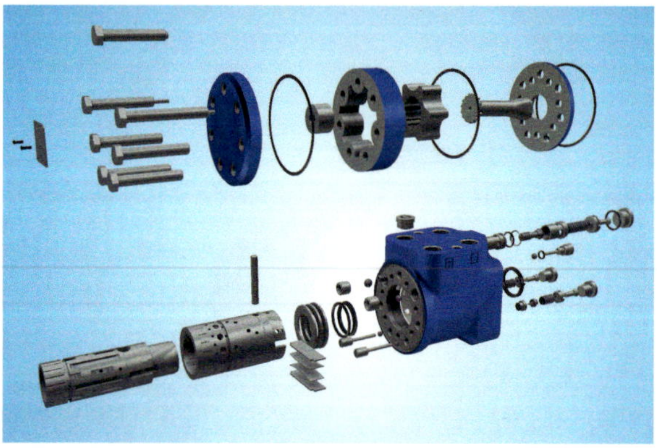

BILD 5-10 Darstellung des Zusammenbaus eines hydraulischen Lenkaggregats (Quelle: Bosch Rexroth AG)

Design Review

Die am Anfang des Kapitels dargestellten gestaltbezogenen Analysen sind zunehmend Gegenstand von Design Reviews auf Basis der Technologie Virtual Reality (VR)[5]. Hier erfolgen die zuvor genannten Kollisionsuntersuchungen, Bauraum- und Montageanalysen zur Absicherung der Planungsstände direkt am Digital Mock-up in VR. Im Wesentlichen simuliert die Technologie VR den DMU in einer virtuellen Umgebung und macht diesen für den Anwender im Produktentwicklungsprozesses erlebbar wenn noch kein realer Prototyp verfügbar ist.

Im Rahmen eines solchen Design Reviews findet typischerweise eine Begehung des Digital Mock-up in VR statt. Hierfür werden die Daten der beteiligten Fachabteilungen zusammengebracht und auf einer stereoskopischen Großprojektion dreidimensional dargestellt (Bild 5-11 oben). Die Teilnehmer des Design Reviews analysieren beispielsweise Querschnitte und Detailansichten, identifizieren Bauteile und Baugruppen oder überprüfen Abmessungen und Toleranzen direkt am Digital Mock-up (Bild 5-11 unten). Dieses ermöglicht den Abgleich der verschiedenen Teilmodelle und Entwicklungsstände, das Auffinden von Inkonsistenzen und die frühzeitige Identifikation von Fehlern im Entwurf. Im Rahmen der Design Reviews unterstützt die VR-basierte Visualisierung des DMU letztlich die Kommunikation und die Abstimmung zwischen den beteiligten Entwicklern.

Ausgangsbasis für ein Design Review in VR sind die gestaltbezogenen Partialmodelle des Digital Mock-up. Diese müssen für den Einsatz in VR aufbereitet werden. Das sind zunächst die 3D-CAD-Modelle der Bauteile und die Produktstruktur aus dem PDM-System, welche die Grundlage für die DMU-Untersuchungen bilden. Solche gestaltorientierten Analysen auf Basis der Technologie VR sind in der Industrie weitgehend etabliert. Die gestaltorientierten Modelle des DMU bilden die Grundlage für die VR-basierte Untersuchung weiterer Aspekte des Virtuellen Prototypen, wie z. B. Kinematik, Festigkeit oder Strömungsverhalten. Diese erfordern eine entsprechende VR-technische Aufbereitung der jeweiligen Partialmodelle, wie z. B. Mehrkörpersystem-, Finite Element Methoden- bzw. Computational Fluid Dynamics-Modelle, und deren Integration in die VR-Umgebung, was jedoch noch weitgehend Gegenstand der Forschung ist.

Erstellung von Verkaufsunterlagen

Großer Aufwand wird heutzutage in Marketing und Verkauf getrieben, um realitätsgerechte Produktpräsentationen zu erzeugen, obwohl das Produkt noch nicht verfügbar ist. Die Basis dafür bilden 3D-Modelle. Aus diesen werden zunächst Details, die für die Visualisierung irrelevant sind, entfernt.

[5] Die Technologie VR ermöglicht anschauliche Visualisierungen des späteren Produkts. Sie wird in der Produktentwicklung eingesetzt, wenn lediglich erste digitale Modelle zum Produkt, aber noch keine realen Prototypen existieren. Wesentliches Merkmal der Technologie VR ist die Verarbeitung der Daten in Echtzeit, was bedeutet, dass die Systeme unmittelbar auf die Aktionen des Anwenders reagieren. Dieses ermöglicht eine intuitive Interaktion des Entwicklers mit dem Prototypen. Die Technologien VR bildet so eine neuartige Benutzungsschnittstelle für den Umgang mit dem digitalen Prototypen.

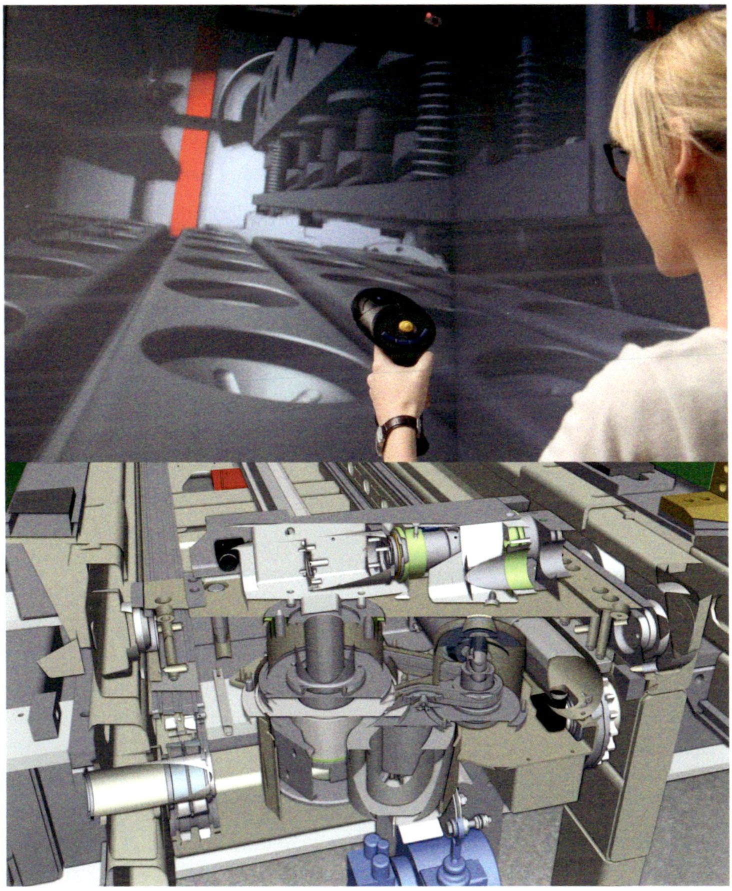

BILD 5-11
VR-basiertes Design Review am Digital Mock-up einer technischen Anlage: Intuitive Interaktion in VR an einem stereoskopischen Projektionssystem (oben) und virtuelle Schnittebene durch eine Baugruppe zur Detaildarstellung (unten) (Quelle: Heinz Nixdorf Institut)

BILD 5-12
Photorealistische Visualisierung eines Pkws auf Basis von DMU-Daten (Quelle: Realtime Technology AG – Visualisierung mit RTT DeltaGen 11.0)

Dann werden den Oberflächen Eigenschaften wie Farbe, Textur, Reflexion etc. zugeordnet. Die Berechnung der photorealistischen Bilder erfolgt mit einer sog. Raytracing-Software. Diese setzt das spätere Produkt quasi ins rechte Licht und liefert realistisch anmutende Produktbilder. Bild 5-12 zeigt die photorealistische Wiedergabe des virtuellen Prototypen eines Sportwagens.

Der Schwerpunkt der Produktpräsentation verlagert sich heute von den klassischen Printmedien zu interaktiven webbasierten Medien. Dies eröffnet neue Möglichkeiten, das Produkt dem Kunden näherzubringen. Hier werden die statischen 3D-Modelle animiert, um in einem realistischen Produktfilm z. B. die Fahreigenschaften eines neuen Sportwagens in rasanten Fahrmanövern kinoreif zu demonstrieren. Neben dem 3D-Modell, das die Gestalt repräsentiert, ist dafür auch die Fahrdynamik zu modellieren und in der Animation wiederzugeben (vgl. Simulation von Mehrkörpersystemen im folgenden Unterkapitel).

Ein aktueller Trend bei der Verkaufsunterstützung ist der massive Einsatz der Technologie Virtual Reality. Mit Hilfe einfacher Konfiguratoren kann der Kunde sein Produkt bei vielen Herstellern online oder auch in speziellen Show-Rooms nach seinen Wünschen konfigurieren und das Ergebnis in Form eines fotorealistischen 3D-Models interaktiv erleben.

5.3.1.3 Virtual Prototyping

Virtual Prototyping unterstützt den gesamten Entwicklungsprozess, hilft dem Entwicklungsingenieur viele Sachverhalte zu analysieren, Entscheidungen zu treffen und die weitere Konkretisierung voranzutreiben. Dies bezieht sich immer auf einen spezifischen Aspekt des Systems, wie das Bewegungsverhalten von Mehrkörpersystemen, die Festigkeit einer Struktur, das Verhalten einer Strömung, die Temperaturverteilung in einem thermisch belasteten Objekt, die Beeinflussung eines Steuergeräts durch elektromagnetische Felder etc. Dementsprechend stützt sich Virtual Prototyping auf dedizierte Modelle ab, die den jeweiligen Sachverhalt im Rechner repräsentieren. Diese Partialmodelle bilden zusammen mit den 3D-Modellen, die den Aspekt Gestalt beschreiben, und der Produktstruktur die drei Hauptsichten Struktur, Verhalten und Gestalt eines technischen Systems ab. Der virtuelle Prototyp ist im Prinzip ein kohärentes System von Partialmodellen, das im Verlauf des Entwicklungsprozesses kontinuierlich verfeinert wird. Am Ende des Prozesses hat der virtuelle Prototyp eine so hohe Güte, dass Analysen und Simulationsläufe zu Ergebnissen führen, die auch Versuche mit dem realen Prototypen zeigen würden. Diesem hohen Anspruch kommt man heute schon sehr nahe. Somit kann auf einen erheblichen Teil von Versuchen mit realen Prototypen verzichtet werden. Dies ist einer der wesentlichen Gründe, warum beispielsweise in der Automobilindustrie die Entwicklungszeit drastisch reduziert werden konnte, obwohl die Fahrzeuge komplexer geworden sind. Im Folgenden gehen wir kurz auf einige typische Analysen ein, um den Nutzen zu verdeutlichen. Die Beispiele haben nicht den Anspruch, das weite Feld der heutigen Möglichkeiten umfassend zu beschreiben.

Simulation von Mehrkörpersystemen

Die Simulation von Mehrkörpersystemen (MKS) wird eingesetzt, um das Bewegungsverhalten komplexer Systeme zu untersuchen, die aus einer Vielzahl gekoppelter beweglicher Teile bestehen. Die Mehrkörpersystemsimulation hat ein breites Anwendungsspektrum. Es reicht von der Überprüfung des Bewegungsverhaltens einzelner, aus wenigen Bauteilen bestehenden Baugruppen über die Identifikation von Kollisionsproblemen und das Schwingungsverhalten von Systemen bis hin zum Bewegungsverhalten eines Gesamtsystems. Ferner ermöglicht die MKS-Simulation die Bestimmung der Kräfte und Momente, die durch Bewegungen auf das System einwirken. Die MKS-Simulation umfasst die Kinematik und die Dynamik:

- Die **Kinematik** untersucht die Bewegung starrer Körper im Raum ohne die Ursachen der Bewegung zu betrachten – also die wirkenden Kräfte und Momente. Im Fokus steht hier die Ermittlung der Positionen aller Bauteile infolge einer Verschiebung (Bild 5-13). Während des Verschiebevorgangs (z. B. der Bewegung eines Industrieroboters) beschreiben ausgewählte Punkte der Konstruktion eine Raumkurve. Für Kinematikanalysen wird auf Ersatzmodelle zurückgegriffen. Diese bestehen aus starren Körpern und Gelenken, welche die Körper miteinander verbinden. Die gekoppelten starren Körper bilden sogenannte kinematische Ketten. Hierbei wird zwischen offenen und geschlossenen kinematischen Ketten unterschieden: Offene kinematische Ketten besitzen eine Baumstruktur, in der es von jedem Körper einen eindeutigen Pfad zu einem beliebigen anderen Körper im System gibt. Geschlossene kinematische Ketten hingegen bilden Schleifen, sodass es keinen solchen eindeutigen Pfad mehr gibt. Bei der Bewegungsanalyse offener kinematischer Ketten ergibt sich oft die Aufgabe, den Endpunkt der kinematischen Kette von einer Raumposition zu einer anderen zu bewegen (z. B. die Bewegung des Referenzpunkts eines Roboterwerkzeugs). Über die Ver-

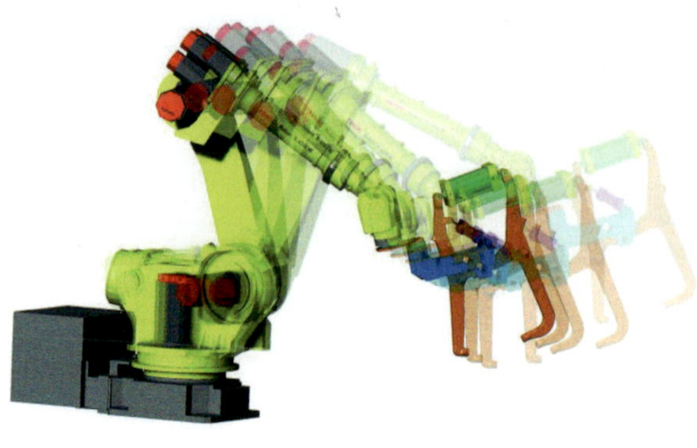

BILD 5-13 Kinematikanalyse eines Roboters mit Schweißzange (Quelle: SolidWorks Deutschland GmbH)

gabe von Drehwinkeln für jedes Gelenk kann dann die Endposition ermittelt werden. Dieses wird auch als Vorwärtstransformation bezeichnet. Müssen jedoch die Drehwinkel ermittelt werden, die den Werkzeugreferenzpunkt von der Ausgangsposition in die gewünschte Endposition bewegen, so spricht man von einer Rückwärtstransformation. Die numerische Berechnung der Bewegungsgleichungen ist für die meisten in der Praxis anzutreffenden Kinematikprobleme vergleichsweise einfach, sodass die Modellanalyse und die Interpretation der Ergebnisse interaktiv erfolgen können.

- Die **Dynamik** beschreibt das Verhalten eines Systems infolge der einwirkenden inneren und äußeren Kräfte und Momente. Im Rahmen einer Dynamikanalyse werden die am und innerhalb des Systems wirkenden Kräfte und Momente ermittelt. Darüber hinaus ermöglicht die Dynamikanalyse die gezielte Untersuchung des Schwingungsverhaltens eines Systems (Bild 5-14). Im Fokus steht oft die Ermittlung des Eigenschwingungsverhaltens. Sie verfolgt das Ziel, eine Anregung des Systems im Bereich seiner Eigenfrequenz zu vermeiden. Dies könnte aufgrund der Resonanz zur Systembeeinträchtigung und sogar zu seiner Zerstörung führen. Bei der Modellbildung werden neben starren Körpern und Gelenken auch die Massen berücksichtigt. Sie bestimmen die Trägheitseigenschaften eines Körpers. Darüber hinaus werden auch sogenannte Kraftstellglieder benutzt, die starre Körper über bindende Kräfte koppeln. Typische Beispiele sind Feder oder Dämpfer. Für die Dynamikanalyse muss aus diesem physikalischen Ersatzmodell ein mathematisches Modell abgeleitet werden. Dabei handelt es sich um Differentialgleichungssysteme, die das Mehrkörpersystem anhand von Bewegungsgleichungen beschreiben [RS88]. Zur Approximation des Differentialgleichungssystems werden numerische Verfahren eingesetzt. Dennoch ist die Berechnung von Dynamikanalysen in der Regel zeitaufwendiger als die Berechnung von Kinematikanalysen. Für bestimmte Anwendungen wie „Hardware in the Loop" ist es erforderlich, die Berechnungen in Echtzeit durchzuführen [Wäl00]. Dieses muss bei der Bildung der Ersatzmodelle und der Ableitung der mathematischen Modelle entsprechend berücksichtigt werden.

Die MKS-Simulation in der geschilderten Art beruht auf einer starken Vereinfachung der Realität. Um diese genauer abzubilden, wird die MKS-Simulation oft mit weiteren Verfahren wie Finite Elemente Methode (FEM) oder Computational Fluid Dynamics (CFD) kombiniert.

Finite Elemente Methode

Verformungen und Spannungen in Festkörpern aufgrund von äußeren Belastungen oder die Temperaturverteilung werden anhand von Differentialgleichungen beschrieben. Die Lösung dieser Gleichungen ist für einfache Aufgabenstellungen möglich, nicht aber für komplexe und kontinuierliche Systeme wie sie in der Praxis zu finden sind. Die Finite Elemente Methode (FEM) ist ein Verfahren, das allgemeine Feldprobleme, die durch orts- und zeitabhängige partielle Differentialgleichungen beschrieben werden, näherungsweise löst. Die wesentliche Näherung besteht darin, das betrachtete Kontinuum zunächst zu diskretisieren. Bei dieser Diskretisierung wird das Kontinuum durch eine endliche (finite) Anzahl kleiner Elemente angenähert. Die problemspezifische mathematische Formulierung wird im folgenden Schritt auf die entstandenen Teilbereiche, die Elemente, angewendet. Über Verträglichkeitsbedingungen zwischen diesen Teilbereichen sowie über Anfangs- und Randbedingungen entsteht auf diesem Weg ein lineares

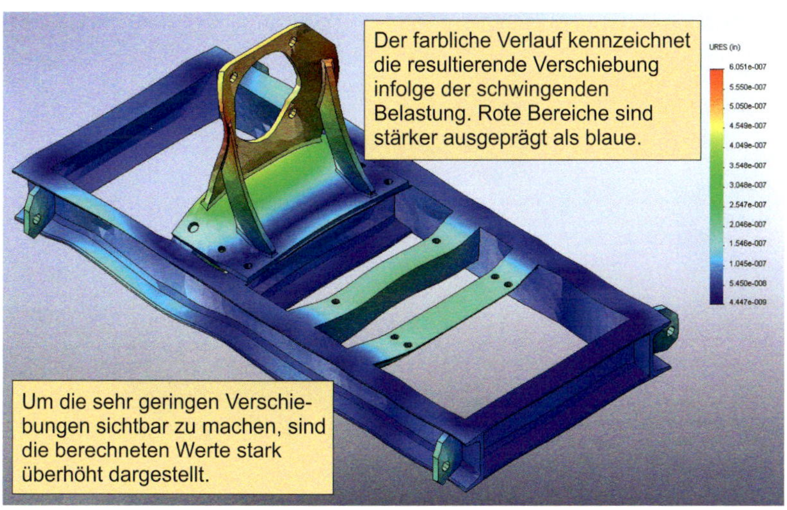

BILD 5-14
Untersuchung des Eigenschwingungsverhaltens mittels einer Dynamikanalyse (Quelle: SolidWorks Deutschland GmbH)

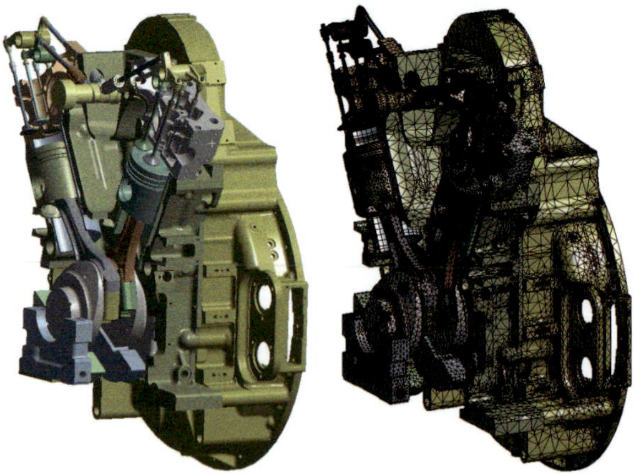

BILD 5-15 Approximation eines Verbrennungsmotors durch finite Elemente (Quelle: CADFEM GmbH)

Gleichungssystem. Die Lösung des Gleichungssystems liefert die unbekannten Zustandsgrößen für die einzelnen Teilbereiche. Bild 5-15 zeigt die Überführung des 3D-Modells eines Verbrennungsmotors in ein Modell aus finiten Elementen. Topologische Primitive (Eckpunkte, Kanten oder die Kombination aus beiden) approximieren hier die Gestalt. Auf diesen Elementen werden Funktionen definiert, aus denen sich über die partielle Differentialgleichung ein Gleichungssystem ergibt. Aus dem gelösten Gleichungssystem werden dann die gesuchten Resultate wie Verformungen und Spannungen abgeleitet.

Mittels FEM können heute neben Festigkeitsanalysen eine Vielzahl von Untersuchungen durchgeführt werden, beispielsweise Akustikanalysen, zeitliche Temperaturverläufe und elektromagnetische Verträglichkeit. Bild 5-16 zeigt als Ergebnis einer thermischen Belastung die Temperaturverteilung in einem Verbrennungsmotor.

Computational Fluid Dynamics

Für Analysen aus dem Bereich der Strömungsmechanik nehmen numerische Strömungssimulationen (Computational Fluid Dynamics, CFD) eine herausragende Stellung ein. Mittels CFD können Stromlinien, Kräfte, Druckmodelle, Verdrängung usw. sichtbar gemacht werden. Dieses kann generell in zweierlei Darstellungen erfolgen: im lokalen Flussfeld, welches spezifische Einblicke in das Verhalten der Strömung zur Verfügung stellt, oder im globalen Flussfeld, das die gesamten dynamischen Eigenschaften anzeigt. CFD löst strömungsmechanische Probleme approximativ mit numerischen Methoden. Auf diese Weise kann beispielsweise das Strömungsfeld im Brennraum während des Ansaugtaktes simuliert werden. Neben der Form des Strömungsfelds werden hier auch die auftretenden Temperaturen durch unterschiedliche Farben visualisiert (Bild 5-17).

Analyse von flexiblen Bauteilen

Die Analyse von flexiblen Bauteilen wird immer dann durchgeführt, wenn die Verlegung von Bauteilen aus elastischen bzw. biegeschlaffen Materialien geplant werden muss; dazu zählen Kabel, Schläuche, Dichtungen und Manschetten. Diese werden in virtuellen Prototypen verlegt;

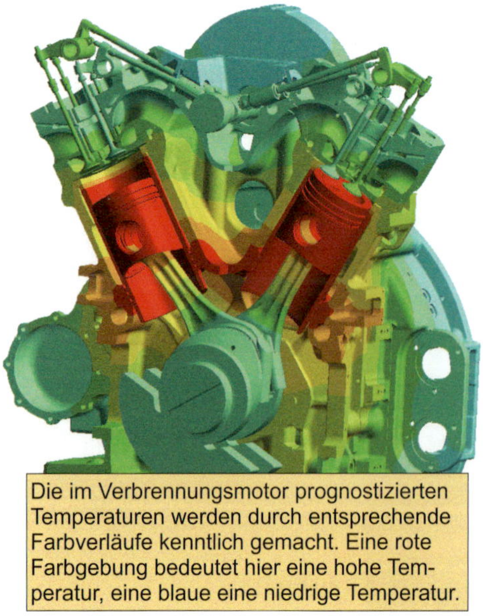

BILD 5-16 Darstellung der Temperaturverteilung in einem Motorinnenraum mittels FEM-Berechnung (Quelle: CADFEM GmbH)

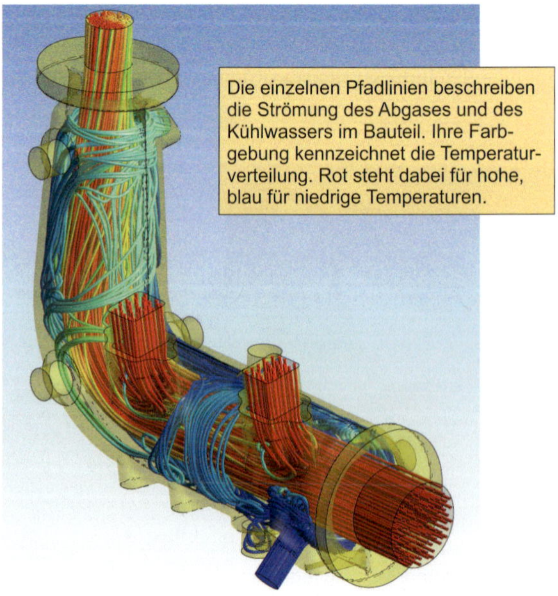

BILD 5-17 Mit CFD simuliertes Strömungsfeld in einem wassergekühlten Abgasrohr (Quelle: ANSYS Germany GmbH)

Befestigungselemente wie Schellen und Clips werden in die Modellierung einbezogen (Bild 5-18). Kabel lassen sich auch zu komplexen Gebilden wie Kabelbäumen oder Kabelverzweigungen zusammenfassen.

Unter Berücksichtigung der Materialparameter und der Geometrie wird das Verhalten der flexiblen Bauteile in Echtzeit simuliert. Einwirkungen wie Verdrehung, Verspannung, Dehnung und Schwerkraft werden dabei berücksichtigt. Der Nutzen liegt auf der Hand: Statt Erkenntnisse über die Verlegung von Kabeln etc. erst in der realen Montage zu gewinnen, können schon frühzeitig die Kabellängen ermittelt, deren Verhalten in Montage und Betrieb untersucht und die Montageoperationen optimiert werden. Das spart Zeit und Geld, hier wie auch in den anderen Bereichen des Virtual Prototyping. Virtual Prototyping, oder allgemeiner ausgedrückt die Virtualisierung der Produktentstehung, ist daher ein Schlüsselgebiet des Einsatzes von IT-Systemen in der industriellen Produktion.

Visualisierung von Scheinwerfersystemen

Die Scheinwerfer in modernen Pkw unterstützen nicht nur Standardlichtfunktionen wie z. B. Abblend- oder Fernlicht zur Ausleuchtung des Straßenraums vor dem Fahrzeug (vgl. Bild 5-19 a und b). Es sind mechatronische Systeme, welche sich durch eine intelligente Ansteuerung der Scheinwerfer der Fahrsituation dynamisch anpassen. So werden beispielsweise im Rahmen des vorausschauenden Kurvenlichts die Scheinwerfer automatisch dem Kurvenverlauf nachgeführt, um eine optimale Ausleuchtung der Straße zu gewährleisten. Dazu werden die Fahrzeugposition des on-board GPS mit der digitalen Straßenkarte des Navigationssystems abgeglichen und anhand des Kurvenradius, der Geschwindigkeit und weiterer Parameter werden die horizontalen Schwenkwinkel berechnet und die Scheinwerfer dementsprechend in die Kurve eingeschwenkt. Auf diese Weise leuchten die Scheinwerfer in die Kurve, sobald die Scheinwerferlichtkegel die Kurve erreichen. Dies führt zu einer deutlich besseren Ausleuchtung der Kurve (Bild 5-19 c). Im Vergleich hierzu schwenkt das lenkwinkelbasierte dynamische Kurvenlicht die Scheinwerfer erst, wenn das Fahrzeug in die Kurve gelenkt wird, die Scheinwerferlichtkegel die Kurve jedoch längst passiert haben (Bild 5-19 d).

Die dynamische Leuchtweitenregelung schwenkt die Scheinwerfer vertikal und gleicht so Nickbewegungen des Fahrzeugs aus, welche durch Bodenwellen oder eine unebene Fahrbahn entstehen. Eine Sensorik misst hier die Nickbewegungen des Fahrzeugs und richtet die Scheinwerfer vertikal auf den Horizont aus. Auf diese Weise wird eine konstante Leuchtweite der Scheinwerfer erreicht. Analog zum dynamischen Kurvenlicht kann das System in Kombination mit on-board GPS und einer digitalen Straßenkarte um eine Erkennung des vertikalen Straßenverlaufs zur automatischen Nachführung der Scheinwerfer auf Kuppen und in Senken der Fahrbahn erweitert werden. Das System passt dann die Leuchtweite der Scheinwerfer dem vertikalen Straßenverlauf dynamisch an. Fährt das Fahrzeug über eine Straßenkuppe werden die Scheinwerfer abwärts geneigt, um eine Blendung des Gegenverkehrs zu vermeiden. Beim Durchfahren einer Straßensenke werden die Scheinwerfer aufwärts gerichtet, um die so entstehende verminderte Leuchtweite auszugleichen (Bild 5-19 e und f).

In der Scheinwerferentwicklung hilft die Visualisierung der virtuellen Scheinwerferprototypen zunächst, die Aus-

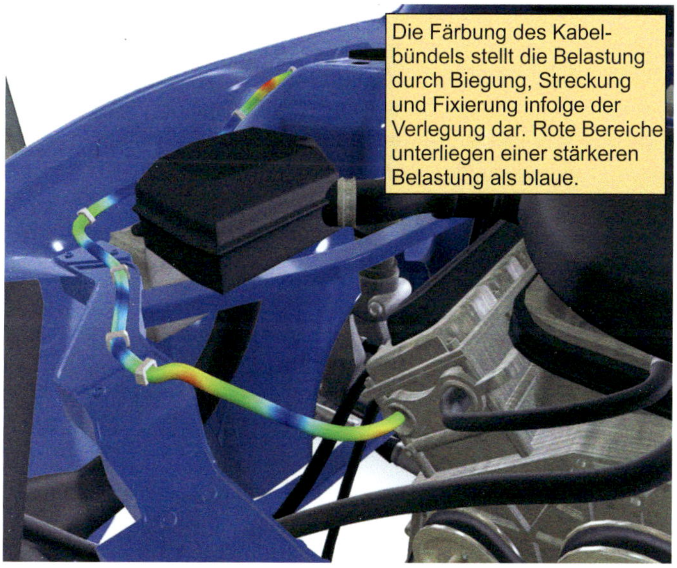

BILD 5-18
Verlegung eines Kabelbündels im virtuellen Prototypen eines Fahrzeugs (Quelle: ICIDO GmbH)

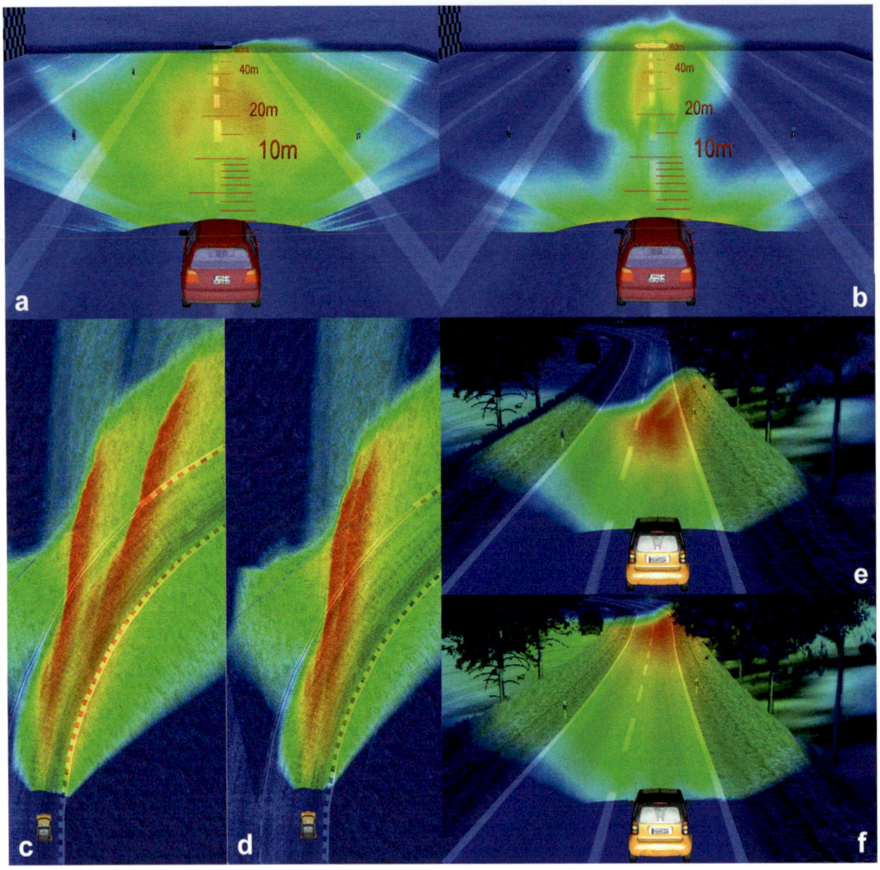

BILD 5-19 Visualisierung von Scheinwerfersystemen in Falschfarbdarstellung: Darstellung der Standardlichtfunktionen Abblendlicht (a) und Fernlicht (b); Vergleich dynamisches Kurvenlicht: Das vorausschauende System hat die Scheinwerfer bereits in die Kurve geschwenkt (c), das lenkwinkelbasierte System noch nicht (d); Ausleuchtung einer Fahrbahnsenke ohne dynamische Leuchtweitenregelung (e) und mit aktivierter Regelung (f). (Quelle: Heinz Nixdorf Institut)

leuchtung des Straßenraums vor dem Fahrzeug und die Reichweite der Scheinwerfer zu beurteilen. Darüber hinaus können im Rahmen simulierter Nachtfahrten die Effekte einer dynamischen Scheinwerferausrichtung während der Fahrt auf die Ausleuchtung des Straßenraums beurteilt werden. Der Einfluss der verschiedenen Parameter, die Lichtfunktionen wie das dynamische Kurvenlicht oder eine Leuchtweitenregelung steuern, kann systematisch und unter reproduzierbaren Testbedingungen analysiert werden. Der Nutzen liegt auf der Hand: Die Anzahl realer Prototypen der Scheinwerfersysteme kann auf ein Minimum reduziert werden, weil die Verifikation zunächst mit virtuellen Prototypen erfolgt – das Licht kommt aus dem Computer. Ferner können kostspielige Versuchsfahrten von der Straße auf die virtuelle Teststrecke in der Simulation verlegt werden – die Fahrstrecke sowie die Umgebungen der Strecke kommen ebenfalls aus dem Computer. Das alles zusammen spart erheblich Zeit und Kosten.

Informationsverarbeitung in komplexen technischen Systemen

Komplexe technische Systeme sind heute meist mechatronische Systeme. Sie besitzen eine aufwendige regelnde Informationsverarbeitung. In selbstoptimierenden mechatronischen Systemen wird eine dynamische Zielanpassung vorgenommen, welche die Systeme flexibel auf sich ändernde äußere Bedingungen reagieren lässt [ADG+09].

Ein Beispiel für ein selbstoptimierendes mechatronisches System ist das schienengebundene Fahrzeug RailCab [Trä06], [BHR+07]. Das RailCab transportiert Personen und Güter bedarfsgesteuert und fährt autonom oder mit anderen RailCabs berührungslos in einem Konvoi, um den Luftwiderstand und somit den Energiebedarf zu senken. Ein Fahrzeug weist u. a. ein sturzvariables Fahrwerk auf, das eine aktive Spurführung realisiert. Aktiv gelenkte Räder sorgen für eine sichere Spurführung auch über passive Weichen. Ferner ermöglicht eine aktive Sturzverstellung der Räder eine sichere Fahrt auf der Schiene, da durch den variablen Sturz der Räder die Abhängigkeit der Spurführungskräfte von der Reibung zwischen Rad und Schiene entkoppelt wird.

Die übergeordnete Regelung des sturzvariablen Fahrwerks umfasst die Spurführungsregelung und eine Überwachungs- und Diagnoseeinheit. Ferner übergibt sie Steuersignale an die lokale Regelung für den Sturz- und Lenkwinkel an jedem Rad. Die Regelung des Lenkwinkels erfolgt kontinuierlich, die Regelung der Sturzverstellung wird dagegen in Abhängigkeit von der Umgebungssituation aktiviert, z. B. zur Vorsteuerung bei der Kurvenfahrt, bei Ausfall der Lenkaktorik oder bei instabilem Verhalten. Die Überwachungs- und Diagnoseeinheit beobachtet Position und Verhalten der Räder auf der Schiene. Sie fängt Fehlfunktionen und Sensorausfälle ab und leitet bei vollständigem Ausfall von Sensorik und Aktorik einen Nothalt ein.

Die regelnde Informationsverarbeitung des RailCab ist abstrakt und nur schwer nachvollziehbar. Eine anschauliche Visualisierung der komplexen Abläufe der Regelung und deren Auswirkungen auf das Verhalten des Fahrwerks erleichtert das Verständnis über das Zusammenwirken der einzelnen Komponenten erheblich.

Bild 5-20 zeigt ein Beispiel zur Visualisierung der Informationsverarbeitung des sturzvariablen Fahrwerks während der Kurvenfahrt [Waß13]. In Bild 5-20 oben hat das Fahrzeug die Kurve erreicht. Hier gibt die Spurführungsregelung die Vorgabe zum Einlenken in die Kurve (1). Der Vorgabe folgend stellen die lokalen Regler die Lenkwinkel an den Rädern ein (2). Das Fahrwerk lenkt in die Kurve ein und liegt optimal in der Spur. Das System ist stabil und die Regelgüte ist innerhalb der Toleranz (3). Überwachung und Diagnostik des übergeordneten Reglers sind inaktiv (4).

In Bild 5-20 Mitte durchfährt das Fahrzeug die Kurve. Die dabei auftretenden Querbeschleunigungen führen zu einer Querverschiebung des Fahrwerks auf dem Gleis. Die Abweichung von der optimalen Soll-Lage auf dem Gleis nimmt zu. Die Regelgüte nähert sich der Grenze des Toleranzbereichs (5). Das Fahrzeug droht, den Sicherheitsbereich zu verlassen, was die Entgleisungsgefahr erhöht. Dies wird von der Überwachungs- und Diagnoseeinheit registriert und an die Spurführungsregelung weitergegeben (6), welche für jedes Rad den Regler zur Sturzverstellung aktiviert (7) um der Querverschiebung entgegenzuwirken.

Bild 5-20 unten zeigt das Resultat der Verstellung des Radsturzes um vier Grad (8). Die in die Kurve gestürzten Räder wirken den Fliehkräften entgegen, was die Querverschiebung des Fahrwerks auf dem Gleis unmittelbar verringert.

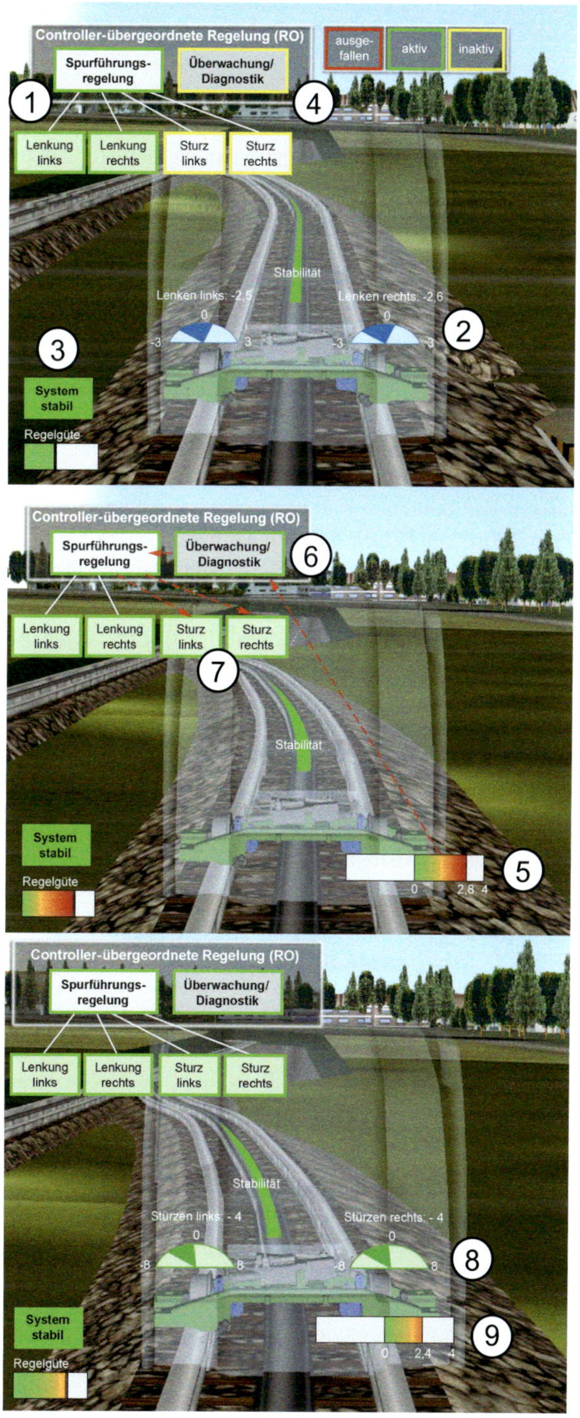

BILD 5-20 Visualisierung zur Informationsverarbeitung der hierarchischen Reglerstruktur eines sturzvariablen Fahrwerks (Quelle: Heinz Nixdorf Institut)

Die Lage des Fahrwerks im Gleis nähert sich wieder dem Soll-Wert und die Regelgüte verbessert sich (9). Die Sturzregelung bleibt solange aktiv, bis die Regelgüte wieder den erforderlichen Toleranzbereich erreicht.

5.3.2 Systeme zur Produktionssystementwicklung – Digitale Fabrik

IT-Systeme unterstützen nahezu alle Aufgaben der Produktionssystementwicklung, angefangen bei der Arbeitsplanerstellung und Arbeitsplanverwaltung über die Vorgabezeitermittlung und Arbeitskostenplanung bis zur Materialflusssimulation. Wir konzentrieren uns in diesem Kapitel auf Anwendungssysteme, die wesentlichen Anteil an der Verwirklichung des Paradigmas Digitale Fabrik haben. Unter **Digitale Fabrik** verstehen wir in Analogie zum Virtual Prototyping eine Arbeitstechnik, die auf der Bildung und Analyse von rechnerinternen Modellen des in Planung befindlichen Produktionssystems beruht. Das spart Zeit und Kosten, weil das Testen an realen Systemen auf ein Minimum beschränkt werden kann. Synonym zum Begriff Digitale Fabrik hat sich auch der Begriff Virtuelle Produktion verbreitet. Ausgehend von unserem Verständnis der Produktentstehung, das im sog. 3-Zyklen-Modell der Produktentstehung (vgl. Bild 1-16) zum Ausdruck kommt, gliedert sich die Produktionssystementwicklung in die vier Bereiche Arbeitsablaufplanung, Arbeitsmittelplanung, Arbeitsstättenplanung und Materialflussplanung. Im Folgenden stellen wir die für die Aufgabenbereiche Arbeitsablaufplanung und Arbeitsstättenplanung typischen Anwendungen der digitalen Fabrik vor. Ferner gehen wir unter Produktionslogistik kurz auf die Materialflussplanung und -simulation ein.

5.3.2.1 Arbeitsablaufplanung

Hauptziel der Arbeitsablaufplanung ist die Beschreibung aller notwendigen Arbeitsschritte zur Fertigung eines Produkts in einem Arbeitsplan. Dies umfasst die Fertigung der Einzelteile und die Montage. Zu den Handlungsaufgaben zählen die Programmierung von numerisch gesteuerten Produktionsmaschinen und Industrierobotern sowie die Gestaltung von manuellen Arbeitsschritten in der Produktion. NC- und Roboterprogrammierung werden der Arbeitsablaufplanung zugeordnet, da es sich um die Erstellung einer detaillierten Folge von Befehlen zur Beschreibung einer Fertigungsaufgabe handelt. Häufig werden die entsprechenden Systeme auch als Computer Aided Process Planning (CAP)-Systeme bezeichnet.

Auch bei der Gestaltung von manuellen Arbeitsinhalten wird eine detaillierte Folge von Arbeitsschritten definiert. Im Gegensatz zur Roboterprogrammierung liegt der Fokus hierbei allerdings auf einer optimalen Gestaltung der Arbeitsabläufe. Dazu zählen vor allem die Vermeidung von unnötigen Laufwegen für den Werker durch eine optimierte Materialbereitstellung und eine möglichst ergonomische Gestaltung des Arbeitsvorgangs.

NC-Programmierung

Numerisch gesteuerte Werkzeugmaschinen werden heute fast ausschließlich computerunterstützt programmiert. Spezielle Programmiersysteme ermöglichen eine schrittweise Erzeugung der Steuerinformationen oder eine Erstellung des Programms aufgrund bestehender CAD-Daten. Je nach Verfahren sowie Ort der Programmierung werden drei Konzepte der NC-Programmierung unterschieden:

- **Manuelle Programmierung nach DIN 66025:** Bei diesem Verfahren beschreibt der Programmierer die Bearbeitungsaufgabe in einem NC-Code nach DIN 66025. Das NC-Programm besteht aus einer Folge von Anweisungen, die sich in Weg- und Schaltinformationen sowie in Hilfsbefehle gliedern. Weginformationen beschreiben die Relativbewegung vom Werkzeug zum Werkstück, Schaltinformationen beinhalten Anweisungen wie Vorschubgeschwindigkeit, Spindeldrehzahl und Auswahl der Werkzeuge. Hilfsbefehle sind beispielsweise Korrekturaufrufe für die Werkzeuglängenkorrektur und die Nullpunktverschiebung. Die Programmierung erfolgt in der Regel direkt in der Steuerung der Werkzeugmaschine. Die Generierung der Arbeitsvorgangsfolge sowie die Erstellung von Werkzeug- und Aufspannplänen werden nicht unterstützt.
- **Rechnerunterstützte Programmierung im Werkstattbereich:** Das NC-Programm wird auch hier direkt in der NC-Steuerung erstellt (Bild 5-21). Die Programmierung erfolgt in einem graphisch-interaktiven Dialog mit werkstattgerechten Begriffen und Symbolen. Das Resultat ist im Gegensatz zur Programmierung nach DIN 66025 maschinenspezifisch. Werkstückgeometrie und Arbeitsablauf werden getrennt programmiert. Der Programmierer kann auf hinterlegte Maschinen- und Werkzeugparameter zurückgreifen. Außerdem ermöglichen moderne leistungsfähige NC-Steuerungen Kollisionsbetrachtungen und Prozessoptimierungen über eine 3D-Simulation der Bearbeitung.
- **CAD-unterstützte Programmierung im Planungsbereich:** Da die Fertigteilgeometrie bereits mit dem CAD-System erfasst worden ist, liegt es nahe, diese in der NC-Programmierung zu verwenden, anstatt sie noch einmal einzugeben. Moderne NC-Programmiersysteme bauen daher auf CAD-Modellen auf und bieten die graphisch-interaktive Angabe der noch fehlenden Informationen. Dazu zählen die Rohteilbeschreibung und die Angabe der Fertigungsreihenfolgen sowie der Schaltinformationen. Häufig werden bereits bei der Werkstückbeschreibung mittels eines CAD-Systems sog. Form-Features verwendet. Wenn diesen im Zuge der CAD-/NC-Einsatzvorbereitung fertigungsrelevante Informationen wie die Werkzeugnummer zugeordnet worden sind,

BILD 5-21
NC-Fräsmaschine mit Bedieneinheit zur NC-Programmierung (Quelle: Gildemeister AG)

so ist die Eingabe dieser Informationen bei der NC-Programmierung nicht mehr erforderlich. Auch bei diesem Verfahren sind Prozessoptimierung und präventive Schadensvermeidung durch 3D-Simulationen möglich (Bild 5-22). Das Resultat der CAD-unterstützten Programmierverfahren ist ein maschinenunabhängiges NC-Programm im CL Data (Cutter Location Data)-Format. Es wird mit Hilfe eines Anpassungsprogramms, dem Postprozessor, an die maschinenspezifischen Möglichkeiten angepasst. Dabei ist für jede Kombination aus Steuerung und Werkzeugmaschine ein spezieller Postprozessor notwendig [KR11].

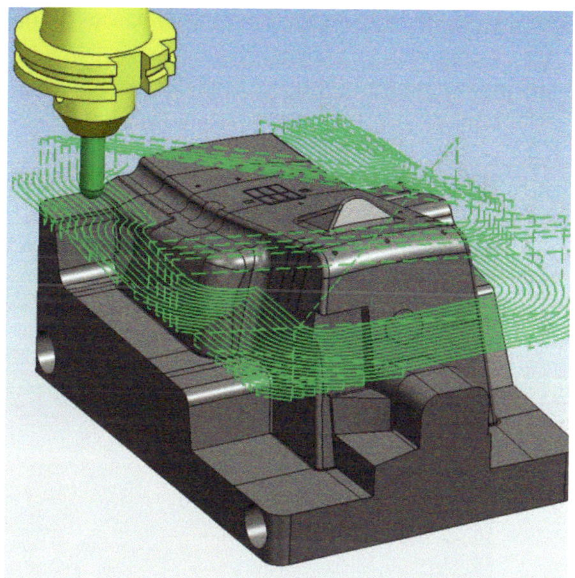

BILD 5-22 Simulation einer Fräsbearbeitung (Quelle: Siemens PLM Software GmbH)

Roboterprogrammierung

Industrieroboter führen wiederkehrende Handhabungsvorgänge bzw. Arbeitsoperationen aus, oft mit hoher Präzision oder unter schwierigen Umfeldbedingungen. Diese Abläufe werden bei der Programmierung festgelegt. Es werden zwei Arten der Roboterprogrammierung unterschieden: Online- und Offline-Programmierverfahren, je nachdem, ob die Programmierung direkt an der Robotersteuerung stattfindet oder in einem separaten Planungsbereich.

- **Online-Programmierung:** Dieses Verfahren wird auch als prozessnahe oder prozessgekoppelte Programmierung bezeichnet. Sie wird am realen Roboter vorgenommen. Die Erstellung der Programme erfolgt in der Regel über ein Programmierhandgerät im Teach-In- oder Playback-Verfahren (Bild 5-23). Beim **Teach-In-Verfahren** wird der Roboter vom Bediener mit Hilfe des Programmierhandgeräts in die gewünschte Position gefahren. Die angefahrenen Punkte (Koordinaten) werden in der Steuerung gespeichert. Der gesamte Arbeitsablauf des Roboters wird einmal durchlaufen. Später im Betrieb fährt der Roboter die gespeicherten Punkte selbstständig an. Für die Bewegungen zwischen den Punkten werden in der Steuerung Parameter wie Geschwindigkeit oder Beschleunigung angegeben. Führt der Programmierer den Roboter über Handgriffe entlang einer später nachzufahrenden Bahn wird vom **Playback-Verfahren** gesprochen. Die Steuerung speichert dabei alle für die Wiedergabe (Playback) dieser Bewegung notwendigen Daten selbstständig. Alternativ kann der Programmierer

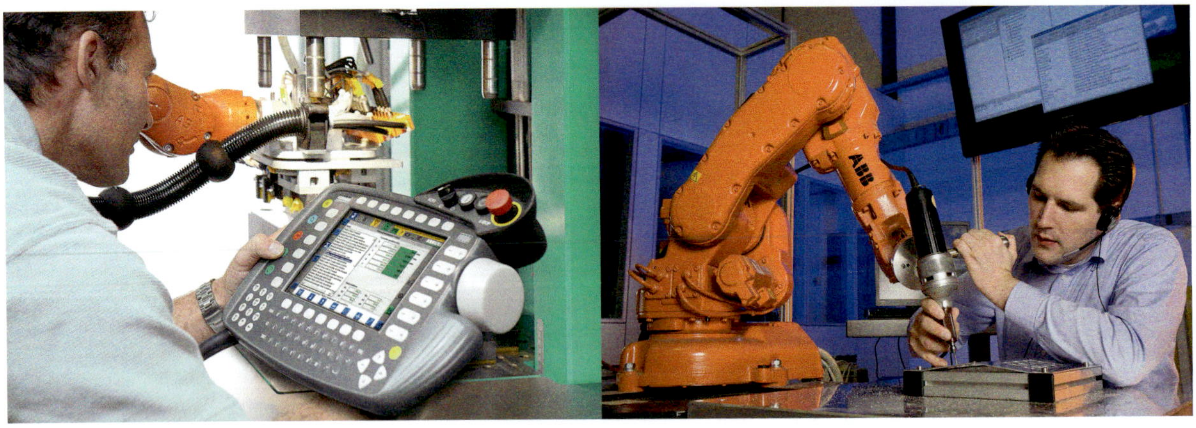

BILD 5-23 Online-Programmierung anhand der Verfahren Teach-In (linkes Bild, Quelle: ARBURG GmbH & Co. KG) und Playback (rechtes Bild, Quelle: ABB Automation GmbH)

auch ein kinematisches Ersatzmodell des Roboters führen, dessen Bewegung über ein Wegmesssystem an den Roboter übertragen wird. Der Vorteil liegt in der leichteren Handhabbarkeit des Modells; Nachteile ergeben sich durch die höheren Kosten und die Korrektur der Differenzen zwischen Modell und Roboter.

- **Offline-Programmierung:** Diese findet prozessentkoppelt statt. Die Steuerungsanweisungen des Roboters werden an einem separaten Roboterprogrammiersystem erstellt, was den Vorteil hat, dass der Roboter für die Programmierung nicht benötigt wird. Zu den Verfahren der Offline-Programmierung zählen die textbasierte und die CAD-basierte Programmierung. Bei der **textbasierten Programmierung** schreibt der Programmierer die Ablaufanweisungen direkt in der Steuerungssprache des Roboters oder in einer Meta-Sprache. Es handelt sich um

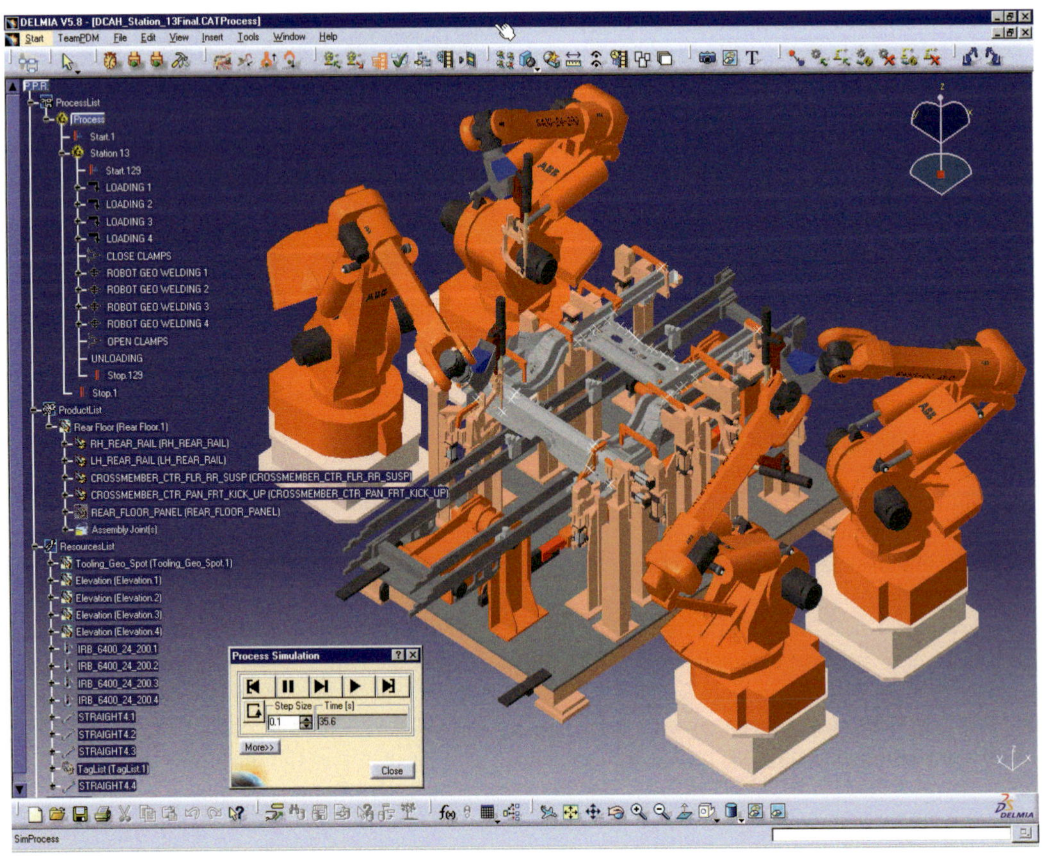

BILD 5-24 3D-Robotersimulation (Quelle: Delmia)

aufgabenorientierte Programmiersprachen, in denen der Arbeitsauftrag beschrieben wird. Das Programmiersystem setzt ihn automatisch in für den Roboter verständliche Basisaktionen um. **CAD-basierte Verfahren** ermöglichen eine Modellierung und Simulation der gesamten Roboterzelle. Dafür notwendige Robotertypen unterschiedlicher Hersteller und Komponenten der Roboterperipherie (z. B. Materialflusssysteme, Sicherheitssysteme, Schaltschränke) werden Bibliotheken entnommen und in einem 3D-Modell der Zelle abgebildet. Anschließend werden die Kinematik des Roboters und seine Bewegungen festgelegt. Das Kinematikmodell beschreibt die Anzahl und die Kopplungen der Gelenke. Die abschließende Simulation ermöglicht vielfältige Analysen, beispielsweise des Arbeitsraums, der Zykluszeiten oder Kollisionsbetrachtungen. Alternative Zellenlayouts lassen sich leicht erstellen und mit Hilfe der Simulation bewerten. Bild 5-24 zeigt die Simulation einer Roboterzelle mit der Zielsetzung der Kollisions- und Reichweitenüberprüfung. Im gezeigten Beispiel konnte eine Kollision zwischen Schweißroboter und Vorrichtung frühzeitig identifiziert werden. Ferner ist es möglich, die Auswirkungen der geänderten Schweißparameter zu simulieren. Durch die frühe digitale Absicherung des Fertigungsprozesses lassen sich zeit- und kostenaufwändige Änderungen vermeiden. Bei der CAD-basierten Programmierung entsteht eine virtuelle Nachbildung der realen Roboterbewegungen. Sie werden im Anschluss an die Planung und Simulation über ein Roboter-spezifisches RRS-Modul (realistische Roboter Simulation) an die Steuerung des realen Roboters übertragen.

In der Praxis hat sich eine Kombination aus Online- und Offline-Verfahren etabliert. Da die Umgebung in der Werkhalle im Allgemeinen von dem geplanten und modellierten Idealzustand abweicht, werden zunächst die Ablauf-, Überwachungs- und Kommunikationsanweisungen in einem Offline-Verfahren programmiert. Die Bewegungsanweisungen werden entweder ebenfalls offline programmiert und bei der Inbetriebnahme im Online-Verfahren angepasst oder direkt in einem Online-Verfahren programmiert [KR11], [Wec06].

In Ergänzung zur NC- und Roboterprogrammierung kann die Arbeitsablaufplanung durch weitere Analysen unterstützt werden; einige typische stellen wir im Folgenden vor.

Simulation von ur- und umformenden Fertigungsverfahren

Bei der Simulation von urformenden Verfahren werden vorwiegend gießtechnische Prozesse von Metallen und Kunststoffen betrachtet. Im Vordergrund steht das Füll- und Erstarrungsverhalten des Materials in der Gussform. Dabei werden detaillierte Prozess- und Randbedingungen wie Wärmefluss und Wärmehaushalt berücksichtigt. Die Simulationen ermöglichen eine Verbesserung der Formauslegung, der Speiser- und Anschnitttechnik sowie eine Optimierung des Gießprozesses. Ferner werden Vorhersagen über Gussfehler, den zu erwartenden Verzug und spätere Bauteileigenschaften abgeleitet, z. B. thermisch induzierte Eigenspannungen [BH03]. Dadurch lassen sich die Kosten für Nacharbeit und Ausschuss erheblich reduzieren. Bild 5-25 zeigt links die Erstarrungssimulation eines Motorblocks. Die Farben kennzeichnen den Zeitpunkt der Erstarrung; blaue Bereiche erstarren zuerst, weiße zuletzt. Das rechte Bild stellt eine Gefügesimulation dar. Je nach Farbgebung variiert die Zusammensetzung der Gefügebestandteile.

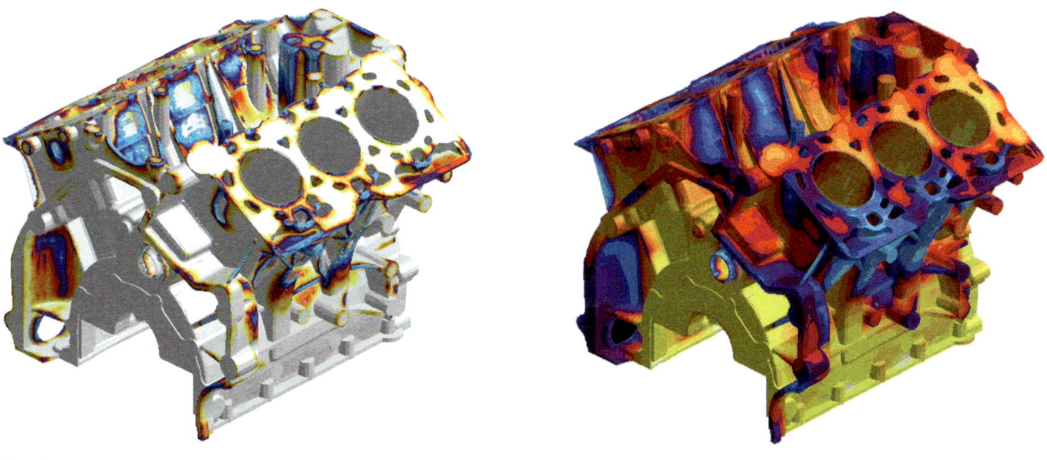

BILD 5-25 Erstarrungssimulation (linkes Bild) und Gefügesimulation (rechtes Bild) eines Motorblocks (Quelle: MAGMA GmbH)

Typische Anwendungen der Simulation umformender Fertigungsverfahren sind die Blechumformung (z.B. Tiefziehen), die Massivumformung (z.B. Schmieden) und das Innenhochdruckumformen. Entsprechende Verfahren werden in der Regel im Werkzeugbau eingesetzt. Die Simulationen geben Aufschluss über Materialverdünnungen, Rückfederungsverhalten sowie Falten- und Rissbildung. Zusätzlich liefern die Simulationen Informationen über die verbleibende Blechstärke nach der Bearbeitung. Diese fließt wiederum in die Festigkeits- und Crashberechnungen der später entstehenden Strukturen (z.B. Karosserien) ein. Neben den Rückschlüssen auf das Bauteil lassen sich auch Abschätzungen zum Werkzeugverschleiß treffen. Dies ermöglicht Aussagen zu den Standzeiten der Umformwerkzeuge und der zu erwartenden Instandhaltungskosten [HNE+07]. Bild 5-26 zeigt das Ergebnis der Simulation eines Umformprozesses. Der linke Teil des Bildes zeigt die Referenzgeometrie (silbern) sowie den Rückfederungseffekt (grün). Die Rückfederung in z-Richtung wird im rechten Teil des Bildes durch unterschiedliche Farben dargestellt.

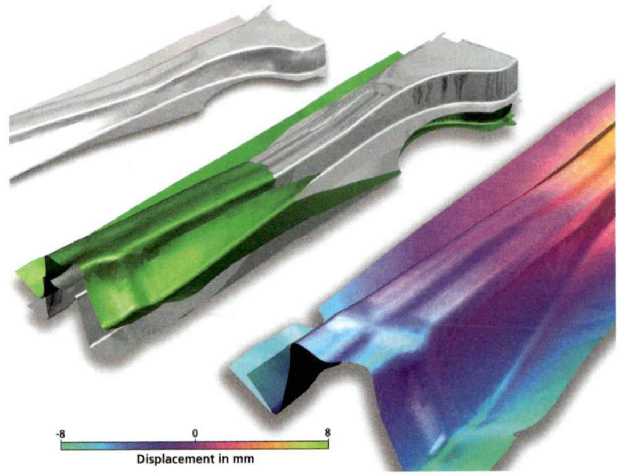

BILD 5-26 Simulation der Bauteilverformung bei der Blechumformung (Quelle: AutoForm Engineering)

5.3.2.2 Arbeitsstättenplanung

Die Aufgabe der Arbeitsstättenplanung ist, die bauliche Struktur des Fertigungsbetriebes auf das Fertigungssystem und den damit verbundenen Materialfluss abzustimmen. Wie wir bereits in Kapitel 1.2.3 dargestellt haben, gliedert sie sich in die vier Hauptaufgaben Bebauungsplanung, Anordnungsplanung, Planung der Produktionslinien und Gestaltung der Arbeitsplätze. In der modernen Arbeitsstättenplanung kommen Softwaresysteme durchgängig zum Einsatz. Diese Systeme bieten eine Vielzahl von Analyse- und Simulationsmöglichkeiten. Das dynamische Verhalten der Produktionsprozesse und -systeme kann somit bereits in der Planungsphase berücksichtigt werden (dynamische Fabrikplanung) [Gru12]. Aufgrund ihres großen Funktionsumfangs lassen sich diese Systeme nicht trennscharf den vier genannten Hauptaufgaben zuordnen. Die am Markt befindlichen Systeme decken in der Regel mehrere Aufgaben ab.

Bebauungs- und Anordnungsplanung

Die Bebauungsplanung dient im Wesentlichen der Ermittlung des Flächenbedarfs sowie der Anordnung der Gebäude auf dem Grundstück. Die Anordnungsplanung konkretisiert die innerbetrieblichen Strukturen des Produktionssystems. Zusammenfassend handelt es sich also um eine gestaltorientierte Planung mit dem Ziel, ein geeignetes Fabrik-Layout zu entwickeln, das allen funktionalen und wirtschaftlichen Ansprüchen der Fabrik gerecht wird. Im Vordergrund steht die Integration aller Gewerke, da neben den eigentlichen Produktionslinien und Materialflusssystemen auch die Komponenten der Versorgungstechnik wie Lüftungstechnik und Energieversorgung betrachtet werden müssen.

Systeme für die Layout-Planung ermöglichen die Erstellung dreidimensionaler Fabrikmodelle. Die abzubildenden Objekte wie Wände, Maschinen, Arbeitsbühnen etc. werden mit Hilfe der Softwaresysteme modelliert oder aus bestehenden CAD-Daten importiert. Des Weiteren stehen Bibliotheken mit detailliert modellierten Standardbausteinen zur Verfügung. Sie repräsentieren typische in einer Fabrik verwendete Objekte wie Betriebsmittel, Transportmittel und Lagerkomponenten. Auch sog. Menschmodelle – realitätsnahe Modelle von Werkern, die Gestalt und Bewegungsverhalten abbilden – können in das Fabrikmodell integriert werden. Die Bausteine sind parametrisiert und können leicht dimensioniert werden. Dies erlaubt eine schnelle und maßgenaue dreidimensionale Darstellung. Bild 5-27 zeigt das 3D-Modell einer Fabrikhalle mit den Gewerken Stahlbau, Gebäude, technische Gebäudeausrichtung und Fördertechnik sowie Werkermodellen.

Der Anteil grundlegender Neuplanungen („Grüne-Wiese"-Projekte) ist mit 10 % relativ gering [Küh06]. Meist geht es um die Modifikation vorhandener Systeme, bei der neue Produktionslinien in ein bestehendes Fabriklayout integriert werden müssen. Oftmals liegen für diese Aufgabe jedoch keine ausreichend aktuellen Layout-Daten vor, sodass die Gesamtstruktur neu erfasst werden muss. Eine relativ schnelle und genaue Lösung zur Erfassung der bestehenden Strukturen ist das **3D-Laserscanning**. Bei diesem Verfahren kann die Fabrik im laufenden Betrieb vermessen werden [HW04]. Der Laser tastet sein Umfeld ab. Die so erfassten Raumkoordinaten werden mit der entsprechenden Software als eine Punktwolke dargestellt und

BILD 5-27 3D-Modell einer Fabrikhalle (Quelle: Siemens PLM Software)

in Volumenkörper überführt. Das Resultat ist ein rechnerinternes Modell der bestehenden Struktur.

Mit Hilfe der digitalen Fabrikmodelle werden Probleme im geplanten Layout bereits in der frühen Planungsphase identifiziert. Beispielsweise ermöglichen Bewegungsanimationen die Identifikation kollisionsfreier Förderstrecken von Fahrzeugen und weiteren Transportsystemen. Das verkürzt die Planungszeit und vermeidet später kostenintensive und zeitraubende Korrekturen.

Planung von Produktionslinien

Die Planung von Produktionslinien erfordert neben einer rein gestaltorientierten Sicht in Form der Layout-Planung auch eine Berücksichtigung der Kapazitäten, der Durchlaufzeit und der Materialpuffer. Ziel der Planung ist, die Maschinenanordnung und den Materialfluss so zu wählen, dass die Fertigungsaufträge effizient ausgeführt werden können. Um dies zu erreichen, werden verschiedene Anordnungen der Bearbeitungsstationen und Materialflusskonzepte durchgespielt. Dazu kommen Systeme zum Einsatz, die eine diskrete ereignisorientierte Simulation ermöglichen. Bild 5-28 vermittelt den Eindruck von einem System zur Simulation einer Montagelinie. Es simuliert den Materialfluss, die Arbeitsabläufe von Maschinen und Robotern sowie manuelle Operationen von Werkern in einer 3D-Umgebung. Für die Montagesimulation werden die CAD-Daten der zu montierenden Bauteile importiert. Es entsteht ein realitätsnahes Modell der Montagelinie, das den Montageprozess abbildet und die Optimierung von Taktzeiten, Roboterbewegungen und manuellen Arbeitsoperationen ermöglicht.

Arbeitsplatzgestaltung

Aufgabe der Arbeitsplatzgestaltung ist die Festlegung von Arbeitsräumen, die Anordnung von Betriebsmitteln und Materialflusskomponenten sowie die Sicherstellung der Energie-, Material- und Werkzeugversorgung. Des Weiteren werden Beleuchtung und Klimatisierung geplant. Zur Vermeidung von gesundheitsschädlichen Einflüssen werden anthropometrische und arbeitsphysiologische Aspekte berücksichtigt. Dies basiert auf Ergonomiesimulationen. Menschmodelle interagieren darin mit ihrer virtuellen Arbeitsumgebung. Geschlecht, Alter und Physiognomie der Menschmodelle werden über Parameter angegeben. Des Weiteren stehen in Bibliotheken Modelle zur Verfügung, denen unterschiedliche auf internationalen Standards beruhende physiognomische Durchschnittswerte zugeordnet sind. Ein Kinematikmodell, das die Grundlage der Bewegungsabläufe bildet, sowie Greifraum und Sichtfeld sind

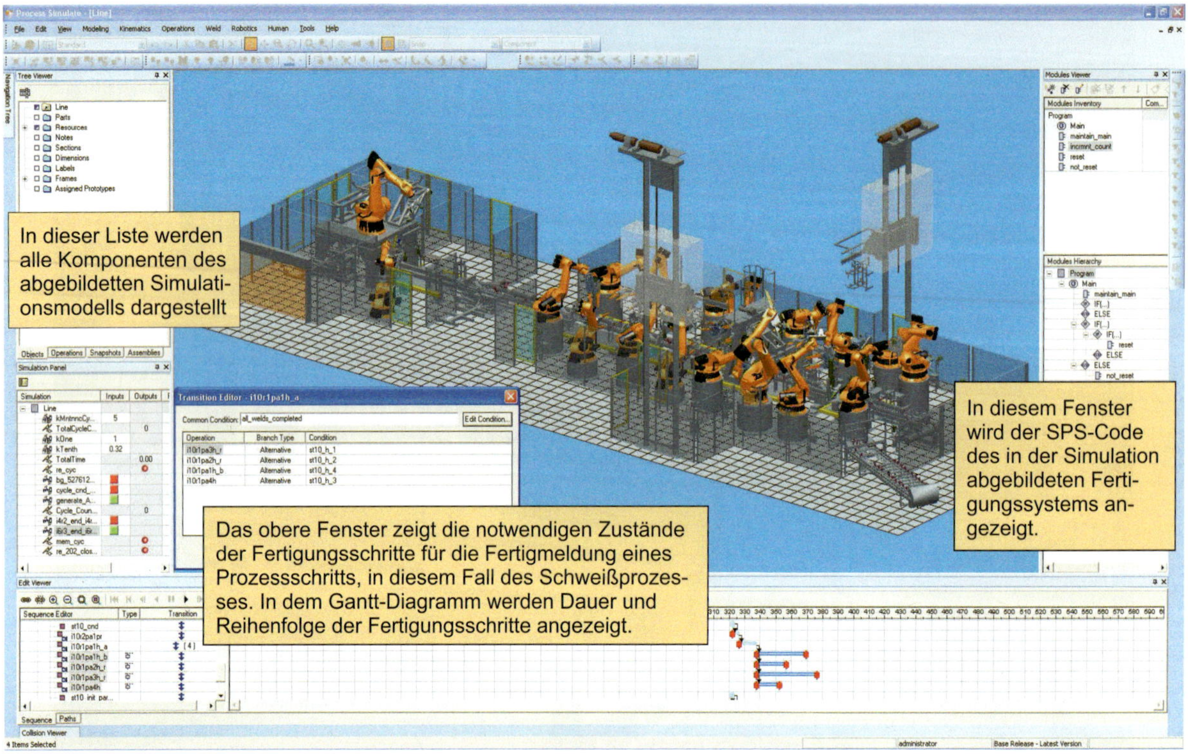

BILD 5-28 Modell einer Montagelinie (Quelle: Siemens PLM Software)

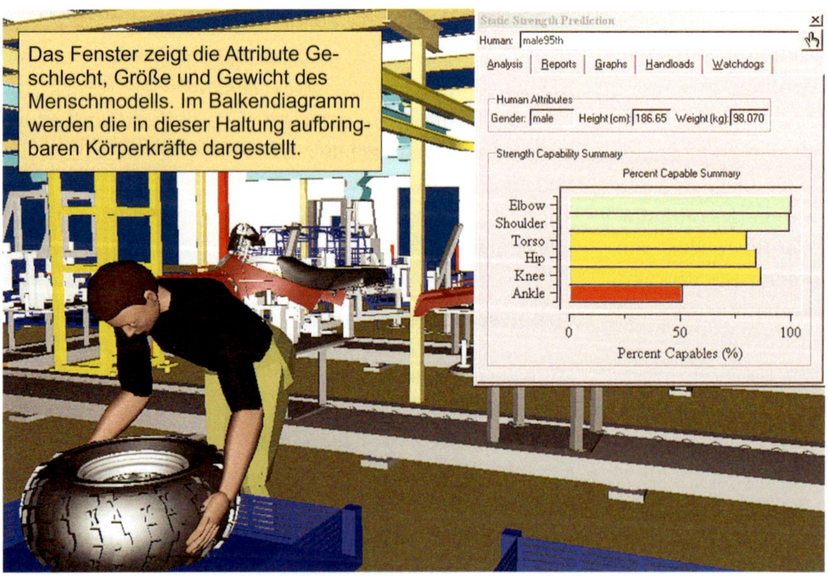

BILD 5-29 Ergonomieuntersuchung zur Bewertung von Montageoperationen (Quelle: Siemens PLM Software)

ebenfalls definiert. Die Menschmodelle werden in die virtuelle Produktionsumgebung integriert. Die Bewegungsabläufe, beispielsweise Montagevorgänge, werden mit Hilfe von vorgefertigten Greif- und Bewegungsmakros simuliert und bewertet. Die Bewertung erfolgt nach Standardmethoden der Ergonomieuntersuchung. Bild 5-29 zeigt die Ergonomiesimulation einer Montageoperation.

5.3.2.3 Produktionslogistik – Systeme zur Materialflussplanung

Die wirtschaftliche Bereitstellung von Materialien in der richtigen Menge und Qualität zur richtigen Zeit am richtigen Ort ist die Aufgabe der Produktionslogistik [Mar00]. Sie umfasst den gesamten Materialfluss in einem Ferti-

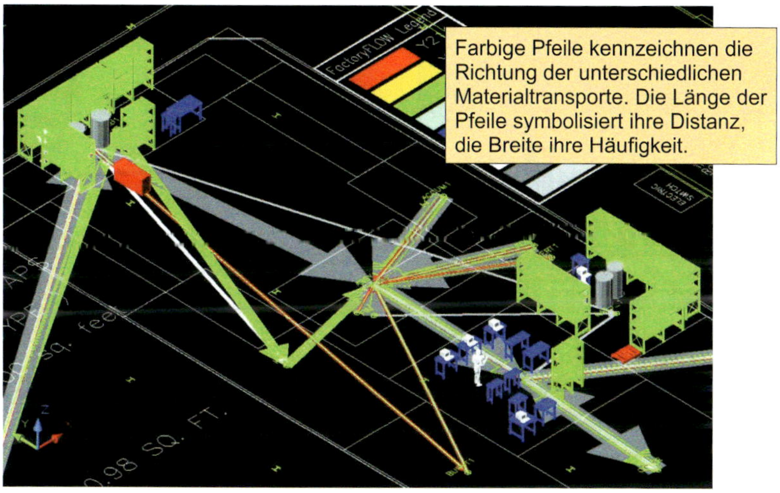

BILD 5-30
Flussdiagramm zur Visualisierung von Materialflussdistanzen und -häufigkeiten im Fabriklayout (Quelle: Siemens PLM Software)

gungsbetrieb vom Wareneingang bis zum Versand sowie der damit verbundenen Ausrüstung inkl. der Erstellung der Steuerungssoftware (vgl. Kapitel 1.2.3). Im Vordergrund der folgenden Erläuterung steht die Planung und Optimierung des Materialflusses. Die entsprechenden IT-Systeme gliedern sich in Systeme zur statischen und dynamischen Untersuchung [Küh06].

Statische Untersuchung von Materialflüssen

Für eine schnelle und relativ einfache Überprüfung der Materialtransporte eignen sich Systeme zur statischen Untersuchung der Materialflüsse. Statisch bedeutet, die Materialtransporte werden hinsichtlich ihrer Menge und Richtung untersucht, ihr zeitliches Verhalten wird jedoch nicht berücksichtigt. Die Intensität der Materialtransporte wird mit Hilfe von Materialflussmatrizen erfasst und mit Pfeilen in Flussdiagrammen (Sankey-Diagramm) beschrieben (Bild 5-30). Zusätzlich verfügen Systeme zur statischen Untersuchung von Materialflüssen über Algorithmen zur Optimierung der Maschinenaufstellung und der Transportwege. Arbeitspläne, Lagervorschriften für das Material, Förderhilfsmittel und Informationen zur Verpackung werden dabei berücksichtigt.

Dynamische Untersuchung von Materialflüssen

Für die exakte Auslegung von Materialflüssen ist eine statische Betrachtung nicht ausreichend; es ist eine zeitlich dynamische Untersuchung mit Hilfe einer diskreten ereignisorientierten Simulation notwendig. Sie berücksichtigt, zu welchen Zeitpunkten die Materialflüsse auftreten. Zur dynamischen Untersuchung von Materialflüssen werden Modelle von Logistik- und Produktionssystemen erstellt, die das zeitliche Verhalten der Systeme abbilden. Sie ermöglichen die Planung von Taktzeiten, Materialpuffern und Maschinenauslastungen. Engpässe im Durchsatz können erkannt und unterschiedliche Lösungsvarianten durchgespielt werden. Die Modellerstellung erfolgt in diesen Systemen in der Regel in einer 2D-Umgebung. Bearbeitungs- und Montagestationen, Puffer und Fördersysteme werden durch parametrisierte Bausteine symbolisiert (siehe Bild 5-31).

Über die Parameter der Bausteine oder freiprogrammierbare Makros wird das Verhalten des Systems modelliert. In der Simulation durchlaufen sog. bewegliche Einheiten (BE) das Modell. Sie repräsentieren Materialien, Werkstücke und Baugruppen. Die Art und Anzahl der BE oder auch ihre Verweildauer in den einzelnen Bausteinen des Modells (Bearbeitungs- und Montagestationen, Puffer, Förderstrecken etc.) werden vom System erfasst, ausgewertet und in Diagrammen oder Tabellen dargestellt. Diese Simulationen können von wenigen Sekunden bis hin zu mehreren Tagen dauern, je nachdem, wie lang der Zeitraum ist, der bei der dynamischen Untersuchung betrachtet werden soll.

5.3.3 Product Lifecycle Management (PLM)-Systeme

Komplexe Produktmodelle, Simultaneous Engineering und die Vielzahl der eingesetzten Werkzeuge bestimmen die heutige Produktentstehung. Neben einem systematischen Vorgehen und entsprechend angepassten Organisationsstrukturen ist für einen effizienten Produktentstehungsprozess ein konsequentes Produktdatenmanagement (PDM) notwendig [Sen09].

In der Vergangenheit wurde insbesondere in den USA oft der Begriff Engineering Data Management (EDM) verwen-

TABELLE 5-1 Klassifizierung von PLM-Systemen nach Abramovici [BK02]

Klassen	Ursprung	Fokus
Klassische PLM-Systeme	PDM-Systeme	• Lifecycle Management
CAD-orientierte PLM-Systeme	CAD-Systeme	• CAD-Management • Integration mit CAD/DMU
Dokumentenorientierte PLM-Systeme	DM-Systeme	• Verwaltung von Dokumenten • Archiv-Management
ERP-orientierte PLM-Systeme	ERP-Systeme	• Integration mit Auftrags-abwicklung
SCM-orientierte PLM-Systeme	SCM-Systeme	• Kunden-/Zuliefermanagement • Internet-Integration

CAD: Computer Aided Design
DMU: Digital Mock-up
DM: Dokumentenmanagement
ERP: Enterprise Resource Planning
SCM: Supply Chain Management

- **SCM-orientierte PLM-Systeme:** Hier steht das sog. Supply Chain Management (SCM) im Vordergrund (vgl. Kapitel 5.3.4). Diese Klasse von PLM-Systemen fokussiert auf die Gestaltung der Beziehungen zu den Lieferanten und den Kunden. Die entsprechenden Systeme unterstützen die Beschaffung und Distribution von technisch anspruchsvollen Produkten und den Austausch von Produktinformationen in der abteilungs- bzw. firmenübergreifenden Produktentstehung.

Funktionalität von PLM-Systemen

Für das Daten- und Informationsmanagement entlang des Produktlebenszyklus bieten PLM-Systeme eine umfangreiche Funktionalität. Bild 5-33 gibt einen entsprechenden Überblick über wesentliche Funktionen, die jeweils einzelnen Phasen des Produktlebenszyklus zugeordnet sind. Die unter Entwicklung/Konstruktion (Produktentwicklung) und Fertigungsplanung (Produktionssystementwicklung) aufgeführten Funktionen entsprechen der Funktionalität heutiger PDM-Systeme. Diese finden zum Teil auch in unternehmensübergreifenden Zusammenarbeitsmodellen unter dem Stichwort „Engineering Collobaration" bei räumlich verteilten Entwicklungsprojekten und der Einbindung von Lieferanten bzw. Kunden Verwendung.

Der Funktionsumfang der meisten am Markt angebotenen Systeme ist in Module oder Komponenten strukturiert und kann z. T. modul- oder komponentenspezifisch erworben und ausgerollt werden. Durch unternehmens- und produktspezifische Ausgestaltung der Produktentstehungsorganisation kommt es bei der Einführung von PLM-Systemen oftmals zu einem erheblichen Anpassungs- und Konfigurationsaufwand. Daher ist bei der Auswahl des Anbieters möglichst auf branchenspezifisch vorkonfigurierte Funktionalität und eine einfache Anpassbarkeit zu achten [ASL05]. Ein weiterer wesentlicher Beitrag zur Senkung der Einführungskosten wird durch ein systematisches Vorgehen bei der Auswahl und Einführung von PLM-Systemen geleistet.

In der Verantwortung des PLM-Systems liegt die Verwaltung des Makromodells. Wie schon erläutert, beschreibt das Makromodell die Struktur des Produkts und wird für die Organisation des Prozesses und Verwaltung der Mikromodelle genutzt, die in der Regel als Dokumente bzw. Dateien abgelegt sind. Im Folgenden werden die im Bild 5-33 aufgeführten Funktionen kurz vorgestellt. Für eine umfangreiche Darstellung der Funktionalität von PDM- und PLM-Systemen sei auf die weiterführende Literatur verwiesen [ES09], [Sch99], [SI08].

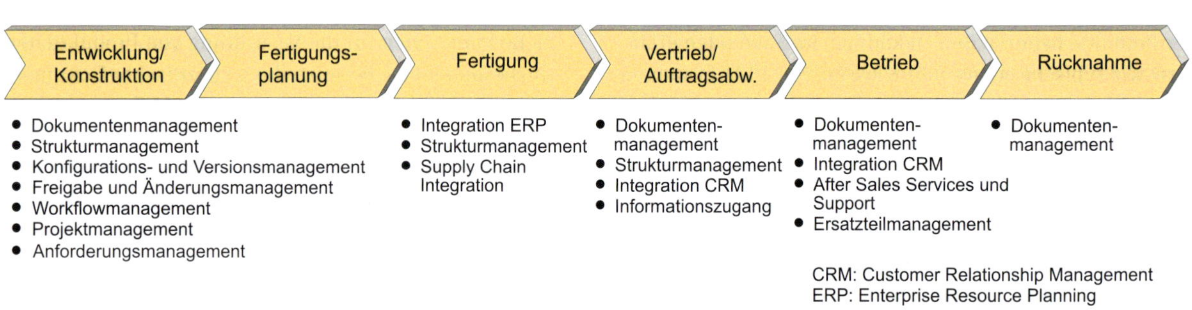

BILD 5-33 Funktionen von PLM-Systemen entlang des Produktlebenszyklus

Dokumentenmanagement

Entwickler speichern ihre Arbeitsergebnisse in Dokumenten, d. h. ein oder mehrere Dateien im File-System, die eine logische Einheit bilden. Der Begriff Dokument hat sich verbreitet, obwohl er nicht zutreffend ist. Gemeint sind rechnerinterne Repräsentationen von Bauteilen, Belastungssituationen, Fertigungsprozessen etc. Diese Repräsentationen sind Modelle, die auf der Stufe eines PDM- oder PLM-Systems als Dateien (Mikromodelle) behandelt werden. Wie oben bei der Vorstellung der Historie der PLM-Systeme erläutert, hat das Dokumentenmanagement eine besondere Rolle und ist eine der wichtigsten Funktionen des Systems. Es gilt, die im Zuge der Produktentstehung erarbeiteten Dokumente zu ordnen, zu speichern und bei Bedarf am Arbeitsplatz des Entwicklers zur Verfügung zu stellen.

Metadaten dienen dem Dokumentenmanagement zur Beschreibung der Dokumente. Typische Metadaten beschreiben Informationen über den Inhalt und Bearbeiter der Dokumente, wie sie auch im Zeichnungskopf zu finden sind. Wenn im Kontext PDM/PLM vom „Zeichnungskopf" gesprochen wird, dann gilt das im übertragenen Sinne für diese Art von Daten. Denn ein 3D-Modell, ein FEM-Rechenmodell oder ein Roboterprogramm sind ja keine Zeichnungen und haben keinen Zeichnungskopf, aber dafür Metadaten.

Wie bereits in Bild 5-32 angedeutet, werden Metadaten und Dokumente auf verschiedene Art gespeichert. Metadaten werden in einer Datenbank abgelegt. Die Dokumente speichert man direkt in geschützten Bereichen eines Datenträgers (Data Vault). Je nach Zahl der Dokumente sowie der Struktur des lokalen oder auch standortübergreifenden Rechnernetzes kann es einen einzelnen Ablagebereich oder auch beliebig viele, auch dezentrale Ablagebereiche geben. Zur Archivierung lagert das Dokumentenmanagement Dateien auf externen Datenträgern wie DVDs oder Magnetbändern aus.

Das Dokumentenmanagement stellt dem Entwickler die Dokumente zur Bearbeitung an seinem Arbeitsplatz bereit. Durch das Reservieren („Check-out") kann er sich einen exklusiven Zugriff sichern. Nach der Bearbeitung speichert der Entwickler das Dokument wieder im Dokumentenmanagement und gibt es für die Bearbeitung durch andere frei („Check-in").

Der Abgleich der Metadaten mit den innerhalb der Dokumente gespeicherten Daten verlangt eine Integration der IT-Werkzeuge der Produktentstehung mit dem PLM-System. Trotz einer Vielzahl von Datenformaten, die PLM-Systeme unterstützen, verbleibt hier oftmals mühevolle Kleinarbeit in der Entwicklung von Schnittstellen für den Zugriff auf diese Informationen. Hilfestellung bieten hier standardisierte Kataloge bzw. Klassifizierungssysteme und -merkmale, die standardisiert ausgeprägt werden.

Strukturmanagement/Produktstrukturmanagement

Für die Beschreibung und Untergliederung komplexer Produkte findet eine Vielzahl von Strukturen Verwendung. Strukturen beschreiben den inneren Aufbau des Produkts und werden mit dem Makromodell des Produkts durch das PLM-System verwaltet. Beispiele für solche Strukturen sind:

- **Teilestruktur:** Beschreibung des Aufbaus des Produkts aus Baugruppen und Einzelteilen. Die Teilestruktur entspricht der Definition von Produktstruktur nach DIN 199 [DIN199]. In der Praxis wird in der Regel der Begriff der Stückliste (engl.: Bill of Material, daher häufig mit BOM abgekürzt) verwendet, besonders im Bereich ERP und PPS. Es werden verschiedene Stücklistenarten je nach Verwendungszweck unterschieden. Die am häufigsten verwendeten sind die Entwicklungsstückliste (EBOM) sowie die Fertigungsstückliste (MBOM).
- **Funktionsstruktur:** Beschreibung des funktionalen Aufbaus des Produkts, hierarchische Aufgliederung der Hauptfunktion in Teilfunktionen.
- **Vertriebs- und Konfigurationsstruktur:** Beschreibung und Regeln für unterschiedliche am Markt angebotene Varianten des Produkts.
- **Montagestruktur:** Beschreibung der Reihenfolge des Zusammenbaus der einzelnen Teile, Beschreibung des Montageprozesses mittels Montagevorgängen und Montagestufen.
- **Servicestruktur:** Klassifizierung und Strukturierung der Bauteile und Baugruppen nach Servicegesichtspunkten.

Im Prinzip sind mit dem Begriff Stückliste die vorstehenden Strukturen gemeint. Streng genommen handelt es sich bei einer Stückliste um eine Abbildung der rechnerinternen Repräsentation (Makromodell) eines Erzeugnisses. Neben den produktbeschreibenden Strukturen finden sich in PLM-Systemen weitere Strukturen wie etwa Dokumententypen, Standardbauelementkataloge, Benutzerverzeichnisse usw.

Die vorgestellten Strukturen helfen den Entwicklern, die Komplexität des Produkts zu beherrschen: Sie ordnen Inhalte und verknüpfen Dokumente mit einzelnen Produktbestandteilen, sie erlauben durch die gespeicherten Informationen zu navigieren. Die einzelnen Strukturen sind nicht unabhängig voneinander. Aufgabe des Strukturmanagements ist es, die verschiedenen produktbeschreibenden

Strukturen konsistent zu halten. Bestehende Systemlösungen im Bereich PLM bieten die Möglichkeit unternehmensspezifische Anforderungen zur Abbildung der Strukturen im Rahmen eines Customizing zu berücksichtigen.

Konfigurations-, Versions- und Variantenmanagement

Produktstrukturen und die damit verbundenen Dokumente sind während des Produktlebenszyklus hinweg häufig Änderungen unterworfen. In der Baustruktur kommen Teile hinzu oder werden entfernt, Dokumente werden verändert oder es werden Alternativen entwickelt. All dieses gilt es zu erfassen und zu verwalten. Insbesondere bei komplexen Produktstrukturen mit einer hohen Anzahl von Dokumenten müssen Änderungen nachvollziehbar bleiben (Änderungshistorie) und konsistente Kombinationen von Strukturen und Dokumenten gespeichert werden und ggf. wieder herstellbar sein.

Dokumente und Strukturen werden ständig verändert. Es wird zwischen Varianten und Versionen unterschieden. Versionen sind die verschiedenen Entwicklungsstände eines Dokumentes und Varianten sind alternative Dokumente, die u. U. sogar unabhängig voneinander weiterentwickelt werden. Gegebenenfalls werden verschiedene Dokumentenvarianten wieder zu einem Dokument zusammengeführt. Entsprechende Nummernsysteme zur Bezeichnung der Versionen und Varianten von Bauteilen und Dokumenten schaffen Ordnung.

Konfiguration ist ein weiter Begriff; darunter verstehen wir den gültigen Stand einer Produktzusammensetzung mit den zugehörigen Dokumenten zu einem bestimmten Zeitpunkt. Diese Art von Konfiguration ist nicht zu verwechseln mit den möglichen Produktkonfigurationen (Kunde wählt „blaue Lackierung“ und „Ledersitze“), die auf der Vertriebsstruktur beruhen. Das Konfigurationsmanagement definiert „gültige“ Konfigurationen; d. h. konsistente Teileaggregationen und dazugehörende Dokumente, die zusammen ein Produkt beschreiben.

Freigabe- und Änderungsmanagement

Das Freigabemanagement steuert auf der Basis des Konfigurations-, Versions- und Variantenmanagements das Genehmigungsverfahren (Freigabeabläufe) für Änderungen an Dokumenten und Produktstrukturen, das Erzeugen von Varianten und gültigen Konfigurationsständen sowie deren Nummerierung. Das Änderungsmanagement verwaltet mit Hilfe des Konfigurations-, Versions- und Variantenmanagements die Änderungen am Produkt und Produktionssystem. Dabei wird gespeichert, wer was wann und warum ändert bzw. geändert hat. Die Entwickler können auch für Teile oder Dokumente Abhängigkeiten zu anderen Teilen oder Dokumenten definieren. Im Falle einer Änderung informiert das PLM-System die verantwortlichen Entwickler abhängiger Teile oder Dokumente, um die Konsistenz der Produktspezifikation zu überprüfen. Die Abarbeitung der Prüf-, Freigabe- und Informationsprozesse wird durch das Freigabe- und Änderungsmanagement initiiert und durch das Workflowmanagement kontrolliert durchgeführt.

Workflowmanagement

Das Workflowmanagement steuert die Abläufe in der Produktentstehung. Hierzu werden insbesondere Standardabläufe definiert wie Freigabe oder Änderungsprozesse. Bedingt durch ihre Historie verwalten viele PLM-Systeme die Arbeitsabläufe (Prozesse) auf der Basis von Statusübergängen der Dokumente (z. B. „in Arbeit“, „zur Prüfung“, „freigegeben“). An dem Übergang eines Dokumentes in einen anderen Status können verschiedene Aktionen und Bedingungen wie E-Mail-Benachrichtigungen und Vergabe bzw. Änderung von Zugriffsrechten gebunden werden.

In Erweiterung des Freigabewesens, welches für die Objekte alle zulässigen Zustände sowie die Bedingungen für die Übergänge zwischen ihnen festlegt, übernimmt das Workflowmanagement auch unabhängig von einzelnen Objekten die Koordinierung des Gesamtprozesses. Der Prozess beschreibt, wer wann was zu tun hat, um einen Änderungsauftrag komplett abzuarbeiten. Die Definition derartiger Prozesse ist eine der Hauptaufgaben bei der Einführung von PLM-Systemen.

Projektmanagement

Das Projektmanagement unterstützt die Planung, Steuerung und Überwachung von Projekten der Produktentstehung. Bei den meisten am Markt befindlichen PLM-Systemen wird diese Funktion durch die Integration von dedizierten Projektmanagementsystemen abgedeckt.

Anforderungsmanagement

Das Anforderungsmanagement ermöglicht die Dokumentation und Verwaltung der Anforderungen im Rahmen der Produktentwicklung. Idealerweise ist es möglich, die Einzelanforderungen mit konkreten Lösungselementen (Bauteilen, Komponenten, Strukturen etc.) in Relation zu setzen. Dadurch wird eine Nachverfolgbarkeit (Traceability) von Anforderungen zu Lösungselementen ermöglicht.

Visualisierung

PDM-Systeme besitzen häufig integrierte Viewer-Mechanismen zur dreidimensionalen Darstellung von Struktur- und Geometriedaten. Entlang des Produktlebenszyklus ermöglichen PDM-Systeme damit eine schnelle graphische Darstellung der PDM-Daten. So kann weitgehend auf zusätzliche Visualisierungswerkzeuge verzichtet werden, deren Einsatz eine Aufbereitung der PDM-Daten erfordern würde.

5.3.4 Systeme für die Auftragsabwicklung

In Kapitel 1.2.4 beschreiben wir ein generisches Modell des Hauptgeschäftsprozesses Auftragsabwicklung und ordnen die etablierten Begriffe PPS und Fertigungssteuerung ein. Dies beruht auf den klassischen Quellen. Andererseits ergeben sich aus der Dynamik des Angebots von IT-Systemen zur Unterstützung dieses Hauptgeschäftsprozesses neue Sichtweisen, die sich auch in neuen Begriffen niederschlagen. Hier an dieser Stelle beschreiben wir das Systemangebot ausgehend von diesen Begriffen aus der Anbieterwelt. Zunächst gehen wir auf Enterprise Resource Planning (ERP)-Systeme ein, die im Zentrum des Geschehens stehen. Dann behandeln wir Systeme unter den Schlagworten Customer Relationship Management (CRM) und Supply Chain Management (SCM) sowie Manufacturing Execution Systeme (MES) und Management-Informationssysteme (MIS). Zum Schluss gehen wir kurz auf die angrenzenden Funktionen Finanzmanagement und Human Resource Management ein.

5.3.4.1 Enterprise Resource Planning (ERP)

Unter den Systemanbietern hat sich der Begriff Enterprise Resource Planning (ERP) als übergeordneter Begriff für Systeme etabliert, die die Auftragsabwicklung (warenorientierte, dispositive, logistische und abrechnungsbezogene Aufgaben), den Herstellprozess und weitere Prozesse zur kaufmännischen Unternehmensführung unterstützen. *„ERP-Systeme können die wichtigsten Geschäftsprozesse eines gesamten Unternehmens in einem einzigen Softwaresystem integrieren, welches den reibungslosen, unternehmensweiten Informationsaustausch ermöglicht. Diese Systeme konzentrieren sich primär auf interne Prozesse, können jedoch auch Transaktionen mit Kunden und Lieferanten umfassen.“* [LLS06] ERP-Systeme dienen also zur effektiven Planung und Steuerung aller Ressourcen, die zur Beschaffung, zur Herstellung, zum Vertrieb und zur Abwicklung von Kundenaufträgen in einem Unternehmen nötig sind. Dies gilt für produzierende Unternehmen und in abgewandelter Form auch für Handels- und Dienstleistungsunternehmen. ERP umfasst im Allgemeinen die im Folgenden kurz beschriebenen Funktionen bzw. Teilprozesse.

Angebotserstellung und -verfolgung

Hier geht es in erster Linie um die Unterstützung der Vertriebsorganisation bei der Erstellung von Angeboten. Basis dafür sind die Kunden- (Debitoren) und Produktstammdaten. In der Regel gliedert sich die Vertriebsorganisation in Außendienst und Innendienst, Vertrieb und Vertriebsunterstützung etc., sodass an der Angebotserstellung Mitarbeiter mehrerer Stellen beteiligt sind. Gerade in solchen Fällen kann mit ERP-Systemen ein erheblicher Nutzen erzielt werden. Ferner unterstützen solche Systeme auch die Angebotsverfolgung, deren Aufgabe es ist, die Kunden zur Bestellung zu bewegen. Im negativen Fall werden die Gründe erfasst und zusammen mit dem Angebot im System archiviert.

Auftragserfassung

Entspricht das Angebot den Vorstellungen des Kunden, so schickt der Kunde an den Lieferanten den Auftrag in Form einer Angebotsannahme oder einer Bestellung. Der Auftrag wird dann vom Sachbearbeiter im Vertriebsinnendienst in das ERP-System eingegeben. Es wird eine Auftragsbestätigung erstellt und an den Kunden versandt. Wichtig ist an diesem Prozess, dass es keine Differenzen in der Beschreibung des Leistungsangebots in den Dokumenten gibt. Der Auftrag wird anschließend an die betroffenen internen Bereiche im Unternehmen weitergegeben.

Beschaffung, Einkauf

Der Einkauf beschafft die Roh-, Hilfs- und Betriebsstoffe sowie die Handelswaren, die für den Auftrag erforderlich sind. Die Bestellungen an die Lieferanten werden aus den Lieferanten- (Kreditoren) und Produktstammdaten erstellt. Die Lieferanten sollten im System bewertet sein. Zahlungsziele, Einkaufsbedingungen und weitere Besonderheiten sind in den Stammdaten hinterlegt.

Logistik

Üblicherweise gliedert sich die Logistik in die Beschaffungs-, Produktions- und Distributionslogistik. Die Beschaffungslogistik sorgt dafür, dass Rohwaren, Betriebs- und Hilfsstoffe sowie Zulieferkomponenten zeitgerecht in der Fertigung sind. Dies wird häufig durch Just-in-time oder Kanban-Steuerungen sichergestellt. Derartige Verfahren können selbstredend auch zur Steuerung der Fertigungsprozesse im Rahmen der Produktionslogistik eingesetzt werden. Im Kontext der Distributionslogistik erfolgen die Kommissionierung, die Tourenplanung und die Lieferscheinerstellung. Die Kommissionierung ordnet im Versand die Waren dem Kunden zu. Die Tourenplanung muss kurze effiziente Lieferwege für die Speditionen sicherstellen. Der

Lieferschein ist das Begleitdokument für die Ware. Er enthält die Beschreibung der Ware und die gelieferte Menge sowie ggf. Hinweise auf Mängel oder Schäden.

Produktionsplanung und -steuerung (PPS)

Zur Produktionsplanung zählen die Produktionsprogrammplanung, die Mengenplanung und die Termin- und Kapazitätsplanung. Ein wesentliches Ergebnis der Mengenplanung sind die Fertigungs- und Bestellaufträge. In der Termin- und Kapazitätsplanung werden die Fertigungsaufträge auf die Kapazitäten und zeitlichen Restriktionen der Fertigungseinheiten abgestimmt, um beispielsweise Liefertermine zu bestimmen. Die zwei Hauptfunktionen der Produktionssteuerung sind die Auftragsveranlassung und die Auftragsüberwachung, und zwar für die Fertigungsaufträge und ggf. auch für die Bestellaufträge.

Gerade hier in dem Bereich PPS werden in der Praxis unterschiedliche Sichtweisen deutlich, je nachdem, ob es um ein produzierendes Unternehmen oder ein Handelsunternehmen geht bzw. ob eine weitgehend allgemeingültige Aufgabenstruktur oder mehr die Sicht eines Systemherstellers gefragt ist. Die einen sehen PPS als Teil von ERP, andere sehen in PPS und ERP eher das Gleiche.

Rechnungsstellung, Faktura

Am Ende des Auftragsabwicklungsprozesses ist die Rechnung auf Basis der Lieferscheine an den Kunden zu stellen. Ist die Menge der Informationen, die im Zuge der Auftragsabwicklung ausgetauscht werden, und insbesondere die Anzahl der Rechnungen sehr groß, so werden digitale Austauschformate (z. B. EDIFACT) genutzt [GHK+06]. Entscheidend ist, dass die Kosten mit Hilfe der Kostenrechnung nicht erst bei der Faktura transparent gemacht werden. Die Kosten sollten konsequent bei ihrer Entstehung verursachungsgerecht in der Kostenrechnung erfasst werden. Damit ist die mitlaufende Kalkulation sichergestellt und Kostentreiber können frühzeitig entdeckt werden.

Aktuelle Entwicklungen

Durch Standardisierung und Automatisierung können insbesondere in den Prozessen der Auftragsabwicklung und Fertigung die Kosten deutlich gesenkt werden. Dabei ist zu betonen, dass relevante Informationen jederzeit aktuell und schnell im Zugriff sein müssen. Unternehmen, die diese Prozesse gut beherrschen, können jederzeit Aussagen zu Lieferzeiten, Beständen, Auslastung und Kalkulation ihrer Produkte geben. Die entsprechenden Systeme müssen zwei wesentliche Anforderungen erfüllen: Zum einen ist die detaillierte spezifische Abbildung der Teilprozesse notwendig, zum anderen ist die Vernetzung der Daten in der gesamten Wertschöpfungskette abzubilden. Dies hat zur Folge, dass sich eine Vielzahl von Speziallösungen im Laufe der Zeit etabliert hat. Eine große Marktpräsenz konnten die Speziallösungen naturgemäß nicht gewinnen.

Der ERP-Markt wird derzeit von SAP dominiert. Neben SAP und den Microsoft-Systemen gibt es noch eine Reihe weiterer Anbieter. Infor besetzt mit dem Produkt infor.com das Marktsegment für mittelgroße Unternehmen. Mit infor LN (ehemals Baan) hat infor auch eine Lösung für internationale große Unternehmen. Oracle ist eher im internationalen Markt als ERP-Wettbewerber zu sehen. Sage ist Marktführer in kleinen Unternehmen. Alle Anbieter versuchen schon seit Jahren, das sog. Mittelstands-Marktsegment zu erschließen. Die genannten Systeme weisen eine hohe Funktionalität auf und unterstützen nahezu die gesamte Wertschöpfungskette. Die Basisfunktionen sind heute bei allen führenden Lösungen ausreichend gut umgesetzt. Aufgrund der Branchen- und Unternehmensspezifika gibt es allerdings kein Einführungsprojekt, das ohne kundenspezifische Erweiterungen oder Anpassungen der Software auskommt. Die Abbildung von Besonderheiten und die Verfügbarkeit von Experten bestimmen sehr stark den Erfolg einer Systemeinführung.

In den letzten Jahren hat sich neben dem **monolithischen Ansatz**, d. h. die Realisierung der Gesamtfunktionalität in einem System, der Ansatz der **Orchestrierung** entwickelt. Während SAP nach wie vor den monolithischen Ansatz verfolgt und diesen nun auch in der Cloud als SAP by Design anbietet, geht z. B. Microsoft den Weg der **Orchestrierung**. Hier fokussiert man sich auf die Stärken der einzelnen Systeme und stellt diese zu einer Systemlandschaft zusammen, die modulartig aufgebaut ist und wie ein Orchester zusammenzuspielen vermag. Für jedes System werden die Hauptfunktionen festgelegt. Die Informationsflüsse und Schnittstellen zwischen den Systemen sind aufeinander abzustimmen, so dass eindeutig festgelegt ist, welches System das Mastersystem und welches das Folgesystem ist. Bei der Architektur ist darauf zu achten, dass aufgrund der Schnittstellen und des möglichen Datenflusses keine Funktionen doppelt bereitgestellt werden, da dieses eine Verteuerung des Gesamtsystems sowie die Gefahr der Inkonsistenz der Systeme bedeuten kann. Die Stärke der Orchestrierung liegt darin, dass auf individuelle Anforderungen der Kundenprozesse gezielter eingegangen und der Einsatz von spezialisierter Software genutzt werden kann. Monolithische Systeme werden aufwendig kundenspezifisch angepasst, um den individuellen Anforderungen der Kunden Rechnung zu tragen. Bei orchestrierten Systemen besteht die Herausforderung, die Schnittstellen zwischen den Systemen sicherzustellen. Hersteller erkennen durchaus den Nutzen, ihre Systeme im Rahmen dieses Ansatzes kompatibel zu anderen zu gestalten, um dann auch Synergien bieten zu können.

Grundsätzlich ist die Frage zu beantworten, inwiefern die Individualisierung wirklich notwendig ist und einen Wettbewerbsvorteil für das Unternehmen darstellt. Insbesondere wäre zu prüfen, ob es sich nicht eigentlich um Standardprozesse und damit um Commodity handelt. Die Standard IT-Systeme bieten hier einen Entwicklungs- und Reifegrad, der für den Betrieb dieser Prozesse in vielen Fällen vollkommen ausreicht. Lösungen, die eine hohe Standardisierungsquote und Schnittstellen zu anderen Systemen aufweisen, eignen sich besonders für Cloud-Lösungen. Der Markt ist in diesem Punkt derzeit sehr stark in Bewegung. Im Folgenden werden die aktuellen Architekturmodelle von SAP und Microsoft kurz dargestellt.

SAP-Architektur

SAP stellt mit seiner Plattform ein umfassendes integriertes IT-System für verschiedene Branchen und Unternehmensgrößen bereit. Die **SAP Business Suite** besteht aus den folgenden Kernanwendungen (Auszug aus den Internetseiten www.sap.de):

- **SAP Enterprise Resource Planning (SAP ERP)** hilft Geschäfts- und IT-Prozesse zu optimieren. Es unterstützt die Prozesse im Finanzwesen, im Vertrieb, in der Personalwirtschaft, der Anlagenverwaltung, der Beschaffung und in anderen zentralen Unternehmensbereichen.
- **SAP Customer Relationship Management (SAP CRM)** steuert und überwacht Prozesse im Vertrieb, Kundenservice und Marketing und unterstützt wichtige nachgelagerte Aktivitäten. Die Interaktion mit dem Kunden kann über verschiedene Kanäle, unter anderem über mobile Smartphones, das Internet und soziale Medien, stattfinden.
- **SAP Product Lifecycle Management (SAP PLM)** verwaltet, überwacht und steuert sämtliche Produktinformationen über den Lebenszyklus von Produkten und Anlagen, sowohl im eigenen Unternehmen als auch in der erweiterten Wertschöpfungskette.
- **SAP Supplier Relationship Management (SAP SRM)** unterstützt Unternehmen bei ihren zentralen Aufgaben in der Beschaffung. Die Anwendung bietet Funktionen für eine bedarfsorientierte Suche nach Lieferanten, ein zentralisiertes Vertragsmanagement sowie verschiedene Kanäle für die Interaktion mit Lieferanten. SAP SRM hilft Unternehmen, den gesamten Prozess von der Beschaffung bis zur Zahlung schneller abzuwickeln und zu optimieren.
- **SAP Supply Chain Management (SAP SCM)** schafft die Voraussetzungen dafür, dass Unternehmen ihre Lieferprozesse besser an ein dynamisches Wettbewerbsumfeld anpassen können. Mit der Anwendung lassen sich klassische lineare Lieferketten mit hintereinandergeschalteten Prozessen in offene, anpassungs- und reaktionsfähige Logistiknetzwerke umwandeln.

Ferner bietet SAP Lösungsportfolios speziell für kleine und mittlere Unternehmen:

SAP Business All-in-One richtet sich an kleine und mittelgroße Unternehmen mit 100 bis 2500 Mitarbeitern. Die Lösungen aus dieser Reihe bieten integrierte Geschäftsprozesse für unterschiedliche Unternehmensfunktionen: von Finanzbuchhaltung, Personalwirtschaft, Einkauf und Bestandsmanagement über Fertigungsprozesse, Logistik und Produktentwicklung bis hin zu Vertrieb, Service und Marketing.

SAP Business One ist eine Anwendung, die speziell für kleinere Unternehmen mit bis zu 100 Mitarbeitern konzipiert wurde. Sie deckt alle Kernfunktionen eines Unternehmens wie Finanzwesen, Vertrieb, Kundenbetreuung, Einkauf, Bestandsführung, Analysen und operative Abläufe ab.

SAP Business ByDesign ist die flexible On-Demand-Lösung, die branchenübergreifende Prozesse umfassend abdeckt und vorkonfigurierte Geschäftsvorfälle für das Finanzmanagement, Projektmanagement, die Personalwirtschaft, Beschaffung und Logistik sowie das Management von Kundenbeziehungen bietet.

Die Bereitstellung von Lösungen über das Internet wird durch die technologischen Fortschritte im Cloud Computing und die schnelle Wertschöpfung des On-Demand-Konzepts immer mehr zu einer wirtschaftlich sinnvollen Alternative für Kunden aller Größenordnungen. SAP hat diesen Trend aufgenommen und will Cloud-Lösungen bieten, die unmittelbar genutzt werden können, ohne dass Kunden eine eigene IT-Abteilung für die Verwaltung der Infrastruktur betreiben müssen.

Mit Business ByDesign steht eine offene Plattform zur Verfügung, die Partnern die weitere Anpassung der Software ermöglicht und zugleich der SAP als Ausgangspunkt für die Entwicklung neuer bereichsspezifischer On-Demand-Lösungen dienen kann.

Microsoft-Architektur

„Microsoft Dynamics steht synonym für schlanke, flexible Unternehmenslösungen und ist in kleinen und mittelstän-

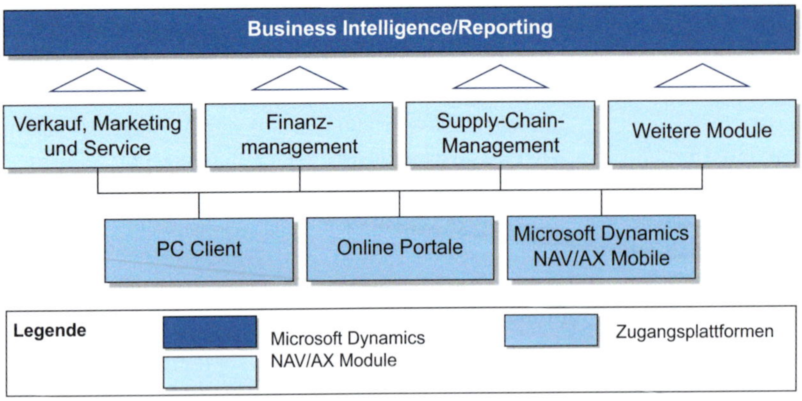

BILD 5-34
Architektur von Microsoft Dynamics NAV und AX [Mic08-ol]

dischen Firmen ebenso zu finden wie in größeren Organisationen oder einzelnen Sparten globaler Konzerne." (Auszug aus www.microsoft.com)

Microsoft hat 2002 die Firma Navision-Damgaard gekauft und damit die zwei ERP-Produkte Navision und Axapta in sein Produktportfolio aufgenommen. Alle Versuche, diese Systeme zu einem Microsoft System zusammenzuführen, sind in der Vergangenheit aus unterschiedlichen Gründen (u. a. Marktdurchdringung, Kundenwünsche, Entwicklungstand des neuen Systems) gescheitert. Microsoft führt daher die Entwicklung der Systeme unter den Namen **Microsoft Dynamics NAV** und **Microsoft Dynamics AX** im Rahmen der Produktreihe von Microsoft Business Solutions weiter.

Microsoft Dynamics NAV wurde speziell für mittelständische Firmen mit hohen branchenspezifischen Anforderungen konzipiert und bietet eine weitgehend vordefinierte Funktionalität für das operative Geschäft. Microsoft Dynamics AX wurde für Unternehmen des gehobenen Mittelstands und Großunternehmen entwickelt, ist skalierbar auf mehrere Unternehmensstandorte und unterstützt insbesondere standardisierte globale Abläufe.

Microsoft vermarktet seine ERP-Systeme ausschließlich über Systemhäuser. Diese haben sich auf Branchen z. B. die Fertigungsindustrie, den Handel oder den Gesundheitsmarkt spezialisiert.

Beide ERP-Lösungen basieren im Wesentlichen auf der in Bild 5-34 dargestellten Architektur. Die Systeme bieten Funktionen für die Unternehmensbereiche Verkauf, Marketing und Service, das Finanzmanagement und das Supply Chain Management sowie weitere Module wie z. B. Business Intelligence und Reporting an. Die Systeme sind sowohl auf einen PC Client als auch als Cloud Lösung über Online Portale und mobile Endgeräte (Microsoft Dynamics NAV Mobile) lauffähig.

Neben den beiden ERP-Systemen Microsoft Dynamics AX und Microsoft Dynamics NAV, die den gesamten kaufmännischen Part abdecken, hat Microsoft die Entwicklung eines eigenen Systems insofern weiter verfolgt, dass für die Funktionen im Bereich CRM (Beziehungen zu Kunden, Lieferanten oder Investoren) ein eigenes System **Microsoft Dynamics CRM** entwickelt wurde. Microsoft Dynamics CRM ist auch als Online-Lösung aus der Cloud erhältlich. Da die Funktionalität eines CRM Systems nicht so komplex wie die eines ERP-Systems ist, versucht Microsoft mit Microsoft Dynamics CRM ein weiteres Massenprodukt in seiner Produktpalette zu etablieren.

Die genannten Softwaresysteme beruhen auf der in Bild 5-35 dargestellten Architektur. Neben dem Betriebssystem Windows werden die Office-Anwendungen Word, Excel, PowerPoint und Access eingesetzt. Outlook ist mit dem Exchange Server das Kommunikationstool in den Unternehmen. Emails, Kalender, Aufgaben und Kontakte werden im Unternehmen mit Outlook verwaltet. Neu sind nun die Produkte, die Kollaboration über Portale sicherstellen. Microsoft hat hierzu das Produkt SharePoint in das Office-Paket im Client integriert. Statische Intranet-Anwendungen und Workflows können einfach erstellt werden. Unternehmen mit kleinen IT-Abteilungen werden damit in die Lage versetzt, ihre IT-Landschaft schnell und effizient zu optimieren.

Microsoft setzt neben der Kommunikation über Email und Internet verstärkt auf neue weitere Kommunikationskanäle. Unified Communication bzw. Echtzeitkommunikation sind die neuen Schlagworte. Dies beinhaltet Präsenzfunktionen (Statusanzeige über die Erreichbarkeit von Kommunikationspartnern), Web-Telefonie per Voice over IP (kurz VoIP) und Web-Konferenzen (Audio, Video, Daten). Dieses realisiert Microsoft mit dem Produkt MS Lync und schafft dadurch die Konvergenz von Informations- und Kommunikationstechnik. Die Kommunikation ist mittlerweile fester und integrierter Bestandteil in der IT.

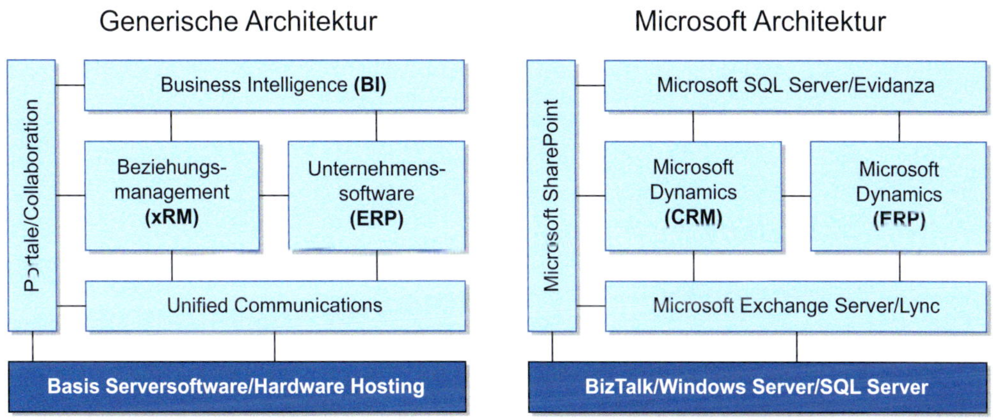

BILD 5-35 Microsoft Architektur zur Unified Communication und zur Kollaboration über Portale [Mic08-ol]

Hierdurch werden Möglichkeiten geschaffen, Prozesse neu zu gestalten, wie es bisher ohne derartige Technik nicht möglich war. Der Automatisierungsgrad kann insbesondere in den xRM[6]- und ERP-Prozessen durch mobile Kommunikationstechnik wesentlich erhöht werden. Die Kompetenz der Orchestrierung ist hierzu allerdings unabdingbar. Die einzelnen Bausteine müssen derart zusammengeführt werden, dass Geschäftsprozesse wirkungsvoll unterstützt werden. So ist im Bild 5-35 auf der linken Seite zu erkennen, welche Funktionsbausteine vorhanden sind, und auf der rechten Seite, welche Microsoft-Produkte für diese stehen.

Ausblick

Wesentlichen Einfluss auf ERP-Anwendungen werden „Service-Orientierte Architekturen" (SOA) und „Software as a Service" (SaaS) ausüben. Diese Konzepte beruhen darauf, dass immer mehr Funktionen standardisiert und gekapselt werden können. Es wird daher nicht mehr von Funktionen gesprochen, sondern von Services. Services sind Leistungen, die klar zu beschreiben sind und eindeutige Schnittstellen haben (vgl. Kapitel 5.4). Für Services ist es zunehmend unerheblich, an welchem Ort sie tatsächlich „ausgeführt" werden. Hinzu kommt, dass Anwender weltweit auf die Systeme zugreifen müssen. Internet und Web-Applikationen sowie professionelle Provider werden sukzessive „Cloud-fähig". Die Anwendungen können komplett aus der Cloud als Cloud-Service bezogen werden. Dadurch lassen sich auch erhebliche Skaleneffekte nutzen und die Kosten senken. Wenn Unternehmen ihre Systeme nicht komplett außer Haus betreiben, sondern gezielt Teilbereiche auslagern, spricht man von „Out-Tasking". Teilen sich Unternehmen die Leistungen eines Lieferanten, wird dieses in Fachkreisen „Managed Services" genannt.

[6] Extented Relationship Management (xRM) ist eine Weiterentwicklung von CRM. xRM verwaltet nicht nur die Daten von Kunden (Customer), sondern auch weitere Kontaktdaten von Lieferanten, Geschäftspartnern, Investoren u. a. sowie deren Beziehungen untereinander.

5.3.4.2 Customer Relationship Management (CRM)

Customer Relationship Management unterstützt die Geschäftsprozesse, die unmittelbar mit dem Kunden zu tun haben. Die entsprechenden Systeme integrieren die für diese Prozesse relevanten Datenbestände und machen sie unternehmensweit verfügbar [Sch11]. Dies betrifft in erster Linie die Funktionsbereiche Marketing, Vertrieb und Service. Den Ausgangspunkt bilden die **Kundenstammdaten**, die aktuell zu halten sind. Das wird nur dann zufriedenstellend erfolgen können, wenn hierzu Prozesse und Verantwortlichkeiten klar definiert worden sind. Die Kundenstammdaten sind Grundlage für die Angebotserstellung und Auftragsbearbeitung sowie für die Durchführung von **Kampagnen** und Veranstaltungen mit professioneller Kundenansprache.

Insbesondere im Vertrieb ist es sinnvoll, weitere Informationen im Kontext des Akquisitionsgeschehens zu verarbeiten. Im CRM wird zu jedem Kontakt die **Historie der Aktivitäten** festgehalten. Dazu zählen beispielsweise Emails, Telefonate, Besuchsberichte und versendete kaufmännische Dokumente sowie zeitliche Umsatzentwicklungen. Die Funktionalität von Customer Relationship Management gliedert sich nach Bild 5-36 in drei Bereiche [HU01-ol]:

Operatives CRM: Dies umfasst alle Anwendungen, die den direkten Kontakt des Kundenbearbeiters mit dem Kunden unterstützen (Front Office). Die entsprechenden Funktionen haben den Anspruch, den Dialog zwischen Kunden und Unternehmen sowie die dazu erforderlichen Geschäftsprozesse zu optimieren. CRM-Back-Office-Prozesse, wie z. B.

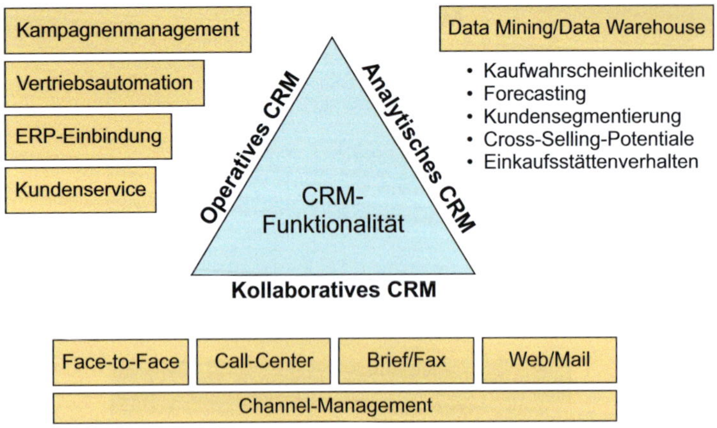

BILD 5-36
Funktionalität von CRM-Systemen

die Weiterleitung von Beschwerden per definiertem Workflow, liefern dabei die Informationen, um einen zielorientierten Dialog mit dem Kunden zu führen. Damit Insellösungen vermieden werden, ist es von Bedeutung, Schnittstellen zwischen CRM-System und dem ERP-System des Unternehmens zu schaffen. Eine sehr große Verbreitung haben die Systeme von Microsoft Dynamics (CRM), Salesforce und Siebel gefunden.

Kollaboratives CRM: Funktionen, die in diesen Bereich fallen, umfassen die gesamte Steuerung und Unterstützung sowie die Synchronisation aller Kommunikationskanäle zum Kunden (Telefon, Internet, E-Mail, Mailings, Außendienst etc.). Diese werden eingesetzt, um eine möglichst wirkungsvolle und effiziente Kommunikation zwischen Kunden und Unternehmen zu ermöglichen.

Analytisches CRM: Hier geht es um die Auswertung der erhobenen Kundendaten, z. B. zur effizienten Kampagnengestaltung oder optimalen Marktsegmentierung. Die gewonnenen Erkenntnisse sollten kontinuierlich in die Ausgestaltung der Geschäftsprozesse zum Kunden einfließen. Systematische Grundlage für analytische CRM-Funktionen bildet ein sog. Data Warehouse, welches die relevanten Kundendaten für die einzusetzenden Auswertungsinstrumente bereithält.

5.3.4.3 Supply Chain Management (SCM)

Supply Chain Management, auch Lieferkettenmanagement genannt, ist die unternehmensübergreifende Steuerung des Materialflusses über die gesamte Wertschöpfungskette von der Rohstoffgewinnung über die einzelnen Veredelungsstufen bis hin zum Endkunden mit dem Ziel, den Gesamtprozess sowohl zeit- als auch kostenoptimal zu gestalten [SJ99]. Damit betrachtet das Supply Chain Management aus der Sicht eines Unternehmens die Vernetzung von Beschaffungs-, Produktions- und Distributionsprozessen. Supply Chain Management betrifft also unternehmensinterne und unternehmensübergreifende logistische Wertschöpfungsketten [BD02]. Die Kernfunktionalität gliedert sich in drei Aufgabenbereiche:

Gestaltung: Darunter ist die strategische Netzwerkgestaltung zu verstehen, die den Rahmen und die Services definiert.

Planung: Dies umfasst die operative/taktische Bedarfs- und Netzwerkplanung sowie die Auftragsvergabe in Form von Grob- und Feinplanungen für die Beschaffung, Produktion und Distribution.

Ausführung: Dies betrifft die Auftragsabwicklung, die die operative Versorgung durch die Transport- und Produktionsabwicklung sowie durch das Lagermanagement sicherstellt.

Die Basis für die aufgeführten Aufgaben ist ein funktionierendes **Netzwerk-Informationsmanagement**. Es umfasst im Wesentlichen die Funktionskomplexe Datenintegration, Monitoring, Alert Management, Workflow Management und Kommunikation [HHL+02].

Die Herausforderung ist, bei geringen Lagerbeständen lieferfähig zu sein. Die Globalisierung bietet hier einige Chancen, birgt aber auch Gefahren. So ist es entscheidend, die Komplexität „in den Griff zu bekommen" und den Prozess zu beherrschen. Aufgrund der Vernetzung kommt es neben der Leistungsfähigkeit der SCM-Systeme auch auf die Zusammenarbeit der Beteiligten an. Durch gezielte Maßnahmen können Bestände über die Unternehmensgrenzen hinweg aufeinander abstimmt werden. Dadurch verringern sich die Kapitalbindungskosten für alle Beteiligten. Für den Erfolg von SCM-Systemen sind drei Aspekte entscheidend: Spezifikation der Services, Integration der Prozesse sowie Integration von Daten und Systemen.

Spezifikation der Services

Hier gilt es Regeln festzulegen, nach denen die Zusammenarbeit zwischen den Partnern erfolgen soll. Dafür sind fünf Punkte besonders zu beachten:

- **Positionierung:** Zunächst kommt es darauf an, die Kundenbedürfnisse und insbesondere die der Endkunden zu erkennen und die für ihre Befriedigung erforderliche Wertschöpfungskette darzustellen.
- **Variantenbeherrschung:** Hier steht die Frage im Vordergrund, wie die vom Markt verlangte Variantenvielfalt wirtschaftlich bewältigt werden kann. Das verlangt eine Auseinandersetzung mit der Produkt- und Prozessarchitektur, in deren Rahmen modularisierte Produkte definiert werden. Dies gelingt nur, wenn Produktplanung, Konstruktion, Produktion und Logistik zielführend, d. h. die Wertschöpfung im Netzwerk maximierend, firmenübergreifend zusammenarbeiten.
- **Partnerschaft:** Produkt- und Prozesskomplexität lassen sich durch die Identifikation von gut abgrenzbaren Teilsystemen und ihre Auslagerung auf Systemlieferanten reduzieren. Der damit einhergehende Einflussverlust bedarf einer besonderen Vertrauensbasis zwischen den Partnern, die durch intensive Kommunikation zu fördern ist.
- **Pull-Prinzip:** Ein Grundsatz der Steuerung in Versorgungsnetzwerken ist das Pull-Prinzip. Hiernach werden die Maßnahmen aller Beteiligten durch eine Kundenanfrage ausgelöst, gemeinsam geplant und in Bezug auf die Wertschöpfung optimiert. Durch die Synchronisation liefert jede Versorgungsstufe genau die Menge, die für den Kundenauftrag notwendig ist.
- **Planung:** Zur Umsetzung des Supply Chain Managements sind Pläne unter mehreren Beteiligten zu erstellen und abzustimmen. Hierfür bedarf es einer Infrastruktur, die die Planungsprozesse steuert und den Datenaustausch sichert.

Integration der Prozesse

Für die Erfüllung eines Kundenwunsches sind die dafür erforderlichen Geschäftsprozesse auf viele Partner im Netzwerk verteilt. Daher ist es wichtig, die Planungsaktivitäten auf jeder Planungsstufe und in jeder Planungseinheit zu koordinieren und den Gesamtplan konsistent zu halten. Den Ausgangspunkt bildet der mit den Kunden vereinbarte Lieferplan. Die so erfasste Nachfrage soll durch eine das Angebot repräsentierende Grobplanung gedeckt werden. Hierzu werden die Informationen aller Lieferanten für eine kollaborative Planung zusammengestellt. Im Ergebnis liegt eine konsistente Verfügbarkeits- und Bedarfssituation für Produkte und Materialien im Netzwerk vor [KM02]. Die Messbarkeit der Leistungsfähigkeit eines Wertschöpfungsnetzwerks beruht auf Erfolgskennzahlen (Tabelle 5-2).

Zu den Maßnahmen zur Beeinflussung der Kennzahlen gehört insbesondere auch die Vermeidung der „Sieben Verschwendungen" [HLJ+00]: Überproduktion, Wartezeiten (von Personen und Produkten), Transport, unangemessene Verarbeitung, unnötiger Lagerbestand, unnötige Bewegungen (fehlende Ergonomie) und Defekte.

Integration von Daten und Systemen

Wie bereits beschrieben sind im Supply Chain Management sowohl die internen Unternehmensprozesse als auch die Prozesse mit externen Partnern zu koordinieren. Damit werden neben den internen logistischen Funktionen, die das ERP-System liefert, weitere Funktionen notwendig, die die gesamte Wertschöpfungskette unterstützen. Die entsprechenden Systeme werden im Rahmen von ERP- und SCM-Systemen auch als Advanced Planning Systeme (APS) bezeichnet. Sie liefern insbesondere Daten über Bedarf und Verfügbarkeit von Ressourcen und Materialien aus sämtlichen Einheiten der Wertschöpfungskette. Ein SCM-System bzw. APS-System ist also auch ein systemübergreifendes Entscheidungsunterstützungssystem [KM02].

5.3.4.4 Fertigungssteuerung – Manufacturing Execution Systeme (MES)

Unter Manufacturing Execution Systeme (MES) verstehen wir prozessnahe Fertigungsmanagementsysteme, die zeitnah die Organisation und Durchführung aller direkt und indirekt wertschöpfenden Geschäftsprozesse in der Fertigung überwachen und regeln. MES verbinden den lang- und

TABELLE 5-2 Kennzahlen (Auswahl) zur Messung der Leistungsfähigkeit von Wertschöpfungsnetzwerken [Bec02].

Zielgröße	Kennzahlen
Kundenservice	Lieferfähigkeit und Liefertreue
Flexibilität	Auftragsabwicklungszeit, Produktionsflexibilität
Kosten	Kosten des SCM, Mehrkosten durch Garantiefälle
Kapital	Cash-to-Cash-Cycle, Bestandsreichweite, Kapitalumschlag

5

mittelfristigen Planungsansatz von PPS/ERP-Systemen mit den Echtzeiterfordernissen der Fertigung [Kle07]. In der Terminologie der Leitebenen bilden MES die Fertigungsleitebene zwischen der Betriebsleitebene und der Prozess-/Maschinenleitebene (vgl. auch Bild 1-25). Eine vergleichbare Einordnung nimmt auch ANSI/ISA (International Society of Automation) im Rahmen des ISA-95 Standards vor [Ans05], eine der umfassendsten internationalen Normen zu MES.

Über einen echtzeitfähigen Informationsaustausch mit der Prozess-/Maschinenleitebene werden zu jedem Zeitpunkt die eingesetzten Maschinen, Transportmittel, Materialien und Arbeitspersonen, der Fortschritt laufender Fertigungs- und Prüfaufträge sowie die erreichte Qualität online abgebildet. Die geplanten Aufträge aus dem ERP-System werden unter Berücksichtigung der aktuellen und exakten Daten aus der operativen Ebene fertigungsgerecht aufbereitet, eingelastet und überwacht. Für die Rückmeldungen an das ERP-System werden die Daten aus der Fertigung verdichtet. Auftretende Störungen im geplanten Ablauf werden vom MES nach Möglichkeit automatisch ausgeregelt oder es werden sinnvolle Planungsalternativen als Entscheidungshilfe für Planer und Meister zur Verfügung gestellt.

Die VDI Richtlinie 5600 beschreibt die potentiellen Aufgaben und Nutzenpotentiale von MES und schafft damit eine auf die Fertigungstechnik zugeschnittene Definition. Danach verbessern MES die Fertigungsabläufe, die Reaktion auf veränderte Bedingungen und die Einhaltung von Lieferterminen [VDI5600]. Die Funktionalität von MES gliedert sich in die Bereiche Fertigung, Qualität und Personal.

- Zum Bereich **Fertigung** gehören im Wesentlichen die Fertigungssteuerung, die Betriebsdaten- und Maschinendatenerfassung sowie der Leitstand. Die reaktive Feinplanung bzw. Auftragsregelung erstellt aus den Grobvorgaben des ERP-Systems realisierbare Pläne auf Grundlage definierter Kapazitätsangebote, produktionsrelevanter Restriktionen und Materialverfügbarkeiten. Diese werden kontinuierlich an die aktuelle Situation in der Fertigung (z. B. Maschinen- und Mitarbeiterverfügbarkeit, neue Prioritäten im Produktionsprogramm etc.) angepasst. Über den Leitstand erhalten die Bediener eine anschauliche Darstellung des aktuellen Zustands der Fertigung und Eingriffsmöglichkeiten. So kann der Planer bei der Lösung von Konflikten und der Beseitigung von Störungen online unterstützt werden. Das Bild 5-37 zeigt exemplarisch eine Benutzungsoberfläche eines Fertigungsleitstands; im Hauptfenster sind die aktuell eingelasteten Fertigungsaufträge über die Zeitachse dargestellt. Heutige Systeme ermöglichen die Simulation verschiedener Szenarien (z. B. Belegungsalternativen, Terminverschiebung, Kapazitätserhöhung), um in Abhängigkeit der aktuellen Ziele (z. B. hohe Termintreue, geringe Umlaufbestände, rüstoptimale Auftragsreihenfolgen) die bestmögliche Lösung zu ermitteln.
- Der Funktionsbereich der **Qualität** enthält alle Aufgaben der Qualitätssicherung, wie beispielsweise die statistische Prozessregelung oder die Prüfmittelverwaltung. Durch die Integration der Qualitätssicherung in das Fer-

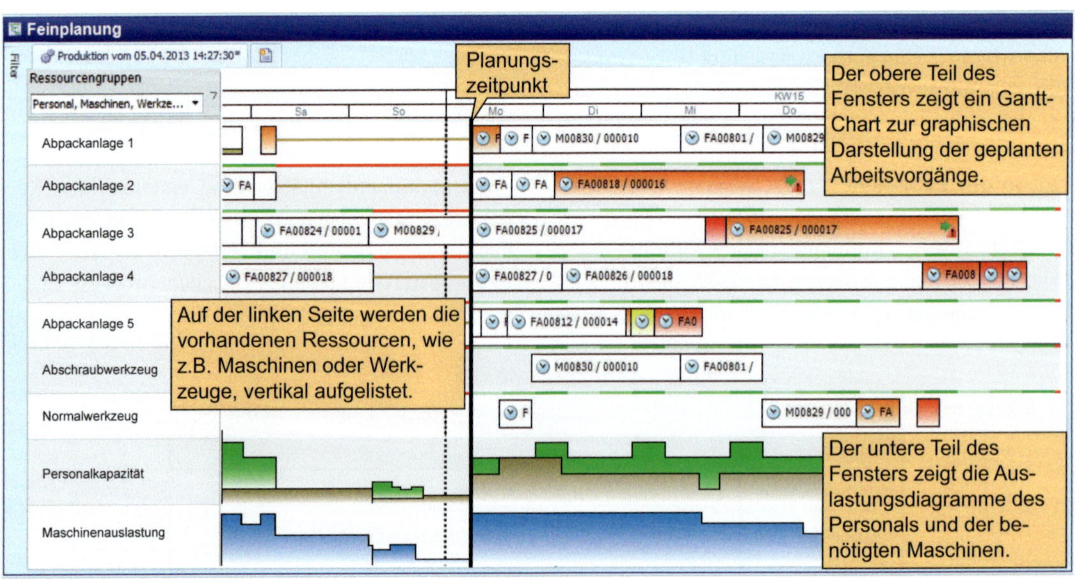

BILD 5-37 Benutzungsoberfläche eines Fertigungsleitstands von FASTEC mit manueller Feinplanung und automatischer Optimierung durch GANTTPLAN (Quellen: FASTEC 4 PRO, FASTEC GmbH, www.fastec.de und GANTTPLAN, DUALIS GmbH IT Solution, www.dualis-it.de)

tigungsmanagement werden Prüfpläne und Arbeitspläne in einem System behandelt. Die Werker haben die Möglichkeit Gutmengen, Ausschussmengen und Ausschussgründe über ein gemeinsames Datenerfassungssystem einzugeben. Für qualitätsbezogene Analysen kann direkt auf Daten der Betriebs- und Maschinendatenerfassung, des Betriebsmittelmanagements sowie des Material- und Personalmanagements zugegriffen werden.

- Der Bereich **Personal** umfasst die Zeiterfassung und Kontenführung sowie die Personaleinsatzplanung. Letztere muss den Personalbedarf aufgrund der geplanten Aufträge unter Berücksichtigung der Schicht- und Urlaubsplanung sowie ungeplanter Fehlzeiten decken.

5.3.4.5 Management-Informationssysteme (MIS)

Führungskräfte stehen täglich vor der Aufgabe, den Erfolg ihres Unternehmens sicherzustellen. Dazu benötigen sie zum richtigen Zeitpunkt die richtigen Informationen bzw. Daten. Management-Informationssysteme schaffen die erforderliche Transparenz über das Unternehmensgeschehen und bilden die Basis für steuernde Eingriffe.

Vielerorts erfolgen die Planung und das Reporting noch mit Hilfe von Excel-Tabellen und über Reports aus unterschiedlichen Systemen (z. B. ERP, CRM). Der Vorteil der Excel-Tabellen liegt vorderhand darin, dass sie zunächst einfach zu erstellen sind. Außerdem gibt es mittlerweile genügend Schnittstellen zwischen den Anwendungssystemen, wie zwischen einem ERP-System und Excel. Dennoch birgt dieser gängige Lösungsansatz Gefahren: Für die Datensammlung und -aufbereitung wird in mehreren Fachabteilungen eines Unternehmens ein hoher manueller Aufwand betrieben und das bei einer Vielzahl an ähnlichen Berichten mit identischen Kennzahlen und Anforderungen. Neben der oftmals nicht einheitlichen Definition der Kennzahlen sind diese nicht verknüpft und beruhen auch nicht auf einer einheitlichen konsistenten Datenbasis. So wird häufig mehr über die „richtige“ Zahl als über daraus abzuleitende Maßnahmen diskutiert.

Auch die Planung erfolgt größtenteils über Excel. Am Beispiel einer klassischen Vertriebsplanung lässt sich dies anschaulich verdeutlichen: Um Plandaten einzugeben, muss zunächst einmal ein entsprechend vorbereitetes Excel-Sheet mit historischen Daten befüllt werden. Dies kann beispielweise einmal pro Jahr pro Vertriebsverantwortlichen erfolgen. Im Anschluss an die detaillierte Planung werden die unterschiedlichen Excel-Dateien in mühsamer Kleinarbeit zusammengeführt, um die zentrale Vertriebsplanung zu realisieren. Verschiedene Planungsrunden oder das Erstellen von unterschiedlichen Szenarien wie „best case“ oder „worst case“ Szenarien sind kaum möglich. Parallel laufen ähnliche Prozesse in weiteren Abteilungen, die dann wiederum in einer zentralen Excel-Datei als Ergebnis der Unternehmensplanung zusammengefasst werden. Diese „Mutter“ aller Planungstabellen ist oftmals so komplex, dass sie von nur wenigen Personen beherrscht, geschweige denn mit wenig Aufwand weiter ausgebaut werden kann. Im Ergebnis ist der Planungsprozess enorm aufwendig, intransparent und durch das manuelle Zusammenführen fehleranfällig. Eine Aktualisierung der Planungen erfolgt daher oft nur jährlich. Eine kontinuierliche rollierende Planung kann in dieser Form mit vertretbarem Aufwand kaum durchgeführt werden.

Abhilfe bieten hier Management-Informationssysteme (Business Intelligence (BI)-Systeme). Bei diesen Systemen entfällt die mühevolle Handarbeit, Daten aus den einzelnen Anwendungssystemen (Quellsystemen) zu exportieren und aufzubereiten. Die Daten werden automatisiert zusammengeführt und entsprechend den Anforderungen der Fachabteilungen in beliebiger Form graphisch oder tabellarisch aufbereitet. Eine entsprechende Systemarchitektur ist exemplarisch in Bild 5-38 dargestellt. Sie weist die vier Ebenen Business Logic, Data Marts, Security und Frontend auf.

- **Business Logic:** Der Zugriff auf die Datenbanken der operativen Systeme (z. B. Zeiterfassung, SAP, PPS etc.) erfolgt direkt und automatisch über Schnittstellen (z. B. ODBC, SAP Connect, OLE DB etc.). Der Vorgang wird von einem ETL-Prozess (Extraktion, Transformation, Laden) in definierten Perioden (z. B. täglich oder stündlich) angestoßen. Die Daten werden konsolidiert, überprüft und in einer gemeinsamen Datenbank (Data Warehouse) zusammengeführt. So kann ein Datenbereinigungsprozess nach definierten Regeln gewährleistet werden, indem nur konsistente Daten verarbeitet werden (Staging Area). Es werden z. B. Stammdaten auf Vollständigkeit geprüft und automatische Benachrichtigen an definierte E-Mail-Verteiler geschickt, um eine Nachbearbeitung zu initiieren. Im Data Warehouse werden die Daten so aufgearbeitet, dass alle Daten über alle Datenquellen konsistent sind und damit ein „single point of truth“ vorliegt.
- **Data Marts:** Die Daten aus dem Data Warehouse werden in dieser Ebene multidimensional für die jeweiligen Fachbereiche aufgebaut. Die Darstellung erfolgt z. B. mittels OLAP (Online Analytical Processing) Cubes, welche die Daten in einem „Würfel“ anordnen. Diese Datenwürfel werden genutzt um über deren Dimensionen (z. B. Produkt, Ort, Zeit etc.) die Informationen auszuwählen, die von Interesse sind.
- **Security:** Auf Basis eines definierten Rechte- und Rollen-Konzepts können die verschiedenen Fachabteilungen ihre wichtigsten Kennzahlen aus verschiedenen Dimen-

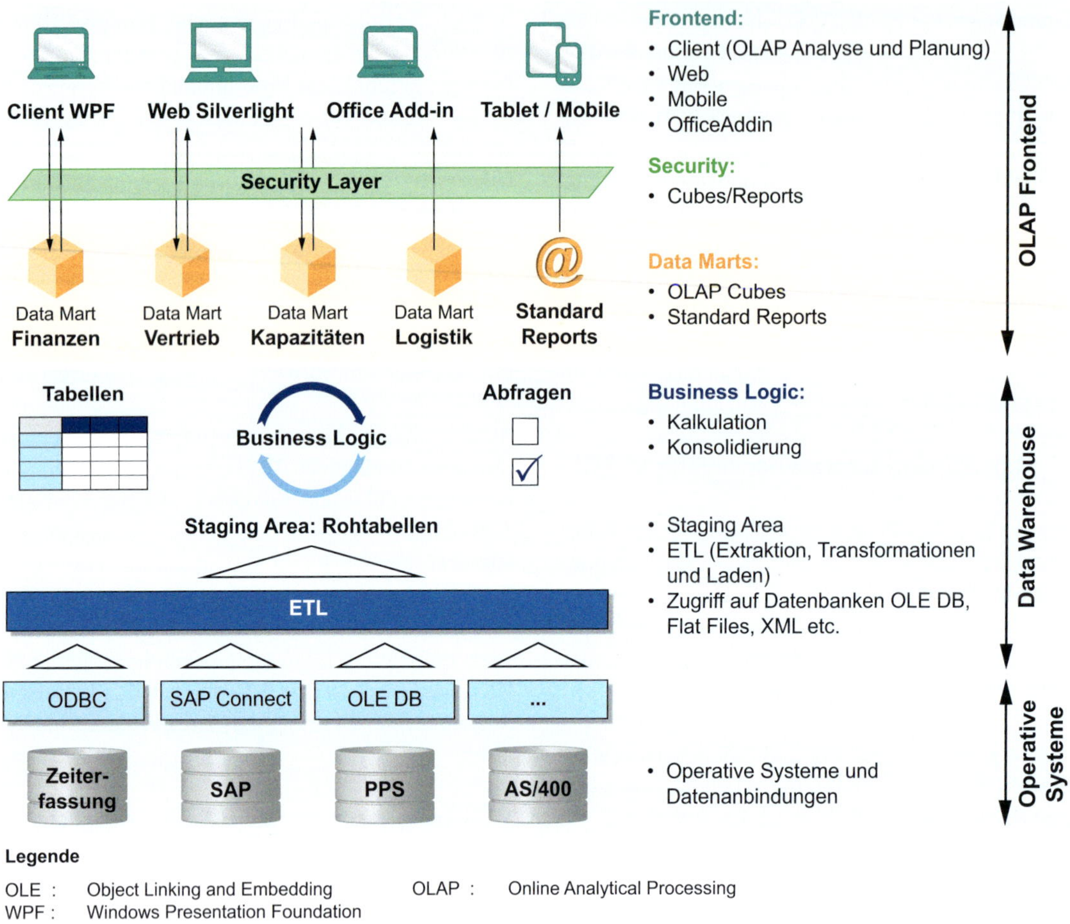

BILD 5-38 Exemplarische Architektur eines Business Intelligence (BI)-Systems (Quelle: SDG consulting AG)

sionen (z. B. Finanzen, Vertrieb etc.) schnell und flexibel analysieren. Alle Informationen können mit wenigen Mausklicks mit Hilfe eines „Drill-Down“ in andere Dimensionen aufgefächert werden. Der manuelle Prozess der Datenaufbereitung entfällt vollständig und Standardberichte werden z. B. mit Hilfe eines Berichtsabonnements automatisch verteilt. Damit erhält jeder Nutzer seine zur täglichen Arbeit benötigten Informationen schnell und prozesssicher. Zusätzlich laufen die wichtigsten Kennzahlen der Fachbereiche in einem zentralen „Management-Dashboard“ zusammen. Damit hat die Unternehmensleitung die Möglichkeit, sich schnell und unkompliziert zu informieren.

- **Frontend:** Zur Darstellung der Informationen werden klassische Full Clients, Web Portale und Mobile-Anwendungen ebenso wie oftmals eine vollständige Integration in die MS Office-Produkte angeboten.

BI-Systeme werden für die folgenden fünf Anwendungsfälle eingesetzt:

- **Standardreporting:** Standardberichte liefern regelmäßig einem großen Empfängerkreis benötigte Informationen anhand von Kennzahlen. Die Berichte können über Portale aufgerufen oder z. B. als E-Mail-Anhang im PDF-Format verschickt werden. Über Berichtsabonnements können die Empfänger einstellen, welche Berichte sie erhalten möchten. Die Einstellung kann u. a. zeit- oder ereignisgesteuert (z. B. Überschreitung von Grenzwerten) erfolgen.
- **Flexible Analyse, Ad-hoc-Reporting:** Ad-hoc-Analysen lassen sich kurzfristig initial erstellen. Oft handelt es sich um einmalige Analysen im Gegensatz zum wiederkehrenden Berichtszyklus des Standardreportings. Der Anwenderkreis ist in der Regel auf Analysten in den Fachabteilungen beschränkt.
- **Dashboarding:** Im Dashboard sind die wichtigsten Unternehmenskennzahlen in hoch verdichteter Form dargestellt. Oft werden die Kennzahlen visualisiert, um dem Management auf einen Blick eine Übersicht über wesentliche Kennzahlen und ggf. über die Entwicklung über die Zeit zu bieten (Bild 5-39).

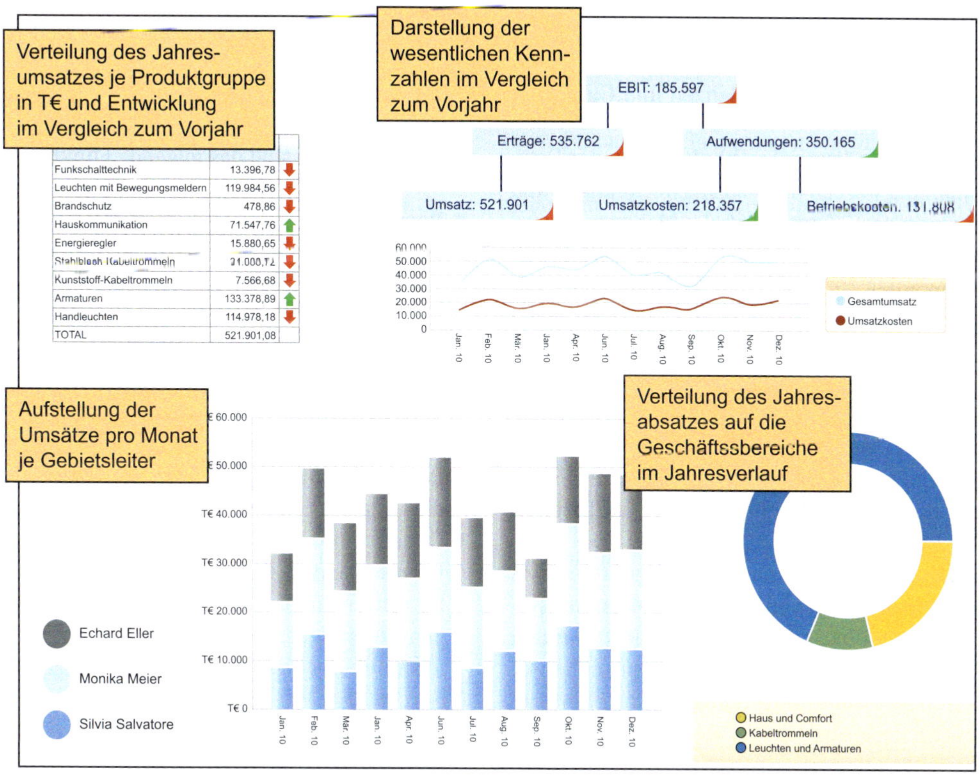

BILD 5-39 Beispiel für ein Dashboard (Quelle: Board Deutschland GmbH)

- **Advanced Analysis/Data Mining:** Darunter wird die systematische Anwendung von Methoden, die meist statistisch-mathematisch begründet sind, auf einen Datenbestand mit dem Ziel der Mustererkennung verstanden. Dabei finden insbesondere solche Methoden Anwendung, die hervorragende asymptotische Laufzeiten haben, weshalb Data Mining oft im Zusammenhang mit sehr großen Datenbeständen genutzt wird.
- **Planung:** Durch die Nutzung eines BI-Systems kann der gesamte Planungsprozess um ein Vielfaches beschleunigt werden. Außerdem kann die Planungsart von einer statischen, zeitpunkt-orientierten Planung hin zu einer rollierenden Planung verändert werden. Die wegfallende manuelle Excel-Vorbereitung und die systemische Zusammenführung der Planzahlen innerhalb eines definierten Workflows spart nicht nur Zeit und Kosten, sondern minimiert auch die Fehlerquote. Da die Planung in einem System stattfindet, das für die befugten Anwender auch über Portale zur Verfügung gestellt werden kann, wird eine maximale Transparenz über den Planungsprozess geschaffen.

Ein aktueller Trend für die Weiterentwicklung bei BI-Systemen ist zurzeit das Thema Mobile Media. Hierunter wird die Bereitstellung von ganzen Applikationen auf mobilen Endgeräten wie Tablets und Smartphones verstanden. Ebenfalls gewinnen die Themen Social Media und Big Data zunehmend an Bedeutung. Hier geht es um systematische Auswertungen von Informationen aus dem Internet und von Social Media-Plattformen und deren Kombination mit weiteren Unternehmensdaten.

5.3.4.6 Unterstützung weiterer Funktionen

Im Kontext Auftragsabwicklung/ERP werden häufig weitere Funktionen gesehen. Dazu zählen im Wesentlichen das Finanzmanagement und die Personalverwaltung (Human Resource Management – HRM). Das **Finanzmanagement** ist der Funktionskomplex in ERP-Systemen, der die kaufmännische Integration sicherstellt. Dieser Bereich gliedert sich in fünf Bereiche:

- **Finanzbuchhaltung:** Alle kaufmännischen Vorgänge sind mit den Methoden der Buchführung sachlich und zeitlich zu erfassen. Der Kontenplan wird im System unternehmensspezifisch festgelegt. In der Finanzbuchhaltung müssen die Funktionen Mehrwährungsfähigkeit, automatische Generierung von zusammenfassenden Meldungen (wie z. B. Intrastat) und eine Bankkontenverwaltung sowie umfassende Analyseansichten gegeben sein. Um unterschiedliche Finanzeinheiten im System abzubilden, können mehrere Mandanten angelegt wer-

Graphische Sprachen:
- Kontaktplan (KOP) - Ladder Diagram (LD)
- Funktionsbausteinsprache (FBS) - Function Block Diagram (FBD)

Die Programmiersprachen der IEC 61131-3 werden von einigen Programmierumgebungen unterstützt. Beispiele für solche Programmierumgebungen sind STEP 7 der Firma Siemens und CoDeSys (Controller Development System) der Firma 3S - Smart Software Solutions GmbH. STEP 7 ist speziell auf die Siemens SPS Simatic S7 ausgerichtet, während CoDeSys herstellerunabhängig ist. Die Programmierumgebungen bieten zahlreiche Funktionen, wie beispielsweise Simulation und Fehlersuche, die die Programmierung erheblich erleichtern.

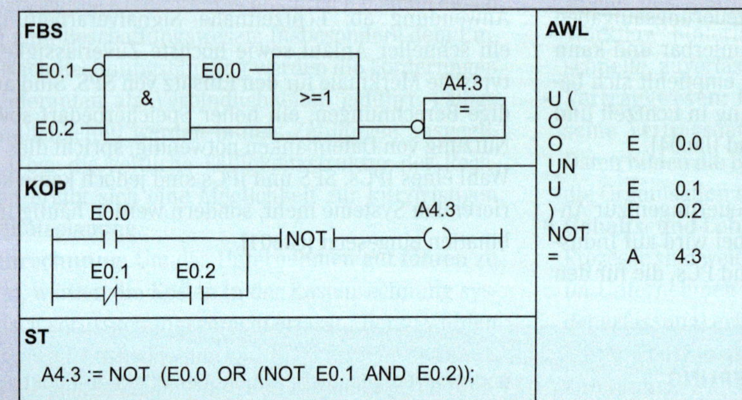

Beschreibung:
Der Ausgang A4.3 führt ein 1-Signal, wenn weder die UND-Abfrage (NICHT E0.1 UND E0.2) erfüllt ist noch der Eingang E0.0 ein 1-Signal hat.

BILD 2:
Programmierung einer Negation nach IEC 61131-3/ DIN EN 61131-3 [Bra05]

Ausgehend von der Norm IEC 61131 haben sich Hersteller und Anwender von Steuerungssystemen zu der internationalen Organisation PLCopen zusammengeschlossen. Ihr Ziel ist es, die Anwendung und Verbreitung der Norm zu forcieren und somit Anwenderprogramme auf Geräte unterschiedlicher Hersteller portierbar zu machen [Bra05].

Literatur:

[Bra05] BRAUN, W.: Speicherprogrammierbare Steuerungen in der Praxis. Vieweg Verlag, Wiesbaden, 2005

[DIN61131] DIN 61131, Teil 3: Programmiersprachen. Beuth Verlag, Berlin, 2003

[IEC61131] IEC 61131, Part 3: Programming languages. International Electrotechnical Commission, Genf, 2003

[WZ98] WELLENREUTHER, G.; ZASTROW, D.: Steuerungstechnik mit SPS. Vieweg, Braunschweig, 1998

Kommunikationskonzepte

Neben der Steuerung fällt der Kommunikation im Bereich der Automatisierungstechnik eine wichtige Rolle zu. Die entsprechenden Kommunikationskonzepte haben sich im Laufe der Zeit gewandelt (Bild 5-40).

1. Generation: Prozessrechner übernehmen die zentrale Steuerung aller E/A-Einheiten. Da die Prozessrechner in einer Leitwarte angeordnet sind, wird von einer örtlich zentralen Struktur des Steuerungssystems gesprochen. Die Verbindung von Prozessrechnern und E/A-Einheiten erfolgt parallel.

2. Generation: Die Prozessrechner werden von speicherprogrammierbaren Steuerungen abgelöst. Diese werden nicht mehr nur in einer zentralen Leitwarte, sondern verteilt eingesetzt (örtlich dezentrale Strukturen). Die parallele Verbindung mit den E/A-Einheiten ändert sich jedoch nicht. Zur Kommunikation zwischen den Steuerungen und übergeordneten Systemen kommen serielle Schnittstellen zum Einsatz [LG99].

3. Generation: Bus-Systeme ersetzen die parallele Verdrahtung der E/A-Einheiten. Ein Bus ist eine gemeinsame Datenleitung, an die alle E/A-Einheiten angeschlossen werden.

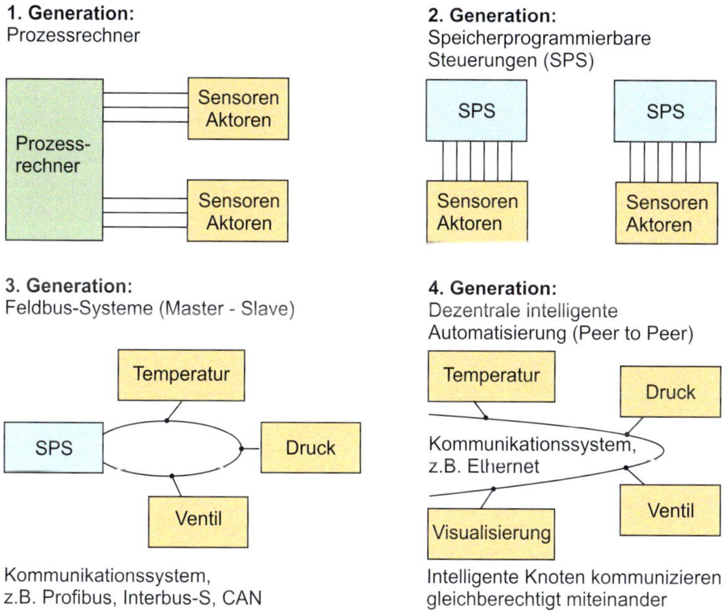

BILD 5-40
Die vier Generationen der Automatisierungstechnik

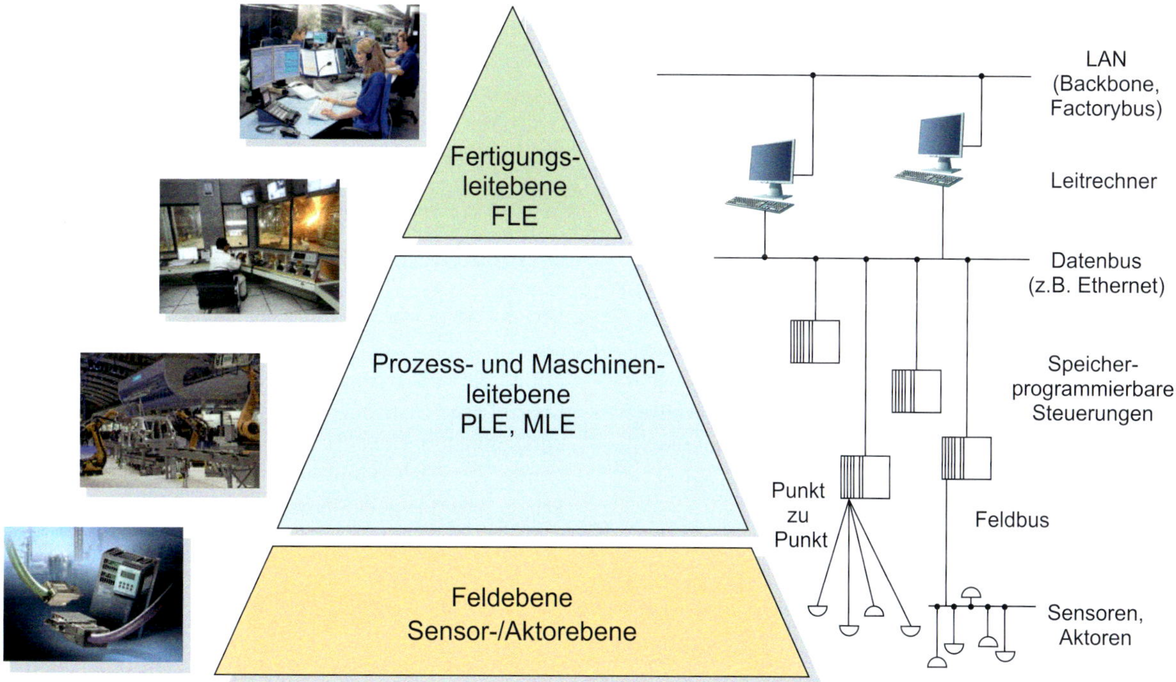

BILD 5-41 Automatisierungspyramide und Zuordnung von Kommunikationssystemen [Fotos: Siemens-Pressebilder]

Er leitet die Daten und Steuerinformationen nach einem definierten Protokoll. Für unterschiedliche Einsatzgebiete sind eine Vielzahl von Bus-Systemen entwickelt worden. Welches Bus-System verwendet wird, hängt vor allem davon ab, auf welcher Ebene der Automatisierung die gestellte Aufgabe einzuordnen ist und welche Echtzeit-Anforderungen existieren (Bild 5-41). Auf der Prozessleitebene hat sich Ethernet als weltweiter Standard durchgesetzt. Feldbus-Systeme sind auf den industriellen Einsatz auf der Ebene der Sensoren, Aktoren bzw. Feldgeräte abgestimmt. Sie zeichnen sich durch eine echtzeitnahe Datenübertragung und hohe Zuverlässigkeit aus. Beispiele sind Profibus, Interbus und CAN [Hae10].

4. Generation: Dezentrale Steuerungsarchitekturen ersetzen die zentrale Steuerung. Dieser Paradigmenwechsel beruht auf der Gegebenheit, dass die Komponenten einer komplexen Anlage eine inhärente Teilintelligenz aufweisen. Die Steuerungsaufgabe wird hier in kooperierenden intelligenten Komponenten gelöst. Dies führt zu einem steigenden Kommunikationsbedarf und somit zu einem steigenden Datenvolumen in der industriellen Kommunikation. Um dem gerecht zu werden, wird seit einiger Zeit eine durchgängige Verwendung von Ethernet angestrebt. Das entsprechende Industrial Ethernet ist speziell an die Bedingungen eines Industriebetriebes angepasst. Dazu zählen beispielsweise eine erhöhte Schutzart (Schutz gegen Staub, Spritzwasser usw.), eine geringe Vibrationsanfälligkeit sowie besondere Vorkehrungen zur Ausfallsicherheit. Mit Hilfe spezieller Hardware, Netztopologien und Übertragungsprotokolle wird den hohen Echtzeitanforderungen im Feldeinsatz entsprochen. Industrial-Ethernet-Netze verwenden häufig Ringtopologien. Störfälle werden somit auf einen „Switch" beschränkt; d.h. fällt eine Leitung aus, kann das Netzwerk dennoch vollständig weiterarbeiten [Fur03]. Trotz vieler Bemühungen existiert noch kein Standard für Industrial Ethernet. Beispiele für unterschiedliche Systeme sind SERCOS III, SafetyNET p, VARAN, PROFINET, EtherNet/IP, Ethernet Powerlink oder EtherCAT.

Betriebsdatenerfassung (BDE)

Das Erfassen und Aufbereiten von technischen und organisatorischen Daten des Fertigungsprozesses ist Aufgabe der Betriebsdatenerfassung. Die Betriebsdaten bilden die Grundlage der Fertigungssteuerung, die den Herstellprozess im Detail überwacht, steuert und auftretende Störungen kompensiert. In Kapitel 1.2.4 haben wir die Fertigungssteuerung bereits in den Kontext des Auftragsabwicklungsprozesses eingeordnet. Die Systeme zur Betriebsdatenerfassung werden hinsichtlich der Art der erfassten Betriebsdaten unterschieden:

- **Maschinendatenerfassung (MDE):** Sie dokumentiert gefertigte Stückzahlen und Mengen, Fertigungs- und Stillstandszeiten, Störungsmeldungen sowie Instandhaltungsoperationen.
- **Prozessdatenverarbeitung (PDV):** Mittels der PDV wird in erster Linie die Qualität der Fertigungsprozesse sichergestellt. Es werden Prozesswerte (Einstelldaten wie Prozesszeiten, Drücke, Temperaturen usw.) und Prüfmerkmale verwaltet und überwacht. Ferner werden Prozessstörungen protokolliert und ausgewertet.
- **Auftragsdatenerfassung:** Sie dient primär der Erfassung und Rückmeldung des Arbeitsfortschritts einzelner Fertigungsaufträge.
- **Personendatenerfassung:** Dazu zählen die Dokumentation von An- und Abwesenheitszeiten, die Zutrittskontrolle sowie die Erfassung geplanter und nicht geplanter Tätigkeiten.

Mit Hilfe der erfassten Daten können jederzeit Informationen über den Maschinenstatus, den Auftragsfortschritt, die anwesenden Mitarbeiter etc. eingeholt werden. Diese Informationen helfen die Einhaltung von Lieferterminen und die Kapazitätsauslastung zu überwachen, Durchlaufzeiten und Auftragskosten zu ermitteln etc. [Wec06].

BDE-Systeme bestehen aus Endgeräten (BDE-Terminals), Leitrechnern und einer Netzwerkinfrastruktur. Im Bereich der Endgeräte sind mobile Lösungen wie z.B. mobile Barcode-Leser verbreitet. Basis dieser Lösungen sind unter anderem drahtlose lokale Netzwerke (WLAN). RFID (Radio Frequency Identification) ersetzt zunehmend die traditionelle Barcode-Technologie [SMU+06]. RFID ermöglicht die berührungslose Identifizierung von Objekten aller Art. Das Objekt wird mit einem RFID-Chip, dem sogenannten Transponder, gekennzeichnet. Der RFID-Chip ist ein einfacher Datenspeicher, auf dem beliebige Produktdaten abgelegt werden können. Zum Auslesen des Transponders wird ein Lesegerät benötigt, welches über eine entsprechende Infrastruktur mit einem Anwendungssystem verbunden ist. Das Lesegerät sendet Radiowellen aus, die der Transponder empfängt; dieser liefert dann die gespeicherten Daten zurück.

Distributed Numerical Control (DNC)

DNC-Systeme werden zur Übertragung von NC-Programmen an numerisch gesteuerte Werkzeugmaschinen genutzt. Die Abkürzung DNC steht für Direct Numerical Control oder Distributed Numerical Control. Die Begriffe entstammen der historischen Entwicklung von DNC-Systemen. Zunächst stand die direkte Übertragung des NC-Programms aus dem Meisterbereich an die Werkzeugmaschine im Vordergrund (Direct Numerical Control). Heute stellt die Verteilung der Daten von einem Server über ein Netzwerk an die Maschinensteuerungen der CNC-Maschinen den Kern der DNC-Systeme dar (Distributed Numerical Control). Die Funktionen eines DNC-Systems umfassen die NC-Programm-Verwaltung, die NC-Daten-Verteilung und die NC-Daten-Korrektur. Bild 5-42 zeigt den Aufbau eines DNC-Systems. Es werden zwei Arten von DNC-Systemen unterschieden: Terminal-DNC und Remote-DNC [Man07].

Terminal-DNC: Über ein Terminal an der Werkzeugmaschine kann der Bediener ein NC-Programm vom DNC-Datenserver laden. Müssen vom Bediener aus fertigungstechnischen Gründen Änderungen am NC-Programm vorgenommen werden, werden diese zentral vom Server verfolgt und dokumentiert. DNC-Terminals sind meist kom-

5

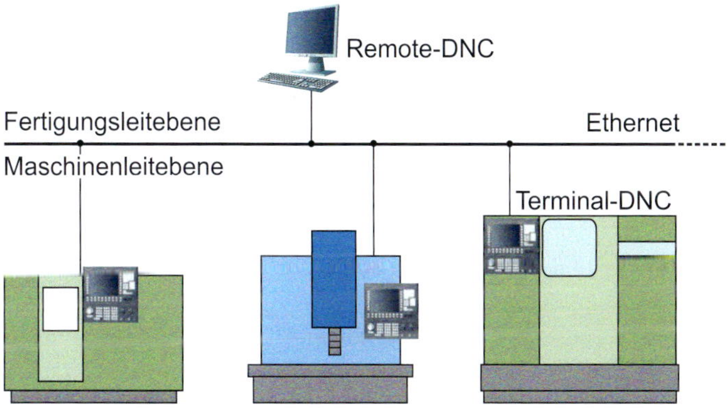

BILD 5-42
DNC-System nach MANTOVANI [Man07]

pakte Industrie-PCs, die noch weitere Aufgaben erfüllen, z. B. die Maschinen- bzw. Betriebsdatenerfassung.

Remote-DNC: Bei dieser Art sind die Werkzeugmaschinen direkt mit einem Fertigungsleitrechner verbunden. Er dient neben der NC-Programmverteilung und -verwaltung auch der übergeordneten Steuerung der hoch automatisierten Werkzeugmaschinen. Die Remote-DNC wird daher auch als Voll-DNC bezeichnet [Wec06].

Heute werden die zu einem Fertigungsauftrag gehörenden NC-Programme üblicherweise von den in den Unternehmen eingesetzten ERP-Systemen (vgl. Kapitel 5.3.4) an das DNC-System übergeben. Dazu sind Netzwerk-DNC-Systeme notwendig, bei denen die Steuerungen der CNC-Maschinen ins betriebsinterne Ethernet integriert sind. Eine kostengünstige Variante für kleine Unternehmen ist die serielle Verkabelung eines PCs mit den CNC-Steuerungen. Er dient als zentraler Rechner für die Programmspeicherung [Man07].

5.4 IT-Management

Informationstechnologie bzw. Informationstechnik und deren erfolgreicher Einsatz ist, wie in Kapitel 5.1 bereits aufgezeigt, nicht mehr nur eine Frage der Technologie und deren Beherrschung, sondern auch eine Frage des Managements. In diesem Kapitel betrachten wir das IT-Management, also die Tätigkeiten, Maßnahmen und Methoden, die für eine wirksame Unterstützung der Geschäftsprozesse durch Informationstechnik notwendig sind. In diesem Zusammenhang wird oft von einer „Enabling"- bzw. „Alignment"-Funktion gesprochen: IT-Organisationen ermöglichen das Erreichen von Geschäftszielen. Welche Führungsaktivitäten hierfür erforderlich sind, davon handelt dieses Kapitel.

Wenn wir hier von **IT-Organisation** sprechen, so ist dies ein Sammelbegriff für Abteilungen, Gruppen oder Bereiche innerhalb eines Unternehmens, aber auch für eigenständige Dienstleister, die Geschäftsprozesse mit IT-bezogenen Leistungen unterstützen. Ob eine IT-Organisation aus fünf oder mehreren hundert Mitarbeitern besteht, ist für das IT-Management zunächst einmal zweitrangig. Selbstverständlich muss bei einer großen Anzahl an Mitarbeitern eine andere Aufbauorganisation gewählt werden als bei einer kleinen. Das Spektrum der auszuführenden Aktivitäten ist jedoch fast immer gleich. Diese Feststellung birgt Vor- und Nachteile zugleich. Nachteilig ist, dass sich auch kleine IT-Organisationen um fast alle Details des IT-Managements kümmern müssen; Skaleneffekte und IT-Prozessautomatisierung wirken sich kaum aus. Vorteilhaft ist, dass sich IT-Managementaufgaben gut strukturieren, standardisieren und in Form von Handlungsanweisungen formulieren lassen. Diesen Vorteil macht sich das vorliegende Kapitel zu Eigen: Die Aufgaben und Prozesse von IT-Organisationen werden in strukturierter Form dargestellt. Hierzu werden verbreitete internationale Standards und sog. Best Practices herangezogen. Für den Leser ergibt sich so eine praktische Handlungsleitlinie zur Gestaltung des IT-Managements im eigenen Unternehmen.

5.4.1 Herausforderungen und Kernkompetenzen

Die Herausforderungen an das IT-Management sind vielfältig und, abhängig von den Geschäftsprozessen des Unternehmens, im Detail unterschiedlich. Unserer Erfahrung nach gibt es eine Reihe von allgemeingültigen Herausforderungen, denen sich nahezu jede IT-Organisation stellen muss. Tut sie dies gut, wird sie ihrer bedeutenden Rolle im Unternehmen gerecht. Tut sie es nicht oder nicht gut, so äußert sich das im Ausmaß von Trouble Shooting, in einer allgemeinen Unzufriedenheit mit der IT-Organisation und schließlich im Ergebnis des Unternehmens.

Um den jeweiligen Herausforderungen zu begegnen und sich strategiekonform auszurichten, ist es notwendig, sich mit den erforderlichen Kernkompetenzen zu befassen. Der Begriff Kernkompetenz wurde im Zuge der Entwicklung des „Resource based View“ in den 1990er Jahren u. a. durch Hamel und Prahalad geprägt [HP95]. Ihre sog. „Core Competencies“ stellen einzigartige Kombinationen von technologiebasierten Fertigkeiten in der Wertschöpfungskette dar. Sich dieser Kernkompetenzen bewusst zu werden, ist ein erster Schritt zu einer leistungsfähigen IT-Organisation. Das erfordert Weitblick und einen gewissen Abstand vom IT-Tagesgeschäft. Neben der Kenntnis der Kernkompetenzen ist es wichtig zu wissen, wie diese über die Zeit auszuprägen sind.

Im Folgenden betrachten wir die zehn wesentlichen Handlungsfelder auf dem Weg zu einer erfolgreichen IT-Organisation. Je Handlungsfeld erläutern wir die zentrale Herausforderung und leiten daraus die jeweils erforderliche Kernkompetenz ab. Bild 5-43 bietet diesen Überblick an Handlungsfeldern mit entsprechenden Leitfragen.

1) IT-Trends

Herausforderung: Wie in Kapitel 5.1 beschrieben, wird eine IT-Organisation permanent mit neuen Möglichkeiten zur Prozessunterstützung, Kommunikation bzw. Interaktion konfrontiert. Dieser „Technology Push“ führt dazu, dass Fachbereiche bzw. Kunden die entsprechenden Möglichkeiten aufgreifen und in ihr Tagesgeschäft integrieren. Die IT-Organisation muss das frühzeitig erkennen und das in adäquate Leistungen umsetzen, um das Geschäft zu unterstützen. Setzt sich die IT-Organisation mit den Trends nicht kontinuierlich auseinander, verliert sie mehr und mehr an Gestaltungskraft im Unternehmen.

Kernkompetenz: Die IT-Organisation muss sich permanent mit IT-Trends auseinandersetzen und frühzeitig abwägen, ob ein Trend für das eigene Geschäft relevant wird (Trend-Scouting). Die Praxis hat gezeigt, dass sich dafür die Trendanalyse anbietet (vgl. Kapitel 2.2.2). Die Abhängigkeiten der Trends untereinander werden mitbetrachtet und ermöglichen klarere Entscheidungsgrundlagen. In Abstimmung mit der Geschäftsleitung werden diese Trends bewertet und es wird festgelegt, wie man

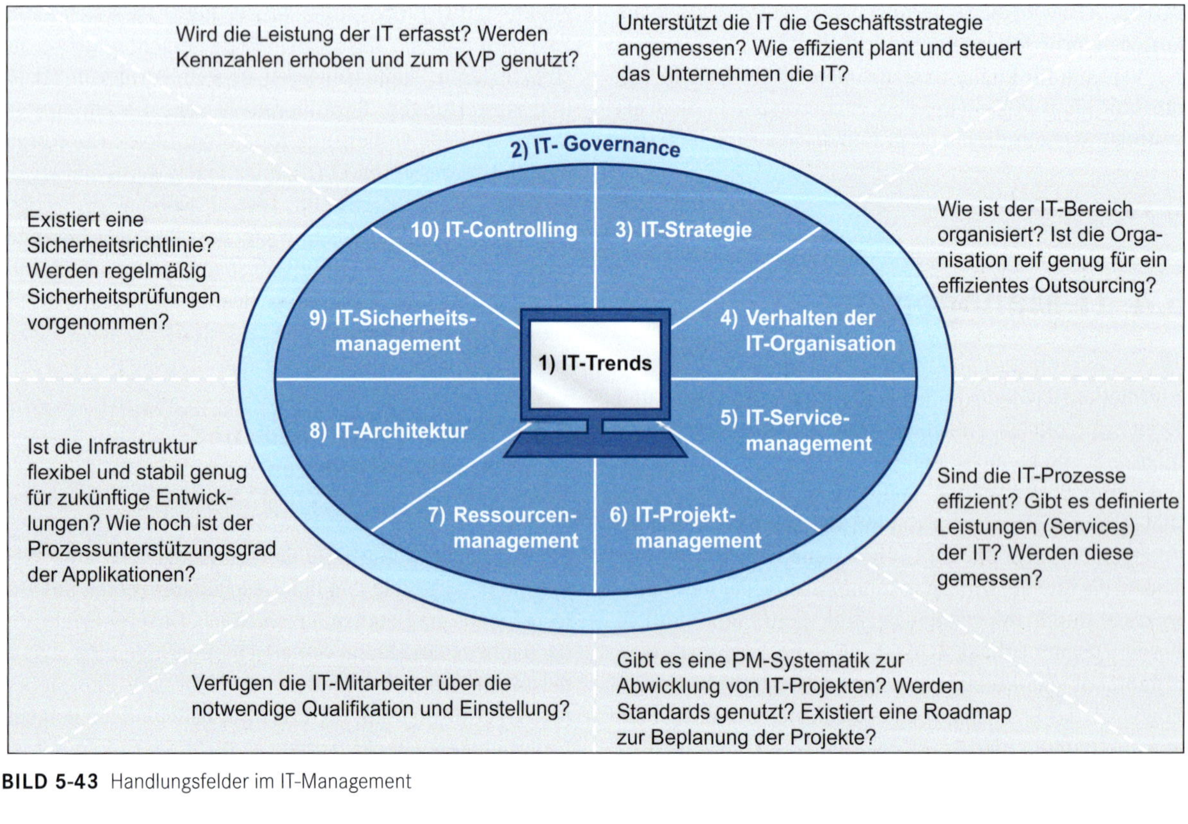

BILD 5-43 Handlungsfelder im IT-Management

mit den identifizierten Themen umgeht. Notwendige Initiativen oder Projekte werden geplant und in der IT-Roadmap verankert.

2) IT-Governance

Herausforderung: Um die Geschäftsstrategie und die Wertschöpfung eines Unternehmens effizient zu unterstützen, muss die IT in die Unternehmenssteuerung integriert werden. Ansonsten dürfte es schwer fallen, die IT an den Geschäftserfordernissen auszurichten. Es gilt, ein entsprechendes IT-Governance Framework zur Gestaltung der Führung, der Organisationsstrukturen und der Prozesse innerhalb der IT aufzubauen. Es sollte in der Verantwortung der Unternehmensleitung liegen, da es ein wesentlicher Bestandteil der Unternehmensführung ist.

Kernkompetenz: Es sind die Anforderungen aus dem Unternehmen an die IT sowie die strategische Bedeutung von IT zu verstehen, um einen wirkungsvollen Betrieb zur Erreichung der Unternehmensziele sicherzustellen und um die Voraussetzungen für die zukünftige Erweiterung des Geschäftsbetriebes zu schaffen. IT-Governance zielt darauf ab, dass Erwartungen an die IT bekannt sind und dass die IT-Organisation in der Lage ist, diese Erwartungen auch zu erfüllen. Dabei sollen mögliche Risiken minimiert werden. Der IT-Organisation muss es gelingen, aus vorhandenen und akzeptierten Best-Practice-Modellen wie CobiT, ISO/IEC 38500, IT Infrastructure Library ein auf die Bedürfnisse des Unternehmens zugeschnittenes Framework zu entwerfen und einzuführen.

3) IT-Strategie

Herausforderung: Die IT-Organisation benötigt eine strategische Ausrichtung. Ansonsten läuft sie Gefahr, nur als reiner IT-Betriebsdienstleister wahrgenommen zu werden. Reaktives Troubleshooting ist die Folge. Es wird nicht möglich sein, gestalterischen Einfluss auszuüben.

Kernkompetenz: Die IT-Strategie ist eine Substrategie der Geschäftsstrategie und somit die Antwort der IT-Organisation auf die Anforderungen der Geschäftsstrategie. Die IT betreffenden, strategischen Geschäftsanforderungen sind mit der Unternehmensleitung zu erarbeiten und gehen in die IT-Strategie ein. Die IT-Strategie ist Kernelement eines IT-Governance Ansatzes. Wie die Geschäftsstrategie ist auch die IT-Strategie jährlich zu überprüfen und konform zur Geschäftsstrategie weiterzuentwickeln.

4) Verhalten der IT-Organisation

Herausforderung: Von der IT-Organisation wird Agilität verlangt, d.h. Flexibilität und Reaktionsschnelligkeit. Eine Organisation ist nur dann agil, wenn die Akteure mental auf mögliche Veränderungen der Einflüsse auf die IT-Organisation vorbereitet sind. Anderenfalls kommt es zu langen geistigen Rüstzeiten, wenn neue Technologien auftauchen, sich Geschäftsmodelle ändern oder die Geschäftsprozesse neuen Leistungsprofilen genügen müssen. Schlimmstenfalls werden die Augen verschlossen und es kommt zu einem „Augen zu und durch", was in der Regel an der Wand endet.

Kernkompetenz: Aber wie kann sich eine IT-Organisation gedanklich auf mögliche Veränderungen vorbereiten? Die etwas simple Antwort lautet: Mit offenen Augen die Welt beobachten und sich abzeichnende Veränderungen phantasievoll antizipieren. Die methodisch motivierte Antwort liefert unser 4-Ebenen-Modell: es weist aus gutem Grund die Szenario-Ebene auf, auf der es um die Vorausschau und das Vorausdenken der Zukunft geht.

5) IT-Servicemanagement

Herausforderung: Erst wenn die beiden Merkmale Serviceverfügbarkeit und -stabilität angemessen erfüllt werden, sollte über eine weitere Optimierung des IT-Managements nachgedacht werden. Was „angemessen" bedeutet, ist unternehmensspezifisch auszuhandeln. Wichtig ist aber, dass Anwender der Systeme und die hierfür verantwortliche IT-Organisation das gleiche Verständnis über Angemessenheit erzielt haben. Es empfiehlt sich unbedingt, die Zielwerte dieser beiden Merkmale zu definieren.

Kernkompetenz: Das Prozessverständnis der IT-Organisation über die Wertschöpfungsketten ihrer Kunden ist die zentrale Kernkompetenz, um erfolgreiches Servicemanagement zu betreiben. Entlang der Prozesse muss auf Basis der notwendigen IT-Unterstützung in den Geschäftsprozessen und notwendiger Dienstleistungen eine Servicesicht auf das Geschäft sichergestellt werden. IT-Services müssen einfach und verständlich dokumentiert werden und als solche Leistung beim Kunden auch wahrnehmbar sein. Neben der Kompetenz zur klassischen Serviceversorgung im Tagesgeschäft wird eine hohe Technologie- und Innovationskompetenz zur Optimierung und Weiterentwicklung des Geschäftsmodells und der Prozesse wettbewerbsentscheidend. Die Weiterqualifizierung, neben technischer Fachexpertise, hin zu einem hohem Prozess- und Organisationsverständnis ist

IT-STRATEGIE

Über den Inhalt und den Aufbau einer IT-Strategie gibt es in der Literatur und unter IT-Beratern unterschiedliche Auffassungen. Einen guten Überblick gibt Durst [Dur07]. Die Projekterfahrung der Autoren hat gezeigt, dass nicht nur das Endergebnis, die IT-Strategie, sondern einmal mehr der strukturierte und nachvollziehbare Weg dorthin für die erfolgreiche Gestaltung einer IT-Organisation wesentlich ist. So ist es unserer Meinung nach unerlässlich, die Strategie gemeinsam mit den Mitarbeitern der IT-Organisation und den Vertretern der Anwender zu erarbeiten. Das Strategiedokument sollte auch eine Roadmap zur Umsetzung enthalten. Die IT-Strategie soll zu folgenden Punkten Aussagen treffen:

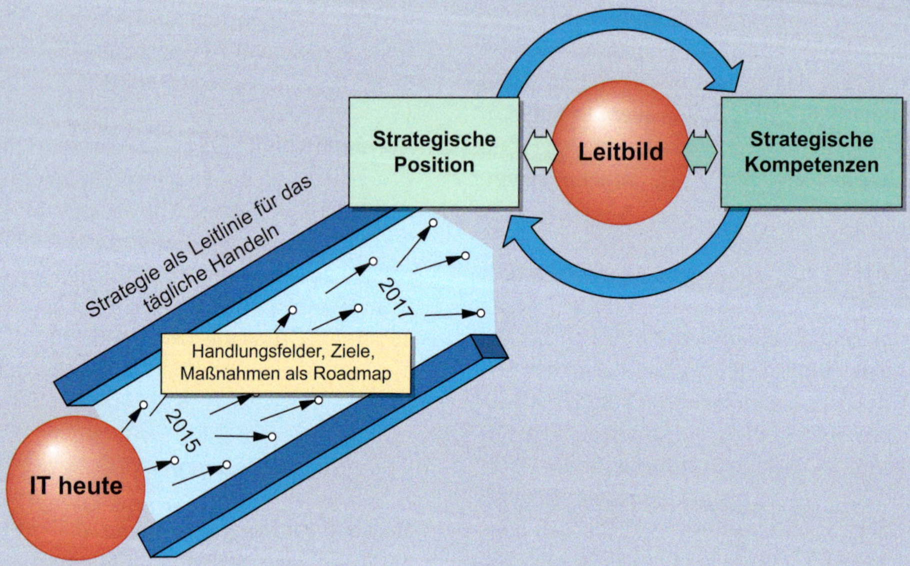

BILD 1: Ausgewählte Elemente einer IT-Strategie

Umfeldszenarien: Darstellung des künftigen Umfelds, in das die IT-Organisation einzubetten ist. Daraus ergeben sich die Anforderungen an die IT-Organisation.

Leitbild: Das beschreibt die grundsätzliche Ausrichtung, die Mission, das Selbstverständnis und die wichtigsten strategischen Ziele der IT-Organisation.

Grundsätze des Handelns: Hierunter fallen Handlungsprinzipien im Kontext der Strategieumsetzung, beispielsweise, dass die Stabilität einer IT-Anwendung Vorrang vor Funktionalität hat.

Kernkompetenzen: Hier sind die Kompetenzen zu beschreiben, die für den nachhaltigen Erfolg der IT-Organisation entscheidend sind - im Prinzip sind das die strategischen Erfolgspositionen der IT-Organisation.

Tätigkeitsfelder (Leistungsangebot): Das sind die IT-Services. Dieser Abschnitt stellt die Verknüpfung mit den Anforderungen des Geschäfts her, indem die IT-Services den zu unterstützenden Geschäftsprozessen gegenübergestellt werden. Dabei sollte auf das sog. Business Alignment, also die optimale Unterstützung der Geschäftsprozesse durch IT, eingegangen werden. Wie wird das erreicht, welche Indikatoren sind maßgeblich und welche Kennzahlen dienen der Erfolgskontrolle?

IT-Organisation (Leistungserbringung): Hierunter werden alle Aspekte verstanden, die zu einer rationellen Erbringung der Leistungen erforderlich sind. Das schließt Aussagen zur Optimierung der IT-Prozesse und zur Adaption der IT-Organisation ein. Ferner sind unter diesem Punkt auch Make-or-Buy-Aussagen zu treffen: Welche Leistungen werden selbst erbracht und welche von Dienstleistern? Das erfolgt auf der Basis des üblichen Make-or-Buy-Portfolios (Achsen: Beitrag zum Wettbewerbsvorteil des Unternehmens, Effizienz der Leistungserstellung im Vergleich mit Dienstleistern).

Strategieumsetzung (vgl. Kapitel 3.5): Ausgehend vom Status Quo wird ein Stufenplan entwickelt, der dokumentiert, durch welche Maßnahmen das Leitbild erreicht wird. Diese Maßnahmen werden in eine Roadmap eingeordnet.

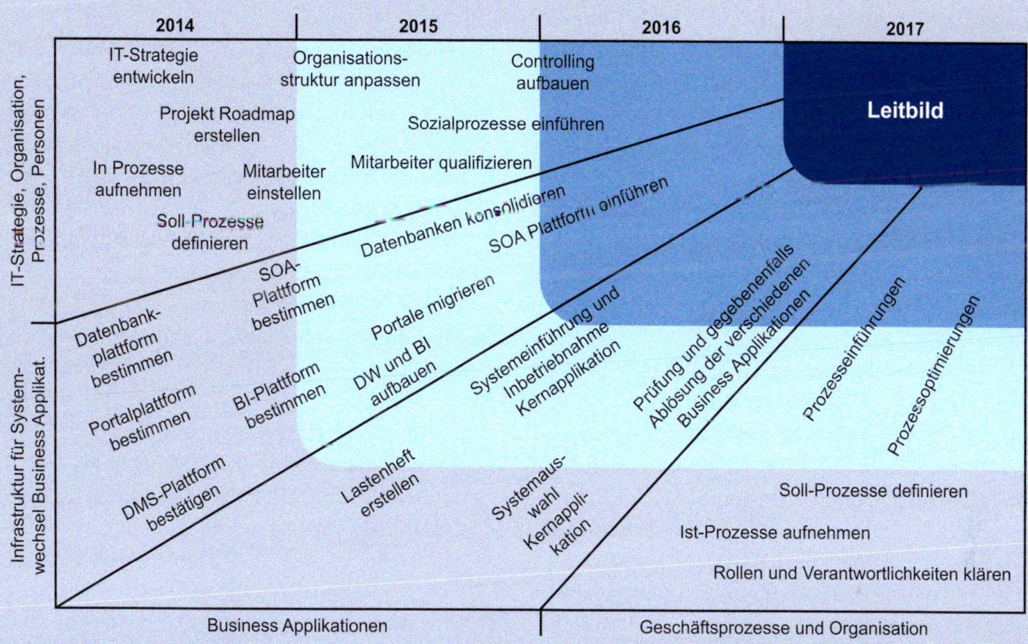

BILD 2: Beispiel einer IT-Roadmap

Erfolgskontrolle: Hierfür hat sich die IT-Balanced Scorecard bewährt. Diese basiert auf der von KAPLAN und NORTON entwickelten Balanced Scorecard [KN97].

Literatur:

[Dur07] DURST M.: Wertorientiertes Management von IT-Architekturen. Deutscher Universitätsverlag, Wiesbaden, 2007

[KN97] KAPLAN, R. S.; NORTON, D. P.: Balanced Scorecard. Strategien erfolgreich umsetzen. Schäffer-Poeschel Verlag, Stuttgart, 1997

ein integraler Bestandteil in der Gestaltung der IT-Organisation.

6) IT-Projektmanagement

Herausforderung: Die Vorgaben entsprechend der Maßnahmen der Roadmap sind konsequent umzusetzen, da sonst die IT-Strategie das Papier nicht wert ist, auf dem sie steht. In der Regel ergibt sich aus den Vorgaben ein Bündel von Projekten, die den inhaltlichen Zielen und den Zeit- und Kostenzielen entsprechend durchzuführen sind. Die besondere Herausforderung resultiert aus der Gegebenheit, dass die Projekte parallel zum laufenden Betrieb zu realisieren sind und zum Zeitpunkt des Übergangs auf die neuen IT-Lösungen uneingeschränkt funktionieren müssen.

Kernkompetenz: Für eine IT-Organisation ist IT-Projektmanagement eine zentrale Kernkompetenz, um die Geschäftsanforderungen in den Dimensionen Prozesse, Organisation und IT effizient umzusetzen. Diese Umsetzung bedingt, dass eine Projektmanagement-Systematik vorhanden ist, derer man sich im Sinne eines Werkzeugkastens entsprechend bedienen kann. Notwendige Vorlagen und Methoden sollten standardisiert sein. Ferner sind gerade in IT-Projekten die technische, prozessuale und organisatorische Komplexität nicht zu unterschätzen. Neben einer technischen Fachkompetenz, z. B. für eine Systemeinführung, ist die genaue Kenntnis der zu unterstützenden Prozesse und der organisatorischen Rahmenbedingungen sehr wichtig. Darauf gehen wir im Kapitel 5.4 näher ein.

7) Ressourcenmanagement

Herausforderung: Die erfolgreiche Umsetzung der IT-Strategie und insbesondere die Abwicklung der entsprechenden Projekte erfordert umfangreiches Know-how, und zwar über die Ablauforganisation, die anzustrebenden IT-Lösungen sowie hinsichtlich der Einbettung der IT-Lösungen in die Gesamtorganisation und des Zusammenwirkens der IT-Lösungen. Hierzu sind nicht nur die eigenen Mitarbeiter weiterzuentwickeln und zu befähigen, es ist auch unumgänglich, sich mit leistungsfähigen Partnern und Dienstleistern zu umgeben. Dann muss aber die Qualifikation im Hause vorhanden sein, Dienstleister nach Maßgabe der IT-Architektur zu beauftragen sowie deren Ergebnisse abzunehmen und zu integrieren.

Kernkompetenzen: Im Vorlauf zu den IT-Projekten ist ein Qualifizierungsprogramm für die unmittelbar und die mittelbar beteiligten Personen zu erarbeiten und durchzuführen. Das erfordert die Kompetenz, derartige Qualifizierungsprogramme zu formulieren und durchzuführen. Dabei kommt es insbesondere auch darauf an, externe Mitarbeiter von spezialisierten Dienstleistern geschickt einzubeziehen, damit es zu einem symbiotischen Zusammenwirken von internen und externen Beteiligten kommt.

8) IT-Architektur

Herausforderung: Die IT-Architektur ist der Generalbebauungsplan der IT-Landschaft eines Unternehmens. Sie ist Quelle und Resultat von Geschäfts- und Prozessinnovationen. Ohne konkrete Architekturvorgaben entstehen erfahrungsgemäß in kurzer Zeit monolithische Systeme, im Fachjargon „Silos" genannt, die sich kaum integrieren lassen und aufwendig zu warten sind.

Kernkompetenz: Es kommt in erster Linie auf die Flexibilität der Systemlandschaft an. Der Begriff Flexibilität steht für die Fähigkeit, in angemessener Zeit auf neue Anforderungen reagieren zu können, ohne merkliche Leistungseinbußen hinnehmen zu müssen. Entsprechend der Einleitung dieses Kapitels bezieht sich der Begriff Flexibilität in unserem Verständnis eher auf technische Eigenschaften - also auf die Fähigkeit, mit der bestehenden Systemlandschaft auch neue Anforderungen erfüllen zu können. Das Leitbild in diesem Kontext sollte die wandlungsfähige Systemlandschaft sein. Daher hat das Management der Systemlandschaft hohe Bedeutung. Hinweise zur Ausgestaltung eines strukturierten IT-Architekturmanagements finden sich im CobiT 5-Rahmenwerk im Abschnitt „APO - Align, Plan and Organise" im Prozess APO03 „Manage Enterprise Architecture sowie sehr ausführlich in „The Open Group Architecture Framework (TOGAF)", Version 9.

9) IT-Sicherheitsmanagement

Herausforderung: Mit der enormen Durchdringung der Wirtschaft mit Informations- und Kommunikationstechnik nimmt die Verwundbarkeit der IT-Systeme und der IT-Organisation zu. Dies gilt beispielsweise für Cloud-basierte Betreibermodelle und die mehr denn je ausgeprägte Vernetzung der Systeme bis hin zu Cyber-Physical Systems. Mit dieser Herausforderung muss eine IT-Organisation adäquat umgehen, da ansonsten die Risiken durch Datenverlust, unerlaubte Systemzugriffe bzw. Offenlegung von Kundendaten eine akute Existenzbedrohung bedeuten können.

Kernkompetenz: Sicherheitsrelevante Aktivitäten sollten in der Funktion eines Sicherheitsbeauftragten gebündelt werden; die Funktion sollte in den beiden Stoßrichtungen Top-down und Bottom-up wahrgenommen werden.

Top-down: Erarbeitung und Etablierung einer unternehmensweiten Sicherheitsrichtlinie (Policy) mit festen Standards und einer fortlaufenden Sensibilisierung der Mitarbeiter zur Einhaltung dieser Richtlinie.

Bottom-up: Über Schutzbedarfsanalysen und Risikoanalysen wird ein Schutzprofil des Unternehmens erstellt. Notwendige Schutzmaßnahmen werden definiert und technisch wie organisatorisch umgesetzt.

Basis hierfür sind die Norm ISO/IEC 27001:2005 und das BSI-Grundschutzbuch. CobiT fokussiert das IT-Sicherheitsmanagement in der aktuellen Version 5 in der Phase „APO - Align, Plan and Organise" mit dem Prozess „APO13 - Manage Security" und in der Phase „DSS - Deliver, Service and Support" mit dem Prozess „DSS05 Manage Security Services".

10) IT-Controlling

Herausforderung: Im Prinzip investieren Unternehmen jährlich pro Mitarbeiter mehrere Tausend Euro in Informationstechnik; das ist etwa soviel wie in Büros, Lager und Produktionsstätten zusammen [McA07]. Paradoxerweise werden Investitionsentscheidungen häufig eher von Slogans wie „Customer Relationship Management (CRM) bringt sie dem Kunden näher" oder „Mit Supply Chain Management (SCM) lässt sich der Lagerbestand verringern" als durch gut nachvollziehbare Wirtschaftlichkeitsüberlegungen geleitet. An dem Nachweis der Wirtschaftlichkeit einer IT-Investition führt kein Weg vorbei.

INFORMATIONSSICHERHEITS-MANAGEMENT

Ein Informationssicherheitskonzept ist eine Art Masterplan zur Gewährleistung der Informationssicherheit. Es ist eingebettet in eine Reihe von Dokumenten, die zusammen das Informationssicherheitsmanagementsystem (ISMS) beschreiben. Im Bild ist eine etablierte Dokumentenstruktur dargestellt. Hier bildet ein Strategiedokument den Rahmen für das Informationssicherheitsmanagement eines Unternehmens. Im darunter liegenden Konzept wird in der Art eines Masterplans beschrieben, was alles zu tun ist. Dessen Inhalt wird maßgeblich von einer internen Risikoanalyse und den Vorgaben der einschlägigen Standards wie ISO27001 und Best-Practice-Guides [BSI08] bestimmt. Die im Konzept definierten Anforderungen können Detailkonzepte fordern. Beispiele sind Richtlinien und Verfahrensanweisungen (beispielsweise „Zugriff auf das Unternehmensnetzwerk"), aber auch technische Maßnahmen (beispielsweise Installation einer Firewall). Darüber hinaus sind für sehr kritische IT-Services Notfallpläne anzufertigen, um die Ausfallzeit auch im Katastrophenfall zu minimieren. Die Umsetzung der Vorgaben und deren Einhaltung muss durch Nachweisdokumente (Protokolle, Bildschirmfotos, Testberichte) belegt werden können.

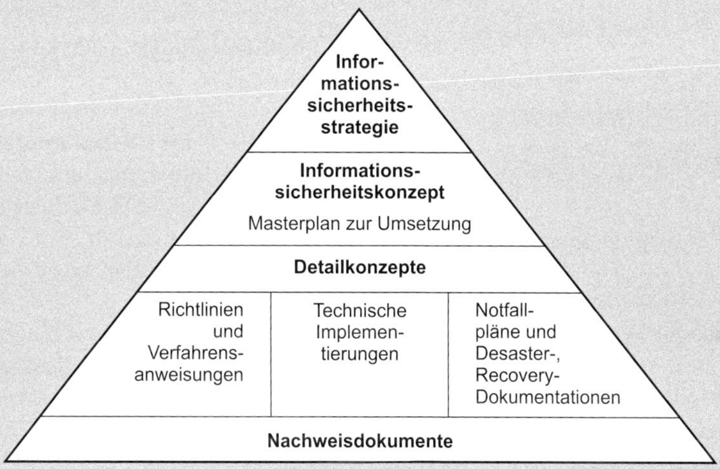

Dokumente eines Informationssicherheitsmanagementsystems (ISMS)

Literatur:

[BSI08] BUNDESAMT FÜR SICHERHEIT IN DER INFORMATIONSTECHNIK (BSI): BSI-Standards 100-1, 100-2 und 100-3. Bundesamt für Sicherheit in der Informationstechnik, Bonn, 2008

Kernkompetenz: Jede IT-Organisation muss wie ein normales Unternehmen wirtschaftlich handeln. Hierzu ist es notwendig, über eine gut strukturierte Auftragsabwicklung inkl. der dazu notwendigen IT-Systeme zu verfügen. Das IT-Finanzmanagement mit den drei Kernprozessen „Budgeting" (Leistungsplanung), „Acounting" (Leistungserfassung) und „Charging" (Leistungsverrechnung) bilden hierzu die Basis. Alle Leistungen in Form von IT-Services müssen eindeutig beschrieben und verursachungsgerecht bewertet werden können. Die operative Umsetzung erfolgt auf Basis einer Balanced Scorecard, die aus der IT-Strategie heraus entwickelt wird. Die Nutzenbetrachtung einer IT-Investition wird im Kapitel 5.5.2 betrachtet.

Resümee

Der Erfolg einer IT-Organisation ist im Wesentlichen von der einschlägigen Managementkompetenz abhängig. Hier ist mehr oder weniger das gesamte Management eines Unternehmens gefragt. Sicher hat in vielen Fällen die Unzufriedenheit mit dem IT-Geschehen dazu geführt, dass das Managementteam eines Unternehmens versucht, das Thema IT zu delegieren, auszulagern, es herunterzuspielen oder die Systeme zu leasen. Damit entziehen sich die obersten Führungskräfte ein Stück weit ihrer Verantwortung. Sie sollten im Kontext der IT-Organisation drei Aufgaben wahrnehmen: Sie müssen erstens an der Auswahl der richtigen Anbieter mitwirken, zweitens die Einführung der IT-Systeme unterstützen und drittens sicherstellen, dass diese Systeme auch wie geplant genutzt werden [McA07].

IT-Management muss also in der Unternehmensführung verankert sein. In zahlreichen IT-Organisationen ist noch eine Verhaltensänderung zum strategisch begründeten IT-Management notwendig. Ein derartiges Management konzentriert sich auf wesentliche IT-bezogene Weichenstellungen in Hinblick auf den Unternehmenserfolg und die vorteilhafte strategische Positionierung im Wettbewerb und vergibt ggf. operative, bzw. klar definierte Aufgabenpakete an Dritte.

5.4.2 Das Leistungsangebot einer IT-Organisation

Ursprünglich wurde die IT rein funktional betrachtet; sie bietet dem Anwender Funktionen wie „Auftrag erfassen" oder „Rechnung drucken". Häufig lagen Realisierung und Betrieb in einer Hand. Mit der Verbreitung von Standardsoftware wurden diese Aufgabenkomplexe getrennt. Davon ausgehend vollzieht sich seit einigen Jahren ein Paradigmenwechsel von der Funktions- zur Serviceorientierung. Statt Funktionen bereitzustellen, werden nun **IT-Services** betrieben. Diese Dienstleistungen sind das eigentliche Produkt, denn schließlich sind neben Hard- und Software auch zahlreiche Aktivitäten erforderlich, um den sicheren Systembetrieb überhaupt erst zu ermöglichen. Die Strukturierung des Leistungsangebots der IT in Services bietet erhebliche Vorteile, die im Folgenden kurz erläutert werden:

- **Abgrenzung der Leistungen:** IT-Services erlauben, wenn sie gut beschrieben sind, eine exakte Abgrenzung, was die Anwender von der IT-Organisation erwarten dürfen und was nicht. Dieser Aspekt soll nicht das Innovationspotential begrenzen, sondern für eine Erwartungskonformität sorgen. Weiterentwicklungen sollten auf Basis abgestimmter Grundlagen vorangetrieben werden und nicht durch spontane Einfälle der Anwender dominiert sein.
- **Definition von Leistungsparametern und -kennzahlen:** Qualitäts- und Quantitätsmerkmale wie Verfügbarkeit, Bandbreite oder Speicherplatz können servicespezifisch ausgeprägt und an die jeweils aktuellen Bedürfnisse adaptiert werden. Die tatsächlichen Werte können mit den Vorgaben verglichen werden. Der Grad der Leistungserfüllung lässt sich so transparent bestimmen - eine wichtige Grundlage für die sachliche Kommunikation mit den Anwendern und eine optionale Leistungsverrechnung.
- **Eindeutige Zuordnung von Systemen, Aufgaben und Kosten:** Bei den oftmals zahlreich vorhandenen Hard- und Softwarekomponenten ist es zwingend erforderlich, eine Klassifikation zu schaffen, die sowohl aus Anwender- wie aus IT-Perspektive einheitlich ist. IT-Services stellen das Schema für die Zuordnung aller Bestandteile einer IT-Landschaft (Applikationen, IT-Infrastruktur und IT-Prozesse) dar.
- **Standardisierung des Leistungsangebots:** Durch die genaue Definition der IT-Services wird dem Wildwuchs an Systemen nachhaltig begegnet. Allein die Zuordnung von Anforderungen zu einem IT-Service führt mittelbar zu einer Reduktion von Systemredundanzen, die aufgrund der resultierenden Kosten (u. a. für Wartung und Anwenderunterstützung für mehrere Systeme mit gleichartigem Nutzen) zwingend vermieden werden müssen.
- **Grundlage für Risikobewertungen und IT-Sicherheitsaktivitäten:** Ein Blick allein in die BSI-Grundschutzkataloge und die dort genannten Maßnahmen zur Gefahrenabwehr zeigt, dass die mehreren hundert zu ergreifenden Maßnahmen nur bewältigt werden können, wenn strukturiert und priorisiert vorgegangen wird: Sicherheitsaktivitäten für IT-Services mit hohem Schutzbedarf und damit hohem Risiko werden prioritär behandelt, im Vergleich zu Maßnahmen für Services, die eine geringe Kritikalität für das Unternehmen aufweisen.

Vor diesem Hintergrund sind auch kleine IT-Abteilungen in kleinen und mittleren Unternehmen gut beraten, die dargelegte Service-Orientierung und entsprechende Modelle konsequent zu praktizieren. Service-Orientierung bedeutet eine kontinuierliche, möglichst optimale Ausrichtung der IT-Systeme an den Bedarfen ihrer Anwender. Bild 5-44 visualisiert dieses Prinzip. Danach unterstützen IT-Services die Geschäftsprozesse im operativen Geschäft. Diese verarbeiten wiederum Daten und Informationen. **IT-Servicemanagement** schließt alle Aktivitäten einer IT-Organisation von der Planung über die Realisierung und den Betrieb bis zur Einstellung eines Service ein. Die IT-Services weisen nach Bild 5-44 die drei Aspekte Applikationen, IT-Infrastruktur und IT-Prozesse auf.

Jeder IT-Service wird von den Applikationen bestimmt, die in seinem Rahmen bereitgestellt werden. **Applikationen** bestehen aus sogenannten Front-End- und Back-End-Komponenten. Back-End bezeichnet Server-Software wie die Applikationsserver eines ERP-Systems aber auch Datenbank-Systeme, in denen die Daten der Applikation gespeichert werden. Bei den FrontEnd-Komponenten handelt es

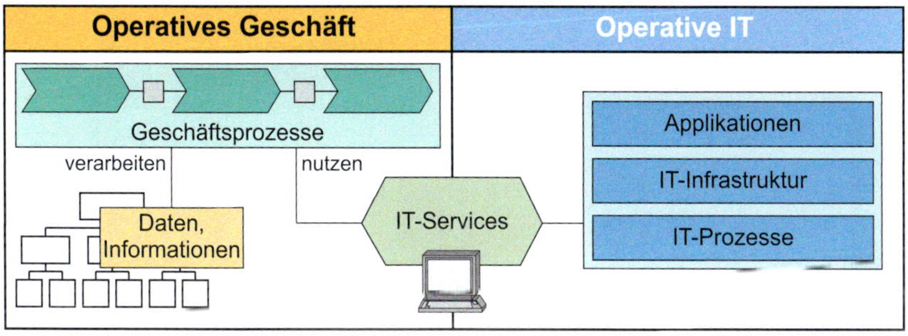

BILD 5-44
IT-Services zur Unterstützung von Geschäftsprozessen

sich um Client-Software, die, entweder auf den Arbeitsstationen der Mitarbeiter oder auf Terminalservern installiert, eine Benutzungsoberfläche für den Zugriff auf die Applikationsserver bietet (beispielsweise das „SAP-GUI" zum Zugriff auf eine SAP-Installation oder ein Webbrowser zur Nutzung webbasierter Applikationen). Dies alles basiert auf einer **IT-Infrastruktur**, auf der die Software ausgeführt und über die Daten ausgetauscht werden. Zur IT-Infrastruktur zählen nicht nur Server und Arbeitsstationen, Netzwerk-Router und -Switches, sondern auch passive Bestandteile wie Server-Räume oder Netzwerkkabel. Für den Betrieb der IT-Landschaft ist Personal erforderlich, das für die Erweiterungen, Wartung, Fehlerkorrektur und Unterstützung der Anwender sorgt und dieses in Form von strukturierten Abläufen, den IT-Prozessen, tun sollte. Als objektorientiertes Paradigma formuliert, bilden die **IT-Prozesse** quasi die Methoden eines IT-Service-Objekts, welches aus Hard- und Software-Komponenten besteht. Die IT-Prozesse unterscheiden sich von Service zu Service nur geringfügig, so dass sie übergreifend definiert werden können (siehe Kapitel 5.4.4).

5.4.3 Rahmenwerke für die Gestaltung des IT-Managements

Da das IT-Management und die damit verbundenen Prozesse in allen Unternehmen mehr oder weniger ähnlich sind, liegt es nahe, diese generisch zu beschreiben. Dementsprechend sind in den letzten Jahren eine Reihe von Rahmenwerken, Standards, Best Practices u. ä. entstanden, die im Prinzip ein Managementsystem mit den Aspekten Abläufe, Rollen, Strukturen und Kontrollen definieren. Grundlage der meisten IT-relevanten Rahmenwerke sind die Qualitätsmanagement-Normen ISO 9000/9001. Die Matrix in Bild 5-45 stellt die gebräuchlichsten IT-Rahmenwerke in Bezug auf die Einsetzbarkeit in den verschiedenen IT-Handlungsfeldern (Disziplinen der Wertschöpfung) dar.

Einen guten Überblick über die Rahmenwerke geben Bon/Verheijen [BV07]. Im Folgenden charakterisieren wir die aus unserer Sicht besonders relevanten Werke. Es handelt sich um die drei Klassiker ITIL, ISO/IEC 20000 und CobiT. Ferner gehen wir kurz auf ergänzende Werke ein, die nicht unmittelbar aus den internationalen Bestrebungen zur Gestaltung des IT-Managements entstanden, aber in diesem Kontext von Bedeutung sind.

5.4.3.1 IT Infrastructure Library – ITIL Version 3 (Edition 2011)

ITIL ist ein in den 1980er Jahren in Großbritannien im Auftrag der britischen Regierung entwickelter Leitfaden zur Erbringung von IT-Services. Es handelt sich um eine Sammlung von „Best Practices" mit Prozess- und Funktionsbeschreibungen sowie Hinweisen zu deren Implementierung. Von Anfang an wurden die ITIL-Inhalte in Form von Büchern, die physikalisch als Hefte in verschiedenen Sprachen publiziert werden, strukturiert. Die wohl bekanntesten Bücher, die in zahllosen Sekundär-Werken aufbereitet wurden, sind „Service Delivery" und „Service Support" der ITIL Version 2. Mit der aktuellen Version 3, die in 2011 zuletzt aktualisiert wurde, sind alle bestehenden Inhalte komplett neu strukturiert, ergänzt und überarbeitet worden. Den Kern von Version 3 [OGC07] bilden nun die fünf Phasen Service-Strategy, -Design, -Transition, -Operation und Continual Service Improvement (siehe Bild 5-46), deren Prozesse und Funktionen in jeweils einem Buch, den fünf sogenannten Core Books, beschrieben sind. Diese werden durch zusätzliche Materialien ergänzt, welche im Laufe der Zeit vom britischen Office of Government Commerce (OGC) und anderen Organisationen angeboten werden sollen.

Im Gegensatz zu CobiT und ISO/IEC20000 (siehe unten) bleibt bei ITIL in Version 3 die gängige Darstellung des Demingkreis oder PDCA-Zyklus mit seinen vier Phasen „Plan", „Do", „Check", „Act" [Dem82] zugunsten eines Drei-Phasenmodells unberücksichtigt. Der in Bild 5-46 dargestellte ITIL IT-Service Lifecycle genügt einer operativ ausgerichteten Betrachtung. Die beschriebenen Prozesse und Funktionen werden in nur drei Kernphasen „Service-Design", „Service-Transition" und „Service-Operation" unter-

		Disziplinen der Wertschöpfung										
		Management		Planung						Realisierung Betrieb		
Schwerpunkt	**Rahmenwerk**	Business Management	IT-Governance	IT-Strategie	IT-Innovation	IT-Architektur	IT-Delivery	IT-Sourcing	IT-Programm-management	Release Management	IT-Betrieb	Kunden-management
IT-Governance	CobiT 5	◕	●	●	◔	○	◑	◑	◔	○	◕	◑
	ISO/IEC 38500	◑	●	◕	○	○	◔	◔	◔	○	◑	◑
	ISO/IEC 15504	●	◕	◕	○	○	○	○	●	○	◔	◑
IT-Service-management	ITIL V3	◑	◑	◑	○	○	●	◑	◔	◔	◕	◕
	ISO/IEC 20000	◑	◑	◔	○	○	●	◔	○	○	◕	◔
	eSCM-SP V2	◔	◑	◔	○	○	◑	●	○	○	◑	◔
Anwendungs-entwicklung	CMMI	○	○	◔	◔	◑	●	◔	◔	◔	○	◔
	V-Modell XT	○	○	◔	◔	◑	●	◕	○	○	○	○
IT-Architektur-management	TOGAF	◑	◑	◔	○	●	◔	◔	◑	◑	◔	◔
IT-Sicherheits-management	ISO/IEC 27001	◔	◑	◑	○	◑	◑	◑	◔	◔	◑	◔
	BSI-Grund-schutzkataloge	○	◔	◔	○	◑	◔	◔	○	◔	◑	◔
	SoGP	○	◔	◔	○	◑	◑	◔	○	○	◑	◔
Kontinuitäts-management	BS 25999	◑	◑	◑	○	◑	●	◕	◔	◑	◔	◔
IT-Risiko-management	M_o_R	◑	◕	◕	○	◔	◑	◑	◔	◔	◕	◔
	CobiT 5 Risk	◑	●	◑	◔	○	◑	◔	◑	○	●	◑
Qualitäts-management	ISO/IEC 9001	◑	●	◕	○	◔	◑	◑	◔	○	◕	◔
	Six Sigma	◑	◕	◑	◔	○	◑	◔	◑	○	◕	◔
Projekt-management	PRINCE 2	◔	◔	◕	○	○	◔	◔	◔	◑	◔	◕
	PMBoK	◔	◔	◑	◑	○	◑	◑	◔	◔	◔	◑

Legende

● Das Framework unterstützt die Disziplin komplett. Keine ergänzenden Frameworks werden benötigt.

◕ Das Framework unterstützt die Disziplin größtenteils. Eine geringe Anzahl an ergänzenden Frameworks wird benötigt.

◑ Das Framework unterstützt die Disziplin teilweise. Eine große Anzahl an ergänzenden Frameworks wird benötigt.

◔ Das Framework unterstützt die Disziplin geringfügig. Eine sehr große Anzahl an ergänzenden Frameworks wird benötigt.

○ Das Framework unterstützt die Disziplin nicht.

BILD 5-45 Überblick Best-Practice Frameworks IT-Management (Quelle: Global Status Report on the Governance of Enterprise IT [ISA11-ol])

teilt, die von zwei Themen „Service Strategies" und „Continual Service Improvement" ergänzt werden. Auf dem Markt sind eine Vielzahl an Anbietern vertreten, die Systeme zur Unterstützung von IT-Service Management Prozessen anbieten. Zertifizierung der Systeme nach ITIL-Prozessstandards bieten hier eine gute Orientierungshilfe [PIE13-ol].

Die ITIL-Inhalte können frei genutzt werden, die Weiterentwicklung wird zu einem großen Anteil über den Verkauf von Büchern, Schulungen und Zertifizierungen finanziert. Mit ITIL wird der Wortschatz in der IT zunehmend vereinheitlicht; laut einer Auswertung von APMG von 23 Studien zum Einsatz von ITIL schwankt der Einsatz in Unternehmen zwischen 28 % bis 77 % bei den befragten Unternehmen weltweit. Generell ist durchschnittlich eine jährliche Steigerung von 20 % beim Einsatz von ITIL zu verzeichnen [APMG11-ol]. Für die eigene IT-Organisation folgt daraus, dass eine Beschäftigung mit dem Thema ITIL und hier insbesondere mit der Version 3 unumgänglich ist. Der Umfang liegt bei gut tausend Seiten, aber das Studium der fünf Core-Books stellt die zurzeit wohl beste Vorbereitung zur Gestaltung der eigenen Prozesse dar. Als Hilfestellung werden in Kapitel 5.4.4 die Inhalte der fünf Bücher mit einem generischen Prozessmodell verknüpft, so dass dem Leser ein strukturierter Zugang zu dem umfangreichen Werk ermöglicht wird. Aufgrund der Vielschichtigkeit und der Komplexität des Themas ist es dennoch sehr hilfreich, bei der Ausgestaltung auf das Wissen erfahrener Dienstleister zurückzugreifen.

5.4.3.2 ISO/IEC 20000:2011

Der ISO/IEC 20000 Standard, 2005 veröffentlicht und 2011 zuletzt aktualisiert, ist aus der britischen Vorgängerversion BSI 15000 hervorgegangen. Der ISO/IEC 20000 Standard definiert weltweit einheitliche Anforderungen an ein IT-Servicemanagement, während ITIL einen Teil der zugehörigen Prozesse im Detail beschreibt. Ein weiterer Unterschied ist, dass im Gegensatz zu ITIL eine Zertifizierung entsprechend ISO/IEC 20000 für Unternehmen weltweit möglich ist. Mit einer solchen Zertifizierung stellen insbesondere IT-Dienstleister ihr strukturiertes Vorgehen und ihre Prozesskonformität unter Beweis, was insbesondere bei der Verlagerung von Aufgaben an einen solchen Dienstleister von großem Vorteil sein kann.

Die gesamte Norm ist in fünf Dokumenten beschrieben. Die Teile 1 und 2 stellen die Norm dar (IS – Internationaler

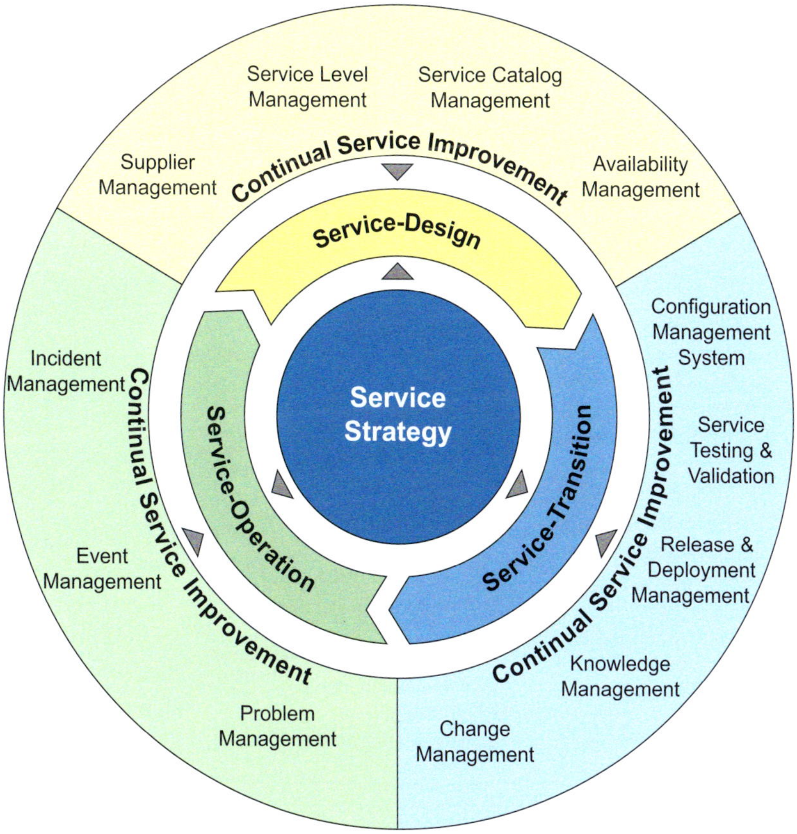

BILD 5-46
IT-Service Lifecycle ITIL Version 3, nach OGC [OGC07]

Standard) [ISO11], [ISO05]; die Teile 3 bis 5 sind Ergänzungen (Technischer Bericht/ Technical Report – TR).

- **ISO/IEC 20000 Part 1 – „Service Management System Requirements“:** Der erste Teil, ISO/IEC 20000-1:2011 enthält die formelle Spezifikation des Standards. Es sind Vorgaben dokumentiert, die eine Organisation einhalten, sicherstellen und nachweisen muss, um eine Zertifizierung zu erhalten. Teil 1 enthält die „Muss-Kriterien“ des Standards. Er wurde im Jahr 2011 überarbeitet und mit den Ergänzungen verabschiedet.
- **ISO/IEC 20000 Part 2 – „Code of Practice“:** In dem zweiten Teil, ISO/IEC 20000-2:2005 werden die Anforderungen des ersten Teils um Erläuterungen der best practices ergänzt. Er bietet Leitlinien und Empfehlungen für IT Servicemanagement-Prozesse im Rahmen des formellen Standards.
- **ISO/IEC 20000 Part 3 – „Guidance on Scope Definition and Applicability of ISO/IEC 20000-1“:** Der dritte Teil, ISO/IEC TR 20000-3:2009 ist als technischer Bericht eine Hilfestellung zur Norm, die die Scope-Festlegung und die Anwendbarkeit betrachtet.
- **ISO/IEC 20000 Part 4 – „Process Reference Model“:** Der vierte Teil, ISO/IEC TR 20000-4:2010 ist als technischer Bericht eine Hilfestellung zur Norm, die das zugrundeliegende Prozessmodell betrachtet.
- **ISO/IEC 20000 Part 5 – „Exemplar Implementation Plan for ISO/IEC 20000-1“:** Im fünften Teil, ISO/IEC TR 20000-5:2010 ist als technischer Bericht eine Hilfestellung zur Norm, die ein Beispiel für die Implementierung der Norm enthält.

In Bild 5-47 sind die inhaltlichen Bestandteile der ISO/IEC 20000 beschrieben:

1) Das **Service Management System** definiert die Grundlagen und die Prinzipien einer erfolgreichen Umsetzung des Management Systems mit den fünf dargestellten Anforderungen.

2) **Design und Transition** beschreibt den Prozess zur Planung und Umsetzung von neuen oder geänderten Services. Ziel ist die Garantie, die neuen und geänderten Services zu den vereinbarten Kosten und mit der gewünschten Service Qualität zu erbringen.

3) Die **Service Delivery Prozesse** umfassen die planerische und konzeptionelle Ebene von IT Service Management. In diesem Bereich werden die eigentlichen Service Level definiert und vereinbart sowie über die tatsächlich erbrachten Leistungen berichtet.

4) Die **Resolution Prozesse** Incident- und Problem Management beschreiben die eigentliche Abwicklung von Anfragen, Störungen und Problemen.

5) Die **Relationship Prozesse** beschreiben die beiden Aspekte Business Relationship Management und Supplier Management. Die Norm fokussiert dabei die Rolle des Service Providers (häufig die IT Organisation einer Firma), der zwischen Kunden und Lieferanten steht.

6) Die **Control Prozesse** sorgen für einen stabilen und sicheren IT Betrieb durch Steuerung des IT Inventars und Sicherstellung geordneter Änderungen in der IT Landschaft

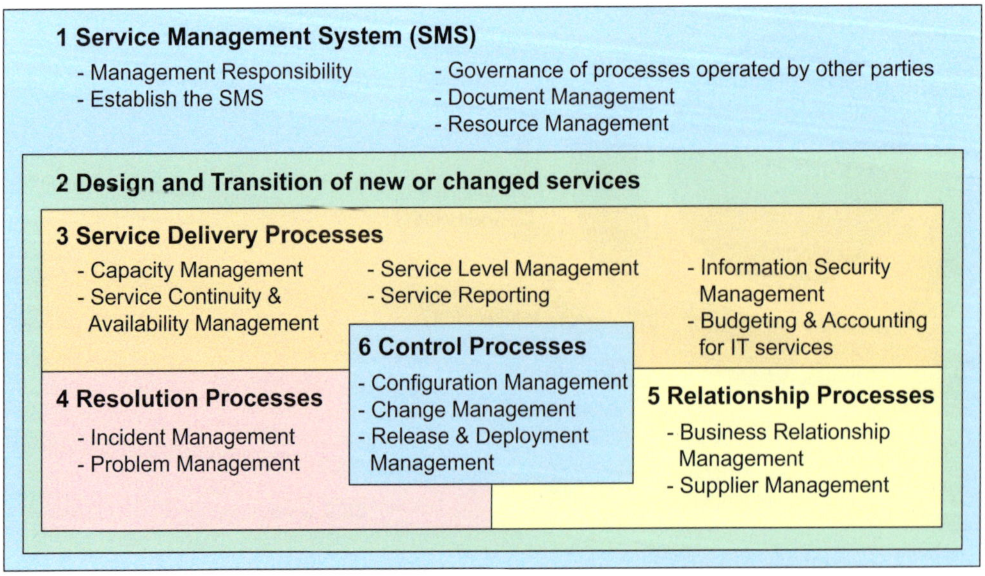

BILD 5-47 Implementierungs- und IT-Servicemanagement-Prozesse nach ISO/IEC 20000

in Form einzelner Änderungen oder als gebündelte Pakete (Releases). Change- und Configuration Management bilden die beiden Kernprozesse im Prozessmodell.

5.4.3.3 Control Objectives for Information and related Technology – CobiT Version 5

CobiT bildet ein Rahmenwerk zur IT-Steuerung und wird vom amerikanischen IT-Governance Institute (ITGI) herausgegeben [ITGI07]. Mehr aus Business- bzw. Geschäftsleitungsperspektive (Governance) formuliert CobiT Anforderungen an die IT-Ausrichtung im Unternehmen. Mit der aktuellen Version 5 liegt kein einfaches Update zur Version 4.1 vor. Vielmehr wird durch neue Inhalte, thematischer Ausrichtung und Umstrukturierung der Fokus des Rahmenwerks weg von der reinen Kontrolle und Auditierung hin zur ganzheitlichen unternehmerischen Betrachtung erweitert. CobiT 5 bildet somit einen Rahmen um die Steuerungsaktivitäten eines Unternehmens. Weitere etablierte Rahmenwerke wie ITIL, ISO/IES 20000, ISO/IEC 38000, PRINCE 2 etc. werden integriert. Dadurch werden die anderen Rahmenwerke nicht überflüssig, ganz im Gegenteil, die notwendigen „Steckverbindungen" werden klarer beschrieben. Die Rahmenwerke verschmelzen miteinander (Bild 5-48).

CobiT ist weiterhin das Framework zur Planung, Umsetzung und Überwachung eines IT-Governance und Management Systems. CobiT setzt damit einen strukturellen Rahmen mit hoher Verbindlichkeit. ITIL ist demgegenüber ein pragmatischer Leitfaden zum Aufbau einer Service-Organisation mit entsprechenden Servicemanagement-Prozessen. Hierbei werden die operativen Prozesse detailliert beschrieben. CobiT selber grenzt daraufhin klarer ab, welche Inhalte notwendig sind, um die Erreichung der Geschäftsziele zu unterstützen. Mit CobiT lassen sich der Rahmen und die notwendigen Governance-Mechanismen festlegen und mit ITIL die Inhalte ausgestalten. Wichtige Bestandteile des CobiT 5 Frameworks sind die folgenden fünf Prinzipien, welche für den Aufbau einer wirkungsvollen Governance beachtet werden müssen:

- **Meeting Stakeholder Needs:** Damit ist die konsequente Anlehnung an den Wertschöpfungsprozess des Unternehmens gemeint. Den Nutzen durch IT zu realisieren, die Risiken zu optimieren und die Ressourcen optimal einzusetzen ist durch klare Zielsetzungen und Messkriterien sicherzustellen.
- **Covering the Enterprise End-to-End:** Die IT-Governance und das Management von Informationen werden in CobiT 5 aus einer unternehmensweiten Sicht betrachtet. Daher lässt sich das Governance-System der Enterprise-IT auch nahtlos in jedes unternehmensspezifische Governance-System integrieren.
- **Applying a Single Integrated Framework:** CobiT 5 hat sich auf die heute relevanten Frameworks wie ITIL, ISO/IEC 20000 etc. ausgerichtet und deckt alle Unternehmensthemen ab. CobiT 5 positioniert sich als Integrations-Framework für andere Standardwerke.
- **Enabling a Holistic Approach:** Sog. Enablers sind Faktoren, die Einfluss darauf nehmen, ob die IT-Governance funktioniert oder nicht. Beispiele hierfür sind Prinzipien&Policies, Prozesse, Mitarbeiter, Werte und Kulturformen etc. Enabler sind somit die Faktoren, die miteinander wirken müssen, um etwas in einer Organisation zu etablieren und im Tagesgeschäft zu verankern. Sie werden durch kaskadierende Ziele angetrieben. Bei-

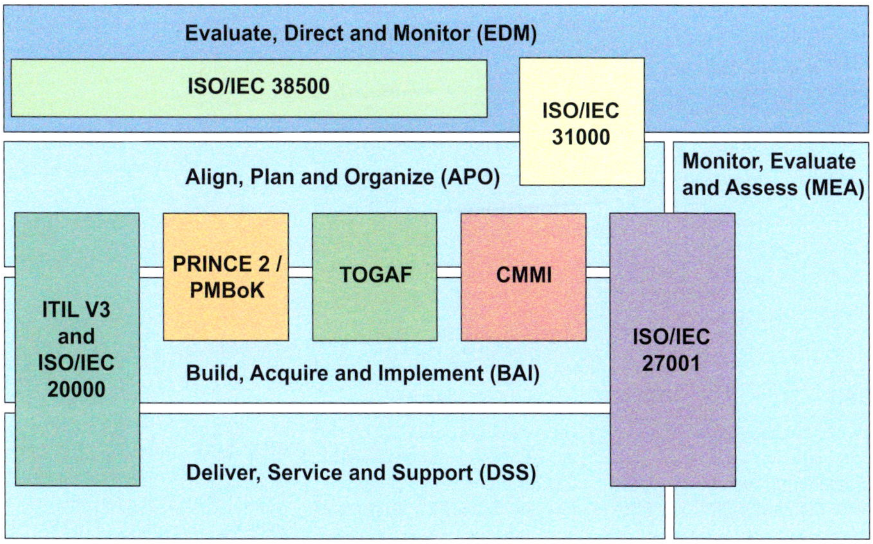

BILD 5-48
Integration etablierter Frameworks in die CobiT-Phasen (Quelle: CobiT 5-Framework [ISA12-ol])

spielweise werden die Prozesse, notwendige Vorgaben und die organisatorische Verankerung innerhalb der IT-Strategie beschrieben, die wiederum die Vorgaben aus der Geschäftsstrategie beinhaltet.

- **Separating Governance From Management:** CobiT 5 macht eine klare Unterscheidung, wie in Bild 5-49 dargestellt, zwischen Governance und Management.

Der Bereich Governance stellt sicher, dass die Stakeholder-Bedürfnisse, Bedingungen und Optionen bewertet werden und die notwendigen Direktiven erlassen und kontrolliert werden, um diese umzusetzen. Dies wird durch fünf Governance-Prozesse in der Phase „EDM Evaluate, Direct and Monitor“ im Rahmenwerk beschrieben.

Die 32 Management-Prozesse sind dafür zuständig, alle dafür notwendigen Aktivitäten zu planen, zu betreiben und zu überwachen, um die Direktiven und Ziele zu erfüllen. Diese Prozesse werde ausführlich in den Phasen „APO Align, Plan and Organise“, „BAI Build, Acquire and Implement“, „DSS Deliver, Service and Support“ und „MEA Monitor, Evaluate and Assess“ beschrieben.

Die Prozesse umfassen in der aktuellen Version die End-to-End Business- und IT-Aktivitäten in einer ganzheitlichen unternehmerischen Sicht. Gegenüber der Version 4.1 werden Input und Output nicht nur auf der Ebene Prozesse beschrieben, sondern auf der Ebene der Management- bzw. Governance-Praktiken. Diese Praktiken ersetzen die in den Vorgängerversionen definierten „Control Objectives“. Die „Control Practices“ sind neu in CobiT 5 und als Aktivitäten der Management-Praktiken vollständig integriert. Ebenfalls vollständig in das Basis-Framework CobiT 5 integriert sind die auf Basis von CobiT 4.1 entwickelten Frameworks „Val IT“ und „Risk IT“.

5.4.3.4 Ergänzende Rahmenwerke

Neben den beschriebenen Hauptrahmenwerken sind eine Reihe weiterer, ergänzender Rahmenwerke verfügbar, die den Werkzeugkasten des IT-Organisationsentwicklers anreichern. Sie sind wie die drei vorgestellten Hauptrahmenwerke in der Matrix in Bild 5-45 eingeordnet.

IT-Governance

ISO/IEC 38500:2008: Dies ist ein internationaler Standard, der Richtlinien zur sog. Corporate Governance von im Unternehmen eingesetzten Informationstechnologien enthält. Er wurde 2008 veröffentlicht. Grundbestandteil des Standards sind sechs Prinzipien für gute Unternehmensführung in der IT:

1) **Responsibility (Verantwortung):** Die Verantwortung für die IT-Belange muss von der Unternehmensleitung (Topmanagement) getragen werden.
2) **Strategy (Strategie):** Die IT-Strategie leitet sich aus der Unternehmensstrategie ab, um das IT-Potential zu erweitern. Die Unternehmensstrategie definiert die Anforderungen an die derzeitige und zukünftige Ausrichtung der IT.
3) **Acquisition (Beschaffung):** Die Gestaltung der IT-Budgets muss sich im Rahmen transparenter Entscheidungsprozesse konsequent am Bedarf orientieren.
4) **Performance (Leistung):** Die Leistung der IT-Services soll entsprechend den Anforderungen der Fach- und Organisationsbereiche gestaltet werden.
5) **Conformance (Konformität):** Die IT hat mit allen rechtlichen Vorgaben, Normen, internen Standards etc. konform zu gehen.
6) **Human Behaviour (der menschliche Faktor):** Die IT-Systeme müssen die Bedürfnisse der internen und externen Nutzer beachten.

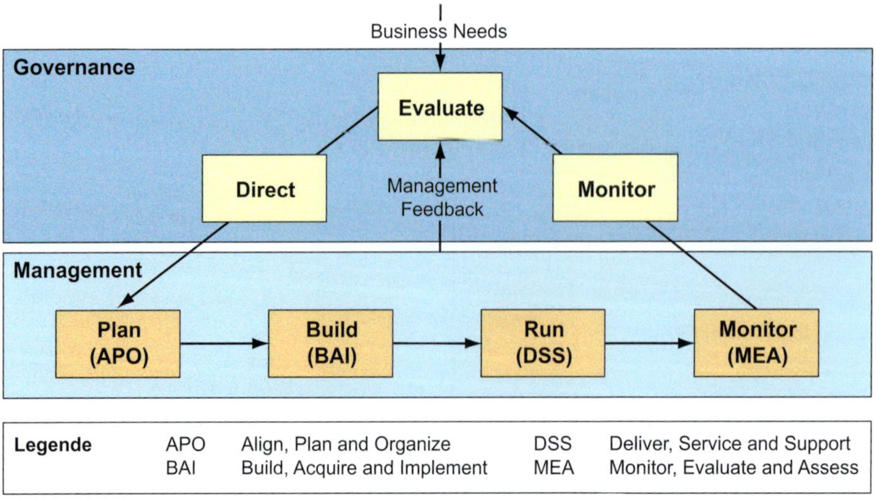

BILD 5-49 Trennung von Governance und Management nach CobiT 5 (Quelle: CobiT5-Framework [ISA12-ol])

Diese ISO-Norm stellt die Notwendigkeit der Verankerung der IT-Governance in der Geschäftsführung klar. Die High-Level-Beschreibung gewährleistet dabei, dass sich die Unternehmensseite besser involvieren lässt. Durch die gezielte Adressierung des TOP-Managements kann die Norm als Ergänzung zu bestehenden Frameworks wie CobiT gesehen werden.

ISO/IEC 15504: SPICE (Software Process Improvement and Capability Determination) oder ISO/IEC 15504 ist ein internationaler Standard zur Durchführung von Bewertungen (Assessments/Audits) von Unternehmensprozessen, ursprünglich mit dem Schwerpunkt auf der Softwareentwicklung. Die Verbesserung von Prozessen der eigenen Organisation (Process Improvement) einerseits und die Bestimmung der Prozessfähigkeit (Capability Determination) andererseits bilden die Kernpunkte dieser Norm. Als Prozess werden hier „Zusammenhängende Aktivitäten zur Transformation von Eingangsprodukten in Ausgangsprodukte" definiert. Ähnlich wie konkurrierende Standards (z. B. CMMI) bietet SPICE inzwischen Methoden zur Bewertung kompletter Prozessmodelle sowie Organisationen an.

IT-Servicemanagement

eSCM-SP: Das eSourcing Capability Model for Service Providers (eSCM-SP) ist ein Best-Practice Framework zur Bewertung, Entwicklung und Weiterentwicklung des eigenen Leistungsangebotes mit IT-Services. Es richtet sich somit speziell an IT-Service Provider. Es wurde 2001 veröffentlicht und 2004 in der Version 2 aktualisiert. Eigentümer ist das ITSqc, ein gemeinnütziges Unternehmen, das als Spin-off der Carnegie Mellon University das Framework weiterentwickelt. Der Fokus liegt auf dem Thema der IT-unterstützten Beschaffung (E-Sourcing). Hierunter fallen sowohl „Out-Sourcing"- als auch „In-Sourcing"-Fähigkeiten. Das Framework enthält 84 Verfahren, die den Erfolg von Sourcing-Aktivitäten sichern sollen [BV07].

Anwendungsentwicklung

CMMI – Capability Maturity Model Integration: CMMI [CKS07] liefert eine Grundlage für die Prozessintegration und -optimierung (vgl. auch Kapitel 4.4.1). Obgleich nicht unmittelbar für IT-Prozesse bestimmt, erlauben die Bewertungsverfahren und Prozessdarstellungen kontinuierliche Verbesserungen der wichtigsten Aktivitäten einer IT-Organisation. Dieses Rahmenwerk ist insbesondere immer dann von Bedeutung, wenn in anderen Bereichen des Unternehmens CMMI bereits verwendet wird. Zur Bewertung der IT-Prozesse hinsichtlich des Reifegrads sind die Vorgaben nach CobiT, die auf CMMI basieren, hinreichend.

V-Modell XT: Das sog. V-Modell ist ein gut etabliertes Vorgehensmodell zur Entwicklung von größeren Softwaresystemen. Die Bezeichnung drückt die V-förmige Anordnung der Entwicklungsphasen bzw. der Meilensteine aus (Bild 5-50), wonach ausgehend von den Anforderungen den spezifizierenden Aktivitäten (linker Ast des V) die umzusetzenden Aktivitäten (rechter Ast des V) gegenübergestellt sind. Das V-Modell deckt neben der Softwareentwicklung die Aufgabenbereiche Projektmanagement, Qualitätssicherung und Konfigurationsmanagement ab. Herausgegeben wird das V-Modell von der „Koordinierungs- und Beratungsstelle der Bundesregierung für Informationstechnik in der Bundesverwaltung (kurz KBSt)" [KBSt08-ol].

IT-Architekturmanagement

TOGAF: Das „The Open Group Architecture Framework (TOGAF)" wurde 1995 veröffentlicht und bietet einen umfassenden Ansatz für Entwurf, Planung, Implementierung und Wartung von Unternehmensarchitekturen. TOGAF wird durch die Open Group (www.opengroup.org) weiterentwickelt. Bei der Nutzung von TOGAF wird die Unternehmensarchitektur üblicherweise in den drei Domänen Geschäftsarchitektur, Informationssystemarchitektur und Technologiearchitektur modelliert.

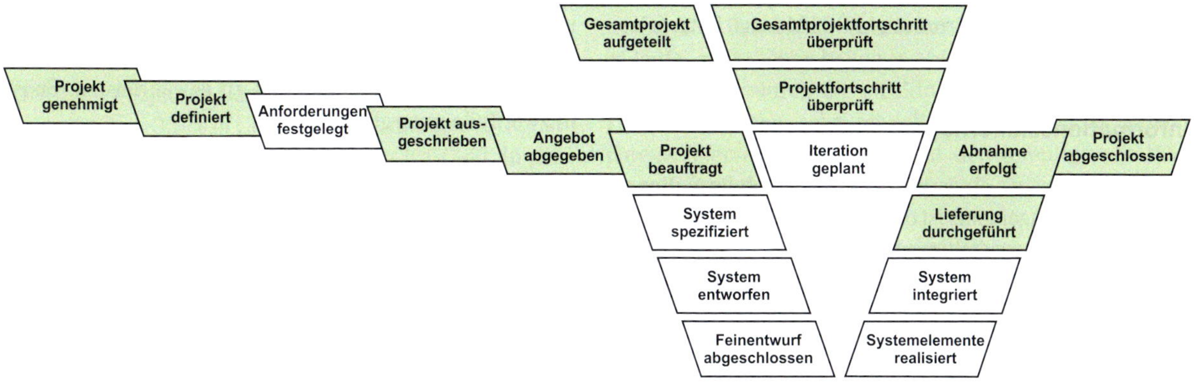

BILD 5-50 Meilensteine im V-Modell XT

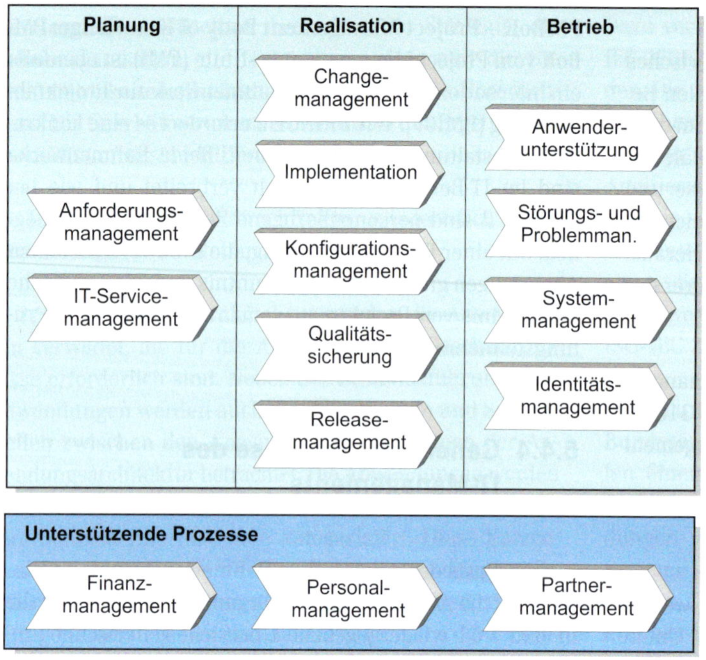

BILD 5-51
Generische Prozesse des IT-Managements

- ISO/IEC 20000: „Business Relationship Management" im Abschnitt „Relationship-Processes"
- CobiT: In der Phase „APO – Align, Plan and Organise" in den Prozessen „APO08 „Manage Relationships" und „APO09 Manage Service Agreements" und in der Phase „BAI – Build, Acquire and Implement" der Prozess „BAI02 Manage Requirements Definition"
- CMMI: Hinweise in den Prozessbeschreibungen zu RD „Requirements Development" und REQM „Requirements Management"

IT-Servicemanagement

Die Ausrichtung der IT-Services, das Management der vereinbarten Leistungsparameter sowie die kontinuierliche Optimierung erfordern Strukturiertheit und Koordination. Hierbei spielt die Definition, Überwachung und Auswertung von Performance-Indikatoren eine wichtige Rolle. Hier ist die Balance zu finden zwischen wenigen aussagekräftigen Werten und vielen, aufwändig zu implementierenden Sensoren. Sehr gute Hinweise hierzu finden sich im Praxishandbuch CobiT [Bit06] im Kapitel „IT-Kennzahlen auf Basis von CobiT auswählen". Bei jedem der 34 CobiT-Prozesse sind darüber hinaus zahlreiche Messgrößen zusammengetragen, die für die eigene Praxis lediglich ausgewählt und implementiert werden müssen.

Bezüge zu den wichtigen Rahmenwerken:

- ITIL Version 3: Buch „Service Design", Prozesse „Service Catalogue Management" und „Service Level Management" sowie im Buch „Continual Service Improvement" der Prozess „Service Reporting"
- ISO/IEC 20000: „Service Level Management", „Service Reporting" und „Budgeting and Accounting for IT Services" im Abschnitt „Service Delivery Processes"
- CobiT: In der Phase „APO - Align, Plan and Organise" in den Prozessen „APO05 Manage Portfolio" und „APO09 Manage Service Agreements". In der Phase „DSS – Deliver, Service and Support" im Prozess „DSS04 Manage Continuity". In der Phase „MEA – Monitor, Evaluate and Assess" der Prozess „MEA01 Monitor, Evaluate and Assess Performance and Conformance"

Changemanagement

Bewilligte Änderungen und Anforderungen müssen umgesetzt werden. Dieses erfolgt unter Berücksichtigung aller Rahmenbedingungen und unter Kontrolle des Changemanagement-Prozesses. Wenn die Änderung sehr komplex ist, werden Projektmanagementmethoden angewendet.

Bezüge zu den wichtigen Rahmenwerken:

- ITIL Version 3: Grundlagen zum Change- und Projektmanagement im Buch „Service Transition", Prozesse „Transition Planning & Support", „Change Management" und „Change Evaluation"
- ISO/IEC 20000: Prozess „Change Management" im Abschnitt „Control Processes"

- CobiT: „BAI – Build, Acquire and Implement“, Prozess „BAI06 Manage Changes“ und „BAI07 Manage Change Acceptance and Transitioning“
- CMMI: Bezug im Wesentlichen zu den Prozessen PP „Project Planning“ und IPM „Integrated Project Management“

Implementation

Die Aktivitäten zur Implementierung der konzipierten IT-Funktionen können vielfältig sein: Wie in Kapitel 5.5 noch detailliert ausgeführt wird, müssen Komponenten oder ganze Systeme beschafft, angepasst oder eigens entwickelt werden. Für die Softwareentwicklung sind spezifische Rahmenwerke verfügbar. Da die Rahmenwerke ITIL und ISO/IEC 20000 eher auf den IT-Betrieb fokussieren, kann hier nur ein Verweis auf CobiT-Prozesse gegeben werden. Nützliche Hinweise zur Bewertung und Optimierung von Entwicklungsaufgaben sind beispielsweise von FEYHL zusammengestellt worden [Fey04].

Bezüge zu den wichtigen Rahmenwerken:

- CobiT: „APO – Align, Plan and Organise“ im Prozess „APO03 Manage Enterprise Architecture“ und in „BAI – Build, Acquire and Implement“ im Prozess „BAI03 Manage Solutions Identification and Build“

Konfigurationsmanagement

Im Rahmen des Konfigurationsmanagements werden alle IT-Komponenten und ihre Konfigurationen verwaltet. Das System, in dem die Konfigurationsinformationen gespeichert werden, dient anderen Prozessen wie beispielsweise dem Problemmanagement als Informationsquelle bei der Fehleranalyse. Die Herausforderung dieses Prozesses besteht nicht so sehr in den Aktivitäten – die Datenpflege muss nur akkurat und sorgfältig erfolgen. Entscheidend ist vielmehr die Bereitstellung einer Datenbank, mit der alle Informationsbedarfe im Rahmen des IT-Managements erfüllt werden können.

Bezüge zu den wichtigen Rahmenwerken:

- ITIL Version 3: Im Buch „Service Transition“, Prozess „Service Asset & Configuration Management“
- ISO/IEC 20000: „Configuration Management“ im Abschnitt „Control Processes“
- CobiT: „BAI Build, Acquire and Implement“, Prozesse „BAI09 Manage Assets“ und „BAI10 Manage Configuration“
- CMMI: Hinweise im Prozess CM „Configuration Management“

Qualitätssicherung

Eine wirkungsvolle Qualitätssicherung sowohl der beschafften als auch von eigens entwickelten Anwendungen sollte zum Standardrepertoire einer IT-Organisation gehören. Es muss eine Qualitätsautorität bestehen. Um dies zu unterstützen, sind zahlreiche Methoden verfügbar, die jedoch je nach System und Einsatzzweck auszuprägen sind.

Bezüge zu den wichtigen Rahmenwerken:

- ITIL Version 3: Im Buch „Service Transition“, Prozess „Service Validation & Testing“
- CobiT: „APO – Align, Plan and Organise“, Prozess „APO11 Manage Quality“ und „BAI – Build, Acquire and Implement“, Prozess „BAI07 Manage Changes Acceptance and Transitioning“

Releasemanagement

Ziel ist, dass alle Anwender zum geplanten Zeitpunkt das gleiche, möglichst fehlerfreie Release einer Anwendung einsetzen. Das Releasemanagement regelt die dafür erforderlichen Aktivitäten: Meldungs- und Fehlermanagement, Planung von Releases, Koordination von Weiterentwicklungs- und Wartungsarbeiten, Freigabe und Abkündigung von Releases sowie Organisation des Roll-outs von Releases. Das Releasemanagement ist eng mit dem Changemanagement sowie dem Störungs- und Problemmanagement verknüpft.

Bezüge zu den wichtigen Rahmenwerken:

- ITIL Version 3: Im Buch „Service Transition“, Prozess „Release & Deployment Management“
- ISO/IEC 20000: „Release Management“ im Abschnitt „Release Processes“
- CobiT: „BAI – Build, Acquire and Implement“, Prozess „BAI07 Manage Changes Acceptance and Transitioning“
- CMMI: Hinweise im Prozess PI „Product Integration“

Anwenderunterstützung

Die Ausprägung der Anwenderunterstützung kann sehr unterschiedlich sein: von der einfachen Annahme von Anfragen bis zum selbstlösenden Service-Desk. Entscheidend ist, für die Anwender eine zentrale Anlaufstelle für alle Anfragen und Störungsmeldungen zu schaffen. ITIL hat für diesen Bereich die Funktionsbezeichnung „Service-Desk“ geprägt und damit Begriffe wie „Hotline“ oder „User-Helpdesk“ verbannt. Da der Störungsmanagement-Prozess häufig im Rahmen der Anwenderunterstützung bearbeitet wird, gelten die dort genannten Vorgaben auch hier als

Referenz. Nicht vergessen werden darf die kontinuierliche Qualifizierung der Anwender beispielsweise durch Schulungen oder durch Informieren via Intranet. Sind brauchbare und aktuelle Hilfestellungen verfügbar, kann die Anzahl der Rückfragen sehr schnell auf wirkliche Fehlermeldungen reduziert werden.

Bezüge zu den wichtigen Rahmenwerken:

- ITIL Version 3: Im Buch „Service Operation", Prozess „Request Fulfillment"
- ISO/IEC 20000: Keine Funktionsbeschreibungen enthalten
- CobiT: „BAI – Build, Acquire and Implement", Prozess „BAI08 Manage Knowledge" und „DSS - Deliver, Services and Support", Prozess „DSS02 Manage Service Requests and Incidents"

Störungs- und Problemmanagement

Störungen führen zu Unterbrechungen bei der Nutzung der IT-Services. Sie können nicht nur auf Fehlern des jeweiligen Systems beruhen, sondern beispielsweise aus Ausfällen der Netzwerkinfrastruktur resultieren. Unabhängig von der Ursache der Störung gilt es, die Verfügbarkeit für die Anwender so schnell wie möglich wiederherzustellen. Hierzu sind eindeutige und verlässliche Abläufe entscheidend. Dort, wo Fehler nicht sofort behoben werden können, weil sie vielleicht einer detaillierteren Analyse bedürfen, werden sie vom Problemmanagement-Prozess behandelt. Die Prozesse sind zu differenzieren, da es beim Störungsmanagement auf Lösungsgeschwindigkeit ankommt, beim Problemmanagement im Gegensatz dazu auf nachhaltige Fehlerbehebung. Viele IT-Organisationen starten mit der Etablierung dieser beiden Prozesse, da diese eine hohe Hebelwirkung auf die Anwenderzufriedenheit haben (siehe auch Kasten „Software für das Systemmanagement").

Bezüge zu den wichtigen Rahmenwerken:

- ITIL Version 3: Im Buch „Service Operation", Prozesse „Incident Management", „Problem Management" sowie „Event Management"
- ISO/IEC 20000: „Incident Management" und „Problem Management" im Abschnitt „Resolution Processes"
- CobiT: „DSS – Deliver, Services and Support", Prozesse „DSS01 Manage Operations", „DSS02 Manage Service Requests and Incidents", „DSS03 Manage Problems"

Systemmanagement (Kapazitäts-, Verfügbarkeits- und Kontinuitätsmanagement)

Diese Aktivitäten sind auch unter dem Begriff Systemadministration bekannt. Mit der Erweiterung um den Managementaspekt soll deutlich gemacht werden, dass Systeme überwacht werden müssen und auf entsprechende Ereignisse zu reagieren ist. Eine sehr wichtige Voraussetzung hierfür ist die nachvollziehbare Protokollierung aller Arbeitsschritte. Die zugehörigen Prozesse Kapazitäts-, Verfügbarkeits- und Kontinuitätsmanagement beziehen sich auf die Sicherstellung einer anforderungsgerechten Systemverfügbarkeit. Durch proaktive Maßnahmen soll sichergestellt werden, dass stets ausreichende Kapazitäten wie Speicherplatz, Bandbreite und Transaktionsvolumen bereitstehen. Die bekannteste Komponente zur Sicherstellung der Verfügbarkeit ist ein Backup-System mit einem zugehörigen Sicherungskonzept. Dieses dient dazu, bei Ausfall oder bei einem Datenfehler Informationen oder Systeme kurzfristig wieder herzustellen. Darüber hinaus sind im Rahmen des Kontinuitätsmanagements Maßnahmen zur Prävention von Ausfallrisiken sowie die Erstellung von Notfallplänen (und natürlich deren regelmäßige Verifikation) vorzusehen.

Bezüge zu den wichtigen Rahmenwerken:

- ITIL Version 3: Im Buch „Service Design", Prozesse „Capacity Management", „Availability Management" sowie „IT Service Continuity Management"
- ISO/IEC 20000: „Capacity Management" und „Service Continuity and Availability Management" im Abschnitt „Service Delivery Processes"
- CobiT: „BAI – Build, Acquire and Implement", Prozess „BAI04 Manage Availability and Capacity" und „APO – Align, Plan and Organise", Prozess „APO07 Manage Human Resources"

Identitätsmanagement

Unter diesem neuen Schlagwort werden alle Aktivitäten zur Verwaltung von Benutzer-Accounts und zur Zugriffssteuerung verstanden. Hier ist nicht so sehr ein einzelner Prozess von Bedeutung, sondern das Vorhandensein von eindeutigen Richtlinien für die Gewährung von Zugangs- und Zugriffsrechten. Der Begriff Identitätsmanagement soll verdeutlichen, dass eine Konsolidierung der oft zahlreichen Benutzerverzeichnisse in verschiedenen Anwendungen anzustreben ist. Den Überblick über alle diese Verzeichnisse (sog. User Directories) und die resultierenden Zugriffsrechte zu behalten, stellt nach wie vor eine Schwierigkeit dar und sollte darum so strukturiert wie möglich erfolgen.

Bezüge zu den wichtigen Rahmenwerken:

- ITIL Version 3: Im Buch „Service Operation", Prozess „Access Management"
- CobiT: „DSS – Deliver, Service and Support", Prozess „DSS05 Manage Security Services"

Finanzmanagement (Finanzplanung und Kostenrechnung)

Wenn über IT-Organisationen nachgedacht wird, fallen den Beteiligten zuerst einmal die hohen Kosten ein; der gestiftete Nutzen wird nicht gesehen oder lässt sich nicht ohne weiteres quantifizieren. IT-Services bieten auch hierfür einen gangbaren Weg, den Nutzen bzw. den Leistungsverbrauch zu ermitteln und den Kosten gegenüberzustellen. Grundlagen hierfür finden sich unter dem Stichwort Kosten- und Geldflussplanung in Kapitel 4.3.5. Dort werden die wertschöpfenden Aspekte der Geschäftsprozessoptimierung betrachtet, während in Kapitel 5.5.2 ein Verfahren zur Wirtschaftlichkeitsanalyse von IT-Projekten vorgestellt wird. Um die gewünschte Transparenz und Handlungsfähigkeit zu erzielen, sorgt dieser Prozess auf Kostenseite für die Finanzplanung und Budgetierung. Die Nutzenseite wird über den IT-Servicemanagement-Prozess bestimmt. Die Kostenrechnung und eine mögliche Leistungsverrechnung basieren auf der Unterscheidung von Betriebs- und Projektkosten. Wird die Kostenartenstruktur wohldefiniert und mit der Finanzbuchhaltung des Unternehmens abgeglichen, ist eine IT-spezifische Kostenerfassung und -auswertung ohne Extraaufwand mit bestehenden Systemen möglich. Dass hier in enger Zusammenarbeit mit der Finanzbuchhaltung und dem Controlling gearbeitet werden sollte, ist selbstverständlich. Die häufig unzureichenden betriebswirtschaftlichen Erfahrungen in den IT-Organisationen können so kompensiert werden.

SOFTWARE FÜR DAS SYSTEMMANAGEMENT

Systemmanagement-Werkzeuge überwachen die IT-Systemlandschaft, generieren Log-Files und alarmieren bei sich abzeichnenden Engpässen oder Ausfallerscheinungen autorisierte Mitarbeiter. Eine weitere wichtige Funktion ist das Backup; eine Backup-Lösung sichert die unternehmensinternen Daten in regelmäßigen Zyklen. Ferner werden spezielle Tools zur Verwaltung von Virenscannern, Firewalls, Netzwerkkomponenten, Servern, Speichersystemen etc. benötigt. Diese werden im Normalfall vom Anbieter bereitgestellt und bieten oft eine gute Überwachungsmöglichkeit, so sie denn installiert und konfiguriert werden. Neben diesen Werkzeugen finden die beiden folgenden Kategorien von Software für das IT-Systemmanagement mehr und mehr Zuspruch in der Praxis.

Das **Configuration Management System (CMS)** ist eine Kombination von Tools und Daten, die zum Sammeln, Speichern, Managen, Aktualisieren, Analysieren und zur Präsentation von Daten zu allen zu konfigurierenden Betriebsmitteln (Configuration Items, CIS) und deren Beziehungen eingesetzt wird. Ein CMS kann ein oder mehrere physikalische Configuration Management Databases (CMDB) verwalten. Eine CMDB speichert zu sämtlichen IT-Betriebsmitteln die relevanten Konfigurationsinformationen ab. Konfigurationsinformationen sind in diesem Zusammenhang Eigenschaften von Komponenten, die durch logische Beziehungen miteinander verknüpft sind. So kann beispielsweise einem PC die installierte Software, der Hersteller oder der Lieferant genauso zugeordnet werden wie abgeschlossene Supportverträge oder aufgetretene Problemfälle.

Ein **Trouble-Ticket-System (TTS)**, auch Help-Desk-System oder Service-Desk-System genannt, ist eine datenbankunterstützte Software, mit der Anfragen von Anwendern aufgenommen werden und deren strukturierte Bearbeitung unterstützt wird. Diese Anfragen können Störungsmeldungen oder Serviceanfragen, wie z. B. Änderungswünsche an der installierten Software sein. Eine Anfrage bleibt solange als offene Meldung im System, bis sie als gelöst geschlossen wird. Durch eine Abbildung der Arbeitsabläufe im System werden die Bearbeitungszeit reduziert und die Kommunikation zwischen Anwendern und den Service-Desk-Mitarbeitern transparent gehalten. Moderne Trouble-Ticket-Systeme verfügen darüber hinaus über Tools zur statistischen Auswertung der erfassten Meldungen, um aus den Vorfällen zu lernen und den Service auf dieser Basis kontinuierlich zu verbessern. Es existiert eine breite Palette von einschlägiger Software, die von Open-Source bis zu umfangreichen Konzernlösungen reicht. Erste Tools sind auch als reiner Cloud-Service beziehbar. Hierbei kann in unterschiedlichen Preisstaffeln mit einem entsprechend wachsenden Funktions- und Serviceumfang je Supportmitarbeiter monatlich die „App" bezogen werden. Dadurch können Spitzen im Service Desk flexibel abgefangen werden.

Bezüge zu den wichtigen Rahmenwerken:

- ITIL Version 3: Buch „Service Strategy", Prozess „Financial Management for IT services"
- CobiT: „APO - Align, Plan and Organise", Prozess „APO06 Manage Budget and Costs"

Personalmanagement

Hier geht es um Personalführung und Personalentwicklung. Ein wesentlicher Aspekt ist die Personalbedarfs- und Qualifizierungsplanung. Diese orientiert sich am Leistungsangebot und den Kernkompetenzen der IT-Organisation.

Bezüge zu den wichtigen Rahmenwerken:

- CobiT: „APO - Align, Plan and Organise", Prozess „APO07 Manage Human Resources"

Partnermanagement

Dieser Prozess umfasst die Aktivitäten zur Gestaltung und zum Management von Verträgen über die Zusammenarbeit mit Partnern sowie zur Abwicklung entsprechender Aufträge. Partner sind in der Regel externe Dienstleister. In großen Unternehmen sind das auch häufig interne Organisationen bzw. Dienstleister.

Bezüge zu den wichtigen Rahmenwerken:

- ITIL Version 3: Im Buch „Service Design", Prozess „Supplier Management"
- ISO/IEC 20000: „Supplier Management" im Abschnitt „Relationship Processes"
- CobiT: „APO - Align, Plan and Organise", Prozess „APO010 Manage Suppliers"
- CMMI: Prozess SAM „Supplier Agreement Management"

5.4.5 Gestaltung der IT-Organisation

Nachdem nun die Grundlagen für ein erfolgreiches IT-Management dargestellt worden sind, geht es im Folgenden um die Umsetzung: die Definition des IT-Leistungsangebots, die Optimierung von IT-Prozessen zur Erbringung der Leistung sowie die Adaption der IT-Organisation [Bon08].

5.4.5.1 Definition des IT-Leistungsangebotes

Ein IT-Leistungsangebot besteht aus sog. IT-Services, die sich nach Bild 5-48 in Haupt- und Basis-Services gliedern. Zur Erstellung eines unternehmensspezifischen Angebots an IT-Services bieten sich die folgenden vier Arbeitsschritte an:

Schritt 1: Analyse durchführen

Im Rahmen dieses ersten Schritts sind Fragen folgender Art aus IT-Sicht zu beantworten: Welche Geschäftsprozesse werden unterstützt? Welche Systeme sind im Einsatz? Welche Leistungen werden von der IT-Organisation mit welchen Systemen und für welche Geschäftsprozesse erbracht? Die entsprechende Dokumentation sollte strukturiert, beispielsweise in Matrixform (Zeilen: Geschäftsprozesse; Spalten: Leistungen, Systeme), erfolgen, damit eine präzise Grundlage für das weitere Vorgehen besteht.

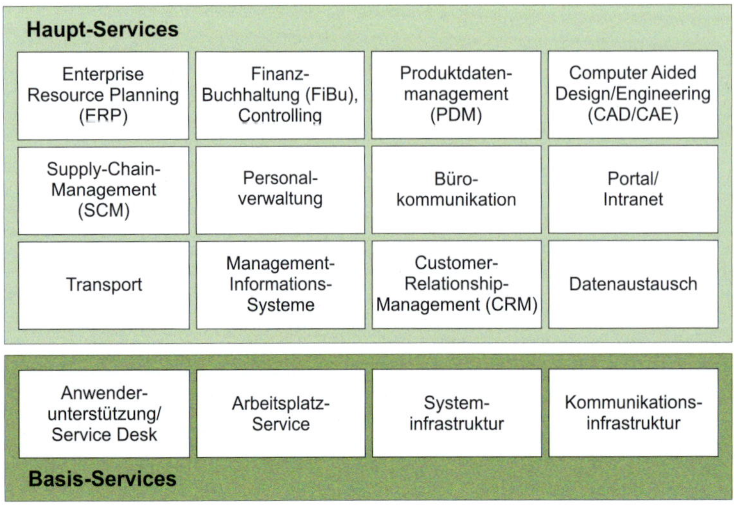

BILD 5-52
Generischer IT-Services-Katalog

Schritt 2: Service-Katalog entwickeln und abstimmen

Anschließend werden die geplanten IT-Services benannt und in Form von „Steckbriefen" beschrieben. Aufgrund der hohen Bedeutung sollte diese erste Spezifikation solange abgestimmt und justiert werden, bis alle Vertreter von Leistungsabnehmern und Leistungserbringern ein einheitliches Verständnis darüber erlangt haben. Der in Bild 5-52 wiedergegebene generische IT-Services-Katalog bildet die Grundlage für diesen Schritt. Wir empfehlen, die Anzahl der IT-Services auf maximal 20 zu begrenzen. Ist die Anzahl zu groß, sind die Services zu spezifisch; ist die Anzahl andererseits zu gering, werden die Leistungsbeschreibungen zu umfangreich. In der Regel sind die Haupt-Services nach den spezifischen Gegebenheiten eines Unternehmens zu gestalten. Die vier Basis-Services finden sich im Gegensatz dazu in nahezu allen IT-Organisationen wieder. Anwenderunterstützung und die Einrichtung von Arbeitsplätzen, egal ob Desktop-PC oder Notebook, ein Rechenzentrum mit Servern sowie ein funktionsfähiges Netzwerk werden generell benötigt. Das alles ist unabhängig davon, wo die Server aufgestellt sind, von wem sie betrieben werden und wer die Arbeitsplatzrechner bereitstellt. Die Anforderungskonformität und Qualität verantwortet in jedem Fall die IT-Organisation.

Schritt 3: Services detailliert beschreiben

Ausgehend von den Steckbriefen wird jeder einzelne Service präzise beschrieben. Eine derartige Dokumentation enthält Aussagen zu folgenden Punkten:

- Beschreibung des eigentlichen Dienstes (Zielgruppe, Leistungsumfang, Aufgaben der IT-Organisation, mögliche Varianten des Services)
- Technische Merkmale (Datenklassen, Server- und Client-Anwendungen, Speicher- und Archivierungsverfahren und -umfang, Schnittstellen, Benutzerverwaltung, Datensicherung)
- Interne und externe Ansprechpartner
- Randbedingungen (technische und organisatorische Anforderungen, Abgrenzungen)
- Anwenderunterstützung (Art und Umfang)
- Risikomanagement (Nennung wichtiger Risiken und Präventionsmöglichkeiten)
- Anforderungs- und Änderungsmanagement (Verweis auf das jeweilige Verfahren)
- Lizenzmanagement (Verfahren, Lizenzmodelle, -zuordnung und -verwahrung)
- Mitwirkungspflichten (u. a. zumutbare Umgehungslösungen)
- Berichtswesen (Struktur, Empfänger und Zyklus)

Schritt 4: Service-Abmachungen treffen

Die Service-Beschreibung wird abschließend mit Leistungsparametern versehen, die die Angabe von sogenannten Service-Levels ermöglichen. Im Folgenden nennen wir beispielhaft Leistungsbereiche, für die in der Regel verbindliche Zusagen erwartet werden:

- Systemverfügbarkeit,
- Speicherplatz,
- Reaktionszeiten des Systems,
- Transaktionsvolumen, Anzahl der Transaktionen,
- max. Anzahl der Anwender,
- Reaktionszeiten der Anwenderunterstützung,
- Umgang mit Störungsmeldungen, Störungsmanagement etc.

Zusammenfassend sei festgestellt, dass Vereinbarungen in dieser Art die Zusammenarbeit zwischen den Fachbereichen, die die Dienste nutzen, und der IT-Organisation wesentlich und nachhaltig verbessern.

5.4.5.2 IT-Servicelifecycle und Hauptaufgaben

Eine IT-Organisation hat als Hauptaufgaben die Planung, die Realisierung und den Betrieb von IT-Services sowie die Erstellung und Weiterentwicklung der IT-Strategie und des Informationssicherheitskonzepts. Wie in Bild 5-53 angedeutet bilden die drei erstgenannten Aufgaben einen Zyklus, den sogenannten IT-Servicelifecycle, der verdeutlichen soll, dass diese Aufgaben nicht einmal, sondern immer wieder durchlaufen werden, je nachdem, ob neue Anforderungen des Geschäfts oder geänderte Rahmenbedingungen wie technologischer Fortschritt das ratsam erscheinen lassen. Im Folgenden charakterisieren wir zunächst diese drei Hauptaufgaben kurz:

- **Planung:** Hier werden alle Vorbereitungen zum Neuaufbau oder zur Erweiterung von IT-Services getroffen. Es werden die Grundlagen des Business-Alignments gelegt, also die Ausrichtung der IT-Systemlandschaft an den Geschäftsaktivitäten und -zielen des Unternehmens. Die Aufgaben hierzu werden in Kapitel 5.5.1 unter „Aufgaben- und Anforderungsanalyse" beschrieben.
- **Realisierung:** Nachdem alle Grundlagen für eine erfolgreiche Umsetzung der Anforderungen geschaffen und mit allen Beteiligten abgestimmt und vereinbart wurden, erfolgen die Systemauswahl, die Systemeinführung und das Roll-out. Diese Aufgabenkomplexe sind in den Kapiteln 5.5.2 bis 5.5.4 ausführlich beschrieben.
- **Betrieb:** Damit die bereitgestellten Systeme von den Anwendern auch optimal genutzt werden können, ist eine wirkungsvolle Unterstützung erforderlich. Dieses

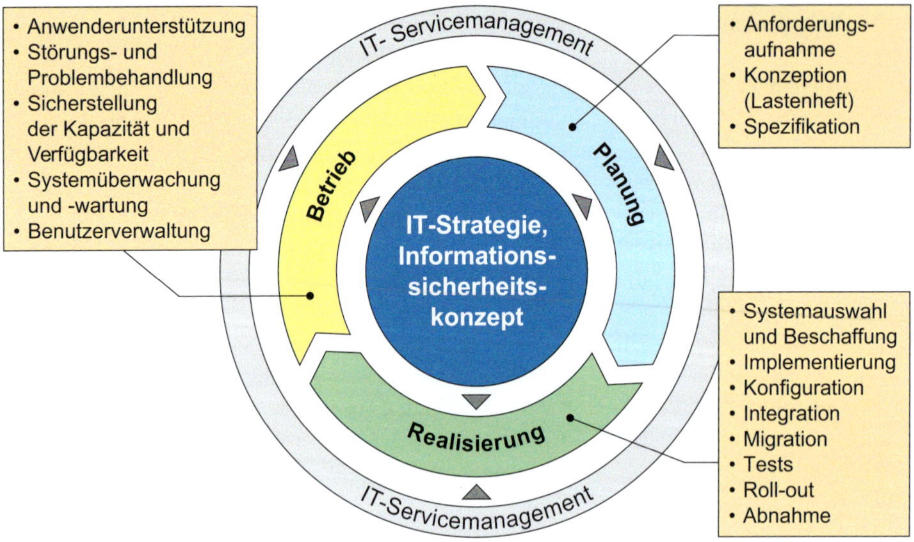

BILD 5-53
Struktur der wichtigsten Aufgaben einer IT-Organisation

schließt die Störungs- und Problembehandlung ein, die im Falle von Fehlern oder ungeplanten Unterbrechungen des Betriebs erforderlich ist. Das proaktive Management der Verfügbarkeit und Systemkapazität ist ein kritischer Aspekt für den reibungslosen Betrieb und basiert auf der Systemüberwachung, um Engpässe frühzeitig zu erkennen. Darüber hinaus müssen Systeme gewartet, also regelmäßig aktualisiert und angepasst, sowie die Accounts der Anwender und deren Zugriffsrechte verwaltet werden.

Das **IT-Servicemanagement** koordiniert die drei genannten Hauptaufgaben. Dies erfolgt nach Maßgabe der IT-Strategie und dem Konzept zur Informationssicherheit (siehe Kästen). Die IT-Strategie und das Informationssicherheitskonzept sind aufgaben- und prozessübergreifend zu betrachten. Beide Dokumente sind für alle IT-Services gleichermaßen von Bedeutung und gelten als bindende Vorgaben für alle Aktivitäten der IT-Organisation.

5.4.5.3 Aspekte der Aufbauorganisation

Der Aufbau der IT-Organisation ist maßgeblich von den IT-Prozessen abhängig und sollte durch sie bestimmt werden. Da im Rahmen dieses Kapitels nicht auf die Ausgestaltung von Aufbauorganisationen detailliert eingegangen werden kann, sind hier nur einige wesentliche Aspekte für eine erfolgreiche Gestaltung von IT-Organisationen beschrieben.

Verteilung der Verantwortlichkeiten: Die Anwender bestimmen und verantworten ihre Anforderungen und sind für die Abnahme der von der IT-Organisation bereitgestellten Services verantwortlich. Die IT-Organisation ist für die termin- und kostengerechte Umsetzung der Anforderungen und den stabilen Betrieb verantwortlich. Dieses entspricht der Forderung nach „Separation of Duties“ (Verteilung der Verantwortlichkeiten), die unter anderem in den Ausbildungsunterlagen von Certified Information System Auditoren, kurz CISA, als Grundlage jeder IT-Organisation gefordert wird [ISA04]. Hiervon ist unbenommen, dass IT-Mitarbeiter Innovationen fördern und für Optimierungen der Geschäftsprozesse sorgen. Dies tun sie jedoch im „Auftrag” der Geschäftsprozessverantwortlichen.

Keine „Schatten-IT“: Die IT-Organisation sollte alle Systeme unter ihrer Kontrolle haben. Bauen Fachbereiche oder Standorte eigene IT-Systeme im Schatten der zentralen Organisation auf, so führt das über kurz oder lang zu Konflikten und zur Vergeudung von Ressourcen. Die Verwirklichung einer unternehmensweiten einheitlichen IT-Architektur und die Notwendigkeit der Systemintegration wird so konterkariert. Allein schon der Blick auf die im Kapitel 5.4.4 beschriebenen und wohlbegründeten Prozesse zeigt, dass kein Weg an einer unternehmensweiten IT-Organisation vorbeiführt.

Etablieren von Entscheidungsgremien: Welche Anforderung genießt welche Priorität? Welche Systeme werden zukünftig unterstützt? Welche Projekte müssen wann begonnen werden? Dies sind Beispiele für notwendige Entscheidungen, die eine IT-Organisation in der Regel nicht allein treffen kann und auch nicht treffen sollte. Zur Absicherung benötigt sie Gremien, die über die IT-Strategie, die Umsetzungsroadmap und deren Weiterentwicklungen befinden, für den Abgleich von Angebot und Nachfrage in Sachen IT sorgen und Entscheidungen über die Weiterentwicklung der IT-Landschaft treffen. Unserer Erfahrung nach bieten sich zwei Gremien an: ein IT-Lenkungskreis, der vorstehende Aufgaben wahrnimmt, und ein IT-Sicherheitsgremium zur Koordination aller IT-Sicherheitsaktivitäten.

IT-Service-Organisation: Traditionell sind IT-Organisationen nach Fachkompetenzen strukturiert. Einzelne Abteilungen stellen Systemspezialisten, die für den Betrieb und die Fortentwicklung der von ihnen betreuten Systeme und Komponenten sorgen. Da diese über längere Zeit gewachsene Struktur nur schwer zu verändern ist, bietet sich eine Matrix-Organisation an. Gemäß Bild 5-54 sind die fachlichen Schwerpunkte in den Kompetenz-Teams gebündelt. Die Services sind orthogonal zu den Kompetenz-Teams angeordnet und greifen auf die jeweils erforderlichen Kompetenzen zu.

5.5 Einführung von IT-Systemen

Die Einführung eines umfassenden IT-Systems stellt einen wesentlichen Meilenstein in der Entwicklung eines Unternehmens dar. Grundlagen dafür sind wohlstrukturierte Geschäftsprozesse und eine stimmige IT-Strategie. Die IT-Einführung hat nicht nur zum Ziel, alte Anwendungen gegen neue auszutauschen; in der Hauptsache geht es um die Effizienzsteigerung der Geschäftsprozesse. Zwei Aspekte sind für die erfolgreiche IT-Einführung von besonderer Bedeutung: das sog. Business IT Alignment und Projektmanagement.

Unter **Business IT Alignment** wird die Ausrichtung der IT an den Geschäftsaktivitäten und -zielen verstanden. Der Einsatz von IT darf keinen Selbstzweck darstellen, sondern soll in hohem Maße das Geschäftsergebnis positiv beeinflussen. Business IT Alignment schafft die Grundlage, dass einerseits Geschäftsabläufe wirkungsvoll und effizient durch IT-Systeme unterstützt werden und andererseits wohlstrukturierte Geschäftsabläufe den wirtschaftlichen Betrieb von IT-Systemen ermöglichen. Wie in Bild 5-55 dargestellt, sind Aufbauorganisation, Geschäftsprozesse und Ressourcen auf der Seite des operativen Geschäfts mit der IT-Architektur, der IT-Infrastruktur, der IT-Prozesse und der IT-Ressourcen auf der Seite der operativen IT abzustimmen.

Business IT Alignment ist keine einmalige Aktion, sondern als permanenter Prozess zu verstehen und im Unternehmen ganzheitlich zu leben. Auf der Basis dieses Grundver-

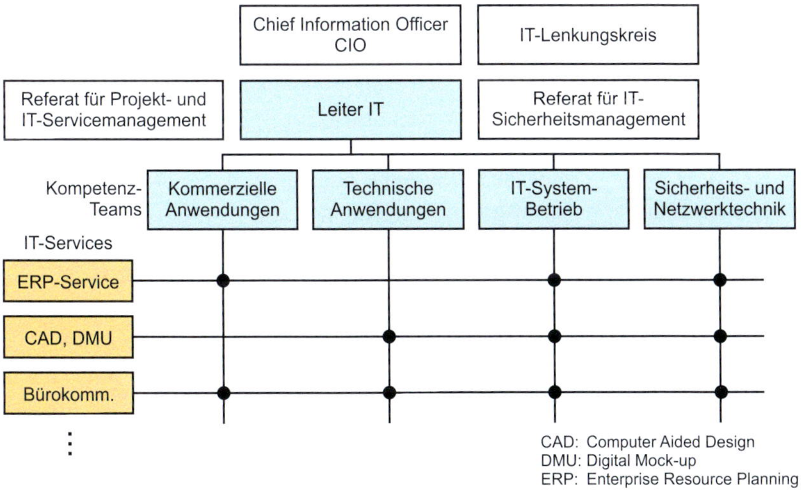

BILD 5-54
Beispiel für eine Service-orientierte Aufbauorganisation

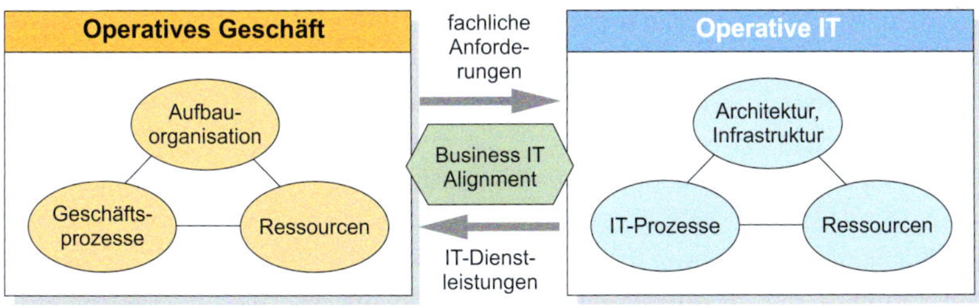

BILD 5-55
Business IT Alignment verknüpft operatives Geschäft und operative IT

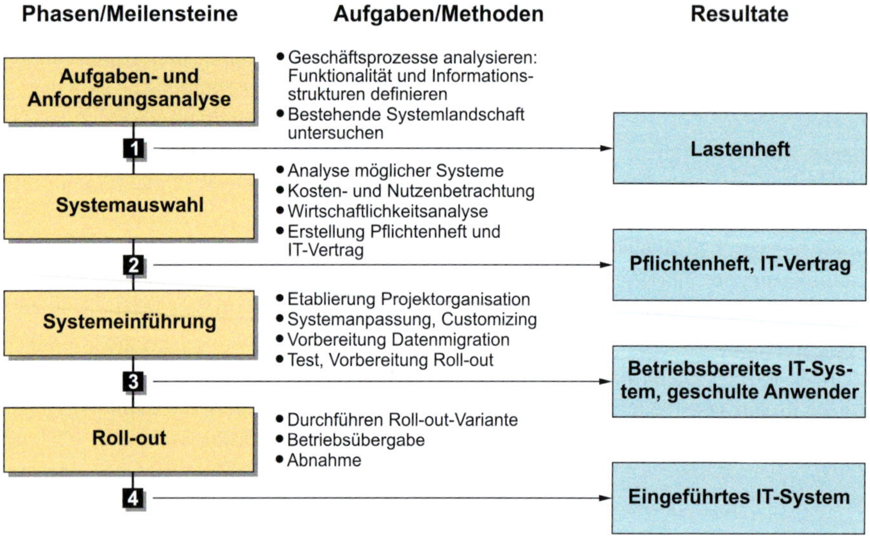

BILD 5-56
Vorgehen bei der IT-Einführung

ständnisses wird sichergestellt, dass es zu gut begründeten ausgewogenen Investitionsentscheidungen kommt und die Informationstechnik den maximal möglichen Nutzen entfaltet.

Projektmanagement ist der zweite wichtige Aspekt bei der Einführung von IT-Systemen. Neben den klassischen Projektmanagementaufgaben Planung, Kontrolle und Steuerung sind sozialkommunikative Faktoren für den Projekterfolg entscheidend. Dass ein neues System mit mehr oder weniger Änderungen des operativen Geschäfts einhergeht, ist selbstverständlich. Daher spielt hier auch das Veränderungsmanagement eine wichtige Rollte (vgl. Kapitel 4.1.3). Eine hohe Integration und Partizipation der späteren Anwender aus den Fachabteilungen verbunden mit einem ganzheitlichen methodischen Vorgehen verstärkt die Bindung zwischen dem operativen Geschäft und der IT-Organisation. Vor diesem Hintergrund wird deutlich, dass ein wirkungsvolles Management von IT-Einführungsprojekten ein Vorgehensmodell erfordert. Das von uns empfohlene Vorgehensmodell ist in Bild 5-56 dargestellt; es weist vier Phasen auf.

1. **Aufgaben- und Anforderungsanalyse:** Ausgehend von den Soll-Geschäftsprozessen sind im Wesentlichen die Funktionalität des geplanten Systems sowie die Informationen und Informationsstrukturen zu definieren. Ergebnis ist das Lastenheft.
2. **Systemauswahl:** Hier werden mit Hilfe von Marktanalysen und Systempräsentationen geeignete Systeme verglichen. Hierbei ist zwischen der Plattform- und Systemanbieterauswahl zu differenzieren. Der Kosten- und Nutzenvergleich sowie die Wirtschaftlichkeitsanalyse bestimmen die Entscheidung für eine Plattform und einen Anbieter. Als finale Ergebnisse liegen ein Pflichtenheft und ein IT-Vertrag vor.
3. **Systemeinführung:** Die dritte Phase beinhaltet die Aktionen in Hinblick auf die Inbetriebnahme des neuen IT-Systems. Wesentliche Aufgaben sind das Projektmanagement, das Customizing, die Vorbereitung der Datenmigration, das Testen und die Schulung der Anwender. Am Ende ist das IT-System betriebsbereit.
4. **Roll-out:** Darunter ist im Allgemeinen die eigentliche Einführung des uneingeschränkt betriebsbereiten IT-Systems zu verstehen. Ein wesentlicher Meilenstein ist die Abnahme des Systems.

In der Praxis zeigt sich, dass Unternehmen bei der Einführung neuer Systeme überwiegend auf Standardsoftware zurückgreifen und oftmals Individuallösungen abgelöst werden. Dafür gibt es gute Gründe: Vielerorts konnten Standardlösungen meistens nicht mehr als 70 Prozent der Anforderungen abdecken. Gut ein Drittel der Anforderungen – zumeist die kritischen – mussten über individuelle Ergänzungen abgedeckt werden. Mit einer ständig wachsenden Zahl kundenspezifischer Projekte im Zusammenhang mit der Einführung von Standard-Software und der Konzentration auf bestimmte Branchen haben sich im Verlauf der vergangenen Jahre für eine Vielzahl von Anforderungen Industriestandards mit Best Practices-Lösungen herausgebildet. Heute kann davon ausgegangen werden, dass so bereits weit über 90 Prozent der Anforderungen über Standardlösungen auch aus der Cloud zu realisieren sind. Ein weiterer wichtiger Grund für die Hinwendung zur Standardsoftware ist darin zu sehen, dass sich die ständige Erweiterung und Pflege der Individualsoftware häufig als Fass ohne Boden erwiesen hat: Trotz hoher Aufwendungen konnte mit der Entwicklung der Standard-

HERAUSFORDERUNG IT-EINFÜHRUNG

Sich für das richtige IT-System und den passenden Anbieter zu entscheiden, ist bei einer derart komplexen Investitionsentscheidung nicht einfach. Im Bereich der ERP-Lösungen sind zum Beispiel aktuell in Deutschland ca. 500 Systeme von mehr als 1.000 Anbietern am Markt verfügbar. Demzufolge gestaltet sich die Auswahl schwierig, zumal auch die Möglichkeit zur Realisierung einer Individuallösung besteht.

Die Einführung des Systems ist dann besonders heikel, wenn die eigenen Mitarbeiter nur unzureichende Erfahrung im Management von IT-Projekten haben. Häufig fehlt auch schlicht die Personalkapazität. Somit stellt sich die Frage, wie ein derartiges Projekt mit einem hohen Anspruch an Investitionssicherheit erfolgreich abgewickelt werden kann.

Vor dem Hintergrund, dass ein Unternehmen im Schnitt alle sieben Jahre ein solches Projekt angeht, empfiehlt sich der Einsatz externer Fachleute. Externe Unterstützung ist dann zu empfehlen, wenn

- das erforderliche Wissen für ein spezialisiertes Projektmanagement nicht vorhanden ist,
- kaum Erfahrungen mit Projekten zur IT-Auswahl und IT-Einführung vorliegen,
- Wissen aus vergleichbaren Projekten Mehrwerte liefern kann und
- eine neutrale Instanz gefragt ist, weil die erforderliche Sachentscheidung durch Bereichspolitik, Gewohnheiten etc. überlagert wird.

Ausprägungen externer Beratung in IT-Einführungsprojekten reichen heute vom Projekt-Coaching mit der Vermittlung von Methoden über die Begleitung als Fachmoderator und Vermittler der Auftraggeberinteressen gegenüber dem Softwareanbieter bis zum Generalunternehmer.

software und des jeweiligen Stands der Technik nicht mitgehalten werden. Ganz abgesehen davon werden auch die Träger des Know-hows der Individuallösung im Laufe der Zeit rar. Wir behandeln daher nachfolgend das Vorgehen der IT-Einführung auf Basis von Standardsystemen.

5.5.1 Aufgaben- und Anforderungsanalyse

Wesentliches Ziel ist das Lastenheft für das geplante IT-System. Zur Erarbeitung des Lastenhefts sind folgende drei Aspekte relevant, die auch prinzipiell in der angegebenen Reihenfolge zu bearbeiten sind.

1. **Wohldefinierte Soll-Geschäftsprozesse:** Sie bilden die Basis für ein erfolgreiches IT-Einführungsprojekt, die in der Regel im Zuge eines vorangegangenen BPR-Projekts (vgl. Kapitel 4.3) geschaffen wurde. Soll-Geschäftsprozesse definieren, was in welcher Reihenfolge zu tun ist, und somit prinzipiell das geplante IT-System aus Benutzersicht. Aus der Analyse der Geschäftsprozesse resultieren die erforderlichen Funktionen des Systems und die zu verarbeitenden Informationen.
2. **Transparente Informationsstrukturen:** Neben den Soll-Geschäftsprozessen müssen die Informationsstrukturen des neuen Systems definiert werden. In einem ERP-System zählen dazu beispielsweise die abzubildenden Produktkonfigurationen bei einem Variantenfertiger und kaufmännische Werteflüsse in einem Konzern. Die Informationsstrukturen sind transparent und nachvollziehbar zu dokumentieren; sie spielen bei der Auswahl des zukünftigen IT-Systems und des Implementierungspartners eine wichtige Rolle. Ferner ist die Kenntnis der Informationsstrukturen eine Voraussetzung für das Erarbeiten von Aussagen über die Migration von abzulösenden Systemen auf das neue System.
3. **Notwendige Systemintegration:** Zusätzliche Anforderungen an das neue IT-System ergeben sich aus der Einbettung des Systems in die bestehende Systemlandschaft. So sind beispielsweise Aussagen darüber zu treffen, wie vorhandene Systeme über Schnittstellen anzubinden sind und ob nur noch Systeme mit spezifischen Architekturmerkmalen infrage kommen.

Die Bearbeitung dieser drei Aspekte führt zu einem Lastenheft, das im Wesentlichen eine Beschreibung der geforderten Funktionalität sowie Aussagen zu Informationen und Informationsstrukturen, zur Migration und zur Integration beinhaltet. Für eine fundierte und damit belastbare Investitionsentscheidung kommt dem Lastenheft eine herausragende Bedeutung zu. Im Lastenheft werden die Anforderungen aller betroffenen Unternehmensbereiche konsolidiert. Einen Auszug aus einem Lastenheft einer ERP-Systemauswahl zeigt Tabelle 5-3. Hier sind den Geschäftsprozessen (GP) des übergeordneten Hauptgeschäftsprozesses (HGP) „Fertigungssteuerung durchführen" die für die Systemauswahl relevanten Aussagen zugeordnet. Unter Klassifizierung ist im Rahmen der Systemauswahl anzugeben, ob die jeweilige funktionale Anforderung durch den Standard abgedeckt wird oder eine Anpassung bzw. Erweiterung des Standards erfordert. Der dafür notwendige Aufwand würde daneben eingetragen werden. Das Lastenheft ist bis auf weiteres das wesentliche Dokument für die unternehmensinterne Kommunikation und die erforderlichen Abstimmungsprozesse. Ferner bildet das Lastenheft die Grundlage zur Auswahl der infrage kommenden Systemlieferanten.

Wie ausführlich vor Festlegung eines potentiellen Systemanbieters die Anforderungen im Lastenheft beschrieben werden, ist von den Rahmenbedingungen des Projekts abhängig. Steht eine Ausschreibung für ein komplexes IT-System an, bei der die Plattform noch offen ist oder vermeintlich spezielle Anforderungen des Unternehmens zum Tragen kommen, empfiehlt sich ein relativ hoher Detaillierungsgrad in der Beschreibung der Anforderungen. Ist die Plattform unter Umständen schon gesetzt und das Unternehmen fährt die Strategie, sich auf den Best-Practice oder Branchenstandards einzulassen, dann ist für die Anbieterauswahl häufig ein kompakteres, weniger detailliertes Anforderungsprofil auf Grundlage von Mindestkriterien ausreichend. Mindmaps sind hier ein gängiges Werkzeug, um Anforderungen prägnant darzustellen. Wo früher noch in den Lastenheften Anwendermasken auf Feldebene beschrieben wurden, erfolgt heute auch bei komplexen Einführungsprojekten die Anforderungsdefinition auf der Ebene der Funktionen bzw. Geschäftsvorfälle. Die eigentliche Feindefinition erfolgt dann zusammen mit dem IT-Anbieter mit Abgleich der Funktionen im Pflichtenheft.

5.5.2 Systemauswahl

Die Entscheidung für ein umfassendes IT-System hat für ein Unternehmen erhebliche Konsequenzen. Es liegt nahe, den entsprechenden Entscheidungsprozess sehr sorgfältig durchzuführen. Das sollte folgende Aufgaben umfassen, auf die näher eingegangen wird: Analyse infrage kommender Systeme, Kosten- und Nutzenbetrachtung, Wirtschaftlichkeitsanalyse sowie die Erstellung eines Pflichtenhefts und eines IT-Vertrags.

Analyse möglicher Systeme, Plattformentscheidung

Abhängig vom Einsatz des IT-Systems - ob ERP, PDM, MDE, Business Intelligence etc. oder dem Ziel, vorhandene Technologien und Lizenzen weiterzuverwenden - kann die Plattformentscheidung sehr früh vorbestimmt sein. Steht

TABELLE 5-3 Auszug aus einem Lastenheft zur Einführung eines ERP-Systems

HPG „Fertigungssteuerung durchführen"	Klass.	Aufwand
GP „Fertigungsvorschläge optimieren"		
Das System muss anhand der Kapazitätsauslastung Vorschläge zur Einplanung der Fertigungsaufträge erstellen.		
Das System muss je Arbeitsplatz einen prozentualen Auslastungsgrad innerhalb definierbarer Perioden anzeigen.		
Das System muss eine Funktion bieten, Arbeitsgänge von interner auf externe Fertigung und umgekehrt umzudisponieren.		
GP „Verfügbarkeit prüfen"		
Zu einer konkreten Auftragsnummer muss im System jederzeit die Verfügbarkeit des Lagermaterials, der Kaufteile und Fertigungsteile abgefragt werden können.		
Es ist eine Fehlteilliste auf Auftragsebene und heruntergebrochen auf einzelne Stücklistenelemente im System zu erzeugen.		
GP „Rückstände prüfen"		
Es müssen Fehlteillisten erzeugt werden: Informieren über noch nicht erledigte Fertigungsaufträge und fehlende Teile.		
GP „Fertigungsaufträge simulieren"		
Veranlasst durch eine Vertriebsanfrage sind Fertigungsaufträge bzgl. ihrer Durchlaufzeit und Materialbedarfe zu simulieren.		
Konkrete Fertigungsaufträge müssen hinsichtlich frühestem Fertigungsendtermin in Bezug auf Fertigungs- und Montagekapazitäten sowie Materialverfügbarkeit zu simulieren sein.		
Im Teilekonto müssen Reservierungen, die aus einer Simulation resultieren, als solche ausgewiesen werden.		

aber eine Systementscheidung quasi „auf der frühen Wiese" an, wird empfohlen, zunächst ohne Einschränkung den Anbietermarkt zu sondieren. Das kompakte Anforderungsprofil in Form einer Mindmap oder die Verdichtung auf unternehmenskritische Lastenheftanforderungen liefern hier die Kriterien, die als Messlatte an verfügbare Systeme und mögliche Anbieter gelegt werden. Je konkreter das Lastenheft hinsichtlich der unternehmensspezifischen Anforderungen erstellt wurde, umso präziser lässt sich schon zu diesem frühen Zeitpunkt der Marktsondierung einschätzen, welche Anbieter grundsätzlich in der Lage sind, die Anforderungen abzudecken. Ziel der Plattformentscheidung sollte sein, über eine anschließende Vorauswahl die Zahl der Kandidaten auf eine möglichst kleine zu begrenzen, wobei alle verbliebenen Anbieter in der Lage sein sollten, das Anforderungsprofil weitestgehend zu erfüllen. In der Praxis hat es sich bewährt, den Kreis auf zwei bis maximal drei Systemanbieter zu beschränken. Mit diesen können dann detaillierte Gespräche geführt und ausführliche Systempräsentationen vereinbart werden.

Die **Systempräsentationen** durch die Anbieter sind im Auswahlprozess von sehr hoher Bedeutung und müssen durch das Anwenderunternehmen intensiv vorbereitet werden. Die Systempräsentationen der einzelnen Anbieter sollen nach demselben Schema ablaufen, um die Vergleichbarkeit der infrage kommenden Systeme zu gewährleisten. Freie Präsentationen, die häufig als „Werbeveranstaltungen" der Systemhäuser genutzt werden, können dazu führen, dass die eigenen relevanten Anforderungen nur un-

EMPFEHLUNG FÜR EINE ERP-SYSTEMPRÄSENTATION

Bei der Präsentation eines ERP-Systems sollte die Überprüfung der eigenen Anforderungen möglichst praxisnah erfolgen. Dazu trägt beispielsweise bei, dass die Systemfunktionen entlang eines vollständigen Auftragsdurchlaufs mit typischen Anwendungsfällen demonstriert werden. Wenn es das Anforderungsprofil erfordert, sollten komplexe mandantenübergreifende Geschäftsfälle (sog. Business Cases) nachvollzogen werden: beispielsweise die Auftragserfassung in der Vertriebsgesellschaft, die anschließende Disposition in der Produktionsgesellschaft, die Fertigung im ausländischen Partnerunternehmen, die Just-in-time-Auslieferung über ein Logistik-Unternehmen und die Ergebnisrechnung in der Management-Gesellschaft. Als Checkliste sollte das Lastenheft dienen. Dieses enthält die funktionalen Anforderungen und ermöglicht, während der Demonstration des Systems Bewertungen vorzunehmen und Kommentare aufzunehmen.

TABELLE 1: Auszug einer Checkliste

HPG „Fertigungssteuerung durchführen"	Bew.	Notizen
GP „Fertigungsvorschläge optimieren"		
Das System muss anhand der Kapazitätsauslastung Vorschläge zur Einplanung der Fertigungsaufträge erstellen.	+	
Das System muss je Arbeitsplatz einen prozentualen Auslastungsgrad innerhalb definierbarer Perioden anzeigen.	-	*Anpassungsbedarf*
Das System muss eine Funktion bieten, Arbeitsgänge von interner auf externe Fertigung und umgekehrt umzudisponieren.	0	*umständliche Handhabung*
GP „Verfügbarkeit prüfen"		
Zu einer konkreten Auftragsnummer muss im System jederzeit die Verfügbarkeit des Lagermaterials, der Kaufteile und Fertigungsteile abgefragt werden können.	+	
Es ist eine Fehlteilliste auf Auftragsebene und heruntergebrochen auf einzelne Stücklistenelemente im System zu erzeugen.	+	
GP „Rückstände prüfen"		
Es müssen Fehlteillisten erzeugt werden: Informieren über noch nicht erledigte Fertigungsaufträge und fehlende Teile.	+	
GP „Fertigungsaufträge simulieren"		
Veranlasst durch eine Vertriebsanfrage sind Fertigungsaufträge bzgl. ihrer Durchlaufzeit und Materialbedarfe zu simulieren.	+	
Konkrete Fertigungsaufträge müssen hinsichtlich frühestem Fertigungsendtermin in Bezug auf Fertigungs- und Montagekapazitäten sowie Materialverfügbarkeit zu simulieren sein.	+	
Im Teilekonto müssen Reservierungen, die aus einer Simulation resultieren, als solche ausgewiesen werden.	-	*Anpassungsbedarf*

zureichend überprüft werden und die Aufmerksamkeit auf Punkte gelenkt wird, die im späteren Einsatz nur marginale Bedeutung haben.

Es liegt nahe, Systempräsentationen und Workshops mit Anbietern mit einer Agenda und einer Checkliste zu strukturieren. Die Checkliste sollte insbesondere die K.O.-Kriterien berücksichtigen, so dass die zwingend notwendigen IT-Funktionen hinreichend überprüft werden können. Hierzu wird empfohlen, den Systemanbietern im Voraus Geschäftsvorfälle mit zugehörigen Stamm- und Bewegungsdaten des eigenen Unternehmens zur Verfügung zu stellen, mit denen die zu betrachtenden Systeme voreingestellt und präsentiert werden.

Mit den gewonnenen Eindrücken aus den Systempräsentationen sollte die Leistungsfähigkeit der in die engere Wahl genommenen Systeme und Systemanbieter durch Besuche bei **Referenzkunden** überprüft werden. Auch wenn diese natürlich nur spezifische Anwendungen widerspiegeln, lassen sich hier Informationen über das Projektmanagement und die Zuverlässigkeit des Herstellers sehr gut überprüfen – Kriterien, die im Rahmen der vorher erfolgten Systempräsentation kaum zu bewerten sind.

Mit den Ergebnissen der Systempräsentationen, den Eindrücken aus den Referenzbesuchen und ersten konkreten Angeboten für das Einführungsprojekt liegen genügend Informationen für eine Abschätzung der Kosten und des Nutzens der in Betracht gezogenen Systeme vor.

Nutzwertanalyse

Ein erster Ansatz, sich im Rahmen der Systemauswahl ein Bild von der Vorteilhaftigkeit einer IT-Investition zu machen, ist die Nutzwertanalyse. Mit ihr lassen sich verschiedene Systeme gegenüberstellen. Das Beispiel in Bild 5-57 zeigt eine Nutzwertanalyse auf der Basis von sechs Hauptkriterien. Im vorliegenden Beispiel müsste die Entscheidung zugunsten des Systems 2 fallen. In der Praxis unterstützt die Nutzwertanalyse die Entscheidungsfindung. Schon aufgrund der Subjektivität der Mehrzahl der Beur-

Bewertungskriterien (Zielsystem) Bewertung: 0 bis 10	Gewichtung [in %]	Systemvarianten: System 1		System 2	
		Bew.	Nutzw.	Bew.	Nutzw.
1 Einmalige Kosten	(35)				
1.1 Hardware	10	3	0,30	5	0,50
1.2 Software	15	6	0,90	7	1,05
1.3 Einführung	10	7	0,70	8	0,80
2 Laufende Kosten	20	5	1,00	9	1,80
3 Akzeptanz	10	7	0,70	3	0,30
4 Funktionalität	15	3	0,45	9	1,35
5 Integrationsfähigkeit	10	4	0,40	5	0,50
6 Techn. Attraktivität	10	9	0,90	6	0,60
	100		5,35		6,90

BILD 5-57
Bewertung von Systemvarianten durch eine Nutzwertanalyse

Geschäftsprozesse	Strategische Nutzenkriterien / Gew.	Liefertreue		Image		...	
	Gew.	30 %		20 %			100 %
		Bew. [0-10]	Bew x Gew.	Bew. [0-10]	Bew. x Gew.		
Fertigungsvorschläge optimieren	25 %	3	0,75	8	2		
Verfügbarkeit prüfen	30 %	5	1,5	2	0,6		
Rückstände prüfen	10 %	8	0,8	4	0,4		
⋮							
Bewertung Kriterium über Geschäftsprozesse	100 %		6,2		5,6		
Kriterienbezogener Nutzwert (Bew. x Gew.)			1,86		1,12		**6,8**

Gesamtnutzwert der IT-Investition

BILD 5-58
Bewertungsschema für die Ermittlung des nicht quantifizierbaren strategischen Nutzens einer IT-Investition

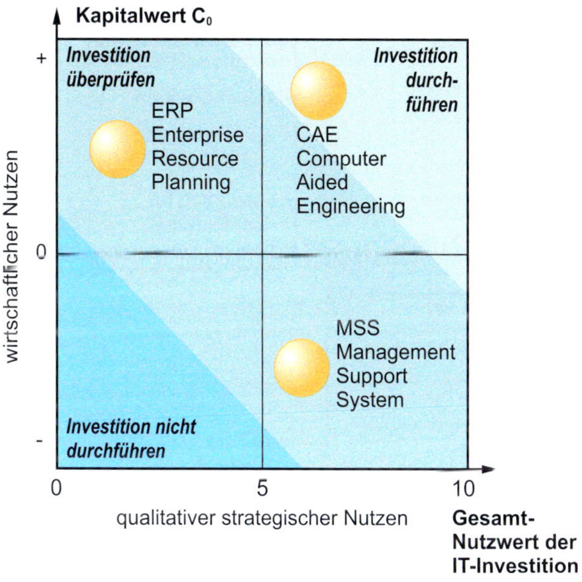

BILD 5-59 Nutzenportfolio

teilungen ist es nicht sinnvoll, die Entscheidung ausschließlich auf Basis dieser Methode zu treffen. Ihr Vorteil liegt in der Transparenz und der Nachvollziehbarkeit des Entscheidungsprozesses.

Ein weiterer Ansatz insbesondere zur Bewertung des strategischen Nutzens ist das in Bild 5-58 wiedergegebene Schema. Hier werden zunächst die Geschäftsprozesse entsprechend ihrer Bedeutung gewichtet. Anschließend wird der qualitative Nutzen der IT-Investition bezogen auf die einzelnen Nutzenkriterien je gewichtetem Geschäftsprozess mit einem Wert zwischen 0 (kein Nutzen) und 10 (großer Nutzen) bewertet. Aus der Summe ergibt sich die Bewertung eines jeden Kriteriums über die Geschäftsprozesse.

Da in der Regel mehrere qualitative strategische Nutzenkriterien vorhanden sind, werden diese Kriterien ebenfalls gewichtet und mit der zuvor ermittelten Summe zum kriterienbezogenen Nutzwert multipliziert. Die Summe aller kriterienbezogenen Nutzwerte liefert dann den Gesamtnutzwert der IT-Investition. Die so ermittelten Ergebnisse fließen in ein Nutzenportfolio ein (Bild 5-59). Dieses stellt für jede Alternative sowohl den wirtschaftlichen als auch den qualitativen strategischen Nutzen anschaulich dar und erweitert die Entscheidungsgrundlage zur Durchführung der IT-Investition. Anmerkung: Die Berechnung des Kapitalwerts wird in Bild 5-62 erläutert.

Wirtschaftlichkeitsanalyse

Eine Wirtschaftlichkeitsanalyse in Form einer **qualifizierten Kosten-Nutzen-Betrachtung** ist im Gegensatz zur Nutzwertanalyse detaillierter und zeigt die direkten Auswirkungen auf die Ertragsposition des Unternehmens. Den Kosten (Investitionen und Betriebskosten) für ein neues System wird auch ein quantifizierter Nutzen in Form von Gewinn- und Verlustrechnung (GuV) wirksamen Potentialen gegenübergestellt. Auf dieser Basis lassen sich nachvollziehbare Entscheidungen treffen, um die mit der Einführung angestrebten Ziele messbar zu erreichen.

Das Bild 5-60 zeigt ein hierfür bewährtes Vorgehen. Auf Grundlage der aufgenommenen **Ist-Prozesse** mit der Methode OMEGA werden **Potentiale** in Form von qualitativen und quantitativen Verbesserungsmöglichkeiten identifiziert und den konkreten Prozessen zugeordnet. Zur Ausschöpfung dieser Potentiale werden **Maßnahmen** abgeleitet. Bei den Maßnahmen wird unterschieden, ob sie sofort realisierbar (Sofortmaßnahmen) bzw. kostenwirksam, d. h. in der Gewinn- und Verlustrechnung darstellbar sind. Des Weiteren ist zu prüfen, welche Maßnahmen ohne neue Systemunterstützung, also IT-unabhängig, durch organisatorische Verbesserungen zu realisieren sind. Abschließend grenzen sich die Maßnahmen ab, die für das neue System Grundvoraussetzung sind.

Damit ein tatsächlicher **Return on Investment (RoI)** gerechnet werden kann, ist die monetäre Bewertung der ausgeschöpften Potentiale erforderlich. Hierzu sind die Effekte als quantitativer Nutzen zu ermitteln, die konkreten Konten in der GuV zugewiesen werden können. Der quantitative Nutzen lässt sich wie folgt GuV-wirksam klassifizieren und darstellen:

- **Erlössteigerungen:** Die IT-Investition macht die Abwicklung eines höheren Auftragsvolumens möglich und führt somit zu einer erwarteten Umsatzsteigerung.
- **Aufwandssenkung:** Mögliche Reduzierungen im Bereich der Personal-, Material- und Gemeinkosten sowie Finanzierungskosten, die zu Kosteneinsparungen führen und sich aus der unmittelbaren Wirkung der IT-Investition ergeben.

Die transparente Darstellung der einzelnen Nutzenpositionen direkt in der GuV sowie in den Geschäftsprozessen in einer **Prozesslandkarte** zeigt, welche Aktivitäten zukünftig den größten Nutzenbeitrag liefern. Durch dieses Vorgehen kann ebenfalls der größte Handlungsbedarf abgeleitet werden.

Die **Kosten** für ein neues IT-System sind zu unterscheiden in Investitionen und Betriebskosten.

- **Investitionen:** Hierzu zählen die einmaligen Kosten des IT-Einführungsprojekts für Hardware, Software (Lizenz-

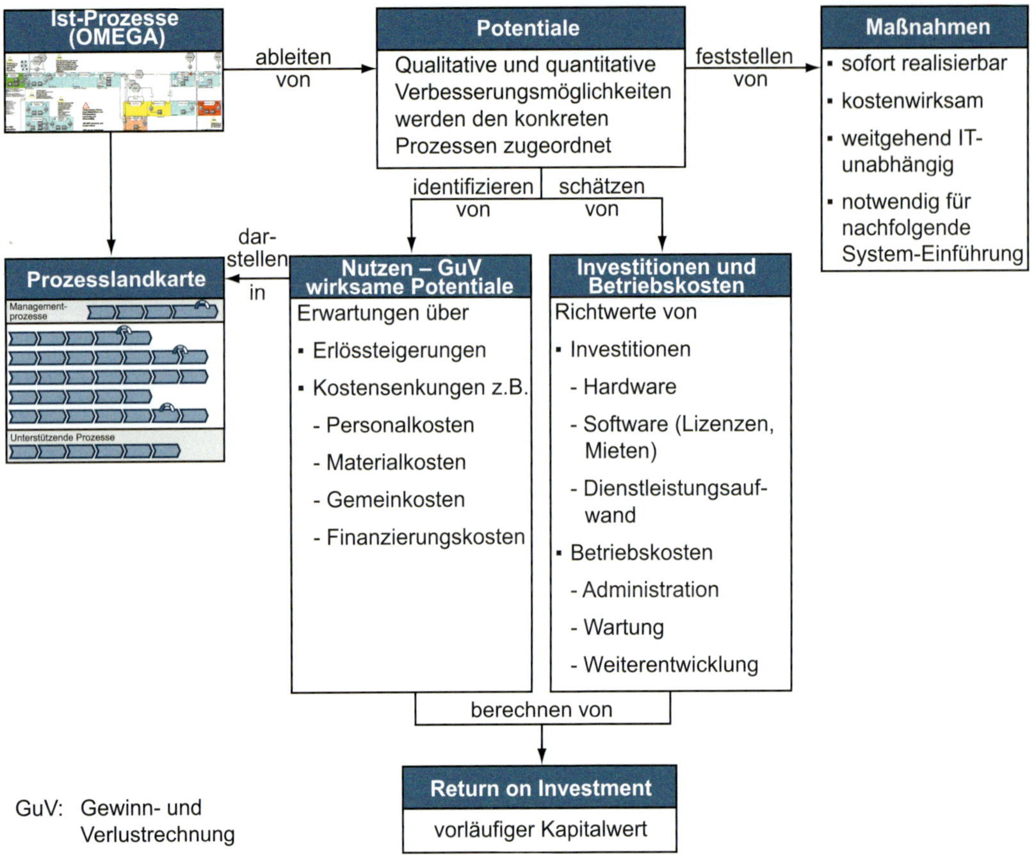

BILD 5-60 Vorgehen der Kosten- und Nutzenbetrachtung

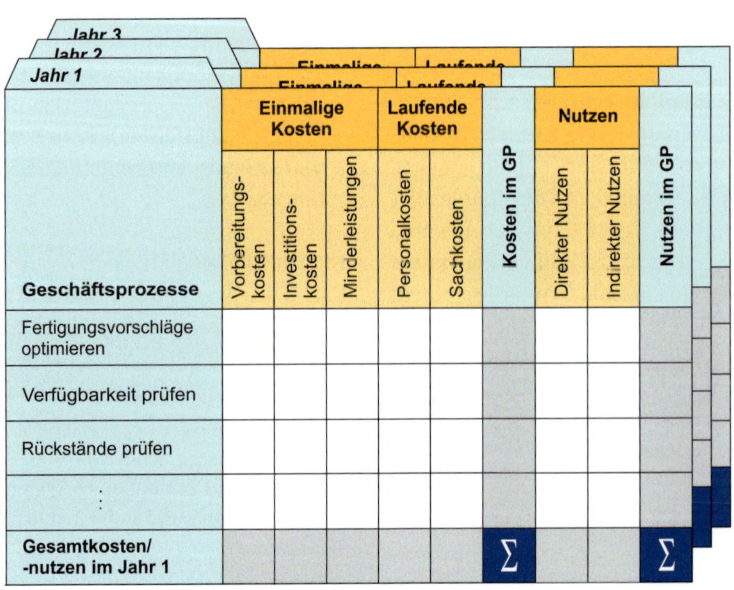

BILD 5-61 Prozessorientierte quantitative Kosten- und Nutzenerfassung

Kapitalwertmethode

$$C_0 = -a_0 + \sum_{t=1}^{N} c_t \cdot q^{-t}$$

C_0 = Kapitalwert (Barwert aller Zahlungen zum Zeitpunkt t = 0)

a_0 = Anschaffungsauszahlungen im Zeitpunkt t = 0

c_t = Überschuss der Einzahlungen (e_t) über die Auszahlungen (a_t); jeweils kumuliert am Ende der Periode t

q = (1 + i) mit i = Kalkulationszinssatz

n = Nutzungsdauer der Investitionsalternative mit t = 1, 2, .., N

	t = 0 (2008)	t = 1 (2009)	t = 2 (2010)	t = 3 (2011)	t = 4 (2012)
Kosten a_t	200 T€	150 T€	100 T€	50 T€	0 T€
Nutzen e_t	0 T€	50 T€	120 T€	200 T€	300 T€
Überschuss $c_t = e_t - a_t$	-200 T€	-100 T€	20 T€	150 T€	300 T€

angenommener Zinssatz: i = 0,08

Kapitalwert = 64,14 T€ → Der Kapitalwert C_0 ist positiv.
→ Die Investition ist vorteilhaft.

BILD 5-62
Quantitative Wirtschaftlichkeitsanalyse mit der Kapitalwertmethode

kauf oder Miete) und ggf. extern zu beziehende Dienstleistungen.

- **Betriebskosten:** Es handelt sich um die laufenden Kosten (Personal- und Sachkosten). Hierzu zählen die Kosten für Administration inkl. Fehlermanagement und Benutzerbetreuung sowie Wartung und Weiterentwicklung.

Die Kosten und der Nutzen werden nach Kategorien bezogen auf die einzelnen Geschäftsprozesse und für die Jahre des Einsatzes ermittelt (Bild 5-61). Somit ergeben sich die jährlichen Gesamtkosten und der jährliche geldwerte Nutzen der IT-Investition. Quantitative Elemente des strategischen Nutzens werden unter direkten und indirekten Nutzen erfasst.

Zur Berechnung des Return on Investment (RoI) werden die zuvor quantitativ ermittelten Kosten- und Nutzengrößen mit der **Kapitalwertmethode** gegenübergestellt, so dass für jede IT-Investition ein Kapitalwert ermittelt werden kann (Bild 5-62) [Bur97].

Erstellung Pflichtenheft und IT-Vertrag

Nachdem das System bestimmt ist und alles darauf hindeutet, dass die Investition aus technischer und unternehmerischer Sicht erfolgreich sein wird, sind die Leistungen des Lieferanten eindeutig schriftlich zu fixieren. Dies geschieht durch das Pflichtenheft und den IT-Vertrag. Das Pflichtenheft beruht auf dem Lastenheft und spezifiziert die zu erbringende Leistung im Detail (vgl. auch folgender Kasten).

Zusätzlich zur geforderten Funktionalität und der damit verbundenen Informationsstruktur, die sich aus den Geschäftsprozessen ergibt, sind nachfolgend beispielhaft aufgezählte Aspekte im Pflichtenheft zu berücksichtigen:

- **Integration:** Wie soll das neue System in die bestehende IT-Landschaft eingebettet werden? Welche Schnittstellen sind zu realisieren?
- **Migration:** Welche Daten des Altsystems müssen durch Konvertierungs- und Portierungsleistungen für das neue System übernommen werden?
- **Performance:** Welche Antwortzeiten soll das neue System gewährleisten?
- **Dokumentation:** Welche Dokumente (Benutzerhandbuch, Systemadministrationshandbuch, Entwicklungsdokumentation der unternehmensspezifischen Erweiterungen etc.) müssen in welcher Form und in welcher Sprache vorliegen? Wie erfolgt die Aktualisierung?

Insbesondere bei der Notwendigkeit von Anpassungs- und Programmierarbeiten ist ein auf die spezifischen Anforderungen einer IT-Einführung ausgerichteter Vertrag zu erstellen. Wichtig ist, dass neben den inhaltlichen Realisierungsumfängen auch die juristischen und kaufmännischen Aspekte über einen IT-Vertrag eindeutig definiert sind.

LASTENHEFT UND PFLICHTENHEFT

Im **Lastenheft** ist die Gesamtheit der Forderungen des Auftraggebers aus Anwendersicht einschließlich aller Randbedingungen zu beschreiben. Diese sollten qualifizierbar und prüfbar sein. Im Lastenheft wird definiert, was für eine Aufgabe vorliegt und wofür diese zu lösen ist. Das Lastenheft ist ein Dokument,

- das weitestgehend systemanonym ist,
- in dem alle Anforderungen eines Unternehmens an eine Lösung festgelegt sind,
- in dem Umfang und geforderte Qualität festgeschrieben sind.

Das **Pflichtenheft** enthält das Lastenheft. Im Pflichtenheft werden die Anwendervorgaben detailliert und in einer Erweiterung die Realisierungsforderungen unter Berücksichtigung konkreter Lösungsansätze beschrieben. Im Pflichtenheft wird demnach definiert, wie und wo die Forderungen zu realisieren sind. Das Pflichtenheft

- ist system- und anbieterspezifisch,
- dokumentiert die mit dem Anbieter vereinbarte geschuldete Leistung,
- legt die Art der Realisierung der geschuldeten Leistung fest und
- sollte verpflichtender Vertragsbestandteil sein.

Quelle:
DIN 69905-VDI/VDE 3694 - VDA 6.1: Projektwirtschaft - Projektabwicklung - Begriffe

Vertragstypen für IT-Projekte sind der Kaufvertrag, Werkvertrag und Dienstvertrag (Tabelle 5-4). Der Erwerb eines Standardsoftwaresystems bzw. Standardsystems basiert in der Regel auf einem Kaufvertrag. Häufig besteht die Notwendigkeit, das System für unternehmensspezifische Aufgaben zu erweitern. Dafür wird ein Werkvertrag unterzeichnet. Der Dienstvertrag ist dafür nicht geeignet, weil sich auf dieser Grundlage das IT-Einführungsprojekt als Fass ohne Boden erweisen könnte; außerdem sieht der Dienstvertrag keine Mängelhaftung vor.

Das IT-Recht ist im Vergleich zu anderen Rechtsgebieten noch jung. Viele Streitigkeiten resultieren aus unausgesprochenen Erwartungen der einen Vertragspartei gegenüber der anderen. In der Regel wird darüber gestritten, welche Funktionalität die Software aufweisen soll, ob Leistungen noch im vereinbarten Preis enthalten sind, ob rechtzeitig geliefert wurde, welche Rechte an der Software eingeräumt werden müssen und vieles mehr. Häufig werden die mit der Vertragsgestaltung verbundenen Kosten gescheut. Oft sehen die Geschäftspartner einen Vertrag auch als entbehrlich an - in der Hoffnung, dass alles gut wird. Wir empfehlen, eine Systemeinführung nur auf Basis eines professionellen IT-Vertrags (Werkvertrags) inkl. Pflichtenheft vorzunehmen. Der folgende Kasten enthält eine Leitlinie zur Erstellung eines derartigen Vertrags.

TABELLE 5-4 Vertragstypen in IT-Projekten

Vertragstyp	Charakteristika	Beispiele
Kaufvertrag	• Übereignung einer Sache bzw. Rechteübertragung • Keine Projekttätigkeit im klassischen Sinne • Mängelhaftung, aber keine Abnahme • Keine Kündigung	• Kauf eines Standard-Office-Systems oder eines Standard-CAD-Systems • Erwerb von Lizenzen
Werkvertrag	• Erfolg geschuldet • Eigenverantwortliche Projektarbeit durch Auftragnehmer • Abnahme und Mängelhaftung • Auftragnehmer kann i.d.R. nicht kündigen	• Erweiterung des CAD-Systems für eine spezifische Anpassungskonstruktion auf der Basis der Programmierschnittstelle • Einführung eines ERP-Systems
Dienstvertrag	• Nur Tätigwerden geschuldet • Projektarbeit nach Auftraggeberweisung • Keine Mängelhaftung • Kurzfristig kündbar	• Bezug externer Unterstützungsleistung zur Aufbereitung von Altdaten für Migration

DER PRÄZISE IT-VERTRAG

Zu den Punkten, die in jedem Fall in die Ausgestaltung des IT-Vertrags einfließen müssen, zählen:

- Vertragsgegenstand in Form eines vollständigen Pflichtenhefts,
- Verweise auf alle mitgeltenden Dokumente,
- Zahlungsmodalitäten und
- Liefergegenstände mit Lieferterminen.

Auch die Meilensteine, mit denen bei IT-Einführungsprojekten wichtige Zwischenergebnisse festgestellt werden, sollten schon in den Verträgen dokumentiert werden. Das Erreichen dieser Meilensteine bietet beiden Parteien die Möglichkeit, den Projektfortschritt zu bewerten, und gibt den Zahlungszielen eine überprüfbare Basis. Für die Vertragsgestaltung sind folgende Punkte besonders wichtig:

Rechte

Ein immer noch geradezu stiefmütterlich behandelter Punkt betrifft die Rechteeinräumung des Auftragnehmers zu Gunsten des Auftraggebers. Zu betrachten sind jeweils unterschiedliche Rechtsgebiete. Bei den Urheberrechten ist zu unterscheiden, ob dem Auftraggeber die Nutzungsrechte exklusiv oder nicht exklusiv eingeräumt werden. Zu vereinbaren ist ferner, ob diese zeitlich und örtlich unbeschränkt zur Verfügung gestellt werden. Regelmäßig ist im Rahmen der Rechtegewährung auch zu klären, ob überlassene Software weitergegeben werden darf. Sofern Volumenlizenzen gewährt werden, muss Klarheit darüber erzielt werden, ob diese ganz oder teilweise weitergegeben werden dürfen (Verbreitungsrecht):

- Ist ein Vertrieb an Dritte zulässig?
- Werden Quellcodes übereignet?
- Wie sieht es mit Titelschutz und Markenrechten aus – Werden diese neben den Urheberrechten ebenfalls übertragen?
- Gibt es möglicherweise spezielle urheberrechtliche Fragen, die im Zusammenhang mit der Datenbanknutzung geklärt werden müssen?
- Ist die Nutzung der Software im Rahmen der Auftragsdatenverarbeitung oder auch in der Cloud zulässig?
- Darf die Software bearbeitet werden (Bearbeitungsrecht)?

Aus dieser kurzen, beispielhaften Auflistung von Fragen ist erkennbar, dass das Gebiet der Rechteeinräumung des Auftragnehmers zu Gunsten des Auftraggebers ausgesprochen komplex ist. Das Thema beinhaltet diverse Teilaspekte und wirft eine Vielzahl diffiziler Fragen mit juristischer Relevanz auf, die nur von Spezialisten geklärt werden können.

Projektvergütung

Auftragnehmer arbeiten im Allgemeinen nach einem Modell, bei dem die mit einem Auftrag verbundenen Kosten als Vollkosten berücksichtigt werden, zu dem ein Verwaltungskostenzuschlag und eine Marge kalkuliert werden. Dies entspricht klassischen Dienstvertragsstrukturen. Eine Erfolgskomponente ist hier nicht vorgesehen. Alternativ gibt es in der Praxis auch immer wieder Vergütungsmodelle, bei denen im Rahmen einer Festpreis-Vereinbarung für die kalkulierbaren Aufgaben Pauschalpreise für die werkvertraglichen Komponenten vereinbart werden. Soweit Schulungen oder nicht kalkulierbare Anpassungen Bestandteile dieser Verträge sind, arbeiten die Vertragsparteien hier in aller Regel mit Budgets.

Änderungsmanagement

Erfahrungsgemäß können sich während des Projektverlaufs Änderungen gegenüber den Anforderungen laut Pflichtenheft ergeben. Für derartige Änderungswünsche bedarf es im Vorfeld einer klaren Regelung. Anderenfalls läuft der Auftraggeber Gefahr, dass der Systemanbieter Nachforderungen stellt.

Vor diesem Hintergrund ist ein sogenanntes „Change Request Verfahren" regelmäßiger Bestandteil von IT-Projektverträgen. Beide Vertragsparteien können einer solchen Vereinbarung zufolge eine Änderungsanforderung (Change Request) einbringen. Der Auftragnehmer unterbreitet jeweils für die vom Auftraggeber gewünschten Änderungen Angebote. Von Ausnahmefällen abgesehen führt dies zu Mehrkosten, die – genauso wie gegebenenfalls damit zusammenhängende zeitliche Verzögerungen – vom Auftraggeber zu tragen sind. Bewährt hat es sich, wenn in den Vertragsverhandlungen bereits von vornherein das Thema Änderungsanforderungen angesprochen und auch ein gewisser erfahrungsbasierter Prozentsatz vom gesamten Projektaufwand für solche Änderungswünsche in den Budgets einkalkuliert wird.

Wartung, Updates und Upgrades

Neben der Frage, wie und in welchem Umfang Wartung vertraglich abgebildet wird, gilt es bei diesem Vertragspunkt, auch Regelungen für Software-Updates und andere technologiebasierte Weiterentwicklungen zu vereinbaren. Das heißt: Bereits beim

Vertragsabschluss ist sowohl das Thema „Wartung" als auch das Vorgehen bei künftigen technologischen Evolutionen zu klären.
In aller Regel wird in IT-Verträgen ein bestimmter „Stand der Technik" festgeschrieben. Kommt es zu technologischen „System-Sprüngen" und zur Lieferung von entsprechenden Software-Upgrades, ist dies mit einem erneuten Lizenzerwerb verbunden. Es ist vertraglich festzuhalten, ob und in welchen Zeitfenstern Software-Upgrades bezahlt werden müssen und wer die damit verbundenen Implementierungskosten trägt.

Gewährleistung

In der Praxis kommt es immer wieder vor, dass es aus der Sicht von IT-Dienstleistern eine „Gewährleistung" im klassischen Sinne nicht gibt: Nach ihrem Verständnis erbringen IT-Dienstleister lediglich „Serviceleistungen". In manchen Verträgen wird sogar explizit darauf hingewiesen, dass werkvertragliche Leistungen nicht Gegenstand des Vertrags sind. Konsequenz eines solches Verständnisses ist, dass bei Beanstandungen keinesfalls Mängel vorliegen, sondern dass der jeweilige Auftraggeber allenfalls „Beratungsbedarf" hat. Leistungsmängel in IT-Projekten zu beseitigen, bedeutet daher in vielen Fällen, dass der Auftraggeber zur Kasse gebeten und das Projekt mit zusätzlichen ungeplanten Kosten belastet wird. Reduzieren lässt sich dieses Risiko durch klare Vereinbarungen von Supportleistungen, Reaktionszeiten, Fehler- bzw. Mängelbeseitigungszeiten u. ä.
Schwere Leistungsmängel können für ein Unternehmen erhebliche wirtschaftliche Konsequenzen nach sich ziehen. Werden die vertraglich definierten Reaktionszeiten oder die Mängelbeseitigungszeiten nicht eingehalten, sollte der Auftraggeber prüfen, ob die Durchsetzung einer Vertragsstrafe zu Lasten des Auftragnehmers möglich ist. Grundsätzlich raten wir, für IT-Projekte Werkverträge oder Werklieferungsverträge abzuschließen. Dann hat man als Auftraggeber auf jeden Fall die Möglichkeit, Gewährleistungsansprüche durchzusetzen.

Minderung und Rücktritt

Ein IT-Vertrag sollte im Interesse des Auftraggebers auf jeden Fall Regelungen enthalten, die es ihm ermöglichen, im Verlaufe des Projekts vom Vertrag zurückzutreten. Wichtig ist eine solche Rücktrittsvereinbarung bei großen IT-Projekten und bei Langläufern. Hier muss der Auftraggeber die Möglichkeit haben, ohne irgendwelche Gutachter-Entscheidungen herbeiführen zu müssen, wieder aus dem Vertrag auszusteigen. Um eine solche Regelung im Vertrag durchzusetzen, sollte der Auftraggeber bereit sein, im Streitfall alle bis dahin angefallenen Kosten zu übernehmen. Lieber ein Ende mit Schrecken als ein Schrecken ohne Ende.
Eine freiwillige Rücktrittsvereinbarung ist zu unterscheiden von dem vertraglich begründeten Rücktritt. Soweit der Auftragnehmer seinen vertraglichen Verpflichtungen nicht nachkommt, kann nach entsprechender Fristsetzung im Falle des Verzuges oder sonstiger Leistungsdefizite das Vertragsverhältnis beendet werden.

Mitwirkung des Auftraggebers

Die Einführung eines IT-Systems erfordert die Mitwirkung des Auftraggebers. Daher hat es sich in der Praxis bewährt, die einzelnen Mitwirkungspflichten des Auftraggebers zu identifizieren und vertraglich festzuschreiben. Art und Umfang der vom Auftraggeber zu erbringenden Leistungen wie auch die damit verbundenen Pflichten werden durch die Aufnahme eines solchen Vertragspunkts von vorneherein transparent gemacht.

Rechtsfolgen eines vorzeitigen Vertragsabbruchs

Im Falle eines vorzeitigen Projektabbruchs sind im Vertrag Regelungen zu vereinbaren, was mit den bis zu diesem Zeitpunkt bereits erbrachten Leistungen geschieht. Üblicherweise sehen IT-Verträge hier vor, dass die erworbene Software vom Auftraggeber nicht rückabgewickelt werden kann. Von großer Bedeutung ist hier, mit dem Auftragnehmer vertraglich zu fixieren, welche Unterstützungsleistungen er trotz einer vorzeitigen Beendigung des Projekts noch zu erbringen hat, damit der Auftraggeber das Projekt mit eigenen Ressourcen zu Ende bringen oder damit einen anderen Dienstleister beauftragen kann.
Im Falle eines vorzeitigen Projektabbruchs, bei vertragsgemäßer Kündigung oder bei jeder anderen Beendigung der Zusammenarbeit zwischen den Parteien sollte es also eine Verpflichtung geben, die den Auftragnehmer bindet und ihn verpflichtet, gegen Zahlung einer üblichen Vergütung alle erforderlichen Informationen an den neuen Auftragnehmer weiterzugeben und gegebenenfalls Überführungskonzepte zu entwickeln.

Geheimhaltung und Datenschutz

Ein Vertragsaspekt, der immer bedeutender wird, ist die Einhaltung einschlägiger Datenschutzvorschriften. Personenbezogene Daten des Auftraggebers darf der Auftragnehmer nur im Rahmen der Einwilligung des Auftraggebers erheben, verarbeiten und nutzen. Die Mitarbeiter des Auftragnehmers sind nach den einschlägigen Vorschriften des Bundesdatenschutzgesetztes zu verpflichten. Eine Weitergabe der Daten des Auftraggebers an Dritte ist zu unterbinden.

Einsatz von Subunternehmern und besonders qualifizierten Mitarbeitern

Der Auftragnehmer kann grundsätzlich frei entscheiden, welche Mitarbeiter er in einem Projekt einsetzt. Auch bleibt ihm im Allgemeinen freigestellt, für bestimmte Leistungen Subunternehmer einzusetzen. Hier bietet es sich an, dem Projektvertrag Listen von möglichen Subunternehmen beizufügen.

Für den Auftraggeber liegt es nahe, darauf zu bestehen, dass bestimmte Personen für das Projekt vorgesehen werden, und sich dies auch vertraglich zusichern zu lassen. Bewährt haben sich solche Vereinbarungen zum Beispiel, wenn die betreffenden Spezialisten Erfahrungen aus ähnlichen Projekten mitbringen.

Konditionen für außervertragliche Leistungen

Auch nach Abschluss eines Projekts werden in aller Regel weitere Dienstleistungsaufwände benötigt. Für diese Fälle hat es sich in der Praxis als sehr sinnvoll erwiesen, bereits im Projekt-Vertrag auch die Preise für Dienstleistungen zu fixieren, die erst nach Abschluss des Projekts eingekauft werden.

Mediationsklausel

Immer mehr IT-Projekte, die gescheitet sind oder zu scheitern drohen, landen vor deutschen Gerichten. Eine Eskalation in dieser Form ist sowohl für den Auftraggeber als auch für den Auftragnehmer eine ausgesprochen „bittere Pille“: Für den Auftraggeber bedeutet dies möglicherweise eine jahrelange juristische Auseinandersetzung – verbunden mit einer Blockade der weiteren IT-Entwicklung im Unternehmen sowie einer unnötig hohen Ressourcenbindung. Für den IT-Dienstleister führt ein solcher Prozess regelmäßig zu einer zum Teil massiven Beschädigung seines „guten Rufes“ und ebenfalls zu hohen finanziellen Belastungen.

Zudem hat die Vergangenheit eines zur Genüge gezeigt: In vielen IT-Projekten ist die Materie so kompliziert, dass die Gerichte mit ihrer Sachkenntnis relativ schnell an ihre Grenzen stoßen und die Verfahren sich über Monate oder gar Jahre hinziehen. Vor diesem Hintergrund raten wir dringend dazu, vertraglich zu regeln, dass in Streitfällen ein Mediator eingesetzt wird, der über die erforderliche Sachkenntnis verfügt. Die Mediation sollte jedoch zeitlich begrenzt werden, um bei den Parteien einen entsprechenden Regelungsdruck zu erzeugen.

Hardware-Anforderungen

Wichtig ist auch, sich vom Software-Anbieter ein Profil für die benötigte Hardware erstellen und sich zusichern zu lassen, dass mit dieser Konfiguration die Software auch funktioniert. Dann kann sich der Anbieter bei möglichen Problemen später nicht damit herausreden, dass die Hardware-Landschaft nicht richtig dimensioniert war, um die Software so wie vorgesehen darauf laufen zu lassen.

Quelle:

[JPR+13] Janssen, H.; Plass, C.; Rehmann, F. J.; Wibbing, P.; Zimmermann, A.: Chefsache IT – Wie Sie Cloud Computing und Social Media zum Treiber Ihres Geschäfts machen. Springer-Verlag, Berlin 2013

5.5.3 Systemeinführung

Im Prinzip ist hier systematisch abzuarbeiten, was im Pflichtenheft und im IT-Vertrag vereinbart ist. Dies erfolgt in den Abschnitten Etablierung Projektorganisation, Systemanpassung und Customizing, Vorbereitung Datenmigration sowie Test und Vorbereitung Roll-out.

Etablierung Projektorganisation

Im Sinne eines systematischen Projektmanagements ist hier das Projekt zu planen. Dies umfasst die Projektstruktur, die Termine und die Kosten. Ferner ist die Projektorganisation zu etablieren.

Das **Projektmanagement** wird häufig vernachlässigt, weil nach der Entscheidung für das zukünftige System die hemdsärmelige Haltung anzutreffen ist, die Sache jetzt „zügig durchzuziehen". Lobenswert ist sicher der gute Wille, der hier deutlich wird. Aber angesichts der hohen Komplexität einer IT-Einführung ist es unerlässlich, das Projekt mit den üblichen Methoden zu steuern und den Status von Arbeitspaketen und Meilensteinen zu überprüfen. Die Feststellung der Zielerreichung von Meilensteinen ist notwendige Voraussetzung für die Freigabe von Folgeschritten. Abweichungen von Zielen ist auf den Grund zu gehen, weil diese erste Signale einer Fehlentwicklung im Projekt sein können.

Die zu etablierende **Projektorganisation** hängt selbstredend von der Projektgröße und dem Grad der Überbereichlichkeit ab [Bur02]. Der folgende Kasten beschreibt einige idealtypische Formen von Projektorganisationen, deren Einordnung auf diesen beiden Kriterien beruht. Es wird deutlich, dass es keine zwingende Empfehlung für die Organisation eines IT-Projekts gibt. Die Projektorganisation ist fallbezogen zu wählen; es kann auch angebracht sein, die Form der Projektorganisation über den Verlauf des Einführungsprojekts zu verändern, wenn sich die Anforderungen an die Projektorganisation ändern. Für ein größeres Projekt, von dem nahezu alle Bereiche des Unternehmens betroffen sind, das eine Laufzeit von mindestens einem Jahr hat und Personalkapazität im Kernteam von etwa zehn Personenjahren erfordert, bietet sich vorderhand die Auftrags-Projektorganisation an. Ein Beispiel eines größeren Projekts ist die Einführung eines PDM- oder ERP-Systems.

DIE WAHL DER „RICHTIGEN" PROJEKTORGANISATION

Projekte weisen viele Charakteristika auf: Größe, Schwierigkeitsgrad, Laufzeit etc. Ein Projekt hat einen Anfang und ein Ende; nicht alle Personen, die im Verlauf eines Projekts eine Leistung erbringen, müssen dem Projekt zugeordnet oder gar dem Projektleiter disziplinarisch unterstellt sein. Vor diesem Hintergrund haben sich eine Reihe von typischen Projektorganisationen bewährt, die primär durch die beiden Merkmale Projektgröße und Grad der Überbereichlichkeit bestimmt werden (Bild 1).

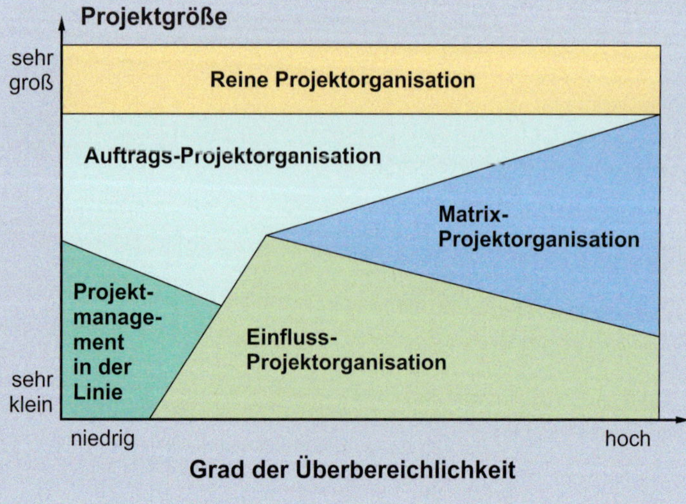

BILD 1: Varianten von Projektorganisationen nach BURGHARDT [Bur02]

Bei der **Einfluss-Projektorganisation** gibt es anstatt eines echten Projektleiters einen Projektkoordinator, der kaum Kompetenzen hat und nur koordinierend und lenkend wirken kann. Entscheidungen werden ausschließlich in der Linie getroffen. Der Projektkoordinator verfolgt das Projektgeschehen und ist Informant der Linieninstanzen. Für den Erfolg oder Misserfolg kann der Koordinator nicht verantwortlich gemacht werden; er kann allerdings großen Einfluss ausüben, wenn seine Autorität von der obersten Führung der Linienorganisation entsprechend getragen wird.

Der Projektleiter hat bei der **Matrix-Projektorganisation** die gesamte Verantwortung für das Projekt. Er verfügt aber nicht über die volle Weisungsbefugnis für die am Projekt beteiligten Mitarbeiter, da diese aus verschiedenen Organisationseinheiten stammen und nur temporär einer Projektgruppe zugeordnet werden. Somit ergibt sich eine zweidimensionale Weisungsbefugnis. Der Projektmitarbeiter ist fachlich dem Projektleiter und disziplinarisch seinem Vorgesetzten in der Linie unterstellt.

- Vorteile: Schnelle Bildung von interdisziplinären Gruppen; keine Versetzungsprobleme bei Projektbeginn und Projektende.
- Nachteile: Projektmitarbeiter „dienen zwei Herren"; hohe Konfliktträchtigkeit zwischen Projekt und Linie.

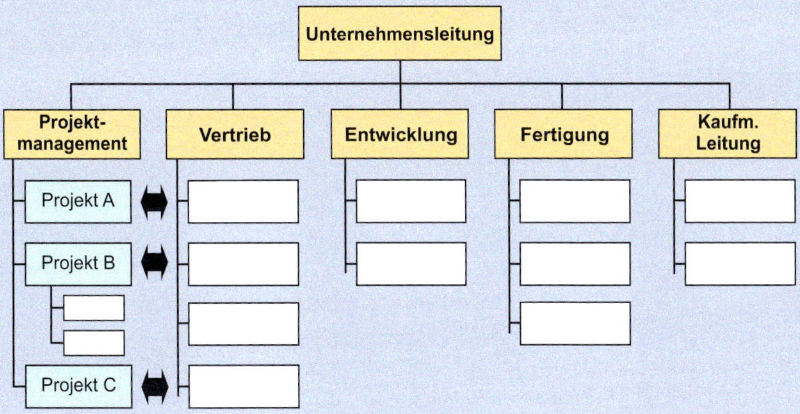

BILD 2: Auftrags-Projekt-organisation

Die **Auftrags-Projektorganisation** gemäß Bild 2 ist matrixorientiert. Projektleiter und Projektstammmannschaften bilden eine eigene Organisationseinheit „Projektmanagement" und sind somit nicht in die Linienorganisation eingebettet. Dadurch hat der Projektleiter neben der fachlichen auch die organisatorische Gesamtverantwortung für das Projekt. Ferner hat der Projektleiter die Personalverantwortung für sein Stammpersonal.

- Vorteile: Klare Kompetenzabgrenzung zwischen Projekt und Linie; leichte Einbindung beliebiger Unterauftragnehmer (auch außerhalb des eigenen Unternehmens); große Flexibilität bei Multiprojekten.
- Nachteile: Notwendigkeit einer eigenen Organisationssäule; Konkurrenzdenken der zwei Hauptorganisationssäulen (Projekte und funktionsorientierte Linienorganisation); Gefahr der Bürokratisierung des Projektmanagements.

Reine Projektorganisation heißt, dass dies die einzige Organisation ist. Es gibt neben der Projektorganisation keine Linienorganisation. Die extreme Form einer Projektorganisation ist allenfalls bei langlaufenden Großprojekten anzutreffen.

Bei dem **Projektmanagement in der Linie** wird das Projekt weitestgehend von einer Stelle in der Linienorganisation ausgeführt. Selbstredend ist das nur möglich, wenn hier die erforderlichen Mitarbeiter verfügbar sind.

Häufig ändern sich über die Laufzeit eines Projekts die Anforderungen an die Projektorganisation, sodass es angebracht ist, die Projektorganisation zu wechseln. In Tabelle 1 sind den verschiedenen Phasen eines Projekts die idealtypischen Projektorganisationen gegenübergestellt.

Literatur:

[Bur02] BURGHARDT, M.: Projektmanagement. 6. Auflage, Publicis Corporate Publishing, Erlangen, 2002

TABELLE 1: Zuordnung von idealtypischen Projektorganisationen zu Projektphasen

Projektphase	Projektorganisation
Definitionsphase	**Einfluss-Projektorganisation** Auswahlgrund: Es ist noch unsicher, ob es zu einer Auftragsvergabe und damit zu einem Projekt kommt.
Entwurfsphase	**Matrix-Projektorganisation** Auswahlgrund: Alle relevanten Stellen sollen erst einmal ohne Personalversetzungen zusammengefasst werden.
Realisierungs- und Erprobungsphase	**Reine Projektorganisation** Auswahlgrund: Das Projekt ist so bedeutend geworden, dass eine eigene Projektorganisation angebracht erscheint.
Einsatzphase	**Projektmanagement in der Linie** Auswahlgrund: Wartung und Einsatzunterstützung soll von den „zuständigen" Stellen überwacht werden.

Unabhängig von der Form der Projektorganisation halten wir drei Institutionen im Zusammenhang mit der Einführung von IT-Systemen für besonders wichtig.

- **Lenkungsausschuss:** Dieser wird von leitenden Repräsentanten der ausführenden Stellen und der betroffenen Bereiche des Unternehmens gebildet. Der Lenkungsausschuss nimmt die Statusberichte entgegen und trifft wesentliche Entscheidungen, wie Genehmigung der Planung, Abnahme von Meilensteinen und Freigabe zum weiteren Vorgehen, Änderungen des Pflichtenhefts und des IT-Vertrags u. ä.
- **Kernteam:** In diesem wirken die Personen mit, die - in der Regel mit ihrer vollen Kapazität - die eigentliche Einführung des IT-Systems vornehmen. Einen Arbeitsschwerpunkt bildet das Customizing des ausgewählten Systems. Hier arbeiten in der Regel externe Kräfte mit, weil das Unternehmen das Personal in der erforderlichen Qualifikation nicht zur Verfügung stellen kann.
- **Key User:** Das sind besonders fachkundige Benutzer aus den anwendenden Bereichen des Unternehmers, die gedanklich einen zweiten konzentrischen Kreis um das Kernteam bilden. Sie sollen sicherstellen, dass das System die Akzeptanz der Benutzer findet. Wesentliche Aufgaben der Key User sind fachliche Unterstützung beim Customizing, Mitarbeit bei der Erstellung der Benutzerdokumentation, Erarbeitung von Testfällen und Durchführen von Tests, Unterweisung der Benutzer etc. Angesichts der sehr hohen Bedeutung sollten die Key User im Rahmen der Vorbereitung der Systemeinführung eine umfassende Schulung in der Anwendung des neuen Systems erhalten.

Systemanpassung und Customizing

Aufgrund der unterschiedlichen Rahmenbedingungen, Zielsetzungen und Inhalte für die Implementierung von IT-Systemen ist es nicht möglich, für alle IT-Projekte ein einheitliches Vorgehen verbindlich vorzuschreiben. Es gibt aber zwei Grundmuster: das inkrementelle Vorgehen und das konzeptionelle Vorgehen.

Das **inkrementelle Vorgehen** beruht auf einem evolutionären zyklischen Ansatz. Hier werden Ausbaustufen definiert und nacheinander verwirklicht. Nachdem die letzte Ausbaustufe eingeführt ist, liegt die Gesamtfunktionalität vor. Gründe für dieses Vorgehen können sein: Man will das Wesentliche möglichst rasch haben; man handelt nach der Weisheit „Probieren geht über Studieren". In der Tat kann sich das als klug erweisen, weil es für viele frustrierend ist, längere Zeit zu konzipieren und zu planen, ohne konkrete Resultate zu sehen und Erfolgserlebnisse zu haben.

Das weiterverbreitete Implementierungsmuster ist das **konzeptionelle Vorgehen** (was nicht heißen soll, dass beim inkrementellen Vorgehen ohne Konzept vorgegangen wird). Hier wird das System in seiner vollen Funktionalität auf einmal zum Einsatz gebracht. Basis dafür bildet das Pflichtenheft. Auf dem Weg vom Pflichtenheft zum einsatzfähigen System muss selbstredend sehr systematisch vorgegangen und ein professionelles Projektmanagement praktiziert werden. Die folgenden Ausführungen beziehen sich auf dieses Implementierungsmuster, das wir häufig auf die Einführung von ERP/PPS-, PDM- und BDE-Systemen angewandt haben. Die wesentlichen Aussagen gelten aber auch für andere IT-Systeme.

Eine Implementierung läuft grob wie folgt ab: Zunächst werden die Anforderungen gemäß Pflichtenheft durch entsprechende Einstellungen im IT-System abgebildet und ausführlich dokumentiert. Anpassungen werden in einer Implementierungsspezifikation definiert. Weil die **Implementierungsspezifikationen** neben dem Pflichtenheft Grundlage der späteren Abnahme sind, müssen sie verbindlich abgezeichnet und in den Vertragsumfang des Projekts aufgenommen werden.

Das sukzessive Einstellen der Programmparameter entlang der abzubildenden Geschäftsprozesse und die im Projektverlauf nacheinander erfolgende Definition und Umsetzung von **Anpassungsprogrammierungen** erfordern häufig ein iteratives Vorgehen während der Realisierung. Anpassungsprogrammierungen sollten bei der Softwareentwicklung durch Prototyping unterstützt werden. Allgemein bedeutet Prototyping, „bei der Systementwicklung und -implementierung frühzeitig ablauffähige Modelle (Prototypen) des zukünftigen Anwendungssystems zu erstellen und mit diesem zu experimentieren“ [KLS+92]. Hierzu werden einzelne Funktionsschritte implementiert und dem Auftraggeber präsentiert. Die Kombination aus der Anwendung von Standardfunktionen und auf unterschiedlichem Komplexitätsniveau zu integrierender Anpassungen erfordert einen hohen Anspruch an das Projektmanagement. Fortwährend müssen die Implementierung von Standardsoftware, die Realisierung der Anpassungen, die Dokumentation sowie die Vorbereitung der Datenübernahme integrativ sowohl zeitlich als auch inhaltlich zueinander passen und dementsprechend gesteuert werden.

Vorbereitung Datenmigration

Da bestehende Datenbestände des Unternehmens auch mit dem neuen System weiter zu verwenden sind, muss dies bei der Einstellung und Anpassung des neuen Systems berücksichtigt werden. Die Altdatenbestände sollten dahingehend untersucht werden, ob deren „Informationswert“ sich in den Datenstrukturen bzw. Funktionen des neuen Systems wiederfindet. Hauptaufgaben zur Vorbereitung der Datenmigration sind die Abbildung der Altdaten auf die Neudaten (Datenmapping), das Vorbereiten der Werkzeuge zur Datenbereinigung und Datenübernahme und die Realisierung von Schnittstellen zur Einbettung des neuen Systems in die bestehende IT-Landschaft.

Besondere Aufmerksamkeit erhält in diesem Zusammenhang die Gestaltung des Übergangs vom Alt-System zum neuen System - die sog. **Migrationsstrategie**. Grundsätzlich ist es möglich, zu einem bestimmten Zeitpunkt das neue System einzuschalten und das alte System abzuschalten. Selbstredend ist das mit dem Risiko verbunden, dass es in dieser Phase zu Ausfällen kommen kann. Da in den meisten Fällen ein paralleler Betrieb des neuen und des alten Systems aus wirtschaftlichen und organisatorischen Gründen nicht möglich ist, muss die Durchführung der Migration detailliert und sehr sorgfältig geplant werden.

Test und Vorbereitung Roll-out

Nach der Systemanpassung bzw. Customizing und der Vorbereitung der Datenmigration erfolgt die Prüfung und Freigabe des IT-Systems sowie die Qualifizierung der Endanwender für den Roll-out. Das klassische Testverständnis im Rahmen der Einführung von Systemen beruht auf der Prüfung der Übereinstimmung zwischen dem Pflichtenheft und dem realisierten IT-System. Dabei wird zwischen folgenden Testkategorien unterschieden:

- Komponententest,
- Funktionstest und
- Integrationstest.

Komponententests befassen sich mit der Prüfung einzelner Bestandteile des Systems. So werden einzelne Anpassungsprogrammierungen getestet, inwiefern sie sich gemäß der zuvor definierten Implementierungsspezifikation verhalten. Die Prüfung erfolgt anhand von aufgestellten Testszenarien und untersucht das Verhalten des Systems in Standard- und Sonderfällen. Um einen schnellen Testablauf zu ermöglichen, der bei Erweiterungen und Anpassungen des Systems beliebig wiederholt werden kann, sollten derartige Tests nach Möglichkeit automatisiert werden.

Funktionstests stellen sicher, dass die geschäftsprozessorientierten und funktionalen Anforderungen gemäß Pflichtenheft erfüllt werden. Da das Überprüfen der einzelnen Funktionen am einfachsten in einem realen System erfolgen kann, ist eine Automatisierung nur sehr eingeschränkt möglich. Deshalb empfiehlt sich ein Praxistest mit Key-Usern. Diese gehen anhand einer Anleitung vor, die spezifiziert, welche Systemschritte ausgeführt werden sollen und welches Ergebnis zu erwarten ist. Auch hier wird mit vordefinierten Testszenarien das korrekte Systemverhalten überprüft und dokumentiert. Die Testszenarien müssen das Anforderungsprofil des Pflichtenhefts widerspiegeln.

Integrationstests zielen im Wesentlichen auf den Nachweis der zugesagten Performance und der korrekten Einbindung des neuen Systems in die bestehende IT-Landschaft ab. Unter verschiedenen Lastsituationen wird das Antwortverhalten bei Client-Anfragen untersucht und die korrekte Interaktion mit externen Systemen getestet. Über entsprechende Monitoring-Tools werden Faktoren wie die CPU- und Speicherauslastung festgehalten sowie auf Basis der hierdurch erhobenen Werte genaue Aussagen bezüglich der definierten Hardwareanforderungen getroffen. Die Ergebnisse des Integrationstests bestimmen den noch erforderlichen Optimierungsbedarf vor Freigabe des Systems zum Roll-out.

Die Funktionstests müssen erfolgreich abgeschlossen sein, um die Anwender zu qualifizieren. Für die Schulung der Anwender sind folgende Punkte wichtig:

- Schulungen idealerweise durch fachlich qualifizierte Key-User,
- Qualifizierung auf Basis gut strukturierter Schulungsunterlagen,
- Aussagekräftige Beispiele, die den Anwendern gut verdeutlichen, was auf sie bei der Anwendung des neuen Systems zukommt und was das Besondere ist,
- Ausbildungsstand der Endanwender als wesentliches Freigabekriterium für den Roll-out.

Kurz vor dem Roll-out erfolgt die finale Datenmigration nach Vorgabe der Migrationsstrategie. Die Werkzeuge zur Migration der Daten sollten im Vorfeld hinreichend getestet worden sein.

5.5.4 Roll-out

Unter Roll-out verstehen wir im Allgemeinen die flächendeckende Einführung des neuen IT-Systems. Dafür gibt es unterschiedliche Ansätze, die als Roll-out-Varianten bezeichnet werden. Ferner ist es das Ziel, das IT-Einführungsprojekt auch formal korrekt zu beenden. Dies ist Gegenstand der Betriebsübergabe und Abnahme.

Roll-out-Varianten

Parr und Shanks charakterisieren Roll-out-Varianten nach Implementierungsumfängen und Implementierungsmerkmalen [PS00]. **Implementierungsumfänge** charakterisieren die Breite und Intensität der Einführung des IT-Systems. Es werden drei Stufen unterschieden:

- **Komplett (Comprehensive):** Bei dieser Variante wird ein IT-System mit voller Funktionalität an mehreren Standorten bzw. in mehreren Landesgesellschaften quasi gleichzeitig eingeführt. Das ist typisch für multinationale Unternehmen; die Anforderungen an das Management der Einführung sind sehr hoch. In der Regel ist der IT-Einführung ein breit angelegtes BPR-Projekt vorangegangen, in dem die an den einzelnen Standorten gewachsenen Ablauforganisationen harmonisiert und verbessert worden sind.
- **„Vanilla“:** Damit ist die Implementierung an zunächst nur einem Standort gemeint, wobei nur ein Teil der Funktionalität des IT-Systems zum Einsatz kommt und die Anzahl der Systembenutzer relativ klein ist. In der Regel ist die Systemeinführung nicht mit einem tiefgreifenden BPR-Projekt verbunden. Es handelt sich also um einen punktuellen pragmatischen Ansatz, der nicht den Anspruch hat, das Erfolgspotential von BPR und IT-Nutzung unternehmensweit konsequent auszuschöpfen.
- **Mittelweg (Middle Road):** Wie der Name es schon sagt, ist dieses der Mittelweg zwischen den Varianten „komplett“ und „Vanilla“. Typischerweise sind es auch hier mehrere Standorte, aber es wird nur je Standort ein Teil des neuen IT-Systems eingeführt. Das Niveau von BPR ist bedeutend, aber nicht so umfangreich wie im Falle einer kompletten Implementierung.

Implementierungsmerkmale dienen der weiteren Charakterisierung der Roll-out-Varianten. Die drei Merkmale werden im Folgenden kurz beschrieben:

- **Physischer Bereich (Physical Scope):** Damit wird eine Charakterisierung hinsichtlich der geographischen Lokalisierung des Roll-outs vorgenommen. Ein Roll-out kann einen einzelnen Standort, mehrere Standorte innerhalb der gleichen Region oder mehrere Standorte in verschiedenen Staaten betreffen. Dies korreliert mit der Anzahl und der geographischen Verteilung der Benutzer.
- **Bereich des Business Process Reengineering (BPR-Scope):** In der Regel ist die geplante Einführung eines neuen IT-Systems der Anlass, die vielerorts historisch gewachsenen Geschäftsprozesse zu überprüfen. Daher geht mit der Einführung eines IT-Systems auch eine Reorganisation der Geschäftsprozesse einher. Selbst wenn der „Vanilla“-Ansatz praktiziert wird, sind Veränderungen der Geschäftsprozesse oft ratsam. Selbstredend gibt es begründete Situationen, in denen Unternehmen die Geschäftsprozesse beibehalten. Der naheliegendste Grund ist, dass in der Prozessorganisation keine signifikanten Verbesserungspotentiale gesehen werden.
- **Modulimplementierungsstrategie (Module Implementation Strategy):** Sofern das IT-System über einzelne unabhängig voneinander zu betreibende Module (Baukastensystem) verfügt, bietet es sich an, nach einem gut durchdachten Plan nur die Module sukzessive einzufüh-

TABELLE 5-5 Charakterisierung von Roll-out-Varianten nach PARR/SHANKS

		Implementierungsumfänge		
	Roll-out Varianten	**Komplett** (Comprehensive)	**„Vanilla"**	**Mittelweg** (Middle Road)
Implementierungsmerkmale	**Physischer Bereich** (Physical Scope)	Flächendeckend (multinational)	Nur an einem Standort	An mehreren, aber nicht an allen Standorten
	Bereich des BPR (BPR-Scope)	Vorhergegangene, tiefgreifende Reorganisation und Harmonisierung der Prozesse	Minimale, nur unbedingt notwendige Prozess-verbesserungen	Größere, auf Standorte bezogene Prozess-verbesserungen
	Modul-implementierungs-strategie	Der komplette Funktionsumfang wird überall eingeführt	Nur die Funktionen, die am Standort erforderlich sind	Sukzessive Einführung der Funktionen bezogen auf Standorte

BPR: Business Process Reengineering

ren, die in den jeweiligen Bereichen tatsächlich benötigt werden.

Tabelle 5-5 enthält die drei Grundformen der Roll-out-Varianten mit den Ausprägungen der drei Merkmale.

Vor diesem Hintergrund haben sich umgangssprachlich der Big-Bang-Ansatz und der Step-by-Step-Ansatz etabliert. Beim **Big-Bang-Ansatz** werden am Stichtag alle geplanten Funktionsbereiche des IT-Systems auf einmal in Betrieb genommen, wohingegen beim **Step-by-Step-Ansatz** Bereiche nacheinander im Rahmen einer schrittweisen Einführung in Betrieb gehen. Die Vor- und Nachteile dieser beiden Ansätze sind in der Tabelle 5-6 dargestellt [Bei97].

Betriebsübergabe und Abnahme

Im Folgenden schildern wir insbesondere die juristischen Aspekte im Zusammenhang mit der Beendigung einer erfolgreichen Einführung eines komplexen IT-Systems [JPR+13].

Mit der Lieferung, Installation und Inbetriebnahme wird die **Betriebsübergabe** vorgenommen. Der Auftraggeber

TABELLE 5-6 Die IT-Einführungsansätze *Big-Bang* und *Step-by-Step* mit ihren Vor- und Nachteilen

	Vorteil	**Nachteile**
Big-Bang-Ansatz	+ i.d.R kurze Einführungszeit + geringer Aufwand für Schnittstellenerstellung + eine hohe, potentiell erreichbare Verbesserung + Umsetzbarkeit von bereichsübergreifenden Geschäftsprozessen in einem Schritt	- sehr hoher Personalbedarf - hohes Risiko - Notwendigkeit eines straffen Projektmanagements - umfangreiche Tests sind unerlässlich - notwendige Vorlaufzeit für Konzeption und Schulung
Step-by-Step-Ansatz	+ wenige betroffene Fachabteilungen + Anfragen der Anwender können bewältigt werden + sukzessiver Erfahrungsgewinn und Know-how-Transfer + geringes Einführungsrisiko + sicheres Erfolgserlebnis	- zusätzliche Schnittstellen pro Zwischenschritt erforderlich - Verwendung der Schnittstellen nur während der Einführung - langer Einführungszeitraum - neue Prozessorganisation nur schwer mit dem neuen IT-System realisierbar, da vor- und nachgelagerte Bereiche mit dem alten System arbeiten

bestätigt das in einem Übergabeprotokoll. Ab diesem Zeitpunkt beginnt die Abnahmefrist.

Der Begriff der **Abnahme** wird in der Informatik und von Juristen unterschiedlich interpretiert. Juristisch bedeutet die Abnahme die vertragsgemäße Erfüllung des Werks im Sinne des § 640 BGB. Die Abnahme hat der Besteller zu erklären, sofern diese nicht nach der Beschaffenheit des Werks ausgeschlossen ist. Wegen unwesentlicher Mängel kann eine Abnahme nicht verweigert werden. Eine Abnahmeerklärung ist abzugeben, wenn das Softwareprojekt im Wesentlichen abgeschlossen ist, wenn also die Software vollständig und ordnungsgemäß abgeliefert wurde, die installierte Software frei von (Entwicklungs-)Fehlern ist, die Mitarbeiter geschult worden sind und der Auftraggeber die Möglichkeit hatte, die Software zu testen.

Eine Software gilt auch ohne offizielle Erklärung als abgenommen, sofern der Auftraggeber die Software nicht innerhalb einer ihm vom Auftragnehmer bestimmten angemessenen Frist abnimmt, obwohl er dazu verpflichtet ist (Stillschweigende Abnahme durch eine entsprechende Handlung). Von einer Abnahme ist zudem auszugehen, wenn

- die Software über einen längeren Zeitraum ohne Beanstandung genutzt wird,
- die vereinbarte Vergütung für das Softwareprojekt vorbehaltlos bezahlt wird,
- die Software trotz Kenntnis bestehender Mängel weiter genutzt wird.

Um eine stillschweigende Abnahme auf jeden Fall auszuschließen, sollten IT-Verträge grundsätzlich eine schriftliche Abnahmeregelung enthalten. Die Art und Weise, wie die Abnahme erfolgen soll, wird in aller Regel ebenfalls im Detail beschrieben. Die vom Auftragnehmer erbrachten Leistungen sind daraufhin zu überprüfen, dass sie frei von Sach- und Rechtsmängeln sind und den Spezifikationen des Pflichtenhefts entsprechen. Auf Seiten des Auftraggebers sind es typischerweise der Projektleiter und die Key-User, die diese Prüfung vornehmen.

Bewährt hat es sich, wenn die neue Software vor der Abnahme eine nicht unerhebliche Zeit auf ihre tatsächliche Praxistauglichkeit im betreffenden spezifischen Unternehmens-Umfeld geprüft wird. Wichtig ist zum Beispiel, die Finanzbuchhaltung des Auftraggebers mehrere Wochen lang daraufhin zu testen, ob ein ordnungsgemäßer Monatsabschluss erstellt werden kann.

Über die Abnahme ist ein **Abnahmeprotokoll** anzufertigen, in dem vorhandene Mängel aufgelistet werden. Die Mängel werden detailliert in Fehlerklassen kategorisiert:

- In die Fehlerklasse 1 sind Mängel einzuordnen, die eine ordnungsgemäße Nutzung des IT-Systems oder wesentlicher Teile davon ganz oder teilweise ausschließen.
- In der Fehlerklasse 2 werden Fehler kategorisiert, die die Nutzung des IT-Systems wesentlich einschränken.
- In Fehlerklasse 3 sind schließlich jene Leistungsmängel einzustellen, die den Geschäftsbetrieb nur geringfügig beeinträchtigen.

Soweit die Software fehlerfrei arbeitet, erfolgt eine schriftliche Abnahme durch den Auftraggeber. Damit geht das wirtschaftliche Risiko vom Auftragnehmer auf den Auftraggeber über. Normalerweise werden bei einer Endabnahme relativ viele kleinere Fehler (Fehlerklassen 2 und 3) festgestellt. Da ein Auftraggeber eine Abnahme wegen unwesentlicher Mängel dem Gesetz nach nicht verweigern kann, erfolgt die formale Abnahme in solchen Fällen unter dem Vorbehalt, dass diese Mängel bis zu einem bestimmten zeitnahen Termin vom Systemanbieter unentgeltlich beseitigt werden. Wichtig ist hier aber, dass der Auftraggeber sich bei der Abnahme die Beseitigung der von ihm erkannten Mängel vorbehält, falls der Auftragnehmer die Mängel nicht in dem vorgegebenen Zeitraum beheben sollte. Macht er dies nicht, verliert er seine Mängelansprüche. Bis zur Abnahme liegt die Beweispflicht, dass die Werkleistung mangelfrei ist, beim Systemanbieter. Mit der Abnahme wandert die Beweispflicht für etwaige Mängel zum Auftraggeber über.

Die Abnahme ist also für beide Parteien ein entscheidender Meilenstein im Projekt: Für den Systemanbieter ist sie wichtig, weil erst mit der Abnahme sein vollständiger Vergütungsanspruch nach dem Gesetz fällig wird. Für den Auftraggeber bedeutet die Abnahme, dass er ab diesem Zeitpunkt gegenüber dem Auftragnehmer keinerlei Ansprüche mehr auf Erfüllung der geschuldeten Leistung aus dem IT-Vertrag besitzt. Nach der Abnahme und dem Übergang in den laufenden Betrieb besteht lediglich für die Dauer der gesetzlichen oder vertraglich vereinbarten Gewährleistungszeit der Anspruch, dass das System fehlerfrei funktioniert.

Das Beseitigen von Fehlern wird über die **Gewährleistung** geregelt. Gesetzlich beträgt die Frist zwei Jahre ab Abnahme. Nun ist es gerade bei komplexen IT-Projekten allerdings weitaus öfter Regel als Ausnahme, dass neue Systeme schon während der Gewährleistungsfrist angepasst werden müssen – zum Beispiel als Folge von kontinuierlichen Verbesserungen in den Prozessen oder auch von Veränderungen bei wichtigen Rahmenbedingungen. Für einen Auftraggeber kann es da durchaus Sinn machen, einen Pflege- und Wartungsvertrag mit dem Systemlieferanten schon mit der Endabnahme und damit zeitlich weit vor Ablauf der Gewährleistung beginnen zu lassen. Ob sich ein solches Vorgehen rentiert, ist nicht zuletzt eine Frage der Konditionen und Vertragsinhalte. Unabhängig von technologischen Weiterentwicklungen und der Notwendigkeit neuer Releases als Folge neuer Anforderungen ist hier zu bedenken, dass solche Pflege- und Wartungsverträge für den Auftraggeber unter Umständen auch von Vorteil sind, wenn es um die Fehlerbeseitigung geht. Dies gilt zum Beispiel, wenn es im Rahmen der Verhandlungen gelingt, dem Systemanbieter Zusagen zu Reaktions- und Fehlerbeseitigungszeiten abzuringen, die über die Verpflichtung aus den gesetzlichen Mängel- und Gewährleistungsansprüchen hinausgehen. Diese sehen nämlich nur eine Fehlerbeseitigung innerhalb „angemessener Fristen" vor. Hinzu kommt, dass im Rahmen solcher Pflegeverträge oftmals auch ein „Vor-Ort-Service" und eine Fehlerbeseitigung durch Remote-Zugriff angeboten werden. Stimmen die Inhalte und Konditionen, wird es sich nach unseren Erfahrungen in den meisten Fällen lohnen, die Zusammenarbeit mit dem Systemanbieter bereits unmittelbar nach Inbetriebnahme bzw. Abnahme auf Basis solch dezidiert ausgehandelter Pflege- und Wartungsverträge fortzusetzen.

Pflege- und Wartungsverträge beinhalten grundsätzlich eine Fehlerbeseitigungs-, eine Support- und eine Weiterentwicklungskomponente, d.h. dass im Rahmen eines Wartungsvertrags auftretende Fehler und Mängel beseitigt werden und partielle Weiterentwicklungen erfolgen. Dafür entrichtet der Auftraggeber ein jährliches Wartungsentgelt von rund 20 Prozent der einmaligen Systemkosten.

Literatur zum Kapitel 5

[ADG+09] Adelt P.; Donoth, J.; Gausemeier, J.; Geisler, J.; Henkler, S.; Kahl, S.; Klöpper, B.; Krupp, A.; Münch, E.; Oberthür, S.; Paiz, C.; Porrmann, M.; Radkowski, R.; Romaus, C.; Schmidt, A.; Schulz, B.; Vöcking, H.; Witkowski, U.; Witting, K.; Znamenschykov, O.: Selbstoptimierende Systeme des Maschinenbaus – Definition, Anwendungen, Konzepte. HNI-Verlagsschriftenreihe, Band 234, Paderborn, 2009

[Ans05] ANSI/ISA-95.00.03-2005: Enterprise-Control System Integration, Part 3: Activity Models of Manufacturing Operations Management. ISA Organization, 2005

[APMG11-ol] APM Group Ltd: Bericht über aktuelle ITIL-Studien. Unter: http://www.best-management-practice.com/gempdf/Review_ITIL_Studies_White_Paper_Nov11.pdf (Abruf: 5. Juni 2013)

[AS04] Abramovici, M.; Schulte, S.: PLM – logische Fortsetzung der PDM-Ansätze oder Neuauflage des CIM-Debakels? In: VDI Gesellschaft EKV (Hrsg.): VDI-Bericht 1819, I2P 2004 – Integrierte Informationsverarbeitung in der Produktentstehung. VDI-Verlag, Düsseldorf, 2004

[ASL05] Abramovici, M.; Schulte, S.; Leszinski, S.: Best Practice Strategien für die Einführung von Product Lifecycle Management – Ergebnis einer Experten-Studie in der Automobilindustrie. In: Industrie Management 2/05, Gito Verlag, Berlin, 2005

[AT00] Anderl, R.; Trippner, D.: STEP – Standard for the Exchange of Product Model Data – Eine Einführung in die Entwicklung, Implementierung und industrielle Nutzung der Normenreihe ISO 10303. Teubner Verlag, Stuttgart, 2000

[BD02] Busch, A.; Dangelmaier, W. (Hrsg.): Integriertes Supply Chain Management. Gabler, Wiesbaden, 2002

[Bec02] Becker, T.: Supply Chain Prozesse: Gestaltung und Optimierung. In: Busch, A.; Dangelmaier, W.: Integriertes Supply Chain Management – Theorie und Praxis effizienter unternehmensübergreifender Geschäftsprozesse. Gabler, Wiesbaden, 2002

[Bei97] Beidatsch, H.: Strategien und Aufgaben zur Umsetzung BDVA mittels betrieblicher Standardsoftwaresysteme. Hochschule für Technik und Wirtschaft, Dresden, 1997

[BH03] Bär, T.; Haasis, S.: Prozessplanung, Produktionsmodellierung und -simulation – ein Überblick. In: Bayer, J.; Collisi, T.; Wenzel, S.: Simulation in der Automobilproduktion. Springer-Verlag, Berlin, Heidelberg, 2003

[BHR+07] Böcker, J,: Henke, C.; Rustemeier, C.; Schneider, T.; Trächtler, A.: RailCab – Ein Schienenverkehrssystem mit autonomen, Linearmotor getriebenen Einzelfahrzeugen. Internationaler ETG-Kongress – Kundennutzen durch neue Technologien in der Bahntechnik, Karlsruhe, 2007

[BiBD12-ol] BITKOM Bundesverband Informationswirtschaft: Leitfaden Big Data im Praxiseinsatz – Szenarien, Beispiele, Effekte, 09/2012. Unter: http:/www.bitkom.org/de/publikationen/38337_73446.aspx (Abruf: 6. Juni 2013)

[BiCC13-ol] BITKOM Bundesverband Informationswirtschaft: Unter: http://www.cloud-practice.de/know-how/cloud-computing-was-entscheider-wissen-muessen, (Abruf: 18. Februar 2013)

[BiSM12-ol] BITKOM Bundesverband Informationswirtschaft: Leitfaden Social Media, 2. Auflage, 22.10.2012. Unter: http://www.bitkom.org/de/publikationen/38337_73802.aspx (Abruf: 6. Juni 2013)

[Bit06] Bitterling, P. R.: Praxishandbuch CobiT – IT-Prozesse steuern, bewerten und verbessern. Symposium Publishing, Düsseldorf, 2006

[BK02] Berliner Kreis (Hrsg.): PLM-Systemklassen. Technology monitoring 1/02, Product Lifecycle Management, Berliner Kreis – Wissenschaftliches Forum für Produktentwicklung, Paderborn, 2002

[Bon08] Bon, J. van: IT Service Management basierend auf ITIL V3, Van Haren Publishing, Zaltbommel, Niederlande, 2008

[BSI08] Bundesamt für Sicherheit in der Informationstechnik (BSI): BSI-Standards 100-1, 100-2 und 100-3. Bundesamt für Sicherheit in der Informationstechnik, Bonn, 2008

5

[Bur97] BURGER, A.: Methode zum Nachweis der Wirtschaftlichkeit von Investitionen in die rechnerintegrierte Produktion. Dissertation, Fachbereich Wirtschaftswissenschaften, Universität-GH Paderborn, HNI-Verlagsschriftenreihe, Band 22, Paderborn, 1997

[Bur02] BURGHARDT, M.: Projektmanagement. 6. Auflage, Publicis Corporate Publishing, Erlangen, 2002

[BV07] BON, J. VAN; VERHEIJEN, T.: Frameworks for IT Management. Van Haren Publishing, Zaltbommel, Niederlande, 2006

[CKS07] CHRISSIS, M. B.; KONRAD, M.; SHRUM, S.: CMMI – Guidelines for Process Integration and Product Improvement. Addison-Wesley, 2. Auflage, Boston USA, 2007

[Dem82] DEMING, W. E.: Out of the Crisis. Massachusetts Institute of Technology, Cambridge, USA, 1982

[DIN199] DIN 199, Teil 1-5: Begriffe im Zeichnungs- und Stücklistenwesen. Beuth Verlag, Berlin, 1977

[Dua13-ol] DUALIS GMBH IT-SOLUTION: GANTTPLAN – das optimierungsbasierte Feinplanungstool. Unter: http://www.dualis-it.de/produkte/feinplanung-ganttplan, Dresden, 2013 (Abruf: 21. Februar 2013)

[ES09] EIGNER, M.; STELZER, R.: Product Lifecycle Management. Springer-Verlag GmbH, Berlin, 2009

[FAZ12] FRANKFURTER ALLGEMEINE ZEITUNG: Big Data wird zum neuen Wachstumstreiber der IT. 11. September 2012

[Fey04] FEYHL, A. W.: Management und Controlling von Softwareprojekten. 2. Auflage, Gabler Verlag, Wiesbaden, 2004

[FK11-ol] FRIEDRICHSEN, U., KESPER, S.: Cloud, Soziale Netzwerke & Co. Unter: http://www.codecentric.de/kompetenzen/publikationen/cloud-soziale-netzwerke-co-vernetzte-trends-erkennen-und-bewerten/ (Abruf: 6. Juni 2013)

[Fur03] FURRER, F.: Industrieautomatisierung mit Ethernet-TCP/IP und Web-Technologie. Hüthig Verlag, Heidelberg, 2003

[Gau87] GAUSEMEIER, J.: CAD/CAM-Systeme in der Fertigungsautomatisierung. atp-Sonderheft Fertigungsautomatisierung, Oldenbourg Verlag, München, 1987

[GHK+06] GAUSEMEIER, J.; HAHN, A.; KESPOHL, H. D.; SEIFERT, L.: Vernetzte Produktentwicklung. Carl Hanser Verlag, München, Wien, 2006

[Gie01] GIESSLER, W.: Simatic S7, SPS-Einsatzprojektierung und -Programmierung. VDE Verlag, Berlin, 2001

[Gro04] GRONAU, N.: Enterprise Resource Planning und Supply Chain Management – Architektur und Funktionen. Oldenbourg Wissenschaftsverlag, München, 2004

[Gru12] GRUNDIG, C.-G.: Fabrikplanung, Planungssystematik – Methoden – Anwendungen. Carl Hanser Verlag, München, Wien, 2012

[Hae10] HAEHNEL, H.: Kommunikation. In: Langmann, R.: Taschenbuch der Automatisierung. Carl Hanser Verlag, München, 2010

[HHL+02] HELLINGRATH, B.; HIEBER, R.; LAAKMANN, F.; NAYABI, K.: Die Einführung von SCM-Softwaresystemen. In: Busch, A.; Dangelmaier, W.: Integriertes Supply Chain Management – Theorie und Praxis effizienter unternehmensübergreifender Geschäftsprozesse. Gabler, Wiesbaden, 2002

[Hil12] HILKER, C.: Erfolgreiche Social Media Strategien für die Zukunft, Wirtschaftswoche, 2012

[HLJ+00] HINES, P.; LAMMING, R.; JONES, D.; COUSINS, P.; RICH, N.: Value Stream Management – Strategy and Excellence in the Supply Chain. Prentice-Hall, London, 2000

[HNE+07] HOFFMANN, H.; NÜRNBERG, G.; ERSOY-NÜRNBER, K.; HERRMANN, G.: A New Approach to Determine the Wear Coefficient for Wear Prediction of Sheet Metal Forming Tools. In: Production Engineering – Research and Development 1/4, Springer, Berlin, 2007

[HP95] HAMEL, G.; PRAHALAD, C. K.: Wettlauf um die Zukunft – Wie Sie mit bahnbrechenden Strategien die Kontrolle über Ihre Branche gewinnen und die Märkte von morgen schaffen. Wirtschaftsverlag Ueberreuther, Wien, 1995

[HPDC07] HEWLETT-PACKARD DEVELOPMENT COMPANY: Realizing ITIL v3 – Top technologies to drive value, White paper. Hewlett-Packard Development Company, Palo Alto, USA, 2007

[HU01-ol] HELMKE, S.; UEBEL, M. F.: CRM-Grundlagen. Unter: http://www.competence-site.de/crm, Köln, 2001 (Abruf: 6. Juni 2013)

[HV99] HENDERSON, J. C.; VENKATRAMAN, N.: Strategic Alignment – Leveraging Information Technology for Transforming Organizations. In: IBM Systems Journal, 1999, S. 476 ff.

[HW04] HERKOMMER, J.; WEIS, M.: Das 3D-Fabrikmodell als Integrationsplattform am Beispiel der Automobilindustrie. In: Leipzig Annual Civil Engineering Report No. 9, Leipzig, 2004

[ISA04] INFORMATION SYSTEMS AUDIT AND CONTROL ASSOCIATION (ISACA): Certified Information System Auditor Review Manual 2005 – Chapter 2 – Management planning and Organization of IS. ISACA, Rolling Meadows, Illinois, USA, 2004

[ISA11-ol] INFORMATION SYSTEMS AUDIT AND CONTROL ASSOCIATION (ISACA): Global Status Report on the Governance of Enterprise IT (Geit) – 2011. Unter: http://www.isaca.org/Knowledge-Center/Research/ResearchDeliverables/Pages/Global-Status-Report-on-the-Governance-of-Enterprise-IT-GEIT-2011.aspx (Abruf: 8. März 2013)

[ISA12-ol] INFORMATION SYSTEMS AUDIT AND CONTROL ASSOCIATION (ISACA): COBIT 5: A Business Framework for the Governance and Management of Enterprise IT. Unter: http://www.isaca.org/COBIT/Pages/default.aspx (Abruf: 7. Mai 2013)

[ISF12] INFORMATION SECURITY FORUM (ISF): The Standard of Good Practice for Information Security 2012. ISF, London, 2012

[ISO05] INTERNATIONAL ORGANIZATION FOR STANDARDIZATION (ISO): International Standard ISO/IEC 20000-2:2005: Information technology – Service management – Part 2: Code of practice. ISO, Genf, Schweiz, 2005

[ISO11] INTERNATIONAL ORGANIZATION FOR STANDARDIZATION (ISO): International Standard ISO/IEC 20000-1:2011: Information technology – Service Management – Part 1: Service management system requirements. ISO, Genf, Schweiz, 2011

[ITGI07] IT GOVERNANCE INSTITUTE (ITGI): CobiT 4.1 – Framework, Control Objectives, Management Guidelines, Maturity Models. ITGI, Rolling Meadows, Illinois USA, 2007

[Jac04] JACQUES, H.; Komponenten. In: Langmann, R.: Taschenbuch der Automatisierung. Carl Hanser Verlag, München, 2004

[JPR+13] JANSSEN, H.; PLASS, C.; REHMANN, F. J.; WIBBING, P.; ZIMMERMANN, A.: Chefsache IT – Wie Sie Cloud Computing und Social Media zum Treiber Ihres Geschäfts machen. Springer-Verlag, Berlin 2013

[KBG+11-ol] KURBEL, K.; BECKER, J.; GRONAU, N.; SINZ, E. J.; SUHL, L. (Hrsg.): Enzyklopädie der Wirtschaftsinformatik, Online-Lexikon. 5. Auflage, Unter: http://www.enzyklopaedie-der-wirtschaftsinformatik.de, Oldenbourg Wissenschaftsverlag, München, 2011 (Abruf: 6. Juni 2013)

[KBSt08-ol] KOORDINIERUNGS- UND BERATUNGSSTELLE DER BUNDESREGIERUNG FÜR INFORMATIONSTECHNIK IN DER BUNDESVERWALTUNG IM BUNDESMINISTERIUM DES INNERN (KBST): V-Modell XT, Release 1.2.1.1. Unter: http://www.v-modell-xt.de, KBSt, Berlin, 2008 (Abruf 31. März 2008)

[Kle07] KLETTI, J.: Konzeption und Einführung von MES-Systemen. Springer-Verlag GmbH, Berlin, 2007

[KLS+92] KIEBACK, A.; LICHTER, H.; SCHNEIDER-HUFSCHMIDT, M.; ZÜLLINGHOVEN, H.: Prototyping in industriellen Software-Projekten. In: Informatik-Spektrum Vol. 15, Nr. 3, S. 65 – 77, 1992

[KM02] KILGER, C.; MÜLLER, A.: Integration von Advanced Planning Systemen in die innerbetriebliche DV-Landschaft. In: Busch, A.; Dangelmaier, W.: Integriertes Supply Chain Management – Theorie und Praxis effizienter unternehmensübergreifender Geschäftsprozesse. Gabler, Wiesbaden, 2002

[KR11] KIEF, H. B.; ROSCHIWAL, H. A.: CNC Handbuch 2011/2012 – CNC, DNC, CAD, CAM, FFS, SPS, RPD, LAN, CNC-Maschinen, CNC-Roboter, Antriebe, Simulation, Fachwortverzeichnis. Carl Hanser Verlag, München, 2011

[Küh06] KÜHN, W.: Digitale Fabrik – Fabriksimulation für Produktionsplaner. Carl Hanser Verlag, München, Wien, 2006

[LG99] LAUBER, R.; GÖHNER, P.: Prozessautomatisierung 1. Springer Verlag, Berlin, 1999

[LLO93] LUFTMAN, J. N.; LEWIS, P. R.; OLDACH, S. H.: Transforming the Enterprise – The Alignment of Business and Information Technologies. In: IBM Systems Journal, 1993, Page 211 ff.

[LLS06] LAUDON, K. C.; LAUDON, J. P., SCHODER, D.: Wirtschaftsinformatik – Eine Einführung. Pearson Studium, München, 2006

[Man07] MANTOVANI, E.: DNC – Direct Numerical Control oder Distributed Numerical Control. In: Kief, H.; Roschiwal, H.: NC/CNC Handbuch 2007/2008. Carl Hanser Verlag, München, 2007

[Mar00] MARTIN, H.: Transport- und Lagerlogistik, Planung, Aufbau und Steuerung von Transport- und Lagersystemen. Vieweg Verlag, Braunschweig, Wiesbaden, 2000

[Mar03] MARKWORTH, R.: Entwicklungsbegleitendes digital Mock-up im Automobilbau. Dissertation, Fakultät V – Verkehrs- und Maschinensysteme, Technische Universität Berlin, Shaker Verlag, Aachen, Band D83, 2003

[Mat07] MATERNA: IT-Service Management Executive Studie 2007. MATERNA GmbH Information & Communications, Dortmund, 2007

[McA07] MCAFEE, A.: Keine Angst vor IT-Management. In: Harvard Business Manager, Januar 2007, S. 84 – 99

[Mes00] MESA White Paper Number 3: Controls Definitions & MES to Data Flow Possibilities. MESA International, Pittsburgh, USA, 2000

[Mic08-ol] MICROSOFT DEUTSCHLAND GMBH: Microsoft Dynamics AX und NAV. Unter: http://www.microsoft.com/germany/dynamics/ax/top-technologie.mspx und http://www.microsoft.com/germany/dynamics/nav/uebersicht.mspx, Unterschleißheim, 2008 (Abruf: 6. Juni 2013)

[NMI12-ol] NETMEDIAINTERACTIVE GMBH: Unter: http://www.silicon.de/41571372/500-terabyte-taglich-datenrausch-bei-facebook/ (Abruf 27. August 2012)

[Obe03] OBERMANN, K.: CAD CAM PLM Handbuch 2003/04. Carl Hanser Verlag, München Wien, 2003

[OGC07] OFFICE OF GOVERNMENT COMMERCE (OGC): ITIL Version 3 – Service Strategy, Service Design, Service Transition, Service Operation, Continual Service Improvement. The Stationery Office, London, Großbritannien, 2007

[OGC09] OFFICE OF GOVERNMENT COMMERCE (OGC): Managing Successful Projects with PRINCE2. The Stationery Office, London, Großbritannien, 2009

[PIE13-ol] PINK ELEPHANT: Zertifizierte Systeme nach ITIL-Prozessstandards im Überblick. Unter: http://www.pinkelephant.com/PinkVERIFY/PinkVERIFY3-1Toolsets.htm, Burlington, Ontario, Kanada, 2013 (Abruf: 5. Juni 2013)

[PMI09] PROJECT MANAGEMENT INSTITUTE (PMI): A Guide to the Project Management Body of Knowledge, Official German Translation. PMI, Newton Square, USA, 2009

[PS00] PARR, A. N.; SHANKS, G.: A Taxonomy of ERP Implementation Approaches. In: Proceedings of the 33rd Hawaii International Conference on System Sciences, Vol. 7, 2000

[Rem07] REMBOLD, R. W.: Einstieg in Catia V5 – Objektorientiertes konstruieren in Übungen und Beispielen. Carl Hanser Verlag, München, 2007

[RS88] ROBERTSON, R. E.; SCHWERTASSEK, R.: Dynamics of Multibody Systems. Springer Verlag, Berlin, 1988

[SAS13-ol] SAS INSTITUTE GMBH: Unter: http://www.sas.com/offices/europe/germany/software/social-media-analytics.html, Heidelberg (Abruf: 18. Februar 2013)

5

[Sch08] SCHABACKER, M.: Solid Edge - kurz und bündig - Grundlagen für Einsteiger. 3. Auflage, Springer Vieweg, Berlin, 2008

[Sch11] SCHÖNSLEBEN, P.: Integrales Logistikmanagement: Operations und Supply Chain Management innerhalb des Unternehmens und unternehmensübergreifend. Springer-Verlag, Berlin Heidelberg, 2011

[Sch99] SCHÖTTNER, J.: Produktdatenmanagement in der Fertigungsindustrie. Carl Hanser Verlag, München Wien, 1999

[Sen09] SENDLER, U.: Das PLM-Kompendium - Referenzbuch des Produkt-Lebenszyklus-Managements. Springer Verlag, Berlin, Heidelberg, 2009

[SI08] SAAKSVUORI, A.; IMMONEN, A.: Product Lifecycle Management. Springer-Verlag GmbH, Berlin, 2008

[Sie10-ol] SIEMENS PRODUCT LIFECYLCLE MANAGEMENT SOFTWARE INC.: JT-File Format Reference, Version 9.5, Rev A. Unter: http://www.plm.automation.siemens.com/de_de/Images/JT_v95_File_Format_Reference_Rev-A_tcm73-111987.pdf (Abruf: 19. Februar 2013)

[SJ99] SCHOLZ-REITER, B.; JAKOBZA, J.: Supply Chain Management - Überblick und Konzeption. In: HMD - Praxis der Wirtschaftsinformatik, Nr. 207. dpunkt.verlag, Heidelberg, 1999

[SMU+06] SCHOLZ-REITER, B.; MATTERN, F; UCKELMANN, D.; HINRICHS, U.; GORLDT, C.: RFID wird erwachsen. In: acatech bezieht Position Nr.1. Fraunhofer IRB Verlag, Stuttgart, 2006

[Trä06] TRÄCHTLER, A.: RailCab - mit innovativer Mechatronik zum Schienenverkehrssystem der Zukunft. In: VDE (Hrsg.): VDE Kongress 2006 - Innovations for Europe - Fachtagungsberichte der ITG/BMBF, Aachen, VDE-Verlag, 2006

[VDI5600] VDI 5600: Fertigungsmanagementsysteme. Beuth Verlag Berlin, 2007

[Vog09] VOGEL, H.: Konstruieren mit SolidWorks. 4. Auflage, Carl Hanser Verlag, München, 2009

[Wäl00] WÄLTERMANN, P.: Der serielle Hybridantrieb - Vom rechnergestützten Entwurf bis zur Hardware-in-the-Loop-Realisierung. Dissertation, Fachbereich für Maschinentechnik, Universität-Gesamthochschule Paderborn, 2000

[Waß13] WASSMANN, H.: Systematik zur Entwicklung von Visualisierungstechniken für die visuelle Analyse fortgeschrittener mechatronischer Systeme in VR-Anwendungen. Dissertation, Fakultät für Maschinenbau, Universität Paderborn, HNI-Verlagsschriftenreihe, Band 309, Paderborn, 2013

[Wec06] WECK, M.: Werkzeugmaschinen - Automatisierung von Maschinen und Anlagen. Springer Verlag, Berlin, 2006

[WD12-ol] WIRTSCHAFTSRAT DEUTSCHLAND: Cloud Computing - Zwischen Wachstum und Datenschutz. Unter: http://www.trend-zeitschrift.de/2012/07/06/cloud-computing-%E2%80%93-zwischen-wachstum-und-datenschutz/ (Abruf: 6. Juni 2013)

[Web03] WEBER, P.: Digital Mock-up im Maschinenbau. Dissertation, Fakultät für Maschinenwesen, RWTH Aachen, Shaker Verlag, Aachen, Band 23, 2003

[WR04] WEILL, P.; ROSS, J. W.: IT-Governance on One Page. CIS Working Paper No. 349, 2004, S. 40 ff.

Stichwortverzeichnis

D

E

F

G

H

Q

R

S

T

U

V

W

Z

Input-Lieferanten

Benjamin Amshoff ist Leiter des Teams „Strategische Planung und Innovationsmanagement" am Lehrstuhl für Produktentstehung. Sein Forschungsschwerpunkt liegt im Bereich Strategische Produktplanung. Hier ist er insbesondere in den Bereichen Potentialfindung und Geschäftsplanung in Forschungs- und Industrieprojekten tätig. Er studierte an der Universität Paderborn Wirtschaftsingenieurwesen mit der Fachrichtung Maschinenbau. Input zu Kapitel 3.

Dr. Ulrich Deppe, Partner in der UNITY AG, verantwortet als Competence Center Leiter im Bereich Entwicklungsmanagement Themen wie F&E-Strategie und Management, Produktstrukturierung, Prozessmanagement und Organisationsentwicklung. Er berät internationale Kunden in der Automobil- und Luftfahrtindustrie, dem Maschinen- und Anlagenbau, der Energieindustrie sowie der Medizintechnik. Ulrich Deppe studierte Chemieingenieurwesen an der Universität Paderborn und Total Quality Management an der Universität Kaiserslautern. Er promovierte an der Fakultät für Naturwissenschaften der Universität Paderborn. Input zu Kapitel 4.2.

Dr.-Ing. Jan Berssenbrügge ist wissenschaftlicher Mitarbeiter im Team „Virtual Engineering" am Lehrstuhl für Produktentstehung. Sein Forschungsschwerpunkt liegt in den Bereichen Virtual Reality und Augmented Reality. Hier arbeitet er an innovativen Anwendungen zu den Themenfeldern Virtual Prototyping und Simulation in der Produktentwicklung. Er studierte Informatik an der Universität Paderborn und promovierte an der Fakultät für Maschinenbau der Universität Paderborn. Input zu Kapitel 5.

Daniel Eckelt ist Mitarbeiter im Team „Strategische Planung und Innovationsmanagement" am Lehrstuhl für Produktentstehung. Sein Forschungsschwerpunkt liegt im Bereich Innovationsmanagement. Hier arbeitet er in Forschungs- und Industrieprojekten an der Gestaltung von Innovationsprozessen zur effektiven und effizienten Konkretisierung von Produktideen. Er studierte an der Universität Paderborn Wirtschaftsingenieurwesen mit der Fachrichtung Maschinenbau. Input zu Kapitel 4.

Andreas Fellhauer ist Senior Manager im Competence Center Informationsmanagement und IT-Einführung in der UNITY AG. Er verantwortet insbesondere das Thema Supply Chain Management mit den Schwerpunkten Portfolio-, Technologie- und Kollaborationsstrategien, Komplexitätsmanagement sowie IT-gestützte Optimierung von Planungs- bis hin zu Betriebsprozessen. Er berät internationale Kunden in der Fertigungsindustrie sowie der Finanzdienstleistungs-, Konsumgüter- und Telekommunikationsbranche. Andreas Fellhauer studierte Betriebswirtschaft an der Universität Münster. Vor seinem Eintritt in die UNITY AG war er Partner und Geschäftsführer bei Mummert+Partner und verantwortete verschiedene IT-Projekte in Frankreich, Italien, Österreich und der Schweiz. Input zu Kapitel 5.2.

Heiko Janssen ist Leiter des Competence Centers IT-Management der UNITY AG. Seine Beratungsschwerpunkte sind IT-Strategie, IT-Governance, IT-Organisation, IT-Architektur sowie IT-Einführung. Zu seinen Kunden zählen namhafte internationale Unternehmen u. a. aus den Branchen Maschinenbau, Luftfahrt, Automobilindustrie und dem Gesundheitsmarkt. Heiko Janssen ist ferner Autor zahlreicher Publikationen im Kontext IT-Management und Mitautor des in 2013 erschienenen Buches „Chefsache IT“. Vor seinem Eintritt bei UNITY war er bei CSC im Bereich E-Learning/Blended Learning beschäftigt. Heiko Janssen studierte Wirtschaftswissenschaften mit den Schwerpunkten Wirtschaftsinformatik und Organisation an der Universität Paderborn. Input zu Kapitel 5.4.

Anne-Christin Grote ist Mitarbeiterin im Team „Strategische Planung und Innovationsmanagement“ am Lehrstuhl für Produktentstehung. Ihr Forschungsschwerpunkt liegt im Bereich Strategische Produktplanung. Hier ist sie insbesondere in den Bereichen Produktfindung und Geschäftsplanung in Forschungs- und Industrieprojekten tätig. Sie studierte an der Universität Paderborn Wirtschaftsingenieurwesen mit der Fachrichtung Elektrotechnik. Input zu Kapitel 2.

Dr.-Ing. Hans D. Kespohl ist Partner und Leiter des Competence Centers Strategische Unternehmensführung der UNITY AG. Seit 15 Jahren hat er Erfahrung in den Bereichen Vorausschau, Strategie und Innovation in verschiedenen Industrien mit führenden internationalen Markenanbietern aufbauen können. In dutzenden Szenario-Projekten konnte er führende Experten dabei begleiten, systematisch Bilder über die Zukunft zu entwickeln und daraus Strategien für das Geschäft von morgen abzuleiten. Das Beste: zahlreiche der antizipierten Entwicklungen sind später auch eingetreten. Neben seiner Beratertätigkeit ist er Mitinitiator der Innovation Alliance – einen Verbund führender trend- und innovationsberatender Unternehmen. Vor seiner Beratertätigkeit war er als Teamleiter für Entwicklungsinformationssysteme am Heinz Nixdorf Institut tätig.

Dort promovierte er bei Prof. Gausemeier. Hans Kespohl studierte Wirtschaftsingenieurwesen an der Universität Paderborn. Input zu den Kapiteln 2.2 und 3.2.

Markus Knobel ist Partner in der UNITY AG. Zudem leitet er das Competence Center Produktion und Digitale Planung. Er berät internationale Kunden in der Automobil- und Luftfahrtindustrie sowie im Maschinen- und Anlagenbau zur Fabrikplanung und Produktionsoptimierung. In der Gesundheitswirtschaft hat er Methoden aus der industriellen Planungspraxis für die Klinikplanung und Krankenhausbetrieb transferiert. Dort werden heute mit Methoden wie „Digitale Klinik“ oder „OP-Simulation“ hervorragende Effizienz- und Qualitätsverbesserungen erreicht. Markus Knobel studierte Maschinenbau an der Universität Paderborn und war vor seinem Eintritt in die UNITY AG bei der Siemens AG Energieerzeugung Erlangen in der Kraftwerksplanung tätig. Input zu Kapitel 5.3.

Arno Kühn ist wissenschaftlicher Mitarbeiter am Fraunhofer-Institut für Produktionstechnologie in der Projektgruppe Entwurfstechnik Mechatronik. In der Abteilung Produktentstehung bearbeitet er Forschungs- und Industrieprojekte zu den Themen Systems Engineering und Leistungssteigerung in der Produktentwicklung mittels Reifegradmodellen. Er studierte an der Universität Paderborn Wirtschaftsingenieurwesen mit der Fachrichtung Maschinenbau. Input zu Kapitel 4.4.

Dr.-Ing. Daniel Nordsiek ist Prokurist der Smart Mechatronics GmbH, die Entwicklungsdienstleistungen und Beratung für Mechatronik, Elektronik und eingebettete Systeme anbietet. Seine Arbeitsschwerpunkte liegen im Requirements und Systems Engineering sowie im Management komplexer Entwicklungsprojekte. Daniel Nordsiek studierte Wirtschaftsingenieurwesen an der Universität Paderborn und arbeitete danach als wissenschaftlicher Mitarbeiter am Lehrstuhl für Produktentstehung von Prof. Gausemeier. Dort leitete er das Team „Integrative Produktionssystemplanung“ und forschte im Bereich der Planung komplexer Fertigungssysteme im Wechselspiel mit der Produktkonzipierung. Zudem arbeitete er in Industrieprojekten zur Reorganisation von Fertigungsprozessen. Input zu Kapitel 5.3.

Tomas Pfänder ist Gründungsvorstand der UNITY AG. Dort ist er verantwortlich für den Bereich Strategische und Betriebswirtschaftliche Beratung, Finanzen und Personal. Nach seinem Studium (Wirtschaftsingenieurwesen) an der Universität Paderborn gründete er 1995 mit Prof. Gausemeier und Christoph Plass die Managementberatung UNITY AG. Seitdem hat Tomas Pfänder über 80 Beratungsprojekte geleitet – vor allem in den Bereichen Strategie, Produktinnovation, Prozessoptimierung, Controlling und Sanierung. Branchenerfahrung hat er insbesondere im Gesundheitsmarkt, in der Automobilzulieferindustrie, im Maschinen- und Anlagenbau und in der Möbelindustrie. 2009 wurde Tomas Pfänder für die Methode „OP-Simulation“ der Zukunftspreis Gesundheitswirtschaft vom cdgw überreicht. Input zu den Kapiteln 3.2 und 3.5.

Dr.-Ing. Frank Thielemann studierte Wirtschaftsingenieurwesen an der Universität Paderborn. Von 1996 bis 1998 war er am Heinz Nixdorf Institut der Universität Paderborn, Fachgebiet Rechnerintegrierte Produktion (heute: Produktentstehung), sowohl in Forschung als auch Beratung tätig und promovierte 1998 dort bei Professor Gausemeier. Schwerpunkt seiner Forschungs- und Beratungsarbeit für eine Vielzahl von Unternehmen war die Reorganisation von Produktentstehungsprozessen. Frank Thielemann war Projektverantwortlicher in zahlreichen Strategie-, Organisations-, und IT-Projekten in der Produktentstehung, insbesondere in der Automobil- und Luftfahrtindustrie. In seiner heutigen Funktion als Vorstandsmitglied der UNITY AG verantwortet er die Themengebiete Lean Development, Mechatronik-Management, Digitale Fabrik und Innovationsmanagement. Input zu Kapitel 3.5.

Andreas Zimmermann ist Senior Manager in der UNITY AG und hat in zahlreichen Projekten Erfahrungen in der Planung und Steuerung zur Einführung von komplexen IT-Systemen gesammelt. Er berät mit den Schwerpunkten Prozess-, Organisations- und Projektmanagement vorwiegend Kunden im Handelsgeschäft und aus der Fertigungsindustrie. In der Rolle des Projektleiters verantwortet er IT-Einführungsprojekte von der Anforderungsanalyse bis zur erfolgreichen Abnahme. Er studierte an der Universität Paderborn Wirtschaftsingenieurwesen mit der Fachrichtung Fertigungstechnik. Input zu Kapitel 5.5.

Thomas Ulrich ist Partner in der UNITY AG. Als Senior Experte verantwortet und leitet er internationale Projekte mit den Schwerpunkten Unternehmensentwicklung, Prozess- und Organisationsmanagement und der Einführung von IT-Systemen sowohl im Produktentwicklungsprozess als auch in der Auftragsabwicklung und Produktion. Er berät in internationalen Projekten primär Unternehmen der Fertigungsindustrie. Nach der Ausbildung zum Werkzeugmechaniker bei der Benteler AG in Paderborn studierte er Maschinenbau an der Universität Paderborn. Thomas Ulrich war einer der ersten Mitarbeiter der UNITY AG und hat eine große Anzahl der Methoden praxisorientiert entwickelt. Input zu Kapitel 4.3.